Massimo Bergamini
Graziella Barozzi
Anna Trifone

4 Matematica.azzurro

Seconda edizione

con TUTOR matematica

Matematica e arte

Ellsworth Kelly di Emanuela Pulvirenti

Che cos'è quella strana macchia azzurra in copertina? Difficile crederlo, ma è un quadro: un'opera di Ellsworth Kelly dal titolo *Concorde II*. Certo, ha una forma anomala, dimensioni esagerate, non presenta immagini né disegni astratti, non si capisce quale sia il significato... eppure è un dipinto a tutti gli effetti. E come tutti i dipinti, anche quelli più essenziali, nasce dall'esigenza di rappresentare un aspetto della realtà. Nel caso di Kelly, artista americano morto a dicembre del 2015 all'età di 92 anni, quell'aspetto è la forma che hanno le cose, soprattutto quelle della natura e delle piante a lungo disegnate negli anni della formazione.

"Non sono interessato alla struttura di una roccia ma alla sua ombra", amava dire Kelly.

I contorni delle cose, dunque, sono per Kelly più importanti di quello che ci sta dentro; la sagoma del quadro è più interessante del colore con cui è riempito. Si tratta quindi di un'esplorazione precisa e paziente delle infinite geometrie del quadro. Un'operazione di reinvenzione del mondo attraverso un linguaggio "pulito" e astratto. Talmente rigoroso e oggettivo che l'opera deve quasi sembrare essersi fatta da sé, senza l'intervento della volontà dell'artista.

La sua produzione è vicina al movimento del *Hard Edge Painting*, la pittura realizzata con campiture uniformi accostate in modo netto, ed è affine al *Minimalismo*, la corrente artistica che si esprime con elementi geometrici semplici e basilari. Eppure la sua opera sfugge a queste definizioni, perché riduce la tavolozza a pochi colori base, per di più usati separatamente, e poi perché le sue tele, con quelle forme originali e non classificabili, possiedono un dinamismo estraneo all'arte minimalista.

Le sue sagome colorate parlano lo stesso linguaggio essenziale ed esatto della matematica, sono formule visive che raccontano, proprio come fa questo libro, un universo misterioso tutto da scoprire.

Ellsworth Kelly, *Concorde II*, 1958
olio su tela
152,4 × 198,1 cm

Per saperne di più vai su.zanichelli.it/copertine-bergamini

PER IL COMPUTER E PER IL TABLET

L'eBook multimediale

1 REGÌSTRATI A MYZANICHELLI

Vai su **my.zanichelli.it** e registrati come studente

2 SCARICA BOOKTAB

- Scarica **Booktab** e installalo
- Lancia l'applicazione e fai login

3 ATTIVA IL TUO LIBRO

- Clicca su **Attiva il tuo libro**
- Inserisci il **codice di attivazione** che trovi sul **bollino argentato adesivo** in questa pagina

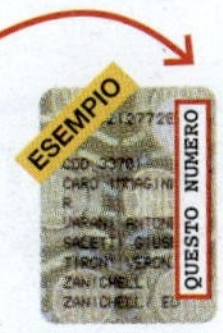

4 CLICCA SULLA COPERTINA

SOMMARIO

Nell'eBook (Capitolo 11)

3 video (• Il codice fiscale • Space Shuttle • Funzioni polinomiali)

e inoltre 10 animazioni

TUTOR matematica **60 esercizi interattivi in più**

risorsa riservata a chi ha acquistato l'edizione con tutor

Nell'eBook (Capitolo 12)

1 video (• Invenzione degli scacchi)

e inoltre 3 animazioni

TUTOR matematica **45 esercizi interattivi in più**

risorsa riservata a chi ha acquistato l'edizione con tutor

CAPITOLO 13 LOGARITMI

Nell'eBook

2 video (• Calcolo approssimato dei logaritmi • Logaritmi e decibel)

e inoltre 9 animazioni

TUTOR matematica **45 esercizi interattivi in più**

risorsa riservata a chi ha acquistato l'edizione con tutor

CAPITOLO 14 FUNZIONI GONIOMETRICHE

Nell'eBook

2 video (• Le formule degli angoli associati • Funzione sinusoidale)

e inoltre 13 animazioni

TUTOR matematica **45 esercizi interattivi in più**

risorsa riservata a chi ha acquistato l'edizione con tutor

CAPITOLO 15 FORMULE GONIOMETRICHE

Nell'eBook

1 video (• Formule di addizione)

e inoltre 3 animazioni

TUTOR matematica **45 esercizi interattivi in più**

risorsa riservata a chi ha acquistato l'edizione con tutor

CAPITOLO 16

EQUAZIONI E DISEQUAZIONI GONIOMETRICHE

Nell'eBook

1 video (• Equazioni lineari in seno e coseno)

e inoltre 20 animazioni

TUTOR matematica **45 esercizi interattivi in più**

risorsa riservata a chi ha acquistato l'edizione con tutor

CAPITOLO 17

TRIGONOMETRIA

Nell'eBook

3 video (• Misura del raggio terrestre • Teorema del coseno • Triangolazione)

e inoltre 10 animazioni

TUTOR matematica **45 esercizi interattivi in più**

risorsa riservata a chi ha acquistato l'edizione con tutor

CLIL / MATHS HIGHLIGHTS TRIGONOMETRY

CAPITOLO 18

GEOMETRIA EUCLIDEA NELLO SPAZIO

Nell'eBook

2 video (• Poliedri di Keplero-Poinsot • Il volume della sfera secondo Archimede)

e inoltre 5 animazioni

TUTOR matematica **45 esercizi interattivi in più**

risorsa riservata a chi ha acquistato l'edizione con tutor

Nell'eBook

2 video (• Gioco della zara • Disposizioni, permutazioni, combinazioni)
e inoltre 9 animazioni

TUTOR matematica **45 esercizi interattivi in più**
risorsa riservata a chi ha acquistato l'edizione con tutor

Nell'eBook

2 video (• Roulette e probabilità • Teorema di Bayes)
e inoltre 12 animazioni

TUTOR matematica **45 esercizi interattivi in più**
risorsa riservata a chi ha acquistato l'edizione con tutor

COME ORIENTARSI NEL LIBRO

Tanti tipi di esercizi

AL VOLO — **Esercizi veloci**
Per esempio: esercizi dal 296 al 301, pagina 785.

CACCIA ALL'ERRORE — **Evita i tranelli**
Per esempio: esercizio 200, pagina 599.

COMPLETA — **Inserisci la risposta giusta**
Per esempio: esercizio 361, pagina 634.

EUREKA! — **Una sfida per metterti alla prova**
Per esempio: esercizio 284, pagina 846.

FAI UN ESEMPIO — **Se lo sai fare, hai capito**
Per esempio: esercizio 95, pagina 679.

LEGGI IL GRAFICO — **Ricava informazioni dall'analisi di un grafico**
Per esempio: esercizio 287, pagina 570.

REALTÀ E MODELLI — **La matematica di tutti i giorni**
Per esempio: esercizio 552, pagina 708.

RIFLETTI SULLA TEORIA — **Spiega, giustifica, argomenta**
Per esempio: esercizio 131, pagina 737.

YOU & MATHS — **La matematica in inglese**
Per esempio: esercizio 261, pagina 926.

VERO O FALSO? **TEST** **ASSOCIA** — **Vedi subito se hai capito**
Per esempio: esercizi dal 169 al 171, pagina 1028.

284 EUREKA! Dimostra che il perimetro e l'area di un poligono regolare di n lati inscritto in una circonferenza di raggio r misurano rispettivamente $2nr\sin\frac{\pi}{n}$ e $\frac{1}{2}r^2n\sin\frac{2\pi}{n}$. Calcola poi:

a. perimetro e area del dodecagono regolare inscritto in una circonferenza di raggio 2;

b. il raggio di una circonferenza in cui è inscritto un ottagono regolare di area $32\sqrt{2}$.

[a) $12\sqrt{2}(\sqrt{3}-1)$; 12; b) 4]

287 LEGGI IL GRAFICO A partire dal grafico della funzione $y = f(x)$, traccia i grafici di $y = f(x - 1)$ e $y = f(x + 1) - 2$.

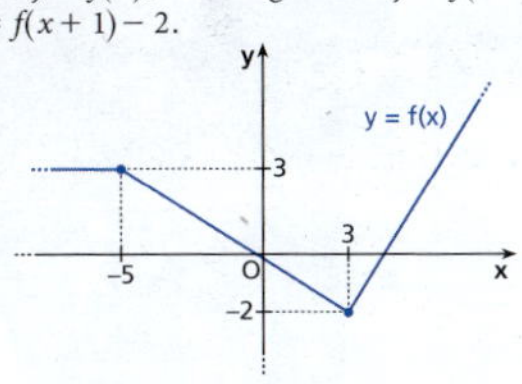

552 REALTÀ E MODELLI **Datemi un LA**
Un diapason percosso emette la nota LA pura, che è perciò rappresentabile come una sinusoide. La funzione che descrive l'intensità del suono prodotto è: $y = 10\sin(2{,}76 \cdot 10^3 t)$, dove t è il tempo espresso in secondi. Calcola il periodo dell'onda sonora e rappresentala in un riferimento cartesiano dove in ascissa c'è il tempo e in ordinata l'intensità del suono.

[$2{,}27 \cdot 10^{-3}$ s]

I rimandi alle risorse digitali

Video — **1 ora di video**
Per esempio: *Gioco della Zara*, pagina 949.

Animazione — **90 animazioni interattive**
Per esempio: esercizi a pagina 981.

Listen to it — **La lettura di 55 definizioni ed enunciati in inglese**
Per esempio: *Polyhedron*, pagina 873.

TUTOR matematica — risorsa riservata a chi ha acquistato l'edizione con tutor — **510 esercizi interattivi in più**
con suggerimenti teorici, video e animazioni per guidarti nel ripasso.

VERSO L'INVALSI

120 minuti

▶ Su http://online.scuola.zanichelli.it/invalsi trovi tante simulazioni interattive in più per fare pratica in vista della prova INVALSI.

1 Togliendo alla metà di 2^{-2} il triplo di 3^{-3}, ottieni:

A $\frac{1}{72}$.

B $-\frac{7}{17}$.

C $\frac{17}{72}$.

D $\frac{8}{9}$.

2 Per abbattere un albero, un boscaiolo effettua inizialmente i due tagli schematizzati in figura.

Se vuole che la profondità p sia 12 cm, quanto deve misurare, in cm, la distanza d tra i due tagli? (Approssima il risultato all'unità.)

3 Il cerchio di centro O in figura ha area $\frac{25}{8}\pi$.

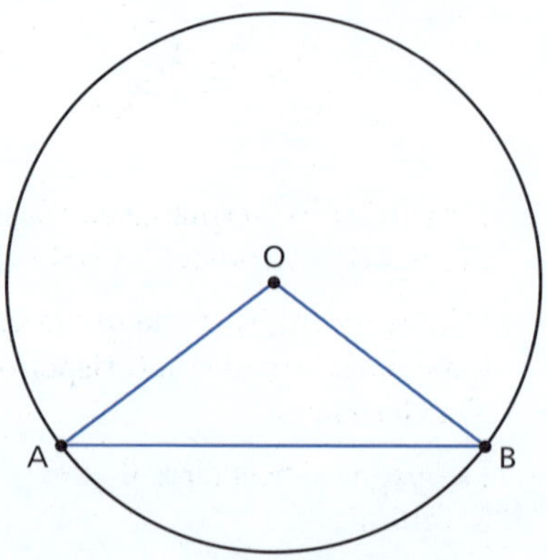

Sapendo che $\overline{AB} = 2\sqrt{2}$, quanto vale l'area del triangolo OAB?

4 Quale dei seguenti punti è il più distante da $P(2; -3)$?

A $(2; -1)$

B $(0; -3)$

C $\left(\frac{3}{2}; -\frac{1}{2}\right)$

D $(0; -2)$

5 Laura vuole comprare dei bicchieri per il suo bar da un produttore. Il prezzo per ogni bicchiere è di € 4, scontato a € 3,80 se l'ordine supera i 50 bicchieri. Le spese di spedizione ammontano a € 6; se però il costo dell'ordine supera i 100 euro, la spedizione è gratuita. Sia $C(n)$ la funzione che esprime il costo totale che Laura deve sostenere in funzione del numero n di bicchieri. Allora:

$$C(n) = \begin{cases} \square & \text{se } n \leq \square \\ 4n & \text{se } \square < n \leq \square \\ \square & \text{se } n > 50 \end{cases}$$

6 Considera il polinomio

$$p(x) = x^4 + 2x^3 - 3x^2 - 8x - 4.$$

a. $p(x)$ è un polinomio di quarto grado. V F

b. $p(0) = 0$. V F

c. $p(x)$ è divisibile per $x + 1$. V F

d. $p(x)$ è divisibile per $x - 1$. V F

7 **8** Per il giornalino della scuola viene chiesto a 50 studenti quanti televisori sono presenti in casa. I dati vengono raccolti nella seguente tabella.

Numero televisori	0	1	2	3	4
Studenti	1	20	18	9	2

■ Qual è la moda della distribuzione di dati?

A 1

B 4

C 20

D 2

■ Calcola il numero medio dei televisori posseduti, approssimando il risultato al decimo.

9 Determina le soluzioni dell'equazione:

$$\frac{x^2+1}{x^4+2x^2+1}=\frac{1}{5}.$$

10 L'equazione $x^2+5x+a=0$, dove a è un numero reale, ha due soluzioni distinte, di cui una è $x=-4$. Determina l'altra soluzione.

11 Quale fra le seguenti è la soluzione della disequazione $3x^2+2x-1>0$?

A $x<-3 \vee x>1$

B $-1<x<\frac{1}{3}$

C $x<-1 \vee x>\frac{1}{3}$

D $-3<x<1$

12 Il sito dell'ACI riporta i seguenti costi per due diversi modelli di auto.

	Costi fissi (€/anno)	**Costi variabili (€/km)**
Modello A	2400	0,28
Modello B	3000	0,20

Oltre quale numero di km è più conveniente il modello B? Mostra il procedimento.

13 **14** Alle elezioni universitarie si presentano la lista A e la lista B, ognuna delle quali ha 5 componenti. I seggi da assegnare sono 5. Per ripartirli fra le due liste, si procede come segue:

- si determinano i *quozienti di lista*, dividendo i voti ricevuti da ogni lista per 1, 2, 3, 4 e 5;
- si dispongono in ordine decrescente i quozienti così ottenuti: i primi 5 quozienti determinano la ripartizione dei seggi.

Il totale dei voti validi ricevuti dalle due liste è 220.

■ Se la lista A riceve 152 voti, a quanti seggi ha diritto?

A 2 B 3 C 4 D 5

■ Qual è il numero minimo di voti che deve ricevere A per ottenere tutti e 5 i seggi?

15 Indica quante soluzioni ha l'equazione

$$2x^3+5x^2+4x=0.$$

16 La disequazione $\sqrt{x^2}<x+1$ ha come soluzione:

A $-\frac{1}{2}<x<0$.

B $x\geq 0$.

C ogni $x\in\mathbb{R}$.

D $x>-\frac{1}{2}$.

17 Quale delle seguenti terne rappresenta le misure dei lati di un triangolo rettangolo?

A 3, 4, 7. C 7, 25, 25.

B 10, 24, 26. D 1, 1, 2.

18 Qual è la scomposizione in fattori primi del numero $4^{10}+4^{11}+4^{12}$?

A 2^{2640}

B $2^{22}\cdot 5$

C $2^{20}\cdot 3\cdot 7$

D 2^{1322}

19 Il grafico riporta la ripartizione (in percentuale) delle modalità di gestione dei rifiuti urbani in quattro Paesi dell'Unione europea nel 2013 (fonte: Ispra).

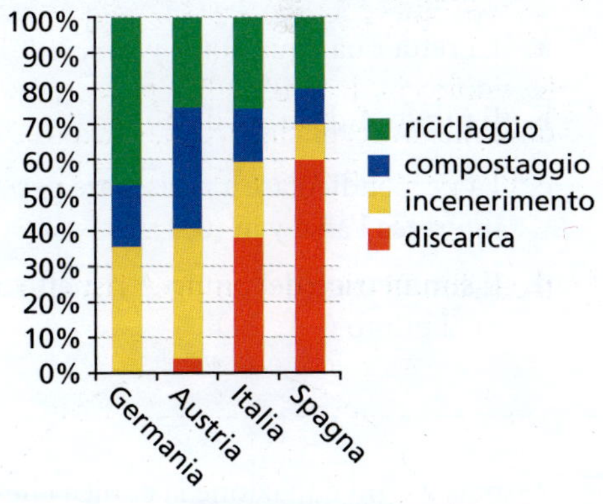

a. L'Austria e la Germania conferiscono in discarica meno del 5% dei rifiuti. V F

b. L'Italia incenerisce una quota percentuale maggiore di rifiuti rispetto alla Germania. V F

c. La Spagna ricicla circa il 20% dei rifiuti. V F

20 Qual è il rapporto fra il perimetro di un triangolo equilatero inscritto in una circonferenza e il perimetro di un quadrato circoscritto alla stessa circonferenza?

21 **22** La seguente tabella riporta il numero di studenti di un istituto scolastico dal 2011 al 2015.

Anno	2011	2012	2013	2014	2015
Numero studenti	721	750	763	793	810

- In quale anno si è verificato il maggiore aumento *assoluto* del numero di studenti rispetto all'anno precedente?
- In quale anno si è verificato il maggiore aumento *relativo* rispetto all'anno precedente?

23 Considera la figura.

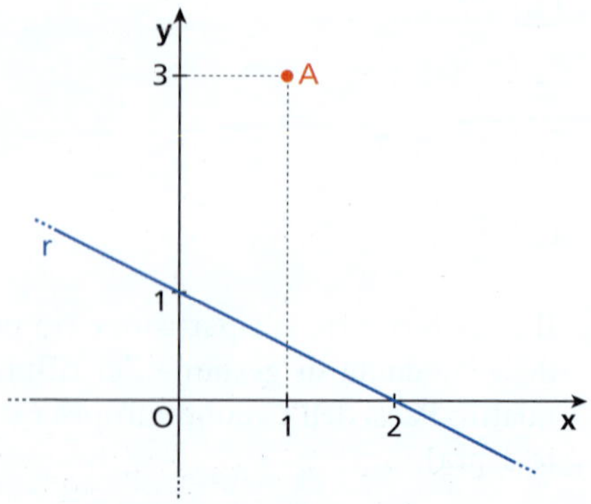

a. La retta r ha equazione $y = \frac{1}{2}x + 1$. V F

b. Il punto A dista $\frac{5}{2}$ da r. V F

c. La perpendicolare a r passante per A interseca l'asse y in $(0; 1)$. V F

d. Il simmetrico del punto A rispetto a r è il punto $(-1; -1)$. V F

24 **25** Sandro vuole dividere in due parti il terreno rappresentato in figura, posando una rete lungo la linea tratteggiata rossa.

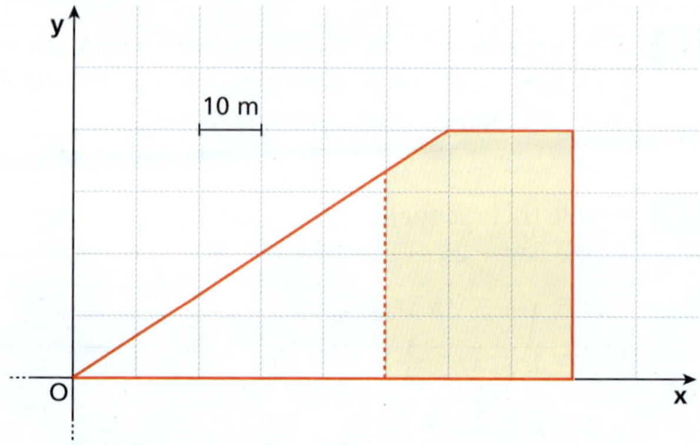

- Quale sarà, in metri, la lunghezza della rete? (Approssima il risultato alla prima cifra decimale.)
- Qual è, in metri quadri, l'area della parte colorata in giallo? (Approssima il risultato all'unità.)

26 Una parabola con asse parallelo all'asse y ha vertice nel punto $(1; -9)$ e interseca l'asse x nel punto $(-2; 0)$. Determina l'ascissa del secondo punto di intersezione tra la parabola e l'asse x.

27 Quale tra le seguenti equazioni *non* rappresenta una circonferenza nel piano cartesiano?

A $x^2 + y^2 = 4$

B $2x^2 + 2y^2 = 1$

C $\frac{x^2}{9} + \frac{y^2}{9} = 1$

D $x^2 + y^2 + 1 = 0$

---

28 Associa a ogni equazione la conica che rappresenta.

a. $(x-1)^2 = 1 - y^2$ **1.** parabola

b. $x^2 = y^2 + 1$ **2.** iperbole

c. $x - 1 = y + (x-1)^2$ **3.** circonferenza

29 Quali sono le coordinate del vertice della parabola di equazione $y = x^2 - 4x + 5$?

A $(0; 5)$ **B** $(1; 2)$ **C** $(4; 5)$ **D** $(2; 1)$

30 Mauro acquista un paio di scarpe scontate del 20%, pagando € 116. Qual è il prezzo non scontato delle scarpe?

31 Determina i punti di intersezione tra l'iperbole di equazione $x^2 - y^2 = 2$ e la circonferenza con centro nell'origine e raggio 2.

32
33 Considera la figura.

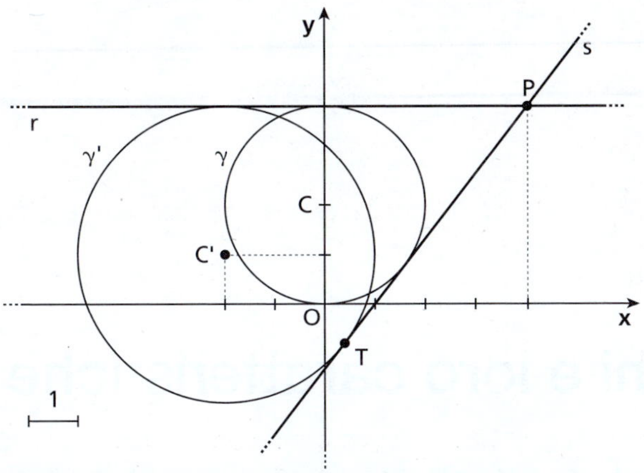

- L'equazione di γ' è:

A $(x+2)^2+(y-1)^2=9$.
C $(x-2)^2+(y-1)^2=3$.
B $(x-2)^2+(y+1)^2=9$.
D $(x-2)^2+(y+1)^2=3$.

- **a.** La retta s ha coefficiente angolare $\frac{3}{4}$. V F

b. Le circonferenze γ e γ' sono tangenti. V F

c. Le rette r e s sono tangenti comuni a γ e γ'. V F

34 Quale tra le seguenti equazioni rappresenta nel piano cartesiano un'ellisse con semiasse maggiore di lunghezza 5?

A $\frac{x^2}{25}+y^2=9$
B $\frac{x^2}{5}+\frac{y^2}{3}=1$
C $\frac{x^2}{25}+\frac{y^2}{9}=1$
D $\frac{x^2}{25}+\frac{y^2}{36}=1$

35 Nel piano cartesiano, quanto misura il raggio della circonferenza di equazione $9x^2+9y^2-10=0$?

36 Qual è il grafico della parabola di equazione

$y = 3x^2 - 12x + 11$?

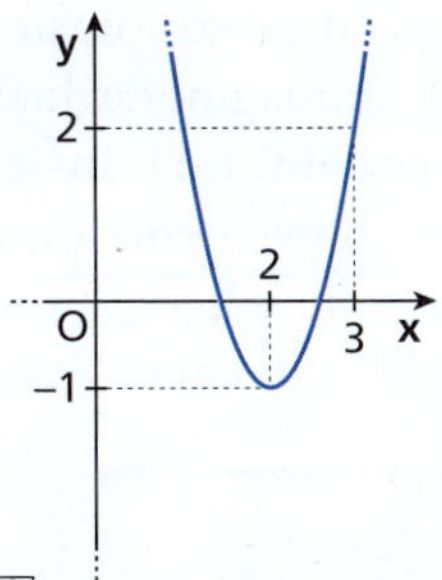

A

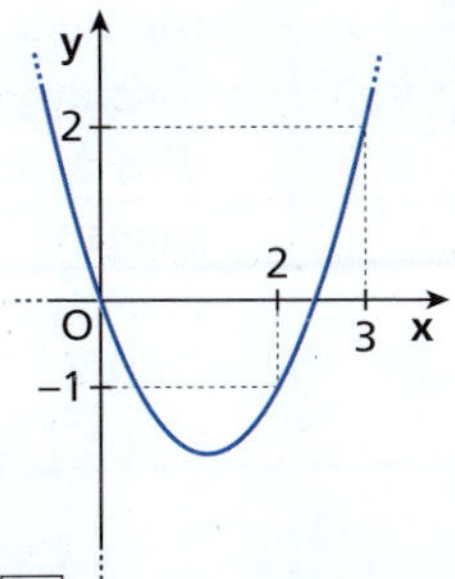

B

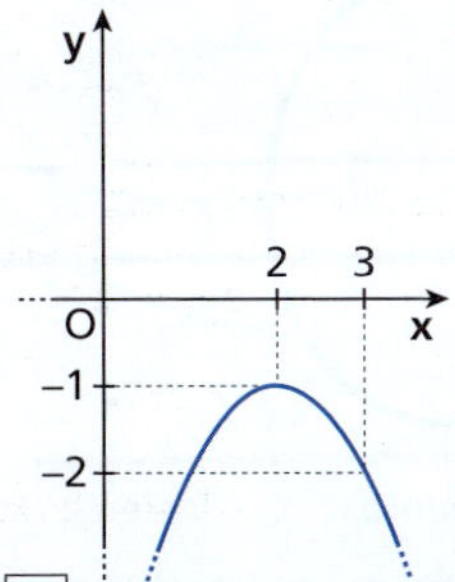

C

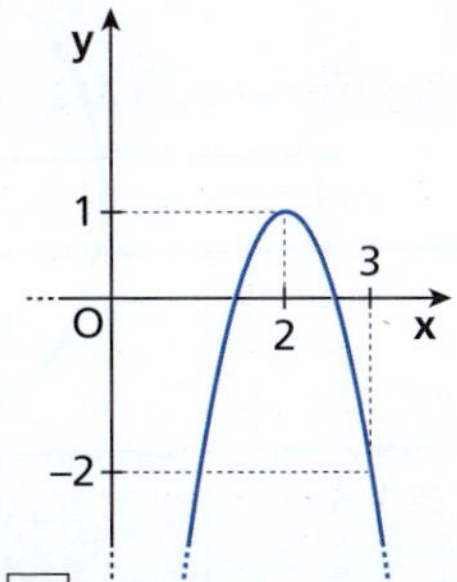

D

37 Nel quadrilatero $ABCD$ gli angoli A e C sono retti e $\widehat{B} = 45°$. Quanto misura, in gradi, $\widehat{D}$?

T

CAPITOLO 11 FUNZIONI

1 Funzioni e loro caratteristiche

Che cosa sono le funzioni

Esercizi a p. 549

Listen to it

A **function** from a set *A* to a set *B* is a relation that assigns to each element in the set *A* exactly one element in the set *B*. The set *A* is called the **set of inputs**, or **domain**, whereas the set *B* contains the **set of outputs**, or **range**.

DEFINIZIONE

Una relazione *f* fra due insiemi *A* e *B* è una **funzione** se a *ogni* elemento di *A* associa *uno e un solo* elemento di *B*.

Poiché una funzione fa corrispondere a ogni elemento di *A* un *unico* elemento di *B*, essa viene anche chiamata **corrispondenza univoca**.

In simboli: $f\colon A \to B$, che si legge: «*f* è una funzione da *A* a *B*».

Si dice che *A* è l'**insieme di partenza** della funzione e *B* l'**insieme di arrivo**.

Per indicare che a un elemento *x* di *A* corrisponde un elemento *y* di *B* scriviamo:

$f\colon x \mapsto y$ oppure $y = f(x)$, che si legge «*y* uguale a effe di *x*».

y è detta **immagine** di *x* mediante la funzione *f*. Analogamente, *x* è detta **controimmagine** di *y*.

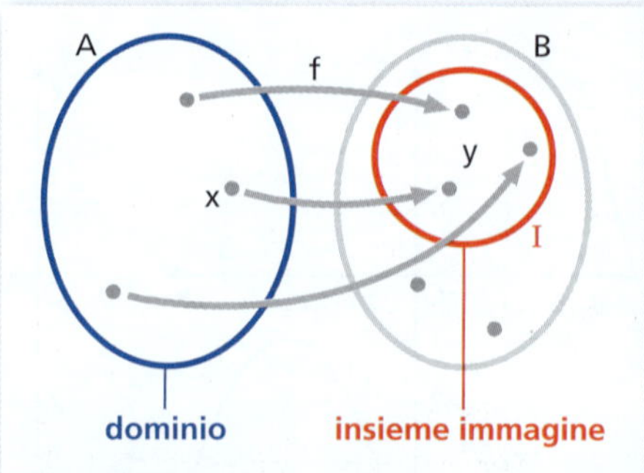

L'insieme di partenza *A* è detto **dominio** della funzione; il sottoinsieme di *B* formato dalle immagini degli elementi di *A* è detto **codominio** o **insieme immagine**, o più brevemente **immagine**, della funzione. Indichiamo il dominio con *D* e con *I* l'immagine. Vale la relazione $I \subseteq B$.

Funzioni numeriche

Esercizi a p. 549

Quando i due insiemi *A* e *B* sono numerici, le funzioni vengono dette **funzioni numeriche**.

In seguito, quando parleremo di funzioni numeriche, sarà sottinteso che esse sono definite per valori reali, cioè il loro dominio sarà $\mathbb{R}$ o un sottoinsieme di $\mathbb{R}$ e l'insieme di arrivo sarà $\mathbb{R}$ stesso. Tali funzioni si chiamano **funzioni reali di variabile reale**. Inoltre esse saranno in genere descrivibili mediante un'**espressione analitica**, ossia mediante una formula matematica.

ESEMPIO

Consideriamo la funzione $f: \mathbb{R} \to \mathbb{R}$ descritta da $y = f(x) = 2x + 5$.
A ogni valore di x la legge fa corrispondere uno e un solo valore di y.
Per esempio, per $x = 3$ il valore di y è $y = 2 \cdot 3 + 5 = 11$.
Possiamo anche dire che 11 è l'immagine di 3, cioè $f(3) = 11$.

Il valore che assume y dipende da quello attribuito a x. Per questo motivo y prende il nome di **variabile dipendente** e x di **variabile indipendente**.
I valori della x sono quindi gli elementi del dominio, mentre quelli assunti dalla y sono gli elementi dell'immagine della funzione.

Di una funzione numerica si cerca spesso di studiare il **grafico**, ossia l'insieme dei punti $P(x; y)$ del piano cartesiano tali che x è un numero reale nel dominio di f e y è l'immagine di x, ossia $y = f(x)$. Il grafico viene anche detto **diagramma cartesiano**.

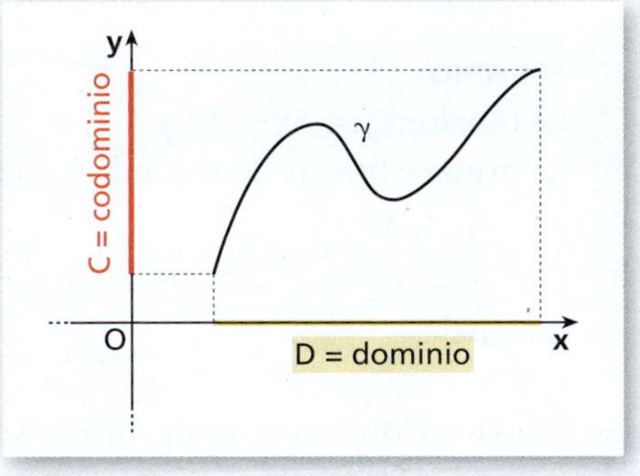

Se la funzione f è definita da un'equazione $y = f(x)$, il suo grafico è una curva γ, luogo di tutti i punti del piano che soddisfano l'equazione.

► Spiega perché la figura seguente *non* può rappresentare il grafico di una funzione.

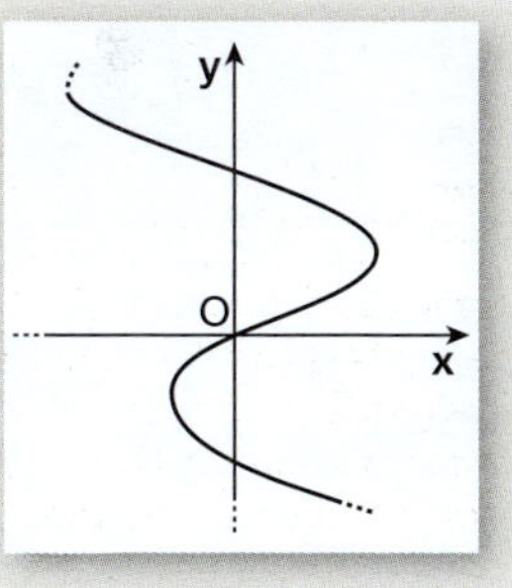

La costruzione del diagramma si può effettuare «per punti», assegnando a x alcuni valori e determinando i corrispondenti valori di y.

Nelle figure dell'esempio, puoi osservare i grafici di due funzioni di uso frequente.

ESEMPIO

Tracciamo per punti i grafici delle funzioni $y = \sqrt{x}$ e $y = \sqrt[3]{x}$.

x	$\sqrt{x}$
0	0
2	$\simeq 1{,}4$
3	$\simeq 1{,}7$
4	2

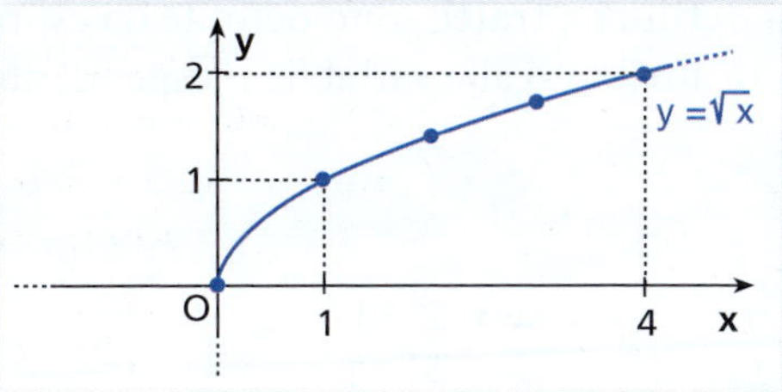

x	$\sqrt[3]{x}$
0	0
± 1	± 1
± 8	± 2

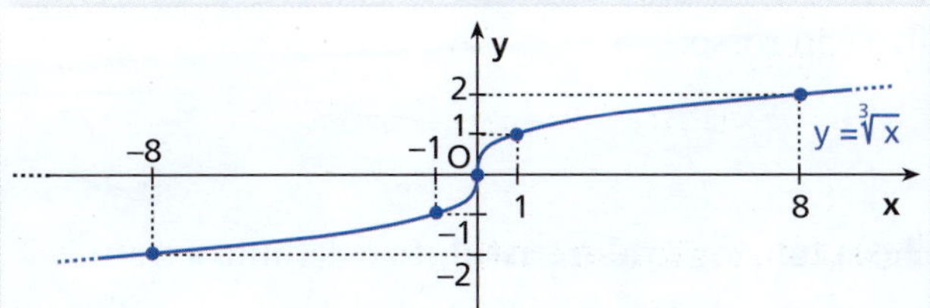

► Verifica, mediante rappresentazione per punti, che i grafici delle funzioni $y = x^3$ e $y = \frac{1}{x}$ sono i seguenti.

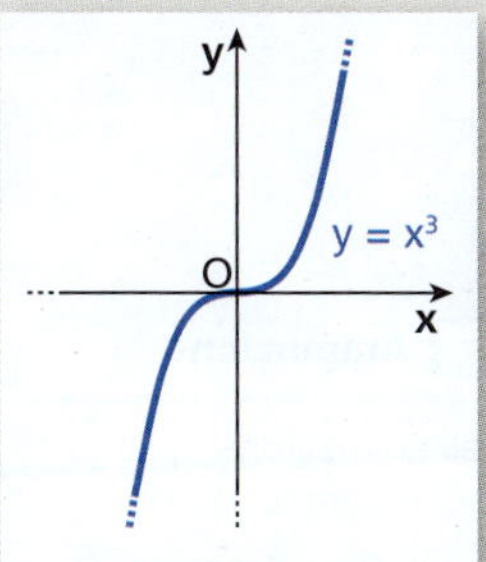

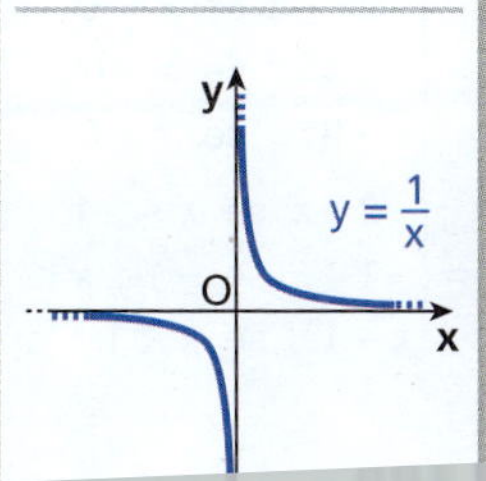

Classificazione delle funzioni

|► Esercizi a p. 552

L'espressione analitica che descrive una funzione può avere due forme:

- **forma esplicita**, del tipo $y = f(x)$; per esempio, $y = 2x^2 - 1$;
- **forma implicita**, del tipo $F(x; y) = 0$; per esempio, $2x^2 - y - 1 = 0$.

Se l'espressione $y = f(x)$ contiene soltanto operazioni di addizione, sottrazione, moltiplicazione, divisione, elevamento a potenza o estrazione di radice, la funzione è **algebrica**.
Una funzione algebrica in forma esplicita può essere:

- **razionale intera** (o polinomiale) se è espressa mediante un polinomio; in particolare, se il polinomio è di primo grado rispetto alla variabile x, la funzione si dice **lineare**, se il polinomio in x è di secondo grado, la funzione è detta **quadratica**; il grafico di una funzione lineare è una retta, quello di una funzione quadratica è una parabola;
- **razionale fratta** se è espressa mediante quozienti di polinomi;
- **irrazionale** se la variabile indipendente compare sotto il segno di radice.

ESEMPIO
Le funzioni $y = 5x - 7$ e $y = -x^2 + 3x - 8$ sono razionali intere.
La prima è lineare, la seconda è quadratica.
$y = \dfrac{5x - 1}{x^2}$ è una funzione razionale fratta. $y = \sqrt[4]{x^3 - 9}$ è una funzione irrazionale.

Se una funzione non è algebrica, si dice **trascendente**. Studieremo in seguito alcune funzioni trascendenti, per esempio la funzione logaritmica e la funzione esponenziale.

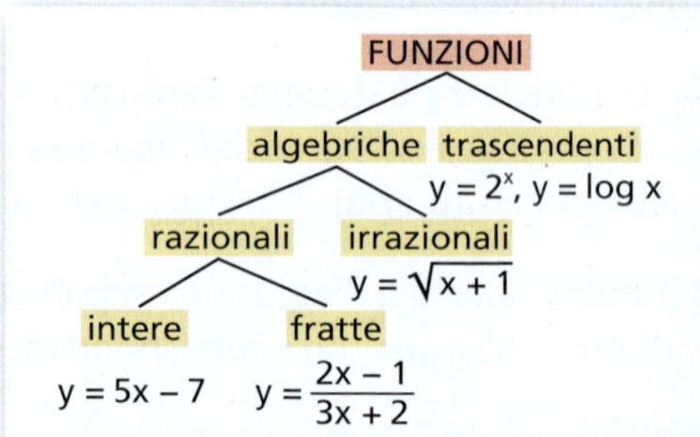

Funzioni definite a tratti

|► Esercizi a p. 552

Esistono **funzioni definite a tratti**: sono definite da espressioni analitiche diverse a seconda del valore attribuito alla variabile indipendente.

ESEMPIO
La funzione

$$y = \begin{cases} 2x + 6 & \text{se } x \leq -1 \\ x^2 - 2x + 1 & \text{se } x > -1 \end{cases}$$

è definita a tratti. Nella figura il suo grafico è in rosso.

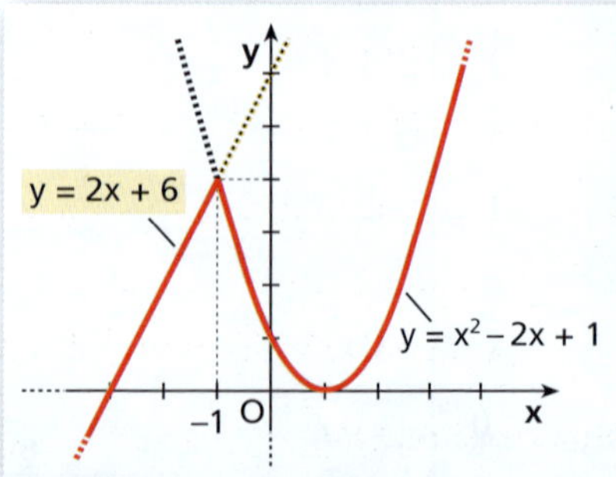

Anche la funzione **valore assoluto** è definita a tratti.

$$y = |x| = \begin{cases} x & \text{se } x \geq 0 \\ -x & \text{se } x < 0 \end{cases}$$

Animazione

Nell'animazione ci sono anche i grafici di:

$$y = \begin{cases} -2x - 3 & \text{se } x < 0 \\ -1 & \text{se } x = 0\,; \\ x - 3 & \text{se } x > 0 \end{cases}$$

$$y = \begin{cases} -2 - x & \text{se } x < -1 \\ -1 & \text{se } -1 \leq x < 1. \\ x - 1 & \text{se } x \geq 1 \end{cases}$$

$y = x$ è la funzione rappresentata dalla bisettrice del primo e terzo quadrante e $y = -x$ è rappresentata dalla bisettrice del secondo e quarto quadrante, quindi il grafico di $y = |x|$ è quello della figura a fianco.

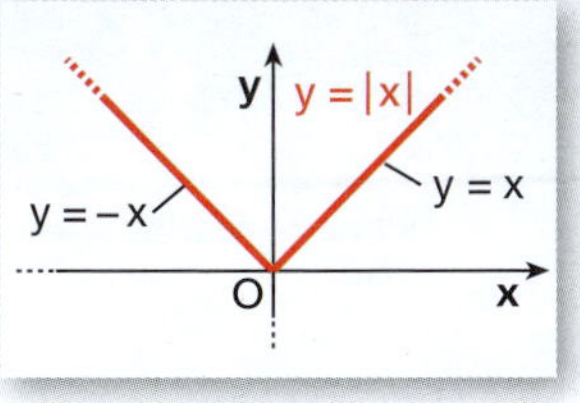

Dominio naturale di una funzione

Esercizi a p. 554

DEFINIZIONE

Il **dominio naturale** della funzione $y = f(x)$ è l'insieme più ampio dei valori reali che si possono assegnare alla variabile indipendente x affinché esista il corrispondente valore reale y.
Il dominio naturale viene anche chiamato **campo di esistenza**.

Di solito, il dominio naturale non viene assegnato esplicitamente, perché può essere ricavato dall'espressione analitica della funzione.

Quando viene assegnata una funzione senza indicare il dominio, si sottointende che esso è il dominio naturale.
Per questo motivo, chiamiamo il dominio naturale anche soltanto **dominio** e lo indichiamo con D.
Se una funzione è **razionale intera**, il dominio è $\mathbb{R}$, che si può anche scrivere come D: $]-\infty; +\infty[$.
Se una funzione è **razionale fratta**, il dominio è $\mathbb{R}$ privato dei valori che annullano il denominatore.

Se una funzione è **irrazionale intera**, è necessario considerare l'indice. Nel caso di:

- indice *pari*, il radicale negativo non ha significato, perciò il dominio è dato dall'insieme dei valori che rendono non negativo il radicando.
- indice *dispari*, è sempre definita per tutti i valori per i quali il radicando ha significato.

ESEMPIO

1. $y = \dfrac{x^3 + 8}{2x^2 + 3x - 5}$ è una funzione razionale fratta, quindi poniamo il denominatore diverso da zero:

   $2x^2 + 3x - 5 \neq 0 \rightarrow x_1 \neq -\dfrac{5}{2};\ x_2 \neq 1.$

   Il dominio della funzione è: $D = \mathbb{R} - \left\{-\dfrac{5}{2}; 1\right\}$.

2. La funzione $y = \sqrt[2]{2x^2 + 7x}$ ha radice con indice pari, perciò è definita solo se:

   $2x^2 + 7x \geq 0 \rightarrow x \leq -\dfrac{7}{2} \vee x \geq 0.$

   Il dominio della funzione è D: $x \leq -\dfrac{7}{2} \vee x \geq 0$.

3. La funzione $y = \sqrt[3]{5x^5 + 7x^3 + 15}$ ha radice con indice dispari, il radicando è un polinomio, perciò è sempre definito. Il dominio della funzione è $\mathbb{R}$.

▶ Determina il dominio della funzione $y = \dfrac{x}{(x+2)(x-5)}$.

Funzioni uguali

DEFINIZIONE

$y = f(x)$ e $y = g(x)$ sono **funzioni uguali** se hanno lo stesso dominio D e

TEORIA

ESEMPIO

Le funzioni $y = x^2 - 9$ e $y = (x - 3)(x + 3)$ sono uguali, perché per entrambe il dominio è $\mathbb{R}$ e $x^2 - 9 = (x - 3)(x + 3)$ per ogni $x \in \mathbb{R}$.

Le funzioni $y = x - 3$ e $y = \frac{x^2 - 9}{x + 3}$ non sono uguali, perché $x - 3 = \frac{x^2 - 9}{x + 3}$ soltanto per $x \neq -3$. Il valore -3 appartiene al dominio D_1 della prima funzione, ma non al dominio D_2 della seconda: $D_1 \neq D_2$.

Zeri e segno di una funzione

▶ Esercizi a p. 557

Un numero reale a è uno **zero della funzione** $y = f(x)$ se $f(a) = 0$.

Nel grafico di una funzione, i suoi zeri sono le ascisse dei punti che hanno ordinata nulla, cioè dei punti di *intersezione con l'asse x*.

Gli eventuali punti di *intersezione con l'asse y* hanno invece ascissa nulla, quindi si ottengono calcolando $y = f(0)$, quando 0 appartiene al dominio della funzione.

Mediante lo *studio del segno* della funzione, risolvendo la disequazione $f(x) > 0$, possiamo anche stabilire in quali zone il grafico della funzione è nel semipiano delle ordinate positive e in quali è nel semipiano di quelle negative.

ESEMPIO

Della funzione $y = f(x) = x^3 + 2x^2 - 5x - 6$ determiniamo:

a. il dominio;
b. gli eventuali punti di intersezione del suo grafico con gli assi;
c. il segno.

a. La funzione è razionale intera, perciò il dominio è $\mathbb{R}$.

b. Per trovare i punti di intersezione con l'asse x, risolviamo l'equazione:

$$f(x) = 0 \rightarrow x^3 + 2x^2 - 5x - 6 = 0.$$

Scomponendo il polinomio con la regola di Ruffini, otteniamo:

$$(x + 3)(x + 1)(x - 2) = 0 \rightarrow x = -3;\ x = -1;\ x = 2.$$

Il grafico della funzione ha quindi tre punti di intersezione con l'asse x: $(-3; 0)$; $(-1; 0)$; $(2; 0)$.

Per trovare il punto di intersezione del grafico con l'asse y, calcoliamo:

$$f(0) = 0^3 + 2 \cdot 0^2 - 5 \cdot 0 - 6 = -6.$$

Il punto di intersezione con l'asse y è $(0; -6)$.

c. Per determinare il segno della funzione risolviamo:

$$x^3 + 2x^2 - 5x - 6 > 0 \rightarrow$$

$$\rightarrow (x + 3)(x + 1)(x - 2) > 0.$$

Compiliamo il quadro dei segni.

		−3		−1		2	
x+3	−	0	+		+		+
x+1	−		−	0	+		+
x−2	−		−		−	0	+
(x+3)(x+1)(x−2)	−	0	+	0	−	0	+

Animazione

Nell'animazione trovi i passaggi con cui si ottiene la scomposizione del polinomio.

▶ Determina dominio, intersezioni con gli assi e segno della funzione $y = x^3 + 3x^2 - 4x$.

▶ Trova il dominio e studia il segno di $y = \frac{\sqrt{|x| - 2}}{x^2 - 8x + 16}$.

Animazione

Dal quadro ricaviamo che:

$f(x) > 0 \quad$ se $-3 < x < -1 \vee x > 2$;

$f(x) < 0 \quad$ se $x < -3 \vee -1 < x < 2$.

Possiamo utilizzare le informazioni ricavate per determinare la regione del piano cartesiano in cui si trova il grafico della funzione. Sono quelle che nella figura **a** *non* sono tratteggiate. I punti segnati con un pallino indicano le intersezioni del grafico della funzione con gli assi. Possiamo verificare questi risultati tracciando per punti il grafico della funzione (figura **b**).
Se la funzione è positiva il grafico si trova sopra l'asse delle ascisse, se è negativa si trova al di sotto dell'asse delle ascisse.

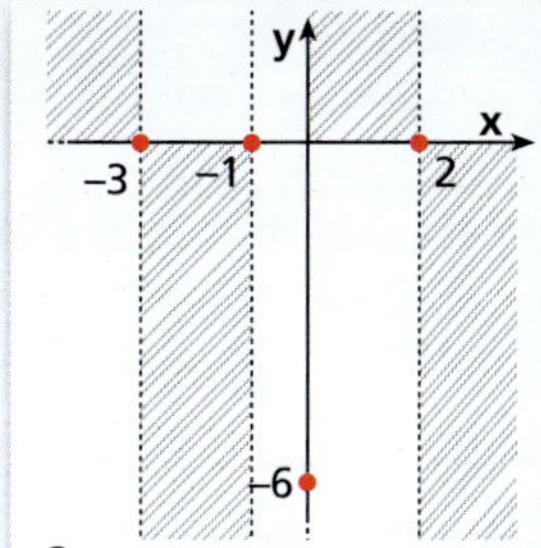

a

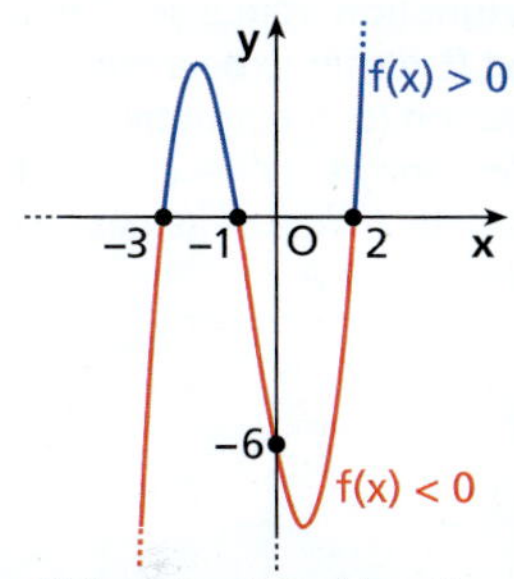

$f(x) = x^3 + 2x^2 - 5x - 6$
b

2 Funzioni iniettive, suriettive e biunivoche

▶ Esercizi a p. 559

Funzione iniettiva

DEFINIZIONE
Una funzione da A a B è **iniettiva** se ogni elemento di B è immagine di al più un elemento di A.

Listen to it
A **function** from a set *A* to a set *B* is said to be an **injection** (or an **injective function**) if it maps distinct objects of set *A* to distinct objects of set *B*.

Dicendo *al più*, intendiamo che ci possono essere elementi di B che non sono immagini di elementi di A, ma non possono esserci elementi di B che sono immagini di più di un elemento di A.
Quindi, se una funzione è iniettiva:

- a due elementi distinti del dominio corrispondono sempre due elementi distinti dell'insieme immagine: $x_1 \neq x_2 \rightarrow f(x_1) \neq f(x_2)$;
- non è detto che l'insieme B di arrivo coincida con l'immagine.

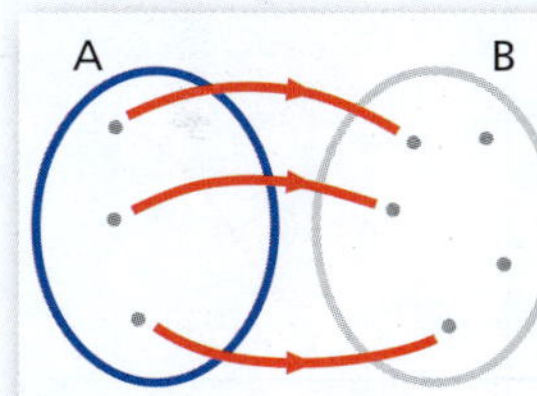

a ogni elemento di B arriva al più una freccia

Animazione
Nell'animazione puoi verificare la iniettività o la non iniettività con figure dinamiche.

ESEMPIO
Verifichiamo se sono iniettive le seguenti funzioni.

a. $y = 2x - 1$ è iniettiva perché ogni valore assunto da y è immagine di un solo valore di x.

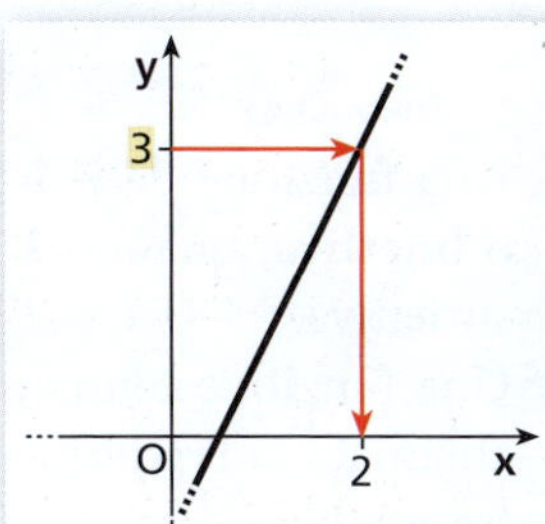

b. $y = x^2 - 2x + 2$ **non** è iniettiva.
Scegliamo, per esempio, $y = 5$. Sostituendo, otteniamo:

$$x^2 - 2x + 2 = 5 \quad \rightarrow \quad x^2 - 2x - 3 = 0 \quad \rightarrow$$
$$x_1 = -1, x_2 = 3.$$

Il valore 5 della y è immagine di due diversi valori della x, -1 e 3.

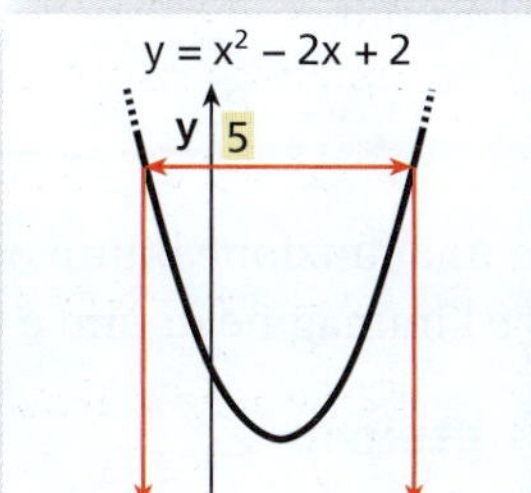

In generale, per dimostrare che una funzione *non* è iniettiva, è sufficiente:

- algebricamente, trovare due valori x_1 e x_2 appartenenti al dominio tali che $f(x_1) = f(x_2)$;
- graficamente, verificare che una retta parallela all'asse x interseca il grafico della funzione in più di un punto.

Funzione suriettiva

DEFINIZIONE

Una funzione da A a B è **suriettiva** quando ogni elemento di B è immagine di almeno un elemento di A.

Listen to it

A **function** from a set *A* to a set *B* is said to be a **surjection** (or a **surjective function**) if each element of *B* is the image of at least one element of *A*.

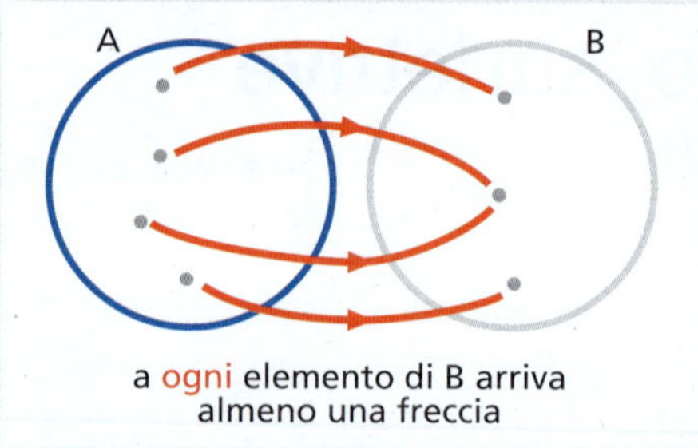

Dicendo *almeno* intendiamo che un elemento di B può essere l'immagine di più elementi di A.

Se una funzione è suriettiva, l'insieme di arrivo B coincide con l'insieme immagine.

Il fatto che una funzione sia o non sia suriettiva dipende da come si sceglie l'insieme di arrivo. Se lo si sceglie coincidente con l'insieme immagine, la funzione è certamente suriettiva.

ESEMPIO

La funzione rappresentata nella figura a fianco è suriettiva se l'insieme d'arrivo è costituito dagli y tali che $1 \leq y \leq 5$.
Se invece consideriamo l'insieme di arrivo $0 \leq y \leq 5$, **non** è suriettiva.

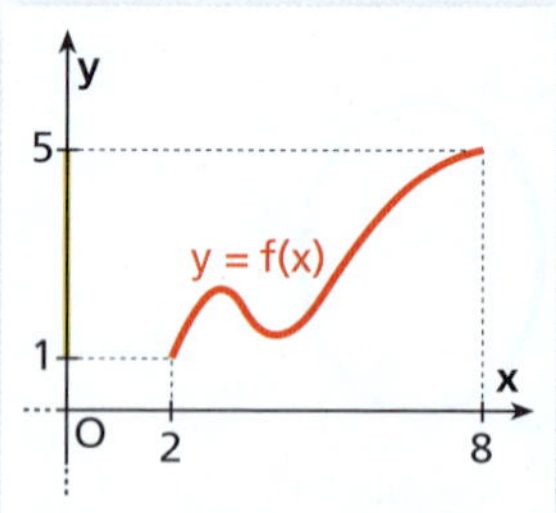

Funzione biunivoca

DEFINIZIONE

Una funzione da A a B è **biunivoca**, o **biiettiva**, quando è sia iniettiva sia suriettiva.
Una funzione biunivoca viene anche chiamata **corrispondenza biunivoca** fra A e B.
In simboli:

$$f: A \leftrightarrow B.$$

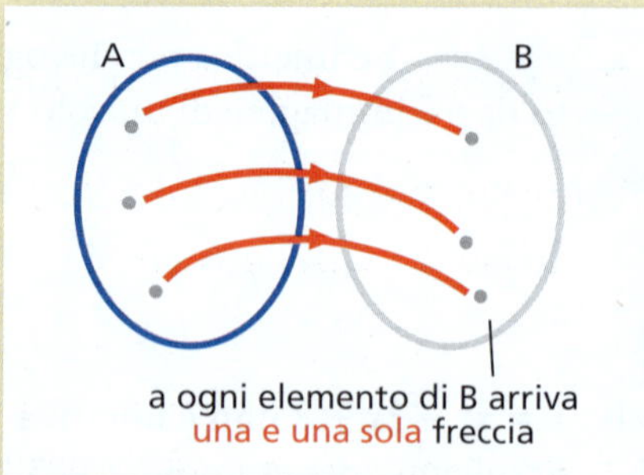

Listen to it

A **function** from a set *A* to a set *B* is said to be a **bijection** (or a **bijective function**) if it is both injective and surjective.

In una funzione biunivoca c'è una corrispondenza «uno a uno»: ogni elemento di B è l'immagine di uno e un solo elemento di A.

ESEMPIO

a. La funzione f: $[a; b] \rightarrow [c; d]$ rappresentata nella figura **a** è biunivoca. Ogni valore di y è l'immagine di uno e un solo valore di x.

Video

Il codice fiscale
Il codice fiscale è usato per identificare in modo univoco tutti i cittadini italiani. Usiamo le proprietà delle funzioni per capire come viene creato.

b. La funzione g: $[a; b] \to [c; d]$ della figura **b non** è biunivoca. Ci sono valori di y che sono immagine di più valori di x.

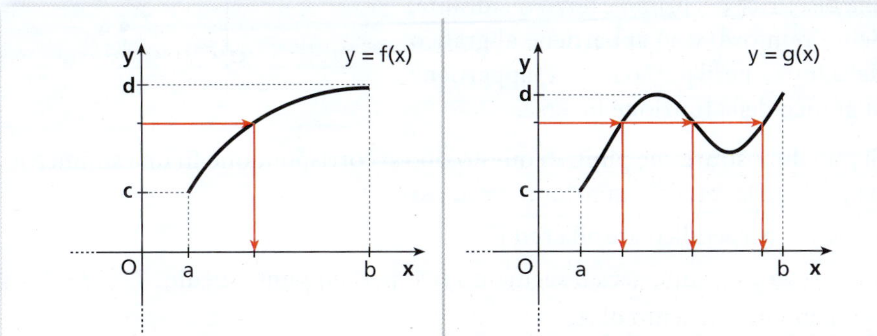

a. f(x) è biunivoca.

b. g(x) non è biunivoca.

► La funzione $f(x) = |x|$, definita da $\mathbb{R}$ a $\mathbb{R}$, è biunivoca? E la funzione $g(x) = x^3$, definita da $\mathbb{R}$ a $\mathbb{R}$?

3 Funzione inversa

► Esercizi a p. 560

DEFINIZIONE

Sia $f: A \to B$ una funzione biunivoca. La **funzione inversa** di f è la funzione biunivoca $f^{-1}: B \to A$ che associa a ogni y di B il valore x di A tale che $y = f(x)$.
In simboli:

$$f: A \to B,\ y = f(x) \to f^{-1}: B \to A,\ x = f^{-1}(y).$$

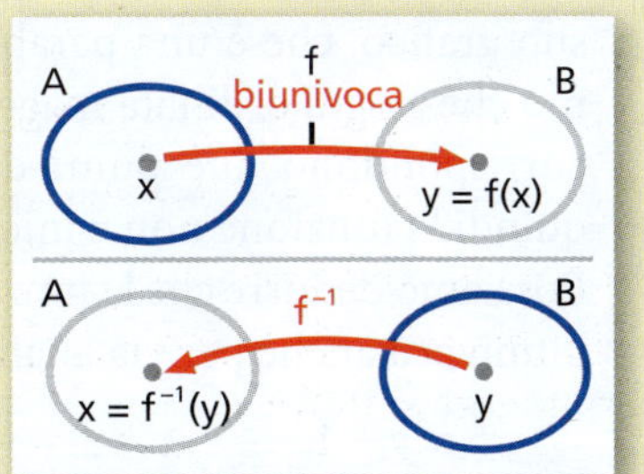

Poiché A e B sono entrambi sottoinsiemi di $\mathbb{R}$ e x e y sono entrambe variabili reali, spesso nell'indicare la funzione inversa di una funzione $f(x)$ si preferisce utilizzare comunque x come variabile indipendente e y come variabile dipendente, scrivendo quindi un'espressione analitica della forma $y = f^{-1}(x)$.

Grafico della funzione inversa

ESEMPIO

La funzione $y = f(x) = 2x - 1$ è biunivoca.
Per ottenere la sua inversa $f^{-1}(x)$:

- ricaviamo x in funzione di y:

$$x = \frac{y+1}{2};$$

- indichiamo con y la variabile dipendente e con x quella indipendente, ossia scambiamo x con y:

$$y = f^{-1}(x) = \frac{x+1}{2}.$$

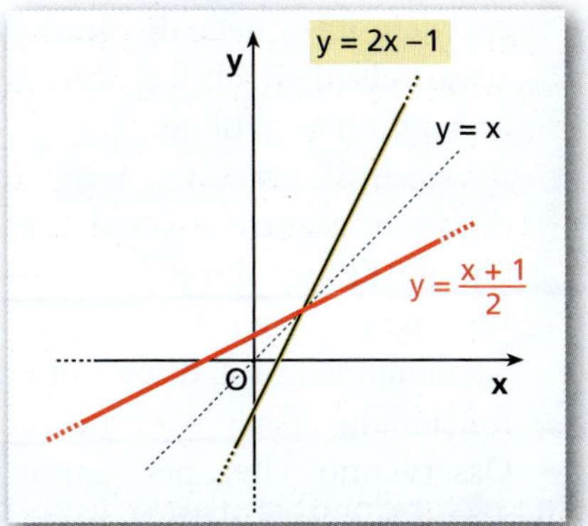

Animazione

Con figure dinamiche, esaminiamo i grafici delle funzioni inverse di:

- $y = mx + q$,
- $y = ax^2 + c$,

generalizzando le funzioni di questo esempio e di quello successivo.

Rappresentiamo la funzione e la sua inversa nello stesso piano cartesiano. I loro grafici sono rette simmetriche rispetto alla bisettrice del ...

► Determina la funzione inversa di $y = -4x + 4$ ...

TEORIA

MATEMATICA E STORIA

Messaggi in codice
Durante la Seconda guerra mondiale, gli inglesi, con l'aiuto del matematico Alan Turing (1912-1954) e della macchina Colossus, sono riusciti a decifrare i messaggi in codice dei servizi segreti tedeschi.

► Che cosa è la crittografia?

La risposta

Cerca nel Web: cifrario di Cesare, cipher

Il grafico di una funzione e quello della sua inversa sono sempre simmetrici rispetto alla bisettrice del primo e terzo quadrante. Se un punto $A(x; y)$ appartiene al grafico della funzione, il punto $A'(y; x)$ appartiene al grafico della funzione inversa.

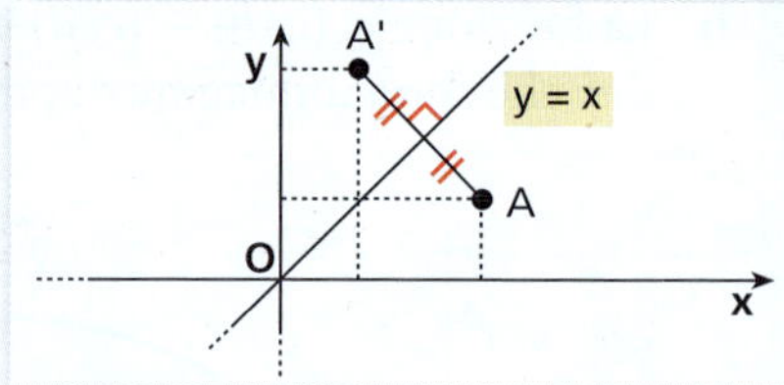

Si può dimostrare che punti di questo tipo si corrispondono in una simmetria che ha per asse la retta di equazione $y = x$, ossia:

- AA' è perpendicolare alla retta $y = x$;
- la retta $y = x$ interseca il segmento AA' nel suo punto medio.

Restrizione del dominio

ESEMPIO Animazione

La funzione $y = g(x) = x^2 - 1$, considerata nel suo dominio naturale $\mathbb{R}$, non ammette la funzione inversa perché non è biunivoca. Infatti, osservando il suo grafico, che è una parabola, notiamo che a ogni ordinata maggiore di -1 corrispondono due punti del grafico, quindi la funzione non è iniettiva.

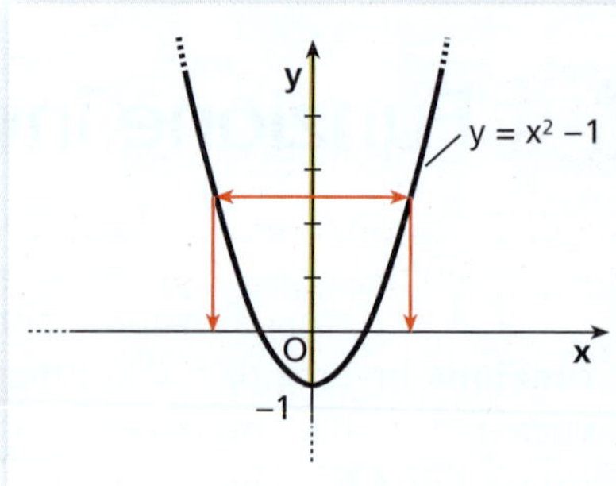

Possiamo dedurre che la funzione non è biunivoca anche per via analitica, ricavando x dalla relazione che esprime $f(x)$:

$$x^2 = y + 1 \quad \rightarrow \quad x = \pm\sqrt{y+1}.$$

Pertanto, ciascun valore di $y > -1$ è immagine di due diversi valori di x, uno positivo e uno negativo: $x = \sqrt{y+1}$, $x = -\sqrt{y+1}$. Questo indica che la funzione non è iniettiva.

Tuttavia, possiamo *restringere il dominio* della funzione a un sottoinsieme in cui essa risulti biunivoca.

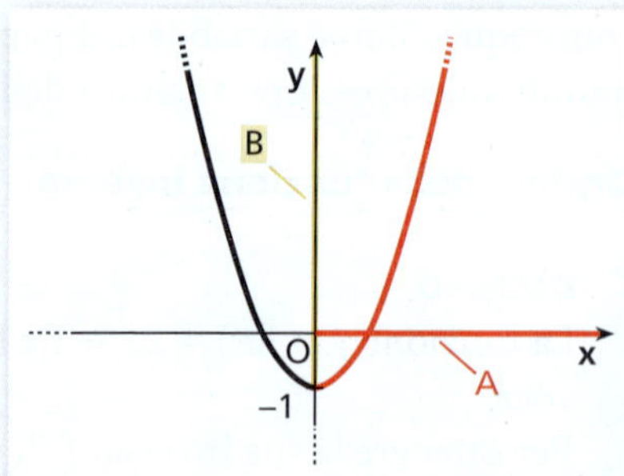

Se consideriamo $y = g(x) = x^2 - 1$ soltanto per $x \geq 0$, il grafico della funzione così definita è quello disegnato in colore rosso nella figura: la funzione è biunivoca e quindi invertibile.

Il valore di $x = \sqrt{y+1}$ appartiene al dominio, mentre $-\sqrt{y+1}$ è escluso. Quindi l'espressione $y = x^2 - 1$ si inverte in $x = \sqrt{y+1}$.

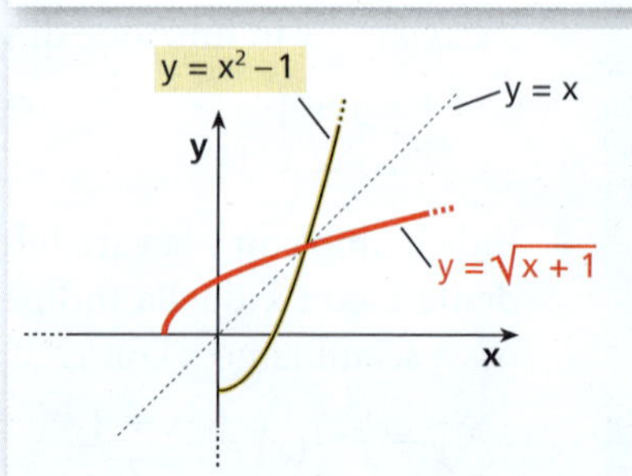

Scambiando i ruoli di x e y otteniamo la funzione inversa: $y = g^{-1}(x) = \sqrt{x+1}$.

Osserviamo che, per garantire che $y = x^2 - 1$ sia suriettiva, basta considerare il suo insieme di arrivo coincidente con il suo codominio $y \geq -1$.

Questo insieme diventa il dominio della funzione inversa: $x \geq -1$.

I grafici di $y = x^2 - 1$ e di $y = \sqrt{x+1}$ sono simmetrici rispetto alla bisettrice del primo e terzo quadrante.

► Restringi il dominio di $y = 4x^2 - 9$ in modo che sia invertibile e determina la funzione inversa.

ESEMPIO

Il grafico di $y = |x^2 - x|$ si ottiene dalla parabola di equazione $y = x^2 - x$ se al posto dei punti con ordinata negativa si prendono i punti con la stessa ascissa ma con ordinata opposta, cioè simmetrici rispetto all'asse x.

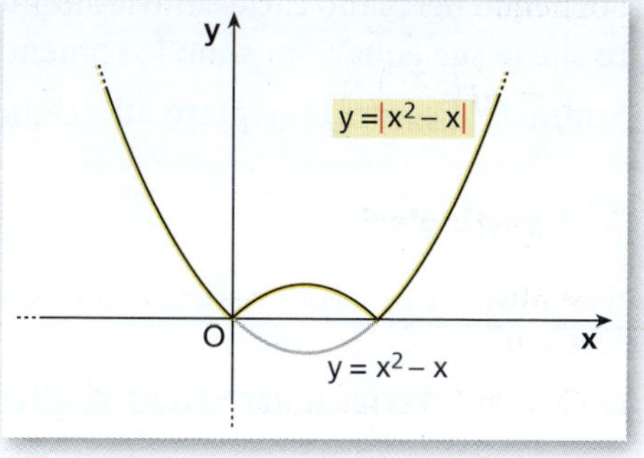

Il grafico di $y = f(|x|)$

La funzione $y = f(|x|)$, dove $f(|x|) = \begin{cases} f(x) & \text{se } x \geq 0 \\ f(-x) & \text{se } x < 0 \end{cases}$,

- se $x \geq 0$ (semipiano delle ascisse positive), ha lo stesso grafico di $y = f(x)$;
- se $x < 0$ (semipiano delle ascisse negative), ha il grafico di $y = f(-x)$, che si ottiene tracciando il simmetrico rispetto all'asse y del grafico di $y = f(x)$.

▶ Traccia i grafici di:
- $y = \left|-\frac{x}{2} + 1\right|$;
- $y = -\frac{|x|}{2} + 1$.

Animazione

ESEMPIO

Il grafico di $y = |x|^2 - |x|$ si ottiene tracciando quello di $y = x^2 - x$ nel semipiano con ascisse positive e considerando poi, nel semipiano delle ascisse negative, il suo simmetrico rispetto all'asse y.

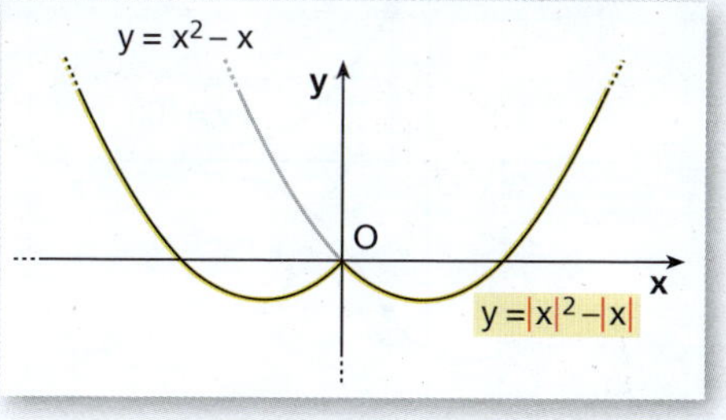

Dilatazione

▶ Esercizi a p. 575

Dato il punto $P(x; y)$ e il suo trasformato $P'(x'; y')$, consideriamo la trasformazione geometrica che ha per equazioni

$$\begin{cases} x' = mx \\ y' = ny \end{cases} \quad \text{con } m, n \in \mathbb{R}^+.$$

Queste sono le equazioni di particolari *affinità*. Le affinità sono trasformazioni geometriche che conservano il parallelismo ma non la congruenza, e quindi sono trasformazioni non isometriche. Se $m = n$, si ha un'*omotetia diretta* avente come centro l'origine degli assi.

Data la funzione $y = f(x)$, cerchiamo l'equazione della funzione f' il cui grafico è l'immagine di quello di f nella trasformazione.

Dalle equazioni della trasformazione ricaviamo x e y:

$$\begin{cases} x = \dfrac{x'}{m} \\ y = \dfrac{y'}{n} \end{cases}$$

Sostituiamo in $y = f(x)$:

Studiamo nel piano cartesiano la simmetria rispetto all'origine O. Si può dimostrare che le sue equazioni sono le seguenti.

Simmetria centrale rispetto all'origine degli assi

$$\begin{cases} x' = -x \\ y' = -y \end{cases}$$

Due punti simmetrici rispetto all'origine hanno ascisse e ordinate opposte.

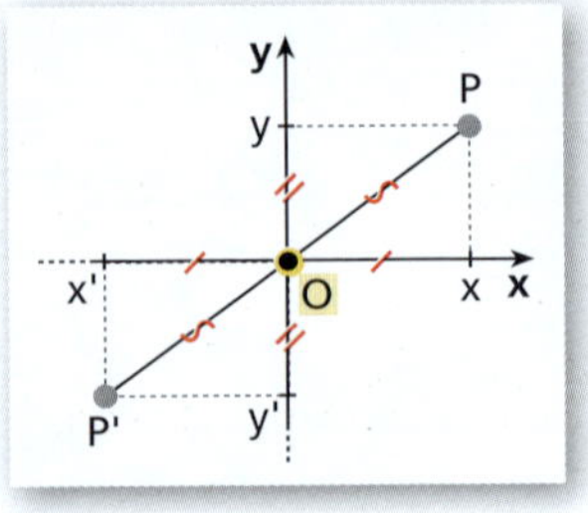

Simmetrie e grafico delle funzioni

▶ Esercizi a p. 572

Data una funzione di equazione $y = f(x)$, con considerazioni analoghe a quelle utilizzate per la traslazione, si può dimostrare che:

a. $y = -f(x)$ ha il grafico simmetrico del grafico di $f(x)$ rispetto all'asse x;
b. $y = f(-x)$ ha il grafico simmetrico del grafico di $f(x)$ rispetto all'asse y;
c. $y = -f(-x)$ ha il grafico simmetrico del grafico di $f(x)$ rispetto all'origine.

Animazione

Nell'animazione, rappresentiamo nel piano cartesiano $y = f(x) = x^2 - x$ e le funzioni:
a. $y = -f(x)$;
b. $y = f(-x)$;
c. $y = -f(-x)$.

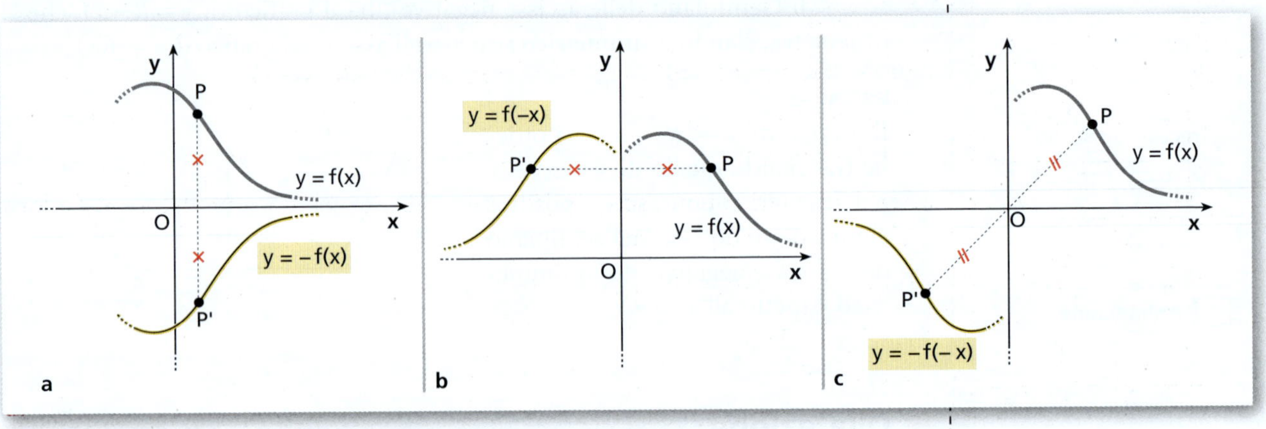

Funzioni con valori assoluti

▶ Esercizi a p. 574

Utilizziamo le simmetrie per disegnare i grafici di alcuni tipi di funzioni che contengono valori assoluti.

Il grafico di $y = |f(x)|$

Per ottenere il grafico di $y = |f(x)|$, dove

$$|f(x)| = \begin{cases} f(x) & \text{se } f(x) \geq 0 \\ -f(x) & \text{se } f(x) < 0 \end{cases},$$

disegniamo il grafico di $y = f(x)$ e poi:

- confermiamo il grafico di f negli intervalli in cui $f(x) \geq 0$, ossia per i punti del grafico che appartengono al semipiano delle ordinate positive;
- consideriamo il simmetrico rispetto all'asse x del grafico di $f(x)$ negli intervalli in cui $f(x) < 0$, ossia per i punti del grafico che appartengono al semipiano delle ordinate negative.

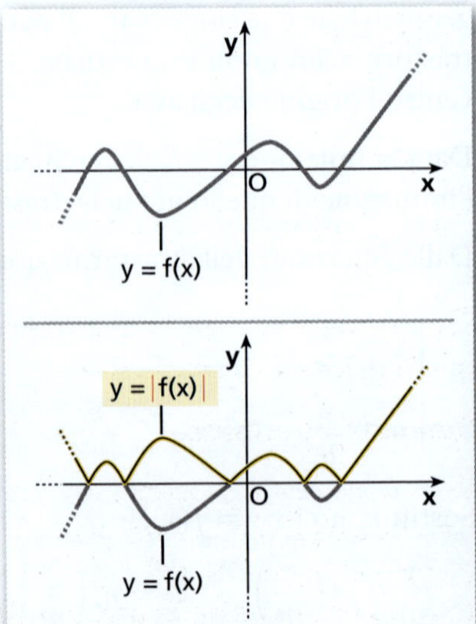

Simmetrie

▶ Esercizi a p. 570

Simmetria assiale

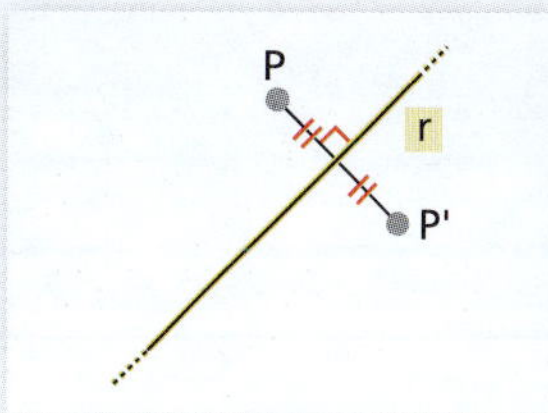

Fissata nel piano una retta r, la **simmetria assiale rispetto alla retta r** è quella isometria che a ogni punto del piano P fa corrispondere il punto P' del semipiano opposto rispetto a r tale che r è l'asse del segmento PP':

- r passa per il punto medio di PP';
- PP' è perpendicolare alla retta r.

La retta r è detta **asse di simmetria**.

Prendiamo in esame nel piano cartesiano le simmetrie che hanno come asse una retta parallela all'asse y, una parallela all'asse x, la bisettrice del primo e terzo quadrante. Si può dimostrare che hanno le seguenti equazioni.

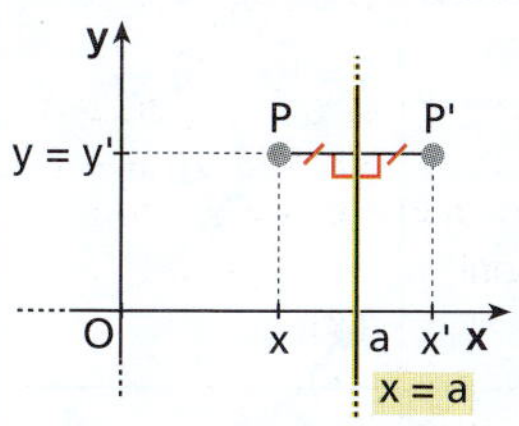

Simmetria rispetto all'asse $x = a$ (asse parallelo all'asse y)

$$\begin{cases} x' = 2a - x \\ y' = y \end{cases}$$

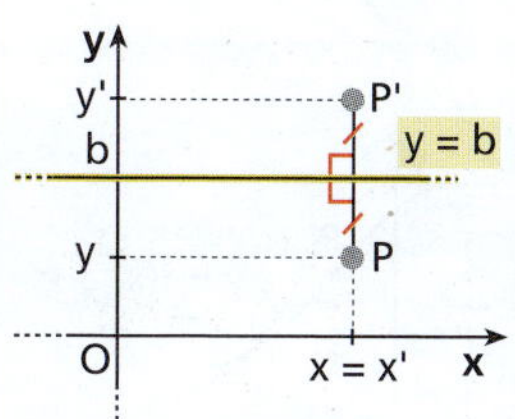

Simmetria rispetto all'asse $y = b$ (asse parallelo all'asse x)

$$\begin{cases} x' = x \\ y' = 2b - y \end{cases}$$

Casi particolari sono le simmetrie rispetto all'asse y e rispetto all'asse x. Le loro equazioni si ottengono dalle due precedenti, con $a = 0$ e $b = 0$.

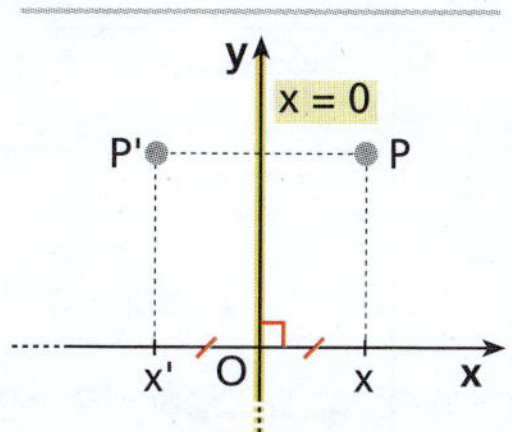

Simmetria rispetto all'asse $x = 0$ (asse y)

$$\begin{cases} x' = -x \\ y' = y \end{cases}$$

Due punti simmetrici rispetto all'asse y hanno ascisse opposte e la stessa ordinata.

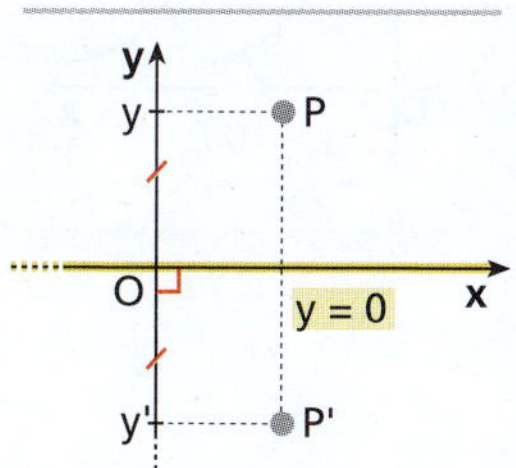

Simmetria rispetto all'asse $y = 0$ (asse x)

$$\begin{cases} x' = x \\ y' = -y \end{cases}$$

Due punti simmetrici rispetto all'asse x hanno la stessa ascissa e ordinate opposte.

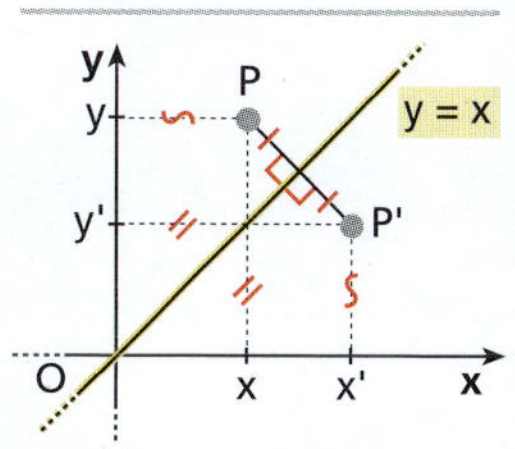

Simmetria rispetto all'asse $y = x$ (bisettrice del primo e terzo quadrante)

$$\begin{cases} x' = y \\ y' = x \end{cases}$$

Punti uniti

P è un **punto unito** di una trasformazione geometrica se ha come trasformato se stesso.

Si può dimostrare che **in una simmetria assiale i punti uniti sono tutti e soltanto quelli dell'asse di simmetria**.

Simmetria centrale

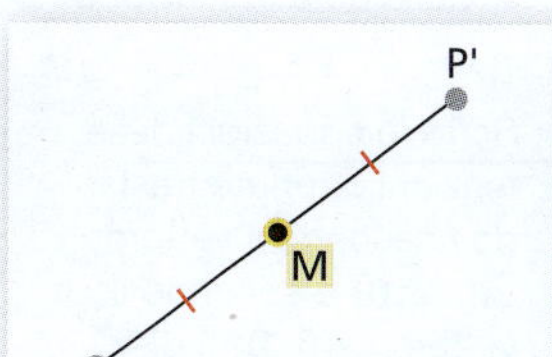

Fissato nel piano un punto M, la **simmetria centrale** di centro M è quella isometria che a ogni punto P del piano fa corrispondere il punto P' tale che M è il punto medio del segmento PP'.

Per generalizzare il procedimento precedente, consideriamo una generica funzione $y = f(x)$.

Ricaviamo x e y dalle equazioni di una generica traslazione di vettore $\vec{v}\,(a; b)$:

$$\begin{cases} x' = x + a \\ y' = y + b \end{cases} \rightarrow \begin{cases} x = x' - a \\ y = y' - b \end{cases}.$$

Sostituiamo le espressioni calcolate in $y = f(x)$:

$$y' - b = f(x' - a) \quad \rightarrow \quad y' = f(x' - a) + b.$$

Togliendo gli apici, otteniamo l'espressione della funzione traslata, scritta utilizzando l'espressione di f e le componenti di $\vec{v}$:

$$\boldsymbol{y = f(x - a) + b}.$$

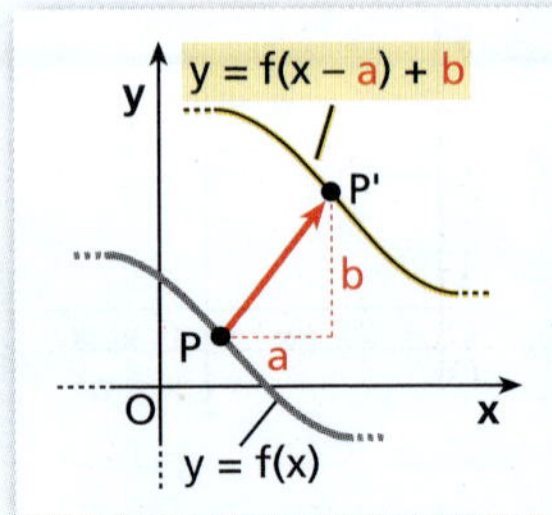

Casi particolari

- Se $a = 0$ e $b \neq 0$, la **traslazione ha vettore parallelo all'asse y**.
  Se $b > 0$, la traslazione ha il verso dell'asse y (verso l'alto). Se $b < 0$, ha verso contrario a quello dell'asse y (verso il basso).

  L'equazione della funzione traslata è: $\boldsymbol{y = f(x) + b}$.

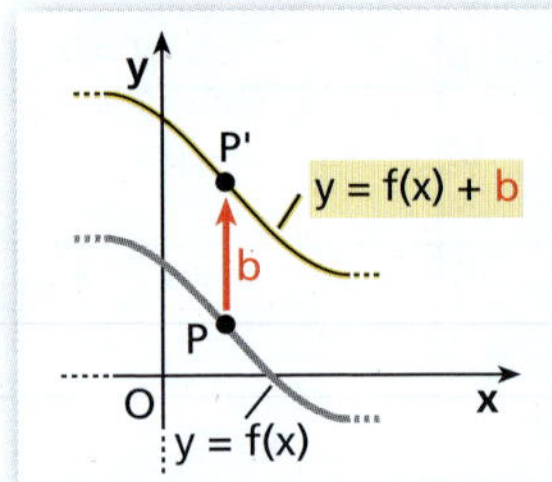

- Se $a \neq 0$ e $b = 0$, la **traslazione ha vettore parallelo all'asse x**.
  Se $a > 0$, la traslazione ha lo stesso verso dell'asse x (verso destra). Se $a < 0$, ha verso contrario a quello dell'asse (verso sinistra).

  L'equazione della funzione traslata è: $\boldsymbol{y = f(x - a)}$.

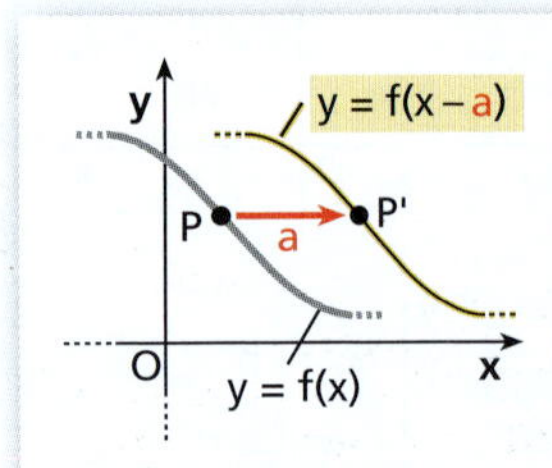

ESEMPIO Animazione

Consideriamo ancora la funzione $y = f(x) = 4x^2$ dell'esempio precedente. Scriviamo le equazioni e disegniamo i grafici delle funzioni ottenute mediante le traslazioni di vettori $\vec{v_1}(0; 1)$ e $\vec{v_2}(2; 0)$.

Dall'equazione di $f(x)$ passiamo all'equazione $y = f(x - a) + b$.

Con $\vec{v_1}(0; 1)$, abbiamo $a = 0$ e $b = 1$, quindi $y = 4x^2 + 1$.

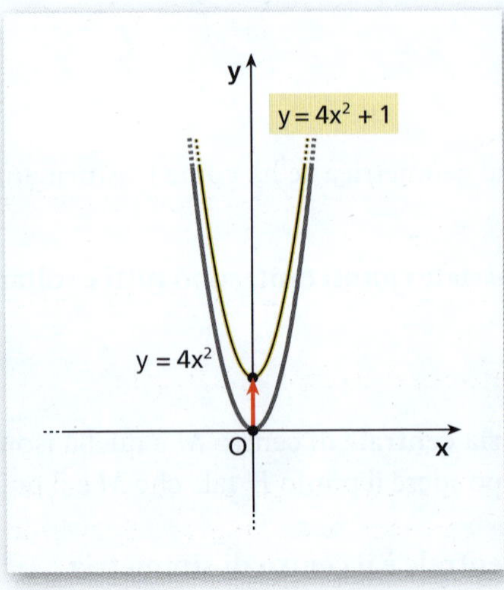

Con $\vec{v_2}(2; 0)$, abbiamo $a = 2$ e $b = 0$, quindi $y = 4(x - 2)^2$.

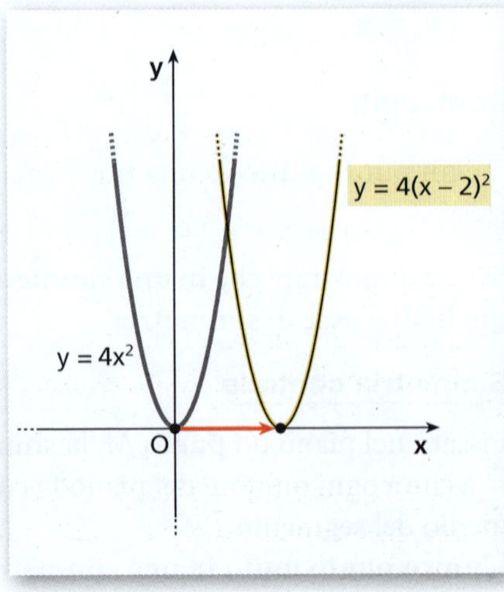

▶ Considera la funzione $f(x) = 2x + 3$.
Scrivi le equazioni delle funzioni ottenute traslando f secondo il vettore $\vec{v_1}(-3; 0)$ e secondo il vettore $\vec{v_2}(0; 1)$, e disegna i loro grafici.

Segmenti orientati con queste caratteristiche si dicono **equipollenti** fra loro e ognuno di essi rappresenta lo stesso **vettore**.

Gli elementi caratteristici di un vettore $\overrightarrow{AA'}$, sono:

- il **modulo**, che è la misura del segmento AA' e che indichiamo con $|\overrightarrow{AA'}|$;
- la **direzione**, che è la direzione della retta AA';
- il **verso**, da A ad A'.

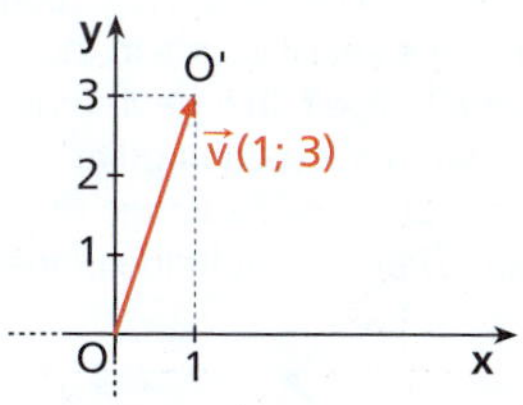

Un vettore può essere indicato, oltre che con un segmento orientato, anche con una lettera con sopra una freccia. Per esempio, $\vec{v}$.
Se, nel piano cartesiano, rappresentiamo un vettore con il particolare segmento orientato che ha come primo estremo il punto $O(0; 0)$, per indicarlo è sufficiente fornire le coordinate del secondo estremo O', che vengono dette **componenti** del vettore. Le componenti del vettore sono proprio i coefficienti a e b delle equazioni della traslazione; infatti si può dimostrare che:

alla traslazione di equazioni $\begin{cases} x' = x + a \\ y' = y + b \end{cases}$ è associato il vettore $\vec{v}(a; b)$ e viceversa.

Traslazione e grafico delle funzioni

▶ Esercizi a p. 569

Dato il grafico di una funzione $y = f(x)$, mediante una traslazione di vettore $\vec{v}$ otteniamo il grafico di una nuova funzione $y = f'(x)$. Diciamo anche che la funzione f', immagine di f nella traslazione, è la **funzione traslata**.
Cerchiamo la relazione che c'è fra le due funzioni, partendo da un esempio.

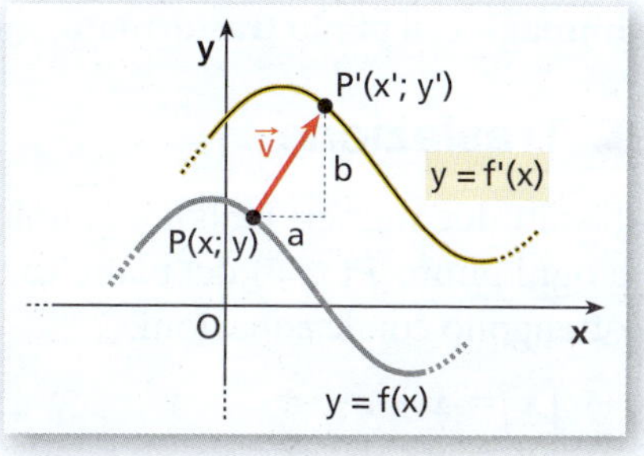

Animazione

Nell'animazione la traslazione avviene con una figura dinamica in cui facciamo variare a e b nel vettore $\vec{v}(a; b)$.

ESEMPIO

Consideriamo la funzione $y = 4x^2$ e la traslazione di vettore $\vec{v}(2; 1)$. Scriviamo l'equazione e disegniamo il grafico della funzione che si ottiene dalla funzione data mediante la traslazione.
Nelle equazioni della traslazione ricaviamo x e y:

$$\begin{cases} x' = x + 2 \\ y' = y + 1 \end{cases} \rightarrow \begin{cases} x = x' - 2 \\ y = y' - 1 \end{cases}.$$

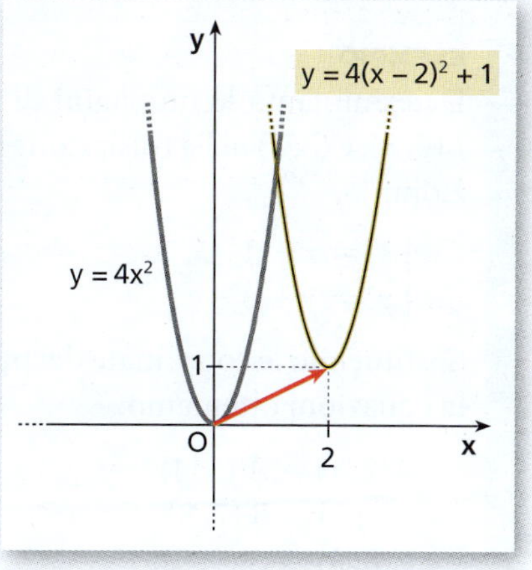

Sostituiamo le espressioni ottenute in $y = 4x^2$:

$$y' - 1 = 4(x' - 2)^2 \quad \rightarrow \quad y' = 4(x' - 2)^2 + 1.$$

Gli apici servono soltanto per distinguere le coordinate del punto finale rispetto a quelle del punto di partenza.
Eliminando gli apici, otteniamo l'espressione della funzione traslata:

$$y = 4(x - 2)^2 + 1 \rightarrow y = 4x^2 - 16x + 17.$$

Confrontiamo $y = 4x^2$ e $y = 4(x - 2)^2 + 1$. Se chiamiamo $y = f(x) = 4x^2$ le ...

▶ Scrivi l'equazione e disegna il grafico della funzione che ottieni dalla funzione $y = 3x$ mediante la traslazione ...

6 Trasformazioni geometriche e grafici

Che cos'è una trasformazione geometrica

DEFINIZIONE

Una **trasformazione geometrica** nel piano è una corrispondenza biunivoca che associa a ogni punto del piano uno e un solo punto del piano stesso.

Listen to it

A **geometric transformation** of the plane is a bijection from the set of points in the plane to itself. In a geometric transformation each point in the plane is the image of exactly one point in the plane.

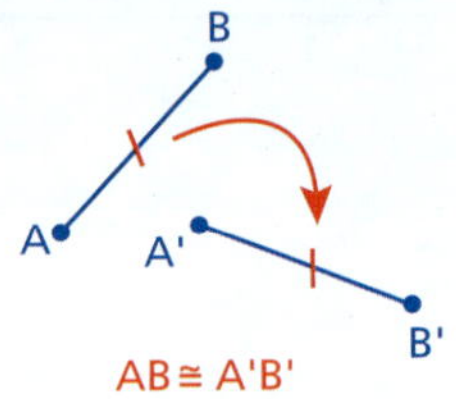

In questo capitolo studiamo le **isometrie**, particolari trasformazioni geometriche che a ogni coppia di punti A e B del piano fanno corrispondere una coppia di punti A' e B' tali che le misure dei segmenti AB e $A'B'$ sono uguali.
Quindi **le isometrie conservano le distanze e trasformano figure geometriche in figure congruenti.**
Per il loro interesse nello studio dei grafici delle funzioni, noi analizziamo questi tipi di isometrie nel piano: la traslazione, la simmetria assiale e la simmetria centrale.
Per ognuna delle trasformazioni, a ogni punto del piano cartesiano associamo la sua **immagine**, il punto **trasformato**, mediante le **equazioni della trasformazione**.

Traslazione

▶ Esercizi a p. 568

Fissati due numeri reali a e b, una **traslazione** è una trasformazione che associa a ogni punto $P(x; y)$ del piano cartesiano il punto $P'(x'; y')$, le cui coordinate si ottengono con le equazioni:

$$\begin{cases} x' = x + a \\ y' = y + b \end{cases}.$$

ESEMPIO

Determiniamo le immagini di $A(2; 1)$, $B(6; 5)$, $C(8; 2)$ nella traslazione di equazioni:

$$\begin{cases} x' = x + 1 \\ y' = y + 3 \end{cases}.$$

Sostituendo le coordinate dei punti nelle equazioni otteniamo:

$A(2; 1) \mapsto A'(3; 4)$,
$B(6; 5) \mapsto B'(7; 8)$,
$C(8; 2) \mapsto C'(9; 5)$.

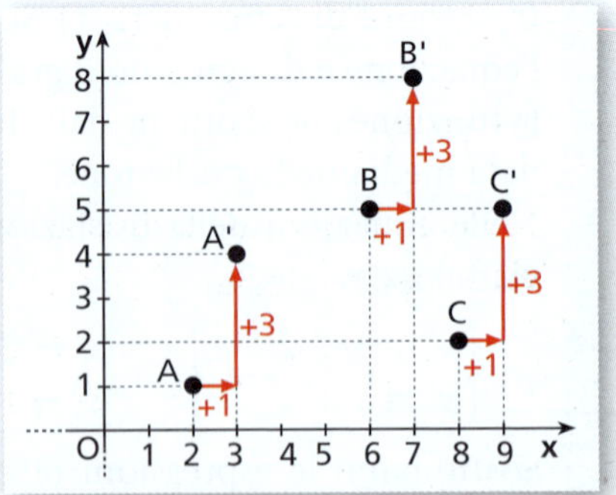

Se congiungiamo ogni punto con il suo trasformato otteniamo dei **segmenti orientati**: $\overrightarrow{AA'}$, $\overrightarrow{BB'}$, …
I segmenti ottenuti:

- sono *congruenti*;
- appartengono a rette parallele e hanno quindi la *stessa direzione*;
- sono orientati nello *stesso verso*.

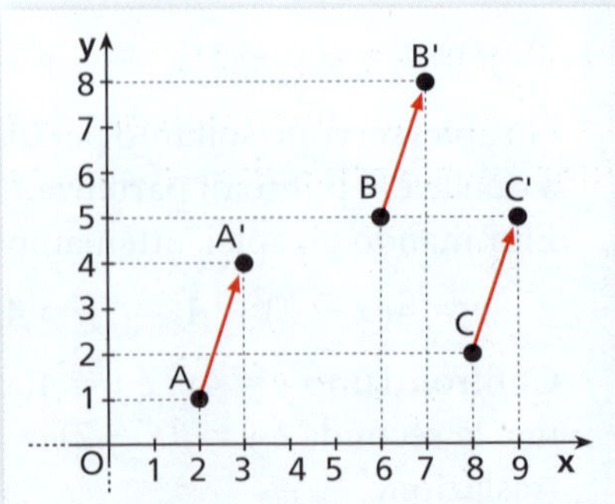

► Considera il quadrato di vertici $(1; 1)$, $(-1; 1)$, $(-1; -1)$ e $(1; -1)$. Determina le loro immagini secondo la traslazione $\begin{cases} x' = x \\ y' = y + 2 \end{cases}$.
Sono ancora i vertici di un quadrato?

5 Funzioni composte

▶ Esercizi a p. 563

Comporre le funzioni $f: A \to B$ e $g: B \to C$ significa considerare una terza funzione, detta **funzione composta** $g \circ f$, che associa a ogni elemento di A un elemento di C nel seguente modo:

- all'elemento $x \in A$ corrisponde, mediante f, l'elemento $f(x) \in B$;
- all'elemento $f(x) \in B$ corrisponde, mediante g, l'elemento $g(f(x)) \in C$.

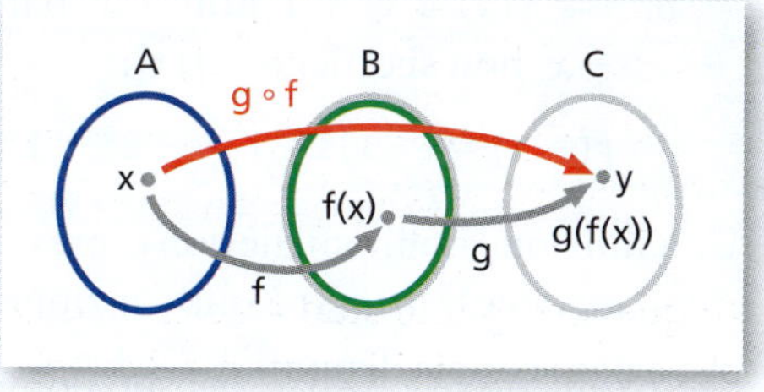

Quindi $(g \circ f)(x) = g(f(x))\ \forall x \in A$.

$g \circ f$ si legge «g composto f».

$g(f(x))$ si legge «g di f di x».

Se $C = A$, possiamo considerare sia $g \circ f$ sia $f \circ g$, ma, in generale:

$$g \circ f \neq f \circ g,$$

ossia **la composizione delle funzioni non è commutativa.**

Animazione

Nell'animazione determiniamo $f \circ g$ e $g \circ f$ anche per le funzioni $f(x) = x + 2$ e $g(x) = x^3$.

ESEMPIO

Date le funzioni $f(x) = 2x + 3$ e $g(x) = \frac{1}{x}$, determiniamo $f \circ g$ e $g \circ f$.

Per determinare $f \circ g$, consideriamo un valore x del dominio di g e applichiamo g a x. Al valore ottenuto, se appartiene al dominio di f, applichiamo f. Associamo a x il valore finale

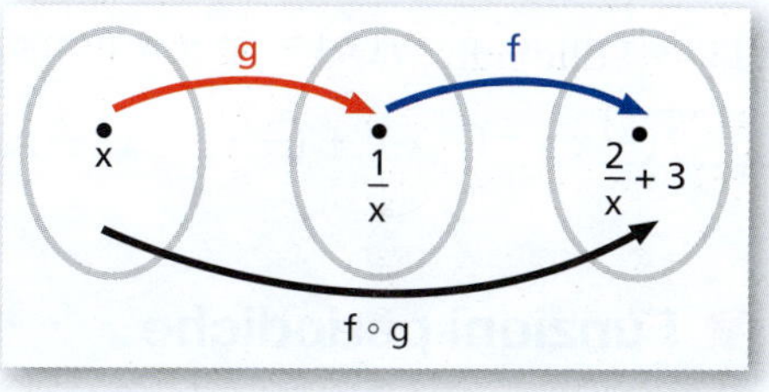

$$x \xrightarrow{g} \frac{1}{x} \xrightarrow{f} 2 \cdot \left(\frac{1}{x}\right) + 3 = \frac{2}{x} + 3,$$

quindi: $f(g(x)) = \frac{2}{x} + 3$.

Per determinare $g \circ f$, dobbiamo invece applicare prima f e poi g:

$$x \xrightarrow{f} 2x + 3 \xrightarrow{g} \frac{1}{2x+3},$$

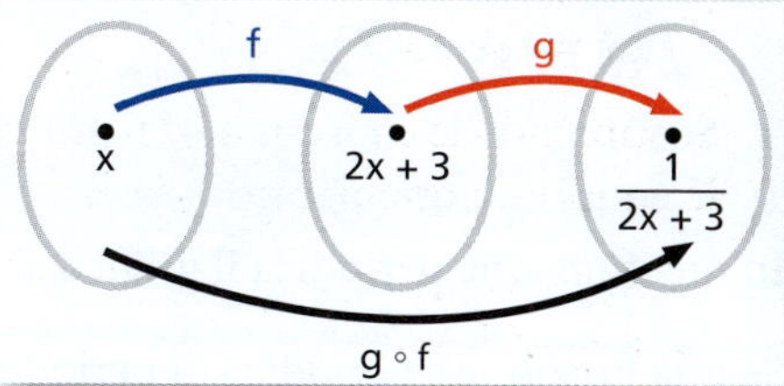

quindi $g(f(x)) = \frac{1}{2x+3}$.

Notiamo che $f \circ g \neq g \circ f$.

▶ Date le funzioni $f(x) = 3x$ e $g(x) = x - 5$, determina $f \circ g$ e $g \circ f$.

Se si compone una funzione $f: A \to B$ con la sua inversa $f^{-1}: B \to A$, si ottiene la funzione **identità**, che associa a ogni elemento di un insieme se stesso.

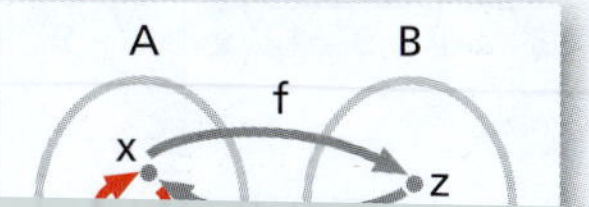

ESEMPIO

a. $y=f(x)=x^3+x$ è dispari, perché sostituendo a x il suo opposto $-x$ si ottiene $-f(x)$:

$$f(-x)=(-x)^3+(-x)=-x^3-x=-(x^3+x)=-f(x).$$

b. $y=f(x)=x^3+1$ **non** è dispari, perché sostituendo a x il suo opposto $-x$ non si ottiene $-f(x)$:

$$f(-x)=(-x)^3+1=-x^3+1\neq -f(x).$$

▶ La funzione $f(x)=\frac{1}{x+5}$ è dispari? Motiva la risposta.

Una funzione polinomiale con espressione analitica contenente solo potenze della x con *esponente dispari* è una funzione dispari.

Video

Funzioni polinomiali

- ▶ Cosa sono le funzioni polinomiali?
- ▶ Come riconoscerle?
- ▶ Che proprietà hanno?

Se una funzione è dispari nel suo dominio D, abbiamo che $f(a)=-f(-a)\ \forall a\in D$, quindi il suo grafico è simmetrico rispetto all'origine degli assi.

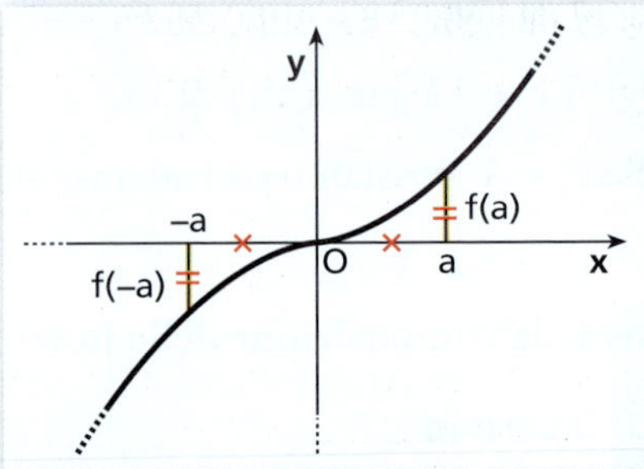

Infatti, se il punto $P(x;y)$ appartiene al grafico, vi appartiene anche il punto $P'(-x;-y)$, che ha ascissa e ordinata opposte di quelle di P.

Una funzione che non è pari non è necessariamente dispari (e viceversa).

Per esempio, $y=f(x)=x^2+x$ non è né pari né dispari. Infatti:

$$f(-x)=(-x)^2+(-x)=x^2-x\neq -f(x)\wedge\neq f(x).$$

Funzioni periodiche

▶ Esercizi a p. 562

DEFINIZIONE

$y=f(x)$ è una **funzione periodica** di periodo T, con $T>0$, se, per qualsiasi numero k intero, si ha:

$$f(x)=f(x+kT).$$

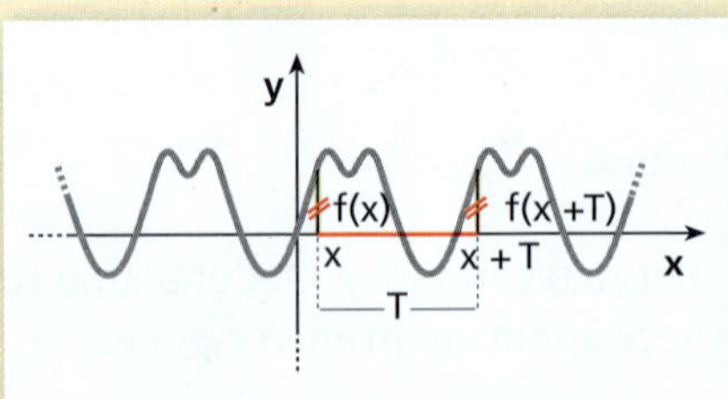

In una funzione periodica il grafico si ripete di periodo in periodo.

Se una funzione è periodica di periodo T, essa lo è anche di periodo $2T$, $3T$, $4T$, … Per esempio, la funzione della figura ha periodo 3, ma anche 6, 9, …

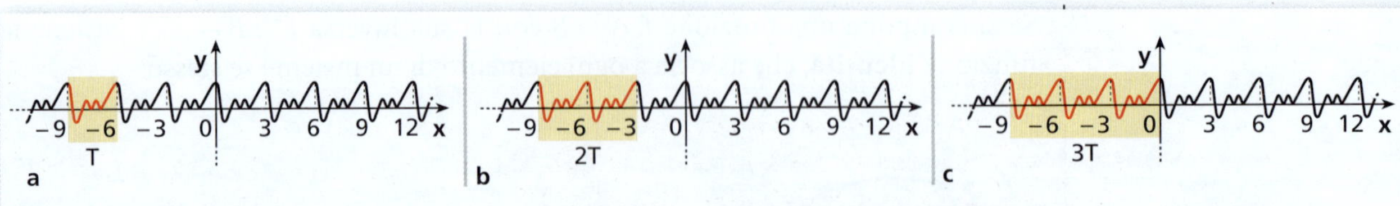

Il periodo più piccolo è anche detto *periodo principale* ed è quello che di solito è considerato come periodo della funzione.

TEORIA

Video

Space Shuttle
Lo Space Shuttle ha fatto viaggiare più di 350 astronauti in 30 anni di attività.

► Come usare le proprietà delle funzioni per studiare i dati riguardanti la sua messa in orbita?

► La funzione $f(x) = \sqrt{x^2+1}$ è pari? Motiva la risposta.

DEFINIZIONE

Una funzione di dominio $D \subseteq \mathbb{R}$ è una **funzione monotòna in senso stretto** in un intervallo I, sottoinsieme di D, se in quell'intervallo è sempre crescente o sempre decrescente in senso stretto.
Analoga definizione può essere data per una **funzione monotòna in senso lato**.

Funzioni pari, funzioni dispari

Esercizi a p. 562

DEFINIZIONE

Indichiamo con D un sottoinsieme di $\mathbb{R}$ tale che, se $x \in D$, allora $-x \in D$.
$y = f(x)$ è una **funzione pari** in D se $f(-x) = f(x)$ per qualunque x appartenente a D.

f: D → ℝ   D ⊆ ℝ
∀ x, –x ∈ D → f(–x) = f(x)

ESEMPIO

a. $y = f(x) = 2x^4 - 1$ è pari in $\mathbb{R}$, perché sostituendo a x il suo opposto $-x$ si ottiene ancora $f(x)$:

$$f(-x) = 2(-x)^4 - 1 = 2x^4 - 1 = f(x).$$

b. $y = f(x) = 2x^4 - x$, invece, **non** è pari, perché sostituendo a x il suo opposto $-x$ non si ottiene $f(x)$:

$$f(-x) = 2(-x)^4 - (-x) = 2x^4 + x \neq f(x).$$

Se una funzione polinomiale ha espressione analitica contenente soltanto potenze della x con *esponente pari*, allora è pari. Il termine noto può essere considerato un monomio di grado zero.

ESEMPIO

$y = 5x^6 - 3$ può essere scritta $y = 5x^6 - 3x^0$. La funzione contiene soltanto potenze pari di x, quindi è una funzione pari.

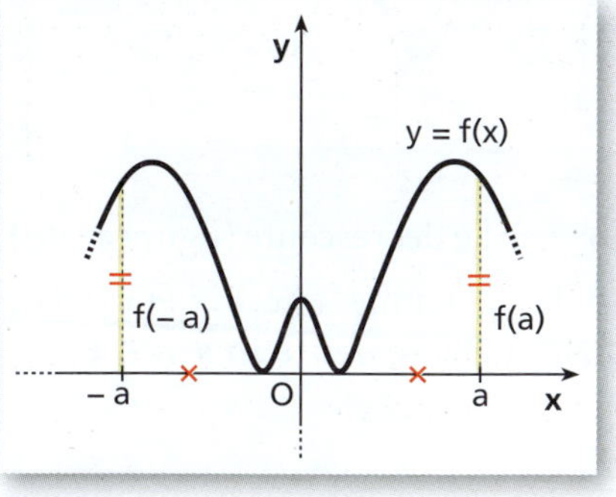

Se una funzione è pari nel suo dominio D, abbiamo che $f(a) = f(-a)$, $\forall a \in D$, quindi il suo grafico, così come il suo dominio, è simmetrico rispetto all'asse y. Infatti, se il punto $P(x; y)$ appartiene al grafico, vi appartiene anche il punto $P'(-x; y)$, che ha ordinata uguale e ascissa opposta rispetto a quella di P.

DEFINIZIONE

Indichiamo con D un sottoinsieme di $\mathbb{R}$ tale che, se $x \in D$, anche $-x \in D$.
$y = f(x)$ è una **funzione dispari** in D

f: D → ℝ   D ⊆ ℝ
∀ x, –x ∈ D → f(–x) = –f(x)

4 Proprietà delle funzioni

Funzioni crescenti, decrescenti, monotòne

▶ Esercizi a p. 561

DEFINIZIONE

$y = f(x)$ di dominio $D \subseteq \mathbb{R}$ è una **funzione crescente in senso stretto** in un intervallo I, sottoinsieme di D, se comunque scelti x_1 e x_2 appartenenti a I, con $x_1 < x_2$, allora $f(x_1) < f(x_2)$.

$$\forall x_1, x_2 \in I, x_1 < x_2 \rightarrow f(x_1) < f(x_2)$$

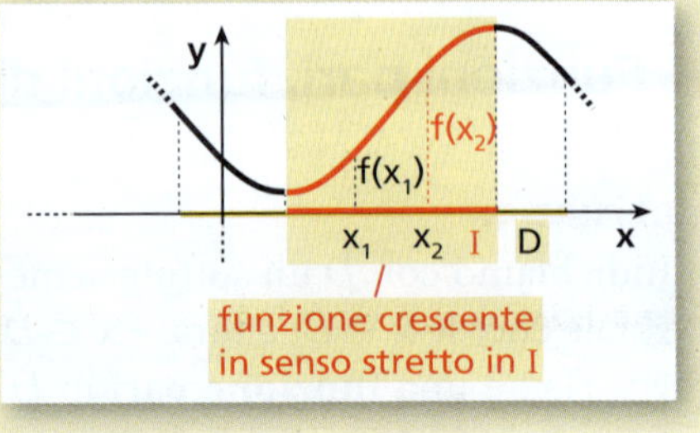

Per esempio, $y = x^2 - 4$, di cui hai il grafico nella figura a lato, è crescente nell'intervallo $I = [0; +\infty[$.

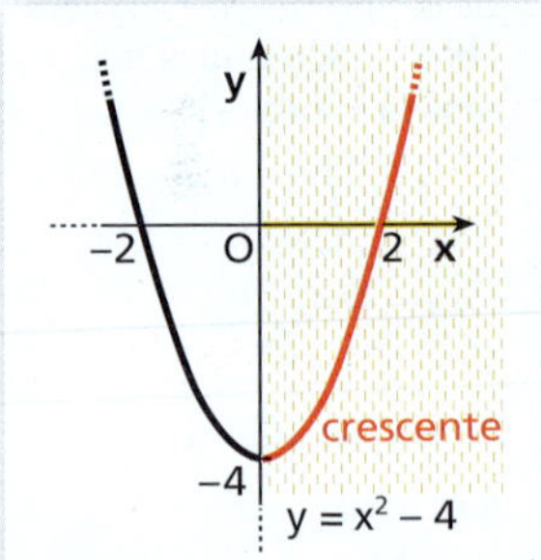

Se nella definizione precedente sostituiamo la relazione $f(x_1) < f(x_2)$ con $f(x_1) \leq f(x_2)$, otteniamo la definizione di funzione **crescente in senso lato** o anche **non decrescente**.

ESEMPIO

$$y = f(x) = \begin{cases} x & \text{se } x \leq 1 \\ 1 & \text{se } 1 < x < 3 \\ x - 2 & \text{se } x \geq 3 \end{cases}$$

è crescente in senso lato in $\mathbb{R}$.

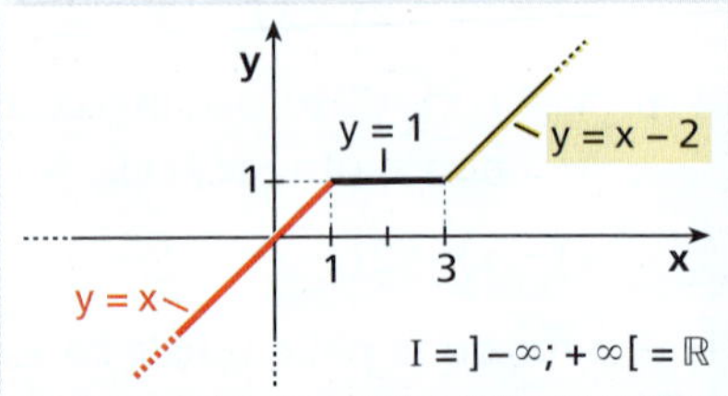

DEFINIZIONE

$y = f(x)$ di dominio $D \subseteq \mathbb{R}$ è una **funzione decrescente in senso stretto** in un intervallo I, sottoinsieme di D, se comunque scelti x_1 e x_2 appartenenti a I, con $x_1 < x_2$, allora $f(x_1) > f(x_2)$.

$$\forall x_1, x_2 \in I, x_1 < x_2 \rightarrow f(x_1) > f(x_2)$$

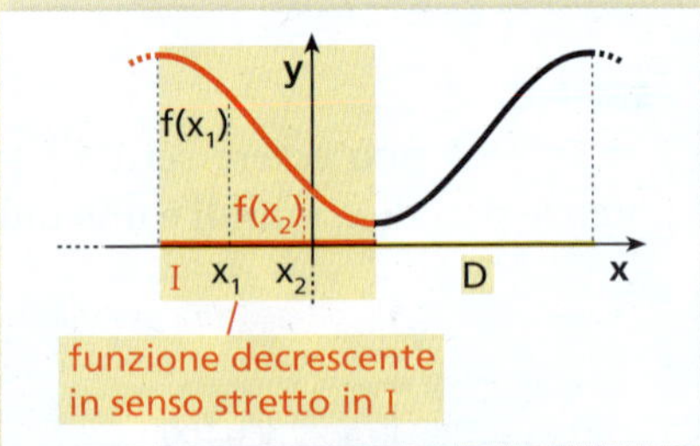

Per esempio, $y = -x^2 + 8$ nell'intervallo $I = [0; +\infty[$ è decrescente (figura a lato).

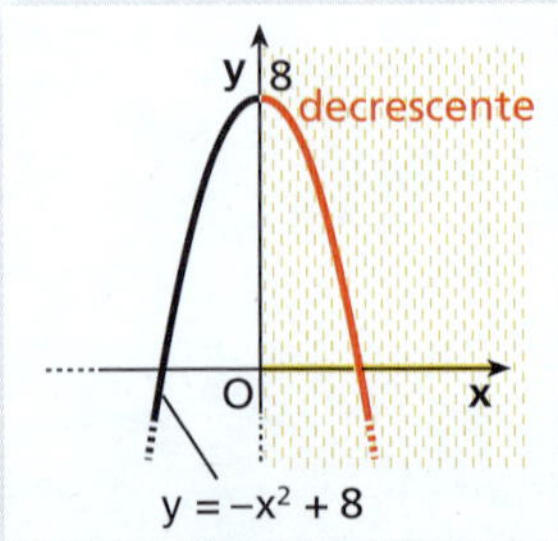

Se nella definizione precedente sostituiamo la relazione $f(x_1) > f(x_2)$ con $f(x_1) \geq f(x_2)$, otteniamo la definizione di funzione **decrescente in senso lato** o anche **non crescente**.

ESEMPIO

$$y = f(x) = \begin{cases} x^2 + 2x + 3 & \text{se } x \leq -1 \\ 2 & \text{se } x > -1 \end{cases}$$

è decrescente in senso lato in $\mathbb{R}$.

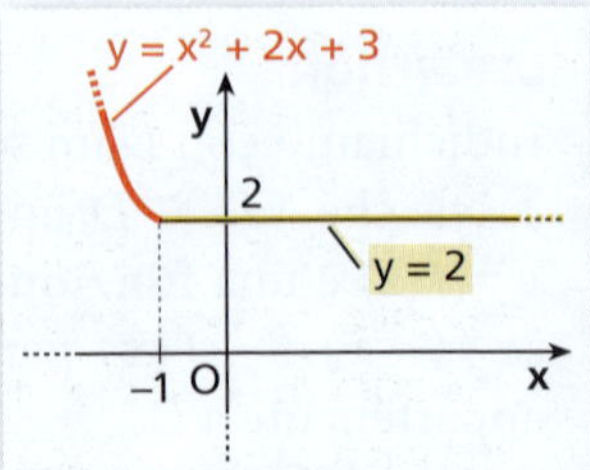

Nel seguito, quando diremo che una funzione è crescente (o decrescente), senza aggiungere altro, sarà sottinteso che lo è in senso stretto.

Togliendo gli apici, scriviamo l'espressione della funzione f':

$$y = nf\left(\frac{x}{m}\right).$$

Casi particolari

Studiando alcuni casi particolari possiamo capire come cambia il grafico al variare di m e n.

1. Se $\boldsymbol{n = 1}$, l'equazione diventa:

$$y = f\left(\frac{x}{m}\right).$$

Distinguiamo due casi.

- $\boldsymbol{n = 1}$ e $\boldsymbol{m > 1}$: **dilatazione orizzontale.**
- $\boldsymbol{n = 1}$ e $\boldsymbol{m < 1}$: **contrazione orizzontale.**

ESEMPIO

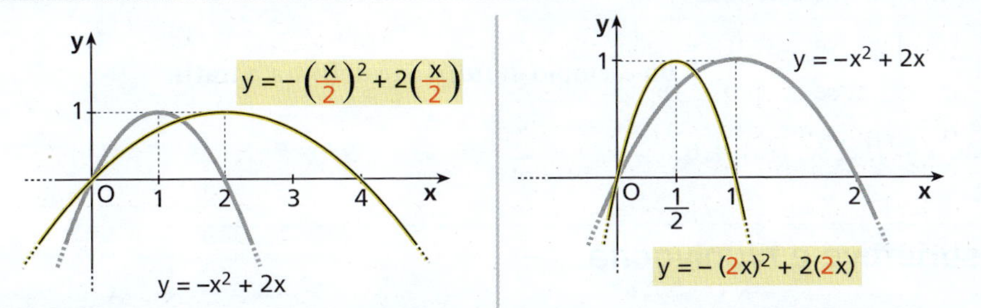

a. Il grafico in giallo si ottiene dall'altro con una dilatazione orizzontale con $m = 2$.

b. Il grafico in giallo si ottiene dall'altro con una contrazione orizzontale con $m = \frac{1}{2}$.

2. Se $\boldsymbol{m = 1}$, l'equazione diventa:

$$y = nf(x).$$

Si presentano due casi.

- $\boldsymbol{m = 1}$ e $\boldsymbol{n > 1}$: **dilatazione verticale.**
- $\boldsymbol{m = 1}$ e $\boldsymbol{n < 1}$: **contrazione verticale.**

ESEMPIO

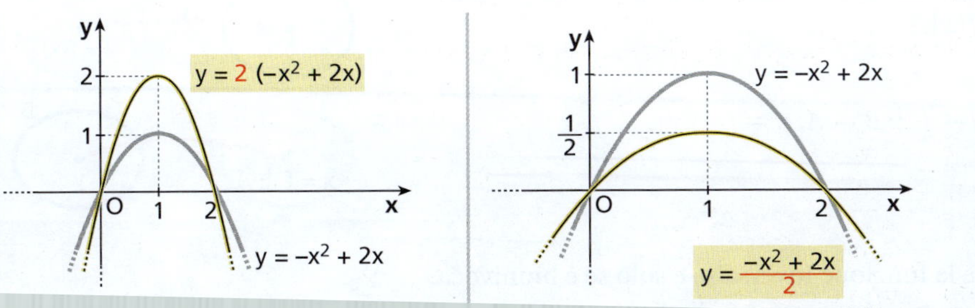

Animazione

Nell'animazione, rappresentiamo nel piano cartesiano $y = f(x) = x^2 - 5x + 4$ e le funzioni:

a. $y = f\left(\frac{x}{2}\right)$;

b. $y = f(2x)$;

c. $y = 2 \cdot f(x)$;

d. $y = \frac{1}{2} \cdot f(x)$.

Otteniamo poi con una figura dinamica il grafico di $y = n \cdot f\left(\frac{x}{m}\right)$, al variare di n e m.

IN SINTESI
Funzioni

Funzioni e loro caratteristiche

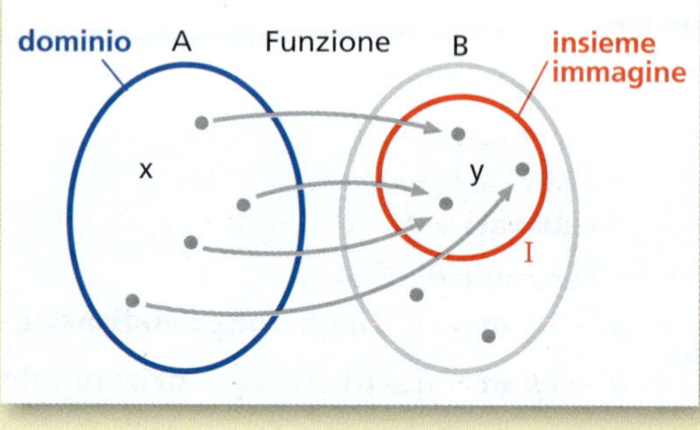

- **Funzione** da A a B: relazione che a *ogni* elemento di A associa *uno e un solo* elemento di B.
- **Funzione reale di variabile reale**: funzione con dominio e insieme immagine sottoinsiemi di $\mathbb{R}$.

variabile indipendente

$y = f(x)$

variabile dipendente

- **Dominio naturale di una funzione**: è il più ampio sottoinsieme di $\mathbb{R}$ che può essere preso come dominio. È costituito da tutti i valori per i quali non perde significato l'espressione analitica che definisce la funzione. È anche detto **campo di esistenza**.
- **Valore assoluto**: $y = |x| = \begin{cases} x & \text{se } x \geq 0 \\ -x & \text{se } x < 0 \end{cases}$. È un esempio di **funzione definita a tratti**.
- a è **zero** di una funzione $y = f(x)$ se $f(a) = 0$.

Funzioni iniettive, suriettive e biunivoche

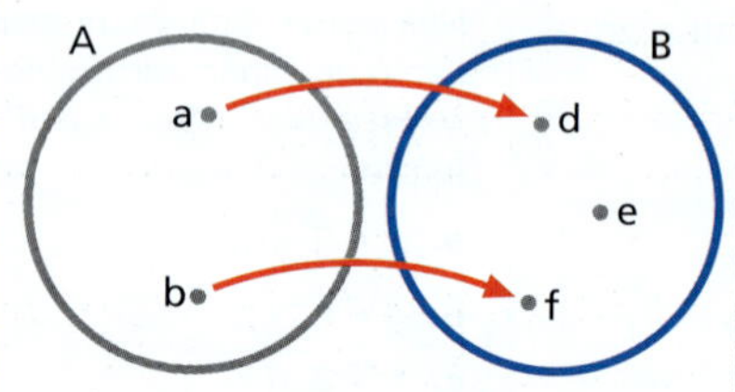

Funzione **iniettiva**: a *ogni* elemento di *B* arriva *al più una* freccia.

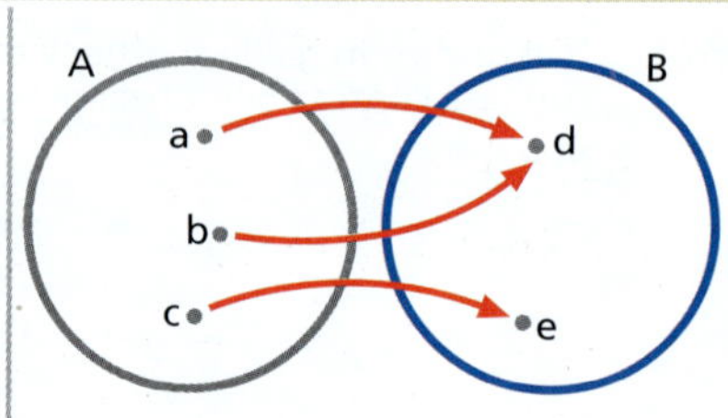

Funzione **suriettiva**: a *ogni* elemento di *B* arriva *almeno una* freccia.

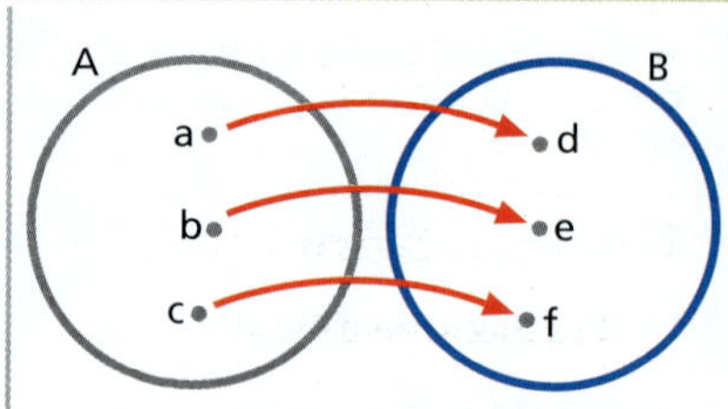

Funzione **biunivoca**: a *ogni* elemento di *B* arriva *una e una sola* freccia.

Funzione inversa

- Sia $f: A \to B$ una funzione biunivoca. La **funzione inversa** di f è la funzione biunivoca $f^{-1}: B \to A$ che associa a ogni y di B il valore x di A tale che $y = f(x)$.
  In simboli:

$$f: A \to B,\ y = f(x) \to f^{-1}: B \to A,\ x = f^{-1}(y).$$

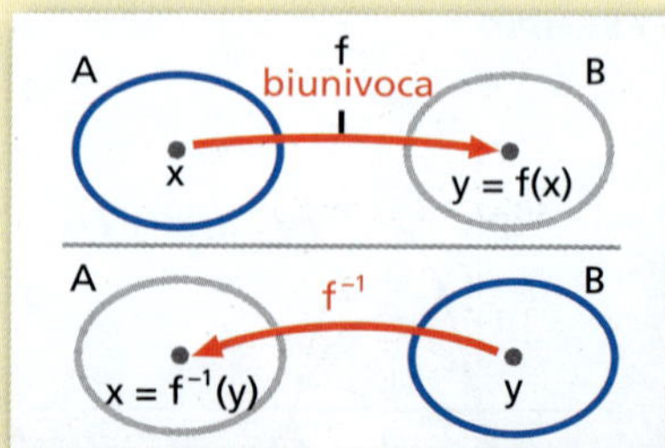

- Una funzione ammette la funzione inversa se e solo se è biunivoca.

Proprietà delle funzioni

- Una funzione $y = f(x)$, di dominio D, è:
  - **crescente in senso stretto** in un intervallo $I \subseteq D$, se $\forall x_1, x_2 \in I$, con $x_1 < x_2$, risulta $f(x_1) < f(x_2)$;
  - **decrescente in senso stretto** in un intervallo $I \subseteq D$, se $\forall x_1, x_2 \in I$, con $x_1 < x_2$, risulta $f(x_1) > f(x_2)$.

  Se la funzione è crescente o decrescente **in senso lato**, le considerazioni sono analoghe, ma valgono rispettivamente le relazioni $f(x_1) \leq f(x_2)$ e $f(x_1) \geq f(x_2)$.
- Una funzione è **monotòna** in un intervallo del suo dominio se in esso è sempre crescente o sempre decrescente.
- Una funzione $y = f(x)$, di dominio D, è:
  - **pari** se $f(-x) = f(x)$, $\forall x \in D$;
  - **dispari** se $f(-x) = -f(x)$, $\forall x \in D$.
- **Funzione periodica**
  Una funzione $y = f(x)$ è **periodica** di periodo T $(T > 0)$ se:

$$f(x) = f(x + kT), \quad \forall k \in \mathbb{Z}.$$

Funzione composta

- Date le funzioni f: $A \to B$ e g: $B \to C$, la **funzione composta** $g \circ f$: $A \to C$ associa a ogni elemento $a \in A$ un elemento $c \in C$ così ottenuto:
  - ad a si associa $b \in B$ tale che $b = f(a)$;
  - a b si associa $c \in C$ tale che $c = g(b)$.
- Se $C = A$, possiamo definire sia $g \circ f$ che $f \circ g$, ma, in generale, $\boldsymbol{g \circ f \neq f \circ g}$.

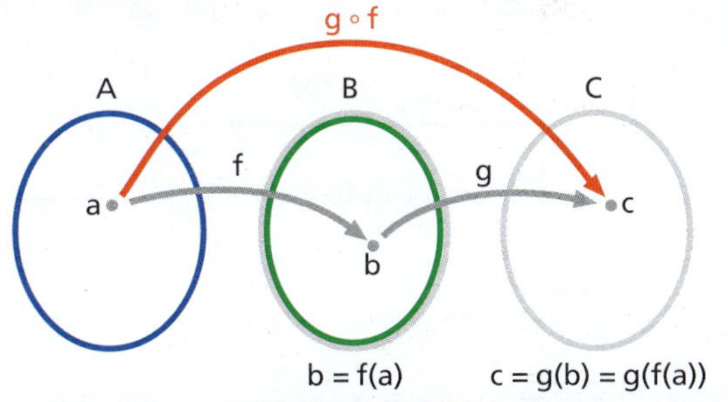

Funzione composta

Trasformazioni geometriche e loro equazioni

- **Traslazione di vettore $\vec{v}(a; b)$**

$$\begin{cases} x' = x + a \\ y' = y + b \end{cases}$$

- **Simmetria rispetto all'asse $x = a$ (asse parallelo all'asse y)**

$$\begin{cases} x' = 2a - x \\ y' = y \end{cases}$$

  Se $a = 0$, l'asse di simmetria è l'asse y.

- **Simmetria rispetto all'asse $y = b$ (asse parallelo all'asse x)**

$$\begin{cases} x' = x \\ y' = 2b - y \end{cases}$$

  Se $b = 0$, l'asse di simmetria è l'asse x.

- **Simmetria rispetto all'asse $y = x$ (bisettrice del primo e terzo quadrante)**

$$\begin{cases} x' = y \\ y' = x \end{cases}$$

- **Simmetria centrale con centro nell'origine degli assi**

$$\begin{cases} x' = -x \\ y' = -y \end{cases}$$

- **Dilatazione**

$$\begin{cases} x' = mx \\ y' = ny \end{cases} \quad \text{con } m, n \in \mathbb{R}^+;$$

  se $n = 1$ e $m > 1$: dilatazione orizzontale;
  se $n = 1$ e $m < 1$: contrazione orizzontale;
  se $m = 1$ e $n > 1$: dilatazione verticale;
  se $m = 1$ e $n < 1$: contrazione verticale.

Grafici delle funzioni e trasformazioni geometriche

• Traslazioni

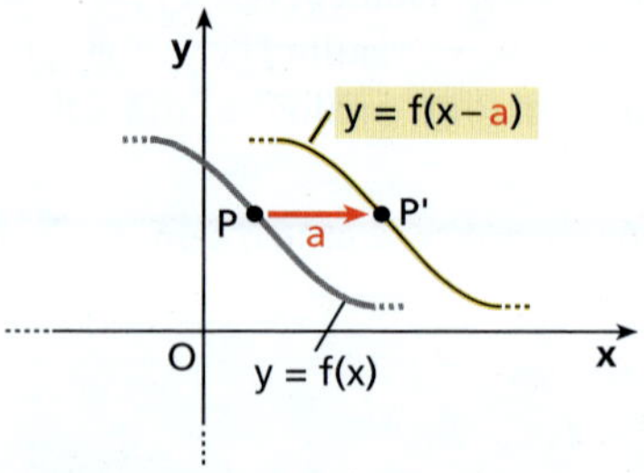

Traslazione di vettore $\vec{v}(a;\ 0)$ parallelo all'asse *x*.

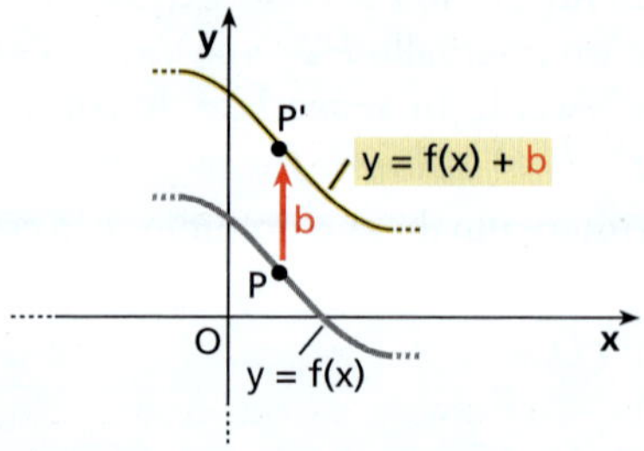

Traslazione di vettore $\vec{v}(0;\ b)$ parallelo all'asse *y*.

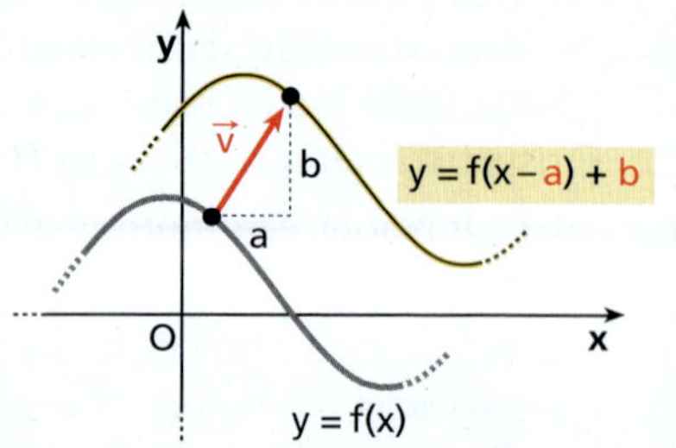

Traslazione di vettore $\vec{v}(a;\ b)$.

• Simmetrie

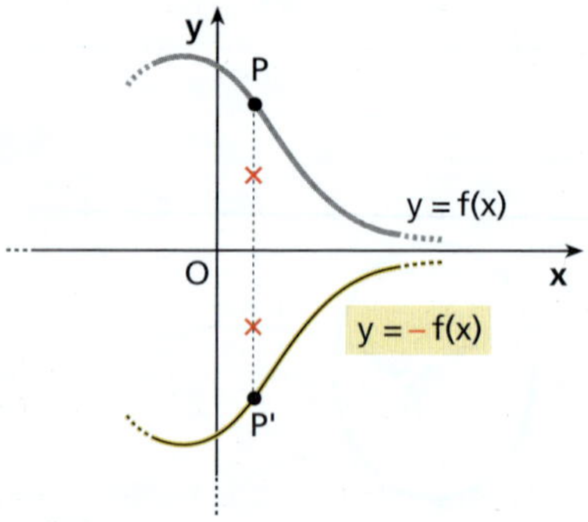

Simmetria rispetto all'asse *x*.

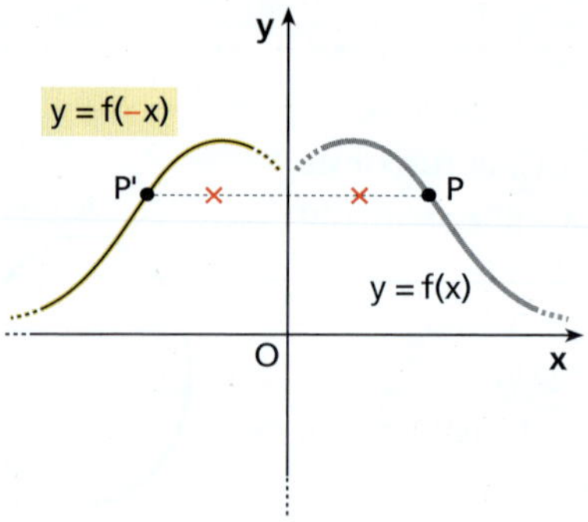

Simmetria rispetto all'asse *y*.

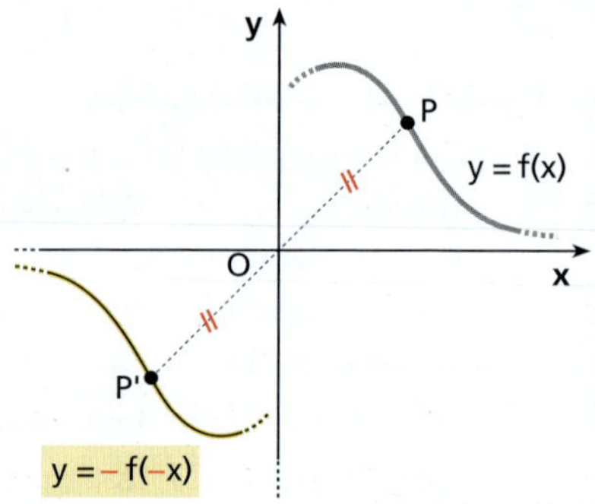

Simmetria centrale rispetto a *O*.

• Grafici di funzioni con valori assoluti

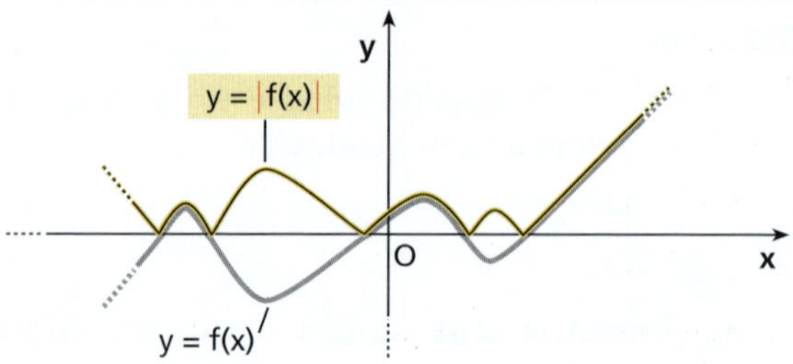

Simmetria rispetto all'asse *x* delle parti del grafico di $y = f(x)$ con $y < 0$.

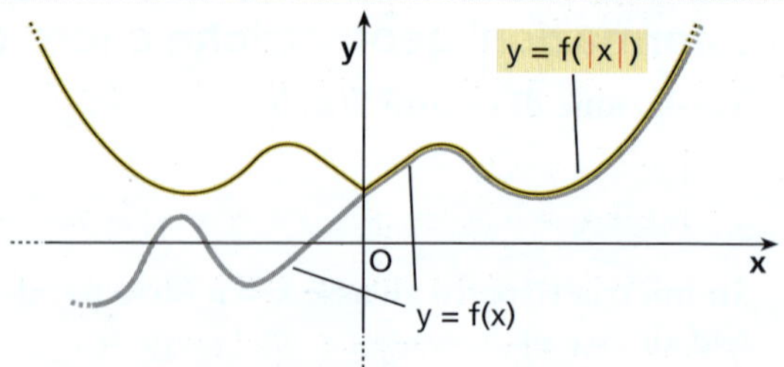

Per $x \neq 0$, il grafico è lo stesso di $y = f(x)$, per $x < 0$ il grafico è il simmetrico rispetto all'asse *y* del grafico che $y = f(x)$ ha per $x > 0$.

• Dilatazioni

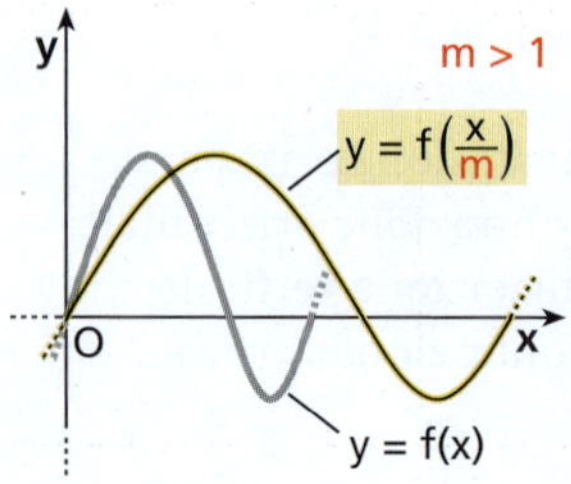

Dilatazione orizzontale.

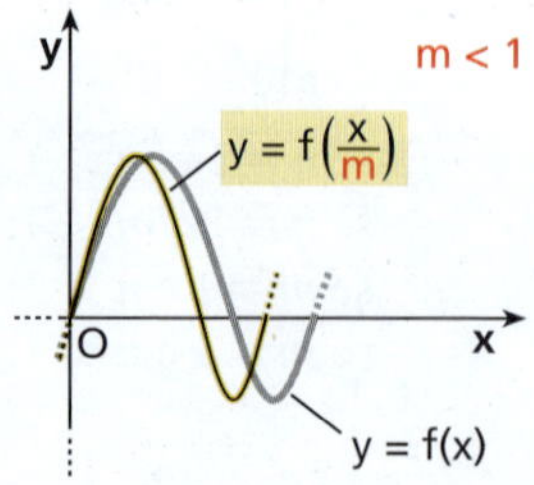

Contrazione orizzontale.

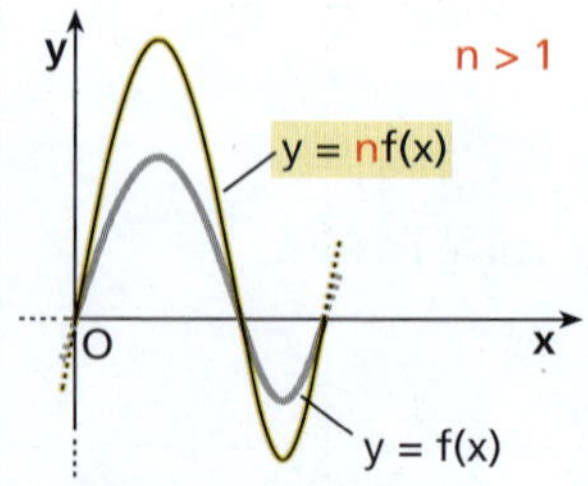

Dilatazione verticale.

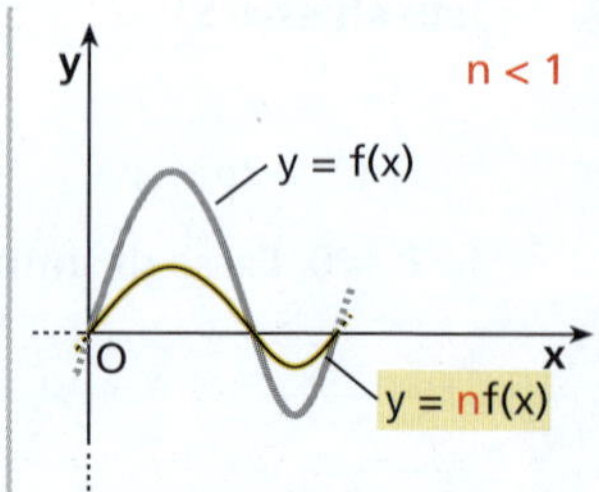

Contrazione verticale.

CAPITOLO 11
ESERCIZI

1 Funzioni e loro caratteristiche

Che cosa sono le funzioni

▶ Teoria a p. 526

1 Indica per ogni figura se la relazione rappresentata è una funzione da A a B.

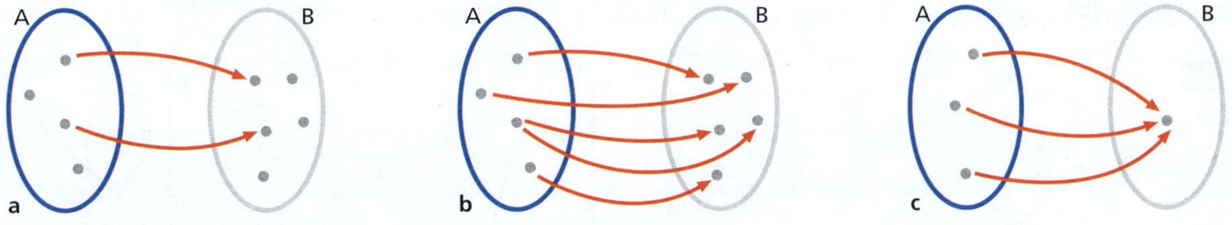

TEST

2 Le seguenti affermazioni riguardanti la funzione nella figura sono tutte *vere* tranne una. Quale?

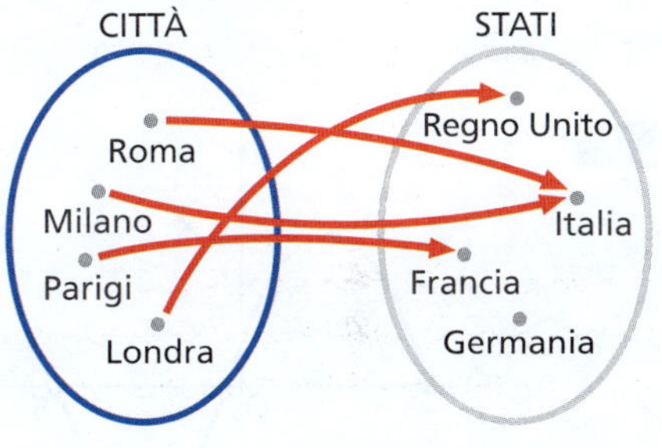

- **A** L'insieme CITTÀ è il dominio della funzione.
- **B** *Parigi* è la controimmagine di *Francia*.
- **C** *Germania* appartiene all'immagine della funzione.
- **D** *Roma* e *Milano* hanno la stessa immagine.
- **E** *Italia* ha due controimmagini.

3 Solo una delle seguenti relazioni *non* è una funzione. Quale?

- **A** La relazione che a ogni triangolo associa il suo perimetro.
- **B** La relazione che a ogni stato associa la sua capitale.
- **C** La relazione che a ogni numero naturale associa il suo doppio.
- **D** La relazione che a ogni quadrilatero associa la circonferenza a esso circoscritta.
- **E** La relazione che a ogni segmento associa il suo punto medio.

Funzioni numeriche

▶ Teoria a p. 526

4 LEGGI IL GRAFICO Osserva i seguenti grafici e stabilisci quale di essi non può rappresentare una funzione.

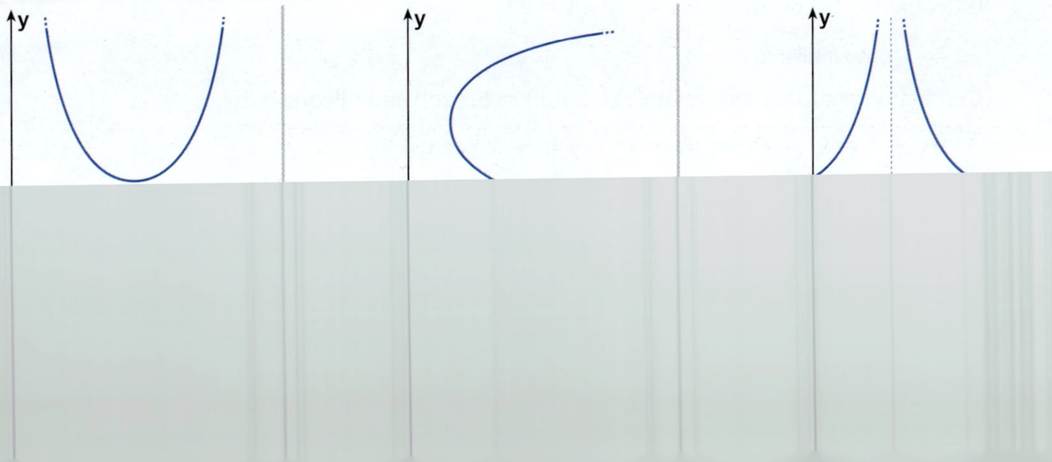

5 Dati gli insiemi $A = \{4, 9, 25\}$ e $B = \{1, 2, 3, 4, 5\}$ e la relazione R da A a B così definita: $x\,R\,y$ se $y = \sqrt{x}$:

a. scrivi le coppie degli elementi che sono in relazione;

b. R è una funzione? [a) (4; 2), (9; 3), (25; 5); b) sì]

6 Esplicita le seguenti funzioni considerando come variabile indipendente quella indicata a fianco.

a. $2y - x^2 + 1 = 0$, x.

b. $3tx - t = 2$, t.

c. $yz^2 - y = 5z$, z.

d. $v - 5 = 8t$, t.

7 RIFLETTI SULLA TEORIA Spiega perché l'equazione $x - y^2 = 1$ non definisce una funzione del tipo $y = f(x)$.

LEGGI IL GRAFICO **Determina dominio e insieme immagine delle funzioni osservando il loro grafico.**

8

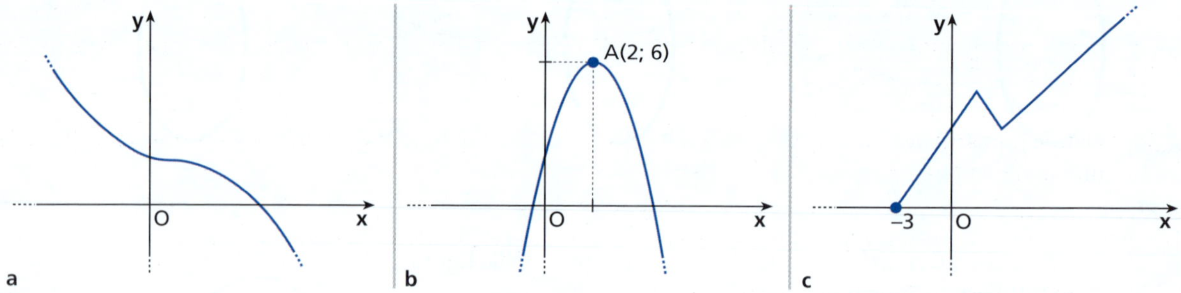

9

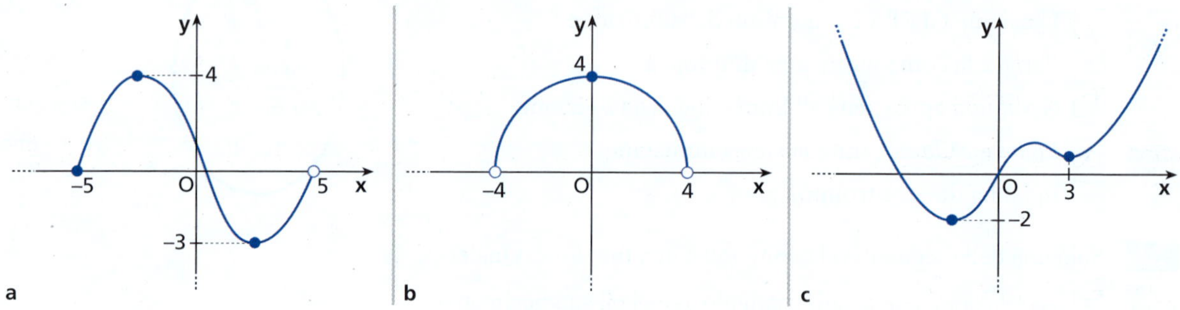

10 Data la funzione f da $\mathbb{R}$ in $\mathbb{R}$ così definita: $f\colon x \mapsto 4x^2 - 2x$, trova $f(0)$, $f(1)$, $f(-1)$. [0, 2, 6]

11 Data la funzione $y = -x^2 + 4x + 1$, trova le immagini di -1 e 1 e le controimmagini di -4. [− 4, 4; − 1, 5]

12 ESERCIZIO GUIDA Data la funzione $f\colon \mathbb{R} \to \mathbb{R}$ tale che $f(x) = 6x^2 - 1$, troviamo l'immagine di 2 e le controimmagini di 5 e -7.

Calcoliamo: $f(2) = 6(2)^2 - 1 = 24 - 1 = 23$.

sostituiamo 2 a x

Cerchiamo per quale valore di x si ha $f(x) = 5$ risolvendo l'equazione:

$$6x^2 - 1 = 5 \to 6x^2 = 6 \to x^2 = -1 \to x = \pm 1.$$

Risolviamo l'equazione $6x^2 - 1 = -7 \to 6x^2 = -6 \to x^2 = -1$. impossibile

Non esistono valori che, attribuiti a x, hanno come immagine -7.

COMPLETA le uguaglianze per ogni funzione $f\colon \mathbb{R} \to \mathbb{R}$, inserendo il valore mancante (se esiste).

13 $f(x) = -\frac{2x}{3}$, $\quad f(12) = \square$; $\quad f\left(\frac{7}{5}\right) = \square$; $\quad f(\square) = \frac{4}{3}$; $\quad f(\square) = 8$.

14 $f(x) = 4x^2$, $\quad f(-8) = \square$; $\quad f\left(\frac{3}{8}\right) = \square$; $\quad f(\square) = 81$; $\quad f(\square) = -5$.

15 $f(x) = x^3$, $\quad f(\square) = 8$; $\quad f(1) = \square$; $\quad f(4) = \square$; $\quad f(\square) = -\frac{1}{2}$.

16 Considera la funzione $f(x)\colon \mathbb{N} \to \mathbb{R}$ tale che $f(x) = \frac{1}{3}x - 2$. Trova le immagini di 0, 2, 9 e le controimmagini di 1 e 2. $\left[-2, -\frac{4}{3}, 1; 9, 12\right]$

17 Data la funzione $f(x)\colon \mathbb{N} \to \mathbb{R}$ tale che $f(x) = -x^2 + 1$, calcola $f(0)$, $f(3)$ e le controimmagini di 0 e -8. $[1, -8, 1, 3]$

18 $f(x)$ è una funzione da $\mathbb{R}$ a $\mathbb{R}$ tale che $f(x) = x^2 + 2x - 1$. Trova l'immagine di -1 e -3 e la controimmagine di -2. $[-2, 2, -1]$

19 Date le funzioni da $\mathbb{N}$ a $\mathbb{R}$ $f(x) = 5x - 4$ e $g(x) = \frac{-x+3}{2}$, determina, se esiste, un valore di x che ha la stessa immagine in f e in g. [1]

Determina per quali valori di x le funzioni f e g, da $\mathbb{R}$ a $\mathbb{R}$, hanno stessa immagine.

20 $f(x) = -\frac{2}{5}x^2 - 2$; $\quad g(x) = 3x^2 + 1$. [impossibile]

21 $f(x) = 1 - 2x^2 + x$; $\quad g(x) = x - 1$. $[\pm 1]$

22 Trova l'immagine della funzione $f\colon A \to \mathbb{R}$, con $A = \{-1, 0, 1, 2\}$ e $f(x) = 2x^2 + 1$. $[I = \{1, 3, 9\}]$

23 Determina le immagini delle funzioni $y = x^3$ e $y = x^4$ che hanno dominio comune $D = \left\{-1, -\frac{1}{2}, 0, \frac{1}{2}, 1, \sqrt{2}\right\}$.
$\left[I_1 = \left\{-1, -\frac{1}{8}, 0, \frac{1}{8}, 1, 2\sqrt{2}\right\}; I_2 = \left\{0, \frac{1}{16}, 1, 4\right\}\right]$

24 Se $f(x) = \frac{x - 3a}{x - 5}$ e $f(2) = -\frac{8}{3}$, qual è il valore di a? $[-2]$

25 Trova i valori di a e b per la funzione $f(x) = ax^2 - b$, sapendo che $f(0) = -2$ e $f(1) = 4$. $[a = 6, b = 2]$

26 Data $f(x) = 2ax + 3b$, trova i valori di a e b per cui $f(0) = -6$ e $f(1) = -2$. $[a = 2, b = -2]$

27 Sia f la funzione che a x associa l'opposto del quadrato della sua metà e sia $A = \{-1, 2, 3, 6\}$ il suo dominio. Determina l'espressione analitica di f e il suo insieme immagine. $\left[f(x) = -\frac{x^2}{4}; I = \left\{-\frac{1}{4}, -1, -\frac{9}{4}, -9\right\}\right]$

28 Determina la funzione che associa a ogni numero reale x il doppio del suo quadrato aumentato di 3 e indica il suo insieme immagine. $[y = 2x^2 + 3; I = \{y \geq 3\}]$

29 Una funzione $y = f(x)$ associa al numero reale x la differenza tra il cubo del numero e il cubo della somma tra il numero e 2. Scrivi $f(x)$ e trova il suo insieme immagine I se il dominio è $D = \{-2, -1, 0, 1\}$.
$[y = -6x^2 - 12x - 8; I = \{-26, -8, -2\}]$

31 ●● Data la funzione $f(x) = \frac{x-3}{x}$, calcola $f(3x)$, $f(x+2)$, $f(x)+2$, $f\left(\frac{1}{x}\right)$.

$\left[\frac{x-1}{x}; \frac{x-1}{x+2}; \frac{3x-3}{x}; 1-3x, \text{con } x \neq 0\right]$

32 ●● Date le due funzioni $f(x) = x^2 - 4x$ e $g(x) = 24 - 6x$, risolvi la disequazione $f(x-2) < g(2x)$. $[-6 < x < 2]$

33 ●○ **COMPLETA** utilizzando il grafico della figura, che rappresenta una funzione f.

Insieme immagine $I = \square$; $f(4) = \square$, $f(0) = \square$;

$f(\square) = 0$, $f(\square) = -1$, $f(\square) = 3$;

$f(-2) = \square$; $2 \cdot f(3) = \square$.

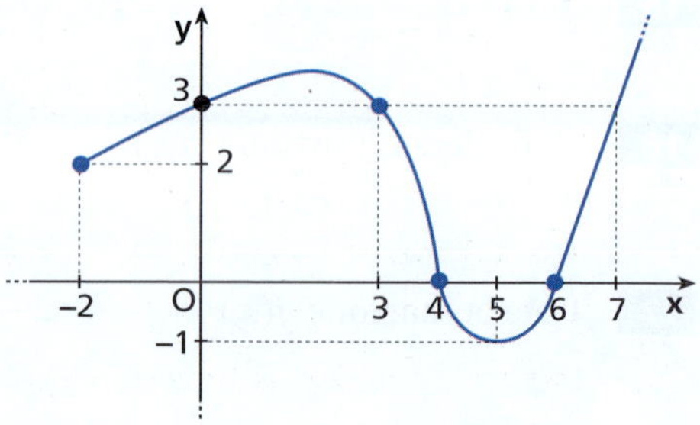

Traccia per punti i grafici delle seguenti funzioni.

34 ●○ $y = 2x$; $\quad y = -\frac{1}{3}x$.

35 ●○ $y = 3x + 1$; $\quad y = -x + 1$.

36 ●○ $y = \frac{3}{2}x - 5$; $\quad y = -4x + 2$.

37 ●○ $y = \frac{1}{9}x^2$; $\quad y = -x^3$.

38 ●○ $y = -x^2 - 1$; $\quad y = x^2 - 2x$.

39 ●○ $y = 2x^2 + 2$; $\quad y = -\frac{2}{x}$.

40 ●○ $y = x^3 - 1$; $\quad y = -\sqrt{x}$.

41 ●○ $y = (x-2)^2$; $\quad y = \frac{x}{6} + 1$.

Classificazione delle funzioni

▶ Teoria a p. 528

Per ognuna delle seguenti funzioni indica se è razionale (intera o fratta) o irrazionale o trascendente.

42 ●○ $y = x^3 - x$; $\quad y = \frac{1}{x} - 1$; $\quad y = \frac{3^x + 2}{\sqrt{x}}$; $\quad y = x + 2^x$.

43 ●○ $y = \sqrt{10^x + 1}$; $\quad y = x^3 2^{\sqrt{3}}$; $\quad y = 5\sqrt{x^4 - 7}$; $\quad y = \sqrt{2}x - 3$.

44 ●○ $y = \frac{x+9}{2}$; $\quad y = \frac{2-\sqrt{7}}{x}$; $\quad y = 2^{x-7}$; $\quad y = 2\pi x$.

Scrivi in forma esplicita le seguenti funzioni e classificale.

45 ●○ $2y + x - 3 = 0$

46 ●○ $x^2 y - y + 7x = 0$

47 ●○ $xy + 2 = 0$

48 ●○ $\frac{1}{x} + \frac{1}{y} = 1$

49 ●○ $4y - \sqrt{x} = 3y$

50 ●○ $x^2(x^2 - y) = y + 1$

Funzioni definite a tratti

▶ Teoria a p. 528

51 ●○ **LEGGI IL GRAFICO** Deduci da ciascun grafico se è rappresentata una funzione e trova dominio e insieme immagine.

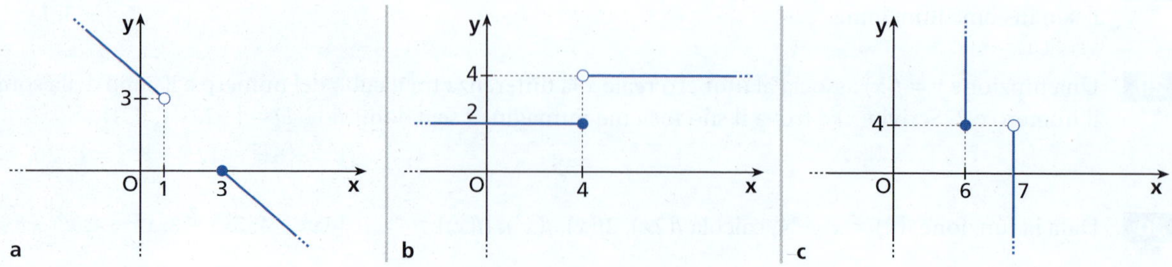

52 L'espressione

$$f(x) = \begin{cases} x & \text{se } x \leq 2 \\ \sqrt{x-1} & \text{se } x \geq 2 \end{cases}$$

non indica una funzione. Perché?

53 Data la funzione $f(x)$: $\mathbb{R} \rightarrow \mathbb{R}$ così definita:

$$f(x) = \begin{cases} -3 & \text{se } x < -1 \\ -2x+1 & \text{se } x \geq -1 \end{cases}.$$

trova $f(-5)$, $f(-1)$, $f(0)$, $f(1)$. $[-3; 3; 1; -1]$

54 È assegnata la funzione $f(x)$: $\mathbb{R} \rightarrow \mathbb{R}$ così definita:

$$f(x) = \begin{cases} -1 & \text{se } x < -2 \\ x & \text{se } -2 \leq x \leq 1. \\ -x^2+2x+2 & \text{se } x > 1 \end{cases}$$

a. calcola le immagini di $-3, -2, -\frac{1}{2}, 0, 1, 2$;

b. trova i valori di x per cui $f(x) = -1$ e quelli per cui $f(x) = 2$.

$\left[\text{a) } -1, -2, -\frac{1}{2}, 0, 1, 2;\right.$ $\left.\text{b) } x < -2 \vee x = -1 \vee x = 3 \vee x = 2\right]$

---

55 **TEST** Considera la funzione $f(x) = \begin{cases} 1-3x & \text{se } x \leq 0 \\ 2x^2-5 & \text{se } x > 0 \end{cases}$ e indica quale dei seguenti punti appartiene al suo grafico.

A $(-1; -2)$ B $(0; 1)$ C $(0; -5)$ D $(1; -2)$ E $(2; -5)$

56 **LEGGI IL GRAFICO** Considera la funzione $y = f(x)$ rappresentata dal grafico a lato.

a. Indica il dominio e l'immagine di $f(x)$.

b. Trova $f(0)$, $f(1)$, $f(-1)$, $f(2)$ e completa:

$f(\square) = 1$, $f(\square) = 3$, $f(\square) = -1$.

[a) D: $\mathbb{R}$, I: $\{-1 \leq y \leq 1\} \cup \{y > 2\}$; b) $1, -1, 1, 3$]

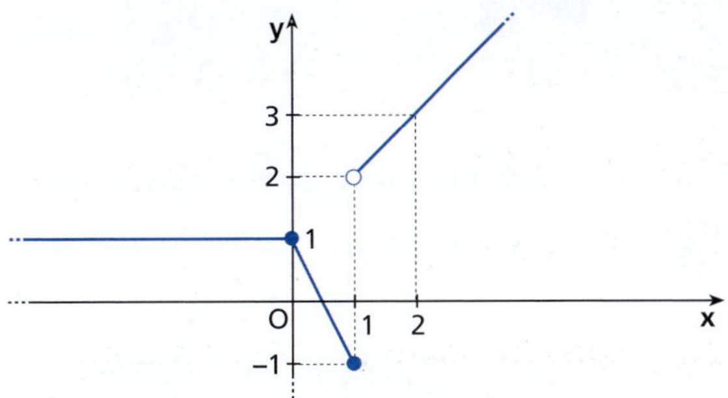

Disegna per punti il grafico delle seguenti funzioni e indica l'insieme immagine.

57 $y = \begin{cases} x & \text{se } x < 0 \\ 3x & \text{se } x \geq 0 \end{cases}$

58 $y = \begin{cases} -2x & \text{se } x < 2 \\ \frac{1}{2}x & \text{se } x \geq 2 \end{cases}$

59 $y = \begin{cases} 3x & \text{se } x < 1 \\ -5x-3 & \text{se } x \geq 1 \end{cases}$

60 $y = \begin{cases} \frac{1}{2}x+1 & \text{se } x \leq 0 \\ -x+1 & \text{se } x > 0 \end{cases}$

61 $y = \begin{cases} x+2 & \text{se } x > 0 \\ -x-2 & \text{se } x \leq 0 \end{cases}$

62 $y = \begin{cases} -x+5 & \text{se } x \geq 0 \\ x-1 & \text{se } x < 0 \end{cases}$

---

63 $y = |2x-1|$

64 $y = |5-x|$

65 $y = |x|+3$

66 $y = |x+3|$

---

67 **REALTÀ E MODELLI** **Se telefonando...** La tariffa di una società telefonica consiste nel costo fisso di € 10 fino a 600 minuti di chiamate e 12 centesimi per ogni minuto ulteriore. Determina la funzione del costo e rappresentala graficamente.

$$\left[y = \begin{cases} 10 & 0 \leq x \leq 600 \\ 0,12x - 62 & x > 600 \end{cases}\right]$$

ESERCIZI

Dominio naturale di una funzione

▶ Teoria a p. 529

68 ESERCIZIO GUIDA Determiniamo il dominio delle seguenti funzioni:

a. $y = \frac{5-x}{2x-9}$; c. $y = 12 - \sqrt[3]{x-1}$; e. $y = \frac{2-x}{|x+3|-5}$.

b. $y = 5\sqrt{x^2-16}$; d. $y = \frac{\sqrt{x+5}}{\sqrt{x-3}}$;

a. Una frazione è definita quando il denominatore è diverso da 0.

$$2x - 9 \neq 0 \rightarrow x \neq \frac{9}{2} \rightarrow D: \mathbb{R} - \left\{\frac{9}{2}\right\}$$

b. Una radice di indice pari è definita quando il radicando è positivo o nullo.

$$x^2 - 16 \geq 0 \rightarrow x^2 \geq 16 \rightarrow D: x \leq -4 \vee x \geq 4$$

c. Una radice di indice dispari è sempre definita: $D = \mathbb{R}$.

d. L'espressione è definita se sono definite *contemporaneamente* le due radici e se il denominatore è diverso da 0.

$$\begin{cases} x+5 \geq 0 \\ x-3 > 0 \end{cases} \rightarrow \begin{cases} x \geq -5 \\ x > 3 \end{cases} \rightarrow D: x > 3$$

e. Il denominatore deve essere diverso da 0.

$$|x+3| - 5 \neq 0 \rightarrow |x+3| \neq 5 \rightarrow x + 3 \neq \pm 5 \left\langle \begin{array}{l} x \neq 2 \\ x \neq -8 \end{array} \right. \rightarrow D: \mathbb{R} - \{-8; 2\}$$

Determina il dominio delle seguenti funzioni.

AL VOLO

69 $y = 3x^2 - 4x + 7$

70 $y = \sqrt{x-5}$

71 $y = |3x^2 + 2x + 1| - 2x$

72 $y = \sqrt{|x^2 - 4| + 3}$

73 $y = \frac{x^4}{4} - 3x^2$

74 $y = \frac{1}{5 + |x|}$

75 $y = \sqrt{\frac{1}{x^2} + 1}$

76 $y = \frac{x}{4-x}$

77 $y = \frac{1}{\sqrt{x-2}}$

78 $y = \frac{x+17}{|x|}$

79 $y = \frac{3x-2}{(x-3)^3}$

80 $y = \frac{x}{x^2+4}$

81 $y = \frac{1}{x^2-16}$

82 $y = \frac{1}{4x^2+4x+1}$

83 $y = \frac{x-1}{x^2-7x+10}$

84 $y = \frac{1}{2x^3-8x}$ $[x \neq 0 \wedge x \neq \pm 2]$

85 $y = \frac{1}{4x^2-36} + \frac{1}{4x^2}$ $[x \neq \pm 3 \wedge x \neq 0]$

86 $y = \frac{1}{(x-1)(2x^2-6x)}$ $[x \neq 0 \wedge x \neq 1 \wedge x \neq 3]$

87 $y = \frac{1}{x} + \frac{2x-1}{x^2-9}$ $[x \neq \pm 3 \wedge x \neq 0]$

88 $y = \frac{1}{2x^2+5x-3}$ $\left[x \neq -3 \wedge x \neq \frac{1}{2}\right]$

89 $y = \frac{x-1}{x^4-8x}$ $[x \neq 0 \wedge x \neq 2]$

90 $y = \frac{5 - x}{|x| + 1}$ $[\mathbb{R}]$

91 $y = \sqrt{x^2 - 7x}$ $[x \leq 0 \vee x \geq 7]$

92 $y = \frac{2 - x}{\sqrt{7 + x^2}}$ $[\mathbb{R}]$

93 $y = \sqrt[3]{7 - 3x}$ $[\mathbb{R}]$

94 $y = \sqrt{6x - x^2}$ $[0 \leq x \leq 6]$

95 $y = \sqrt[3]{\frac{x}{5x - 3}}$ $\left[x \neq \frac{3}{5}\right]$

96 $y = \frac{2 + |x|}{|4x^2 - 1|}$ $\left[x \neq \pm\frac{1}{2}\right]$

97 $y = \frac{4x}{x^2 - 5x + 6}$ $[x \neq 2 \wedge x \neq 3]$

98 $y = \sqrt[4]{9 - x^2}$ $[-3 \leq x \leq 3]$

99 $y = \frac{2x - 7}{x^4 - x^3 + 3x^2}$ $[x \neq 0]$

100 $y = \sqrt[3]{x^2 - 3x - 4}$ $[\mathbb{R}]$

101 $y = \frac{1}{|x^3 - x^2 + x|}$ $[x \neq 0]$

102 $y = \sqrt{x^3 - 3x^2}$ $[x = 0 \vee x \geq 3]$

103 $y = \sqrt{3x + 2} + \sqrt{4x}$ $[x \geq 0]$

104 $y = \frac{1}{x^2 - 4x} + \frac{3}{\sqrt{x - 2}}$ $[x > 2 \wedge x \neq 4]$

105 $y = \sqrt{\frac{x + 3}{x^2 - 2x + 1}}$ $[x \geq -3 \wedge x \neq 1]$

106 $y = \sqrt{x^2 - x} + \sqrt{-x}$ $[x \leq 0]$

107 $y = \frac{\sqrt{1 - x}}{\sqrt{x + 1}}$ $[-1 < x \leq 1]$

108 $y = \frac{5x + 2}{x^3 - x^2 + x - 1}$ $[x \neq 1]$

109 $y = \sqrt{x - 1} + \sqrt{|2 - x^2|}$ $[x \geq 1]$

110 $y = \frac{x}{\sqrt{x^2 - 16}}$ $[x < -4 \vee x > 4]$

111 $y = \frac{8x}{\sqrt{3x - 7}} + \sqrt{5x^2 - 5}$ $\left[x > \frac{7}{3}\right]$

112 $y = \sqrt{\frac{2 - x}{x + 6}}$ $[-6 < x \leq 2]$

113 $y = \frac{3x - 7}{3 - |x|}$ $[x \neq \pm 3]$

115 $y = \frac{3}{|x - 1| - 3}$ $[x \neq -2 \wedge x \neq 4]$

116 $y = \frac{1}{\sqrt{|x|}} + \sqrt{x^3 + 1}$ $[x \geq -1 \wedge x \neq 0]$

117 $y = \frac{3x - 2}{x^3 - 3x^2 - 4x + 12}$ $[x \neq 3 \wedge x \neq \pm 2]$

118 $y = \sqrt{\frac{3x - 1}{x + 2}}$ $\left[x < -2 \vee x \geq \frac{1}{3}\right]$

119 $y = \frac{\sqrt{2x - 1}}{3x^2 - 1}$ $\left[\frac{1}{2} \leq x < \frac{\sqrt{3}}{3} \vee x > \frac{\sqrt{3}}{3}\right]$

120 $y = \begin{cases} \frac{1}{x} & \text{se } x < 1 \\ x + 4 & \text{se } x > 1 \end{cases}$ $[x \neq 0 \wedge x \neq 1]$

121 $y = \begin{cases} \sqrt{2 + x} & \text{se } x \leq 0 \\ \frac{1}{x - 4} & \text{se } x > 0 \end{cases}$ $[x \geq -2 \wedge x \neq 4]$

122 $y = \sqrt{\frac{x}{x^2 - 9}}$ $[-3 < x \leq 0 \vee x > 3]$

123 $y = \frac{2x}{\sqrt{x + 5} - 4}$ $[-5 \leq x < 11 \vee x > 11]$

124 $y = \sqrt{\frac{x + 1}{x^2 - 8x}}$ $[-1 \leq x < 0 \vee x > 8]$

125 $y = \frac{\sqrt{16 - x^2}}{x^2 - 6x + 9}$ $[-4 \leq x < 3 \vee 3 < x \leq 4]$

126 $y = \frac{\sqrt{4x - 6}}{\sqrt[3]{x^3 - 8x^2}}$ $\left[\frac{3}{2} \leq x < 8 \vee x > 8\right]$

127 $y = \frac{1}{|x^2 - 4| - 3}$ $[x \neq \pm 1 \wedge x \neq \pm\sqrt{7}]$

128 $y = \sqrt{3x - x^2} + \frac{5}{x - 3}$ $[0 \leq x < 3]$

129 $y = \frac{1}{x^2 - 5x + 6} + \sqrt{x^2 - 9}$ $[x \leq -3 \vee x > 3]$

130 $y = \sqrt{x + \sqrt{x}}$ $[x \geq 0]$

131 $y = \sqrt{1 - \sqrt{x}}$ $[0 \leq x \leq 1]$

132 $y = \frac{\sqrt{4 - |x|}}{x}$ $[-4 \leq x \leq 4 \wedge x \neq 0]$

133 $y = \sqrt{4 + 3x^2 - x^4}$ $[-2 \leq x \leq 2]$

134 $y = \sqrt{|x^2 - 4| - 5}$ $[x \leq -3 \vee x \geq 3]$

135 $y = \frac{1}{2x^3 + x^2 - 8x - 4}$ $\left[x \neq \pm 2 \wedge x \neq -\frac{1}{2}\right]$

ESERCIZI

TEST

137 Solo una di queste funzioni *non* ha dominio $D = \mathbb{R}$. Quale?

A $y = \sqrt{|x^2 - 4|}$ B $y = 3x^2 - 3$ C $y = \sqrt{|x+1|}$ D $y = \frac{1}{|x|}$ E $y = \sqrt[3]{6-x}$

138 Solo una di queste funzioni ha dominio $D = \mathbb{R}$. Quale?

A $y = \frac{3}{\sqrt[3]{x}}$ B $y = \sqrt{x^4 + 2}$ C $y = \sqrt{\frac{x-1}{x+1}}$ D $y = \frac{x^2-4}{x+2}$ E $y = |\sqrt{x}|$

139 FAI UN ESEMPIO di una funzione $y = f(x)$ che abbia come dominio:

a. D: $\mathbb{R} - \{0; 6\}$;

b. D: $x \geq -2$.

140 FAI UN ESEMPIO di una funzione

a. razionale fratta che abbia come dominio $\mathbb{R} - \{-5\}$;

b. irrazionale fratta che abbia dominio $\mathbb{R}$.

141 Data la funzione $y = \frac{x}{|x| - 2}$, indica:

a. l'immagine di 0, 3 e -1;

b. il suo dominio;

c. se il punto $A(-4; 2)$ appartiene al suo grafico. [a) 0, 3, 1; b) $x \neq \pm 2$; c) no]

142 Data la funzione $y = \frac{3x+1}{\sqrt{1-x^2}}$, determina:

a. l'immagine di 2;

b. il suo dominio;

c. se il punto $A(0; 1)$ appartiene al suo grafico. [a) non esiste; b) $-1 < x < 1$; c) sì]

143 Determina per quale valore di a la funzione $y = \frac{x+4}{a-x}$ ha dominio D: $x \neq -2$. [-2]

144 Determina i valori di a e b per cui la funzione $y = \frac{a+x}{2x-b}$ è definita per $x \neq 1$ e ha il grafico passante per $P(2; 5)$. [$a = 8, b = 2$]

145 Determina per quali valori di k la funzione $y = \sqrt{x^2 + 3x + 2k}$ è definita per ogni $x \in \mathbb{R}$. [$k \geq \frac{9}{8}$]

Funzioni uguali

Determina se le due funzioni sono uguali e giustifica la risposta.

146 $y = \frac{x+1}{x^2+x}$; $y = \frac{1}{x}$. [no]

147 $y = 3x$; $y = \frac{3x^3+6x}{x^2+2}$. [sì]

148 $y = \sqrt{x-1} \cdot \sqrt{x-2}$; $y = \sqrt{x^2-3x+2}$. [no]

149 $y = \sqrt{\frac{x}{x+5}}$; $y = \frac{\sqrt{x}}{\sqrt{x+5}}$. [no]

150 $y = \sqrt[3]{\frac{x+2}{x-2}}$; $y = \frac{\sqrt[3]{x+2}}{\sqrt[3]{x-2}}$. [sì]

151 $y = \frac{x^3+1}{x^2-x+1}$; $y = x+1$. [sì]

152 $y = 3x^2 + 1$; $y = |-1-3x^2|$. [sì]

153 $y = 1 - |x|$; $y = \begin{cases} 1+x & \text{se } x < 0 \\ 1-x & \text{se } x \geq 0 \end{cases}$. [sì]

154 VERO O FALSO?

a. La funzione $y = \frac{2x+2}{x+1}$ coincide con la funzione $y = 2$. V F

b. Le funzioni $y = \frac{\sqrt{x}}{\sqrt{x-4}}$ e $y = \sqrt{x} + \sqrt{x-4}$ hanno lo stesso dominio. V F

c. Il dominio di $y = \sqrt{-x^2} + \sqrt{2x}$ è l'insieme vuoto. V F

d. L'immagine di $y = |x| + 1$ è l'insieme $\mathbb{R}$. V F

Zeri e segno di una funzione

▶ Teoria a p. 530

LEGGI IL GRAFICO **Osservando il grafico, indica il dominio e l'immagine della funzione. Scrivi inoltre per quali valori di *x* la funzione è positiva e per quali è negativa. Indica gli zeri.**

155 ●○

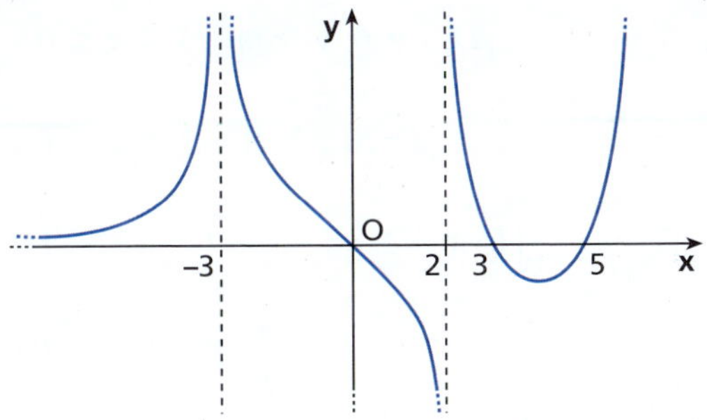

156 ●○

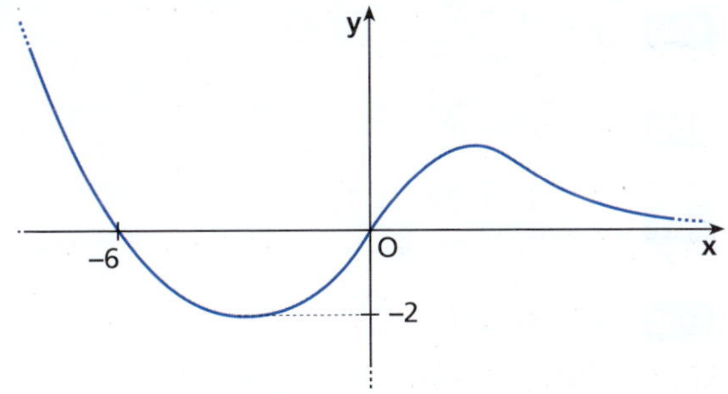

157 **ESERCIZIO GUIDA** Determiniamo il dominio, il segno e gli eventuali punti di intersezione del grafico con gli assi cartesiani per la funzione:

$$y = f(x) = \frac{\sqrt{x} - 1}{x\sqrt{x+1}}.$$

- Dominio:

$$\begin{cases} x \geq 0 & \text{esistenza di } \sqrt{x} \\ x \neq 0 & \\ x + 1 \neq 0 & \text{esistenza della frazione} \quad \rightarrow \quad D\colon x > 0. \\ x + 1 \geq 0 & \text{esistenza di } \sqrt{x+1} \end{cases}$$

- Segno della funzione: analizziamo separatamente numeratore e denominatore della frazione.

Numeratore: $\sqrt{x} - 1 > 0 \rightarrow \sqrt{x} > 1 \rightarrow x > 1$.

Denominatore: $x\sqrt{x+1} > 0 \rightarrow x > 0$ (essendo il radicale sempre positivo).

Compiliamo il quadro dei segni.

$y = f(x)$ esiste soltanto per $x > 0$:

$f(x) > 0$ per $x > 1$;

$f(x) < 0$ per $0 < x < 1$;

$f(x) = 0$ per $x = 1$.

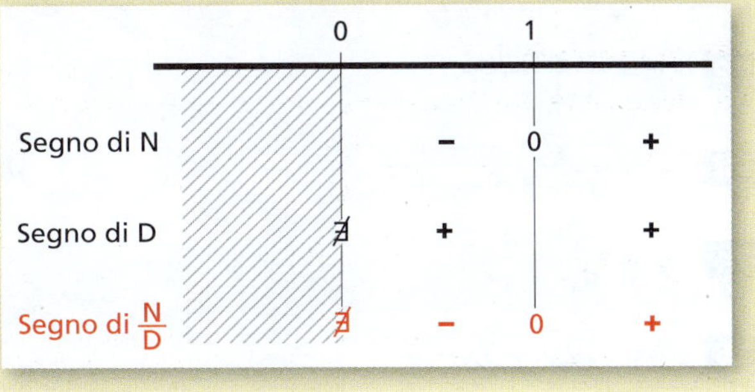

- Intersezioni con gli assi:

Per $x = 0$ la funzione non è definita, perciò il suo grafico non ha punti di intersezione con l'asse delle ordinate.

Per trovare le intersezioni con l'asse delle ascisse cerchiamo gli zeri della funzione. Abbiamo già trovato che $f(x) = 0$ per $x = 1$, quindi il grafico della funzione interseca l'asse delle ascisse nel punto (1; 0).

Utilizzando le informazioni ricavate, determiniamo la regione del piano cartesiano in cui si trova il grafico.

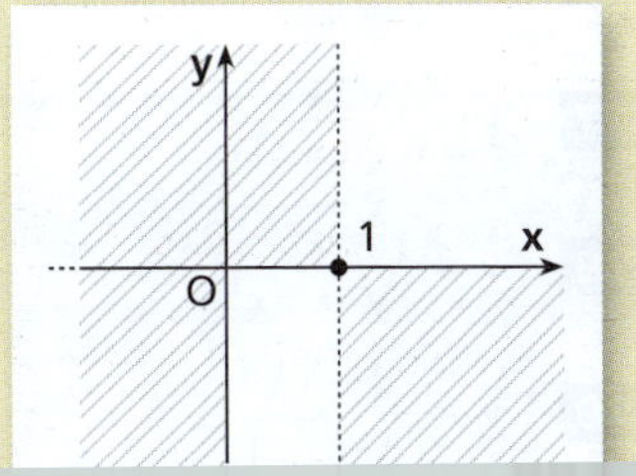

Studia il segno delle seguenti funzioni nel loro dominio e trova eventuali punti di intersezione del grafico con gli assi (nei risultati non li indichiamo). Rappresenta nel piano cartesiano le zone in cui si trova il grafico.

158 $y = 3x^4 - x^3$ $\left[D: \mathbb{R};\ y > 0: x < 0 \vee x > \frac{1}{3}\right]$

159 $y = \frac{x^2 - 9}{x}$ $[D: x \neq 0;\ y > 0: -3 < x < 0 \vee x > 3]$

160 $y = x^7 - x^3$ $[D: \mathbb{R};\ y > 0: -1 < x < 0 \vee x > 1]$

161 $y = \frac{(x+2)(x+1)}{x-4}$ $[D: x \neq 4;\ y > 0: -2 < x < -1 \vee x > 4]$

162 $y = 3x|x^2 - 9x|$ $[D: \mathbb{R};\ y > 0: x > 0 \wedge x \neq 9]$

163 $y = \frac{5 - 2x}{|x| - 1}$ $\left[D: x \neq \pm 1;\ y > 0: x < -1 \vee 1 < x < \frac{5}{2}\right]$

164 $y = \frac{1 - x}{x + 4}$ $[D: x \neq -4;\ y > 0: -4 < x < 1]$

165 $y = x^3 - 6x^2$ $[D: \mathbb{R};\ y > 0: x \neq 0 \wedge x > 6]$

166 $y = x^3 + 4x$ $[D: \mathbb{R};\ y > 0: x > 0]$

167 $y = (2x^2 - x + 1)(25 - x^2)$ $[D: \mathbb{R};\ y > 0: -5 < x < 5]$

168 $y = \frac{(x-1)(x+3)}{(x-2)(2x+1)}$ $\left[D: x \neq -\frac{1}{2} \wedge x \neq 2;\ y > 0: x < -3 \vee -\frac{1}{2} < x < 1 \vee x > 2\right]$

169 $y = \frac{1}{x^3 - 10x^2 + 25x}$ $[D: x \neq 0 \wedge x \neq 5;\ y > 0: x > 0 \wedge x \neq 5]$

170 $y = \frac{6 - x}{-x^3 - 9x}$ $[D: x \neq 0;\ y > 0: x < 0 \vee x > 6]$

171 $y = \frac{2x^2 - 8x}{x^2 - 2x + 4}$ $[D: \mathbb{R};\ y > 0: x < 0 \vee x > 4]$

172 $y = \frac{x - 4}{x(1 - x)^2}$ $[D: x \neq 0 \wedge x \neq 1;\ y > 0: x < 0 \vee x > 4]$

173 $y = \frac{x^2 - 5x + 4}{x^3 - 3x^2 - x + 3}$ $[D: x \neq \pm 1 \wedge x \neq 3;\ y > 0: -1 < x < 1 \vee 1 < x < 3 \vee x > 4]$

174 $y = \frac{x^2 - 4}{9x^2 - x^3}$ $[D: x \neq 0 \wedge x \neq 9;\ y > 0: x < -2 \vee 2 < x < 9]$

175 $y = \sqrt[3]{2x^2 + 7x - 4}$ $\left[D: \mathbb{R};\ y > 0: x < -4 \vee x > \frac{1}{2}\right]$

176 $y = \sqrt{5 - x}$ $[D: x \leq 5;\ y > 0: x < 5]$

177 $y = \frac{\sqrt{3x + 4}}{x - 1}$ $\left[D: x \geq -\frac{4}{3} \wedge x \neq 1;\ y > 0: x > 1\right]$

178 $y = \sqrt{\frac{x^2 - 2x}{x^3}}$ $[D: x \geq 2;\ y > 0: x > 2]$

179 $y = \frac{2 - |x|}{\sqrt{x - 1}}$ $[D: x > 1;\ y > 0: 1 < x < 2]$

180 $y = \sqrt{1 - \sqrt{x - 2}}$ $[D: 2 \leq x \leq 3;\ y > 0: 2 \leq x < 3]$

181 ASSOCIA a ogni funzione la figura che indica la zona in cui si trova il grafico.

a. $y = \dfrac{x^2 - 4}{x}$ **b.** $y = \dfrac{x + 2}{x^2 - 2x}$ **c.** $y = \dfrac{x^2 - 4x + 4}{x^2 + 2x}$ **d.** $y = \dfrac{\sqrt{x + 2}}{x - 2}$

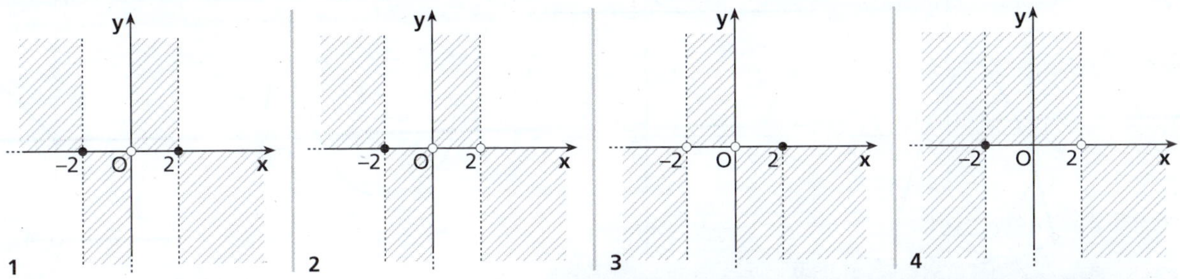

182 REALTÀ E MODELLI **Azioni su, azioni giù** Nel grafico a fianco sono rappresentati gli andamenti dei prezzi delle azioni di due compagnie, A e B, quotate in Borsa in funzione del tempo, i cosiddetti *indici azionari*. Basandoti sul riferimento in figura:

a. Quanti sono gli zeri di ciascuna delle due funzioni nell'intervallo di tempo rappresentato?

b. Per quale percentuale dell'intervallo di tempo di 20 unità ciascuna delle funzioni rappresentate è positiva?

[a) A: 3, B: 3; b) A: 35%, B: 70%]

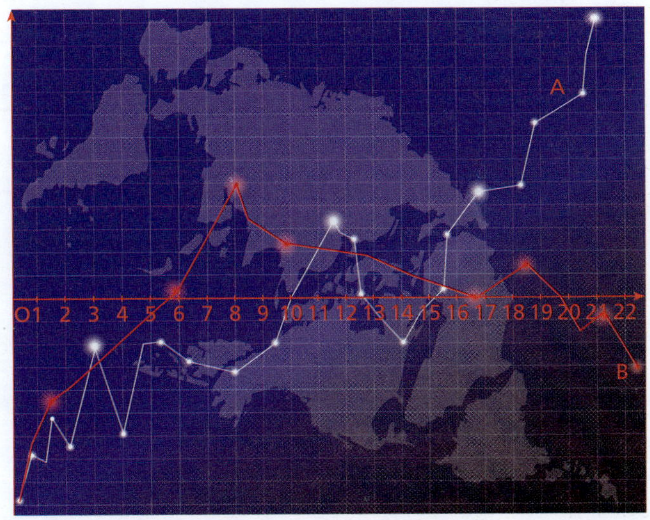

2 Funzioni iniettive, suriettive e biunivoche

Teoria a p. 531

183 Stabilisci se le funzioni rappresentate sono iniettive, suriettive o biunivoche.

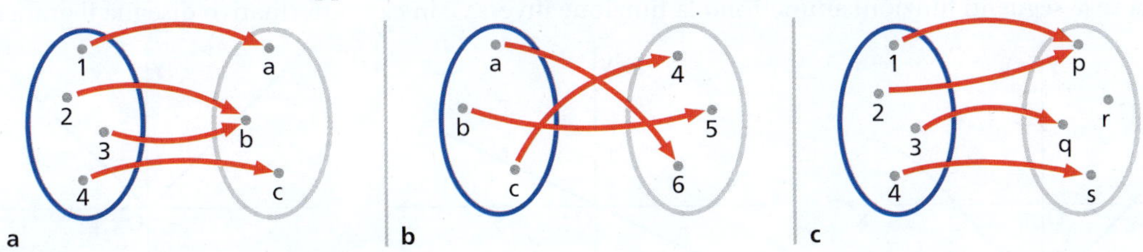

184 LEGGI IL GRAFICO Ogni grafico rappresenta una funzione $f: \mathbb{R} \to \mathbb{R}$. Indica per ognuno se si tratta di una funzione iniettiva, suriettiva, biiettiva.

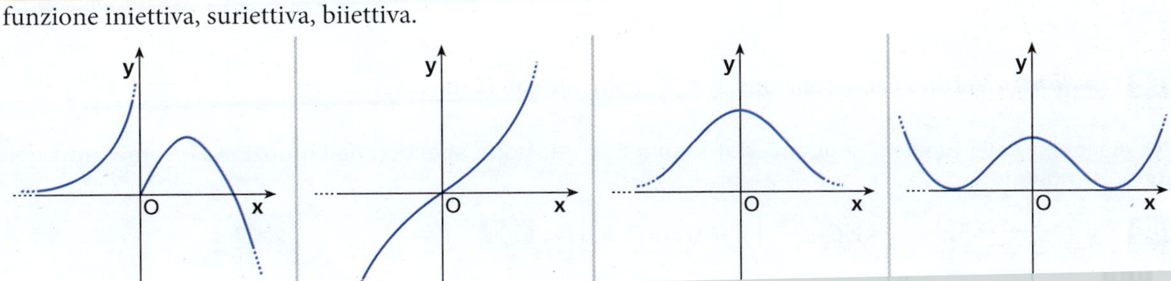

185 LEGGI IL GRAFICO Per ognuna delle seguenti funzioni da $\mathbb{R}$ a $\mathbb{R}$, indica quale sottoinsieme di $\mathbb{R}$ si deve prendere come insieme di arrivo se si vuole che la funzione sia suriettiva.

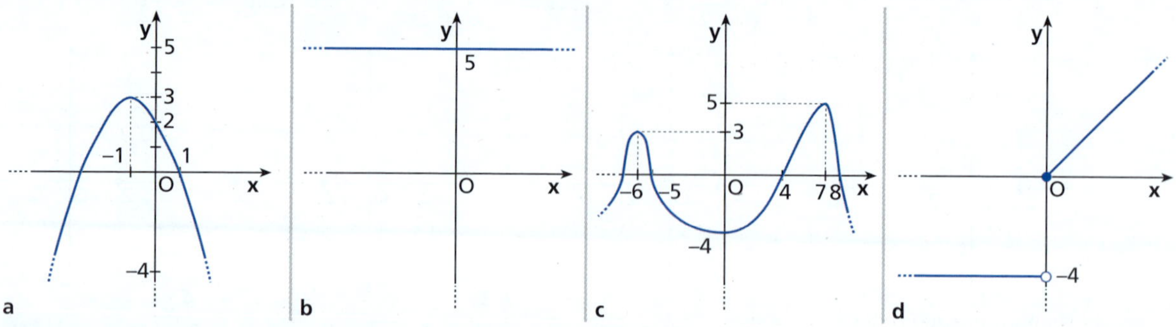

TUTOR matematica Allenati con **15 esercizi interattivi** con feedback "hai sbagliato, perché..."
su.zanichelli.it/tutor3 risorsa riservata a chi ha acquistato l'edizione con tutor

3 Funzione inversa

► Teoria a p. 533

LEGGI IL GRAFICO

186 Spiega perché ognuna delle seguenti funzioni è invertibile. Indica dominio e codominio e traccia il grafico della funzione inversa.

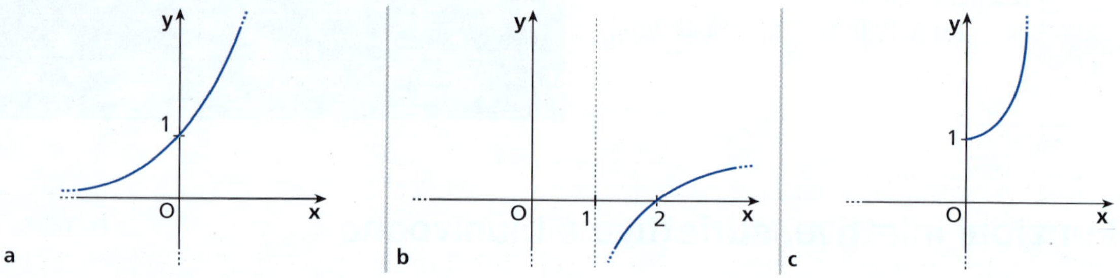

187 Stabilisci se le seguenti funzioni ammettono la funzione inversa e in caso affermativo disegna il grafico.

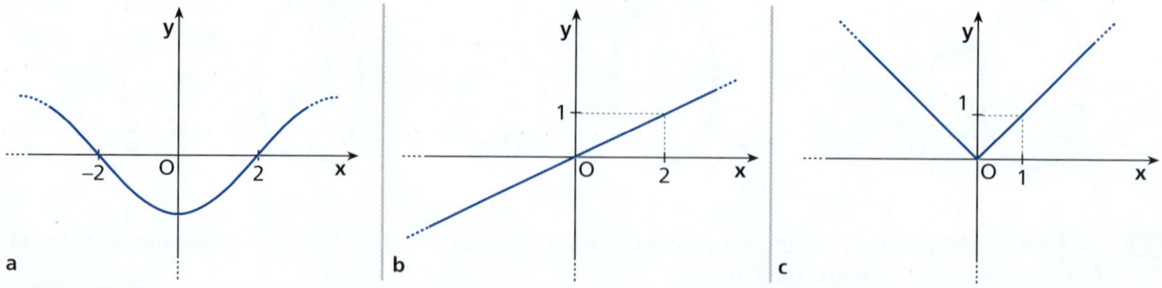

188 AL VOLO Verifica che la funzione $y = \frac{6}{x}$ coincide con la sua inversa.

Per ciascuna delle funzioni seguenti, determina l'espressione analitica della funzione inversa considerando il dominio indicato.

189 $y = \frac{1}{2}x^2 - 5,$ $x \geq 0.$ $\left[y = \sqrt{2(x+5)}\right]$

190 $y = -\frac{2}{5}x^2,$ $x \leq 0.$ $\left[y = -\sqrt{-\frac{5}{2}x}\right]$

191 $y = \frac{x^2}{9},$ $x \geq 0.$ $\left[y = 3\sqrt{x}\right]$

192 $y = x^2 + 1,$ $x \leq 0.$ $\left[y = -\sqrt{x-1}\right]$

193 ●○ **a.** Disegna il grafico della funzione $y = 3x - 3$ e della sua inversa.

b. Scrivi l'equazione di $f^{-1}(x)$ e calcola $f^{-1}(-6)$ e $f^{-1}(1)$. $\left[\text{b) } y = \dfrac{x+3}{3}, -1, \dfrac{4}{3}\right]$

194 ●○ **COMPLETA** analizzando il grafico della funzione $f(x)$.

a. $f(-2) =$ ☐

b. $f^{-1}(2) =$ ☐

c. $f^{-1}(1) =$ ☐

d. $f^{-1}(0) =$ ☐

e. $f(4) =$ ☐

Disegna il grafico della funzione inversa.

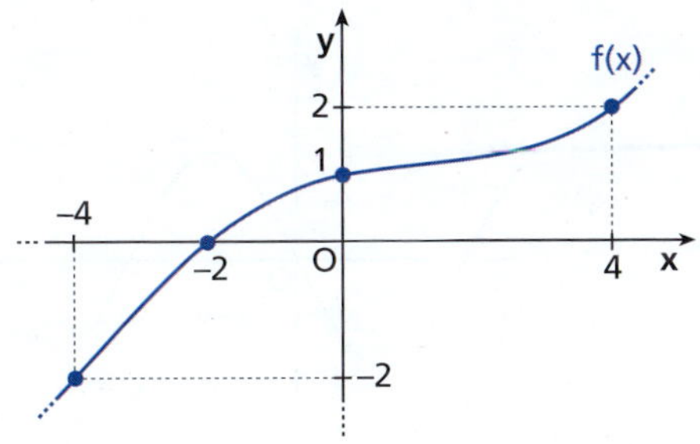

4 Proprietà delle funzioni

Funzioni crescenti, decrescenti, monotòne

▶ Teoria a p. 535

195 ●○ **COMPLETA** utilizzando i dati dal grafico:

a. dominio: $x \neq$ ☐;

b. codominio: $y \geq$ ☐;

c. $f(7) =$ ☐; $f(2) =$ ☐; $f(6) =$ ☐;

d. $f($☐$) = -2$;

e. f è crescente in $]-\infty;$ ☐$[$ e $[$☐$; 7]$;

f. f è decrescente in $]0;$ ☐$[$.

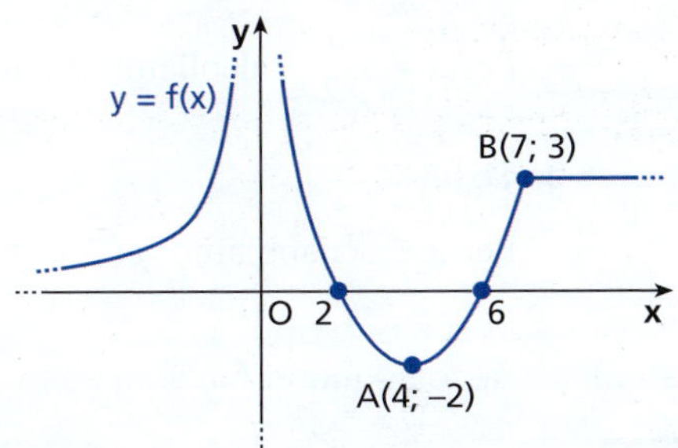

196 ●○ Indica quali tra i seguenti grafici rappresentano funzioni crescenti o decrescenti nel loro dominio, precisando se lo sono in senso stretto o in senso lato.

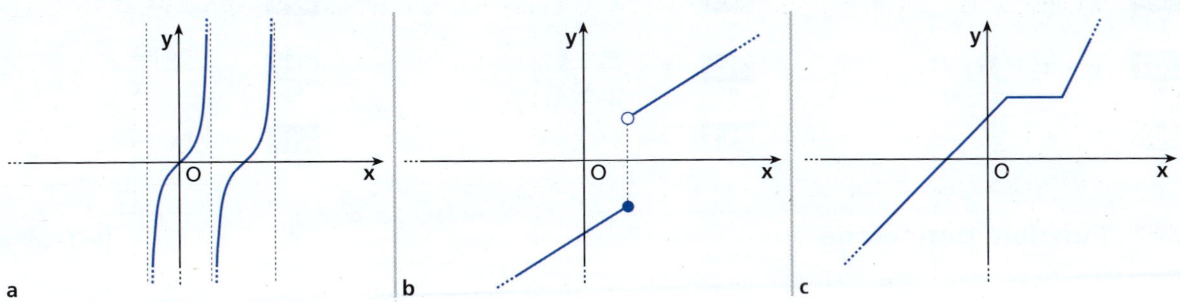

Rappresenta le seguenti funzioni e indica in quali intervalli sono crescenti.

197 ●○ $y = 8 - x^2$ $[\text{cresc.: } x < 0]$

198 ●○ $y = x^2 - 3x - 10$ $\left[\text{cresc.: } x > \dfrac{3}{2}\right]$

199 $y = \begin{cases} 2x - 1 & \text{se } x \leq 2 \\ \ldots \end{cases}$ [cresc.: x < 2]

200 ●○ $y = \begin{cases} 1 - 3x^2 & \text{se } x \leq 1 \\ x - 3 & \text{se } x > 1 \end{cases}$ $[\text{cresc.: } x < 0 \vee x > 1]$

201 $y = \begin{cases} x^2 + 5 & \text{se } x \leq 0 \\ 5 - x & \text{se } 0 < x < 3 \\ \ldots \end{cases}$ [cresc.: x > 3]

ESERCIZI

Funzioni pari, funzioni dispari

▶ Teoria a p. 536

202 LEGGI IL GRAFICO Osserva i grafici e stabilisci se le funzioni che rappresentano sono pari, dispari o né pari né dispari.

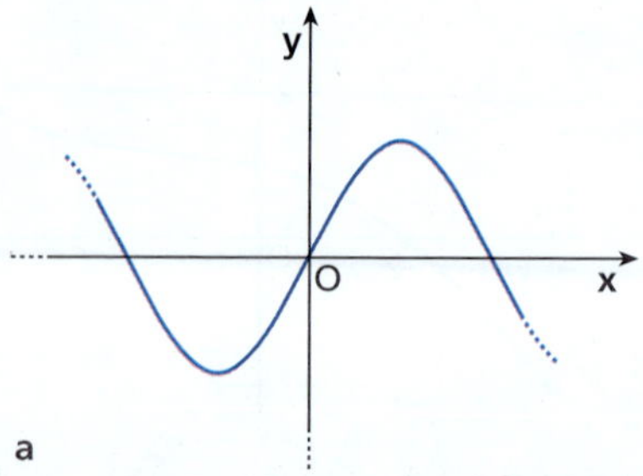

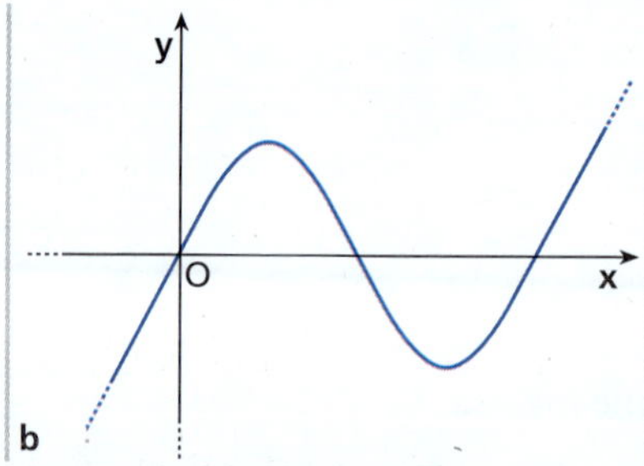

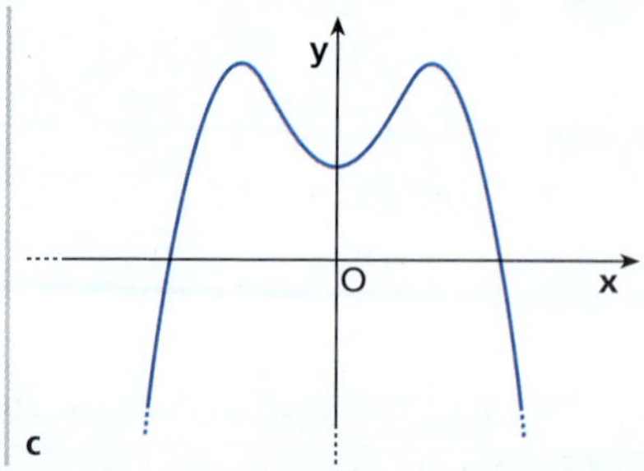

203 ESERCIZIO GUIDA Stabiliamo se le seguenti funzioni sono pari o dispari:

a. $f(x) = \dfrac{|x|}{1-4x^2}$; b. $g(x) = x^3 - x$.

a. D: $x \neq \pm\dfrac{1}{2}$

Per $x \neq \pm\dfrac{1}{2}$, calcoliamo $f(-x)$: $f(-x) = \dfrac{|-x|}{1-4(-x)^2} = \dfrac{|x|}{1-4x^2} = f(x) \rightarrow f$ è pari.

b. D: $\mathbb{R}$

Per $x \in \mathbb{R}$, abbiamo: $g(-x) = (-x)^3 - (-x) = -x^3 + x = -(x^3 - x) = -g(x) \rightarrow g$ è dispari.

Stabilisci se le seguenti funzioni sono pari, dispari o né pari né dispari.

204 $y = x^2$

205 $y = 2|x|$

206 $y = x^3$

207 $y = x^2 + 3x$

208 $y = x + \dfrac{4}{x}$

209 $y = -3x^2 + |x|$

210 $y = \dfrac{x^4 + 2x^2}{|x|}$

211 $y = x^2 - x^3$

212 $y = \dfrac{x + x^3}{x^2}$

213 $y = x\sqrt[3]{x}$

214 $y = \sqrt{x^2 + 2}$

215 $y = 2x|x|$

216 $y = -2x^3 + 1$

217 $y = \dfrac{\sqrt{1 - x^2}}{x}$

218 $y = |x + 2|$

Funzioni periodiche

▶ Teoria a p. 537

Indica il periodo delle seguenti funzioni periodiche.

219

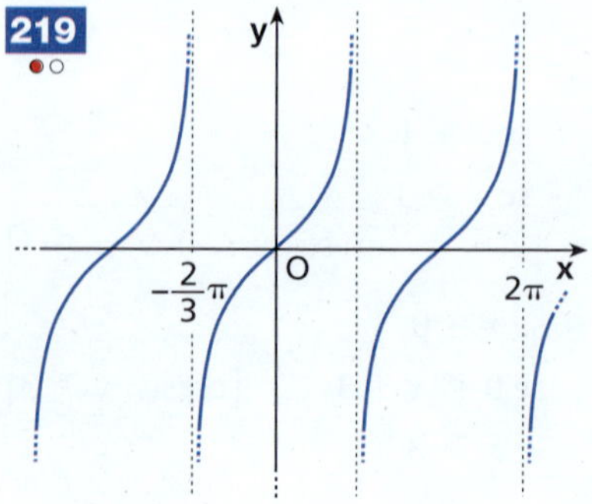

220

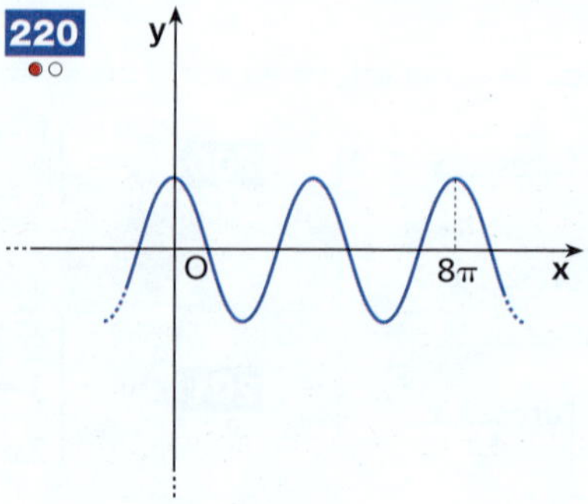

221

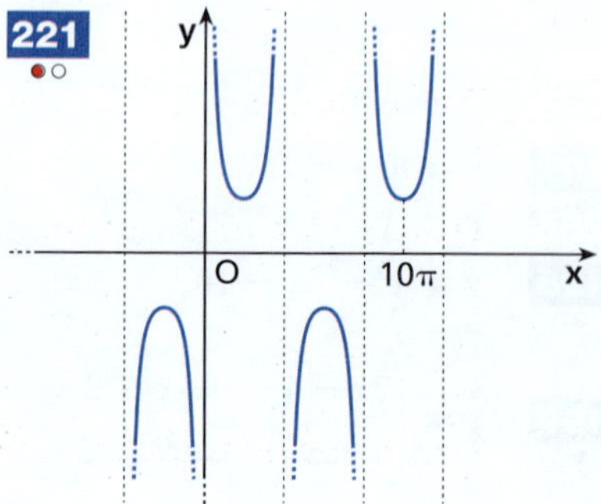

5 Funzioni composte

▶ Teoria a p. 538

COMPLETA

222 Se $f: x \mapsto x - 1$ e $g: x \mapsto \sqrt{|x|} + 2$,

$-3 \xrightarrow{f} \square \xrightarrow{g} \square$,

$10 \xrightarrow{f} \square \xrightarrow{g} \square$.

223 Se $f: x \mapsto -\frac{x}{2}$ e $g: x \mapsto \frac{1}{x}$,

$2 \xrightarrow{f} \square \xrightarrow{g} \square$,

$-\frac{1}{4} \xrightarrow{f} \square \xrightarrow{g} \square$.

224 Date le funzioni $f(x) = -x + 2$ e $g(x) = 3x - 1$, calcola $f(g(1))$ e $g(f(-2))$. $[0; 11]$

225 Date le funzioni $f(x) = -x^2 + 5$ e $g(x) = \sqrt{x} + 1$, calcola $f(g(4))$ e $g(f(-1))$. $[-4; 3]$

226 **ESERCIZIO GUIDA** Se $f(x) = \frac{1}{2x}$ e $g(x) = 3x^2$, determiniamo $f \circ g$ e $g \circ f$ negli opportuni domini.

- $(f \circ g)(x) = f(g(x)) = f(3x^2) = \frac{1}{2(3x^2)} = \frac{1}{6x^2} \rightarrow D: x \neq 0.$
- $(g \circ f)(x) = g(f(x)) = g\left(\frac{1}{2x}\right) = 3\left(\frac{1}{2x}\right)^2 = \frac{3}{4x^2} \rightarrow D: x \neq 0.$

227 **TEST** Date le funzioni $f(x) = 3x - 2$ e $g(x) = (3 + x)^2$, quale delle seguenti funzioni è $y = f(g(x))$?

A $y = (1 + 3x)^2$ **B** $y = 3(3 + x)^2 - 2$ **C** $y = (3x - 2)^2$ **D** $y = 3x^2 - 2$ **E** $y = (3 + 3x)^2$

Date le seguenti funzioni f e g, determina $f \circ g$ e $g \circ f$, specificando il loro dominio.

228 $f(x) = 2 - x$; $g(x) = 3x + 2$. $[(f \circ g)(x) = -3x; (g \circ f)(x) = 8 - 3x]$

229 $f(x) = 3x^2 - 2x$; $g(x) = x - 3$. $[(f \circ g)(x) = 3x^2 - 20x + 33; (g \circ f)(x) = 3x^2 - 2x - 3]$

230 $f(x) = x^3 - 1$; $g(x) = 1 - 3x$. $[(f \circ g)(x) = -27x^3 + 27x^2 - 9x; (g \circ f)(x) = -3x^3 + 4]$

231 $f(x) = \frac{1}{x}$; $g(x) = x^2 + 1$. $\left[(f \circ g)(x) = \frac{1}{x^2+1}; (g \circ f)(x) = \frac{1}{x^2} + 1\right]$

232 $f(x) = 2x^2$; $g(x) = \frac{1}{x} + 3$. $\left[(f \circ g)(x) = 2\left(\frac{1}{x} + 3\right)^2; (g \circ f)(x) = \frac{1}{2x^2} + 3\right]$

233 $f(x) = \sqrt{x}$; $g(x) = x^2 - 1$. $[(f \circ g)(x) = \sqrt{x^2 - 1}; (g \circ f)(x) = x - 1]$

234 Considera $f(x) = x^2 + x + 1$ e $g(x) = 2x - 1$. Trova $g(f(x))$. $[g(f(x)) = 2x^2 + 2x + 1]$

235 Date le funzioni $f(x) = x^4$ e $g(x) = x^3$, verifica che $f \circ g = g \circ f$.

236 Trova $g \circ h$ e $h \circ g$ e calcola $g\left(h\left(\frac{3}{2}\right)\right)$ e $h\left(g\left(\frac{3}{2}\right)\right)$, con $g(x) = \frac{1}{2} - x$ e $h(x) = 3x + 1$.

$\left[(g \circ h)(x) = -\left(\frac{1}{2} + 3x\right), (h \circ g)(x) = \frac{5}{2} - 3x; -5, -2\right]$

ESERCIZI

238 ●● Considera le funzioni $f(x) = 1 + 4x$ e $g(x) = x^2 - k$.
Determina per quale valore di k il grafico di $(f \circ g)(x)$ passa per $(0; 3)$. $\left[-\frac{1}{2}\right]$

239 ●● YOU & MATHS Given the functions $f(x) = 2x + 1$ and $g(x) = x^2 - 4$ determine if they are injective or surjective and, if possible, compute their inverse functions. Then write $f \circ g$ and $g \circ f$.
$\left[f^{-1}(x) = \frac{x-1}{2}, \nexists\, g^{-1}; (f \circ g)(x) = 2x^2 - 7, (g \circ f)(x) = 4x^2 + 4x - 3\right]$

240 ●○ Date le funzioni $f(x) = |x + 4|$ e $g(x) = 2x - 1$, determina $h(x) = (f \circ g)(x)$ e risolvi la disequazione $h(x) < 7$. $[-5 < x < 2]$

241 ●○ Considera $f(x) = 4 - 7x$ e $g(x) = \frac{x-9}{2}$.

a. Trova per quali x si ha $(f \circ g)(x) = (g \circ f)(x)$.

b. Risolvi l'equazione $f(g(x)) + g(x) = 1$. [a) $\nexists\, x \in \mathbb{R}$; b) $x = 10$]

242 ●○ RIFLETTI SULLA TEORIA

a. Se componi una funzione con la funzione identità $y = x$, che cosa ottieni?

b. Se componi una funzione con la sua inversa, che cosa ottieni?

Giustifica le risposte, fornendo anche qualche esempio.

243 ●○ YOU & MATHS Let $f(x) = \sqrt[3]{x}$, $g(x) = x^3 + 1$.

a. Sketch the graph of $g^{-1}(x)$.

b. Evaluate $(f \circ g)(-2)$.

c. Let $h(x) = (g \circ f)(x)$. Solve $h(x) = 0$.

(USA *Southern Illinois University Carbondale*, Final Exam)

$\left[\text{b)} -\sqrt[3]{7}; \text{c)}\, x = -1\right]$

244 ●● EUREKA! Sia $f(x) = \sqrt{x-2} - 5$. Determina il dominio di $f \circ f$ senza calcolare la sua espressione analitica. $[x \geq 51]$

MATEMATICA AL COMPUTER

Le funzioni Data la funzione $f(x) = \sqrt{ax + b} - 2$, con $a \neq 0$, costruisci un foglio elettronico che, dopo aver letto i valori dei coefficienti a e b, stabilisca il dominio e determini le eventuali intersezioni con gli assi cartesiani del grafico corrispondente.

Risoluzione – 26 esercizi in più

Riepilogo: Funzioni

245 ●○ VERO O FALSO? Rispondi osservando il grafico di $f(x)$. La funzione:

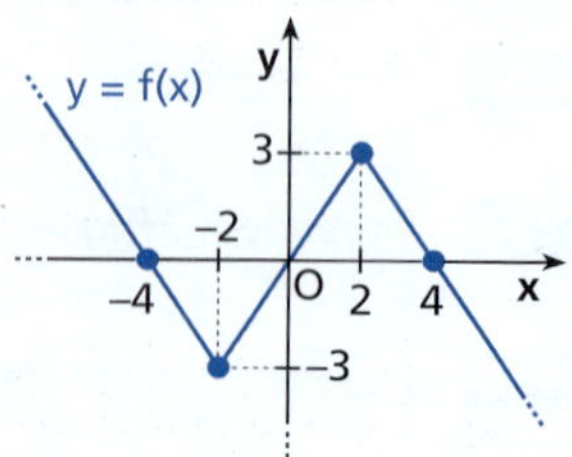

a. ha dominio $\mathbb{R}$ e codominio $\mathbb{R}$. V F

b. ha tre zeri. V F

c. è pari. V F

d. è iniettiva. V F

246 ●○ Se $f(x) = \frac{2x + a}{x - b}$, $f(-2) = 0$ e $f(1)$ non esiste, quali sono i valori di a e b? $[a = 4, b = 1]$

247 ●○ Se $f(x) = \frac{ax^2 + b}{x + c}$, $f(-1) = -6$, $f(1) = 6$ e $f\left(\frac{1}{2}\right) = 9$, quali sono i valori di a, b e c? Determina dominio e segno di $f(x)$. $[a = 2, b = 4, c = 0; D: x \neq 0]$

LEGGI IL GRAFICO Osserva i grafici e rispondi alle domande.

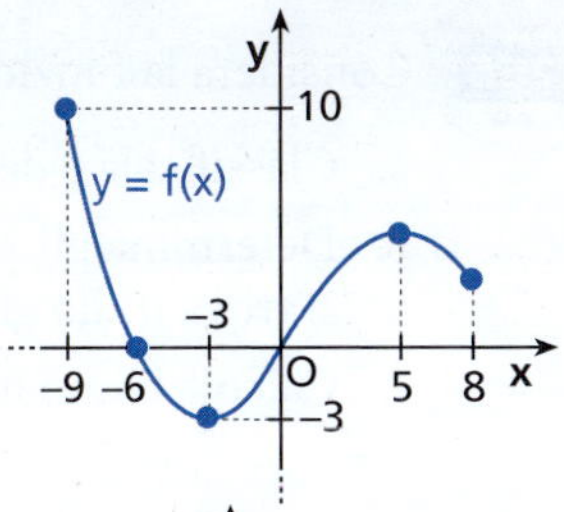

248 a. Determina il dominio e l'immagine di $f(x)$.
b. Individua gli intervalli in cui è crescente.
c. Individua gli zeri di $f(x)$ e gli intervalli in cui è positiva.
d. Stabilisci se è iniettiva.

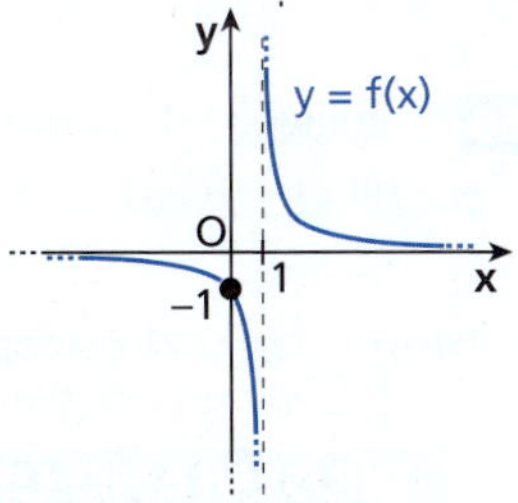

249 a. Determina il dominio e l'immagine di $f(x)$.
b. Studia il segno e indica le intersezioni del grafico con gli assi cartesiani.
c. Spiega perché è invertibile e disegna il grafico della funzione inversa.

250 Considera la funzione $f(x) = \frac{4 - x}{4}$.
a. Classifica la funzione e determina il suo dominio.
b. Studia il segno della funzione e rappresenta nel piano cartesiano le regioni in cui si trova il suo grafico.
c. Verifica che è una funzione invertibile e determina la funzione inversa.
d. Disegna per punti il grafico di $f(x)$ e quello di $f^{-1}(x)$.

[a) $D = \mathbb{R}$; b) $f(x) > 0$: $x < 4$; c) $f^{-1}(x) = 4 - 4x$]

251 Data la funzione $f(x) = 1 + \frac{1}{x}$:
a. classificala e determina il suo dominio;
b. stabilisci se è pari o dispari;
c. determina gli eventuali zeri e studia il segno;
d. traccia per punti il suo grafico.

[a) D: $x \neq 0$; b) né pari né dispari; c) $f(x) > 0$: $x < -1 \vee x > 0$, $f(x) = 0$: $x = -1$]

252 Considera la funzione $f(x) = \frac{x^2 + 1}{x}$.
a. Determina il dominio e verifica che è una funzione dispari.
b. Calcola $f(1)$, $f(-2)$ e $f\left(\frac{1}{2}\right)$.
c. Studia il segno della funzione e rappresenta nel piano cartesiano le regioni in cui si trova il suo grafico.

$\left[\text{a) } D\text{: } x \neq 0\text{; b) } 2, -\frac{5}{2}, \frac{5}{2}\text{; c) } f(x) > 0\text{: } x > 0\right]$

253 È data la funzione $f(x) = x(x - 4)(x + 3)^2$.
a. Classificala e determina il suo dominio.
b. Determina gli zeri e studia il segno, rappresentando nel piano cartesiano le regioni in cui si trova il suo grafico.
c. Spiega perché non è invertibile.

[a) $D = \mathbb{R}$; b) $f(x) > 0$: $x < 0 \vee x > 4 \wedge x \neq -3$, $f(x) = 0$: $x = -3 \vee x = 0 \vee x = 4$]

254 Considera la funzione $f(x) = \frac{5 - x}{x + 2}$.
a. Classificala e determina il suo dominio.
b. Determina gli zeri e studia il segno, rappresentando nel piano cartesiano le regioni in cui si trova il suo grafico.
c. Calcola $f(0)$ e $f(-3)$.
d. Determina l'espressione analitica di $f \circ f$ e calcola $(f \circ f)(-1)$.

ESERCIZI

255 Considera la funzione $f(x) = \sqrt{\frac{x-8}{x^2}}$.

a. Classificala e determina il suo dominio.

b. Determina gli zeri e studia il segno della funzione, rappresentando nel piano cartesiano le regioni in cui si trova il suo grafico.

c. Calcola l'immagine di 12 e la controimmagine di -2.

$\left[\text{a) } D: x \geq 8; \text{ b) } f(x) > 0: x > 8,\ f(x) = 0: x = 8; \text{ c) } \frac{1}{6}, \text{ non esiste}\right]$

256 EUREKA! Una funzione è tale che $f(ax) = af(x)$ per a, x numeri reali positivi. Se $f(4) = -2$, quanto valgono $f(12)$ e $f(5)$?

Problemi REALTÀ E MODELLI

RISOLVIAMO UN PROBLEMA

Macchine e ciambelle

In una ditta dolciaria che produce ciambelle, nelle fasi finali della produzione le ciambelle entrano in una macchina A che le confeziona e poi entrano in una macchina B che le inscatola. Mediamente, nella macchina A si perde il 2% delle ciambelle in ingresso, oltre a un numero fisso di 7 pezzi ogni ora, inviati a un controllo di qualità; la macchina B confeziona scatole da 14 pezzi l'una.

- Detto x il numero di ciambelle che entrano in un'ora nella macchina A, esprimi in funzione di x il numero y di ciambelle che entrano nella macchina B, e in funzione di y il numero z di scatole che escono in un'ora dalla macchina B.
- Esprimi direttamente in funzione di x il numero z di scatole prodotte in un'ora, e in particolare ricava il valore di z corrispondente a $x = 350$.
- Scrivi la funzione inversa di quella ricavata al secondo punto e trova quante ciambelle sono state prodotte ogni ora se dopo 8 ore di lavoro sono pronte 136 scatole.

► Esprimiamo *y* in funzione di *x* e *z* in funzione di *y*.

Dalla macchina A esce il 98% delle ciambelle che sono entrate, a cui vanno sottratte 7 ciambelle ogni ora. La funzione $y = f(x)$, che esprime il numero di ciambelle che entrano nella macchina B, è $y = \frac{49}{50}x - 7$.

Per esprimere il numero $z = g(y)$ di scatole che escono in un'ora dalla macchina B dobbiamo dividere y per il numero di ciambelle in ciascuna scatola: $z = \frac{y}{14}$.

► Esprimiamo *z* in funzione di *x*.

Per esprimere z in funzione di x dobbiamo trovare la funzione composta $g \circ f$:

$$z = g(f(x)) = g\left(\frac{49}{50}x - 7\right) = \frac{7}{100}x - \frac{1}{2}.$$

In particolare:

$$x = 350 \rightarrow z = \frac{7}{100} \cdot 350 - \frac{1}{2} = 24.$$

► Scriviamo la funzione inversa.

La funzione $z = \frac{7}{100}x - \frac{1}{2}$ è biunivoca.

Per trovare la funzione inversa dobbiamo esplicitare la x:

$$z = \frac{7}{100}x - \frac{1}{2} \rightarrow x = \frac{100}{7}\left(z + \frac{1}{2}\right).$$

Se dopo 8 ore sono pronte 136 scatole, in un'ora ne sono state prodotte 17.

$$z = 17 \rightarrow x = \frac{100}{7}\left(17 + \frac{1}{2}\right) = 250.$$

257 ●○ **Borsette e funzioni** Teresa realizza e vende borsette artigianali. Per i primi tre mesi la sua attività era in perdita, nei sei mesi successivi il guadagno è cresciuto notevolmente, poi per tre mesi c'è stato un calo. Con il secondo anno di attività il guadagno è di nuovo aumentato e al termine del secondo anno si è stabilizzato intorno a € 300 mensili.

a. Tra i grafici seguenti scegli quello che rappresenta meglio l'andamento dei guadagni di Teresa.

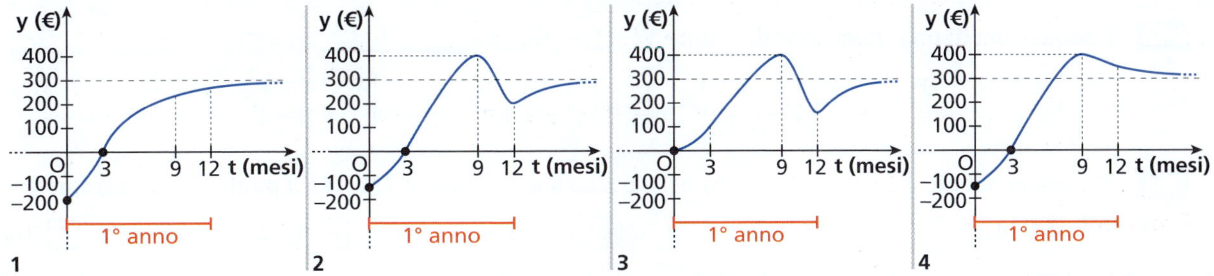

b. Per ogni grafico scrivi il dominio e l'immagine della funzione rappresentata e stabilisci se la funzione è iniettiva.

c. Indica in quale mese Teresa ha avuto guadagno nullo e in quale guadagno massimo.

258 ●○ **Pesca o melograno?** Marco ha destinato € 60 all'acquisto di due tipi di succo, uno alla pesca e uno al melograno. Ogni bottiglia di succo al melograno costa € 3 e ogni bottiglia di succo alla pesca € 2.

a. Se x è il numero di bottiglie di succo al melograno che Marco decide di comprare, scrivi la funzione che esprime il numero y di bottiglie di succo alla pesca che può acquistare con i soldi rimanenti.

b. Scrivi la funzione che esprime il numero x di bottiglie di succo al melograno che può acquistare una volta scelto il numero y di bottiglie di succo alla pesca. Che relazione c'è tra le due funzioni?

c. Se Marco vuole prendere lo stesso numero di bottiglie di succo al melograno e di succo alla pesca, quante ne può acquistare?

[a) $y = 30 - \frac{3}{2}x$; b) $x = 20 - \frac{2}{3}y$; c) 12]

259 ●○ **Bagaglio a mano** Le regole per il bagaglio a mano di diverse compagnie aeree stabiliscono che la valigia (o borsa) deve avere un peso massimo di 5 kg e che la somma dei lati non deve superare i 115 cm. In molti modelli le borse per il bagaglio a mano hanno una larghezza che supera di 15 cm la profondità.

a. Approssimando la forma della valigia a un parallelepipedo, esprimi il volume in funzione della profondità e studia il segno della funzione volume.

b. Costruisci per punti una rappresentazione grafica approssimata della funzione volume e stabilisci con quale profondità del bagaglio, tra i valori 25 cm, 30 cm e 35 cm, si ottiene la capienza maggiore della borsa.

[a) $f(x) = -2x^3 + 70x^2 + 1500x$, D: $x \geq 0$; $f(x) > 0$: $0 < x < 50$; b) 30 cm]

6 Trasformazioni geometriche e grafici

Traslazione

▶ Teoria a p. 539

TEST

260 Le equazioni di una traslazione di vettore $\vec{v}(-1;-4)$ sono:

A $\begin{cases} x' = -x-4y \\ y' = -4x-y \end{cases}$. B $\begin{cases} x' = x-4 \\ y' = y-1 \end{cases}$. C $\begin{cases} x' = x+4 \\ y' = y+1 \end{cases}$. D $\begin{cases} x' = x-1 \\ y' = y-4 \end{cases}$. E $\begin{cases} x' = x+1 \\ y' = y+4 \end{cases}$.

261 Il corrispondente del punto $A(2;-3)$ nella traslazione di vettore $\vec{v}(4;1)$ è il punto A' di coordinate:

A $(6;-4)$. B $(6;-2)$. C $(-2;-4)$. D $(-2;-2)$. E $(6;4)$.

Riconosci fra le seguenti equazioni quali coppie rappresentano una traslazione e scrivi le componenti del vettore di traslazione.

262 $\begin{cases} x' = -1+x \\ y' = 6+y \end{cases}$; $\begin{cases} x' = x \\ y' = y-5 \end{cases}$; $\begin{cases} x' = 1-x \\ y' = 2+y \end{cases}$; $\begin{cases} x' = -x \\ y' = -y \end{cases}$.

263 $\begin{cases} x' = x+6 \\ y' = -y+1 \end{cases}$; $\begin{cases} x' = 2 \\ y' = y+4 \end{cases}$; $\begin{cases} x' = x+4 \\ y' = 2+y \end{cases}$; $\begin{cases} x' = -2+x \\ y' = \frac{1}{2}+y \end{cases}$.

264 ESERCIZIO GUIDA Trasliamo il triangolo di vertici $A(1;0)$, $B(2;5)$ e $C(-1;3)$ secondo il vettore $\vec{v}(3;-4)$.

Scriviamo le equazioni della traslazione.

$$\begin{cases} x' = x+3 \\ y' = y-4 \end{cases}$$

Determiniamo le coordinate dei punti corrispondenti ai vertici dati.

$A(1;0) \mapsto A'(4;-4)$

$B(2;5) \mapsto B'(5;1)$

$C(-1;3) \mapsto C'(2;-1)$

Disegniamo il vettore $\vec{v}$ con il primo estremo nell'origine e i due triangoli corrispondenti.

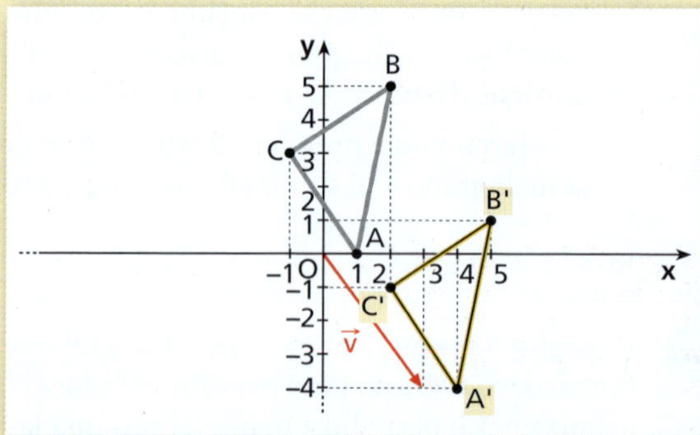

Trasla il poligono dei vertici indicati secondo il vettore $\vec{v}$ dato.

265 $A(-1;0)$, $B(-2;-5)$, $C(0;-1)$; $\vec{v}(7;0)$.

266 $A(0;2)$, $B(1;0)$, $C(4;0)$; $\vec{v}(-2;-4)$.

267 $A(-5;0)$, $B(-4;3)$, $C(-1;3)$, $D(0;1)$; $\vec{v}(6;-3)$.

268 $A(0;-4)$, $B(1;-6)$, $C(5;-2)$, $D(2;-2)$; $\vec{v}(1;6)$.

I punti indicati si corrispondono in una traslazione. Determina le equazioni della traslazione e le componenti del vettore di traslazione.

269 $A(1;-2) \mapsto A'(2;6)$.

270 $B\left(-3;\frac{1}{4}\right) \mapsto B'\left(2;\frac{3}{4}\right)$.

271 $C(-5;7) \mapsto C'(0;-1)$.

272 $D(10;-4) \mapsto D'(-2;-9)$

273 Una traslazione t trasforma il punto $P(-1; 3)$ in $P'(-2; -4)$. Scrivi le equazioni di t e trova le coordinate di un punto Q, sapendo che il suo trasformato nella traslazione t è $Q'(0; -5)$.
$\left[t: \begin{cases} x' = x - 1 \\ y' = y - 7 \end{cases}; Q(1; 2) \right]$

274 Scrivi le equazioni della traslazione che porta B in C. Trasla il triangolo ABC, indicando le coordinate dei vertici del triangolo ottenuto.
$\left[\begin{cases} x' = x - 6 \\ y' = y + 2 \end{cases}; (-3; 2), (1; 4), (-5; 6) \right]$

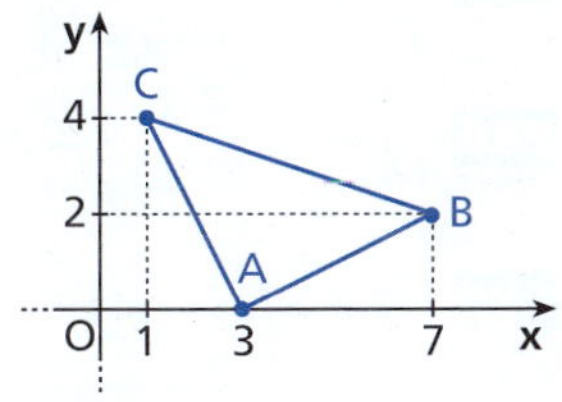

275 Trasla il triangolo di vertici $A(-1; 0)$, $B(2; 3)$ e $C(5; 0)$ secondo il vettore che fa corrispondere all'origine il punto $O'(1; -4)$ e determina l'area del triangolo traslato. [9]

Traslazione e grafico delle funzioni

▶ Teoria a p. 540

276 ESERCIZIO GUIDA Data la funzione $y = f(x)$ di equazione $y = -3x + 1$, scriviamo l'equazione della funzione $y = f'(x)$ ottenuta traslando $y = f(x)$ secondo il vettore $\vec{v}(-2; 3)$ e disegniamo il grafico.

Dall'equazione di $y = f(x)$ passiamo all'equazione $y = f(x - a) + b$, dove $a = -2$ e $b = 3$:

$$y = -3(x + 2) + 1 + 3 \rightarrow y = -3x - 2.$$

Disegniamo poi il grafico di $f(x)$ e di $f'(x)$.

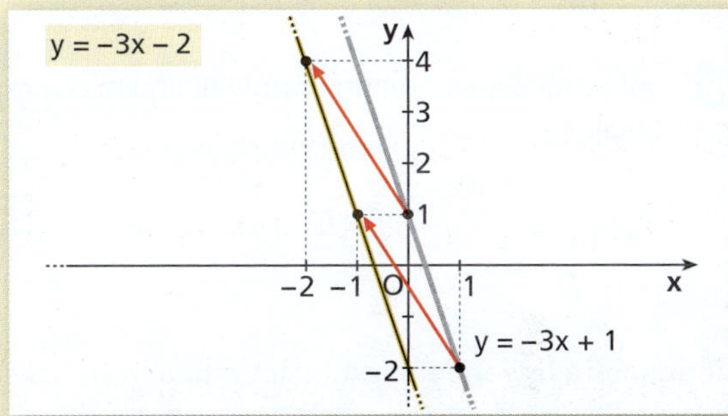

Assegnata la funzione $y = f(x)$, scrivi l'equazione della funzione ottenuta traslando $y = f(x)$ secondo il vettore indicato e traccia il grafico completo.

277 $y = 2x + 4$; $\vec{v}(3; -2)$. $[y = 2x - 4]$

278 $x - 2y + 2 = 0$; $\vec{v}\left(-1; -\frac{1}{2}\right)$. $\left[y = \frac{x}{2} + 1\right]$

279 $y = -x^2 + 1$; $\vec{v}(2; 3)$. $[y = -x^2 + 4x]$

280 $y = 4x^2 - 8x$; $\vec{v}(0; 3)$. $[y = 4x^2 - 8x + 3]$

281 Data la funzione $y = f(x)$ di equazione $x + \frac{1}{2}y - 4 = 0$, determina $y = f'(x)$ ottenuta con la traslazione di equazioni:

$$\begin{cases} x' = x + 3 \\ y' = y - 1. \end{cases}$$

$[y = -2x + 13]$

282 Determina il valore di a per cui la traslazione di vettore $\vec{v}(a; 0)$ trasforma la funzione di equazione

Disegna il grafico della funzione indicata per prima e utilizzalo per rappresentare, mediante traslazioni, le funzioni scritte a fianco.

283 $y = -2x;\quad y = -2x + 3;\quad y = -2(x - 1).$

284 $y = 3x;\quad y = 3(x + 2);\quad y = 3x + 2.$

285 $y = x^2;\quad y = x^2 + 4;\quad y = (x - 1)^2.$

286 $y = \sqrt{x};\quad y = \sqrt{x - 2};\quad y = \sqrt{x} + 1.$

287 LEGGI IL GRAFICO A partire dal grafico della funzione $y = f(x)$, traccia i grafici di $y = f(x - 1)$ e $y = f(x + 1) - 2$.

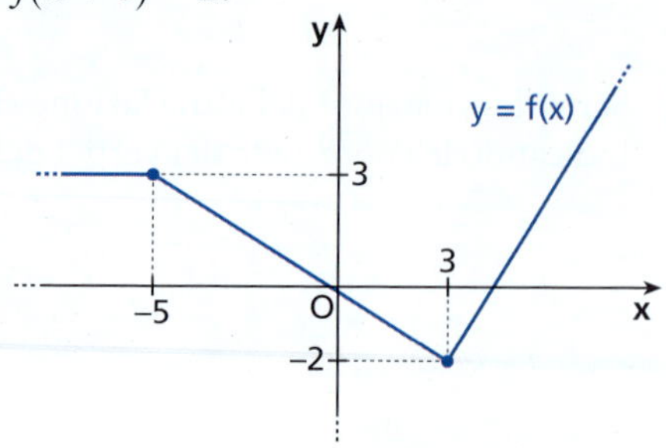

Simmetrie

▶ Teoria a p. 542

TEST

288 Le equazioni della simmetria assiale rispetto alla retta di equazione $y = -1$ sono:

A $\begin{cases} x' = -2 - x \\ y' = y \end{cases}$. **B** $\begin{cases} x' = x \\ y' = -2 - y \end{cases}$. **C** $\begin{cases} x' = -1 - x \\ y' = y \end{cases}$. **D** $\begin{cases} x' = x \\ y' = -2y \end{cases}$. **E** $\begin{cases} x' = x \\ y' = 2 - y \end{cases}$.

289 Solo una delle seguenti coppie di equazioni rappresenta una simmetria rispetto a una retta parallela all'asse y. Quale?

A $\begin{cases} x' = -4 - x \\ y' = y \end{cases}$ **B** $\begin{cases} x' = -6 + x \\ y' = y \end{cases}$ **C** $\begin{cases} x' = x \\ y' = -y + 8 \end{cases}$ **D** $\begin{cases} x' = x \\ y' = -2y \end{cases}$ **E** $\begin{cases} x' = -2x + 1 \\ y' = y \end{cases}$

Riconosci fra le seguenti equazioni quali rappresentano una simmetria, individuandone il tipo.

290 $\begin{cases} x' = x \\ y' = -4 + y \end{cases}$ $\begin{cases} x' = -x + 6 \\ y' = y \end{cases}$

291 $\begin{cases} x' = y \\ y' = x \end{cases}$ $\begin{cases} x' = -x \\ y' = y \end{cases}$

292 $\begin{cases} x' = x \\ y' = -y \end{cases}$ $\begin{cases} x' = x \\ y' = -y + 2 \end{cases}$

293 $\begin{cases} x' = y \\ y' = x \end{cases}$ $\begin{cases} x' = 4 - x \\ y' = 6 - y \end{cases}$

294 $\begin{cases} x' = -x \\ y' = y \end{cases}$ $\begin{cases} x' = 8 - x \\ y' = y \end{cases}$

295 $\begin{cases} x' = -x \\ y' = -y \end{cases}$ $\begin{cases} x' = x + 1 \\ y' = -4 + y \end{cases}$

296 ESERCIZIO GUIDA Data la retta r di equazione $x = -2$ e il quadrilatero di vertici $A(4; 1)$, $B(9; 1)$, $C(8; 7)$ e $D(2; 4)$, troviamo le coordinate dei vertici A', B', C', D', corrispondenti ad A, B, C, D nella simmetria assiale rispetto alla retta r, e successivamente troviamo le coordinate A'', B'', C'', D'' dei vertici corrispondenti di A', B', C', D' nella simmetria centrale rispetto all'origine O.

La retta r è parallela all'asse y. Le equazioni di una simmetria assiale di asse parallelo all'asse y con equazione $x = a$ sono del tipo

$$\begin{cases} x' = 2a - x \\ y' = y \end{cases} \xrightarrow{a = -2} \begin{cases} x' = -4 - x \\ y' = y \end{cases}$$

Scriviamo le coordinate dei punti simmetrici di A, B, C, D e disegniamo la figura.

$A(4; 1) \mapsto A'(-8; 1)$

$B(9; 1) \mapsto B'(-13; 1)$

$C(8; 7) \mapsto C'(-12; 7)$

$D(2; 4) \mapsto D'(-6; 4)$

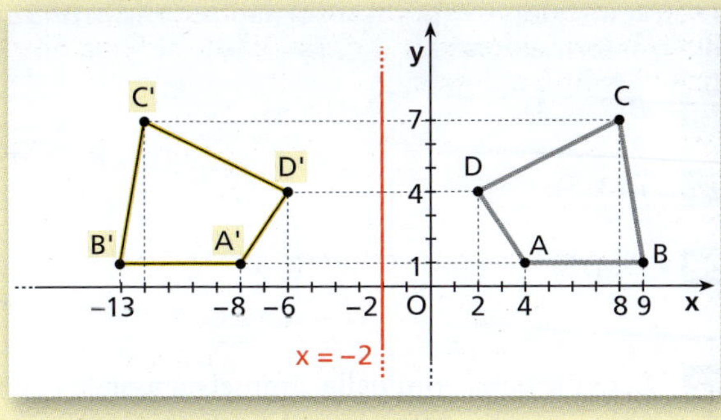

Le equazioni della simmetria centrale rispetto all'origine sono:

$$\begin{cases} x' = -x \\ y' = -y \end{cases}.$$

Scriviamo le coordinate dei punti simmetrici di A', B', C', D' e disegniamo la figura.

$A'(-8; 1) \mapsto A''(8; -1)$

$B'(-13; 1) \mapsto B''(13; -1)$

$C'(-12; 7) \mapsto C''(12; -7)$

$D'(-6; 4) \mapsto D''(6; -4)$

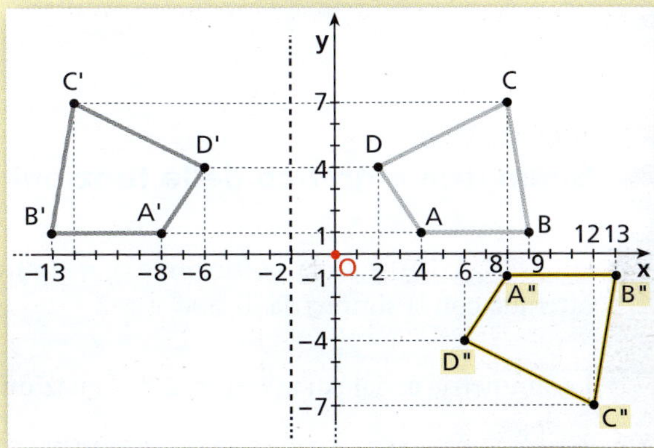

297 Dato il punto $A(-2; 1)$, determina le coordinate del punto simmetrico di A rispetto:

a. all'origine degli assi;

b. alla retta di equazione $y = -3$;

c. alla bisettrice del primo e terzo quadrante.

[a) $(2; -1)$; b) $(-2; -7)$; c) $(1; -2)$]

298 Dato il punto $B(5; 3)$, determina le coordinate del punto simmetrico di B rispetto:

a. all'asse x;

b. alla retta di equazione $x = 2$;

c. all'origine degli assi.

[a) $(5; -3)$; b) $(-1; 3)$; c) $(-5; -3)$]

Dati i vertici di un poligono e l'equazione dell'asse di una simmetria, scrivi le equazioni della simmetria assiale e determina i simmetrici dei poligoni assegnati. Disegna le figure.

299 Triangolo di vertici $A(-1; 3)$, $B(2; 6)$, $C(0; -1)$; asse di simmetria $x = 3$.

300 Triangolo di vertici $A(-2; 4)$, $B(1; 8)$, $C(3; 2)$; asse di simmetria $y = -1$.

301 Quadrilatero di vertici $A(4; 3)$, $B(-2; -6)$, $C(-3; 0)$, $D(-1; 7)$; asse di simmetria $y = x$.

302 Quadrilatero di vertici $A(-1; -1)$, $B(0; -4)$, $C(2; 0)$, $D\left(\frac{1}{2}; \frac{1}{4}\right)$; asse di simmetria l'asse x.

303 Dato il triangolo di vertici $A(0; 3)$, $B(1; 1)$, $C(4; 2)$, determina il suo simmetrico rispetto all'origine.

304 Dato il punto $A(3; -2)$ e detti B e C i suoi simmetrici rispetto alle rette di equazioni $x = 2$ e $y = 1$ rispettivamente, determina l'area del triangolo ABC. [6]

305 Dato il quadrilatero di vertici $A(-1; 3)$, $B(-3; 5)$, $C(0; 7)$ e $D(2; 6)$, trova le coordinate dei vertici del quadrilatero $A'B'C'D'$, simmetrico di $ABCD$ rispetto all'origine, e le coordinate dei vertici del quadrilatero $A''B''C''D''$, simmetrico di $A'B'C'D'$ rispetto alla retta di equazione $x = -1$. Disegna quindi le figure.

[$A'(1; -3)$, $B'(3; -5)$, ...; $A''(-3; -3)$, $B''(-5; -5)$, ...]

Le seguenti coppie di punti si corrispondono in una simmetria assiale. Individua l'asse di simmetria e le equazioni della trasformazione.

306 $P(2; -4)$, $P'(2; 4)$.

307 $P(3; 2)$, $P'(3; -6)$.

308 $A(4; 5)$, $A'(10; 5)$.

309 $B(-1; -2)$, $B'(1; -2)$.

310 $A(6; -9)$, $A'(-9; 6)$.

311 $A(-2; 4)$, $A'\left(\frac{5}{2}; 4\right)$.

312 Scrivi le equazioni della simmetria assiale che trasforma il triangolo ABC di vertici $A(0; 4)$, $B(3; 1)$ e $C(6; 5)$ nel triangolo $A'B'C'$, con $A'(-4; 4)$. Determina quindi le coordinate di B' e C'.

$\left[\begin{cases} x' = -4 - x \\ y' = y \end{cases}; B'(-7; 1), C'(-10; 5)\right]$

Simmetrie e grafico delle funzioni

▶ Teoria a p. 543

313 ESERCIZIO GUIDA Data la funzione $y = f(x)$ di equazione $y = x^2 - 3x$, troviamo la funzione $y = f'(x)$, ottenuta con la simmetria di asse $y = 2$.

La simmetria assiale di asse $y = 2$ ha equazioni

$$\begin{cases} x' = x \\ y' = 4 - y \end{cases}$$

Ricaviamo x e y: $\begin{cases} x = x' \\ y = 4 - y' \end{cases}$, e sostituiamo nell'equazione di $f(x)$:

$$4 - y' = (x')^2 - 3(x') \rightarrow y' = -x'^2 + 3x' + 4.$$

Quindi $f'(x) = -x^2 + 3x + 4$.

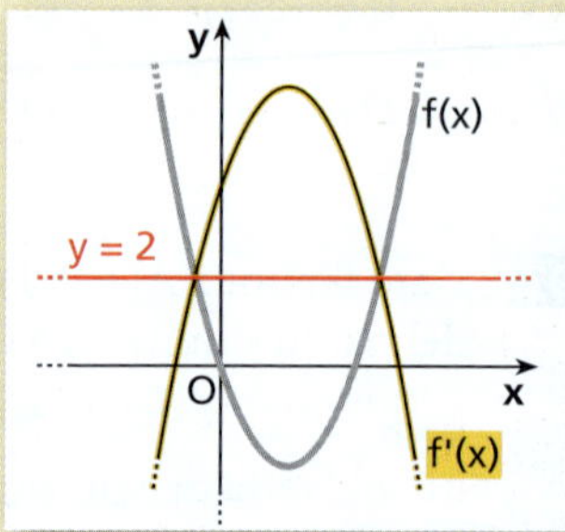

Determina l'equazione della funzione ottenuta applicando a $y = f(x)$ la simmetria indicata.

314 $y = 2x$; asse: $x = 0$. $[y = -2x]$

315 $y = x^2 + 1$; asse: $y = 0$. $[y = -x^2 - 1]$

316 $y = x + 4$; centro: O. $[y = x - 4]$

317 $x - y + 2 = 0$; asse: $y = 1$. $[y = -x]$

318 $y = x^2 + x$; asse: $y = x$. $[x = y^2 + y]$

319 $y = -\frac{2}{x}$; asse: $y = 3$. $\left[y = \frac{2}{x} + 6\right]$

320 Determina la funzione che ha il grafico simmetrico, rispetto alla retta di equazione $x = -2$, di quello della funzione $y = x^2 - 1$. $[y = x^2 + 8x + 15]$

321 Determina la funzione che ha, rispetto al grafico della funzione $y = -2x - 1$, il grafico simmetrico:

a. rispetto all'origine;

b. rispetto alla retta di equazione $y = -3$. [a) $y = -2x + 1$; b) $y = 2x - 5$]

322 **ESERCIZIO GUIDA** Consideriamo la funzione di equazione $y = (x-2)^2$. Determiniamo l'equazione e il grafico della funzione simmetrica rispetto:

a. all'asse x **b.** all'asse y **c.** all'origine.

a. La funzione simmetrica rispetto all'asse x ha equazione $y = -f(x)$, quindi $y = -(x-2)^2$.

b. La funzione simmetrica rispetto all'asse y ha equazione $y = f(-x)$, quindi $y = (-x-2)^2$.

c. La funzione simmetrica rispetto all'origine ha equazione $y = -f(-x)$, quindi $y = -(-x-2)^2$.

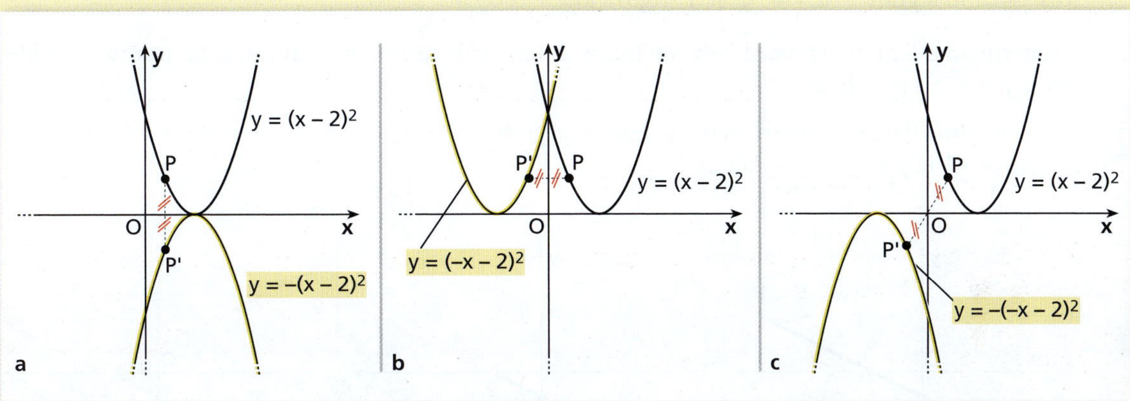

Disegna i grafici delle seguenti funzioni e, dopo aver determinato l'equazione, disegna il grafico della funzione simmetrica rispetto:

a. all'asse x; **b.** all'asse y; **c.** all'origine.

323 $y = (x+1)^2$

324 $y = 3x + 1$

325 $x + y - 4 = 0$

326 $y = -x^2$

327 $y = \sqrt{x}$

328 $y = |x|$

329 $y = \sqrt[3]{-x}$

330 $y = \dfrac{1}{x}$

331 $y = x^2 + 2x - 8$

332 $y = (x-1)^2$

333 $y = -(x^2 + 4x)$

334 $y = -x^2 + 1$

---

335 Verifica che il grafico della funzione $y = 4x^2$ è simmetrico rispetto all'asse y.

336 **REALTÀ E MODELLI** **Il ponte** Nella foto, che ritrae un ponte autostradale, si possono riconoscere delle trasformazioni geometriche.

a. Scrivi le equazioni della trasformazione geometrica che trasforma il grafico di $y = f(x)$ nel grafico di $y = f'(x)$.

b. La retta che congiunge i punti A e B nel riferimento Oxy ha equazione $y = 2x$. Scrivi l'equazione della funzione il cui grafico è formato dall'unione delle semirette AO e OB', essendo B' simmetrico di B rispetto all'asse x.

Funzioni con valori assoluti

▶ Teoria a p. 543

Il grafico di $y = |f(x)|$

337 ESERCIZIO GUIDA Disegniamo il grafico della funzione $y = \left|\frac{x}{2} - 1\right|$.

Per ottenere il grafico della funzione data:

- disegniamo il grafico di $y = \frac{x}{2} - 1$ (figura **a**);
- confermiamo il grafico precedente nell'intervallo in cui le ordinate dei punti sono positive o nulle, ossia per $x \geq 2$ (figura **b**);
- consideriamo il simmetrico rispetto all'asse x del grafico precedente nell'intervallo in cui le ordinate sono negative, ossia per $x < 2$ (figura **c**).

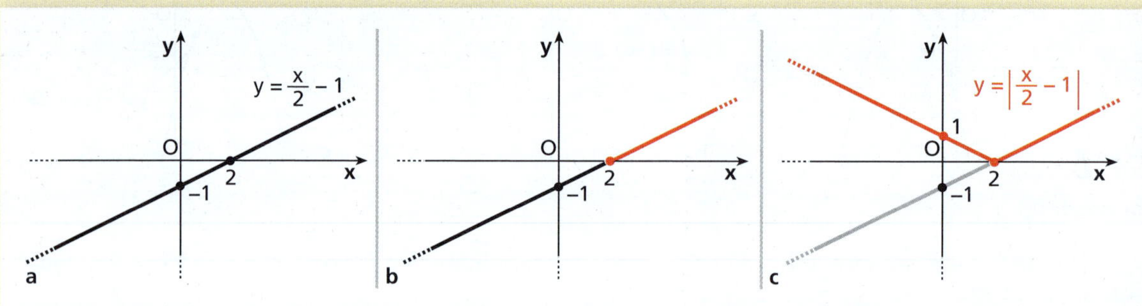

Disegna il grafico delle seguenti funzioni.

338 $y = |3x + 5|$; $\quad y = |-x - 2|$.

339 $y = |x + 1|$; $\quad y = \left|-\frac{x}{5} + \frac{7}{4}\right|$.

340 $y = |x^2 - 2x|$; $\quad y = |x^2 - 9|$.

341 $y = |-x^2 + 4x|$; $\quad y = \left|1 - \frac{x^2}{4}\right|$.

342 $y = -|2x - 6|$; $\quad y = |-x^2 + 25|$.

343 $y = \left|\frac{1}{x}\right|$; $\quad y = |-x^2 + 3x - 2|$.

344 $y = |x^2 - 4x + 3|$; $\quad y = |\sqrt[3]{x}|$.

345 $y = -|x^2 - 16|$; $\quad y = -\left|\frac{1}{x}\right|$.

Il grafico di funzioni del tipo $y = f(|x|)$

346 ESERCIZIO GUIDA Disegniamo il grafico della funzione $y = \frac{|x|}{2} - 1$.

Per ottenere il grafico della funzione data:

- disegniamo il grafico di $y = \frac{x}{2} - 1$ (figura **a**);
- confermiamo il grafico precedente nell'intervallo in cui le ascisse dei punti sono positive o nulle, ossia per $x \geq 0$ (figura **b**);

- consideriamo il simmetrico rispetto all'asse y del grafico precedente nell'intervallo in cui le ascisse sono negative, ossia per $x < 0$ (figura **c**).

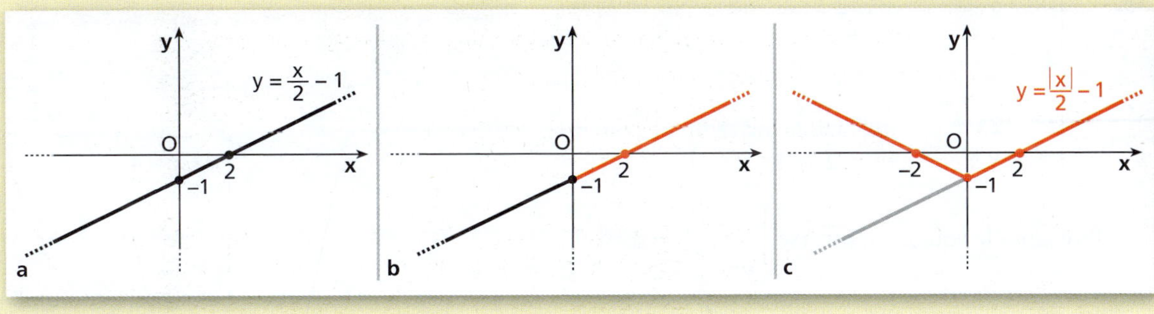

Disegna il grafico delle seguenti funzioni.

347 $y = |x| - 3$; $\quad y = -3|x| + 1$.

348 $y = -x^2 + 6|x|$; $\quad y = \dfrac{|x| - 1}{2}$.

349 $y = 2|x| - 4$; $\quad y = 2x^2 - 4|x| + 2$.

350 $y = x^2 - 3|x| + 2$; $\quad y = x^2 - 2|x|$.

351 $y = -|x| + 3$; $\quad y = \sqrt{|x|}$.

352 $y = |x|^3$; $\quad y = \sqrt[3]{|x|}$.

Dilatazione

▶ Teoria a p. 544

Riconosci tra le seguenti equazioni quali rappresentano una dilatazione e di che tipo.

353 $\begin{cases} x' = 2x \\ y' = \dfrac{1}{2}y \end{cases}$; $\quad \begin{cases} x' = 2 - x \\ y' = y \end{cases}$.

354 $\begin{cases} x' = -4x \\ y' = -2y \end{cases}$; $\quad \begin{cases} x' = x - 1 \\ y' = y + 2 \end{cases}$.

355 $\begin{cases} x' = 3x \\ y' = 3y \end{cases}$; $\quad \begin{cases} x' = -x \\ y' = y \end{cases}$.

356 $\begin{cases} x' = \dfrac{x}{4} \\ y' = y \end{cases}$; $\quad \begin{cases} x' = x \\ y' = 6y \end{cases}$.

Scrivi le equazioni della dilatazione con *m* e *n* assegnati e trova il corrispondente del punto *A*.

357 $m = 3$, $n = 1$; $\quad A(1; 4)$. $\quad [A'(3; 4)]$

358 $m = 1$, $n = 2$; $\quad A(-2; 1)$. $\quad [A'(-2; 2)]$

359 $m = \dfrac{1}{3}$, $n = 1$; $\quad A(6; -2)$. $\quad [A'(2; -2)]$

360 $m = \dfrac{1}{4}$, $n = 2$; $\quad A(4; 3)$. $\quad [A'(1; 6)]$

Scrivi le equazioni della dilatazione che trasforma il punto *P* nel punto *P'*.

361 $P(1; 3)$; $\quad P'(2; 3)$. $\quad \left[\begin{cases} x' = 2x \\ y' = y \end{cases}\right]$

362 $P(-2; 5)$; $\quad P'\left(-2; \dfrac{5}{2}\right)$. $\quad \left[\begin{cases} x' = x \\ y' = \dfrac{y}{2} \end{cases}\right]$

363 $P(3; 4)$; $\quad P'(9; 4)$. $\quad \left[\begin{cases} x' = 3x \\ y' = y \end{cases}\right]$

364 $P(2; -6)$; $\quad P'(4; -2)$. $\quad \left[\begin{cases} x' = 2x \\ y' = \dfrac{1}{3}y \end{cases}\right]$

365 **AL VOLO** Trova i vertici del quadrilatero Q', immagine del quadrato Q della figura nella dilatazione di equazioni $\begin{cases} x' = 4x \\ y' = \dfrac{1}{4}y \end{cases}$. Quanto vale il rapporto tra le aree di Q e Q'?

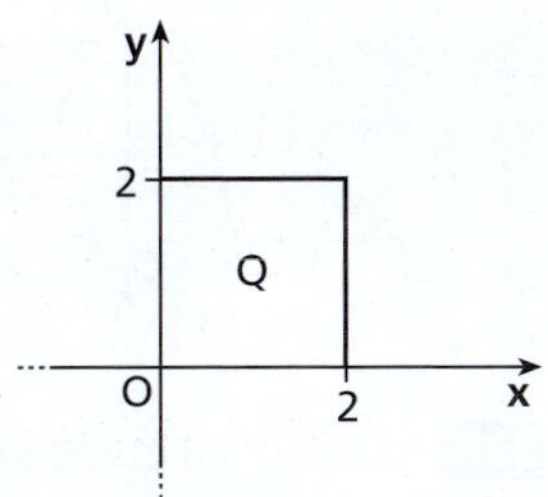

366 ESERCIZIO GUIDA Data la funzione $y = x^2 - 4$, troviamo le equazioni della sua immagine nella dilatazione con le equazioni indicate e rappresentiamo il suo grafico.

$$\begin{cases} x' = 2x \\ y' = y \end{cases}$$

$\begin{cases} x' = 2x \\ y' = y \end{cases}$ → dilatazione orizzontale con $m = 2 > 1$ e $n = 1$.

Troviamo le equazioni inverse $\begin{cases} x = \dfrac{x'}{2} \\ y = y' \end{cases}$ e sostituiamo nell'equazione $y = x^2 - 4$, ottenendo:

$$y' = \left(\frac{x'}{2}\right)^2 - 4 \rightarrow y' = \frac{x'^2}{4} - 4.$$

Togliendo gli apici: $y = \dfrac{x^2}{4} - 4$.

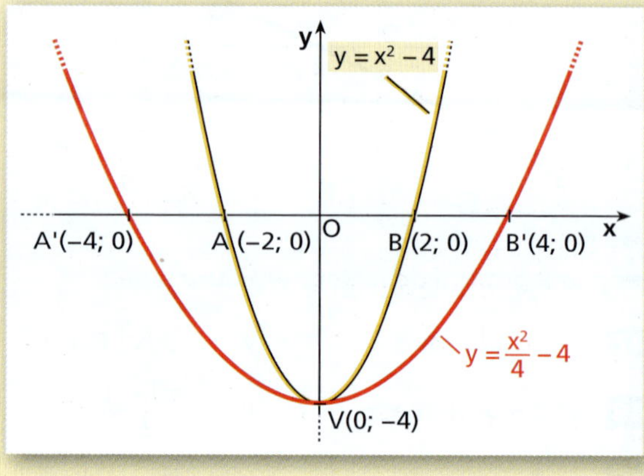

Nei seguenti esercizi, data l'equazione di una funzione e le equazioni di una dilatazione, determina l'equazione della funzione trasformata e rappresenta graficamente le due funzioni.

367 $y = -x^2 + 2x$; $\begin{cases} x' = 4x \\ y' = y \end{cases}$.

368 $y = |x^2 - 9|$; $\begin{cases} x' = x \\ y' = 2y \end{cases}$.

369 $y = (x-2)^2$; $\begin{cases} x' = \dfrac{1}{2}x \\ y' = 4y \end{cases}$.

370 $y = x^2 - 6x + 5$; $\begin{cases} x' = 2x \\ y' = 3y \end{cases}$.

Disegna i grafici delle seguenti funzioni a partire da quelli di $y = |x|$, $y = x^2$, $y = x^3$, $y = \sqrt{x}$ e $y = \dfrac{1}{x}$.

371 $y = \dfrac{1}{4}|x|$; $y = \dfrac{x^2}{9}$.

372 $y = (2x)^2$; $y = \dfrac{x^2}{16}$.

373 $y = 2|x|$; $y = \dfrac{|x|}{2}$.

374 $y = 2\sqrt{x}$; $y = \sqrt{2x}$.

375 $y = \left(\dfrac{x}{4}\right)^3$; $y = 2x^3$.

376 $y = \dfrac{4}{x}$; $y = \dfrac{1}{2x}$.

Riepilogo: Trasformazioni geometriche e grafici delle funzioni

377 YOU & MATHS Explain how we can obtain this graph starting from the graph of $y = x^2$ by applying two geometric transformations.

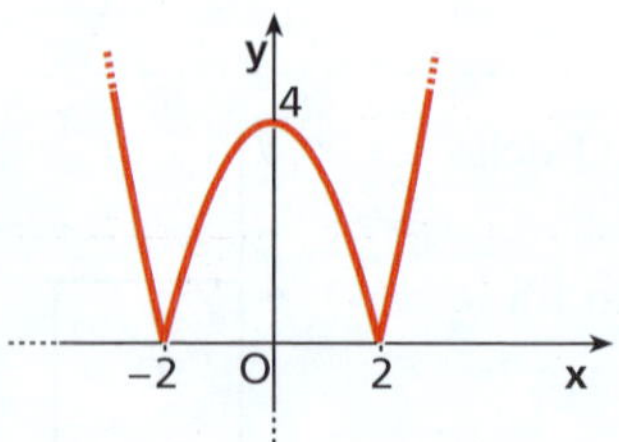

378 Disegna il grafico di $y = 1 + |x - 3|$ e verifica che è simmetrico rispetto alla retta di equazione $x = 3$.

Disegna il grafico delle seguenti funzioni applicando le trasformazioni geometriche a partire dai grafici noti.

379 $y = -|x| - 1$

380 $y = -\frac{x^2}{25} - 2$

381 $y = (x+1)^2 - 3$

382 $y = |x-3| + 2$

383 $y = -(x+3)^2 + 2$

384 $y = x^2 - 2|x| + 1$

385 $y = \frac{1}{4}(x+2)^2$

386 $y = \frac{1}{x} + 4$

387 $y = |x^3 - 1|$

388 $y = \frac{1}{x-1} + 2$

389 $y = |1 - 4x^2|$

390 $y = ||x| - 2|$

391 $y = |(x-2)^2 - 1|$

392 $y = -|x-1| + 1$

393 $y = \left|-\frac{1}{2}|x| + 1\right|$

---

394 Disegna il grafico di $y = f(x) = -\frac{1}{3}x + 1$. Traccia poi i grafici delle seguenti funzioni, dopo averne scritto l'espressione analitica.

a. $y = |f(x)|$; **b.** $y = -f(x)$; **c.** $y = f(x) + 1$; **d.** $y = f(x+1)$.

395 Come nell'esercizio precedente, ma con $y = -x^2 + 2x - 1$.

396 Disegna il grafico di $y = f(x) = x^2 - 4x$. Traccia poi i grafici delle seguenti funzioni, dopo averne scritto l'espressione analitica.

a. $y = -f(x)$; **b.** $y = f(-x)$; **c.** $y = f(|x|)$; **d.** $y = |f(|x|)|$.

397 Data la funzione $y = ax - 3$, determina a sapendo che al suo grafico appartiene il punto $P(2; 7)$ e rappresentala graficamente. Disegna poi il grafico simmetrico rispetto alla bisettrice del primo e terzo quadrante e determina l'equazione della funzione corrispondente. Cosa puoi dire sulle due funzioni? $\left[a = 5;\ y = \frac{1}{5}x + \frac{3}{5}\right]$

398 Data la funzione $f(x) = x^2 + bx$, determina b in modo che il grafico della funzione passi per il punto $A(2; -7)$ e rappresentala graficamente. Disegna quindi i grafici di $y = 2 - f(x)$ e $y = -|f(x)|$. $\left[-\frac{11}{2}\right]$

399 Data la funzione $f(x) = \frac{x+1}{x-2}$, determina l'equazione della funzione f' ottenuta da f con una traslazione di vettore $\vec{v}(-3; 2)$ e l'equazione della funzione f'' ottenuta da f con una simmetria rispetto alla retta di equazione $x = -3$. $\left[f'(x) = \frac{3x+6}{x+1};\ f''(x) = \frac{x+5}{x+8}\right]$

400 REALTÀ E MODELLI **Acqua alta** Il grafico rappresenta la previsione dell'andamento della marea nell'alto Adriatico nell'arco di una giornata. Il Centro maree della città di Venezia deve aggiornare il grafico sapendo che per quel giorno è previsto un forte vento che causerà un innalzamento del livello del mare di ulteriori 50 cm. Inoltre la variazione del livello dell'acqua all'interno della laguna veneziana subisce un ritardo di 1 ora rispetto al mare aperto.

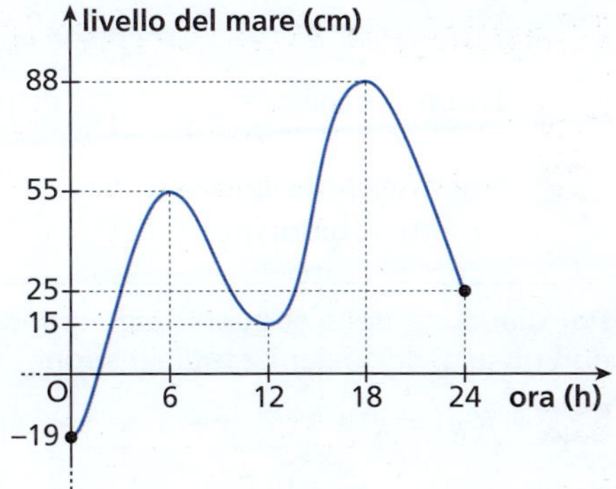

a. Scrivi le equazioni della trasformazione che permette di ottenere la previsione della marea in laguna.

b. A Venezia, piazza San Marco si trova a 90 cm dal livello 0 del mare. Alle ore 8 la piazza sarà sommersa dall'acqua? Dai una spiegazione qualitativa.

c. A che ora si registrerà a Venezia la punta più alta della marea?

$\left[\text{a) } \begin{cases} x' = x + 1 \\ y' = y + 50 \end{cases};\ \text{c) } 19\right]$

VERIFICA DELLE COMPETENZE ALLENAMENTO

UTILIZZARE TECNICHE E PROCEDURE DI CALCOLO

Determina il dominio delle seguenti funzioni.

1 $y = \dfrac{x+1}{4-|x+1|}$ $[x \neq -5 \wedge x \neq 3]$

2 $y = \dfrac{\sqrt{x}}{x-2}$ $[x \geq 0 \wedge x \neq 2]$

3 $y = \dfrac{1}{x^2+4x+15}$ $[\forall x \in \mathbb{R}]$

4 $y = \sqrt{x^2-7x+12}$ $[x \leq 3 \vee x \geq 4]$

5 $y = \dfrac{9x^2}{\sqrt{2x-3}} + \dfrac{3x}{\sqrt{4-x}}$ $\left[\dfrac{3}{2} < x < 4\right]$

6 $y = \sqrt{\dfrac{x-x^2}{x^2+3}}$ $[0 \leq x \leq 1]$

ANALIZZARE E INTERPRETARE DATI E GRAFICI

7 Osservando il grafico di $f(x)$, determina:

a. dominio e insieme immagine;

b. gli eventuali zeri;

c. se la funzione è pari o dispari;

d. gli intervalli in cui la funzione è crescente.

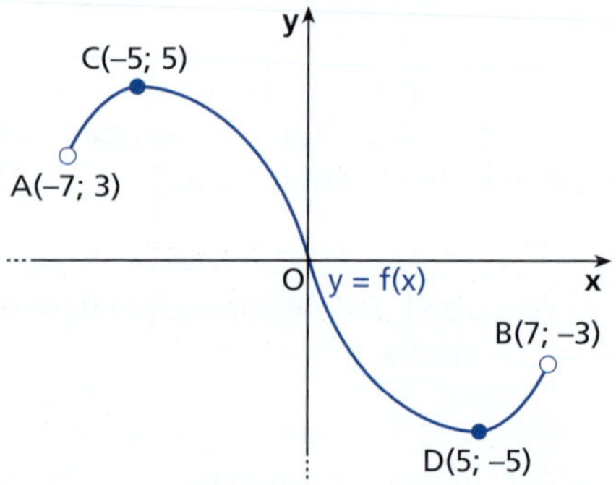

[a) D: $-7 < x < 7$, I: $-5 \leq y \leq 5$; b) $x = 0$; c) dispari; d) $-7 < x < -5 \vee 5 < x < 7$]

8 Osservando il grafico di $f(x)$:

a. determina dominio e insieme immagine;

b. studia il segno;

c. determina l'immagine di -2 e 3 e la controimmagine di 6;

d. spiega perché la funzione non è biunivoca.

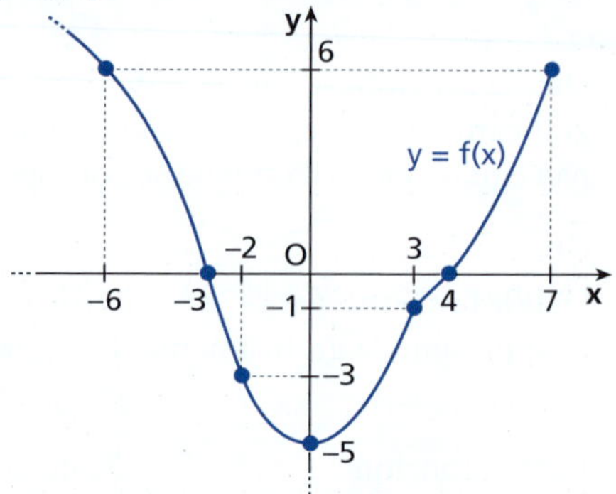

[a) D: $x \leq 7$, I: $y \geq -5$; b) $y > 0$: $x < -3 \vee 4 < x \leq 7$; c) $f(-2) = -3$, $f(3) = -1$, $f(-6) = f(7) = 6$]

RISOLVERE PROBLEMI

9 Data la funzione $y = 6x - 1$, determina la sua immagine se il dominio è $D = \{-3, -4, 1, 5, 8\}$. $[C = \{-19, -25, 5, 29, 47\}]$

10 Dimostra che $y = \dfrac{x^3}{|x|+4}$ è dispari.

11 Stabilisci se la funzione $y = \dfrac{2x}{x-1}$ è iniettiva, suriettiva, biunivoca.

12 Disegna il grafico della seguente funzione.

$$\begin{cases} y = \dfrac{3}{2}x & \text{se } x < 0 \\ y = -x + 2 & \text{se } x \geq 0 \end{cases}$$

Indica in quale intervallo è crescente e in quale decrescente. [cresc.: $x < 0$; decr.: $x > 0$]

Per ciascuna delle seguenti funzioni: determina il dominio; trova gli eventuali punti di intersezione del grafico con gli assi cartesiani; studia il segno; rappresenta nel piano cartesiano le regioni in cui si trova il grafico.

13 $f(x) = x^3 + 3x^2 - x - 3$ [D: $\mathbb{R}$; $f(x) = 0$: $x = \pm 1$; $x = -3$; $f(0) = -3$; $f(x) \geq 0$: $-3 \leq x \leq -1$; $x \geq 1$]

14 $f(x) = \dfrac{x^2-4}{x^2-6x}$ [D: $x \neq 0 \wedge x \neq 6$; $f(x) = 0$: $x = \pm 2$; $f(x) \geq 0$: $x \leq -2$; $0 < x \leq 2$; $x > 6$]

15 $f(x) = \dfrac{4-x^2}{\sqrt{x}}$ [D: $x > 0$; $f(x) = 0$: $x = 2$; $f(x) > 0$: $0 < x < 2$]

16 $f(x) = x^3 - 3$ e $g(x) = 3x - 1$. Trova $f \circ g$, $g \circ f$, $g(f(1))$ e $f(g(1))$ e risolvi l'equazione

$g(f(x)) - 3f(x) = g(2x) + 6.$

$[(f \circ g)(x) = 27x^3 - 27x^2 + 9x - 4;\ (g \circ f)(x) = 3x^3 - 10;\ g(f(1)) = -7;\ f(g(1)) = 5;\ x = -1]$

17 Calcola f^{-1}, g^{-1}, $f \circ g$, $(f \circ g)^{-1}$ e verifica che $(f \circ g)^{-1} = g^{-1} \circ f^{-1}$, con $f(x) = x - 1$ e $g(x) = 2x + 3$.

$\left[f^{-1}(x) = x + 1;\ g^{-1}(x) = \frac{x-3}{2};\ (f \circ g)(x) = 2x + 2;\ (f \circ g)^{-1}(x) = \frac{x-2}{2}\right]$

18 Verifica che $y = x^3 - 2$ è invertibile e determina l'espressione analitica dell'inversa. $[y = \sqrt[3]{x+2}]$

Determina l'equazione della funzione ottenuta applicando a $y = f(x)$ la trasformazione indicata.

19 $y = 3x - 4$; traslazione di vettore $\vec{v}(-2; 2)$. $[y = 3x + 4]$

20 $y = \frac{1}{x+1}$; simmetria di asse $x = 3$. $\left[y = \frac{1}{7-x}\right]$

21 $y = 3 - x^3$; simmetria rispetto all'origine. $[y = -3 - x^3]$

22 Data la funzione $y = f(x)$ di equazione $x - 3y + 1 = 0$, determina $y = f'(x)$ che ha grafico simmetrico rispetto alla bisettrice del primo e terzo quadrante. Dove si incontrano i due grafici? $\left[y = 3x - 1;\ P\left(\frac{1}{2}; \frac{1}{2}\right)\right]$

Disegna il grafico delle seguenti funzioni applicando le trasformazioni geometriche.

23 $y = \sqrt{x-2} + 3$

24 $y = (x-1)^3$

25 $y = |x^2 - 1| - 1$

26 $y = 2|x| + 3$

---

27 Disegna il grafico della funzione $y = x^2 - 6x$. Traccia poi i grafici delle seguenti funzioni, dopo averne scritto l'espressione analitica: **a.** $y = -f(x)$; **b.** $y = f(-x)$; **c.** $y = f(x+1)$; **d.** $y = f(|x|)$; **e.** $y = |f(x)|$.

COSTRUIRE E UTILIZZARE MODELLI

28 Su un foglio rettangolare, che ha dimensioni 26 cm e 42 cm, viene stampato un testo lasciando in ognuno dei lati un bordo bianco di x cm. Scrivi una formula che fornisca la misura A dell'area della parte stampata al variare della misura x del bordo. Indica il dominio della funzione e quale valore essa assume per $x = 2$. Se si vuole che l'area sia 897 cm^2, quanto deve misurare x? $[A = 1092 - 136x + 4x^2;\ D: [0; 13];\ 836;\ x = 1,5]$

29 La finestra di un'antica chiesa ha la forma rappresentata nella figura; il suo perimetro è lungo 324 cm.

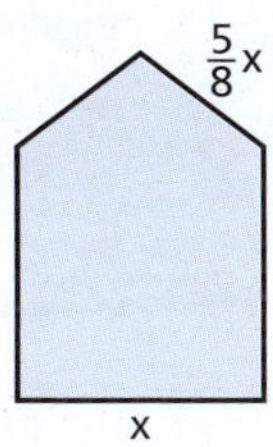

a. Scrivi la misura dell'area A in funzione della base x della finestra.

b. Scrivi il dominio della funzione A.

c. Se la base è lunga 1 m, quanto misura l'area?

$\left[\text{a) } A(x) = 162x - \frac{15}{16}x^2;\ \text{b) } D:]0; 144[;\ \text{c) } 6825 \text{ cm}^2\right]$

30 **Giocoleria** Se Filippo lancia verticalmente verso l'alto un diablo con una certa velocità, al variare del tempo t, la sua altezza h è espressa dalla funzione $h(t) = -5t^2 + 15t$.

a. Rappresenta per punti il grafico di $h(t)$.

b. È una funzione iniettiva?

c. Qual è la massima altezza raggiunta dal diablo?

d. Dove si trova dopo 3 secondi dal lancio?

[c) 11,25 m]

RISOLVIAMO UN PROBLEMA

Funzioni per l'archeologia

Nell'analisi dei reperti, per stimare l'altezza di una persona adulta in base alla lunghezza delle ossa ritrovate, gli archeologi utilizzano tabelle analoghe a quella riportata a lato. Le formule sono valide per altezze comprese tra 150 cm e 220 cm.

Sesso	Altezza in centimetri (h)	
	Data la lunghezza del femore in centimetri (f)	Data la lunghezza della tibia in centimetri (t)
M	$2,32f + 65,53$	$2,39t + 81,93$
F	$2,47f + 54,10$	$2,97t + 61,53$

- Individua dominio e immagine della funzione $h(f)$ per un adulto di sesso maschile.
- Determina l'espressione della funzione inversa di $h(f)$ e indicane dominio e immagine. Qual è la lunghezza del femore di un uomo la cui tibia misura 40,5 cm?
- Durante alcuni scavi sono stati rinvenuti un femore lungo 55,9 cm e una tibia lunga 44,1 cm. Ipotizzando che appartengano allo stesso soggetto, e basandosi esclusivamente su considerazioni relative alla tabella, è più realistico che appartengano a un uomo o a una donna? Perché?

► **Ricaviamo dominio e codominio di $h(f)$.**
L'immagine di $h(f)$ corrisponde ai valori (in centimetri) compresi tra i due indicati: $150 \leq h \leq 220$.
Per determinare il dominio, è sufficiente in questo caso individuare le controimmagini dei due estremi del codominio, risolvendo dunque $h(f) = 150$ e $h(f) = 220$. L'intervallo che si trova è $36,41 \leq f \leq 66,58$.

► **Calcoliamo l'inversa di h e la controimmagine di 40,5.**
L'espressione analitica della funzione inversa h^{-1} si trova risolvendo in f l'equazione $h = 2,32f + 65,53$.

Una possibile scrittura è $f = \dfrac{h - 65,53}{2,32}$. Il dominio di h^{-1} corrisponde all'immagine di h e viceversa.

Se la tibia dell'uomo è lunga 40,5 cm, in base alla formula contenuta nella seconda cella l'altezza dell'uomo sarà 178,73 cm. Applicando ora h^{-1} al valore trovato, si può stimare che la lunghezza del femore debba essere 48,79 cm (arrotondabile a 48,8 cm).

► **Confrontiamo i dati con i valori in tabella.**
Le formule contenute nella prima e nella seconda cella stimano, rispettivamente, altezze di 195,22 cm e 187,33 cm nel caso di un individuo di sesso maschile: uno scarto di 7,89 cm. Applicando invece le formule della terza e della quarta cella, si ottengono le stime di 192,17 cm e di 192,51 cm: lo scarto è in questo caso soltanto di 0,33 cm. È dunque più realistico che le ossa appartengano entrambe a una donna.

31 **Dolomiti e Toscana** Il grafico a lato rappresenta l'andamento della temperatura a Cortina, località sulle Dolomiti, durante una giornata estiva.

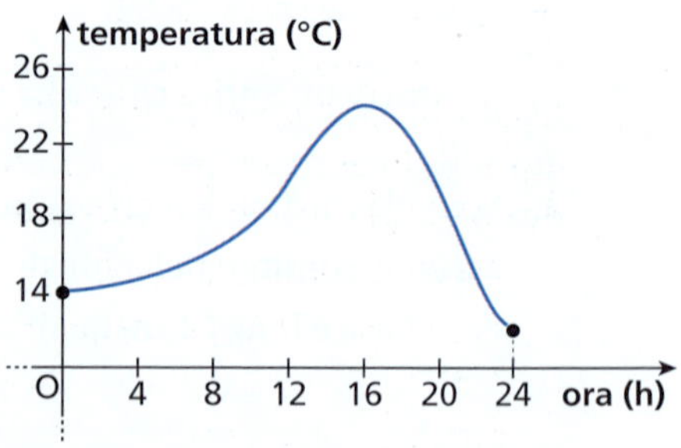

a. Individua dominio e immagine della funzione f corrispondente al grafico. La funzione è iniettiva? Suriettiva? Biunivoca?

b. A Firenze le temperature registrate durante lo stesso giorno sono di 6 °C più alte. Rappresenta graficamente la funzione g che descrive l'andamento nel tempo della temperatura a Firenze, e scrivi le equazioni della trasformazione geometrica che manda il grafico di f in quello di g. Quali sono dominio e immagine di g?

c. A che ora la temperatura a Firenze è la stessa che a Cortina a mezzogiorno?

[a) $D = [0; 24]$, $I = [12; 24]$, suriet. ma non biuniv.; b) $\begin{cases} x' = x \\ y' = y + 6 \end{cases}$, $D_g = [0; 24]$, $I_g = [18; 30]$; c) $x = 0 \vee x = 22$]

TUTOR matematica Allenati con **15 esercizi interattivi** con feedback "hai sbagliato, perché…"
su.zanichelli.it/tutor3 risorsa riservata a chi ha acquistato l'edizione con tutor

VERIFICA DELLE COMPETENZE PROVE

1 ora

PROVA A

1 COMPLETA osservando il grafico di $f(x)$.

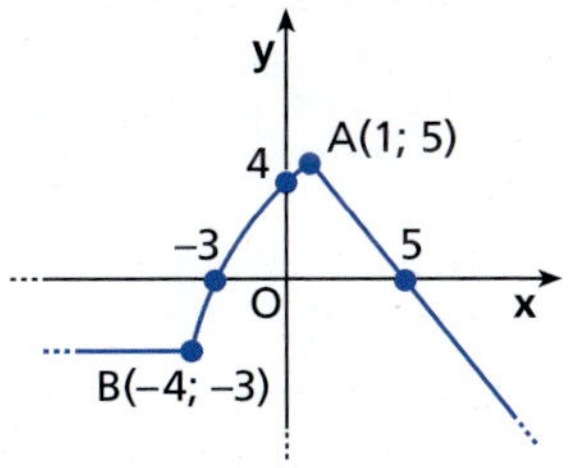

a. D: ☐; C: $y \leq$ ☐;

b. $f(-4) =$ ☐; $f($☐$) = 5$; $f(0) =$ ☐;

c. f è crescente per ☐ $< x <$ ☐;

d. $f(x) > 0$ per ☐ $< x <$ ☐.

2 Determina il dominio delle seguenti funzioni.

a. $y = \dfrac{2}{x^3 - 6x^2 + 9x}$ **b.** $y = \dfrac{x}{|x| - 4}$ **c.** $y = \dfrac{\sqrt{25 - x^2}}{x}$

3 Data la funzione $f(x) = \dfrac{x^2 + 6x}{1 - x}$, classificala, determina il suo dominio e i punti di intersezione del grafico con gli assi, studia il segno e rappresenta nel piano cartesiano le regioni in cui si trova il suo grafico.

4 Considera le funzioni $f(x) = 3x$ e $g(x) = \dfrac{x}{2} - 5$ e scrivi l'espressione analitica di f^{-1}, g^{-1}, $f \circ g$ e $(f \circ g)^{-1}$.

5 Data la funzione $y = f(x)$ di equazione $y = 2x - 1$, scrivi l'equazione di $y = f'(x)$ ottenuta traslando $y = f(x)$ secondo il vettore $\vec{v}\,(-1; 0)$ e disegna i grafici delle due funzioni.

6 A partire dal grafico di $y = \sqrt{x}$, disegna il grafico delle seguenti funzioni.

a. $y = \sqrt{x + 1} - 2$; **b.** $y = \sqrt{|x|}$.

PROVA B

1 **Mille paia di stivali** Un calzaturificio produce un modello di stivali con una spesa fissa mensile di € 4500 e un costo unitario di € 85 al paio, che aumenta a € 98 per ciascun paio prodotto dopo i primi 500 nel mese. Il prezzo di vendita è fissato in € 220, ma la vendita comporta un ulteriore costo complessivo, che espresso in euro è numericamente pari a 20 volte il quantitativo mensile di produzione. La capacità produttiva mensile dell'azienda è di 1000 paia di stivali.

a. Esprimi le funzioni costo, ricavo e guadagno in funzione del numero di stivali prodotti e rappresentale sul piano cartesiano.

b. Individua il dominio di tali funzioni e stabilisci in quali intervalli sono crescenti e decrescenti.

c. Calcola il numero di paia di stivali che l'azienda deve produrre (e vendere) per non essere in perdita e il massimo guadagno.

2 **Sconti e rincari** Sai che il prezzo x del biglietto di un aereo è stato rincarato del 10% ed è stato scontato del 10%. Scrivi in funzione di x il prezzo finale nell'ipotesi che sia avvenuto prima il rincaro e poi lo sconto e nell'ipotesi in cui lo sconto sia stato applicato prima del rincaro. C'è differenza fra i due prezzi? Motiva la risposta.

T

CAPITOLO 12

ESPONENZIALI

1 Potenze con esponente reale

Potenze con esponente intero o razionale ▶ Esercizi a p. 589

Riassumiamo nelle tabelle seguenti quando sono definite le potenze di un numero reale con esponente intero o razionale, fornendo qualche esempio.

Le potenze con esponente intero

a^x se...	...è definita per...	Esempio
$x > 0$	$\forall a$	$(-\sqrt{2})^3 = -2\sqrt{2}$; $0^3 = 0$.
$x = 0$	$a \neq 0$	$a^0 = 1$; 0^0 non si definisce.
$x < 0$	$a \neq 0$	$\left(-\frac{2}{3}\right)^{-2} = \left(-\frac{3}{2}\right)^2 = \frac{9}{4}$.

Le potenze con esponente razionale

a^x se...	...è definita per...	Esempio
$x > 0$	$a \geq 0$	$5^{\frac{3}{4}} = \sqrt[4]{5^3}$; $0^{\frac{1}{2}} = 0$.
$x = 0$	$a \neq 0$	$a^0 = 1$; 0^0 non si definisce.
$x < 0$	$a > 0$	$(\sqrt{3})^{-\frac{1}{2}} = \frac{1}{(\sqrt{3})^{\frac{1}{2}}} = \frac{1}{\sqrt[4]{3}}$.

Osserviamo che l'introduzione degli esponenti razionali richiede che **la base delle potenze non possa essere negativa**. In caso contrario si avrebbero situazioni non accettabili come quella del seguente esempio.

ESEMPIO

Supponiamo che la base di una potenza con esponente razionale possa essere negativa. Allora possiamo scrivere:

$$-125 = (-5)^3 = \{[(-5)^3]^{\frac{1}{2}}\}^2 = \{[(-5)^3]^2\}^{\frac{1}{2}} = \sqrt{(-5)^6} = \sqrt{5^6} = 125.$$

Ma -125 non è uguale a 125!

Potenze con esponente reale

▶ Esercizi a p. 589

È possibile definire una potenza con esponente reale ma non razionale?
Una scrittura come $3^{\sqrt{2}}$ ha significato?
Sappiamo che $\sqrt{2}$ è un numero irrazionale, cioè un numero decimale illimitato non periodico. Può essere approssimato per eccesso o per difetto da due successioni di numeri decimali finiti:

1,4 1,41 1,414 1,4142 … per difetto;

1,5 1,42 1,415 1,4143 … per eccesso.

Consideriamo ora le due seguenti successioni di potenze che hanno come base 3 e come esponenti razionali i termini delle due precedenti successioni:

$$3^{1,4} \quad 3^{1,41} \quad 3^{1,414} \quad 3^{1,4142} \quad \dots$$

$$3^{1,5} \quad 3^{1,42} \quad 3^{1,415} \quad 3^{1,4143} \quad \dots$$

Si può dimostrare che esiste un unico numero reale più grande di tutti gli elementi della prima successione e, contemporaneamente, più piccolo di tutti quelli della seconda.
Indichiamo con $3^{\sqrt{2}}$ questo numero:

$$3^{1,4} < 3^{1,41} < 3^{1,414} < 3^{1,4142} < \dots < \mathbf{3^{\sqrt{2}}} < \dots < 3^{1,4143} < 3^{1,415} < 3^{1,42} < 3^{1,5}.$$

Se rappresentiamo le successioni approssimanti sulla retta reale, vediamo che i punti relativi alla prima successione si avvicinano sempre di più a un punto da sinistra senza mai oltrepassarlo, quelli relativi alla seconda si avvicinano allo stesso punto da destra senza mai oltrepassarlo. Associamo a tale punto il numero $3^{\sqrt{2}}$.

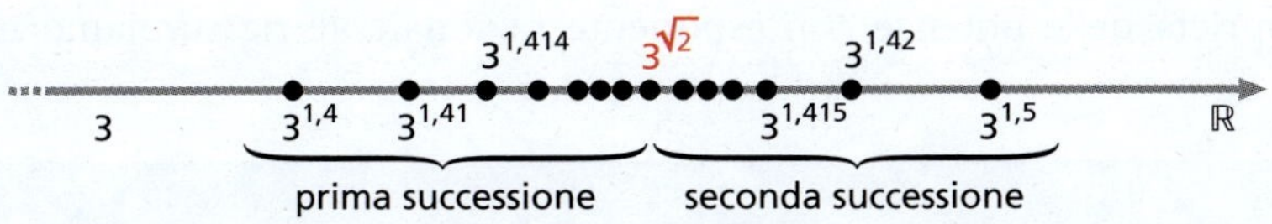

In generale, si definisce la **potenza a^x di un numero reale $a > 1$**, che abbia **esponente reale $x > 0$**, come quell'*unico* numero reale:

- maggiore di tutte le potenze di a con esponenti razionali che approssimano x per difetto;
- minore di tutte le potenze di a con esponenti razionali che approssimano x per eccesso.

In modo analogo si ragiona quando $0 < a < 1$, ma tenendo conto che in questo caso al crescere degli esponenti che approssimano x le potenze decrescono, mentre al decrescere degli esponenti le potenze crescono. Per esempio:

$$\left(\frac{1}{2}\right)^3 < \left(\frac{1}{2}\right)^2.$$

▶ Considera le successioni che approssimano $(0,2)^{\sqrt{2}}$. Che differenza noti tra queste e quelle che approssimano $3^{\sqrt{2}}$?

Quindi si definisce la **potenza a^x di un numero reale a, con $0 < a < 1$**, che abbia **esponente reale $x > 0$**, come quell'*unico* numero reale:

- maggiore di tutte le potenze di a con esponenti razionali che approssimano x per eccesso;
- minore di tutte le potenze di a con esponenti razionali che approssimano x per difetto.

Si definiscono poi:

- $\mathbf{1^x = 1}$ per qualunque numero reale x;
- $\mathbf{0^x = 0}$ per qualunque numero reale x positivo;
- $\boldsymbol{a^0 = 1}$ per qualunque numero reale a positivo;
- $\boldsymbol{a^{-r} = \left(\frac{1}{a}\right)^r = \frac{1}{a^r}}$ per qualunque coppia di numeri reali positivi a e r.

Non si definiscono invece:

- le potenze con base zero ed esponente nullo o negativo;
- le potenze con base un numero reale negativo.

Se ci limitiamo a studiare le potenze a^x con base reale $a > 0$, che sono le sole a essere definite con esponente x reale qualsiasi, essendo la base a positiva, il valore della potenza a^x è sempre positivo:

$$a > 0 \quad \rightarrow \quad a^x > 0, \quad \forall\, x \in \mathbb{R}.$$

Proprietà delle potenze con esponente reale

▶ Esercizi a p. 590

Si può dimostrare che anche per le potenze con esponente reale valgono le cinque proprietà delle potenze con esponente razionale; le riassumiamo nella tabella.

Le proprietà delle potenze

Definizione	$a, b \in \mathbb{R}^+$, $x, y \in \mathbb{R}$	Esempio
I.	Prodotto di potenze di uguale base: $a^x \cdot a^y = a^{x+y}$	$10^{4\sqrt{3}} \cdot 10^{-\sqrt{27}} = 10^{\sqrt{3}}$
II.	Quoziente di potenze di uguale base: $a^x : a^y = a^{x-y}$	$\left(\frac{1}{3}\right)^4 : \left(\frac{1}{3}\right)^{-5} = \left(\frac{1}{3}\right)^9$
III.	Potenza di potenza: $(a^x)^y = a^{x \cdot y}$	$(6^{-\sqrt{2}})^{\sqrt{2}} = 6^{-\sqrt{2}\cdot\sqrt{2}} = 6^{-2} = \frac{1}{36}$
IV.	Prodotto di potenze di uguale esponente: $a^x \cdot b^x = (a \cdot b)^x$	$\left(\frac{2}{3}\right)^\pi \cdot \left(\frac{3}{4}\right)^\pi = \left(\frac{1}{2}\right)^\pi$
V.	Quoziente di potenze di uguale esponente: $a^x : b^x = (a : b)^x$	$\left(\frac{81}{5}\right)^{\frac{1}{3}} : \left(\frac{3}{5}\right)^{\frac{1}{3}} = 27^{\frac{1}{3}} = 3$

TEOREMA

All'aumentare dell'esponente reale x, la potenza a^x:

- aumenta se $a > 1$: $a > 1 \rightarrow x_1 < x_2 \leftrightarrow a^{x_1} < a^{x_2}$;
- diminuisce se $0 < a < 1$: $0 < a < 1 \rightarrow x_1 < x_2 \leftrightarrow a^{x_1} > a^{x_2}$.

ESEMPIO

Consideriamo i due esponenti 5 e $\sqrt{3}$, poiché $5 > \sqrt{3}$ risulta:

- $2^5 > 2^{\sqrt{3}}$, perché la base 2 è maggiore di 1;
- $\left(\frac{1}{2}\right)^5 < \left(\frac{1}{2}\right)^{\sqrt{3}}$, perché la base $\frac{1}{2}$ è minore di 1.

MATEMATICA INTORNO A NOI

La rete di Sant'Antonio Una catena di Sant'Antonio funziona così: devi inviare una somma di denaro a chi ti ha introdotto nello schema; da quel momento in poi, potrai reclutare nuovi amici, chiedendo loro di versarti la medesima somma per partecipare. Così facendo il tuo gruzzolo si moltiplicherà?

► Perché la catena non funziona?

La risposta

2 Funzione esponenziale

► Esercizi a p. 591

DEFINIZIONE

Si chiama **funzione esponenziale** ogni funzione del tipo:

$y = a^x$, con $a \in \mathbb{R}^+$.

Abbiamo una diversa funzione esponenziale per ogni valore $a > 0$ che scegliamo.

Se $a = 1$, la funzione è la funzione costante $y = 1$, perché $1^x = 1$ per qualunque valore di x. Il suo grafico è quindi una retta parallela all'asse x, passante per $(0; 1)$.

Se $a \neq 1$, distinguiamo i due casi $a > 1$ e $0 < a < 1$.

Nella figura ci sono i grafici di $y = a^x$ nei due casi.

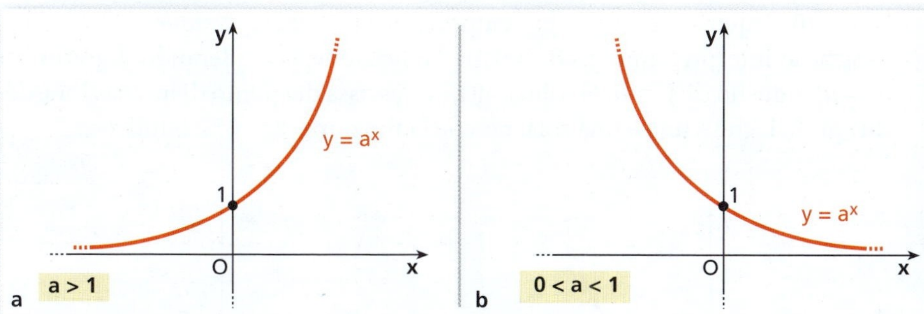

Dai grafici notiamo **proprietà comuni nei due casi**:

- il dominio è $\mathbb{R}$;
- il grafico non interseca l'asse x e si trova interamente nei quadranti con ordinata positiva, cioè il codominio è $\mathbb{R}^+$;
- il grafico interseca l'asse y in $(0; 1)$;
- la funzione è biunivoca.

Se $a > 1$:

- la funzione è crescente;
- per esponenti negativi decrescenti, le potenze si avvicinano sempre più a 0.

Se $0 < a < 1$:

- la funzione è decrescente;
- per esponenti positivi crescenti, le potenze si avvicinano sempre più a 0.

Listen to it

An **exponential function** is a function that can be written as $y = a^x$, with $a \in \mathbb{R}^+$.

Video

Invenzione degli scacchi
Secondo un'antica leggenda, un bramino insegnò il gioco degli scacchi a un re indiano. Il re ne fu entusiasta e promise in cambio la realizzazione di qualsiasi desiderio. Il bramino chiese dei chicchi di riso: uno per la prima casella della scacchiera, due per la seconda, quattro per la terza e così via.

► Quanto riso dovrà dare il re al bramino?
► Riuscirà a mantenere la promessa?

► Disegna per punti le funzioni:

- $y = 2^x$;
- $y = \left(\frac{1}{2}\right)^x$.

Controlla nei grafici le proprietà elencate qui a fianco.

Funzione esponenziale con base e

In matematica è spesso utilizzata, per le sue particolari proprietà che studieremo in seguito, la funzione esponenziale

$$y = e^x,$$

dove e è un particolare numero irrazionale, il numero di Nepero:

$$e = 2{,}71828182845\ldots$$

Nelle calcolatrici scientifiche trovi spesso un tasto che fornisce il valore di e o anche un tasto che, dato x, fornisce il valore di e^x.

MATEMATICA INTORNO A NOI

Crescita di una popolazione I modelli matematici hanno fatto capire che una popolazione, in presenza di risorse abbondanti, cresce secondo una curva esponenziale.

► Approfondisci l'argomento.

Cerca nel Web: crescita esponenziale, popolazione umana, batteri

3 Equazioni esponenziali

► Esercizi a p. 595

DEFINIZIONE

Un'**equazione esponenziale** contiene almeno una potenza con l'incognita nell'esponente.

Per esempio, $2^x = 5$ è un'equazione esponenziale, mentre $x^{\sqrt{5}} = 2$ non lo è.

Consideriamo l'equazione esponenziale: $\boldsymbol{a^x = b}$, con $\boldsymbol{a > 0}$.

Escludendo il caso particolare in cui $a = 1$, per risolvere $a^x = b$, distinguiamo due casi.

- **Se $b \leq 0$**, l'equazione $a^x = b$ è *impossibile*, perché a^x non è mai negativo o nullo. Per esempio, l'equazione $2^x = -4$ non è verificata per alcun valore di x.
- **Se $b > 0$**, l'equazione $a^x = b$ ha sempre *una e una sola soluzione*. Infatti, se interpretiamo graficamente l'equazione, considerando il grafico di $y = a^x$ e quello di $y = b$, la soluzione $\bar{x}$ è l'ascissa del punto di intersezione dei due grafici, che è una e una sola, perché la funzione $y = a^x$ è biunivoca.

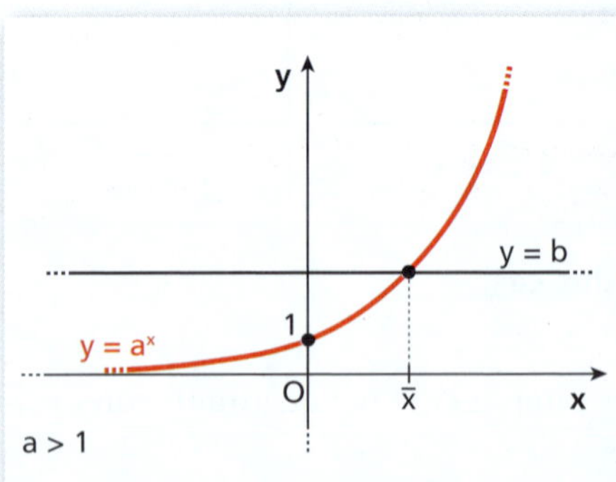

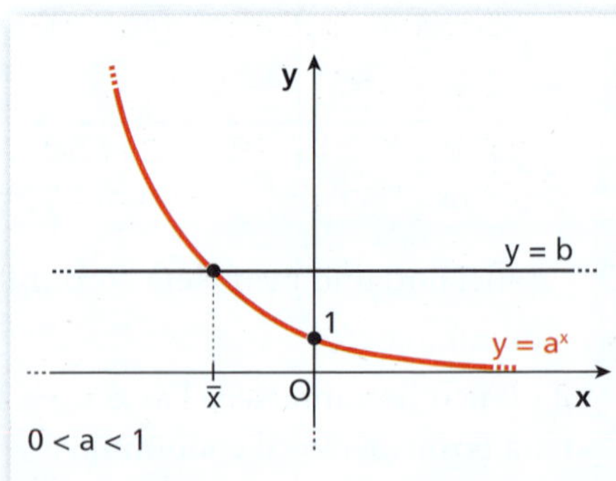

► Risolvi le seguenti equazioni.

a. $3^x = -125$;
b. $1^{2x} = 1^{x-2}$;
c. $6 = 1^{6x}$;
d. $64\sqrt{2} = 4^{2x}$;
e. $-8 = \left(\frac{1}{2}\right)^x$.

Con l'animazione verifica i tuoi risultati.

Animazione

Non esiste un metodo generale per la risoluzione delle equazioni esponenziali. Negli esercizi, noi considereremo solo alcuni casi.

È possibile risolvere l'equazione **in modo immediato**, se si riescono a scrivere a e b come potenze aventi la stessa base.

ESEMPIO

Risolviamo $25^x = 125$.

Scriviamo l'equazione utilizzando potenze di 5:

$$(5^2)^x = 5^3 \rightarrow 5^{2x} = 5^3.$$

Due potenze con la stessa base sono uguali se e solo se sono uguali anche gli esponenti, quindi:

$$5^{2x} = 5^3 \quad \rightarrow \quad 2x = 3 \quad \rightarrow \quad x = \frac{3}{2}.$$

4 Disequazioni esponenziali

▶ Esercizi a p. 598

DEFINIZIONE

Una **disequazione esponenziale** contiene almeno una potenza con l'incognita nell'esponente.

Per le disequazioni esponenziali valgono osservazioni analoghe a quelle fatte sulle equazioni esponenziali, purché ricordiamo che:

Se $a > 1$:

$$a^t > a^z \leftrightarrow t > z.$$

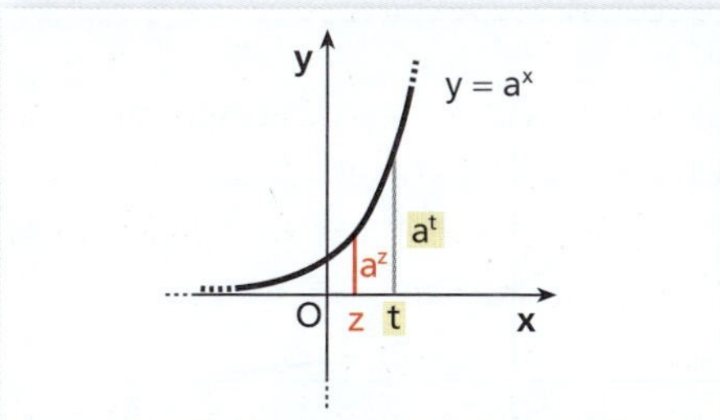

Se $0 < a < 1$:

$$a^t > a^z \leftrightarrow t < z.$$

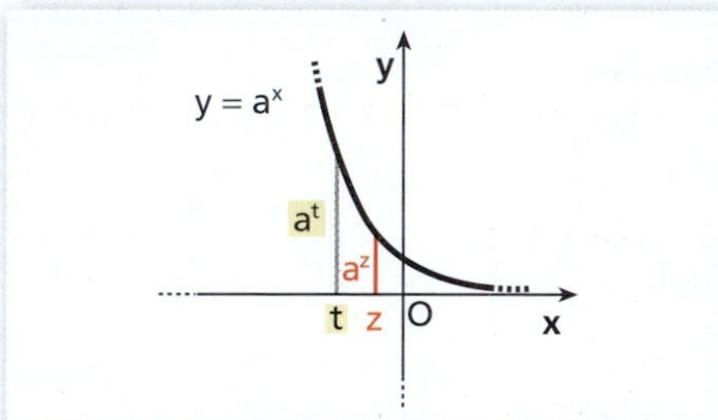

ESEMPIO Animazione

1. Risolviamo la disequazione $32^x > 128$.
   Scriviamo la disequazione utilizzando potenze di 2:
   $$(2^5)^x > 2^7 \rightarrow 2^{5x} > 2^7.$$
   Poiché le potenze hanno **base maggiore di 1**, dalla disuguaglianza precedente otteniamo una disuguaglianza fra gli esponenti **di ugual verso**:
   $$2^{5x} > 2^7 \quad \rightarrow \quad 5x > 7 \quad \rightarrow \quad x > \frac{7}{5}.$$

2. Risolviamo la disequazione $\left(\frac{1}{8}\right)^x > \frac{1}{4}$.
   Scriviamo la disequazione utilizzando potenze di $\frac{1}{2}$:
   $$\left(\frac{1}{2}\right)^{3x} > \left(\frac{1}{2}\right)^2.$$
   Poiché le potenze hanno **base minore di 1**, dalla disuguaglianza precedente otteniamo una disuguaglianza fra gli esponenti **di verso contrario**:
   $$\left(\frac{1}{2}\right)^{3x} > \left(\frac{1}{2}\right)^2 \quad \rightarrow \quad 3x < 2 \quad \rightarrow \quad x < \frac{2}{3}.$$

MATEMATICA INTORNO A NOI

Computer ed esponenziali Nel 1965, Gordon Moore notò che la potenza di calcolo dei computer raddoppiava ogni due anni.

▶ Aveva ragione?

Cerca nel Web: legge di Moore, exponential growth of computing

▶ Risolvi

$$4 \cdot 2^x - \frac{2}{2^x} + 2 > 0,$$

utilizzando come incognita ausiliaria $t = 2^x$, come proponiamo nell'animazione.

Animazione

IN SINTESI
Esponenziali

Potenze con esponente reale

- **Potenza a^x**, con a e x numeri reali positivi:
  se $a > 1$, è il numero reale
  - *maggiore* di tutte le potenze di a con esponenti razionali che approssimano x per *difetto*;
  - *minore* di tutte le potenze di a con esponenti razionali che approssimano x per *eccesso*;

  se $0 < a < 1$, è il numero reale
  - *maggiore* di tutte le potenze di a con esponenti razionali che approssimano x per *eccesso*;
  - *minore* di tutte le potenze di a con esponenti razionali che approssimano x per *difetto*.

- Definiamo: $1^x = 1, \quad \forall x \in \mathbb{R};$ $\quad a^0 = 1, \quad \forall a \in \mathbb{R}^+;$
  $0^x = 0, \quad \forall x \in \mathbb{R}^+;$ $\quad a^{-r} = \left(\frac{1}{a}\right)^r = \frac{1}{a^r}, \quad \forall a, r \in \mathbb{R}^+.$

  Non si definiscono le potenze con base 0 ed esponente negativo o nullo e quelle con base negativa.

- **Proprietà**
  - Anche per le potenze con esponente reale valgono le cinque proprietà delle potenze.
  - All'aumentare di x, la potenza a^x aumenta se $a > 1$, diminuisce se $0 < a < 1$.

Funzione esponenziale

Ogni funzione da $\mathbb{R}$ a $\mathbb{R}^+$ del tipo

$$y = a^x, \quad \text{con } a \in \mathbb{R}^+,$$

è una **funzione esponenziale**.

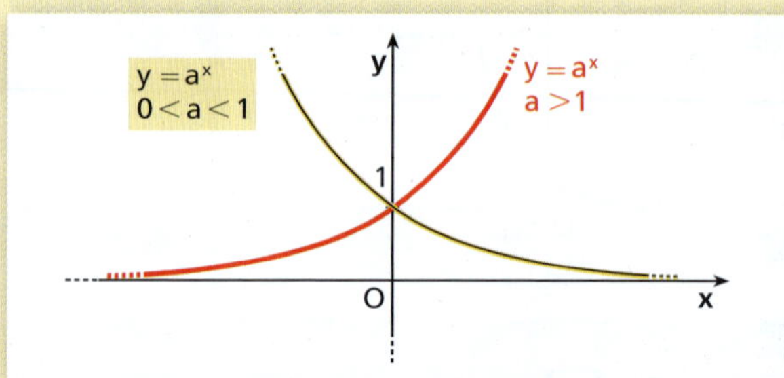

Equazioni esponenziali

Equazione esponenziale: contiene almeno una potenza in cui compare l'incognita nell'esponente.
L'equazione esponenziale più semplice è del tipo: $a^x = b$, con $a > 0$.

Quando l'equazione è determinata, può essere **risolta in modo immediato** se si riescono a scrivere a e b come potenze con la stessa base.

ESEMPIO: $27^x = 81 \;\rightarrow\; 3^{3x} = 3^4 \;\rightarrow\; 3x = 4 \;\rightarrow\; x = \frac{4}{3}.$

Disequazioni esponenziali

Disequazione esponenziale: contiene almeno una potenza con l'incognita nell'esponente.
Per risolvere le disequazioni esponenziali si tiene presente che:

- se $a > 1$ e $a^x > a^y$, allora $x > y$;
- se $0 < a < 1$ e $a^x > a^y$, allora $x < y$.

ESEMPIO: 1. $2^{2x} > 2^3 \;\rightarrow\; 2x > 3 \;\rightarrow\; x > \frac{3}{2}.$ 2. $\left(\frac{1}{3}\right)^x > \left(\frac{1}{3}\right)^5 \;\rightarrow\; x < 5.$

CAPITOLO 12

ESERCIZI

1 Potenze con esponente reale

Potenze con esponente intero o razionale

▶ Teoria a p. 582

1 Fra le seguenti potenze con esponente razionale elimina quelle prive di significato e spiega il motivo della tua scelta.

$(2\pi)^{-44}$; $(-2)^{\frac{1}{8}}$; $(-3)^{-2}$; $(9-3^2)^0$; $(\sqrt[4]{5})^{-\frac{2}{7}}$; 0^{-2}.

2 Ricordando che $x^{\frac{m}{n}} = \sqrt[n]{x^m}$, scrivi le seguenti potenze con esponente razionale sotto forma di radice.

a. $3^{\frac{5}{8}}$; $4^{\frac{2}{3}}$; $\left(\frac{1}{3}\right)^{\frac{3}{2}}$;

b. $2^{-\frac{4}{3}}$; $\left(\frac{1}{4}\right)^{-\frac{4}{3}}$; $\left(\frac{11}{3}\right)^{-\frac{2}{5}}$.

$\left[\text{a) } \sqrt[8]{3^5}; 2\cdot\sqrt[3]{2}; \frac{\sqrt{3}}{9}; \text{ b) } \frac{1}{2\cdot\sqrt[3]{2}}; 4\cdot\sqrt[3]{4}; \sqrt[5]{\frac{9}{121}}\right]$

Scrivi le seguenti radici sotto forma di potenza con esponente razionale.

3 $\sqrt{7}$; $\sqrt[6]{2^5}$; $\sqrt[4]{243}$; $\sqrt[4]{0,25}$. $\left[7^{\frac{1}{2}}; 2^{\frac{5}{6}}; 3^{\frac{5}{4}}; 2^{-\frac{1}{2}}\right]$

4 $\frac{1}{\sqrt{2}}$; $\sqrt[19]{\frac{1}{256}}$; $\sqrt[7]{\frac{1}{125}}$; $\sqrt[4]{3^{-1}}$. $\left[2^{-\frac{1}{2}}; 2^{-\frac{8}{19}}; 5^{-\frac{3}{7}}; 3^{-\frac{1}{4}}\right]$

Calcola il valore delle seguenti espressioni.

5 $4^{-\frac{1}{2}}$; $\left(\frac{3}{2}\right)^{-\frac{3}{2}}$; $\left(3^{-\frac{1}{3}}\right)^{\frac{3}{2}}$; $\sqrt[4]{\left(\frac{1}{4}\right)^{\frac{4}{3}}}$. $\left[\frac{1}{2}; \frac{2}{9}\sqrt{6}; \frac{\sqrt{3}}{3}; \frac{\sqrt[3]{2}}{2}\right]$

6 $\left(\frac{1}{16}\right)^{-\frac{1}{2}}$; $27^{-\frac{1}{3}}$; $64^{\frac{1}{3}}$; $125^{-\frac{1}{3}}$. $\left[4; \frac{1}{3}; 4; \frac{1}{5}\right]$

Potenze con esponente reale

▶ Teoria a p. 583

7 Indica quali fra le seguenti scritture hanno significato, ossia rappresentano potenze con esponente reale.

a. $-5^{\sqrt{3}}$; **b.** $\left(-\frac{1}{2}\right)^{1+\sqrt{2}}$; **c.** $(\sqrt{5}+1)^{\pi}$; **d.** $(1-\sqrt{2})^{\frac{1}{\sqrt{3}}}$; **e.** $1^{\sqrt{3}}$. [a; c; e]

8 TEST $3^{\pi-1}$ ha un valore compreso tra:

A 9 e 10. B 1 e 9. C 9 e 27. D 27 e 81. E 3 e 9.

Indica quali valori possono assumere le variabili affinché le seguenti espressioni rappresentino potenze reali con esponenti reali.

9 $(a+4)^{\pi}$; $\left(\frac{1}{a}\right)^{\sqrt{3}}$. $[a \geq -4; a > 0]$

10 $(2a-a^2)^{\sqrt{2}}$; $(-2a)^{-\sqrt{3}}$. $[0 \leq a \leq 2; a < 0]$

11 $\left(\frac{1-a}{a}\right)^{\sqrt{2}}$; $(a^2-4a+4)^{-\sqrt{2}}$. $[0 < a \leq 1; a \neq 2]$

12 $(a-8)^{\pi-4}$; $\left(\frac{2a}{a-3}\right)^{-\sqrt{5}}$. $[a > 8; a < 0 \vee a > 3]$

ESERCIZI

Proprietà delle potenze con esponente reale

▶ Teoria a p. 584

VERO O FALSO?

13 a. $4^{\frac{1}{x}} = 4^{-x}$ V F

b. $-8^x = (-8)^x$ V F

c. $6^{x^2} = (6^x)^2$ V F

d. $5^x + 5^y = 5^{x+y}$ V F

14 a. $\frac{1}{3^x} = \left(\frac{1}{3}\right)^x$ V F

b. $0^x = 0, \forall x \in \mathbb{R}$ V F

c. $a^{-\frac{1}{\sqrt{3}}} = \frac{1}{\sqrt[3]{a}}, \forall a \in \mathbb{R}^+$ V F

d. $\left(\frac{1}{\sqrt{2}}\right)^0 = 1$ V F

15 a. $7^{x-1} = 7^x - 1$ V F

b. $5^{x-2} \cdot \frac{1}{25} = 5^{x-4}$ V F

c. $8^{1+3x} = 2^{3+3x}$ V F

d. $(a^3)^x \cdot \frac{1}{(a^2)^x} = a$ V F

16 a. $5^{2x-1} = \frac{25^x}{5}$ V F

b. $\sqrt[5]{64^x} = 2^{\frac{6}{5}x}$ V F

c. $9 \cdot 3^{2x+1} = 27 \cdot 9^x$ V F

d. $\sqrt{64^{2x}} = 8^x$ V F

Semplifica le seguenti espressioni, applicando le proprietà delle potenze.

17 $3^{\sqrt{5}} \cdot 3^{\sqrt{20}}$; $\quad 2^{\sqrt{3}} \cdot 3^{\sqrt{3}}$. $\quad [3^{3\cdot\sqrt{5}}; 6^{\sqrt{3}}]$

18 $5^{3\sqrt{3}} : 5^{\sqrt{3}}$; $\quad (3^{\sqrt{2}})^{\sqrt{2}}$. $\quad [5^{2\sqrt{3}}; 9]$

19 $(5^{4\pi} : 5^4) \cdot 5^{\pi}$; $\quad [(6^{\sqrt{2}})^2]^{\sqrt{2}}$. $\quad [5^{5\pi-4}; 6^4]$

20 $\sqrt{32^{\sqrt{2}}}$; $\quad [(5)^{\sqrt{3}-1}]^{\sqrt{3}+1}$. $\quad [2^{\frac{5}{2}\sqrt{2}}; 25]$

21 $(2^x \cdot 2^3)^x$; $\quad \sqrt{a} \cdot a^{3x}$. $\quad [2^{x^2+3x}; a^{3x+\frac{1}{2}}]$

22 $\sqrt{2\sqrt{4^x}}$; $\quad \left(\frac{2^x}{4^{2x}}\right)^3$. $\quad [2^{\frac{x+1}{2}}; 2^{-9x}]$

23 $(3^{-2x} \cdot 3^3) : 3^x$; $\quad \sqrt{\frac{9^{x+1}}{3^{4x}}}$. $\quad [3^{-3x+3}; 3^{1-x}]$

24 $2^x \cdot 4^{x+1} \cdot 16^{x+2}$; $\quad 3^{-x} \cdot 9^{-\frac{1}{2}x}$. $\quad \left[2^{7x+10}; \frac{1}{9^x}\right]$

25 $[(2^{x+1} \cdot 2^{-x})^3 : 2^{x-1}]^{\sqrt{x}}$ $\quad [2^{\sqrt{x}(4-x)}]$

26 $(5^x)^x \cdot 25^{-x} : [(5^{2-x})^x \cdot 5]^{-1}$ $\quad [5]$

COMPLETA inserendo il simbolo > oppure < fra le seguenti coppie di numeri.

27 $3^{2\pi}$ ☐ 3^6; $\quad 2^{\sqrt{5}}$ ☐ $2^{\frac{5}{2}}$; $\quad \left(\frac{5}{6}\right)^{\sqrt{7}}$ ☐ $\left(\frac{5}{6}\right)^{\sqrt{5}+1}$; $\quad 1,12^3$ ☐ $3^{1,12}$.

28 $4^{0,15}$ ☐ $4^{0,25}$; $\quad 0,12^6$ ☐ $0,12^5$; $\quad 0,6^{\sqrt{5}}$ ☐ $0,6^3$; $\quad 0,31^{\sqrt{3}}$ ☐ $0,31^{\sqrt{7}}$.

Disponi in ordine crescente i seguenti numeri.

29 -2; $\quad -2^{\pi}$; $\quad \sqrt{2}$; $\quad 2^{-1}$; $\quad 2^{\sqrt{2}}$.

30 $3^{-\frac{1}{2}}$; $-3^{\sqrt{2}}$; -3^{π}; 3^{-1}; $3^{-\sqrt{3}}$.

31 **EUREKA!** Se $2^x = 3$, calcola:

a. 4^{x-2};

b. $\frac{6 \cdot 8^x}{4^{x+1}} - 4^{x-1}$.

2 Funzione esponenziale

▶ Teoria a p. 585

32 ●○ Indica quali delle seguenti equazioni definiscono una funzione esponenziale.

$y = 4^{-x}$, $y = (-4)^x$, $y = -4^x$, $y = 0{,}2^x$, $y = (\sqrt{2})^x$, $y = (1 - \sqrt{2})^x$.

Determina per quali valori di *a* le seguenti equazioni definiscono una funzione esponenziale.

33 ●○ $y = (a-1)^x$ $[a > 1]$

34 ●○ $y = \left(\frac{a-2}{3-a}\right)^x$ $[2 < a < 3]$

Costruisci per punti il grafico delle seguenti funzioni.

35 ●○ $y = 3^x$

36 ●○ $y = 5^x$

37 ●○ $y = 2{,}5^x$

38 ●○ $y = 0{,}4^x$

39 ●○ $y = \left(\frac{1}{3}\right)^x$

Per ciascuna coppia di funzioni esponenziali disegna i grafici delle due funzioni nello stesso piano cartesiano, assegnando alla *x* alcuni valori scelti a piacere.

40 ●○ $y = 3^x$ e $y = 3^{2x}$.

41 ●○ $y = 2^x$ e $y = 2^{x-1}$.

42 ●○ $y = 3^x$ e $y = 3^x - 1$.

---

43 ●○ Disegna i grafici delle funzioni $y = 2^x$, $y = 4^x$, $y = 5^x$ in uno stesso piano cartesiano. Che cosa puoi dedurre dal confronto dei tre grafici?

44 ●○ Come nell'esercizio precedente, ma con le funzioni $y = \left(\frac{1}{2}\right)^x$, $y = \left(\frac{1}{4}\right)^x$, $y = \left(\frac{1}{5}\right)^x$.

LEGGI IL GRAFICO

45 ●○ Associa ogni funzione al grafico corrispondente.

a. $y = 4^x$ **b.** $y = -4^x$ **c.** $y = \left(\frac{1}{4}\right)^x$ **d.** $y = 4^x + 1$

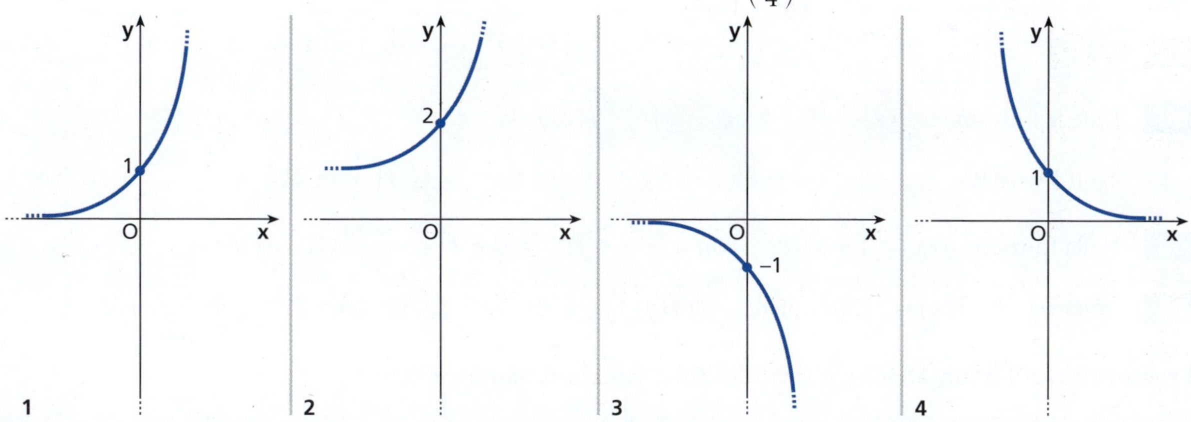

Nelle figure sono disegnati i grafici di funzioni esponenziali. Scrivi le equazioni corrispondenti.

46 ●●

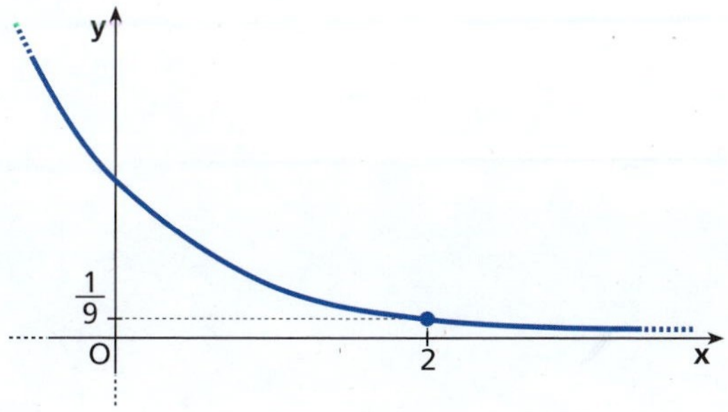

47 ●●

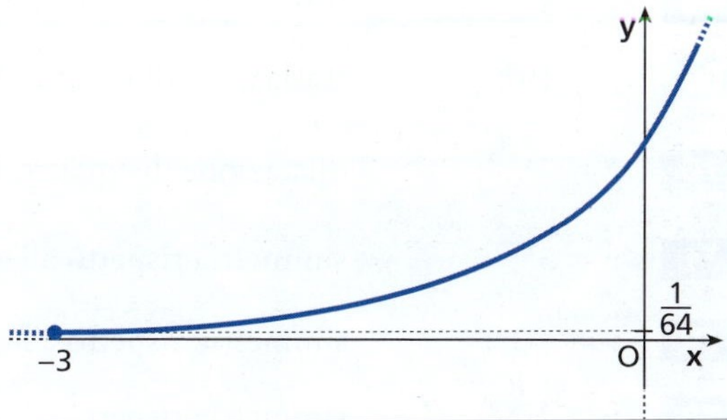

48 ●○ VERO O FALSO?

a. La funzione $y = \left(\frac{1}{3}\right)^{x-2}$ ha come dominio $\mathbb{R}$ e come codominio $\mathbb{R}^+$. V F

b. La funzione $y = 4^x$ è decrescente per $x < 0$. V F

c. Il grafico di $y = (\sqrt{2})^x$ passa per il punto $(0; 1)$. V F

d. La funzione $y = \left(\frac{2}{3}\right)^x$ si annulla in un punto. V F

49 ●○ AL VOLO Quale delle seguenti funzioni cresce più rapidamente? a. $y = 4^x$ b. $y = (\sqrt{3})^x$

Determina per quali valori di *a* le seguenti equazioni definiscono una funzione esponenziale crescente.

50 ●○ $y = (5 - a)^x$ $[a < 4]$

51 ●○ $y = (a^2 - 3)^x$ $[a < -2 \vee a > 2]$

Determina per quali valori di *a* le seguenti equazioni definiscono una funzione esponenziale decrescente.

52 ●○ $y = (1 - a)^x$ $[0 < a < 1]$

53 ●● $y = \left(-\frac{2}{a}\right)^x$ $[a < -2]$

Determina il dominio delle seguenti funzioni.

54 ●○ $y = 2^{\sqrt{x-1}}$ $[x \geq 1]$

55 ●○ $y = \frac{1}{2} \cdot 3^x + 4^{\frac{1}{x}}$ $[x \neq 0]$

56 ●○ $y = 2^{\frac{x}{x^2-1}}$ $[x \neq \pm 1]$

57 ●○ $y = \sqrt{4^x}$ $[\forall x \in \mathbb{R}]$

58 ●○ $y = \frac{4}{3^x}$ $[\forall x \in \mathbb{R}]$

59 ●○ $y = 3^{\frac{x-1}{x^3-4x}}$ $[x \neq \pm 2 \wedge x \neq 0]$

60 ●● $y = \frac{5^{\frac{1}{x}}}{x^2 - 4}$ $[x \neq 0 \wedge x \neq \pm 2]$

61 ●● $y = \sqrt{2^x} - \sqrt{x+2}$ $[x \geq -2]$

62 ●● $y = \sqrt{-3^{-x}}$ $[\nexists x \in \mathbb{R}]$

63 ●● $y = 4^{\sqrt{3-|x|}}$ $[-3 \leq x \leq 3]$

64 ●● TEST Se $f(x) = 7^x$, allora $\frac{f(2x)}{f(x-1)}$ è uguale a:

A $7^x - 7$.
B 7^{x-1}.
C 7^{x+1}.
D 7^3.
E $7^x + 1$.

65 ●○ Date le funzioni $f(x) = 4^x$ e $g(x) = \left(\frac{1}{2}\right)^x$, calcola:

a. $f(1) - g(0)$; b. $8f(-2) + g(1)$; c. $f\left(\frac{1}{2}\right) + 2g(-1)$. [a) 3; b) 1; c) 6]

66 ●● Nella funzione $f(x) = 1 + b \cdot a^{x-2}$, con $a > 0$, è $f(2) = 3$ e $f(4) = \frac{9}{8}$. Calcola $a + b$. $\left[\frac{9}{4}\right]$

67 ●● EUREKA! Se $f(x) = 3^x$, completa: $f(f(f(1))) = 27^{\square}$; $f(f(\square)) = 27^{81}$; $f(f(f(0))) = \square$.

Trasformazioni geometriche e grafico delle funzioni esponenziali

Assegnate le seguenti funzioni, scrivi le equazioni delle funzioni ottenute da quelle date mediante la trasformazione indicata e traccia i loro grafici.

68 ●○ $y = 2^x$; traslazione di vettore $\vec{v}(0; -1)$. $[y = 2^x - 1]$

69 ●○ $y = 10^x$; traslazione di vettore $\vec{v}(2; -1)$. $[y = 10^{x-2} - 1]$

70 ●○ $y = 2^{x-2}$; dilatazione di equazioni $\begin{cases} x' = 3x \\ y' = 4y \end{cases}$. $\left[y = 2^{\frac{x}{3}}\right]$

71 ●○ $y = 5^x$; simmetria rispetto all'asse y. $\left[y = \left(\frac{1}{5}\right)^x\right]$

72 ●○ $y = -3^x$; simmetria rispetto alla retta $y = 1$. $[y = 3^x + 2]$

73 ●○ $y = 2^{x+2}$; simmetria rispetto all'asse x. $[y = -2^{x+2}]$

74 ●○ AL VOLO Le funzioni $y = 9 \cdot 3^{\frac{x}{2}-2}$ e $y = 3^{\frac{x}{2}}$ sono uguali?

TEST

75 ●○ Applicando una traslazione di vettore $\vec{v}(-1; -3)$ alla funzione $y = 3^{x+2}$, si ottiene:

A $y = 3^{x+1} - 3$. B $y = 3^{x+3} + 3$. C $y = 3^{x+3} - 3$. D $y = 3^{x+1} + 3$. E $y = 3^{x} - 2$.

76 ●○ Applicando una simmetria rispetto all'asse y e poi una traslazione di vettore $\vec{v}(0; -1)$ alla funzione $y = \left(\frac{1}{2}\right)^x$, si ottiene:

A $y = -\left(\frac{1}{2}\right)^x - 1$.

B $y = -2^x - 1$.

C $y = 2^x + 1$.

D $y = 2^x - 1$.

E $y = -2^x + 1$.

Disegna il grafico delle seguenti funzioni utilizzando le trasformazioni geometriche.

77 ●○ $y = 2^{x+2}$; $y = 2^x + 2$.

78 ●○ $y = \left(\frac{1}{2}\right)^{x+1} - 1$; $y = 2^{-x}$.

79 ●○ $y = \left(\frac{1}{2}\right)^{x-1}$; $y = -2^x$.

80 ●○ $y = 3^{|x|}$; $y = \left(\frac{1}{2}\right)^{|x|}$.

81 ●○ $y = 3^{\frac{x}{2}}$; $y = 5 \cdot 3^x$.

82 ●○ $y = \frac{2^x}{3}$; $y = \frac{1}{2} \cdot 3^{\frac{1}{2}x}$.

83 ●○ $y = 2^{3x}$; $y = 3 \cdot 2^x$.

84 ●○ $y = 4^{-x} + 1$; $y = -3^x - 3$.

85 ●● $y = -3^{-x}$; $y = -\left(\frac{1}{3}\right)^{-x}$.

86 ●● $y = |-2^{-x}|$; $y = |2^{x+1} - 1|$.

87 ●● $y = 2 \cdot 3^{-x}$; $y = 4 \cdot 2^x - 1$.

88 ●● $y = -2^{|x|}$; $y = |2^{x+2}|$.

89 ●● $y = -3^{|x|}$; $y = -\left|\left(\frac{1}{3}\right)^x - 1\right|$.

90 ●● Determina l'equazione della funzione il cui grafico è il simmetrico di quello della funzione $y = 2^{x-1}$ rispetto alla retta $y = -4$. Trasla poi il grafico ottenuto secondo il vettore $\vec{v}(-3; -4)$ e scrivi l'espressione analitica della funzione rappresentata. [$y = -(2^{x-1} + 8)$; $y = -(2^{x+2} + 12)$]

91 ●● YOU & MATHS Let:

a. $f(x) = 3^x$;

b. $g(x)$ be its symmetric function with respect to the y-axis;

c. $h(x)$ be its symmetric function with respect to the line $y = -1$;

d. $t(x)$ be the function obtained by translating $f(x)$ along the vector $\vec{v}(2; 4)$.

Write $t(h(g(f(x))))$ and sketch its graph.

LEGGI IL GRAFICO **Utilizzando i dati forniti nelle figure, determina l'equazione dei seguenti grafici.**

92 ●○

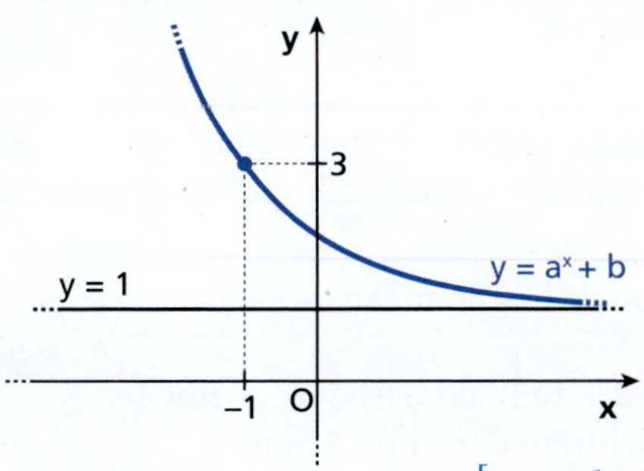

[$y = \left(\frac{1}{2}\right)^x + 1$]

93 ●○

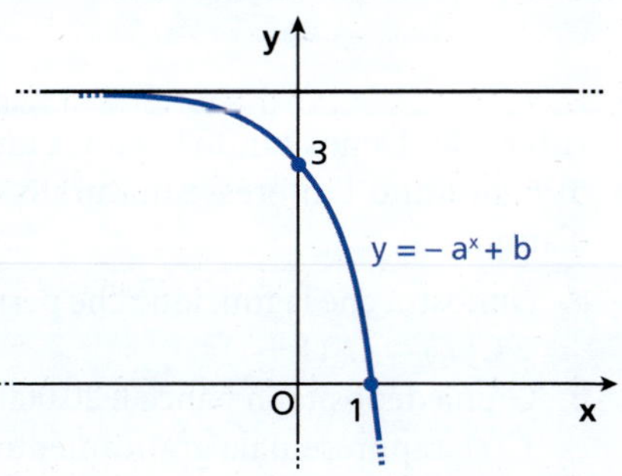

[$y = -4^x + 4$]

ESERCIZI

MATEMATICA E STORIA

La crescita della popolazione Nella sua opera del 1748 *Introductio in analysin infinitorum*, Eulero propone il seguente problema:

«Se la popolazione di una regione aumenta annualmente di un trentesimo e in un certo momento contava 100 000 abitanti, vorremmo conoscere la popolazione dopo 100 anni».

a. Prima di risolvere il problema, fai una stima: quale potrà essere, secondo te, il numero di abitanti dopo 100 anni?

b. Interpreta e completa i calcoli seguenti, che consentono di esprimere il numero di abitanti di quella regione dopo un anno:

$$100000 + 100000 \cdot \frac{1}{30} = 100000 \cdot (\ldots + \ldots) = 100000 \cdot \ldots$$

c. Una volta determinato il numero di abitanti dopo un anno, per quale frazione (maggiore di 1) lo puoi moltiplicare in modo da ottenere la popolazione dopo due anni?

d. Per determinare la popolazione dopo 100 anni, ripeterai la moltiplicazione precedente più volte... Scrivi un'espressione che ti consenta (con l'aiuto di una calcolatrice o di un foglio elettronico) di trovare la soluzione del problema.

Risoluzione – Esercizio in più

94 ●○ **TEST** La figura rappresenta il grafico (in rosso) di una funzione. Quale?

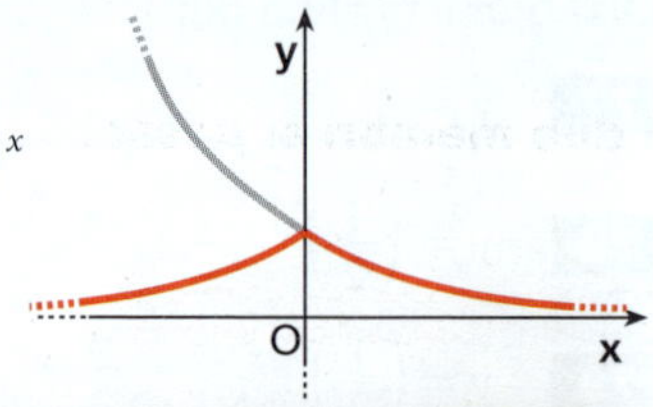

A $y = \left(\frac{1}{2}\right)^x$. **B** $y = 2^{|x|}$. **C** $y = \left|\left(\frac{1}{2}\right)^x\right|$. **D** $y = -\left(\frac{1}{2}\right)^x$. **E** $y = \left(\frac{1}{2}\right)^{|x|}$

REALTÀ E MODELLI

95 ●○ **Larve e anatre** Nell'agosto 2015 si è registrata una diffusa morìa di anatre e oche selvatiche nell'alta Toscana. La causa risiedeva nelle larve di mosche infettate dalle spore del botulino, larve mangiate dalle anatre e dalle oche. L'andamento nel tempo della diffusione della tossina può essere descritto dalla funzione esponenziale indicata a fianco, dove $y(t)$ è il numero di larve infette al tempo t (misurato in giorni).

diffusione tossina: $y(t) = y_0 e^{kt}$

a. All'inizio dell'osservazione ($t = 0$) le larve infette erano 50. Riporta in una tabella l'andamento del numero di larve infette nei primi cinque giorni di osservazione, considerando $k = 1,1$ e rappresenta graficamente la funzione.

b. Come cambia il grafico della funzione se la costante diventa $k = 0,5$? Confronta i due grafici.

96 ●○ **Il tasso di crescita** Le ultime stime indicano che ogni anno la popolazione mondiale aumenta esponenzialmente (con base e) con un tasso dell'1,18% (dati ONU 2015, World Population Prospects). Il tasso di crescita della popolazione è quella percentuale che deve essere moltiplicata per il tempo di crescita della popolazione (espresso in anni) per ottenere l'esponente di crescita, da attribuire alla base e.

popolazione attuale: circa 7 miliardi

a. Scrivi la funzione di accrescimento della popolazione al passare del tempo.

b. Calcola quante persone abiteranno sulla Terra tra 25 anni *se* il tasso di crescita rimarrà costante.

$\left[\text{a) } N(t) = N_0 e^{\frac{1,18}{100}t}\text{; b) 9,4 miliardi}\right]$

97 ●● **Interesse** Depositando in banca un capitale C_0 a interesse composto i annuale, alla fine di ogni anno l'interesse maturato durante l'anno viene aggiunto al capitale di inizio d'anno.

a. Dimostra che la funzione che permette di calcolare il capitale C accumulato dopo t anni è $C(t) = C_0(1 + i)^t$.

b. Giulia deposita in banca € 20 000 al tasso composto del 2% annuale. Scrivi la funzione $C(t)$, rappresentala graficamente e calcola che capitale ritirerà Giulia fra 8 anni. [€ 23 433,19]

TUTOR matematica Allenati con **15 esercizi interattivi** con feedback "hai sbagliato, perché..."
su.zanichelli.it/tutor3 risorsa riservata a chi ha acquistato l'edizione con tutor

3 Equazioni esponenziali

▶ Teoria a p. 586

98 **ASSOCIA** ciascuna equazione alla soluzione corretta.

a. $3^{-x} = -1$ **b.** $4^x = 1$ **c.** $2^x = \frac{1}{4}$ **d.** $3 \cdot \left(\frac{1}{2}\right)^x = 6$

1. $x = -1$ **2.** impossibile **3.** $x = 0$ **4.** $x = -2$

99 **VERO O FALSO?**

a. L'equazione $2^x + 1 = 0$ è impossibile. V F

b. L'equazione $5^{2-x} - \frac{1}{5} = 0$ ha per soluzione 3. V F

c. $2^{-x} + 2^x = 0$ è un'equazione impossibile. V F

d. $2 \cdot 4^{x-1} = 0$ ha per soluzione 1. V F

I due membri si possono scrivere come potenze di uguale base

100 **ESERCIZIO GUIDA** Risolviamo: **a.** $3^x = \frac{\sqrt{3}}{9}$; **b.** $75 \cdot 25^{x-1} - 5^{2x+1} = -50$.

a. $3^x = \frac{\sqrt{3}}{9}$) $\sqrt{3} = 3^{\frac{1}{2}}$

$3^x = \frac{3^{\frac{1}{2}}}{3^2}$) seconda proprietà delle potenze

$3^x = 3^{\frac{1}{2}-2}$

$3^x = 3^{-\frac{3}{2}}$) potenze con la stessa base: uguagliamo gli esponenti

$x = -\frac{3}{2}$

b. $75 \cdot 25^{x-1} - 5^{2x+1} = -50$) proprietà delle potenze

$\overset{3}{\cancel{75}} \cdot \frac{5^{2x}}{\cancel{25}} - 5 \cdot 5^{2x} = -50$) raccogliamo 5^{2x}

$5^{2x}(3-5) = -50$

$5^{2x} = 5^2$) uguagliamo gli esponenti

$2x = 2 \rightarrow x = 1$

Risolvi le seguenti equazioni esponenziali.

101 $3^{x+1} = 27$ $[2]$

102 $5^{2x} = \frac{1}{25}$ $[-1]$

103 $2^{3x-1} = 16$ $\left[\frac{5}{3}\right]$

AL VOLO

104 $4 \cdot 3^x = 4$

105 $7^{x+2} + 7 = 0$

106 $2^x = 16 \cdot \sqrt{2}$ $\left[\frac{9}{2}\right]$

107 $5^x = \frac{1}{25} \cdot \sqrt{5}$ $\left[-\frac{3}{2}\right]$

109 $4^x = 2 \cdot \sqrt{2}$ $\left[\frac{3}{4}\right]$

110 $\sqrt[3]{5^x} = \frac{1}{3125}$ $[-15]$

111 $8^x \cdot \sqrt{2} = 4^x$ $\left[-\frac{1}{2}\right]$

112 $a^x \cdot a^{2x-1} = \frac{a^2}{\sqrt{a}}$ $(a > 0)$ $\left[\frac{5}{6}\right]$

113 $2^x = 8 \cdot \sqrt{2}$ $\left[\frac{7}{2}\right]$

114 $\sqrt[3]{5^x} = 25$ $[6]$

115 $4^{x+2} = 1 - \sqrt{2}$ [impossibile]

116 $3^x \cdot 27 = 9^{2x}$ $[1]$

117 $t^2 \cdot t^{x+1} = \frac{t^{6x}}{t^5}$ $(t > 0)$ $\left[\frac{8}{5}\right]$

ESERCIZI

119 $3 \cdot 4^x + \frac{7}{4} \cdot 4^x = 19 \cdot \sqrt{2}$ $\left[\frac{5}{4}\right]$

120 $5 \cdot 2^x + 2^{x-3} = 328$ $[6]$

121 $9^{x+2} = \sqrt[3]{3^{x+7}}$ $[-1]$

122 $4^{2x+1} = 8^{2x-1}$ $\left[\frac{5}{2}\right]$

123 $8^{x-1} = \sqrt[3]{2^{x-3}}$ $\left[\frac{3}{4}\right]$

124 $3 \cdot 5^x + 5^{x+1} = 8 \cdot 5^3$ $[3]$

125 $3^x - 3^{x-2} + 3^{x+1} = 35$ $[2]$

126 $5^x \cdot 25^x = \frac{1}{5}$ $\left[-\frac{1}{3}\right]$

127 $3^x - 9 \cdot \frac{\sqrt{3}}{\sqrt[5]{9}} = 0$ $\left[\frac{21}{10}\right]$

128 $2^x + 2^{x+1} = -2^{x-1} + 7$ $[1]$

129 $3^{x+\frac{1}{2}} - 3^x = 9 \cdot (\sqrt{3} - 1)$ $[2]$

130 $(\sqrt{2})^x + (\sqrt{2})^{x-1} = 2(\sqrt{2} + 1)$ $[3]$

131 $3^{2-x} + 3^{3-x} = 12$ $[1]$

132 $8^{x-\frac{2}{3}} = \sqrt{2^{x+1}}$ $[1]$

133 $4^x + (2^x)^2 - 2^{2(x-2)} = 124$ $[3]$

134 $7^x + 49^{\frac{x}{2}} = 2 \cdot \sqrt[5]{343}$ $\left[\frac{3}{5}\right]$

135 $4^{2x-1} - 4^{2x+1} + 3 \cdot 2^{4x} = -\frac{3}{2}$ $\left[\frac{1}{4}\right]$

---

136 LEGGI IL GRAFICO Considera il grafico della funzione $f(x)$.

Determina $f(1)$, $2^{f(-2)}$, $3^{f\left(-\frac{1}{2}\right)}$, $4^{f(2)}$. Risolvi le equazioni:

a. $2^x - 4^{f(0)} = 2^{f\left(-\frac{1}{2}\right)}$;

b. $2^{f(x)} = 1$.

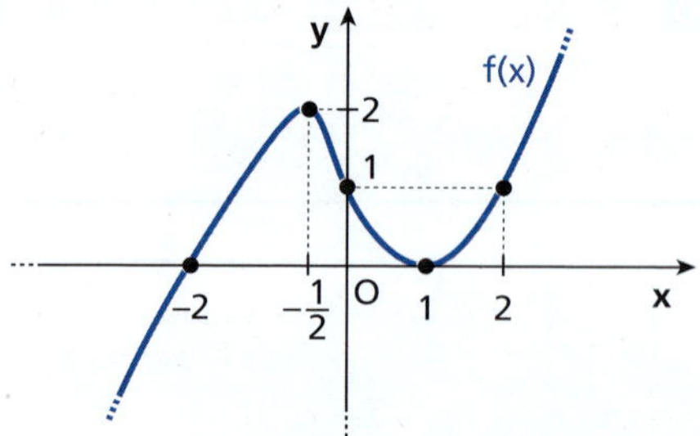

REALTÀ E MODELLI

137 **La mitosi** Il processo che porta a dividere una cellula e a generare due cellule identiche alla cellula madre si chiama *mitosi*. Consideriamo che ogni cellula impieghi 30 ore a dividersi in due.

a. Quante cellule contiene un organismo umano dopo 5 giorni dalla fecondazione?

b. Quanti giorni serviranno per generare complessivamente circa 2^{20} cellule (ossia, più di un milione)? [a) 16; b) 25]

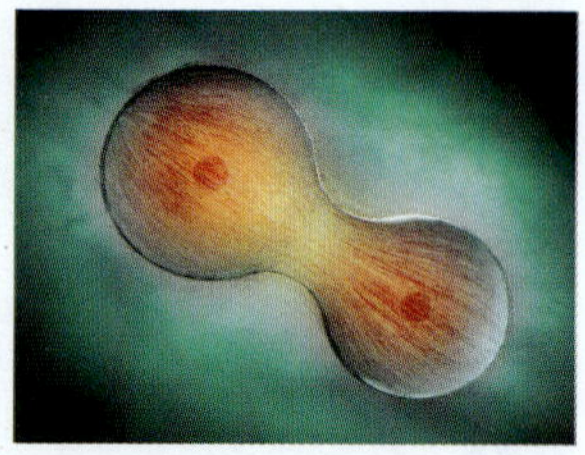

138 **Tre mesi o un anno?** Alberto decide di investire i suoi risparmi sottoscrivendo il contratto che vedi qui a fianco. «Tasso di interesse composto del 4% con capitalizzazione a tre mesi» significa che ogni tre mesi la sua banca gli accrediterà il 4% del denaro presente sul suo conto in quel momento e che questi soldi andranno a sommarsi al capitale. Le condizioni del contratto di Giorgio invece sono quelle riportate più in basso a fianco.
Dopo quanto tempo il capitale di Alberto uguaglierà quello di Giorgio? [1 anno]

deposito di Alberto: € 156 250
tasso di interesse composto: 4%
capitalizzazione: 3 mesi

deposito di Giorgio: € 175 760
tasso di interesse composto: 4%
capitalizzazione: 1 anno

---

139 ESERCIZIO GUIDA Risolviamo $6 \cdot 2^{x+3} = 4 \cdot 7^x - 2^x$.

$$6 \cdot 2^x \cdot 8 = 4 \cdot 7^x - 2^x \to 48 \cdot 2^x + 2^x = 4 \cdot 7^x \to 49 \cdot 2^x = 4 \cdot 7^x \to \frac{2^x}{7^x} = \frac{4}{49} \to \left(\frac{2}{7}\right)^x = \left(\frac{2}{7}\right)^2 \to x = 2$$

dividiamo entrambi i membri per $49 \cdot 7^x$

proprietà delle potenze

Risolvi le seguenti equazioni esponenziali.

140 $5 \cdot 2^x = 2 \cdot 5^x$ [1]

141 $3^{x+2} = 2^{2x+4}$ [−2]

142 $26 \cdot 2^x = 4 \cdot 5^x + 2^x$ [2]

143 $7^{x+1} = 3^{x+1}$ [−1]

144 $21 \cdot 3^x - 2^{x+3} = 3^{x+1}$ [−2]

145 $2^{x+2} - 4 \cdot 5^{x+2} = 25 \cdot 5^x - 4 \cdot 2^x$ [−3]

Utilizziamo un'incognita ausiliaria

146 ESERCIZIO GUIDA Risolviamo l'equazione $6 \cdot 3^x - 3^{2-x} = 15$.

$$6 \cdot 3^x - 3^{2-x} = 15 \rightarrow 6 \cdot 3^x - \frac{9}{3^x} = 15 \rightarrow 6z - \frac{9}{z} = 15 \rightarrow \frac{2z^2 - 3 - 5z}{z} = 0 \rightarrow$$

seconda proprietà delle potenze $a^x : a^y = a^{x-y}$; sostituiamo $z = 3^x$; riduciamo allo stesso denominatore; $z \neq 0$

$$2z^2 - 5z - 3 = 0 \rightarrow z_1 = -\frac{1}{2} \vee z_2 = 3$$

$$z_1 = -\frac{1}{2} \rightarrow 3^x = -\frac{1}{2} \rightarrow \text{impossibile}$$

$$z_2 = 3 \rightarrow 3^x = 3 \rightarrow x = 1$$

L'equazione data ha per soluzione $x = 1$.

Risolvi le seguenti equazioni esponenziali utilizzando un'incognita ausiliaria.

147 $4^x = 2^x - 2$ [impossibile]

148 $8 + 2^{x+1} = 2^{2x}$ [2]

149 $9^x - 3 = 2 \cdot 3^x$ [1]

150 $3^{2x} - 9 \cdot 3^x + 3 = \frac{1}{3} \cdot 3^x$ [−1; 2]

151 $5^{2x} - 5^x = 5^{x-2} - \frac{1}{25}$ [0; −2]

152 $\frac{2}{3^x - 1} = \frac{1}{3^x - 5}$ [2]

153 $2^x + 8 = \frac{1}{4} + 2^{1-x}$ [−2]

154 $10^x + 10^{2-x} = 101$ [0; 2]

155 $2^{x+3} + 4^{x+1} = 320$ [3]

156 $2^{x+1} + 2^{3-x} = 17$ [−1; 3]

157 $3^x + 3^{1-x} = 4$ [0; 1]

158 $2^x - \sqrt{2} = 4 - 2^{\frac{5}{2}-x}$ $\left[\frac{1}{2}; 2\right]$

159 $(3^x - 5)^2 + 1 = 3^x - 5$ [impossibile]

160 $\left(\frac{1}{2}\right)^{2x} - \frac{12}{2^x} + 32 = 0$ [−2; −3]

161 $2 \cdot 5^{x+2} + 25^{x+1} = 375$ [1]

162 $9^x + 9 = 10 \cdot 3^x$ [0; 2]

163 $2^{4x+3} + 2 = 17 \cdot 4^x$ $\left[-\frac{3}{2}; \frac{1}{2}\right]$

164 $5^{x+2} - 4 \cdot 5^{1-x} - 30 = -5^{2-x}$ [0; −1]

165 $3^x - 3^{-1} = 3(2 \cdot 3^{-x} + 8 \cdot 3^{-1})$ [2]

166 $\frac{4}{2^x - 1} + \frac{3}{2^x + 1} = 5$ [1]

167 $\frac{2 \cdot (3^x + 1)}{\ldots} = \frac{3 \cdot (3^x + 1)}{\ldots}$ [impossibile]

ESERCIZI

Risolvi le seguenti equazioni esponenziali applicando il metodo opportuno.

168 $5^{x+6} = 125$ $[-3]$

169 $9^x - 3^x = 6$ $[1]$

170 $4^x = 3 \cdot 2^x + 4$ $[2]$

171 $2^x = 2^{x-1} + 2^{x+3}$ [impossibile]

172 $5^x + 125^{\frac{x}{3}} = 250$ $[3]$

173 $25^{5x-2} = \sqrt[3]{125^x}$ $\left[\frac{4}{9}\right]$

174 $3^{x-2} \cdot 9^{x+4} \cdot \sqrt{27^x} = 1$ $\left[-\frac{4}{3}\right]$

175 $3^{2+x} + 3^x = 90$ $[2]$

176 $5^{2x-1} = 7^{2x-1}$ $\left[\frac{1}{2}\right]$

177 $\left(\frac{1}{2}\right)^{x+3} - 4 \cdot 64^x = 0$ $\left[-\frac{5}{7}\right]$

178 $7^x \cdot \sqrt{7^x} = \frac{1}{343}$ $[-2]$

179 $2 \cdot 3^{2x} - 2 \cdot 3^{x+2} - 8 = 1 - 3^x$ $[2]$

180 $\left(\frac{3}{4}\right)^{x-3} = \left(\frac{16}{9}\right)^{1+2x}$ $\left[\frac{1}{5}\right]$

181 $2^{2x-1} \cdot 3^x = \frac{1}{2 \cdot 3^x}$ $[0]$

182 $3^{x+1} - \frac{1}{3^x} - 2 = 0$ $[0]$

183 $5^{x+1} \cdot 25^x = \sqrt{5^{1-x}} \cdot \sqrt{125}$ $\left[\frac{2}{7}\right]$

184 $\frac{5^{x+2} \cdot 25^{1-x}}{125^x} = \frac{1}{5}$ $\left[\frac{5}{4}\right]$

185 $27^{\frac{2}{3}x} - 3^{2x+3} + 9^{x+2} = 165$ $\left[\frac{1}{2}\right]$

186 $\left(\frac{2}{5}\right)^{x-1} - \left(\frac{5}{2}\right)^{\frac{x-1}{x}} = 0$ $[\pm 1]$

187 $\frac{5^x}{5^x+1} - \frac{1}{25^x - 1} = 1$ [impossibile]

188 $\frac{2}{2^x} - 1 = \frac{12}{2^x - 4}$ [impossibile]

189 **a.** Risolvi algebricamente l'equazione $2 \cdot 3^x = 3 - 9^x$.
b. Interpreta graficamente l'equazione tracciando i grafici delle funzioni che si ottengono in ogni membro.

Sistemi con equazioni esponenziali

Risolvi i seguenti sistemi.

190 $\begin{cases} 2x + y = 3 \\ 2^{x-y} = 64 \end{cases}$ $[(3; -3)]$

191 $\begin{cases} 2^x + y = 0 \\ 4^x + y = 2 \end{cases}$ $[(1; -2)]$

192 $\begin{cases} y - 2^x = 0 \\ 5y = 4^x + 4 \end{cases}$ $[(0; 1); (2; 4)]$

193 $\begin{cases} 2^x - 2^y = 8 \\ 2^x + 2^y = 24 \end{cases}$ $[(4; 3)]$

194 $\begin{cases} 3^x + 3^y = 10 \\ 3^{x+1} - 3^y = -6 \end{cases}$ $[(0; 2)]$

195 $\begin{cases} 9^{x-y} \cdot 27^y = 1 \\ 4^x \cdot \left(\frac{1}{2}\right)^y = 32 \end{cases}$ $\left[\left(\frac{5}{4}; -\frac{5}{2}\right)\right]$

196 $\begin{cases} 3^x \cdot \sqrt{81^{x-y}} = 1 \\ 25^x \cdot \sqrt{125^y} = 5 \end{cases}$ $\left[\left(\frac{4}{17}; \frac{6}{17}\right)\right]$

197 $\begin{cases} 36 \cdot 6^{x-y} = 6^{2x} \\ 49^x \cdot \sqrt{7^y} = 1 \end{cases}$ $\left[\left(-\frac{2}{3}; \frac{8}{3}\right)\right]$

4 Disequazioni esponenziali

Teoria a p. 587

198 COMPLETA con i simboli > o <.

a. $2^{\sqrt{2}} \square 2^4$; $4^{-1} \square 4^{-\sqrt{5}}$.

b. $\left(\frac{1}{5}\right)^{\pi} \square \left(\frac{1}{5}\right)^2$; $5^{\sqrt{3}} \square 5^3$.

c. $\left(\frac{4}{3}\right)^{\frac{1}{2}} \square \left(\frac{4}{3}\right)^2$; $3^{-6} \square 3^{1-\sqrt{3}}$.

d. $7^{\sqrt{2}} \square 7$; $\left(\frac{1}{3}\right)^2 \square \left(\frac{1}{3}\right)^{-\frac{1}{2}}$.

199 VERO O FALSO?

a. $5^x < \frac{1}{25}$ ha per soluzione $x < -2$. V F

b. $\left(\frac{5}{3}\right)^{-x} > 1$ se $x < 0$. V F

c. $1^x > 1^4$ è vera per $x > 4$. V F

d. $5^{-x} + 7^{-x} > 0$ $\forall x \in \mathbb{R}$. V F

e. $6^x < -6$ se $x < -1$. V F

200 CACCIA ALL'ERRORE Ognuna delle seguenti proposizioni è falsa. Individua l'errore.

a. $x^{-\frac{1}{3}} < x^{-\frac{2}{3}}$ se $x > 1$.

b. Se $a^2 < b^2$, allora $a < b$, $\forall a, b \in \mathbb{R}$.

c. $x^4 < x^2$ non è mai vera.

d. $\left(\frac{4}{5}\right)^{-\frac{2}{3}} > \left(\frac{4}{5}\right)^{-\frac{6}{7}}$.

e. $3^x > 2^x$ $\forall x \in \mathbb{R}$.

I due membri si possono scrivere come potenze di uguale base

201 ESERCIZIO GUIDA Risolviamo le seguenti disequazioni: **a.** $250 \cdot 5^{\frac{x}{3}} > 2$; **b.** $\left(\frac{1}{27}\right)^x > \frac{1}{81}$.

a. $250 \cdot 5^{\frac{x}{3}} > 2$ — dividiamo entrambi i membri per 250

$5^{\frac{x}{3}} > \frac{2}{250}$ (semplificato: $\frac{1}{125}$)

$5^{\frac{x}{3}} > 5^{-3}$ — la base è 5 > 1

$\frac{x}{3} > -3$

$x > -9$

b. $\left(\frac{1}{27}\right)^x > \frac{1}{81}$ — scriviamo $\frac{1}{27}$ e $\frac{1}{81}$ come potenze di $\frac{1}{3}$

$\left(\frac{1}{3}\right)^{3x} > \left(\frac{1}{3}\right)^4$ — la base è $\frac{1}{3} < 1$

$3x < 4$

$x < \frac{4}{3}$

Risolvi le seguenti disequazioni esponenziali i cui membri sono riconducibili a potenze di uguale base.

202 $4^x \le 32$ $\left[x \le \frac{5}{2}\right]$

203 $\left(\frac{3}{2}\right)^x < \frac{27}{8}$ $[x < 3]$

204 $3^{2x} \ge 81$ $[x \ge 2]$

205 $\left(\frac{3}{2}\right)^x < \frac{8}{27}$ $[x < -3]$

206 $3^{2x+2} < \frac{1}{3}$ $\left[x < -\frac{3}{2}\right]$

207 $7^{x+2} > 49$ $[x > 0]$

208 $\left(\frac{1}{4}\right)^{x-1} < 64$ $[x > -2]$

209 $0{,}1^x \le 100$ $[x \ge -2]$

210 $100^x < 0{,}001$ $\left[x < -\frac{3}{2}\right]$

211 $\left(\frac{2}{5}\right)^{x+3} < \left(\frac{5}{2}\right)^{x-2}$ $\left[x > -\frac{1}{2}\right]$

212 $\left(\frac{1}{5}\right)^{2x+1} < 625$ $\left[x > -\frac{5}{2}\right]$

213 $\left(\frac{2}{3}\right)^{x^2-2x} < \frac{3}{2}$ $[x \ne 1]$

214 $5^{x^2-1} > \left(\frac{1}{5}\right)^{3x+1}$ $[x < -3 \vee x > 0]$

215 $2^x \cdot 3^{x+1} \le \frac{6^{3x}}{2}$ $\left[x \ge \frac{1}{2}\right]$

216 $2 \cdot 3^{2x-1} + 9^{x+1} - 3^{2x+1} \le \frac{60}{\sqrt[5]{3}}$ $\left[x \le \frac{9}{10}\right]$

217 $17 \cdot \sqrt{2^{x+1}} > 34 \cdot \sqrt[3]{4^{x-3}}$ $[x < 9]$

218 $\frac{2^x \cdot 8}{4^x} > \frac{16^{-x}}{8}$ $[x > -2]$

Utilizziamo un'incognita ausiliaria

219 ESERCIZIO GUIDA Risolviamo la disequazione $3^x - 2 \cdot 3^{2-x} < 7$.

$$3^x - 2 \cdot 3^{2-x} < 7 \rightarrow 3^x - 2 \cdot \frac{9}{3^x} < 7 \underset{z = 3^x}{\rightarrow} z - \frac{18}{z} < 7 \rightarrow \frac{z^2 - 7z - 18}{z} < 0 \underset{z > 0 \text{ perché } z = 3^x}{\rightarrow} z^2 - 7z - 18 < 0 \rightarrow$$

$$-2 < z < 9 \rightarrow \begin{cases} 3^x > -2 & \rightarrow \quad \forall x \in \mathbb{R} \\ 3^x < 3^2 & \rightarrow \quad x < 2 \end{cases}$$

La soluzione della disequazione data è $x < 2$.

220 TEST La disequazione $2^x + \frac{8}{2^x} > 6$:

A è verificata $\forall x \in \mathbb{R}$.

B è verificata per $x < 1 \lor x > 2$.

C è verificata per $x < 2$.

D è verificata $\forall x \in \mathbb{R} \land x \neq 0$.

E non ha soluzioni.

Risolvi le seguenti disequazioni esponenziali con l'uso di un'incognita ausiliaria.

221 $2 \cdot 3^{-x} - 3^x \geq 1$ $[x \leq 0]$

222 $7^x - 6 > 7^{1-x}$ $[x > 1]$

223 $-4^x - 3 \cdot 2^x > 2^{2x} - 2^x$ [impossibile]

224 $34\left(\frac{3}{5}\right)^x < 25\left(\frac{9}{25}\right)^x + 9$ $[x < 0 \lor x > 2]$

225 $9\left(\frac{2}{3}\right)^x + 2 + 4\left(\frac{2}{3}\right)^{-x} \leq 0$ [impossibile]

226 $(0{,}01)^x - 7(0{,}1)^x - 30 \geq 0$ $[x \leq -1]$

227 $25\left(\frac{1}{5}\right)^x + 5 - 2\left(\frac{1}{5}\right)^{-x} \leq 0$ $[x \geq 1]$

228 $5^{\frac{2}{x}} - \frac{26}{25} 5^{\frac{1}{x}} > -\frac{1}{25}$ $\left[-\frac{1}{2} < x < 0 \lor x > 0\right]$

229 $\frac{1}{3^x - 9} - \frac{1}{3^x + 1} > 0$ $[x > 2]$

230 $\frac{-6}{2^x - 2} + \frac{9}{2^x - 1} < 0$ $[x < 0 \lor 1 < x < 2]$

Risolvi le seguenti disequazioni applicando il metodo opportuno.

231 $\frac{2^x - 4}{1 - 3^x} > 0$ $[0 < x < 2]$

232 $\frac{4 - 8^x}{3^x + 9} \leq 0$ $\left[x \geq \frac{2}{3}\right]$

233 $\left(\frac{1}{5}\right)^{2x+1} < 625$ $\left[x > -\frac{5}{2}\right]$

234 $45 \cdot 2^{2x-2} < -35 \cdot 4^{x-1}$ [impossibile]

235 $9^x - 12 \cdot 3^x + 27 < 0$ $[1 < x < 2]$

236 $\left(\frac{1}{4}\right)^x - 7 \cdot \left(\frac{1}{2}\right)^x - 8 \geq 0$ $[x \leq -3]$

237 $4 \cdot 2^{3x} - 4^{x+2} < 0$ $[x < 2]$

238 $9^x - 10 \cdot 3^x + 9 > 0$ $[x < 0 \lor x > 2]$

239 $\frac{3^{x+2}}{25} < 5^x$ $[x > -2]$

240 $25^x + 9 \cdot 5^{2x} \leq 2$ $\left[x \leq -\frac{1}{2}\right]$

241 $\frac{5^x - 125}{(1 - 2^x)(3^x - 3)} \geq 0$ $[x < 0 \lor 1 < x \leq 3]$

242 $72 \cdot 2^{2x} > 4 \cdot 9^x \cdot 27$ $\left[x < -\frac{1}{2}\right]$

243 $\frac{3^x - 2}{2} + \frac{2 \cdot 9^x - 1}{2 \cdot 3^x} + 2 > 0$ $[x > -1]$

244 $\frac{4}{2^x - 4} - \frac{2}{2^x - 2} \leq 0$ $[1 < x < 2]$

245 $\frac{\left(\frac{1}{2}\right)^x - 4}{9 - 3^{2x}} < 0$ $[-2 < x < 1]$

246 ●● $2^{x+5} \cdot 3^{x+2} \leq 8 \cdot 6^{\frac{3x-1}{x}}$ $[x < 0]$

247 ●● $\dfrac{3 \cdot 3^{2x} - 4 \cdot 4^{2x}}{|-1 + 5^{x+1}| - 4} < 0$ $\left[x < -\frac{1}{2} \vee x > 0\right]$

248 ●● $\dfrac{9 \cdot 3^{-x}}{9^x + 3^{2x}} > \dfrac{27}{2}$ $\left[x < -\frac{1}{3}\right]$

249 ●● $(2^{x+2})^2 \cdot 3^x < \dfrac{2}{3^{x+3}}$ $\left[x < -\frac{3}{2}\right]$

Disegna i grafici delle funzioni $f(x)$ e $g(x)$. Trova il loro punto di intersezione e gli intervalli dove $f(x) > g(x)$.

250 ●○ $f(x) = 2^x, \quad g(x) = 4 \cdot 2^{-x}$.

251 ●○ $f(x) = 4^{x+1}, \quad g(x) = 2^{x-2}$.

252 ●○ $f(x) = 3^{x-1}, \quad g(x) = 3^{2x}$.

Determina il dominio delle seguenti funzioni.

253 ●○ $y = \dfrac{x}{3^x - 3}$ $[x \neq 1]$

254 ●○ $y = \dfrac{x-1}{4^x - 2^x}$ $[x \neq 0]$

255 ●○ $y = \dfrac{6+3x}{8+5^x}$ $[\forall x \in \mathbb{R}]$

256 ●○ $y = \dfrac{1}{16 - 2^{x+2}}$ $[x \neq 2]$

257 ●○ $y = \left(\dfrac{1}{2}\right)^{\sqrt{x^2-3}}$ $[x \leq -\sqrt{3} \vee x \geq \sqrt{3}]$

258 ●○ $y = \sqrt{2^x - 16}$ $[x \geq 4]$

259 ●○ $y = \dfrac{1}{\sqrt{9 - 3^x}}$ $[x < 2]$

260 ●○ $y = \dfrac{3}{5^{-x} - 25}$ $[x \neq -2]$

261 ●○ $y = \dfrac{7^x}{\sqrt[3]{8^x} - 2}$ $\left[x \neq \frac{1}{3}\right]$

262 ●○ $y = \sqrt{4^{x-1} - 2}$ $\left[x \geq \frac{3}{2}\right]$

263 ●○ $y = \sqrt{3^{-x} - 3^x}$ $[x \leq 0]$

264 ●○ $y = \sqrt{\dfrac{3^x - 1}{3^{-x} - 3}}$ $[-1 < x \leq 0]$

265 ●○ $y = \dfrac{1 - 3^x}{4^{x-2} - 2^x}$ $[x \neq 4]$

266 ●● $y = \sqrt{4^x + 2^x - 6}$ $[x \geq 1]$

Determina il dominio delle seguenti funzioni, studia il segno e determina gli eventuali zeri.

267 ●○ $y = \dfrac{5}{6^x + 5}$ $[D: \mathbb{R};\ y > 0: \forall x \in \mathbb{R};\ y = 0: \text{imp.}]$

268 ●○ $y = \dfrac{2^{3x} - 1}{8 - 2^x}$ $[D: x \neq 3;\ y > 0: 0 < x < 3;\ y = 0: x = 0]$

269 ●○ $y = \sqrt{9^x - 3}$ $\left[D: x \geq \frac{1}{2};\ y > 0: x > \frac{1}{2};\ y = 0: x = \frac{1}{2}\right]$

270 ●○ $y = \dfrac{x-1}{4^{2x-5} - 1}$ $\left[D: x \neq \frac{5}{2};\ y > 0: x < 1 \vee x > \frac{5}{2};\ y = 0: x = 1\right]$

271 ●○ **EUREKA!** È data la funzione $f(x) = a4^x + b2^x - a + 2b$.

a. Trova a e b in modo che il grafico della funzione passi per i punti $O(0; 0)$ e $A(1; 6)$.

b. Utilizzando i valori di a e b trovati nel punto precedente traccia i grafici di $f(x)$ e di $g(x) = |f(x)| - 2$ e determina i loro punti di intersezione anche algebricamente.

c. Studia il segno delle due funzioni.

$\left[\text{a) } a = 2 \wedge b = 0;\ \text{b) } \left(-\frac{1}{2}; -1\right);\ \text{c) } f(x) > 0: x > 0;\ f(x) = 0: x = 0;\ g(x) > 0: \ldots\right]$

RISOLVIAMO UN PROBLEMA

Il parassita varroa

Nelle due arnie di Niccolò si è diffuso l'acaro varroa, un parassita che attacca le api. Quando se ne è accorto, nella prima arnia erano presenti circa 100 varroe, mentre la seconda era sana. Dopo un solo mese, anche la seconda arnia era infestata da circa 50 varroe.

- Dal giorno in cui si è accorto del problema, in quanto tempo la popolazione complessiva di parassiti nelle arnie supererà le 2000 unità?
- Considerando il limite critico, quanti giorni ha a disposizione Niccolò per salvare le sue api?

ciclo vitale varroa: raddoppia la popolazione ogni 30 giorni

limite critico di sopravvivenza di un'arnia: circa 3200 varroe

▶ **Calcoliamo la popolazione nella prima arnia.**

Indicato con t il numero di giorni a partire dal momento in cui Niccolò ha visto le prime varroe, la popolazione di parassiti cresce secondo la legge:

$$n_1(t) = 100 \cdot 2^{\frac{t}{30}}, \quad \text{con } t \geq 0.$$

▶ **Calcoliamo la popolazione nella seconda arnia.**

L'infestazione nella seconda arnia inizia dopo 30 giorni rispetto alla prima. La popolazione di varroe nella seconda arnia segue la legge:

$$n_2(t) = 50 \cdot 2^{\frac{t-30}{30}}, \quad \text{con } t \geq 30.$$

▶ **Calcoliamo la popolazione complessiva.**

Il numero totale di parassiti nelle due arnie si ottiene sommando le varroe presenti nelle due arnie.

$$n(t) = 100 \cdot 2^{\frac{t}{30}} + 50 \cdot 2^{\frac{t-30}{30}}, \quad \text{con } t \geq 30.$$

▶ **Calcoliamo in quanto tempo le varroe superano le 2000 unità.**

Per calcolare dopo quanto tempo la popolazione complessiva di parassiti supera le 2000 unità, dobbiamo risolvere la disequazione:

$$100 \cdot 2^{\frac{t}{30}} + 50 \cdot 2^{\frac{t-30}{30}} \geq 2000 \rightarrow$$

$$100 \cdot 2^{\frac{t}{30}} + 50 \cdot 2^{\frac{t}{30}} \cdot 2^{-1} \geq 2000 \rightarrow$$

$$125 \cdot 2^{\frac{t}{30}} \geq 2000 \rightarrow 2^{\frac{t}{30}} \geq 2^4 \rightarrow \frac{t}{30} \geq 4 \rightarrow$$

$$t \geq 120.$$

Pertanto, dopo 120 giorni (circa 4 mesi) da quando Niccolò ha avvistato i primi parassiti, le varroe avranno raggiunto quota 2000.

▶ **Calcoliamo in quanto tempo le varroe raggiungono il limite critico nella prima arnia.**

Calcoliamo il tempo che Niccolò ha a disposizione per salvare la prima arnia:

$$100 \cdot 2^{\frac{t}{30}} < 3200 \rightarrow 2^{\frac{t}{30}} < 2^5 \rightarrow t < 150.$$

Niccolò ha a disposizione al più 150 giorni (circa 5 mesi) da quando si è accorto dei primi parassiti per salvare la prima arnia.

▶ **Calcoliamo in quanto tempo le varroe raggiungono il limite critico nella seconda arnia.**

Nella seconda arnia l'attacco è iniziato dopo, quindi Niccolò avrà più tempo a disposizione.
Infatti:

$$50 \cdot 2^{\frac{t-30}{30}} < 3200 \rightarrow 2^{\frac{t-30}{30}} < 2^6 \rightarrow$$

$$\frac{t-30}{30} < 6 \rightarrow t < 210.$$

Per salvare la seconda arnia, Niccolò ha al massimo 210 giorni di tempo (circa 7 mesi) da quando ha osservato i primi acari nella prima arnia.

Sistemi con disequazioni esponenziali

Risolvi i seguenti sistemi di disequazioni.

272 $\begin{cases} 3^{2x-1} > 3 \\ 1 - 5^{x^2-4} \geq 0 \end{cases}$ $[1 < x \leq 2]$

273 $\begin{cases} 5^{2x-1} - 25 > 0 \\ \dfrac{3^x + 1}{3^x - 1} \geq 1 \end{cases}$ $\left[x > \dfrac{3}{2}\right]$

274 $\begin{cases} 4^{3x+2} > 2 \\ 2^x(2^x - 1) < 2 \end{cases}$ $\left[-\dfrac{1}{2} < x < 1\right]$

275 $\begin{cases} 49^x - 7^x < 0 \\ 3^{-x} + 4\left(\dfrac{1}{3}\right)^x > 15 \end{cases}$ $[x < -1]$

276 ●○ $\begin{cases}\left(\frac{3}{4}\right)^{4x+3} < \frac{9}{16} \\ 2^{x+1} + 2^{x+2} \leq 12\end{cases}$ $\left[-\frac{1}{4} < x \leq 1\right]$

277 ●● $\begin{cases}3^x - 3^{3-x} + 6 \geq 0 \\ \lvert 2^x - 1 \rvert < 3\end{cases}$ $[1 \leq x < 2]$

Equazioni e disequazioni esponenziali risolvibili solo con metodo grafico

278 **ESERCIZIO GUIDA** Determiniamo il numero delle soluzioni dell'equazione $3^{x-1} = 1 - x$ utilizzando il metodo grafico e indichiamo un intervallo in cui si trova ogni soluzione.

Disegniamo il grafico delle funzioni $y = 3^{x-1}$ e $y = 1 - x$:

le ascisse dei punti di intersezione dei due grafici sono le soluzioni dell'equazione data.

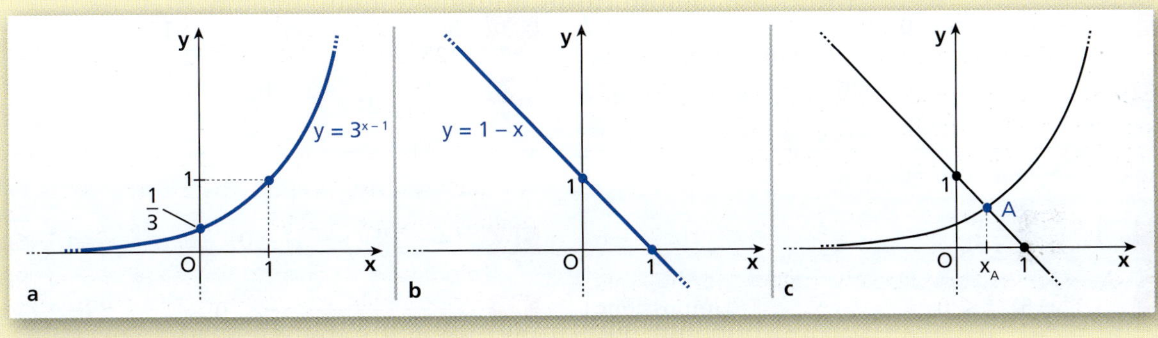

Nella figura osserviamo che i due grafici si intersecano solo nel punto A, la cui ascissa è la soluzione dell'equazione. x_A è un numero compreso tra 0 e 1.

Determina il numero delle soluzioni delle seguenti equazioni utilizzando il metodo grafico e indica un intervallo in cui si trovano.

279 ●○ $2^x - 1 = -x$ $[x = 0]$

280 ●○ $3^{-x} = \frac{x}{3}$ $[x = 1]$

281 ●○ $\left(\frac{1}{2}\right)^{x-2} = x^2 - 4x$ [una sol.; $4 < x < 5$]

282 ●○ $2^{1-x} = x + 1$ [una sol.; $0 < x < 1$]

283 ●○ $x^2 + 3 = -3^x$ [impossibile]

284 ●● $\left(\frac{1}{3}\right)^x - 1 = -\frac{2}{x}$ [due sol.; $x_1 = -1$, $2 < x_2 < 3$]

Risolvi le seguenti disequazioni utilizzando il metodo grafico.

285 ●○ $2^{-x} > 2x + 1$ $[x < 0]$

286 ●○ $\frac{x}{2} - 1 > 3^x$ [impossibile]

287 ●○ $3^{x-2} > -x + 3$ $[x > 2]$

288 ●○ $4^x + 1 > 1 - x^2$ $[\forall x \in \mathbb{R}]$

289 ●○ $x^2 + 6x < 2^{-x}$ [$x < a$, con $0 < a < 1$]

290 ●● $\frac{1}{x} > -3^{-x}$ [$x < a \vee x > 0$, con $-1 < a < 0$]

VERIFICA DELLE COMPETENZE ALLENAMENTO

UTILIZZARE TECNICHE E PROCEDURE DI CALCOLO

Risolvi le seguenti equazioni.

1 $9^{2x-1}=27$ $\left[\frac{5}{4}\right]$

2 $3^x+4\cdot 3^x=3^{x+1}+6$ $[1]$

3 $25^x-4\cdot 5^x=2\cdot 5^x-5$ $[0;1]$

4 $3^{2x}+6\cdot 3^x+8=0$ [impossibile]

5 $2^{x+2}-2^{x-1}-2^{x-2}=26$ $[3]$

6 $5^x+5^{-x-1}=\frac{6}{5}$ $[-1;0]$

7 $2\cdot 7^x+7^{1-x}=3$ [impossibile]

8 $(2^x-1)(3^x-9)=0$ $[0;2]$

9 $5^{5x+1}\cdot 25^x=\sqrt{\left(\frac{1}{5}\right)^{x-1}}\cdot\sqrt{125}$ $\left[\frac{2}{15}\right]$

10 $3^{x+1}-\frac{1}{3^x}-2=0$ $[0]$

Risolvi le seguenti disequazioni.

11 $4^{1-x}>\left(\frac{1}{2}\right)^{3x+4}$ $[x>-6]$

12 $5^{x+1}-5^{x-2}<0$ [impossibile]

13 $4\cdot 2^{3x}-4^{x+2}<0$ $[x<2]$

14 $4^{2x}-17\cdot 4^x+16<0$ $[0<x<2]$

15 $15\cdot\sqrt{9^{x+4}}\le 5\cdot 81^{4x-1}$ $\left[x\ge\frac{3}{5}\right]$

16 $(4-2^{3x})(x-1)\ge 0$ $\left[\frac{2}{3}\le x\le 1\right]$

17 $\frac{x}{3\cdot 9^x+5\cdot 3^x-2}<0$ $[-1<x<0]$

18 $2\cdot 3^{2x}-2\cdot 3^{x+2}-8\ge 1-3^x$ $[x\ge 2]$

19 $9\cdot 2^{2x}\cdot 8>4\cdot 9^x\cdot 27$ $\left[x<-\frac{1}{2}\right]$

20 $\frac{3^x-2}{2}+\frac{9^x-\frac{1}{2}}{3^x}+2>0$ $[x>-1]$

ANALIZZARE E INTERPRETARE DATI E GRAFICI

Disegna il grafico delle seguenti funzioni.

21 $y=2^{x+1}-3$

22 $y=-\left(\frac{1}{2}\right)^x+2$

23 $y=-3^{x-1}+4$

24 $y=-3^{-x}+2$

25 $y=|2^x-1|$

26 $y=-3^{|x|}$

Determina il dominio delle seguenti funzioni.

27 $y=\frac{1+x}{16-8^x}$ $\left[x\ne\frac{4}{3}\right]$

28 $y=\sqrt{2^{x+5}}$ $[\forall x\in\mathbb{R}]$

29 $y=5^{\frac{3x}{x^2-5x+6}}$ $[x\ne 2\wedge x\ne 3]$

30 $y=\sqrt{x^2-4x}+\sqrt{2^x-4}$ $[x\ge 4]$

31 $y=\sqrt{2^x+2^{1-x}-3}$ $[x\le 0\vee x\ge 1]$

32 $y=\sqrt{27^x-9\cdot 3^{-x}}$ $\left[x\ge\frac{1}{2}\right]$

33 Disegna il grafico della funzione $f\colon y=-2^{x+1}$, poi applica a f la traslazione di equazioni $\begin{cases}x'=x+1\\y'=y+1\end{cases}$ e alla funzione traslata applica la simmetria rispetto alla retta $y=2$. Della funzione così ottenuta scrivi l'espressione analitica e traccia il grafico. $[y=2^x+3]$

34 ●○ Disegna i grafici delle funzioni $y = 2^{x+1}$ e $y = \frac{7}{2} + 2^{-x}$ e determina il loro punto di intersezione. [(1; 4)]

35 ●○ Trova per quali valori di a e b il grafico della funzione $y = 2^{x+a} + b$ passa per i punti $A(0; -1)$ e $B(2; 5)$ e rappresenta la funzione applicando le trasformazioni geometriche. [$a = 1, b = -3$]

LEGGI IL GRAFICO

36 ●○ Trova le coordinate di A, B, C, D e calcola il perimetro e l'area del trapezio $ABCD$ in figura.

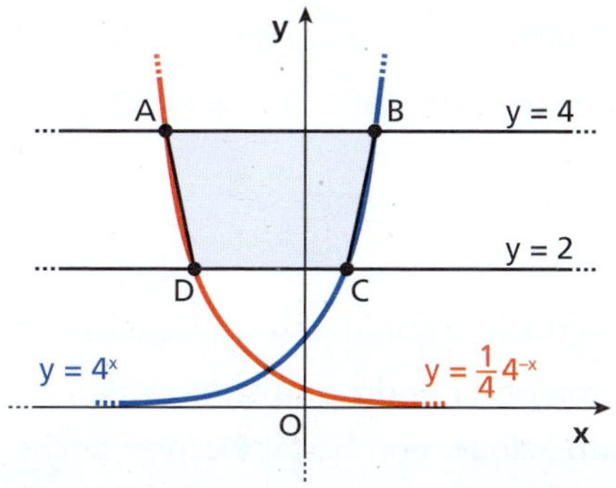

[perimetro: $5 + \sqrt{17}$; area: 5]

37 ●○ Il grafico della funzione della figura ha equazione $y = a^{bx+2} + c$. Trova a, b, c.

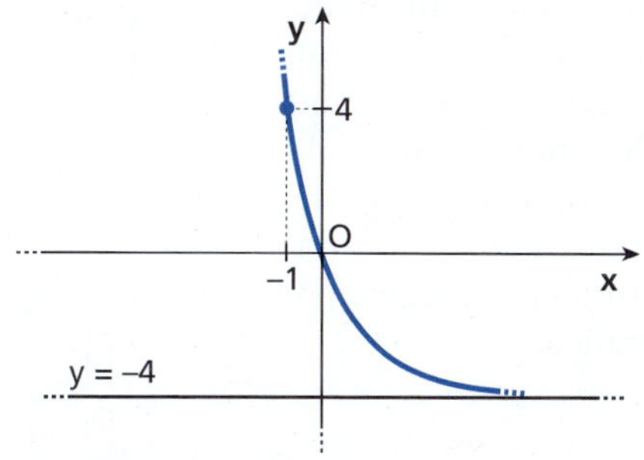

[$a = 2, b = -1, c = -4$]

COSTRUIRE E UTILIZZARE MODELLI

38 ●● **Acquisto prima casa** Una giovane coppia vuole accedere a un prestito per l'acquisto della prima casa e valuta le proposte di due banche. La prima propone una durata minima di 15 anni con tasso composto $i_1 = 4\%$, mentre la seconda propone una durata minima di 20 anni con un tasso composto $i_2 = 3\%$. Per il calcolo del montante, cioè del capitale più l'interesse, da restituire dopo la durata stabilita, puoi utilizzare la formula a lato (dove M è il montante, C il capitale e n la durata del prestito in anni).

a. Determina quale banca incasserà gli interessi maggiori al termine del prestito.
b. Disegna su uno stesso piano cartesiano l'andamento dei due montanti al variare degli anni.
c. Esiste un tempo in cui i due montanti sono uguali? Motiva la tua risposta.

[a) la seconda banca; c) solo all'inizio del prestito]

RISOLVIAMO UN PROBLEMA

Cambio di stagione

Una coperta matrimoniale misura 250 cm × 280 cm ed è spessa circa 0,3 cm. Ogni volta che la pieghi in due, la coperta occupa metà della superficie precedente e il doppio dello spessore.

- Scrivi la legge che descrive come varia la superficie occupata in funzione del numero di piegature e rappresentala in un grafico, poi fai lo stesso per lo spessore.
- Per il cambio di stagione vuoi comprare una scatola in cui riporre la coperta e al supermercato ne trovi una con le misure indicate a lato. La compri? Quante volte dovresti ripiegare a

VERIFICA DELLE COMPETENZE

▶ **Determiniamo la legge che descrive la superficie occupata.**

Indichiamo con x il numero delle piegature effettuate. La legge che descrive la superficie occupata S in funzione del numero delle piegature è:

$$S(x) = \frac{250 \cdot 280}{2^x} = 70000 \cdot \left(\frac{1}{2}\right)^x.$$

Il grafico della funzione $S(x)$ è quindi quello di una funzione esponenziale con base minore di 1. Utilizziamo sull'asse y come unità di misura $1 \cdot 10^4$ cm^2 e disegniamo il grafico.

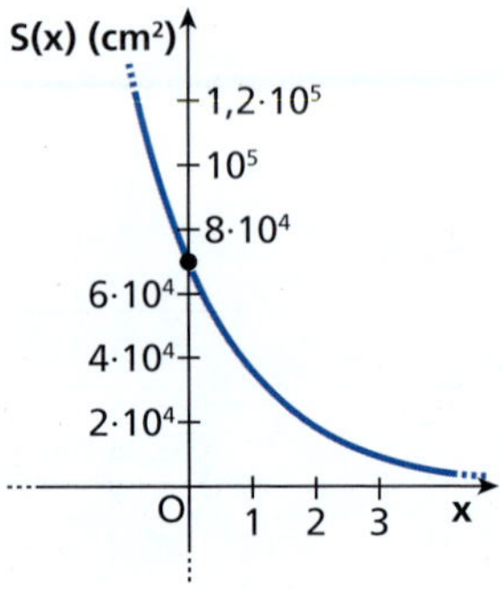

▶ **Determiniamo la legge che descrive lo spessore occupato.**

La legge che descrive lo spessore h occupato in funzione del numero di piegature effettuate, invece, è:

$$h(x) = 0,3 \cdot 2^x.$$

Il grafico della funzione $h(x)$ è quindi quello di una funzione esponenziale con base maggiore di 1.

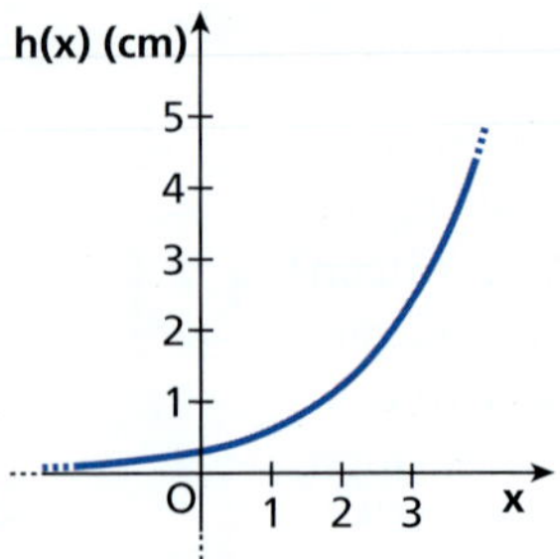

▶ **Condizione necessaria affinché la coperta entri nella scatola...**

Affinché la coperta piegata entri nella scatola è necessario almeno che la superficie occupata dalla coperta sia inferiore a quella del fondo della scatola e che lo spessore occupato sia inferiore all'altezza della scatola. Dobbiamo quindi risolvere il sistema di disequazioni esponenziali:

$$\begin{cases} 70000 \cdot \left(\frac{1}{2}\right)^x < 50 \cdot 43,75 \\ 0,3 \cdot 2^x < 38,4 \end{cases} \rightarrow \begin{cases} \left(\frac{1}{2}\right)^x < \frac{1}{32} \\ 2^x < 128 \end{cases} \rightarrow$$

$$\begin{cases} \left(\frac{1}{2}\right)^x < \left(\frac{1}{2}\right)^5 \\ 2^x < 2^7 \end{cases} \rightarrow \begin{cases} x > 5 \\ x < 7 \end{cases}.$$

La coperta deve quindi essere piegata a metà 6 volte.

▶ **...ma non condizione sufficiente.**

Ma, attenzione, non basta! Occorre anche verificare che con 6 piegature si riesca a ottenere un rettangolo di dimensioni compatibili con quelle del fondo della scatola. Poiché

$$250 : 8 = 250 : 2^3 = 31,25 < 43,75,$$

ripiegando tre volte a metà il lato corto riusciamo a ottenere un rettangolo che entra nei limiti della larghezza della scatola.

Abbiamo a disposizione altre 3 piegature sul lato lungo, basteranno? Sì, poiché

$$280 : 8 = 35 < 50.$$

Di conseguenza, piegando a metà la coperta esattamente 3 volte lungo il lato lungo e 3 volte lungo il lato corto (nell'ordine che preferiamo), essa entrerà nella scatola.

39 ●○ **Come crescono i risparmi?** Lisa ha depositato su un libretto di risparmio € 500 e la banca ogni tre mesi accredita l'interesse maturato. Quale funzione descrive l'andamento degli importi in funzione del numero dei mesi trascorsi?
Rappresentala graficamente. $\left[y(t) = 500 \cdot 1,005^{\frac{t}{3}}\right]$

importi rilevati nei quattro trimestri successivi al deposito:
€ 502,50
€ 505,01
€ 507,54
€ 510,08

40 ●● **Nerello** L'enoteca My Wine ha acquistato 120 bottiglie di vino Nerello al prezzo di € 8 a bottiglia. Non le rivende subito, ma aspetta l'incremento del loro valore, che in base a esperienze precedenti segue l'andamento della funzione $v(t)$. Il tempo è espresso in mesi. Per determinare l'intervallo di tempo che si può considerare favorevole alla vendita del vino confrontiamo il suo valore con quello che si otterrebbe investendo l'importo in titoli di stato al tasso netto in capitalizzazione continua del 4%.
Determina graficamente l'intervallo di tempo entro il quale deve essere venduto il vino per ottenere un rendimento maggiore di quello offerto finanziariamente dal mercato. $[0 < t \leq 5]$

andamento valore bottiglia:
$$v(t) = 8 \cdot \left(1 + \frac{\sqrt{t}}{10}\right)$$

andamento valore investimento:
$$g(t) = 8 \cdot e^{0,04t}$$

VERIFICA DELLE COMPETENZE PROVE

1 ora

PROVA A

1 VERO O FALSO?

a. $y = (-2)^x$ definisce una funzione esponenziale. V F

b. La funzione $y = \left(\frac{4}{3}\right)^{x+1}$ è crescente. V F

c. $\left(\frac{1}{5}\right)^{\pi} > \left(\frac{1}{5}\right)^{3}$. V F

d. Il grafico della funzione $y = 7^{x-2}$ passa per $A(2; 1)$. V F

2 Disegna i grafici delle seguenti funzioni.

a. $y = 5^x + 2$

b. $y = \left(\frac{1}{3}\right)^{x+2}$

3 Risolvi le seguenti equazioni.

a. $2^{4x+1}\sqrt{4^x} = 8^x \cdot 32$

b. $2^{3x} + 8^x = \sqrt[5]{2}$

c. $3^{2x-1} - \frac{4}{3^x} = \frac{5}{3}$

4 Risolvi le seguenti disequazioni.

a. $4^x > 2^{5-x}$

b. $\left(\frac{2}{3}\right)^{x+2} > \frac{9}{4}$

c. $3^{2x} - 8 \cdot 3^x < 9$

5 Determina il dominio delle seguenti funzioni.

a. $y = \sqrt{36 - 6^{3x+1}}$

b. $y = \frac{4 - 3^x}{9^x - 3}$

PROVA B

Una popolazione batterica La crescita dei batteri avviene per divisione cellulare, perciò in un dato intervallo di tempo (che dipende da vari fattori) raddoppia il numero dei batteri di una coltura e la legge di crescita è una funzione esponenziale in base 2. Considera una colonia di 1000 batteri *Escherichia coli*.

coltura di *Escherichia coli*; tempo necessario a una cellula per duplicarsi: circa 20 minuti.

a. Calcola quanti batteri compongono la colonia dopo 4 generazioni.

b. Determina in quanto tempo è avvenuta tale crescita.

c. Esprimi la legge di crescita in funzione del numero n di generazioni.

d. Calcola la velocità media di crescita (variazione del numero di cellule per unità di tempo).

e. Da quanti batteri sarà costituita la colonia dopo 4 ore?

TUTOR Allenati con **15 esercizi interattivi** con feedback "hai sbagliato, perché..."

MATHS HIGHLIGHTS
EXPONENTIAL FUNCTIONS

LEARN THE BASICS

Exponential functions and their characteristics

A function of the form $y = a^x$, where $a > 0$, is called an *exponential function*.

The function $y = a^x$, for $a > 1$, has a graph which lies close to the x-axis for negative x and increases rapidly for positive x (increasing function).

The function $y = a^x$, for $0 < a < 1$, has a graph which lies close to the x-axis for positive x and increases rapidly for decreasing negative x (decreasing function).

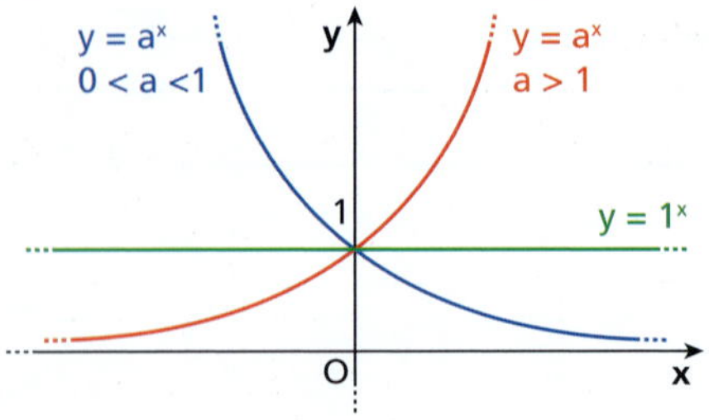

For any value of a, the graph always passes through the point (0, 1) and is strictly positive.

The graph of $y = \left(\frac{1}{a}\right)^x = a^{-x}$ is a reflection, in the vertical axis, of the graph of $y = a^x$.

A particularly important exponential function is $y = e^x$, where $e = 2.718\ldots$ This is often called "the" exponential function.

Exponential equations and inequalities

$a^{f(x)} = a^{g(x)}$ is equivalent to $f(x) = g(x)$.
To solve an exponential equation, you have to have "a base to some power equals the same base to some other power"; then you set the two powers equal to each other, and solve the resulting equation.
$a^{f(x)} > a^{g(x)}$ is equivalent to the inequality $f(x) > g(x)$ when $a > 1$, while it is equivalent to $f(x) < g(x)$ when $0 < a < 1$.
For example, consider $0.1^x > 0.01$: it becomes $x < 2$.

NUGGETS OF THEORY

Power of a number: the result obtained by the repeated multiplication of a number by itself.

Base: the number that serves as a starting point for certain mathematical operations.

Exponent: a number that shows how many times another number is to be multiplied by itself. For example, In 5^3 and a^x, 3 and x are the exponents.

To raise (to a power): to multiply by itself the number of times specified by the power, so $5^3 = 5 \cdot 5 \cdot 5$.

***n*-th root**: for any real number a, an n-th root of a is a number x such that $x^n = a$. The **square root** $\sqrt{a}$ and the **cube root** $\sqrt[3]{4}$ are two particular cases.

Unknown or **unknown quantity**: a variable whose value is not yet known.

Equation: a statement that two quantities are equal. For example, $2x \cdot 3 = 7$.

Inequality: a statement that two quantities are not equal, indicated by the symbol $\neq$; alternatively, by the symbol $<$, signifying that the quantity preceding the symbol is less than the one following, or by the symbol $>$, signifying that the quantity preceding the symbol is greater than the one following.

SPEAK LIKE A MATHEMATICIAN

Exponential function: a function of the form $y = a^x$, where $a > 0$ and $a \neq 1$.

Exponential equation: an equation in which the unknown occurs in one or more exponents. The equation $a^{f(x)} = a^{g(x)}$ is equivalent to $f(x) = g(x)$.

Exponential inequality: an inequality in which the unknown occurs in at least one exponent. $a^{f(x)} > a^{g(x)}$ is equivalent to the inequality $f(x) > g(x)$ when $a > 1$, while it is equivalent to $f(x) < g(x)$ when $0 < a < 1$.

Exponential growth/decay: suppose that $y = e^{kt}$, k is constant, and t represents some measurement of time. When $k > 0$, y can be said to be exhibiting exponential growth, while we have an exponential decay when $k < 0$.

Euler's number or **Napier's constant**: an irrational number denoted by the symbol e ($\simeq 2.718\ldots$).

READ IT ALOUD

1 Read the above statements aloud. Then, listen and check if you did well.

2 Solve $7^{x+2} = 7^3$ and read your work aloud.

UP TO YOU

1 **COMPLETE** with the correct words from the box.

$5^3 = 125$

$y = e^x$

power, exponential function, exponent, Euler's number, base

2 **MATCH** each example with the corresponding term.

1. $y = x^2$
2. $2x - 3 = 7$
3. $y = 2^x$
4. $3x + 5 > 2$
5. $3^x = 9$
6. $7^x < 49$

a. inequality
b. exponential inequality
c. function
d. exponential function
e. equation
f. exponential equation

3 For each exponential function, list the characteristics of its graph.
Is it increasing or decreasing? Is it positive or negative? Can you name a point it passes through?

Function	Characteristics
a. $y = 3^x$	
b. $y = \left(\frac{2}{3}\right)^x$	
c. $y = \pi^x$	

4 **Equations and inequalities game** Solve each equation or inequality (**a-r**). Find the solution in one of the answer columns and note the word next to it. Write this word in the corresponding

a. $4^x = 8$
b. $\sqrt[3]{9^x} = 27$
c. $0.1^x = 1000$
d. $2^x \cdot 8 = 4^x$
e. $(e^{x^2})^2 = e^8$
f. $\frac{\sqrt{2^x}}{32} = 8^x$
g. $5^{x+2} - 24 \cdot 5^x - 1 = 0$
h. $\frac{49^x \cdot 7}{7^{x-3}} = 1$
i. $3^{2x} - 2 \cdot 3^x - 3 = 0$
j. $\left(\frac{1}{2}\right)^x > \frac{1}{16}$
k. $2^{x^2} < 8$
l. $27^x > 9$
m. $5^x < 3^x$
n. $3^x + 3^{x+2} \leq 90$
o. $\left(\frac{4}{25}\right)^x \leq \frac{5}{2}$
p. $\sqrt[7]{25^x} \geq 5$
q. $2^{2x} - 3 \cdot 2^x + 2 \leq 0$
r. $\frac{2^x - 4}{e - e^x} \leq 0$

Answer columns

$x = 3$: used	$-\sqrt{3} < x < \sqrt{3}$: help
$x < 0$: determine	$x = 1$: date
$x = \frac{9}{2}$: functions	$x \leq 2$: time of
$x = 0$: populations,	$x < 1 \lor x \geq 2$: investments
$x \geq \frac{7}{2}$: and	$x = \pm 2$: to
$x = -4$: carbon	$x \geq -\frac{1}{2}$: death,
$0 \leq x \leq 1$: compute	$x = -2$: model
$x > \frac{2}{3}$: coroners	$x = \frac{3}{2}$: exponential
$x < 4$: artifacts,	$x = -3$: are

Key box

a.	Exponential	j.	
b.	functions	k.	
c.	are	l.	
d.		m.	
e.		n.	
f.		o.	
g.		p.	

READING COMPREHENSION

A PIECE OF REALITY The Number *e* and Its Applications

1 **In the following text, seven sentences have been removed. Choose from the sentences (a-h) the one which fits each gap (1-7). There is one extra sentence which you do not need to use.**

The expression *exponential growth* is used to indicate something that increases very fast. But how fast is that, and what does the term *exponential* mean?

1. ______

To answer these questions, we can examine different sequences of numbers. We can start with a very slow type of growth: the sequence of natural numbers 1, 2, 3, 4, ... This is defined as *linear growth*, symbolised by n.

2. ______

Next is *cubic growth* n^3, such as 1, 8, 27, 64, ..., involving the cubes. These are all examples of polynomial growth, since they involve powers of n.

3. ______

The sequence 2^n of powers of 2 starts off rather slowly: 1, 2, 4, 8, ..., but gradually gathers speed, since each term is twice the previous one. The sequence of powers of 3 takes off even more quickly: 1, 3, 9, 81, 243, 729, ... These are examples of exponential growth.

4. ______

Suppose that we have €100 to invest at 5 per cent over a number of years. With simple interest the amount increases linearly, giving us after each successive year €100, €105, €110, €115, €120, and so on.

5. ______

With compound interest we recalculate the extra 5 per cent every year, giving us €100, €105, €110.25, €115.76, €121.55, and so on – initially only a little more than before, but gradually starting to increase very quickly. We can explain it like this:

$n = 1$ year $\quad 100(1+0.05) = €105;$

$n = 2$ years $\quad 100(1+0.05)(1+0.05) = 100(1+0.05)^2 = €110.25;$

$n = 3$ years $\quad 100(1+0.05)(1+0.05)(1+0.05) = 100(1+0.05)^3 = €115.76;$

$n = 4$ years $\quad 100(1+0.05)(1+0.05)(1+0.05)(1+0.05) = 100(1+0.05)^4 = €121.55;$

after n years $\quad 100(1+0.05)^n$.

We can also calculate how much more we would earn in a year if interest were compounded more frequently, for example n times per year. We find that: annually ($n = 1$) €105.00, every 6 months ($n = 2$) €105.06, every month ($n = 12$) €105.12, and every day ($n = 365$) €105.13.

6. ______

It could be interesting to see whether interest increases infinitely as the year is further subdivided, or whether the trend is limited. Mathematicians demonstrate that it tends to a limit, which is obtained by multiplying €100 by $e^{0.05}$, where e is Euler's number.

7. ______

This sequence increases steadily, but can never exceed 3. In fact, it tends to a limiting value, the number $e = 2.718281828459...$

Sentences

a. After n years we have € $100 + 5n$.
b. On the other hand, we could consider powers of 2.
c. What does the exponential number e represent?
d. In fact, if the year is divided into n parts, then the amount we receive after a year is $100\left(1+\frac{r}{n}\right)^n$, where r is the interest rate.
e. Somewhat faster is "quadratic growth", symbolised by n^2, which includes 1, 4, 9, 16, ... (the perfect squares).
f. Euler then turned his attention to complex numbers, and produced one of the most famous results in the whole of mathematics.
g. To find out what the number e is, it is useful to increase the rate of interest to 100 per cent every year, so that we have the limit of $\left(1+\frac{1}{n}\right)^n$ as n increases.
h. A familiar example that could better explain the difference between linear and exponential growth is simple and compound interest.

2 To better understand the reasoning presented in the last paragraph of exercise 1, estimate each quantity to the nearest hundred-thousandths with your calculator.

a. $\left(1+\frac{1}{1}\right)^{1} =$ 2

b. $\left(1+\frac{1}{10}\right)^{10} =$ ______

c. $\left(1+\frac{1}{100}\right)^{100} =$ ______

d. $\left(1+\frac{1}{1000}\right)^{1000} =$ ______

e. $\left(1+\frac{1}{10{,}000}\right)^{10{,}000} =$ ______

Make a conjecture about the value of $\left(1+\frac{1}{x}\right)^{x}$ as x grows very large.

3 Let's look for a formula we can use when interest is compounded more frequently. To do this, we have to solve the following problem: Suppose you invest C euros at an annual interest rate of r (expressed as a decimal), and interest is compounded n times per year. Let $A(t)$ denote your account balance after t years have elapsed. Find a closed formula for $A(t)$ in terms of C, r, n, and t.

4 Suppose €2,000 are invested at 7.2% for 5 years. Find the account balance at the end of 5 years for interest compounded annually, quarterly, monthly, and daily.

LISTENING COMPREHENSION

A PIECE OF HISTORY **Understanding Reality: *e* Is a Magic Number**

1 **Here's an excerpt from a radio programme about maths and reality. Listen to the programme and complete the summary below.**

The most famous important number is ______, the ratio of a circle's circumference to its diameter, which we know is ______.
Less famous, but arguably every bit as important, is a number studied in the 18th century by the great ______ Leonhard Euler.
e begins ______ and goes on forever, with infinite digits. It is irrational, ______, and part of the most beautiful ______ ever written.
e is important for two main reasons. First, *e* is a number that appears in a huge range of pure maths ______; second, all the ways we define *e* involve ______ processes.
e wasn't discovered till about the 18th century, because the maths involved can be considered more ______ than was available to the Greeks. In addition, the Greeks were ______ infinity in many ways.

2 **SPEAKING** in pairs, discuss the meaning of the terms "irrational" and "transcendental".

Irrational: ....
....
....

Transcendental: ....
....
....

MATHS ON VIDEO

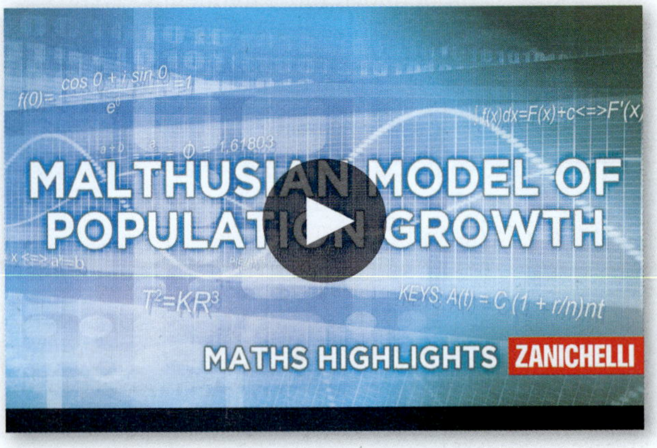

Malthusian model of population growth

In this lesson we will look closely at another application of the exponential function: the model of population growth theorized by Thomas Robert Malthus in 1798.

1 **Watch the video and complete the following text.**

The Malthusian ______ of population growth is

$N(t) =$ ______ e^{kt},

where $N(t)$ is the ______ at time t, N_0 is the population size at ______ and k is a ______ obtained by subtracting d, the per capita ______ rate, from b, the per capita ______ rate.

2 To define a mathematical model, we have to:

- **A** identify its most important feature.
- **B** identify all of its features.
- **C** identify its main features.
- **D** choose some of its features by chance.

3 The simplest model of population growth assumes essentially that:

- **A** births increase the population at a rate proportional to the population.
- **B** births increase the population at a rate proportional to deaths.
- **C** births decrease the population at a rate proportional to the population.
- **D** births decrease the population at a rate proportional to deaths.

4 The change in population size over time is:

- **A** directly proportional to the difference between births and deaths.
- **B** directly proportional to the present population.
- **C** inversely proportional to the difference between births and deaths.
- **D** inversely proportional to the present population.

5 Malthus argued that:

- **A** resources and population increase in the world linearly.
- **B** resources increase in the world linearly, while population increases exponentially.
- **C** resources increase in the world exponentially, while population increases linearly.
- **D** resources and population increase in the world exponentially.

6 Malthus' interpretation of his mathematical model and its solutions is clearly wrong,

- **A** and also the model is wrong.
- **B** so the model can never be used.
- **C** but the model can be used for a population of bacteria.
- **D** so we can't study population growth mathematically.

7 The number of bacteria in a certain culture grows at a rate that is proportional to the number present. The law that describes the phenomenon is $B(t) = 500e^{0.7t}$. How many bacteria are there at the beginning? How many after 2 hours? And after 10 hours?

YOU ARE THE EXPERT

1 A good example of exponential growth is **Moore's law**, which describes the exponential growth of computing. Find out more about it on the web and write an essay to explain it to your classmates.

2 Exponential functions can also be used to describe the decrease of a phenomenon. Write a short text to describe **radioactive decay** using exponential functions.

FINAL TEST

1 **MATCH** the expressions (**1-4**) to the corresponding terms (**a-d**).

1. $100e^{0.1t}$ 2. $200(1+0.05)^t$ 3. $300+9t$ 4. $5000e^{-0.2t}$

a. compound interest b. simple interest c. exponential decay d. exponential growth

2 **COMPLETE** with the correct words from the box (there are some extra words).

1. The exponential function for $a>1$ has a graph which lies ______ to the x-axis for negative x and ______ rapidly for positive x.
2. The sequence of natural numbers is an example of ______ growth.
3. ______'s number is very important for its applications.
4. With ______ interest, the interest earned at the end of each year is added to the original amount and the money is reinvested.
5. Malthusian growth model is an ______ growth model used to describe population dynamics.

decreases, linear, Malthus, close, compound, increases, Euler, exponential, simple

3 $5^{2x+1}+4\cdot 5^x-1=0$:

A $x=-1$.
B $x=\frac{1}{5}e^{-1}$.
C $x=e^{-\frac{1}{5}}$.
D $x=1$.

4 $\frac{3^{2x}\cdot\sqrt[3]{27}}{9\cdot\sqrt{3^x}}=1$:

A $x=1$.
B $x=\frac{2}{3}$.
C $x=3$.
D $x=\frac{1}{2}$.

5 $\frac{3^x-27}{2^{-x}+2}<0$:

A $x<1$.
B $1<x<3$.
C $x<1 \vee x>3$.
D $x<3$.

6 $2^x-2^{2-x}-3>0$:

A $x<-1 \vee x>4$.
B $x>2$.
C $x>4$.
D $x>-1$.

---

7 **TRUE OR FALSE?**

a. The exponential function for $0<a<1$ has a graph which lies close to the x-axis for negative x. T F
b. e is an irrational and transcendental number like π. T F
c. e was discovered by a Greek mathematician. T F
d. $0.2^x>0.008$ is equivalent to $x>3$. T F

8 Solve the problems and briefly describe how you solved them.

a. If you had 8,000€ to invest for 5 years with the goal of greatest return on your investment, what account would you choose between these two?
1. an account paying 5.2% simple interest.
2. an account paying 4.8% compound interest.

b. An animal sanctuary grows at a rate that is proportional to the number of animals present. The law that describes the phenomenon is $A(t)=50e^{0.11t}$. How many animals are there at the beginning? Determine

T

CAPITOLO

13 LOGARITMI

1 Definizione di logaritmo

▶ Esercizi a p. 617

Sappiamo che l'equazione esponenziale $a^x = b$, con $a > 0$, $a \neq 1$ e $b > 0$, ammette una e una sola soluzione. A tale valore si dà il nome di logaritmo in base a di b e si scrive: $x = \log_a b$.

Per esempio, la soluzione di $2^x = 7$ è $x = \log_2 7$.

DEFINIZIONE

Dati due numeri reali positivi a e b, con $a \neq 1$, chiamiamo **logaritmo in base *a* di *b*** l'esponente x da assegnare alla base a per ottenere il numero b.

$\log_a b = x \leftrightarrow a^x = b$

$a > 0$, $a \neq 1$, $b > 0$

Listen to it

The **logarithm** of a number to a given base is the exponent to which the base must be raised to get that number.

▶ Applica la definizione per calcolare:

$\log_2 512$; $\log_5 1$;

$\log_2 \frac{1}{256}$; $\log_3 \sqrt{27}$.

Il numero b viene detto **argomento** del logaritmo.

Dalla definizione possiamo osservare che il logaritmo permette di scrivere in modo diverso la relazione che esiste in una potenza fra base, esponente e risultato. Per esempio, le due scritture $5^2 = 25$ e $2 = \log_5 25$ sono equivalenti.

Dalla definizione, supponendo $a, b > 0$ e $a \neq 1$, otteniamo:

$\mathbf{\log_a 1 = 0}$, perché $a^0 = 1$;

$\mathbf{\log_a a = 1}$, perché $a^1 = a$;

$\mathbf{a^{\log_a b} = b}$, perché $\log_a b$ è l'esponente a cui elevare a per ottenere b.

Osserviamo poi che se due numeri positivi sono uguali, anche i loro logaritmi, rispetto a una stessa base, sono uguali e viceversa:

$$\mathbf{x = y \leftrightarrow \log_a x = \log_a y}.$$

Vale il seguente teorema.

TEOREMA

All'aumentare dell'argomento b (reale positivo), il logaritmo $\log_a b$:

- aumenta, se $a > 1$;
- diminuisce, se $0 < a < 1$.

ESEMPIO
Fissati i due argomenti 5 e 2, poiché $5 > 2$, risulta:

$\log_{10} 5 > \log_{10} 2$, perché la base 10 è maggiore di 1;

$\log_{\frac{1}{2}} 5 < \log_{\frac{1}{2}} 2$, perché la base $\frac{1}{2}$ è minore di 1.

Di solito, la base 10 si sottintende. Per esempio, $\log_{10} 5$ si scrive $\log 5$.

2 Proprietà dei logaritmi

Esercizi a p. 620

Le proprietà fondamentali dei logaritmi sono tre, valide qualunque sia la base, purché positiva e diversa da 1, e si deducono dalle proprietà delle potenze.

Nei loro enunciati sottintendiamo che i logaritmi sono riferiti a una stessa base.

Logaritmo di un prodotto
Il logaritmo del prodotto di due numeri positivi è uguale alla *somma* dei logaritmi dei due fattori:

$$\log_a (b \cdot c) = \log_a b + \log_a c, \quad \text{con } b > 0, c > 0.$$

DIMOSTRAZIONE
Poniamo:

$$x = \log_a b, \quad y = \log_a c.$$

Per la definizione di logaritmo: $a^x = b$, $a^y = c$.

Moltiplichiamo membro a membro le due uguaglianze:

$a^x \cdot a^y = b \cdot c$, (prodotto di due potenze di ugual base)

$a^{x+y} = b \cdot c$, (definizione di logaritmo)

$x + y = \log_a (b \cdot c)$, (sostituzione: $x = \log_a b$ e $y = \log_a c$)

$\log_a b + \log_a c = \log_a (b \cdot c)$, (proprietà simmetrica dell'uguaglianza)

$\log_a (b \cdot c) = \log_a b + \log_a c$.

Animazione
In questa animazione e nelle due successive trovi sia la dimostrazione sia l'esempio commentati passo passo.

ESEMPIO
Verifichiamo l'uguaglianza: $\log_2 (8 \cdot 16) = \log_2 8 + \log_2 16$.

Primo membro: $\log_2 (8 \cdot 16) = \log_2 128 = \log_2 2^7 = 7$.

Secondo membro: $\log_2 8 + \log_2 16 = \log_2 2^3 + \log_2 2^4 = 3 + 4 = 7$.

► Trasforma in un unico logaritmo:
$\log 18 + \log \frac{1}{3} + \log \frac{3}{2}$.

Logaritmo di un quoziente
Il logaritmo del quoziente di due numeri positivi è uguale alla *differenza* fra il logaritmo del dividendo e il logaritmo del divisore:

TEORIA

DIMOSTRAZIONE Animazione

Poniamo $x = \log_a b$ e $y = \log_a c$ e dalle uguaglianze $a^x = b$ e $a^y = c$, dividendo membro a membro, otteniamo:

$$\frac{a^x}{a^y} = \frac{b}{c},$$ quoziente di due potenze di ugual base

$$a^{x-y} = \frac{b}{c},$$ definizione di logaritmo

$$x - y = \log_a \frac{b}{c},$$ sostituzione: $x = \log_a b$ e $y = \log_a c$

$$\log_a b - \log_a c = \log_a \frac{b}{c},$$ proprietà simmetrica dell'uguaglianza

$$\log_a \frac{b}{c} = \log_a b - \log_a c.$$

ESEMPIO

Verifichiamo l'uguaglianza: $\log_3 \frac{729}{9} = \log_3 729 - \log_3 9$.

Primo membro: $\log_3 \frac{729}{9} = \log_3 81 = \log_3 3^4 = 4$.

Secondo membro: $\log_3 729 - \log_3 9 = \log_3 3^6 - \log_3 3^2 = 6 - 2 = 4$.

▶ Trasforma in un unico logaritmo

$\log 128 - \log 32$.

Logaritmo di una potenza

Il logaritmo della potenza di un numero positivo elevato a un esponente reale è uguale al prodotto di quell'esponente per il logaritmo del numero positivo:

$$\boldsymbol{\log_a b^n = n \cdot \log_a b}, \quad \text{con } b > 0,\ n \in \mathbb{R}.$$

DIMOSTRAZIONE Animazione

Data l'uguaglianza $a^x = b$, elevando a n i due membri, otteniamo:

$$(a^x)^n = b^n,$$ potenza di una potenza

$$a^{nx} = b^n,$$ definizione di logaritmo

$$nx = \log_a b^n,$$ sostituzione: $x = \log_a b$

$$n \log_a b = \log_a b^n,$$ proprietà simmetrica dell'uguaglianza

$$\log_a b^n = n \log_a b.$$

ESEMPIO

Verifichiamo l'uguaglianza: $\log_3 9^4 = 4 \cdot \log_3 9$.

Primo membro: $\log_3 9^4 = \log_3 (3^2)^4 = \log_3 3^8 = 8$.

Secondo membro: $4 \cdot \log_3 9 = 4 \log_3 3^2 = 4 \cdot 2 = 8$.

▶ Applica la proprietà del logaritmo di una potenza per trasformare

$\log 1296$; $\log(7^4 \cdot 16)$.

Un caso particolare

Poiché $\sqrt[n]{b} = b^{\frac{1}{n}}$, applichiamo la terza proprietà dei logaritmi anche per il logaritmo di una radice:

$$\boldsymbol{\log_a \sqrt[n]{b} = \frac{1}{n} \log_a b}, \quad \text{con } b > 0.$$

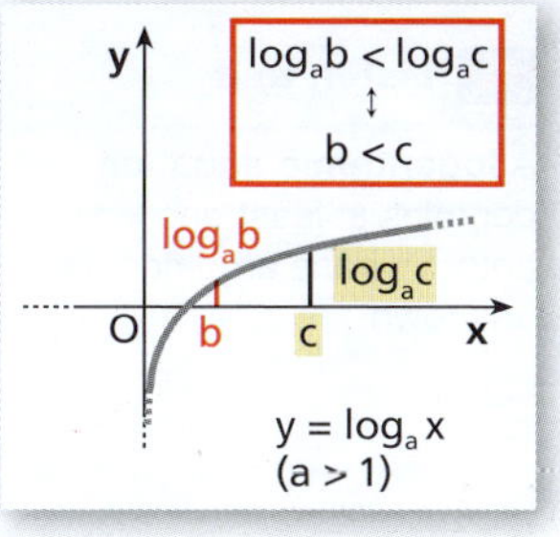

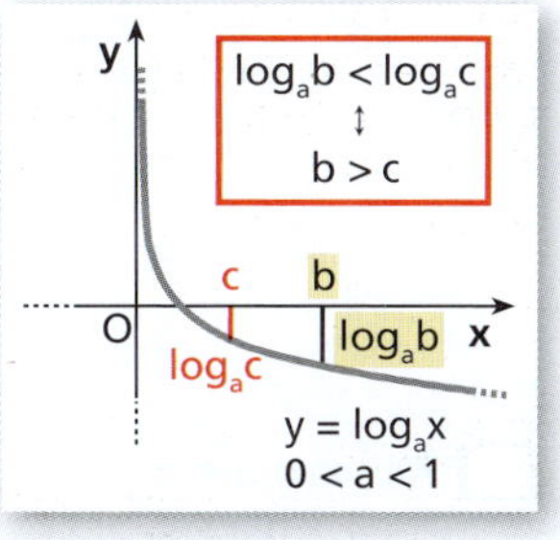

Animazione

Nell'animazione osserva, mediante i grafici, il collegamento con il comportamento della funzione logaritmica.

► Trova i valori per cui $\log_3(x+2) \geq 0$. [$x \geq -1$]

► Risolvi la disequazione:
$\frac{3}{\log_2 x} \geq \log_2 x + 2$,
utilizzando un'incognita ausiliaria.

Animazione

5 Disequazioni logaritmiche

▶ Esercizi a p. 631

Consideriamo le disequazioni logaritmiche che possiamo scrivere nella forma

$$\log_a A(x) < \log_a B(x),$$

o nelle forme analoghe con gli altri segni di disuguaglianza.

Per passare da una disequazione di questo tipo a una riguardante gli argomenti $A(x)$ e $B(x)$, dobbiamo ricordare il comportamento della funzione logaritmica:

- per $a > 1$, $\log_a b < \log_a c \leftrightarrow b < c$;
- per $0 < a < 1$, $\log_a b < \log_a c \leftrightarrow b > c$;

con $b, c > 0$.

Le soluzioni di una disequazione logaritmica del tipo considerato si ottengono risolvendo il sistema formato da:

- le condizioni di esistenza della disequazione;
- la disequazione che si ottiene dalla disuguaglianza degli argomenti.

ESEMPIO

1. Risolviamo la disequazione

$$\log_5(x-1) < 2.$$

Per la definizione di logaritmo, scriviamo: $2 = \log_5 25$, perché $5^2 = 25$.
La disequazione può essere scritta:

$$\log_5(x-1) < \log_5 25.$$

Risolviamo il sistema.

$$\begin{cases} x-1 > 0 & \text{condizione di esistenza} \\ x-1 < 25 & \text{disuguaglianza fra gli argomenti, con lo stesso verso di quella fra i logaritmi (base maggiore di 1)} \end{cases}$$

$$\begin{cases} x > 1 \\ x < 26 \end{cases}$$

Le soluzioni della disequazione logaritmica sono: $1 < x < 26$.

2. Risolviamo la disequazione $\log_{\frac{1}{3}}(x-4) > \log_{\frac{1}{3}} 5x$.

È equivalente al seguente sistema.

$$\begin{cases} x-4 > 0 & \text{condizione di esistenza del primo logaritmo} \\ 5x > 0 & \text{condizione di esistenza del secondo logaritmo} \\ x-4 < 5x & \text{disuguaglianza fra gli argomenti, di verso contrario a quella fra i logaritmi (base compresa fra 0 e 1)} \end{cases}$$

$$\begin{cases} x > 4 \\ x > 0 \\ -4x < 4 \end{cases} \rightarrow \begin{cases} x > 4 \\ x > 0 \\ x > -1 \end{cases} \rightarrow x > 4$$

Le soluzioni della disequazione logaritmica sono: $x > 4$.

4 Equazioni logaritmiche

Esercizi a p. 627

DEFINIZIONE

Un'**equazione logaritmica** ha l'incognita che compare nell'argomento di almeno un logaritmo.

Listen to it

A **logarithmic equation** contains at least one logarithm whose argument is unknown.

Tra le equazioni logaritmiche, consideriamo quelle che possiamo scrivere nella forma:

$\log_a A(x) = \log_a B(x)$, con $A(x)$ e $B(x)$ funzioni dell'incognita x.

Per le condizioni di esistenza dei logaritmi deve essere: $A(x) > 0$ e $B(x) > 0$.

$$A(x) = B(x) \quad \leftrightarrow \quad \log_a A(x) = \log_a B(x),$$

quindi per risolvere l'equazione è sufficiente cercare le soluzioni di $A(x) = B(x)$ e controllare successivamente se queste soddisfano le condizioni di esistenza.

ESEMPIO

Risolviamo l'equazione $\log x + \log(x+3) = \log 2 + \log(2x+3)$.

Scriviamo le condizioni di esistenza imponendo che ciascun logaritmo presente nell'equazione abbia argomento maggiore di 0. Otteniamo il sistema:

$$\begin{cases} x > 0 \\ x+3 > 0 \\ 2x+3 > 0 \end{cases} \rightarrow \begin{cases} x > 0 \\ x > -3 \\ x > -\frac{3}{2} \end{cases} \rightarrow x > 0, \text{ cioè C.E.: } x > 0.$$

Applichiamo la proprietà del logaritmo di un prodotto:

$$\log[x(x+3)] = \log[2(2x+3)].$$

Passiamo all'uguaglianza degli argomenti:

$$x(x+3) = 2(2x+3) \rightarrow x^2 + 3x = 4x + 6 \rightarrow x^2 - x - 6 = 0 \rightarrow$$

$$x_1 = -2, x_2 = 3.$$

Il valore -2 non soddisfa la condizione di esistenza posta ($x > 0$), soddisfatta invece da 3, che quindi è l'unica soluzione dell'equazione logaritmica.

Animazione

Nella stessa animazione trovi lo svolgimento commentato di questo esempio e del successivo.

► Risolvi l'equazione:
$\log(x-2) - \log(2x-5) = 0.$
$[x = 3]$

A volte, è utile servirsi di un'incognita ausiliaria.

ESEMPIO **Animazione**

Risolviamo l'equazione $(\log_3 x)^2 - 2\log_3 x - 3 = 0$.

La condizione di esistenza del logaritmo è $x > 0$.

Poniamo $\log_3 x = t$ e sostituiamo:

$$t^2 - 2t - 3 = 0 \rightarrow t = 1 \pm \sqrt{1+3} = \begin{cases} 3, \\ -1, \end{cases}$$

da cui $\log_3 x = -1 \rightarrow x_1 = \frac{1}{3}$, $\log_3 x = 3 \rightarrow x_2 = 27$, entrambe soluzioni accettabili perché soddisfano la condizione di esistenza.

► Risolvi l'equazione:
$(\log_5 x)^2 + 4\log_5 x + 3 = 0.$
$\left[x = \frac{1}{5}; x = \frac{1}{125}\right]$

Negli esercizi vedremo anche come risolvere un'equazione logaritmica con metodo grafico.

Possiamo anche scrivere la formula del cambiamento di base così:

$$\log_a b = \frac{\log_c b}{\log_c a} = \frac{1}{\log_c a} \cdot \log_c b.$$

$\frac{1}{\log_c a}$ è detto **modulo di trasformazione** per il passaggio da base c a base a.

Per esempio, il modulo di trasformazione è

$$\frac{1}{\log 2} \simeq 3,32193, \text{ per passare da base 10 a base 2;}$$

$$\frac{1}{\log e} \simeq 2,30259, \text{ per passare da base 10 a base } e.$$

▶ Trasforma i seguenti logaritmi in base 10:

$\log_3 10$; $\log_5 7$; $\log_6 24$.

3 Funzione logaritmica

|▶ Esercizi a p. 623

DEFINIZIONE

Una **funzione logaritmica** è del tipo:

$$y = \log_a x, \quad \text{con } a > 0 \text{ e } a \neq 1.$$

Poiché l'argomento del logaritmo deve essere positivo, il dominio della funzione è $\mathbb{R}^+$.

Grafico della funzione logaritmica

Deduciamo il grafico della funzione logaritmica da quello della funzione esponenziale. La funzione $y = a^x$ è una funzione biunivoca da $\mathbb{R}$ a $\mathbb{R}^+$, quindi è invertibile. Ricaviamo x in funzione di y. Applicando la definizione di logaritmo, otteniamo: $x = \log_a y$. Pertanto, la funzione logaritmo è la funzione inversa della funzione esponenziale. I grafici delle due funzioni sono simmetrici rispetto alla bisettrice del primo e terzo quadrante.

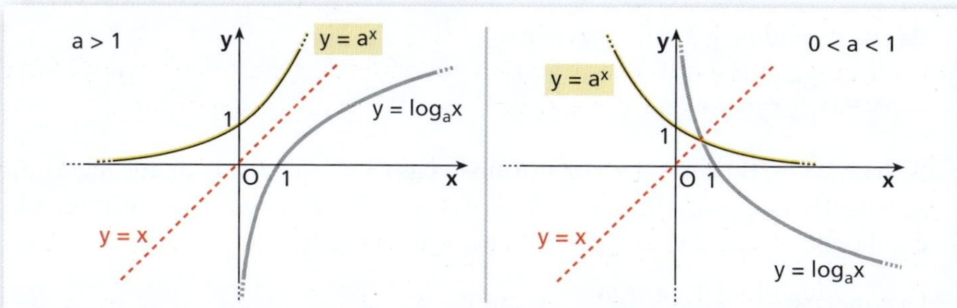

Proprietà della funzione logaritmica

Osservando i grafici precedenti e tenendo conto che la funzione logaritmica è l'inversa di quella esponenziale, concludiamo che $y = \log_a x$, sia per $a > 1$ sia per $0 < a < 1$:

- ha dominio $\mathbb{R}^+$, come già detto, e insieme immagine $\mathbb{R}$;
- è una funzione biunivoca, sempre crescente se $a > 1$, sempre decrescente se $0 < a < 1$;
- il grafico interseca l'asse x in $(1; 0)$.

MATEMATICA E ASTRONOMIA

Quanto brillano le stelle? La magnitudine è la misura della quantità di luce che ci arriva da un corpo celeste (stelle, nebulose, galassie...) Dipende da tanti fattori, tra cui la temperatura, la distanza e la grandezza della stella. Gli antichi Greci dividevano le stelle visibili a occhio nudo in sei magnitudini. Nell'Ottocento si passò a una scala logaritmica.

▶ Scopri di più.

Cerca nel Web: Pogson, magnitudine assoluta, magnitudine apparente

ESEMPIO

$\log \sqrt{6} = \frac{1}{2} \log 6$, perché $\sqrt{6} = 6^{\frac{1}{2}}$.

Formula del cambiamento di base

Come calcolare i logaritmi usando le calcolatrici

Le calcolatrici sono spesso costruite per calcolare i logaritmi in due sole basi: la base 10 e la base $e = 2{,}71828\ldots$, cioè il **numero di Nepero**.

Per distinguere i logaritmi nelle due basi si usano le seguenti notazioni:

$\log x$ indica il $\log_{10} x$, **logaritmo decimale**;

$\ln x$ indica il $\log_e x$, **logaritmo naturale** o **neperiano**.

Vediamo come utilizzare la calcolatrice per calcolare il logaritmo in una base diversa dalle precedenti.

MATEMATICA INTORNO A NOI

Logaritmi e fotografia In fotografia, si chiama esposizione la quantità di luce che raggiunge l'elemento sensibile (sensore elettronico o pellicola) durante lo scatto di una fotografia. Per confrontare diverse impostazioni di esposizione, i fotografi usano il concetto di *stop*. Aumentare l'esposizione di uno stop significa far entrare il doppio della luce (2^1); aumentare di 2 stop significa averne 4 volte in più (2^2); abbassare di 4 stop significa avere un sedicesimo della luce (2^{-4}) e così via. Muovendosi lungo la scala in su o in giù di passo, la grandezza raddoppia o si dimezza. Questa è una scala logaritmica.

► Per regolare l'esposizione, un fotografo può scegliere il tempo di esposizione, l'apertura del diaframma e la sensibilità, utilizzando specifiche scale disponibili sulla macchina fotografica. In tutti e tre i casi, si ha a che fare con i logaritmi?

Cerca nel Web: diaframma, tempi di esposizione, ISO

ESEMPIO

Calcoliamo $\log_3 14$ utilizzando i logaritmi decimali.

Poniamo $x = \log_3 14$:

$3^x = 14$, per la definizione di logaritmo.

Calcoliamo il logaritmo in base 10 dei due membri:

$\log 3^x = \log 14$.

Per la proprietà del logaritmo di una potenza,

$x \cdot \log 3 = \log 14$,

da cui, essendo $\log 3 \neq 0$, ricaviamo:

$$x = \frac{\log 14}{\log 3}.$$

Abbiamo così trasformato il logaritmo in base 3 nel quoziente di due logaritmi in base 10. Ora possiamo calcolare il valore *approssimato* di x, determinando con la calcolatrice il valore di log 14 e quello di log 3:

$$x = \frac{\log 14}{\log 3} \simeq \frac{1,146128}{0,477121} \simeq 2,402.$$

Animazione

Nell'animazione, oltre all'esempio, c'è la generalizzazione del procedimento.

Video

Calcolo approssimato dei logaritmi

► Come possiamo calcolare log 2 senza calcolatrice?

► E log 2000?

Formula del cambiamento di base

Generalizzando l'esempio precedente, otteniamo la seguente proprietà.

Cambiamento di base nei logaritmi

$$\log_a b = \frac{\log_c b}{\log_c a}, \quad \text{con } a > 0, b > 0, c > 0, a \neq 1, c \neq 1.$$

6 Logaritmi ed equazioni e disequazioni esponenziali

Equazioni esponenziali risolubili con i logaritmi

▶ Esercizi a p. 636

Alcuni tipi di equazioni esponenziali si possono risolvere con i logaritmi.

ESEMPIO

Risolviamo l'equazione $7 \cdot 5^{2x} = 3^{x+1}$.

Poiché i due membri dell'equazione sono positivi, applichiamo il logaritmo in base 10 e otteniamo un'equazione equivalente:

$$\log(7 \cdot 5^{2x}) = \log 3^{x+1} \quad \rightarrow \quad \log 7 + 2x \ \log 5 = (x+1) \log 3.$$

L'equazione ottenuta è di primo grado nell'incognita x.

$$2x \log 5 - x \ \log 3 = \log 3 - \log 7 \quad \rightarrow \quad x(2 \log 5 - \log 3) = \log 3 - \log 7 \quad \rightarrow$$

$$x = \frac{\log 3 - \log 7}{2 \log 5 - \log 3}$$

Animazione

Nell'animazione, oltre a quella dell'esempio, ti proponiamo di risolvere questa equazione:

$2^x + 2^{x+1} + 2^{x-1} = 15$.

Video

Logaritmi e decibel
L'intensità di un suono si misura in decibel, una scala di misura logaritmica.

- ▶ Come funziona?
- ▶ Perché si usa questa scala?

Disequazioni esponenziali risolubili con i logaritmi

▶ Esercizi a p. 638

I logaritmi sono utili anche per risolvere disequazioni esponenziali.

ESEMPIO **Animazione**

Risolviamo $3 \cdot 2^x > 4 \cdot 3^{x+1}$.

Applichiamo una proprietà delle potenze e semplifichiamo:

$$3 \cdot 2^x > 4 \cdot 3^{x+1} \rightarrow 3 \cdot 2^x > 4 \cdot 3^x \cdot 3 \rightarrow 2^x > 4 \cdot 3^x.$$

Applichiamo i logaritmi ai due membri,

$$2^x > 4 \cdot 3^x \rightarrow \log 2^x > \log(4 \cdot 3^x),$$

tenendo presente che la disuguaglianza fra i logaritmi ha lo stesso verso di quella fra gli argomenti, perché la base 10 è maggiore di 1. Utilizziamo le proprietà dei logaritmi:

$$\log 2^x > \log(4 \cdot 3^x) \rightarrow x \log 2 > \log 4 + x \log 3 \rightarrow x(\log 2 - \log 3) > \log 4.$$

Dividiamo per $\log 2 - \log 3$; poiché è un numero negativo, cambiamo il verso:

$$x < \frac{\log 4}{\log 2 - \log 3}.$$

▶ Risolvi la disequazione: $\frac{6^{x-3}}{4} < 2 \cdot 5^{3x}$.

MATEMATICA INTORNO A NOI

Logaritmi e decibel
Il campo di udibilità è un intervallo di intensità sonore il cui limite inferiore (soglia del silenzio) vale 10^{-12} watt/metro^2 (W/m^2) e corrisponde al rumore di una zanzara a 3 m di distanza.
Il limite superiore (soglia del dolore) vale 1 W/m^2.

▶ Che relazione c'è tra il livello di intensità percepita e l'intensità effettiva di un suono?

IN SINTESI
Logaritmi

Definizione di logaritmo

- **Logaritmo in base *a* di *b***: dati due numeri reali positivi a e b, con $a \neq 1$, è l'esponente da assegnare ad a per ottenere b.

$$\log_a b = x \leftrightarrow a^x = b$$

- **Proprietà**: $a^{\log_a b} = b$; $x = y \leftrightarrow \log_a x = \log_a y$ $(x > 0, y > 0)$.

Proprietà dei logaritmi

- **1. Logaritmo di un prodotto**:

  $\log_a(b \cdot c) = \log_a b + \log_a c$ $(b > 0, c > 0)$.

  2. Logaritmo di un quoziente:

  $\log_a\left(\frac{b}{c}\right) = \log_a b - \log_a c$ $(b > 0, c > 0)$.

  3. Logaritmo di una potenza:

  $\log_a b^n = n \cdot \log_a b$ $(b > 0, n \in \mathbb{R})$.

- **Passaggio di base**: $\log_a b = \dfrac{\log_c b}{\log_c a}$,

  con $a \neq 1, c \neq 1, a > 0, b > 0, c > 0$.

Funzione logaritmica

È una funzione da $\mathbb{R}^+$ a $\mathbb{R}$ del tipo $y = \log_a x$, con $a \in \mathbb{R}^+$ e $a \neq 1$.

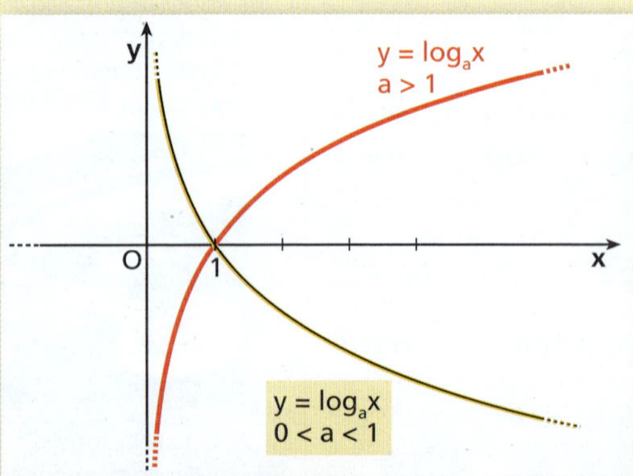

Equazioni logaritmiche

L'incognita compare nell'argomento di almeno un logaritmo.

ESEMPIO: $\log(x - 7) = 1$

Risoluzione

C.E.: $x - 7 > 0 \rightarrow x > 7$;

$\log(x - 7) = \log 10$;

$x - 7 = 10 \rightarrow x = 17$;

$17 > 7 \rightarrow 17$ è soluzione accettabile.

Disequazioni logaritmiche

- Fra le **disequazioni logaritmiche** consideriamo quelle del tipo: $\log_a A(x) < \log_a B(x)$.
- **Risoluzione.**

  Teniamo presente che:
  - per $a > 1$, se $\log_a b < \log_a c$, allora $b < c$;
  - per $0 < a < 1$, se $\log_a b < \log_a c$, allora $b > c$;

  e risolviamo il sistema formato da:
  - le condizioni di esistenza della disequazione;
  - la disequazione che si ottiene dalla disuguaglianza degli argomenti.

ESEMPIO: $\log_{\frac{1}{3}}(x - 2) < \log_{\frac{1}{3}} 3$.

$\begin{cases} x - 2 > 0 \\ x - 2 > 3 \end{cases}$ C.E.; disuguaglianza fra gli argomenti, con verso opposto rispetto a quella fra i logaritmi $\left(0 < \frac{1}{3} < 1\right)$

$\begin{cases} x > 2 \\ x > 5 \end{cases} \rightarrow x > 5$.

Logaritmi ed equazioni e disequazioni esponenziali

Alcune equazioni e disequazioni esponenziali si possono risolvere mediante i logaritmi.

ESEMPIO: $2 \cdot 6^x = 5 \rightarrow \log 2 + x \log 6 = \log 5 \rightarrow$

$$x = \frac{\log 5 - \log 2}{\log 6}.$$

CAPITOLO 13

ESERCIZI

1 Definizione di logaritmo

▶ Teoria a p. 608

RIFLETTI SULLA TEORIA

1 Considera la definizione di logaritmo e, aiutandoti anche con esempi, spiega perché:

a. non esistono i logaritmi di numeri negativi;

b. la base di un logaritmo deve essere diversa da 1.

2 Ognuna delle seguenti scritture non è corretta. Perché?

a. $\log_4 0 = 1$

b. $\log_{-2} 1 = 0$

c. $\log_3(-3)^3 = -3$

d. $\log_1 8 = 8$

e. $\log_0 1 = 0$

3 **TEST** Dato $\log_a b = c$:

A b può essere negativo.

B c è sempre positivo.

C a deve essere maggiore o uguale a 0.

D c può assumere qualunque valore reale.

E a può essere 1.

VERO O FALSO?

4 **a.** Se $3^x = 11$, allora $x = \log_{11} 3$. V F

b. Se $\log_9 a = -2$, allora $a = (-2)^9$. V F

c. $2^{-\frac{1}{3}} = x$ è equivalente a $\log_2 x = -\frac{1}{3}$. V F

d. $\log_{-2}(-8) = 3$ perché $(-2)^3 = -8$. V F

5 **a.** $\log_2\left(\frac{1}{2}\right)^{-3} = 3$. V F

b. $\log_a 1 = 0$, $\forall a \in \mathbb{R}$. V F

c. $\log_{\frac{2}{3}} \frac{2}{3} = 1$. V F

d. $\log_x x = 1$, $\forall x \in \mathbb{R}$. V F

Riscrivi, usando i logaritmi, le seguenti uguaglianze.

6 $2^5 = 32$; $3^4 = 81$; $5^2 = 25$.

7 $7^x = 2$; $a^4 = 6$; $2^9 = b$.

8 $3^{\frac{1}{2}} = \sqrt{3}$; $10^0 = 1$; $\left(\frac{1}{2}\right)^{-2} = 4$.

9 $6^{-5} = b$; $a^{-2} = 8$; $3^x = \frac{1}{9}$.

Riscrivi, usando le potenze, le seguenti uguaglianze.

10 $\log_7 49 = 2$; $\log_{11} 121 = 2$; $\log_{10} 10\,000 = 4$; $\log_5 \sqrt{5} = \frac{1}{2}$.

11 $\log_a 3 = 7$; $\log_2 b = -\frac{1}{2}$; $\log_5 3 = x$; $\log_2 a = -5$.

12 Fra i seguenti logaritmi elimina quelli privi di significato e spiega il motivo della scelta.

a. $\log_3(-3)$; $\log_2 82$; $\log_2(-1)$; $\log_3 0{,}6$; $\log_5 5$; $\log_{-2}(-8)$.

b. $\log_2(-2)$; $\log_{11}(-0{,}01)$; $\log_1 100$; $\log_5 0$; $\log_8 10$; $\log_{\sqrt{3}} 3$.

13 **ESERCIZIO GUIDA** Calcoliamo $\log_2(4\cdot\sqrt[3]{2})$ applicando la definizione di logaritmo.

$x = \log_2(4\cdot\sqrt[3]{2})$ è equivalente a $2^x = 4\cdot\sqrt[3]{2}$ $\rightarrow$ $2^x = 2^2\cdot 2^{\frac{1}{3}}$ $\underset{\text{prima proprietà delle potenze}}{\rightarrow}$ $2^x = 2^{\frac{7}{3}}$ $\rightarrow$ $x = \frac{7}{3}$.

Quindi $\log_2(4\cdot\sqrt[3]{2}) = \frac{7}{...}$

ESERCIZI

Calcola i seguenti logaritmi applicando la definizione.

14 $\log_{\frac{1}{2}} \frac{1}{2}$; $\log_{10} 10$.

15 $\log_2 1$; $\log_2 2$.

16 $\log_3 243$; $\log_2 64$.

17 $\log_3 27$; $\log_5 25$.

18 $\log_2 16$; $\log_3 9$.

19 $\log_5 125$; $\log_7 49$.

20 $\log 100$; $\log 1000$.

21 $\log_{11} 121$; $\log_7 343$.

22 $\log_3 \frac{1}{9}\sqrt{3}$; $\log_2 \frac{1}{16}$.

23 $\log_5 0,04$; $\log_{745} 1$.

24 $\log_2 \frac{4}{\sqrt{2}}$; $\log_3(3 \cdot \sqrt[4]{3})$.

25 $\log_2 \frac{\sqrt[5]{4}}{2}$; $\log_6(6 \cdot \sqrt[3]{6})$.

26 $\log_7(7\sqrt{7})$; $\log_3 \frac{1}{\sqrt{3}}$.

27 $\log_2(\sqrt{2} \cdot \sqrt[4]{2})$; $\log \frac{1}{\sqrt[13]{10}}$.

28 $\log_5 \sqrt[5]{5}$; $\log_{\frac{1}{2}} \frac{\sqrt{2}}{2}$.

29 $\log_3 \frac{3 \cdot \sqrt{3}}{\sqrt[3]{9}}$; $\log_5\left(0,2\frac{\sqrt{5}}{5}\right)$.

30 $\log_3(27 \cdot \sqrt{3})$; $\log_4 \frac{1}{2}$.

31 $\log_{25} \frac{5}{\sqrt[3]{5}}$; $\log_8 \sqrt[117]{4}$.

32 $\log_{625} \frac{\sqrt[3]{5}}{25}$; $\log_{16} \frac{2}{\sqrt[7]{2}}$.

33 $\log(1000 \cdot \sqrt[8]{10})$; $\log_{49} \sqrt[5]{\frac{1}{7}}$.

34 $\log_{\sqrt{2}} 1$; $\log_{\sqrt{2}} 256$.

35 $\log_{2\sqrt{2}} 2$; $\log_{0,1} 10$.

36 $\log_{\frac{4}{9}} \frac{27}{8}$; $\log_{\sqrt[3]{9}} \sqrt[4]{27}$.

37 $\log_{32} \sqrt[5]{8}$; $\log_{\frac{4}{3}} \frac{64}{27}$.

38 $\log_a a$; $\log_{2a}(4a^2)$.

39 $\log_{\sqrt{a}} a^3$; $\log_a(a\sqrt{a})$.

40 **ESERCIZIO GUIDA** Data l'uguaglianza $\log_5 b = 2$, calcoliamo il valore di b applicando la definizione di logaritmo.

$\log_5 b = 2$ è equivalente a $5^2 = b$.

Quindi $b = 25$.

Calcola il valore dell'argomento b, usando la definizione di logaritmo.

41 $\log_2 b = 1$; $\log_3 b = 4$.

42 $\log_3 b = -1$; $\log_2 b = -1$.

43 $\log_2 b = -2$; $\log_5 b = -2$.

44 $\log_2 b = \frac{1}{2}$; $\log_3 b = \frac{1}{4}$.

45 $\log_4 b = \frac{1}{2}$; $\log_5 b = \frac{1}{3}$.

46 $\log_3 b = 0$; $\log_{0,4} b = 1$.

47 $\log_5 b = -\frac{1}{3}$; $\log_{32} b = -\frac{1}{4}$.

48 $\log_4 b = -2$; $\log_{\frac{2}{3}} b = -\frac{1}{2}$.

49 $\log_{\frac{1}{2}} b = -2$; $\log_5 b = -\frac{2}{5}$.

50 $\log b = 2$; $\log(1-b) = -1$.

51 **ESERCIZIO GUIDA** Data l'uguaglianza $\log_a 16 = 2$, calcoliamo la base a.

Applichiamo la definizione di logaritmo: $a^2 = 16 \rightarrow a = \pm 4$.

La base di un logaritmo può essere solo positiva e diversa da 1, quindi $a = 4$.

$\log_a b = x \leftrightarrow a^x = b$
$a > 0, a \neq 1, b > 0$

Calcola il valore della base *a* usando la definizione di logaritmo.

52 $\log_a 9 = 2$; $\quad \log_a 125 = 3$.

53 $\log_a 100 = 2$; $\quad \log_a 2 = 1$.

54 $\log_a \frac{1}{4} = 2$; $\quad \log_a \frac{16}{81} = 4$.

55 $\log_a \frac{1}{4} = -2$; $\quad \log_a \frac{8}{27} = -3$.

56 $\log_a \frac{1}{81} = -4$; $\quad \log_a \frac{4}{5} = -1$.

57 $\log_a 5 = 1$; $\quad \log_a 100 = -2$.

58 $\log_a 4 = -2$; $\quad \log_a \frac{1}{49} = -2$.

59 $\log_a 5 = -1$; $\quad \log_a 3 = -2$.

60 $\log_a 4 = \frac{1}{2}$; $\quad \log_a \frac{1}{2} = -2$.

61 $\log_a 5 = -2$; $\quad \log_a 64 = 5$.

62 $\log_a \frac{1}{100} = -2$; $\quad \log_a 6 = 36$.

63 $\log_a 7 = -\frac{1}{2}$; $\quad \log_a 4 = \frac{1}{3}$.

64 $\log_a (2a - 3) = 1$; $\quad \log_a (2\sqrt{a} - 2) = \frac{1}{2}$.

---

65 Calcola: $\quad 5^{\log_5 3}$; $\quad 10^{\log 2}$; $\quad 3^{\log_3 \frac{1}{3}} - \log_3 1$; $\quad 2^{\log_2 7} - 10^{\log 5}$.

$a^{\log_a b} = b$

---

66 **VERO O FALSO?**

a. $2^{\log_2 3} = \log_3 2$ V F

b. $7^{\log_{10} 7} = 10$ V F

c. $9^{\log_9 \sqrt{3}} = \sqrt{3}$ V F

d. $5^{-\log_5 2} = \frac{1}{2}$ V F

e. $\log_2 (6^{\log_6 2}) = 1$ V F

f. $3^{2\log_3 5} = 25$ V F

COMPLETA

67

a. $7^{\log_{\square} 2} = 2$

b. $\log_{\square} 9 = -2$

c. $\log_2 \square = 0$

d. $\log_5 (2^{\log_2 \square}) = 2$

e. $\log_7 \square + \log_4 1 = 1$

68

a. $\log_{\square} (3^{\log_3 10}) = 1$

b. $\log_6 6 - \log_6 \square = 1$

c. $\log_3 \square + \log_3 3 = 3$

d. $5^{2\log_5 2} = \square$

e. $\square^{\log_2 8} = 8$

Calcola il valore delle seguenti espressioni utilizzando la definizione di logaritmo.

69 $\log_2 (\log_8 8)$ [0]

70 $\log_3 (\log_2 8)$ [1]

71 $\log_2 16 - \log_3 27$ [1]

73 $2\log_2 \frac{1}{4} + \log_3 \frac{1}{9}$ [−6]

74 $5^{\log_5 3} + \log(\log_4 4) + \log_3 9$ [5]

75 $\log_{\frac{1}{7}} (6^{\log_6 7}) + \log_4 \frac{1}{2} - (\log_3 \sqrt{3} - \log 1)$ [−2]

ESERCIZI

MATEMATICA E STORIA

Un «calcolatore» per i logaritmi Secondo quanto suggerito dal matematico francese Nicolas Chuquet (1445-1488), la seguente tabella delle potenze di 2 consente di ottenere il risultato di moltiplicazioni e divisioni eseguendo addizioni e sottrazioni.

n	0	1	2	3	4	5	6	7	8	9	10	11	12	13	14	15	16	17	18	19
2^n	1	2	4	8	16	32	64	128	256	512	1024	2048	4096	8192	16384	32768	65536	131072	262144	524288

Utilizzando i valori in tabella:

a. determina $\log_2 131\,072$;
b. spiega con quale ragionamento si può stabilire che $32 \cdot 16384$ è uguale a 524288;
c. calcola $64 \cdot 16 \cdot 128$;
d. spiega come si può stabilire che $65\,536 : 512$ è uguale a 128;
e. calcola $524\,288 : 2048$.

Risoluzione – Esercizio in più

COMPLETA inserendo $>$ o $<$ fra le seguenti coppie di logaritmi.

77 $\log 11 \square \log 3$; $\log 5 \square \log 8$; $\log 100 \square \log 5$; $\log_3 23 \square \log_3 116$.

78 $\log_2 14 \square \log_2 11$; $\log_{\frac{2}{3}} \frac{7}{6} \square \log_{\frac{2}{3}} \frac{11}{9}$; $\log_{0,4} 6 \square \log_{0,4} 9$; $\log_{\frac{6}{5}} 48 \square \log_{\frac{6}{5}} 7$.

2 Proprietà dei logaritmi

Teoria a p. 609

VERO O FALSO

79
a. $\log 5 - \log 4 = \log 1$ V F
b. $\log \frac{4}{3} = \frac{\log 4}{\log 3}$ V F
c. $\log_2 \sqrt{6} = \frac{1}{2}\log_2 6$ V F
d. $\log_2(2 \cdot 7) = 1 + \log_2 7$ V F
e. $(\log_3 8)^2 = 2\log_3 8$ V F

80
a. $2\log_3 5 = \log_3 10$ V F
b. $\log_4 9 = \log_2 3$ V F
c. $\frac{1}{2}\log_2 36 = \log_2 \frac{1}{2} \cdot 36$ V F
d. $(\log_2 7)^2 = \log_2 49$ V F
e. $\frac{\log 11}{2} = \log \sqrt{11}$ V F

81 **ESERCIZIO GUIDA** Applicando le proprietà dei logaritmi sviluppiamo l'espressione $\log_2 \frac{a^6}{13 \cdot \sqrt[4]{19}}$.

$\log_2 \frac{a^6}{13\sqrt[4]{19}} =$) logaritmo di un quoziente

$\log_2(a^6) - \log_2(13 \cdot \sqrt[4]{19}) =$) logaritmo di un prodotto

$\log_2 a^6 - (\log_2 13 + \log_2 \sqrt[4]{19}) =$) logaritmo di una potenza

$6\log_2 a - \log_2 13 - \frac{1}{4}\log_2 19$

$\log_a(b \cdot c) = \log_a b + \log_a c$

$\log_a \frac{b}{c} = \log_a b - \log_a c$

$\log_a b^n = n \cdot \log_a b$

Nell'ipotesi in cui tutti gli argomenti dei logaritmi considerati siano positivi, sviluppa le seguenti espressioni applicando le proprietà dei logaritmi.

82 $\log \sqrt[3]{4}$ $\left[\frac{1}{3}\log 4\right]$

83 $\log(4\sqrt{2})$ $\left[\log 4 + \frac{1}{2}\log 2\right]$

84 $\log \frac{3}{2}$ $[\log 3 - \log 2]$

85 $\log \frac{3}{5a}$ $[\log 3 - \log 5 - \log a]$

86 $\log_5(3ab^2)$ $\left[\log_5 3 + \log_5 a + 2\log_5 b\right]$

87 $\log\dfrac{3\sqrt{a}}{b}$ $\left[\log 3 + \dfrac{1}{2}\log a - \log b\right]$

88 $\log_2\left(\dfrac{2\cdot\sqrt[3]{2}}{\sqrt{2}}\right)$ $\left[\dfrac{5}{6}\right]$

89 $\log\dfrac{5a}{b^4}\sqrt[7]{b}$ $\left[\log 5 + \log a - \dfrac{27}{7}\log b\right]$

90 $\log_{\sqrt{2}}\dfrac{\sqrt[5]{4}}{8\sqrt{2}}$ $\left[-\dfrac{31}{5}\right]$

91 $\log(a^4 b^5\sqrt{7})$ $\left[4\log a + 5\log b + \dfrac{1}{2}\log 7\right]$

92 $\log\dfrac{a^3(a^2+1)}{b^2}$ $\left[3\log a + \log(a^2+1) - 2\log b\right]$

93 $\log_5\left(\dfrac{3\sqrt[6]{a}}{\sqrt[27]{b}}\right)$ $\left[\log_5 3 + \dfrac{1}{6}\log_5 a - \dfrac{1}{27}\log_5 b\right]$

---

94 RIFLETTI SULLA TEORIA Spiega perché non è corretta la seguente uguaglianza:

$\log 10 = \log[(-2)(-5)] = \log(-2) + \log(-5)$.

TEST

95 Il triplo di log 4 è:

A $\log 12$. B $\log\dfrac{4}{3}$. C $\log_{30} 4$. D $\log 64$. E $\log_{30} 12$.

96 Un quinto di $\log_5 10$ è:

A $\log_5 2$. B $\log_5\sqrt[5]{10}$. C $\log_1 2$. D $\log_5 10^5$. E $\log_5\dfrac{1}{10}$.

97 ESERCIZIO GUIDA Applichiamo le proprietà dei logaritmi per trasformare in un unico logaritmo l'espressione

$$2\log_5 10 + \log_5 25 - \frac{1}{3}\log_5 64.$$

$2\log_5 10 + \log_5 25 - \dfrac{1}{3}\cdot\log_5 64 =$) logaritmo di una potenza

$\log_5 10^2 + \log_5 25 - \log_5\sqrt[3]{64} =$) logaritmo di un prodotto

$\log_5 100\cdot 25 - \log_5 4 =$) logaritmo di un quoziente

$\log_5\dfrac{2500}{4} = \log_5 625 = \log_5 5^4 = 4$

Applica le proprietà dei logaritmi per scrivere le seguenti espressioni sotto forma di un unico logaritmo, supponendo che tutti gli argomenti dei logaritmi considerati siano positivi.

98 $\log 3 + \log 7 - \log 6$ $\left[\log\dfrac{7}{2}\right]$

99 $\log_2 50 - \log_2 400 + \log_2 4$ $[-1]$

100 $\dfrac{1}{2}\log 81 - \log\dfrac{9}{7} + \log\dfrac{10}{7}$ $[1]$

101 $\dfrac{1}{4}\log 81 + \log\dfrac{9}{3} - \log 9$ $[0]$

102 $\dfrac{1}{3}\log 27 + 2\log\dfrac{1}{3} - \dfrac{1}{2}\log\dfrac{1}{9} + \log 2$ $[\log 2]$

104 $\dfrac{1}{3}[\log_3 35 - (\log_3 7 - 2\log_3 5)]$ $[\log_3 5]$

105 $\log_5 100\left(\log_3\dfrac{9}{7} - \log_3\dfrac{27}{7} + \log_3\sqrt{3}\right)$ $\left[\log_5\dfrac{1}{2} - 1\right]$

106 $2 + \log_2 24 + \log_2 3 - \left(2\log_2 2 - \log_2\dfrac{1}{6}\right)$ $[\log_2 12]$

107 $\log_3 a + \log_3 b - \log_3 5 + \log_3\dfrac{1}{b}$ $\left[\log_3\dfrac{a}{5}\right]$

109 $\frac{1}{2}\log_3 x + 2\log_3(x+1) - \log_3 7$ $\left[\log_3 \frac{\sqrt{x}\,(x+1)^2}{7}\right]$

110 $\frac{1}{2}(\log 7 + \log x - \log 3) + \log\sqrt{3x}$ $\left[\log x\sqrt{7}\right]$

111 $\log_2(x-3) - \frac{1}{4}\log_2(x-1) - 1$ $\left[\log_2 \frac{x-3}{2\sqrt[4]{x-1}}\right]$

112 $\log(x-1) + \log(x-2) - \log(x+3)$ $\left[\log \frac{(x-1)(x-2)}{x+3}\right]$

113 $\log_2(x+1) + 5\log_2(x-1) - 4\log_2(x^2-1)$ $\left[\log_2 \frac{x-1}{(x+1)^3}\right]$

114 $\log_7 a - 2\log_7 b + \frac{1}{2}\log_7 c - 3\left(\log_7 a - \frac{1}{2}\log_7 c\right)$ $\left[\log_7 \frac{c^2}{a^2 b^2}\right]$

115 $\frac{1}{5}\log(3x-2) + \log x - 2\log\sqrt{x+1} - 1$ $\left[\log \frac{\sqrt[5]{3x-2}\cdot x}{10(x+1)}\right]$

116 $4[\log a + \log(a+5)] - 2\log(a-5)$ $\left[\log \frac{a^4\cdot(a+5)^4}{(a-5)^2}\right]$

117 $3[\log_2 b - 2(\log_2 c + \log_2 a)]$ $\left[\log_2 \frac{b^3}{c^6 a^6}\right]$

118 $\frac{1}{3}[\log_3 27 - 2(\log_3 a^2 - \log_3 b^2)]$ $\left[\log_3\left(3\cdot\sqrt[3]{\frac{b^4}{a^4}}\right)\right]$

Calcola il valore delle seguenti espressioni applicando le proprietà dei logaritmi.

119 $8^{-\log_2 5}$; $81^{\log_3 2}$; $7^{\log_7 3 + \log_7 2}$; $2^{\log_{\frac{1}{2}} 4}$. $\left[\frac{1}{125}, 16, 6, \frac{1}{4}\right]$

120 $4^{-\log_2 3}$; $25^{-\log_5 10}$; $4^{3-\log_2 7}$; $\log_2(5^{\log_5 8})$. $\left[\frac{1}{9}, \frac{1}{100}, \frac{64}{49}, 3\right]$

Formula del cambiamento di base

121 ESERCIZIO GUIDA Scriviamo $\log_2 3$ usando il logaritmo in base 10 e calcoliamone il valore approssimato.

Utilizziamo la formula del cambiamento di base $\log_a b = \frac{\log_c b}{\log_c a}$, in cui $a = 2, b = 3, c = 10$:

$$\log_2 3 = \frac{\log 3}{\log 2}.$$

$\log_a b = \frac{\log_c b}{\log_c a}$

Con la calcolatrice approssimiamo log 3 e log 2 con quattro cifre decimali:

$$\log 3 \simeq 0{,}4771 \quad \log 2 \simeq 0{,}3010 \quad \to \quad \log_2 3 \simeq \frac{0{,}4771}{0{,}3010} \simeq 1{,}5850.$$

Trasforma i seguenti logaritmi in logaritmi in base 10 e, con la calcolatrice, approssima con quattro cifre decimali i valori trovati.

122 $\log_5 7$; $\log_4 61$; $\log_2 10$.

123 $\log_5 0{,}23$; $\ln 100$; $\log_2 32$.

124 $\log_3 99$; $\log_{\frac{1}{2}} 15$; $\ln 8$.

125 $\log_5 50$; $\log_{40} 80$; $\log_9 2$.

126 Rappresenta sulla retta orientata i seguenti numeri, utilizzando la calcolatrice.

$\log_2 7$ $\log_3 26$ $\log_4 9$ $\log_{\frac{1}{2}} 6$

127 ESERCIZIO GUIDA Semplifichiamo la seguente espressione utilizzando anche la formula del cambiamento di base:

$$\log_3 8 - \frac{1}{2\log_8 3} + \log_3 4 \log_4 7\sqrt{2}.$$

Trasformiamo $\log_8 3$ e $\log_4 7\sqrt{2}$ in logaritmi in base 3.

$$\log_3 8 - \frac{1}{2}\frac{\log_3 8}{\log_3 3} + \cancel{\log_3 4}\frac{\log_3 7\sqrt{2}}{\cancel{\log_3 4}} = \log_3 8 - \frac{1}{2}\log_3 8 + \log_3 7\sqrt{2} =$$

$\log_3 3 = 1$; logaritmo della potenza

$$\log_3 8 - \log_3(2\sqrt{2}) + \log_3 7\sqrt{2} = \log_3\frac{\overset{4}{\cancel{8}}\cdot 7\cdot\sqrt{2}}{\cancel{2}\sqrt{2}} = \log_3 28$$

logaritmo del quoziente e del prodotto

Semplifica le seguenti espressioni senza utilizzare la calcolatrice.

128 $\log_4 7\cdot\log_7 16$ [2]

129 $\log_2 3\cdot\log_3 4\cdot\log_4 5\cdot\log_5 6$ [$\log_2 6$]

130 $\log_3 5\cdot\log_{25} 9$ [1]

131 $\log_6 5\cdot\log_5\sqrt{6}$ [$\frac{1}{2}$]

132 $\log_3 8\cdot\log_4 27$ [$\frac{9}{2}$]

133 $\log_3 5 + \log_9 4$ [$\log_3 10$]

134 $\log_2 48 - \log_4 9$ [4]

135 $\log_{25} 36 + \log_5\frac{1}{6}$ [0]

136 $\log_8 15 + \frac{2}{3}\log_2 15$ [$\log_2 15$]

137 $\log_4 10 + \frac{1}{2\log_{10} 4} + \log_2 10$ [$\frac{7}{4}\log_2 10$]

138 $\dfrac{\log_3 12 - \log_9 4}{\log_{\frac{1}{3}} 6}$ [-1]

139 $\dfrac{\log_8 27 + \log_2 5}{\log_4 9 - \log_{\frac{1}{4}} 25}$ [1]

EUREKA! **Dimostra le seguenti uguaglianze nell'ipotesi in cui esistano i logaritmi.**

140 **a.** $\log_{a^2} b^2 = \log_a b$ **b.** $\log_{\sqrt{a}}\sqrt{b} = \log_a b$

141 **a.** $\log_a b = -\log_{\frac{1}{a}} b$ **b.** $\log_a b\cdot\log_b c\cdot\log_c a = 1$

3 Funzione logaritmica

▶ Teoria a p. 612

142 Traccia per punti il grafico della funzione $y = \log_{\frac{3}{2}} x$, assegnando a x i seguenti valori.

$\frac{8}{27}$ $\frac{2}{3}$ 1 $\frac{9}{4}$ $\frac{81}{16}$

Per ogni funzione indica se è crescente o decrescente e individua il punto in cui si annulla.

143 $y = \log_{0,6} x$ [(1; 0)]

145 $y = \log_{\frac{1}{3}}(x+4)$ [(−3; 0)]

Traccia per punti i grafici delle seguenti funzioni logaritmiche nello stesso piano cartesiano e confrontali.

147 $y = \log_3 x$; $y = \log_7 x$.

148 $y = \log_{0,2} x$; $y = \log_{0,5} x$.

149 $y = \log_4 x$; $y = \log_{\frac{1}{4}} x$.

150 $y = \log x$; $y = \ln x$.

---

151 **VERO O FALSO?**

a. $y = \log_{2\sqrt{2}} x$ è una funzione crescente in $\mathbb{R}$. V F

b. $y = \log_{\sqrt{2}} x$ è positiva per $x > 1$. V F

c. La funzione $y = \log_{\frac{5}{6}} x$ è decrescente. V F

d. La funzione $y = \log_{\frac{1}{a}} x$ esiste per $a > 0$ e $a \neq 1$ ed è crescente per $a < 1$. V F

152 **AL VOLO** Quale delle seguenti funzioni cresce più rapidamente? Motiva la risposta.

a. $y = \log_4 x$ b. $y = \log_{\sqrt{3}} x$

LEGGI IL GRAFICO **Nelle figure sono disegnati i grafici di funzioni logaritmiche del tipo $y = \log_a x$. Scrivi le equazioni corrispondenti.**

153

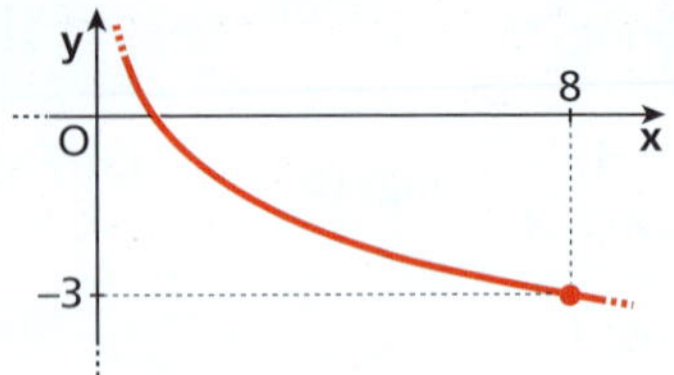

154

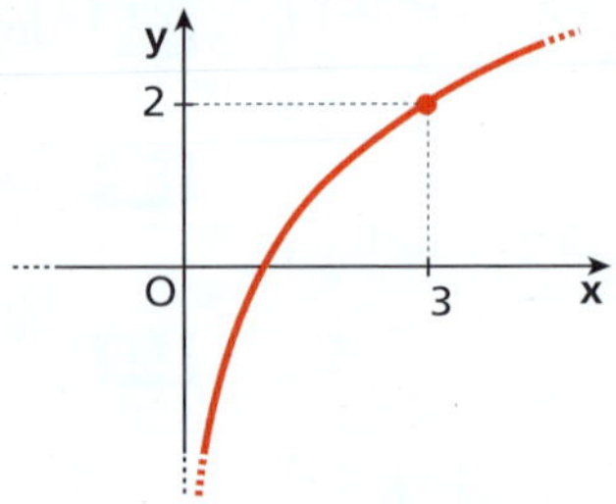

155

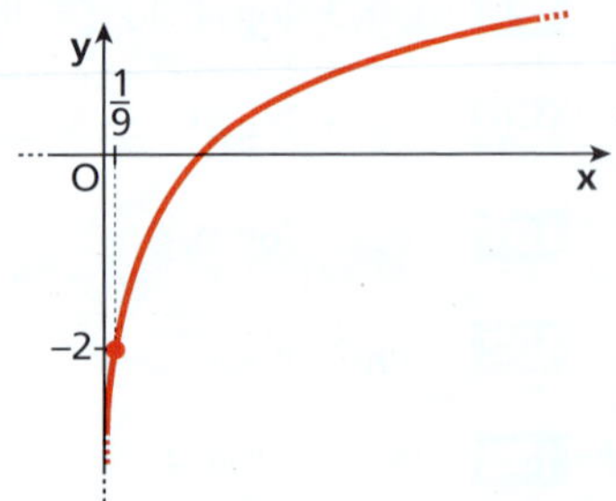

156 Senza utilizzare la calcolatrice indica, fra i seguenti numeri, quali sono positivi e quali negativi.

$\log_3 9$; $\log_{\frac{1}{2}} 9$; $\log_4 \frac{1}{3}$; $\log 2$; $\ln 0,5$; $\log(2 - \sqrt{2})$.

157 **TEST** Solo uno dei seguenti logaritmi esiste ed è positivo. Quale?

A $\log_4(-4)$

B $\log_{\frac{1}{3}} 2$

C $\log_{\frac{1}{2}} \frac{1}{6}$

D $\log_3 \frac{1}{4}$

E $\log_1 4$

Determina il segno dei seguenti logaritmi, senza calcolare il loro valore, ma servendoti eventualmente del grafico.

158 $\log_2 6$; $\log_3 \frac{1}{5}$; $\log_4 18$; $\log_5 \frac{3}{2}$.

159 $\log_{\frac{1}{2}} 4$; $\log_{\frac{1}{2}} \frac{4}{3}$; $\log_{\frac{1}{2}} \frac{2}{5}$; $\log_2 \sqrt{3}$.

160 $\log_{\frac{2}{3}} 5$; $\log_{2,5} 4$; $\log_{0,5} \frac{1}{10}$; $\ln 3$.

161 Traccia il grafico di $y = \log_5 x$ e deduci il grafico di $y = 5^x$.

162 Traccia il grafico di $y = \left(\frac{1}{4}\right)^x$ e deduci il grafico di $y = \log_{\frac{1}{4}} x$.

Trasformazioni geometriche e grafico della funzione logaritmo

Scrivi le equazioni delle funzioni ottenute da quelle assegnate applicando la trasformazione indicata e traccia i loro grafici.

163 $y = \ln x$ — traslazione di vettore $\vec{v}(-1; 2)$ — $[y = \ln(x+1) + 2]$

164 $y = \log x$ — simmetria rispetto all'origine — $[y = -\log(-x)]$

165 $y = \log_{\frac{1}{2}} x$ — simmetria rispetto all'asse x — $\left[y = -\log_{\frac{1}{2}} x\right]$

166 $y = \log_{\frac{1}{3}} x$ — simmetria rispetto all'asse y — $\left[y = \log_{\frac{1}{3}}(-x)\right]$

---

167 YOU & MATHS Draw the graphs of these functions in a single Cartesian coordinate system.

$y = \log_2 x, \quad y = \log_2(x+1), \quad y = \log_2 x + 1.$

---

168 TEST Quale funzione è rappresentata nella figura?

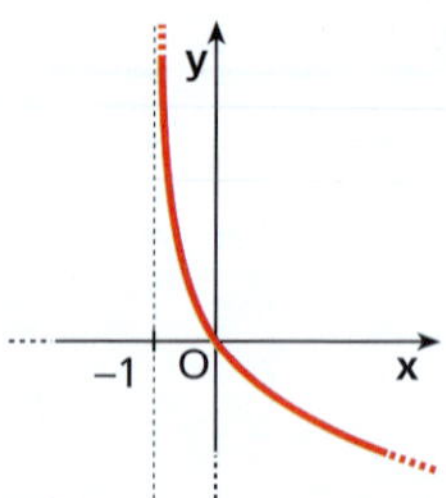

A $y = \ln(x+1)$

B $y = \log_{0,5}(x+1)$

C $y = \log_{0,5}(x-1)$

D $y = \ln(x-1)$

E $y = 1 - \log_{0,5} x$

MATEMATICA AL COMPUTER

I logaritmi Con Wiris tracciamo i grafici di $f(x) = \frac{x^2 - x - 2}{4}$ e di $g(x) = \log_2 f(x)$, per mostrare come l'andamento del logaritmo di una funzione possa essere ricavato da quello della funzione stessa.

Risoluzione – 8 esercizi in più

Disegna il grafico delle seguenti funzioni utilizzando le trasformazioni geometriche.

169 $y = \ln(x-1)$; $\quad y = \log_2 x + 4$.

170 $y = \log(x-2) - 3$; $\quad y = \log_3(x+3)$.

171 $y = \ln(-x)$; $\quad y = -\ln x$.

172 $y = 2 + \ln x$; $\quad y = -\log x - 2$.

173 $y = 4 - \log_2(-x)$; $\quad y = \ln x + 3$.

174 $y = \log_2|x| + 2$; $\quad y = |1 - \log_2 x|$.

175 $y = |\log_2(x-4)|$; $\quad y = 1 - \log_{\frac{1}{2}}|x|$.

176 $y = -\log_3(1-x)$; $\quad y = -\ln(-x) + 4$.

177 $y = \left|\log_{\frac{1}{4}} x\right|$; $\quad y = |\log_2 x|$.

178 $y = -|\ln x|$; $\quad y = -\ln|x|$.

---

179 Applica alla funzione $y = \log_2 x$ la simmetria rispetto all'asse x e al risultato la simmetria rispetto alla retta $x = 1$. Scrivi l'espressione analitica della funzione ottenuta e disegna il suo grafico. $[y = -\log_2(2-x)]$

180 Data la funzione $y = \log_3 x$, applica di seguito la traslazione di vettore $\vec{v}(-2; 4)$ e la simmetria rispetto all'asse y. Rappresenta il grafico della funzione ottenuta ed esprimila analiticamente. $[y = \log(-x+2) + 4]$

181 Data la funzione $y = a^x - 2$, determina a sapendo che il punto $P(2; 7)$ appartiene al suo grafico e rappresentala graficamente. Disegna poi il grafico simmetrico rispetto alla bisettrice del primo e terzo quadrante e determina l'espressione analitica della funzione corrispondente. $[a = 3;\ y = \log_3(x+2)]$

Determina la funzione inversa della funzione data e disegna i due grafici.

182 ●● $y = \log(x+1)$ $[y = 10^x - 1]$

183 ●● $y = \log_2 x - 1$ $[y = 2^{x+1}]$

184 ●● $y = 3^x + 2$ $[y = \log_3(x-2)]$

---

185 ●○ YOU & MATHS Let $f(x) = \ln(x+3)$. Find $f^{-1}(x)$.

(USA *Southern Illinois University Carbondale*, Final Exam)

$[y = e^x - 3]$

Dominio di funzioni logaritmiche

186 ●○ ASSOCIA ogni funzione al suo dominio.

a. $y = \log_2 x - 2$ **b.** $y = \log_3 x^2 + 1$ **c.** $y = \log(x-1)$ **d.** $y = \log_2(x^2+1)$

1. $D: x > 0$ **2.** $D: \mathbb{R}$ **3.** $D: x \neq 0$ **4.** $D: x > 1$

187 ESERCIZIO GUIDA Determiniamo il dominio di $y = \log \dfrac{x+3}{x-1}$.

L'argomento del logaritmo deve essere positivo e il denominatore della frazione deve essere diverso da 0:

$$\frac{x+3}{x-1} > 0.$$

Numeratore: $x + 3 > 0 \ \rightarrow \ x > -3$.

Denominatore: $x - 1 > 0 \ \rightarrow \ x > 1$.

Compiliamo il quadro dei segni.

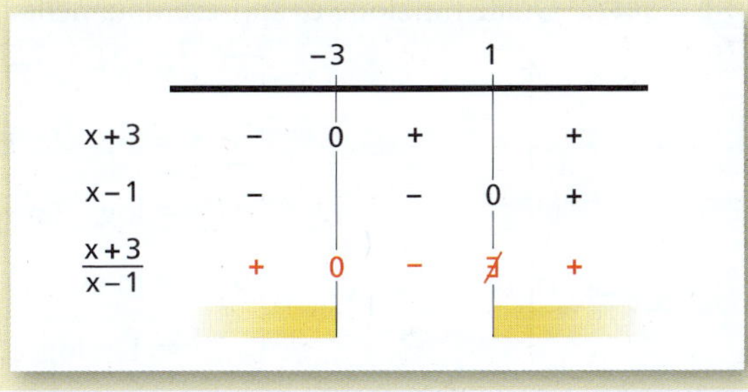

Deduciamo

$D: x < -3 \vee x > 1$.

Determina il dominio delle seguenti funzioni.

188 ●○ $y = \ln \dfrac{x^2-1}{x^2+4}$ $[x < -1 \vee x > 1]$

189 ●○ $y = \log(x-8) + \log(2x+7)$ $[x > 8]$

190 ●○ $y = \log_2 \dfrac{x-3}{x+2}$ $[x < -2 \vee x > 3]$

191 ●○ $y = \log(x+1)^2$ $[x \neq -1]$

192 ●○ $y = \log(x+5) + \log(3-x)$ $[-5 < x < 3]$

193 ●○ $y = \ln|x^2 - 1|$ $[x \neq \pm 1]$

194 ●○ $y = \ln(3 - |x|)$ $[-3 < x < 3]$

195 ●○ $y = \ln(x^2 - 4x) + 4$ $[x < 0 \vee x > 4]$

196 ●○ $y = \log(4^x - 2) + \log(2^x - 1)$ $\left[x > \dfrac{1}{2}\right]$

197 ●○ $y = \ln \dfrac{x-3}{1-x^2}$ $[x < -1 \vee 1 < x < 3]$

198 ●○ $y = \log_3(3x^2 + 2x - 1)$ $\left[x < -1 \vee x > \dfrac{1}{3}\right]$

199 ●○ $y = \ln \dfrac{x}{\sqrt{x^2}}$ $[x > 0]$

200 ●● $y = \log \dfrac{x}{\sqrt{x-2}}$ $[x > 2]$

201 ●● $y = \log \dfrac{2x^2 + 3x - 2}{x^2 - 2x + 3}$ $\left[x < -2 \vee x > \dfrac{1}{2}\right]$

202 ●● $y = \log_2 \dfrac{x^2 - 4x}{1-x}$ $[x < 0 \vee 1 < x < 4]$

203 ●● $y = \log_3 x + \log_3(4 - x^2)$ $[0 < x < 2]$

204 ●● $y = \dfrac{\log(x^3 + 3x^2)}{x+1}$ $[x > -3 \wedge x \neq -1 \wedge x \neq 0]$

205 ●● $y = \log \dfrac{x}{x+5} + \log(x^2 - 9)$ $[x < -5 \vee x > 3]$

---

206 ●○ RIFLETTI SULLA TEORIA Spiega perché $y = \log x^4$ e $y = 4 \log x$ non sono funzioni uguali.

TUTOR matematica — Allenati con **15 esercizi interattivi** con feedback "hai sbagliato, perché..."

4 Equazioni logaritmiche

▶ Teoria a p. 613

TEST

207 Le seguenti equazioni sono tutte equazioni logaritmiche tranne una. Quale?

A $3x+1=\log 4x$

B $3\cdot\log_2 x=17$

C $\log_3(x^2+1)=x^2+1$

D $\log_2 5=x+\dfrac{3}{\log_5 x}$

E $\log 2^x=2$

208 La condizione di esistenza dell'equazione $\log^2 x-4=0$ è:

A $x\geq 4$.

B $x>4$.

C $x<-2 \vee x>2$.

D $x>2$.

E $x>0$.

Scrivi le condizioni di esistenza per ciascuna delle seguenti equazioni.

209 $2\log x-\log(1-x)=1$ $[0<x<1]$

210 $\log(x-4)^2=\log x^2$ $[x\neq 0 \wedge x\neq 4]$

211 $\dfrac{1}{\log x}=3$ $[x>0 \wedge x\neq 1]$

212 $\log_2(x^2+9)-\log x-1=0$ $[x>0]$

213 $\log\dfrac{x^2-4}{2x}=-1$ $[-2<x<0 \vee x>2]$

214 $\sqrt{\log x}=2$ $[x\geq 1]$

215 ASSOCIA a ciascuna equazione a sinistra un'equazione equivalente, fra quelle scritte a destra.

a. $\log(x-1)+\log(x+1)=1$

b. $\log[(x+1)(x-1)]=\log 10$

c. $3\log[(1-x)(1+x)]=3$

d. $\log(1-x)+\log(x+1)=0$

1. $\log(x^2-1)=1$

2. $\log(1-x^2)=1$

3. $\log(x-1)=\log 10-\log(1+x)$

4. $\log(x+1)=\log(1-x)^{-1}$

216 ESERCIZIO GUIDA Risolviamo $\log_3(x+8)=2$.

- Condizioni di esistenza: $x+8>0 \rightarrow x>-8$.
- Risolviamo l'equazione applicando la definizione di logaritmo.

$x+8=3^2 \rightarrow x+8=9 \rightarrow x=1$ accettabile perché maggiore di -8

Risolvi le seguenti equazioni.

AL VOLO

217 $\log_5 x=-2$

218 $\log_4 x=\dfrac{1}{2}$

219 $\log_2(x-4)=0$ $[5]$

220 $2\log_2(x+3)=8$ $[13]$

221 $-\log(x+102)+2=0$ $[-2]$

222 $\log(x^2-3)=0$ $[\pm 2]$

223 $\log_2\left(\dfrac{5}{4}x-1\right)=-2$ $[1]$

224 $\log_3(x^2+2x)=1$ $[-3; 1]$

225 $3-\log_2(x^2-2x)=0$ $[-2; 4]$

226 $\log_{\frac{1}{2}}(x^2-8)=-3$ $[\pm 4]$

227 $\log\dfrac{x-9}{4x}=0$ $[-3]$

228 $\log_2\dfrac{2x}{x+3}=-1$ $[1]$

229 ESERCIZIO GUIDA Risolviamo l'equazione:

$$\log_2(x-2) - \log_2(8-x) = \log_2 x - 3.$$

- Condizioni di esistenza:

$$\begin{cases} x-2>0 \\ 8-x>0 \\ x>0 \end{cases} \rightarrow \begin{cases} x>2 \\ x<8 \\ x>0 \end{cases} \rightarrow 2<x<8$$

- Risolviamo l'equazione.
  Al secondo membro, poiché per la definizione di logaritmo è $\log_a a = 1$, possiamo scrivere:

$$3 = 3\cdot 1 = 3\log_2 2 = \log_2 2^3 = \log_2 8.$$

Sostituiamo questo risultato nell'equazione data e applichiamo le proprietà dei logaritmi.

$$\log_2(x-2) - \log_2(8-x) = \log_2 x - \log_2 8$$

$$\log_2 \frac{x-2}{8-x} = \log_2 \frac{x}{8}$$ uguagliamo gli argomenti

$$\frac{x-2}{8-x} = \frac{x}{8}$$ trasformiamo in equazione intera ricordando che $2<x<8$

$$8(x-2) = x(8-x)$$

$$x^2 - 16 = 0 \quad \begin{array}{l} x_1 = 4 \\ x_2 = -4 \end{array}$$ non accettabile

- La soluzione dell'equazione è: $x = 4$.

Risolvi le seguenti equazioni.

230 $\log_5 x + \log_5 3 = \log_5 6$ [2]

231 $\log_2(x+1) = 2\log_2 3$ [8]

232 $2\log(x-7) = \log 25$ [12]

233 $\log_2(2x+11) = \log_2(x+10)$ [−1]

234 $\log_2 x - \log_2 7 = \log_2(x-1)$ $\left[\frac{7}{6}\right]$

235 $\log x - 2\log 3 = \log(x-1)$ $\left[\frac{9}{8}\right]$

236 $\log x - \log(x+1) = \log 2 - \log 5$ $\left[\frac{2}{3}\right]$

237 $\log(x-1) + \log(x-3) = \log 8$ [5]

238 $\log_2 x + \log_2(x-1) = 2\log_2 x$ [impossibile]

239 $\log(3x-1) + \log(x-2) = \log 22$ [4]

240 $\log_2(x-2) - \log_2 x = \log_2 x$ [impossibile]

241 $\log_5(x^2+1) = \log_5 2 + \log_5(x^2-4)$ [3; − 3]

242 $\log_3(x-2) + \log_3 x = 2\log_3 x$ [impossibile]

243 $\log_5(x+1) + \log_5 4 = \log_5 6x$ [2]

244 $\log_7(x-3) = \log_7(x^2-3x)$ [impossibile]

245 $\log_{\frac{1}{2}}(x^2-4x) + \log_2 2x - 1 = 0$ [5]

---

246 $\log(x-1) - \log(x+1) = \log(x-3) - \log(x-2)$ [5]

247 $\log_2 8x - 2\log_2 x = 3$ [1]

248 $\log_3(2x+7) = 2 + \log_3 x$ [1]

249 $2\log_2\sqrt{x-2} + \log_2 x = 3$ [4]

250 $\log(2x+1) - \log(x-1) = \log(x+4) - \log 2$ [3]

251 $1 + \log_3(x-2) + \log_3(x+2) = \log_3 5 + \log_3 x$ [3]

252 $\log_2(x^2+1) = 1 - \log_{\frac{1}{2}} x$ [1]

253 $\log(2x^2+5x-3) - \log(x+3) = \log(4-x)$ $\left[\frac{5}{3}\right]$

254 $\log(10-x^2) - \log 8 = 2\log\frac{x}{5} - 2\log\frac{\sqrt{2}}{5}$ $[\sqrt{2}]$

255 $\log_2(x^2+2x+8) = 2 + \log_2(x+2)$

256 ●○ **TEST** L'equazione $\log_x 4 + \log_4 x = -2$ è:

A verificata per $x = 1$.
B impossibile.
C verificata per $x = 4$.
D verificata per $x = -4$.
E verificata per $x = \frac{1}{4}$.

Usiamo un'incognita ausiliaria

257 **ESERCIZIO GUIDA** Risolviamo $2(\log_2 x)^2 + 5\log_2 x - 3 = 0$.

C.E.: $x > 0$.

Poniamo $\log_2 x = t$ e sostituiamo nell'equazione:

$$2t^2 + 5t - 3 = 0 \rightarrow t = \frac{-5 \pm \sqrt{25+24}}{4} = \frac{-5 \pm 7}{4} \begin{cases} t_1 = \frac{1}{2}, \\ t_2 = -3. \end{cases}$$

Dai due valori di t, tenendo conto dell'assegnazione, otteniamo le soluzioni dell'equazione iniziale:

$$\log_2 x = -3 \quad \rightarrow \quad x_1 = \frac{1}{8}, \qquad \log_2 x = \frac{1}{2} \quad \rightarrow \quad x_2 = \sqrt{2}.$$

Risolvi le seguenti equazioni.

258 ●○ $3\log^2 x - 2\log x = 0$ $[1; \sqrt[3]{100}]$

259 ●○ $(\log_4 x)^2 + 3\log_4 x = 4$ $\left[4; \frac{1}{256}\right]$

260 ●○ $\log_3 x(3\log_3 x - 4) + 1 = 0$ $[\sqrt[3]{3}; 3]$

261 ●○ $2(\log_2 x)^2 - 9\log_2 x + 4 = 0$ $[\sqrt{2}; 16]$

262 ●○ $4(\log_2 x)^2 + 2\log_2 x - 2 = 0$ $\left[\frac{1}{2}; \sqrt{2}\right]$

263 ●○ $2\ln x + \ln^2 x = 0$ $[1; e^{-2}]$

264 ●○ $3 - \log x = \frac{2}{\log x}$ $[10; 100]$

265 ●○ $1 - \ln^2 x = 0$ $\left[e; \frac{1}{e}\right]$

266 ●○ $\frac{3}{\log x - 2} + \log x + 2 = 0$ $[0{,}1; 10]$

267 ●● $\log_3 \sqrt{x}\,(\log_3 x + 1) - 2\log_3 x = 2$ $\left[\frac{1}{3}; 81\right]$

268 ●● $(\log_2 x^2)^2 + 9\log_2 x + 2 = 0$ $\left[\frac{1}{4}; \frac{1}{\sqrt[4]{2}}\right]$

269 ●● $3 = \frac{14}{\log_5 x + 2} + \frac{4}{\log_5 x - 1}$ $[1; 5^5]$

Riepilogo: Equazioni logaritmiche

270 ●● **TEST** Le equazioni $\log\sqrt{x} = 1$ e $\frac{1}{2}\log x = 1$ sono equivalenti?

A Sì.
B Solo se $x \geq 0$.
C Sì, $\forall x \in \mathbb{R}$.
D Solo per $x < 0$.
E No.

271 ●○ **ASSOCIA** a ciascuna equazione a sinistra le sue soluzioni scritte a destra.

a. $\log_x 9 = 2$	**1.** $x = \pm 3$
b. $\log(x^2 + 1) = 1$	**2.** $x = 3$
c. $\log_2 \frac{1}{8} = x$	**3.** $x = -3$
d. $\log(-1000) = x$	**4.** impossibile

Risolvi le seguenti equazioni.

272 ●○ **AL VOLO** $\log_2 x = -5$

273 ●○ $\log(x-2) + \log 5 = \log x$ $\left[\frac{5}{2}\right]$

274 ●○ $5\log^2 x - \log x = 0$ $[1; \sqrt[5]{10}]$

275 ●○ $\ln^2 x - 9 = 0$ $[e^{-3}; e^3]$

ESERCIZI

276 AL VOLO $\log_x 3 = \frac{1}{3}$

277 $\ln \frac{x-4}{2x+1} = 0$ $[-5]$

278 $\log x - \frac{1}{2} = \log \sqrt{x}$ $[10]$

279 $\log_3(x+1) + 2\log_9(x+1) = \log_3 9$ $[2]$

280 $\log(x-3) + \log(x+1) = \log(4x-3)$ $[6]$

281 $\log(x+1) + \log(x+2) = \log 2$ $[0]$

---

282 $\log(x-2) - \log(x-1) = \log 5$ [impossibile]

283 $\log_2 x + \log_2(x-1) = 1$ $[2]$

284 $\log_2(x-2) - 1 = \log_2 \frac{3}{5}$ $\left[\frac{16}{5}\right]$

285 $\log(x^2 - x - 6) - \log(x-3) = 0$ [impossibile]

286 $\log 21 - \log(x+5) - \log(23-x) = -\log 7$ $[2; 16]$

287 $\log_3(x+1) = \log_3(x^2+9) - 2$ $[0; 9]$

288 $\log(5+x) = \frac{3}{2}\log 2 + \frac{1}{2}\log(x+3)$ $[-1]$

289 $\log_3(x^2+3x-3) - 1 = \log_3(x+2) + \log_3(x-2)$ $[3]$

290 $\log_2(2x+6) - \log_4(x-1) = 3$ $[5]$

291 $\log_5(x^2+6x-2) = 1 + \log_5(x+2)$ $[3]$

292 $\log_3(x-1) = \frac{1}{2}\log_3 x$ $\left[\frac{3+\sqrt{5}}{2}\right]$

293 $\log(x-1) - 2\cdot\log(x+1) - \log 8 = -2$ $\left[\frac{3}{2}; 9\right]$

294 $\log 2 + \frac{1}{2}\log(x^2+5) = \log(x^2+2)$ $[-2; 2]$

295 $3\log_{13}(5-x) + \log_{13}11 = \log_{13}(x+3) + 2\log_{13}(5-x)$ $\left[\frac{13}{3}\right]$

296 $4\log(3-2x) - \log(4-x^2) = \log(3-2x)^3$ $[1-\sqrt{2}]$

297 $2\log_2\left(\frac{3}{2}x - \frac{2}{3}\right) = \log_2(x^2-5) - 2$ [impossibile]

---

298 $2\log_2 x = 2 + \log_2(x+3)$ $[6]$

299 $\log_5 x + \log_5(\sqrt{5}\,x - 4) = \frac{1}{2}$ $[\sqrt{5}]$

300 $\log(x+1) - \log(\sqrt{x+1}) = 2$ $[9999]$

301 $\log_3(2+x)\log_2(x-4) = 0$ $[5]$

302 $\frac{3\log_{\frac{1}{2}} x}{\log_2 x - 1} = -4$ $[16]$

303 $\log^2 x - 2\log x = -1$ $[10]$

304 $\log^2 x^2 + 4\log x = 0$ $\left[1; \frac{1}{10}\right]$

305 $-\log_{\frac{1}{3}} 6 + \log_3(x+1) = \log_3(5x)$ [impossibile]

306 $1 + \frac{\log_2(x+1)}{\log_2 x} = \frac{1}{\log_2 x}$ [impossibile]

307 $\frac{3}{\log_2 x - 1} + \frac{2}{\log_2 x + 1} = 2$ $\left[8; \frac{\sqrt{2}}{2}\right]$

308 $\log_3(2x-1) = 2\log_9(3x+6) - 2$ $[1]$

309 $\frac{3}{\log_2 x(1+\log_2 x)} = 2 - \frac{3}{\log_2 x}$ $\left[\frac{1}{2\sqrt{2}}; 4\right]$

LEGGI IL GRAFICO

310 Determina l'ascissa di P.

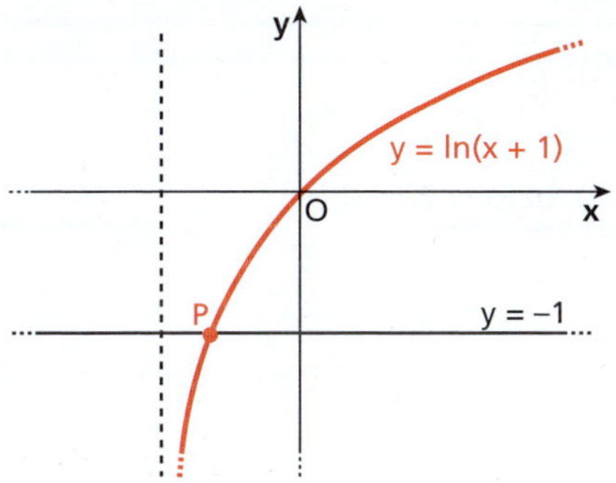

311 Trova la misura di AB.

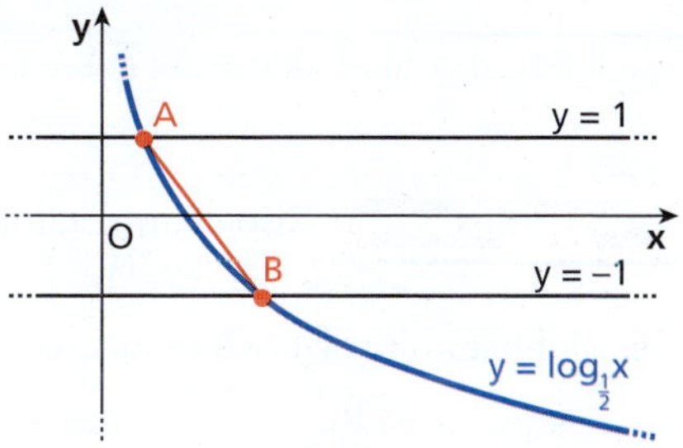

312 Traccia il grafico di $y = \log_2(x+2)$ e $y = 3 - \log_2 x$ e trova il loro punto di intersezione. [(2; 2)]

313 REALTÀ E MODELLI **Pensarci su** Nella teoria dell'informazione, la legge di Hick afferma che, se aumenta il numero n di possibilità di scelta, il tempo T che impieghiamo a scegliere cresce secondo la legge $T = b\log_2(n+1)$. Il parametro b dipende da chi effettua la scelta e dalle condizioni in cui si trova a scegliere.
Lucia e Fabio partecipano a un gruppo di ricerca: devono effettuare delle scelte tra un numero variabile di alternative e viene misurato il tempo che impiegano. I due ragazzi impiegano lo stesso tempo a completare il test e al termine viene loro comunicato che il parametro b di Fabio vale 5, quello di Lucia 10. Sapendo che Lucia aveva 6 alternative di scelta in meno rispetto a Fabio, calcola quante erano le alternative di Fabio. [8]

Sistemi con equazioni logaritmiche

Risolvi i seguenti sistemi.

314 $\begin{cases} \log_2 x - \log_2 y = 2 \\ x - 2y = 1 \end{cases}$ $\left[\left(2; \frac{1}{2}\right)\right]$

315 $\begin{cases} 2\log_3 x - y = 1 \\ \log_3 x + 2y = 4 \end{cases}$ $\left[\left(3\sqrt[5]{3}; \frac{7}{5}\right)\right]$

316 $\begin{cases} x + y = 11 \\ \log x + \log y = 1 \end{cases}$ $[(10; 1), (1; 10)]$

317 $\begin{cases} \log_{\frac{1}{2}}(y - x) = -1 \\ 2\log_{\frac{1}{2}} x - \log_{\frac{1}{2}} y = \log_{\frac{1}{2}} \frac{9}{5} \end{cases}$ $[(3; 5)]$

318 $\begin{cases} \log_2 x - \log_2 y = 4 \\ \log_2 x + \log_2 y = 0 \end{cases}$ $\left[\left(4; \frac{1}{4}\right)\right]$

319 $\begin{cases} \log_3(x - y) = 1 \\ \log_3 x + \log_3 y = 2\log_3 2 \end{cases}$ $[(4; 1)]$

320 $\begin{cases} 4\log_2 x - \log_2 y^2 = 4 \\ \log_2 x + \log_2 y = 4 \end{cases}$ $[(4; 4)]$

321 $\begin{cases} 3^x \cdot \left(\frac{1}{9}\right)^y = 27 \\ \frac{1}{2}\log_2(x - y) = \log_4 x \end{cases}$ $[(3; 0)]$

5 Disequazioni logaritmiche

▶ Teoria a p. 614

322 COMPLETA con il simbolo $>$ o $<$.

a. $\log_3 7$ ☐ $\log_3 5$; $\log_6 4$ ☐ $\log_6 14$.

b. $\log_{0,5} 4$ ☐ $\log_{0,5} 0,7$; $\log_{1,5} 12$ ☐ $\log_{1,5} 2$.

I due membri si possono scrivere come logaritmi di uguale base

323 TEST Puoi affermare che $\log_a A > \log_a B \rightarrow A > B$ se a vale:

A -1. B 0. C $\frac{2}{3}$. D $\frac{3}{2}$. E $\frac{3}{5}$.

324 ESERCIZIO GUIDA Risolviamo: **a.** $\log_{11}(2-x) > \log_{11}(x+2)$; **b.** $\log_{\frac{1}{5}} 20x < -3$.

a. Dobbiamo risolvere il seguente sistema.

$$\begin{cases} 2-x>0 & \text{condizione di esistenza} \\ x+2>0 & \text{condizione di esistenza} \\ 2-x>x+2 & \text{disuguaglianza fra gli argomenti con lo stesso verso di quella fra i logaritmi, dato che la base è maggiore di 1} \end{cases}$$

$$\begin{cases} -x>-2 \\ x>-2 \\ -2x>0 \end{cases} \rightarrow \begin{cases} x<2 \\ x>-2 \\ x<0 \end{cases} \rightarrow -2<x<0$$

b. Osserviamo che, per la definizione di logaritmo, possiamo scrivere

$$-3 = \log_{\frac{1}{5}}\left(\frac{1}{5}\right)^{-3} = \log_{\frac{1}{5}} 5^3 = \log_{\frac{1}{5}} 125$$

e perciò la disequazione assume la forma:

$$\log_{\frac{1}{5}} 20x < \log_{\frac{1}{5}} 125.$$

Ora dobbiamo risolvere il seguente sistema.

$$\begin{cases} 20x>0 & \text{condizione di esistenza} \\ 20x>125 & \text{disuguaglianza fra gli argomenti con verso opposto rispetto a quella fra i logaritmi, essendo la base minore di 1} \end{cases}$$

$$\begin{cases} x>0 \\ 20x>125 \end{cases} \rightarrow \begin{cases} x>0 \\ x>\frac{25}{4} \end{cases} \rightarrow x>\frac{25}{4}$$

Risolvi le seguenti disequazioni.

325 $\log_3 x > 2$ $[x>9]$

326 $\log_2 x \leq \log_2(3x-1)$ $\left[x \geq \frac{1}{2}\right]$

327 $\log(9-x) \geq \log 12$ $[x \leq -3]$

328 $\ln x < 1$ $[0<x<e]$

329 $\log_{\frac{1}{3}}(x+1) > \log_{\frac{1}{3}}(4x)$ $\left[x>\frac{1}{3}\right]$

330 $\log x \leq -1$ $\left[0<x\leq\frac{1}{10}\right]$

331 $\log_{\frac{3}{4}} x < 2$ $\left[x>\frac{9}{16}\right]$

332 $\log(x-3) \geq 0$ $[x \geq 4]$

333 $\log_{0,5}(5+3x) \geq \log_{0,5} 2$ $\left[-\frac{5}{3}<x\leq-1\right]$

334 $\log_{\frac{1}{2}}(2x) > 0$ $\left[0<x<\frac{1}{2}\right]$

335 $\log_5(5-x) \leq \log_5(5x+2)$ $\left[\frac{1}{2}\leq x<5\right]$

336 $\log_{\frac{2}{3}}(3+x) < \log_{\frac{2}{3}}(2x-3)$ $\left[\frac{3}{2}<x<6\right]$

337 $\log_3(2-5x) > 2$ $\left[x<-\frac{7}{5}\right]$

338 $\log_{\frac{7}{9}}(2x+5) \geq 1$ $\left[-\frac{5}{2}<x\leq-\frac{19}{9}\right]$

339 $\log_{\frac{1}{3}}(4x-3) > -1$ $\left[\frac{3}{4}<x<\frac{3}{2}\right]$

340 $\log_5\left(\frac{2-x}{x+3}\right) < \log_5 4$ $[-2<x<2]$

341 $\log(2x - x^2) < \log(x - 2)$ [impossibile]

342 $\log_{\frac{1}{10}}\left(\frac{x+1}{x-1}\right) > \log_{\frac{1}{10}}\left(\frac{x}{x+1}\right)$ $[x < -1]$

343 $\log_{\frac{4}{5}}(2 - x^2) < \log_{\frac{4}{5}}(1 - 2x)$ $\left[1 - \sqrt{2} < x < \frac{1}{2}\right]$

---

344 TEST Quale fra le seguenti disequazioni ammette come soluzioni $x > 0$?

A $\log_{\frac{1}{2}}(x + 1) > 0$

B $\log_2(x + 1) > 0$

C $\log x > 10$

D $\log_2 x > 0$

E $\log_{\frac{1}{2}} x < 0$

Utilizziamo anche le proprietà dei logaritmi

Risolvi le seguenti disequazioni.

345 $\log_3 x^2 - \log_3 x < 3$ $[0 < x < 27]$

346 $\log_2(x - 1) + \log_2 x > 1$ $[x > 2]$

347 $\log_3(2x - 3) - \log_3(x + 1) < 2$ $\left[x > \frac{3}{2}\right]$

348 $\log_{\frac{3}{5}}(2 - x) + \log_{\frac{3}{5}}(x + 2) > \log_{\frac{3}{5}} 3x$ $[1 < x < 2]$

349 $\log_{\frac{1}{4}}(x^2 - 6) - \log_{\frac{1}{4}}(x - 3) > -1$ [impossibile]

350 $\log(x + 5) - \log(4 - x) + \log(3x - 1) > \log(3x - 1) - \log(x + 4)$ $\left[\frac{1}{3} < x < 4\right]$

351 $\log_{\frac{1}{4}}(x + 1) - 2\log_{\frac{1}{4}}(x - 2) + \log_{\frac{1}{4}}(x - 1) < 0$ $[x > 2]$

352 $\log_2(x - 1) + \log_2(x + 4) \geq \log_2(2x - 1) + 1$ $[x \geq 2]$

Usiamo un'incognita ausiliaria

353 ESERCIZIO GUIDA Risolviamo la disequazione $\log_2 4x < 3 + \frac{4}{\log_2 4x}$.

Introduciamo l'incognita ausiliaria $y = \log_2 4x$ e sostituiamo:

$$y < 3 + \frac{4}{y} \rightarrow \frac{y^2 - 3y - 4}{y} < 0 \rightarrow y < -1 \lor 0 < y < 4.$$

Ora dobbiamo risolvere:

$$\log_2 4x < -1, \quad 0 < \log_2 4x < 4.$$

- La disequazione $\log_2 4x < -1$ è equivalente al seguente sistema.

$$\begin{cases} 4x > 0 \\ \log_2 4x < \log_2 \frac{1}{2} \end{cases}$$

condizione di esistenza del logaritmo

poiché $-1 = \log_2 \frac{1}{2}$

$$\begin{cases} x > 0 \\ 4x < \frac{1}{2} \end{cases} \rightarrow \begin{cases} x > 0 \\ x < \frac{1}{8} \end{cases} \rightarrow 0 < x < \frac{1}{8}$$

- La disequazione $0 < \log_2 4x < 4$ è equivalente al seguente sistema.

$$\begin{cases} 4x > 0 & \text{condizione di esistenza del logaritmo} \\ \log_2 4x < \log_2 16; & 4 = \log_2 16 \\ \log_2 4x > \log_2 1 & 0 = \log_2 1 \end{cases}$$

$$\begin{cases} x > 0 \\ 4x < 16 \\ 4x > 1 \end{cases} \rightarrow \begin{cases} x > 0 \\ x < 4 \\ x > \frac{1}{4} \end{cases} \rightarrow \frac{1}{4} < x < 4$$

Le soluzioni della disequazione assegnata sono pertanto: $0 < x < \frac{1}{8} \vee \frac{1}{4} < x < 4$.

Risolvi le seguenti disequazioni.

354 $(\log_2 x)^2 - \log_2 x < 0$ $[1 < x < 2]$

355 $(\log_3 x)^2 - 6\log_3 x + 9 \leq 0$ $[27]$

356 $\log^2 x - 7\log x + 12 < 0$ $[1000 < x < 10\,000]$

357 $(\log_{\frac{1}{2}} x)^2 - \log_{\frac{1}{2}} x - 2 < 0$ $\left[\frac{1}{4} < x < 2\right]$

358 $2(\log_3 x)^2 + 3\log_3 x - 2 < 0$ $\left[\frac{1}{9} < x < \sqrt{3}\right]$

359 $[\log_2(x+5)]^2 - \log_2(x+5) - 6 > 0$ $\left[-5 < x < -\frac{19}{4} \vee x > 3\right]$

360 $3\log_5(x-4) > \dfrac{6}{\log_5(x-4)+1}$ $\left[\frac{101}{25} < x < \frac{21}{5} \vee x > 9\right]$

Riepilogo: Disequazioni logaritmiche

361 COMPLETA

Disequazione	a	Soluzione
$\log_a(x-1) < 1$	2	☐
$\log_2(x+1) < a$	☐	$-1 < x < 7$
$\log_{\frac{1}{3}}(x+a) < -2$	☐	$x > 0$

362 ASSOCIA a ogni disequazione le sue soluzioni.

a. $\log_2 x < 3$
b. $\log_{\sqrt{2}} x > 4$
c. $\log_{\frac{1}{3}}(2-x) > \log_{\frac{1}{3}}(1-2x)$
d. $\log_2(x+1) - \log_2(x-1) < 1$

1. $x > 3$
2. $x < -1$
3. $0 < x < 8$
4. $x > 4$

Risolvi le seguenti disequazioni.

363 $\log x \cdot \log(x-3) > 0$ $[x > 4]$

364 $\ln x + \ln^2 x < 0$ $\left[\frac{1}{e} < x < 1\right]$

365 $\log_{\frac{1}{2}}(x+3) < -1$ $[x > -1]$

366 $\log x + \dfrac{1}{\log x} < 0$ $[0 < x < 1]$

367 $3 - \ln|x| < 0$ $[x < -e^3 \vee x > e^3]$

368 $x\log(x+2) > 0$ $[-2 < x < -1 \vee x > 0]$

369 $\log(x^2 + 17x + 16) < 2$ $[-21 < x < -16 \vee -1 < x < 4]$

370 $\log_{\frac{2}{3}} x^5 - \log_{\frac{2}{3}} x < 8$ $\left[x > \frac{4}{9}\right]$

371 $\log_4(4x-4) \leq \log_2 x$ $[x > 1]$

372 $(\log_{\frac{1}{4}} x)^2 + \frac{5}{2}\log_{\frac{1}{4}} x > \frac{3}{2}$ $\left[0 < x < \frac{1}{2} \vee x > 64\right]$

373 $\dfrac{1}{\log x} - 3\log x < 2$ $\left[\frac{1}{10} < x < 1 \vee x > \sqrt[3]{10}\right]$

374 $\log(3-x)^2 - 2\log(4+x) < 0$ $\left[x > -\frac{1}{2} \wedge x \neq 3\right]$

375 $\log_{\frac{1}{3}}(2x+8) \geq \log_{\frac{1}{3}} 6x - 1$ $\left[x \geq \frac{1}{2}\right]$

376 $\log_2 \sqrt{x} \leq \frac{1}{2}\log_4 x^2 + \log_2 x$ $[x \geq 1]$

377 $\log_3 \frac{1}{x} - \log_3 x^2 < 6$ $\left[x > \frac{1}{9}\right]$

378 $\log_{\frac{1}{2}} x^4 \geq \log_{\frac{1}{2}} x^3$ $[0 < x \leq 1]$

379 $\log_2 x > -\log_{\frac{1}{2}} \sqrt{x}$ $[x > 1]$

380 $2\log_{\frac{1}{2}}(x-1) \geq \log_{\frac{1}{2}} \frac{1}{4}$ $\left[1 < x \leq \frac{3}{2}\right]$

381 $\frac{\log(x-1)}{\log x - 1} \leq 0$ $[2 \leq x < 10]$

382 $(\log_2 x)^3 - 9\log_2 x \leq 0$ $\left[0 < x \leq \frac{1}{8} \vee 1 \leq x \leq 8\right]$

383 $(\log_2 x^2)^2 - 7\log_2 x \leq 2$ $\left[\frac{1}{\sqrt[4]{2}} \leq x \leq 4\right]$

384 $(\log_2 x)^2 - 8 \geq 4\log_2 \sqrt{x}$ $\left[0 < x \leq \frac{1}{4} \vee x \geq 16\right]$

385 $\frac{\log_2 x}{\log_{\frac{1}{2}} 2x + 2} > 0$ $[1 < x < 2]$

386 $\log_4 |x-3| \leq 1$ $[-1 \leq x \leq 7 \wedge x \neq 3]$

387 $\log^4 x - 8\log^2 x + 16 > 0$ $\left[x > 0 \wedge x \neq \frac{1}{100} \wedge x \neq 100\right]$

388 $\log_2 \sqrt{2x - x^2} < 0$ $[0 < x < 2 \wedge x \neq 1]$

389 $\frac{1}{\log_5(x-1)} < -1$ $\left[\frac{6}{5} < x < 2\right]$

390 $\log_2(3x-2) + \log_{\frac{1}{2}}(2x-1) \leq 2$ $\left[x > \frac{2}{3}\right]$

391 $\frac{1}{2}\log_4 8x - (\log_4 8x)^2 < \frac{1}{2}$ $[x > 0]$

392 $\log_2 \log_3(x+4) > 0$ $[x > -1]$

393 $\frac{4 - \log_2 x}{\log_2(x-2)} \geq 0$ $[3 < x \leq 16]$

394 $\log^3 x - 4\log^2 x + 4\log x \leq 0$ $[0 < x \leq 1 \vee x = 100]$

395 $(\log_2 x)[\log_2(x+1)] < 2\log_2 x$ $[1 < x < 3]$

396 $\log_{\frac{1}{2}} \frac{|x-2|}{x} < -1 + \log_2 x$ $[x > 4]$

397 EUREKA! $\left|\log_3 |2x+3|\right| - 3 > 0$ $\left[x < -15 \vee \left(-\frac{41}{27} < x < -\frac{40}{27} \wedge x \neq -\frac{3}{2}\right) \vee x > 12\right]$

---

398 Traccia il grafico di $f(x) = \log_{\frac{1}{2}}(x-1)$ e $g(x) = \log_2 x - 1$ e trova per quali valori di x si ha $f(x) \geq g(x)$.

399 TEST Il dominio della funzione $y = \log_2 \log_{\frac{1}{2}} x$ è:

A $[0; 1]$. B $]0; +\infty[$. C $]1; +\infty[$. D $]-\infty; 0[$. E $]0; 1[$.

Sistemi con disequazioni logaritmiche

Risolvi i seguenti sistemi.

400 $\begin{cases} \log_3 \frac{3x}{x+1} > 1 \\ \log(1-x) \leq 1 \end{cases}$ $[-9 \leq x < -1]$

401 $\begin{cases} \log_2 \frac{x}{x-1} < 2 \\ \log_{\frac{1}{2}}(x-1) < -2 \end{cases}$ $[x > 5]$

402 $\begin{cases} \log x^2 \geq 3\log x \\ \log x - 1 \leq 0 \end{cases}$ $[0 < x \leq 1]$

403 $\begin{cases} \log_4(x-1) + \frac{3}{2} < 0 \\ \log_2 \log_3 x \leq 1 \end{cases}$ $\left[1 < x < \frac{9}{8}\right]$

404 $\begin{cases} \log_3(x+9) \leq \log_3(x+1) + 2 \\ (\log_3 x)^2 - 1 > 0 \end{cases}$ $\left[0 < x < \frac{1}{3} \vee x > 3\right]$

405 $\begin{cases} \log_2(4^x - 2) < 1 \\ \log_2 x + 2 \geq 0 \end{cases}$ $\left[\frac{1}{2} < x < 1\right]$

ESERCIZI

6 Logaritmi ed equazioni e disequazioni esponenziali

Equazioni esponenziali risolubili con i logaritmi

▶ Teoria a p. 615

406 ESERCIZIO GUIDA Risolviamo $7^{x+1} + 2 \cdot 7^x = 11$.

$7^{x+1} + 2 \cdot 7^x = 11$) raccogliamo 7^x

$7^x(7 + 2) = 11$

$9 \cdot 7^x = 11$) dividiamo entrambi i membri per 9

$7^x = \frac{11}{9}$) calcoliamo i logaritmi in base 7 del primo e secondo membro

$\log_7 7^x = \log_7 \frac{11}{9}$) logaritmo di una potenza

$x \cancel{\log_7 7} = \log_7 \frac{11}{9}$) $\log_7 7 = 1$

$x = \log_7 \frac{11}{9}$) cambiamo la base del logaritmo da 7 a 10

$$x = \frac{\log \frac{11}{9}}{\log 7} = \frac{\log 11 - \log 9}{\log 7}$$

Risolvi le seguenti equazioni.

407 $5^x = 9$ $\left[\frac{\log 9}{\log 5}\right]$

408 $3^x - 2 = 0$ $\left[\frac{\log 2}{\log 3}\right]$

409 $1{,}3^x + 2 = 0$ [impossibile]

410 $3 \cdot 11^x = 2$ $\left[\frac{\log 2 - \log 3}{\log 11}\right]$

411 $4 \cdot 5^x = 3 \cdot 7^x$ $\left[\frac{\log 3 - \log 4}{\log 5 - \log 7}\right]$

412 $\frac{7}{2^x} = 1$ $\left[\frac{\log 7}{\log 2}\right]$

413 $\sqrt[3]{7^x} = 5$ $\left[\frac{3 \log 5}{\log 7}\right]$

414 $3 \cdot 2^x + 2^{x+1} = 19$ $\left[\frac{\log 19 - \log 5}{\log 2}\right]$

415 $3^x + 3^{x+1} + 3^{x+2} = 26$ $\left[\frac{\log 2}{\log 3}\right]$

416 $4^x = 4^{x-2} + 27$ $\left[2 + \frac{2 \log 3 - \log 5}{2 \log 2}\right]$

417 $7^{x+1} - 7^x + 2 \cdot 7^{x-1} = 2$ $\left[1 - \frac{\log 22}{\log 7}\right]$

418 $9^x - 3^x - 2 = 0$ $\left[\frac{\log 2}{\log 3}\right]$

419 $12 - 2^{x+3} + 2^{2x} = 0$ $\left[1; \frac{\log 2 + \log 3}{\log 2}\right]$

420 $3^x + 20 = 9^x$ $\left[\frac{\log 5}{\log 3}\right]$

421 $3 \cdot 5^x - \frac{12}{5^x} = 5^x$ $\left[\frac{\log 6}{2 \log 5}\right]$

422 $5^x \cdot 2^{2x} = 10$ $\left[\frac{\log 5 + \log 2}{\log 5 + 2 \log 2}\right]$

423 $3^{x+1} + 2 \cdot 3^{2-x} = 29$ $\left[2; \frac{\log 2}{\log 3} - 1\right]$

424 $6 - 5 \cdot 3^x + (3^x)^2 = 0$ $\left[1; \frac{\log 2}{\log 3}\right]$

425 $9 \cdot 2^{2x+1} - 9^2 - 4^{2x} = 0$ $\left[\frac{\log 3}{\log 2}\right]$

426 $2^{2x+3} - 25 \cdot 2^x + 3 = 0$ $\left[-3; \frac{\log 3}{\log 2}\right]$

427 $\frac{2}{5^x} = \frac{3}{7^x}$ $\left[\frac{\log 3 - \log 2}{\log 7 - \log 5}\right]$

428 $3^x + 3^{x+1} = 5^x$ $\left[\frac{2 \log 2}{\log 5 - \log 3}\right]$

TEST

429 Fra le seguenti equazioni esponenziali, *una sola* può essere risolta senza ricorrere all'uso dei logaritmi. Quale?

A $7^{x+1} = 5^x$

B $3^{x-1} = 6^{2x}$

C $2^{3x-1} = 5^x$

D $2^{x-1} = 4^x + 3$

E $2^{2x} + 2 = 6^{1-x}$

430 Tutte le seguenti equazioni si devono risolvere ricorrendo all'uso dei logaritmi, *tranne* una. Quale?

A $2^{x-1} = 3^{x+1}$

B $\sqrt[3]{4^x} = 3$

C $3^{x-1} + 3 = 9$

D $7 \cdot 5^{x+2} = 7^{x+1}$

E $\dfrac{2}{4^x} = \dfrac{3}{6^x}$

Risolvi le seguenti equazioni con il metodo che ritieni opportuno.

431 $3^{\frac{x+2}{2}} = 9$ $[2]$

432 $4^{5-x} = 3^{x+1}$ $\left[\dfrac{5\log 4 - \log 3}{\log 3 + \log 4}\right]$

433 $3^{\sqrt{x+2}} = 9^{\sqrt{x}}$ $\left[\dfrac{2}{3}\right]$

434 $\sqrt{3^{x+3}} = \dfrac{3^{2x+4}}{27^{5x}}$ $\left[\dfrac{5}{27}\right]$

435 $49^x - 13 \cdot 7^x + 36 = 0$ $[\log_7 9; \log_7 4]$

436 $25^x - 2 \cdot 5^x = 8$ $\left[\dfrac{\log 4}{\log 5}\right]$

437 $4 \cdot 3^x + 3^{x+1} = 2$ $\left[\dfrac{\log 2 - \log 7}{\log 3}\right]$

438 $\dfrac{8^x \cdot 2}{2^{x+3}} = \dfrac{2^{x+1}}{2^{2x+2}}$ $\left[\dfrac{1}{3}\right]$

439 $64 \cdot 4^x + 7 \cdot 2^{x+2} - 2 = 0$ $[-4]$

440 $3 \cdot 9^x - 28 \cdot 3^x + 9 = 0$ $[-1; 2]$

441 $6 - \dfrac{3 + 5^x}{5^x} = 6 \cdot 5^x$ [impossibile]

442 $\dfrac{1}{2^x - 1} + \dfrac{2^x}{4^x - 1} = \dfrac{3 \cdot 2^x - 1}{2^x + 1}$ $[1]$

443 $\dfrac{(2^{x-2})^x}{4^{2x+1}} = \dfrac{(2^{2x})^{x-3}}{8^{x+4}}$ $[-2; 5]$

444 $\dfrac{2 \cdot 25^x - 13 \cdot 5^x + 15}{5^x - 5} = 0$ $\left[\dfrac{\ln 3 - \ln 2}{\ln 5}\right]$

Problemi REALTÀ E MODELLI

445 **Capelli in caduta** Circa l'80% degli uomini dopo i 45 anni è colpito da una perdita di capelli. Indicata con C_0 la quantità di capelli all'inizio della caduta, si può pensare che il numero decresca secondo la legge $C(t) = C_0 e^{-kt}$, dove t è il tempo espresso in anni.

stima media capelli iniziali
uomini bruni: 100 000
uomini biondi: 140 000

a. Scrivi le espressioni analitiche delle funzioni che riguardano uomini bruni ($k = 0{,}138$) e uomini biondi ($k = 0{,}147$) e traccia i loro grafici.

b. Verifica che dopo 5 anni il numero di capelli di un uomo bruno si è dimezzato.

c. Mediante un'equazione calcola dopo quanto tempo un uomo biondo e uno bruno hanno lo stesso numero di capelli e quanti sono i capelli dopo quel tempo.

[a) $C(t) = 100\,000e^{-0{,}138t}$, $C(t) = 140\,000e^{-0{,}147t}$; c) circa 37 anni e 5 mesi, 575 capelli]

446 **Veder lontano** Nel 1965 Gordon Moore, che diventò poi il fondatore di Intel, teorizzò che la potenza di calcolo dei processori sarebbe cresciuta negli anni successivi in modo prevedibile: in particolare, il numero di transistor presenti nei processori sarebbe raddoppiato ogni dodici mesi circa.

a. Scrivi l'espressione della funzione $t(x)$ che esprime questa relazione in funzione di x, numero di mesi trascorsi.

b. Un processore, nel gennaio 1992, conteneva 750 000 transistor. Se la legge di Moore è valida, in quale anno è stato realizzato un processore con 1 000 000 000 di transistor?

[a) $t(x) = t_0 \cdot 2^{\frac{x}{12}}$; b) 2002]

447 **Non riesco a dormire!** Se si beve caffè, per calcolare approssimativamente la quantità totale di caffeina presente nel corpo al passare del tempo si può utilizzare la formula $C_1 = C_0 e^{-\frac{3}{20}t}$, dove il tempo t è espresso in ore e C_0 è la quantità di caffeina che si assume all'istante t_0 (la formula deriva da valori medi, infatti l'assorbimento della caffeina dipende fortemente dalle caratteristiche di ogni singola persona).

a. Una tazzina di caffè contiene circa 60 mg di caffeina; quanto tempo ci vuole per portare a 40 mg la quantità di caffeina nel corpo di chi la assume?

b. Rappresenta graficamente la funzione che indica come varia la quantità di caffeina presente al variare del tempo se si bevono due tazzine di caffè una subito dopo l'altra. [a) circa 2 ore e 42 minuti]

Disequazioni esponenziali risolubili con i logaritmi

▶ Teoria a p. 615

448 ESERCIZIO GUIDA Risolviamo $7^x > 4 \cdot 3^{5x}$.

Applichiamo a entrambi i membri il logaritmo in base 10. Poiché la base è maggiore di 1, manteniamo il segno > nella disequazione fra logaritmi.

$$\log 7^x > \log(4 \cdot 3^{5x})$$ logaritmo di un prodotto

$$\log 7^x > \log 4 + \log 3^{5x}$$ logaritmo di una potenza

$$x \log 7 > 2\log 2 + 5x \log 3$$

$$x\log 7 - 5x\log 3 > 2\log 2 \rightarrow x \cdot (\log 7 - 5\log 3) > 2\log 2$$

Dato che $\log 7 - 5\log 3 \simeq -1{,}54 < 0$, dividendo entrambi i membri della disequazione per questo fattore, invertiamo il verso della disequazione.

Le soluzioni sono pertanto: $x < \dfrac{2\log 2}{\log 7 - 5\log 3}$.

Risolvi le seguenti disequazioni usando le proprietà dei logaritmi.

449 $2^x < 5$ $\left[x < \dfrac{\log 5}{\log 2}\right]$

450 $3^{2x} - 4 \geq 0$ $\left[x \geq \dfrac{\log 4}{2\log 3}\right]$

451 $4 - 7^{2x} > 0$ $\left[x < \dfrac{\log 4}{2\log 7}\right]$

452 $6^x + 6 \geq 6^{-1}$ $[\forall x]$

453 $10 \cdot 5^{2x} < 1$ $\left[x < -\dfrac{1}{2\log 5}\right]$

454 $3^{x+1} \geq 2^{1-x}$ $\left[x \geq \dfrac{\log 2 - \log 3}{\log 2 + \log 3}\right]$

455 $3 \cdot 5^{2-x} - 6^{1+x} < 8 \cdot 5^{2-x} - 2 \cdot 6^{1+x}$ $\left[x < \dfrac{3\log 5 - \log 6}{\log 6 + \log 5}\right]$

456 $100^x - 2^{3-x} < 0$ $\left[x < \dfrac{3\log 2}{2 + \log 2}\right]$

457 $5 \cdot 3^{1-x} - 2^{1+x} \geq 4 \cdot 3^{1-x} + 3 \cdot 2^{1+x}$ $\left[x \leq \dfrac{\log 3 - 3\log 2}{\log 3 + \log 2}\right]$

458 $5^{2x} - \left(\dfrac{1}{3}\right)^{x-1} < 0$ $\left[x < \dfrac{\log 3}{2\log 5 + \log 3}\right]$

459 $25^{x+1} - 3 \cdot 5^{2x+1} < 31 - 7 \cdot 25^x$ $\left[x < \dfrac{\log 31 - \log 17}{2\log 5}\right]$

460 $40 - 9 \cdot 2^x > 20 + 2^{2-x}$ $\left[\dfrac{\log 2 - \log 9}{\log 2} < x < 1\right]$

461 $4^x + 10 > 7 \cdot 2^x$ $\left[x < 1 \vee x > \dfrac{\log 5}{\log 2}\right]$

Riepilogo: Dominio e segno di una funzione

462 ESERCIZIO GUIDA Cerchiamo il dominio delle seguenti funzioni:

a. $y = \frac{\ln x}{1 - \ln^2 x}$; b. $y = \ln(1 - e^{-2x})$.

a. Dobbiamo risolvere il seguente sistema.

$$\begin{cases} x > 0 & \text{condizione di esistenza di } \ln x \\ 1 - \ln^2 x \neq 0 & \text{denominatore diverso da 0} \end{cases}$$

Cerchiamo i valori che annullano il denominatore risolvendo l'equazione:

$$1 - \ln^2 x = 0 \rightarrow \ln^2 x = 1 \rightarrow \ln x = \pm 1.$$

$$\ln x = -1 \rightarrow x = e^{-1}; \qquad \ln x = 1 \rightarrow x = e.$$

Il dominio della funzione è dunque D: $x > 0 \wedge x \neq e^{-1} \wedge x \neq e$.

b. Imponiamo la condizione di esistenza del logaritmo:

$$1 - e^{-2x} > 0 \rightarrow 1 > e^{-2x} \rightarrow e^{-2x} < e^0 \underset{e>1}{\rightarrow} -2x < 0 \rightarrow 2x > 0 \rightarrow x > 0.$$

Il dominio della funzione è D: $x > 0$.

Determina il dominio delle seguenti funzioni.

463 $y = \log(2 - x) + \log(x + 3)$ $[-3 < x < 2]$

464 $y = \frac{\ln x}{1 + \ln x}$ $[0 < x < e^{-1} \vee x > e^{-1}]$

465 $y = \sqrt{\log_3 x - 2}$ $[x \geq 9]$

466 $y = \sqrt{4 - (\log_{\frac{1}{2}} x)^2}$ $\left[\frac{1}{4} \leq x \leq 4\right]$

467 $y = \frac{\log x}{\ln x - 2}$ $[0 < x < e^2 \vee x > e^2]$

468 $y = \sqrt{3 - \log_2(x - 1)}$ $[1 < x \leq 9]$

469 $y = \frac{\ln(9 - 6x)}{\ln x - 1}$ $\left[0 < x < \frac{3}{2}\right]$

470 $y = \frac{\ln x - 4}{\sqrt{4 - \ln x}}$ $[0 < x < e^4]$

471 $y = \sqrt{\log_2 x - 1} + \sqrt{-\log_2 x + 4}$ $[2 \leq x \leq 16]$

472 $y = \log_2(2^x + 2^{1-x} - 3)$ $[x < 0 \vee x > 1]$

473 $y = \frac{1}{\log^2 x - \log x}$ $[x > 0 \wedge x \neq 1 \wedge x \neq 10]$

474 $y = \sqrt{\frac{\ln x}{\ln x - 1}}$ $[0 < x \leq 1 \vee x > e]$

475 $y = \frac{\sqrt{4 - x}}{\ln(2^x - 3)}$ $[\log_2 3 < x \leq 4 \wedge x \neq 2]$

476 $y = \frac{3}{(\log_3 x)^2 - \log_3 x - 2}$ $\left[x > 0 \wedge x \neq \frac{1}{3} \wedge x \neq 9\right]$

477 $y = \sqrt{|e^x - 2| - 1}$ $[x \leq 0 \vee x \geq \ln 3]$

478 $y = \log_{\frac{1}{2}}\left[\log_{\frac{1}{2}}(x + 5)\right]$ $[-5 < x < -4]$

479 $y = \frac{1}{5^x - 25^x + 6}$ $\left[x \neq \frac{\log 3}{\log 5}\right]$

480 $y = \frac{5}{|\log_2(5 - x)| - 1}$ $\left[x < 5 \wedge x \neq \frac{9}{2} \wedge x \neq 3\right]$

481 $y = \log(2^{-x} - 3)$ $\left[x < -\frac{\log 3}{\log 2}\right]$

482 $y = \ln(1 - 2\sqrt{-x})$ $\left[-\frac{1}{4} < x \leq 0\right]$

Determina il dominio delle seguenti funzioni, studia il segno e determina gli eventuali zeri.

483 $y = \log_3(x+1)$

484 $y = \log_{\frac{1}{4}}(2x)$

485 $y = \log_{0,3}(x-3)$

486 $y = \log_4\left(\frac{1}{x}\right)$

487 $y = \sqrt{3^x - 5}$

488 $y = \sqrt{\ln x - 1}$

489 $y = \log\frac{2x-4}{x}$ [D: $x < 0 \vee x > 2$; $y > 0$: $x < 0 \vee x > 4$; $y = 0$: $x = 4$]

490 $y = \log\frac{1}{x+2}$ [D: $x > -2$; $y > 0$: $-2 < x < -1$; $y = 0$: $x = -1$]

491 $y = \log_2 \log_2 x$ [D: $x > 1$; $y > 0$: $x > 2$; $y = 0$: $x = 2$]

492 $y = \frac{1}{\log(2^x - 1)}$ [D: $0 < x < 1 \vee x > 1$; $y > 0$: $x > 1$; $y = 0$: impossibile]

493 $y = \log(x-2) - 2$ [D: $x > 2$; $y > 0$: $x > 102$; $y = 0$: $x = 102$]

494 $y = \frac{\log x}{\log(x-3)}$ [D: $x > 3 \wedge x \neq 4$; $y > 0$: $x > 4$; $y = 0$: impossibile]

Equazioni e disequazioni logaritmiche risolvibili solo graficamente

Equazioni

495 ESERCIZIO GUIDA Determiniamo il valore approssimato delle soluzioni della seguente equazione utilizzando il metodo grafico:

$|\ln x| = 1 - x^2$.

Le soluzioni dell'equazione sono le ascisse dei punti di intersezione dei grafici delle due funzioni di equazioni $y = |\ln x|$ e $y = 1 - x^2$. Tracciamo il grafico di $y = |\ln x|$ (figura **a**) e il grafico di $y = 1 - x^2$ (figura **b**), riportandoli in uno stesso piano cartesiano (figura **c**), e segniamo i punti di intersezione A e B.

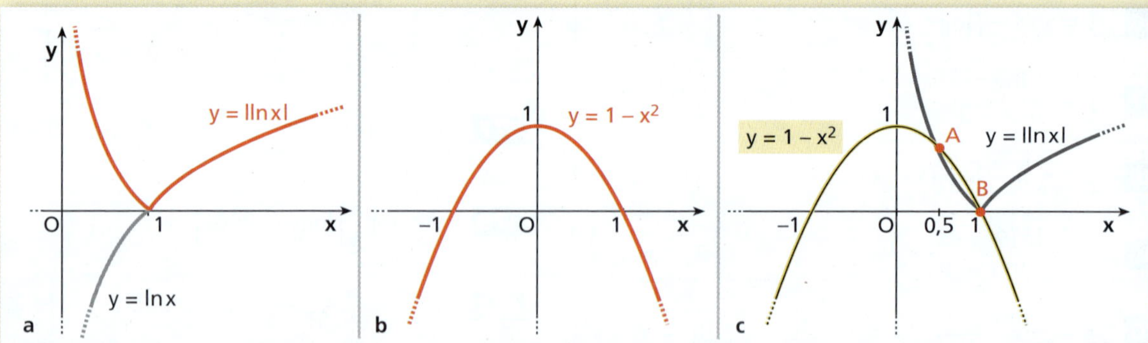

L'ascissa di A si trova fra 0 e 1, approssimativamente in 0,5, mentre quella di B in 1.
Le soluzioni dell'equazione sono $x_1 \simeq 0,5$ e $x_2 = 1$.

Risolvi le seguenti equazioni utilizzando il metodo grafico.

496 $\ln x = 4 - x^2$ [$x \simeq 1,8$]

497 $\ln(x+3) + x = 10$ [$x \simeq 7,6$]

498 $\ln(x+6) - |x| = 0$ $[x_1 \simeq -1,5;\, x_2 \simeq 2,1]$

499 $\ln x = -2x + 2$ $[x = 1]$

500 $\log(x-2) = x - 2$ $[\nexists x \in \mathbb{R}]$

501 $\log_{\frac{1}{2}} x = -\frac{1}{x}$ $[x \simeq 1,6]$

502 $\ln(x-1) - 1 = \frac{x^2}{16}$ $[\nexists x \in \mathbb{R}]$

503 $\left(\frac{1}{2}\right)^{x+2} = \ln(x+1)$ $[x \simeq 0,2]$

Disequazioni

504 **ESERCIZIO GUIDA** Risolviamo la seguente disequazione utilizzando il metodo grafico: $e^{x+1} > -x$.

Consideriamo le funzioni di equazioni $y = e^{x+1}$ e $y = -x$ e disegniamo i loro grafici (figure **a** e **b**). La disequazione ha come soluzioni tutti i valori di x per cui l'ordinata corrispondente di $y = e^{x+1}$ risulta maggiore di quella di $y = -x$ (figura **c**). L'ascissa del punto A, comune ai due grafici, è -1.

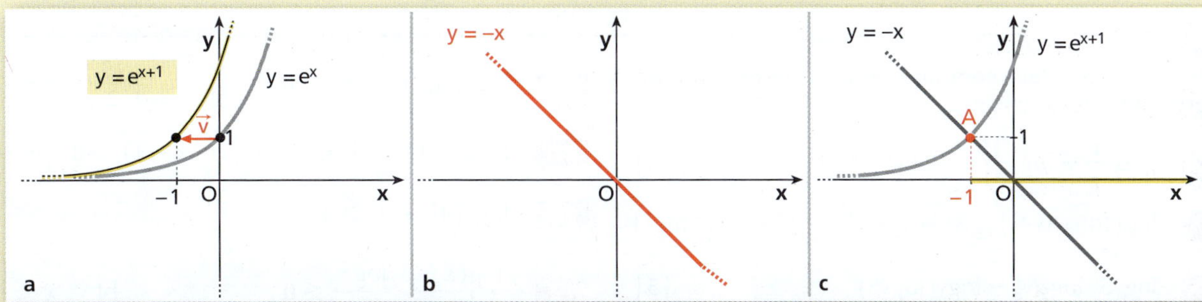

L'insieme delle soluzioni della disequazione è $x > -1$.

Risolvi le seguenti disequazioni utilizzando il metodo grafico.

505 $\log_2 x \leq 1 - x$ $[x \leq 1]$

506 $x < \log_{\frac{1}{3}} x + 2$ $[0 < x < a, \text{con } a \simeq 1,6]$

507 $\ln(x+3) > x^2 - 4$ $[-2 < x < a, \text{con } a \simeq 2,4]$

508 $x^2 + 1 > \ln x$ $[x > 0]$

509 $\ln(x+2) > 3^x$ [impossibile]

510 $\ln(x-1) < \frac{1}{x-1}$ $[1 < x < a, \text{con } a \simeq 2,8]$

LEGGI IL GRAFICO **Utilizza le informazioni delle figure e determina:**

a. l'equazione di $f(x)$;

b. le coordinate dei punti di intersezione dei grafici di $f(x)$ e $g(x)$;

c. gli intervalli in cui $f(x) > g(x)$.

511

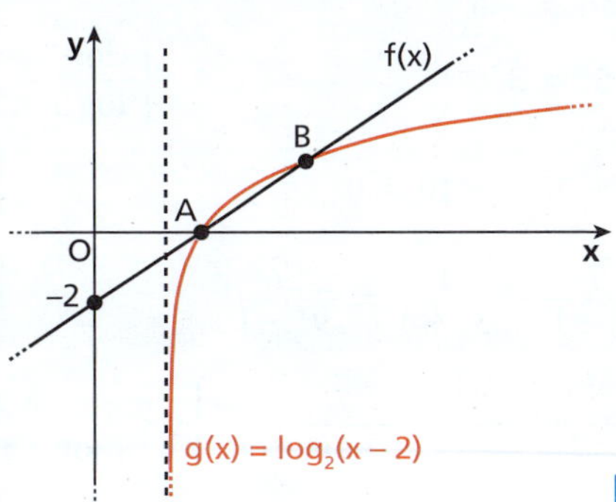

[b) (6; 2)]

512

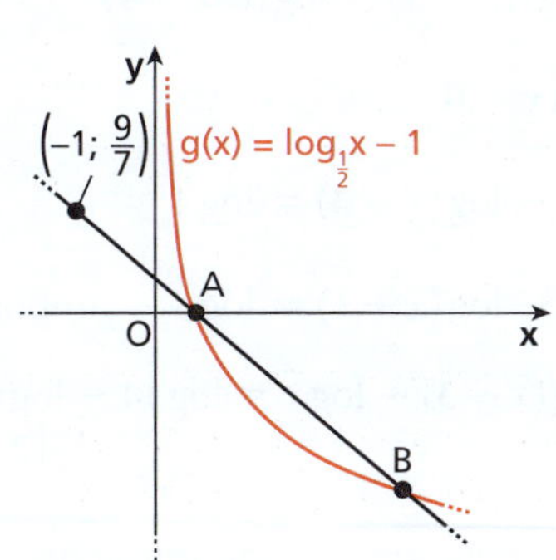

[b) (4; −3)]

VERIFICA DELLE COMPETENZE ALLENAMENTO

UTILIZZARE TECNICHE E PROCEDURE DI CALCOLO

1 VERO O FALSO? Nell'espressione $\log_a b = c$:

a. a, b, c devono essere positivi. V F

b. c può essere 0. V F

c. b non può essere 1. V F

d. a, b, c non possono mai essere uguali. V F

2 TEST Se a, b e c sono numeri reali positivi e $a \neq 1$, quale fra le seguenti uguaglianze è *falsa*?

A $\log_a(b \cdot c) = \log_a b + \log_a c$

B $\log_a\left(\frac{b}{c}\right) = \log_a b - \log_a c$

C $\log_a a = 1$

D $\log_a b \cdot \log_a c = \log_a(b + c)$

E $\log_a b^c = c \cdot \log_a b$

Calcola il valore delle seguenti espressioni applicando le proprietà dei logaritmi.

3 $\log_3 \frac{4}{5} + \log_3 \frac{15}{4} - \log_3(4^{\log_4 9})$ $[-1]$

4 $\log(100 \cdot 3) + \log 3^4 - 4^{\log_5 \sqrt{5}}$ $[5 \log^3]$

5 $\log_4 5 \cdot \log_5 64 - \log_3(\log_5 5)$ $[3]$

6 $\log_9 12 + \frac{1}{2}\log_3 75 - \log_3 10$ $[1]$

7 Indica le relazioni che esistono tra i seguenti logaritmi, motivando le risposte:

a. $\log_5 x$ e $\log_{25} x$;

b. $\log_5 x$ e $\log_{\sqrt{5}} \sqrt{x}$;

c. $\log_3 x$ e $\log_9 x$;

d. $\log_7 x$ e $\log_7 (7x)$.

Risolvi le seguenti equazioni logaritmiche.

8 $\log(2 - x) = 2\log 2$ $[-2]$

9 $\log_4 x + \log_4(x - 1) = \log_4(3x - 4)$ $[2]$

10 $\ln^2 x - 4\ln x = 0$ $[1; e^4]$

11 $\log(x + 5) - \log(x + 3) = \log 4$ $\left[-\frac{7}{3}\right]$

12 $\log(x - 2) - \log(x + 1) = \log 6$ [impossibile]

13 $\log 7 + \log(x - 3) - \log x = \log 14 - \log(x + 1)$ $[2 + \sqrt{7}]$

Risolvi le seguenti disequazioni logaritmiche.

14 $\log_{\frac{2}{3}}(3x - 1) > 1$ $\left[\frac{1}{3} < x < \frac{5}{9}\right]$

15 $\log_2(4x + 6) - \log_2(5 + x) \leq 1$ $\left[-\frac{3}{2} < x \leq 2\right]$

16 $\log_2 \log_{\frac{1}{2}}(x - 6) < 0$ $\left[\frac{13}{2} < x < 7\right]$

17 $\ln(x + 1) - 2\ln(x - 2) + \ln(x - 1) < 0$ [imp.]

18 $\log_5(4^{2x} + 1) > 1$ $\left[x > \frac{1}{2}\right]$

19 $\frac{\log(x - 3)\log x}{\log(x - 4)} \leq 0$ $[4 < x < 5]$

20 $\frac{1}{2}\log_3 x - \log_9 x \log_3 x \leq 0$ $[0 < x \leq 1 \vee x \geq 3]$

21 $\log(3x - 2) \geq \log(x + 4)$ $[x \geq 3]$

22 $[\log_4(3x)]^2 - \log_4(9x^2) + 1 \leq 0$ $\left[x = \frac{4}{3}\right]$

23 $(\log_3 x)^2 - \log_3 x - 2 > 0$ $\left[0 < x < \frac{1}{3} \vee x > 9\right]$

24 $\frac{2}{\log_{\frac{2}{3}} x - 1} > \frac{\log_{\frac{2}{3}} x}{\log_{\frac{2}{3}} x - 1}$ $\left[\frac{4}{9} < x < \frac{2}{3}\right]$

Risolvi con i logaritmi le seguenti equazioni e disequazioni esponenziali.

25 $4 \cdot 5^x = 3^{2x+1}$ $\left[\frac{\log 3 - \log 4}{\log 5 - 2\log 3}\right]$

26 $9^x - 3^{x+1} - 10 = 0$ $\left[\frac{\log 5}{\log 3}\right]$

27 $\frac{5}{3^x - 1} - \frac{1}{3^x + 1} = \frac{26}{9^x - 1}$ $\left[\frac{\log 5}{\log 3}\right]$

28 $\frac{9^{1-2x} \cdot 3^{5x-2}}{2^{x+1}} < \frac{7}{2 \cdot 4^x}$ $\left[x < \frac{\log 7}{\log 2 + \log 3}\right]$

29 $\frac{2^x - 2}{\sqrt[3]{3 \cdot 6^x \cdot (6^x - 1) - 6}} < 0$ $\left[\frac{\log 2}{\log 6} < x < 1\right]$

30 $\log_3(2^{2x+1} - 5 \cdot 2^x - 2) \geq 0$ $[x \geq \log_2 3]$

Risolvi i seguenti sistemi.

31 $\begin{cases} \log_2(x+y)=3 \\ 2y-x=1 \end{cases}$ [(5; 3)]

32 $\begin{cases} \log_3(2x-y)=0 \\ 3^y+3^x-\frac{4}{3}=0 \end{cases}$ [(0; −1)]

ANALIZZARE E INTERPRETARE DATI E GRAFICI

Determina il dominio delle seguenti funzioni.

33 $y=\log(x+5)-\log(6-x)+2$ $[-5<x<6]$

34 $y=\sqrt{\log\frac{x}{x-3}}$ $[x>3]$

35 $y=\frac{x}{\log(x+1)}$ $[x>-1 \wedge x\neq 0]$

36 $y=\frac{5}{\log(x^2+1)-1}$ $[x\neq\pm 3]$

37 $y=\log_3\log_2 x$ $[x>1]$

38 $y=\ln(|x|-1)+2$ $[x<-1 \vee x>1]$

39 $y=\sqrt{1-\log^2 x}$ $\left[\frac{1}{10}\leq x\leq 10\right]$

40 $y=\log(10^x+4)-\log(10^x-5)$ $[x>\log 5]$

41 $y=\log\frac{x-2}{x^2-x}$ $[0<x<1 \vee x>2]$

42 $y=\sqrt{\log_2(x-1)}$ $[x\geq 2]$

---

43 Determina la funzione inversa di $y=\log(x-3)$ e disegna i grafici delle due funzioni. $[y=10^x+3]$

VERO O FALSO?

44 La funzione $y=\log_2(x+1)$:
- a. è crescente. V F
- b. ha dominio $D: x\geq -1$. V F
- c. ha il grafico che passa per l'origine. V F
- d. ha come inversa $y=2^{x-1}$. V F

45 La funzione $y=\log_{0,5}(x)$:
- a. è positiva per $0<x<1$. V F
- b. ha dominio $D: x>0$. V F
- c. è crescente. V F
- d. ha il grafico che passa per $P\left(1; \frac{1}{2}\right)$. V F

46 Data la funzione $y=\log_4 x$, applica a essa, in sequenza, la traslazione di vettore (2; −3), la simmetria rispetto all'asse x e la simmetria rispetto alla retta di equazione $x=5$. Rappresenta graficamente la funzione ottenuta ed esprimila analiticamente. $[y=-\log_4(8-x)+3]$

Disegna il grafico delle seguenti funzioni.

47 $y=\ln(x+2)$

48 $y=|\log_2 x+1|$

49 $y=\log|x|$

50 $y=-\log(x-3)$

51 $y=4-\ln x$

52 $y=2+\log_{\frac{1}{2}} x$

LEGGI IL GRAFICO Trova *a* e *b* nelle equazioni dei seguenti grafici, utilizzando le informazioni delle figure.

53

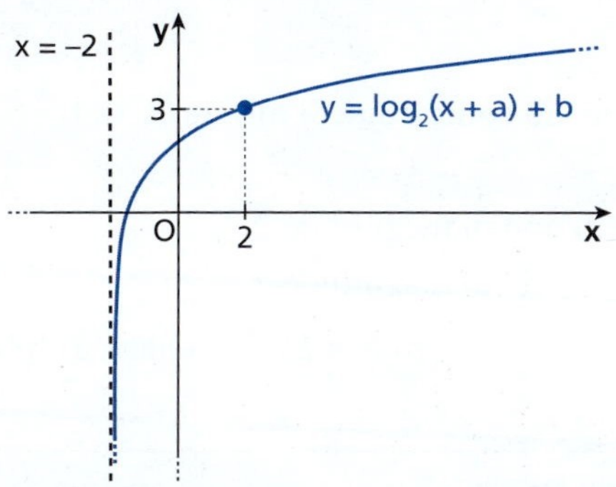

[a = 2, b = 1]

54

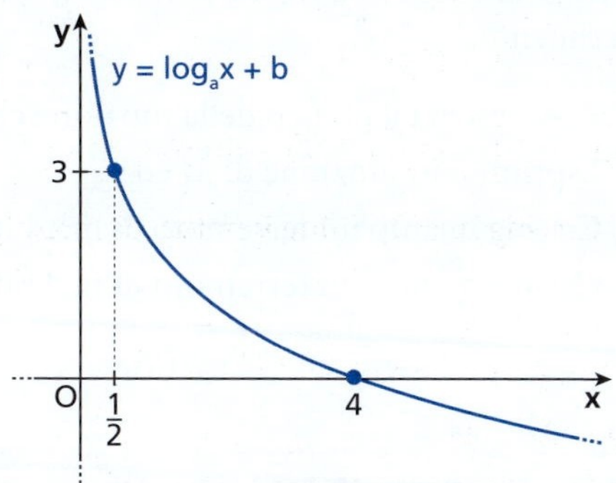

$\left[a=\frac{1}{2}, b=2\right]$

VERIFICA DELLE COMPETENZE

COSTRUIRE E UTILIZZARE MODELLI

55 **Cavolo logaritmico** Il broccolo romanesco ha una struttura molto affascinante: la parte che si consuma normalmente è composta da una serie di infiorescenze disposte lungo una spirale logaritmica. Il processo di accrescimento del raggio delle infiorescenze (o rosette) si può descrivere con l'equazione

$r = 2 \cdot 10^{-4} \cdot e^{\frac{1}{7}t}$ (t indica il tempo in giorni e r il raggio in cm).

Il broccolo è maturo quando il raggio delle rosette più grandi è compreso tra 4 cm e 8 cm. Quanti giorni impiega a maturare? [circa 70 giorni]

56 **Volume al massimo** Il livello acustico L percepito viene espresso per convenzione in decibel (dB) e si ricava dalla formula:

$$L = 10 \log \frac{I}{I_0},$$

dove I è l'intensità sonora che dipende da proprietà fisiche dell'onda sonora, e $I_0 = 10^{-12}$ W/m² è il più piccolo valore di intensità udibile.

a. Calcola l'intensità sonora I in discoteca.

b. Calcola a quanti decibel corrisponde il valore di intensità sonora che provoca dolore, sapendo che è mille miliardi di volte più intenso di I_0.

[a) 10^{-2} W/m²; b) 120 dB]

57 **Rende poco** Il 15 ottobre 2012 Andrea ha impegnato € 18 000 in un piano di gestione patrimoniale. Le condizioni offerte erano quelle che riportiamo a fianco.

Il 19 gennaio 2016 Andrea, poco soddisfatto del rendimento, chiede la chiusura del rapporto e ottiene € 19 158.

tasso di rendimento non fisso ma che fino a quel momento era stato del 2% annuo

zero spese di gestione

accredito dell'utile alla fine dell'anno reimpiegato nella gestione

a. Calcola quanto è stato il tasso di rendimento annuo dell'operazione utilizzando la funzione $M = C \cdot (1 + x)^t$, dove C è il valore investito, M il valore finale che Andrea ha ritirato, x il tasso di rendimento annuo cercato e t la durata, espressa in anni, dell'operazione.

b. Se invece l'operazione fosse stata descritta con la funzione $M = C \cdot e^{xt}$, quale sarebbe stato il tasso di rendimento?

[a) 1,929%; b) 1,9107]

58 **Magnitudo** La scala Richter quantifica l'intensità M, detta *magnitudo*, di un terremoto in base ai dati forniti dagli strumenti di misurazione, che rilevano l'energia E liberata dall'evento sismico.

La legge che lega M a E è $M = \frac{2}{3} \log \frac{E}{E_0}$, dove E_0 è un valore di riferimento.

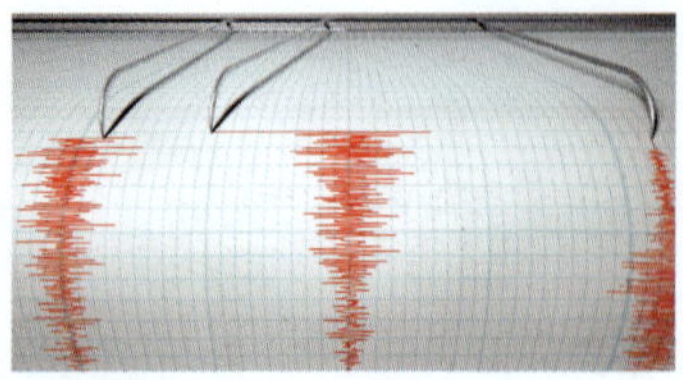

a. Rappresenta il grafico della funzione che esprime M, assumendo come unità di misura $E_0 = 1$.

b. Esprimi E in funzione di M ed E_0.

c. Calcola quanto un terremoto di magnitudo 4 è più potente di uno di magnitudo 2.

d. Calcola quanto un terremoto di magnitudo 6 è più potente di uno di magnitudo 2.

[b) $E = E_0 \frac{3}{2}^M$; c) 1000; d) 1 000 000]

VERIFICA DELLE COMPETENZE PROVE

1 ora

PROVA A

1 COMPLETA

a. $5^{\log_5 15} = \square$

b. $\log 4 + \log 11 = \log \square$

c. $\log_3(9\sqrt{3}) = \square$

d. $\log_{\square}(32) = \frac{5}{2}$

2 Calcola il valore delle seguenti espressioni:

a. $\log_3(9 \cdot 5) - \log_3(\log_3 3^5)$;

b. $\log_4 25 + \log_2 \frac{16}{5}$.

3 Disegna il grafico delle seguenti funzioni:

a. $y = \left|\log_{\frac{1}{3}} x\right|$;

b. $y = \log(x-1) + 2$.

4 Risolvi le seguenti equazioni:

a. $\log_6(x-3) = 2$;

b. $\log(1+x) + 2\log\sqrt{1-x} = \log(9-6x)$;

c. $2 \cdot 3^{x+2} = 2^{x+1}$.

5 Risolvi le seguenti disequazioni:

a. $\log_3(2x+3) < \log_3(x-4)$;

b. $\log_{\frac{1}{2}}(3x) - \log_{\frac{1}{2}}(x+2) > 1$.

6 Determina il dominio delle seguenti funzioni:

a. $y = \log\frac{x-2}{4-x}$;

b. $y = \sqrt{\log_2 x - 2}$.

PROVA B

Il pH La concentrazione molare di ioni H^+ presenti in una soluzione (indicata con $[H^+]$) varia da 1 ($=10^0$) per una soluzione di massima acidità a 10^{-14} per una soluzione di minima acidità, ovvero di massima basicità (la soluzione neutra, l'acqua pura, ha $[H^+] = 10^{-7}$). In questa sequenza di potenze l'elemento significativo è l'esponente del 10; si definisce pertanto il pH di una soluzione come $pH = -\log[H^+]$.

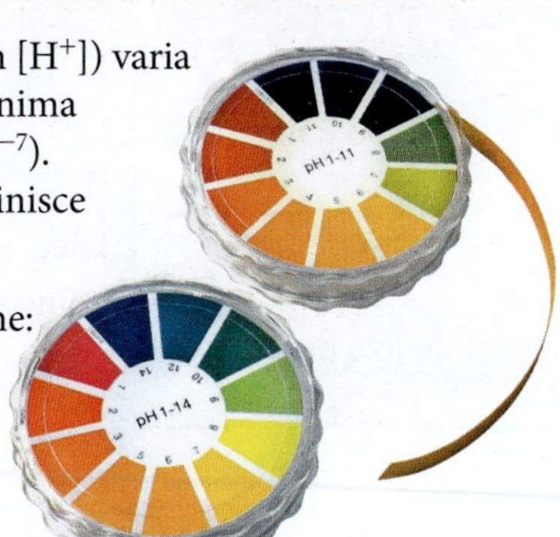

a. Dato il pH delle seguenti soluzioni, distingui quali sono acide, neutre o basiche: acqua di mare da 7,7 a 8,3; latte 6,5; saliva da 6,5 a 7,4; sapone da 9 a 10; succo di mela 3,5; acido cloridrico 0,3.

b. Dato il pH di una soluzione, quanto vale la concentrazione di ioni H^+?

c. Un aumento del pH corrisponde a un aumento oppure a una diminuzione della concentrazione $[H^+]$?

d. La soluzione X ha il pH doppio della soluzione Y; cosa puoi dire della concentrazione di ioni H^+ presenti nelle due soluzioni?

T

CAPITOLO 14

FUNZIONI GONIOMETRICHE

1 Misura degli angoli

Gli angoli e la loro ampiezza

La **trigonometria** ha lo scopo di studiare i procedimenti di calcolo che permettono di determinare, con l'approssimazione che si vuole, la misura degli elementi di un triangolo (lati e angoli), noti alcuni di essi.
Trova applicazione, in particolare, in astronomia, meccanica, navigazione aerea e marittima, topografia. «Trigonometria» deriva dal greco *trígōnos*, che significa «triangolo», e *métron*, ossia «misura».
Lo studio della trigonometria è preceduto da quello della **goniometria**, ossia di quella parte della matematica che si occupa della misura degli angoli e delle relative funzioni.
Richiamiamo la definizione di angolo.

Listen to it

An **angle** is the part of a plane between two rays, called the **sides**, sharing an endpoint, called the **vertex**.

DEFINIZIONE

Un **angolo** è la parte di piano individuata da due semirette a e b che hanno origine comune V.
Il punto V è il **vertice** dell'angolo e le semirette a e b sono i **lati**.

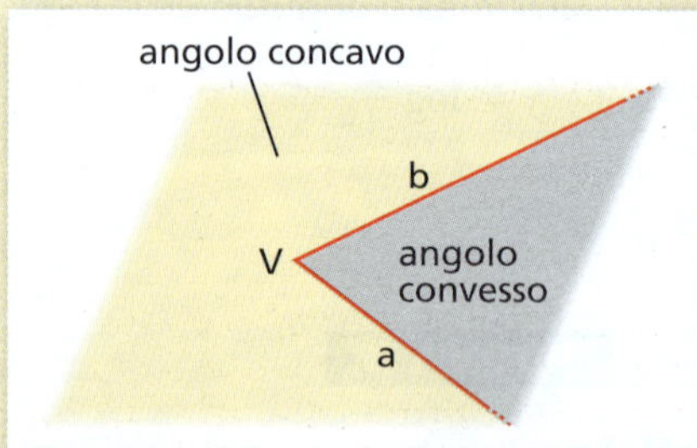

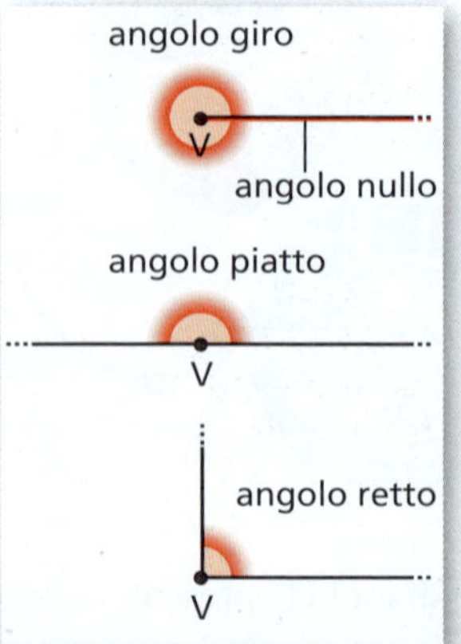

Un angolo è **convesso** quando non contiene i prolungamenti dei suoi lati, **concavo** quando li contiene. In genere, quando parleremo dell'angolo $a\widehat{V}b$, senza altra indicazione, ci riferiremo all'angolo convesso.

Quando i lati di un angolo sono coincidenti, l'angolo è **nullo** se è formato dalla sola semiretta dei lati, è **giro** se è formato da tutti i punti del piano.
Se i lati di un angolo sono uno il prolungamento dell'altro, l'angolo è **piatto**.
Se due rette incontrandosi formano quattro angoli congruenti, ognuno degli angoli è un angolo **retto**.
Due angoli congruenti hanno la stessa **ampiezza**, che si può misurare rispetto a un'unità di misura assegnata.

È usuale indicare con le lettere greche minuscole α, β, γ, ... sia gli angoli sia la misura della loro ampiezza. Le unità di misura più usate sono:

- il grado sessagesimale;
- il radiante.

Misura in gradi

▶ Esercizi a p. 674

Nel *sistema sessagesimale*, l'unità di misura degli angoli è il **grado sessagesimale**, definito come la 360ª parte dell'angolo giro.

Il grado sessagesimale viene indicato con un piccolo cerchio in alto a destra della misura:

$$1° = \frac{1}{360} \text{ dell'angolo giro.}$$

Nel sistema sessagesimale, il grado viene suddiviso a sua volta in 60 *primi*, che vengono indicati con un apice ($'$):

$$1° = 60'.$$

Ogni primo viene suddiviso a sua volta in 60 *secondi*, indicati con due apici ($''$):

$$1' = 60''.$$

Queste suddivisioni in 60 parti danno il nome al sistema di misura.
Un angolo di 32 gradi, 10 primi e 47 secondi viene scritto così:

$$32°\, 10'\, 47''.$$

Il sistema di misura degli angoli con gradi, primi e secondi è il più antico. Risale ai Babilonesi (2000 a.C.), i quali dividevano anche l'anno solare in 360 giorni. Tuttavia, questo sistema presenta il problema di non basarsi su un sistema decimale e di avere quindi procedimenti di calcolo complicati.

Anche soltanto il calcolo della somma delle misure di due angoli non è immediato.

ESEMPIO

Per ottenere

$$30°\, 20'\, 54'' + 2°\, 45'\, 24''$$

dobbiamo prima sommare i secondi e trasformare il risultato in primi e secondi,

$$54'' + 24'' = 78'' \rightarrow 78'' = 1'\, 18'',$$

sommare i primi e trasformare il risultato in gradi e primi,

$$20' + 45' + 1' = 66' \rightarrow 66' = 1°\, 6',$$

sommare i gradi,

$$30° + 2° + 1° = 33°,$$

e ottenere così il risultato finale:

$$33°\, 6'\, 18''.$$

▶ Calcola la somma di 30°24′35″ e 59°35′25″. È più o meno di un angolo retto?

▶ Calcola:
a. 25°12′37″ + 13°51′41″;
b. 180° − 5°3′2″;
c. 9°30′50″ · 3.

Animazione

Le calcolatrici scientifiche usano anche il sistema **sessadecimale**, in cui accanto ai gradi si usano decimi, centesimi, millesimi, ... di grado. Per esempio, nel sistema sessadecimale, 37,25° significa $37° + \left(\frac{2}{10}\right)^{\circ} + \left(\frac{5}{100}\right)^{\circ}$.

Misura in radianti

▶ Esercizi a p. 676

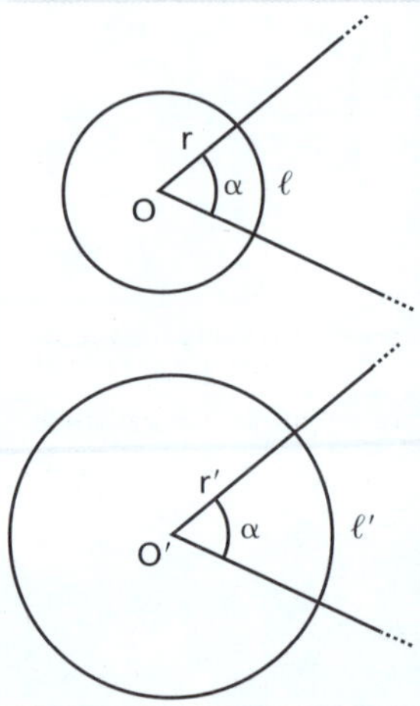

Per semplificare i calcoli si usa il sistema che ha per unità di misura il radiante.
Per definirlo, consideriamo due circonferenze di raggi r e r' e i due archi l e l' su cui insistono angoli al centro della stessa ampiezza α (figura a lato).
Dalla proporzionalità fra archi e angoli al centro si ricava

$$l : \alpha° = 2\pi r : 360° \qquad \text{e} \qquad l' : \alpha° = 2\pi r' : 360°,$$

$$l = \frac{\alpha°\pi}{180°} r \qquad \text{e} \qquad l' = \frac{\alpha°\pi}{180°} r',$$

da cui, dividendo membro a membro, si ottiene

$$l : l' = r : r' \quad \to \quad l : r = l' : r' \quad \to \quad \frac{l}{r} = \frac{l'}{r'},$$

cioè gli archi sono proporzionali ai rispettivi raggi e il rapporto $\frac{l}{r}$ non varia al variare della circonferenza, ma dipende solo dall'angolo al centro α.
Pertanto, se ogni volta che si misura un arco l si usa come unità di misura il raggio della circonferenza cui appartiene, si ottiene un numero che non dipende dalla circonferenza considerata, ma solo dall'angolo α che sottende l'arco.
Il rapporto $\frac{l}{r}$ viene quindi assunto come misura, in radianti, dell'angolo α,

$$\alpha = \frac{l}{r}.$$

Come definizione di radiante possiamo allora dare la seguente.

DEFINIZIONE
Data una circonferenza, chiamiamo **radiante** l'angolo al centro che insiste su un arco di lunghezza uguale al raggio.

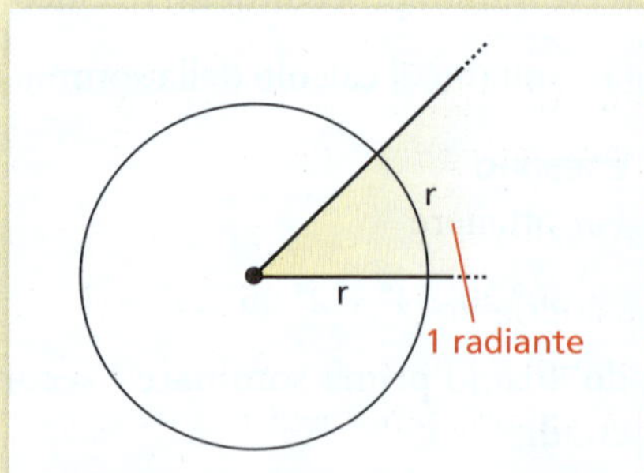

Listen to it

A **radian** is the measure of the angle at the centre of a circle that intercepts an arc whose length is equal to the radius of the circle.

MATEMATICA E STORIA
L'inafferrabile pi greco

▶ Perché π affascina tanto i matematici?

La risposta

L'unità di misura viene indicata con rad, ma generalmente, se si esprime un angolo in radianti, si è soliti trascurare l'indicazione dell'unità di misura.
Poiché corrisponde all'intera circonferenza, l'angolo giro misura $\frac{2\pi r}{r} = 2\pi$.
L'angolo piatto, che corrisponde a metà circonferenza, misura π, l'angolo retto misura $\frac{\pi}{2}$ ecc.
Dalla relazione $\alpha = \frac{l}{r}$ ricaviamo che, se α è misurato in radianti, la **lunghezza di un arco** è:

$$l = \alpha r.$$

Dai gradi ai radianti e viceversa

Date le misure di un angolo α in gradi e in radianti, vale la proporzione $\alpha^\circ : \alpha_{rad} = 360^\circ : 2\pi$, da cui:

$$\alpha^\circ = \alpha_{rad} \cdot \frac{180^\circ}{\pi}, \qquad \alpha_{rad} = \alpha^\circ \cdot \frac{\pi}{180^\circ}.$$

ESEMPIO

1. A quanti gradi corrisponde 1 radiante?
   Applichiamo la prima formula:
   $$\alpha^\circ = 1 \cdot \frac{180^\circ}{\pi} = \frac{180^\circ}{\pi} \simeq 57^\circ.$$
2. A quanti radianti corrispondono 60°?
   Applichiamo la seconda formula:
   $$\alpha_{rad} = \cancel{60}^{\,1\,\circ} \cdot \frac{\pi}{\cancel{180^\circ}_{3}} = \frac{\pi}{3}.$$

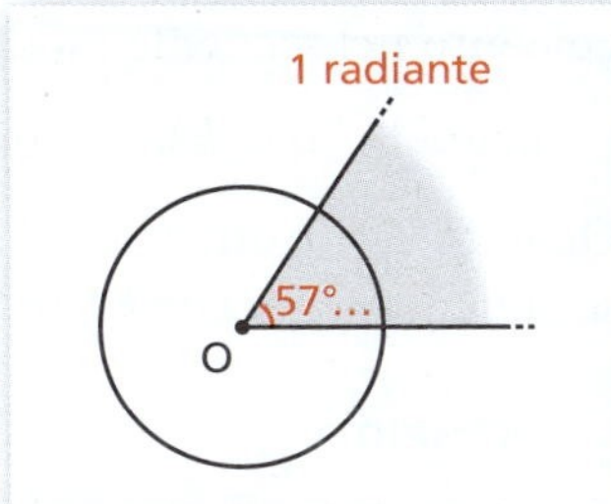

► Trasforma:
a. in radianti le misure di 10°, 18°, 270°;
b. in gradi sessagesimali le misure di $\frac{\pi}{9}$, 2, $\frac{3}{4}\pi$.

Animazione

Riportiamo in una tabella le misure in radianti e in gradi di alcuni angoli.

Misure degli angoli

Gradi	0°	30°	45°	60°	90°	120°	135°	150°	180°
Radianti	0	$\frac{\pi}{6}$	$\frac{\pi}{4}$	$\frac{\pi}{3}$	$\frac{\pi}{2}$	$\frac{2}{3}\pi$	$\frac{3}{4}\pi$	$\frac{5}{6}\pi$	π

Angoli orientati

► Esercizi a p. 678

La definizione di angolo che abbiamo dato non è adatta per descrivere tutte le situazioni. Per esempio, nell'avvitare o svitare una vite si descrive un angolo che può essere maggiore di un angolo giro.
È più utile quindi collegare il concetto di angolo a quello di *rotazione*, cioè al movimento che porta uno dei lati dell'angolo a sovrapporsi all'altro.

La rotazione è univoca quando ne specifichiamo il **verso, orario** o **antiorario**.

Consideriamo la semiretta OA che ruota in senso antiorario intorno al vertice O, fino a sovrapporsi alla semiretta OB, generando l'angolo $\alpha = A\widehat{O}B$. La semiretta OA si chiama **lato origine** dell'angolo α, la semiretta OB si chiama **lato termine**.

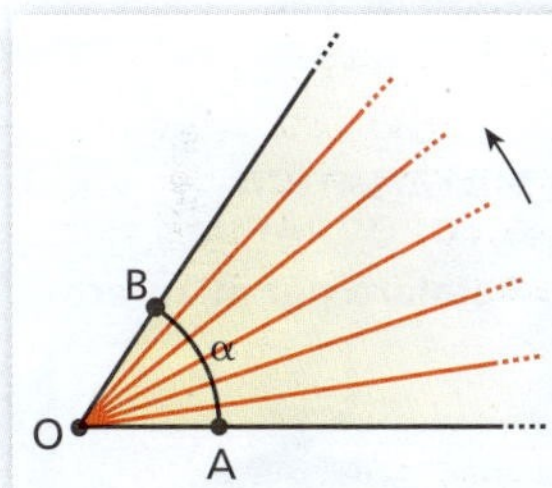

DEFINIZIONE

Un **angolo** è **orientato** quando sono stati scelti uno dei due lati come lato origine e un senso di rotazione.
Un angolo orientato è **positivo** quando è descritto mediante una rotazione in senso antiorario; è **negativo** quando la rotazione è in senso orario.

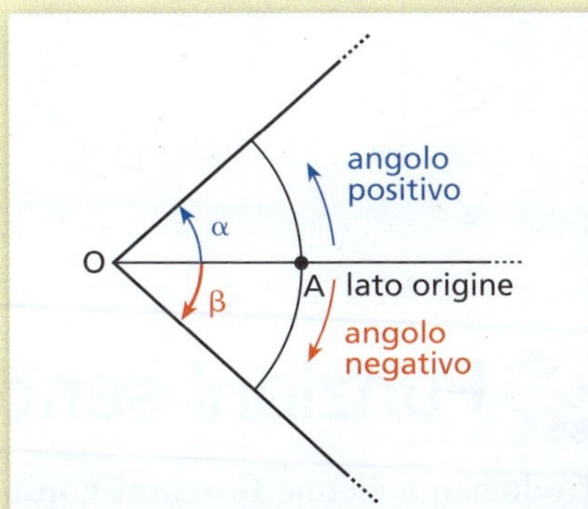

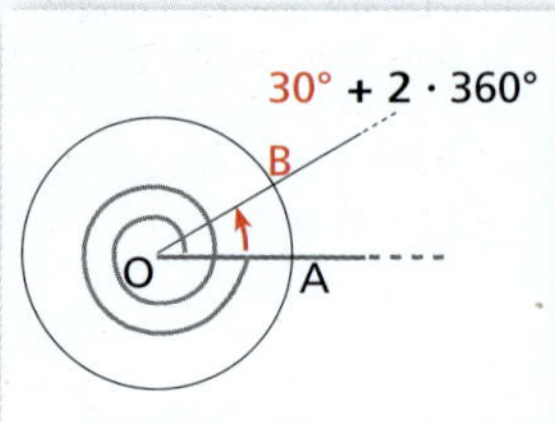

Un angolo orientato può anche essere maggiore di un angolo giro.

ESEMPIO

Poiché $750° = 30° + 2 \cdot 360°$, l'angolo di 750° si ottiene con la rotazione della semiretta OA di due giri completi e di altri 30°.

È possibile scrivere in forma sintetica un qualunque angolo α, minore di un angolo giro, e tutti gli infiniti angoli orientati che da α differiscono di un multiplo dell'angolo giro nel seguente modo:

in gradi: $\alpha + k360°$, con $k \in \mathbb{Z}$; in radianti: $\alpha + 2k\pi$, con $k \in \mathbb{Z}$.

Quando $k = 0$, otteniamo l'angolo α. Nel seguito, in espressioni del tipo $\alpha + 2k\pi$, sottintenderemo che k è un numero intero, senza scrivere esplicitamente $k \in \mathbb{Z}$.

▸ Scrivi in gradi la misura di almeno 4 angoli che si possono ottenere dall'espressione $\frac{\pi}{2} + 2k\pi$, con $k \in \mathbb{Z}$, per particolari valori di k.

ESEMPIO

La scrittura $\frac{\pi}{4} + 2k\pi$ indica gli angoli:

$$\frac{\pi}{4}, \frac{\pi}{4} \pm 2\pi, \frac{\pi}{4} \pm 4\pi, \frac{\pi}{4} \pm 6\pi, \ldots$$

Circonferenza goniometrica

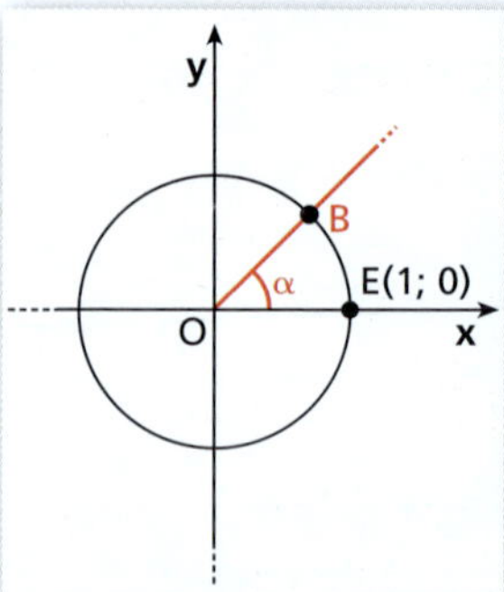

Nel piano cartesiano, per **circonferenza goniometrica** intendiamo la circonferenza che ha come centro l'origine O degli assi e raggio di lunghezza 1, ossia la circonferenza di equazione $x^2 + y^2 = 1$.
Il punto $E(1; 0)$ si dice **origine degli archi**.
Utilizzando la circonferenza goniometrica, si possono rappresentare gli angoli orientati, prendendo come lato origine l'asse x. In questo modo, a ogni angolo corrisponde un punto di intersezione B fra la circonferenza e il lato termine.

ESEMPIO

Rappresentiamo gli angoli $\alpha_1 = \frac{\pi}{6}$, $\alpha_2 = \frac{5}{4}\pi$, $\alpha_3 = -\frac{\pi}{3}$.

Essi individuano sulla circonferenza i punti B_1, B_2 e B_3 della figura.

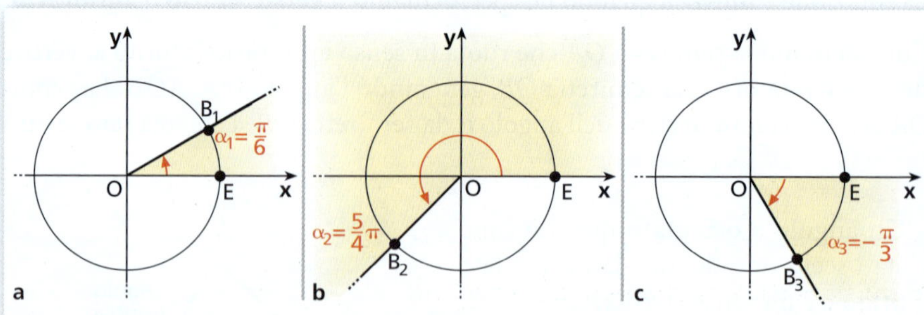

MATEMATICA E TOPOGRAFIA
Rotolare per misurare

▸ Come si misura con precisione la lunghezza di una strada?

☐ La risposta

2 Funzioni seno e coseno

|▸ Esercizi a p. 679

Introduciamo alcune **funzioni goniometriche** che alla misura dell'ampiezza di ogni angolo associano un numero reale.

DEFINIZIONE

Consideriamo la circonferenza goniometrica e un angolo orientato α, e sia B il punto della circonferenza associato ad α.

Definiamo **coseno** e **seno** dell'angolo α, e indichiamo con $\cos\alpha$ e $\sin\alpha$, le funzioni che ad α associano, rispettivamente, il valore dell'ascissa e quello dell'ordinata del punto B:

$$\cos\alpha = x_B, \qquad \sin\alpha = y_B.$$

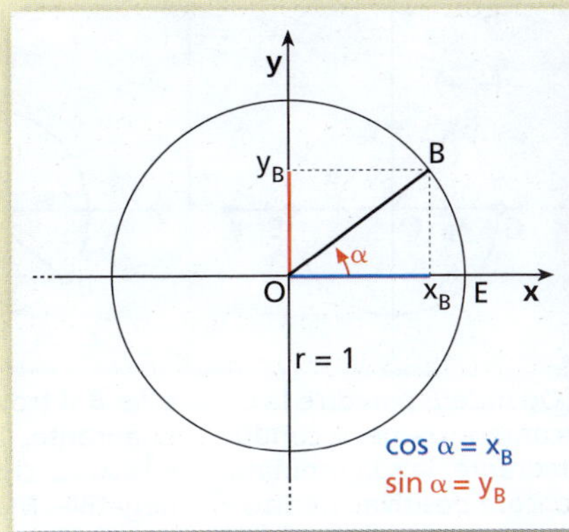

Listen to it

Let α be an oriented angle and B its associated point on the unit circle. The trigonometric functions **cosine** and **sine** are defined as follows: $\cos\alpha = x_B$, $\sin\alpha = y_B$.

Consideriamo una circonferenza $\mathscr{C}'$ con centro O e raggio qualsiasi $r' \neq 1$.

Prendiamo un angolo α appartenente al primo quadrante individuato dal punto B sulla circonferenza goniometrica. Su $\mathscr{C}'$ il punto corrispondente ad α sia B'. Dalla similitudine dei triangoli OBA e $OB'A'$ deduciamo:

$$\frac{\overline{OA'}}{\overline{OB'}} = \frac{\overline{OA}}{\overline{OB}} = \cos\alpha,$$

$$\frac{\overline{B'A'}}{\overline{OB'}} = \frac{\overline{BA}}{\overline{OB}} = \sin\alpha.$$

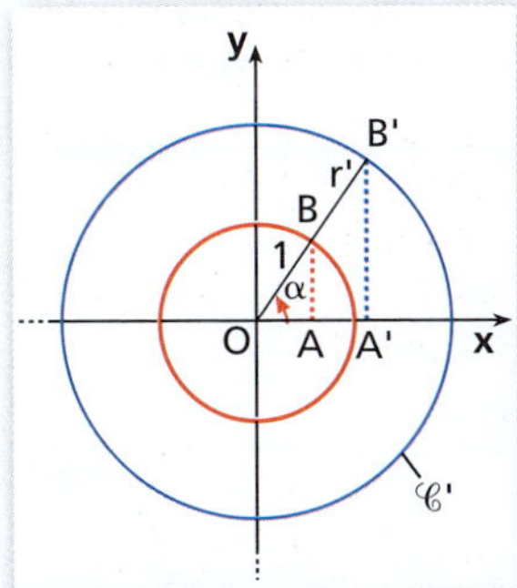

I due rapporti, e quindi $\sin\alpha$ e $\cos\alpha$, non dipendono dalla particolare circonferenza considerata, ma esclusivamente dall'angolo α.

Osserviamo inoltre che $\sin\alpha$ e $\cos\alpha$ sono numeri puri, perché rapporti di grandezze omogenee, quindi non hanno alcuna unità di misura.

Consideriamo ora un triangolo rettangolo OAB. Possiamo pensare all'ipotenusa OB come al raggio di una circonferenza di centro O, quindi il seno di α è uguale al rapporto fra il cateto opposto all'angolo α e l'ipotenusa, il coseno di α è uguale al rapporto fra il cateto adiacente ad α e l'ipotenusa.

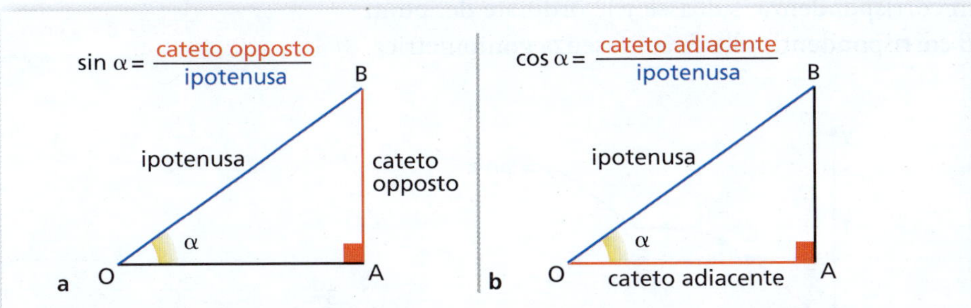

Animazione

Funzione seno

Animazione

Funzione coseno

Nelle due animazioni trovi figure dinamiche per studiare:

- i grafici delle due funzioni;
- i loro domini e codomini;
- la periodicità;
- seno e coseno nei triangoli rettangoli.

Variazioni delle funzioni seno e coseno

Seno e coseno di un angolo α sono funzioni che hanno come **dominio** $\mathbb{R}$, perché per ogni valore dell'angolo $\alpha \in \mathbb{R}$ esiste uno e un solo punto B sulla circonferenza goniometrica.

Supponiamo che un punto B percorra l'intera circonferenza goniometrica, a partire da E, in verso antiorario. Se $\alpha = E\widehat{O}B$, come variano $\sin\alpha$ e $\cos\alpha$ al variare della posizione di B? Basta osservare che cosa succede all'ascissa di B (ossia il coseno dell'angolo α) e alla sua ordinata (ossia il seno).

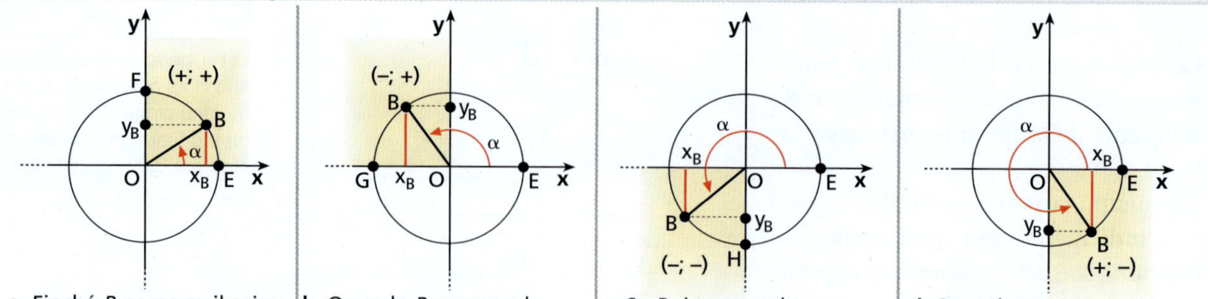

a. Finché B percorre il primo quarto di circonferenza, la sua ascissa x_B e la sua ordinata y_B sono positive. Man mano che B si avvicina al punto F, l'ascissa diminuisce e l'ordinata aumenta. In F, $x_F = 0$, $y_F = 1$.

b. Quando B percorre la circonferenza nel secondo quadrante, la sua ordinata è ancora positiva, mentre l'ascissa diventa negativa. Mentre B si avvicina a G, sia l'ascissa sia l'ordinata diminuiscono. In G, $x_G = -1$, $y_G = 0$.

c. Se B si trova nel terzo quadrante, la sua ordinata e la sua ascissa sono negative. Man mano che B si avvicina a H, l'ascissa aumenta e l'ordinata diminuisce. In H, $x_H = 0$, $y_H = -1$.

d. Quando B percorre l'ultimo quarto di circonferenza, la sua ordinata è ancora negativa, mentre l'ascissa è positiva. Avvicinandosi a E, sia l'ascissa sia l'ordinata di B aumentano. In E, $x_E = 1$, $y_E = 0$.

Qualunque sia la posizione di B sulla circonferenza, la sua ordinata e la sua ascissa assumono sempre valori compresi fra -1 e 1, quindi:

$$-1 \leq \sin \alpha \leq 1 \qquad \text{e} \qquad -1 \leq \cos \alpha \leq 1.$$

Il codominio delle funzioni seno e coseno è quindi $[-1; 1]$.

Poiché $\cos \alpha = \cos(-\alpha)$, allora il coseno è una funzione **pari**, mentre, essendo $\sin(-\alpha) = -\sin \alpha$, il seno è una funzione **dispari**.

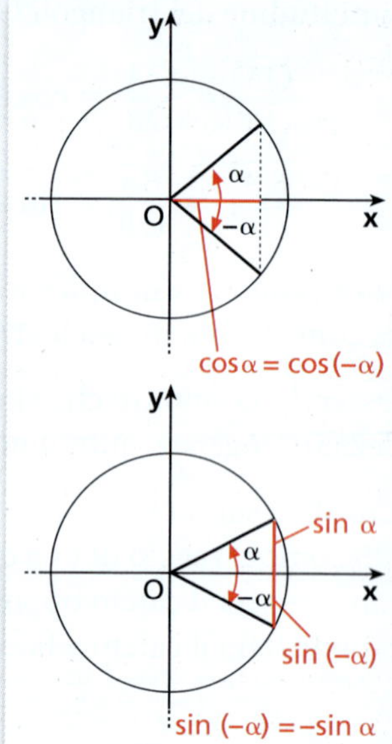

Grafici delle funzioni $y = \sin x$, $y = \cos x$

Per costruire il grafico della funzione $y = \sin x$ in $[0; 2\pi]$ riportiamo sull'asse x i valori degli angoli e, in corrispondenza, sull'asse y le ordinate dei punti B corrispondenti sulla circonferenza goniometrica.

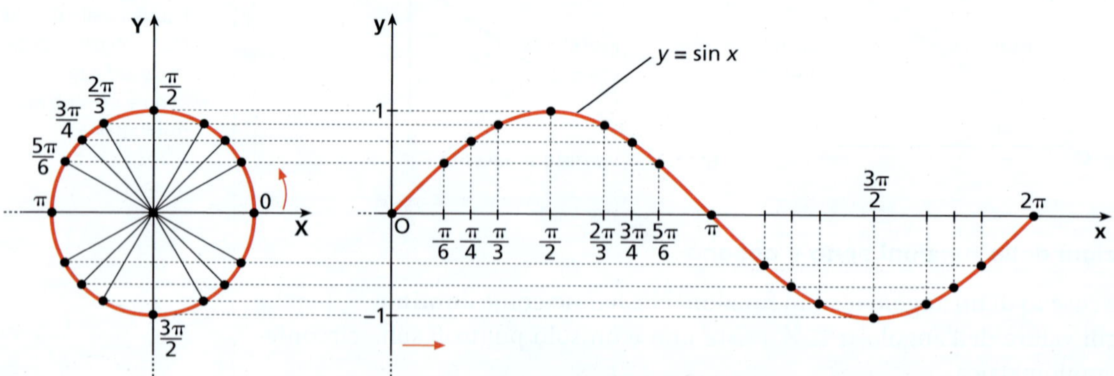

Analogamente, per ottenere il grafico della funzione $y = \cos x$ in $[0; 2\pi]$ riportiamo sulle ordinate di un piano cartesiano le ascisse dei punti B della circonferenza goniometrica in corrispondenza degli angoli.

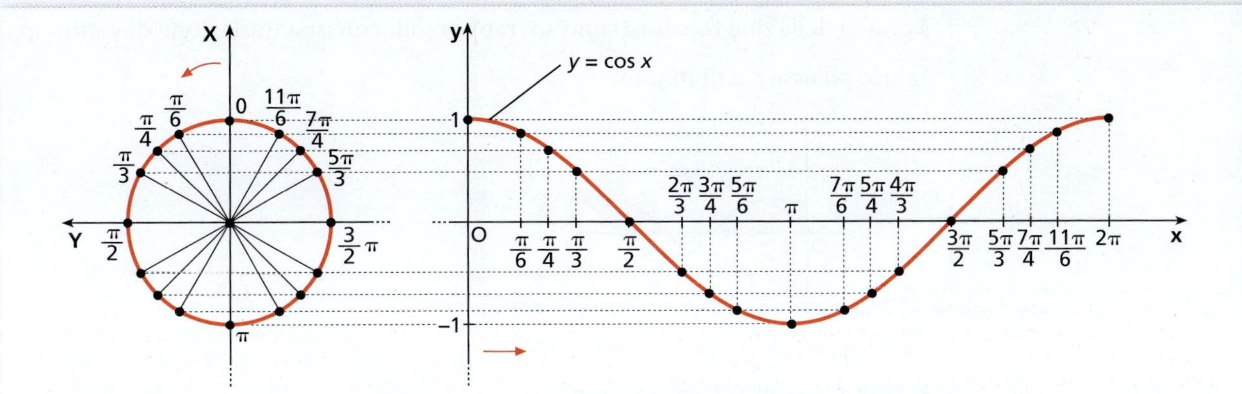

Periodo delle funzioni seno e coseno

Dopo aver percorso un giro completo, il punto B può ripetere lo stesso movimento quante volte si vuole.

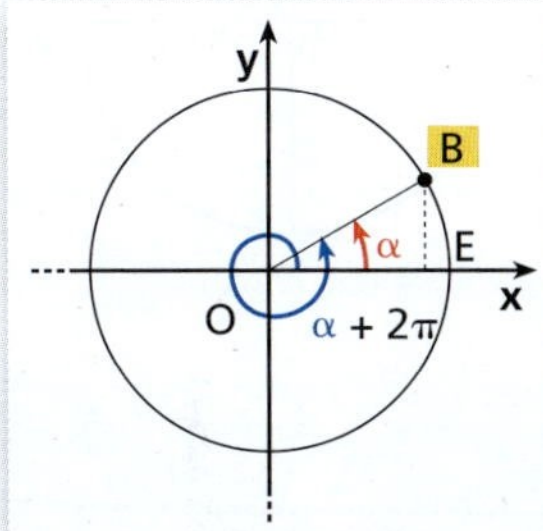

Le funzioni $\sin\alpha$ e $\cos\alpha$ assumono di nuovo gli stessi valori ottenuti al «primo giro», ossia:

$$\sin\alpha = \sin(\alpha + 2\pi) = \sin(\alpha + 2\cdot 2\pi) = \ldots$$

$$\cos\alpha = \cos(\alpha + 2\pi) = \cos(\alpha + 2\cdot 2\pi) = \ldots$$

Le funzioni seno e coseno sono quindi periodiche di periodo 2π. Possiamo scrivere, in modo sintetico:

$$\sin(\alpha + 2k\pi) = \sin\alpha, \quad \cos(\alpha + 2k\pi) = \cos\alpha, \quad \text{con } k \in \mathbb{Z}.$$

In generale, una funzione $y = f(x)$ è detta **periodica** di periodo p (con $p > 0$) se per ogni x e per qualsiasi numero k intero si ha $\boldsymbol{f(x) = f(x + kp)}$.

Sinusoide e cosinusoide

Il grafico completo della funzione seno si chiama **sinusoide**, quello della funzione coseno **cosinusoide**. Le funzioni sono periodiche di periodo 2π, quindi i grafici si ottengono ripetendo ogni 2π i grafici relativi all'intervallo $[0; 2\pi]$.

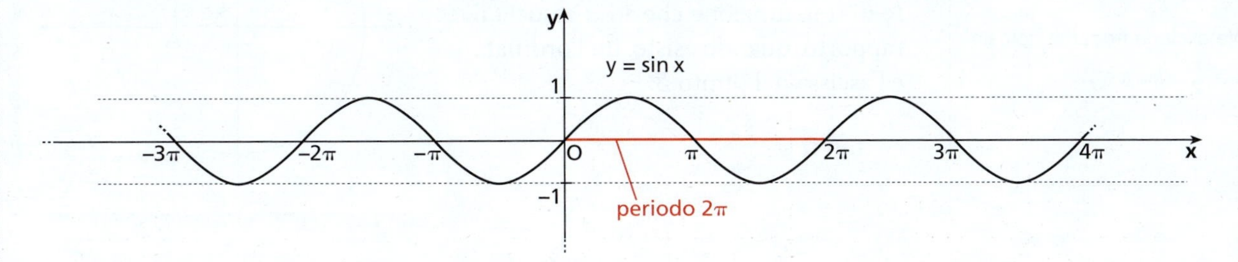

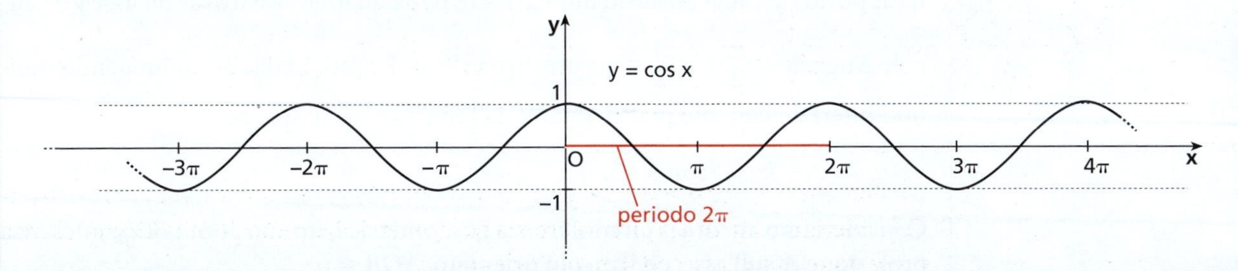

I grafici delle due funzioni sono sovrapponibili con una traslazione di vettore parallelo all'asse x e di modulo $\frac{\pi}{2}$.

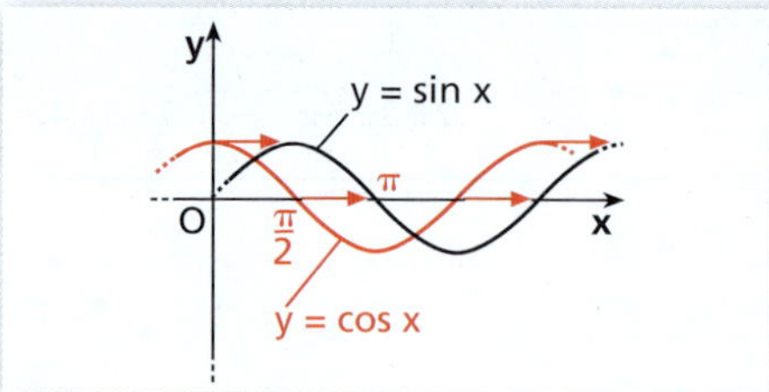

Prima relazione fondamentale

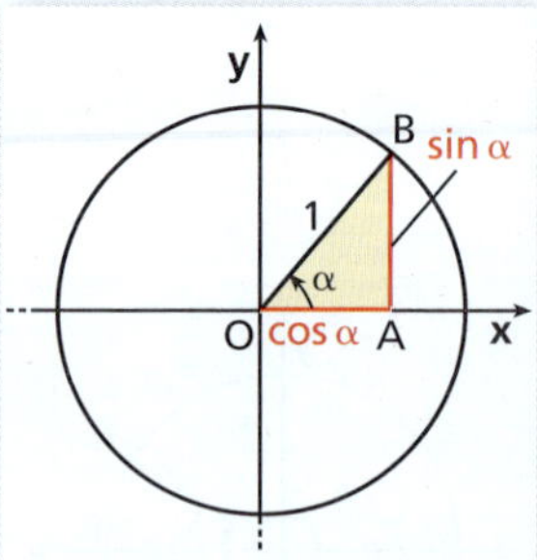

Poiché il punto $B(\cos\alpha; \sin\alpha)$ appartiene alla circonferenza goniometrica, le sue coordinate soddisfano l'equazione $x^2 + y^2 = 1$:

$$\cos^2\alpha + \sin^2\alpha = 1.$$ — prima relazione fondamentale della goniometria

La relazione esprime il teorema di Pitagora applicato al triangolo rettangolo OAB.

Da questa relazione è possibile ricavare $\sin\alpha$ conoscendo $\cos\alpha$ e viceversa. Infatti, se è noto $\cos\alpha$, si ha $\sin\alpha = \pm\sqrt{1-\cos^2\alpha}$. Viceversa, se si conosce $\sin\alpha$, si ha $\cos\alpha = \pm\sqrt{1-\sin^2\alpha}$.

3 Funzione tangente

Tangente di un angolo

Esercizi a p. 683

Listen to it

For an oriented angle α and its associated point B on the unit circle, the **tangent** function is defined as

$\tan\alpha = \frac{y_B}{x_B}$.

We exclude from the domain

$\alpha = \frac{\pi}{2} + k\pi, k \in \mathbb{Z}$.

DEFINIZIONE

Consideriamo un angolo orientato α e chiamiamo B l'intersezione fra il lato termine e la circonferenza goniometrica di centro O. Definiamo **tangente** di α la funzione che ad α associa il rapporto, quando esiste, fra l'ordinata e l'ascissa dal punto B:

$$\tan\alpha = \frac{y_B}{x_B}.$$

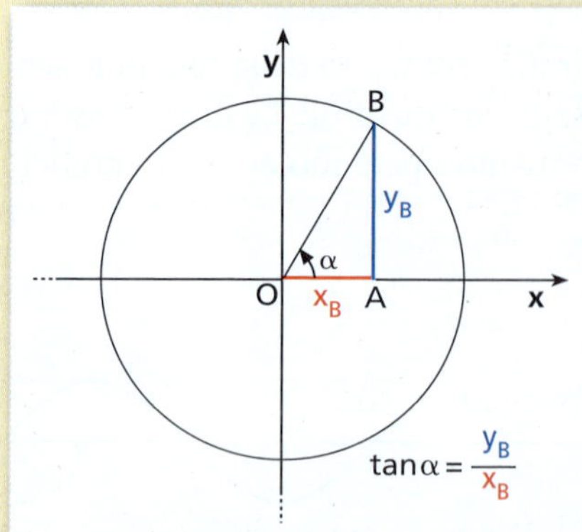

Il rapporto $\frac{y_B}{x_B}$ *non esiste* quando $x_B = 0$, ossia quando B si trova sull'asse y e l'angolo è uguale a $\frac{\pi}{2}$ o a $\frac{3}{2}\pi$ o a un altro valore che ottieni da $\frac{\pi}{2}$ aggiungendo multipli interi dell'angolo piatto. Quindi la tangente esiste solo se:

$$\alpha \neq \frac{\pi}{2} + k\pi, \quad \text{con } k \in \mathbb{Z}.$$

Consideriamo ancora la circonferenza goniometrica, un suo punto $B(x_B; y_B)$, la sua proiezione A sull'asse x e l'angolo orientato $A\widehat{O}B = \alpha$.

Anche in questo caso, come per il seno e il coseno, si può dimostrare che il rapporto $\frac{\overline{AB}}{\overline{OA}}$, e di conseguenza $\frac{y_B}{x_B}$, non varia se cambiamo il raggio della circonferenza. Infatti, considerata una seconda circonferenza di raggio OB', i triangoli OAB e $OA'B'$ sono simili, quindi vale la proporzione

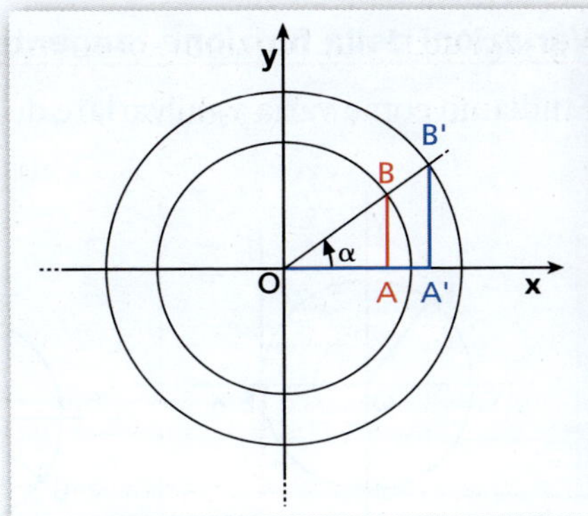

$$\overline{AB} : \overline{OA} = \overline{A'B'} : \overline{OA'},$$

ossia:

$$\frac{\overline{AB}}{\overline{OA}} = \frac{\overline{A'B'}}{\overline{OA'}} = \tan\alpha.$$

Pertanto, il rapporto considerato non dipende dalla particolare circonferenza scelta, bensì solo dall'angolo.

Anche $\tan\alpha$ è un numero puro, essendo un rapporto tra grandezze omogenee. Consideriamo il triangolo rettangolo OAB. Possiamo pensare l'ipotenusa OB come raggio di una circonferenza di centro O. Pertanto la tangente di α è uguale al rapporto fra il cateto opposto all'angolo α e il cateto adiacente.

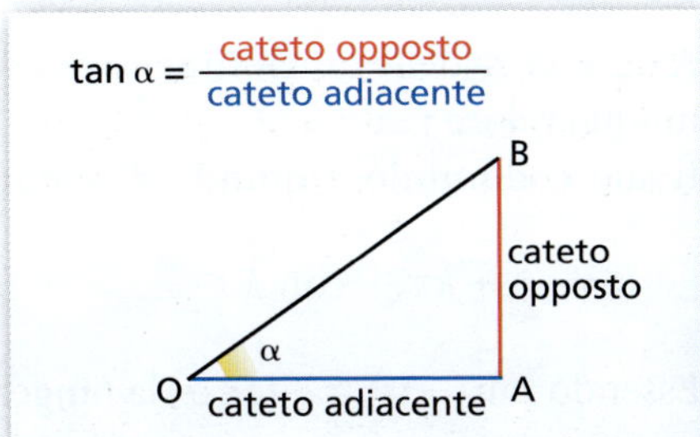

Un altro modo di definire la tangente

Consideriamo la circonferenza goniometrica, la retta tangente a essa nel punto E, origine degli archi, e un angolo α. Il prolungamento del lato termine OB interseca la retta tangente nel punto T (figura a lato).
La tangente di α può anche essere definita come il valore dell'ordinata di T:

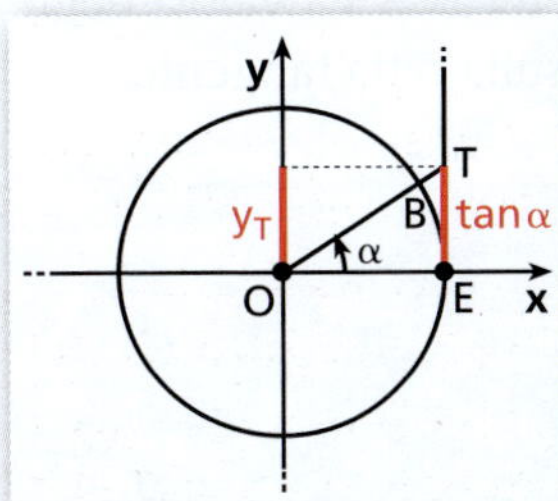

$$\tan\alpha = y_T.$$

Dimostriamo che le due definizioni date sono equivalenti.

DIMOSTRAZIONE

I triangoli rettangoli OAB e OET sono simili, quindi:

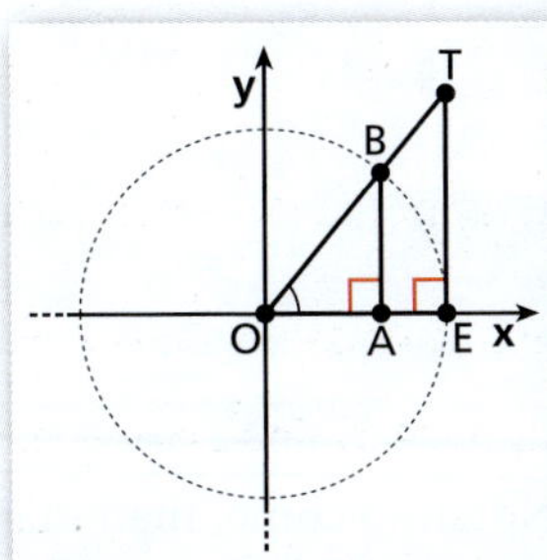

$$\overline{TE} : \overline{BA} = \overline{OE} : \overline{OA} \quad \rightarrow \quad y_T : y_B = 1 : x_B,$$

da cui

$$y_T = \frac{y_B \cdot 1}{x_B}, \quad \text{ossia } y_T = \frac{y_B}{x_B}.$$

Pertanto:

$$\tan\alpha = \frac{y_B}{x_B} = y_T.$$

Variazioni della funzione tangente

Studiamo come varia y_T al variare dell'angolo α.

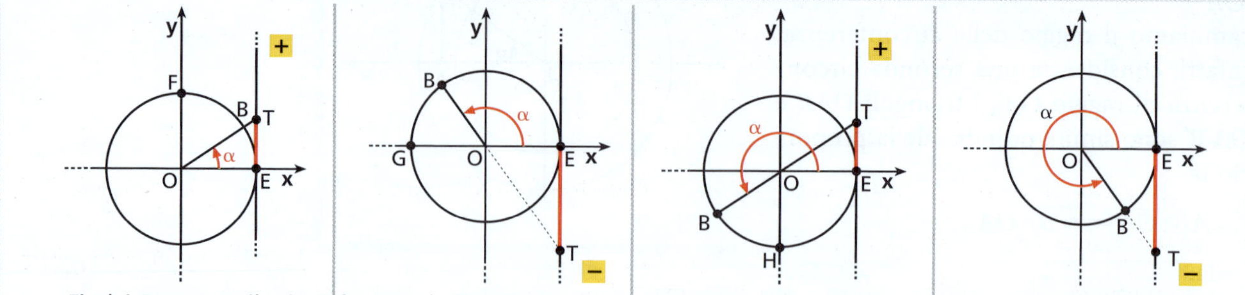

a. Finché *B* percorre il primo quarto di circonferenza, l'ordinata di *T* è positiva e aumenta man mano che *B* si avvicina al punto *F*. Quando $B \equiv F$, la tangente non esiste.

b. Quando *B* percorre la circonferenza nel secondo quadrante, l'ordinata *T* è negativa e aumenta fino a quando $B \equiv G$, in cui $y_T = 0$.

c. Se *B* si trova nel terzo quadrante, l'ordinata di *T* è di nuovo positiva e aumenta fino a quando $B \equiv H$ e *T* non esiste più. La tangente di $\frac{3\pi}{2}$ non esiste.

d. Quando *B* percorre l'ultimo quarto di circonferenza, l'ordinata di *T* ritorna negativa e aumenta fino allo 0.

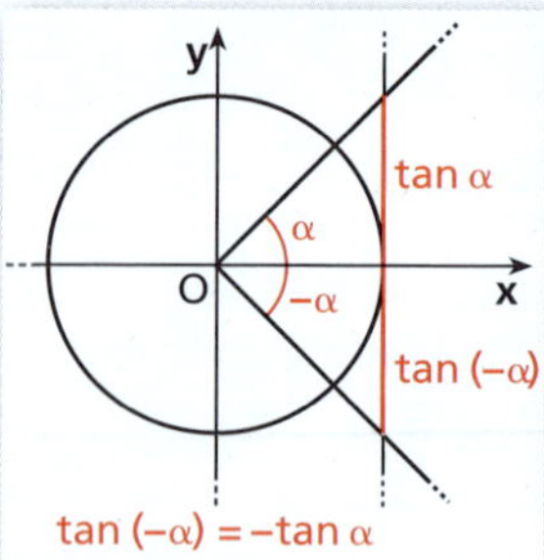

A differenza delle funzioni seno e coseno, la funzione tangente può assumere qualunque valore reale.

Il suo codominio è quindi $\mathbb{R}$, mentre, come abbiamo visto, il suo dominio è:

$$\alpha \neq \frac{\pi}{2} + k\pi, \quad \text{con } k \in \mathbb{Z}.$$

Essendo $\tan(-\alpha) = -\tan\alpha$, la tangente è una funzione dispari.

Grafico della funzione $y = \tan x$

Tracciamo il grafico della funzione $y = \tan x$ nell'intervallo $[0; \pi]$, riportando sull'asse x i valori degli angoli e sull'asse y le ordinate dei punti corrispondenti sulla retta tangente.

Animazione

L'animazione studia i due modi di definire la tangente e, con una figura dinamica, ti permette di vedere il suo grafico al variare dell'angolo fra 0 e 2π.

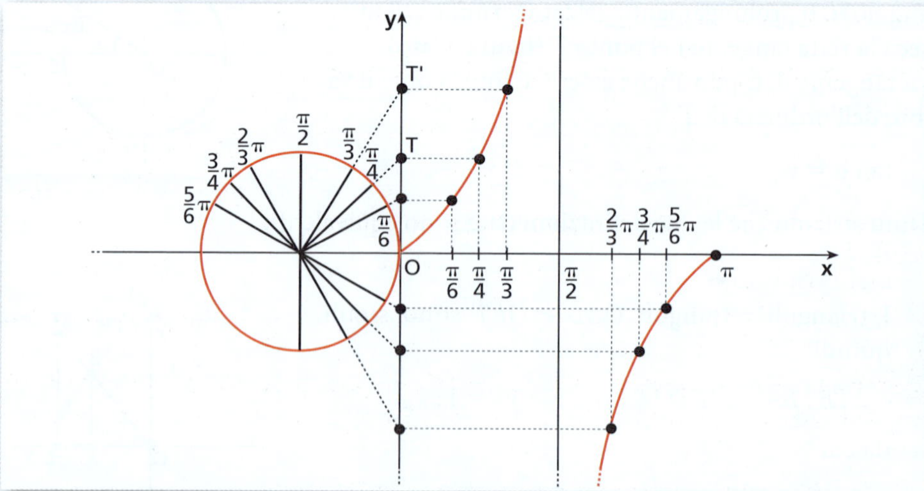

Notiamo come, man mano che x si avvicina a $\frac{\pi}{2}$:

- con valori minori di $\frac{\pi}{2}$, il valore della funzione tende a diventare sempre più grande; diremo che tende a $+\infty$;

- con valori maggiori di $\frac{\pi}{2}$, il valore della funzione tende a diventare sempre più grande in valore assoluto, in quanto è negativo; diremo che tende a $-\infty$.

Il grafico della tangente, per valori di x che si approssimano a $\frac{\pi}{2}$, si avvicina sempre più alla retta di equazione $x = \frac{\pi}{2}$, detta **asintoto verticale** del grafico.

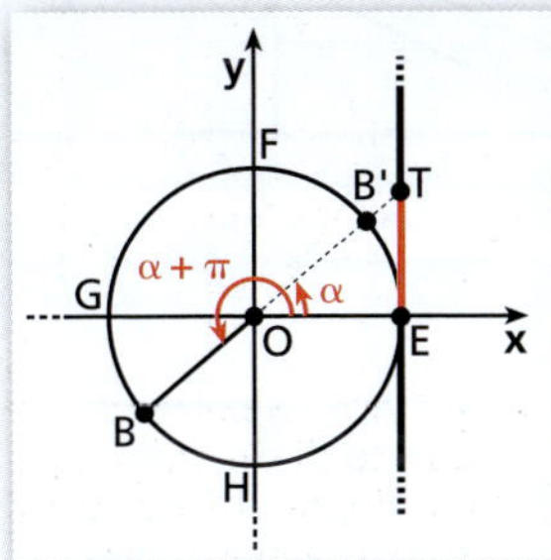

Periodo della funzione tangente

La tangente è una funzione periodica di periodo π, cioè qualunque sia l'angolo α, è:

$$\tan\alpha = \tan(\alpha + k\pi), \quad \text{con } k \in \mathbb{Z}.$$

Questo si può vedere usando la definizione di tangente (figura a lato).
Il grafico completo della tangente si chiama **tangentoide**. Ha infiniti asintoti verticali: le rette di equazioni $x = \frac{\pi}{2} + k\pi$.

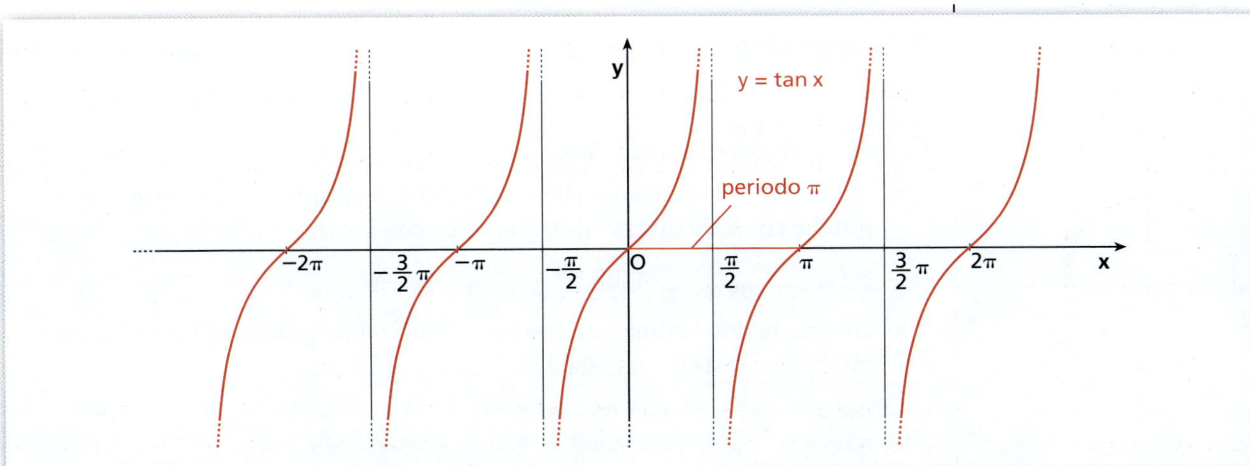

Seconda relazione fondamentale

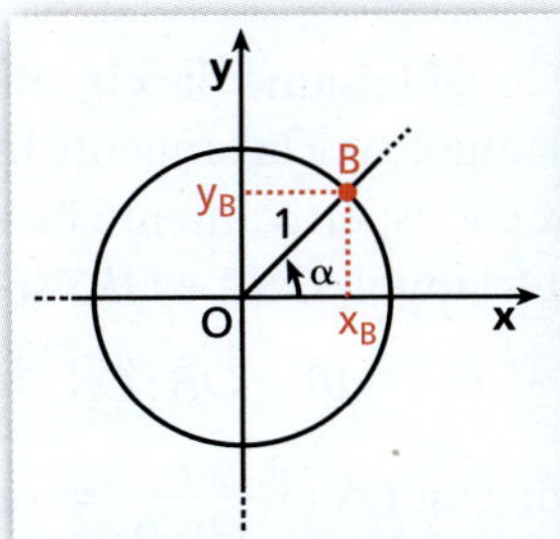

Consideriamo la circonferenza goniometrica. Per definizione:

$$\tan\alpha = \frac{y_B}{x_B}, \quad y_B = \sin\alpha \quad \text{e} \quad x_B = \cos\alpha.$$

Sostituiamo $\sin\alpha$ e $\cos\alpha$ nell'espressione della tangente:

$$\tan\alpha = \frac{\sin\alpha}{\cos\alpha}.$$

Questa è la **seconda relazione fondamentale** della goniometria: la tangente di un angolo è data dal rapporto, quando esiste, fra il seno e il coseno dello stesso angolo.

Significato goniometrico del coefficiente angolare di una retta

Esercizi a p. 686

Tracciamo la circonferenza goniometrica e la retta di equazione $y = mx$, da cui:

$$m = \frac{y}{x}.$$

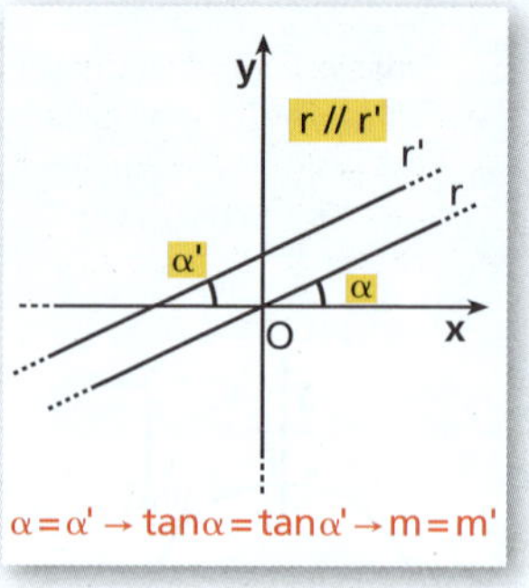

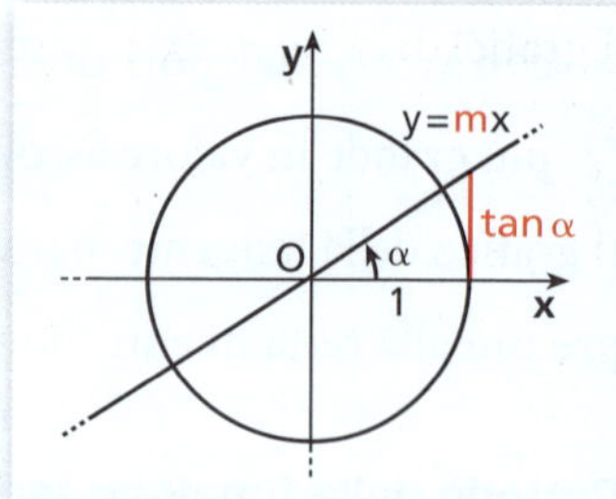

In particolare, se $x = 1$, $y = \tan\alpha$ e

$$m = \frac{\tan\alpha}{1} = \tan\alpha.$$

Il coefficiente angolare della retta è uguale alla tangente dell'angolo fra la retta e l'asse x. Dalla geometria analitica sappiamo che due rette sono parallele quando hanno lo stesso coefficiente angolare e che esse formano angoli congruenti con l'asse x. Ciò permette di estendere il risultato ottenuto anche a rette che non passano per l'origine (figura a sinistra).

4 Funzioni secante, cosecante e cotangente

Secante e cosecante

▶ Esercizi a p. 686

DEFINIZIONE

Dato un angolo α, chiamiamo:

- **secante** di α la funzione che associa ad α il reciproco del valore di $\cos\alpha$, purché $\cos\alpha$ sia diverso da 0. Si indica con $\sec\alpha$:
  $$\sec\alpha = \frac{1}{\cos\alpha}, \quad \text{con } \alpha \neq \frac{\pi}{2} + k\pi \text{ e } k \in \mathbb{Z};$$
- **cosecante** di α la funzione che associa ad α il reciproco del valore di $\sin\alpha$, purché $\sin\alpha$ sia diverso da 0. Si indica con $\csc\alpha$:
  $$\csc\alpha = \frac{1}{\sin\alpha}, \quad \text{con } \alpha \neq k\pi \text{ e } k \in \mathbb{Z}.$$

Secante e cosecante, come seno e coseno, sono funzioni periodiche di periodo 2π.

Un altro modo di definire la secante e la cosecante

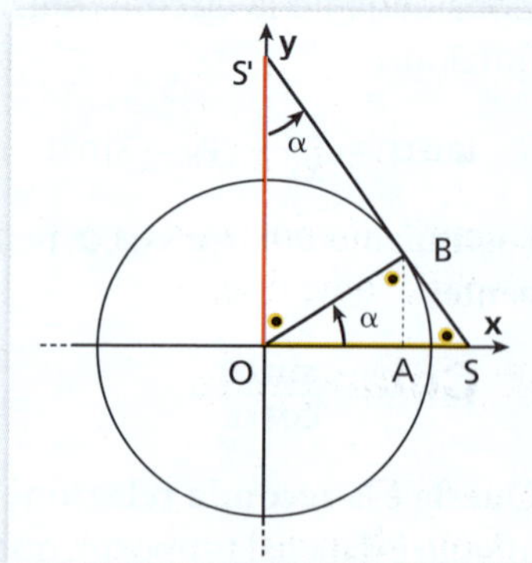

Consideriamo la circonferenza goniometrica, l'angolo α e la tangente in B che interseca gli assi x e y rispettivamente in S e S'.
I triangoli OBA e OBS sono simili, quindi:

$$\overline{OA} : \overline{OB} = \overline{OB} : \overline{OS} \quad \rightarrow \quad \cos\alpha : 1 = 1 : \overline{OS},$$

da cui: $\overline{OS} = \dfrac{1}{\cos\alpha} = \sec\alpha.$

Analogamente, essendo simili i triangoli OAB e OBS':

$$\overline{BA} : \overline{OB} = \overline{OB} : \overline{OS'} \quad \rightarrow \quad \sin\alpha : 1 = 1 : \overline{OS'},$$

da cui: $\overline{OS'} = \dfrac{1}{\sin\alpha} = \csc\alpha.$

La secante di α è quindi l'ascissa del punto S, intersezione della retta tangente nel punto B, associato ad α sulla circonferenza goniometrica, con l'asse x.
Analogamente, la cosecante di α è l'ordinata del punto S', intersezione della retta tangente in B con l'asse y.

I grafici delle funzioni secante e cosecante sono rappresentati nelle seguenti figure.

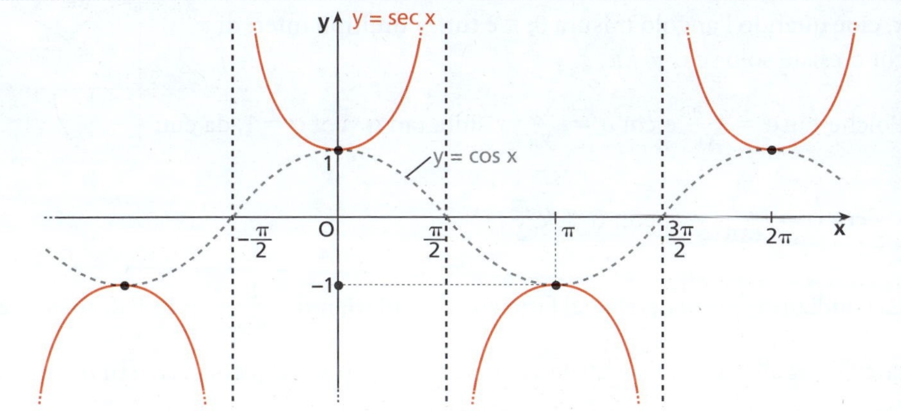

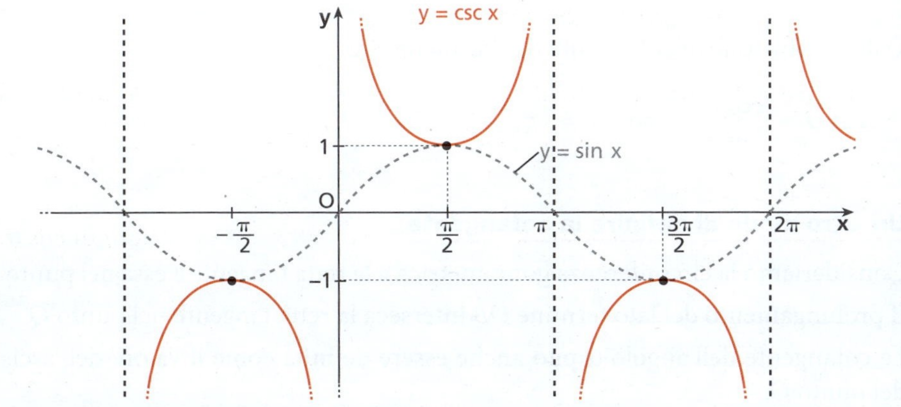

Il grafico di una funzione si ottiene da quello dell'altra con una traslazione di vettore parallelo all'asse x e modulo $\frac{\pi}{2}$.

Dalla figura si deduce che il codominio, sia della funzione secante, sia della funzione cosecante, è $\mathbb{R} -]-1; 1[$.

Sono asintoti verticali le rette di equazione:

$x = \frac{\pi}{2} + k\pi$ per il grafico della secante;

$x = 0 + k\pi$ per il grafico della cosecante.

Come il coseno, la secante è una funzione pari, mentre la cosecante è una funzione dispari, come il seno.

> **Animazione**
>
> L'animazione studia i due modi di definire la secante e la cosecante e fornisce figure dinamiche per osservare i loro grafici al variare dell'angolo fra 0 e 2π.

Cotangente

▶ Esercizi a p. 687

DEFINIZIONE

Consideriamo un angolo orientato α e chiamiamo B l'intersezione fra il lato termine e la circonferenza goniometrica. Definiamo **cotangente** di α la funzione che associa ad α il rapporto, quando esiste, fra l'ascissa e l'ordinata del punto B:

$$\cot \alpha = \frac{x_B}{y_B}.$$

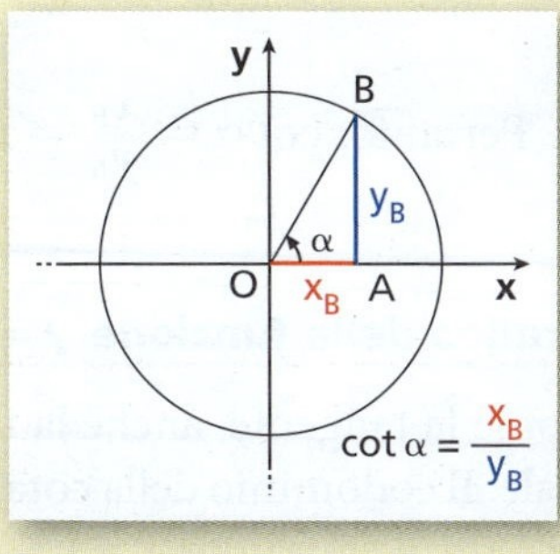

Il rapporto $\frac{x_B}{y_B}$ *non esiste* quando $y_B = 0$, ossia quando il punto B si trova sull'asse x, cioè quando l'angolo misura 0, π e tutti i multipli interi di π.
$\cot\alpha$ esiste solo se $\alpha \neq k\pi$.

Poiché $\tan\alpha = \frac{y_B}{x_B}$ e $\cot\alpha = \frac{x_B}{y_B}$, risulta $\tan\alpha \cdot \cot\alpha = 1$, da cui:

$$\mathbf{\cot\alpha = \frac{1}{\tan\alpha}}, \quad \text{con } \alpha \neq k\frac{\pi}{2}.$$

La condizione posta deriva dal fatto che consideriamo $\frac{1}{\tan\alpha}$, quindi occorre scartare gli angoli in cui non esiste $\tan\alpha$, cioè $\alpha = \frac{\pi}{2} + k\pi$, e quelli in cui $\tan\alpha = 0$, cioè $\alpha = 0 + k\pi$, perciò: $\alpha \neq k\frac{\pi}{2}$.

Dalla definizione di cotangente deriva anche che:

$$\mathbf{\cot\alpha = \frac{\cos\alpha}{\sin\alpha}}, \quad \text{con } \alpha \neq k\pi.$$

Un altro modo di definire la cotangente

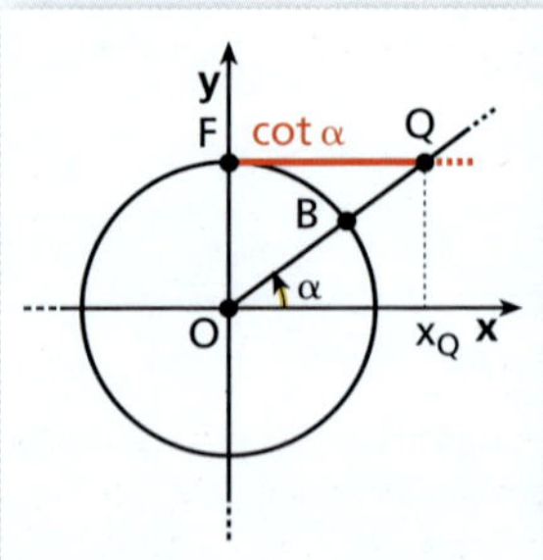

Consideriamo la circonferenza goniometrica e la retta tangente a essa nel punto F.
Il prolungamento del lato termine OB interseca la retta tangente nel punto Q.
La cotangente dell'angolo α può anche essere definita come il valore dell'ascissa del punto Q:

$$\cot\alpha = x_Q.$$

Dimostriamo che le due definizioni date sono equivalenti.

DIMOSTRAZIONE

Consideriamo i due triangoli rettangoli OAB e OFQ. Essi sono simili, essendo $FQ /\!/ OA$ e quindi $\alpha \cong \alpha'$, perché alterni interni di rette parallele tagliate da una trasversale.

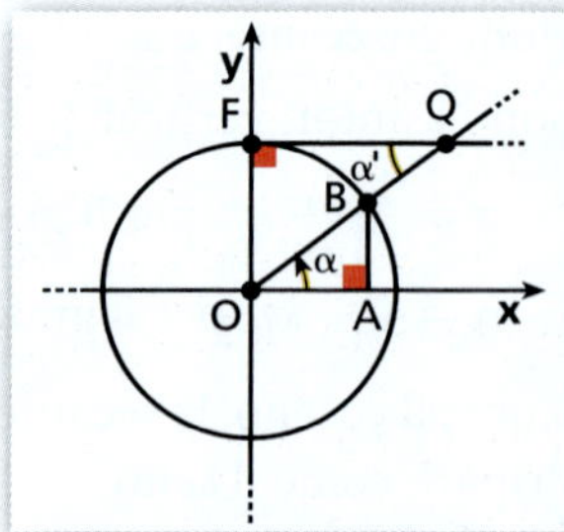

Scriviamo la proporzione fra le misure dei cateti corrispondenti,

$$\overline{FQ} : \overline{OA} = \overline{FO} : \overline{BA}, \quad \rightarrow \quad x_Q : x_B = 1 : y_B,$$

da cui: $x_Q = \frac{x_B}{y_B}$.

Pertanto: $\cot\alpha = \frac{x_B}{y_B} = x_Q$.

Grafico della funzione $y = \cot x$

Animazione

Nell'animazione ci sono le due definizioni e una figura dinamica per osservare il grafico della cotangente fra 0 e 2π.

Come la tangente, anche la funzione cotangente può assumere qualunque valore reale. Il codominio della cotangente è quindi $\mathbb{R}$, mentre il suo dominio è: $x \neq k \cdot \pi$.
Le rette di equazione $x = k\pi$ sono asintoti verticali del suo grafico.

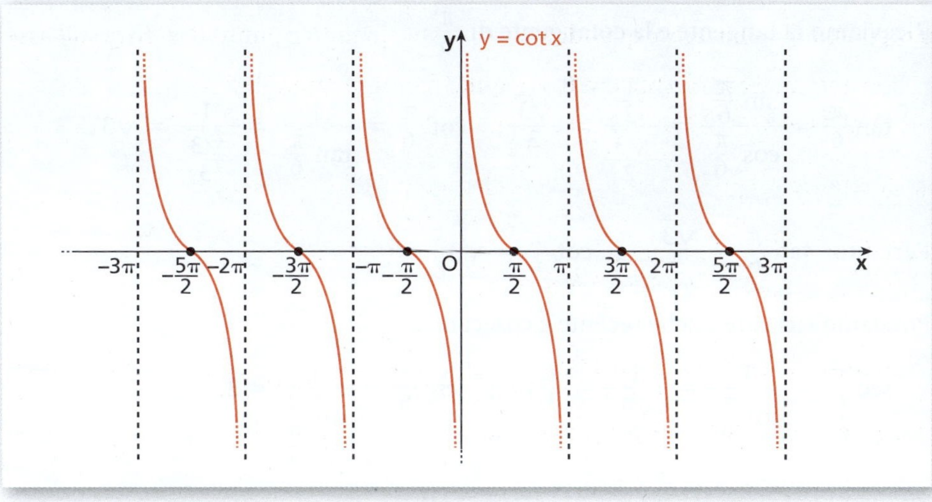

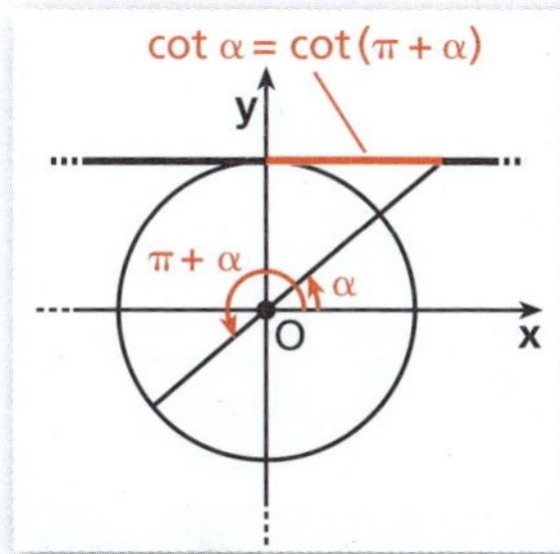

Periodo della funzione cotangente

In analogia con la tangente, la funzione cotangente risulta periodica di periodo π:

$$\cot(\alpha + k\pi) = \cot\alpha, \quad \text{con } k \in \mathbb{Z}.$$

5 Funzioni goniometriche di angoli particolari

▶ Esercizi a p. 690

Mediante le proprietà delle figure geometriche riusciamo a calcolare il valore delle funzioni goniometriche di alcuni angoli particolari.

Animazione

Nell'animazione puoi seguire passo passo il modo con cui si ricavano seno e coseno di $\frac{\pi}{6}$, $\frac{\pi}{4}$, $\frac{\pi}{3}$.

L'angolo $\frac{\pi}{6}$

Consideriamo la circonferenza goniometrica e il triangolo OAB, rettangolo in A, con $\alpha = A\widehat{O}B = \frac{\pi}{6}$ e $\overline{OB} = 1$.

Poiché in un triangolo rettangolo gli angoli acuti sono complementari $O\widehat{B}A = \frac{\pi}{3}$.

Prolungando il lato BA, otteniamo sulla circonferenza il punto C.

Il triangolo OBC è equilatero, poiché ha gli angoli di $\frac{\pi}{3}$, quindi $\overline{BC} = 1$.

AB è la metà di BC, ossia $\overline{AB} = \frac{1}{2}$.

Ricaviamo $\overline{OA}$ applicando il teorema di Pitagora al triangolo OAB:

$$\overline{OA} = \sqrt{\overline{OB}^2 - \overline{AB}^2} = \sqrt{1^2 - \left(\frac{1}{2}\right)^2} = \sqrt{\frac{3}{4}} = \frac{\sqrt{3}}{2}.$$

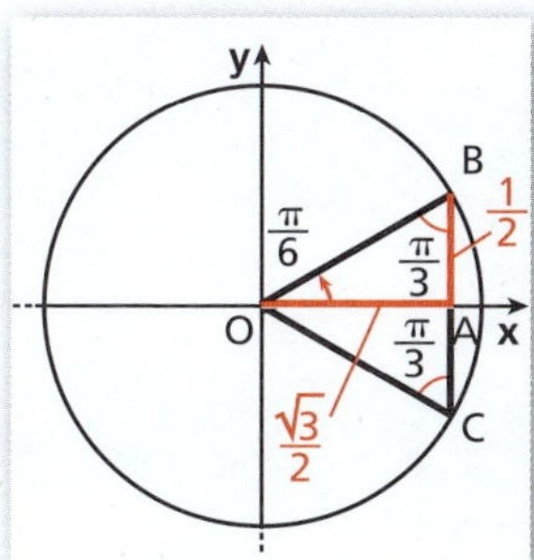

Pertanto: $\sin\frac{\pi}{6} = \frac{1}{2}$ e $\cos\frac{\pi}{6} = \frac{\sqrt{3}}{2}$.

Osservazione. Noto $\sin\frac{\pi}{6} = \frac{1}{2}$, per determinare $\cos\frac{\pi}{6}$ potremmo anche utilizzare direttamente la prima relazione fondamentale: $\sin^2\frac{\pi}{6} + \cos^2\frac{\pi}{6} = 1$.

Ricaviamo la tangente e la cotangente di $\frac{\pi}{6}$:

$$\tan\frac{\pi}{6} = \frac{\sin\frac{\pi}{6}}{\cos\frac{\pi}{6}} = \frac{\frac{1}{2}}{\frac{\sqrt{3}}{2}} = \frac{\sqrt{3}}{3};\quad \cot\frac{\pi}{6} = \frac{1}{\tan\frac{\pi}{6}} = \frac{1}{\frac{\sqrt{3}}{3}} = \sqrt{3}.$$

Pertanto: $\tan\frac{\pi}{6} = \frac{\sqrt{3}}{3}$ e $\cot\frac{\pi}{6} = \sqrt{3}$.

Possiamo ricavare anche secante e cosecante:

$$\sec\frac{\pi}{6} = \frac{1}{\cos\frac{\pi}{6}} = \frac{1}{\frac{\sqrt{3}}{2}} = \frac{2}{3}\sqrt{3};\quad \csc\frac{\pi}{6} = \frac{1}{\sin\frac{\pi}{6}} = 2.$$

L'angolo $\frac{\pi}{4}$

Consideriamo la circonferenza goniometrica e il triangolo OAB, rettangolo in A, con $\alpha = A\widehat{O}B = \frac{\pi}{4}$ e $\overline{OB} = 1$.

Poiché l'angolo in B è complementare di α, risulta $O\widehat{B}A = \frac{\pi}{4}$ e il triangolo OAB è anche isoscele.

Applichiamo il teorema di Pitagora al triangolo AOB:

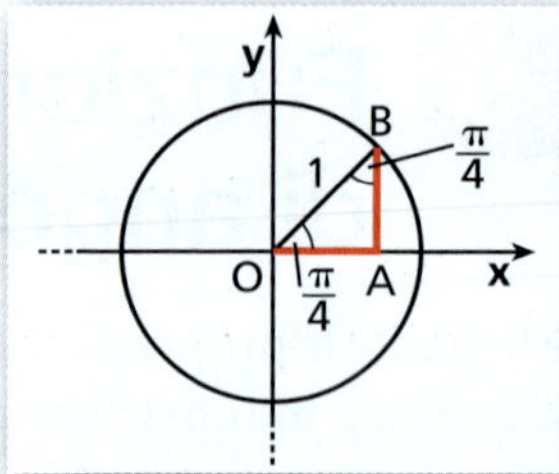

$$\overline{OA}^2 + \overline{AB}^2 = \overline{OB}^2.$$

Poiché $\overline{OA} = \overline{AB}$ e $\overline{OB} = 1$:

$$2\overline{OA}^2 = 1 \rightarrow \overline{OA}^2 = \frac{1}{2} \rightarrow \overline{OA} = \frac{1}{\sqrt{2}} = \frac{\sqrt{2}}{2}.$$

$$\sin\frac{\pi}{4} = \frac{\sqrt{2}}{2} \text{ e } \cos\frac{\pi}{4} = \frac{\sqrt{2}}{2}.$$

Calcoliamo tangente e cotangente di $\frac{\pi}{4}$:

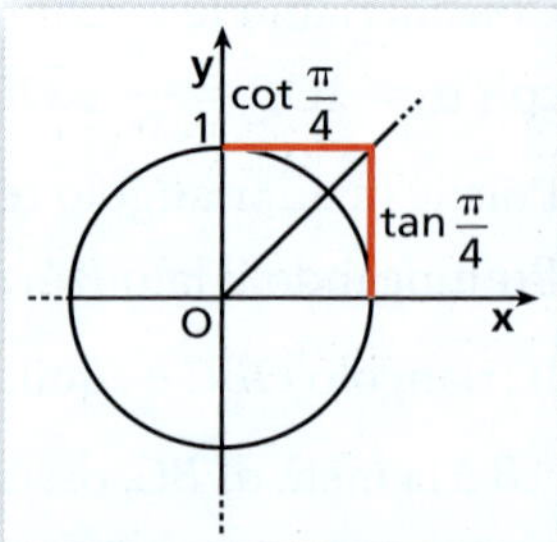

$$\tan\frac{\pi}{4} = \frac{\sin\frac{\pi}{4}}{\cos\frac{\pi}{4}} = \frac{\frac{\sqrt{2}}{2}}{\frac{\sqrt{2}}{2}} = 1;$$

$$\cot\frac{\pi}{4} = \frac{1}{\tan\frac{\pi}{4}} = 1.$$

Pertanto:

$$\tan\frac{\pi}{4} = 1 \text{ e } \cot\frac{\pi}{4} = 1.$$

Poiché $\sin\frac{\pi}{4} = \cos\frac{\pi}{4}$, otteniamo:

$$\sec\frac{\pi}{4} = \csc\frac{\pi}{4} = \frac{2}{\sqrt{2}} = \sqrt{2}.$$

L'angolo $\frac{\pi}{3}$

Nella circonferenza goniometrica consideriamo il triangolo OAB, rettangolo in A, con $\alpha = A\widehat{O}B = \frac{\pi}{3}$ e, di conseguenza, $O\widehat{B}A = \frac{\pi}{6}$.

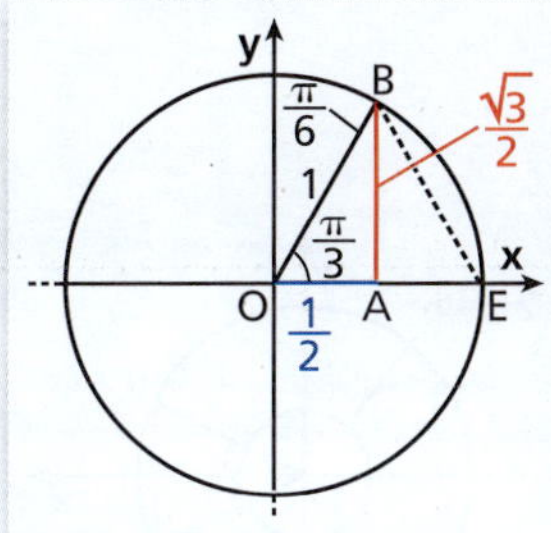

Congiungendo B con E, otteniamo il triangolo equilatero OEB.

BA è altezza e mediana del triangolo OEB, quindi $\overline{OA} = \frac{1}{2}$.

Ricaviamo $\overline{AB}$ applicando il teorema di Pitagora al triangolo OAB:

$$\overline{AB} = \sqrt{\overline{OB}^2 - \overline{OA}^2} = \sqrt{1^2 - \left(\frac{1}{2}\right)^2} = \sqrt{\frac{3}{4}} = \frac{\sqrt{3}}{2}.$$

$$\cos\frac{\pi}{3} = \frac{1}{2} \text{ e } \sin\frac{\pi}{3} = \frac{\sqrt{3}}{2}.$$

Ricaviamo la tangente e la cotangente di $\frac{\pi}{3}$:

$$\tan\frac{\pi}{3} = \frac{\sin\frac{\pi}{3}}{\cos\frac{\pi}{3}} = \frac{\frac{\sqrt{3}}{2}}{\frac{1}{2}} = \sqrt{3}; \quad \cot\frac{\pi}{3} = \frac{1}{\tan\frac{\pi}{3}} = \frac{1}{\sqrt{3}} = \frac{\sqrt{3}}{3}.$$

Pertanto: $\tan\frac{\pi}{3} = \sqrt{3}$ e $\cot\frac{\pi}{3} = \frac{\sqrt{3}}{3}$.

Ricaviamo anche:

$$\sec\frac{\pi}{3} = \frac{1}{\cos\frac{\pi}{3}} = \frac{1}{\frac{1}{2}} = 2; \quad \csc\frac{\pi}{3} = \frac{1}{\sin\frac{\pi}{3}} = \frac{1}{\frac{\sqrt{3}}{2}} = \frac{2}{3}\sqrt{3}.$$

6 Angoli associati

Consideriamo un angolo α. Chiamiamo **angoli associati** (o **archi associati**) ad α i seguenti angoli:

$$-\alpha,\ \frac{\pi}{2}-\alpha,\ \frac{\pi}{2}+\alpha,\ \pi-\alpha,\ \pi+\alpha,\ \frac{3}{2}\pi-\alpha,\ \frac{3}{2}\pi+\alpha,\ 2\pi-\alpha.$$

Video

Le formule degli angoli associati
- Quali sono le formule degli angoli associati?
- Come ricavarle senza doverle imparare a memoria?

Funzioni goniometriche di angoli associati ▶ Esercizi a p. 692

Determiniamo seno, coseno, tangente e cotangente degli angoli associati ad α, in funzione di seno, coseno, tangente e cotangente dell'angolo α.

- I due angoli α e $-\alpha$ sono congruenti e orientati in verso opposto, ossia sono **angoli opposti**:

$$\sin(-\alpha) = y_{B'} = -y_B = -\sin\alpha,$$
$$\cos(-\alpha) = x_{B'} = x_B = \cos\alpha.$$

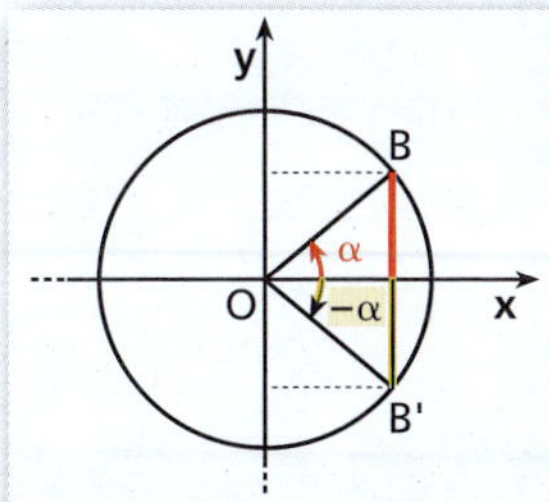

α e $-\alpha$

Pertanto:

$\sin(-\alpha) = -\sin\alpha$	$\tan(-\alpha) = -\tan\alpha$
$\cos(-\alpha) = \cos\alpha$	$\cot(-\alpha) = -\cot\alpha$

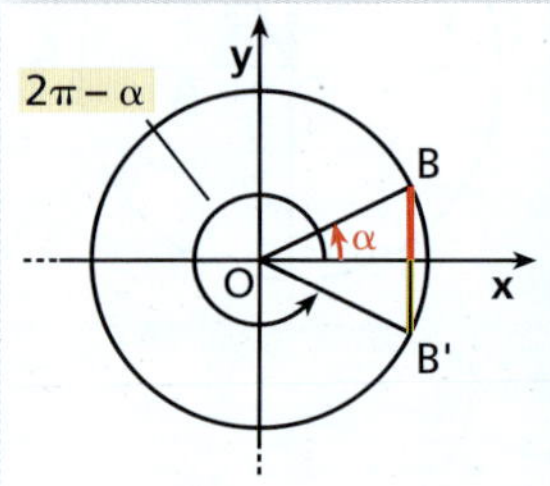

α e 2π − α

- α e $2\pi - \alpha$ sono **angoli esplementari**, ossia la loro somma è un angolo giro. Per essi valgono considerazioni analoghe a quelle precedenti, quindi:

$\sin(2\pi - \alpha) = -\sin\alpha$	$\tan(2\pi - \alpha) = -\tan\alpha$
$\cos(2\pi - \alpha) = \cos\alpha$	$\cot(2\pi - \alpha) = -\cot\alpha$

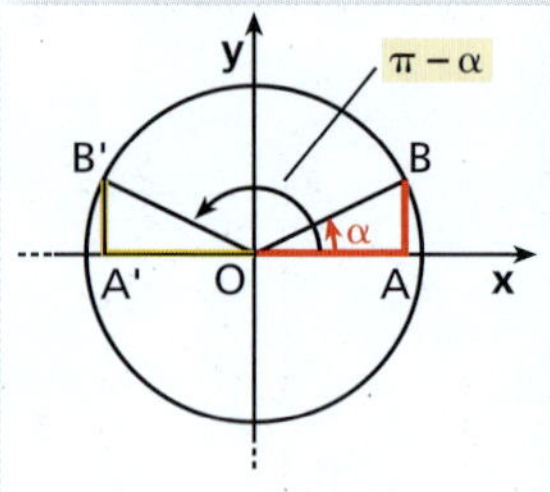

α e π − α

- α e $\pi - \alpha$ sono **angoli supplementari**.
I triangoli rettangoli OAB e $OA'B'$ sono congruenti perché hanno congruenti l'ipotenusa e l'angolo acuto α:

$$\sin(\pi - \alpha) = y_{B'} = y_B = \sin\alpha,$$
$$\cos(\pi - \alpha) = x_{B'} = -x_B = -\cos\alpha.$$

Pertanto:

$\sin(\pi - \alpha) = \sin\alpha$	$\tan(\pi - \alpha) = -\tan\alpha$
$\cos(\pi - \alpha) = -\cos\alpha$	$\cot(\pi - \alpha) = -\cot\alpha$

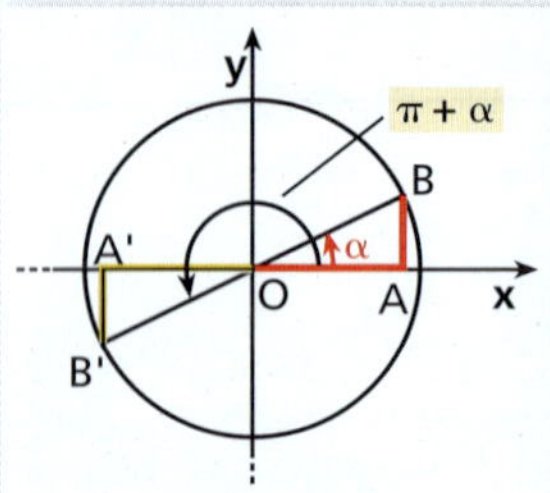

α e π + α

- α e $\pi + \alpha$ sono **angoli che differiscono di un angolo piatto**. Con considerazioni analoghe a quelle del caso precedente otteniamo:

$\sin(\pi + \alpha) = -\sin\alpha$	$\tan(\pi + \alpha) = \tan\alpha$
$\cos(\pi + \alpha) = -\cos\alpha$	$\cot(\pi + \alpha) = \cot\alpha$

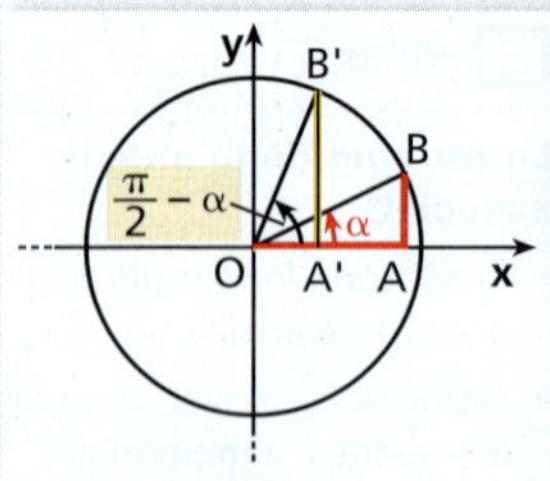

α e π/2 − α

- α e $\frac{\pi}{2} - \alpha$ sono **angoli complementari**.
Nel triangolo rettangolo $OA'B'$ risulta $A'\widehat{O}B' = \frac{\pi}{2} - \alpha$ e $O\widehat{B'}A' = \alpha$, perché complementare del precedente.
I triangoli OAB e $OA'B'$ sono congruenti perché hanno congruente l'ipotenusa e l'angolo acuto α, pertanto $OA \cong A'B'$ e $AB \cong OA'$:

$$\sin\left(\frac{\pi}{2} - \alpha\right) = y_{B'} = x_B = \cos\alpha,$$
$$\cos\left(\frac{\pi}{2} - \alpha\right) = x_{B'} = y_B = \sin\alpha.$$

Animazione

Con pochi click, osservi le relazioni fra seno e coseno di:

α e $-\alpha$; α e $2\pi - \alpha$;

α e $\pi - \alpha$; α e $\pi + \alpha$.

Animazione

Qui hai le relazioni fra seno e coseno di:

α e $\frac{\pi}{2} - \alpha$; α e $\frac{\pi}{2} + \alpha$;

α e $\frac{3}{2}\pi - \alpha$; α e $\frac{3}{2}\pi + \alpha$.

Pertanto:

$$\sin\left(\frac{\pi}{2}-\alpha\right)=\cos\alpha \qquad \tan\left(\frac{\pi}{2}-\alpha\right)=\cot\alpha$$
$$\cos\left(\frac{\pi}{2}-\alpha\right)=\sin\alpha \qquad \cot\left(\frac{\pi}{2}-\alpha\right)=\tan\alpha$$

- α e $\frac{\pi}{2}+\alpha$ sono **angoli che differiscono di un angolo retto.** Nel triangolo rettangolo $OA'B'$ risulta $A'\widehat{O}B'=\pi-\left(\frac{\pi}{2}+\alpha\right)=\frac{\pi}{2}-\alpha$ e $A'\widehat{B'}O=\alpha$. Quindi, in analogia con il caso precedente, tenuto conto che $A'B'O$ è nel secondo quadrante, otteniamo:

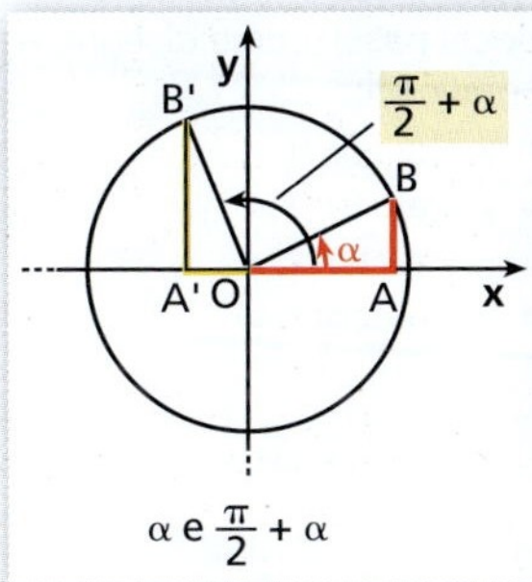

$$\sin\left(\frac{\pi}{2}+\alpha\right)=\cos\alpha \qquad \tan\left(\frac{\pi}{2}+\alpha\right)=-\cot\alpha$$
$$\cos\left(\frac{\pi}{2}+\alpha\right)=-\sin\alpha \qquad \cot\left(\frac{\pi}{2}+\alpha\right)=-\tan\alpha$$

- Se consideriamo α e $\frac{3}{2}\pi-\alpha$, $A'\widehat{O}B'=\frac{3}{2}\pi-\alpha-\pi=\frac{\pi}{2}-\alpha$ e $A'\widehat{B'}O=\alpha$, quindi i triangoli AOB e $A'OB'$ sono congruenti. Per **angoli la cui somma è $\frac{3}{2}\pi$** otteniamo dunque:

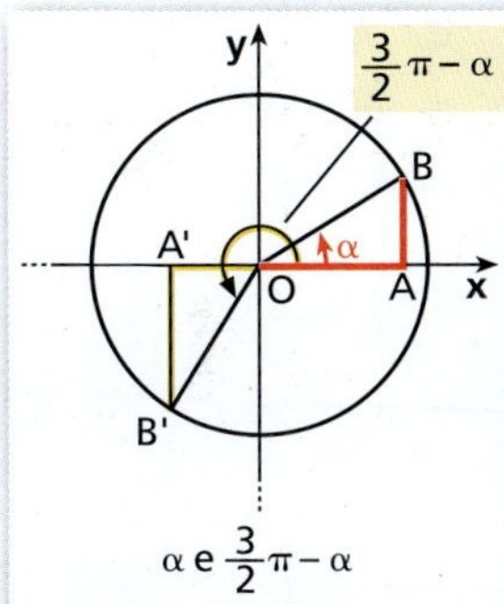

$$\sin\left(\frac{3}{2}\pi-\alpha\right)=-\cos\alpha \qquad \tan\left(\frac{3}{2}\pi-\alpha\right)=\cot\alpha$$
$$\cos\left(\frac{3}{2}\pi-\alpha\right)=-\sin\alpha \qquad \cot\left(\frac{3}{2}\pi-\alpha\right)=\tan\alpha$$

- Con ragionamenti analoghi, per α e $\frac{3}{2}\pi+\alpha$, ossia **angoli la cui differenza è $\frac{3}{2}\pi$**, otteniamo:

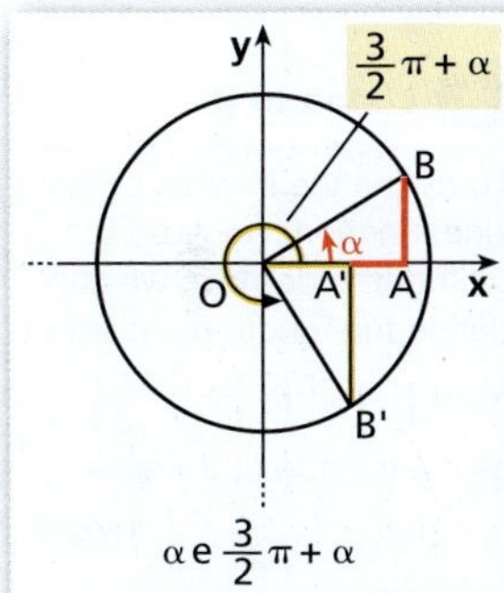

$$\sin\left(\frac{3}{2}\pi+\alpha\right)=-\cos\alpha \qquad \tan\left(\frac{3}{2}\pi+\alpha\right)=-\cot\alpha$$
$$\cos\left(\frac{3}{2}\pi+\alpha\right)=\sin\alpha \qquad \cot\left(\frac{3}{2}\pi+\alpha\right)=-\tan\alpha$$

Riduzione al primo quadrante

▶ Esercizi a p. 698

Utilizzando le relazioni stabilite per gli angoli associati, è possibile determinare le funzioni goniometriche di qualunque angolo, conoscendo le funzioni goniometriche degli angoli che appartengono al primo quadrante.
Il procedimento relativo viene detto **riduzione al primo quadrante.**

ESEMPIO

Riduciamo al primo quadrante sin 110°.

Poiché 110° = 90° + 20°, possiamo scrivere:

sin 110° = sin (90° + 20°) = cos 20°.

▶ Riduci al primo quadrante cos 230°.

7 Funzioni goniometriche inverse

▶ Esercizi a p. 701

Animazione

Nell'animazione vediamo, in pochi passi, come disegnare i grafici di:

- $y = \arcsin x$;
- $y = \arccos x$;
- $y = \arctan x$;
- $y = \text{arccot}\, x$.

Funzione inversa di $y = \sin x$

Una funzione è invertibile, ossia ammette la funzione inversa, solo se è biunivoca.

La funzione $y = \sin x$ non è biunivoca perché non è iniettiva. Infatti, se consideriamo una retta $y = k$, parallela all'asse x, con $-1 \leq k \leq 1$, essa interseca il grafico della funzione seno in infiniti punti, quindi ogni valore del codominio $[-1; 1]$ di $y = \sin x$ è il corrispondente di infiniti valori del dominio $\mathbb{R}$.

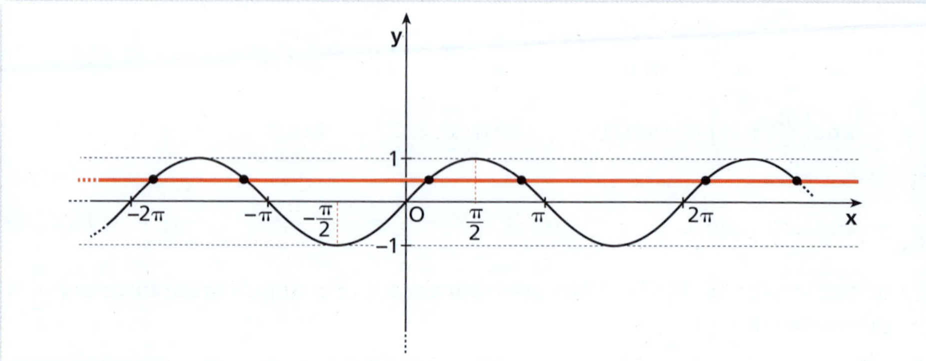

Restrizione del dominio

Se restringiamo il dominio della funzione seno all'intervallo $\left[-\frac{\pi}{2}; \frac{\pi}{2}\right]$, la funzione $y = \sin x$ risulta biunivoca e dunque invertibile.

La funzione inversa del seno si chiama *arcoseno*.

Listen to it

To define the inverse of the sine function, we need to restrict the domain; we can define the function arcsin(x) from $[-1; 1]$ to $\left[-\frac{\pi}{2}; \frac{\pi}{2}\right]$ as the inverse of the sine function in $\left[-\frac{\pi}{2}; \frac{\pi}{2}\right]$. This method can be used to define the inverse function of all the trigonometric functions.

DEFINIZIONE

Dati i numeri reali x e y, con

$$-1 \leq x \leq 1 \text{ e } -\frac{\pi}{2} \leq y \leq \frac{\pi}{2},$$

diciamo che y è l'**arcoseno** di x se x è il seno di y.
Scriviamo: $y = \arcsin x$.

$y = \arcsin x$ ⇕ $x = \sin y$

$D = [-1; 1]$

$C = \left[-\frac{\pi}{2}; \frac{\pi}{2}\right]$

ESEMPIO

$$\arcsin 1 = \frac{\pi}{2} \quad \leftrightarrow \quad \sin\frac{\pi}{2} = 1;$$

$$\arcsin\frac{1}{2} = \frac{\pi}{6} \quad \leftrightarrow \quad \sin\frac{\pi}{6} = \frac{1}{2}.$$

▶ Qual è l'arcoseno di $\frac{\sqrt{3}}{2}$?

Per ottenere il grafico della funzione $y = \arcsin x$, basta costruire il simmetrico rispetto alla bisettrice del primo e terzo quadrante del grafico della funzione $y = \sin x$, considerata nell'intervallo $\left[-\frac{\pi}{2}; \frac{\pi}{2}\right]$.

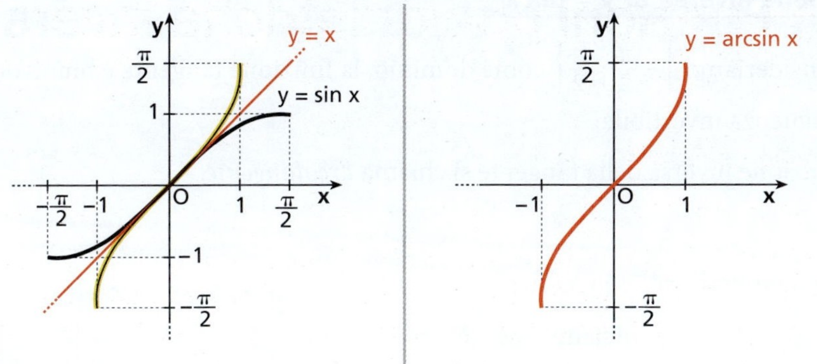

a. Grafico di $y = \sin x$ in $\left[-\frac{\pi}{2}; \frac{\pi}{2}\right]$ e suo simmetrico rispetto alla bisettrice del primo e terzo quadrante.

b. Grafico di $y = \arcsin x$.

Considerazioni analoghe valgono per le funzioni inverse delle altre funzioni goniometriche.

Funzione inversa di $y = \cos x$

Se consideriamo $[0; \pi]$ come dominio, la funzione coseno è biunivoca e quindi invertibile.
La funzione inversa del coseno si chiama *arcocoseno*.

DEFINIZIONE

Dati i numeri reali x e y, con $-1 \leq x \leq 1$ e $0 \leq y \leq \pi$, diciamo che y è l'**arcocoseno** di x se x è il coseno di y.
Scriviamo: $y = \arccos x$.

$y = \arccos x$ ⇕ $x = \cos y$ $D = [-1; 1]$ $C = [0; \pi]$

ESEMPIO

$$\arccos(-1) = \pi \quad \leftrightarrow \quad \cos \pi = -1; \quad \arccos \frac{\sqrt{3}}{2} = \frac{\pi}{6} \quad \leftrightarrow \quad \cos \frac{\pi}{6} = \frac{\sqrt{3}}{2}.$$

▶ Qual è l'arcocoseno di $-\frac{1}{2}$?

La figura illustra il grafico della funzione arcocoseno.

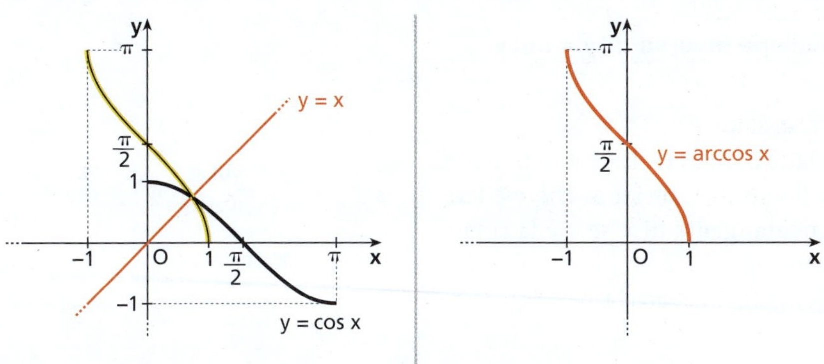

a. Grafico di $y = \cos x$ in $[0; \pi]$ e suo simmetrico rispetto alla bisettrice del primo e terzo quadrante.

b. Grafico di $y = \arccos x$.

TEORIA

Funzione inversa di $y = \tan x$

Se consideriamo $\left]-\frac{\pi}{2}; \frac{\pi}{2}\right[$ come dominio, la funzione tangente è biunivoca e di conseguenza invertibile.

La funzione inversa della tangente si chiama *arcotangente*.

DEFINIZIONE

Dati i numeri reali x e y, con $x \in \mathbb{R}$ e $-\frac{\pi}{2} < y < \frac{\pi}{2}$, diciamo che y è l'**arcotangente** di x se x è la tangente di y.
Scriviamo: $y = \arctan x$.

$y = \arctan x$ ⇕ $x = \tan y$

$D = \mathbb{R}$

$C = \left]-\frac{\pi}{2}; \frac{\pi}{2}\right[$

▸ Qual è l'arcotangente di $-\frac{\sqrt{3}}{3}$?

ESEMPIO

$$\arctan 1 = \frac{\pi}{4} \leftrightarrow \tan\frac{\pi}{4} = 1; \quad \arctan\sqrt{3} = \frac{\pi}{3} \leftrightarrow \tan\frac{\pi}{3} = \sqrt{3}.$$

Studiamo il grafico della funzione arcotangente.

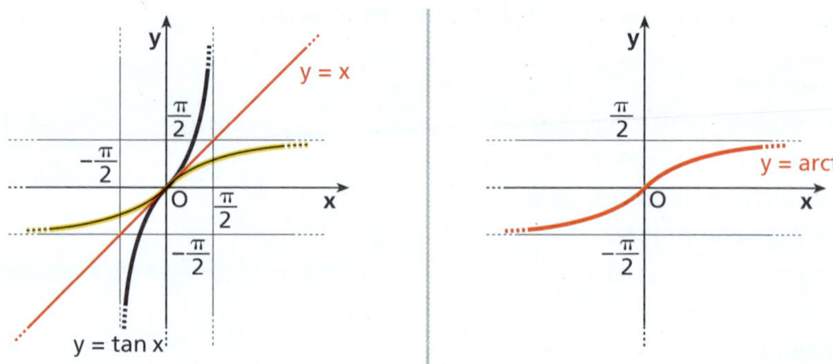

a. Grafico di $y = \tan x$ in $\left]-\frac{\pi}{2}; \frac{\pi}{2}\right[$ e suo simmetrico rispetto alla bisettrice del primo e terzo quadrante.

b. Grafico di $y = \arctan x$.

Funzione inversa di $y = \cot x$

DEFINIZIONE

Dati i numeri reali x e y, con $x \in \mathbb{R}$ e $0 < y < \pi$, diciamo che y è l'**arcocotangente** di x se x è la cotangente di y.
Scriviamo: $y = \text{arccot}\, x$.

$y = \text{arccot}\, x$ ⇕ $x = \cot y$

$D = \mathbb{R}$

$C =]0; \pi[$

▸ Qual è l'arcocotangente di $\sqrt{3}$?

ESEMPIO

$$\text{arccot}\, 0 = \frac{\pi}{2} \leftrightarrow \cot\frac{\pi}{2} = 0; \quad \text{arccot}\frac{\sqrt{3}}{3} = \frac{\pi}{3} \leftrightarrow \cot\frac{\pi}{3} = \frac{\sqrt{3}}{3}.$$

Disegniamo il grafico della funzione arcocotangente.

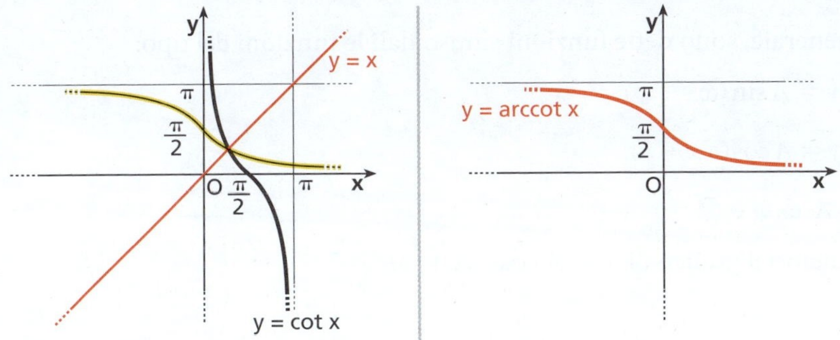

a. Grafico di $y = \cot x$ in $]0; \pi[$ e suo simmetrico rispetto alla bisettrice del primo e terzo quadrante.

b. Grafico di $y = \text{arccot}\, x$.

8 Funzioni goniometriche e trasformazioni geometriche

▶ Esercizi a p. 704

Dai grafici delle funzioni goniometriche si ottengono grafici di altre funzioni mediante traslazioni, simmetrie, dilatazioni e contrazioni. Ne proponiamo alcuni negli esercizi, mentre qui ci occupiamo soltanto delle *funzioni sinusoidali.*

Animazione

Studiamo in modo dinamico il grafico di
$y = A \sin(\omega x + \varphi)$
al variare di A, ω, φ.

Funzioni sinusoidali

La funzione $y = 3 \sin\left(2x + \frac{\pi}{3}\right)$, raccogliendo 2 all'interno della parentesi, si può riscrivere

$$y = 3 \sin\left[2\left(x + \frac{\pi}{6}\right)\right],$$

quindi è possibile ottenere il suo grafico a partire da quello di $y = \sin x$ con le seguenti trasformazioni geometriche:

- contrazione orizzontale, in cui $y = f\left(\frac{x}{m}\right)$, con $m = \frac{1}{2}$;
- traslazione di vettore $\vec{v}\left(-\frac{\pi}{6}; 0\right)$;
- dilatazione verticale, in cui $y = nf(x)$, con $n = 3$.

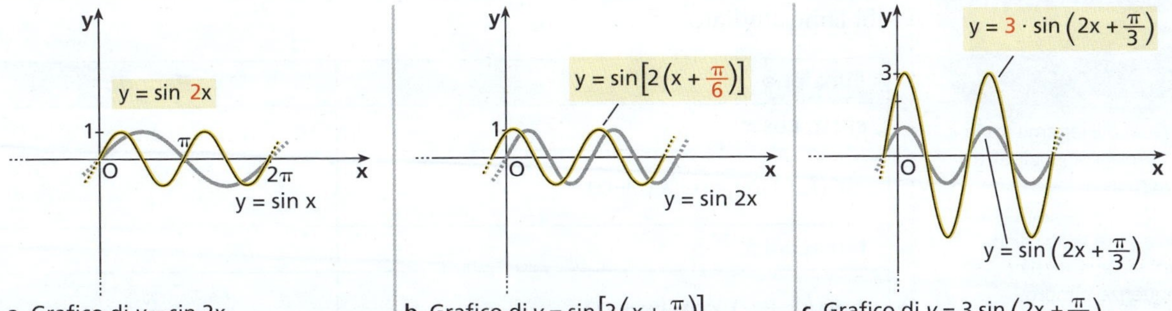

a. Grafico di $y = \sin 2x$.

b. Grafico di $y = \sin\left[2\left(x + \frac{\pi}{6}\right)\right]$.

c. Grafico di $y = 3 \sin\left(2x + \frac{\pi}{3}\right)$.

Video

Funzione sinusoidale
Studiamo insieme l'equazione di una funzione sinusoidale.

- Cosa rappresentano i parametri?
- Cosa sono il periodo, l'ampiezza e la fase di una funzione sinusoidale?

Una funzione di questo tipo è detta **sinusoidale** e viene applicata molto spesso nello studio di fenomeni fisici.

In generale, sono dette funzioni sinusoidali le funzioni del tipo:

$y = A\sin(\omega x + \varphi)$,

$y = A\cos(\omega x + \varphi)$,

con $A, \omega, \varphi \in \mathbb{R}$.

Studiamo il grafico di $y = A\cos(\omega x + \varphi)$.

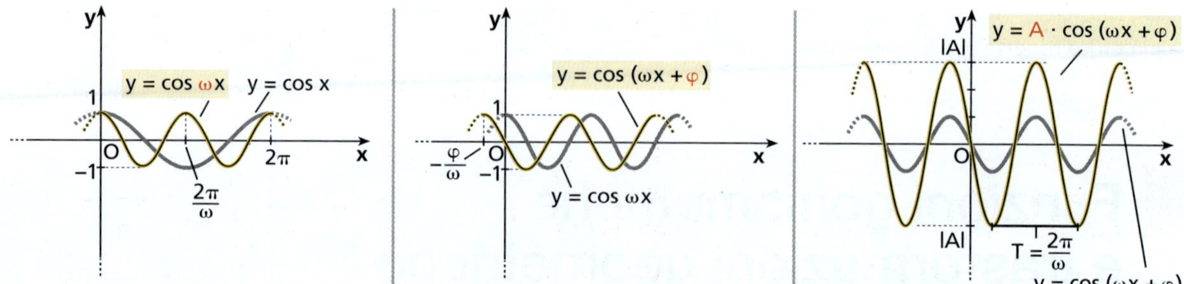

a. Il cambiamento di ω modifica il periodo della funzione.

b. Il cambiamento di φ produce una traslazione orizzontale.

c. Il cambiamento di |A| genera una dilatazione o contrazione verticale.

Animazione

Studiamo in modo dinamico il grafico di
$y = A\cos(\omega x + \varphi)$
al variare di A, ω, φ.

Il codominio di una funzione sinusoidale è $[-|A|; |A|]$.
Il numero $|A|$ è detto **ampiezza** della funzione sinusoidale, il numero ω **pulsazione** e φ **sfasamento** o **fase iniziale**.

Il periodo T è: $\boldsymbol{T = \dfrac{2\pi}{\omega}}$.

Infatti, la funzione seno è periodica di periodo 2π, quindi possiamo scrivere:

$$A\sin(\omega x + \varphi) = A\sin(\omega x + \varphi + 2k\pi) = A\sin[(\omega x + 2k\pi) + \varphi] =$$
$$A\sin\left[\omega\left(x + k\cdot\frac{2\pi}{\omega}\right) + \varphi\right],$$

da cui deduciamo che il periodo è $\dfrac{2\pi}{\omega}$.

MATEMATICA E MUSICA

- Qual è il legame tra le funzioni sinusoidali e la musica?

Cerca nel Web: diapason, moto armonico, frequenza, timbro, altezza

Periodo delle funzioni goniometriche

Nella tabella riassumiamo i periodi delle principali funzioni goniometriche che abbiamo studiato.

Funzione	Periodo
$\sin x$, $\cos x$	2π
$\sin(kx + \alpha)$, $\cos(kx + \alpha)$	$\dfrac{2\pi}{k}$
$\tan x$, $\cot x$	π
$\tan(kx + \alpha)$, $\cot(kx + \alpha)$	$\dfrac{\pi}{k}$

IN SINTESI
Funzioni goniometriche

Misura degli angoli

Un angolo può essere misurato in **gradi** oppure in **radianti**.

- Passaggio da gradi (sessagesimali) a radianti: si moltiplica la misura espressa in gradi per $\frac{\pi}{180°}$.
- Passaggio da radianti a gradi: si moltiplica la misura in radianti per $\frac{180°}{\pi}$.

Funzioni seno, coseno, secante, cosecante, tangente e cotangente

- Consideriamo un angolo orientato α e chiamiamo B l'intersezione fra il suo lato termine e la circonferenza goniometrica. Si dice:
  - **seno di α** ($\sin \alpha$) il valore dell'ordinata di B;
  - **coseno di α** ($\cos \alpha$) il valore dell'ascissa di B;
  - **tangente di α** ($\tan \alpha$) il rapporto fra l'ordinata e l'ascissa di B; è definita per $\alpha \neq \frac{\pi}{2} + k\pi$ ($k \in \mathbb{Z}$);
  - **cotangente di α** ($\cot \alpha$) il rapporto fra l'ascissa e l'ordinata di B; è definita per $\alpha \neq k\pi$ ($k \in \mathbb{Z}$).

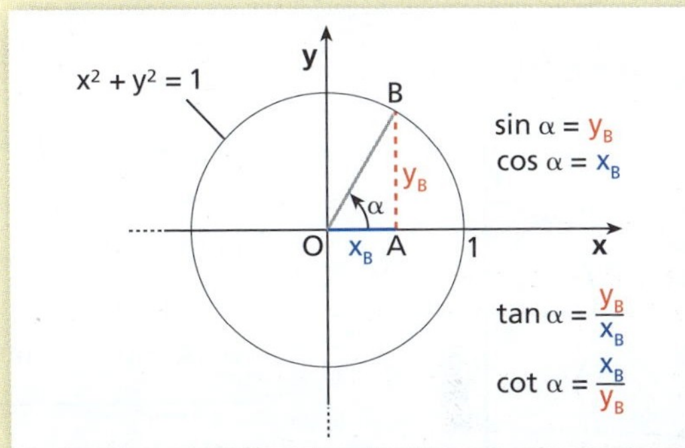

- **Relazioni fondamentali della goniometria**:
  $\sin^2\alpha + \cos^2\alpha = 1$ e $\tan\alpha = \frac{\sin\alpha}{\cos\alpha}$.
- **Secante di α**: $\sec\alpha = \frac{1}{\cos\alpha}$, con $\alpha \neq \frac{\pi}{2} + k\pi$.
- **Cosecante di α**: $\csc\alpha = \frac{1}{\sin\alpha}$, con $\alpha \neq k\pi$.

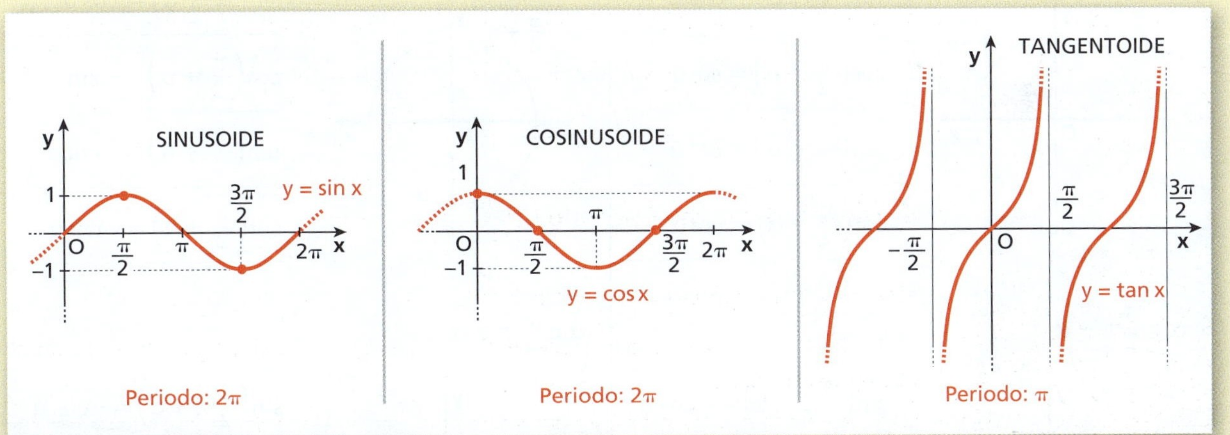

Funzioni goniometriche di angoli particolari

- $\sin\frac{\pi}{6} = \frac{1}{2}$; $\cos\frac{\pi}{6} = \frac{\sqrt{3}}{2}$; $\tan\frac{\pi}{6} = \frac{1}{\sqrt{3}}$.
- $\sin\frac{\pi}{3} = \frac{\sqrt{3}}{2}$; $\cos\frac{\pi}{3} = \frac{1}{2}$; $\tan\frac{\pi}{3} = \sqrt{3}$.
- $\sin\frac{\pi}{4} = \frac{\sqrt{2}}{2}$; $\cos\frac{\pi}{4} = \frac{\sqrt{2}}{2}$; $\tan\frac{\pi}{4} = 1$.

Angoli associati

Funzioni goniometriche di angoli associati

α e $-\alpha$

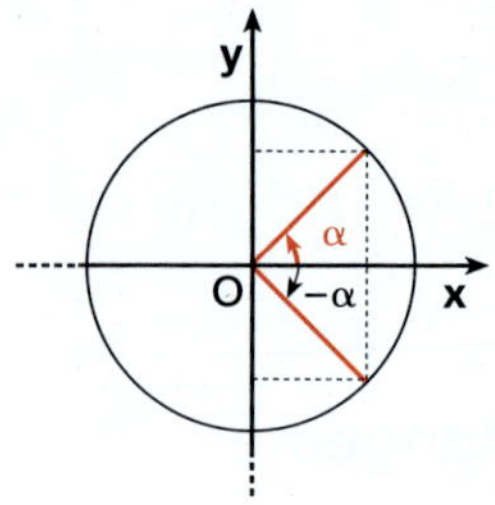

$\sin(-\alpha) = -\sin\alpha$

$\cos(-\alpha) = \cos\alpha$

$\tan(-\alpha) = -\tan\alpha$

$\cot(-\alpha) = -\cot\alpha$

α e $2\pi - \alpha$

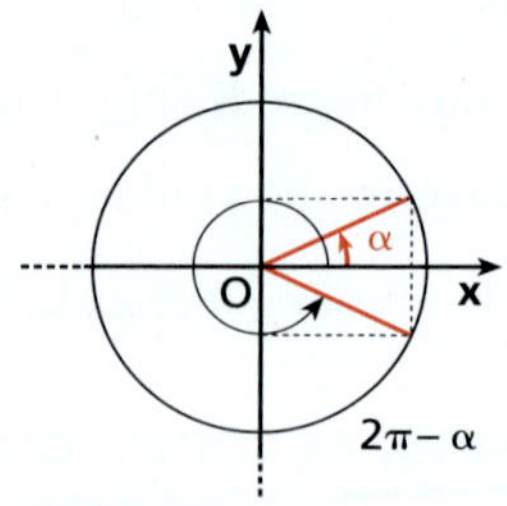

$\sin(2\pi - \alpha) = -\sin\alpha$

$\cos(2\pi - \alpha) = \cos\alpha$

$\tan(2\pi - \alpha) = -\tan\alpha$

$\cot(2\pi - \alpha) = -\cot\alpha$

α e $\pi - \alpha$

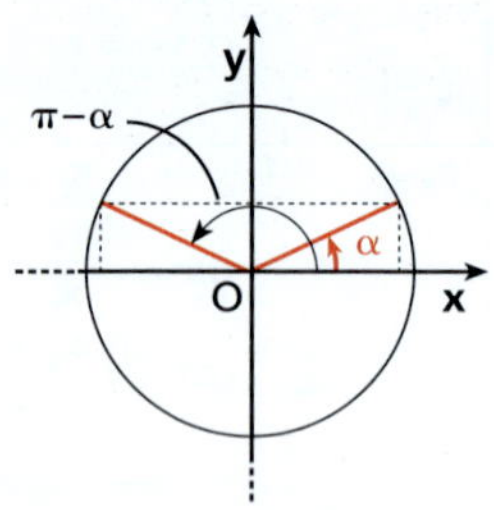

$\sin(\pi - \alpha) = \sin\alpha$

$\cos(\pi - \alpha) = -\cos\alpha$

$\tan(\pi - \alpha) = -\tan\alpha$

$\cot(\pi - \alpha) = -\cot\alpha$

α e $\pi + \alpha$

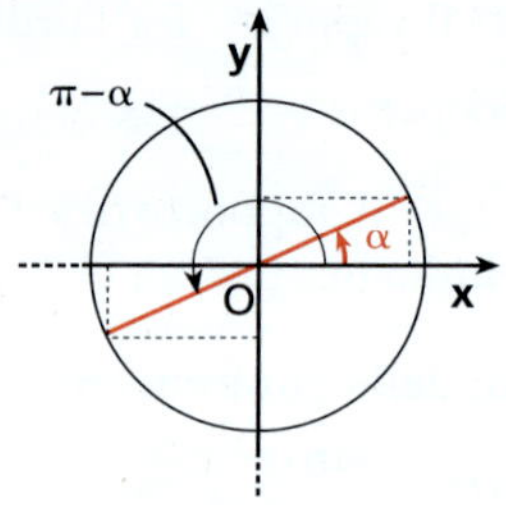

$\sin(\pi + \alpha) = -\sin\alpha$

$\cos(\pi + \alpha) = -\cos\alpha$

$\tan(\pi + \alpha) = \tan\alpha$

$\cot(\pi + \alpha) = \cot\alpha$

α e $\frac{\pi}{2} - \alpha$

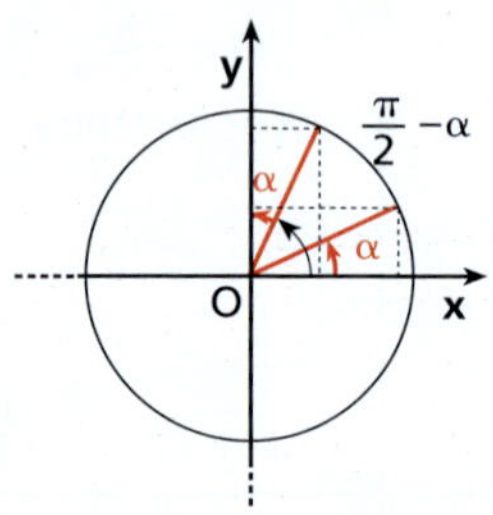

$\sin\left(\frac{\pi}{2} - \alpha\right) = \cos\alpha$

$\cos\left(\frac{\pi}{2} - \alpha\right) = \sin\alpha$

$\tan\left(\frac{\pi}{2} - \alpha\right) = \cot\alpha$

$\cot\left(\frac{\pi}{2} - \alpha\right) = \tan\alpha$

α e $\frac{\pi}{2} + \alpha$

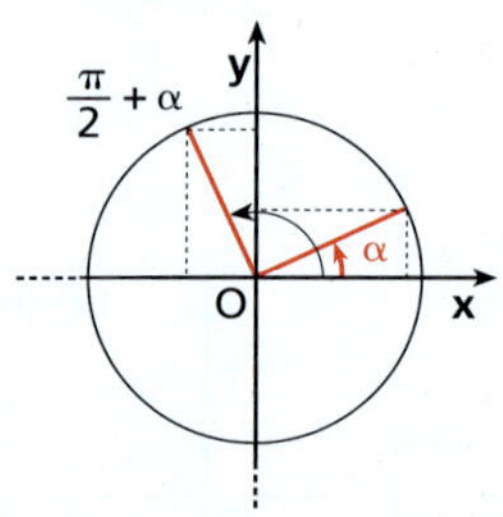

$\sin\left(\frac{\pi}{2} + \alpha\right) = \cos\alpha$

$\cos\left(\frac{\pi}{2} + \alpha\right) = -\sin\alpha$

$\tan\left(\frac{\pi}{2} + \alpha\right) = -\cot\alpha$

$\cot\left(\frac{\pi}{2} + \alpha\right) = -\tan\alpha$

α e $\frac{3}{2}\pi - \alpha$

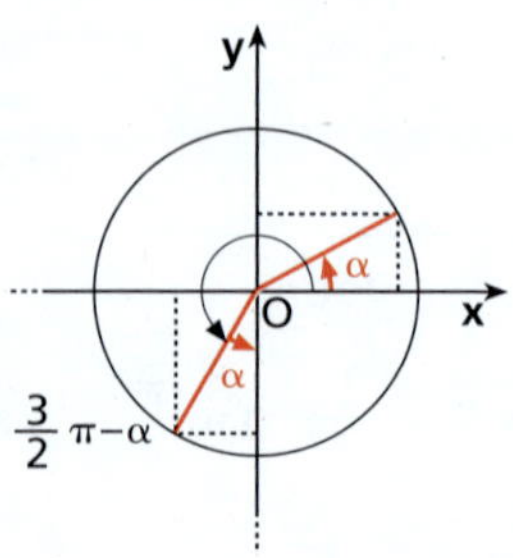

$\sin\left(\frac{3}{2}\pi - \alpha\right) = -\cos\alpha$

$\cos\left(\frac{3}{2}\pi - \alpha\right) = -\sin\alpha$

$\tan\left(\frac{3}{2}\pi - \alpha\right) = \cot\alpha$

$\cot\left(\frac{3}{2}\pi - \alpha\right) = \tan\alpha$

α e $\frac{3}{2}\pi + \alpha$

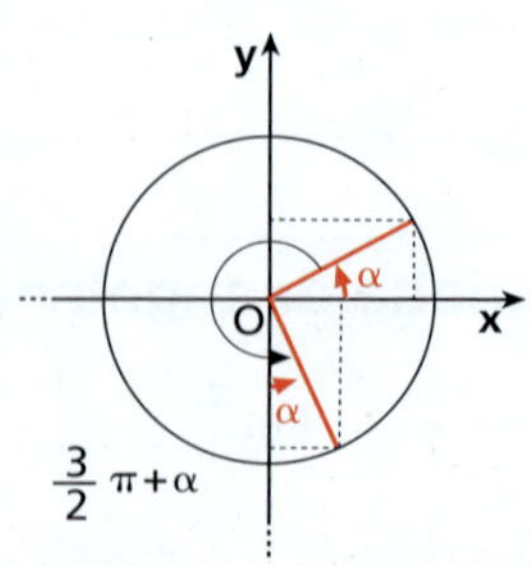

$\sin\left(\frac{3}{2}\pi + \alpha\right) = -\cos\alpha$

$\cos\left(\frac{3}{2}\pi + \alpha\right) = \sin\alpha$

$\tan\left(\frac{3}{2}\pi + \alpha\right) = -\cot\alpha$

$\cot\left(\frac{3}{2}\pi + \alpha\right) = -\tan\alpha$

Funzioni goniometriche inverse

- Le **funzioni inverse** delle funzioni seno, coseno, tangente e cotangente sono, rispettivamente:
  - **arcoseno**: $y = \arcsin x$

    $D: [-1;1]$; $C: \left[-\frac{\pi}{2}; \frac{\pi}{2}\right]$;

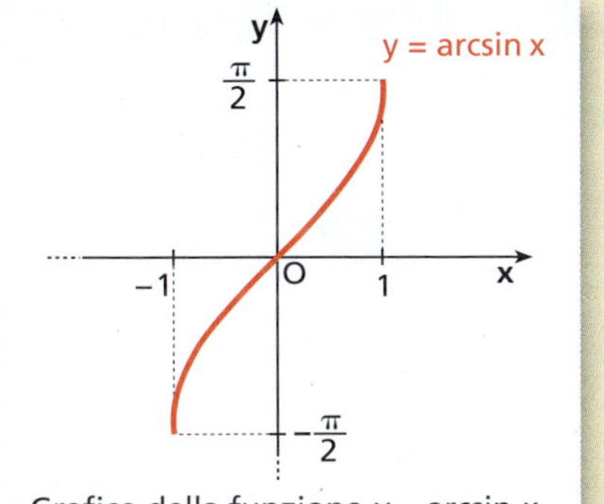

Grafico della funzione $y = \arcsin x$.

  - **arcocoseno**: $y = \arccos x$

    $D: [-1;1]$; $C: [0;\pi]$;

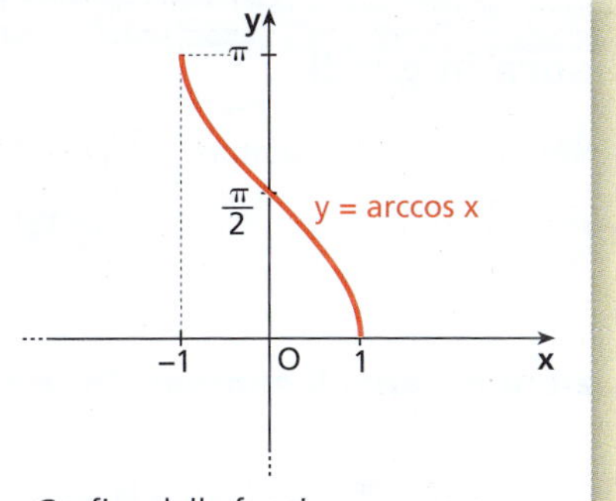

Grafico della funzione $y = \arccos x$.

  - **arcotangente**: $y = \arctan x$

    $D: \mathbb{R}$; $C: \left]-\frac{\pi}{2}; \frac{\pi}{2}\right[$;

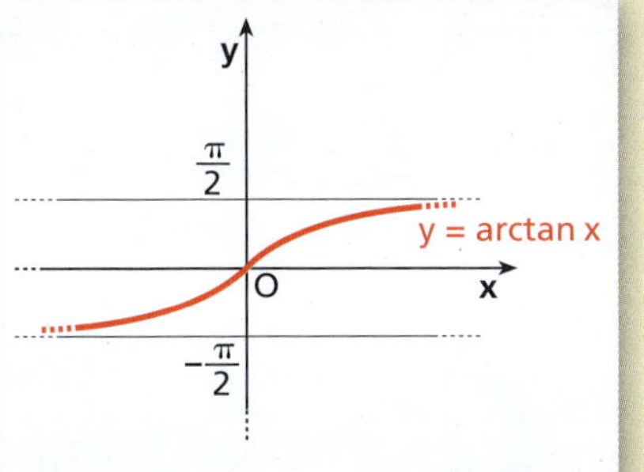

Grafico della funzione $y = \arctan x$.

  - **arcocotangente**: $y = \text{arccot}\, x$

    $D: \mathbb{R}$; $C:]0;\pi[$.

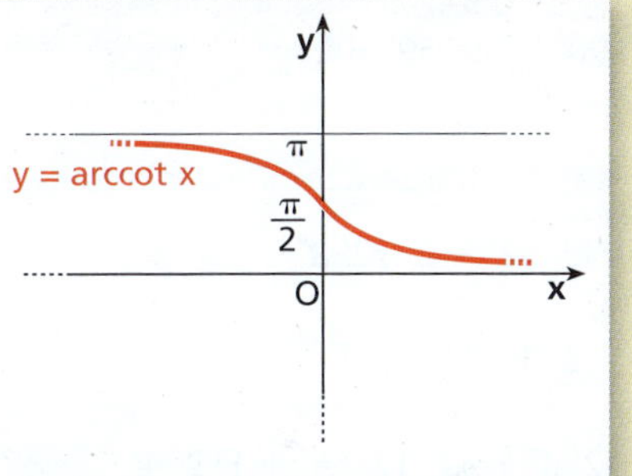

Grafico della funzione $y = \text{arccot}\, x$.

- I loro grafici si ottengono da quelli delle funzioni di cui sono le inverse (dopo opportune restrizioni dei domini), tracciando i simmetrici rispetto alla bisettrice del primo e terzo quadrante.

Funzioni goniometriche e trasformazioni geometriche

Funzioni sinusoidali: sono funzioni del tipo

$$y = A\sin(\omega x + \varphi), \quad y = A\cos(\omega x + \varphi),$$

con $A, \omega, \varphi \in \mathbb{R}$. Chiamiamo:

- **ampiezza** della funzione sinusoidale il numero $|A|$;
- **pulsazione** il numero ω;
- **sfasamento** o **fase iniziale** il numero φ.

Il **periodo** di una funzione sinusoidale è $T = \frac{2\pi}{\omega}$.

CAPITOLO 14
ESERCIZI

1 Misura degli angoli

Misura in gradi

▶ Teoria a p. 647

AL VOLO Scrivi il complementare e il supplementare dei seguenti angoli

1 30°; 64°.

2 50°; 45°.

3 20°; 15°.

Le operazioni fra angoli espressi in gradi

4 ESERCIZIO GUIDA Eseguiamo la sottrazione $90° - 32°\,46'\,22''$.

Scriviamo 90° in termini di primi e secondi.

Poiché $1° = 60'$, scriviamo:

$$90° = 89°\,60'.$$

Poiché $1' = 60''$, scriviamo:

$$90° = 89°\,59'\,60''.$$

Ora è possibile eseguire la sottrazione in colonna, fra gradi, primi e secondi:

$$\begin{array}{l} 89°\,59'\,60'' - \\ 32°\,46'\,22'' = \\ \hline 57°\,13'\,38'' \end{array}$$

Esegui le seguenti operazioni fra le misure di angoli.

5 $15°\,32'\,52'' + 2°\,12'\,8''$ [17° 45′]

6 $185°\,2' + 6°\,59'\,12''$ [192° 1′ 12″]

7 $27°\,2'\,3'' + 42°\,12'\,56'' + 1°\,2'\,4''$ [70° 17′ 3″]

8 $102°\,50'\,18'' + 3°\,9'\,42''$ [106°]

9 $180° - 28°\,30'\,58''$ [151° 29′ 2″]

10 $270° - 120°\,29'\,32''$ [149° 30′ 28″]

11 $360° - 322°\,40'\,50''$ [37° 19′ 10″]

12 $90° - 82°\,48'\,32''$ [7° 11′ 28″]

13 $26° - 1°\,1'\,1''$ [24° 58′ 59″]

14 $18°\,30'\,15'' \cdot 2$ [37° 0′ 30″]

Trova il complementare e il supplementare dei seguenti angoli.

15 $36°\,25'$

16 $55°\,2'\,25''$

17 $42°\,11'\,80''$

Dai gradi sessagesimali ai gradi sessadecimali

18 ESERCIZIO GUIDA Esprimiamo 25° 32′ 40″ in forma sessadecimale.

Poiché $1' = \left(\frac{1}{60}\right)^\circ$, scriviamo $32' = \left(32 \cdot \frac{1}{60}\right)^\circ$.

Poiché $1'' = \left(\frac{1}{60}\right)' = \left(\frac{1}{3600}\right)^\circ$, scriviamo $40'' = \left(40 \cdot \frac{1}{3600}\right)^\circ$.

$1' = \left(\frac{1}{60}\right)^\circ$

$1'' = \left(\frac{1}{60}\right)' = \left(\frac{1}{3600}\right)^\circ$

Trasformiamo la misura:

$$25°\,32'\,40'' = 25° + \left(\frac{32}{60}\right)^\circ + \left(\frac{40}{3600}\right)^\circ = 25° + 0{,}5\bar{3}° + 0{,}0\bar{1}° \simeq 25{,}54°.$$

La trasformazione richiesta è la seguente:

$$25°\,32'\,40'' \simeq 25{,}54°.$$

Esprimi in forma sessadecimale le seguenti misure di angoli.

19 0° 59′ 59″; 0° 30′. [1°; 0,5°]

20 1° 59′ 30″; 2° 40″. [1,99°; 2,01°]

21 20° 30′; 60° 20′. [20,5°; 60,33°]

22 15° 30′ 30″; 30° 30′ 30″. [15,51°; 30,51°]

23 44° 59′ 32″; 45° 59′ 60″. [44,99°; 46°]

24 92° 20′ 36″; 140° 26′ 55″. [92,34°; 140,45°]

COMPLETA trasformando le misure degli angoli in forma sessadecimale.

25 17° 45′ 6″ → 17, ____ °

26 35° 16′ 48″ → 35, ____ °

27 41° 30′ 36″ → ____ , ____ °

Dai gradi sessadecimali ai gradi sessagesimali

28 ESERCIZIO GUIDA Trasformiamo 28,07° in gradi, primi e secondi.

Possiamo scrivere 28,07° = $\boxed{28°}$ + 0,07°.

Trasformiamo 0,07° in primi, moltiplicando 0,07 per 60 (poiché 1° = 60′):

$$0{,}07° = (0{,}07 \cdot 60)' = 4{,}2'.$$

Scriviamo 4,2′ = $\boxed{4'}$ + 0,2′.

Trasformiamo 0,2′ in secondi, moltiplicando 0,2 per 60 (poiché 1′ = 60″):

$$0{,}2' = (0{,}2 \cdot 60)'' = \boxed{12''}.$$

Pertanto: 28,07° = 28° 4′ 12″.

Esprimi in gradi, primi e secondi le seguenti misure di angoli, espresse in forma sessadecimale (arrotondando eventualmente i secondi).

29 28,3° [28° 18′]

30 2,23° [2° 13′ 48″]

31 22,52° [22° 31′ 12″]

32 120,36° [120° 21′ 36″]

33 90,5° [90° 30′]

34 60,46° [60° 27′ 36″]

35 90,05° [90° 3′]

36 1,567° [1° 34′ 1″]

37 25,251° [25° 15′ 4″]

ESERCIZI

COMPLETA trasformando le misure degli angoli in gradi, primi, secondi.

38 $45,13° \rightarrow 45° \, 7' \, \square''$

39 $39,61° \rightarrow 39° \, \square' \, \square''$

40 $105,75° \rightarrow 105° \, \square' \, \square''$

Misura in radianti

▶ Teoria a p. 648

Dai gradi sessagesimali ai radianti e viceversa

41 **ASSOCIA**

a. 90°

b. 30°

c. 300°

d. 270°

e. 135°

1. $\frac{5}{3}\pi$

2. $\frac{\pi}{2}$

3. $\frac{3}{4}\pi$

4. $\frac{\pi}{6}$

5. $\frac{3}{2}\pi$

42 **TEST** L'angolo $\frac{\pi}{4}$:

A è ottuso.

B è metà dell'angolo retto.

C è metà dell'angolo piatto.

D è un quarto dell'angolo giro.

E corrisponde a 90°.

43 **COMPLETA** la seguente tabella.

Gradi	0°		180°			270°
Radianti		$\frac{\pi}{3}$		$\frac{2}{3}\pi$	$\frac{5}{4}\pi$	

Trasforma in radianti le misure dei seguenti angoli, espresse in gradi sessagesimali.

44 15°, 36°, 210°, 300°. $\left[\frac{\pi}{12}; \frac{\pi}{5}; \frac{7}{6}\pi; \frac{5}{3}\pi\right]$

45 20°, 80°, 100°, 160°. $\left[\frac{\pi}{9}; \frac{4}{9}\pi; \frac{5}{9}\pi; \frac{8}{9}\pi\right]$

46 70°, 5°, 150°, 225°. $\left[\frac{7}{18}\pi; \frac{\pi}{36}; \frac{5}{6}\pi; \frac{5}{4}\pi\right]$

47 16°, 27°, 102°, 315°. [0,28; 0,47; 1,78; 5,50]

48 25°, 35°, 72°, 155°. [0,44; 0,61; 1,26; 2,71]

Trasforma in gradi sessagesimali le misure dei seguenti angoli, espresse in radianti.

49 $\frac{4}{5}\pi$, $\frac{5}{12}\pi$, $\frac{7}{9}\pi$, $\frac{5}{3}\pi$. [144°; 75°; 140°; 300°]

50 $\frac{2}{3}$, $\frac{2}{3}\pi$, $\frac{9}{5}\pi$, $\frac{3}{2}\pi$. [38° 11′ 50″; 120°; 324°; 270°]

51 4π, 4, $\frac{5}{2}$, $\frac{5}{2}\pi$. [720°; 229° 11′; 143° 14′ 22″; 450°]

52 $\frac{7}{2}\pi$, $\frac{6}{5}\pi$, $\frac{3}{5}\pi$, 3. [630°; 216°; 108°; 171° 53′ 14″]

53 **COMPLETA** la seguente tabella.

Gradi sessagesimali	22° 30′			31° 12′		
Radianti		$\frac{3}{8}\pi$			8	
Gradi sessadecimali			12,5°			120,34°

54 Un angolo α misura $\frac{3}{7}\pi$. Trova la misura del suo supplementare in gradi. [102° 51′ 36″]

In un triangolo rettangolo trova le misure in gradi degli angoli acuti α e β utilizzando la condizione indicata.

55 $\alpha = \frac{1}{3}\beta$ [$\alpha = 22° \, 30'$, $\beta = 67° \, 30'$]

56 $\alpha = \beta - 20°$ [$\alpha = 35°$, $\beta = 55°$]

57 α supera il doppio di β di 15° [$\alpha = 65°$, $\beta = 25°$]

58 Un triangolo isoscele ha ciascun angolo alla base di 27°. Trova l'angolo al vertice in radianti. [2,2]

59 Un triangolo ha due angoli che misurano 52° e 20°. Calcola la misura del terzo angolo in gradi e radianti. $\left[108°; \frac{3}{5}\pi\right]$

60 Un angolo di un triangolo misura 32°, un secondo angolo è $\frac{2}{3}\pi$ radianti. Calcola la misura del terzo angolo in gradi e in radianti. [28°; 0,49]

61 Un triangolo ha un angolo doppio di un altro e il terzo angolo misura 24°. Trova la misura in radianti dei tre angoli del triangolo. [0,42; 0,91; 1,82]

Trova la misura, in gradi o in radianti, di due angoli supplementari α e β, utilizzando la condizione indicata.

62 $\alpha - 3\beta = 27°$ [$\alpha = 141° \, 45'$, $\beta = 38° \, 15'$]

63 $\beta - 2\alpha = 80°$ [$\alpha = 33° \, 20'$, $\beta = 146° \, 40'$]

64 $\alpha = \beta + \frac{\pi}{3}$ $\left[\alpha = \frac{2}{3}\pi, \beta = \frac{\pi}{3}\right]$

Lunghezza di un arco di circonferenza

65 Calcola la misura, in gradi e in radianti, di un angolo al centro di una circonferenza il cui raggio è uguale a 5 cm e che insiste su un arco lungo 23 cm. [263° 33′ 38″; 4,6]

66 Calcola la lunghezza di un arco di circonferenza, con il raggio lungo 7 cm, che corrisponde a un angolo al centro uguale a 4,2 radianti. [29,4 cm]

Determina la grandezza incognita.

67

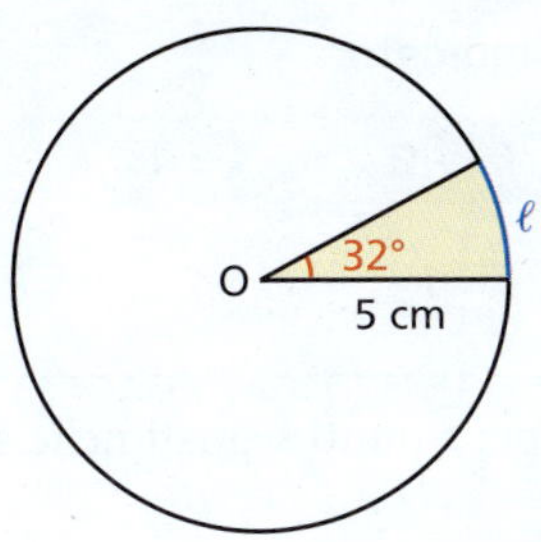

[$l = 2{,}8$ cm]

68

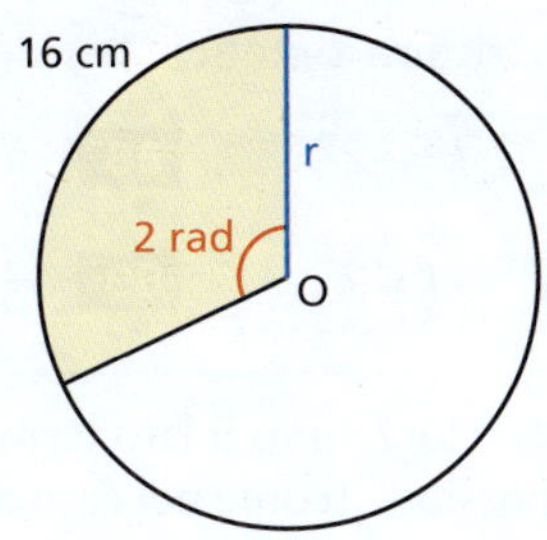

[$r = 8$ cm]

69

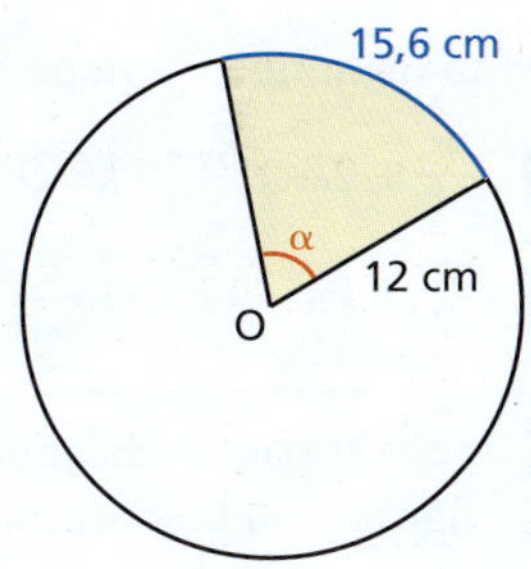

[$\alpha = 1{,}3$]

---

70 Due archi l_1 e l_2 di due circonferenze, che hanno i raggi r_1 e r_2 rispettivamente uguali a 2 cm e 3,5 cm, corrispondono allo stesso angolo. Trova la misura di l_2, sapendo che l_1 misura 4,5 cm. [7,88 cm]

71 YOU & MATHS The diagram shows an angle of 45° at the centre of the circle of radius length 14 cm. Calculate d, taking $\pi = \frac{22}{7}$.

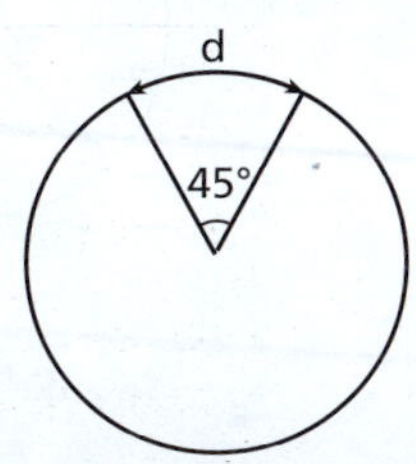

(IR *Leaving Certificate Examination*, Ordinary Level, 1992)

[11 cm]

Angoli orientati

▶ Teoria a p. 649

72 Disegna i seguenti angoli orientati facendo riferimento alla circonferenza goniometrica. L'angolo $\widehat{R}$ rappresenta l'angolo retto.

$+\widehat{R}$; $\quad -2\widehat{R}$; $\quad -\frac{1}{2}\widehat{R}$; $\quad +3\widehat{R}$; $\quad +\frac{3}{2}\widehat{R}$; $\quad -\frac{5}{2}\widehat{R}$.

Disegna i seguenti angoli, utilizzando la circonferenza goniometrica.

73 $-45°$; $\quad -180°$; $\quad 450°$; $\quad 720°$.

74 $390°$; $\quad 765°$; $\quad -420°$; $\quad 1200°$.

75 **COMPLETA** scrivendo in forma sintetica gli angoli rappresentati in figura.

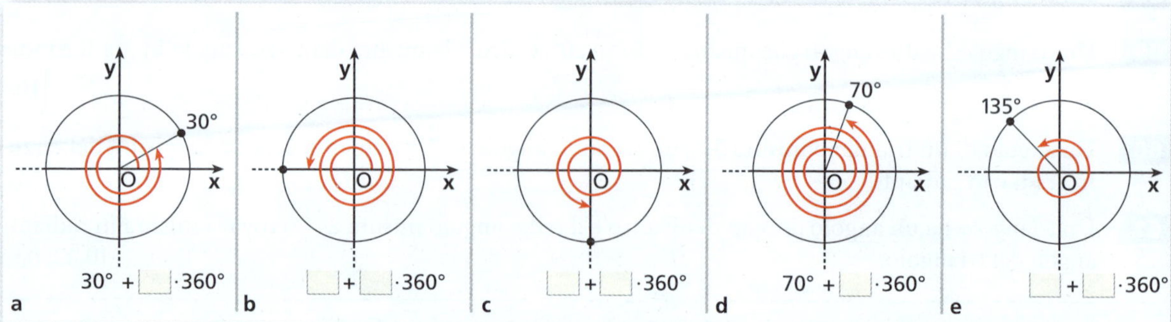

Disegna gli angoli corrispondenti a ogni scrittura sintetica, per ogni valore di *k* indicato.

76 $k360°$; $\quad k=1, \quad k=2, \quad k=-1$.

77 $k45°$; $\quad k=-1, \quad k=3, \quad k=4$.

78 $k90°$; $\quad k=-2, \quad k=3, \quad k=5$.

79 $k180°$; $\quad k=2, \quad k=-3, \quad k=5$.

80 $60°+k360°$; $\quad k=0, \quad k=1, \quad k=3$.

81 $45°+k180°$; $\quad k=0, \quad k=1, \quad k=-1$.

82 $30°+k60°$; $\quad k=-1, \quad k=3, \quad k=4$.

83 $60°+k120°$; $\quad k=0, \quad k=-1, \quad k=2$.

Disegna i seguenti angoli, utilizzando la circonferenza goniometrica.

84 $\frac{\pi}{4}$; $\quad \frac{3}{4}\pi$; $\quad \frac{11}{4}\pi$; $\quad \frac{\pi}{8}$.

85 $\frac{\pi}{2}$; $\quad \frac{3}{2}\pi$; $\quad \frac{\pi}{3}$; $\quad \frac{13}{6}\pi$.

Disegna gli angoli corrispondenti a ogni scrittura sintetica, per ogni valore di *k* indicato.

86 $\frac{\pi}{4}+2k\pi$; $\quad k=0, \quad k=1, \quad k=-2$.

87 $\frac{\pi}{2}+k\pi$; $\quad k=-1, \quad k=1, \quad k=2$.

88 $\pi+2k\pi$; $\quad k=-2, \quad k=1, \quad k=4$.

89 $\frac{\pi}{4}+k\frac{\pi}{4}$; $\quad k=1, \quad k=2, \quad k=3$.

90 **COMPLETA** indicando tutti gli angoli che hanno il lato termine che passa per i punti segnati nelle seguenti figure, con la scrittura più sintetica possibile (come nel caso **a**).

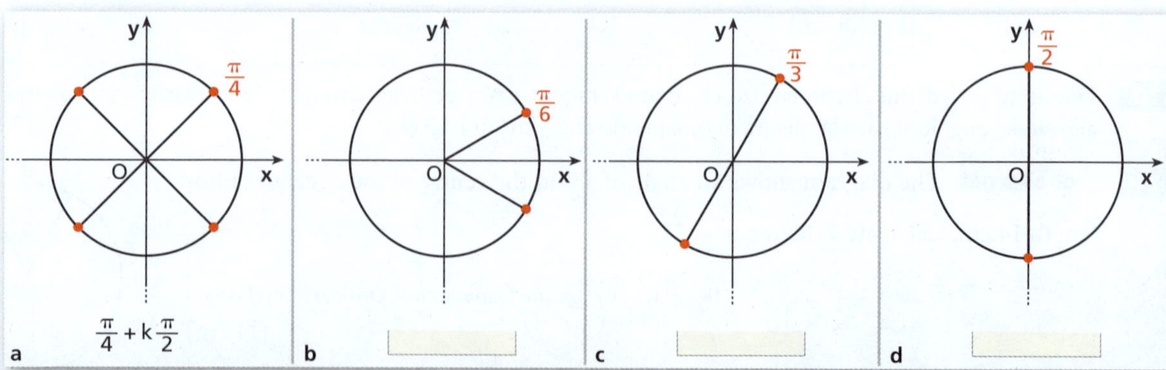

2 Funzioni seno e coseno

▶ Teoria a p. 650

VERO O FALSO

91 ●○
a. Il seno di un angolo orientato è un segmento. V F
b. Se $\sin \alpha < 0$ e $\cos \alpha < 0$, allora α appartiene al quarto quadrante. V F
c. Se $\cos \alpha > 0$, allora $\sin \alpha > 0$. V F
d. Se $\cos \alpha > \cos \beta$, allora $\alpha > \beta$. V F

92 ●○
a. Se $-1 \leq \cos \alpha \leq 1$, allora $1 \leq \cos^2\alpha \leq 1$. V F
b. Se $\sin \alpha = \cos \alpha$, allora può essere solo $\alpha = \frac{\pi}{4}$. V F
c. Se $\sin \alpha = -\frac{8}{9}$, allora α appartiene al terzo quadrante oppure al quarto. V F
d. Non esiste nessun angolo α per cui $\cos \alpha = \frac{5}{4}$. V F

93 ●○ COMPLETA la tabella e disegna, utilizzando la circonferenza goniometrica, il coseno e il seno degli angoli assegnati, indicando se sono positivi o negativi.

α	30°	145°	220°	−28°	380°	460°	$\frac{\pi}{3}$	$\frac{13}{6}\pi$	$-\frac{\pi}{8}$	$\frac{17}{3}\pi$
$\cos \alpha$	+									
$\sin \alpha$	+									

94 ●○ COMPLETA
a. Se $\alpha = \frac{\pi}{2}$ → $\cos \alpha =$ ☐ e $\sin \alpha =$ ☐.
b. Se $\alpha = -\frac{\pi}{2}$ → $\cos \alpha =$ ☐ e $\sin \alpha =$ ☐.
c. Se $\alpha = \pi$ → $\cos \alpha =$ ☐ e $\sin \alpha =$ ☐.
d. Se $\alpha = 4\pi$ → $\cos \alpha =$ ☐ e $\sin \alpha =$ ☐.

95 ●○ FAI UN ESEMPIO di un angolo che abbia:
a. seno positivo e coseno negativo;
b. seno e coseno entrambi positivi.

96 ●○ COMPLETA con i simboli > e <.
a. sin 3° ☐ sin 5°
b. cos 12° ☐ cos 17°
c. sin 190° ☐ sin 200°
d. cos 350° ☐ cos 280°

TEST

97 ●○ Quanti sono gli angoli compresi tra 0° e 360° che hanno coseno $\frac{1}{2}$?
A 0 B 1 C 2 D 3 E 4

98 ●○ Quanti sono gli angoli compresi tra 0° e 360° che hanno seno −1?
A 0 B 1 C 2 D 3 E 4

Disegna, utilizzando la circonferenza goniometrica, gli angoli a cui corrispondono i seguenti valori.

99 $\sin\alpha = \frac{1}{3}$

100 $\cos\alpha = -\frac{2}{5}$

101 $\sin\alpha = -\frac{1}{4}$

102 $\cos\alpha = -\frac{1}{3}$

103 $\sin\alpha = 1$

104 $\cos\alpha = -1$

105 $\sin\beta = -\frac{1}{2}$

106 $\cos\beta = \frac{1}{2}$

107 $\cos\gamma = -\frac{1}{2}$

---

108 Utilizza i dati nelle figure per determinare i valori richiesti.

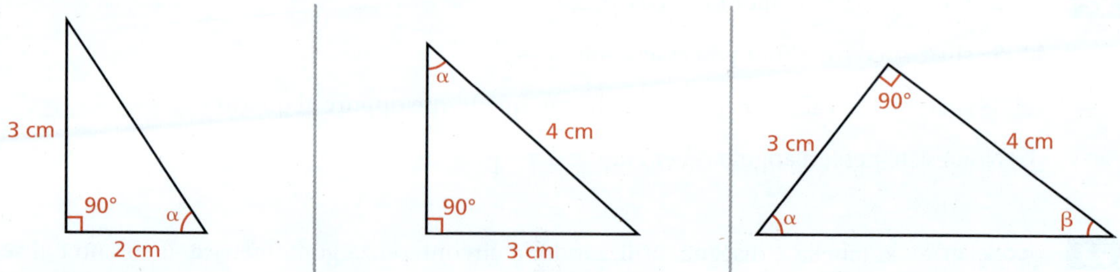

a $\sin\alpha = \square$ $\cos\alpha = \square$

b $\sin\alpha = \square$ $\cos\alpha = \square$

c $\sin\alpha = \square$ $\cos\beta = \square$

Trova quale condizione deve soddisfare il parametro affinché sia verificata l'uguaglianza.

109 $\cos x = k - 2$ $[1 \leq k \leq 3]$

110 $\sin x = -2a$ $\left[-\frac{1}{2} \leq a \leq \frac{1}{2}\right]$

111 $4a\cos x = a + 1$ $\left[a \leq -\frac{1}{5} \vee a \geq \frac{1}{3}\right]$

112 $(k-1)\sin x = k$ $\left[k \leq \frac{1}{2}\right]$

113 $\sin x = 2k - 3$, con $x \in$ terzo quadrante. $\left[1 \leq k \leq \frac{3}{2}\right]$

114 $(2a-3)\cos x = -a + 4$, con $x \in$ secondo quadrante. $[a \leq -1 \vee a \geq 4]$

115 **TEST** Considera l'angolo nella figura. Quale delle seguenti affermazioni è corretta?

A $\cos\alpha > \sin\alpha$

B $\sin\alpha < 0$

C $\cos\alpha > 0$

D $\sin\alpha > \cos\alpha$

E $\sin\alpha = \cos\alpha$

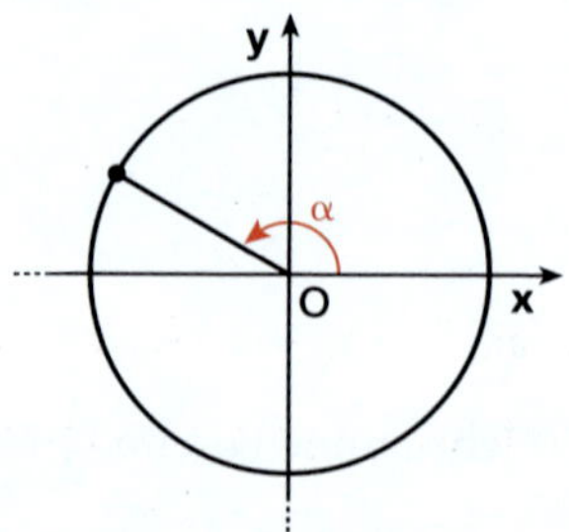

116 **VERO O FALSO?** Rispondi aiutandoti con la circonferenza goniometrica.

a. $\cos(\alpha + 6\pi) = \cos\alpha$ V F

b. $\sin(\alpha + 3\pi) = \sin\alpha$ V F

c. $\cos(-\alpha) = -\cos\alpha$ V F

d. $\sin(4\pi) = 4 \cdot \sin(\pi)$ V F

Scrivi il valore del seno e del coseno dei seguenti angoli.

117 $540°$; $810°$.

118 $630°$; $-540°$.

119 $720°$; $900°$.

120 $\frac{5}{2}\pi$; $-\frac{9}{2}\pi$.

Calcola il valore delle seguenti espressioni.

121 $-\cos 360° + \frac{3}{5}\sin 270° + 3\sin 720° - \frac{5}{3}\cos(-180°)$ $\left[\frac{1}{15}\right]$

122 $\frac{4}{3}\cos(-90°) + \sin(-270°) - \frac{3}{4}\sin(-450°) + \frac{1}{4}\sin 270°$ $\left[\frac{3}{2}\right]$

123 $\left(\sin\frac{\pi}{2} + \cos\pi\right)^2 - 4\cos 2\pi + 3\sin 2\pi + 1$ $[-3]$

124 $\frac{1}{3}\left[\sin 3\pi + 4\sin\left(-\frac{\pi}{2}\right) + 1\right] - \sin\left(-\frac{3}{2}\pi\right)$ $[-2]$

125 $\frac{1}{2}\cos 540° + \frac{2}{3}\sin 720° - \frac{1}{4}\sin 450° + 6\sin(-270°)$ $\left[\frac{21}{4}\right]$

126 $\cos 4\pi + 2\sin\left(-\frac{15}{2}\pi\right) + \frac{1}{3}\cos(-3\pi) + \sin\frac{9}{2}\pi$ $\left[\frac{11}{3}\right]$

127 $\cos 720° + 2\cos 1080° - \frac{1}{2}\sin 630° + 3\sin 540°$ $\left[\frac{7}{2}\right]$

128 $\dfrac{\sin\frac{7}{2}\pi - \cos(-7\pi) + 2\sin\left(-\frac{11}{2}\pi\right)}{2\sin\left(-\frac{3}{2}\pi\right) + \cos 4\pi - 4\cos\frac{5}{2}\pi}$ $\left[\frac{2}{3}\right]$

129 $\dfrac{4\left(\cos^2 2\pi + \sin^2\frac{5}{2}\pi\right) + 8\cos 10\pi}{3[1 - 4\cos(-4\pi)]}$ $\left[-\frac{16}{9}\right]$

130 $\dfrac{(-\sin 5\pi + \cos\pi)\sin\frac{11}{2}\pi + 2\sin\frac{3}{2}\pi\cdot\cos 2\pi}{3\left(\cos\frac{5}{2}\pi + 2\sin\frac{9}{2}\pi\right)}$ $\left[-\frac{1}{6}\right]$

131 $\dfrac{a\sin\alpha + b\cos 2\alpha}{\sin(-4\alpha) - a\cos\left(\alpha + \frac{\pi}{2}\right) - b\cos\left(\frac{7}{2}\pi + \alpha\right)}$, con $\alpha = \frac{\pi}{2}$. $[1]$

132 $\dfrac{a^2\cos(5\pi - \alpha) - b^2\sin\left(\frac{7}{2}\pi - \alpha\right)}{a\sin\left(\frac{\pi}{2} - \alpha\right) + b\cos(4\pi - \alpha)} + a$, con $\alpha = \pi$. $[b]$

133 $\dfrac{\cos\left(\frac{9}{2}\pi + \alpha\right) + \sin(-\pi + \alpha) + \cos(\alpha - 5\pi)}{2\cos\left(\frac{\pi}{2} + 2\alpha\right) + \sin\left(\frac{3}{2}\pi - \alpha\right) + 4}$, con $\alpha = \frac{3}{2}\pi$. $\left[\frac{1}{2}\right]$

134 Disegna il grafico di $y = \cos x$ nell'intervallo $[-\pi; 4\pi]$. Scrivi le coordinate dei punti di intersezione della funzione con l'asse x in tale intervallo e trova le ordinate dei punti di ascissa $x = \frac{7}{2}\pi$, $x = -\frac{\pi}{2}$, $x = 3\pi$.

$\left[\pm\frac{\pi}{2}, \frac{3}{2}\pi, \frac{5}{2}\pi, \frac{7}{2}\pi; 0, 0, -1\right]$

135 Disegna il grafico di $y = \sin x$ nell'intervallo $\left[-\frac{5}{2}\pi; \frac{7}{2}\pi\right]$. Trova i punti di intersezione della funzione con l'asse x e determina i valori di x per cui $\sin x = -1$. $\left[-2\pi, -\pi, 0, \pi, 2\pi, 3\pi; -\frac{5}{2}\pi, -\frac{\pi}{2}, \frac{3}{2}\pi, \frac{7}{2}\pi\right]$

ESERCIZI

Trova il dominio delle seguenti funzioni.

136 $y=\frac{\sqrt{1+\sin x}}{\cos x}$ $\left[x\neq\frac{\pi}{2}+k\pi\right]$

137 $y=\frac{2}{\sin x}$ $[x\neq k\pi]$

138 $y=\frac{1}{\sqrt{1-\cos x}}$ $[x\neq 2k\pi]$

139 ESERCIZIO GUIDA Sapendo che $\sin\alpha=\frac{5}{13}$ e che $\frac{\pi}{2}<\alpha<\pi$, calcoliamo $\cos\alpha$.

Utilizziamo $\sin^2\alpha+\cos^2\alpha=1$, sostituendo a $\sin\alpha$ il valore $\frac{5}{13}$.

Otteniamo così:

$$\frac{25}{169}+\cos^2\alpha=1 \rightarrow \cos^2\alpha=1-\frac{25}{169} \rightarrow \cos^2\alpha=\frac{144}{169} \rightarrow \cos\alpha=\pm\frac{12}{13}.$$

Poiché $\frac{\pi}{2}<\alpha<\pi$ e per tali angoli il coseno è negativo, allora: $\cos\alpha=-\frac{12}{13}$.

Calcola il valore della funzione indicata, utilizzando le informazioni fornite.

140 $\sin\alpha=\frac{7}{25}$ e $0<\alpha<\frac{\pi}{2}$; $\cos\alpha$? $\left[\frac{24}{25}\right]$

141 $\cos\alpha=-\frac{4}{5}$ e $\pi<\alpha<\frac{3}{2}\pi$; $\sin\alpha$? $\left[-\frac{3}{5}\right]$

142 $\sin\alpha=\frac{1}{3}$ e $\frac{\pi}{2}<\alpha<\pi$; $\cos\alpha$? $\left[-\frac{2\sqrt{2}}{3}\right]$

143 $\sin\alpha=-\frac{2}{5}$ e $\frac{3}{2}\pi<\alpha<2\pi$; $\cos\alpha$? $\left[\frac{\sqrt{21}}{5}\right]$

144 $\cos\alpha=\frac{8}{17}$ e $0<\alpha<\frac{\pi}{2}$; $\sin\alpha$? $\left[\frac{15}{17}\right]$

145 $\cos\alpha=\frac{2}{3}$ e $\frac{3}{2}\pi<\alpha<2\pi$; $\sin\alpha$? $\left[-\frac{\sqrt{5}}{3}\right]$

146 $\cos\alpha=\frac{1}{2}$ e $\alpha\in$ IV quadrante; $\sin\alpha$? $\left[-\frac{\sqrt{3}}{2}\right]$

147 $\sin\alpha=-\frac{9}{41}$ e $\alpha\in$ IV quadrante; $\cos\alpha$? $\left[\frac{40}{41}\right]$

148 $\cos\alpha=-\frac{28}{53}$ e $\alpha\in$ III quadrante; $\sin\alpha$? $\left[-\frac{45}{53}\right]$

149 $\sin\alpha=-\frac{12}{13}$ e $\alpha\in$ III quadrante; $\cos\alpha$? $\left[-\frac{5}{13}\right]$

RIFLETTI SULLA TEORIA

150 Esiste un angolo α tale che $\cos\alpha=\frac{1}{4}$ e $\sin\alpha=\frac{3}{4}$?

151 È vero che $\sin^2\frac{\alpha}{4}+\cos^2\frac{\alpha}{4}=1$? Perché?

Semplifica le seguenti espressioni.

152 $(a\sin\alpha-2\cos\alpha)^2+(a\cos\alpha+2\sin\alpha)^2-4+a^2\sin\frac{5}{2}\pi$ $[2a^2]$

153 $4-4\sin^2\alpha+(\cos\alpha-\sin\alpha)^2+2\cos\alpha(\sin\alpha+\cos\alpha)$ $[1+6\cos^2\alpha]$

154 $\sin^2\alpha+(4\cos\alpha+\sin\alpha)^2+(4\sin\alpha-\cos\alpha)^2+2\cos^2\alpha$ $[18+\cos^2\alpha]$

155 EUREKA! Trova per quali valori di a le soluzioni dell'equazione $x^2-ax+a-1=0$ rappresentano il seno e il coseno dello stesso angolo. $[a=1]$

Trova i valori del seno e del coseno degli angoli indicati con l'aiuto della calcolatrice.

156 40,3°; 160,55°; 200°.

157 $\frac{7}{5}\pi$; 305°; $\frac{12}{5}\pi$.

158 $\frac{3}{5}\pi$; $\frac{8}{3}\pi$; $\frac{3}{7}\pi$.

3 Funzione tangente

Tangente di un angolo

▶ Teoria a p. 654

Disegna la circonferenza goniometrica e rappresenta la tangente dei seguenti angoli.

159 $\frac{\pi}{4}$; $\frac{\pi}{3}$; $\frac{5}{4}\pi$; 2π.

160 30°; 180°; 225°; 320°.

Per ogni angolo α in figura, individua tan α, se esiste, sulla retta tangente alla circonferenza in *E*.

161

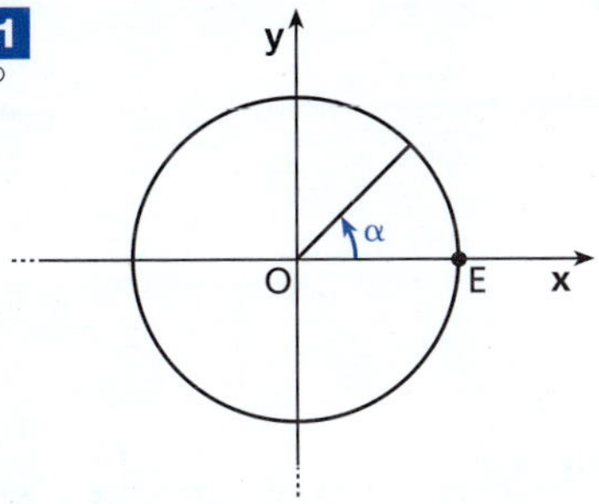

162

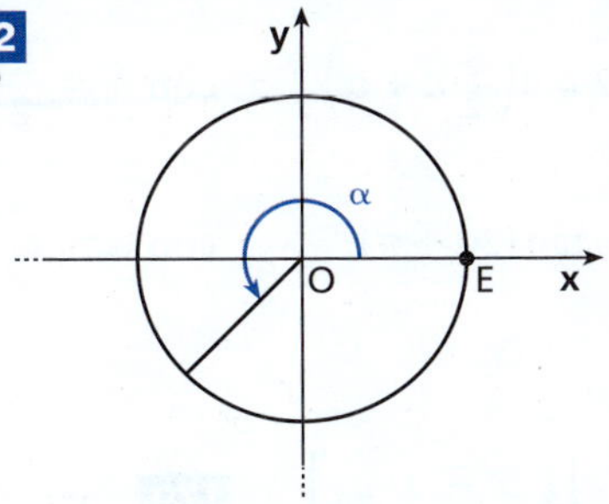

163

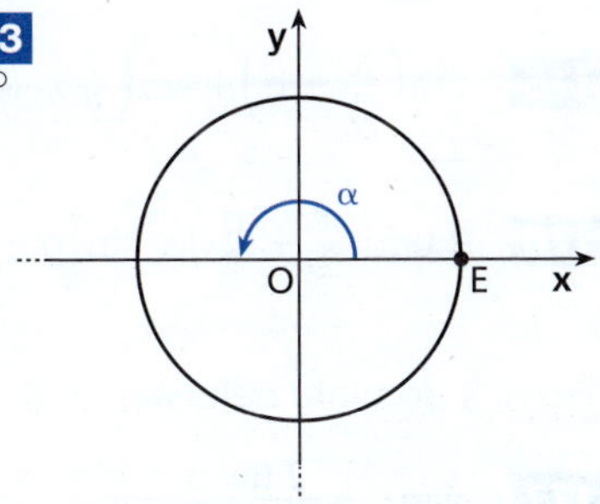

164 Rappresenta gli angoli α, β, γ tali che: $\tan\alpha = 1$; $\tan\beta = 3$; $\tan\gamma = -2$.

165 Utilizzando la circonferenza goniometrica rappresenta gli angoli che verificano le seguenti condizioni.

$\tan\alpha = -3, \alpha \in$ quarto quadrante; $\tan\beta = \frac{3}{2}, \beta \in$ terzo quadrante; $\tan\gamma = \sqrt{3}, \gamma \in$ primo quadrante.

166 **VERO O FALSO?**

a. $\tan\alpha$ non esiste solo per $\alpha = \frac{\pi}{2} + 2k\pi$. V F

b. Se $\alpha = 120°$, allora $\tan\alpha < 0$. V F

c. Se $0 \leq \alpha < 360°$, $\tan\alpha = 0$ solo se $\alpha = 0$. V F

d. Se $\pi < \alpha < \frac{3}{2}\pi$, allora $\tan\alpha > 0$. V F

e. Non esiste nessun angolo per cui $\tan\alpha = 10$. V F

Nei seguenti triangoli calcola la tangente dell'angolo indicato.

167

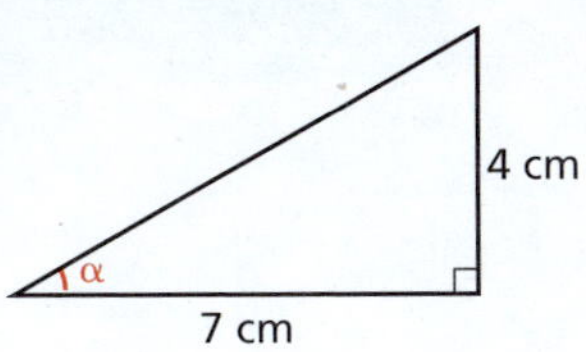

168

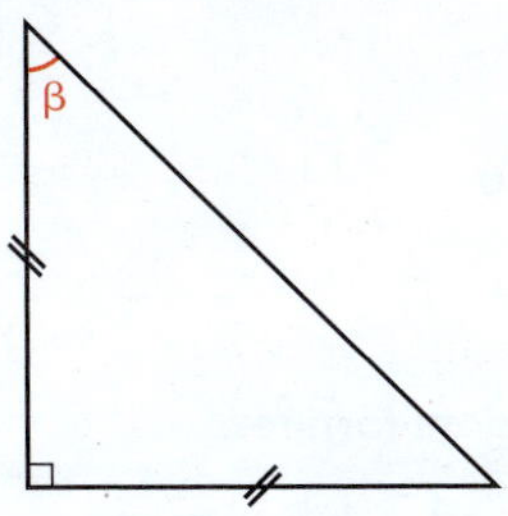

169

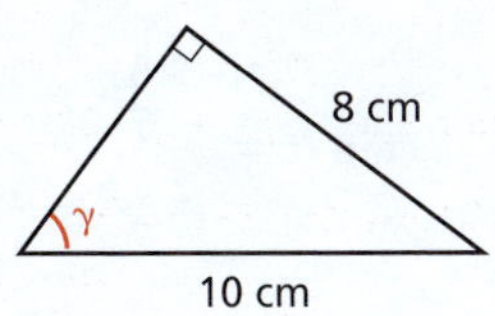

Trova quale condizione deve soddisfare il parametro *k* affinché sia verificata l'uguaglianza.

170 $\tan x = \frac{1-k}{k^2-9}$ $[k \neq \pm 3]$

171 $\tan x = \sqrt{\frac{4-k^2}{k+1}}$ $[k \leq -2 \vee -1 < k \leq 2]$

172 $\tan x = 2k - 1, \quad x \in$ primo quadrante. $\left[k > \frac{1}{2}\right]$

173 $\tan x = \frac{2-k}{4k^2+9}, \quad x \in$ quarto quadrante. $[k > 2]$

174 TEST Solo uno dei seguenti angoli ha tangente non nulla. Quale?

A 3π B $-\pi$ C 4π D $\frac{3}{4}\pi$ E $180°$

Determina il valore delle seguenti espressioni.

175 $\tan\left(\frac{\pi}{2} + \alpha\right) + \sin\left(\frac{7}{2}\pi + 2\alpha\right) + 2\tan\left(\frac{5}{2}\pi + \alpha\right), \quad$ con $\alpha = \frac{\pi}{2}$. $[1]$

176 $2\tan\left(\frac{\pi}{2} + \frac{\alpha}{2}\right) + \sin\left(\alpha + \frac{5}{2}\pi\right) - \tan(2\alpha + \pi), \quad$ con $\alpha = \pi$. $[-1]$

Trova il dominio delle seguenti funzioni.

177 $y = \frac{2\tan x}{\sqrt{1 - \sin x} + 1}$ $\left[x \neq \frac{\pi}{2} + k\pi\right]$

178 $y = \frac{-\tan x}{\sin x}$ $\left[x \neq k\frac{\pi}{2}\right]$

179 $y = \frac{2\sin x - 1}{3\tan x}$ $\left[x \neq k\frac{\pi}{2}\right]$

180 $y = \sqrt{\tan x}$ $\left[k\pi \leq x < \frac{\pi}{2} + k\pi\right]$

Utilizziamo le relazioni fondamentali della goniometria

181 ESERCIZIO GUIDA Sapendo che $\sin\alpha = \frac{5}{7}$ e che $0 < \alpha < \frac{\pi}{2}$, calcoliamo il valore di $\tan\alpha$.

Utilizziamo $\sin^2\alpha + \cos^2\alpha = 1$, per determinare $\cos\alpha$:

$$\frac{25}{49} + \cos^2\alpha = 1 \rightarrow \cos^2\alpha = \frac{24}{49}.$$

$\sin^2\alpha + \cos^2\alpha = 1$

Poiché $0 < \alpha < \frac{\pi}{2}$ e per tali angoli il coseno è positivo, abbiamo $\cos\alpha = \frac{2\sqrt{6}}{7}$.

Sfruttiamo ora $\tan\alpha = \frac{\sin\alpha}{\cos\alpha}$, per determinare $\tan\alpha$:

$\tan\alpha = \frac{\sin\alpha}{\cos\alpha}$

$$\tan\alpha = \frac{\frac{5}{7}}{\frac{2\sqrt{6}}{7}} = \frac{5}{7}\cdot\frac{7}{2\sqrt{6}} = \frac{5}{2\sqrt{6}} = \frac{5\sqrt{6}}{12}.$$

Calcola il valore di $\tan\alpha$, usando le informazioni fornite.

182 $\sin\alpha = \frac{4}{5}$ e $\frac{\pi}{2} < \alpha < \pi$. $\left[-\frac{4}{3}\right]$

183 $\cos\alpha = -\frac{8}{17}$ e $\frac{\pi}{2} < \alpha < \pi$. $\left[-\frac{15}{8}\right]$

184 $\cos\alpha = -\frac{5}{6}$ e $\pi < \alpha < \frac{3}{2}\pi$. $\left[\frac{\sqrt{11}}{5}\right]$

185 $\sin\alpha = \frac{2}{3}$ e $\frac{\pi}{2} < \alpha < \pi$. $\left[-\frac{2}{5}\sqrt{5}\right]$

186 $\cos\alpha = \frac{3}{4}$ e $\frac{3}{2}\pi < \alpha < 2\pi$. $\left[-\frac{\sqrt{7}}{3}\right]$

187 $\cos\alpha = \frac{1}{5}$ e $0 < \alpha < \frac{\pi}{2}$. $[2\sqrt{6}]$

188 TEST Quale delle seguenti affermazioni *non* è corretta?

A La tangente non esiste dove il seno è 0.

B La tangente può assumere ogni valore reale.

C La tangente è nulla dove il coseno è 1 o -1.

D Il periodo della tangente è π.

E Nel terzo quadrante la tangente è positiva.

189 Utilizza le relazioni fondamentali per dimostrare le formule che permettono di trovare $\sin\alpha$ e $\cos\alpha$ in funzione di $\tan\alpha$:

$$\sin\alpha = \frac{\tan\alpha}{\pm\sqrt{1+\tan^2\alpha}}, \qquad \cos\alpha = \frac{1}{\pm\sqrt{1+\tan^2\alpha}}.$$ — seno e coseno in funzione della tangente

Calcola il valore di sin α e cos α, utilizzando le informazioni fornite.

190 $\tan\alpha = \sqrt{15}$ e $0 < \alpha < \frac{\pi}{2}$. $\left[\frac{\sqrt{15}}{4}; \frac{1}{4}\right]$

191 $\tan\alpha = \frac{3}{4}$ e $\pi < \alpha < \frac{3}{2}\pi$. $\left[-\frac{3}{5}; -\frac{4}{5}\right]$

192 $\tan\alpha = -\frac{\sqrt{5}}{2}$ e $\frac{\pi}{2} < \alpha < \pi$. $\left[\frac{\sqrt{5}}{3}; -\frac{2}{3}\right]$

193 $\tan\alpha = -\frac{9}{40}$ e $\frac{\pi}{2} < \alpha < \pi$. $\left[\frac{9}{41}; -\frac{40}{41}\right]$

194 $\tan\alpha = -\frac{12}{5}$ e $\frac{3}{2}\pi < \alpha < 2\pi$. $\left[-\frac{12}{13}; \frac{5}{13}\right]$

195 $\tan\alpha = \frac{15}{8}$ e $\pi < \alpha < \frac{3}{2}\pi$. $\left[-\frac{15}{17}; -\frac{8}{17}\right]$

---

196 Trasforma l'espressione in funzione soltanto di $\cos\alpha$, sapendo che $\pi < \alpha < \frac{3}{2}\pi$:

$$\frac{\tan\alpha - 2\sin^2\alpha + \cos^2\alpha + 2}{\sin\alpha}.$$ $\left[\frac{1}{\cos\alpha} - \frac{3\cos^2\alpha}{\sqrt{1-\cos^2\alpha}}\right]$

197 Trasforma l'espressione in funzione soltanto di $\sin\alpha$, sapendo che $0 < \alpha < \frac{\pi}{2}$:

$$\frac{\tan\alpha + \cos\alpha}{\tan^2\alpha} \cdot \frac{1}{\cos\alpha} - \frac{1}{\tan^2\alpha}.$$ $\left[\frac{1}{\sin\alpha}\right]$

Semplifica le seguenti espressioni utilizzando le relazioni fondamentali della goniometria.

198 $\frac{\sin^3\alpha - \sin\alpha}{\cos\alpha} + 2\tan\alpha + \frac{\sin^2\alpha}{\tan\alpha}$ $[2\tan\alpha]$

199 $\frac{\tan\alpha}{\sin\alpha\cos^2\alpha} + \tan\alpha\cos\alpha - \frac{\tan^2\alpha + 1}{\cos\alpha}$ $[\sin\alpha]$

200 $\frac{1}{2}\cos\alpha + \frac{\tan^2\alpha}{1+\tan^2\alpha} - \sin^2\alpha + \frac{1}{2}\cdot\frac{\sin^2\alpha}{\cos\alpha\tan^2\alpha}$ $[\cos\alpha]$

201 $\frac{\cos^2\alpha}{1-\cos^2\alpha} - \tan\alpha + \frac{1-\sin^2\alpha}{\cos^2\alpha} - \frac{1}{\sin^2\alpha}$ $[-\tan\alpha]$

202 $\sin\alpha\tan\alpha + \cos\alpha(1-\sin\alpha) + \tan\alpha\cos^2\alpha$ $\left[\frac{1}{\cos\alpha}\right]$

203 $(\sin\alpha + \cos\alpha)^2 - 2\tan\alpha\cos^2\alpha + 2\sin^2\alpha - 1$ $[2\sin^2\alpha]$

ESERCIZI

Significato goniometrico del coefficiente angolare di una retta

▶ Teoria a p. 657

LEGGI IL GRAFICO Utilizzando i dati della figura determina tan α e scrivi l'equazione della retta.

204

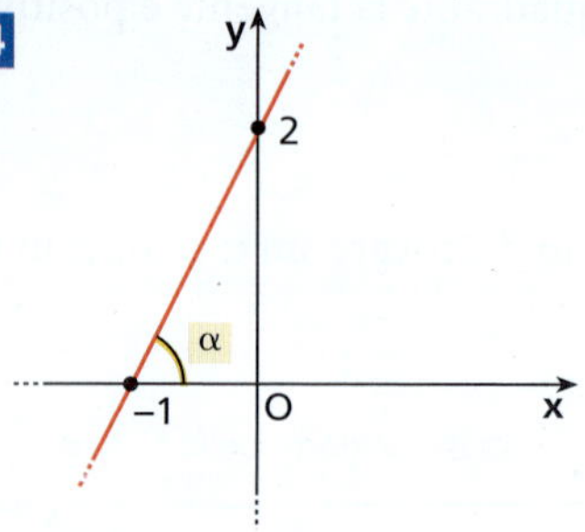

205

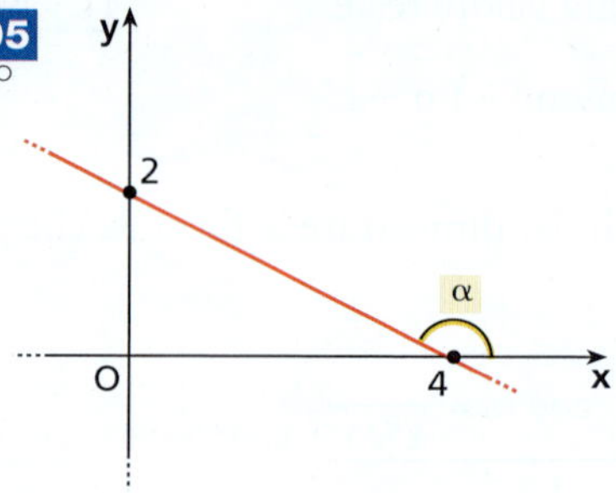

206

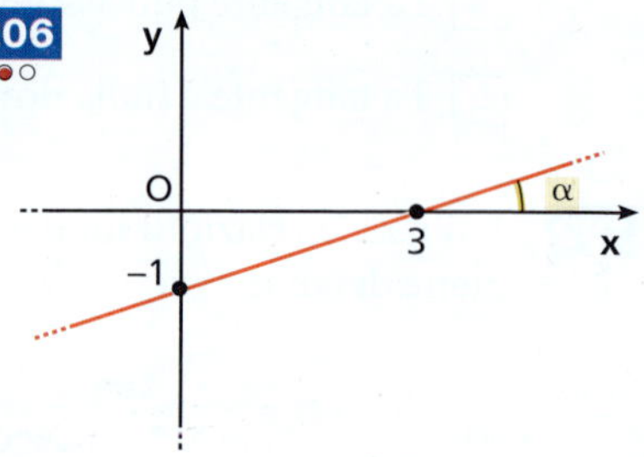

Con l'aiuto della calcolatrice, scrivi le equazioni delle rette utilizzando i dati delle figure.

207

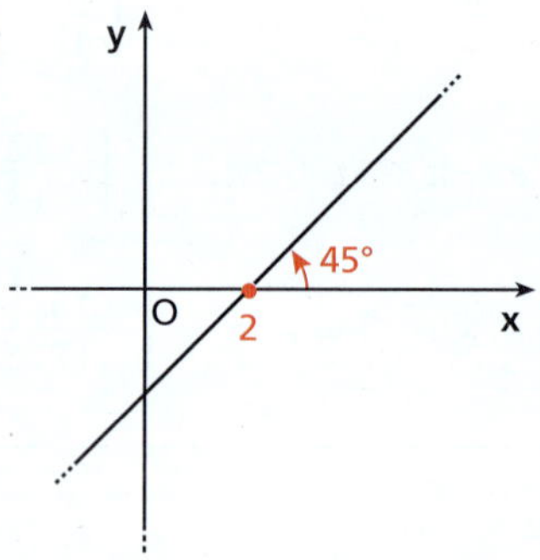

208

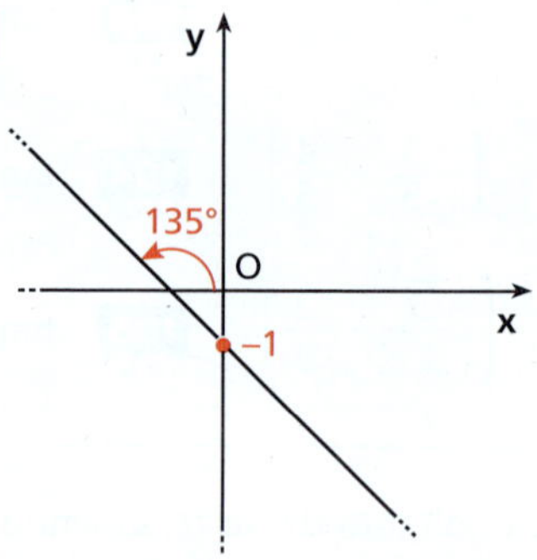

209

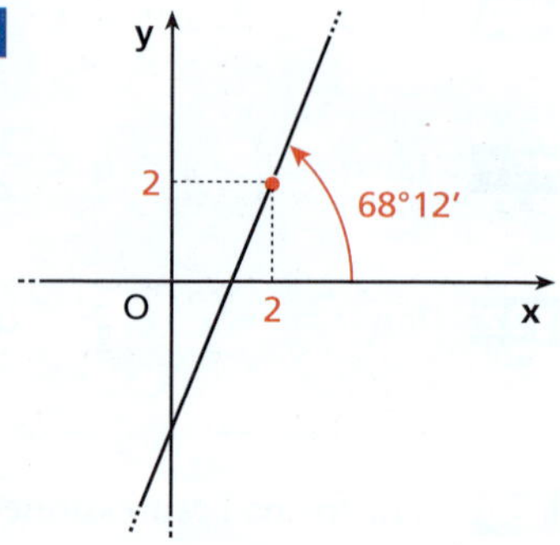

210 La retta r forma con l'asse x un angolo α, compreso tra 0 e π, che ha $\cos\alpha = \frac{3}{5}$. Scrivi l'equazione di r, sapendo che passa per il punto di coordinate $(0; 1)$. $[4x - 3y + 3 = 0]$

211 Determina l'equazione della retta passante per $Q(-7; 1)$, che forma con l'asse x un angolo, compreso tra 0 e π, il cui coseno è $\frac{7}{25}$. $\left[y = \frac{24}{7}x + 25\right]$

212 Calcola il coseno dell'angolo che la retta di equazione $y = -\frac{3}{4}x + 5$ forma con l'asse x. $\left[-\frac{4}{5}\right]$

213 Determina il seno dell'angolo che la retta di equazione $12x + 9y - 1 = 0$ forma con l'asse x. $\left[\frac{4}{5}\right]$

214 Determina l'equazione delle rette che passano per $P(2; 5)$ e formano con l'asse x un angolo α che ha $\sin\alpha = \frac{12}{13}$. $[12x - 5y + 1 = 0; 12x + 5y - 49 = 0]$

215 Trova le equazioni delle rette passanti per il punto $P(5; 0)$ e che formano con l'asse x un angolo il cui seno è $\frac{8}{17}$. $[8x - 15y - 40 = 0; 8x + 15y - 40 = 0]$

4 Funzioni secante, cosecante e cotangente

Secante e cosecante

▶ Teoria a p. 658

Utilizzando la circonferenza goniometrica, rappresenta gli angoli che verificano le seguenti uguaglianze.

216 $\sec\alpha = 2$

217 $\csc\alpha = \frac{3}{2}$

218 $\sec\alpha = -1$

219 $\csc\alpha = 3$

220 TEST Una sola delle seguenti uguaglianze è falsa. Quale?

A $\sec\alpha = \frac{\tan\alpha}{\sin\alpha}$

B $\tan\alpha = \frac{\sec\alpha}{\csc\alpha}$

C $\csc\alpha = \frac{\cos\alpha}{\tan\alpha}$

D $\sec\alpha \cdot \sin\alpha = \tan\alpha$

E $\sin\alpha \cdot \csc\alpha = 1$

Semplifica le seguenti espressioni.

221 $\frac{\csc\alpha}{\tan\alpha} \cdot \cos\alpha - \csc^2\alpha$ $[-1]$

222 $(\sec^2\alpha - 1)\csc\alpha - \frac{\csc\alpha}{\cos^2\alpha}$ $[-\csc\alpha]$

223 $\frac{\sin\alpha \cdot \sec\alpha + \cos\alpha \cdot \csc\alpha}{\csc\alpha}$ $[\sec\alpha]$

224 $\left(\frac{\sec\alpha}{\csc\alpha} + \frac{\csc\alpha}{\sec\alpha}\right) \cdot \cos\alpha$ $\left[\frac{1}{\sin\alpha}\right]$

225 Trasforma l'uguaglianza esprimendo y in funzione soltanto di: **a.** $\sin\alpha$; **b.** $\tan\alpha$.

$$y = \frac{\sec^2\alpha + \csc^2\alpha}{2\tan^2\alpha}$$

$\left[\text{a) } \frac{1}{2\sin^4\alpha}; \text{ b) } \frac{(1+\tan^2\alpha)^2}{2\tan^4\alpha}\right]$

226 VERO O FALSO?

a. La cosecante non è definita per $\alpha = k\pi$. V F

b. La secante è positiva per angoli il cui seno è positivo. V F

c. Se $0 < \alpha \leq \frac{\pi}{2}$, allora $\sec\alpha \geq 1$. V F

d. Non esistono angoli che verificano l'uguaglianza $\csc\alpha = \frac{1}{2}$. V F

Trova quale condizione deve soddisfare il parametro affinché sia verificata l'uguaglianza.

227 $\sec\alpha = k - 4$ $[k \leq 3 \vee k \geq 5]$

228 $\csc\alpha = \frac{2k}{k+3}$ $[k < -3 \vee -3 < k \leq -1 \vee k \geq 3]$

229 $\sec\alpha = \frac{2a-1}{a}$, con $0 < \alpha < \frac{\pi}{2}$. $[a < 0 \vee a > 1]$

Cotangente

▶ Teoria a p. 659

Disegna la circonferenza goniometrica e rappresenta la cotangente dei seguenti angoli.

230 60°; 90°; 150°; 330°.

231 $\frac{\pi}{4}$; $\frac{3}{4}\pi$; $\frac{5}{4}\pi$; $\frac{7}{4}\pi$.

Per ogni angolo α nelle figure, individua $\cot\alpha$, se esiste, sulla retta tangente in F alla circonferenza.

232

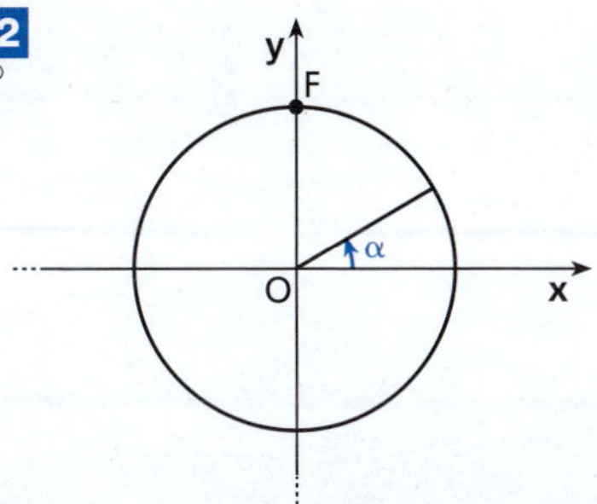

233

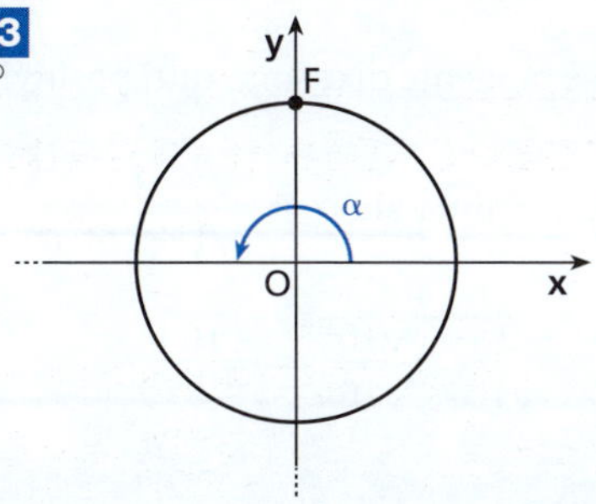

234

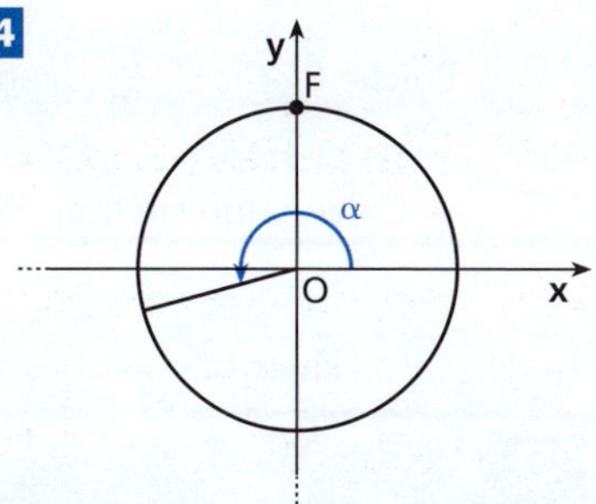

ESERCIZI

235 ASSOCIA a ogni angolo la relativa cotangente.

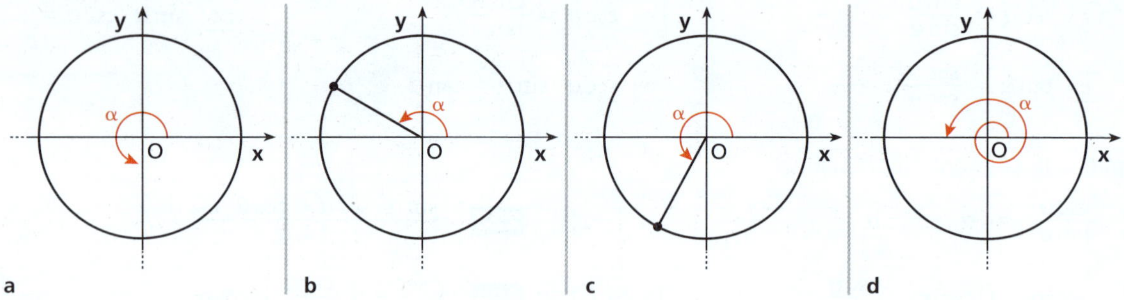

1. $\cot\alpha > 0$ 2. $\cot\alpha = 0$ 3. $\cot\alpha$ non esiste 4. $\cot\alpha < 0$

236 Disegna nella circonferenza goniometrica gli angoli che soddisfano le seguenti uguaglianze.

$\cot\alpha = 1$; $\cot\beta = 4$; $\cot\gamma = -2$.

Indica in quale quadrante si trova un angolo α che verifica le seguenti condizioni.

237 $\sin\alpha > 0$, $\cot\alpha < 0$. [secondo quadrante]

238 $\cot\alpha < 0$, $\sec\alpha < 0$. [secondo quadrante]

239 $\cos\alpha > 0$, $\cot\alpha > 0$. [primo quadrante]

240 Calcola il valore di: $\tan\frac{2}{3}\cdot\cot\frac{2}{3}$. [1]

Trova il dominio delle seguenti funzioni.

241 $y = \cot x + \tan x$ $\left[x \neq k\frac{\pi}{2}\right]$

242 $y = \frac{2}{\cot x}$ $\left[x \neq k\frac{\pi}{2}\right]$

243 $y = \cot x - 3\sin x$ $[x \neq k\pi]$

---

244 Utilizza le relazioni fondamentali per dimostrare le seguenti formule, che permettono di trovare sin α e cos α in funzione di cot α.

$$\sin\alpha = \frac{1}{\pm\sqrt{1+\cot^2\alpha}}, \quad \cos\alpha = \frac{\pm\cot\alpha}{\sqrt{1+\cot^2\alpha}}.$$

seno e coseno in funzione della cotangente

245 ESERCIZIO GUIDA Sapendo che $\cot\alpha = 3$ e che α appartiene al primo quadrante, determiniamo $\sin\alpha$, $\cos\alpha$ e $\tan\alpha$.

Poiché $0 < \alpha < \frac{\pi}{2}$, seno, coseno e tangente di α sono tutti positivi.

- Calcoliamo sin α applicando la formula $\sin\alpha = \frac{1}{\sqrt{1+\cot^2\alpha}}$:

$$\sin\alpha = \frac{1}{\sqrt{1+3^2}} = \frac{1}{\sqrt{10}} = \frac{1}{\sqrt{10}}\cdot\frac{\sqrt{10}}{\sqrt{10}} = \frac{\sqrt{10}}{10}.$$

- Calcoliamo $\cos\alpha$ applicando la formula $\cos\alpha = \frac{\cot\alpha}{\sqrt{1+\cot^2\alpha}}$:

$$\cos\alpha = \frac{3}{\sqrt{1+3^2}} = \frac{3}{\sqrt{10}} = \frac{3\cdot\sqrt{10}}{10}.$$

- Calcoliamo $\tan\alpha$ tenendo presente che $\tan\alpha = \frac{1}{\cot\alpha}$, quindi

$$\tan\alpha = \frac{1}{3}.$$

Considera le funzioni seno, coseno, tangente e cotangente dell'angolo α: noti il valore di una funzione e l'intervallo a cui appartiene α, calcola il valore delle altre tre funzioni.

246 $\cot\alpha = 2$ e $0 < \alpha < \frac{\pi}{2}$. $\left[\frac{\sqrt{5}}{5}, \frac{2}{5}\sqrt{5}, \frac{1}{2}\right]$

247 $\sin\alpha = \frac{1}{2}$ e $\frac{\pi}{2} < \alpha < \pi$. $\left[-\frac{\sqrt{3}}{2}, -\frac{\sqrt{3}}{3}, -\sqrt{3}\right]$

248 $\tan\alpha = -\sqrt{3}$ e $\frac{3}{2}\pi < \alpha < 2\pi$. $\left[-\frac{\sqrt{3}}{2}, \frac{1}{2}, -\frac{\sqrt{3}}{3}\right]$

249 $\tan\alpha = 1$ e $\pi < \alpha < \frac{3}{2}\pi$. $\left[-\frac{\sqrt{2}}{2}, -\frac{\sqrt{2}}{2}, 1\right]$

250 $\cos\alpha = \frac{\sqrt{3}}{2}$ e $\frac{3}{2}\pi < \alpha < 2\pi$. $\left[-\frac{1}{2}, -\frac{\sqrt{3}}{3}, -\sqrt{3}\right]$

251 $\cot\alpha = -\sqrt{3}$ e $\frac{\pi}{2} < \alpha < \pi$. $\left[\frac{1}{2}, -\frac{\sqrt{3}}{2}, -\frac{\sqrt{3}}{3}\right]$

Espressioni con funzioni goniometriche

Semplifica le seguenti espressioni.

252 $(\sec^2\alpha + \csc^2\alpha)\cot^2\alpha$ $\left[\frac{1}{\sin^4\alpha}\right]$

253 $\frac{\cos^2\alpha + 2\sin^2\alpha - 2}{\cot\alpha}\cdot\csc\alpha$ $[-\cos\alpha]$

254 $\tan\alpha + \frac{1-\sin^2\alpha}{\sin\alpha\cdot\cos\alpha} - \cot\alpha + 1$ $\left[\frac{\sin\alpha+\cos\alpha}{\cos\alpha}\right]$

255 $\frac{\cot\alpha}{\sin\alpha} + \csc\alpha - \frac{\csc\alpha}{\tan\alpha}$ $\left[\frac{1}{\sin\alpha}\right]$

256 $\frac{\cot^2\alpha+1}{\csc^2\alpha} - \left(\frac{1}{\sec^2\alpha} + \frac{1}{\csc^2\alpha}\right)$ $[0]$

257 Trasforma l'espressione in funzione soltanto di $\sin\alpha$, sapendo che $\pi < \alpha < \frac{3}{2}\pi$.

$3\sin\alpha - 2\cot^2\alpha + \cos^2\alpha$

$\left[\frac{-\sin^4\alpha + 3\sin^3\alpha + 3\sin^2\alpha - 2}{\sin^2\alpha}\right]$

Identità con le funzioni goniometriche

258 ESERCIZIO GUIDA Verifichiamo l'identità $1 + \cot^2\alpha = \csc^2\alpha$.

Poiché un'**identità goniometrica** è un'uguaglianza fra espressioni contenenti funzioni goniometriche di uno o più angoli che risulta verificata per **tutti** i valori appartenenti ai domini di tali funzioni, determiniamo le condizioni di esistenza del primo e secondo membro:

C.E.: $\alpha \neq k\pi$.

Consideriamo il primo membro e trasformiamo $\cot^2\alpha$ in funzione di $\sin\alpha$ e $\cos\alpha$, poi sommiamo:

$$1 + \left(\frac{\cos\alpha}{\sin\alpha}\right)^2 = 1 + \frac{\cos^2\alpha}{\sin^2\alpha} = \frac{\sin^2\alpha + \cos^2\alpha}{\sin^2\alpha} = \frac{1}{\sin^2\alpha}.$$

Trasformando il secondo membro in funzione di $\sin\alpha$ otteniamo $\frac{1}{\sin^2\alpha}$.

Pertanto l'identità è verificata, se $\alpha \neq k\pi$.

Verifica le seguenti identità.

259 $(\sin\alpha + \cos\alpha)^2 - 1 = 2\sin\alpha\cos\alpha$

260 $\cos\alpha \cdot \tan\alpha + \sin\alpha \cdot \cot\alpha = \cos\alpha + \sin\alpha$

261 $\cos^2\alpha \cdot \tan^2\alpha + \sin^2\alpha \cdot \cot^2\alpha = 1$

262 $(\tan\alpha + \cot\alpha)\sin\alpha = \frac{1}{\cos\alpha}$

263 $(\cot\alpha - \cos\alpha) \cdot \tan\alpha = 1 - \sin\alpha$

264 $\tan\alpha = \frac{\tan\alpha - 1}{1 - \cot\alpha}$

265 $\sin\alpha \cdot \cos^2\alpha + \sin^3\alpha = \sin\alpha$

266 $\csc^2\alpha + \sec^2\alpha = \frac{1}{\cos^2\alpha \cdot \sin^2\alpha}$

267 $(1 + \tan^2\alpha) \cdot (1 - \sin^2\alpha) = 1$

268 $\sec\alpha - \cos^2\alpha - \sin\alpha \cdot \tan\alpha - \cos\alpha + 1 = \sin^2\alpha$

269 $1 + \tan^2\alpha - \frac{1}{\sin^2\alpha} \cdot \tan^2\alpha + \frac{1}{\cos^2\alpha} = \frac{1}{\cos^2\alpha}$

270 $\cos^2\alpha - \sin^2\alpha = \frac{1 - \tan^2\alpha}{1 + \tan^2\alpha}$

271 $\frac{1}{2 - \sin^2\alpha} = \frac{1 + \tan^2\alpha}{2 + \tan^2\alpha}$

272 $\sin^2\alpha + \sin^2\alpha \cdot \cos^2\alpha + \cos^4\alpha = 1$

273 $\frac{\sec\alpha + \csc\alpha}{\tan\alpha + \cot\alpha} = \cos\alpha + \sin\alpha$

274 $\frac{1 - \cos^2\alpha}{1 + \cot^2\alpha} = \frac{\sin^2\alpha}{\csc^2\alpha}$

5 Funzioni goniometriche di angoli particolari

▶ Teoria a p. 661

275 VERO O FALSO?

a. $\sin\frac{\pi}{6} + \cos\frac{\pi}{3} = 1$ V F

b. $\sin 30° + \sin 60° = \sin 90°$ V F

c. $\tan\frac{\pi}{4} = \cot\frac{\pi}{4}$ V F

d. $\cos\frac{\pi}{6} - \sin\frac{\pi}{6} = \frac{1}{2}$ V F

Calcola il valore delle seguenti espressioni.

276 $\sin\frac{\pi}{6} + \cos\frac{\pi}{6} - \cos\frac{\pi}{3}$ $\left[\frac{\sqrt{3}}{2}\right]$

277 $\left(\tan 0 - 2\sin\frac{\pi}{4}\right)^2$ [2]

278 $\frac{\sqrt{3}}{3}\tan 30° + \sqrt{3}\tan 60°$ $\left[\frac{10}{3}\right]$

279 ●○ $\dfrac{\cos\frac{\pi}{4}+\sin\frac{\pi}{6}}{\cos\frac{\pi}{6}+\sin\frac{\pi}{3}}$ $\left[\dfrac{\sqrt{6}+\sqrt{3}}{6}\right]$

280 ●○ $4\sin 30° - \sec 60° + \sqrt{2}\csc 45° + \cos 90° - 3\sec 0°$ $[-1]$

281 ●○ $4\cos 0 - 2\sec\frac{\pi}{3} + 2\csc\frac{\pi}{4} - 4\sin\frac{\pi}{4} + \cot\frac{\pi}{2}$ $[0]$

282 ●○ $3\tan 0° + 4\cos 30°\sin 60° - \sqrt{2}\cos 45° - 6\sin 90°$ $[-4]$

283 ●○ $\cot\frac{\pi}{2} - 3\sec\frac{\pi}{4} + \csc\frac{\pi}{6}\sec\frac{\pi}{6} - 8\cot\frac{\pi}{3}\cos\frac{\pi}{3}$ $[-3\sqrt{2}]$

284 ●○ $\frac{1}{2}\sec 45° - \cos 45° - 2\cos^2 30° + \sqrt{3}\csc 60° - 3\tan 30° + 3\cot 60°$ $\left[\frac{1}{2}\right]$

285 ●○ $\frac{1}{3}\cos 0° + \sqrt{3}\sin 60° + 4\cos 90° - \frac{\sqrt{2}}{3}\cos 45° - 2\cos 60° - \frac{3}{2}\sin 90°$ $[-1]$

286 ●○ $\sin\frac{\pi}{3} + \sin\pi + \cos\frac{\pi}{3} + \sin\frac{\pi}{6} - \cos\frac{\pi}{6}$ $[1]$

287 ●○ $4\sin\frac{\pi}{2} - 3\left(\sin\frac{\pi}{6} + \cos\frac{\pi}{3}\right) - 2\sin\frac{\pi}{3} + \cos\pi$ $[-\sqrt{3}]$

288 ●○ $\cos\frac{\pi}{4}\left(1 + \sin\frac{\pi}{4}\right) - \sqrt{3}\tan\frac{\pi}{3} + \csc\frac{\pi}{6}$ $\left[\dfrac{\sqrt{2}-1}{2}\right]$

289 ●○ $-\cos^2\frac{\pi}{6} + \frac{1}{2}\sec^2\frac{\pi}{4} - \frac{1}{2}\cos\frac{\pi}{3} - \tan\frac{\pi}{4}$ $[-1]$

290 ●○ $\frac{1}{2}\sin\frac{\pi}{6} + \frac{\sqrt{3}}{2}\cos\frac{\pi}{6} + \sqrt{2}\csc\frac{\pi}{4} + 3\cot\frac{\pi}{3}\tan\frac{\pi}{6} + \csc\frac{\pi}{6}$ $[6]$

Calcola il valore delle seguenti espressioni a coefficienti letterali.

291 ●○ $2a\sin\frac{\pi}{6} - b\sqrt{2}\csc\frac{\pi}{4} + a\cos\frac{\pi}{2} + b\cot\frac{\pi}{4}$ $[a-b]$

292 ●○ $a\sin 90° + 2b\cos 180° - 3a\sin 270° + b\cos 0°$ $[4a-b]$

293 ●○ $2x\cos 60° - 2y\sin 60° + x\sec 60° + y\tan 60°$ $[3x]$

294 ●○ $\frac{a}{2}\sec\frac{\pi}{3} + b\cos\frac{3}{2}\pi - a\tan\frac{\pi}{4} + \frac{b}{4}\sec^2\frac{\pi}{3}$ $[b]$

295 ●○ $\frac{a^2}{4}\sin\frac{3}{2}\pi - \frac{3}{4}a\sec\frac{\pi}{4}\cdot\left(a\csc\frac{\pi}{4}\right) + \left(a\cos\frac{\pi}{6}\right)^2$ $[-a^2]$

296 ●○ $\left(a\sin\frac{\pi}{2} - b\cos\pi\right)\left(2a\sin\frac{\pi}{6} - b\cot\frac{\pi}{4}\right) + b^2\sec\frac{\pi}{3}$ $[a^2+b^2]$

297 ●○ $x\tan 0 + \left(x\cot\frac{\pi}{6} + y\tan\frac{\pi}{3}\right)^2 - 3y^2\cot\frac{\pi}{4} - x\cot\frac{3}{2}\pi$ $[3x^2+6xy]$

298 ●○ $a\sec\frac{\pi}{3} + b^2\sqrt{3}\cot\frac{\pi}{6} + 5a\sin\frac{3}{2}\pi - b^2\cos 0 - b^2\csc\frac{3}{2}\pi$ $[3b^2-3a]$

299 ●● $\dfrac{a^2\tan 45° + ab\csc 30° + b^2\sec 0°}{a - b\sin 270°}$ $[a+b]$

ESERCIZI

6 Angoli associati

Funzioni goniometriche di angoli associati

▶ Teoria a p. 663

Angoli opposti (α e $-\alpha$) o esplementari (α e $2\pi - \alpha$)

300 VERO O FALSO?

a. $\sin(-30°) = -\sin(30°)$ V F

b. $\cos\left(-\frac{\pi}{4}\right) = -\cos\left(-\frac{\pi}{4}\right)$ V F

c. $\tan\left(2\pi - \frac{\pi}{6}\right) = \tan\left(-\frac{\pi}{6}\right)$ V F

d. $\sin(360° - 42°) = -\sin(42°)$ V F

e. $\sec\left(-\frac{\pi}{5}\right) = \sec\left(\frac{\pi}{5}\right)$ V F

Calcola il valore delle seguenti funzioni goniometriche.

301 $\sin(-30°)$; $\sin(-45°)$; $\csc(-60°)$. $\left[-\frac{1}{2}; -\frac{\sqrt{2}}{2}; -\frac{2}{\sqrt{3}}\right]$

302 $\cos(-60°)$; $\cos\left(-\frac{\pi}{6}\right)$; $\sec\left(-\frac{\pi}{4}\right)$. $\left[\frac{1}{2}; \frac{\sqrt{3}}{2}; \sqrt{2}\right]$

303 $\tan\left(-\frac{\pi}{4}\right)$; $\tan\left(-\frac{\pi}{3}\right)$; $\cot\left(-\frac{\pi}{6}\right)$. $[-1; -\sqrt{3}; -\sqrt{3}]$

304 $\sin\left(2\pi - \frac{\pi}{3}\right)$; $\tan(360° - 45°)$; $\cos\left(2\pi - \frac{\pi}{6}\right)$. $\left[-\frac{\sqrt{3}}{2}; -1; \frac{\sqrt{3}}{2}\right]$

305 TEST Una sola delle seguenti uguaglianze è vera, quale?

A $\sin^2\left(-\frac{\pi}{6}\right) = -\sin^2\left(\frac{\pi}{6}\right)$

B $\cos^2\left(-\frac{\pi}{5}\right) = -\cos^2\left(\frac{\pi}{5}\right)$

C $\sin^2(-35°) + \cos^2(-35°) = 1$

D $\sin^2(-80°) - \cos^2(-80°) = -1$

E $\sin\left(\frac{\pi}{8}\right) = \sin\left(2\pi - \frac{\pi}{8}\right)$

306 ESERCIZIO GUIDA Semplifichiamo $\sec\alpha - \cos(-\alpha) + \tan\alpha\sin(-\alpha)$.

Riscriviamo l'espressione in funzione solo di seno e coseno.

$$\frac{1}{\cos\alpha} - \cos(-\alpha) + \frac{\sin\alpha}{\cos\alpha}\cdot\sin(-\alpha) =$$
trasformiamo le funzioni di $-\alpha$ come indicato in figura

$$\frac{1}{\cos\alpha} - \cos\alpha + \frac{\sin\alpha}{\cos\alpha}\cdot(-\sin\alpha) =$$
denominatore comune

$$\frac{1-\cos^2\alpha - \sin^2\alpha}{\cos\alpha} =$$
$\sin^2\alpha + \cos^2\alpha = 1$

$$\frac{1-1}{\cos\alpha} = 0$$

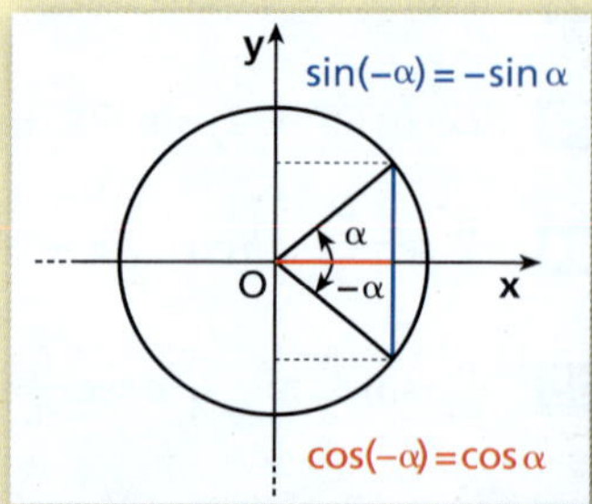

Semplifica le seguenti espressioni.

307 $-\sin\alpha\sin(-\alpha) + \cos\alpha\cos(-\alpha)$ $[1]$

308 $\tan(-\alpha) - 2\cos(-\alpha) + 2\sin(-\alpha)\cot(-\alpha)$ $[-\tan\alpha]$

309 $\sin(-\alpha) + \cos(-\alpha) + \sec(-\alpha) + 2\sin\alpha - \sec\alpha + 3\cos\alpha$ $[\sin\alpha + 4\cos\alpha]$

310 $\sin^2(-\alpha) + \cos^2\alpha + \tan\alpha\cot(-\alpha)$ $[0]$

311 $\cos(-\alpha) - \sin(-\alpha)\cot(-\alpha) + \dfrac{1}{\sec(-\alpha)}$ $[\cos\alpha]$

312 $\sin(2\pi - \alpha) - 2\cos(2\pi - \alpha) - \cos\alpha\tan(2\pi - \alpha)$ $[-2\cos\alpha]$

313 $\sec(360° - \alpha)\cos\alpha + \tan(360° - \alpha)\cot\alpha$ $[0]$

314 $3\sin(2\pi - \alpha) + \cos(2\pi - \alpha)\sec\alpha + 3\sin\alpha$ $[1]$

315 $\dfrac{\sin(2\pi - \alpha)}{\cos(-\alpha)} - 2\cos(2\pi - \alpha) - \tan(2\pi - \alpha) + \cos\alpha$ $[-\cos\alpha]$

316 $\csc(2\pi - \alpha) + \dfrac{\cos^2(2\pi - \alpha) + \sin^2\alpha}{\sin(2\pi - \alpha)}$ $\left[-\dfrac{2}{\sin\alpha}\right]$

Angoli complementari $\left(\alpha \text{ e } \frac{\pi}{2} - \alpha\right)$

317 **ESERCIZIO GUIDA** Semplifichiamo $\sin\left(\frac{\pi}{2} - \alpha\right) - \cos\alpha + \csc\left(\frac{\pi}{2} - \alpha\right)\cos\left(\frac{\pi}{2} - \alpha\right)$.

Esprimiamo $\csc\left(\frac{\pi}{2} - \alpha\right)$ in funzione di $\sin\left(\frac{\pi}{2} - \alpha\right)$:

$$\sin\left(\frac{\pi}{2} - \alpha\right) - \cos\alpha + \frac{1}{\sin\left(\frac{\pi}{2} - \alpha\right)}\cos\left(\frac{\pi}{2} - \alpha\right);$$

trasformiamo le funzioni di $\frac{\pi}{2} - \alpha$ come indicato in figura

$$\cos\alpha - \cos\alpha + \frac{1}{\cos\alpha}\sin\alpha = \tan\alpha.$$

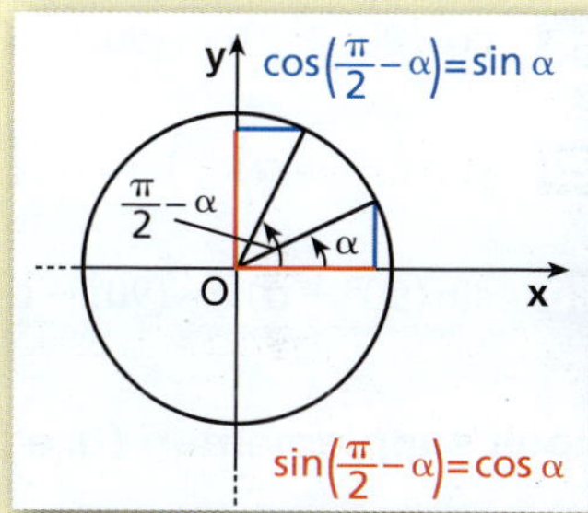

Semplifica le seguenti espressioni.

318 $\tan\left(\frac{\pi}{2} - \alpha\right)\sin\alpha - \cos\alpha + \sin\left(\frac{\pi}{2} - \alpha\right)$ $[\cos\alpha]$

319 $\csc\left(\frac{\pi}{2} - \alpha\right)\tan\left(\frac{\pi}{2} - \alpha\right) + \sin\left(\frac{\pi}{2} - \alpha\right) - \sec\left(\frac{\pi}{2} - \alpha\right)$ $[\cos\alpha]$

320 $2\cos(90° - \alpha) - 3\sin(90° - \alpha) + 2\cos\alpha - 3\sin\alpha$ $[-\cos\alpha - \sin\alpha]$

321 $\cot\left(\frac{\pi}{2} - \alpha\right)\left[2\sin\left(\frac{\pi}{2} - \alpha\right) - 3\cos(-\alpha)\right] + \cos\left(\frac{\pi}{2} - \alpha\right)$ $[0]$

Determina il valore delle espressioni indicate nelle figure.

322

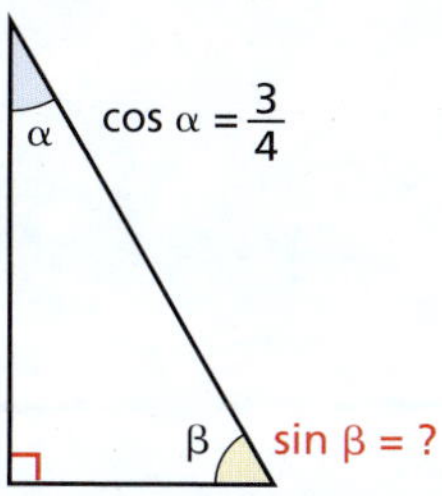

323

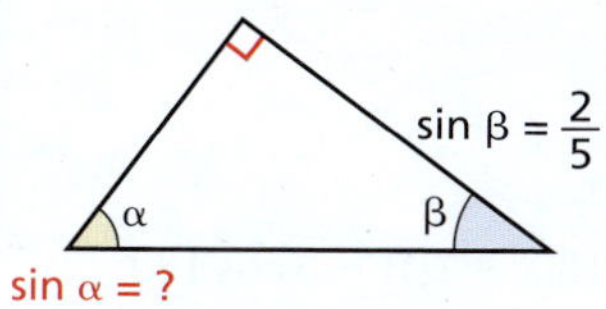

324

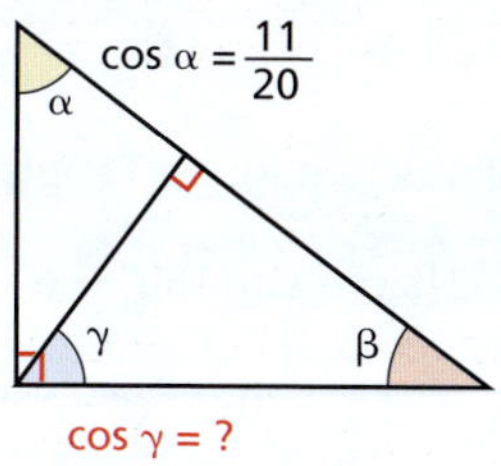

325 **RIFLETTI SULLA TEORIA** Dimostra che se un triangolo ABC è rettangolo allora $\sin^2\widehat{A} + \sin^2\widehat{B} + \sin^2\widehat{C} = 2$.

Angoli che differiscono di un angolo retto $\left(\alpha \text{ e } \frac{\pi}{2}+\alpha\right)$

326 ESERCIZIO GUIDA Semplifichiamo la seguente espressione:

$$\cos\left(\frac{\pi}{2}+\alpha\right)+\sin\alpha+\sec\left(\frac{\pi}{2}+\alpha\right)\sin\alpha+\sin\left(\frac{\pi}{2}+\alpha\right).$$

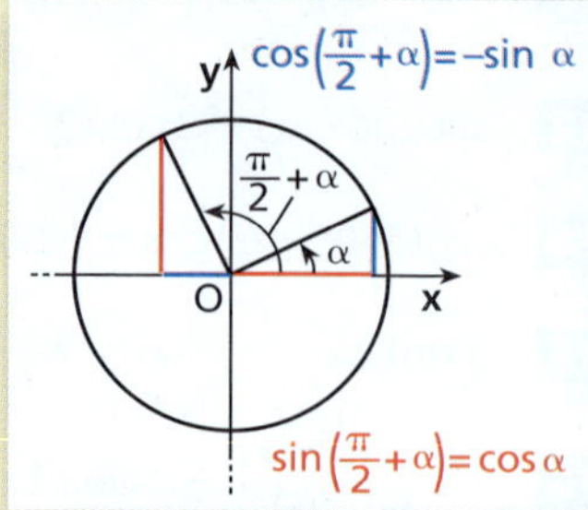

Esprimiamo $\sec\left(\frac{\pi}{2}+\alpha\right)$ in funzione di $\cos\left(\frac{\pi}{2}+\alpha\right)$:

$$\cos\left(\frac{\pi}{2}+\alpha\right)+\sin\alpha+\frac{1}{\cos\left(\frac{\pi}{2}+\alpha\right)}\sin\alpha+\sin\left(\frac{\pi}{2}+\alpha\right)=$$

trasformiamo le funzioni di $\frac{\pi}{2}+\alpha$ come indicato in figura

$$-\sin\alpha+\sin\alpha+\frac{1}{-\sin\alpha}\sin\alpha+\cos\alpha=-1+\cos\alpha.$$

Semplifica le seguenti espressioni.

327 $\sec\left(\frac{\pi}{2}+\alpha\right)\tan\alpha+\sin\left(\frac{\pi}{2}+\alpha\right)+\csc\left(\frac{\pi}{2}+\alpha\right)$ [$\cos\alpha$]

328 $\cos(90°+\alpha)\cot(90°+\alpha)(1+\cot^2\alpha)(-\cos\alpha)$ [-1]

329 $\sin^2\left(\frac{\pi}{2}+\alpha\right)-1+\cot^2\left(\frac{\pi}{2}+\alpha\right)\sin^2\left(\frac{\pi}{2}+\alpha\right)$ [0]

330 $\sin(90°+\alpha)\cos(90°-\alpha)+\cos(90°+\alpha)\sin(90°+\alpha)-\sin(-\alpha)$ [$\sin\alpha$]

Angoli supplementari (α e $\pi-\alpha$)

331 ESERCIZIO GUIDA Semplifichiamo la seguente espressione:

$$3\cos\alpha+\cos(\pi-\alpha)-\sin\alpha+2\cot(\pi-\alpha)\sin\alpha+2\sin(\pi-\alpha).$$

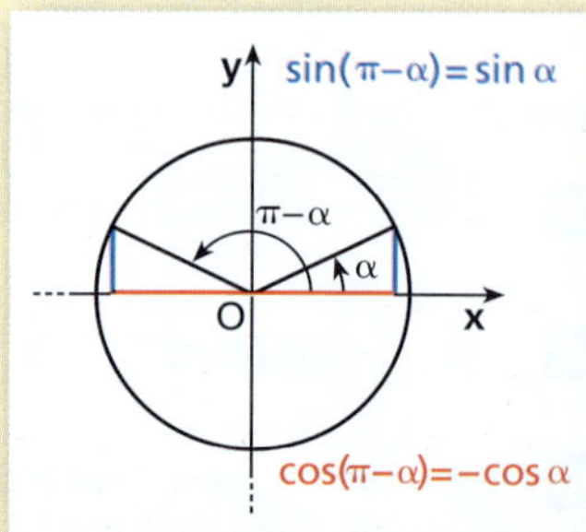

Esprimiamo $\cot(\pi-\alpha)$ mediante le funzioni seno e coseno:

$$3\cos\alpha+\cos(\pi-\alpha)-\sin\alpha+\frac{2\cos(\pi-\alpha)}{\sin(\pi-\alpha)}\sin\alpha+2\sin(\pi-\alpha)=$$

trasformiamo le funzioni di $\pi-\alpha$ come indicato in figura

$$3\cos\alpha-\cos\alpha-\sin\alpha+2\frac{-\cos\alpha}{\sin\alpha}\sin\alpha+2\sin\alpha=$$

$$2\cos\alpha+\sin\alpha-2\cos\alpha=\sin\alpha.$$

Semplifica le seguenti espressioni.

332 $2[\sin\alpha\sin(180°-\alpha)-\cos\alpha\cos(180°-\alpha)]-5\cos 180°$ [7]

333 $\tan(\pi-\alpha)\cot\alpha-\cot(\pi-\alpha)\tan\alpha$ [0]

334 $\cos\alpha\csc(180°-\alpha)+\sin\alpha\sec(180°-\alpha)-\cot(180°-\alpha)+\tan(180°-\alpha)$ [$2\cot\alpha-2\tan\alpha$]

335 $\sin(\pi-\alpha)-\cot(\pi-\alpha)\sin\alpha+\cos(\pi-\alpha)$ [$\sin\alpha$]

336 Trova $\sin\gamma$, utilizzando i dati.

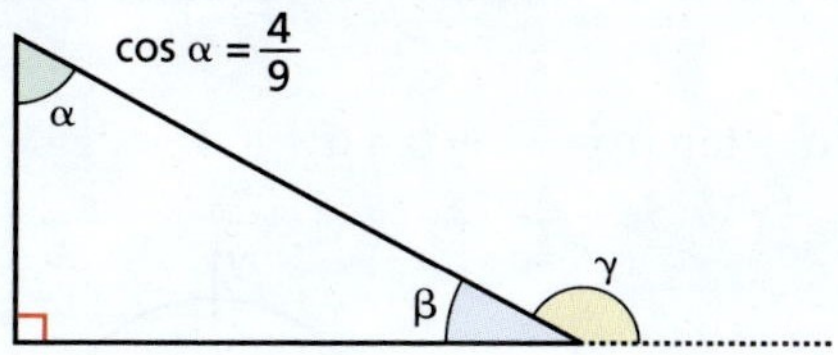

337 Trova $\cos\beta$, utilizzando i dati.

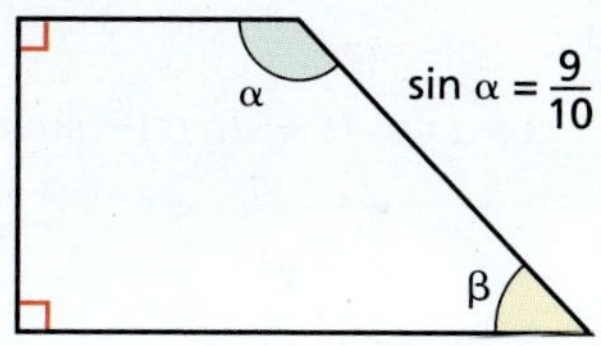

338 TEST La somma $\sin\frac{3}{7}\pi + \sin\frac{4}{7}\pi$ vale:

A $\sin\frac{7}{7}\pi = \sin\pi = 0$.

B $-2\cos\frac{\pi}{14}$.

C $2\sin\frac{\pi}{14}$.

D $2\cos\frac{\pi}{7}$.

E $2\cos\frac{\pi}{14}$.

339 RIFLETTI SULLA TEORIA Dato il triangolo ABC, verifica che: $\sin\widehat{A} = \sin(\widehat{B} + \widehat{C})$.

Angoli che differiscono di un angolo piatto (α e $\pi + \alpha$)

340 ESERCIZIO GUIDA Semplifichiamo la seguente espressione:

$$\csc(\pi+\alpha) + 3\sin\alpha + \cot(\pi+\alpha)\sec\alpha + 2\sin(\pi+\alpha).$$

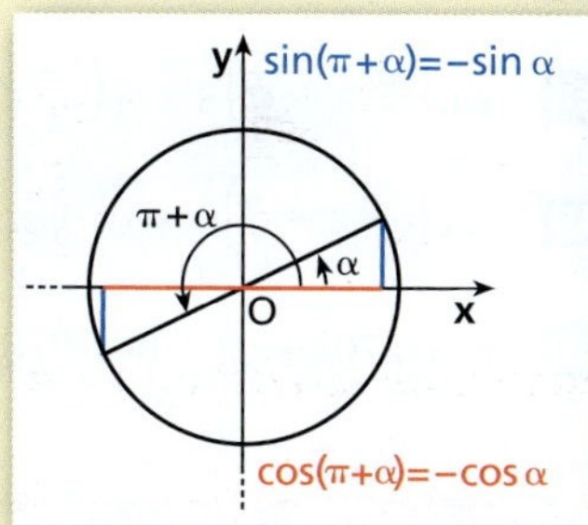

Esprimiamo $\cot(\pi+\alpha)$, $\csc(\pi+\alpha)$ e $\sec\alpha$ mediante le funzioni seno e coseno:

$$\frac{1}{\sin(\pi+\alpha)} + 3\sin\alpha + \frac{\cos(\pi+\alpha)}{\sin(\pi+\alpha)}\cdot\frac{1}{\cos\alpha} + 2\sin(\pi+\alpha) =$$

$$\frac{1}{-\sin\alpha} + 3\sin\alpha + \frac{-\cos\alpha}{-\sin\alpha}\cdot\frac{1}{\cos\alpha} - 2\sin\alpha = -\frac{1}{\sin\alpha} + \sin\alpha + \frac{1}{\sin\alpha} = \sin\alpha.$$

trasformiamo le funzioni di $\pi + \alpha$ come indicato in figura

Semplifica le seguenti espressioni.

341 $\sin\alpha\sin(\pi+\alpha) + \cos(\pi+\alpha)\cos\alpha + 2$ [1]

342 $\sin\alpha\cos(\pi+\alpha) + 2\sin\alpha\cos\alpha + \cos\alpha[\sin(\pi+\alpha)+1] + \cos(\pi+\alpha)$ [0]

343 $[\sin(180° - \alpha) - \cos(180° + \alpha)]^2 - 2\sin(-\alpha)\cos(180° + \alpha)$ [1]

344 $\sec(180° + \alpha)\sin^2(180° + \alpha) - \tan(180° + \alpha) - \cos\alpha$ $\left[-\frac{1}{\cos\alpha} - \tan\alpha\right]$

Angoli la cui somma o differenza è $\frac{3}{2}\pi$

345 ESERCIZIO GUIDA Semplifichiamo l'espressione:

$$\sin\left(\frac{3}{2}\pi - \alpha\right)\cos\alpha + \cos\left(\frac{3}{2}\pi + \alpha\right)\cos\left(\frac{3}{2}\pi - \alpha\right) + \cot\left(\frac{3}{2}\pi - \alpha\right).$$

Trasformiamo le funzioni di $\frac{3}{2}\pi - \alpha$ e $\frac{3}{2}\pi + \alpha$ in funzioni di α tenendo conto delle relazioni delle figure:

$$-\cos\alpha\cos\alpha + \sin\alpha(-\sin\alpha) + \tan\alpha = -\cos^2\alpha - \sin^2\alpha + \tan\alpha = -1 + \tan\alpha.$$

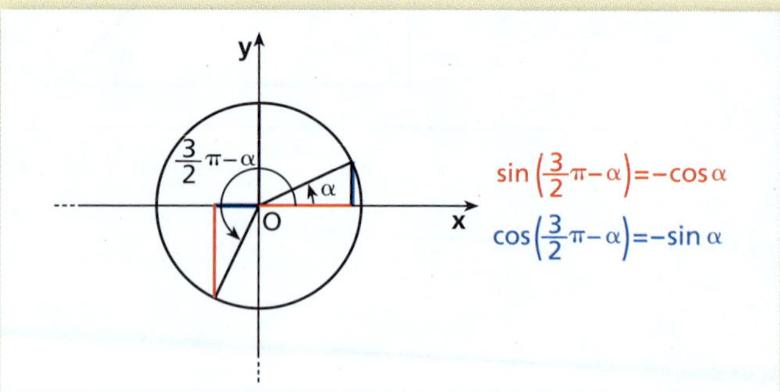

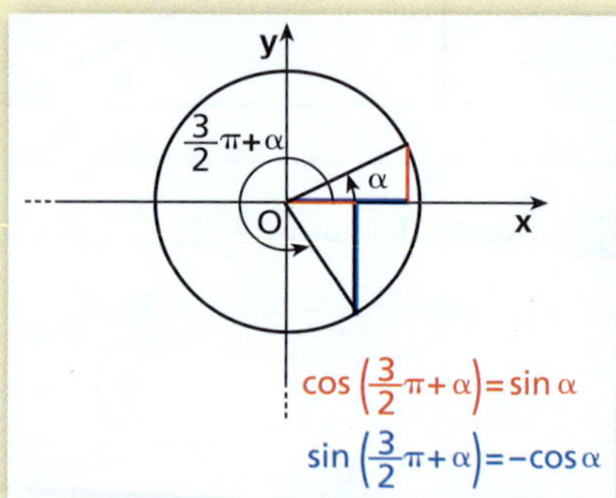

Semplifica le seguenti espressioni.

346 $\cos\left(\frac{3}{2}\pi - \alpha\right)\sin\left(\frac{3}{2}\pi + \alpha\right) + \cos\left(\frac{3}{2}\pi + \alpha\right)\sin\left(\frac{3}{2}\pi - \alpha\right)$ $[0]$

347 $2\tan\left(\frac{3}{2}\pi + \alpha\right)\cot\left(\frac{3}{2}\pi - \alpha\right) + \sin^2\left(\frac{3}{2}\pi + \alpha\right) + \cos^2\left(\frac{3}{2}\pi - \alpha\right)$ $[-1]$

348 $\sin\left(\frac{3}{2}\pi + \alpha\right) + \cos\left(\frac{3}{2}\pi - \alpha\right) + \cos(-\alpha) + 2\cos\left(\frac{3}{2}\pi + \alpha\right)$ $[\sin\alpha]$

349 $\sec\left(\frac{3}{2}\pi - \alpha\right)\text{cosec}\left(\frac{3}{2}\pi + \alpha\right) + \tan\left(\frac{3}{2}\pi + \alpha\right)$ $[\tan\alpha]$

350 $\cos(270° + \alpha) + \tan(270° - \alpha) - \dfrac{\sin(270° - \alpha)}{\sin(-\alpha)}$ $[\sin\alpha]$

Riepilogo: Angoli associati

TEST

351 Quale fra le seguenti espressioni *non* è equivalente a $-\sin(\alpha + 270°)$?

- **A** $\cos\alpha$
- **B** $\cos(-\alpha)$
- **C** $\sin(90° - \alpha)$
- **D** $\sin(\pi - \alpha)$
- **E** $-\cos(\alpha - \pi)$

352 Quale fra le seguenti espressioni è equivalente a $\sec\alpha$?

- **A** $\csc(\pi - \alpha)$
- **B** $\sec(90° - \alpha)$
- **C** $\sec(270° - \alpha)$
- **D** $\csc(-\alpha)$
- **E** $\sec(-\alpha)$

353 **ASSOCIA** a ciascuna espressione della prima colonna una equivalente nella seconda colonna.

a. $\tan(x + \pi) + \tan(\pi - x)$ **1.** 0

b. $\sin(x + 90°) - \cos(180° - x)$ **2.** 2

c. $\csc(270° - x) + 2 + \sec(-x)$ **3.** $2\cos x$

d. $\sin^2(-x) + \sin^2(270° + x)$ **4.** 1

354 **VERO O FALSO?** Se $0 < \alpha < \frac{\pi}{2}$:

a. $\sin(\pi - \alpha) = -\sin\alpha$ V F

b. $\cos\left(\frac{3}{2}\pi + \alpha\right) = -\sin\alpha$ V F

c. $\cot(\alpha - 4\pi) = \cot\alpha$ V F

d. $\sin\left(\frac{3}{2}\pi - \alpha\right) = \cos\alpha$ V F

355 **FAI UN ESEMPIO** di due angoli che abbiano:

a. lo stesso seno ma coseni opposti;

b. lo stesso coseno ma seni opposti.

Semplifica le seguenti espressioni.

356 $\csc(\pi+\alpha)\tan(\pi-\alpha)+\cos(2\pi-\alpha)-\sec(-\alpha)$ $[\cos\alpha]$

357 $\cos(-\alpha)+\cos(360°-\alpha)+\cos(180°-\alpha)-\cos(180°+\alpha)$ $[2\cos\alpha]$

358 $\tan(-\alpha)+\tan(180°-\alpha)+\tan(360°-\alpha)-\tan(180°-\alpha)$ $[-2\tan\alpha]$

359 $\sin(2\pi-\alpha)+2\cos(\pi+\alpha)+3\sin\left(\frac{\pi}{2}-\alpha\right)-\cos(-\alpha)$ $[-\sin\alpha]$

360 $\sin(90°+\alpha)\tan(-\alpha)+\sin(90°+\alpha)\cot(90°-\alpha)$ $[0]$

361 $\sin\left(\frac{\pi}{2}+\alpha\right)\cos(\pi-\alpha)-\cos\left(\frac{\pi}{2}-\alpha\right)\sin\alpha+\tan\left(\frac{\pi}{2}-\alpha\right)$ $[\cot\alpha-1]$

362 $\tan(-\alpha)\cos(\pi+\alpha)-\cos\left(\frac{3}{2}\pi+\alpha\right)-\cot\left(\frac{\pi}{2}+\alpha\right)$ $[\tan\alpha]$

363 $\cos\left(\frac{\pi}{2}+\alpha\right)\cot\alpha+2\sin\left(\frac{\pi}{2}-\alpha\right)+\cos(\pi+\alpha)$ $[0]$

364 $\tan(\alpha+\pi)\cot(\pi-\alpha)+\sin(-\alpha)\tan\left(\alpha+\frac{\pi}{2}\right)$ $[-1+\cos\alpha]$

365 $\sin\left(\frac{3}{2}\pi-\alpha\right)\cdot\frac{\sin(2\pi+\alpha)}{\sin\left(\frac{\pi}{2}+\alpha\right)}+\sin(-\alpha)+\sin(\pi+\alpha)$ $[-3\sin\alpha]$

366 $\dfrac{\sin\left(\frac{\pi}{2}-\alpha\right)+\cos(-\alpha)+\sin(2\pi-\alpha)+\cos\left(\frac{\pi}{2}-\alpha\right)}{\cos\left(\frac{\pi}{2}+\alpha\right)+\sin(-\alpha)}$ $[-\cot\alpha]$

367 $\sin\left(\frac{3}{2}\pi-\alpha\right)+\cos(3\pi+\alpha)+\sin(-\alpha)\cot(\alpha-5\pi)$ $[-3\cos\alpha]$

368 $\dfrac{-2\sin^2(180°-\alpha)+\cos^2(180°-\alpha)+2}{\tan(180°-\alpha)\sin(90°-\alpha)+1}$ $[3(\sin\alpha+1)]$

369 $\dfrac{\sin(-\alpha)+\cos(180°-\alpha)-\tan(180°+\alpha)}{\tan(180°-\alpha)-\cos(90°-\alpha)-\cos(-\alpha)}$ $[1]$

370 $\dfrac{2\tan\left(\frac{\pi}{2}-\alpha\right)}{1+[\cot(\pi-\alpha)]^2}-\left[\cos\left(\frac{\pi}{2}-\alpha\right)+\sin\left(\frac{\pi}{2}-\alpha\right)\right]^2$ $[-1]$

371 $\sin(\alpha-2\pi)\cot(-\alpha)+\sin\left(\alpha+\frac{3}{2}\pi\right)\cos(\alpha+5\pi)+\sin^2(6\pi-\alpha)$ $[1-\cos\alpha]$

372 $\cos(-\alpha)\sin\left(\frac{5}{2}\pi+\alpha\right)+\sin\left(\frac{7}{2}\pi-\alpha\right)\cot\left(\frac{\pi}{2}+\alpha\right)+\sin\left(\frac{\pi}{2}+\alpha\right)\tan(\pi-\alpha)$ $[\cos^2\alpha]$

373 $\sin(720°+\alpha)\cos(180°+\alpha)-\cos(450°+\alpha)\sin(-270°-\alpha)$ $[0]$

Calcola i valori delle espressioni indicate, utilizzando le informazioni.

374 $\cos(270°-\alpha)-\cos(180°-\alpha)+\tan(90°+\alpha)$ — $\cos\alpha=-\frac{4}{5}$, con $\pi<\alpha<\frac{3}{2}\pi$ $\left[-\frac{23}{15}\right]$

375 $\dfrac{\sin\left(\frac{\pi}{2}-\alpha\right)+2\cos(-\alpha)}{\sin(-\pi-\alpha)}+\tan\left(\frac{3}{2}\pi-\alpha\right)$ — $\sin\alpha=\frac{12}{13}$, con $\frac{\pi}{2}<\alpha<\pi$ $\left[-\frac{5}{3}\right]$

376 $\cos(\pi+\alpha)$, $\tan(\alpha-4\pi)$, $\cos(2\pi-\alpha)$, $\cot\left(\frac{\pi}{2}-\alpha\right)$ — $\cos\alpha=\frac{3}{5}$, con $0<\alpha<\frac{\pi}{2}$ $\left[-\frac{3}{5};\frac{4}{3};\frac{3}{5};\frac{4}{3}\right]$

377 $\cos(\pi+\alpha)$, $\tan\left(\frac{\pi}{2}+\alpha\right)$, $\sin\left(\frac{3}{2}\pi+\alpha\right)$, $\cos(-\alpha)$ — $\sin\left(\frac{\pi}{2}-\alpha\right)=-\frac{7}{25}$, con $\pi<\alpha<\frac{3}{2}\pi$ $\left[\frac{7}{25};-\frac{7}{24};\frac{7}{25};-\frac{7}{25}\right]$

ESERCIZI

Utilizza i dati nelle figure per determinare i valori richiesti.

378 ●○

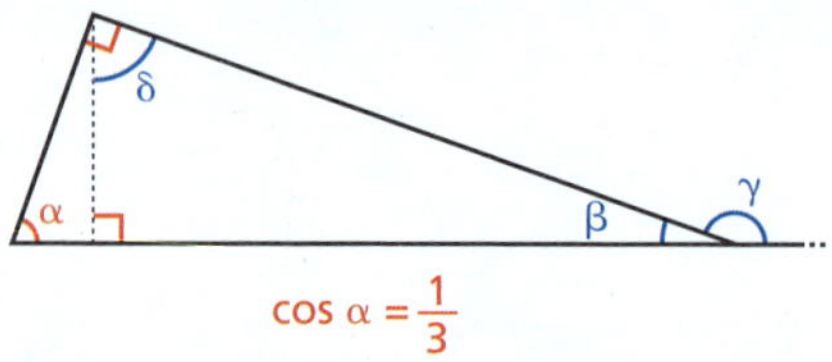

Trova $\cos\beta$, $\sin\delta$, $\sin\gamma$. $\left[\frac{2}{3}\sqrt{2};\ \frac{2}{3}\sqrt{2};\ \frac{1}{3}\right]$

379 ●○

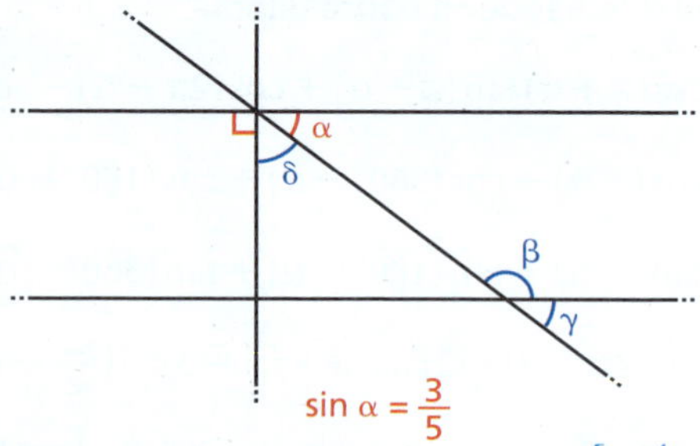

Trova $\cos\beta$, $\tan\gamma$, $\sin\delta$. $\left[-\frac{4}{5};\ \frac{3}{4};\ \frac{4}{5}\right]$

MATEMATICA E STORIA

L'altezza di un monte Il problema illustrato nell'immagine riguarda il calcolo dell'altezza di un monte che si trova sopra un'isola. Problemi simili sono stati affrontati dai matematici di tutto il mondo: saper calcolare l'altezza o le dimensioni di oggetti difficilmente accessibili era in effetti fondamentale. Vi si cimentarono matematici cinesi, indiani (per esempio Aryabhata, matematico indiano del V-VI secolo), arabi (X-XI secolo) ed europei.

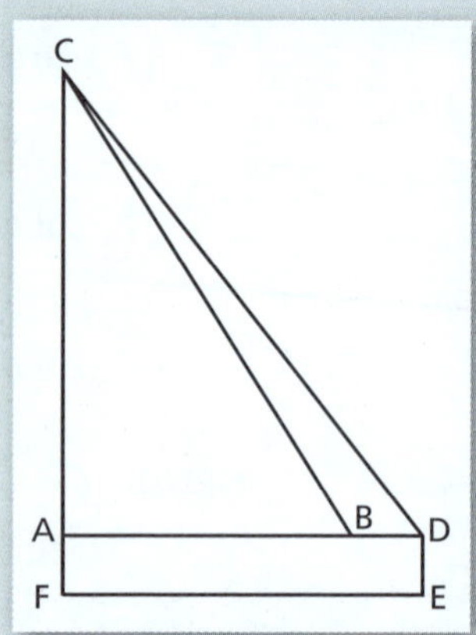

Questo è il problema espresso in termini moderni: «Calcolare $\overline{CF}$ sapendo che $A\hat{B}C = 58°$, $A\hat{D}C = 32°$, $\overline{BD} = 100$, $\overline{AF} = 1,5$».

Per risolvere il problema puoi utilizzare la seguente traccia di risoluzione:

- scrivi le tangenti dei due angoli come rapporto fra cateti;
- considera come incognite le lunghezze di *AB* e *AC*;
- ricava la lunghezza di *AC* e quindi quella di *AF*, da cui puoi ricavare quella di *CF*.

Risoluzione – Esercizio in più

Riduzione al primo quadrante

▶ Teoria a p. 665

380 ESERCIZIO GUIDA Esprimiamo mediante la riduzione al primo quadrante: **a.** $\sin 225°$; **b.** $\tan\frac{5}{3}\pi$.

a. $\sin 225° = \sin(180° + 45°) = -\sin 45°$.

b. $\tan\frac{5}{3}\pi = \tan\left(2\pi - \frac{\pi}{3}\right) = \tan\left(-\frac{\pi}{3}\right) = -\tan\frac{\pi}{3}$.

COMPLETA

381 ●○ $\sin 100° = \sin(90° + \square) = \square$

382 ●○ $\tan 150° = \tan(180° - \square) = \square$

383 ●○ $\cos\frac{5}{6}\pi = \cos(\pi - \square) = \square$

384 ●○ $\sin\left(\frac{4}{3}\pi\right) = \sin(\pi + \square) = \square$

Esprimi mediante la riduzione al primo quadrante.

385 $\sin 190°$; $\tan 100°$; $\cos 128°$. $[-\sin 10°; -\cot 10°; -\cos 52°]$

386 $\sin\frac{3}{4}\pi$; $\tan\frac{7}{8}\pi$; $\cot\frac{5}{6}\pi$. $\left[\sin\frac{\pi}{4}; -\tan\frac{\pi}{8}; -\cot\frac{\pi}{6}\right]$

387 $\sin 290°$; $\cos 215°$; $\tan 375°$. $[-\cos 20°; -\cos 35°; \tan 15°]$

388 $\sin 105°$; $\cos 286°$; $\cot 132°$. $[\cos 15°; \sin 16°; -\tan 42°]$

389 $\sin\frac{17}{12}\pi$; $\cos\frac{10}{7}\pi$; $\tan\frac{6}{5}\pi$. $\left[-\sin\frac{5}{12}\pi; -\cos\frac{3}{7}\pi; \tan\frac{\pi}{5}\right]$

390 $\sin\frac{13}{7}\pi$; $\cos\frac{16}{9}\pi$; $\cot\frac{17}{10}\pi$. $\left[-\sin\frac{\pi}{7}; \cos\frac{2}{9}\pi; -\cot\frac{3}{10}\pi\right]$

391 **VERO O FALSO?**

a. $\tan 228° = -\tan 48°$ V F

b. $\cos(-320°) = \cos 40°$ V F

c. $\sin(-390°) = -\cos 120°$ V F

d. $\tan\frac{13}{4}\pi = -\cot\frac{9}{4}\pi$ V F

392 Determina il seno e il coseno degli angoli nelle figure, utilizzando le conoscenze sugli angoli particolari.

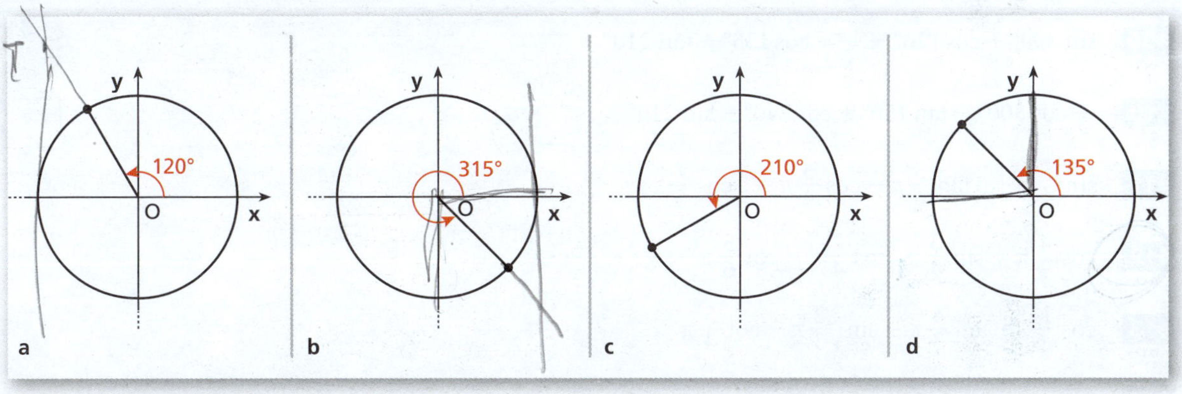

COMPLETA **utilizzando le conoscenze sugli angoli particolari.**

393 $\cos 150° = \square$; $\sin 150° = \square$.

394 $\cos 300° = \square$; $\sin 300° = \square$.

395 $\cos 225° = \square$; $\sin 225° = \square$.

396 $\cos\frac{4}{3}\pi = \square$; $\sin\frac{4}{3}\pi = \square$.

Calcola seno, coseno e tangente dei seguenti angoli, mediante la riduzione al primo quadrante.

397 330°, 225°, 495°. $\left[-\frac{1}{2}, \frac{\sqrt{3}}{2}, -\frac{\sqrt{3}}{3}; -\frac{\sqrt{2}}{2}, -\frac{\sqrt{2}}{2}, 1; \frac{\sqrt{2}}{2}, -\frac{\sqrt{2}}{2}, -1\right]$

398 $\frac{13}{6}\pi, \frac{5}{4}\pi, -\frac{4}{3}\pi$. $\left[\frac{1}{2}, \frac{\sqrt{3}}{2}, \frac{\sqrt{3}}{3}; -\frac{\sqrt{2}}{2}, -\frac{\sqrt{2}}{2}, 1; \frac{\sqrt{3}}{2}, -\frac{1}{2}, -\sqrt{3}\right]$

ESERCIZI

Mediante la riduzione al primo quadrante, calcola il valore delle seguenti funzioni goniometriche.

399 $\sin 405°$, $\tan 225°$, $\cot(-495°)$, $\cos 315°$. $\left[\frac{\sqrt{2}}{2}, 1, 1, \frac{\sqrt{2}}{2}\right]$

400 $\tan\frac{7}{3}\pi$, $\cos\frac{15}{4}\pi$, $\sin\left(-\frac{5}{6}\pi\right)$, $\cot\frac{7}{6}\pi$. $\left[\sqrt{3}, \frac{\sqrt{2}}{2}, -\frac{1}{2}, \sqrt{3}\right]$

Calcola il valore delle seguenti espressioni.

401 $2\sin 140° - \cos 315° + 2\sin 220° + 3\cos 225°$ $[-2\sqrt{2}]$

402 $\sin 240° + \cos(-60°) + 2\sin 120° + \cos 210°$ $\left[\frac{1}{2}\right]$

403 $\sin 150° + \cos 240° - \tan(-150°) + \sin 750°$ $\left[\frac{1}{2} - \frac{\sqrt{3}}{3}\right]$

404 $5\cos 36° - 2\sin 54° + 3\sin 234° + \cos 144° - 2\sin 306°$ $[\cos 36°]$

405 $\sin 198° - 4\sin 18° - 7\cos 252° + 2\sin 342°$ $[0]$

406 $\sqrt{3}\cos\frac{\pi}{3} - 3\cos\frac{7}{6}\pi + 2\tan\frac{5}{3}\pi + \sqrt{2}\sin\frac{3}{4}\pi$ $[1]$

407 $2\cos 225° + \sqrt{3}\sin 240° - \sqrt{2}\sin 315° - 2\sin 150° + \frac{3}{2}\tan 225°$ $[-\sqrt{2}]$

408 $\frac{2\cos 240° + 2\tan 225° - \sqrt{2}\cos 315°}{4\cos 150° + 2\cot 225°}$ $[0]$

409 $\sin 390° + \cos 120° - \frac{2}{\sqrt{2}}\cos 135° - \tan 210°$ $\left[\frac{3-\sqrt{3}}{3}\right]$

410 $\frac{2}{3}\cos 300° - \tan 150° + \cot 240° - \sin 210°$ $\left[\frac{5+4\sqrt{3}}{6}\right]$

411 $\sin\frac{5}{4}\pi + 3\tan\frac{5}{6}\pi - \cos\frac{3}{4}\pi - 2\cos\frac{7}{6}\pi$ $[0]$

412 $\cos\frac{4}{3}\pi + \sin\frac{3}{4}\pi \cdot \cos\frac{7}{4}\pi - \cot\frac{5}{6}\pi$ $[\sqrt{3}]$

413 $\cos\frac{11}{6}\pi \cdot \tan\frac{4}{3}\pi + \sin^2\frac{2}{3}\pi - \cot\frac{5}{4}\pi$ $\left[\frac{5}{4}\right]$

414 $3\tan\frac{5}{6}\pi + \cos\frac{3}{4}\pi - 2\sin\frac{5}{3}\pi + \sqrt{2}\sin\frac{7}{6}\pi$ $[-\sqrt{2}]$

415 $2(\sin 240°\cos 150° - \cot 225°)(\tan 135° - \cot 225°)$ $[1]$

416 $6\left(\tan\frac{11}{6}\pi \cdot \tan\frac{5}{6}\pi + \sin\frac{4}{3}\pi\right) - \frac{\tan\frac{7}{4}\pi}{\cos\frac{2}{3}\pi}$ $[-3\sqrt{3}]$

417 $\cos^2\frac{7}{6}\pi + \tan\left(-\frac{\pi}{4}\right) - \frac{\sin\frac{3}{4}\pi + \sin\frac{5}{4}\pi}{\cos\frac{5}{6}\pi}$ $\left[-\frac{1}{4}\right]$

418 $\left(\cot\frac{5}{6}\pi + \tan\frac{2}{3}\pi\right) \cdot \sin\frac{5}{3}\pi + 2\cos\frac{5}{4}\pi \cdot \sin\frac{3}{4}\pi$ $[2]$

419 $4(\sin 150°\cos 135° + \cos 240°\sin 135°)\sin 45°$ $[-2]$

420 $\sin\frac{5}{4}\pi\cos\frac{4}{3}\pi + \sin\frac{7}{6}\pi\cos\frac{5}{4}\pi$ $\left[\frac{\sqrt{2}}{2}\right]$

ESERCIZI

421 $\cos 30° + \cos 135° - 5\cos 270° + \sin^2 120° - \cos(-30°) + \sin 45°$ $\left[\frac{3}{4}\right]$

422 $\cos 135° \cdot \cos 315° - 2\cos 300° \cdot \sin(-30°) + \cos(-330°)$ $\left[\frac{\sqrt{3}}{2}\right]$

423 $2\sin\frac{5}{6}\pi + 4\cos\frac{5}{6}\pi\sin\frac{2}{3}\pi - 2\tan\frac{3}{4}\pi + \cot\frac{5}{6}\pi$ $[-\sqrt{3}]$

Verifica le seguenti uguaglianze.

424 $\left(\sin\frac{3}{4}\pi + \cos\frac{7}{4}\pi\right)^2 = -\cos 5\pi + \cot\frac{5}{4}\pi$

425 $\dfrac{3\sin\frac{5}{6}\pi + \cos\frac{4}{3}\pi}{\tan\frac{5}{4}\pi} = \dfrac{\tan\frac{5}{3}\pi \cdot \sin\frac{3}{2}\pi}{2\cos\frac{11}{6}\pi}$

426 $\dfrac{4(\sin 150° - \cos 120°) \cdot (\cos 330° \cdot \sin 240°)}{\tan 315°} = \tan^2 60°$

427 $\dfrac{\tan\frac{9}{4}\pi + \tan^2\left(-\frac{4}{3}\pi\right)}{\sin\left(-\frac{3}{2}\pi\right)} = \dfrac{\tan\frac{5}{6}\pi + \cot\frac{\pi}{3} - 1}{\sin\frac{7}{6}\pi \cdot \cos\frac{2}{3}\pi}$

428 $\dfrac{\cos\frac{5}{3}\pi \cdot \left(\tan\frac{3}{4}\pi - \cot\frac{11}{6}\pi\right)}{\sin\frac{2}{3}\pi - \cos\frac{7}{6}\pi} = -\frac{1}{2}\cot\frac{\pi}{3} + \frac{1}{2}$

429 $\tan\frac{11}{4}\pi + 2\cos 7\pi + 2\tan\frac{4}{3}\pi \cdot \sin\frac{8}{3}\pi = \cos\frac{11}{2}\pi$

430 $\sin\frac{7}{6}\pi + \tan\frac{5}{3}\pi + \cos\frac{11}{3}\pi = \cos\frac{9}{4}\pi + \sin\frac{5}{4}\pi + \tan\frac{2}{3}\pi$

431 $\sin 10° \cdot (\tan 190° + 1) = \dfrac{\sin^2 170°}{\cos 10°} + \cos 80°$

7 Funzioni goniometriche inverse

▶ Teoria a p. 666

432 RIFLETTI SULLA TEORIA Esiste l'inversa della funzione seno nell'intervallo $[0; \pi]$? Spiega perché.

433 TEST Una sola delle seguenti affermazioni è *falsa*. Quale?

- A La funzione $y = \arccos x$ è periodica.
- B $-\frac{\pi}{2} \le \arcsin x \le \frac{\pi}{2}$.
- C $\tan(\arctan x) = x$.
- D Il dominio di $y = \arcsin x$ è $[-1; 1]$.
- E $\arctan x$ esiste $\forall x \in \mathbb{R}$.

COMPLETA

434 $\arccos 1 = \square$, $\arcsin 1 = \square$.

435 $\arccos 0 = \square$, $\arctan 0 = \square$.

436 $\arctan(-1) = \square$, $\arcsin(-1) = \square$.

ESERCIZI

437 ASSOCIA a ciascuna espressione il suo valore.

a. $\arcsin\frac{1}{2}$ b. $\arctan\left(-\frac{\sqrt{3}}{3}\right)$ c. $\arccos\left(-\frac{\sqrt{3}}{2}\right)$ d. $\text{arccot}(-1)$

1. $\frac{5}{6}\pi$ 2. $\frac{3}{4}\pi$ 3. $-\frac{\pi}{6}$ 4. $\frac{\pi}{6}$

Calcola il valore delle seguenti espressioni.

438 $\arccos\left(-\frac{\sqrt{2}}{2}\right)$; $\arcsin\frac{\sqrt{3}}{2}$. $\left[\frac{3}{4}\pi, \frac{\pi}{3}\right]$

439 $\arctan(-1)$; $\arctan\sqrt{3}$. $\left[-\frac{\pi}{4}, \frac{\pi}{3}\right]$

440 $\arcsin\frac{1}{2} + \arccos\left(-\frac{\sqrt{3}}{2}\right)$ $[\pi]$

441 $\arcsin 1 + \arctan(-1)$ $\left[\frac{\pi}{4}\right]$

442 $\arctan(-1) + 2\arcsin\frac{1}{2} + \arctan(-\sqrt{3})$ $\left[-\frac{\pi}{4}\right]$

443 $\arccos\frac{\sqrt{3}}{2} + \arcsin\frac{1}{2} - \arctan\frac{\sqrt{3}}{3}$ $\left[\frac{\pi}{6}\right]$

444 $\arcsin\frac{\sqrt{3}}{2} - \frac{2}{3}\text{arccot}\, 0 + 6\arctan\frac{\sqrt{3}}{3}$ $[\pi]$

445 $\arccos(-1) + \arcsin\left(-\frac{1}{2}\right) - \text{arccot}\sqrt{3}$ $\left[\frac{2}{3}\pi\right]$

REALTÀ E MODELLI

446 **La fetta di pizza** Calcola l'ampiezza dell'angolo della fetta di pizza in figura. [65°]

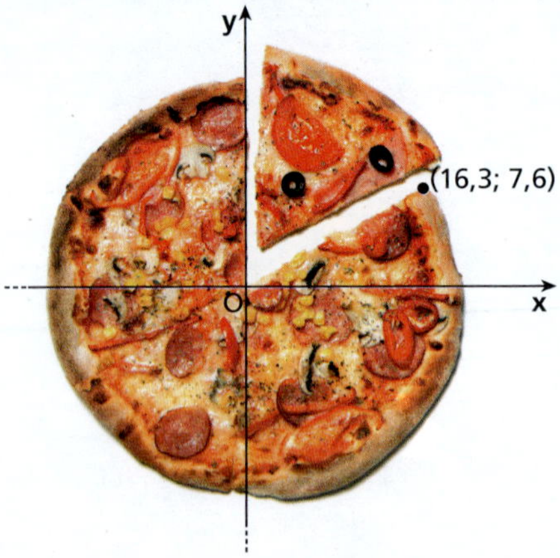

447 **Il ventaglio** Determina l'angolo di apertura del ventaglio. [≃ 143°]

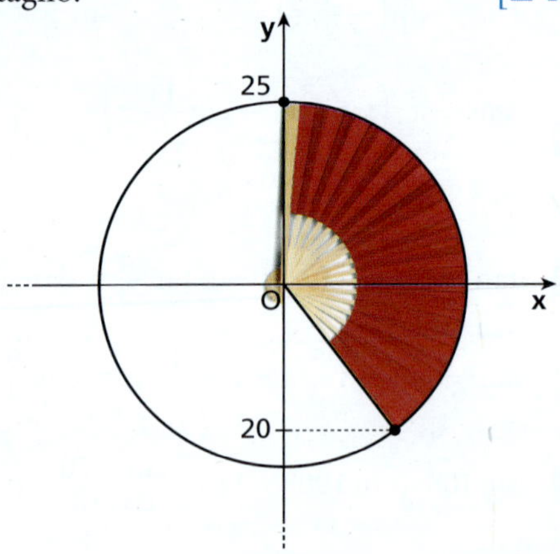

448 **Angoli di corda** Marisa spinge la figlia seduta su un'altalena con la corda lunga 2 m. La fa sedere e indietreggia afferrando il seggiolino di 0,9 m rispetto alla verticale a riposo, per poi lasciarlo andare. Che angoli descrive la corda (rispetto alla verticale) dal momento in cui Marisa lascia il seggiolino fino al passaggio per la posizione a riposo? $[0 \leq \alpha \leq 26{,}7°]$

Risolvi le seguenti equazioni.

449 $\arcsin x = \pi$ [impossibile]

450 $4\arctan x - \pi = 0$ [1]

451 $2 - 4\arcsin x = 2$ [0]

452 $\pi - 3\arctan x = 0$ $[\sqrt{3}]$

453 $3\arccos x - 2\pi = 0$ $\left[-\frac{1}{2}\right]$

454 $\arccos\frac{1}{2} = \arcsin x$ $\left[\frac{\sqrt{3}}{2}\right]$

AL VOLO **Determina il valore di ciascuna espressione, se esiste.**

455 $\arccos\left(\cos\frac{\pi}{4}\right)$; $\sin\left(\arcsin\frac{1}{2}\right)$.

456 $\cos\left[\arccos\left(-\frac{1}{3}\right)\right]$; $\arctan\left(\tan\frac{\pi}{5}\right)$.

457 ESERCIZIO GUIDA Calcoliamo $\cos\left[\arcsin\left(-\frac{1}{2}\right)\right]$.

- Si tratta di una funzione composta; calcoliamo il valore della funzione più «interna», $\arcsin\left(-\frac{1}{2}\right)$, tenendo conto che il codominio dell'arcoseno è $\left[-\frac{\pi}{2}; \frac{\pi}{2}\right]$:

$$\arcsin\left(-\frac{1}{2}\right) = -\frac{\pi}{6}.$$

Pertanto $\cos\left[\arcsin\left(-\frac{1}{2}\right)\right] = \cos\left(-\frac{\pi}{6}\right)$.

- Calcoliamo ora il valore della funzione «esterna»: $\cos\left(-\frac{\pi}{6}\right) = \cos\left(\frac{\pi}{6}\right) = \frac{\sqrt{3}}{2}$.

Calcola il valore delle seguenti espressioni.

458 $\sin(\arctan 1)$ $\left[\frac{\sqrt{2}}{2}\right]$

459 $\tan\left(\arccos\frac{1}{2}\right)$ $[\sqrt{3}]$

460 $\cos[\arctan(-\sqrt{3})]$ $\left[\frac{1}{2}\right]$

461 $\sin\left(\arccos\frac{\sqrt{2}}{2}\right)$ $\left[\frac{\sqrt{2}}{2}\right]$

462 $\cos\left[\arcsin\left(-\frac{\sqrt{3}}{2}\right)\right]$ $\left[\frac{1}{2}\right]$

463 $\cot\left[\arccos\left(-\frac{1}{2}\right)\right]$ $\left[-\frac{\sqrt{3}}{3}\right]$

464 $\sin(\text{arccot}\,\sqrt{3})$ $\left[\frac{1}{2}\right]$

465 $\cos\left[\arcsin\left(-\frac{\sqrt{2}}{2}\right)\right]$ $\left[\frac{\sqrt{2}}{2}\right]$

---

466 EUREKA! Calcola il valore di $\cos\left(\arcsin\frac{1}{4}\right)$ senza usare la calcolatrice.

Dominio dell'inversa di una funzione goniometrica

467 ESERCIZIO GUIDA Determiniamo il dominio di $y = \arccos(3x - 2)$.

Il dominio dell'arcocoseno è $[-1; 1]$, quindi dobbiamo imporre $-1 \leq 3x - 2 \leq 1$, che equivale al sistema:

$$\begin{cases} 3x - 2 \geq -1 \\ 3x - 2 \leq 1 \end{cases} \rightarrow \begin{cases} 3x \geq 1 \\ 3x \leq 3 \end{cases} \rightarrow \begin{cases} x \geq \frac{1}{3} \\ x \leq 1 \end{cases} \rightarrow$$

$$\frac{1}{3} \leq x \leq 1.$$

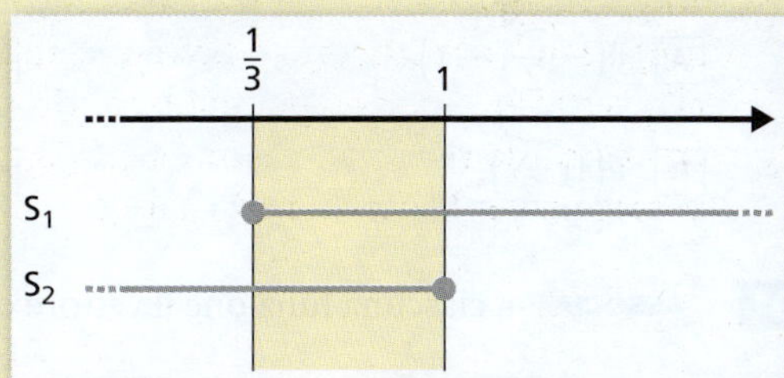

Il dominio della funzione è $\left[\frac{1}{3}; 1\right]$.

Determina il dominio delle seguenti funzioni.

468 $y = \arcsin(2x + 1)$ $[[-1; 0]]$

469 $y = \arcsin(5x - 6)$ $\left[\left[1; \frac{7}{5}\right]\right]$

470 $y = \arccos(3 - x)$ $[[2; 4]]$

471 $y = \arctan\sqrt{x}$ $[[0; +\infty[]$

472 $y = \arcsin\frac{2+x}{3}$ $[[-5; 1]]$

473 $y = \arcsin x^2$ $[[-1; 1]]$

ESERCIZI

474 $y = \arccos\left(\frac{1}{5}x - 4\right)$ $[[15; 25]]$

475 $y = \arccos(x^2 - 3)$ $[[-2; -\sqrt{2}] \cup [\sqrt{2}; 2]]$

476 $y = \arctan\frac{1}{x}$ $[]-\infty; 0[\cup]0; +\infty[]$

477 $y = \arctan(x^4 + 1)$ $[]-\infty; +\infty[]$

478 $y = \operatorname{arccot}(x^3 + 1)$ $[]-\infty; +\infty[]$

479 $y = \arcsin\frac{2}{x+2}$ $[]-\infty; -4] \cup [0; +\infty[]$

480 $y = \arccos\frac{x-1}{x+3}$ $[[-1; +\infty[]$

481 $y = \arctan\frac{2x+3}{x-2}$ $[]-\infty; 2[\cup]2; +\infty[]$

Trova il dominio e la funzione inversa delle seguenti funzioni restringendo tale dominio dove necessario.

482 $y = \arccos(x + 2)$ $[-3 \leq x \leq -1;\ y = \cos x - 2]$

483 $y = \tan(x - \pi)$ $\left[x \neq \frac{\pi}{2} + k\pi, k \in \mathbb{Z};\ y = \pi + \arctan x\right]$

484 $y = 2 + \arcsin(1 - x)$ $[0 \leq x \leq 2;\ y = 1 - \sin(x - 2)]$

485 $y = \arctan\frac{1}{x+2}$ $\left[x \neq -2;\ y = \frac{1}{\tan x} - 2, x \neq k\frac{\pi}{2}\right]$

8 Funzioni goniometriche e trasformazioni geometriche

▶ Teoria a p. 669

Disegna il grafico delle seguenti funzioni dopo aver calcolato il loro valore nei punti di ascissa indicati.

486 $y = -\sin x,\quad x = 0, \frac{\pi}{2}, \pi, \frac{3}{2}\pi, 2\pi.$

487 $y = \cos 2x,\quad x = 0, \frac{\pi}{4}, \frac{\pi}{2}, \frac{3}{4}\pi, \pi.$

488 $y = 3\sin\frac{x}{2},\quad x = 0, \pi, 2\pi, 3\pi, 4\pi.$

489 $y = 2\tan x,\quad x = -\frac{\pi}{3}, -\frac{\pi}{4}, 0, \frac{\pi}{4}, \frac{\pi}{3}.$

Traslazione

490 TEST Il grafico di $y = \sin\left(x - \frac{\pi}{2}\right) - 1$ si ottiene dal grafico di $y = \sin x$ mediante una traslazione di vettore:

A $\vec{v}\left(-\frac{\pi}{2}; -1\right)$.

B $\vec{v}\left(1; \frac{\pi}{2}\right)$.

C $\vec{v}\left(-1; \frac{\pi}{2}\right)$.

D $\vec{v}\left(\frac{\pi}{2}; -1\right)$.

E $\vec{v}(0; -1)$.

491 ASSOCIA a ciascuna funzione il vettore della traslazione corrispondente

a. $y = \cos\left(x + \frac{\pi}{4}\right)$ b. $y = \cos\left(x - \frac{\pi}{4}\right) + 4$ c. $y = \cos\left(x + \frac{\pi}{3}\right) - 4$ d. $y = \cos\left(x - \frac{\pi}{3}\right) + 4$

1. $\vec{v}\left(\frac{\pi}{4}; 4\right)$ 2. $\vec{v}\left(\frac{\pi}{3}; 4\right)$ 3. $\vec{v}\left(-\frac{\pi}{4}; 0\right)$ 4. $\vec{v}\left(-\frac{\pi}{3}; -4\right)$

492 ESERCIZIO GUIDA Disegniamo il grafico di

$$y = \sin\left(x - \frac{\pi}{2}\right) + 2.$$

- Tracciamo il grafico di $y = \sin x$.
- Riconosciamo che $y = \sin\left(x - \frac{\pi}{2}\right) + 2$ si ottiene da $y = \sin x$ con una traslazione di vettore $\vec{v}\left(\frac{\pi}{2}; 2\right)$.
- Trasliamo il grafico di $y = \sin x$ secondo il vettore trovato.

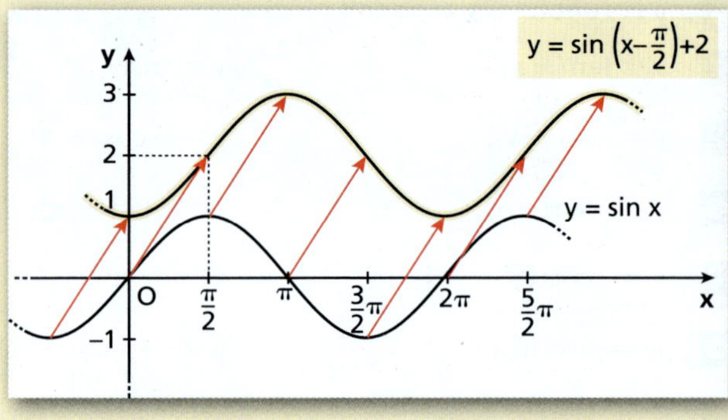

Disegna le seguenti funzioni, utilizzando i grafici delle funzioni goniometriche e delle loro inverse.

493 $y = \cos\left(x - \frac{\pi}{4}\right) + 1$; $y = \sin x + 1$; $y = \sin\left(x - \frac{\pi}{2}\right)$.

494 $y = \tan\left(x - \frac{\pi}{4}\right) - 2$; $y = \cot\left(x + \frac{\pi}{2}\right) + 4$; $y = \cos\left(x + \frac{\pi}{6}\right) + 5$.

495 $y = \cot\left(x - \frac{2}{3}\pi\right) - 2$; $y = \tan(x - \pi) + 1$; $y = \sin(x + 2\pi) + 2$.

496 $y = \cos x + 2$; $y = \arcsin(x - 1)$; $y = \arccos x + 1$.

497 FAI UN ESEMPIO di un vettore $\vec{v}$, diverso dal vettore nullo, tale che la traslazione di vettore $\vec{v}$ lascia invariato il grafico di $y = \cos x$.

498 EUREKA! Risolvi la disequazione $\cos\left(x - \frac{\pi}{3}\right) + 3 \geq 0$ utilizzando le traslazioni.

499 RIFLETTI SULLA TEORIA Qual è il periodo della funzione $y = \tan x$ traslata di un vettore $\vec{v}(a; b)$?

Simmetrie

500 ESERCIZIO GUIDA Disegniamo i grafici delle funzioni: **a.** $y = \cos(-x)$; **b.** $y = -\cos x$.

a. Sappiamo che il grafico di $y = f(-x)$ è il simmetrico di quello di $y = f(x)$ rispetto all'asse y. Poiché il grafico di $y = \cos x$ è simmetrico rispetto all'asse y, il grafico di $y = \cos(-x)$ coincide con quello di $y = \cos x$.

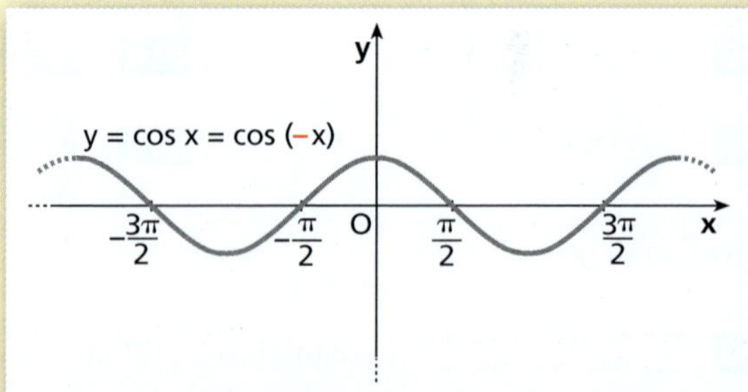

b. Il grafico della funzione $y = -f(x)$ è il simmetrico di quello di $y = f(x)$ rispetto all'asse x. Quindi, tracciato il grafico di $y = \cos x$, consideriamo il suo simmetrico rispetto all'asse delle ascisse.

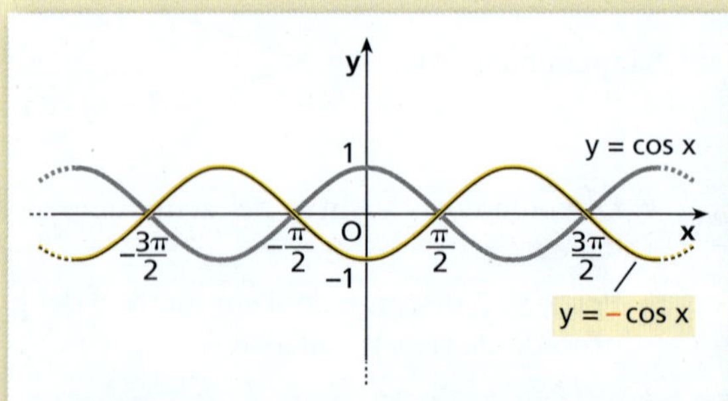

Disegna i grafici delle seguenti funzioni.

501 $y = \tan(-x)$; $y = \sin(-x)$; $y = -\sin x$.

502 $y = \sec(-x)$; $y = -\cos(-x)$; $y = -\tan x$.

503 $y = -\sin(-x)$; $y = -\tan(-x)$; $y = \cot(-x)$.

504 $y = -\cot x$; $y = -\sec x$; $y = \csc(-x)$.

505 $y = -\arcsin x$; $y = -\arctan(-x)$; $y = -\sin\left(x - \frac{\pi}{4}\right)$.

506 EUREKA! Verifica graficamente che $\sin\left(\frac{\pi}{2} - x\right) = \cos x$.

Funzioni goniometriche e valore assoluto

Il grafico di $y = |f(x)|$

507 ESERCIZIO GUIDA Disegniamo il grafico di

$y = |\sin x|$, con $0 \leq x \leq 2\pi$.

- Disegniamo $y = \sin x$ e confermiamo la parte di curva che sta nel semipiano positivo delle y.
- Negli intervalli in cui la curva sta nel semipiano negativo delle y, tracciamo la curva simmetrica rispetto all'asse x.

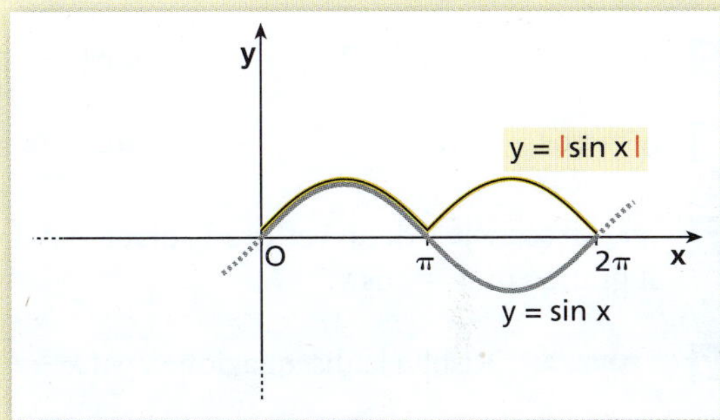

Disegna il grafico delle seguenti funzioni.

508 $y = |\cos x|$

509 $y = |\csc x|$

510 $y = |\cos(-x)|$

511 $y = |\tan x|$

512 $y = |\cot x|$

513 $y = |-\tan(-x)|$

514 $y = |\sec x|$

515 $y = |\sin(-x)|$

516 $y = |-\sin(-x)|$

517 $y = |\arctan x|$

518 $y = |\sin x - 2|$

519 $y = |\arcsin x|$

Il grafico di $y = f(|x|)$

520 ESERCIZIO GUIDA Disegniamo il grafico di $y = \sin|x|$.

Sappiamo che $f(|x|) = \begin{cases} f(x) \text{ se } x \geq 0; \\ f(-x) \text{ se } x < 0. \end{cases}$

- Disegniamo $y = \sin x$ nel semipiano positivo delle x.
- Per $x < 0$ disegniamo il simmetrico del grafico precedente rispetto all'asse y.

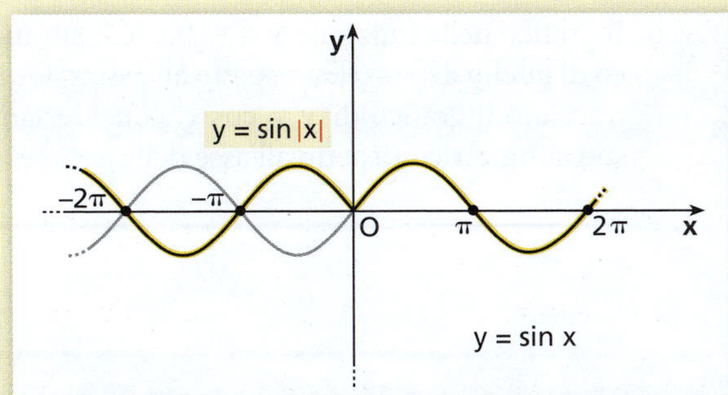

Disegna i grafici delle seguenti funzioni.

521 $y = \cos|x|$

522 $y = \tan|x|$

523 $y = \cot|x|$

524 $y = \sec|x|$

525 $y = \arcsin|x|$

526 $y = \csc|x|$

527 $y = \arctan|x|$

528 $y = \sin|x - \pi|$

529 $y = \tan\left|x - \frac{\pi}{2}\right|$

TEST

530 Quale, fra le seguenti funzioni, ha la stessa rappresentazione grafica della funzione $y = |\sin|x||$?

A $y = \cos x$ **B** $y = |\sin x|$ **C** $y = |\cos x|$ **D** $y = \sin x$ **E** $y = \cos|x|$

531 Il grafico a lato rappresenta la funzione:

A $y = 2|\sin x| + 1.$

B $y = 2|\cos x| - 1.$

C $y = \frac{1}{2}|\sin x| - 1.$

D $y = \frac{1}{2}|\cos x| + 1.$

E $y = 2|\sin x| - 1.$

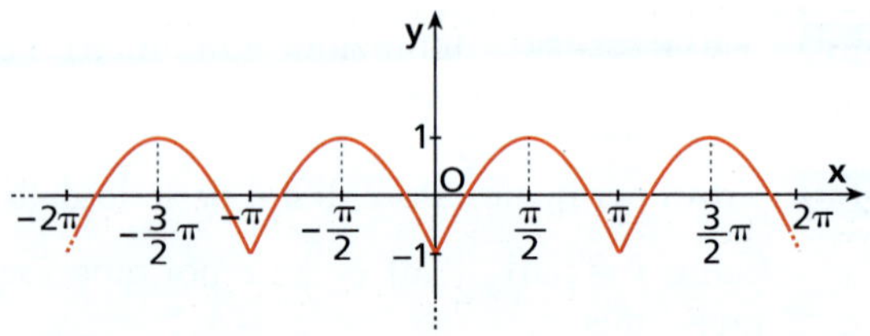

Dilatazione e contrazione

532 **ESERCIZIO GUIDA** Disegniamo il grafico di $y = \frac{1}{4}\cos 2x$.

- Passiamo da $y = \cos x$ a $y = \cos 2x$. Possiamo scrivere $2x = \frac{x}{\frac{1}{2}}$, quindi $y = \cos 2x = \cos\frac{x}{\frac{1}{2}}$, e pertanto abbiamo una contrazione orizzontale di rapporto $m = \frac{1}{2}$ (figura **a**).
- Da $y = \cos 2x$ passiamo a $y = \frac{1}{4}\cos 2x$ con una contrazione verticale con $n = \frac{1}{4}$ (figura **b**).

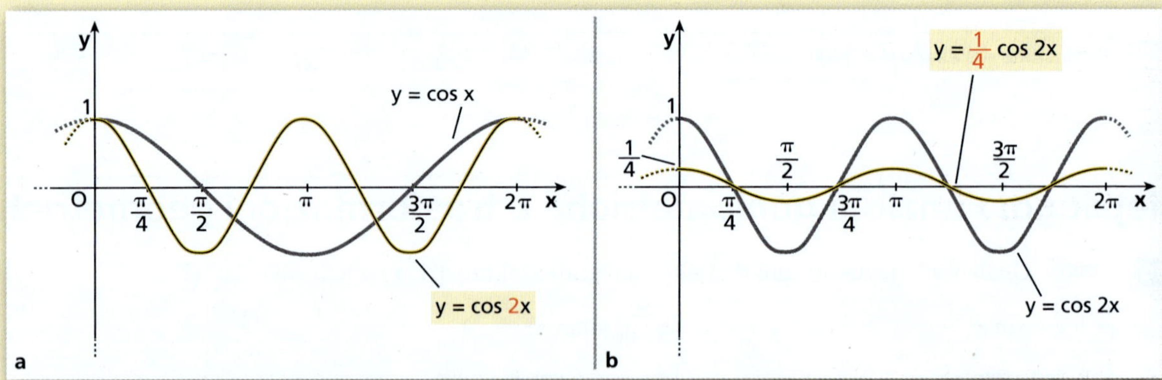

Disegna i grafici delle seguenti funzioni.

533 $y = \sin 2x;$ $y = 2\cos x;$ $y = \frac{1}{3}\sin x.$

534 $y = 3\cos x;$ $y = \cos\frac{x}{2};$ $y = \sin\frac{x}{3}.$

535 $y = 2\sin\frac{x}{4};$ $y = \frac{1}{2}\sin 2x;$ $y = 2\cos\frac{x}{2}.$

536 $y = 3\tan\frac{x}{4};$ $y = 2\cot 4x;$ $y = 4\sin\frac{x}{2}.$

537 $y = 4\cos 2x;$ $y = \frac{1}{2}\sin\frac{x}{4};$ $y = \frac{1}{4}\tan\frac{x}{2}.$

538 $y = 2\cot\frac{x}{2};$ $y = 3\sin 4x;$ $y = 3\cos 2x.$

ESERCIZI

Periodo delle funzioni goniometriche

539 ●○ **CACCIA ALL'ERRORE** Trova l'errore nella determinazione del periodo.

a. $y = 2\sin x \rightarrow T = \frac{2\pi}{2} = \pi$ **b.** $y = \cos\frac{x}{5} \rightarrow T = \frac{2\pi}{5}$ **c.** $y = \cot 3x \rightarrow T = \frac{2\pi}{3}$

Determina il periodo delle seguenti funzioni.

540 ●○ $y = \cos 2x$

541 ●○ $y = \sin 3x$

542 ●○ $y = \sin\frac{x}{2}$

543 ●○ $y = \cos\frac{3}{2}x$

544 ●○ $y = \tan 2x$

545 ●○ $y = \cot 4x$

546 ●● $y = 2\sin\left(\frac{x}{3} + \pi\right)$

547 ●● $y = \frac{1}{2}\cos\left(2x - \frac{\pi}{3}\right)$

548 ●● $y = \frac{1}{3}\tan\left(\frac{x}{2} + \frac{\pi}{6}\right)$

549 ●○ **FAI UN ESEMPIO** di funzione goniometrica con periodo: **a.** 4π; **b.** $\frac{\pi}{4}$.

550 ●● Trova per quale valore di a il periodo della funzione $y = \tan\left(\frac{3a}{2}x\right)$ è $\frac{\pi}{2}$, e poi rappresentala graficamente. $\left[a = \frac{4}{3}\right]$

551 ●● **YOU & MATHS** Find the value of k that makes the period of $y = \cos\left(\frac{k}{4}x\right)$ become $\frac{3}{2}\pi$. $\left[k = \frac{16}{3}\right]$

552 ●○ **REALTÀ E MODELLI** **Datemi un LA**

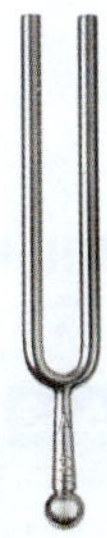

Un diapason percosso emette la nota LA pura, che è perciò rappresentabile come una sinusoide. La funzione che descrive l'intensità del suono prodotto è: $y = 10\sin(2{,}76 \cdot 10^3 t)$, dove t è il tempo espresso in secondi. Calcola il periodo dell'onda sonora e rappresentala in un riferimento cartesiano dove in ascissa c'è il tempo e in ordinata l'intensità del suono. $[2{,}27 \cdot 10^{-3}\ \text{s}]$

MATEMATICA AL COMPUTER

Funzioni goniometriche Per studiare l'influenza che il coefficiente b ha sull'andamento delle funzioni definite dalla legge da $\mathbb{R}$ a $\mathbb{R}$ $f: x \rightarrow 2\sin\left(bx + \frac{\pi}{6}\right)$, costruiamo una figura con un software di geometria dinamica che mostri i grafici in relazione ai valori assegnati a b.

Risoluzione – 8 esercizi in più

Riepilogo: Funzioni goniometriche e trasformazioni geometriche

553 ●○ **TEST** Quale fra le seguenti funzioni *non* ha il grafico simmetrico rispetto all'origine?

A $y = \sin x$

B $y = \arctan x$

C $y = \arcsin x$

D $y = \tan x$

E $y = -\cos x$

554 ●● **ASSOCIA** a ogni funzione quella che ha lo stesso grafico.

a. $y = -\cos x$ **b.** $y = \sin(-x)$ **c.** $y = \cos(-x)$

1. $y = \cos(x + 2\pi)$ **2.** $y = \sin\left(x + \frac{3}{2}\pi\right)$ **3.** $y = \sin(x + \pi)$

Disegna i grafici delle seguenti funzioni.

555 $y = 2\cos(-x)$

556 $y = \sin 2x - \frac{\pi}{2}$

557 $y = \cos 2x + 2$

558 $y = \tan\left(x - \frac{\pi}{3}\right)$

559 $y = \tan|x| - 3$

560 $y = -|\sin x|$

---

561 $y = \begin{cases} \sin x & \text{se } x \leq 0 \\ |\sin x| & \text{se } x > 0 \end{cases}$

562 $y = \begin{cases} \sin(-x) & \text{se } x < 0 \\ \cos x - 1 & \text{se } x \geq 0 \end{cases}$

---

563 Dopo aver tracciato il grafico della funzione $f(x) = -|\tan x| + 1$, disegna il grafico delle funzioni $f\left(x - \frac{\pi}{2}\right)$, $f(x) - \frac{\pi}{2}$, $2f(x)$, $f(2x)$.

Funzioni sinusoidali

564 TEST La funzione $y = 3\sin\left(\frac{1}{3}x + \frac{\pi}{4}\right)$ ha come ampiezza, pulsazione e periodo, rispettivamente:

A $3, \frac{1}{3}, 6\pi$.
B $3, \frac{1}{3}, \frac{2}{3}\pi$.
C $3, \frac{1}{3}, \frac{\pi}{4}$.
D $3, \frac{1}{3}, \frac{\pi}{6}$.
E $\frac{1}{3}, 3, 8\pi$.

565 ESERCIZIO GUIDA Disegniamo il grafico di $y = -2\sin\left(\frac{1}{3}x + \frac{\pi}{2}\right) + 1$ e scriviamo il valore dell'ampiezza, della pulsazione, della fase iniziale e del periodo.

Riscriviamo la funzione raccogliendo $\frac{1}{3}$ all'interno della parentesi:

$$y = -2\sin\left(\frac{1}{3}x + \frac{\pi}{2}\right) + 1 \rightarrow y = -2\sin\left[\frac{1}{3}\left(x + \frac{3}{2}\pi\right)\right] + 1.$$

Applichiamo alla funzione $y = \sin x$, per passi successivi:

- la dilatazione orizzontale con $m = 3$;
- la dilatazione verticale con $n = 2$;
- la simmetria rispetto all'asse x;
- la traslazione di vettore $\left(-\frac{3\pi}{2}; 1\right)$.

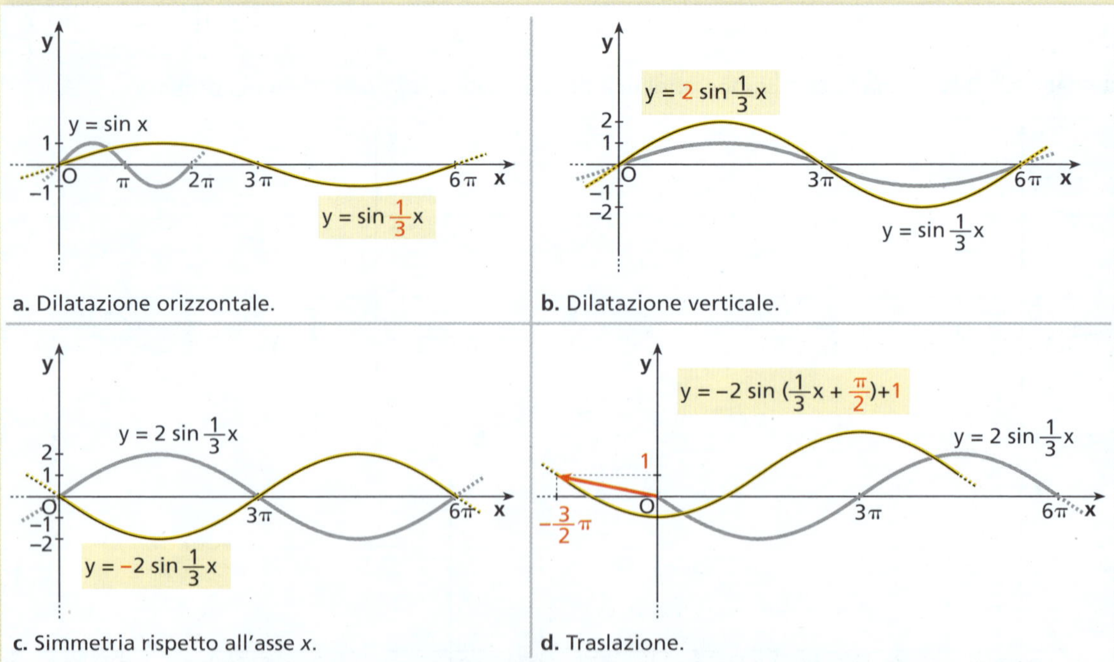

a. Dilatazione orizzontale.
b. Dilatazione verticale.
c. Simmetria rispetto all'asse x.
d. Traslazione.

L'ampiezza $|A|$ vale 2, la pulsazione $\omega = \frac{1}{3}$, la fase iniziale $\varphi = \frac{\pi}{2}$, il periodo $T = \frac{2\pi}{\frac{1}{3}} = 6\pi$.

ESERCIZI

Disegna i grafici delle seguenti funzioni e scrivi il valore dell'ampiezza, della pulsazione, della fase iniziale e del periodo.

566 $y = 4\cos\left(2x + \frac{\pi}{4}\right)$

567 $y = -2\sin\left(x + \frac{\pi}{4}\right)$

568 $y = -\frac{1}{3}\cos\left(\frac{1}{3}x + \frac{\pi}{3}\right) + 1$

569 $y = 3\sin\left(x + \frac{\pi}{6}\right)$

570 $y = \sin\left(2x - \frac{\pi}{2}\right) + 2$

571 $y = -\cos 3x + \frac{1}{2}$

572 $y = -2\sin\frac{x}{2} - 1$

573 $y = \frac{1}{4}\sin\left(\frac{1}{2}x + \frac{\pi}{2}\right)$

574 $y = \frac{1}{2}\sin\left(\frac{1}{2}x + \frac{\pi}{4}\right)$

575 $y = 2\cos\left(\frac{1}{4}x + \frac{\pi}{2}\right)$

576 $y = 3\sin\left(\frac{1}{4}x + \pi\right)$

577 $y = -2\cos\left(\frac{1}{2}x + \frac{\pi}{3}\right)$

---

578 **TEST** Quale delle seguenti funzioni ha il grafico della figura?

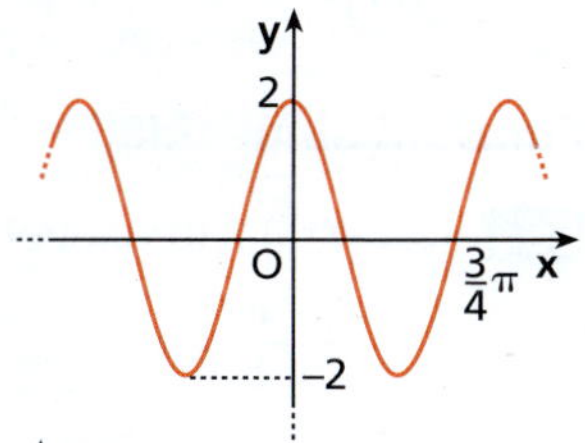

A $y = 2 \sin 2x$

B $y = 2 \sin x$

C $y = 4 \cos 2x$

D $y = 2 \cos 2x$

E $y = 2 \sin x + \pi$

579 **ASSOCIA** a ogni grafico la corrispondente funzione scelta fra le seguenti.

a. $y = \sin 2x$

b. $y = \cos 2x$

c. $y = \cos\frac{x}{2}$

d. $y = \cos|x|$

e. $y = \sin|x|$

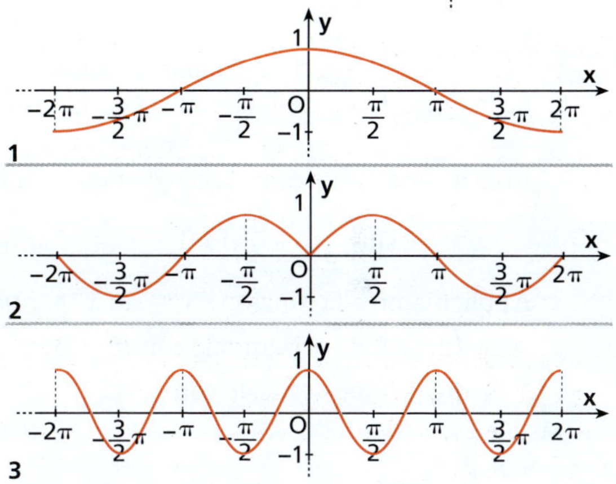

LEGGI IL GRAFICO **Determina l'espressione analitica della funzione rappresentata nel grafico.**

580

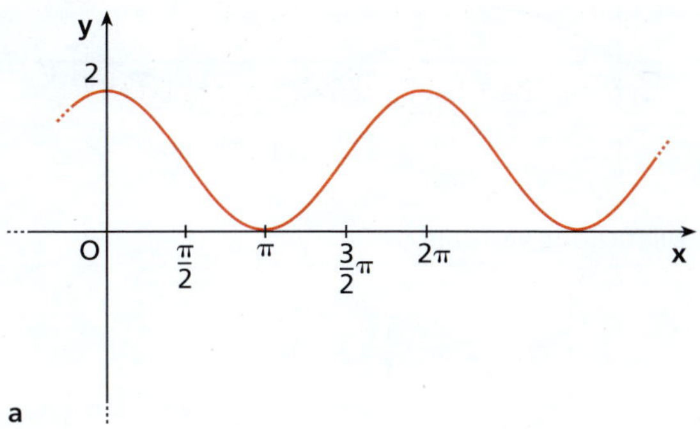

a

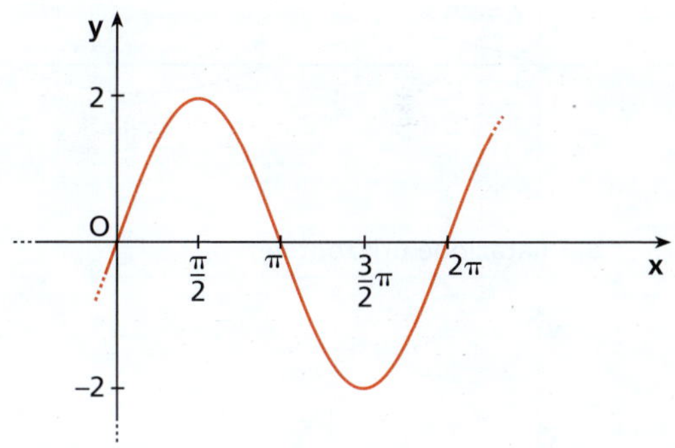

b

581

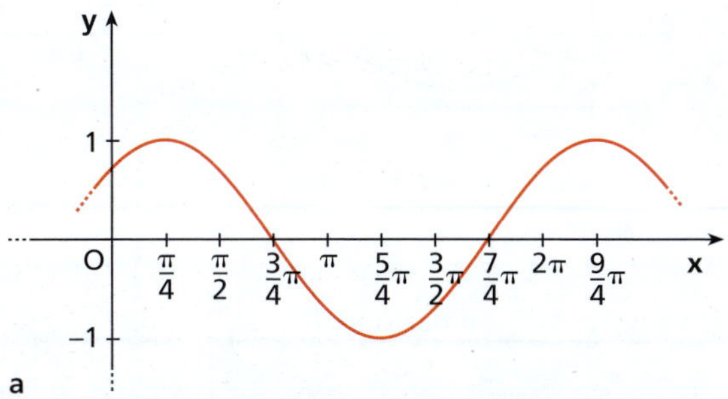

a

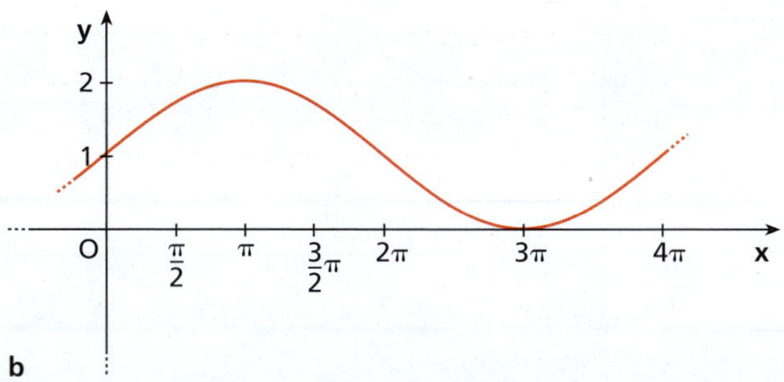

b

Problemi REALTÀ E MODELLI

RISOLVIAMO UN PROBLEMA

T Cephei

La stella T Cephei è una gigante rossa della Via Lattea. Essa ha una luminosità variabile in modo abbastanza regolare tra i valori 5,4 e 11 di magnitudine, in cicli di 389 giorni. Supponi che la variazione di magnitudine possa essere modellizzata con una funzione del tipo $y = A\cos(\omega t + \varphi) + k$.

- Trova i valori dei parametri in modo che all'inizio del ciclo corrisponda il valore massimo di magnitudine.
- Dopo quanti giorni dall'inizio del ciclo la magnitudine è minima?
- Determina la magnitudine di T Cephei dopo 100 giorni dall'inizio del ciclo.

▶ **Calcoliamo φ e ω utilizzando i dati sul periodo.**

Poiché $\cos\alpha$ ha valore massimo 1 per $\alpha = 0$, deve essere $\omega t + \varphi = 0$ all'istante iniziale.
Per $t = 0$, abbiamo $\varphi = 0$.
Dato che il periodo è di 389 giorni, deve essere:

$$T = \frac{2\pi}{\omega} = 389 \rightarrow \omega = \frac{2\pi}{389}.$$

▶ **Calcoliamo *A* e *k* dai valori di massimo e minimo.**

Rappresentiamo la funzione che nel periodo di 389 giorni oscilla tra 5,4 e 11.
L'ampiezza dell'oscillazione è

$$A = \frac{11 - 5,4}{2} = 2,8.$$

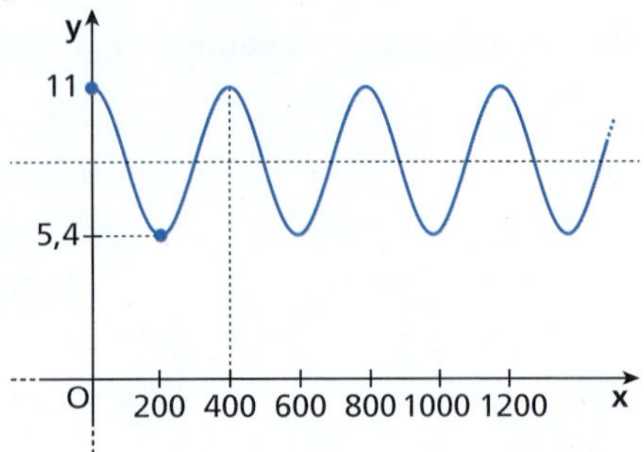

Notiamo poi che la funzione è una cosinusoide traslata verso l'alto di

$$k = 5,4 + 2,8 = 8,2.$$

La funzione è allora:

$$y = 2,8\cos\left(\frac{2\pi}{389}t\right) + 8,2.$$

▶ **Ricaviamo l'istante di magnitudine minima.**

Il valore minimo viene raggiunto dopo metà periodo, ovvero circa 194 giorni.

▶ **Ricaviamo la magnitudine a un istante fissato.**

Per determinare la magnitudine dopo 100 giorni è sufficiente sostituire a t il valore 100:

$$y = 2,8\cos\left(\frac{2\pi}{389}\cdot 100\right) + 8,2 \simeq 8,08.$$

582 **Uva** Una rivendita di frutta offre ai suoi clienti l'uva bianca tutto l'anno. In un anno il prezzo di vendita ha oscillato intorno al valore medio di € 4 al kg e ha raggiunto il valore più alto in marzo e quello più basso in settembre. Modellizza l'andamento del prezzo dell'uva nei vari mesi dell'anno mediante una funzione del tipo $y = a + b\sin(\omega x)$ oppure $y = a + b\cos(\omega x)$, supponendo che le condizioni del mercato del prodotto non cambino.

583 ●○ **Predatori e prede** L'allocco è un uccello rapace notturno che si nutre preferibilmente di topi. Alcuni biologi, monitorando il numero di esemplari delle due specie nello stesso habitat per un certo periodo, hanno osservato che tale numero può essere descritto dalle funzioni:

$$y_1 = 500\cos(2t) + 2000 \quad \text{e} \quad y_2 = 10\cos\left(2t - \frac{\pi}{4}\right) + 50,$$

dove y_1 indica il numero di topi presenti al tempo t (espresso in anni) e y_2 il numero di allocchi.

a. Al tempo $t = 0$ quanti sono i topi e gli allocchi presenti?

b. Qual è il numero massimo di topi e di allocchi raggiunto nella zona? Quando ciascuna specie lo raggiunge?

c. Qual è il numero minimo di topi e di allocchi raggiunto? Quando, per la prima volta, raggiungono il numero minimo?

d. Dopo 6 anni gli allocchi si trovano in una fase in cui stanno aumentando o diminuendo di numero?

584 ●○ **In Bretagna** La marea è un moto periodico di oceani e mari che si innalzano e abbassano anche di 10-15 metri, solitamente ogni sei ore circa. L'ampiezza (detta *altezza dell'onda di marea*, uguale al dislivello tra bassa e alta marea) dipende dalla conformazione della costa e del terreno.
Al molo di un villaggio in Bretagna una tabella riporta giorno per giorno gli orari della marea e precisa che l'altezza dell'acqua sul pilone del molo varia da 0,8 a 9,5 m. Per un certo giorno sono segnati i seguenti orari: alta marea ore 4:03; bassa marea ore 10:14; alta marea ore 16:25; bassa marea ore 22:36.

a. Determina l'altezza media dell'acqua sul pilone, l'ampiezza della variazione e il periodo dell'onda di marea di quel giorno.

b. La variazione dell'altezza del livello dell'acqua nel tempo può essere descritta da una funzione goniometrica; scrivi l'equazione di tale funzione fissando il tempo 0 in corrispondenza delle ore 4:03 e il livello 0 in corrispondenza dell'altezza media dell'acqua.

c. Cambia il sistema di riferimento mettendo il livello 0 in corrispondenza del fondo del mare e il tempo 0 in corrispondenza dell'ora 0 della notte (esprimi il tempo in minuti) e rappresentane il grafico.

I grafici delle funzioni goniometriche e gli archi associati

Disegna i grafici delle seguenti funzioni dopo aver semplificato la loro espressione analitica mediante le regole degli archi associati.

585 ●○ $y = \sin\left(\frac{3}{2}\pi - x\right) + 2\cos(\pi + x)$ $[y = -3\cos x]$

586 ●○ $y = -\tan(-x) + 2$ $[y = \tan x + 2]$

587 ●○ $y = 2\cos\left(\frac{\pi}{2} - x\right)\cot(\pi - x)$ $[y = -2\cos x, x \neq k\pi]$

588 ●● $y = \dfrac{1}{\sin\left(\frac{\pi}{2} - x\right) + \cos(-x)}$ $\left[y = \frac{1}{2}\sec x\right]$

589 ●● $y = \dfrac{2\cos^2\left(\frac{\pi}{2} - x\right)}{-\sin(-x)}$ $[y = 2\sin x, x \neq k\pi]$

VERIFICA DELLE COMPETENZE ALLENAMENTO

UTILIZZARE TECNICHE E PROCEDURE DI CALCOLO

VERO O FALSO

1 a. Seno, coseno e tangente sono funzioni di periodo 2π. V F

b. $\tan 30° = \tan 210°$. V F

c. Esiste un angolo α tale che $\sin\alpha = \frac{5}{6}$ e $\cos\alpha = \frac{1}{6}$. V F

d. Esiste un angolo β tale che $\sin\beta = \frac{7}{4}$. V F

2 a. $\sin(-\alpha) = -\sin\alpha$ V F

b. $\cot\left(\frac{\pi}{2} - \alpha\right) = -\tan\alpha$ V F

c. $\cos(\pi - \alpha) = -\cos\alpha$ V F

d. $\sin(2\pi - \alpha) = -\sin\alpha$ V F

e. $\tan(\pi + \alpha) = \tan\alpha$ V F

TEST

3 $\frac{1}{\sec^2\alpha} + \frac{\tan^2\alpha}{1 + \tan^2\alpha} + \tan^2\alpha$ è equivalente a:

A $1 - \tan^2\alpha$.

B $\csc^2\alpha$.

C $\sec^2\alpha$.

D $\frac{1 + 2\tan^2\alpha}{(1 + \tan^2\alpha)\sec^2\alpha}$.

E $\frac{1 + \sin^2\alpha}{\cos^2\alpha}$.

4 Quale delle seguenti uguaglianze è sempre vera?

A $\sin(\pi + \alpha) = \cos(\pi + \alpha)$

B $\tan(-\alpha) = \tan(\pi - \alpha)$

C $\tan\left(\frac{\pi}{2} + \alpha\right) = \cot\alpha$

D $\sec(\pi - \alpha) = \sec\alpha$

E $\sin(-\alpha) = -\cos(\alpha)$

Calcola il valore delle funzioni indicate, utilizzando le informazioni fornite.

5 $\cos\alpha$ e $\tan\alpha$ — $\sin\alpha = \frac{5}{13}$, $\frac{\pi}{2} < \alpha < \pi$ $\left[-\frac{12}{13}; -\frac{5}{12}\right]$

6 $\tan\alpha$ e $\sin(-\alpha)$ — $\cos\alpha = -\frac{2}{3}$, $\pi < \alpha < \frac{3}{2}\pi$ $\left[\frac{\sqrt{5}}{2}; \frac{\sqrt{5}}{3}\right]$

7 $\sin\alpha$ e $\cos\alpha$ — $\tan\alpha = \frac{28}{45}$, $\pi < \alpha < \frac{3}{2}\pi$ $\left[-\frac{28}{53}; -\frac{45}{53}\right]$

8 $\cos\alpha$ e $\tan\alpha$ — $\sin\alpha = \frac{15}{17}$, $\frac{\pi}{2} < \alpha < \pi$ $\left[-\frac{8}{17}; -\frac{15}{8}\right]$

9 $\sin\alpha$ e $\tan\alpha$ — $\cos\alpha = \frac{39}{89}$, $\frac{3}{2}\pi < \alpha < 2\pi$ $\left[-\frac{80}{89}; -\frac{80}{39}\right]$

10 $\sin\alpha$ e $\tan\alpha$ — $\cos\alpha = -\frac{33}{65}$, $\frac{\pi}{2} < \alpha < \pi$ $\left[\frac{56}{65}; -\frac{56}{33}\right]$

11 $\sin\beta$ e $\cos(\pi + \beta)$ — $\tan\beta = -\frac{9}{40}$, $\frac{\pi}{2} < \beta < \pi$ $\left[\frac{9}{41}; \frac{40}{41}\right]$

VERIFICA DELLE COMPETENZE

12 $\tan(-\alpha)$ e $\cos\alpha$ — $\sin\alpha = -\frac{\sqrt{13}}{7}$, $\frac{3}{2}\pi < \alpha < 2\pi$ $\left[\frac{\sqrt{13}}{6}; \frac{6}{7}\right]$

13 $\sin(-\alpha)$, $\cos\left(\frac{\pi}{2}+\alpha\right)$, $\sin(\pi+\alpha)$, $\cos\left(-\frac{3}{2}\pi+\alpha\right)$, $\tan(\pi+\alpha)$ — $\tan\alpha = \frac{3}{4}$, $0 < \alpha < \frac{\pi}{2}$

$\left[-\frac{3}{5}; -\frac{3}{5}; -\frac{3}{5}; -\frac{3}{5}; \frac{3}{4}\right]$

14 $\cos\left(\frac{\pi}{2}-\alpha\right)$, $\sin\left(\frac{\pi}{2}+\alpha\right)$, $\cot(\pi-\alpha)$, $\tan\left(\frac{3}{2}\pi-\alpha\right)$ — $\sin(\pi+\alpha) = \frac{5}{13}$, con $-\frac{\pi}{2} < \alpha < 0$

$\left[-\frac{5}{13}; \frac{12}{13}; \frac{12}{5}; -\frac{12}{5}\right]$

15 Determina per quale valore di t esiste un angolo β tale che:

$$\sin\beta = \frac{t+1}{t} \text{ e } \cos\beta = \frac{1+2t}{t}.$$ $\left[-1; -\frac{1}{2}\right]$

16 Trova quali condizioni deve soddisfare il parametro a affinché sia verificata l'uguaglianza $\cos\alpha = a^2 - 5$.
$[-\sqrt{6} \leq a \leq -2 \vee 2 \leq a \leq \sqrt{6}]$

Calcola il valore delle seguenti espressioni.

17 $\sqrt{3}\cos 30° - \sqrt{3}\sec 60° - \sin 45° + \cos 60° \csc 45° - 8\sin^2 30°$ $\left[-\frac{1}{2} - 2\sqrt{3}\right]$

18 $\frac{3}{2}\cot\frac{\pi}{4} - \sec\frac{\pi}{3} + \frac{3}{5}\csc\frac{\pi}{6} - \frac{3}{2} - \frac{1}{2}\csc\frac{\pi}{2}$ $\left[-\frac{13}{10}\right]$

19 $\left(2\cos\frac{\pi}{6} - 4\sin\frac{\pi}{4}\right)^2 + 16\sin\frac{\pi}{4}\left(\cos\frac{\pi}{6} + \cos\frac{\pi}{3}\right) - \sin\frac{\pi}{2}$ $[10 + 4\sqrt{2}]$

20 $\tan 310° + \cot 330° - 4\tan 230° + 2\tan 130°$ $[-7\tan 50° - \sqrt{3}]$

21 $2\sin 72° - 3\cos 162° + \cos 342° - 5\sin 252°$ $[11\sin 72°]$

22 $3\cot 270° - 4\cos 330° \sin 300° - \sqrt{2}\cos(-45°) - 6\sqrt{2}\sec(-45°)$ $[-10]$

23 $\sin 1312°$; $\cos 1280°$; $\tan 1532°$; $\cos 829°$. $[-\sin 52°, -\cos 20°, -\tan 88°, -\cos 71°]$

24 $\sin\frac{27}{4}\pi$; $\cos\frac{35}{6}\pi$; $\tan\frac{38}{5}\pi$; $\cot\frac{37}{6}\pi$. $\left[\sin\frac{\pi}{4}, \cos\frac{\pi}{6}, -\tan\frac{2}{5}\pi, \cot\frac{\pi}{6}\right]$

25 $(\sin 210° \cos 225° - \sin 225° \cos 210°)\cos 45° - \cos 240° - \csc 330°$ $\left[\frac{11-\sqrt{3}}{4}\right]$

26 $\dfrac{\sin\frac{7}{4}\pi \cdot \cos\frac{11}{6}\pi - \cos\frac{5}{3}\pi \cdot \cos\left(-\frac{\pi}{4}\right)}{\sin\frac{5}{4}\pi - \cos\frac{7}{4}\pi}$ $\left[\frac{\sqrt{3}+1}{4}\right]$

27 $\sqrt{3}\sin\frac{\pi}{3} - \sqrt{2}\cos\frac{\pi}{4} + \cos\frac{\pi}{2}\left(\sin\frac{\pi}{4} + \cos\frac{\pi}{3}\right)^2 - \left(\sin\frac{\pi}{3} - 2\cos\frac{\pi}{6}\right)^2$ $\left[-\frac{1}{4}\right]$

28 $\sec\frac{\pi}{3}\left(\sin\frac{\pi}{6} + \cos\frac{\pi}{3}\right) - 2\csc\frac{\pi}{2} + \tan 0 - \tan\frac{\pi}{4}\left(\cos\frac{\pi}{6} + \sin\frac{\pi}{3}\right)$ $[-\sqrt{3}]$

29 $\dfrac{a^2\tan\frac{\pi}{4} + 2b^2\sin\frac{\pi}{6} + ab\sec\frac{\pi}{3}}{a\cos 0 + b\sin\frac{\pi}{2}} - \sqrt{2} \cdot a\sin\frac{\pi}{4}$ $[b]$

30 $\cos(-30°) + \sin(-60°) + \sin 210° - \tan 225° - \csc 150°$ $\left[-\frac{7}{2}\right]$

Semplifica le seguenti espressioni.

31 ●○ $\left(\frac{1}{\cos^2\alpha}+\tan^2\alpha\right)\frac{1}{\sec^2\alpha}$ $[1+\sin^2\alpha]$

32 ●○ $1+\frac{1}{\cos^2\alpha}+\tan^2\alpha-\frac{1}{\sin^2\alpha}\cdot\tan^2\alpha$ $\left[\frac{1}{\cos^2\alpha}\right]$

33 ●○ $\frac{\sin(90°+\alpha)+\cos(90°+\alpha)\tan(90°-\alpha)}{\cos\alpha}$ $[0]$

34 ●○ $\sec\left(\frac{\pi}{2}+\alpha\right)\tan(\pi-\alpha)-\cos(\pi-\alpha)-\csc\left(\frac{\pi}{2}+\alpha\right)-\cos(-\alpha)$ $[0]$

35 ●○ $[\tan(180°+\alpha)+\tan\alpha]\csc(180°+\alpha)-\sec(180°+\alpha)$ $\left[-\frac{1}{\cos\alpha}\right]$

36 ●○ $\cos(\pi+\alpha)+\sin^2(-\alpha)+\tan(\alpha+\pi)\tan\left(\alpha+\frac{\pi}{2}\right)+\sin\left(\frac{\pi}{2}+\alpha\right)$ $[-\cos^2\alpha]$

37 ●○ $\cos(-a)+\sin(90°-\alpha)+\cos(\alpha-360°)-\sin(90°+\alpha)$ $[2\cos\alpha]$

38 ●○ $\frac{\sin(180°-\alpha)\cos(90°+\alpha)}{\sin(-\alpha)}+\frac{\sin(90°+\alpha)\cos(90°-\alpha)}{\cos(180°+\alpha)}$ $[0]$

39 ●○ $\frac{\sin(-\alpha)+\sin(\pi-\alpha)+\sin(\pi+\alpha)}{\cos(-\alpha)+\cos(\pi-\alpha)+\cos(\pi+\alpha)}$ $[\tan\alpha]$

40 ●○ $\tan(360°-\alpha)+2\cos(360°-\alpha)+2\sin(180°-\alpha)\cot(-\alpha)+\tan\alpha$ $[0]$

41 ●○ $\tan(90°-\alpha)\tan\alpha-\frac{\sin(180°+\alpha)}{\cos(180°-\alpha)}+\cot(90°-\alpha)$ $[1]$

42 ●○ $-\cos\left(-\alpha-\frac{3}{2}\pi\right)-\sin(\alpha-5\pi)+\sin\left(-\alpha-\frac{7}{2}\pi\right)$ $[\cos\alpha]$

43 ●● $\cot^2\left(\frac{3}{2}\pi+\alpha\right)+\sec^2(\pi+\alpha)-\frac{\sin\left(\frac{\pi}{2}+\alpha\right)\cos(\pi-\alpha)}{\sin^2\left(\alpha-\frac{3}{2}\pi\right)}$ $[2\sec^2\alpha]$

44 ●● $\frac{2}{\csc(90°-\alpha)}+6\frac{\cos(180°-\alpha)}{\sin(-\alpha)}-2\cos(180°-\alpha)$ $[2\cot\alpha(2\sin\alpha+3)]$

45 ●● $\sin\left(\alpha-\frac{7}{2}\pi\right)\sec(\pi+\alpha)-\tan(2\pi-\alpha)\tan\left(\frac{\pi}{2}-\alpha\right)$ $[0]$

46 ●● $\sin\left(\alpha+\frac{3}{2}\pi\right)\cos(\alpha+\pi)-\frac{\tan\left(\frac{3}{2}\pi-\alpha\right)\sin\left(\frac{\pi}{2}+\alpha\right)}{\sin(-\alpha)+\cos\left(\frac{\pi}{2}+\alpha\right)}$ $\left[\frac{\cos^2\alpha(2\sin^2\alpha+1)}{2\sin^2\alpha}\right]$

47 ●● $\frac{\tan\frac{1}{5}\cot\frac{1}{5}+\tan(-\alpha)\cot\left(\frac{3}{2}\pi-\alpha\right)}{\sin^2\left(\alpha-\frac{3\pi}{2}\right)+\cos^2\left(\frac{5}{2}\pi-\alpha\right)}$ $[1-\tan^2\alpha]$

48 ●● $\frac{\tan^2\left(\frac{3}{2}\pi-\alpha\right)-1}{\tan\left(\alpha+\frac{5}{2}\pi\right)}\cdot\frac{4\tan(4\pi-\alpha)}{1-\tan^2(3\pi+\alpha)}$ $[4]$

49 ●● $\frac{\cos(5\pi+\alpha)\sin\left(\frac{3}{2}\pi+\alpha\right)+\tan(-\alpha)\sin\left(\alpha-\frac{5}{2}\pi\right)+\sin^2(3\pi+\alpha)}{\cos(\alpha-6\pi)\sin(2\pi-\alpha)-\cos\left(\frac{7}{2}\pi-\alpha\right)}$ $\left[\frac{1+\sin\alpha}{\sin\alpha(1-\cos\alpha)}\right]$

50 ●● $\cot(\pi-\alpha)\cos\left(\frac{3}{2}\pi+\alpha\right)+2\frac{\sin(-\alpha)\cos(10\pi-\alpha)}{\sin\left(\frac{\pi}{2}-\alpha\right)\cos\left(\alpha-\frac{11}{2}\pi\right)}$ $[-\cos\alpha+2]$

51 ●● $\dfrac{\sin\left(\alpha-\frac{\pi}{2}\right)\sin(-\alpha)+\cos\left(\frac{3}{2}\pi-\alpha\right)\sin\left(\frac{11}{2}\pi+\alpha\right)+\cos(3\pi+\alpha)}{-\tan\left(\alpha+\frac{\pi}{2}\right)\cot\left(\alpha-\frac{3}{2}\pi\right)-\sin(\alpha+\pi)+\sin(7\pi-\alpha)}$ [$\cos\alpha$]

52 ●● $\sin(\pi-\alpha)\cos\left(\alpha-\frac{\pi}{2}\right)-2\sin\left(\alpha-\frac{3}{2}\pi\right)\cos(2\pi-\alpha)+\dfrac{\tan\left(\frac{5}{2}\pi-\alpha\right)}{\cot(-\alpha)}$ [$-3\cos^2\alpha$]

53 ●● $\dfrac{\cos(4\pi-\alpha)\cos(\alpha-6\pi)}{\cos\left(\alpha-\frac{3}{2}\pi\right)\sin\left(\alpha-\frac{\pi}{2}\right)}+\dfrac{\tan\left(\alpha-\frac{3}{2}\pi\right)\cot(-\alpha)}{\cos(\alpha-3\pi)\sin\left(\frac{3}{2}\pi+\alpha\right)}-\tan\left(\frac{\pi}{2}-\alpha\right)$ $\left[\dfrac{1}{\sin^2\alpha}\right]$

ANALIZZARE E INTERPRETARE DATI E GRAFICI

54 ●○ Un triangolo ha gli angoli α, β, γ tali che $\alpha=\frac{1}{3}\beta$ e $\beta=\gamma$. Trova la misura in radianti degli angoli α, β, γ.
$\left[\alpha=\frac{\pi}{7};\ \beta=\gamma=\frac{3}{7}\pi\right]$

55 ●○ Dato il triangolo rettangolo della figura, è noto che $\tan\beta=\frac{4}{3}$. Calcola $\sin\beta$, $\cos\beta$, $\cos\gamma$ e $\tan\delta$.

$\left[\frac{4}{5};\ \frac{3}{5};\ \frac{4}{5};\ -\frac{4}{3}\right]$

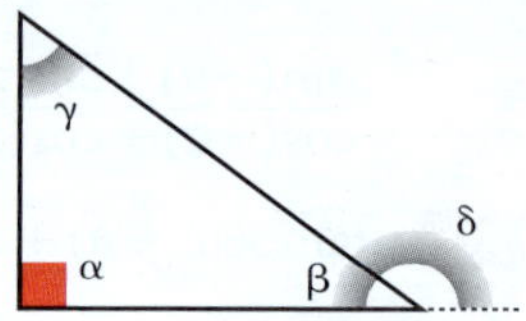

56 ●○

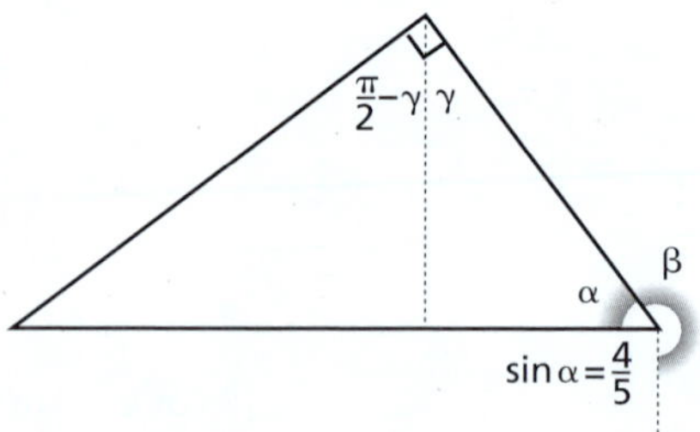

Trova: $\sin\beta$, $\tan\gamma$, $\cos\left(\frac{\pi}{2}-\gamma\right)$. $\left[-\frac{3}{5};\ \frac{3}{4};\ \frac{3}{5}\right]$

57 ●○

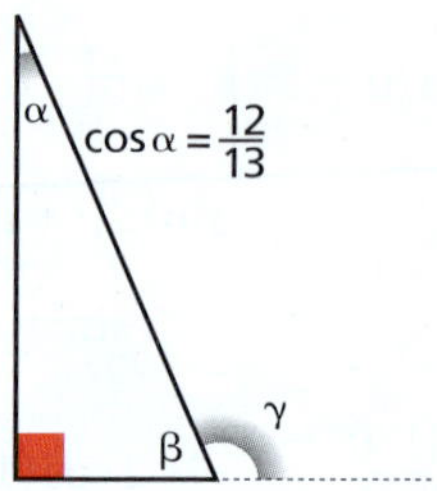

Calcola: $\tan\beta$, $\cos\gamma$, $\sin(\pi+\gamma)$.
$\left[\frac{12}{5};\ -\frac{5}{13};\ -\frac{12}{13}\right]$

Disegna i grafici delle seguenti funzioni.

58 ●○ $y=4\sin x-1$

59 ●○ $y=\cos\left(\frac{\pi}{6}+x\right)$

60 ●○ $y=|\sin 2x|+1$

61 ●○ $y=\cot\left(\frac{2}{3}\pi+x\right)+\frac{1}{2}$

62 ●○ $y=-\cos(x+\pi)$

63 ●○ $y=-\sin x+2$

64 ●○ $y=\left|\cos\left(x-\frac{\pi}{4}\right)\right|$

65 ●○ $y=\sin\left(x-\frac{\pi}{4}\right)-1$

66 ●○ $y=\sin|x|+2$

67 ●○ $y=-|\tan x|$

68 ●○ $y=-\cos x+2$

69 ●○ $y=\frac{1}{2}\sin\frac{x}{2}$

70 ●● $y=\begin{cases}\cos x & \text{se } x\le\frac{\pi}{2}\\ -2\cos x & \text{se } x>\frac{\pi}{2}\end{cases}$

71 ●● $y=\begin{cases}|\cos x| & \text{se } x<0\\ |\sin x|+1 & \text{se } x\ge 0\end{cases}$

Disegna i grafici delle seguenti funzioni e scrivi il valore dell'ampiezza, della pulsazione, della fase iniziale e del periodo.

72 $y=-6\sin\left(2x+\frac{3}{2}\pi\right)$

73 $y=-\frac{1}{4}\cos\left(\frac{1}{2}x+\frac{\pi}{6}\right)$

74 $y=\frac{1}{2}\sin\left(\frac{1}{2}x\right)+\frac{1}{2}$

75 $y=-2\cos\left(2x+\frac{\pi}{3}\right)$

---

76 Della funzione $y=1+\tan\frac{x}{2}$ trova il dominio, disegna il grafico e scrivi le equazioni degli asintoti.

[D: $x\neq\pi+2k\pi$; $x=\pi+2k\pi$]

Scrivi le equazioni dei seguenti grafici.

77

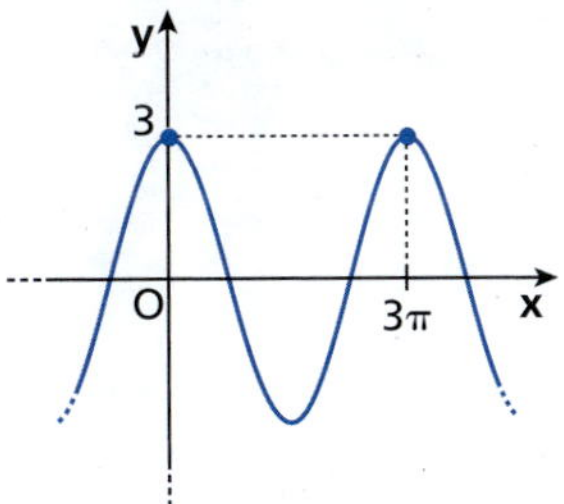

78

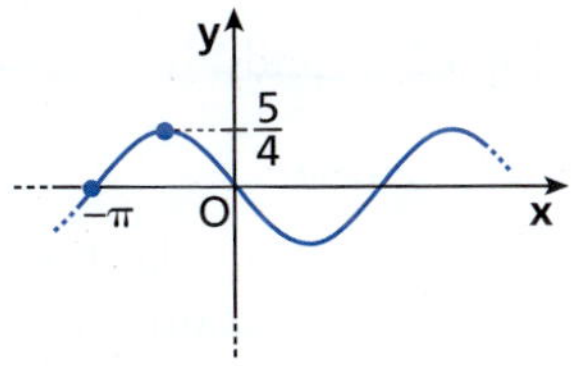

79

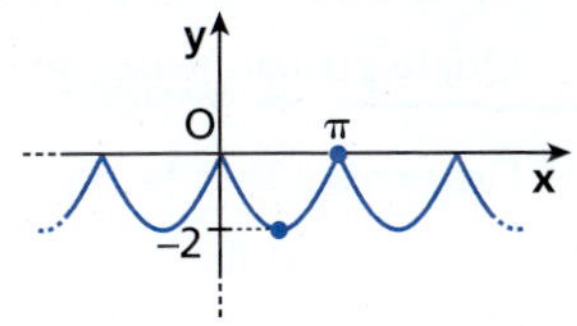

---

80 Spiega perché la funzione seno è invertibile se si restringe il suo dominio all'intervallo $\left[-\frac{\pi}{2};\frac{\pi}{2}\right]$, mentre la funzione coseno è invertibile se si restringe il suo dominio all'intervallo $[0;\pi]$.

81 Spiega perché la funzione tangente è invertibile se si restringe il suo dominio all'intervallo $\left]-\frac{\pi}{2};\frac{\pi}{2}\right[$.

COSTRUIRE E UTILIZZARE MODELLI

82 **Illuminazione stradale** La ditta che deve rinnovare il sistema di illuminazione della rotonda in figura colloca 6 lampioni equidistanti uno dall'altro sulla circonferenza interna, e sulla circonferenza esterna ne colloca 8: 2 ai lati di ciascun imbocco delle tre strade e 2 nei punti medi dei due archi $\widehat{BC}$ e $\widehat{FA}$. Nel sistema di assi cartesiani in figura determina:

a. l'angolo al centro individuato da due lampioni consecutivi della circonferenza interna;

b. le coordinate dei lampioni sulla circonferenza interna, supponendo che il primo lampione si trovi sul semiasse x positivo;

c. le coordinate dei lampioni posizionati sui due archi della circonferenza esterna $\widehat{BC}$ e $\widehat{FA}$.

[a) 60°; c) (16,9; 1,8); (−12,0; 12,0)]

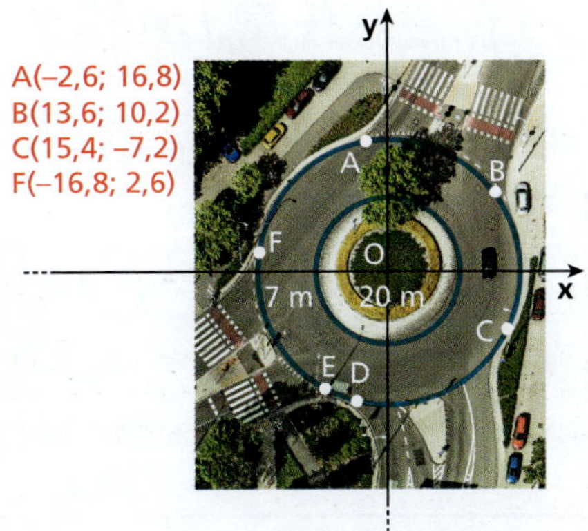

83 **Pedala!** Marta ha una bicicletta con le ruote che hanno raggi di 28 cm.

a. Scrivi la funzione che rappresenta l'altezza y del punto V sulla periferia della ruota (in corrispondenza della valvola), rispetto all'altezza del mozzo M, in funzione dell'angolo α.

b. Determina l'altezza rispetto al suolo del punto V quando α vale 150°. Quanto vale α quando l'altezza è 0?

c. Partendo da $\alpha=0$, Marta pedala facendo compiere alla valvola un angolo di 1500°. Quanta strada ha percorso?

[a) $y=28\sin\alpha$; b) 42 cm; 270°; c) 7,33 m]

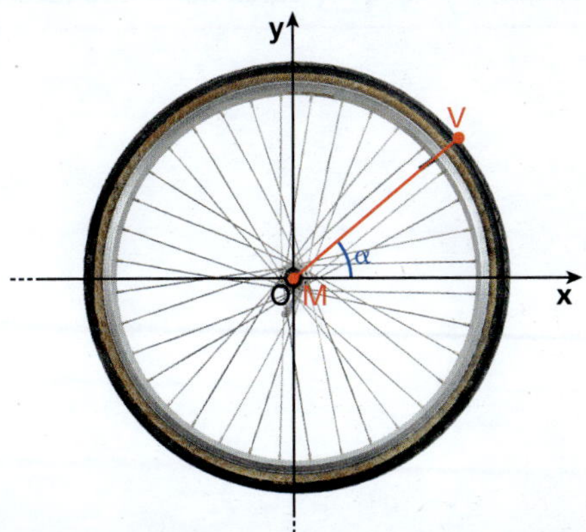

RISOLVIAMO UN PROBLEMA

Pupazzetto a molla

Roberto gioca con un pupazzetto a molla facendolo oscillare verticalmente, partendo da una posizione di equilibrio a un'altezza di 90 cm dal pavimento. Sappiamo che per effettuare un'oscillazione completa, di ampiezza 30 cm, e ritornare nella posizione iniziale impiega 3 secondi. La funzione che descrive l'altezza dal suolo del giocattolo al tempo t è del tipo $h(t) = A\sin(\omega t + y) + B$.

- Determina il valore dei parametri che corrispondono alla situazione descritta e traccia il grafico della funzione.
- Quale posizione occupa il pupazzetto dopo 2 secondi?

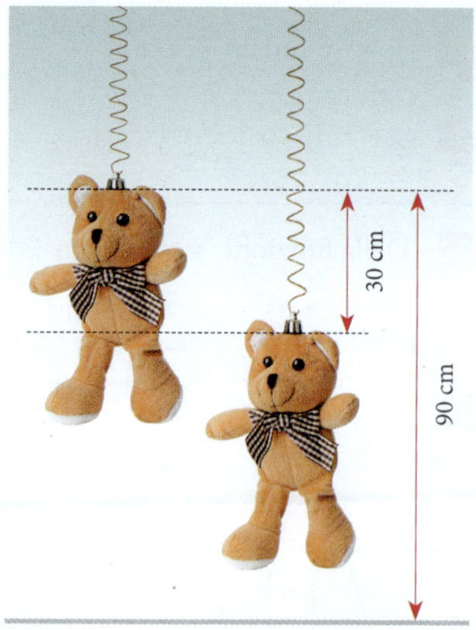

▶ Determiniamo le caratteristiche della funzione.

Al tempo $t = 0$ il giocattolo si trova a 90 cm da terra e per la stessa posizione passerà dopo 1,5 s (dato che per fare un'oscillazione completa impiega 3 s). Nella posizione più bassa, a 60 cm dal suolo, passerà dopo $\frac{3}{4} = 0,75$ s e in quella più alta, a 120 cm, dopo $3 \cdot \frac{3}{4} = 2,25$ s. Si tratta di una funzione sinusoidale del tipo $y = A\sin(\omega t + \varphi)$ con periodo $T = \frac{2\pi}{\omega} = 3$ s e ampiezza $A = 30$ cm, traslata verso l'alto di 90 cm.

Quindi $h(t) = 90 + 30 \cdot \sin\left(\frac{2\pi t}{3} + \varphi\right)$. Per determinare la fase iniziale φ bisogna considerare che il giocattolo viene inizialmente tirato verso il basso, quindi $\varphi = \pi$ e $\sin\left(\frac{2\pi t}{3} + \pi\right) = -\sin\left(\frac{2\pi t}{3}\right)$. Perciò:

$$h(t) = 90 - 30 \cdot \sin\left(\frac{2\pi t}{3}\right).$$

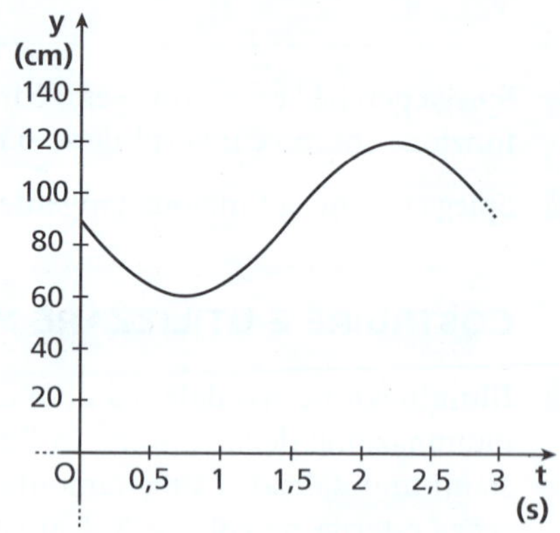

▶ Calcoliamo la posizione dopo 2 s.

Dopo 2 secondi si ha:

$$h(2) = 90 - 30 \cdot \sin\left(\frac{2\pi \cdot 2}{3}\right) \simeq 116 \text{ cm},$$

perciò il giocattolo si trova a circa 116 cm dal pavimento.

VERIFICA DELLE COMPETENZE PROVE

1 ora

PROVA A

1 Sapendo che $\sin\alpha = \frac{1}{3}$ e $\frac{\pi}{2} < \alpha < \pi$, calcola:

$\cos\alpha$, $\tan\alpha$ e $\tan\left(\frac{\pi}{2} - \alpha\right)$.

2 Calcola il valore delle seguenti espressioni.

a. $\sin\frac{\pi}{6} + \left(\cos\frac{\pi}{2} + \tan\frac{\pi}{3}\right)^2 - \cos\frac{2}{3}\pi \cdot \cot\frac{3}{4}\pi$

b. $\sin^2\frac{5}{3}\pi - \cot\frac{3}{2}\pi + \cos\frac{11}{6}\pi \cdot \tan\frac{\pi}{6}$

3 Semplifica le seguenti espressioni.

a. $\sin(180° - \alpha)\tan(90° - \alpha) - \cos(-\alpha) + \sin(\alpha - 90°) - \cos(360° + \alpha)$

b. $\sin(-\alpha)\cos(3\pi + \alpha) + \cos\left(\frac{3}{2}\pi - \alpha\right)\sin\left(\frac{11}{2}\pi + \alpha\right)$

4 Verifica l'identità.

$$\frac{\sin\alpha\cos\alpha}{2} + 2\tan\alpha\cos^2\alpha - (\sin\alpha + \cos\alpha)^2 = \frac{\tan\alpha}{2}(1 - \sin^2\alpha) - 1$$

5 Determina il periodo della funzione $y = 4\sin\left(\frac{x}{2} + \frac{\pi}{3}\right)$.

6 Disegna il grafico delle seguenti funzioni.

a. $y = \sin\left(x + \frac{\pi}{2}\right) - 1$

b. $y = -3\cos x$

c. $y = \left|\tan\frac{x}{2}\right|$

d. $y = 2\sin 2x + 2$

PROVA B

Riesenrad Nel 1897 fu costruita a Vienna la Riesenrad, una ruota panoramica alta 65 metri, tuttora esistente e in funzione. Il punto più basso dista da terra 4 metri e impiega circa 4 minuti per fare un giro completo.

a. Nel sistema di riferimento cartesiano in figura esprimi le funzioni che descrivono l'ascissa e l'ordinata della posizione di un passeggero in funzione dell'angolo α.

b. Posiziona ora il sistema di riferimento in modo che l'asse x coincida con la linea del terreno e l'asse y passi per il centro della ruota. Esprimi la funzione che descrive l'altezza del passeggero rispetto al terreno, sempre in relazione all'angolo α, e rappresenta il grafico di tale funzione.

c. Esprimi l'altezza del passeggero trovata al punto precedente in funzione del tempo, anziché dell'angolo, considerando il verso di rotazione antiorario.

d. A che altezza dal suolo si trova il passeggero dopo 30 secondi dalla partenza?

CAPITOLO

15 FORMULE GONIOMETRICHE

1 Formule di addizione e sottrazione

Listen to it

Trigonometric **addition** and **subtraction formulae** (or **angle sum** and **difference formulae**) express trigonometric functions of sums and differences of two angles $\alpha \pm \beta$ in terms of functions of α and β.

Formula di sottrazione del coseno

Consideriamo $\cos(\alpha - \beta)$. **Non** è vero che:

$$\cos(\alpha - \beta) = \cos\alpha - \cos\beta. \qquad \text{falso!}$$

Per esempio, $\cos\left(\frac{\pi}{2} - \frac{\pi}{6}\right) \neq \cos\frac{\pi}{2} - \cos\frac{\pi}{6}$.

Infatti, $\cos\left(\frac{\pi}{2} - \frac{\pi}{6}\right) = \cos\frac{\pi}{3} = \frac{1}{2}$,

invece: $\cos\frac{\pi}{2} - \cos\frac{\pi}{6} = 0 - \frac{\sqrt{3}}{2} = -\frac{\sqrt{3}}{2}$.

Esiste tuttavia una relazione fra $\cos(\alpha - \beta)$ e i seni e i coseni di α e di β. Cerchiamola.
Consideriamo gli angoli $D\widehat{O}A$ di ampiezza α e $B\widehat{O}A$ di ampiezza β, con $\alpha > \beta$. La loro differenza è $D\widehat{O}B = \alpha - \beta$.
Consideriamo l'angolo $C\widehat{O}A = \alpha - \beta$, che ha il primo estremo nell'origine A degli archi.
I punti B, C e D hanno allora coordinate $B(\cos\beta; \sin\beta)$, $C(\cos(\alpha - \beta); \sin(\alpha - \beta))$, $D(\cos\alpha; \sin\alpha)$.

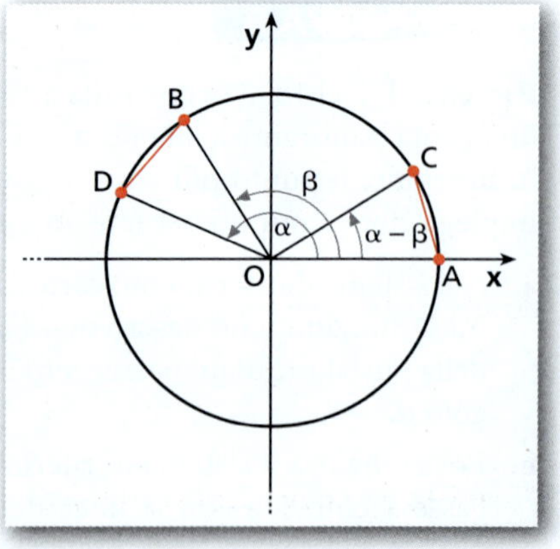

Essendo $D\widehat{O}B$ e $C\widehat{O}A$ entrambi di ampiezza $\alpha - \beta$, le corde CA e DB sono congruenti perché corrispondenti di angoli al centro congruenti. Applicando la formula della distanza tra due punti, otteniamo:

$$\overline{CA}^2 = (x_C - x_A)^2 + (y_C - y_A)^2 = [\cos(\alpha - \beta) - 1]^2 + \sin^2(\alpha - \beta),$$
$$\overline{DB}^2 = (x_D - x_B)^2 + (y_D - y_B)^2 = (\cos\alpha - \cos\beta)^2 + (\sin\alpha - \sin\beta)^2.$$

TEORIA

Uguagliando le due espressioni e sviluppando i calcoli otteniamo:

$$\cos^2(\alpha-\beta)+1-2\cos(\alpha-\beta)+\sin^2(\alpha-\beta)=$$

$$\cos^2\alpha+\cos^2\beta-2\cos\alpha\cos\beta+\sin^2\alpha+\sin^2\beta-2\sin\alpha\sin\beta.$$

La somma dei quadrati del seno e del coseno di un angolo è 1, quindi

$2-2\cos(\alpha-\beta)=2-2\cos\alpha\cos\beta-2\sin\alpha\sin\beta$, da cui:

$$\boldsymbol{\cos(\alpha-\beta)=\cos\alpha\cos\beta+\sin\alpha\sin\beta.}$$

ESEMPIO

Riprendiamo l'esempio iniziale e calcoliamo $\cos\frac{\pi}{3}=\frac{1}{2}$ come $\cos\left(\frac{\pi}{2}-\frac{\pi}{6}\right)$:

$$\cos\left(\frac{\pi}{2}-\frac{\pi}{6}\right)=\cos\frac{\pi}{2}\cos\frac{\pi}{6}+\sin\frac{\pi}{2}\sin\frac{\pi}{6}=0\cdot\frac{\sqrt{3}}{2}+1\cdot\frac{1}{2}=\frac{1}{2}.$$

Formula di addizione del coseno

Scriviamo $\alpha+\beta$ come $\alpha-(-\beta)$ e applichiamo la formula di sottrazione del coseno:

$$\cos(\alpha+\beta)=\cos[\alpha-(-\beta)]=\cos\alpha\cos(-\beta)+\sin\alpha\sin(-\beta).$$

Essendo $\cos(-\beta)=\cos\beta$ e $\sin(-\beta)=-\sin\beta$, otteniamo:

$$\boldsymbol{\cos(\alpha+\beta)=\cos\alpha\cos\beta-\sin\alpha\sin\beta.}$$

► Calcola $\cos\frac{5}{6}\pi$ considerandolo come $\cos\left(\frac{\pi}{2}+\frac{\pi}{3}\right)$.

Formula di addizione del seno

Poiché, per le formule degli angoli associati, è $\sin x=\cos\left(\frac{\pi}{2}-x\right)$, considerando l'angolo $x=\alpha+\beta$, abbiamo:

$$\sin(\alpha+\beta)=\cos\left[\frac{\pi}{2}-(\alpha+\beta)\right]=\cos\left[\left(\frac{\pi}{2}-\alpha\right)-\beta\right].$$

Con la formula di sottrazione del coseno otteniamo

$$=\cos\left(\frac{\pi}{2}-\alpha\right)\cos\beta+\sin\left(\frac{\pi}{2}-\alpha\right)\sin\beta.$$

Poiché $\cos\left(\frac{\pi}{2}-\alpha\right)=\sin\alpha$ e $\sin\left(\frac{\pi}{2}-\alpha\right)=\cos\alpha$:

$$\boldsymbol{\sin(\alpha+\beta)=\sin\alpha\cos\beta+\cos\alpha\sin\beta.}$$

Video

Formule di addizione
Utilizzando le proprietà dei triangoli, proponiamo una dimostrazione alternativa per le formule di addizione.

► Calcola $\sin\frac{\pi}{2}$ considerandolo come $\sin\left(\frac{\pi}{3}+\frac{\pi}{6}\right)$.

Formula di sottrazione del seno

$$\sin(\alpha-\beta)=\sin[\alpha+(-\beta)]$$

Applichiamo la formula di addizione del seno

$$=\sin\alpha\cos(-\beta)+\cos\alpha\sin(-\beta)$$

Essendo $\sin(-\beta)=-\sin\beta$ e $\cos(-\beta)=\cos\beta$:

$$\boldsymbol{\sin(\alpha-\beta)=\sin\alpha\cos\beta-\cos\alpha\sin\beta.}$$

TEORIA

MATEMATICA E STORIA

Prima Tycho, poi Enrico Fin dal XVI secolo, nei principali osservatori astronomici e, in particolare, in quello danese di Tycho Brahe venivano utilizzate formule goniometriche e tavole di seni e coseni per effettuare calcoli astronomici. Qualcosa del genere l'ha fatto anche Enrico Fermi, che nel 1918, nella sua prova di ammissione alla Scuola Normale di Pisa, calcolò tan 35° senza tavole.

▶ Com'è possibile trovare tan 35° senza strumenti di calcolo e tavole?

La risposta

Formule di addizione e sottrazione della tangente

Calcoliamo tan(α + β)

Essendo $\tan x = \frac{\sin x}{\cos x}$, si ha

$$\tan(\alpha+\beta) = \frac{\sin(\alpha+\beta)}{\cos(\alpha+\beta)} = \frac{\sin\alpha\cos\beta + \cos\alpha\sin\beta}{\cos\alpha\cos\beta - \sin\alpha\sin\beta},$$

con la condizione di esistenza della tangente: $(\alpha+\beta) \neq \frac{\pi}{2} + k\pi$.

Dividiamo numeratore e denominatore per $\cos\alpha\cos\beta$, con la condizione $\cos\alpha \neq 0 \to \alpha \neq \frac{\pi}{2} + k_1\pi$, $\cos\beta \neq 0 \to \beta \neq \frac{\pi}{2} + k_2\pi$:

$$\tan(\alpha+\beta) = \frac{\frac{\sin\alpha\cos\beta}{\cos\alpha\cos\beta} + \frac{\cos\alpha\sin\beta}{\cos\alpha\cos\beta}}{\frac{\cos\alpha\cos\beta}{\cos\alpha\cos\beta} - \frac{\sin\alpha\sin\beta}{\cos\alpha\cos\beta}} = \frac{\tan\alpha + \tan\beta}{1 - \tan\alpha\tan\beta}.$$

Pertanto:

$$\mathbf{\tan(\alpha+\beta) = \frac{\tan\alpha + \tan\beta}{1 - \tan\alpha\tan\beta}},$$

con $\alpha + \beta \neq \frac{\pi}{2} + k\pi$, $\alpha \neq \frac{\pi}{2} + k_1\pi$, $\beta \neq \frac{\pi}{2} + k_2\pi$.

Calcoliamo tan(α − β)

$$\tan(\alpha-\beta) = \tan[\alpha + (-\beta)] = \frac{\tan\alpha + \tan(-\beta)}{1 - \tan\alpha\tan(-\beta)} = \frac{\tan\alpha - \tan\beta}{1 + \tan\alpha\tan\beta}.$$

Tenendo conto delle condizioni di esistenza di $\tan\alpha$, $\tan\beta$ e $\tan(\alpha-\beta)$:

$$\mathbf{\tan(\alpha-\beta) = \frac{\tan\alpha - \tan\beta}{1 + \tan\alpha\tan\beta}},$$

con $\alpha - \beta \neq \frac{\pi}{2} + k\pi$, $\alpha \neq \frac{\pi}{2} + k_1\pi$, $\beta \neq \frac{\pi}{2} + k_2\pi$.

Funzione lineare $y = a \sin x + b \cos x$ e angolo aggiunto

▶ Esercizi a p. 732

Listen to it

A **linear combination** of sine and cosine with the same argument, that is $y = a\sin x + b\cos x$, can be expressed as a single **sinusoidal function** with a new amplitude and a phase shift, $y = r\sin(x+\alpha)$, where $r = \sqrt{a^2+b^2}$ and $\tan\alpha = \frac{b}{a}$.

La conoscenza delle formule di addizione e sottrazione permette di studiare il grafico di una funzione del tipo $y = a\sin x + b\cos x$, detta **funzione lineare** in seno e coseno perché di primo grado rispetto a seno e coseno, riconducendolo a quello di una funzione sinusoidale del tipo $y = r\sin(x+\alpha)$. Dobbiamo risolvere il seguente problema: data l'espressione $a\sin x + b\cos x$, cerchiamo un numero r positivo e un angolo α tali che:

$$a\sin x + b\cos x = r\sin(x+\alpha).$$

α è detto **angolo aggiunto**.

Sviluppiamo il secondo membro con la formula di addizione del seno:

$$r\sin(x+\alpha) = \underline{r}\sin x\,\underline{\cos\alpha} + \underline{r}\cos x\,\underline{\sin\alpha}.$$

Perché l'espressione ottenuta coincida con $\underline{a}\sin x + \underline{b}\cos x$, deve essere:

$$\begin{cases} a = r\cos\alpha \\ b = r\sin\alpha \end{cases}$$

Eleviamo al quadrato i membri delle due equazioni e sommiamo:

$$a^2 + b^2 = r^2(\cos^2\alpha + \sin^2\alpha) \to a^2 + b^2 = r^2 \to r = \sqrt{a^2+b^2}.$$

Dividiamo membro a membro la seconda equazione per la prima:

$$\frac{b}{a} = \frac{\sin\alpha}{\cos\alpha} \rightarrow \tan\alpha = \frac{b}{a}.$$

Per determinare univocamente α, teniamo conto che, per le relazioni del sistema, il segno di a è lo stesso di $\cos\alpha$ e quello di b è lo stesso di $\sin\alpha$:

Segno di a e di $\cos\alpha$	Segno di b e di $\sin\alpha$	Quadrante del lato termine di α
+	+	I
+	−	IV
−	−	III
−	+	II

ESEMPIO

Rappresentiamo il grafico di $y = \sin x - \cos x$.

$\sin x - \cos x = r\sin(x + \alpha)$ quando:

$$r = \sqrt{1^2 + (-1)^2} = \sqrt{2}; \quad \tan\alpha = \frac{-1}{1} = -1$$

con $\sin\alpha$ negativo e $\cos\alpha$ positivo, cioè il lato termine di α è nel quarto quadrante. Quindi $\alpha = -\frac{\pi}{4}$.

La funzione $y = \sin x - \cos x$ si può scrivere come $y = \sqrt{2}\sin\left(x - \frac{\pi}{4}\right)$. Il suo grafico si ottiene da quello di $y = \sin x$ con una traslazione di vettore $\vec{v}\left(\frac{\pi}{4}; 0\right)$ e una dilatazione verticale con $n = \sqrt{2}$.

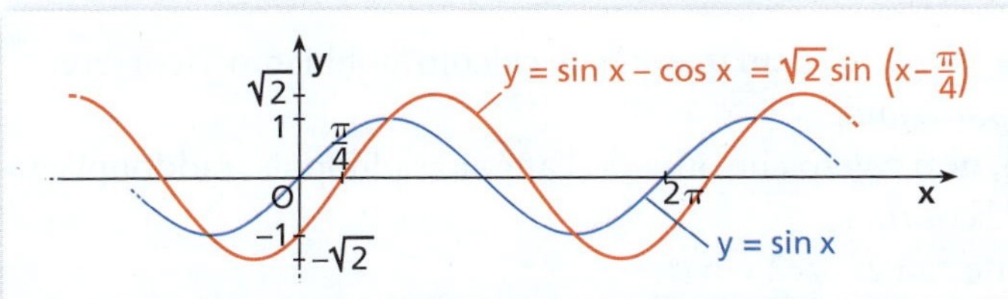

Animazione

Oltre alla figura dinamica che ti permette di osservare il grafico di $y = a\sin x + b\cos x$ al variare di a e b, in particolare ti proponiamo la funzione dell'esempio, e quella dell'esercizio, $y = \sin x + \sqrt{3}\cos x$.

▶ Traccia il grafico di $y = \sin x + \sqrt{3}\cos x$.

Angolo fra due rette

▶ Esercizi a p. 733

Consideriamo nel piano cartesiano due rette, r e s, incidenti e non perpendicolari, di equazioni:

$$y = mx + q \text{ e } y = m'x + q'.$$

Sappiamo che $m = \tan\alpha$ e $m' = \tan\beta$, dove α e β sono gli angoli che le rette formano con la direzione positiva dell'asse x.

Vogliamo trovare l'angolo γ formato dalle due rette. Gli angoli formati dalle due rette r e s sono quattro, a due a due opposti al vertice e a due a due supplementari, pertanto basta conoscere uno di questi angoli perché siano noti tutti gli altri. Nel triangolo ABC, l'angolo α è angolo esterno,

$$\alpha = \beta + \gamma \rightarrow \gamma = \alpha - \beta,$$

da cui:

$$\tan\gamma = \tan(\alpha - \beta) = \frac{\tan\alpha - \tan\beta}{1 + \tan\alpha\tan\beta} = \frac{m - m'}{1 + mm'}.$$

Se il valore della tangente ottenuto è positivo, l'angolo γ determinato è l'angolo acuto fra le due rette, altrimenti l'angolo γ è l'angolo ottuso.

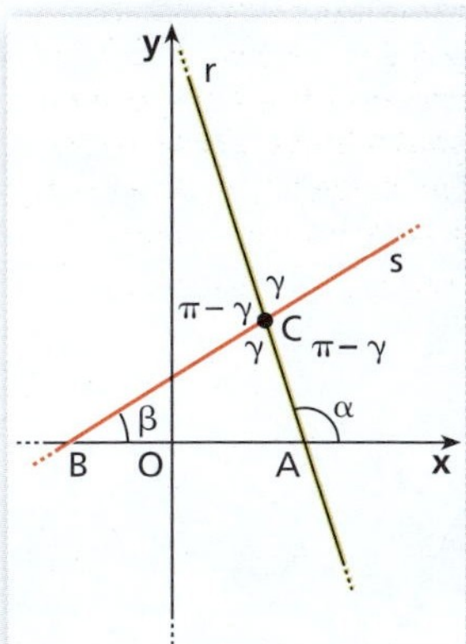

Animazione

La figura dinamica dell'animazione permette di osservare γ, e calcolare $\tan\gamma$, al variare di m e m'.

TEORIA

Osserviamo che la formula che fornisce il valore di $\tan\gamma$ non si può applicare quando le rette r e s sono perpendicolari. In tal caso, infatti, $mm' = -1$, condizione che annulla il denominatore.

ESEMPIO

Determiniamo l'angolo fra le rette di equazioni $y = 2x + 4$ e $y = -3x + 2$:

$$\tan\gamma = \frac{2+3}{1-6} = \frac{5}{-5} = -1 \rightarrow \gamma = \frac{3}{4}\pi.$$

Gli angoli fra le rette sono $\frac{3}{4}\pi$ e $\pi - \frac{3}{4}\pi = \frac{\pi}{4}$.

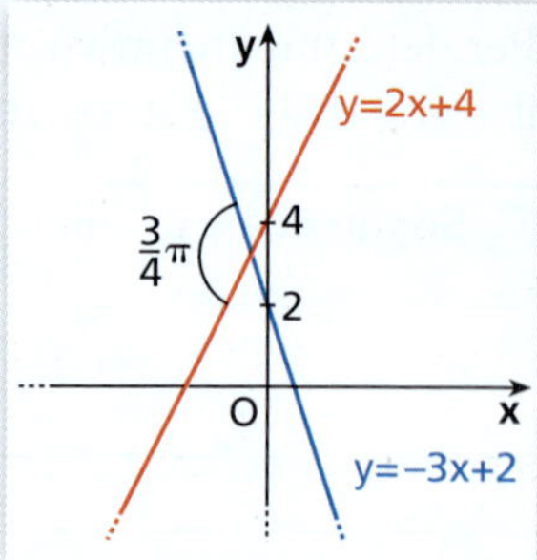

▶ Trova l'angolo fra le rette di equazioni $y = -4x$ e $5x - 3y = 0$. $\left[\frac{\pi}{4}\right]$

Animazione

2 Formule di duplicazione

▶ Esercizi a p. 735

Consideriamo l'espressione $\sin 2\alpha$, utilizzando la convenzione secondo cui il simbolo di una funzione goniometrica davanti a più fattori riguarda tutto il prodotto, cioè $\sin 2\alpha = \sin(2\alpha)$.

Non è vero che:

$\sin 2\alpha = 2 \cdot \sin\alpha$. falso!

Per esempio: $\sin 2 \cdot \frac{\pi}{4} \neq 2\sin\frac{\pi}{4}$.

Infatti, $\sin 2 \cdot \frac{\pi}{4} = \sin\frac{\pi}{2} = 1$, mentre $2 \cdot \sin\frac{\pi}{4} = 2 \cdot \frac{\sqrt{2}}{2} = \sqrt{2}$.

Quindi, in generale, $\sin 2\alpha \neq 2\sin\alpha$ e per il calcolo dobbiamo ricorrere a una formula detta *di duplicazione*.

Anche per il coseno, **non** è vero che quando l'angolo raddoppia, raddoppia anche il coseno: $\cos 2\alpha \neq 2\cos\alpha$.

Anche per la tangente $\tan 2\alpha \neq 2\tan\alpha$.

Le **formule di duplicazione** permettono di calcolare il seno, il coseno e la tangente di 2α conoscendo il valore delle funzioni seno, coseno o tangente di α.

Le ricaviamo applicando le formule di addizione, considerando $2\alpha = \alpha + \alpha$.

Listen to it

Double-angle formulae express trigonometric functions of an angle 2α in terms of functions of an angle α.

sin 2α

$$\sin 2\alpha = \sin(\alpha + \alpha) = \sin\alpha\cos\alpha + \cos\alpha\sin\alpha \rightarrow \boldsymbol{\sin 2\alpha = 2\sin\alpha\cos\alpha}.$$

cos 2α

$$\cos 2\alpha = \cos(\alpha + \alpha) = \cos\alpha\cos\alpha - \sin\alpha\sin\alpha = \cos^2\alpha - \sin^2\alpha.$$

Questa formula, ricordando che $\sin^2\alpha + \cos^2\alpha = 1$, può essere scritta anche nei seguenti modi:

$$\cos 2\alpha = \cos^2\alpha - \sin^2\alpha = (1 - \sin^2\alpha) - \sin^2\alpha = 1 - 2\sin^2\alpha;$$

$$\cos 2\alpha = \cos^2\alpha - (1 - \cos^2\alpha) = 2\cos^2\alpha - 1.$$

In sintesi: $\boldsymbol{\cos 2\alpha = \cos^2\alpha - \sin^2\alpha =} \begin{cases} \boldsymbol{1 - 2\sin^2\alpha,} \\ \boldsymbol{2\cos^2\alpha - 1.} \end{cases}$

tan 2α

$$\tan 2\alpha = \tan(\alpha + \alpha) = \frac{\tan\alpha + \tan\alpha}{1 - \tan\alpha\tan\alpha} \rightarrow \boldsymbol{\tan 2\alpha = \frac{2\tan\alpha}{1 - \tan^2\alpha}}.$$

TEORIA

Mentre le formule di $\sin 2\alpha$ e di $\cos 2\alpha$ sono valide $\forall\alpha \in \mathbb{R}$, quella di $\tan 2\alpha$ vale solo se α soddisfa le seguenti condizioni di esistenza.

$\tan 2\alpha$: $\quad 2\alpha \neq \frac{\pi}{2} + k\pi \quad \rightarrow \quad \alpha \neq \frac{\pi}{4} + k\frac{\pi}{2}$;

$\tan\alpha$: $\quad \alpha \neq \frac{\pi}{2} + k\pi$;

denominatore: $\quad \tan\alpha \neq \pm 1 \quad \rightarrow \quad \alpha \neq \pm\frac{\pi}{4} + k\pi$.

In sintesi, la formula di $\tan 2\alpha$ vale per: $\alpha \neq \frac{\pi}{4} + k\frac{\pi}{2} \wedge \alpha \neq \frac{\pi}{2} + k_1\pi$.

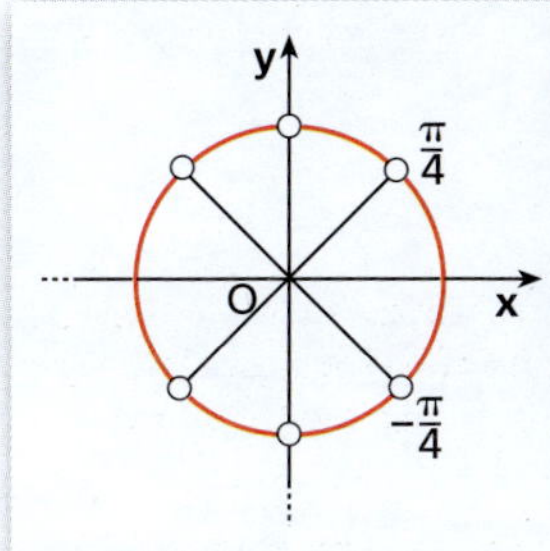

Vediamo un esempio di applicazione delle formule di duplicazione.

ESEMPIO

Calcoliamo $\sin 2\alpha$, $\cos 2\alpha$, $\tan 2\alpha$, sapendo che il lato termine dell'angolo α appartiene al secondo quadrante e $\cos\alpha = -\frac{4}{5}$.

$$\sin\alpha = +\sqrt{1-\cos^2\alpha} = +\sqrt{1-\frac{16}{25}} = \frac{3}{5},$$

$$\tan\alpha = \frac{\sin\alpha}{\cos\alpha} = -\frac{3}{4}, \text{ quindi:}$$

$$\sin 2\alpha = 2\sin\alpha\cos\alpha = 2\cdot\frac{3}{5}\cdot\left(-\frac{4}{5}\right) = -\frac{24}{25},$$

$$\cos 2\alpha = \cos^2\alpha - \sin^2\alpha = \frac{16}{25} - \frac{9}{25} = \frac{7}{25},$$

$$\tan 2\alpha = \frac{2\tan\alpha}{1-\tan^2\alpha} = \frac{2\left(-\frac{3}{4}\right)}{1-\frac{9}{16}} = \frac{-\frac{3}{2}}{\frac{7}{16}} = -\frac{3}{2}\cdot\frac{16}{7} = -\frac{24}{7}.$$

► Calcola $\sin 2\alpha$, $\cos 2\alpha$ e $\tan 2\alpha$, sapendo che $0 < \alpha < \frac{\pi}{2}$ e $\sin\alpha = \frac{1}{3}$.

$\left[\frac{4}{9}\sqrt{2}; \frac{7}{9}; \frac{4}{7}\sqrt{2}\right]$

Animazione

Essendo α uguale alla metà di 2α, si può anche dire che le formule di duplicazione forniscono le funzioni goniometriche di un angolo, note quelle della sua metà.

Dalle formule $\cos 2\alpha = 1 - 2\sin^2\alpha$ e $\cos 2\alpha = 2\cos^2\alpha - 1$ si ricavano $\sin^2\alpha$ e $\cos^2\alpha$:

$$\mathbf{\sin^2\alpha = \frac{1-\cos 2\alpha}{2}}, \qquad \mathbf{\cos^2\alpha = \frac{1+\cos 2\alpha}{2}}.$$

Queste formule trasformano $\sin^2\alpha$ e $\cos^2\alpha$ in funzioni lineari del coseno di 2α.

3 Formule di bisezione

▶ Esercizi a p. 738

Le formule di bisezione permettono di scrivere le funzioni goniometriche dell'angolo $\frac{\alpha}{2}$ in funzione di quelle dell'angolo α. Anche in questo caso, in generale:

$$\sin\frac{\alpha}{2} \neq \frac{\sin\alpha}{2}, \quad \cos\frac{\alpha}{2} \neq \frac{\cos\alpha}{2}, \quad \tan\frac{\alpha}{2} \neq \frac{\tan\alpha}{2}.$$

Listen to it

Half-angle formulae express trigonometric functions of an angle $\frac{\alpha}{2}$ in terms of functions of an angle α.

Per ricavare queste funzioni è possibile usare le formule di duplicazione del coseno, scrivendo α come $2\cdot\frac{\alpha}{2}$.

$$\cos\alpha = \cos 2\left(\frac{\alpha}{2}\right) = 2\cos^2\frac{\alpha}{2} - 1 \text{ e } \cos\alpha = \cos 2\left(\frac{\alpha}{2}\right) = 1 - 2\sin^2\frac{\alpha}{2},$$

da cui si ricavano rispettivamente $\cos\frac{\alpha}{2}$ e $\sin\frac{\alpha}{2}$:

$$\cos\frac{\alpha}{2} = \pm\sqrt{\frac{1+\cos\alpha}{2}}, \qquad \sin\frac{\alpha}{2} = \pm\sqrt{\frac{1-\cos\alpha}{2}}.$$

Ricaviamo ora la formula che esprime $\tan\frac{\alpha}{2}$:

$$\tan\frac{\alpha}{2} = \frac{\sin\frac{\alpha}{2}}{\cos\frac{\alpha}{2}} = \frac{\pm\sqrt{\frac{1-\cos\alpha}{2}}}{\pm\sqrt{\frac{1+\cos\alpha}{2}}} = \pm\sqrt{\frac{1-\cos\alpha}{1+\cos\alpha}}.$$

- La formula della tangente vale solo se $1+\cos\alpha \neq 0 \rightarrow \cos\alpha \neq -1 \rightarrow \alpha \neq \pi + 2k\pi$, condizione necessaria anche per l'esistenza di $\tan\frac{\alpha}{2}$: infatti $\frac{\alpha}{2}$ esiste se $\frac{\alpha}{2} \neq \frac{\pi}{2} + k\pi$, ossia: $\alpha \neq \pi + 2k\pi$.
- In queste formule compare sempre il doppio segno. Nelle applicazioni dobbiamo sceglierne uno solo, in base al quadrante in cui si trova il lato termine dell'angolo $\frac{\alpha}{2}$.
- La formula di bisezione della tangente si può presentare in altre due forme, che generalmente risultano più comode perché sono razionali e non presentano il doppio segno $\pm$:

$$\tan\frac{\alpha}{2} = \frac{\sin\alpha}{1+\cos\alpha}, \qquad \text{con } \alpha \neq \pi + 2k\pi,$$

oppure

$$\tan\frac{\alpha}{2} = \frac{1-\cos\alpha}{\sin\alpha}, \qquad \text{con } \alpha \neq \pi + k\pi.$$

Dimostriamo la prima relazione:

▶ Dimostra la seconda relazione.

$$\tan\frac{\alpha}{2} = \frac{\sin\frac{\alpha}{2}}{\cos\frac{\alpha}{2}} = \frac{2\sin\frac{\alpha}{2}\cos\frac{\alpha}{2}}{2\cos^2\frac{\alpha}{2}} = \frac{\sin\alpha}{2\,\frac{1+\cos\alpha}{2}} = \frac{\sin\alpha}{1+\cos\alpha}.$$

moltiplichiamo e dividiamo per $2\cos\frac{\alpha}{2}$

4 Altre formule

Formule parametriche

▶ Esercizi a p. 741

Le formule parametriche permettono di esprimere il seno e il coseno di un angolo α in funzione della tangente di $\frac{\alpha}{2}$.

Si può dimostrare che:

$$\sin\alpha = \frac{2\tan\frac{\alpha}{2}}{1+\tan^2\frac{\alpha}{2}}, \qquad \cos\alpha = \frac{1-\tan^2\frac{\alpha}{2}}{1+\tan^2\frac{\alpha}{2}}, \qquad \text{con } \alpha \neq \pi + 2k\pi.$$

Spesso, per comodità, si pone $\tan\frac{\alpha}{2} = t$:

$$\sin\alpha = \frac{2t}{1+t^2}, \qquad \cos\alpha = \frac{1-t^2}{1+t^2}.$$

La possibilità di esprimere $\sin\alpha$ e $\cos\alpha$ in funzione di t giustifica il nome di formule parametriche.

ESEMPIO

Calcoliamo $\sin\alpha$ e $\cos\alpha$, sapendo che $\tan\frac{\alpha}{2} = 2$:

$$\sin\alpha = \frac{2t}{1+t^2} = \frac{4}{1+4} = \frac{4}{5}, \qquad \cos\alpha = \frac{1-t^2}{1+t^2} = \frac{1-4}{1+4} = -\frac{3}{5}.$$

▶ Calcola $\sin\alpha$ e $\cos\alpha$ sapendo che $\tan\frac{\alpha}{2} = 3$.

$\left[\frac{3}{5}; -\frac{4}{5}\right]$

Formule di prostaferesi

|▶ Esercizi a p. 741

Le formule di prostaferesi permettono di trasformare la somma o la differenza di due funzioni seno o coseno in un prodotto di funzioni seno o coseno.

$$\sin p + \sin q = 2\sin\frac{p+q}{2}\cos\frac{p-q}{2};$$

$$\sin p - \sin q = 2\cos\frac{p+q}{2}\sin\frac{p-q}{2};$$

$$\cos p + \cos q = 2\cos\frac{p+q}{2}\cos\frac{p-q}{2};$$

$$\cos p - \cos q = -2\sin\frac{p+q}{2}\sin\frac{p-q}{2}.$$

MATEMATICA INTORNO A NOI

Onde e sinusoidi La sinusoide è la curva che rappresenta la funzione seno. Questa descrive molti fenomeni ondulatori presenti in natura, come per esempio il suono o le onde generate da un sasso lanciato nell'acqua. Quando si sommano due sinusoidi, molto spesso si trova una curva che non è più una sinusoide, ma che continua a essere periodica.

▶ Cerca esempi di fenomeni fisici che coinvolgono onde sinusoidali e scopri come entrano in campo le formule di prostaferesi.

Cerca nel Web: interferenza, diffrazione, battimenti

ESEMPIO

$$\sin\frac{\pi}{4} - \sin\frac{\pi}{12} = 2\cos\frac{\frac{\pi}{4}+\frac{\pi}{12}}{2}\sin\frac{\frac{\pi}{4}-\frac{\pi}{12}}{2} = 2\cos\frac{\pi}{6}\sin\frac{\pi}{12}.$$

▶ Trasforma in prodotto la somma: $\cos\frac{\pi}{3} + \cos\frac{\pi}{6}$.

Formule di Werner

|▶ Esercizi a p. 742

Le formule di Werner risolvono il problema inverso rispetto a quello delle formule di prostaferesi, cioè permettono di trasformare espressioni contenenti prodotti di funzioni seno e coseno in somme o differenze di funzioni seno e coseno.

$$\sin\alpha\cos\beta = \frac{1}{2}[\sin(\alpha+\beta) + \sin(\alpha-\beta)];$$

$$\cos\alpha\cos\beta = \frac{1}{2}[\cos(\alpha+\beta) + \cos(\alpha-\beta)];$$

$$\sin\alpha\sin\beta = \frac{1}{2}[\cos(\alpha-\beta) - \cos(\alpha+\beta)].$$

ESEMPIO

$$\cos\frac{5}{12}\pi\cos\frac{\pi}{12} = \frac{1}{2}\left[\cos\left(\frac{5}{12}\pi + \frac{\pi}{12}\right) + \cos\left(\frac{5}{12}\pi - \frac{\pi}{12}\right)\right] =$$

$$\frac{1}{2}\left(\cos\frac{\pi}{2} + \cos\frac{\pi}{3}\right) = \frac{1}{2}\left(0 + \frac{1}{2}\right) = \frac{1}{4}.$$

▶ Calcola $\sin\frac{5}{8}\pi\cos\frac{\pi}{8}$.

$\left[\frac{\sqrt{2}+2}{4}\right]$

IN SINTESI
Formule goniometriche

Formule di addizione e sottrazione

Funzione	Formula di addizione	Formula di sottrazione
seno	$\sin(\alpha+\beta)=\sin\alpha\cos\beta+\cos\alpha\sin\beta$	$\sin(\alpha-\beta)=\sin\alpha\cos\beta-\cos\alpha\sin\beta$
coseno	$\cos(\alpha+\beta)=\cos\alpha\cos\beta-\sin\alpha\sin\beta$	$\cos(\alpha-\beta)=\cos\alpha\cos\beta+\sin\alpha\sin\beta$
tangente	$\tan(\alpha+\beta)=\dfrac{\tan\alpha+\tan\beta}{1-\tan\alpha\cdot\tan\beta}$, con $\alpha+\beta\neq\frac{\pi}{2}+k\pi$, $\alpha\neq\frac{\pi}{2}+k_1\pi$, $\beta\neq\frac{\pi}{2}+k_2\pi$	$\tan(\alpha-\beta)=\dfrac{\tan\alpha-\tan\beta}{1+\tan\alpha\cdot\tan\beta}$, con $\alpha-\beta\neq\frac{\pi}{2}+k\pi$, $\alpha\neq\frac{\pi}{2}+k_1\pi$, $\beta\neq\frac{\pi}{2}+k_2\pi$

Una funzione del tipo $y=a\sin x+b\cos x$ può essere ricondotta alla forma sinusoidale

$$y=r\sin(x+\alpha),\text{ con } r=\sqrt{a^2+b^2}\text{ e }\tan\alpha=\frac{b}{a}.$$

α è detto **angolo aggiunto**.

Formule di duplicazione e bisezione

Funzione	Formula di duplicazione	Formula di bisezione
seno	$\sin 2\alpha=2\sin\alpha\cos\alpha$	$\sin\frac{\alpha}{2}=\pm\sqrt{\frac{1-\cos\alpha}{2}}$
coseno	$\cos 2\alpha=\cos^2\alpha-\sin^2\alpha=$ $1-2\sin^2\alpha$ oppure $2\cos^2\alpha-1$	$\cos\frac{\alpha}{2}=\pm\sqrt{\frac{1+\cos\alpha}{2}}$
tangente	$\tan 2\alpha=\dfrac{2\tan\alpha}{1-\tan^2\alpha}$, con $\alpha\neq\frac{\pi}{4}+k\frac{\pi}{2}\wedge\alpha\neq\frac{\pi}{2}+k\pi$	$\tan\frac{\alpha}{2}=\pm\sqrt{\frac{1-\cos\alpha}{1+\cos\alpha}}$, con $\alpha\neq\pi+2k\pi$ $\dfrac{\sin\alpha}{1+\cos\alpha}$, con $\alpha\neq\pi+2k\pi$ $\dfrac{1-\cos\alpha}{\sin\alpha}$, con $\alpha\neq\pi+k\pi$

Sono utili anche le seguenti formule:

- $\sin^2\alpha=\dfrac{1-\cos 2\alpha}{2}$;
- $\cos^2\alpha=\dfrac{1+\cos 2\alpha}{2}$.

Altre formule

- **Formule parametriche**
  - $\sin\alpha=\dfrac{2\tan\frac{\alpha}{2}}{1+\tan^2\frac{\alpha}{2}}$, con $\alpha\neq\pi+2k\pi$;
  - $\cos\alpha=\dfrac{1-\tan^2\frac{\alpha}{2}}{1+\tan^2\frac{\alpha}{2}}$, con $\alpha\neq\pi+2k\pi$.

- **Formule di prostaferesi**
  - $\sin p+\sin q=2\sin\frac{p+q}{2}\cdot\cos\frac{p-q}{2}$;
  - $\sin p-\sin q=2\cos\frac{p+q}{2}\cdot\sin\frac{p-q}{2}$;
  - $\cos p+\cos q=2\cos\frac{p+q}{2}\cdot\cos\frac{p-q}{2}$;
  - $\cos p-\cos q=-2\sin\frac{p+q}{2}\cdot\sin\frac{p-q}{2}$.

- **Formule di Werner**
  - $\sin\alpha\sin\beta=\frac{1}{2}[\cos(\alpha-\beta)-\cos(\alpha+\beta)]$;
  - $\cos\alpha\cos\beta=\frac{1}{2}[\cos(\alpha+\beta)+\cos(\alpha-\beta)]$;
  - $\sin\alpha\cos\beta=\frac{1}{2}[\sin(\alpha+\beta)+\sin(\alpha-\beta)]$.

CAPITOLO 15
ESERCIZI

1 Formule di addizione e sottrazione

1 ●○ **VERO O FALSO?**

a. $\cos(30° + 90°) = \cos 30° - \cos 90°$. V F

b. $\sin 70° \cos 10° - \cos 70° \sin 10° = \frac{1}{2}$. V F

c. $\cos 15° = \cos 45° \cos 30° - \sin 45° \sin 30°$. V F

d. $\tan 105° = \frac{\tan 60° + \tan 45°}{1 + \tan 60° \tan 45°}$. V F

2 ●○ **COMPLETA**

a. $\sin 50° = \sin 30° \cos$ ☐ + ☐.

b. $\cos$ ☐ $= \cos 90° \cos 30° -$ ☐.

c. $\cos\left(\frac{\pi}{5} - \alpha\right) = \cos$ ☐ $\cos$ ☐ $+ \sin$ ☐ $\sin$ ☐.

d. $\sin\left(\alpha - \frac{\pi}{3}\right) =$ ☐ − ☐.

3 ●● **FAI UN ESEMPIO** per verificare che $\sin(\alpha + \beta) \neq \sin\alpha + \sin\beta$ e che $\tan(\alpha - \beta) \neq \tan\alpha - \tan\beta$.

4 **ESERCIZIO GUIDA** Calcoliamo seno, coseno e tangente di 75° e cos 15° utilizzando le formule di addizione e sottrazione.

- Sappiamo che $75° = 30° + 45°$.

  Applichiamo le formule di addizione del seno, del coseno e della tangente:

$$\sin(30° + 45°) = \sin 30° \cos 45° + \sin 45° \cos 30° = \frac{1}{2} \cdot \frac{\sqrt{2}}{2} + \frac{\sqrt{2}}{2} \cdot \frac{\sqrt{3}}{2} = \frac{\sqrt{2} + \sqrt{6}}{4};$$

$$\cos(30° + 45°) = \cos 30° \cos 45° - \sin 45° \sin 30° = \frac{\sqrt{3}}{2} \cdot \frac{\sqrt{2}}{2} - \frac{\sqrt{2}}{2} \cdot \frac{1}{2} = \frac{\sqrt{6} - \sqrt{2}}{4};$$

$$\tan(30° + 45°) = \frac{\tan 30° + \tan 45°}{1 - \tan 30° \tan 45°} = \frac{\frac{\sqrt{3}}{3} + 1}{1 - \frac{\sqrt{3}}{3} \cdot 1} = \frac{\sqrt{3} + 3}{3 - \sqrt{3}} = 2 + \sqrt{3}.$$

- Calcoliamo ora cos 15°.
  Possiamo scrivere: $15° = 45° - 30°$.

  Per la formula di sottrazione del coseno:

$$\cos(45° - 30°) = \cos 45° \cos 30° + \sin 45° \sin 30° = \frac{\sqrt{2}}{2} \cdot \frac{\sqrt{3}}{2} + \frac{\sqrt{2}}{2} \cdot \frac{1}{2} = \frac{\sqrt{6} + \sqrt{2}}{4}.$$

Applicando opportunamente le formule di addizione e sottrazione, calcola le seguenti funzioni goniometriche.

5 ●○ $\sin 15°$; $\cos 135°$; $\tan 150°$. $\left[\frac{\sqrt{6} - \sqrt{2}}{4}; -\frac{\sqrt{2}}{2}; -\frac{\sqrt{3}}{3}\right]$

6 ●○ $\cos 105°$; $\sin 165°$; $\tan \frac{5}{12}\pi$. $\left[\frac{\sqrt{2} - \sqrt{6}}{4}; \frac{\sqrt{6} - \sqrt{2}}{4}; 2 + \sqrt{3}\right]$

7 $\sin 195°$; $\cos 165°$; $\sin 285°$. $\left[\frac{\sqrt{2}-\sqrt{6}}{4}; \frac{-\sqrt{6}-\sqrt{2}}{4}; \frac{-\sqrt{6}-\sqrt{2}}{4}\right]$

8 $\cos\frac{7}{12}\pi$; $\sin\frac{13}{12}\pi$; $\tan\frac{7}{12}\pi$. $\left[\frac{\sqrt{2}-\sqrt{6}}{4}; \frac{\sqrt{2}-\sqrt{6}}{4}; -2-\sqrt{3}\right]$

9 REALTÀ E MODELLI **Una prof agrodolce** L'ultimo giorno di scuola la professoressa porta una buonissima torta al cioccolato per i suoi alunni. Ha già tagliato 24 fette, tutte uguali, ma sfida i suoi studenti: potrà ottenerne una soltanto chi calcola, senza utilizzare la calcolatrice, esattamente il seno dell'angolo formato dalla punta di una fetta. $\left[\frac{\sqrt{6}-\sqrt{2}}{4}\right]$

10 COMPLETA

a. $\cos\frac{11}{12}\pi = \cos\left(\frac{\pi}{4} + \square\right) = \square$.

b. $\sin\frac{19}{12}\pi = \sin\left(\frac{11}{6}\pi - \square\right) = \square$.

c. $\cos\frac{17}{12}\pi = \cos\left(\frac{7}{4}\pi - \square\right) = \square$.

d. $\tan 345° = \tan(210° + \square) = \square$.

Espressioni e identità con le formule di addizione e sottrazione

11 ESERCIZIO GUIDA Sviluppiamo $\sin\left(\frac{\pi}{6}+x\right)$ e $\cos\left(\frac{\pi}{3}-x\right)$, con le formule di addizione e sottrazione.

$$\sin\left(\frac{\pi}{6}+x\right) = \sin\frac{\pi}{6}\cos x + \sin x\cos\frac{\pi}{6} = \frac{1}{2}\cos x + \frac{\sqrt{3}}{2}\sin x$$

$$\cos\left(\frac{\pi}{3}-x\right) = \cos\frac{\pi}{3}\cos x + \sin\frac{\pi}{3}\sin x = \frac{1}{2}\cos x + \frac{\sqrt{3}}{2}\sin x$$

Semplifica le seguenti espressioni.

12 $\sin\left(\frac{\pi}{3}+x\right) + \cos\left(\frac{\pi}{6}+x\right)$ $[\sqrt{3}\cos x]$

13 $\sin\left(\alpha+\frac{2}{3}\pi\right) - \cos\left(\frac{\pi}{6}+\alpha\right)$ $[0]$

14 $\cos(\alpha+135°) - \cos(225°-\alpha) + \cos(-\alpha)$ $[\cos\alpha]$

15 $\cos\left(\alpha-\frac{11}{6}\pi\right) - \sin\left(\frac{5}{3}\pi+\alpha\right)$ $[\sqrt{3}\cos\alpha - \sin\alpha]$

16 $\sin(45°+\alpha) - \sin(135°+\alpha)$ $[\sqrt{2}\sin\alpha]$

17 $\cos\left(\frac{\pi}{3}+\alpha\right) + \cos\left(\frac{2}{3}\pi-\alpha\right)$ $[0]$

18 $\sin\left(\frac{3}{4}\pi+x\right) + \cos\left(\frac{\pi}{4}-x\right)$ $[\sqrt{2}\cos x]$

19 $\cos\left(\frac{5}{6}\pi+\alpha\right) - \sin\left(\frac{\pi}{3}-\alpha\right)$ $[-\sqrt{3}\cos\alpha]$

20 $\sin\left(\alpha+\frac{7}{6}\pi\right) - \cos\left(\alpha-\frac{2}{3}\pi\right)$ $[-\sqrt{3}\sin\alpha]$

21 $(\sqrt{3}\tan\alpha - 1)\cdot\tan\left(\alpha+\frac{\pi}{3}\right) + \sqrt{3}$ $[-\tan\alpha]$

22 $\cos(210°-x) - \sin(120°+x)$ $[-\sqrt{3}\cos x]$

23 $\cos(60°-\alpha)\cdot\cos(300°-\alpha)$ $\left[\frac{\cos^2\alpha - 3\sin^2\alpha}{4}\right]$

24 $\tan\left(x+\frac{\pi}{4}\right)(1-\tan x) - 1$ $[\tan x]$

25 $\sin(\alpha+300°)\cdot\sin(240°+\alpha)$ $\left[\frac{1}{4}(-\sin^2\alpha + 3\cos^2\alpha)\right]$

26 $\tan\left(x+\frac{\pi}{4}\right) + \cot\left(x-\frac{\pi}{4}\right)$ $[0]$

27 $\cos(60°+x) + \sin(30°-x) - \sqrt{3}\sin(-x)$ $[\cos x]$

28 $\sin\left(\frac{2}{3}\pi-\alpha\right) + \sin\left(\alpha+\frac{5}{6}\pi\right) - \cos\left(\frac{\pi}{3}+\alpha\right)$ $\left[\frac{\sqrt{3}}{2}\cos\alpha + \frac{1}{2}\sin\alpha\right]$

29 $\sin(240°-\alpha) + \cos(\alpha-330°) - \cos(180°-\alpha)$ $[\cos\alpha]$

ESERCIZI

30 $\sin^2(30° + x) + \cos x \cos(x - 240°) - \sin^2 x$ $\left[-\frac{1}{4}\right]$

31 $\dfrac{\cos\left(\alpha + \frac{\pi}{6}\right) + \cos\left(\alpha - \frac{\pi}{6}\right)}{\sin\left(\alpha - \frac{\pi}{6}\right) - \sin\left(\alpha + \frac{\pi}{6}\right)}$ $[-\sqrt{3}]$

32 $\sin^2(\alpha - 150°) + \cos^2(\alpha + 330°) - 1$ $[\sqrt{3}\sin\alpha\cos\alpha]$

33 $\tan(\alpha - 135°) \cdot \tan(\alpha + 225°) - 1$ $\left[\frac{4\tan\alpha}{(1-\tan\alpha)^2}\right]$

34 $\sin\left(\frac{7}{6}\pi - \alpha\right) \cdot \cos\left(\alpha - \frac{\pi}{3}\right) - \frac{1}{2}\cos^2\alpha$ $\left[-\frac{3}{4}\cos 2\alpha\right]$

Verifica le seguenti identità.

35 $\sin(30° + \alpha) = \sin(-210° - \alpha)$

36 $\sin\left(\alpha + \frac{\pi}{3}\right) = \cos\left(\frac{\pi}{6} - \alpha\right)$

37 $\tan\left(\alpha + \frac{\pi}{4}\right) = \dfrac{\cos\left(\alpha - \frac{5}{4}\pi\right)}{\cos\left(\frac{3}{4}\pi - \alpha\right)}$

38 $\sin(\alpha + \beta) \cdot \sin(\alpha - \beta) = \cos^2\beta - \cos^2\alpha$

39 $\sin\left(\frac{5}{6}\pi - \alpha\right) = \cos\left(\alpha - \frac{\pi}{3}\right)$

40 $\cos(\alpha + \beta) \cdot \cos(\alpha - \beta) = \cos^2\beta - \sin^2\alpha$

---

41 $\sin^2\left(\alpha - \frac{3}{4}\pi\right) - \sin^2\left(\frac{\pi}{4} + \alpha\right) = \cos\left(\frac{2}{3}\pi - \alpha\right) + \cos\left(\frac{\pi}{3} + \alpha\right)$

42 $\cos\left(\frac{\pi}{3} + \alpha\right) \cdot \cos\left(\frac{\pi}{6} + \alpha\right) = \sin\left(\frac{\pi}{3} + \alpha\right) \cdot \sin\left(\frac{\pi}{6} + \alpha\right) - \sin 2\alpha$

43 $1 + \cot^2\alpha + \sin\left(\frac{\pi}{4} + \alpha\right) = \csc^2\alpha + \cos\left(\frac{\pi}{4} - \alpha\right)$

44 $\dfrac{2\sin(\alpha - \beta)}{\tan\alpha - \tan\beta} = \cos(\alpha - \beta) + \cos(\alpha + \beta)$

Calcolo di funzioni goniometriche

45 Dati gli angoli acuti α e β, con $\sin\alpha = \frac{1}{3}$ e $\cos\beta = \frac{2}{3}$, calcola $\cos(\alpha + \beta)$. $\left[\frac{4\sqrt{2} - \sqrt{5}}{9}\right]$

46 Dati gli angoli α e β, con $\pi < \alpha < \frac{3}{2}\pi$ e $\frac{3}{2}\pi < \beta < 2\pi$, sapendo che $\sin\alpha = -\frac{2}{3}$ e $\cos\beta = \frac{1}{3}$, calcola $\tan(\alpha + \beta)$. $\left[\frac{2 - 2\sqrt{10}}{\sqrt{5} + 4\sqrt{2}}\right]$

Sapendo che $\cos\alpha = \frac{3}{5}$ e che $0 < \alpha < \frac{\pi}{2}$, calcola le seguenti funzioni goniometriche.

47 $\sin\left(\frac{\pi}{3} - \alpha\right)$; $\tan\left(\alpha + \frac{\pi}{6}\right)$. $\left[\frac{-4 + 3\sqrt{3}}{10}; \frac{48 + 25\sqrt{3}}{11}\right]$

48 $\cos\left(\frac{2}{3}\pi - \alpha\right)$; $\cot\left(\alpha - \frac{\pi}{4}\right)$. $\left[\frac{4\sqrt{3} - 3}{10}; 7\right]$

Sapendo che $\cos\alpha = -\frac{2}{3}$ e che $90° < \alpha < 180°$, calcola le seguenti funzioni goniometriche.

49 $\sin\left(\frac{\pi}{6} + \alpha\right)$; $\cos\left(\frac{2\pi}{3} + \alpha\right)$. $\left[\frac{\sqrt{15} - 2}{6}; \frac{2 - \sqrt{15}}{6}\right]$

50 $\sin(45° + \alpha)$; $\cos\left(-\frac{\pi}{6} + \alpha\right)$. $\left[\frac{\sqrt{10} - 2\sqrt{2}}{6}; \frac{\sqrt{5} - 2\sqrt{3}}{6}\right]$

ESERCIZI

Calcola i valori richiesti, utilizzando le informazioni.

51 $\tan(\alpha-\beta)$. $\tan\alpha = \frac{1}{3}$, $\sin\beta = -\frac{4}{5}$, con $0<\alpha<\frac{\pi}{2}$, $\frac{3}{2}\pi<\beta<2\pi$ [3]

52 $\tan\left(\alpha+\frac{\pi}{4}\right)$, $\cot\left(\frac{3}{4}\pi+\alpha\right)$, $\sin\left(\alpha-\frac{\pi}{6}\right)$. $\cos\alpha = -\frac{3}{5}$, con $\pi<\alpha<\frac{3}{2}\pi$ $\left[-7; 7; \frac{3-4\sqrt{3}}{10}\right]$

53 $\cos\left(\alpha+\frac{\pi}{4}\right)$, $\sin\left(\frac{5}{6}\pi-\alpha\right)$, $\tan\left(\frac{5}{4}\pi-\alpha\right)$. $\sin\alpha = \frac{1}{3}$, con $\frac{\pi}{2}<\alpha<\pi$

$\left[-\frac{4+\sqrt{2}}{6}; \frac{\sqrt{3}-2\sqrt{2}}{6}; \frac{9+4\sqrt{2}}{7}\right]$

Utilizzando i dati forniti nelle figure, determina quanto richiesto.

54

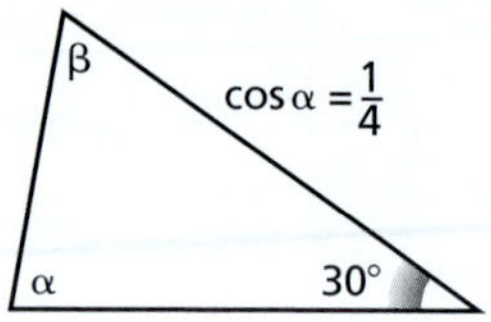

Determina tan β.

$\left[\frac{\sqrt{3}(4+\sqrt{5})}{3}\right]$

55

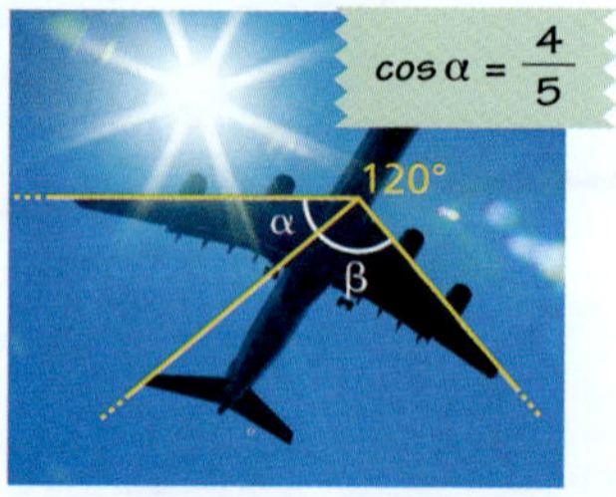

Determina sin β.

$\left[\frac{3+4\sqrt{3}}{10}\right]$

56

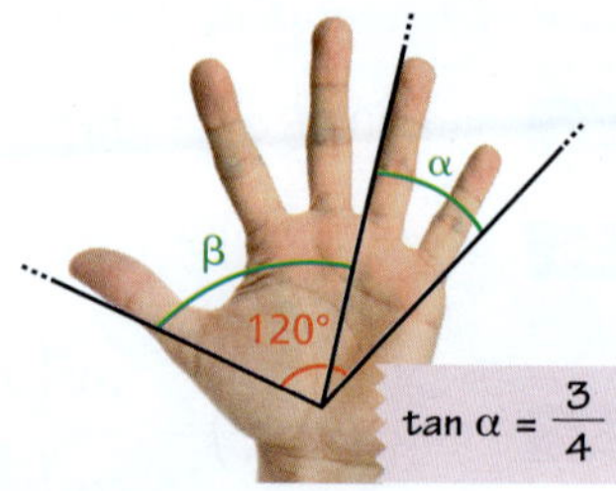

Determina cos β.

$\left[\frac{3\sqrt{3}-4}{10}\right]$

---

57 In un triangolo acutangolo con angoli α, β, γ, sai che $\sin\alpha = \frac{12}{13}$ e $\tan\beta = \frac{3}{4}$. Calcola seno e coseno dell'angolo γ. $\left[\frac{63}{65}; \frac{16}{65}\right]$

58 Dato il triangolo di angoli α, β e γ, determina tan γ sapendo che $\cos\alpha = \frac{12}{13}$ e $\cos\beta = \frac{4}{5}$. Puoi dire se il triangolo è acutangolo o ottusangolo?

$\left[-\frac{56}{33}; \text{ottusangolo}\right]$

59 EUREKA! α, β, γ sono angoli acuti, $\sin\alpha = \frac{1}{3}$, $\cos\beta = \frac{3}{5}$, $\tan\gamma = \frac{3}{4}$. Calcola $\sin(\alpha+\beta+\gamma)$.

$\left[\frac{2}{3}\sqrt{2}\right]$

60 YOU & MATHS When $\sin\alpha = \frac{5}{13}$ and $\cos\beta = \frac{4}{5}$, α and β less than 90°, express $\sin(\alpha+\beta)$ in the form $\frac{a}{b}$, where $a, b \in \mathbb{Q}$.

(IR *Leaving Certificate Examination*, Higher Level)

$\left[\sin(\alpha+\beta) = \frac{56}{65}\right]$

61 EUREKA! α e β appartengono al primo quadrante, $\tan\alpha = \frac{1}{2}$, $\cot\beta = 3$. Dimostra che $\alpha+\beta = \frac{\pi}{4}$.

Funzione lineare $y = a\sin x + b\cos x$ e angolo aggiunto

▶ Teoria a p. 722

Disegna il grafico delle seguenti funzioni dopo averle trasformate nella forma $y = r\sin(x+\alpha)+c$.

62 $y = \sqrt{3}\sin x - \cos x$

63 $y = \sqrt{2}\sin x + \sqrt{2}\cos x - 1$

64 $y = \frac{1}{4}\sin x + \frac{\sqrt{3}}{4}\cos x$

65 $y = -\sin x + \sqrt{3}\cos x + 1$

66 $y = \sin(x+60°) + \cos(x+60°)$

67 $y = \sin(\pi+x) + \sin\left(\frac{\pi}{2}-x\right)$

Angolo fra due rette

▶ Teoria a p. 723

68 Determina il seno dell'angolo che la retta di equazione $2x - 3y + 1 = 0$ forma con la direzione positiva dell'asse delle ascisse. $\left[\frac{2\sqrt{13}}{13}\right]$

69 Determina l'equazione della retta che passa per $A(-1; 3)$ e che forma un angolo di 150° con la direzione positiva dell'asse x. $\left[y = -\frac{\sqrt{3}}{3}x - \frac{\sqrt{3}}{3} + 3\right]$

70 Determina le equazioni delle rette che passano per il punto $(3; 0)$ e formano con la direzione positiva dell'asse x angoli di 30°, 90°, 120° e 135°. $\left[y = \frac{\sqrt{3}}{3}x - \sqrt{3};\ x = 3;\ y = -\sqrt{3}x + 3\sqrt{3};\ y = -x + 3\right]$

71 Calcola i coefficienti angolari delle rette che formano con l'asse x gli angoli $\alpha = \arccos\left(-\frac{12}{13}\right)$ e $\beta = \arcsin\frac{1}{3}$. $\left[-\frac{5}{12}; \frac{\sqrt{2}}{4}\right]$

72 Trova l'angolo formato con la direzione positiva dell'asse x dalla retta passante per $A(-4; -1)$ e $B(1; 3)$. $[\simeq 38{,}7°]$

73 La retta di equazione $y = \frac{2m-1}{m}x + 1$ forma con la direzione positiva dell'asse x un angolo di 120°. Calcola m. $[2 - \sqrt{3}]$

74 Trova l'equazione della retta che passa per $P(2; -5)$ e che forma con la semiretta di verso positivo dell'asse$x$ un angolo il cui coseno è $\frac{4}{5}$. $\left[y = \frac{3}{4}x - \frac{13}{2}\right]$

75 Considera il fascio di rette di equazione $kx + (1-k)y + 2k + 1 = 0$, con $k \in \mathbb{R}$, e determina per quali valori di k si hanno:

a. la retta che forma un angolo di 135° con la direzione positiva dell'asse x;
b. rette che formano con la direzione positiva dell'asse x un angolo ottuso;
c. rette che formano con la direzione positiva dell'asse x angoli compresi tra 30° e 120°.

$\left[\text{a) } k = \frac{1}{2};\ \text{b) } 0 < k < 1;\ \text{c) } k < \frac{1}{1-\sqrt{3}} \vee k > \frac{\sqrt{3}}{1+\sqrt{3}}\right]$

76 ESERCIZIO GUIDA Determiniamo l'angolo (acuto) formato da due rette incidenti, r e s, di equazioni:

r: $y = -x + 5$, s: $y = \sqrt{3}x - 1$.

Rappresentiamo in una figura le rette r e s e indichiamo con α e β le misure degli angoli che formano con la direzione positiva dell'asse delle ascisse.

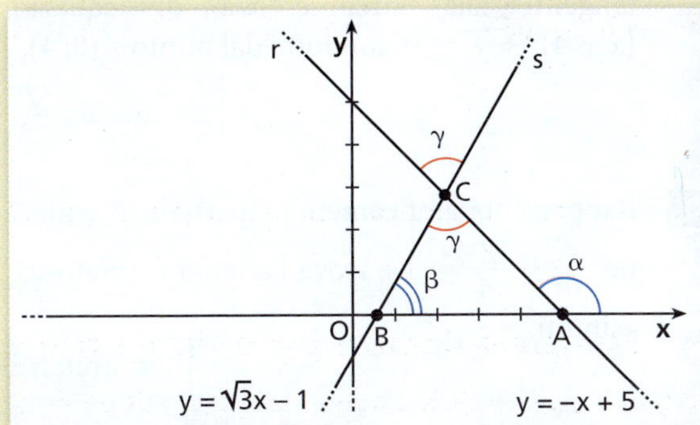

$$\gamma = \alpha - \beta$$

perché l'angolo α è angolo esterno del triangolo ABC.
Calcoliamo la tangente di γ con la formula:

$$\tan\gamma = \frac{m_1 - m_2}{1 + m_1 m_2}.$$

I coefficienti angolari di r e di s sono:

$$m_1 = -1 \text{ e } m_2 = \sqrt{3}.$$

Sostituendo nella relazione precedente, otteniamo:

$$\tan\gamma = \frac{-1-\sqrt{3}}{1-\sqrt{3}} = 2 + \sqrt{3}.$$

Quindi $\alpha - \beta = 75°$.

Questo risultato coincide anche con quello che si ottiene con il calcolo diretto:

$\tan\alpha = -1 \rightarrow \alpha = 135°$; $\tan\beta = \sqrt{3} \rightarrow \beta = 60° \rightarrow \alpha - \beta = 75°$.

Osservazione. Utilizzando la formula $\frac{m_1 - m_2}{1 + m_1 m_2}$ per calcolare la tangente dell'angolo di due rette, possiamo ottenere un risultato positivo oppure negativo. Nel primo caso otteniamo la tangente dell'angolo acuto tra le due rette, nel secondo quella dell'angolo ottuso.

Calcola la tangente goniometrica dell'angolo acuto formato dalle seguenti coppie di rette.

77 $y = -5x$; $x - y = 2$. $\left[\frac{3}{2}\right]$

78 $y = -3x + 1$; $x + 2y = 0$. $[1]$

79 $y = \frac{1}{2}x + 2$; $2x + 3y + 1 = 0$. $\left[\pm\frac{7}{4}\right]$

80 $y + x - 1 = 0$; $y = -2x$. $\left[\frac{1}{3}\right]$

81 $3y - x + 1 = 0$; $y = -\frac{1}{3}x + 2$. $\left[\frac{3}{4}\right]$

82 $2x + 4y - 1 = 0$; $2y + 4 = 0$. $\left[\frac{1}{2}\right]$

83 Determina le equazioni delle rette che passano per il punto $P(-3; 1)$ e che formano un angolo di 45° con la retta di equazione $4x - 2y + 3 = 0$. $[y + 3x + 8 = 0; 3y - x - 6 = 0]$

84 Trova i vertici e gli angoli di un triangolo, sapendo che le equazioni dei suoi lati sono $2x - 3y - 5 = 0$, $x + 6y - 10 = 0$ e $x + y = 0$. [(4; 1); (1; − 1); (− 2; 2); 35,6°; 43,2°; 101,3°]

85 Calcola le ampiezze degli angoli del triangolo di vertici (2; 1), (6; 1), (3; 5). [51°; 53°; 76°]

86 Determina gli angoli del triangolo di vertici (2; 2), (5; 4), $\left(5; -\frac{5}{2}\right)$. [33,7°; 56,3°; 90°]

87 Determina l'equazione della circonferenza di centro $C(2; 0)$ e passante per $A(4; 0)$. Scrivi l'equazione della tangente nel suo punto di ascissa 3 di ordinata positiva e trova l'angolo che essa forma con la direzione positiva dell'asse x. $[(x-2)^2 + y^2 = 4; x + \sqrt{3}y = 6; 150°]$

88 Scrivi le equazioni delle rette che formano un angolo di 45° con la retta di equazione $y = -3x + 2$ e che passano per il vertice della parabola di equazione $y = x^2 - 8x + 17$. $\left[y = 2x - 7; y = -\frac{1}{2}x + 3\right]$

89 Determina l'ampiezza dell'angolo formato dalle tangenti alla circonferenza di equazione $(x-4)^2 + y^2 = 4$ condotte dal punto $A(8; 4)$. $\left[\alpha = \arctan\frac{\sqrt{7}}{3}\right]$

90 Rappresenta graficamente l'iperbole di equazione $\frac{x^2}{16} - \frac{y^2}{4} = 1$ e trova l'angolo formato dagli asintoti. $\left[\alpha = \arctan\frac{4}{3}\right]$

91 Determina l'angolo formato dalle diagonali del quadrilatero della figura. $\left[\alpha = \arctan\frac{5}{3}\right]$

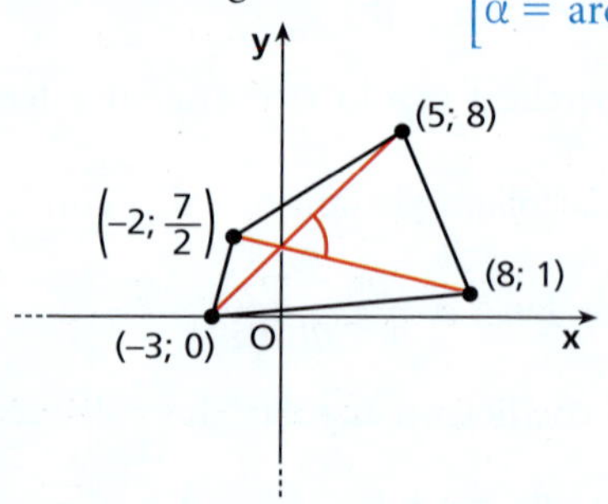

MATEMATICA AL COMPUTER

Rette e goniometria Date le equazioni implicite di due rette r_1 e r_2 nel piano cartesiano, stabiliamo con Wiris se si incontrano e, in tal caso, calcoliamo l'ampiezza di uno dei quattro angoli che esse formano, espressa in gradi, primi e secondi.

Risoluzione – 4 esercizi in più

2 Formule di duplicazione

▶ Teoria a p. 724

TEST

92 $\cos 2\beta$ non è uguale a:

A $\cos^2\beta - \sin^2\beta$.
B $2\cos^2\beta - 1$.
C $\cos(-2\beta)$.
D $2\cos\beta$.
E $1 - 2\sin^2\beta$.

93 $\dfrac{\sin 2\alpha}{2}$ è uguale a:

A $\sin\alpha$.
B $2\sin\alpha\cos\alpha$.
C $\sin\alpha\cos\alpha$.
D $4\sin\alpha\cos\alpha$.
E $\dfrac{\sin^2\alpha - \cos^2\alpha}{2}$.

94 FAI UN ESEMPIO per mostrare che $\cos 2\alpha \neq 2\cos\alpha$.

Espressioni e identità con le formule di duplicazione

95 ESERCIZIO GUIDA Sviluppiamo $\sin 4\alpha$ utilizzando le formule di duplicazione.

$\sin 4\alpha = \sin(2\cdot 2\alpha) =$) applichiamo la formula di duplicazione del seno

$2\sin 2\alpha \cdot \cos 2\alpha =$) applichiamo le formule di duplicazione del seno e del coseno

$2\cdot(2\sin\alpha\cos\alpha)(\cos^2\alpha - \sin^2\alpha) =$

$4(\sin\alpha\cos^3\alpha - \sin^3\alpha\cos\alpha)$

96 Sviluppa $\cos 4\alpha$ utilizzando le formule di duplicazione. $[1 - 8\sin^2\alpha\cos^2\alpha]$

97 Sviluppa $\sin 3\alpha$ e $\cos 3\alpha$ utilizzando le formule di addizione e sottrazione e le formule di duplicazione. $[3\sin\alpha\cos^2\alpha - \sin^3\alpha,\ \cos^3\alpha - 3\cos\alpha\sin^2\alpha]$

Semplifica le seguenti espressioni.

98 $\cos 2\alpha + \sin 2\alpha \cdot \tan\alpha$ $[1]$

99 $\cos 2\alpha + \sin 2\alpha + 2\sin^2\alpha$ $[(\cos\alpha + \sin\alpha)^2]$

100 $\tan 2\alpha \cdot (1 + \tan\alpha)\cdot\cot\alpha$ $\left[\dfrac{2}{1-\tan\alpha}\right]$

101 $\cos 2\alpha - \sin 2\alpha + (\sin\alpha + \cos\alpha)^2$ $[2\cos^2\alpha]$

102 $\cos 2\alpha - \dfrac{\cos\alpha\cdot\sin 2\alpha}{\sin\alpha}$ $[-1]$

103 $\dfrac{\sin 2\alpha}{1+\cos 2\alpha} - \tan\alpha$ $[0]$

104 $\dfrac{1-\cos 2\alpha}{1+\cos 2\alpha}\cdot\cot\alpha$ $[\tan\alpha]$

105 $\sin^2(2\pi - \alpha) + \cos^2(2\pi + \alpha) + \sin^2 2\alpha - 1$ $[4\sin^2\alpha\cos^2\alpha]$

---

106 $\dfrac{3\sin 2\alpha + \tan 2\alpha}{2\tan 2\alpha}$ $[3\cos^2\alpha - 1]$

107 $\sin 2\alpha + \cos 2\alpha + 1 - 2\sqrt{2}\cos\alpha\sin\left(\alpha + \dfrac{\pi}{4}\right)$ $[0]$

108 $2\cos\alpha\cdot(1+\cos 2\alpha) - \sin\alpha\sin 2\alpha$ $[2\cos\alpha(3\cos^2\alpha - 1)]$

109 $\sin 2\alpha - 2\sin\alpha(\cos\alpha + 1) - \cos 2\alpha + 1 - 2\sin\alpha(\sin\alpha - 1)$ $[0]$

110 $\sin 2\alpha - 2\cos^2(-\alpha) + 3\cos 2\alpha + 4\sin^2(-\alpha) - (\sin\alpha + \cos\alpha)^2$ $[0]$

Verifica le seguenti identità indicando i valori di α per i quali non sono definite.

111 $\dfrac{2}{1-\cos 2\alpha} = \csc^2\alpha$

112 $1 + \cos 2\alpha = 2 - 2\sin^2\alpha$

ESERCIZI

113 $2\csc 2\alpha = \tan\alpha + \cot\alpha$

114 $(1-\cos 2\alpha)\cdot \csc 2\alpha = \tan\alpha$

115 $\cot 2\alpha = \csc 2\alpha - \tan\alpha$

116 $2\cot 2\alpha + \tan\alpha = \cot\alpha$

117 $\dfrac{\sin 2\alpha}{\cos^2\alpha} = \tan 2\alpha(1-\tan^2\alpha)$

118 $\dfrac{\tan 2\alpha}{\tan\alpha} = \dfrac{\cos 2\alpha + 1}{\cos 2\alpha}$

119 $\sin^2 2\alpha \cdot \tan^2\alpha = \cos^2 2\alpha - 4\cos^2\alpha + 3$

120 $(\cos 2\alpha - 1)^2 \cdot \csc^2\alpha = \dfrac{4}{\cot^2\alpha + 1}$

Calcolo di funzioni goniometriche

121 **ESERCIZIO GUIDA** Senza determinare il valore di α, calcoliamo $\sin 2\alpha$, $\cos 2\alpha$ e $\tan\left(2\alpha + \frac{\pi}{4}\right)$ sapendo che:

$\sin\alpha = \frac{3}{5}$ e $\frac{\pi}{2} < \alpha < \pi$.

- $\sin 2\alpha = 2\sin\alpha\cos\alpha$

  Determiniamo $\cos\alpha$ per mezzo della prima relazione fondamentale, osservando che $\cos\alpha$ deve essere negativo, poiché $\frac{\pi}{2} < \alpha < \pi$:

  $$\cos\alpha = -\sqrt{1-\sin^2\alpha} = -\sqrt{1-\frac{9}{25}} = -\sqrt{\frac{16}{25}} = -\frac{4}{5}.$$

  Sostituendo i valori di $\cos\alpha$ e $\sin\alpha$, otteniamo:

  $$\sin 2\alpha = 2\cdot\frac{3}{5}\cdot\left(-\frac{4}{5}\right) = -\frac{24}{25}.$$

- $\cos 2\alpha = \cos^2\alpha - \sin^2\alpha = \dfrac{16}{25} - \dfrac{9}{25} = \dfrac{7}{25}$

- $\tan\left(2\alpha + \frac{\pi}{4}\right) = \dfrac{\tan 2\alpha + \tan\frac{\pi}{4}}{1 - \tan 2\alpha \tan\frac{\pi}{4}}$ con la formula di addizione.

  Calcoliamo $\tan 2\alpha$ osservando che:

  $$\tan 2\alpha = \frac{\sin 2\alpha}{\cos 2\alpha} = -\frac{24}{25}\cdot\frac{25}{7} = -\frac{24}{7}.$$

  Sostituendo, otteniamo:

  $$\tan\left(2\alpha + \frac{\pi}{4}\right) = \frac{-\frac{24}{7}+1}{1+\frac{24}{7}} = -\frac{17}{7}\cdot\frac{7}{31} = -\frac{17}{31}.$$

Calcola quanto è richiesto utilizzando le informazioni.

122 $\sin 2\alpha$. $\cos\alpha = \frac{3}{4}$, con $0 < \alpha < \frac{\pi}{2}$ $\left[\frac{3}{8}\sqrt{7}\right]$

123 $\cos 2\alpha$. $\sin\alpha = \frac{1}{4}$, con $0 < \alpha < \frac{\pi}{2}$ $\left[\frac{7}{8}\right]$

124 $\cos 2\alpha$. $\sin\alpha = \frac{1}{6}$, con $0 < \alpha < \frac{\pi}{2}$ $\left[\frac{17}{18}\right]$

125 $\sin 2\alpha$. $\cos\alpha = \frac{\sqrt{5}}{5}$, con $\frac{3}{2}\pi < \alpha < 2\pi$ $\left[-\frac{4}{5}\right]$

126 ●● $\sin 2\beta$ e $\cos 2\beta$. $\cot\beta = -3$, con $\frac{3}{2}\pi < \beta < 2\pi$ $\left[-\frac{3}{5}; \frac{4}{5}\right]$

127 ●● $\cos\left(2\alpha + \frac{\pi}{3}\right)$. $\cos\alpha = -\frac{\sqrt{3}}{4}$, con $\frac{\pi}{2} < \alpha < \pi$ $\left[\frac{3\sqrt{13}-5}{16}\right]$

128 ●● $\tan 6\alpha$. $\tan 3\alpha = \frac{2}{3}$, con $0 < \alpha < \frac{\pi}{6}$ $\left[\frac{12}{5}\right]$

129 ●○ Un angolo alla circonferenza ha ampiezza α e $\cos\alpha = \frac{8}{17}$. Trova seno e coseno del corrispondente angolo al centro. $\left[\sin\beta = \frac{240}{289}; \cos\beta = -\frac{161}{289}\right]$

130 ●○ **EUREKA!** Sapendo che $\sin\frac{\alpha}{2} = \frac{4}{5}$, con $\frac{\pi}{2} < \alpha < \pi$, calcola $\sin\alpha$. $\left[\frac{24}{25}\right]$

131 ●● **RIFLETTI SULLA TEORIA** È possibile che sia $\sin 2\alpha = \sin\alpha$ per qualche valore di α? Motiva la risposta.

132 ●● **VERO O FALSO?**

a. Se $\cos\alpha = \frac{3}{7}$ e $\cos\beta = \frac{6}{7}$, allora $\beta = 2\alpha$. V F

b. L'uguaglianza $\sin 5\alpha = 2\sin\frac{5}{2}\alpha\cos\frac{5}{2}\alpha$ è vera $\forall\alpha \in \mathbb{R}$. V F

c. $\sin 2\alpha = 2\sin\alpha$ è vera solo per $\alpha = k\pi$. V F

d. $\sin 2\alpha > \sin\alpha\ \forall\alpha \in \mathbb{R}$. V F

e. Se $\cos 2\alpha = \frac{1}{4}$, allora $\cos 4\alpha = \frac{7}{8}$. V F

---

133 ●○

$\sin\alpha = \frac{1}{2}$

Determina $\cos\beta$ e $\tan\beta$. $\left[\frac{1}{2}; \sqrt{3}\right]$

134 ●●

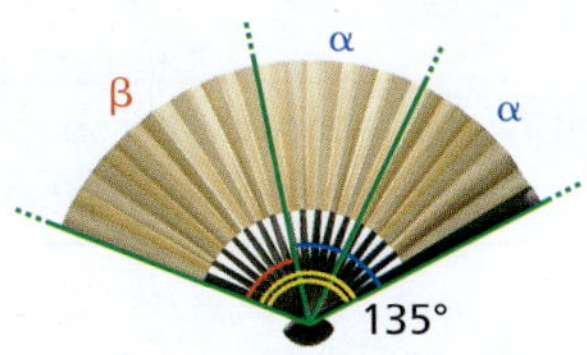

$\cos\alpha = \frac{4}{5}$

Determina $\sin\beta$ e $\cos\beta$. $\left[\frac{31\sqrt{2}}{50}; \frac{17\sqrt{2}}{50}\right]$

135 ●●

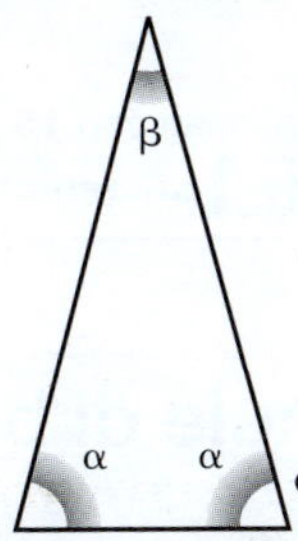

$\cos\alpha = \frac{1}{4}$

Calcola $\sin\beta$ e $\cos\beta$. $\left[\frac{\sqrt{15}}{8}; \frac{7}{8}\right]$

I grafici e le formule di duplicazione

Traccia il grafico delle seguenti funzioni dopo aver trasformato le loro equazioni.

136 ●○ $y = -\sin x\cos x$

137 ●○ $y = 2\cos^2 x$

138 ●○ $y = \sin x\cos x + 1$

139 ●○ $y = \frac{\sin 2x}{\cos^2 x - \sin^2 x}$

140 ●○ $y = 1 - 2\sin^2 x$

141 ●○ $y = \frac{2\sin 2x}{\cos x}$

142 ●● $y = -(\sin x + \cos x)^2$

143 ●● $y = \frac{2\sin 4x}{\cos 2x}$

144 ●● $y = 4\tan 2x\,(1 - \tan^2 x)$

145 ●● $y = \sin 4x\cos 4x + \frac{1}{2}$

ESERCIZI

146 ASSOCIA ogni espressione nella prima riga a quella equivalente nella seconda.

a. $\sin^2\alpha$ b. $\cos^2\alpha$ c. $\sin\alpha\cos\alpha$ d. $\sin^2\alpha-\cos^2\alpha$

1. $\frac{\sin 2\alpha}{2}$ 2. $-\cos 2\alpha$ 3. $\frac{1-\cos 2\alpha}{2}$ 4. $\frac{1+\cos 2\alpha}{2}$

Mediante le formule di duplicazione, trasforma le seguenti espressioni in espressioni lineari in seno e coseno.

147 $2\cos^2 x-1-2\sin x\cos x$ $[\cos 2x-\sin 2x]$

148 $2\sin^2 x-\sqrt{3}$ $[-\cos 2x+1-\sqrt{3}]$

149 $\cos^2 x-2\sqrt{3}\sin x\cos x-\sin^2 x$ $[\cos 2x-\sqrt{3}\sin 2x]$

150 $2\sqrt{2}\sin x\cos\left(x+\frac{\pi}{4}\right)$ $[\sin 2x+\cos 2x-1]$

151 $\sin^2 x-\cos x\sin x+2\cos^2 x$ $\left[\frac{-\sin 2x+\cos 2x+3}{2}\right]$

152 $2\sin^2 x-4\sin x\cos x$ $[1-\cos 2x-2\sin 2x]$

Utilizzando il metodo dell'angolo aggiunto, traccia il grafico delle seguenti funzioni, dopo averle trasformate in funzioni lineari in seno e coseno.

153 $y=\sin x\cos x+\cos^2 x$

154 $y=2\sin^2 x-2\sin x\cos x$

155 $y=\cos^2 x+2\sin^2 x-\sin x\cos x$

156 $y=\sqrt{2}\cos^2 x+\sqrt{2}\sin x\cos x$

157 $y=\sqrt{3}\sin^2 x+\sin x\cos x-1$

158 $y=\sin x\cos x+\frac{\sqrt{3}}{2}(\cos^2 x-\sin^2 x)$

Determina il periodo delle seguenti funzioni, dopo averle opportunamente trasformate.

159 $y=1-2\sin^2 6x$ $\left[\frac{\pi}{6}\right]$

160 $y=\cos^2 4x-\sin^2 4x$ $\left[\frac{\pi}{4}\right]$

161 $y=\sin 4x\cos 4x$ $\left[\frac{\pi}{4}\right]$

162 $y=\frac{\cos 2x}{\cos x-\sin x}$ $[2\pi]$

3 Formule di bisezione

Teoria a p. 725

163 TEST $\sin\frac{7}{12}\pi$ vale:

A $\frac{\sqrt{3}}{2}$. B $-\frac{\sqrt{3}}{2}$. C $\frac{\sqrt{2+\sqrt{3}}}{2}$. D $-\frac{\sqrt{2+\sqrt{3}}}{2}$. E $\frac{\sqrt{2-\sqrt{3}}}{2}$.

Calcola il valore delle seguenti espressioni, utilizzando le formule di bisezione.

164 $\sin\frac{\pi}{8}$; $\tan\frac{\pi}{8}$. $\left[\frac{1}{2}\sqrt{2-\sqrt{2}};\sqrt{2}-1\right]$

165 $\cos\frac{\pi}{12}$; $\sin\frac{\pi}{12}$. $\left[\frac{1}{2}\sqrt{2+\sqrt{3}};\frac{1}{2}\sqrt{2-\sqrt{3}}\right]$

166 $\sin\frac{5}{8}\pi$; $\sin\frac{3}{8}\pi$. $\left[\frac{1}{2}\sqrt{2+\sqrt{2}};\frac{1}{2}\sqrt{2+\sqrt{2}}\right]$

167 VERO O FALSO?

a. $\cos 2x=\sqrt{\frac{1+\cos 4x}{2}}$ V F

b. $\cos\frac{\alpha}{2}=\frac{\cos\alpha}{2}$ V F

c. $\tan\frac{\pi}{8}=\frac{1-\cos\frac{\pi}{4}}{\sin\frac{\pi}{4}}$ V F

d. $2\sin\frac{\pi}{12}=\sin\frac{\pi}{6}$ V F

168 ●● TEST Nel terzo quadrante l'angolo α ha il seno che vale $-0,8$. Quanto vale $\sin\frac{\alpha}{2}$?

A $-0,4$ B $0,4$ C $-\frac{2\sqrt{5}}{5}$ D $\frac{2}{\sqrt{5}}$ E $\frac{1}{\sqrt{5}}$

Espressioni e identità con le formule di bisezione

Semplifica le seguenti espressioni.

169 ●○ $\frac{\sin^2\frac{\alpha}{2}\cdot\cos^2\frac{\alpha}{2}}{1-\cos\alpha}$ $\left[\frac{1+\cos\alpha}{4}\right]$

170 ●○ $\frac{1-2\sin^2\frac{\alpha}{2}}{\sin\frac{\alpha}{2}\cdot\cos\frac{\alpha}{2}}$ $[2\cot\alpha]$

171 ●○ $\left(\sin\frac{\alpha}{2}+\cos\frac{\alpha}{2}\right)^2-\sin\alpha+1$ $[2]$

172 ●○ $\left(\cos^2\frac{\alpha}{2}-\frac{1}{2}\right)\left(\sin^2\frac{\alpha}{2}-\frac{1}{2}\right)$ $\left[-\frac{1}{4}\cos^2\alpha\right]$

173 ●○ $\tan\frac{\alpha}{2}-\frac{\sin\alpha}{\cos^2\frac{\alpha}{2}}$ $\left[-\frac{\sin\alpha}{1+\cos\alpha}\right]$

174 ●○ $\sin^2\frac{\alpha}{2}+\cos\alpha-\cos^2\frac{\alpha}{2}$ $[0]$

175 ●○ $\frac{4\sin\frac{\alpha}{2}\cos\frac{\alpha}{2}}{\tan\frac{\alpha}{2}}-1$ $[1+2\cos\alpha]$

176 ●○ $2\cot\alpha\cdot\tan\frac{\alpha}{2}\cdot\sec^2\frac{\alpha}{2}$ $\left[\frac{4\cos\alpha}{(1+\cos\alpha)^2}\right]$

177 ●○ $\left(2\tan\alpha\cdot\tan\frac{\alpha}{2}+2\right)\cdot\sin 2\alpha$ $[4\sin\alpha]$

178 ●● $\tan\frac{\alpha}{2}+2\cos^2\frac{\alpha}{2}\cdot\csc\alpha$ $\left[\frac{2}{\sin\alpha}\right]$

179 ●● $\frac{2-\sec^2\frac{\alpha}{2}}{2\tan\frac{\alpha}{2}}$ $[\cot\alpha]$

180 ●● $\tan\left(\frac{\pi}{4}-\frac{\alpha}{2}\right)-\tan\left(\frac{\pi}{4}+\frac{\alpha}{2}\right)-\tan\alpha$ $[-3\tan\alpha]$

181 ●● $\tan\frac{\alpha}{2}+\cot\alpha-\csc\alpha+2\sin\alpha$ $[2\sin\alpha]$

182 ●● $\left(\sin\frac{\alpha}{2}+\cos\frac{\alpha}{2}\right)^2-\cos^2\frac{\alpha}{2}+\frac{1}{2}\cos\alpha$ $\left[\frac{1}{2}+\sin\alpha\right]$

183 ●● $\frac{1}{1-\tan\frac{\alpha}{2}}+\frac{1}{1+\tan\frac{\alpha}{2}}$ $\left[\frac{1+\cos\alpha}{\cos\alpha}\right]$

184 ●● $2\sin^2\frac{\alpha}{2}\cdot\cot^2\frac{\alpha}{2}-\cos^2\frac{\alpha}{2}$ $\left[\frac{1+\cos\alpha}{2}\right]$

Verifica le seguenti identità.

185 ●○ $\sin\alpha\cdot\tan\frac{\alpha}{2}=\sin^2\alpha-2\cos\alpha\cdot\sin^2\frac{\alpha}{2}$

186 ●○ $\cot\frac{\alpha}{2}=2\cot\alpha+\tan\frac{\alpha}{2}$

187 ●○ $\cot^2\frac{\alpha}{2}=4\cot\alpha\cdot\csc\alpha+\tan^2\frac{\alpha}{2}$

188 ●● $\frac{\sin\frac{\alpha}{2}\cos\frac{\alpha}{2}}{\cos\alpha}-\sin^2\frac{\alpha}{2}=\frac{\tan\alpha}{2}-\tan\frac{\alpha}{2}\cdot\frac{\sin\alpha}{2}$

189 ●● $\frac{1+\sin\alpha}{\cos\alpha}=\frac{\cot\frac{\alpha}{2}+1}{\cot\frac{\alpha}{2}-1}$

190 ●● $\frac{2\sin^2\frac{\alpha}{2}\cdot(1+\cos\alpha)}{2\sin^2\frac{\alpha}{2}\cdot\sin\alpha}=\frac{\sin\alpha}{1-\cos\alpha}$

Calcolo di funzioni goniometriche

191 ESERCIZIO GUIDA Senza determinare il valore dell'angolo α, calcoliamo $\sin\frac{\alpha}{2}$, $\cos\frac{\alpha}{2}$, $\tan\frac{\alpha}{2}$, sapendo che $\sin\alpha=-\frac{12}{13}$ e $\pi<\alpha<\frac{3}{2}\pi$.

Poiché $\pi<\alpha<\frac{3}{2}\pi$, $\cos\alpha$ deve essere negativo. Da $\sin^2\alpha+\cos^2\alpha=1$ ricaviamo il valore di $\cos\alpha$:

$$\cos\alpha=-\sqrt{1-\sin^2\alpha}=-\sqrt{1-\frac{144}{169}}=-\frac{5}{13}.$$

Inoltre, essendo $\pi<\alpha<\frac{3}{2}\pi$, si ha $\frac{\pi}{2}<\frac{\alpha}{2}<\frac{3}{4}\pi$, quindi il lato termine di $\frac{\alpha}{2}$ si trova nel secondo quadrante. Perciò $\sin\frac{\alpha}{2}$ deve essere positivo e $\cos\frac{\alpha}{2}$ negativo. Abbiamo:

$$\cos\frac{\alpha}{2} = -\sqrt{\frac{1+\cos\alpha}{2}} = -\sqrt{\frac{1-\frac{5}{13}}{2}} = -\sqrt{\frac{\cancel{8}^{4}}{13}\cdot\frac{1}{\cancel{2}_{1}}} = -\frac{2\sqrt{13}}{13},$$

$$\sin\frac{\alpha}{2} = +\sqrt{\frac{1-\cos\alpha}{2}} = \sqrt{\frac{1+\frac{5}{13}}{2}} = \sqrt{\frac{\cancel{18}^{9}}{13}\cdot\frac{1}{\cancel{2}_{1}}} = \frac{3\sqrt{13}}{13},$$

$$\tan\frac{\alpha}{2} = \frac{\sin\alpha}{1+\cos\alpha} = \frac{-\frac{12}{13}}{\frac{8}{13}} = -\frac{12}{8} = -\frac{3}{2}.$$

Osservazione. $\tan\frac{\alpha}{2}$ si può ricavare anche applicando la definizione:

$$\tan\frac{\alpha}{2} = \frac{\sin\frac{\alpha}{2}}{\cos\frac{\alpha}{2}} = \frac{\frac{3\sqrt{13}}{13}}{-\frac{2\sqrt{13}}{13}} = -\frac{3}{2}.$$

Calcola quanto è richiesto, utilizzando le informazioni date.

192 ●○ Seno, coseno e tangente di $\frac{\alpha}{2}$. $\cos\alpha = \frac{3}{5}$, con $0 < \alpha < \frac{\pi}{2}$ $\left[\frac{\sqrt{5}}{5}; \frac{2\sqrt{5}}{5}; \frac{1}{2}\right]$

193 ●○ Seno, coseno e tangente di $\frac{\alpha}{2}$. $\sin\alpha = \frac{\sqrt{15}}{8}$, con $\frac{\pi}{2} < \alpha < \pi$ $\left[\frac{\sqrt{15}}{4}; \frac{1}{4}; \sqrt{15}\right]$

194 ●○ Seno, coseno e tangente di $\frac{\alpha}{2}$. $\cos\alpha = \frac{5}{7}$, con $0 < \alpha < \frac{\pi}{2}$ $\left[\frac{\sqrt{7}}{7}; \frac{\sqrt{42}}{7}; \frac{\sqrt{6}}{6}\right]$

195 ●● $\tan\frac{\alpha}{2}$ e $\sin\left(\frac{\pi}{2}-\frac{\alpha}{2}\right)$. $\sec\alpha = -\frac{5}{3}$, con $\frac{\pi}{2} < \alpha < \pi$ $\left[2; \frac{\sqrt{5}}{5}\right]$

196 ●● $\sin\alpha$ e $\cos\alpha$. $\sin 2\alpha = \frac{-\sqrt{15}}{4}$, con $\frac{3}{2}\pi < 2\alpha < 2\pi$ $\left[\frac{\sqrt{6}}{4}; -\frac{\sqrt{10}}{4}\right]$

197 ●● $\sin\alpha$ e $\tan\alpha$. $\cos 2\alpha = \frac{1}{4}$, con $\frac{3}{2}\pi < 2\alpha < 2\pi$ $\left[\frac{\sqrt{6}}{4}; -\frac{\sqrt{15}}{5}\right]$

198 ●○ **EUREKA!** Se $\cos 4\alpha = \frac{17}{32}$, con $0 < \alpha < \frac{\pi}{8}$, quanto vale $\cos\alpha$? $\left[\frac{\sqrt{15}}{4}\right]$

199 ●○

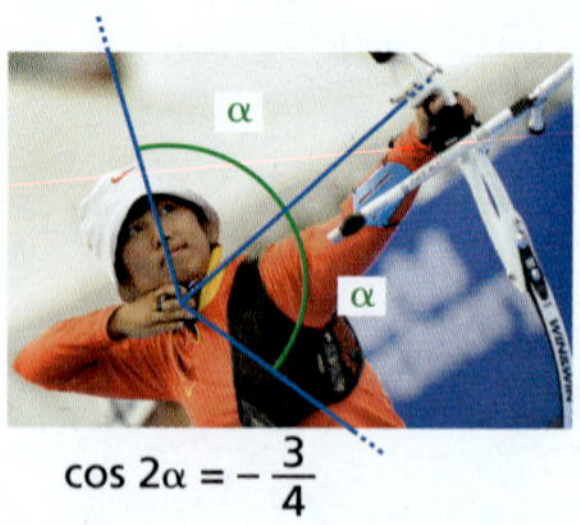

Calcola $\sin\alpha$ e $\cos\alpha$. $\left[\frac{\sqrt{14}}{4}; \frac{\sqrt{2}}{4}\right]$

200 ●●

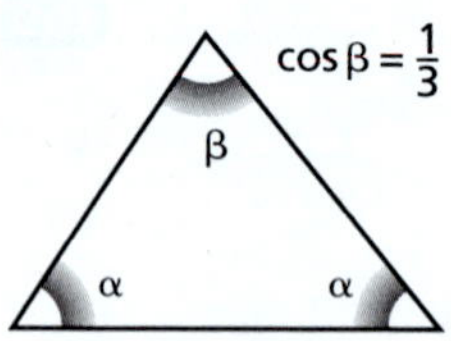

Trova $\cos\alpha$. $\left[\frac{\sqrt{3}}{3}\right]$

201 ●●

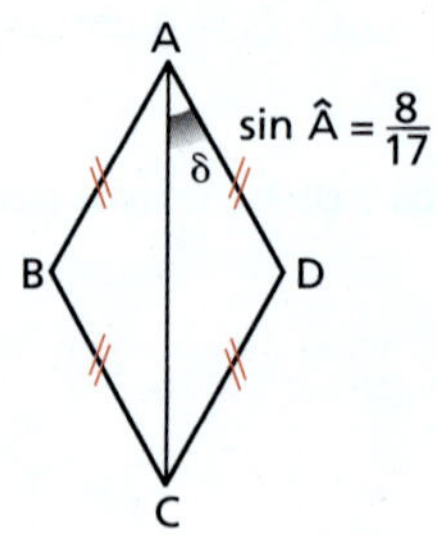

Determina: $\tan\delta$, $\sin\widehat{B}$, $\cos\widehat{B}$. $\left[\frac{1}{4}; \frac{8}{17}; -\frac{15}{17}\right]$

Formule di bisezione e grafici

Traccia il grafico delle seguenti funzioni dopo aver trasformato le loro equazioni.

202 ●○ $y = \cos x + \cos^2\frac{x}{2}$

203 ●○ $y = 2\tan\frac{x}{2}(1+\cos x)$

204 $y = \tan\frac{x}{2} + \cot\frac{x}{2}$

205 $y = \sin^2\frac{x}{2} + \cos x$

Determina il periodo delle seguenti funzioni, dopo averle opportunamente trasformate.

206 $y = 2\sin^2\frac{x}{2} - \cos x$ $[2\pi]$

207 $y = \sin^2\frac{x}{2} + 1$ $[2\pi]$

208 $y = \tan 2x + \cos\frac{x}{2}$ $[4\pi]$

4 Altre formule

Formule parametriche

▶ Teoria a p. 726

209 $\tan\frac{\alpha}{2} = -\frac{7}{4}$. Calcola: $\sin\alpha$, $\cos\alpha$, $\tan\alpha$. $\left[-\frac{56}{65}; -\frac{33}{65}; \frac{56}{33}\right]$

210 $\tan\frac{\alpha}{2} = \frac{1}{3}$. Calcola: $\sin\alpha$, $\cos\alpha$, $\tan\alpha$. $\left[\frac{3}{5}; \frac{4}{5}; \frac{3}{4}\right]$

Scrivi nella variabile $t = \tan\frac{\alpha}{2}$ le seguenti espressioni.

211 $\frac{\cos\alpha - 1}{\sin\alpha}$ $[-t]$

212 $\frac{2\sin\alpha + \cos\alpha + 1}{\sin\alpha}$ $\left[\frac{2t+1}{t}\right]$

213 $\frac{1 + \cos\alpha - \sin\alpha}{2 + 2\cos\alpha + \sin\alpha}$ $\left[\frac{1-t}{t+2}\right]$

214 $\frac{2\sin\alpha + 3\cos\alpha}{1 + \cos\alpha}$ $\left[\frac{4t + 3 - 3t^2}{2}\right]$

215 $\frac{2\sin\alpha + 4\cos\alpha}{\cos\alpha} - 2\tan\alpha$ $[4]$

216 ASSOCIA a ciascuna espressione la sua equivalente ottenuta utilizzando le formule parametriche e ponendo $\tan\frac{\alpha}{2} = t$.

a. $\sin\alpha + 1 - \cos\alpha$ **b.** $\frac{\cos\alpha - 1}{\tan\alpha}$ **c.** $\cos\alpha + 1$ **d.** $\sin\alpha + 1$

1. $\frac{2}{1+t^2}$ **2.** $\frac{(1+t)^2}{t^2+1}$ **3.** $\frac{t(t^2-1)}{t^2+1}$ **4.** $\frac{2t(t+1)}{1+t^2}$

Formule di prostaferesi

▶ Teoria a p. 727

Calcola il valore delle seguenti somme o differenze applicando le formule di prostaferesi.

217 $\sin 15° + \sin 75°$ $\left[\frac{\sqrt{6}}{2}\right]$

218 $\cos\frac{7}{12}\pi + \cos\frac{\pi}{12}$ $\left[\frac{\sqrt{2}}{2}\right]$

219 $\sin\frac{5}{12}\pi - \sin\frac{\pi}{12}$ $\left[\frac{\sqrt{2}}{2}\right]$

220 $\cos 105° - \cos 15°$ $\left[-\frac{\sqrt{6}}{2}\right]$

Trasforma in prodotto le seguenti somme.

221 $\sin 20° + \sin 100°$ $[\sqrt{3}\cos 40°]$

222 $\cos 135° - \cos 15°$ $[-\sqrt{3}\sin 75°]$

223 $\frac{\sqrt{2}}{2} - \sin 75°$ $[-\sin 15°]$

224 $\sin 3\alpha + \sin\alpha$ $[2\sin 2\alpha\cos\alpha]$

225 $\cos 7\alpha - \cos \alpha$ $[-2\sin 4\alpha \sin 3\alpha]$

226 $\sin 2\alpha + \sin 6\alpha$ $[2\sin 4\alpha \cos 2\alpha]$

227 $\cos 10\alpha + \cos 4\alpha$ $[2\cos 7\alpha \cos 3\alpha]$

228 $\cos 5\alpha - \cos 3\alpha$ $[-2\sin 4\alpha \sin \alpha]$

229 $\sin 8\alpha - \sin 2\alpha$ $[2\cos 5\alpha \sin 3\alpha]$

230 $\cos(\alpha - \beta) - \cos(\alpha + \beta)$ $[2\sin \alpha \sin \beta]$

Semplifica le seguenti espressioni.

231 $\dfrac{\sin 15° + \sin 25°}{\cos 5° \sin 20°}$ $[2]$

232 $\dfrac{\sin(60° + \alpha) + \sin(60° - \alpha)}{\cos 3\alpha + \cos 5\alpha}$ $\left[\dfrac{\sqrt{3}}{2\cos 4\alpha}\right]$

233 $\dfrac{\sin 5\alpha - \sin 3\alpha}{\cos 3\alpha - \cos 5\alpha}$ $[\cot 4\alpha]$

234 $\dfrac{\cos \alpha + \cos 3\alpha}{\sin 5\alpha + \sin 3\alpha}$ $\left[\dfrac{1}{2\sin 2\alpha}\right]$

I grafici e le formule di prostaferesi

Disegna i grafici delle seguenti funzioni dopo aver semplificato la loro espressione analitica con le formule di prostaferesi.

235 $y = \dfrac{\sin 9x - \sin x}{2\cos 5x}$

236 $y = \dfrac{\cos 7x + \cos 5x}{4\cos 6x} + 1$

237 $y = \sin(30° - x) - \sin(30° + x)$

238 $y = \dfrac{\cos 3x - \cos 5x}{\sin 5x - \sin 3x}$

239 Determina il periodo della funzione $y = \dfrac{\sin 3x + \sin 2x}{\cos 2x - \cos 3x}$. $[2\pi]$

Formule di Werner

▶ Teoria a p. 727

Trasforma in somme i seguenti prodotti.

240 $\sin 2\alpha \cos 3\alpha$ $\left[\dfrac{1}{2}(\sin 5\alpha - \sin \alpha)\right]$

241 $\cos 7\alpha \cos 5\alpha$ $\left[\dfrac{1}{2}(\cos 12\alpha + \cos 2\alpha)\right]$

242 $\sin 4\alpha \sin 5\alpha$ $\left[\dfrac{1}{2}(\cos \alpha - \cos 9\alpha)\right]$

243 $\sin \dfrac{x}{2} \sin \dfrac{5}{2}x$ $\left[\dfrac{1}{2}(\cos 2x - \cos 3x)\right]$

244 $\sin 6x \cos 2x$ $\left[\dfrac{1}{2}(\sin 8x + \sin 4x)\right]$

245 $\sin(x + y)\sin(x - y)$ $\left[\dfrac{1}{2}(\cos 2y - \cos 2x)\right]$

246 Determina il periodo della funzione $y = \sin 4x \cos 8x$. $\left[\dfrac{\pi}{2}\right]$

VERIFICA DELLE COMPETENZE ALLENAMENTO

UTILIZZARE TECNICHE E PROCEDURE DI CALCOLO

TEST

1 Quanto vale l'espressione $\sin 13° \cos 17° + \cos 13° \sin 17°$?

A 1 B 0 C 0,5 D -1 E $-0,5$

2 $\dfrac{[(\sin\alpha + \cos\alpha)^2 - \sin 2\alpha]\cos 4\alpha}{\cos 3\alpha + \cos 5\alpha}$ è equivalente a:

A $\cos 4\alpha$. B $-\dfrac{1}{2\sin 4\alpha}$. C $-\dfrac{1}{2\cos\alpha}$. D $\dfrac{1}{\cos\alpha}$. E $\dfrac{1}{2\cos\alpha}$.

Calcola il valore delle seguenti espressioni.

3 $\cos 105° - \tan 15°$ $\left[\dfrac{\sqrt{2}-\sqrt{6}-8+4\sqrt{3}}{4}\right]$

4 $\cos^2\dfrac{\pi}{12} - \sin\dfrac{\pi}{3}$ $\left[\dfrac{2-\sqrt{3}}{4}\right]$

5 $\cos 55° \cos 35° - \sin 55° \sin 35°$ $[0]$

6 $\sin 40° \cos 20° + \sin 20° \cos 40°$ $\left[\dfrac{\sqrt{3}}{2}\right]$

Semplifica le seguenti espressioni.

7 $\sin\left(\dfrac{\pi}{3}-x\right)-\cos\left(\dfrac{\pi}{6}-x\right)$ $[-\sin x]$

8 $\dfrac{\cos(\pi-\alpha)\cos(-\alpha)+\cos 2\alpha}{\cos^2\left(\dfrac{\pi}{2}-\alpha\right)}$ $[-1]$

9 $\cos\left(\alpha-\dfrac{2}{3}\pi\right)+\dfrac{1}{2}\sin\alpha+\cos\left(\alpha-\dfrac{7}{6}\pi\right)-\sin\left(\alpha-\dfrac{\pi}{6}\right)$ $\left[-\dfrac{\sqrt{3}}{2}\cos\alpha\right]$

10 $\cos\left(\alpha+\dfrac{3}{4}\pi\right)\sec\alpha+\tan(\pi+\alpha)\sin\left(\dfrac{\pi}{4}\right)$ $\left[-\dfrac{\sqrt{2}}{2}\right]$

11 $\sin(-\alpha)\cos(\alpha+60°)+\dfrac{1}{4}\sin 2\alpha+\dfrac{\sqrt{3}}{2}\cos^2\alpha$ $\left[\dfrac{\sqrt{3}}{2}\right]$

12 $\sin^2\dfrac{\alpha}{2}+\sin(30°+\alpha)+\sin 60°\cos\left(\dfrac{\pi}{2}+\alpha\right)$ $\left[\dfrac{1}{2}\right]$

13 $\dfrac{\cos 2\alpha}{\sin^2\left(\dfrac{\pi}{2}+\alpha\right)}-\dfrac{2\tan\alpha}{\tan 2\alpha}$ $[0]$

14 $\tan\left(\alpha+\dfrac{\pi}{4}\right)-\dfrac{\cos 2\alpha}{1-2\sin^2\alpha}$ $\left[\dfrac{2\tan\alpha}{1-\tan\alpha}\right]$

15 $\sin^2\left(\alpha+\dfrac{\pi}{4}\right)-\sin 2\alpha+\sin\left(\alpha+\dfrac{\pi}{2}\right)\cos\left(\dfrac{\pi}{2}-\alpha\right)$ $\left[\dfrac{1}{2}\right]$

16 $\sin\left(\alpha+\dfrac{\pi}{6}\right)\cos\left(\alpha-\dfrac{2}{3}\pi\right)+\dfrac{3}{4}\cos 2\alpha$ $\left[\dfrac{1}{2}\cos^2\alpha\right]$

17 $\tan\dfrac{\alpha}{2}\left[\cos 2\pi+\sin\left(\dfrac{\pi}{2}+\alpha\right)\right]+\dfrac{\sin 2\alpha}{\cos(\pi+\alpha)}$ $[-\sin\alpha]$

18 $\sqrt{2}\cos\left(\dfrac{\pi}{4}+\alpha\right)-\tan(\pi-\alpha)\cos\alpha$ $[\cos\alpha]$

19 $4[\cos(\alpha-30°)+\sin(-60°)\cos\alpha]+2\cos(90°+\alpha)$ $[0]$

VERIFICA DELLE COMPETENZE

20 $\frac{\cos\left(\alpha+\frac{\pi}{4}\right)\cdot\cos\left(\alpha-\frac{\pi}{4}\right)}{\cos 2\alpha}$ $\left[\frac{1}{2}\right]$

21 $[\tan(150°-\alpha)\tan(-\alpha-30°)+1]\cos(\alpha+30°)-\frac{1}{\sin(60°-\alpha)}$ $[0]$

22 $\cos(\alpha+30°)\cos(\alpha+60°)-\sin(\alpha+60°)\sin(\alpha+30°)+\sin 2\alpha$ $[0]$

23 $2\cos\left(x-\frac{\pi}{4}\right)+\sin\left(x-\frac{\pi}{6}\right)+4\cos\left(\frac{7}{4}\pi+x\right)+\cos\left(\frac{\pi}{3}+x\right)-3\sqrt{2}\sin x$ $[3\sqrt{2}\cos x]$

24 $\sin^2\frac{\alpha}{2}-\frac{1}{2}-\cos(\pi+\alpha)-\sin^2(-\alpha)+\sin^2(\pi-\alpha)$ $\left[\frac{1}{2}\cos\alpha\right]$

25 $(1-\sin\alpha)^2+(1+\cos\alpha)^2+\cos 2\alpha+2\sin(\pi-\alpha)+2\cos(\pi+\alpha)+2\sin^2\alpha$ $[4]$

26 $(1-\cos\alpha)^2+(1-\cos\alpha)(1+\cos\alpha)-4\sin^2\frac{\alpha}{2}+\sin(-\alpha)-\sin(\pi-\alpha)$ $[-2\sin\alpha]$

27 $2(1-\sin\alpha)^2-4\sin(\pi+\alpha)+2\cos 2\alpha+(1-\cos\alpha)(1+\cos\alpha)-4\cos^2\alpha$ $[3\sin^2\alpha]$

28 $\sin^2(\alpha-150°)-\cos^2(300°-\alpha)-\sqrt{3}\sin\alpha\cos\alpha$ $[0]$

29 $\frac{\sin 2\alpha}{1+\cos 2\alpha}\cdot\cot\frac{\alpha}{2}+\frac{1+\cos\alpha}{\cos\alpha}$ $\left[2+\frac{2}{\cos\alpha}\right]$

30 $\frac{\sin(\alpha+\beta)\cdot\sin(\alpha-\beta)}{\cos\beta+\cos\alpha}$ $[\cos\beta-\cos\alpha]$

31 $\frac{\sin(60°+\alpha)\cdot\sin(60°-\alpha)}{1+\cos 2\alpha}$ $\left[\frac{4-\sec^2\alpha}{8}\right]$

32 $\left[2\sin\left(\frac{2}{3}\pi-\alpha\right)-\sin\alpha\right]\cdot\tan\alpha-\sin 2\alpha\cdot\sec\alpha$ $[(\sqrt{3}-2)\sin\alpha]$

33 $\cos^2\alpha-4[\sin^2(150°+\alpha)]-\sqrt{3}\sin 2\alpha$ $[-3\sin^2\alpha]$

34 $\left(\tan^2\frac{\alpha}{2}+\cot^2\frac{\alpha}{2}\right)\cdot\sin^2\alpha-2$ $[2\cos^2\alpha]$

Verifica le seguenti identità.

35 $\frac{1+\cos 2\alpha+\cos\alpha}{\sin\alpha+\sin 2\alpha}=\cot\alpha$

36 $\cos 2\alpha=2\cos\left(\frac{\pi}{4}+\alpha\right)\cos\left(\frac{\pi}{4}-\alpha\right)$

37 $4\cos(60°+\alpha)\cos(60°-\alpha)=\cos 2\alpha-2\sin^2\alpha$

38 $\frac{1-\sin\alpha}{\cos\alpha}=\frac{1-\tan\frac{\alpha}{2}}{1+\tan\frac{\alpha}{2}}$

39 $\sin\alpha\cos 2\alpha-\cos\alpha\sin 2\alpha=\cos\left(\frac{\pi}{2}+\alpha\right)$

40 $\frac{\cos 2\alpha}{1-\tan^2\alpha}=\cos^2\alpha$

41 $\sin 2\alpha\cdot\tan\alpha+\cos^2\alpha=2-\cos 2\alpha-\sin^2\alpha$

42 $\frac{1}{1+\tan\alpha}-\frac{1}{1-\tan\alpha}=-\tan 2\alpha$

RISOLVERE PROBLEMI

Determina i valori richiesti, utilizzando le informazioni.

43 $\sin 2\alpha$, $\cos^2\frac{\alpha}{2}$, $\tan 2\alpha$. $\sin\alpha=\frac{1}{3}$, con $0<\alpha<\frac{\pi}{2}$ $\left[\frac{4}{9}\sqrt{2};\frac{3+2\sqrt{2}}{6};\frac{4}{7}\sqrt{2}\right]$

44 $\cos\alpha$. $\cos\frac{\alpha}{2}=-\frac{1}{3}$, con $\pi<\alpha<2\pi$ $\left[-\frac{7}{9}\right]$

45 $\tan\left(2\alpha - \frac{\pi}{4}\right)$. $\sin\alpha = -\frac{2}{5}\sqrt{5}$, con $\pi < \alpha < \frac{3}{2}\pi$ [7]

46 $\sin\left(2\alpha + \frac{\pi}{4}\right)$. $\cos\alpha = \frac{1}{3}$, con $0 < \alpha < \frac{\pi}{2}$ $\left[\frac{8-7\sqrt{2}}{18}\right]$

47 $\cos 4\alpha$. $\cos\alpha = \frac{1}{4}$, con $0 < \alpha < \frac{\pi}{2}$ $\left[\frac{17}{32}\right]$

48 $\sin 2\alpha$ e $\cos 2\alpha$. $\tan\alpha = -\frac{1}{3}$, con $\frac{\pi}{2} < \alpha < \pi$ $\left[-\frac{3}{5}; \frac{4}{5}\right]$

49 Determina seno e coseno dell'angolo α, sapendo che α è un angolo al centro di una circonferenza, la sua tangente vale $\frac{4}{3}$ e inoltre $0 < \alpha < \frac{\pi}{2}$. Calcola poi il seno dell'angolo alla circonferenza che insiste sullo stesso arco. $\left[\frac{4}{5}, \frac{3}{5}, \frac{\sqrt{5}}{5}\right]$

50 **EUREKA!** Dimostra che in un triangolo ABC, con l'angolo $\widehat{B} = 2\widehat{A}$, si ha: $\frac{\tan\widehat{A} \cdot \sin\widehat{B}}{\sin\widehat{A}} = \frac{2\sin\widehat{C}}{4\cos^2\widehat{A} - 1}$.

51 Data la funzione $f(x) = \tan x - \cot x$:

a. determina il dominio di $f(x)$ e dimostra l'identità $\tan x - \cot x = -2\cot 2x$;

b. trova il periodo e il codominio di $f(x)$. $\left[\text{a) } x \neq k\frac{\pi}{2}; \text{ b) } \frac{\pi}{2}, \text{C: } \mathbb{R}\right]$

ANALIZZARE E INTERPRETARE DATI E GRAFICI

Utilizza le informazioni fornite nelle figure per calcolare quanto è richiesto.

52

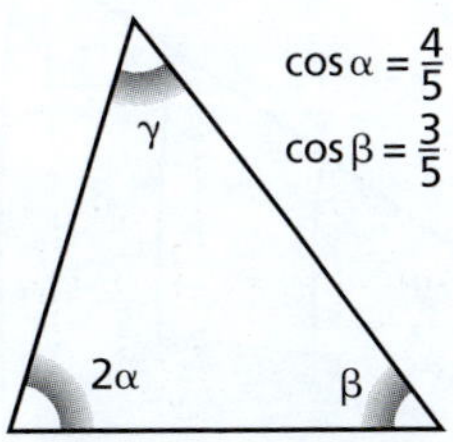

Calcola sin γ e cos γ. $\left[\frac{4}{5}; \frac{3}{5}\right]$

53

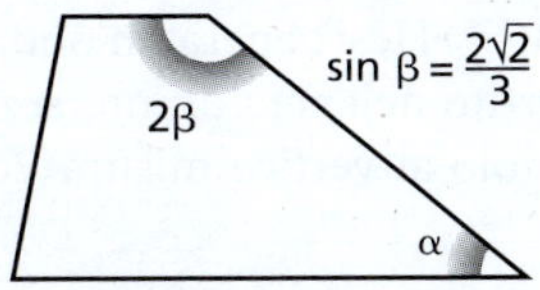

Calcola cot α. $\left[\frac{7\sqrt{2}}{8}\right]$

54

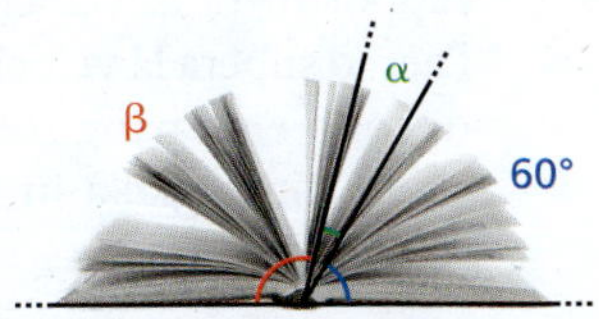

$\sin\alpha = \frac{7}{25}$

Calcola cos β. $\left[\frac{7\sqrt{3} - 24}{50}\right]$

Disegna i grafici delle seguenti funzioni.

55 $y = \frac{-\sin 2x}{\cos x}$

56 $y = 2\sin\frac{3}{2}x\cos\frac{3}{2}x - 1$

57 $y = \frac{\sin 2x}{1 - \sin^2 x} + 1$

58 $y = \cos^2 x - \sin^2 x - 1$

59 $y = 2\sin 2x\cos 2x$

60 $y = \frac{\sin 2x - \cos x}{2\cos x}$

61 $y = \frac{\cos 2x}{\cos x + \sin x}$

62 $y = \frac{\sin 2x}{\cos^2 x - \sin^2 x}$

63 $y = -\sin x - \sqrt{3}\cos x$

64 $y = \sqrt{2}(\sin x + \cos x)$

65 $y = |2\sin x\cos x| - 1$

66 $y = \sin x + \cos x - 2$

COSTRUIRE E UTILIZZARE MODELLI

RISOLVIAMO UN PROBLEMA

Mezzogiorno e un quarto

Michele e Laura vogliono calcolare il seno dell'angolo formato dalle lancette delle ore e dei minuti della sveglia che vedi nella foto. Non hanno una calcolatrice scientifica. Come possono fare?

► Esprimiamo l'angolo come differenza di due angoli.

L'angolo formato dalle lancette vale $\alpha - \beta$, dove α e β sono gli angoli indicati in figura.

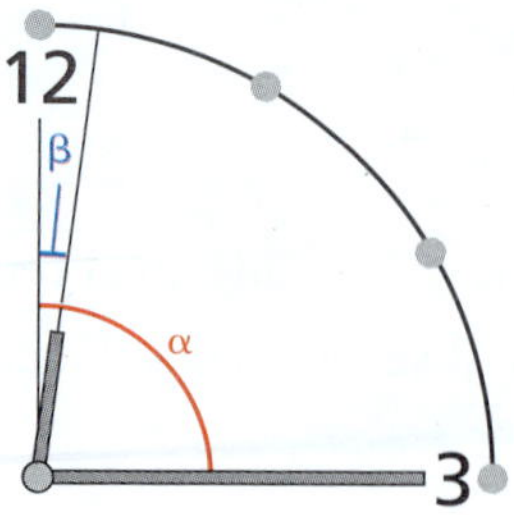

► Troviamo α.

L'angolo α è $\frac{1}{4}$ dell'angolo giro, quindi $\alpha = 90°$.

► Troviamo β.

Ogni ora la lancetta delle ore percorre un dodicesimo di angolo giro, cioè 30°. Poiché è passato un quarto d'ora dalle 12, la lancetta delle ore ha percorso un quarto del suo cammino tra le 12 e l'una, quindi

$$\beta = \frac{30°}{4} = 7,5°.$$

► Calcoliamo il seno dell'angolo.

$$\sin(\alpha - \beta) = \sin(90° - 7,5°) = \cos 7,5°$$

Utilizziamo la formula di bisezione:

$$\cos 7,5° = \sqrt{\frac{1 + \cos 15°}{2}}.$$

Il valore di cos 15° si può ottenere con la formula di bisezione, applicata a $\cos\frac{30°}{2}$, oppure con la formula di sottrazione, applicata a $\cos(45° - 30°)$. Troviamo:

$$\cos 15° = \frac{\sqrt{2} + \sqrt{6}}{4}.$$

Sostituiamo nella formula precedente:

$$\sin(\alpha - \beta) = \sqrt{\frac{1 + \frac{\sqrt{2}+\sqrt{6}}{4}}{2}} = \frac{1}{2}\sqrt{\frac{4 + \sqrt{2} + \sqrt{6}}{2}}.$$

67 ●○ **Mach supersonico** Il numero di Mach (M) per un aereo in volo è dato dal rapporto tra la velocità dell'aereo e la velocità del suono nell'aria. Quando l'aereo supera la velocità del suono ($M > 1$), si genera un'onda d'urto a forma di cono e un bang sonico viene avvertito nell'area di intersezione fra cono e suolo (linea gialla in figura). Se l'angolo al vertice misura 2α, allora vale la relazione:

$$M = \frac{1}{\sin\alpha}.$$

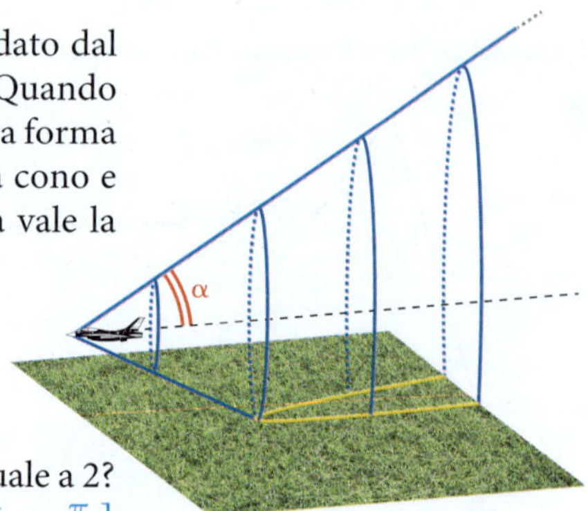

a. Trova l'esatto valore del numero di Mach quando $2\alpha = \frac{\pi}{6}$.

b. Quanto deve valere l'angolo 2α affinché il numero di Mach sia uguale a 2?

[a) $\sqrt{6} + \sqrt{2}$; b) $\frac{\pi}{3}$]

68 ●○ **Il gioco del golf** Una pallina da golf viene lanciata con una velocità iniziale v_0 m/s; la traiettoria iniziale forma un angolo α con il terreno, orizzontale. La distanza che la pallina riesce a raggiungere è espressa dalla relazione $d = \frac{2(v_0)^2 \sin\alpha\cos\alpha}{g}$ (g è costante e vale 9,8 m/s^2).

a. Come si può esprimere la distanza percorsa d in funzione dell'angolo 2α?

b. Quanto vale l'angolo α se la velocità iniziale è di 40 m/s e la distanza raggiunta è di 83 m?

[a) $d = \frac{(v_0)^2 \sin 2\alpha}{g}$; b) $\alpha \simeq 15°$]

VERIFICA DELLE COMPETENZE PROVE

1 ora

PROVA A

1 Calcola il valore di: **a.** $\sin\frac{\pi}{8} + \cos\frac{\pi}{12}$; **b.** $\sin 72° \cos 18° + \cos 72° \sin 18°$.

2 Semplifica le seguenti espressioni:

a. $\frac{\sin(\alpha + 45°) - \cos(\alpha + 45°)}{\sin(\alpha + 135°) + \cos(\alpha + 315°)}$;

b. $4\cos^2\frac{\alpha}{2} - 2(\sin\alpha - \cos\alpha)^2 - 2\sin 2\alpha$;

c. $4\cos^2\frac{\alpha}{2} + \frac{1 - \cos 2\alpha}{1 + \cos\alpha}$.

3 Sapendo che $\sin\alpha = \frac{3}{5}$ e $\cos\beta = \frac{5}{13}$, con $\frac{\pi}{2} < \alpha < \pi$ e $0 < \beta < \frac{\pi}{2}$, calcola: $\cos(\alpha + \beta)$, $\sin(\alpha - \beta)$, $\tan 2\alpha$.

4 Verifica le identità: **a.** $\tan(45° + \alpha) = \frac{1 + \sin 2\alpha}{\cos 2\alpha}$; **b.** $2\sin\alpha\cos 2\alpha + \sin\alpha = \sin 3\alpha$.

5

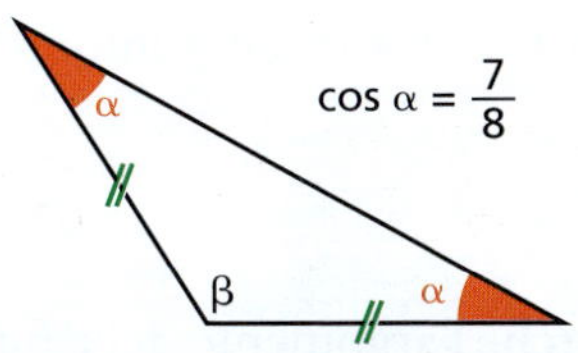

Trova $\cos\beta$ e $\sin\alpha$.

6 Traccia il grafico della funzione

$$y = \frac{\sin 2x}{4\cos x} - 2.$$

PROVA B

Il Sancarlone Su una collina vicino ad Arona, sul Lago Maggiore, si trova il Colosso di San Carlo Borromeo, una delle più grosse statue al mondo visitabili dall'interno, costruita nel XVII secolo. La statua è alta 23,50 m, il piedistallo 11,50 m e l'altura su cui è situata circa 36 m rispetto al livello del piazzale antistante.

Considerando le lettere in figura, indica con D il piede della perpendicolare condotta da A e C (il segmento AC è verticale) alla retta OD, che rappresenta il livello del piazzale, e con O il punto in cui un osservatore si trova sul piazzale di fronte all'entrata.

a. Calcola i valori del seno, del coseno e della tangente dell'angolo x mediante i valori delle stesse funzioni per α e β.

b. Supposto che OD sia lungo 40 m, determina gli angoli α, β e x e verifica la formula di sottrazione della tangente.

c. Se si raddoppia la distanza a cui si trova l'osservatore, qual è il rapporto tra il nuovo angolo x' e il precedente?

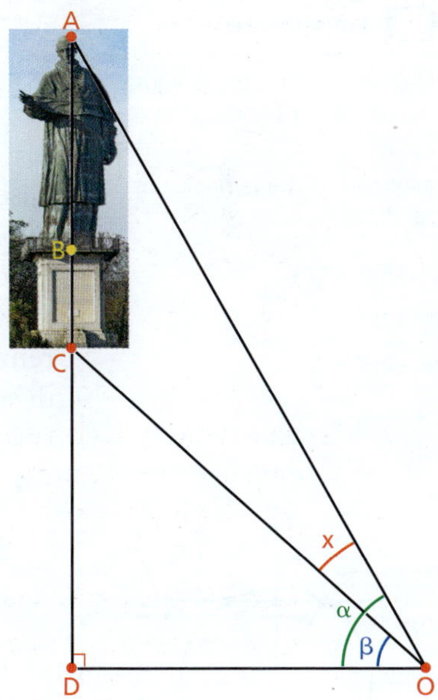

T

CAPITOLO 16

EQUAZIONI E DISEQUAZIONI GONIOMETRICHE

Listen to it

A **trigonometric equation** involves trigonometric functions of an unknown angle.

1 Equazioni goniometriche elementari

DEFINIZIONE

Un'**equazione goniometrica** contiene almeno una funzione goniometrica dell'incognita.

ESEMPIO

$2\cos x - 1 = 0$ è un'equazione goniometrica perché l'argomento della funzione coseno contiene l'incognita x.

$2x\cos\frac{\pi}{4} - 1 = 0$ **non** è un'equazione goniometrica perché $\cos\frac{\pi}{4}$ è un numero.

Le **equazioni goniometriche elementari** sono quelle del tipo:

$\sin x = a$, $\cos x = b$, $\tan x = c$, con $a, b, c \in \mathbb{R}$.

Animazione

Nell'animazione c'è la figura dinamica per l'equazione $\sin x = a$ al variare di a e la risoluzione di:

- $\sin x = \frac{1}{2}$;
- $\sin x = 1$;
- $\sin x = \frac{3}{2}$.

$\sin x = a$

Esercizi a p. 767

Disegniamo la circonferenza goniometrica e indichiamo gli assi cartesiani con X e Y, per non confonderli con l'incognita x dell'equazione goniometrica.
Poiché il seno di un angolo rappresenta l'ordinata del punto della circonferenza goniometrica a cui l'angolo è associato, dobbiamo trovare i punti della circonferenza goniometrica di ordinata a, ovvero i punti di intersezione della circonferenza di equazione $X^2 + Y^2 = 1$ con la retta di equazione $Y = a$. Distinguiamo due casi.

$-1 \leq a \leq 1$

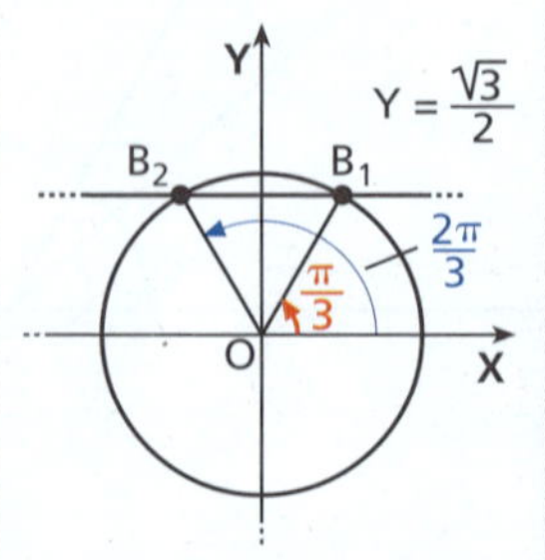

ESEMPIO

Risolviamo l'equazione $\sin x = \frac{\sqrt{3}}{2}$.

Disegniamo nel piano cartesiano la circonferenza goniometrica e la retta di equazione $Y = \frac{\sqrt{3}}{2}$. Le loro intersezioni sono date dai punti B_1 e B_2.

Gli angoli che hanno seno uguale a $\frac{\sqrt{3}}{2}$ sono $\frac{\pi}{3}$ e $\pi - \frac{\pi}{3} = \frac{2}{3}\pi$.

Poiché il seno è una funzione periodica di periodo 2π, alle soluzioni $x = \frac{\pi}{3}$ e $x = \frac{2}{3}\pi$ dobbiamo aggiungere quelle ottenute sommando i multipli interi di 2π, quindi le soluzioni dell'equazione data sono:

$$x = \frac{\pi}{3} + 2k\pi \ \vee \ x = \frac{2}{3}\pi + 2k\pi, \text{ con } k \in \mathbb{Z}.$$

▶ Risolvi l'equazione $\sin x = -\frac{1}{2}$.

$a < -1 \vee a > 1$

Poiché i valori di $\sin x$ sono compresi fra -1 e 1, l'equazione $\sin x = a$ è impossibile quando $a > 1$ oppure $a < -1$.

ESEMPIO
L'equazione $\sin x = \frac{5}{4}$ non ha soluzione, perché $\frac{5}{4} > 1$.

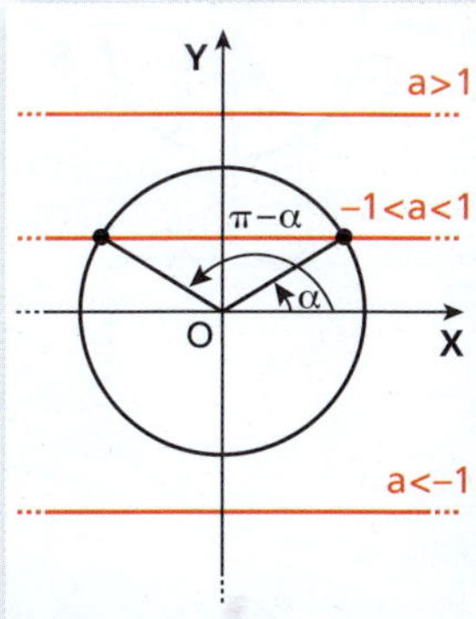

In generale, l'equazione elementare $\sin x = a$ può essere:

- **determinata** se $-1 \leq a \leq 1$; una volta trovata una soluzione α, cioè un angolo α tale che $\sin \alpha = a$, le soluzioni dell'equazione sono:

$$x = \alpha + 2k\pi \ \vee \ x = (\pi - \alpha) + 2k\pi;$$

- **impossibile** se $a < -1$ oppure $a > 1$.

Casi particolari.

- $a = 1$, $\sin x = 1$; soluzioni: $x = \frac{\pi}{2} + 2k\pi$.
- $a = -1$, $\sin x = -1$; soluzioni: $x = -\frac{\pi}{2} + 2k\pi$, ossia $x = \frac{3}{2}\pi + 2k\pi$.

Osserviamo che la soluzione α dell'equazione può essere uno qualsiasi dei valori che indicano lo stesso angolo. Le soluzioni possono essere scritte allora in modi diversi. Conveniamo di considerare $\alpha \in \left[-\frac{\pi}{2}; \frac{\pi}{2}\right]$.

Se il valore a dell'equazione $\sin x = a$ non corrisponde a un angolo noto del primo o del quarto quadrante, possiamo applicare la funzione inversa del seno ($x = \arcsin a$) e calcolare un valore approssimato della soluzione α con la calcolatrice.

ESEMPIO
Risolviamo $\sin x = -\frac{7}{8}$. Otteniamo:

$$x = \arcsin\left(-\frac{7}{8}\right) + 2k\pi \ \vee \ x = \pi - \arcsin\left(-\frac{7}{8}\right) + 2k\pi.$$

Per trovare il valore approssimato di $\arcsin\left(-\frac{7}{8}\right)$ con la calcolatrice, scegliamo la modalità RAD e, dopo aver calcolato $-\frac{7}{8} = -0{,}875$, premiamo il tasto <sin^{-1}>, oppure i tasti <INV> e <sin>. Viene visualizzato il valore della misura in radianti dell'angolo x, ossia $-1{,}065435817$, che approssimiamo a $-1{,}07$. Le soluzioni dell'equazione sono:

$$x \simeq -1{,}07 + 2k\pi \ \vee \ x \simeq 3{,}14 + 1{,}07 + 2k\pi \simeq 4{,}21 + 2k\pi.$$

Se scegliamo la modalità DEG, viene visualizzato il valore in gradi sessadecimali: $-61{,}04497563 \simeq -61 \rightarrow x \simeq -61° + k360° \vee x \simeq 241° + k360°$.

▶ Risolvi l'equazione $\sin x = \frac{2}{5}$.

TEORIA

Animazione

Nell'animazione c'è la figura dinamica per l'equazione
$\cos x = b$
al variare di b e la risoluzione di:

- $\cos x = \frac{\sqrt{3}}{2}$;
- $\cos x = -1$;
- $\cos x = -\frac{5}{2}$.

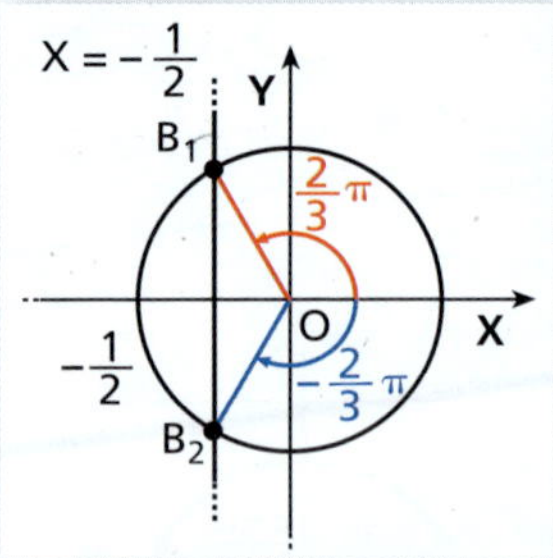

cos x = b

▶ Esercizi a p. 770

Il coseno di un angolo è l'ascissa del punto della circonferenza goniometrica a cui l'angolo è associato, quindi cerchiamo i punti della circonferenza goniometrica di ascissa b. Distinguiamo due casi.

$-1 \leq b \leq 1$

ESEMPIO

Risolviamo $\cos x = -\frac{1}{2}$.

Disegniamo la retta di equazione $X = -\frac{1}{2}$. Le sue intersezioni con la circonferenza goniometrica sono B_1 e B_2.

Gli angoli che hanno coseno uguale a $-\frac{1}{2}$ sono $\frac{2}{3}\pi$ e $-\frac{2}{3}\pi$.

Per la periodicità della funzione coseno, alle due soluzioni $x = \frac{2}{3}\pi$ e $x = -\frac{2}{3}\pi$ dobbiamo aggiungere quelle ottenute sommando i multipli interi di 2π.
Quindi le soluzioni dell'equazione data sono

$$x = \frac{2}{3}\pi + 2k\pi \ \vee \ x = -\frac{2}{3}\pi + 2k\pi,$$

che possiamo anche indicare con: $x = \pm\frac{2}{3}\pi + 2k\pi$.

$b < -1 \vee b > 1$

L'equazione $\cos x = b$ è impossibile se $b > 1$ o $b < -1$, poiché $-1 \leq \cos x \leq 1$.

ESEMPIO

L'equazione $\cos x = -\frac{4}{3}$ non ha soluzioni perché $-\frac{4}{3} < -1$.

In generale, l'equazione elementare $\cos x = b$ può essere:

- **determinata** se $-1 \leq b \leq 1$; data una soluzione β, cioè un angolo β tale che $\cos \beta = b$, le soluzioni dell'equazione sono:

$$x = \beta + 2k\pi \quad \vee \quad x = -\beta + 2k\pi;$$

- **impossibile** se $b < -1$ oppure $b > 1$.

Casi particolari.

- $b = 1 \rightarrow \cos x = 1$; soluzioni: $x = 2k\pi$.
- $b = -1 \rightarrow \cos x = -1$; soluzioni: $x = \pi + 2k\pi$.

Per angoli non noti, anche per l'equazione $\cos x = b$ possiamo utilizzare la calcolatrice, calcolando arccos b con i tasti <INV> e <cos>, oppure con il tasto <cos^{-1}>.

▶ Risolvi le seguenti equazioni:

- $\cos x = \frac{1}{2}$;
- $\cos x = -2$.

tan x = c

▶ Esercizi a p. 772

La tangente di un angolo è l'ordinata del punto di intersezione della retta tangente alla circonferenza nell'origine degli archi con la retta OP che individua l'angolo.

ESEMPIO Animazione

Risolviamo $\tan x = \frac{\sqrt{3}}{3}$.

Sulla retta tangente in E alla circonferenza goniometrica, prendiamo il punto T di ordinata $\frac{\sqrt{3}}{3}$. La retta OT interseca la circonferenza nei punti P e Q che individuano gli angoli cercati: $\frac{\pi}{6}$ e $\frac{7}{6}\pi$.

Per la periodicità della funzione tangente, scriviamo in forma compatta tutte le soluzioni dell'equazione: $x = \frac{\pi}{6} + k\pi$.

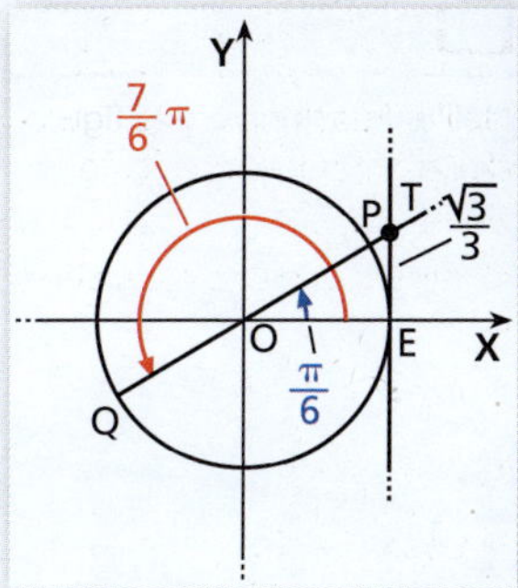

In generale, poiché, data l'equazione $\tan x = c$, il valore di c corrisponde sempre all'ordinata del punto T, per ogni valore di c si può determinare il punto T e la retta OT interseca la circonferenza in due punti distinti, quindi l'equazione elementare $\tan x = c$ è sempre **determinata**.

Data una soluzione γ, cioè un angolo γ tale che $\tan\gamma = c$, le soluzioni dell'equazione sono $x = \gamma + k\pi$.

Con la calcolatrice, per calcolare arctan c, si usano i tasti <INV> e <tan>, oppure <$\tan^{-1}$>.

▶ Risolvi le seguenti equazioni:
- $\tan x = 1$;
- $\tan x = -\sqrt{3}$.

Equazioni e funzioni

Le equazioni goniometriche possono essere interpretate graficamente. Per esempio, consideriamo ancora $\cos x = -\frac{1}{2}$, vista in un esempio precedente, e poniamo $y = \cos x$ e $y = -\frac{1}{2}$. Risolvere l'equazione significa trovare i punti di intersezione dei grafici relativi.

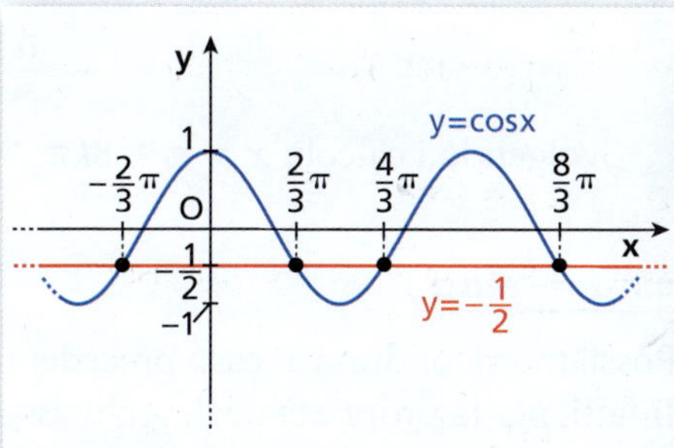

Particolari equazioni goniometriche elementari

▶ Esercizi a p. 774

sin α = sin α'

Osserviamo che due angoli hanno lo stesso seno se e solo se sono congruenti o supplementari, a meno di un numero intero di angoli giro:

$$\sin\alpha = \sin\alpha' \leftrightarrow \alpha = \alpha' + 2k\pi \ \vee \ \alpha + \alpha' = \pi + 2k\pi.$$

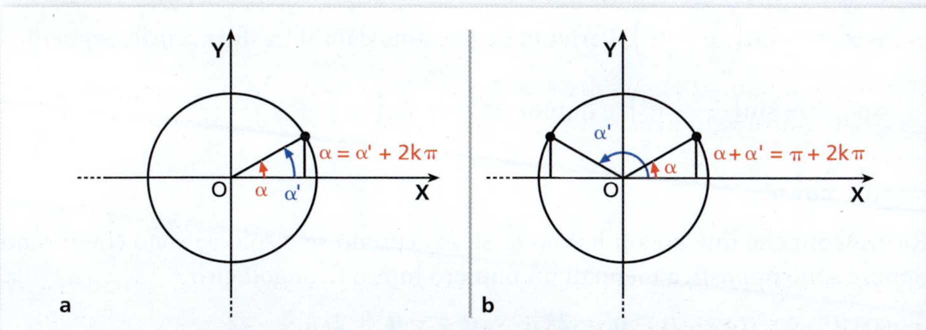

MATEMATICA E TECNOLOGIA

Le fibre ottiche Le fibre ottiche consentono connessioni tv e internet velocissime per far viaggiare informazioni digitali.

A differenza dei cavi di rame, che conducono elettroni, le fibre ottiche fanno passare impulsi luminosi. I cavi in fibra ottica sono sottilissimi fili di vetro. Sono formati da un cilindro interno trasparente, chiamato **nucleo** o **core**, ricoperto da un rivestimento detto **mantello** o **cladding**.
Il fenomeno fisico alla base del funzionamento della fibra ottica è stato studiato ben 350 anni prima che trovasse applicazione in questa tecnologia. Si tratta della riflessione totale della luce.

▶ Come fa un raggio di luce a viaggiare all'interno di una fibra ottica sfruttando la riflessione totale?

La risposta

ESEMPIO

Risolviamo $\sin\left(\frac{1}{2}x - \frac{\pi}{2}\right) = \sin\left(\frac{1}{4}x - \frac{\pi}{4}\right)$.

Applichiamo la proprietà precedente:

$$\underbrace{\frac{1}{2}x - \frac{\pi}{2}}_{\alpha} = \underbrace{\frac{1}{4}x - \frac{\pi}{4}}_{\alpha'} + 2k\pi \ \vee\ \underbrace{\frac{1}{2}x - \frac{\pi}{2}}_{\alpha} + \underbrace{\frac{1}{4}x - \frac{\pi}{4}}_{\alpha'} = \pi + 2k\pi.$$

Svolgendo i calcoli: $x = \pi + 8k\pi \ \vee\ x = \frac{7}{3}\pi + \frac{8}{3}k\pi$.

Animazione

Nell'animazione, oltre all'equazione dell'esempio, trovi:

- $\sin\left(3x + \frac{2}{5}\pi\right) = -\sin\left(2x - \frac{3}{4}\pi\right)$;
- $\sin\left(3x - \frac{\pi}{5}\right) = \cos\left(5x + \frac{2}{3}\pi\right)$.

$\sin\alpha = -\sin\alpha'$

Possiamo ricondurci al caso precedente scrivendo $\sin\alpha = \sin(-\alpha')$.
Infatti, per le proprietà degli archi associati, è: $-\sin\alpha' = \sin(-\alpha')$.

$\sin\alpha = \cos\alpha'$

Per le proprietà degli archi associati, $\cos\alpha' = \sin\left(\frac{\pi}{2} - \alpha'\right)$, quindi

$$\sin\alpha = \sin\left(\frac{\pi}{2} - \alpha'\right),$$

che permette di ricondurci al primo caso.

$\sin\alpha = -\cos\alpha'$

Per risolvere equazioni di questo tipo, scriviamo $\cos\alpha' = \sin\left(\frac{\pi}{2} - \alpha'\right)$, da cui $-\cos\alpha' = -\sin\left(\frac{\pi}{2} - \alpha'\right)$. Pertanto l'equazione data si trasforma nella seguente:

$$\sin\alpha = -\sin\left(\frac{\pi}{2} - \alpha'\right), \text{ e quindi } \sin\alpha = \sin\left(-\frac{\pi}{2} + \alpha'\right).$$

$\cos\alpha = \cos\alpha'$

Ricordiamo che due angoli hanno lo stesso coseno se e solo se sono congruenti oppure sono opposti, a meno di un numero intero di angoli giro

$$\cos\alpha = \cos\alpha' \leftrightarrow \alpha = \alpha' + 2k\pi \ \vee\ \alpha = -\alpha' + 2k\pi,$$

ossia, in forma più compatta:

$$\cos\alpha = \cos\alpha' \leftrightarrow \alpha = \pm\alpha' + 2k\pi.$$

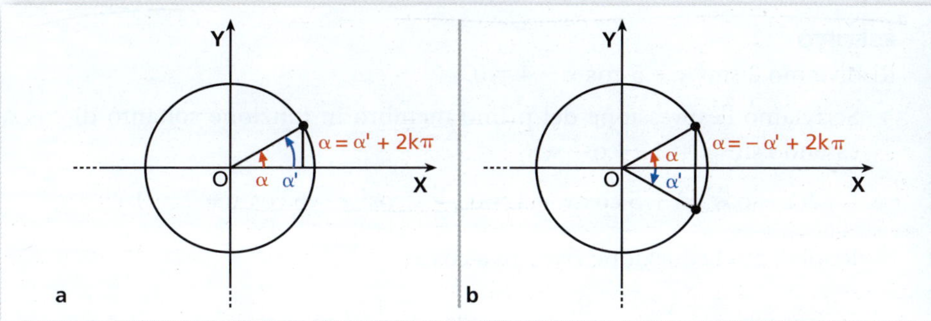

$\cos\alpha = -\cos\alpha'$

Poiché gli angoli supplementari hanno coseni opposti, ossia

$$\cos(\pi - \alpha) = -\cos\alpha,$$

possiamo scrivere l'equazione nella forma $\cos\alpha = \cos(\pi - \alpha')$ e ricondurci al caso precedente.

▶ Risolvi le seguenti equazioni:

- $\cos\left(\frac{3}{4}\pi - 4x\right) = \cos\left(2x - \frac{\pi}{3}\right)$;
- $\cos\left(x + \frac{\pi}{6}\right) = -\cos 2x$.

Animazione

$\tan\alpha = \tan\alpha'$

Equazioni di questo tipo sono risolubili tenendo presente che due angoli hanno la stessa tangente se e solo se sono congruenti, a meno di un numero intero di angoli piatti:

$$\tan\alpha = \tan\alpha' \leftrightarrow \alpha = \alpha' + k\pi.$$

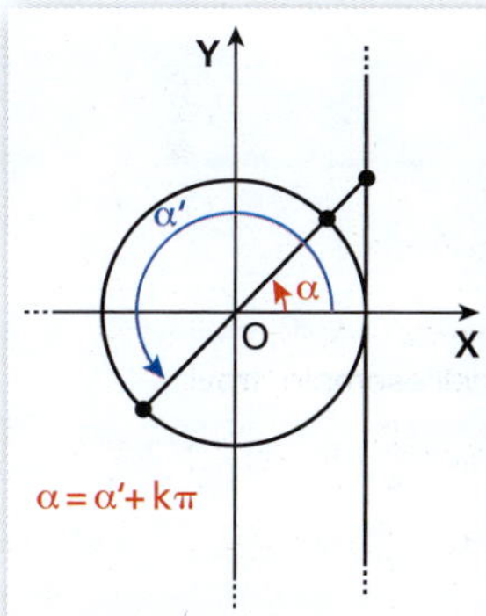

ESEMPIO

Risolviamo $\tan x = \tan\left(2x + \frac{\pi}{4}\right)$.

Essa è equivalente all'equazione $x = 2x + \frac{\pi}{4} + k\pi$, con la condizione:

$$x \neq \frac{\pi}{2} + k\pi \wedge 2x + \frac{\pi}{4} \neq \frac{\pi}{2} + k\pi \;\rightarrow\; x \neq \frac{\pi}{2} + k\pi \wedge x \neq \frac{\pi}{8} + k\frac{\pi}{2}.$$

Risolvendo l'equazione, otteniamo:

$$x = -\frac{\pi}{4} - k\pi, \text{ soluzioni accettabili.}$$

Animazione

Nell'animazione, oltre all'equazione dell'esempio, risolviamo:

$\tan 2x = -\tan\left(\frac{\pi}{3} - x\right)$.

Per entrambe le equazioni, forniamo inoltre una verifica grafica dell'accettabilità delle soluzioni.

$\tan\alpha = -\tan\alpha'$

Poiché $\tan(-\alpha) = -\tan\alpha$, possiamo scrivere l'equazione nella forma $\tan\alpha = \tan(-\alpha')$, che permette di ricondurci al caso precedente.

Equazioni riconducibili a equazioni elementari

▶ Esercizi a p. 777

Per ricondurre, quando è possibile, equazioni che contengono più funzioni goniometriche a equazioni elementari si deve:

- esprimere le diverse funzioni mediante una sola di esse, utilizzando eventualmente le formule goniometriche;

Listen to it

When possible, to solve a trigonometric equation involving more than one function, express all the trigonometric functions in terms of only one of them using the trigonometric formulae.

TEORIA

Animazione

Nell'animazione, oltre alla risoluzione commentata dell'equazione dell'esempio, c'è la risoluzione di: $\cos^2 x + \sin^2 2x = 1$.

- risolvere l'equazione ottenuta rispetto a tale funzione considerata come incognita;
- risolvere le equazioni elementari che si ottengono.

ESEMPIO

Risolviamo $2 \sin^2 x + 5 \cos x - 4 = 0$.

- Scriviamo l'espressione del primo membro in funzione soltanto di $\cos x$, essendo $\sin^2 x = 1 - \cos^2 x$:

$$2(1 - \cos^2 x) + 5 \cos x - 4 = 0 \rightarrow 2\cos^2 x - 5 \cos x + 2 = 0.$$

- Risolviamo l'equazione rispetto a $\cos x$:

$$\cos x = \frac{5 \pm \sqrt{25 - 16}}{4} \quad \rightarrow \quad \cos x = \frac{1}{2} \vee \cos x = 2.$$

- Se $\cos x = \frac{1}{2}$, $x = \pm\frac{\pi}{3} + 2k\pi$. Se $\cos x = 2$, nessuna soluzione.
- L'equazione di partenza ha quindi le soluzioni $x = \pm\frac{\pi}{3} + 2k\pi$.

2 Equazioni lineari in seno e coseno

▶ Esercizi a p. 780

DEFINIZIONE

Un'**equazione goniometrica lineare in sin *x* e cos *x*** si può ricondurre alla forma:

$$a \sin x + b \cos x + c = 0, \quad \text{con } a, b, c \in \mathbb{R}, a \neq 0 \text{ e } b \neq 0.$$

Se fosse $a = 0$ o $b = 0$, si avrebbe un'equazione goniometrica elementare.
Per risolvere un'equazione lineare si possono applicare tre metodi: quello algebrico, quello grafico e quello dell'angolo aggiunto.

Metodo algebrico

Se c = 0

Con $c = 0$ l'equazione diventa della forma: $a \sin x + b \cos x = 0$.

Osserviamo che $x = \frac{\pi}{2} + k\pi$ non può essere soluzione dell'equazione perché per tale valore si avrebbe

$$a \cdot 1 + b \cdot 0 = 0 \vee a \cdot (-1) + b \cdot 0 = 0$$

e cioè $a = 0$, che è impossibile perché per definizione a deve essere diverso da 0.
Allora, se $x \neq \frac{\pi}{2} + k\pi$, è anche $\cos x \neq 0$. Possiamo così dividere tutti i termini per $\cos x$ ottenendo l'equazione elementare

$$a \tan x + b = 0 \rightarrow \tan x = -\frac{b}{a}.$$

ESEMPIO

Risolviamo $\sin x - \sqrt{3}\cos x = 0$. Dividiamo i due membri per $\cos x$,

$$\frac{\sin x}{\cos x} - \frac{\sqrt{3}\cos x}{\cos x} = \frac{0}{\cos x} \rightarrow \tan x - \sqrt{3} = 0,$$

e otteniamo l'equazione elementare $\tan x = \sqrt{3}$, le cui soluzioni sono:

$$x = \frac{\pi}{3} + k\pi.$$

Animazione

Quali sono le soluzioni se scambi seno e coseno? Risolvi l'equazione $\cos x - \sqrt{3}\sin x = 0$ e confronta la tua risposta con quella fornita nell'animazione.

Se $c \neq 0$

L'equazione goniometrica è del tipo: $a \sin x + b \cos x + c = 0$.

Per la soluzione si utilizzano le **formule parametriche**:

$$\sin x = \frac{2t}{1+t^2} \quad \text{e} \quad \cos x = \frac{1-t^2}{1+t^2}, \quad \text{con } t = \tan\frac{x}{2} \text{ e } x \neq \pi + 2k\pi.$$

Sostituendo ed eseguendo le semplificazioni, si ottiene un'equazione di secondo grado in t del tipo:

$$a't^2 + b't + c' = 0.$$

Poiché le formule parametriche si applicano solo per valori di x per cui esiste la tangente di $\frac{x}{2}$, cioè per $\frac{x}{2} \neq \frac{\pi}{2} + k\pi \rightarrow x \neq \pi + 2k\pi$, occorre, prima di tutto, verificare se l'equazione di partenza ammette come soluzioni $x = \pi + 2k\pi$. Risolvendo poi l'equazione in t, si ottengono tutte le altre soluzioni.

ESEMPIO **Animazione**

Risolviamo $\sin x + \cos x - 1 = 0$.

Dapprima verifichiamo se $x = \pi + 2k\pi$ è soluzione dell'equazione.
Sostituiamo nel primo membro dell'equazione $x = \pi$:

$$\sin\pi + \cos\pi - 1 = 0 + (-1) - 1 \neq 0,$$

quindi $x = \pi + 2k\pi$ **non** è soluzione dell'equazione.
Sostituiamo ora a $\sin x$ e $\cos x$ le relative espressioni delle formule parametriche e l'equazione data diventa:

$$\frac{2t}{1+t^2} + \frac{1-t^2}{1+t^2} - 1 = 0.$$

Moltiplichiamo i due membri per $1 + t^2 \neq 0$ e semplifichiamo:

$$2t + 1 - t^2 - 1(1+t^2) = 0 \rightarrow -2t^2 + 2t = 0 \rightarrow$$

$$2t(t-1) = 0 \begin{cases} t_1 = 0, \\ t_2 = 1. \end{cases}$$

Siamo giunti a due equazioni elementari, che risolviamo:

$$\tan\frac{x}{2} = 0 \rightarrow \frac{x}{2} = k\pi \rightarrow x = 2k\pi;$$

$$\tan\frac{x}{2} = 1 \rightarrow \frac{x}{2} = \frac{\pi}{4} + k\pi \rightarrow x = \frac{\pi}{2} + 2k\pi.$$

Le soluzioni dell'equazione lineare $\sin x + \cos x - 1 = 0$ sono:

$$x = 2k\pi \vee x = \frac{\pi}{2} + 2k\pi.$$

▶ Risolvi l'equazione:
$\cos x - \sin x - \sqrt{2} = 0$.

$\left[-\frac{\pi}{4} + 2k\pi\right]$

TEORIA

Video

Equazioni lineari in seno e coseno

▶ Come risolvere in forma grafica le equazioni lineari in seno e coseno?

Metodo grafico

Risolviamo un'equazione lineare in seno e coseno con la geometria analitica.

- Sostituiamo l'equazione $a \sin x + b \cos x + c = 0$ con un sistema formato dall'equazione stessa e dall'equazione $\sin^2 x + \cos^2 x = 1$, la prima relazione fondamentale della goniometria:

$$\begin{cases} a \sin x + b \cos x + c = 0 \\ \cos^2 x + \sin^2 x = 1 \end{cases}.$$

- Poniamo $\cos x = X$ e $\sin x = Y$ e otteniamo un sistema algebrico.

$$\begin{cases} aY + bX + c = 0 \\ X^2 + Y^2 = 1 \end{cases}$$

$aY + bX + c = 0$ — equazione di una retta

$X^2 + Y^2 = 1$ — equazione della circonferenza con centro l'origine e raggio 1

- Troviamo le soluzioni dell'equazione lineare, rappresentate dalle coordinate dei punti di intersezione della retta e della circonferenza.

ESEMPIO Animazione

Risolviamo $\sqrt{3} \sin x + \cos x = 2$.

Trasformiamo l'equazione nel sistema: $\begin{cases} \sqrt{3} \sin x + \cos x = 2 \\ \cos^2 x + \sin^2 x = 1 \end{cases}$.

Poniamo $\sin x = Y$ e $\cos x = X$:

$$\begin{cases} \sqrt{3}\, Y + X = 2 \\ X^2 + Y^2 = 1 \end{cases}$$

$\sqrt{3}\, Y + X = 2$ — equazione di una retta

$X^2 + Y^2 = 1$ — equazione della circonferenza con centro l'origine e raggio 1

Le soluzioni dell'equazione data sono rappresentate dalle coordinate degli eventuali punti di intersezione della retta con la circonferenza.

Svolgendo i calcoli, si ottiene:

$$\begin{cases} X = \dfrac{1}{2} \\ Y = \dfrac{\sqrt{3}}{2} \end{cases}$$

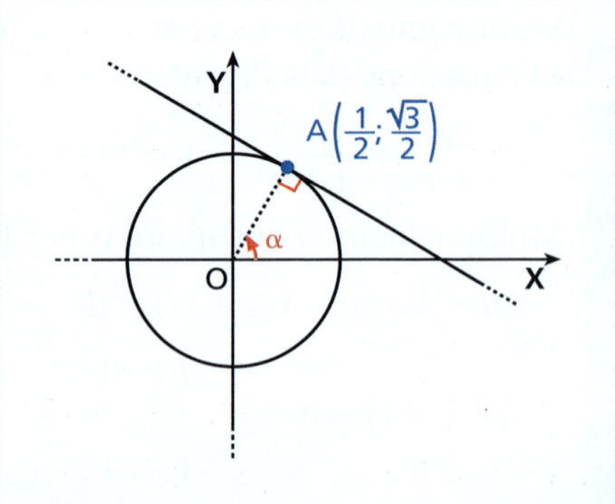

Sostituiamo $\cos x$ a X e $\sin x$ a Y, ottenendo il sistema:

$$\begin{cases} \cos x = \dfrac{1}{2} \\ \sin x = \dfrac{\sqrt{3}}{2} \end{cases}$$

che ha per soluzioni $x = \dfrac{\pi}{3} + 2k\pi$.

▶ Risolvi graficamente l'equazione: $\sin x + \cos x - \sqrt{2} = 0$. $\left[\frac{\pi}{4} + 2k\pi\right]$

Metodo dell'angolo aggiunto

Poiché l'espressione $a \sin x + b \cos x$ equivale a

$$r \sin(x + \alpha), \quad \text{con } r = \sqrt{a^2 + b^2} \text{ e } \tan\alpha = \frac{b}{a},$$

è possibile trasformare l'equazione lineare $a \sin x + b \cos x + c = 0$ in

$$r\sin(x+\alpha)+c=0 \rightarrow \sin(x+\alpha)=-\frac{c}{r},$$

ossia in un'equazione elementare.

ESEMPIO Animazione

Risolviamo $\sin x - \sqrt{3}\cos x + 1 = 0$.

$$r=\sqrt{1+3}=2; \quad \tan\alpha=\frac{-\sqrt{3}}{1}=-\sqrt{3} \rightarrow \alpha=-\frac{\pi}{3}.$$

L'equazione equivale a:

$$2\sin\left(x-\frac{\pi}{3}\right)+1=0 \rightarrow \sin\left(x-\frac{\pi}{3}\right)=-\frac{1}{2} \rightarrow$$

$$x-\frac{\pi}{3}=\frac{7}{6}\pi+2k\pi \rightarrow x=\frac{3}{2}\pi+2k\pi$$

$$x-\frac{\pi}{3}=\frac{11}{6}\pi+2k\pi \rightarrow x=\frac{13}{6}\pi+2k\pi.$$

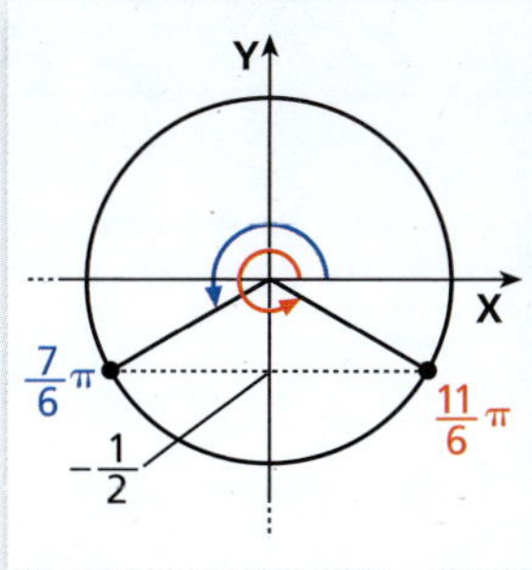

▶ Risolvi con il metodo dell'angolo aggiunto l'equazione:

$\sin x + \sqrt{3}\cos x = 1.$

$\left[-\frac{\pi}{6}+2k\pi \vee \frac{\pi}{2}+2k\pi\right]$

3 Equazioni omogenee di secondo grado in seno e coseno

▶ Esercizi a p. 783

Ricordiamo che un'equazione è omogenea quando tutti i suoi termini sono dello stesso grado.

DEFINIZIONE

Un'**equazione goniometrica omogenea di secondo grado in sin *x* e cos *x*** si può scrivere nella forma:

$$a \sin^2 x + b \sin x \cos x + c \cos^2 x = 0.$$

Consideriamo due casi.

- $a = 0 \vee c = 0$.

  Se $a = 0$ si ha: $b \sin x \cos x + c \cos^2 x = 0$.

  Se $c = 0$ si ha: $a \sin^2 x + b \sin x \cos x = 0$.

  Si può poi eseguire un raccoglimento di $\cos x$ nel primo caso e di $\sin x$ nel secondo,

  $\cos x\,(b \sin x + c \cos x) = 0$, oppure

  $\sin x\,(a \sin x + b \cos x) = 0$,

  ottenendo equazioni che si possono risolvere mediante la legge di annullamento del prodotto. Uguagliando a 0 i singoli fattori, si hanno equazioni elementari o equazioni lineari.

▶ Risolvi l'equazione:

$\cos x \sin x - \sqrt{3}\sin^2 x = 0.$

$\left[k\pi; \frac{\pi}{6}+k\pi\right]$

- $a \neq 0 \wedge c \neq 0$. Sono presenti entrambi i termini con $\sin^2 x$ e con $\cos^2 x$.

  Poiché $a \neq 0$, possiamo assumere: $\cos^2 x \neq 0$.
  Infatti è $\cos^2 x = 0$ per $x = \frac{\pi}{2} + k\pi$ e se questo valore fosse soluzione dell'equazione data, risulterebbe $a \cdot 1 + 0 + 0 = 0$, ossia $a = 0$, contro l'ipotesi.

  Dividiamo allora entrambi i membri per $\cos^2 x$, ottenendo un'equazione di secondo grado in $\tan x$, equivalente alla data:

$$\frac{a\sin^2 x}{\cos^2 x} + \frac{b\sin x\cos x}{\cos^2 x} + \frac{c\cos^2 x}{\cos^2 x} = \frac{0}{\cos^2 x} \rightarrow$$

$$a\tan^2 x + b\tan x + c = 0.$$

ESEMPIO Animazione

Risolviamo $\sin^2 x - (1+\sqrt{3})\sin x\cos x + \sqrt{3}\cos^2 x = 0$.

Poiché sono presenti i termini in $\sin^2 x$ e $\cos^2 x$ (quindi $x = \frac{\pi}{2} + k\pi$ non è soluzione dell'equazione), dividiamo i due membri per $\cos^2 x$:

$$\frac{\sin^2 x}{\cos^2 x} - \frac{(1+\sqrt{3})\sin x \cancel{\cos x}}{\cos^{\cancel{2}} x} + \frac{\sqrt{3}\,\cancel{\cos^2 x}}{\cancel{\cos^2 x}} = \frac{0}{\cos^2 x}.$$

Otteniamo l'equazione in $\tan x$: $\tan^2 x - (1+\sqrt{3}) \cdot \tan x + \sqrt{3} = 0$.
Poniamo $\tan x = y$ e risolviamo l'equazione di secondo grado in y:

$$y = \frac{(1+\sqrt{3}) \pm \sqrt{(1-\sqrt{3})^2}}{2} = \frac{(1+\sqrt{3}) \pm (1-\sqrt{3})}{2} \begin{cases} y_1 = 1, \\ y_2 = \sqrt{3}. \end{cases}$$

Risolviamo, dunque, le due equazioni elementari:

$$\tan x = 1 \rightarrow x = \frac{\pi}{4} + k\pi; \quad \tan x = \sqrt{3} \rightarrow x = \frac{\pi}{3} + k\pi.$$

L'equazione omogenea data ha per soluzioni:

$$x = \frac{\pi}{4} + k\pi \vee x = \frac{\pi}{3} + k\pi.$$

► Risolvi l'equazione:
$\sin^2 x - 4\sin x\cos x + 3\cos^2 x = 0$.
$\left[\frac{\pi}{4} + k\pi; \arctan 3 + k\pi\right]$

Un'equazione omogenea di secondo grado può essere risolta anche trasformandola in un'equazione lineare, tenendo presente che:

$$\sin^2 x = \frac{1-\cos 2x}{2}, \quad \cos^2 x = \frac{1+\cos 2x}{2}, \quad \sin x\cos x = \frac{\sin 2x}{2}.$$

► Risolvi l'equazione: $5\sin^2 x - 2 = 2\sqrt{3}\sin x\cos x + \cos^2 x$.

Animazione

Equazioni riconducibili a omogenee di secondo grado in seno e coseno

Un'equazione del tipo

$$\boldsymbol{a\sin^2 x + b\sin x\cos x + c\cos^2 x = d}, \quad \text{con } d \neq 0,$$

è **riconducibile a omogenea di secondo grado in seno e coseno**. Infatti, può essere scritta in modo da risultare omogenea moltiplicando il termine noto d per $(\sin^2 x + \cos^2 x)$, uguale a 1 per ogni x.

L'equazione diventa:

$$a\sin^2 x + b\sin^2 x\cos x + c\cos^2 x = d(\sin^2 x + \cos^2 x).$$

► Risolvi l'equazione: $2\sqrt{3}\sin^2 x - \sin x\cos x + \sqrt{3}\cos^2 x = \sqrt{3}$.

Animazione

4 Sistemi di equazioni goniometriche

► Esercizi a p. 790

È possibile trattare i sistemi di equazioni goniometriche in modo analogo ai sistemi di equazioni algebriche.

ESEMPIO Animazione

Risolviamo il seguente sistema di due equazioni goniometriche in due incognite x e y, utilizzando il metodo di sostituzione:

$$\begin{cases} 4\cos^2 x + 3\cos^2 y = 4 \\ 2\cos x + 5\cos y = 6 \end{cases}$$

Poniamo $\cos x = X$ e $\cos y = Y$:

$$\begin{cases} 4X^2 + 3Y^2 = 4 \\ 2X + 5Y = 6 \end{cases}$$

Dalla seconda equazione ricaviamo $X = \dfrac{6-5Y}{2}$; sostituiamo nella prima:

$$\begin{cases} 4\left(\dfrac{6-5Y}{2}\right)^2 + 3Y^2 = 4 \rightarrow 7Y^2 - 15Y + 8 = 0 \rightarrow Y = \dfrac{8}{7} \text{ e } Y = 1 \\ X = \dfrac{6-5Y}{2} \end{cases}$$

Poiché $Y = \cos y$ e la funzione coseno ha i valori compresi fra -1 e 1, l'equazione $\cos y = \dfrac{8}{7}$ non ha soluzioni.

Consideriamo soltanto la soluzione $Y = 1$, per cui il sistema diventa:

$$\begin{cases} Y = 1 \\ X = \dfrac{1}{2} \end{cases} \rightarrow \begin{cases} \cos y = 1 \\ \cos x = \dfrac{1}{2} \end{cases} \rightarrow \begin{cases} y = 2k\pi \\ x = \pm\dfrac{\pi}{3} + 2k_1\pi \end{cases}, \quad \text{con } k, k_1 \in \mathbb{Z}.$$

► Risolvi il seguente sistema:

$$\begin{cases} \tan x - \tan y = -\dfrac{\sqrt{3}}{3} \\ \tan x + \tan y = \dfrac{\sqrt{3}}{3} \end{cases}.$$

$\left[x = k\pi;\ y = \dfrac{\pi}{6} + k_1\pi\right]$

5 Disequazioni goniometriche

DEFINIZIONE

Una **disequazione goniometrica** contiene almeno una funzione goniometrica dell'incognita.

Disequazioni goniometriche elementari

▶ Esercizi a p. 793

Le **disequazioni goniometriche elementari** sono del tipo:

$$\sin x > a, \quad \cos x > b, \quad \tan x > c,$$

o del tipo analogo con i simboli $\geq$, $<$, $\leq$.
È possibile risolverle in due modi:

1. utilizzando il grafico della relativa funzione goniometrica;
2. utilizzando la circonferenza goniometrica.

Primo metodo

ESEMPIO Animazione

Risolviamo $\sin x < \frac{1}{2}$.

L'equazione associata è $\sin x = \frac{1}{2}$, le cui soluzioni in $[0; 2\pi]$ sono $x = \frac{\pi}{6}$ e $x = \frac{5}{6}\pi$.

Tracciamo il grafico della funzione $y = \sin x$ nell'intervallo $[0; 2\pi]$ e il grafico della retta $y = \frac{1}{2}$. Le ascisse dei punti di intersezione della retta con la sinusoide sono $\frac{\pi}{6}$ e $\frac{5}{6}\pi$.

Poiché dev'essere $\sin x < \frac{1}{2}$, coloriamo la parte di sinusoide che sta strettamente «sotto» la retta $y = \frac{1}{2}$ (figura **c**).

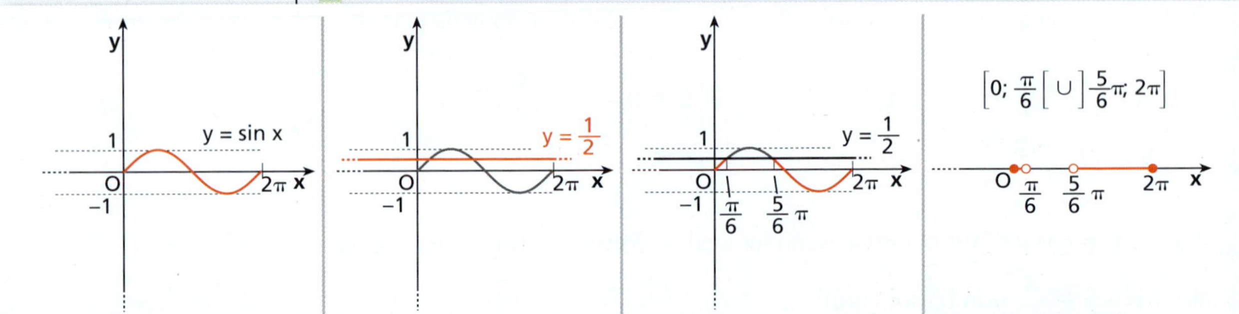

a. Disegniamo il grafico di $y = \sin x$, $x \in [0; 2\pi]$.

b. Tracciamo la retta $y = \frac{1}{2}$.

c. Evidenziamo in rosso la parte di sinusoide le cui ordinate sono strettamente minori di $\frac{1}{2}$.

d. La soluzione della disequazione è data dalle ascisse corrispondenti ai punti evidenziati.

Le ascisse dei punti della sinusoide evidenziata variano da 0 a $\frac{\pi}{6}$ e da $\frac{5}{6}\pi$ a 2π. Pertanto le soluzioni nell'intervallo $[0; 2\pi]$ sono:

$$0 \leq x < \frac{\pi}{6} \vee \frac{5}{6}\pi < x \leq 2\pi.$$

Se teniamo conto della periodicità della funzione seno, le soluzioni della disequazione in $\mathbb{R}$ sono:

$$2k\pi \leq x < \frac{\pi}{6} + 2k\pi \vee \frac{5}{6}\pi + 2k\pi < x \leq 2\pi + 2k\pi.$$

▶ Risolvi la disequazione $\cos x > \frac{\sqrt{3}}{2}$, utilizzando il grafico di $y = \cos x$.

Animazione

Secondo metodo

ESEMPIO **Animazione**

Consideriamo di nuovo la disequazione $\sin x < \frac{1}{2}$.

Disegniamo la circonferenza goniometrica e su di essa evidenziamo i punti P e Q che hanno ordinata uguale a $\frac{1}{2}$. A essi corrispondono gli angoli $\frac{\pi}{6}$ e $\frac{5}{6}\pi$ che risolvono l'equazione associata.

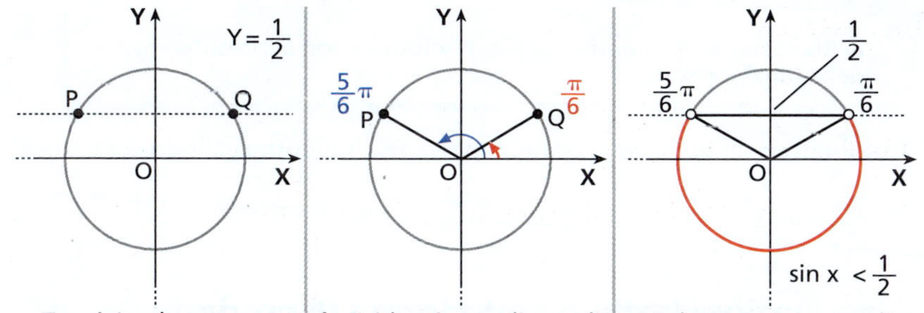

a. Tracciamo la retta $Y = \frac{1}{2}$ e indichiamo con P e Q i punti aventi ordinata $\frac{1}{2}$.

b. Evidenziamo gli angoli $\frac{\pi}{6}$ e $\frac{5}{6}\pi$ individuati da P e Q.

c. Coloriamo in rosso gli archi i cui punti hanno ordinata minore di $\frac{1}{2}$.

Le soluzioni nell'intervallo $[0; 2\pi]$ sono date da tutti gli angoli a cui corrispondono sulla circonferenza goniometrica punti con ordinata minore di $\frac{1}{2}$:

$$0 \leq x < \frac{\pi}{6} \vee \frac{5}{6}\pi < x \leq 2\pi.$$

Abbiamo ottenuto lo stesso risultato del primo metodo.

► Risolvi utilizzando la circonferenza goniometrica:

$\cos x > \frac{\sqrt{3}}{2}$.

Animazione

Disequazioni goniometriche non elementari

► Esercizi a p. 796

Esaminiamo un esempio.

ESEMPIO **Animazione**

Risolviamo $\sqrt{2}\sin^2 x - \sin x \geq 0$, nell'intervallo $[0; 2\pi]$.

Questa è una disequazione di secondo grado in $\sin x$, soddisfatta per valori esterni all'intervallo delle soluzioni dell'equazione associata.

Determiniamo le soluzioni dell'equazione associata:

$$\sqrt{2}\sin^2 x - \sin x = 0$$

$$\sin x \cdot (\sqrt{2}\sin x - 1) = 0 \quad \rightarrow \quad \sin x = 0 \vee \sin x = \frac{\sqrt{2}}{2}.$$

Consideriamo i valori esterni all'intervallo delle soluzioni:

$$\sin x \leq 0 \vee \sin x \geq \frac{\sqrt{2}}{2}.$$

Ci siamo quindi ricondotti a risolvere due disequazioni elementari.

TEORIA

Rappresentiamo graficamente gli intervalli soluzione, utilizzando i due metodi appena visti.

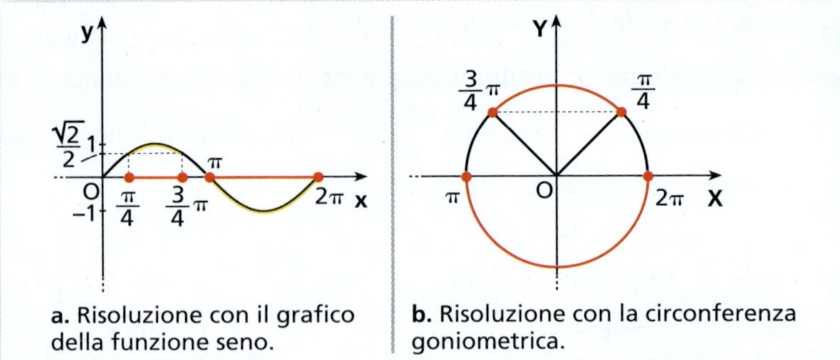

a. Risoluzione con il grafico della funzione seno.

b. Risoluzione con la circonferenza goniometrica.

Le soluzioni della disequazione di partenza, nell'intervallo $[0; 2\pi]$, sono

$$\frac{\pi}{4} \leq x \leq \frac{3}{4}\pi \vee \pi \leq x \leq 2\pi.$$

► Risolvi la disequazione $\cos x + \cos^2 x > 0$.

$\left[-\frac{\pi}{2} + 2k\pi < x < \frac{\pi}{2} + 2k\pi\right]$

Disequazioni fratte o sotto forma di prodotto

► Esercizi a p. 798

Esaminiamo un esempio in cui viene risolta una disequazione fratta.

ESEMPIO Animazione

Risolviamo la disequazione $\tan x \geq \frac{1}{2\cos x}$.

- Scriviamo la disequazione in seno e coseno, nella forma $\frac{N}{D} \geq 0$:

$$\frac{\sin x}{\cos x} \geq \frac{1}{2\cos x} \quad \rightarrow \quad \frac{2\sin x - 1}{2\cos x} \geq 0.$$

- Studiamo il segno di N e D in $[0; 2\pi]$:

$$N > 0: 2\sin x - 1 > 0 \quad \rightarrow \quad \sin x > \frac{1}{2} \quad \rightarrow \quad \frac{\pi}{6} < x < \frac{5}{6}\pi;$$

$$D > 0: 2\cos x > 0 \quad \rightarrow \quad \cos x > 0 \quad \rightarrow \quad 0 < x < \frac{\pi}{2} \vee \frac{3}{2}\pi < x < 2\pi.$$

- Rappresentiamo i segni su circonferenze concentriche (quella più interna è relativa al segno di N) e applichiamo la regola dei segni, riportando i risultati su una terza circonferenza, che nella figura è la più esterna.

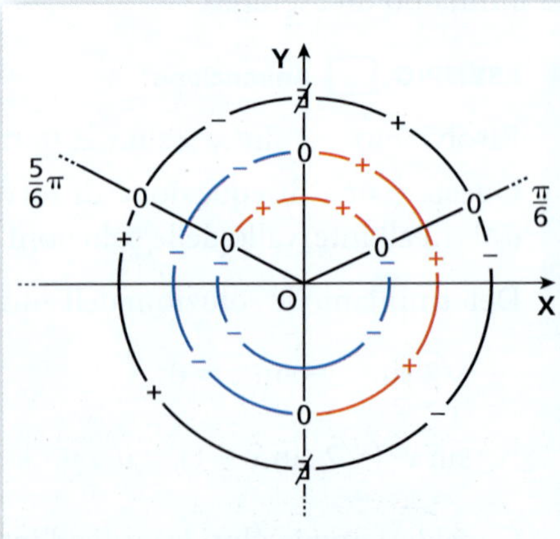

Scegliamo gli intervalli in cui in $[0; 2\pi]$ è $\frac{N}{D} \geq 0$:

$$\frac{\pi}{6} \leq x < \frac{\pi}{2} \vee \frac{5}{6}\pi \leq x < \frac{3}{2}\pi.$$

Tenendo conto della periodicità, la disequazione è verificata in $\mathbb{R}$ per:

$$\frac{\pi}{6} + 2k\pi \leq x < \frac{\pi}{2} + 2k\pi \vee \frac{5}{6}\pi + 2k\pi \leq x < \frac{3}{2}\pi + 2k\pi.$$

► Risolvi la disequazione: $(2\sin x + 1)\cdot(\sqrt{2}\cos x - 1) < 0$.

Sistemi di disequazioni goniometriche

▶ Esercizi a p. 802

Un sistema di disequazioni goniometriche è l'insieme di due o più disequazioni goniometriche nella stessa incognita. Le soluzioni del sistema sono quei valori che soddisfano contemporaneamente tutte le disequazioni.

ESEMPIO Animazione

Risolviamo il sistema $\begin{cases} 4\sin^2 x - 3 \geq 0 \\ \tan x \geq 1 \end{cases}$.

- Risolviamo la prima disequazione.

$$4\sin^2 x - 3 \geq 0 \rightarrow \sin^2 x \geq \frac{3}{4} \rightarrow$$

$$\sin x \leq -\frac{\sqrt{3}}{2} \vee \sin x \geq \frac{\sqrt{3}}{2}$$

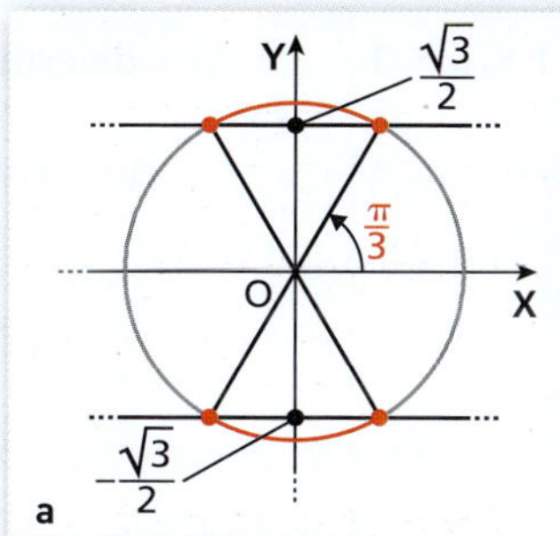

- Dallo schema grafico (figura **a**) deduciamo che la disequazione è verificata per:

$$\frac{\pi}{3} + k\pi \leq x \leq \frac{2}{3}\pi + k\pi.$$

- Risolviamo la seconda disequazione (figura **b**):

$$\tan x \geq 1 \rightarrow \frac{\pi}{4} + k\pi \leq x < \frac{\pi}{2} + k\pi.$$

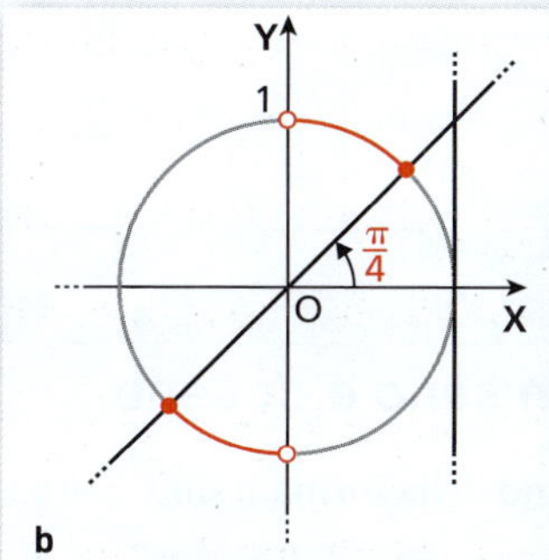

- Rappresentiamo le soluzioni su circonferenze concentriche (figura **c**) ed evidenziamo gli intervalli in cui le disequazioni sono entrambe verificate. Le soluzioni del sistema sono:

$$\frac{\pi}{3} + k\pi \leq x < \frac{\pi}{2} + k\pi.$$

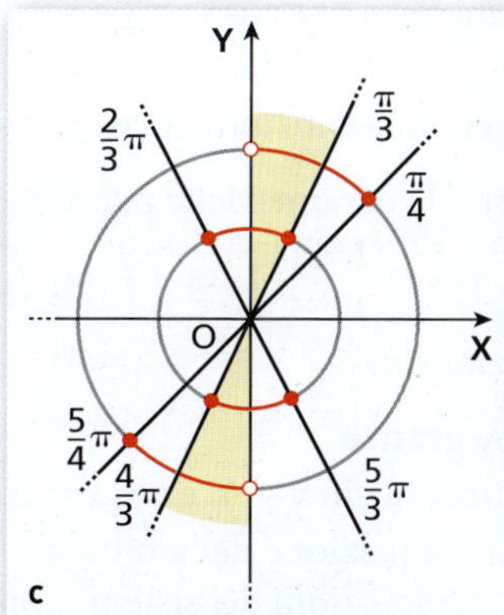

▶ Risolvi il sistema:
$\begin{cases} 2\cos x + \sqrt{2} > 0 \\ 2\sin x \leq -1 \end{cases}$.

MATEMATICA E TECNOLOGIA

I pannelli solari Il Sole è una fonte di energia rinnovabile ed economica. Chiunque può diventare produttore di energia solare se possiede dei pannelli solari.

▶ Come si devono collocare i pannelli solari affinché il loro rendimento sia massimo?

La risposta

IN SINTESI
Equazioni e disequazioni goniometriche

Equazioni goniometriche elementari

Equazioni goniometriche elementari		
$\sin x = a$ ⟨ determinata se $-1 \le a \le 1$; impossibile se $a < -1 \vee a > 1$	$\cos x = b$ ⟨ determinata se $-1 \le b \le 1$; impossibile se $b < -1 \vee b > 1$	$\tan x = c$ determinata $\forall c \in \mathbb{R}$
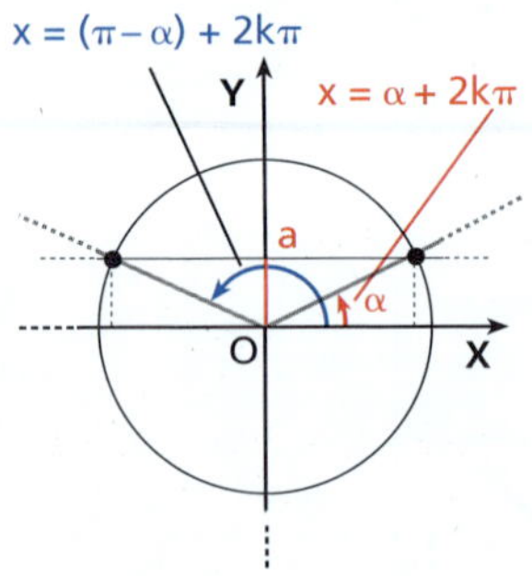	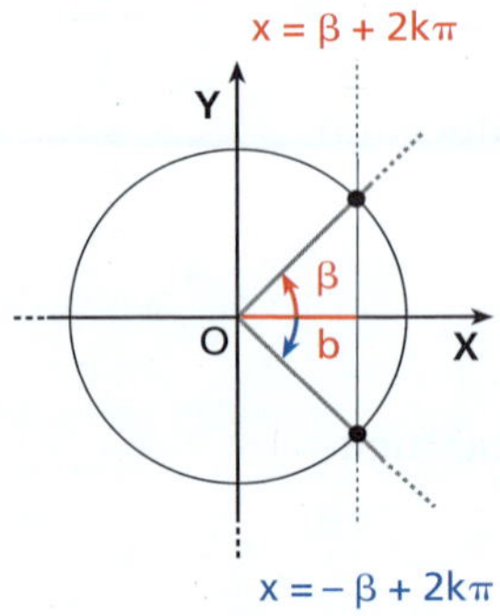	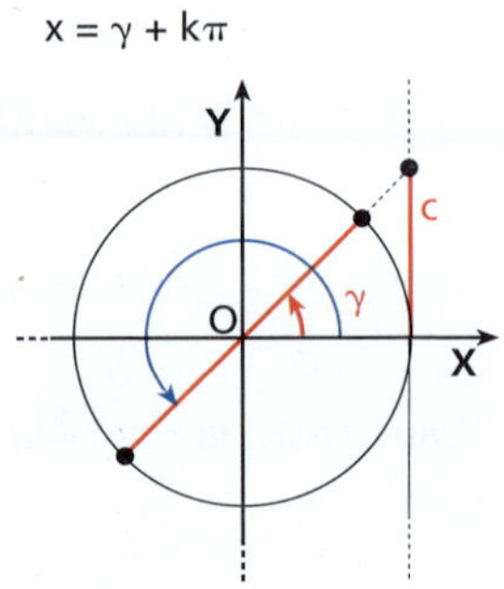

Equazioni lineari in seno e coseno

- **Equazioni lineari**: sono della forma $a\sin x + b\cos x + c = 0$, con $a \neq 0$ e $b \neq 0$.
- **Metodo di risoluzione algebrico**
  - $c = 0$: si dividono i membri per $\cos x \neq 0$ e si risolve l'equazione in tangente.
  - $c \neq 0$:
    - si determinano eventuali soluzioni del tipo $x = \pi + 2k\pi$;
    - si utilizzano le formule parametriche per $x \neq \pi + 2k\pi$,
      $\sin x = \frac{2t}{1+t^2}$ e $\cos x = \frac{1-t^2}{1+t^2}$, con $t = \tan\frac{x}{2}$
      risolvendo l'equazione in t.
- **Metodo di risoluzione grafico**
  - Si eseguono le sostituzioni $\sin x = Y$ e $\cos x = X$.
  - Si risolve il sistema tra equazione della retta $aY + bX + c = 0$ e $X^2 + Y^2 = 1$, equazione della circonferenza goniometrica. Le soluzioni del sistema sono i punti di intersezione tra retta e circonferenza.
- **Metodo di risoluzione dell'angolo aggiunto**
  - Si considera
    $$a\sin x + b\cos x = r\sin(x+\alpha), \text{ con } r = \sqrt{a^2+b^2} \text{ e } \tan\alpha = \frac{b}{a}.$$
  - Si sostituisce in $a\sin x + b\cos x + c = 0$:
    $$r\sin(x+\alpha) + c = 0 \rightarrow \sin(x+\alpha) = -\frac{c}{r}, \text{ equazione elementare.}$$

Equazioni omogenee di secondo grado in seno e coseno

- **Equazioni omogenee di secondo grado in seno e coseno**: sono le equazioni riconducibili alla forma:

  $a \cdot \sin^2 x + b \sin x \cos x + c \cos^2 x = 0.$

- **Metodo risolutivo**
  - Se $a = 0$: $b \sin x \cos x + c \cos^2 x = 0 \rightarrow \cos x(b \sin x + c \cos x) = 0$.
  - Se $c = 0$: $a \sin^2 x + b \sin x \cos x = 0 \rightarrow \sin x(a \sin x + b \cos x) = 0$.
  - Se $a \neq 0 \wedge c \neq 0$: si divide per $\cos^2 x$ (diverso da 0, essendo $a \neq 0$) $\rightarrow$ $a \tan^2 x + b \tan x + c = 0$.

- Sono **riconducibili** a omogenee di secondo grado in seno e coseno le equazioni del tipo:

  $a \cdot \sin^2 x + b \cdot \sin x \cos x + c \cdot \cos^2 x = d, \quad \text{con } d \neq 0.$

  Per risolverle, si moltiplica d per $1 = \sin^2 x + \cos^2 x$ e si risolve l'equazione omogenea così ottenuta.

Disequazioni goniometriche

- **Disequazioni goniometriche elementari**: sono le disequazioni del tipo $\sin x < a$, $\cos x < a$, $\tan x < a$ e quelle analoghe con diversi simboli di diseguaglianza.

- **Metodi risolutivi**
  - Con il **grafico della funzione goniometrica**.

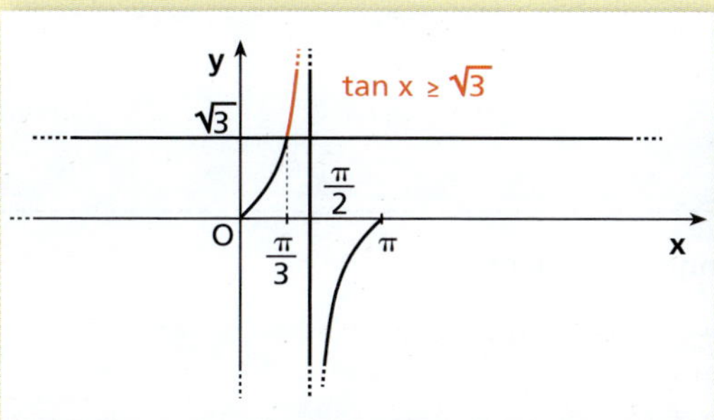

  - Con la **circonferenza goniometrica**.

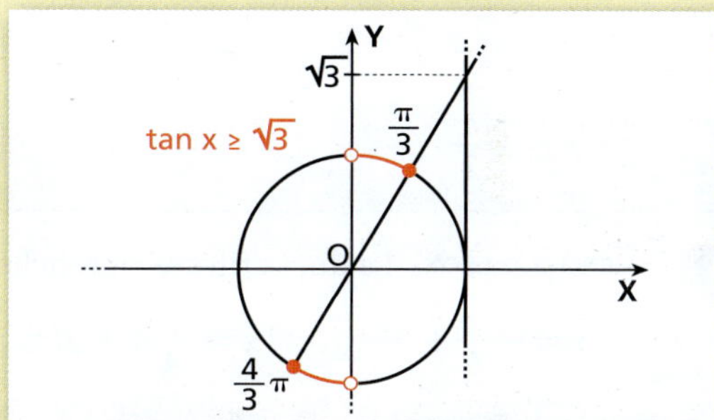

- Si risolvono le **disequazioni goniometriche non elementari** riconducendole a disequazioni elementari. Le disequazioni sotto forma di prodotti si risolvono mediante lo **studio del segno** dei fattori.

  ESEMPIO: $(2 \sin x + \sqrt{2})(2 \cos x - 1) > 0.$

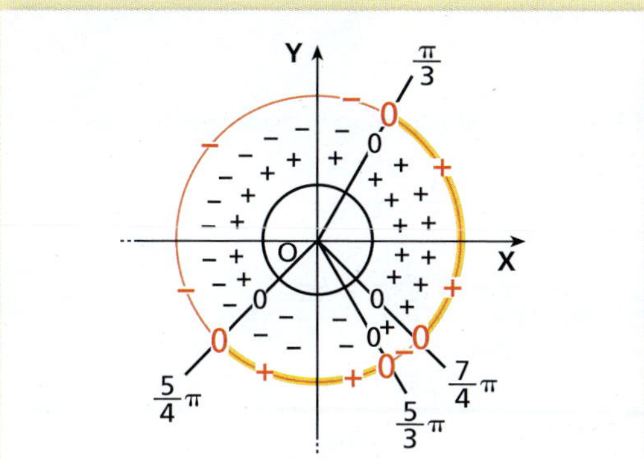

- Un **sistema di disequazioni goniometriche** ha come soluzioni quei valori che soddisfano contemporaneamente tutte le sue disequazioni.

  ESEMPIO: $\begin{cases} 2 \sin x + \sqrt{2} > 0 \\ 2 \cos x - 1 > 0 \end{cases}$

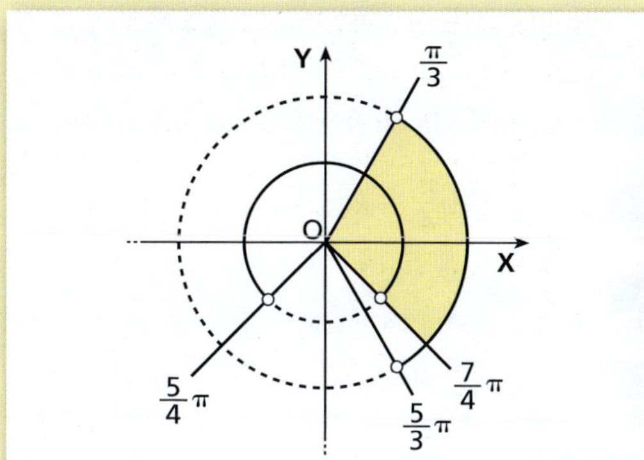

CAPITOLO 16
ESERCIZI

1 Equazioni goniometriche elementari

1 Riconosci fra le seguenti equazioni quelle goniometriche.

$3 \sin x = 1$; $3x \sin \pi = 1$; $2 \cos x + 2 = 0$; $2x - \tan 30° = 0$; $\sin^2 x - \cos x - 3 = 0$.

Scrittura sintetica delle soluzioni di un'equazione

2 TEST Fra le seguenti espressioni, una sola *non* è equivalente a $x = \frac{\pi}{2} + k\frac{\pi}{2}$. Quale?

- A $x = \pi + k\frac{\pi}{2}$
- B $x = \frac{3}{2}\pi + k\frac{\pi}{2}$
- C $x = k\pi \vee x = \frac{\pi}{2} + k\pi$
- D $x = 2k\pi \vee x = \frac{\pi}{2} + k\pi$
- E $x = k\frac{\pi}{2}$

3 ASSOCIA a ciascuna espressione della prima colonna un'espressione della seconda colonna che descriva gli stessi angoli.

a. $x = k\pi$	**1.** $x = 2k\pi$
b. $x = \pi + 2k\pi$	**2.** $x = \pi + k\pi$
c. $x = -4\pi + 2k\pi$	**3.** $x = -\pi + 2k\pi$
d. $x = k\frac{\pi}{2}$	**4.** $x = \frac{\pi}{2} + k\frac{\pi}{2}$

4 VERO O FALSO? Le due scritture sintetiche indicate sono equivalenti.

a. $x = -\frac{\pi}{4} + 2k\pi$, $\quad x = \frac{7}{4}\pi + 2k\pi$. V F

b. $x = \frac{\pi}{3} + 2k\pi \vee x = \frac{4}{3}\pi + 2k\pi$, $\quad x = \frac{\pi}{3} + k\pi$. V F

c. $x = \frac{5}{6}\pi + k\pi$, $\quad x = \frac{11}{6}\pi + 2k\pi$. V F

d. $x = \frac{\pi}{2} + 2k\pi \vee x = \frac{3}{2}\pi + 2k\pi$, $\quad x = -\frac{\pi}{2} + k\pi$. V F

e. $x = k\pi$, $\quad x = 2k\pi \vee x = \pi + 2k\pi$. V F

f. $x = \frac{\pi}{4} + k\frac{\pi}{2}$, $\quad x = \pm\frac{\pi}{4} + k\pi$. V F

Rappresenta nella circonferenza goniometrica le seguenti soluzioni di equazioni goniometriche.

5 **a.** $x = -\frac{\pi}{4} + k\pi$; **b.** $x = \frac{3}{2}\pi + k\pi$.

6 **a.** $x = \frac{\pi}{4} + k\frac{\pi}{2}$; **b.** $x = -\frac{2}{3}\pi + k\pi$.

7 **a.** $x = \frac{\pi}{6} + k\pi \vee x = -\frac{\pi}{6} + 2k\pi$; **b.** $x = \frac{3}{4}\pi + k\pi \vee x = k\pi$.

LEGGI IL GRAFICO In ogni figura sono indicate le soluzioni di un'equazione goniometrica. Scrivi il risultato nella forma più sintetica possibile, indicando anche la periodicità.

8 ●○

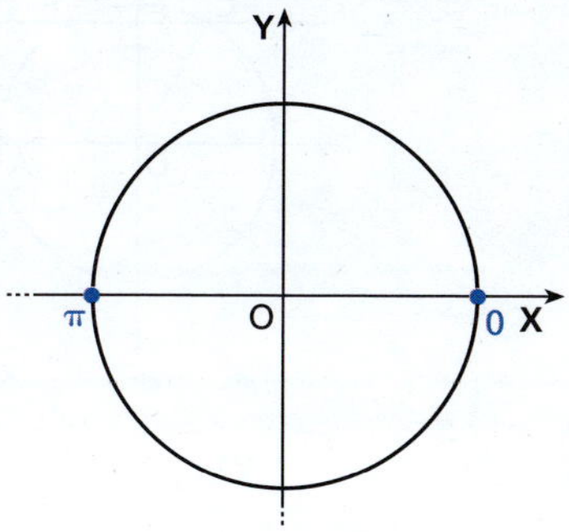

a

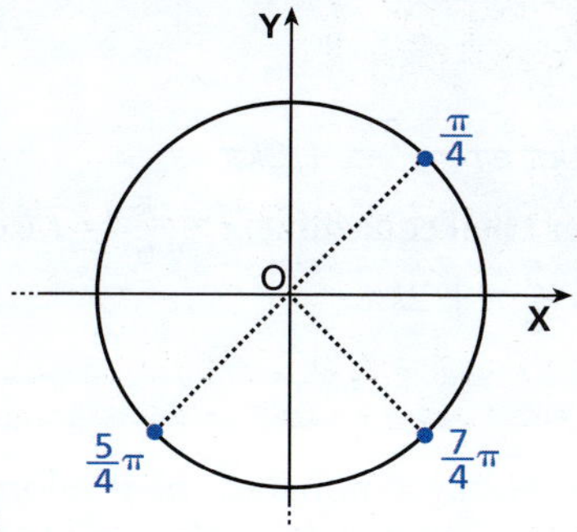

b

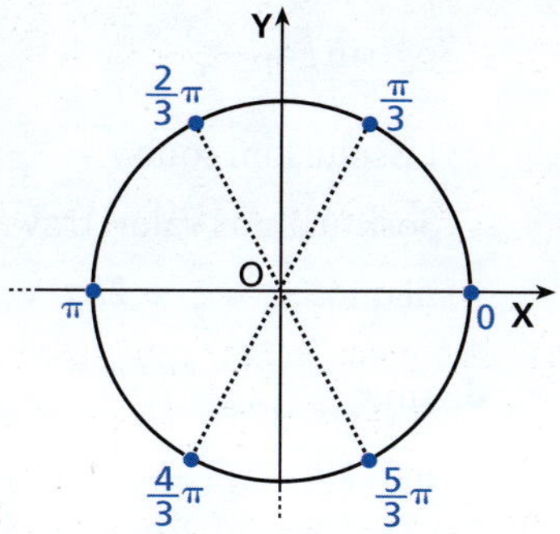

c

9 ●○

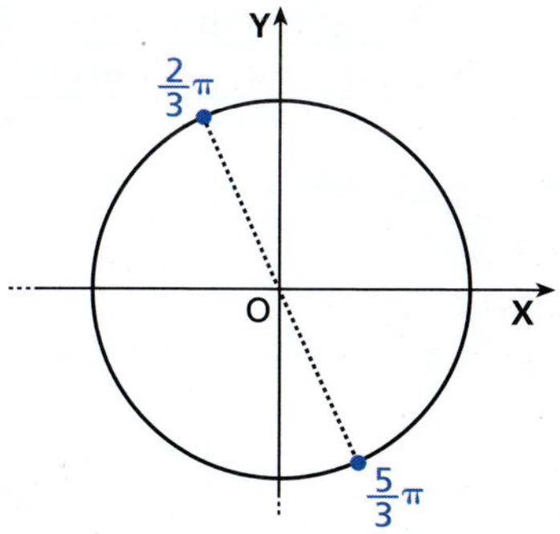

a

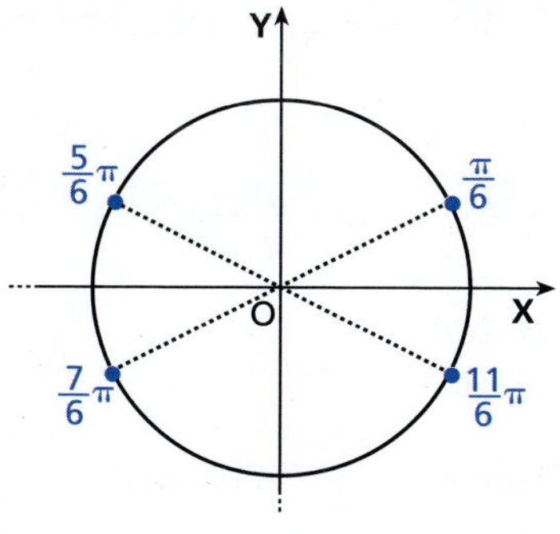

b

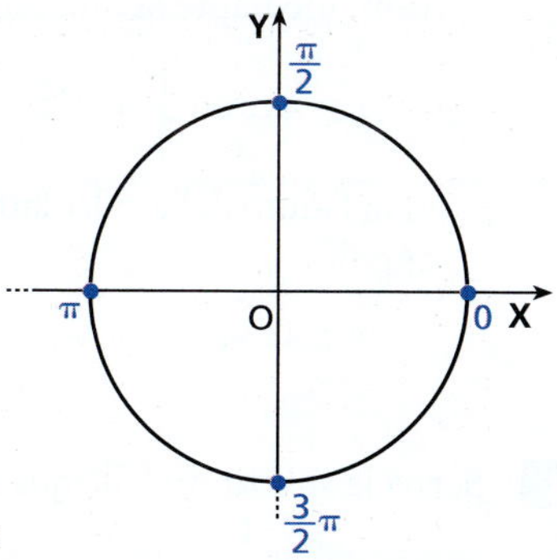

c

sin *x* = *a*

▶ Teoria a p. 748

10 **ESERCIZIO GUIDA** Risolviamo le seguenti equazioni:

a. $2\sin x - 1 = 0$; **b.** $2\sin x - 4 = 0$; **c.** $\sin\left(x - \frac{\pi}{6}\right) = \frac{\sqrt{3}}{2}$; **d.** $\sin x = \frac{1}{3}$.

a. Risolviamo l'equazione rispetto a $\sin x$:

$$2\sin x - 1 = 0 \rightarrow \sin x = \frac{1}{2}.$$

Usando la circonferenza goniometrica, cerchiamo i punti di ordinata $\frac{1}{2}$. A essi corrispondono gli angoli $\frac{\pi}{6}$ e $\pi - \frac{\pi}{6} = \frac{5}{6}\pi$. Inoltre, tutti gli angoli che si ottengono da $\frac{\pi}{6}$ e $\frac{5}{6}\pi$ aggiungendo (o sottraendo) 2π e i suoi multipli hanno lo stesso seno, quindi sono soluzioni dell'equazione. In conclusione, le soluzioni dell'equazione sono: $x = \frac{\pi}{6} + 2k\pi \vee x = \frac{5}{6}\pi + 2k\pi$.

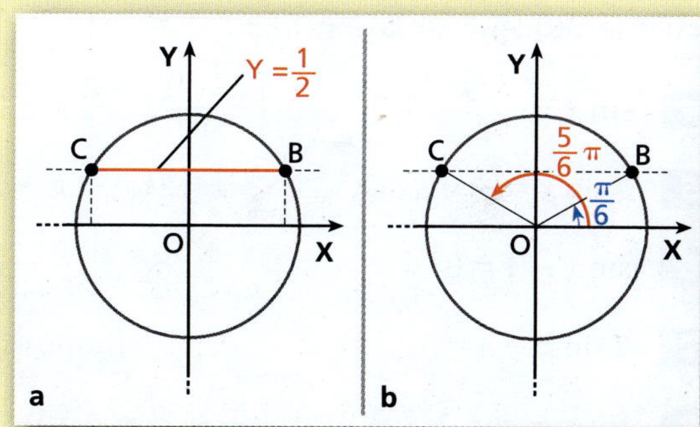

b. $2\sin x - 4 = 0$. Risolviamo l'equazione rispetto a $\sin x$:

$$2\sin x = 4 \quad \rightarrow \quad \sin x = 2.$$

L'equazione è impossibile perché deve essere $-1 \leq \sin x \leq 1$ per qualsiasi valore di x. Graficamente osserviamo che la retta dei punti che hanno ordinata 2 non incontra mai la circonferenza goniometrica.

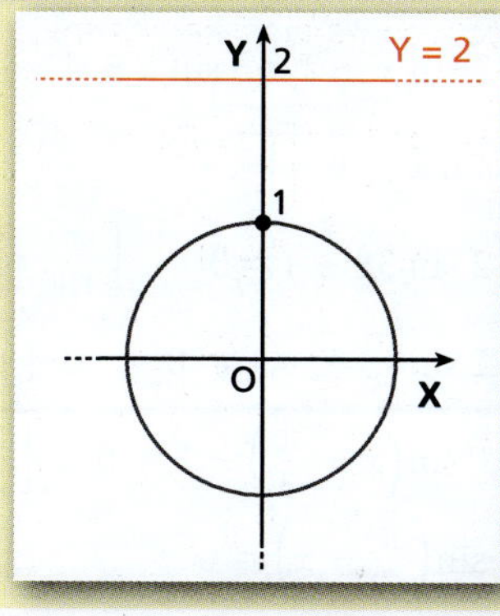

ESERCIZI

c. $\sin\left(x-\frac{\pi}{6}\right)=\frac{\sqrt{3}}{2}$. Poniamo $x-\frac{\pi}{6}=t$. Otteniamo l'equazione:

$$\sin t=\frac{\sqrt{3}}{2}.$$

Le soluzioni sono $t=\frac{\pi}{3}+2k\pi$ e $t=\frac{2}{3}\pi+2k\pi$.
Sostituiamo i valori trovati per t nell'equazione $x-\frac{\pi}{6}=t$ e otteniamo: $x=\frac{\pi}{2}+2k\pi \lor x=\frac{5}{6}\pi+2k\pi$.

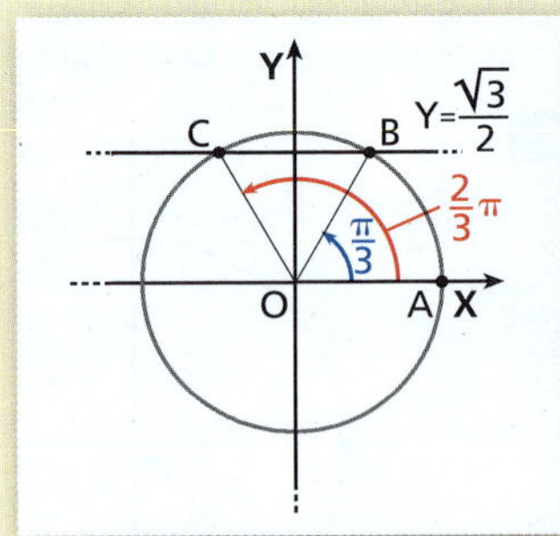

d. $\sin x=\frac{1}{3}$.

Procediamo come nel caso **a.** Tuttavia, notiamo che il valore del seno non corrisponde ad angoli noti, quindi esprimiamo le soluzioni mediante la funzione arcoseno:

$$x=\arcsin\frac{1}{3}+2k\pi \lor x=\pi-\arcsin\frac{1}{3}+2k\pi.$$

Con l'aiuto della calcolatrice scriviamo i valori approssimati degli angoli:

$$x\simeq 0{,}34+2k\pi \lor x\simeq 2{,}8+2k\pi.$$

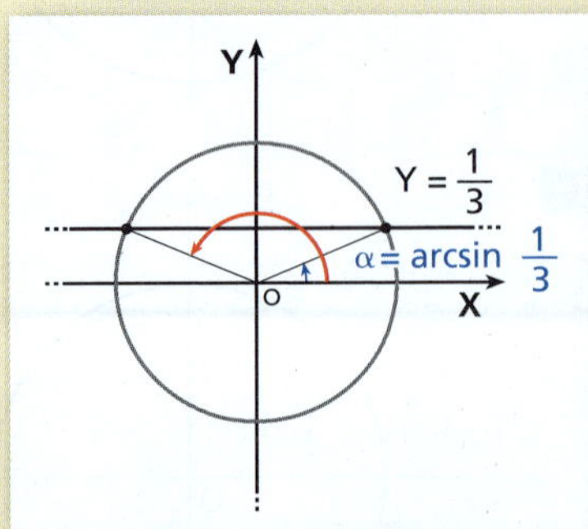

11 ●○ Scrivi le soluzioni dell'equazione $\sin x=\frac{\sqrt{2}}{2}$ in $[0; 3\pi]$. $\left[\frac{\pi}{4}, \frac{3}{4}\pi, \frac{9}{4}\pi, \frac{11}{4}\pi\right]$

12 ●○ Scrivi le soluzioni dell'equazione $\sin 2x=\frac{1}{2}$ in $[0; 2\pi]$. $\left[\frac{\pi}{12}, \frac{5}{12}\pi, \frac{13}{12}\pi, \frac{17}{12}\pi\right]$

13 ●○ **TEST** Solo una tra le seguenti *non* è soluzione dell'equazione $\sin 2x=\frac{\sqrt{3}}{2}$. Quale?

A $\frac{\pi}{3}$ **B** $\frac{\pi}{6}$ **C** $\frac{13}{6}\pi$ **D** $\frac{2}{3}\pi$ **E** $\frac{7}{6}\pi$

Risolvi le seguenti equazioni in $\mathbb{R}$.

14 ●○ $\sin x=\frac{\sqrt{3}}{2}$ $\left[\frac{\pi}{3}+2k\pi; \frac{2}{3}\pi+2k\pi\right]$

15 ●○ $2\sin x=-\sqrt{2}$ $\left[\frac{5}{4}\pi+2k\pi; \frac{7}{4}\pi+2k\pi\right]$

16 ●○ $\sin x-1=0$ $\left[\frac{\pi}{2}+2k\pi\right]$

17 ●○ $2\sin x-4=3$ [impossibile]

18 ●○ $\sin x=\cos\frac{\pi}{6}$ $\left[\frac{\pi}{3}+2k\pi; \frac{2}{3}\pi+2k\pi\right]$

19 ●○ $2\sin x+2=3\sin x+4$ [impossibile]

20 ●○ $\sin x+1=1$ $[k\pi]$

21 ●○ $2\sin 3x-1=0$ $\left[\frac{\pi}{18}+k\frac{2}{3}\pi; \frac{5}{18}\pi+k\frac{2}{3}\pi\right]$

22 ●○ $2\sin\frac{x}{3}+\sqrt{3}=0$ $[-\pi+6k\pi; 4\pi+6k\pi]$

23 ●○ $2\sin\left(x-\frac{\pi}{3}\right)-1=0$ $\left[\frac{\pi}{2}+2k\pi; \frac{7}{6}\pi+2k\pi\right]$

24 ●○ $\sin\left(\frac{\pi}{3}-x\right)=0$ $\left[\frac{\pi}{3}+k\pi\right]$

25 ●○ $\sin x=-\frac{1}{2}$ $\left[-\frac{\pi}{6}+2k\pi; \frac{7}{6}\pi+2k\pi\right]$

26 ●○ $2\sin\frac{x}{2}=\cos 2\pi$ $\left[\frac{\pi}{3}+4k\pi; \frac{5}{3}\pi+4k\pi\right]$

27 ●○ $\sin x=\cos\frac{2}{3}\pi$ $\left[-\frac{\pi}{6}+2k\pi; \frac{7}{6}\pi+2k\pi\right]$

28 ●○ $3\sin x+1=2\sin x$ $\left[\frac{3}{2}\pi+2k\pi\right]$

29 ●○ $\sin(x+1)=\tan\frac{\pi}{3}$ [impossibile]

30 ●○ $2\sin 5x-\sqrt{2}=0$ $\left[\frac{\pi}{20}+k\frac{2}{5}\pi; \frac{3}{20}\pi+k\frac{2}{5}\pi\right]$

31 ●○ $3\sin x-10=2(\sin x-1)$ [impossibile]

32 ●○ $2(\sin 2x+3)-1=3(1-\sin 2x)+2$ $\left[k\frac{\pi}{2}\right]$

33 ●○ $8\sin 8x=8$ $\left[\frac{\pi}{16}+k\frac{\pi}{4}\right]$

34 ●○ $\sin x+3=2(\sin x+1)$ $\left[\frac{\pi}{2}+2k\pi\right]$

35 ●○ $2\sin x+\sqrt{3}=0$ $\left[-\frac{\pi}{3}+2k\pi; \frac{4}{3}\pi+2k\pi\right]$

36 $\sin x = \frac{2}{5}$ $\left[\arcsin\frac{2}{5} + 2k\pi; \pi - \arcsin\frac{2}{5} + 2k\pi\right]$

37 $4 \sin x = -1$ $\left[\arcsin\left(-\frac{1}{4}\right) + 2k\pi; \pi - \arcsin\left(-\frac{1}{4}\right) + 2k\pi\right]$

38 $\frac{3}{5}\sin x - \frac{4}{3} = -\frac{2}{5}\sin x - \sin\frac{\pi}{2} + \frac{2}{3}$ $\left[\frac{\pi}{2} + 2k\pi\right]$

39 $2 \cos 60° \sin x - \sin 30° = \tan 180°$ $[30° + k\,360°; 150° + k\,360°]$

40 $\csc x = -2$ $\left[\frac{7}{6}\pi + 2k\pi; \frac{11}{6}\pi + 2k\pi\right]$

41 $(\sin 3x - 2)(\sin 3x - 3) = (\sin 3x + 2)(\sin 3x + 3)$ $\left[k\frac{\pi}{3}\right]$

42 $\left|\sin\left(x - \frac{\pi}{6}\right)\right| = 1$ $\left[\frac{2}{3}\pi + k\pi\right]$

43 $2 \sin x - 2 \cos 45° = 2(\sqrt{2} \sin 60° - \sin x)$ $[75° + k\,360°; 105° + k\,360°]$

44 $|2 \sin 3x| = 1$ $\left[\pm\frac{\pi}{18} + k\frac{\pi}{3}\right]$

45 REALTÀ E MODELLI **La scala** Determina la misura dell'angolo che una scala lunga 4 m forma con il terreno quando è appoggiata a una parete in modo da raggiungere un'altezza di 3 m. $[\alpha \simeq 49°]$

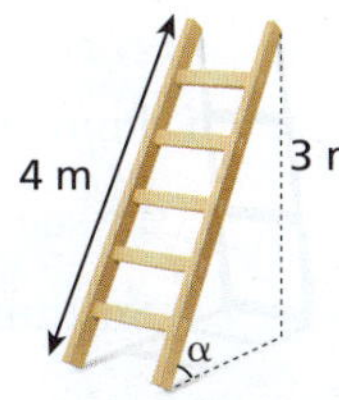

46 Disegna nel piano cartesiano i grafici delle funzioni $y = 2\sin x$ e $y = -\sqrt{2}$ nell'intervallo $[-\pi; \pi]$ e determina le coordinate dei loro punti di intersezione. $\left[\left(-\frac{3}{4}\pi; -\sqrt{2}\right); \left(-\frac{\pi}{4}; -\sqrt{2}\right)\right]$

47 Traccia i grafici delle funzioni $y = \sin x - 1$ e $y = 3\sin x - 2$ nell'intervallo $[-\pi; 2\pi]$, e determina le coordinate dei loro punti di intersezione. $\left[\left(\frac{\pi}{6}; -\frac{1}{2}\right); \left(\frac{5}{6}\pi; -\frac{1}{2}\right)\right]$

LEGGI IL GRAFICO **Determina in ognuna delle figure le coordinate dei punti *A* e *B*.**

48

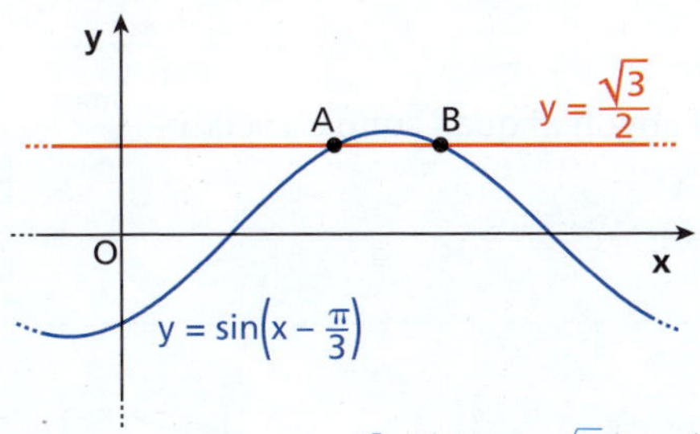

$\left[A\left(\frac{2}{3}\pi; \frac{\sqrt{3}}{2}\right); B\left(\pi; \frac{\sqrt{3}}{2}\right)\right]$

49

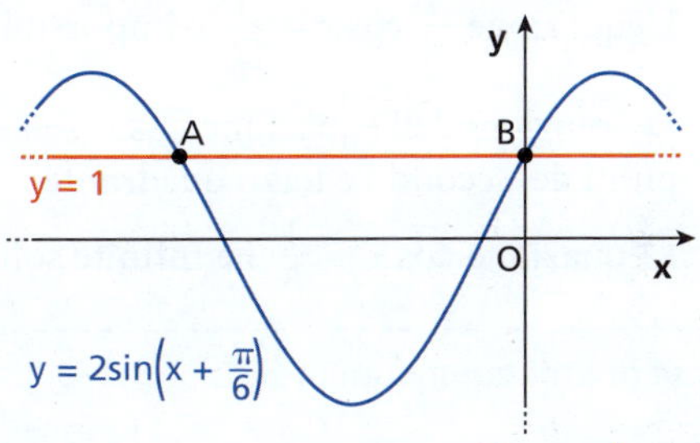

$\left[A\left(-\frac{4}{3}\pi; 1\right); B(0; 1)\right]$

Scrivi l'equazione delle funzioni goniometriche rappresentate nelle figure e trova i punti di intersezione con le rette tracciate.

50

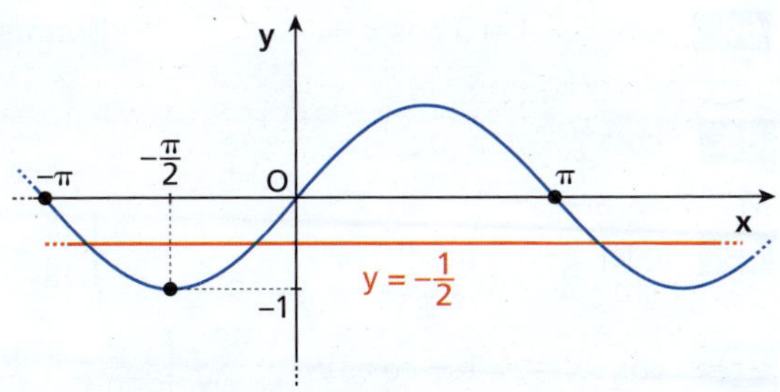

51

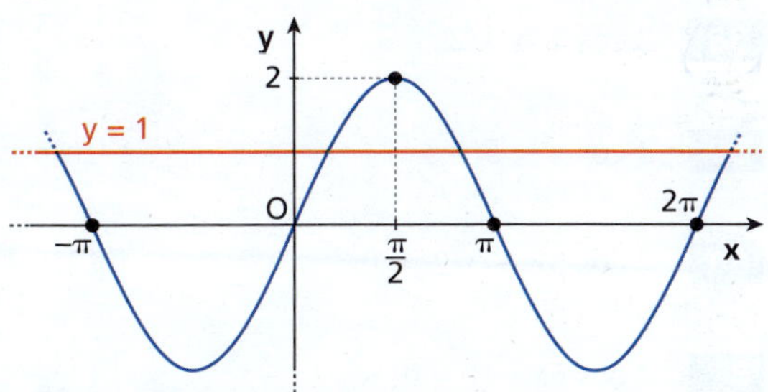

cos x = b

Teoria a p. 750

52 ESERCIZIO GUIDA Risolviamo: **a.** $2\cos x - \sqrt{3} = 0$; **b.** $\cos 5x = \frac{\sqrt{2}}{2}$.

a. Risolviamo l'equazione rispetto a $\cos x$:

$$2\cos x - \sqrt{3} = 0 \rightarrow \cos x = \frac{\sqrt{3}}{2}.$$

Sulla circonferenza goniometrica cerchiamo i punti di ascissa $\frac{\sqrt{3}}{2}$.

Le soluzioni sono $x = \frac{\pi}{6}$ e $x = -\frac{\pi}{6}$.
Tenendo conto che il periodo della funzione coseno è 2π, scriviamo in forma sintetica:

$$x = \pm\frac{\pi}{6} + 2k\pi.$$

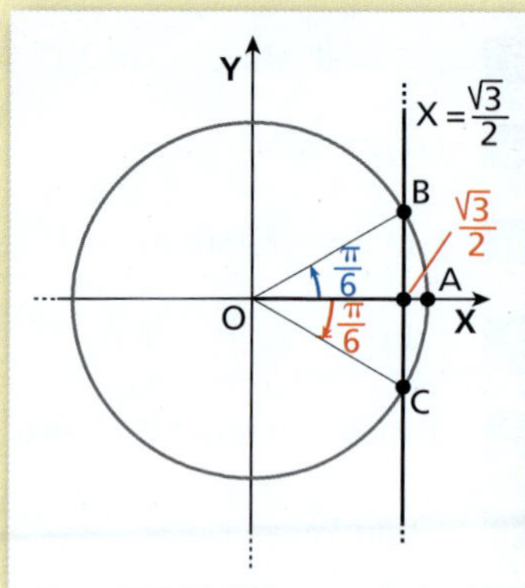

b. Poniamo $5x = t$, ottenendo l'equazione: $\cos t = \frac{\sqrt{2}}{2}$.
Le sue soluzioni sono: $t = \pm\frac{\pi}{4} + 2k\pi$.
Sostituiamo i valori determinati in $5x = t$ e troviamo: $5x = \pm\frac{\pi}{4} + 2k\pi \rightarrow x = \pm\frac{\pi}{20} + \frac{2}{5}k\pi$.

53 Scrivi le soluzioni dell'equazione $\cos x = 1$ in $[2\pi; 5\pi]$. $[2\pi; 4\pi]$

54 Scrivi le soluzioni dell'equazione $\cos 3x = -\frac{1}{2}$ in $[0; 2\pi]$. $\left[\frac{2}{9}\pi; \frac{4}{9}\pi; \frac{8}{9}\pi; \frac{10}{9}\pi; \frac{14}{9}\pi; \frac{16}{9}\pi\right]$

55 VERO O FALSO?

a. $\cos 2x = 2$ e $\cos x = 1$ sono equazioni equivalenti. V F

b. L'equazione $\frac{1}{4}\cos x = \frac{1}{2}$ è impossibile. V F

c. Le soluzioni dell'equazione $\cos x = -\frac{1}{3}$ corrispondono ad angoli ai quali sono associati punti del secondo e terzo quadrante. V F

d. L'equazione $\cos x = \frac{1}{5}$ ha infinite soluzioni. V F

Risolvi le seguenti equazioni in $\mathbb{R}$.

56 $\cos x = -\frac{1}{2}$ $\left[\pm\frac{2}{3}\pi + 2k\pi\right]$

57 $\cos x = 1$ $[2k\pi]$

58 $2\cos x = \sqrt{2}$ $\left[\pm\frac{\pi}{4} + 2k\pi\right]$

59 $3\cos x - 5 = 3$ [impossibile]

60 $2\cos 5x + \sqrt{2} = 0$ $[\pm 27° + k72°]$

61 $2\cos 6x - 1 = 0$ $\left[\pm\frac{\pi}{18} + k\frac{\pi}{3}\right]$

62 $8\cos x = 1$ $\left[\pm\arccos\frac{1}{8} + 2k\pi\right]$

63 $2\cos x + \sqrt{3} = 0$ $\left[\pm\frac{5}{6}\pi + 2k\pi\right]$

64 $\cos x - 4 = 3\cos x + 8$ [impossibile]

65 $\cos\frac{x}{4} - 1 = 0$ $[8k\pi]$

66 $\cos\left(\frac{\pi}{9} - x\right) = 0$ $\left[\frac{11}{18}\pi + k\pi\right]$

67 $\cos 3x = -1 - \cos 3x$ $\left[\pm\frac{2}{9}\pi + k\cdot\frac{2}{3}\pi\right]$

68 $\cos 4x = \frac{1}{3}$ $\left[\pm\frac{1}{4}\arccos\frac{1}{3} + k\frac{\pi}{2}\right]$

69 $\cos\left(x - \frac{\pi}{6}\right) = \frac{1}{4}$ $\left[\frac{\pi}{6} \pm \arccos\frac{1}{4} + 2k\pi\right]$

---

70 $\sqrt{3}\sec 2x = 2$ $\left[\pm\frac{\pi}{12} + k\pi\right]$

71 $2\cos\left(x - \frac{\pi}{18}\right) - \sqrt{3} = 0$ $\left[-\frac{\pi}{9} + 2k\pi; \frac{2}{9}\pi + 2k\pi\right]$

72 $2\cos\left(x + \frac{\pi}{6}\right) + 1 = 0$ $\left[\frac{\pi}{2} + 2k\pi; -\frac{5}{6}\pi + 2k\pi\right]$

73 $2\cos x + 2 = \cos x + 2\sin\frac{\pi}{2}$ $\left[\frac{\pi}{2} + k\pi\right]$

74 $2\sin\frac{\pi}{3}\cos x - \cos\frac{\pi}{6} = \tan\pi$ $\left[\pm\frac{\pi}{3} + 2k\pi\right]$

75 $2(\cos 2x + 3) - 1 = 3(1 - \cos 2x) + 2$ $\left[\pm\frac{\pi}{4} + k\pi\right]$

76 $2(\cos x - 1) + 3 = 3(\cos x - 2) - 2(\cos x - 3)$ $[\pi + 2k\pi]$

77 $\cos\left(x - \frac{2}{3}\pi\right) = 2\cos\left(x - \frac{2}{3}\pi\right) + \tan\frac{\pi}{4}$ $\left[\frac{5}{3}\pi + 2k\pi\right]$

78 $5\cos\left(x - \frac{\pi}{9}\right) + 3 = 3\cos\left(x - \frac{\pi}{9}\right) + 4$ $\left[-\frac{2}{9}\pi + 2k\pi; \frac{4}{9}\pi + 2k\pi\right]$

79 $4\cos(x - 115°) - 5 + 6\cos(x - 115°) = \cos(x - 115°) + 4$ $[115° + k360°]$

80 $2\sqrt{3}\cos(x + 1°) + 10 = 3 - 2[1 + 2\sqrt{3}\cos(x + 1°)]$ $[-151° + k360°; 149° + k360°]$

81 $2\cos x - 2\cos 45° = 2(\sqrt{2}\sin 60° - \cos x)$ $[\pm 15° + k360°]$

82 $2|\cos x| = 1$ $\left[\pm\frac{\pi}{3} + k\pi\right]$

83 $\left|\cos\left(x - \frac{\pi}{4}\right)\right| = \frac{\sqrt{2}}{2}$ $\left[\frac{\pi}{2} + k\frac{\pi}{2}\right]$

84 Disegna nel piano cartesiano i grafici delle funzioni $y = \cos x + 2$ e $y = 1$ nell'intervallo $[0; 2\pi]$ e determina le coordinate dei loro punti di intersezione. $[(\pi; 1)]$

LEGGI IL GRAFICO Calcola l'area del triangolo *ABO*.

85

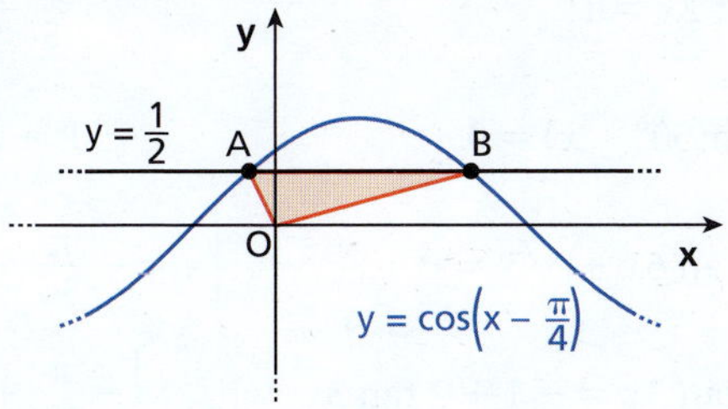

$\left[\frac{\pi}{6}\right]$

86

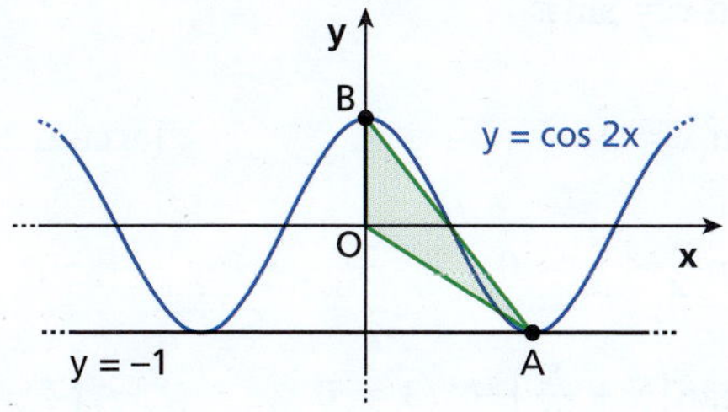

$\left[\frac{\pi}{4}\right]$

87 Traccia nel piano cartesiano i grafici delle funzioni $y = 2\cos x$ e $y = \cos x - \frac{\sqrt{3}}{2}$ nell'intervallo $[-\pi; \pi]$ e calcola l'area del triangolo che ha per vertici i loro punti di intersezione e l'origine. $\left[\frac{5}{6}\sqrt{3}\,\pi\right]$

ESERCIZI

$\tan x = c$

▶ Teoria a p. 750

88 ESERCIZIO GUIDA Risolviamo $\tan\left(x+\frac{\pi}{3}\right)=\sqrt{3}$.

Poniamo $x+\frac{\pi}{3}=t$ e otteniamo l'equazione $\tan t=\sqrt{3}$.
Sulla retta tangente alla circonferenza nel punto A origine degli archi prendiamo il punto T di ordinata $\sqrt{3}$. Tracciata TO, vediamo che al valore $\sqrt{3}$ della tangente corrispondono l'angolo $\frac{\pi}{3}$ e tutti quelli che si ottengono da $\frac{\pi}{3}$ aggiungendo un multiplo di π.

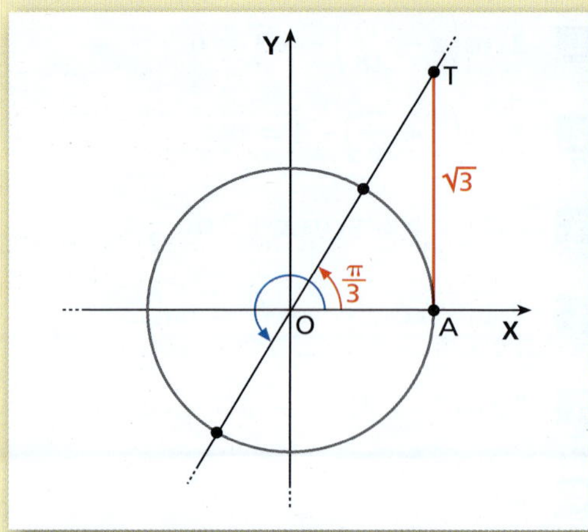

Le soluzioni sono $t=\frac{\pi}{3}+k\pi$.

Sostituendo il valore di t in $x+\frac{\pi}{3}=t$ troviamo:

$$x+\frac{\pi}{3}=\frac{\pi}{3}+k\pi \rightarrow x=k\pi.$$

89 Scrivi le soluzioni dell'equazione $\tan x=-1$ in $[0; 3\pi]$. $\left[\frac{3}{4}\pi; \frac{7}{4}\pi; \frac{11}{4}\pi\right]$

90 Scrivi le soluzioni dell'equazione $\tan\frac{x}{2}-\sqrt{3}=0$ in $[-\pi; \pi]$. $\left[\frac{2}{3}\pi\right]$

91 TEST L'equazione $\tan x = 4$:

A è impossibile.

B è verificata per $x=\arctan 4+k\frac{\pi}{2}$.

C è verificata per $x=\arctan 4+k\pi$.

D ammette due soluzioni nell'intervallo $\left[-\frac{\pi}{2}; \frac{\pi}{2}\right]$.

E non ha soluzioni nell'intervallo $\left[\pi; \frac{3}{2}\pi\right]$.

Risolvi le seguenti equazioni in $\mathbb{R}$.

92 $\tan x-1=0$ $\left[\frac{\pi}{4}+k\pi\right]$

93 $3\tan x=\sqrt{3}$ $\left[\frac{\pi}{6}+k\pi\right]$

94 $\tan x-\sqrt{3}=0$ $\left[\frac{\pi}{3}+k\pi\right]$

95 $\tan x=\sin\pi$ $[k\pi]$

96 $\tan x=2$ $[\arctan 2+k\pi]$

97 $\tan\frac{x}{4}+1=0$ $[-\pi-4k\pi]$

98 $3\tan\left(x+\frac{\pi}{9}\right)-\sqrt{3}=0$ $\left[\frac{\pi}{18}+k\pi\right]$

99 $3\tan x=\tan x$ $[k\pi]$

100 $\tan\left(x+\frac{\pi}{6}\right)+1=0$ $\left[-\frac{5}{12}\pi+k\pi\right]$

101 $2\sin\frac{\pi}{3}\tan x-\tan\frac{\pi}{3}=0$ $\left[\frac{\pi}{4}+k\pi\right]$

102 $3\tan\frac{x}{2}-2=2\tan\frac{x}{2}-1$ $\left[\frac{\pi}{2}+2k\pi\right]$

103 $\tan 3x=3$ $\left[\frac{1}{3}\arctan 3+k\frac{\pi}{3}\right]$

104 $\cot 2x=1$ $\left[\frac{\pi}{8}+k\frac{\pi}{2}\right]$

105 $\tan(50°-x)=0$ $[50°+k180°]$

106 $3\tan 6x+\sqrt{3}=0$ $\left[x=-\frac{\pi}{36}+k\frac{\pi}{6}\right]$

107 $3\tan 3x=-1+2\tan 3x$ $\left[-\frac{\pi}{12}+k\frac{\pi}{3}\right]$

108 $\tan\left(x-\frac{\pi}{5}\right)+7=0$ $\left[\frac{\pi}{5}+\arctan(-7)+k\pi\right]$

109 $\left|\tan\left(x-\frac{\pi}{3}\right)\right|=\sqrt{3}$ $\left[k\pi; \frac{2}{3}\pi+k\pi\right]$

110 $-2\sqrt{3}\tan(x+100°) = 4[1+\sqrt{3}\tan(x+100°)] + 2$ $[-130° + k180°]$

111 $\tan(x-12°) - 3 = 2\tan(x-12°) - 2$ $[-33° + k180°]$

112 $2(\tan x + 1) + 3(1 - \tan x) = -2(\tan x - 1) + 4$ $\left[\frac{\pi}{4} + k\pi\right]$

113 REALTÀ E MODELLI **Pendenza** Francesca si trova all'inizio di una salita e deve raggiungere la sua auto, parcheggiata in cima. Vede il cartello qui a fianco e sa che la strada è lunga 100 metri: con quale angolo rispetto all'orizzontale vede la sua auto? A che altezza? [5,7°; 9,95 m]

114 Disegna nel piano cartesiano i grafici delle funzioni $y = \sqrt{3}$ e $y = 3\tan\frac{x}{6}$ nell'intervallo $[-3\pi; 3\pi]$ e determina le coordinate dei loro punti di intersezione. $[(\pi; \sqrt{3})]$

Equazioni elementari a confronto

TEST

115 Una sola delle seguenti equazioni ha come soluzioni $x = \frac{\pi}{6} + k\pi$. Quale?

A $2\sin x - 1 = 0$
B $3\tan x - \sqrt{3} = 0$
C $3\cot x - \sqrt{3} = 0$
D $2\cos x - \sqrt{3} = 0$
E $\sqrt{3}\sec x - 2 = 0$

116 Quale fra le seguenti equazioni *non* ammette 0 fra le soluzioni?

A $\sin x = 0$
B $\sec x - 1 = 0$
C $\tan x = 0$
D $\csc x = 0$
E $\sin x + \cos x - 1 = 0$

117 Indica per ogni equazione se l'insieme scritto a fianco rappresenta tutte le sue soluzioni.

a. $\cos x = 0;\quad x = \frac{\pi}{2} + 2k\pi.$
b. $\tan x = -1;\quad x = \frac{3}{4}\pi + k\pi.$
c. $\sin x = -\frac{1}{2};\quad x = \frac{11}{6}\pi + 2k\pi.$
d. $\cos x = \pm\frac{\sqrt{2}}{2};\quad x = \frac{\pi}{4} + k\frac{\pi}{2}.$

118 VERO O FALSO?

a. L'equazione $\sin\frac{1}{4}x = \frac{1}{4}$ è equivalente a $\sin x = 1$. V F
b. L'equazione $|\cos x| = 1$ ha come soluzioni $x = k\pi$. V F
c. L'equazione $\sin x = -4k^2$ ammette soluzione solo se $-\frac{1}{2} < k < \frac{1}{2}$. V F
d. L'equazione $\tan x = 4\pi$ non ammette soluzioni. V F

119 COMPLETA

a. $\sin x = \square \rightarrow x = \frac{3}{2}\pi + 2k\pi.$
b. $\cos 2x = \frac{\sqrt{2}}{2} \rightarrow x = \pm\frac{\pi}{8} + \square.$
c. $\cos x = \square \rightarrow x = \frac{2}{3}\pi + 2k\pi \vee x = \square.$
d. $\tan x = -\sqrt{3} \rightarrow x = -\frac{\pi}{3} + \square.$

120 ASSOCIA ogni equazione al suo insieme soluzione.

a. $x = \frac{\pi}{6} + 2k\pi \vee x = \frac{5}{6}\pi + 2k\pi$
b. $x = \frac{\pi}{4} + k\frac{\pi}{2}$
c. $x = \frac{\pi}{6} + k\pi$
d. $x = \frac{\pi}{4} + k\pi$

1. $|\cos x| = \frac{\sqrt{2}}{2}$
2. $\sqrt{3}\tan x = 1$
3. $\sin x = \frac{1}{2}$
4. $\cot x = 1$

121 Indica quali tra le seguenti equazioni ammettono soluzione e per ciascuna determina le eventuali soluzioni.

a. $\tan x = \frac{\pi}{2}$
b. $\tan\frac{\pi}{2} = x$
c. $\sin x = \frac{\pi}{2}$
d. $\sin\frac{\pi}{2} = x$

$\left[\text{a) } \arctan\frac{\pi}{2} + k\pi\text{; b) impossibile; c) impossibile; d) } 1\right]$

Particolari equazioni goniometriche elementari

▶ Teoria a p. 751

122 ESERCIZIO GUIDA Risolviamo le seguenti equazioni:

a. $\sin 4x = \sin\left(2x - \frac{\pi}{3}\right)$; b. $\cos 6x = \cos\left(x - \frac{\pi}{3}\right)$; c. $\sin\left(x + \frac{\pi}{4}\right) = \cos 3x$.

a. $\sin 4x = \sin\left(2x - \frac{\pi}{3}\right)$.

$\sin\alpha = \sin\alpha' \leftrightarrow \alpha = \alpha' + 2k\pi \vee \alpha + \alpha' = \pi + 2k\pi$

Utilizzando la regola, dobbiamo risolvere le due equazioni:

- $4x = 2x - \frac{\pi}{3} + 2k\pi \rightarrow 2x = -\frac{\pi}{3} + 2k\pi \rightarrow x = -\frac{\pi}{6} + k\pi$;
- $4x + 2x - \frac{\pi}{3} = \pi + 2k\pi \rightarrow 6x = \frac{\pi}{3} + \pi + 2k\pi \rightarrow 6x = \frac{4}{3}\pi + 2k\pi \rightarrow x = \frac{2}{9}\pi + k\frac{\pi}{3}$.

In sintesi, le soluzioni dell'equazione data sono: $x = -\frac{\pi}{6} + k\pi \vee x = \frac{2}{9}\pi + k\frac{\pi}{3}$.

b. $\cos 6x = \cos\left(x - \frac{\pi}{3}\right)$.

$\cos\alpha = \cos\alpha' \leftrightarrow \alpha = \pm\alpha' + 2k\pi$

Utilizzando la regola $\cos\alpha = \cos\alpha' \leftrightarrow \alpha = \pm\alpha' + 2k\pi$, dobbiamo risolvere le seguenti equazioni:

- $6x = x - \frac{\pi}{3} + 2k\pi \rightarrow 5x = -\frac{\pi}{3} + 2k\pi \rightarrow x = -\frac{\pi}{15} + \frac{2}{5}k\pi$;
- $6x = -x + \frac{\pi}{3} + 2k\pi \rightarrow 7x = \frac{\pi}{3} + 2k\pi \rightarrow x = \frac{\pi}{21} + \frac{2}{7}k\pi$.

In sintesi, le soluzioni dell'equazione data sono: $x = -\frac{\pi}{15} + \frac{2}{5}k\pi \vee x = \frac{\pi}{21} + \frac{2}{7}k\pi$.

c. $\sin\left(x + \frac{\pi}{4}\right) = \cos 3x$. L'equazione si può trasformare utilizzando gli angoli associati.
Poiché $\cos\alpha = \sin\left(\frac{\pi}{2} - \alpha\right)$, scriviamo:

$$\sin\left(x + \frac{\pi}{4}\right) = \sin\left(\frac{\pi}{2} - 3x\right).$$

Otteniamo le soluzioni dalle equazioni:

- $x + \frac{\pi}{4} = \frac{\pi}{2} - 3x + 2k\pi \rightarrow 4x = \frac{\pi}{4} + 2k\pi \rightarrow x = \frac{\pi}{16} + k\frac{\pi}{2}$;
- $x + \frac{\pi}{4} + \frac{\pi}{2} - 3x = \pi + 2k\pi \rightarrow -2x = \frac{\pi}{4} + 2k\pi \rightarrow x = -\frac{\pi}{8} - k\pi \rightarrow x = -\frac{\pi}{8} + k\pi$.

Risolvi le seguenti equazioni in $\mathbb{R}$.

123 $\sin\left(2x + \frac{\pi}{5}\right) = \sin\left(5x + \frac{\pi}{2}\right)$ $\left[-\frac{\pi}{10} - \frac{2}{3}k\pi; \frac{3}{70}\pi + \frac{2}{7}k\pi\right]$

124 $\sin\left(3x - \frac{\pi}{4}\right) = \sin x$ $\left[\frac{\pi}{8} + k\pi; \frac{5}{16}\pi + k\frac{\pi}{2}\right]$

125 $\sin\left(2x - \frac{\pi}{3}\right) = \sin 2x$ $\left[\frac{\pi}{3} + k\frac{\pi}{2}\right]$

126 $\sin\left(2x - \frac{\pi}{8}\right) = -\sin\left(\frac{3}{4}\pi - 3x\right)$ $\left[\frac{5}{8}\pi + 2k\pi; \frac{3}{8}\pi + 2k\frac{\pi}{5}\right]$

127 $\sin x = \cos x$ $\left[\frac{\pi}{4} + k\pi\right]$

128 $\sin x = -\cos x$ $\left[\frac{3}{4}\pi + k\pi\right]$

129 $\cos 6x = -\cos 4x$ $\left[\frac{\pi}{2} + k\pi; \frac{\pi}{10} + k\frac{\pi}{5}\right]$

130 $\sin 2x = -\sin 8x$ $\left[k\frac{\pi}{5}; \frac{\pi}{6} + k\frac{\pi}{3}\right]$

131 $\sin 3x = -\cos 4x$ $\left[\frac{\pi}{2} + 2k\pi; \frac{3}{14}\pi + \frac{2}{7}k\pi\right]$

132 $\sin 4x = \cos\left(\frac{\pi}{4} - 2x\right)$ $\left[\frac{\pi}{8} + k\frac{\pi}{3}\right]$

133 $\sin\left(4x - \frac{\pi}{10}\right) = -\cos\left(3x + \frac{\pi}{5}\right)$ $\left[-\frac{\pi}{5} + 2k\pi; \frac{\pi}{5} + \frac{2}{7}k\pi\right]$

134 $\sin 8x = \sin 6x$ $\left[k\pi; \frac{\pi}{14} + k\frac{\pi}{7}\right]$

135 $\sin\left(\frac{2}{3}x - \frac{\pi}{4}\right) = \sin\left(2x - \frac{\pi}{3}\right)$ $\left[\frac{\pi}{16} + \frac{3}{2}k\pi; \frac{19}{32}\pi + \frac{3}{4}k\pi\right]$

136 $\cos\left(5x - \frac{2}{3}\pi\right) = \cos\left(3x + \frac{\pi}{4}\right)$ $\left[\frac{11}{24}\pi + k\pi; \frac{5}{96}\pi + k\frac{\pi}{4}\right]$

137 $\cos\left(4x - \frac{2}{5}\pi\right) = -\cos\left(3x + \frac{4}{5}\pi\right)$ $\left[\frac{3}{35}\pi + \frac{2}{7}k\pi; \frac{\pi}{5} + 2k\pi\right]$

138 $\sin\frac{x}{3} = \cos 5x$ $\left[\frac{3}{32}\pi + \frac{3}{8}k\pi; -\frac{3}{28}\pi - \frac{3}{7}k\pi\right]$

139 $\sin\left(x - \frac{2}{3}\pi\right) = \sin(\pi + 2x)$ $\left[-\frac{5}{3}\pi + 2k\pi; \frac{2}{9}\pi + \frac{2}{3}k\pi\right]$

140 $\cos x = \sin\left(4x - \frac{\pi}{4}\right)$ $\left[\frac{3}{20}\pi + \frac{2}{5}k\pi; \frac{\pi}{4} + \frac{2}{3}k\pi\right]$

141 $\cos\left(2x - \frac{\pi}{5}\right) = -\cos\left(x + \frac{\pi}{2}\right)$ $\left[\frac{7}{30}\pi + \frac{2}{3}k\pi; -\frac{3}{10}\pi + 2k\pi\right]$

142 $\sin(2x - 108°) = \sin(-54° - 5x)$ $\left[\frac{54°}{7} + k\frac{360°}{7}; -114° + k120°\right]$

143 $\cos\left(3x - \frac{4}{5}\pi\right) = \cos\left(\frac{2}{5}\pi - 2x\right)$ $\left[\frac{6}{25}\pi + \frac{2}{5}k\pi; \frac{2}{5}\pi + 2k\pi\right]$

144 $\sin 4x = -\cos\frac{3}{2}x$ $\left[\frac{3}{5}\pi + \frac{4}{5}k\pi; \frac{3}{11}\pi + \frac{4}{11}k\pi\right]$

145 $\cos\left(3x - \frac{\pi}{9}\right) = -\cos\left(4x - \frac{2}{3}\pi\right)$ $\left[\frac{16}{63}\pi + \frac{2}{7}k\pi; \frac{14}{9}\pi + 2k\pi\right]$

146 $\sin\left(2x - \frac{\pi}{3}\right) - \sin x = 0$ $\left[\frac{\pi}{3} + 2k\pi; \frac{4}{9}\pi + \frac{2}{3}k\pi\right]$

147 $|\cos x| = \cos 3x$ $\left[2k\pi; \frac{\pi}{2} + k\pi; \frac{3}{4}\pi + 2k\pi; \frac{5}{4}\pi + 2k\pi\right]$

148 TEST La soluzione dell'equazione $\sin x - \cos\frac{x}{2} = 0$ nell'intervallo $[0; 2\pi]$ è:

A $\pi, \frac{\pi}{3}, \frac{5\pi}{3}$. B $\pi, \frac{\pi}{6}, \frac{5\pi}{6}$. C $0, \frac{\pi}{3}, \frac{5\pi}{3}$. D $\frac{\pi}{3}, \frac{5\pi}{3}$. E $0, \frac{\pi}{6}, \frac{5\pi}{6}$.

(Università di Bergamo, Facoltà di Ingegneria, Corso propedeutico di Matematica)

Determina *x* utilizzando le informazioni delle figure.

149

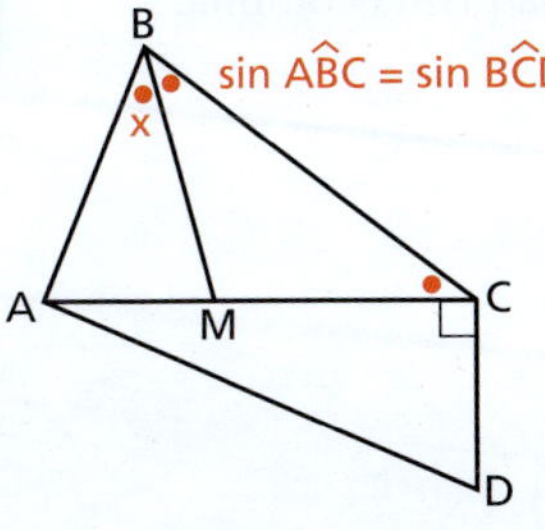

[30°]

150

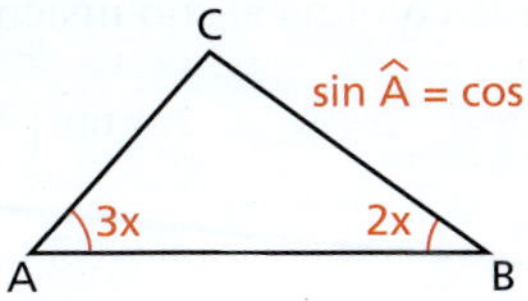

[18°]

151

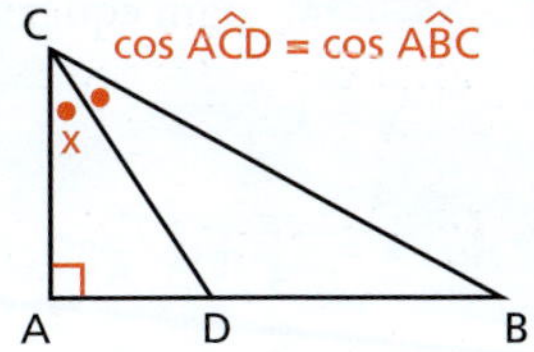

[30°]

ESERCIZI

152 ESERCIZIO GUIDA Risolviamo:

a. $\tan\left(x-\frac{\pi}{6}\right)=\tan\frac{5x}{6}$; **b.** $\tan 3x=-\tan\left(\frac{\pi}{4}-2x\right)$.

a. $\tan\left(x-\frac{\pi}{6}\right)=\tan\frac{5x}{6}$. $\tan\alpha=\tan\alpha' \leftrightarrow \alpha=\alpha'+k\pi$ Posta la condizione di esistenza

$$x-\frac{\pi}{6}\neq\frac{\pi}{2}+k\pi \wedge \frac{5}{6}x\neq\frac{\pi}{2}+k\pi \rightarrow x\neq\frac{2}{3}\pi+k\pi \wedge x\neq\frac{3}{5}\pi+k\frac{6}{5}\pi,$$

si ha: $x-\frac{\pi}{6}=\frac{5}{6}x+k\pi \rightarrow x-\frac{5}{6}x=\frac{\pi}{6}+k\pi \rightarrow \frac{x}{6}=\frac{\pi}{6}+k\pi \rightarrow x=\pi+6k\pi$.

Le soluzioni sono accettabili.

b. $\tan 3x=-\tan\left(\frac{\pi}{4}-2x\right)$.

Poniamo: $3x\neq\frac{\pi}{2}+k\pi \wedge \frac{\pi}{4}-2x\neq\frac{\pi}{2}+k\pi \rightarrow x\neq\frac{\pi}{6}+k\frac{\pi}{3} \wedge x\neq-\frac{\pi}{8}-k\frac{\pi}{2}$.

Poiché $-\tan\alpha=\tan(-\alpha)$, l'equazione è equivalente a:

$$\tan 3x=\tan\left(2x-\frac{\pi}{4}\right).$$

Analogamente al caso precedente, dobbiamo risolvere l'equazione:

$$3x=2x-\frac{\pi}{4}+k\pi \rightarrow x=-\frac{\pi}{4}+k\pi.$$

Le soluzioni sono accettabili.

Risolvi le seguenti equazioni in $\mathbb{R}$.

153 $\tan\left(3x+\frac{\pi}{7}\right)=\tan\left(4x-\frac{\pi}{8}\right)$ $\left[\frac{15}{56}\pi-k\pi\right]$

154 $\tan(3x+65°)=-\tan(2x-25°)$ $[28°+k36°]$

155 $\tan\left(4x+\frac{\pi}{2}\right)=\tan 2x$ $[\nexists x\in\mathbb{R}]$

156 $\tan\left(2x+\frac{\pi}{5}\right)=\tan\left(5x+\frac{\pi}{3}\right)$ $\left[\frac{43}{45}\pi+k\frac{\pi}{3}\right]$

157 $\tan x=-\tan\left(x-\frac{2}{5}\pi\right)$ $\left[\frac{\pi}{5}+k\frac{\pi}{2}\right]$

158 $\tan\left(x+\frac{3}{4}\pi\right)+\tan x=0$ $\left[-\frac{3}{8}\pi+k\frac{\pi}{2}\right]$

159 ASSOCIA ogni equazione nella seconda colonna al suo insieme soluzione nella prima colonna.

a. $x=k\frac{\pi}{3}$.	**1.** $\tan\left(\frac{2}{3}\pi-x\right)=\tan x$.
b. $x=\frac{\pi}{3}+k\frac{\pi}{2}$.	**2.** $\sqrt{3}\tan x=1$.
c. $x=\frac{\pi}{6}+k\pi$.	**3.** $2\cos\left(\frac{2}{3}\pi+x\right)=1$.
d. $x=\pi+2k\pi \vee x=\frac{5}{3}\pi+2k\pi$.	**4.** $\cos 4x=\sin\left(\frac{\pi}{2}+2x\right)$.

Equazioni riconducibili a equazioni elementari

▶ Teoria a p. 753

160 ESERCIZIO GUIDA Risolviamo $2\cos^2 x - \sin x - 1 = 0$.

Esprimiamo $\cos^2 x$ come $(1 - \sin^2 x)$, in modo da avere un'equazione contenente solo $\sin x$:

$$2(1 - \sin^2 x) - \sin x - 1 = 0 \rightarrow 2\sin^2 x + \sin x - 1 = 0.$$

Poniamo $\sin x = t$:

$$2t^2 + t - 1 = 0 \rightarrow t = \frac{-1 \pm \sqrt{1+8}}{4} \rightarrow t_1 = -1;\quad t_2 = \frac{1}{2}.$$

$$t_1 = -1 \rightarrow \sin x = -1 \rightarrow x = \frac{3}{2}\pi + 2k\pi$$

$$t_2 = \frac{1}{2} \rightarrow \sin x = \frac{1}{2} \rightarrow x = \frac{\pi}{6} + 2k\pi \vee x = \frac{5}{6}\pi + 2k\pi$$

Risolvi le seguenti equazioni in $\mathbb{R}$.

161 $2\cos^2 x - \cos x = 0$ $\left[\frac{\pi}{2} + k\pi; \pm\frac{\pi}{3} + 2k\pi\right]$

162 $2\sin^2 x - 1 = 0$ $\left[\frac{\pi}{4} + k\frac{\pi}{2}\right]$

163 $\sin^3 4x + 1 = 0$ $\left[\frac{3}{8}\pi + k\frac{\pi}{2}\right]$

164 $\sin x\cos x + \sin x = 0$ $[k\pi]$

165 $\sin x\tan x - \sin x = 0$ $\left[k\pi; \frac{\pi}{4} + k\pi\right]$

166 $3 + 4\cos^2 x - 4\sqrt{3}\cos x = 0$ $\left[\pm\frac{\pi}{6} + 2k\pi\right]$

167 $\cos(\pi - x) + \cos^2 x = 0$ $\left[\frac{\pi}{2} + k\pi; 2k\pi\right]$

168 $\sqrt{2 + \sin^2 x} = \frac{3}{2}$ $\left[\pm\frac{\pi}{6} + k\pi\right]$

169 $\cot^2 x + 1 = 2\tan^2 x$ $\left[\pm\frac{\pi}{4} + k\pi\right]$

170 $\tan^2 x - 3 = 0$ $\left[\pm\frac{\pi}{3} + k\pi\right]$

171 $\tan^2 4x - \tan 4x = 0$ $\left[k\frac{\pi}{4}; \frac{\pi}{16} + k\frac{\pi}{4}\right]$

172 $\cot^2 x - \sqrt{3}\cot x = 0$ $\left[\frac{\pi}{2} + k\pi; \frac{\pi}{6} + k\pi\right]$

---

173 $5\sin(\pi - x) + 4 - 2\cos^2 x = 0$ $\left[\frac{7}{6}\pi + 2k\pi; \frac{11}{6}\pi + 2k\pi\right]$

174 $2\sin^2 x + \sin x = 0$ $\left[k\pi; \frac{7}{6}\pi + 2k\pi; \frac{11}{6}\pi + 2k\pi\right]$

175 $\sqrt{2}\cos^2 x + \cos x = 0$ $\left[\frac{\pi}{2} + k\pi; \pm\frac{3}{4}\pi + 2k\pi\right]$

176 $(\tan x - \sqrt{3})(\cos x + 1) = 0$ $\left[\frac{\pi}{3} + k\pi; \pi + 2k\pi\right]$

177 $2\sin^2 x + \sin x - 1 = 0$ $\left[\frac{\pi}{6} + 2k\pi; \frac{5}{6}\pi + 2k\pi; \frac{3}{2}\pi + 2k\pi\right]$

178 $3\tan^2 x - 4\sqrt{3}\tan x + 3 = 0$ $\left[\frac{\pi}{6} + k\pi; \frac{\pi}{3} + k\pi\right]$

179 $2\cos^2 x - 3\cos x + 1 = 2\sin^2 x$ $\left[2k\pi; \pm\arccos\left(-\frac{1}{4}\right) + 2k\pi\right]$

180 $2\tan x + \cot x - 3 = 0$ $\left[\frac{\pi}{4} + k\pi; \arctan\frac{1}{2} + k\pi\right]$

181 $2\cos^4 x - \cos^2 x = 0$ $\left[\frac{\pi}{2} + k\pi; \frac{\pi}{4} + k\frac{\pi}{2}\right]$

182 $3\sin x \cdot \cot^2 x + 5\sin x = 7$ $\left[\frac{\pi}{6} + 2k\pi; \frac{5}{6}\pi + 2k\pi\right]$

ESERCIZI

183 $\cos^2 x - \sin(-x) = \sin^2 x + 1$ $\left[k\pi; \frac{\pi}{6} + 2k\pi; \frac{5}{6}\pi + 2k\pi\right]$

184 $2\sin^2 x - 5\sin x + 1 = 2\left(\cos^2 x - \frac{1}{2}\right)$ $[k\pi]$

185 $\tan^2 x - (1 + \sqrt{3})\tan x + \sqrt{3} = 0$ $\left[\frac{\pi}{4} + k\pi; \frac{\pi}{3} + k\pi\right]$

186 $(\tan x + \cot x) \cdot (2\cos x) = 4$ $\left[\frac{\pi}{6} + 2k\pi; \frac{5}{6}\pi + 2k\pi\right]$

187 $2\cos x - \sqrt{2} - \cos^2 x + \sin^2 x = 0$ $\left[\pm\frac{\pi}{4} + 2k\pi; \pm\arccos\frac{2-\sqrt{2}}{2} + 2k\pi\right]$

188 **ASSOCIA** ogni equazione alle rispettive soluzioni.

a. $2\sin^2 x = 1$ **b.** $3\sin x + \sin^2 x = 0$ **c.** $\tan^2 x - \tan x = 0$ **d.** $\sin^2 x \cos^2 x = 1$

1. $x = \frac{\pi}{4} + k\pi \vee x = k\pi$ **2.** $x = k\pi$ **3.** impossibile **4.** $x = \frac{\pi}{4} + k\frac{\pi}{2}$

189 **YOU & MATHS** Find all solutions ϑ to $2\cos^2\vartheta - 3\cos\vartheta = -1$.

(USA *Southern Illinois University Carbondale,* Final Exam)

$\left[2k\pi; \pm\frac{\pi}{3} + 2k\pi\right]$

Con le formule goniometriche

190 **ESERCIZIO GUIDA** Risolviamo $\sin\left(x - \frac{\pi}{6}\right) + \cos\left(x + \frac{2}{3}\pi\right) + \cos 2x = 0$.

Applichiamo le formule di addizione, sottrazione e duplicazione in modo che l'argomento delle funzioni goniometriche sia solo x:

$$\left(\sin x \cdot \cos\frac{\pi}{6} - \cos x \cdot \sin\frac{\pi}{6}\right) + \left(\cos x \cdot \cos\frac{2}{3}\pi - \sin x \cdot \sin\frac{2}{3}\pi\right) + (\cos^2 x - \sin^2 x) = 0.$$

Svolgiamo i calcoli:

$$\left(\frac{\sqrt{3}}{2}\sin x - \frac{1}{2}\cos x\right) + \left(-\frac{1}{2}\cos x - \frac{\sqrt{3}}{2}\sin x\right) + [\cos^2 x - (1 - \cos^2 x)] = 0 \rightarrow$$

$$2\cos^2 x - \cos x - 1 = 0.$$

Poniamo $\cos x = t$: $2t^2 - t - 1 = 0 \rightarrow t = \frac{1 \pm \sqrt{1+8}}{4} = \frac{1 \pm 3}{4} \rightarrow t_1 = -\frac{1}{2}, t_2 = 1$.

$$t_1 = -\frac{1}{2} \rightarrow \cos x = -\frac{1}{2} \rightarrow x = \pm\frac{2}{3}\pi + 2k\pi; \quad t_2 = 1 \rightarrow \cos x = 1 \rightarrow x = 2k\pi.$$

Risolvi le seguenti equazioni in $\mathbb{R}$.

191 $\cos 2x + \sin^2 x = 0$ $\left[\frac{\pi}{2} + k\pi\right]$

192 $1 - \sin^2 x - \cos^2\frac{x}{2} = 0$ $\left[\pm\frac{2}{3}\pi + 2k\pi; 2k\pi\right]$

193 $3\sin 2x + 10\sin x = 0$ $[k\pi]$

194 $\cos 2x - \sin 2x \cdot \tan x = 0$ $\left[\pm\frac{\pi}{6} + k\pi\right]$

195 $2\sin\left(x + \frac{\pi}{6}\right) \cdot \cos x = 1$ $\left[k\pi; \frac{\pi}{3} + k\pi\right]$

196 $\cos x - 2\sin^2\frac{x}{2} = \cos^2\frac{x}{2}$ $[2k\pi]$

197 $2\cos\left(x + \frac{\pi}{4}\right) = \sqrt{2}(1 - \sin x)$ $[2k\pi]$

198 $\tan\frac{x}{2} \cdot \cot x = -1$ $\left[\pm\frac{2}{3}\pi + 2k\pi\right]$

199 $4\cos x + \tan^2\frac{x}{2} = 3$ $\left[\pm\frac{\pi}{4} + k\pi\right]$

200 $\cot 2x \cdot \cot x = 1$ $\left[\frac{\pi}{6} + k\pi; \frac{5}{6}\pi + k\pi\right]$

201 ●○ $3\sin 2x \cdot \tan x - 2\cos^2 x = 2$ $\left[\frac{\pi}{4} + k\frac{\pi}{2}\right]$

202 ●○ $\tan\left(x - \frac{\pi}{4}\right)\tan x = 0$ $\left[k\pi; \frac{\pi}{4} + k\pi\right]$

203 ●○ $2\sin\left(x - \frac{\pi}{4}\right) = \sqrt{2}\,(1 - \cos x)$ $\left[\frac{\pi}{2} + 2k\pi\right]$

204 ●○ $\sin\left(x + \frac{\pi}{6}\right) + \cos\left(x + \frac{5}{6}\pi\right) = 0$ $\left[\frac{\pi}{4} + k\pi\right]$

205 ●○ $\sin^2 2x - 2 - 2\cos 2x = 0$ $\left[\frac{\pi}{2} + k\pi\right]$

206 ●○ $\cos^2 x + \sin^2 2x = 1$ $\left[\pm\frac{\pi}{3} + k\pi; k\pi\right]$

---

207 ●○ $\sin 2x - \cos x = 0$ $\left[\frac{\pi}{2} + k\pi; \frac{\pi}{6} + 2k\pi; \frac{5}{6}\pi + 2k\pi\right]$

208 ●○ $\sin x + \sqrt{3}\sin\frac{x}{2} = 0$ $\left[2k\pi; \frac{5}{3}\pi + 4k\pi; \frac{7}{3}\pi + 4k\pi\right]$

209 ●○ $2\sin^2\left(x - \frac{\pi}{4}\right) - \sqrt{2}\sin\left(x - \frac{\pi}{4}\right) = 0$ $\left[\pi + 2k\pi; \frac{\pi}{4} + k\pi; \frac{\pi}{2} + 2k\pi\right]$

210 ●○ $\cos 2x - (\sin x - 1)^2 + \sin x = 0$ $\left[k\pi; \frac{\pi}{2} + 2k\pi\right]$

211 ●○ $4\cos^2 x - 4\sqrt{3}\sin\left(\frac{\pi}{2} + x\right) + 3 = 0$ $\left[\pm\frac{\pi}{6} + 2k\pi\right]$

212 ●○ $\sqrt{2}\sin 2x + 2\cos x - \sqrt{2}\sin x - 1 = 0$ $\left[\pm\frac{\pi}{3} + 2k\pi; \frac{5}{4}\pi + 2k\pi; \frac{7}{4}\pi + 2k\pi\right]$

213 ●○ $2\sin\left(x - \frac{\pi}{3}\right) + 2\cos\left(x - \frac{\pi}{6}\right) = \sin^2 x + 1$ $\left[\frac{\pi}{2} + 2k\pi\right]$

214 ●● $\sin 2x + \sin 3x + \sin 4x = 0$ $\left[k\frac{\pi}{3}\right]$

215 ●● $\cos x + \cos\frac{x}{2} + 1 = 0$ $\left[\pi + 2k\pi; \frac{4}{3}\pi + 4k\pi; \frac{8}{3}\pi + 4k\pi\right]$

216 ●● $\cos 4x - \cos 2x = \sin 3x$ $\left[k\frac{\pi}{3}; \frac{7}{6}\pi + 2k\pi; \frac{11}{6}\pi + 2k\pi\right]$

217 ●● $\sin 2x \cdot \cot x + \cos x - 1 = 0$ $\left[\pm\frac{\pi}{3} + 2k\pi\right]$

218 ●● $\tan\left(x + \frac{\pi}{4}\right) - (1 + \tan x) = 0$ $\left[k\pi; \frac{3}{4}\pi + k\pi\right]$

219 ●● $(1 - \tan x) \cdot \tan 2x - \tan x = 0$ $[k\pi]$

220 ●● $4\sin x \cdot \cos\left(x - \frac{11}{6}\pi\right) = \sqrt{3} \cdot \sin 2x - 1$ $\left[\pm\frac{\pi}{4} + k\pi\right]$

221 ●● $2\cos x \cdot \sin\left(x + \frac{2}{3}\pi\right) = \sin x(-\cos x - \sqrt{3}\sin x) + \tan x$ $\left[\frac{\pi}{3} + k\pi\right]$

Equazioni e funzioni

222 ●○ **YOU & MATHS** How many x-intercepts does the graph of $y = \cos x - \sin 2x$ have in the interval $0 \leq x \leq 2\pi$?

A 0   B 2   C 4   D 6   E 8

(USA *Marywood University Mathematics Contest*)

Determina le intersezioni con l'asse x dei grafici delle seguenti funzioni, nell'intervallo $[-\pi; \pi]$.

223 ●○ $y = \cos 2x + 1 + \cos x$ $\left[\left(-\frac{2}{3}\pi; 0\right); \left(-\frac{\pi}{2}; 0\right); \left(\frac{\pi}{2}; 0\right); \left(\frac{2}{3}\pi; 0\right)\right]$

224 ●○ $y = 2\sin^2 x - 3\sin x + 1$ $\left[\left(\frac{\pi}{6}; 0\right); \left(\frac{\pi}{2}; 0\right); \left(\frac{5}{6}\pi; 0\right)\right]$

225 ●○ $y = \tan(\pi - x) + \tan^2 x$ $\left[(-\pi; 0); \left(-\frac{3}{4}\pi; 0\right); (0; 0); \left(\frac{\pi}{4}; 0\right); (\pi; 0)\right]$

2 Equazioni lineari in seno e coseno

▶ Teoria a p. 754

226 ESERCIZIO GUIDA Risolviamo $\sqrt{3}\cos x + \sin x = \sqrt{3}$.

Metodo algebrico

L'equazione è del tipo $a \sin x + b \cos x + c = 0$, con $c \neq 0$.
Per risolverla ci serviamo delle formule parametriche.

$$\sin x = \frac{2t}{1+t^2}, \quad \cos x = \frac{1-t^2}{1+t^2}, \quad \text{con } t = \tan\frac{x}{2}.$$

Poiché tali formule valgono per $x \neq \pi + 2k\pi$, dobbiamo verificare, prima di applicarle, se $x = \pi + 2k\pi$ è una soluzione dell'equazione data. Sostituendo π otteniamo:

$$\sqrt{3}\cos\pi + \sin\pi = -\sqrt{3} + 0 = -\sqrt{3} \neq \sqrt{3}.$$

In questo caso $x = \pi + 2k\pi$ **non** è soluzione dell'equazione data.

Se $x = \pi + 2k\pi$ avesse soddisfatto l'equazione, l'avremmo considerata come una soluzione.

Utilizziamo ora le formule parametriche per determinare le soluzioni diverse da $\pi + 2k\pi$:

$$\sqrt{3}\frac{1-t^2}{1+t^2} + \frac{2t}{1+t^2} = \sqrt{3} \rightarrow \frac{\sqrt{3}(1-t^2)+2t}{1+t^2} = \frac{\sqrt{3}(1+t^2)}{1+t^2} \rightarrow \sqrt{3} - \sqrt{3}t^2 + 2t = \sqrt{3} + \sqrt{3}t^2.$$

L'equazione ridotta in forma normale è:

$$\sqrt{3}t^2 - t = 0 \rightarrow t(\sqrt{3}t - 1) = 0 \quad \rightarrow \quad t = 0 \vee t = \frac{\sqrt{3}}{3}.$$

Torniamo alla variabile x:

- $\tan\frac{x}{2} = 0 \quad \rightarrow \quad \frac{x}{2} = k\pi \quad \rightarrow \quad x = 2k\pi;$
- $\tan\frac{x}{2} = \frac{\sqrt{3}}{3} \quad \rightarrow \quad \frac{x}{2} = \frac{\pi}{6} + k\pi \quad \rightarrow \quad x = \frac{2\pi}{6} + 2k\pi \quad \rightarrow \quad x = \frac{\pi}{3} + 2k\pi.$

Le soluzioni dell'equazione data sono: $x = 2k\pi \vee x = \frac{\pi}{3} + 2k\pi$.

Metodo grafico

Trasformiamo l'equazione nel sistema $\begin{cases} \sqrt{3}\cos x + \sin x = \sqrt{3} \\ \cos^2 x + \sin^2 x = 1 \end{cases}$.

Poniamo $\sin x = Y$ e $\cos x = X$ e sostituiamo nel sistema.

$$\begin{cases} \sqrt{3}X + Y = \sqrt{3} & \text{equazione di una retta} \\ X^2 + Y^2 = 1 & \text{equazione della circonferenza goniometrica} \end{cases}$$

Risolviamo il sistema per sostituzione.

$$\begin{cases} Y = -\sqrt{3}X + \sqrt{3} \\ X^2 + (-\sqrt{3}X + \sqrt{3})^2 = 1 \end{cases}$$

Risolviamo la seconda equazione:

$$X^2 + (3X^2 + 3 - 6X) = 1 \quad \rightarrow \quad 4X^2 - 6X + 2 = 0 \quad \rightarrow \quad 2X^2 - 3X + 1 = 0 \quad \rightarrow \quad X = 1, X = \frac{1}{2}.$$

Le soluzioni del sistema sono: $\begin{cases} X = 1 \\ Y = 0 \end{cases} \rightarrow E(1; 0); \begin{cases} X = \frac{1}{2} \\ Y = \frac{\sqrt{3}}{2} \end{cases} \rightarrow A\left(\frac{1}{2}; \frac{\sqrt{3}}{2}\right).$

Disegniamo sul piano cartesiano la retta e la circonferenza.
Torniamo all'incognita x con i sistemi:

1. $\begin{cases} \cos x = 1 \\ \sin x = 0 \end{cases} \rightarrow x = 2k\pi;$

2. $\begin{cases} \cos x = \dfrac{1}{2} \\ \sin x = \dfrac{\sqrt{3}}{2} \end{cases} \rightarrow x = \dfrac{\pi}{3} + 2k\pi.$

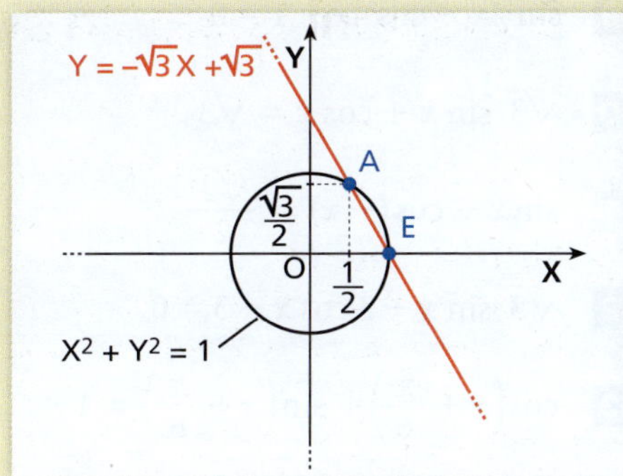

Le soluzioni dell'equazione data sono:

$$x = 2k\pi \quad \vee \quad x = \frac{\pi}{3} + 2k\pi.$$

Metodo dell'angolo aggiunto

Utilizzando le formule, nell'equazione data, per l'espressione $\sqrt{3}\cos x + \sin x$ abbiamo:

$$r = \sqrt{1+3} = 2; \quad \tan\alpha = \frac{\sqrt{3}}{1} \rightarrow \alpha = \frac{\pi}{3}.$$

$a \sin x + b \cos x = r \sin(x + \alpha)$, con $r = \sqrt{a^2 + b^2}$ e $\tan\alpha = \dfrac{b}{a}$

Quindi l'equazione data equivale a:

$$2\sin\left(x + \frac{\pi}{3}\right) = \sqrt{3},$$

equazione elementare che ha come soluzioni $x = 2k\pi \vee x = \dfrac{\pi}{3} + 2k\pi$.

227 **VERO O FALSO?** L'equazione $\cos x - \sqrt{3}\sin x = 0$:

a. è lineare in seno e coseno. V F

b. è equivalente all'equazione $1 - \sqrt{3}\tan x = 0$. V F

c. è equivalente all'equazione $2\sin\left(x - \dfrac{\pi}{6}\right) = 0$. V F

d. non si può risolvere con il metodo grafico. V F

228 **CACCIA ALL'ERRORE** Trova l'errore nell'applicazione del metodo dell'angolo aggiunto.

a. $\sin x + \cos x = 1 \rightarrow r = \sqrt{2}, \tan\alpha = 1 \rightarrow \sin\left(x + \dfrac{\pi}{4}\right) = 1$

b. $\sqrt{3}\sin x - \cos x = 0 \rightarrow r = \sqrt{2}, \tan\alpha = -\sqrt{3} \rightarrow \sqrt{2}\sin\left(x - \dfrac{\pi}{3}\right) = 0$

229 **RIFLETTI SULLA TEORIA** Fabio sostiene che l'equazione $\sin\left(\dfrac{3}{2}\pi - x\right) + 2\sin x = 1$ non è lineare in seno e coseno, ma Alessia la risolve come equazione lineare. Come fa?

Risolvi le seguenti equazioni goniometriche lineari.

230 $\sin x + \cos x = 0$ $\left[\dfrac{3}{4}\pi + k\pi\right]$

231 $\sin x - \cos x = 0$ $\left[\dfrac{\pi}{4} + k\pi\right]$

232 $\cos x - \sin x = 1$ $\left[-\dfrac{\pi}{2} + 2k\pi; 2k\pi\right]$

233 $\cos x + \sin x - 3 = 0$ [impossibile]

234 $\cos x - \sqrt{3}\sin x = 1$ $\left[2k\pi; -\dfrac{2}{3}\pi + 2k\pi\right]$

235 $\sqrt{3}\cos x - \sin x = 0$ $\left[\dfrac{\pi}{3} + k\pi\right]$

236 $\sin\left(\dfrac{\pi}{2} + x\right) + \sin x = 1$ $\left[\dfrac{\pi}{2} + 2k\pi; 2k\pi\right]$

237 $\sqrt{3}\sin x - 2\cos x = \sqrt{3} - \cos x$ $\left[\dfrac{\pi}{2} + 2k\pi; \dfrac{5}{6}\pi + 2k\pi\right]$

238 $\cos 5x + \sin 5x = 0$ $\left[\dfrac{3}{20}\pi + k\dfrac{\pi}{5}\right]$

ESERCIZI

239 $\sin 4x - \cos 4x - 1 = 0$ $\left[\frac{\pi}{4} + k\frac{\pi}{2}; \frac{\pi}{8} + k\frac{\pi}{2}\right]$

240 $\sqrt{3}\sin x + \cos x = \sqrt{3}$ $\left[\frac{\pi}{2} + 2k\pi; \frac{\pi}{6} + 2k\pi\right]$

241 $\sin x - \cos(-x) = \frac{\sqrt{2}}{2}$ $\left[\frac{5}{12}\pi + 2k\pi; \frac{13}{12}\pi + 2k\pi\right]$

242 $\sqrt{3}\sin x + 3\cos x + 3 = 0$ $\left[\pi + 2k\pi; \frac{4}{3}\pi + 2k\pi\right]$

243 $\cos\left(x + \frac{\pi}{6}\right) + \sin\left(x + \frac{\pi}{6}\right) = 1$ $\left[\frac{\pi}{3} + 2k\pi; -\frac{\pi}{6} + 2k\pi\right]$

244 $\sqrt{3}\sin 3x + \cos 3x = \sqrt{3}$ $\left[\frac{\pi}{18} + \frac{2k\pi}{3}; \frac{\pi}{6} + \frac{2k\pi}{3}\right]$

245 $\sqrt{3}\sin x + \cos x + 1 = 0$ $\left[\pi + 2k\pi; \frac{5}{3}\pi + 2k\pi\right]$

246 $\sin x + (\sqrt{2} - 1)\cos x - 1 = 0$ $\left[\frac{\pi}{4} + 2k\pi; \frac{\pi}{2} + 2k\pi\right]$

247 $(2 + \sqrt{3})\sin x - \cos x + 2 + \sqrt{3} = 0$ $\left[-\frac{\pi}{3} + 2k\pi; -\frac{\pi}{2} + 2k\pi\right]$

248 $\sin x + 2\cos x - 6 = 0$ [impossibile]

249 $\sin x + 3\cos x = 2 + \sqrt{2}\cos\left(x + \frac{\pi}{4}\right)$ $\left[\frac{\pi}{2} + 2k\pi; 2k\pi\right]$

250 $\sin\left(x - \frac{\pi}{4}\right) + \cos\left(x - \frac{\pi}{4}\right) - 1 = 0$ $\left[\frac{\pi}{4} + 2k\pi; \frac{3}{4}\pi + 2k\pi\right]$

251 $\sqrt{3}\sin x - 5\cos x + 1 = 0$ $\left[\frac{\pi}{3} + 2k\pi; 2\arctan\left(-\frac{2\sqrt{3}}{3}\right) + 2k\pi\right]$

252 $\sin\left(\frac{3}{4}\pi + x\right) + \cos\left(x - \frac{7}{4}\pi\right) = \sqrt{2}$ $\left[2k\pi; \frac{3}{2}\pi + 2k\pi\right]$

253 $\sqrt{3}\sin\left(x + \frac{4}{3}\pi\right) + \sin\left(x - \frac{7}{6}\pi\right) + 2 = 0$ $\left[\frac{\pi}{3} + 2k\pi\right]$

MATEMATICA AL COMPUTER

Le equazioni goniometriche Nel laboratorio che ti proponiamo puoi imparare a risolvere con il computer un'equazione goniometrica e a verificare le soluzioni trovate.

risolvere $(2\cdot\sin(x)+3\cdot\cos(x) = -2) \rightarrow \left\{\left\{x=-\frac{\pi}{2}\right\},\{x=2.7468\}\right\}$

Risoluzione – 3 esercizi in più

254 Determina i punti di intersezione con gli assi cartesiani del grafico della funzione $y = \sin x + \cos x + \sqrt{2}$.

$\left[(0; 1 + \sqrt{2}); \left(-\frac{3}{4}\pi + 2k\pi; 0\right)\right]$

255 REALTÀ E MODELLI **Scorciatoia per amore** La casa del fidanzato di Sara dista 1 km in linea d'aria dalla sua, ma per raggiungerla Sara deve percorrere via Libertà e via Risorgimento, un percorso di 1,2 km. Se volesse attraversare il parco in linea retta, che direzione dovrebbe prendere, espressa come valore dell'angolo α? (Considera via Libertà più lunga di via Risorgimento.) [13°]

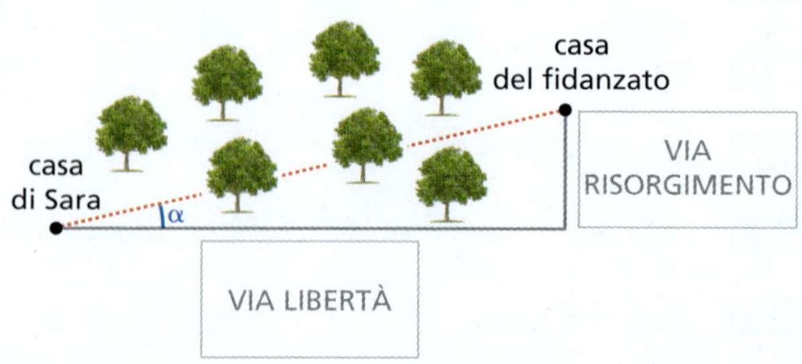

Determina graficamente e algebricamente i punti di intersezione dei grafici delle seguenti funzioni.

256 $y = 1 - \sqrt{3}\sin x; \quad y = \cos x.$ $\left[(2k\pi; 1); \left(\frac{2}{3}\pi + 2k\pi; -\frac{1}{2}\right)\right]$

257 $y = \sqrt{3}\sin x; \quad y = 2 - \cos x.$ $\left[\left(\frac{\pi}{3} + 2k\pi; \frac{3}{2}\right)\right]$

258 $y = \sqrt{2}\sin x + 2; \quad y = -\sqrt{2}\cos x.$ $\left[\left(\frac{5}{4}\pi + 2k\pi; 1\right)\right]$

3 Equazioni omogenee di secondo grado in seno e coseno

▶ Teoria a p. 757

259 **ESERCIZIO GUIDA** Risolviamo $\sqrt{3}\cos^2 x - \sin x \cos x = \sqrt{3}$.

Così come è scritta, l'equazione non è un'equazione omogenea, perché compare il termine noto $\sqrt{3}$. Usiamo la relazione $\sin^2 x + \cos^2 x = 1$ per trasformarla nell'equazione equivalente:

$$\sqrt{3}\cos^2 x - \sin x \cos x = \sqrt{3}(\sin^2 x + \cos^2 x) \rightarrow \sqrt{3}\sin^2 x + \sin x \cos x = 0.$$

Risolviamo l'equazione omogenea ottenuta, raccogliendo $\sin x$:

$$\sin x(\sqrt{3}\sin x + \cos x) = 0.$$

Per la legge dell'annullamento del prodotto dobbiamo risolvere le due equazioni:

- $\sin x = 0 \rightarrow x = k\pi$;
- $\sqrt{3}\sin x + \cos x = 0 \rightarrow \frac{\pi}{2} + k\pi$ non è soluzione, quindi dividiamo per $\cos x$ e otteniamo:

$$\sqrt{3}\tan x + 1 = 0 \quad \rightarrow \quad \tan x = -\frac{\sqrt{3}}{3} \quad \rightarrow \quad x = -\frac{\pi}{6} + k\pi.$$

Le soluzioni dell'equazione sono: $x = k\pi \vee x = -\frac{\pi}{6} + k\pi$.

Risolvi le seguenti equazioni.

260 $\sin x \cos x - \sin^2 x = 0$ $\left[k\pi; \frac{\pi}{4} + k\pi\right]$

261 $\sqrt{3}\sin x \cos x - 3\sin^2 x = 0$ $\left[k\pi; \frac{\pi}{6} + k\pi\right]$

262 $\sin^2 x - \cos^2 x = 0$ $\left[\frac{\pi}{4} + k\frac{\pi}{2}\right]$

263 $\sin^2 x - \sqrt{3}\sin x \cos x = 0$ $\left[k\pi; \frac{\pi}{3} + k\pi\right]$

264 $4\sin^2 x - \sin x \cos x + 3 = 0$ [impossibile]

265 $\sin x \cos x - \cos^2 x = 0$ $\left[\frac{\pi}{2} + k\pi; \frac{\pi}{4} + k\pi\right]$

---

266 $\sqrt{3}(\cos^2 x - \sin^2 x) + 2\sin x \cos x = 0$ $\left[\frac{\pi}{3} + k\pi; \frac{5}{6}\pi + k\pi\right]$

267 $3\cos^2 x - \sin x \cos x = 0$ $\left[\frac{\pi}{2} + k\pi; \arctan 3 + k\pi\right]$

268 $\sqrt{2}\sin x \cos x + \sqrt{6}\cos^2 x = 0$ $\left[\frac{\pi}{2} + k\pi; -\frac{\pi}{3} + k\pi\right]$

269 $3\sin^2 x + 2\sqrt{3}\sin x \cos x + \cos^2 x = 0$ $\left[\frac{5}{6}\pi + k\pi\right]$

270 $3\sin^2 x + \cos^2 x + 2\sin x \cos x = 2$ $\left[\frac{\pi}{8} + k\frac{\pi}{2}\right]$

ESERCIZI

271 $2\sqrt{3}\cos^2 x - 2\sin x\cos x = \sqrt{3}$ $\left[\frac{2}{3}\pi + k\pi; \frac{\pi}{6} + k\pi\right]$

272 $2\sin^2 x + 3\sin x\cos x = 2 + \cos^2 x$ $\left[\frac{\pi}{2} + k\pi; \frac{\pi}{4} + k\pi\right]$

273 $4\sin^2 x + 2\sin x\cos x + 4\cos^2 x = 3$ $\left[\frac{3}{4}\pi + k\pi\right]$

274 $6\sin^2 x - 5\sin x\cos x = 1 - \cos^2 x$ $\left[k\pi; \frac{\pi}{4} + k\pi\right]$

275 $3\sin^2 x + 2\sqrt{3}\sin x\cos x + 5\cos^2 x - 3 = 0$ $\left[\frac{\pi}{2} + k\pi; -\frac{\pi}{6} + k\pi\right]$

276 $3\sin^2 x + 2\sin x\cos x = 2 - 3\cos^2 x$ $\left[-\frac{\pi}{4} + k\pi\right]$

277 $2\sin^2 x + 2\sqrt{3}\sin x\cos x - 4\cos^2 x + 1 = 0$ $\left[\frac{\pi}{6} + k\pi; \frac{2}{3}\pi + k\pi\right]$

278 $(3 + \sqrt{3})\sin^2 x + 2\cos^2 x + (\sqrt{3} - 1)\sin x\cos x = 3$ $\left[\frac{3}{4}\pi + k\pi; \frac{\pi}{6} + k\pi\right]$

279 $(\sqrt{3} - 1)\sin^2 x + (\sqrt{3} + 1)\sin x\cos x + 1 = 0$ $\left[-\frac{\pi}{6} + k\pi; -\frac{\pi}{4} + k\pi\right]$

280 $\sin^2 x + 4\sqrt{3}\sin x\cos x + \cos^2 x + 2 = 0$ $\left[\frac{5}{6}\pi + k\pi; \frac{2}{3}\pi + k\pi\right]$

281 $(\sqrt{2} - 1)\cos^2 x + (\sqrt{2} - 2)\sin x\cos x - \sin^2 x = 0$ $\left[\frac{\pi}{8} + k\pi; \frac{3}{4}\pi + k\pi\right]$

282 $2\cos^2 x + 1 + \sqrt{3} = 2(2 + \sqrt{3})\sin x\cos x$ $\left[\frac{\pi}{4} + k\pi; \frac{\pi}{3} + k\pi\right]$

Determina le coordinate dei punti di intersezione con gli assi cartesiani dei grafici delle seguenti funzioni.

283 $y = \sin^2 x + \sin x\cos x$ $\left[(k\pi; 0); \left(\frac{3}{4}\pi + k\pi; 0\right); (0; 0)\right]$

284 $y = 2\cos^2 x - \sin x\cos x$ $\left[\left(\frac{\pi}{2} + k\pi; 0\right); (\arctan 2 + k\pi; 0); (0; 2)\right]$

285 $y = 2\sin^2 x - \cos^2 x - \sin x\cos x$ $\left[\left(\frac{\pi}{4} + k\pi; 0\right); \left(\arctan\left(-\frac{1}{2}\right) + k\pi; 0\right); (0; -1)\right]$

Riepilogo: Equazioni goniometriche

TEST

286 Una sola fra le seguenti equazioni ammette esattamente due soluzioni comprese fra 0 e 2π. Quale?

A $\sin\left(x + \frac{\pi}{3}\right) = 1$

B $\cos\left(\frac{\pi}{4} - x\right) = -1$

C $\sin 2x = 0$

D $\tan\left(x - \frac{\pi}{3}\right) = 0$

E $\cos(2x - \pi) = \frac{1}{2}$

287 L'equazione $\sin\left(\frac{3}{2}x - \frac{3}{2}\pi\right) = \frac{1}{2}$ è equivalente a:

A $\cos\frac{3}{2}x = -\frac{1}{2}$.

B $\sin x = \frac{1}{3}$.

C $\sin\frac{3}{2}x = \frac{1}{2}$.

D $\cos x = -\frac{1}{2}$.

E $\cos\frac{3}{2}x = \frac{1}{2}$.

288 **VERO O FALSO?**

a. $\sin x = \sin 2x \rightarrow x = k\pi$. V F

b. $\cos^4 x - \sin^4 x = 2 \rightarrow$ impossibile. V F

c. $\sin x - \cos x = \sqrt{2} \rightarrow x = \frac{3}{4}\pi + k\pi$. V F

d. $\frac{1}{4}\cos 4x = 1 \rightarrow \cos x = 1$. V F

Identità

Verifica le seguenti identità indicando i valori di α per i quali non sono definite.

289 $\frac{\cos\alpha \tan 2\alpha}{\sin\alpha} = \frac{2\cos^2\alpha}{2\cos^2\alpha - 1}$

290 $\tan\alpha = 2\tan\alpha\cos^2\frac{\alpha}{2} - \sin\alpha$

291 $\frac{\cos^2\alpha}{1+\sin 2\alpha} = \frac{1}{(1+\tan\alpha)^2}$

292 $\frac{\sin 3\alpha - \sin\alpha}{\cos 2\alpha} = 2\sin\alpha$

293 $\frac{1-\tan\alpha}{1+\tan\alpha} = \frac{(\cos\alpha - \sin\alpha)^2}{\cos 2\alpha}$

294 $\frac{\cos 2\alpha}{\sin 2\alpha - \cos 2\alpha + 1} = \frac{\cot\alpha - 1}{2}$

295 $\frac{\tan\frac{\alpha}{2}}{1-\cos\alpha} = \frac{1}{\sin\alpha}$

Equazioni

Risolvi le seguenti equazioni.

AL VOLO

296 $2\cos x = 4$

297 $\sin\left(\frac{\pi}{2} + x\right) = 0$

298 $2\sin\left(x - \frac{\pi}{3}\right) = 3$

299 $\cos^2 x - \sin^2 x = 2$

300 $2\tan x = 0$

301 $2\cos x = 1$

302 $2(\tan x - 1) + 3 = \tan x + 1 + \sqrt{3}$ $\quad\left[\frac{\pi}{3} + k\pi\right]$

303 $3\tan^2 x - 2\sqrt{3}\tan x + 1 = 0$ $\quad\left[\frac{\pi}{6} + k\pi\right]$

304 $4\cos^2 x + \operatorname{cosec}^2 x - 7 = 0$ $\quad\left[\pm\frac{\pi}{6} + k\pi\right]$

305 $4\sin^2 x - 7 + 10\cos^2 x = 0$ $\quad\left[\frac{\pi}{4} + k\frac{\pi}{2}\right]$

306 $\sin 2x + \cos 2x + 1 = 0$ $\quad\left[\frac{\pi}{2} + k\pi; \frac{3}{4}\pi + k\pi\right]$

307 $\frac{1+\cos^2 x}{\cos x} + \cos^2 x + 1 = 0$ $\quad[\pi + 2k\pi]$

308 $\sin^2\frac{x}{2}\cos^2 x + 2\cos x = 0$ $\quad\left[\frac{\pi}{2} + k\pi\right]$

309 $\tan^2\left(x + \frac{\pi}{3}\right) - 3 = 0$ $\quad\left[k\pi; \frac{\pi}{3} + k\pi\right]$

310 $2\cos^2 6x - 1 = 0$ $\quad\left[\pm\frac{\pi}{24} + k\frac{\pi}{3}; \pm\frac{\pi}{8} + k\frac{\pi}{3}\right]$

311 $2\sin x\cos^2 x - \sin x = 0$ $\quad\left[k\pi; \frac{\pi}{4} + k\frac{\pi}{2}\right]$

312 $\sin x - \sqrt{3}\cos x = -2$ $\quad\left[\frac{11}{6}\pi + 2k\pi\right]$

313 $2\sin^2 x = \sin 2x$ $\quad\left[k\pi; \frac{\pi}{4} + k\pi\right]$

314 $8\sin\left(\frac{\pi}{2} - x\right) - 1 = 4\sin^2 x$ $\quad\left[\pm\frac{\pi}{3} + 2k\pi\right]$

315 $\sin x - (\sqrt{2} - 1)\cos x = 0$ $\quad\left[\frac{\pi}{8} + k\pi\right]$

316 $\cos^4 x - 3\cos^2 x + 2 = 0$ $\quad[k\pi]$

317 $4\sin^4 x - 11\sin^2 x + 6 = 0$ $\quad\left[\pm\frac{\pi}{3} + k\pi\right]$

318 $3\sin x + \cos x - 3 = 0$ $\quad\left[\frac{\pi}{2} + 2k\pi; 2\arctan\frac{1}{2} + 2k\pi\right]$

319 $2\cos^2\left(x + \frac{\pi}{3}\right) + \cos\left(x + \frac{\pi}{3}\right) - 1 = 0$ $\quad\left[\pm\frac{2}{3}\pi + 2k\pi; 2k\pi\right]$

320 $2 - \sqrt{2}\sin x = 2\sqrt{2}\sin x + 5$ $\quad\left[-\frac{\pi}{4} + 2k\pi; \frac{5}{4}\pi + 2k\pi\right]$

321 $\cos\left(2x + \frac{\pi}{5}\right) = -\sin\left(3x - \frac{4}{3}\pi\right)$ $\quad\left[\frac{31}{30}\pi + 2k\pi; \frac{19}{150}\pi + \frac{2}{5}k\pi\right]$

322 $\tan\left(2x - \frac{2}{7}\pi\right) = -\cot\left(3x - \frac{3}{5}\pi\right)$ $\quad\left[\frac{57}{70}\pi + k\pi\right]$

323 $5\sin^2 x - \sqrt{3}\sin 2x = 2 + \cos^2 x$ $\quad\left[\frac{5}{6}\pi + k\pi; \frac{\pi}{3} + k\pi\right]$

324 $\cos\left(\frac{x}{3} + \frac{\pi}{9}\right) = -\cos\left(2x - \frac{5}{3}\pi\right)$ $\quad\left[\frac{5}{3}\pi + \frac{6}{5}k\pi; \frac{23}{21}\pi + \frac{6}{7}k\pi\right]$

ESERCIZI

325 $\cos x \cot x + \sqrt{3}\cos x = 0$ $\left[\frac{\pi}{2} + k\pi; \frac{5}{6}\pi + k\pi\right]$

326 $3\tan^2 x + 4\sqrt{3}\tan x + 3 = 0$ $\left[\frac{5}{6}\pi + k\pi; \frac{2}{3}\pi + k\pi\right]$

327 $\sqrt{3}\sin x + \cos x + \sqrt{3} = 0$ $\left[\frac{7}{6}\pi + 2k\pi; \frac{3}{2}\pi + 2k\pi\right]$

328 $\sin\left(x + \frac{\pi}{6}\right) + \sin\left(x + \frac{\pi}{3}\right) = \frac{\sqrt{3}+1}{2}$ $\left[\frac{\pi}{2} + 2k\pi; 2k\pi\right]$

329 $\cot(5x - 125°) = -\tan(15° - 3x)$ $\left[\frac{25°}{4} + k\frac{45°}{2}\right]$

330 $4\sin^2 x - 8\sin x - 5 = 0$ $\left[\frac{7}{6}\pi + 2k\pi; \frac{11}{6}\pi + 2k\pi\right]$

331 $\cos\left(3x - \frac{\pi}{4}\right) = \cos\left(\frac{2}{3}\pi - 2x\right)$ $\left[\frac{19}{12}\pi + 2k\pi; \frac{11}{60}\pi + \frac{2}{5}k\pi\right]$

332 $\tan x \cos x + \tan x = \sqrt{3}\cos x + \sqrt{3}$ $\left[\pi + 2k\pi; \frac{\pi}{3} + k\pi\right]$

333 $3\sin^2 x - \sqrt{3}\sin 2x - 3\cos^2 x = 0$ $\left[\frac{\pi}{3} + k\pi; -\frac{\pi}{6} + k\pi\right]$

334 $\cot\left(\frac{x}{3} + \frac{\pi}{5}\right) = -\tan\left(3x - \frac{\pi}{7}\right)$ $\left[\frac{177}{560}\pi + \frac{3}{8}k\pi\right]$

335 $5\sin^2 x + 3\cos^2 x + \cos(-x) = 5$ $\left[\frac{\pi}{2} + k\pi; \pm\frac{\pi}{3} + 2k\pi\right]$

336 $\cos x \cdot \cos(x - 300°) = \sin x \cdot \sin(x - 210°)$ $[45° + k180°; 30° + k180°]$

337 $4\sin 2x \cos 2x - 1 = 0$ $\left[\frac{\pi}{24} + k\frac{\pi}{2}; \frac{5}{24}\pi + k\frac{\pi}{2}\right]$

338 $2\sin^2 x + \sqrt{3}\sin x \cos x + 1 - \cos^2 x = 0$ $\left[k\pi; \frac{5}{6}\pi + k\pi\right]$

339 $2\sin^2 x - 4\sqrt{2}\sin x + 3 = 0$ $\left[\frac{\pi}{4} + 2k\pi; \frac{3}{4}\pi + 2k\pi\right]$

340 $2\sin^2 x + 9\cos\left(\frac{3}{2}\pi - x\right) + 4 = 0$ $\left[\frac{\pi}{6} + 2k\pi; \frac{5}{6}\pi + 2k\pi\right]$

341 $\tan^2 x + (\sqrt{3} + 1)\tan x + \sqrt{3} = 0$ $\left[-\frac{\pi}{4} + k\pi; -\frac{\pi}{3} + k\pi\right]$

342 $\sqrt{3}\tan^2 2x - 4\tan 2x + \sqrt{3} = 0$ $\left[\frac{\pi}{12} + k\frac{\pi}{2}; \frac{\pi}{6} + k\frac{\pi}{2}\right]$

343 $4\sin^2\left(x + \frac{\pi}{6}\right) + 4\sin\left(x + \frac{\pi}{6}\right) - 3 = 0$ $\left[2k\pi; \frac{2}{3}\pi + 2k\pi\right]$

344 $(\sqrt{2}\sin x - 1) \cdot \tan x = 0$ $\left[k\pi; \frac{\pi}{4} + 2k\pi; \frac{3}{4}\pi + 2k\pi\right]$

345 $\frac{2}{1 + \sin x} = \frac{\sin^2 x + 5}{\cos^2 x}$ [impossibile]

346 $\frac{1 - \cos 2x}{\sin 2x} - \frac{\sin x}{1 + \cos 2x} = 0$ $\left[\pm\frac{\pi}{3} + 2k\pi\right]$

347 $\frac{2\cos x - 1}{\tan 3x} = 0$ [impossibile]

348 $\frac{\sin(\pi - x)}{\cos x} = \frac{1}{\sqrt{3}}$ $\left[\frac{\pi}{6} + k\pi\right]$

349 $\sqrt{3} - 2\sin x = \frac{\cos x}{\sin 2x}$ [impossibile]

350 $\cos x + \tan x = \frac{1}{\cos x}$ $[k\pi]$

351 $\tan\left(x+\frac{\pi}{3}\right)+\tan x=0$ $\left[-\frac{\pi}{6}+\frac{k}{2}\pi\right]$

352 $\cos 2x-2\cos\left(x+\frac{3}{4}\pi\right)=0$ $\left[-\frac{\pi}{4}+k\pi\right]$

353 $\frac{2\sin x\cos x-\cos x}{3\tan^2 x-1}=0$ [impossibile]

354 $\tan\left(x-\frac{\pi}{4}\right)-\tan 2x+2=0$ $\left[\pm\frac{\pi}{6}+k\pi\right]$

355 $\frac{(\cos x-3)(2\cos x+1)}{3-4\sin^2 x}=0$ [impossibile]

356 $2\sin^2\frac{x}{2}-\cos 2x-\cos x=2$ $\left[\pi+2k\pi; \frac{\pi}{2}+k\pi\right]$

357 $2\cos^2\frac{x}{2}+\cos 2x-2\cos x=0$ $\left[\frac{\pi}{2}+k\pi; \pm\frac{\pi}{3}+2k\pi\right]$

358 $\sin 5x+\sin 3x=\cos 4x+\cos 2x$ $\left[\frac{\pi}{2}+k\pi; \frac{\pi}{14}+\frac{2}{7}k\pi\right]$

359 $8\cos^2 x-3\tan^2 x-5=0$ $\left[\pm\frac{\pi}{6}+k\pi\right]$

360 $6\tan^2 x-4\sin^2 x-1=0$ $\left[\pm\frac{\pi}{6}+k\pi\right]$

361 $\frac{\sin x+1}{\sin x}+\cot^2 x=2$ $\left[\frac{\pi}{2}+2k\pi; -\frac{5}{6}\pi+2k\pi; -\frac{\pi}{6}+2k\pi\right]$

362 $\cos\frac{x}{2}-2\cos x-2=0$ $\left[\pi+2k\pi; \pm 2\arccos\left(\frac{1}{4}\right)+4k\pi\right]$

363 $\sin^4 x+\cos^4 x=\frac{1}{2}$ $\left[\frac{\pi}{4}+k\frac{\pi}{2}\right]$

364 $\cot 2x\cdot\cot x=1$ $\left[\frac{\pi}{6}+k\pi; \frac{5}{6}\pi+k\pi\right]$

365 $\cot 2x\cdot\sin x+\cos x=0$ $\left[\pm\frac{\pi}{3}+k\pi\right]$

366 $\sin 2x=\cos x\,(1-\cos 2x)$ $\left[k\frac{\pi}{2}\right]$

367 $\tan\left(x+\frac{\pi}{6}\right)\cdot\tan\left(x+\frac{\pi}{3}\right)=1$ $\left[k\frac{\pi}{2}\right]$

368 $\sin\left(x-\frac{\pi}{4}\right)\cdot\cos\left(x-\frac{\pi}{4}\right)-\sin 2x=\cos^2 x+\frac{1}{2}$ $\left[\frac{3}{4}\pi+k\pi; \frac{\pi}{2}+k\pi\right]$

369 $\sin 5x\cos 7x=\sin 4x\cos 8x$ $\left[k\pi; \frac{\pi}{6}+k\frac{\pi}{3}\right]$

370 $\cos\left(x-\frac{\pi}{6}\right)+\cos\left(x-\frac{\pi}{3}\right)+\cos 2x=0$ $\left[\frac{3}{4}\pi+k\pi; \frac{2}{3}\pi+2k\pi; \frac{5}{6}\pi+2k\pi\right]$

---

371 **TEST** Trova l'angolo ϑ in radianti per il quale $0\le\vartheta\le\pi$ e $4\cos 2\vartheta+4\sin^2\vartheta-4\cos\vartheta=-1$.

A $\frac{\pi}{6}$ B $\frac{\pi}{4}$ C $\frac{\pi}{3}$ D $\frac{\pi}{2}$ E $\frac{2\pi}{3}$

(USA *University of North Carolina at Wilmington High School Math Contest*)

372 **YOU & MATHS** Find x if $\frac{1}{\sqrt{3}}\sin x=\cos\frac{x}{2}$, where $0\le x\le 2\pi$.

(IR *Leaving Certificate Examination*, Higher Level)

$\left[\pi; \frac{2}{3}\pi; \frac{4}{3}\pi\right]$

ESERCIZI

373 •• EUREKA! Considera l'equazione $a\sin x + b\cos x + c = 0$ e dimostra che le sue soluzioni sono $x = \pi + 2k\pi$ e $x = \frac{3}{2}\pi + 2k\pi$ se e solo se $a = b = c$.

Problemi REALTÀ E MODELLI

RISOLVIAMO UN PROBLEMA

La galleria

Un trasporto eccezionale transita attraverso una galleria a doppio senso di marcia con sezione semicircolare di raggio 6 m.

Determina l'area di ingombro massima che il mezzo può avere (intesa come l'area della sezione trasversale del veicolo) per poter attraversare la galleria senza bisogno di interrompere il traffico in senso opposto.

▶ **Modellizziamo il problema.**

Schematizziamo la situazione con una figura.

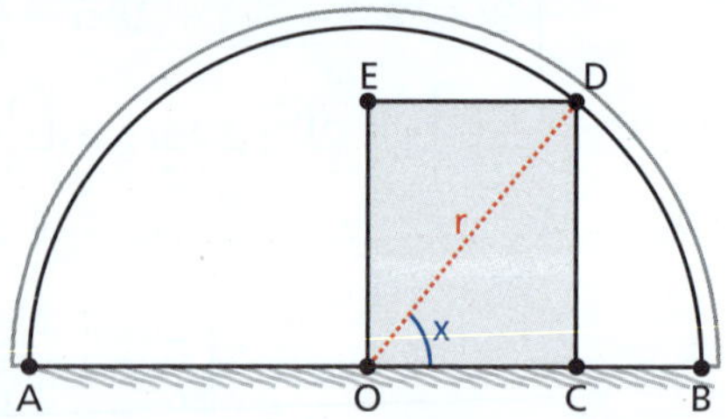

L'area da calcolare è rappresentata dalla superficie del rettangolo $OCDE$ (il veicolo può occupare solo una metà della carreggiata). Per risolvere il problema, dobbiamo esprimere i lati della figura in funzione di $D\widehat{O}C = x$.

▶ **Esprimiamo l'area in funzione di x.**

$\overline{CD} = r\sin x$;

$\overline{OC} = r\cos x$;

area $= \overline{CD} \cdot \overline{OC} = r\sin x \cdot r\cos x =$

$r^2 \sin x \cdot \cos x = \frac{1}{2} r^2 \sin 2x$.

▶ **Troviamo la soluzione.**

Il valore di $\sin 2x$ è massimo quando

$\sin 2x = 1$, cioè $2x = \frac{\pi}{2} \to x = \frac{\pi}{4}$,

dal quale, poiché $\sin\frac{\pi}{4} = \cos\frac{\pi}{4} = \frac{\sqrt{2}}{2}$, si ricava:

$\overline{CD} = \overline{OC} = r\cos x = 6 \cdot \frac{\sqrt{2}}{2} \simeq 4{,}24$ m $\to$

area $= \overline{CD} \cdot \overline{OC} = (4{,}24)^2 \simeq 17{,}98$.

L'area massima della superficie della sezione del veicolo corrisponde a una sezione quadrata di circa 18 m^2.

374 •• **Rifrazione** Un raggio luminoso che attraversa un oggetto di vetro e poi si propaga nell'aria nel passaggio da un mezzo all'altro subisce il fenomeno ottico della rifrazione. Gli angoli α_1 e α_2 che il raggio forma con la perpendicolare alla superficie di separazione tra i due mezzi sono legati dalla relazione:

$$\frac{\sin\alpha_1}{\sin\alpha_2} = \frac{n_2}{n_1},$$

dove n_1 e n_2 sono valori caratteristici dei due mezzi, chiamati indici di rifrazione.

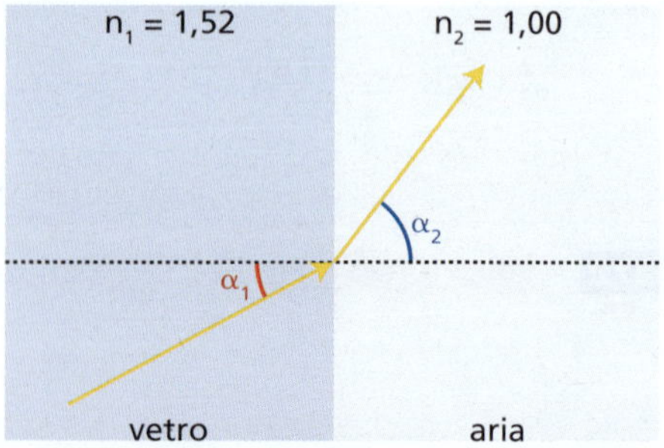

a. Quanto dovrebbe misurare l'angolo di incidenza α_1 perché l'angolo di rifrazione α_2 sia esattamente il doppio?

b. La rifrazione si verifica se α_2 è minore di 90°. Qual è, dunque, il più grande valore di α_1 per cui si ha rifrazione nel passaggio da vetro ad aria? [a) 40,5°; b) 41,1°]

375 ●● **Decollo in sicurezza** Una pista per aeroplani turistici è progettata in modo che D sia il punto di decollo, posizionato a distanza l da B, dove si trova la torre BC, per il ponte radio. La sicurezza del volo è garantita se gli aerei superano, al decollo, il punto A, che si trova a un'altezza tripla della torre.

a. Trova il valore minimo dell'angolo di salita 2α (angolo tra la traiettoria e l'orizzontale) che gli aerei devono assumere al decollo.

b. Se $BC = 30$ m e α ha il valore trovato al punto precedente, qual è la distanza di D da B?

$\left[\text{a) } 2\alpha = \frac{\pi}{3}; \text{ b) } 52 \text{ m}\right]$

Funzioni

Determina il dominio delle seguenti funzioni.

376 ●○ $f(x) = \dfrac{1}{\sin 4x}$ $\left[x \neq k\frac{\pi}{4}\right]$

377 ●○ $f(x) = \dfrac{1}{2\cos^2 x - 1}$ $\left[x \neq \frac{\pi}{4} + k\frac{\pi}{2}\right]$

378 ●○ $f(x) = \dfrac{4\cos x}{\sin 2x - 3}$ $[\forall x \in \mathbb{R}]$

379 ●○ $f(x) = \dfrac{\cos(3x - \pi)}{\cos^2 x - \sin^2 x}$ $\left[x \neq \frac{\pi}{4} + k\frac{\pi}{2}\right]$

380 ●○ $f(x) = \dfrac{\tan 2x}{\cos^2 x - \sin^2 x}$ $\left[x \neq \frac{\pi}{4} + k\frac{\pi}{2}\right]$

381 ●○ $f(x) = \dfrac{-2\cos x - \cos^2 x}{2\sin^2 x - 3\cos x + 3}$ $[x \neq 2k\pi]$

---

382 ●○ $f(x) = \dfrac{\sin 5x + \cos 5x}{2\cos x - \sqrt{3}}$ $\left[x \neq \frac{\pi}{6} + 2k\pi \wedge x \neq \frac{11}{6}\pi + 2k\pi\right]$

383 ●○ $f(x) = \dfrac{\tan x}{\sin x - \cos x}$ $\left[x \neq \frac{\pi}{4} + k\pi \wedge x \neq \frac{\pi}{2} + k\pi\right]$

384 ●○ $f(x) = \dfrac{\cot x}{\sin\left(x + \frac{\pi}{6}\right) + \cos\left(x + \frac{\pi}{3}\right)}$ $\left[x \neq k\frac{\pi}{2}\right]$

385 ●○ $f(x) = \dfrac{\cot x}{4\sin x \cos x - 1}$ $\left[x \neq k\pi \wedge x \neq \frac{\pi}{12} + k\pi \wedge x \neq \frac{5}{12}\pi + k\pi\right]$

386 ●○ $f(x) = \dfrac{2\cos x}{\sin x - \sin 2x}$ $\left[x \neq k\pi \wedge x \neq \pm\frac{\pi}{3} + 2k\pi\right]$

387 ●● $f(x) = \dfrac{\cos 2x}{|\cos x| - |\sin x|}$ $\left[x \neq \frac{\pi}{4} + k\frac{\pi}{2}\right]$

388 ●○ **LEGGI IL GRAFICO** Nella figura è rappresentata la funzione

$y = a\sin x + b.$

a. Determina a e b.

b. Trova le coordinate dei punti P e Q.

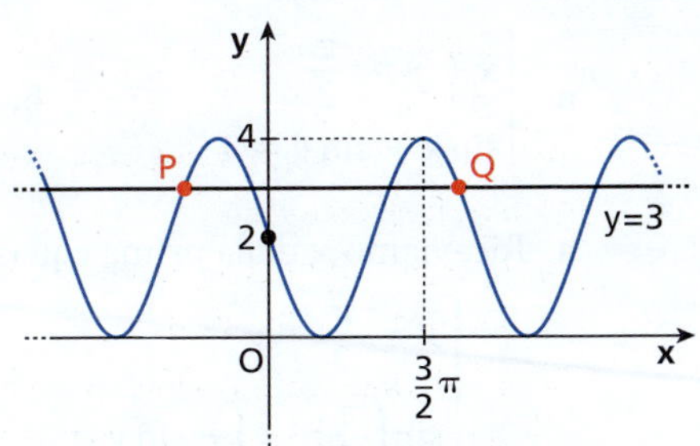

LEGGI IL GRAFICO Scrivi l'equazione le cui soluzioni sono le ascisse dei punti colorati in rosso individuati nei seguenti grafici.

389

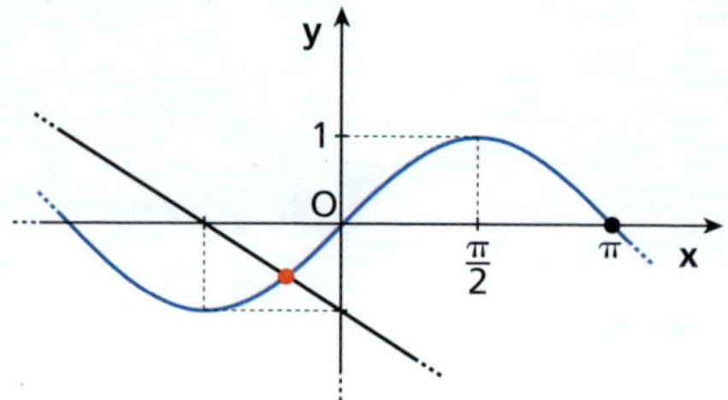

390

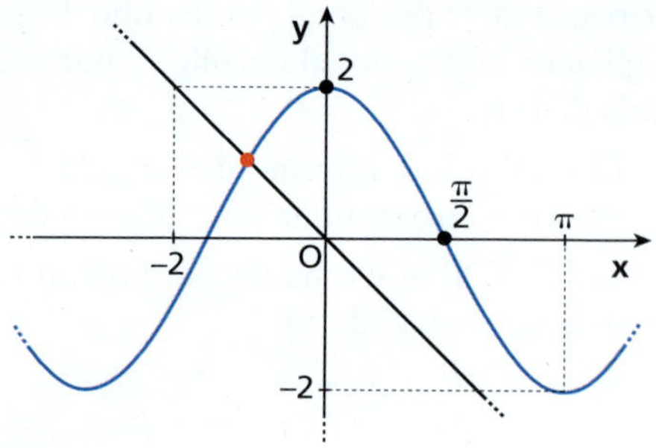

Determina graficamente il numero delle soluzioni delle seguenti equazioni.

391 $\cos x - 2x = 0$ [1 soluzione]

392 $2\tan x + x - 1 = 0$ [∞ soluzioni]

393 $2\sin\frac{x}{2} + x = 1$ [1 soluzione]

394 $\sin x + \cos x = 4x^2$ [2 soluzioni]

395 $|\sin x| - x^2 + 1 = 0$ [2 soluzioni]

396 $\cos\frac{x}{2} - 2|x| = 0$ [2 soluzioni]

Equazioni con le funzioni goniometriche inverse

Risolvi le seguenti equazioni.

397 $\arccos x = \frac{\pi}{4}$ $\left[\frac{\sqrt{2}}{2}\right]$

398 $\arctan\frac{2x+1}{x} = \frac{\pi}{4}$ [– 1]

399 $4(\arcsin x)^2 = \pi^2$ [± 1]

400 $3(\arcsin x)^2 + \pi \arcsin x = 0$ $\left[0; -\frac{\sqrt{3}}{2}\right]$

401 Se $\arcsin x = \frac{\pi}{2}$, quanto vale $\arctan x$? $\left[\frac{\pi}{4}\right]$

402 Se $\arctan x = -\frac{\pi}{4}$, quanto vale $\arcsin x$? E $\arccos x$? $\left[-\frac{\pi}{2}; \pi\right]$

403 Risolvi l'equazione $\sin(\arctan\sqrt{3}) = \cos x$. $\left[\pm\frac{\pi}{6} + 2k\pi\right]$

404 Risolvi l'equazione $\sin 2x = \cos(\arctan 1)$. $\left[\frac{\pi}{8} + k\pi; \frac{3}{8}\pi + k\pi\right]$

4 Sistemi di equazioni goniometriche

▶ Teoria a p. 759

405 **ESERCIZIO GUIDA** Risolviamo i seguenti sistemi di equazioni.

a. $\begin{cases} x + y = \frac{\pi}{2} \\ \sin x + \sin y = 1 \end{cases}$ **b.** $\begin{cases} \tan x - \tan y = \sqrt{3} + 1 \\ \tan x + \tan y = \sqrt{3} - 1 \end{cases}$

a. Ricaviamo x dalla prima equazione e sostituiamo nella seconda:

$$\begin{cases} x = \frac{\pi}{2} - y \\ \sin\left(\frac{\pi}{2} - y\right) + \sin y = 1 \end{cases} \rightarrow \begin{cases} x = \frac{\pi}{2} - y \\ \cos y + \sin y = 1 \end{cases}$$

Nella seconda equazione, utilizziamo le formule parametriche $\cos y = \frac{1-t^2}{1+t^2}$ e $\sin y = \frac{2t}{1+t^2}$, dove $t = \tan\frac{y}{2}$, con $y \neq \pi + 2k\pi$.

$$\frac{1-t^2}{1+t^2} + \frac{2t}{1+t^2} = 1 \rightarrow 1 - t^2 + 2t = 1 + t^2 \rightarrow 2t^2 - 2t = 0$$

Le soluzioni sono:

$$t = 0, \text{ da cui } \frac{y}{2} = k\pi \rightarrow y = 2k\pi; \qquad t = 1, \text{ da cui } \frac{y}{2} = \frac{\pi}{4} + k\pi \rightarrow y = \frac{\pi}{2} + 2k\pi.$$

Le soluzioni del sistema sono:

$$\begin{cases} x = \frac{\pi}{2} - 2k\pi \\ y = 2k\pi \end{cases} \vee \begin{cases} x = -2k\pi \\ y = \frac{\pi}{2} + 2k\pi \end{cases}$$

b. Sommiamo membro a membro le due equazioni del sistema.

$$\begin{cases} \tan x - \tan y = \sqrt{3} + 1 \\ \tan x + \tan y = \sqrt{3} - 1 \end{cases}$$
$$2\tan x = 2\sqrt{3} \rightarrow \tan x = \sqrt{3} \rightarrow x = \frac{\pi}{3} + k\pi$$

Sottraendo la prima equazione dalla seconda otteniamo:

$$2\tan y = -2 \rightarrow \tan y = -1 \rightarrow y = -\frac{\pi}{4} + k\pi.$$

Le soluzioni del sistema sono:

$$\begin{cases} x = \frac{\pi}{3} + k\pi \\ y = -\frac{\pi}{4} + k_1\pi \end{cases} \quad \text{con } k, k_1 \in \mathbb{Z}.$$

Risolvi i seguenti sistemi.

406 $\begin{cases} x + y = \pi \\ 2\sin x + 2\cos y = \sqrt{3} + 1 \end{cases}$ $\left[\left(x = \frac{5}{6}\pi - 2k\pi \wedge y = \frac{\pi}{6} + 2k\pi\right) \vee \left(x = \frac{2}{3}\pi - 2k\pi \wedge y = \frac{\pi}{3} + 2k\pi\right)\right]$

407 $\begin{cases} \sin x + \sin y = \frac{3}{2} \\ \sin x - \sin y = -\frac{1}{2} \end{cases}$ $\left[x = \frac{\pi}{6} + 2k\pi \vee x = \frac{5}{6}\pi + 2k\pi;\ y = \frac{\pi}{2} + 2k_1\pi\right]$

408 $\begin{cases} x - y = \frac{\pi}{2} \\ \sin x + \cos y = \sqrt{3} \end{cases}$ $\left[\left(x = \frac{\pi}{3} + 2k\pi \wedge y = -\frac{\pi}{6} + 2k\pi\right) \vee \left(x = \frac{2}{3}\pi + 2k\pi \wedge y = \frac{\pi}{6} + 2k\pi\right)\right]$

409 $\begin{cases} 8\sin x - 6\sin y = 1 \\ \sin x + \sin y = 1 \end{cases}$ $\left[x = \frac{\pi}{6} + 2k\pi \vee x = \frac{5}{6}\pi + 2k\pi;\ y = \frac{\pi}{6} + 2k_1\pi \vee y = \frac{5}{6}\pi + 2k_1\pi\right]$

410 $\begin{cases} x + y = \pi \\ \tan x - \tan y = -2 \end{cases}$ $\left[x = \frac{3}{4}\pi - k\pi \wedge y = \frac{\pi}{4} + k\pi\right]$

411 $\begin{cases} x - y = \frac{\pi}{2} \\ \sin x + \cos y = \sqrt{2} \end{cases}$ $\left[\left(x = \frac{3}{4}\pi + 2k\pi \wedge y = \frac{\pi}{4} + 2k\pi\right) \vee \left(x = \frac{\pi}{4} + 2k\pi \wedge y = -\frac{\pi}{4} + 2k\pi\right)\right]$

412 $\begin{cases} \cos x + 3\cos y = \sqrt{3} \\ \cos x - 3\cos y = -2\sqrt{3} \end{cases}$ $\left[x = \frac{5}{6}\pi + 2k\pi \vee x = \frac{7}{6}\pi + 2k\pi;\ y = \frac{\pi}{6} + 2k_1\pi \vee y = \frac{11}{6}\pi + 2k_1\pi\right]$

413 $\begin{cases} 2\tan x - 3\tan y = 2 + \sqrt{3} \\ \tan x + \tan y = \frac{3 - \sqrt{3}}{3} \end{cases}$ $\left[x = \frac{\pi}{4} + k\pi;\ y = \frac{5}{6}\pi + k_1\pi\right]$

ESERCIZI

414 $\begin{cases} x+y=\pi \\ \sin(\pi-x)+\sqrt{3}\cos y=1 \end{cases}$ $\left[\left(x=\frac{\pi}{2}+2k\pi \wedge y=\frac{\pi}{2}-2k\pi\right)\vee\left(x=-\frac{5}{6}\pi+2k\pi \wedge y=\frac{11}{6}\pi-2k\pi\right)\right]$

415 $\begin{cases} \sin x+\sin y=\frac{3}{2} \\ 2\sin^2 x+4\sin^2 y=\frac{9}{2} \end{cases}$ $\left[\left(x=\frac{\pi}{6}+2k\pi \vee x=\frac{5}{6}\pi+2k\pi\right)\wedge y=\frac{\pi}{2}+2k_1\pi\right]$

416 $\begin{cases} 2\cos x+3\cos y=-\sqrt{3} \\ 4\cos^2 x-2\cos^2 y=3 \end{cases}$ $\left[x=\frac{5}{6}\pi+2k\pi \vee x=\frac{7}{6}\pi+2k\pi;\ y=\frac{\pi}{2}+k_1\pi\right]$

417 $\begin{cases} x+y=\pi \\ 3\tan x+3\cot y=-2\sqrt{3} \end{cases}$ $\left[\left(x=\frac{2}{3}\pi-k\pi \wedge y=\frac{\pi}{3}+k\pi\right)\vee\left(x=\frac{\pi}{6}-k\pi \wedge y=\frac{5}{6}\pi+k\pi\right)\right]$

418 $\begin{cases} x+y=\frac{5}{6}\pi \\ 2\sin x-\sqrt{3}\sin y=-1 \end{cases}$ $\left[x=-\frac{\pi}{6}-2k\pi \wedge y=\pi+2k\pi\right]$

419 $\begin{cases} \tan x+3\cot y=0 \\ \tan^2 x+3\cot^2 y=4 \end{cases}$ $\left[\left(x=\frac{2}{3}\pi+k\pi \wedge y=\frac{\pi}{3}+k_1\pi\right)\vee\left(x=\frac{\pi}{3}+k\pi \wedge y=\frac{2}{3}\pi+k_1\pi\right)\right]$

420 EUREKA! Esistono valori di φ per i quali la seguente equazione ha soluzioni?

$$|\sin 2x|+|\cos(2x-\varphi)|=0$$

421 YOU & MATHS If the system of equations $\begin{cases} y=7\sin x+3\cos x \\ y=7\cos x+3\sin x \end{cases}$ is solved simultaneously for $0\le x\le\pi$, the value of y must be:

A $4\sqrt{2}$. B $2\sqrt{5}$. C 2. D $5\sqrt{2}$. E -2.

(USA *North Carolina State High School Mathematics Contest*)

5 Disequazioni goniometriche

422 VERO O FALSO? Nella figura è indicato graficamente (in rosso) l'insieme delle soluzioni di una disequazione goniometrica. In forma algebrica si può scrivere:

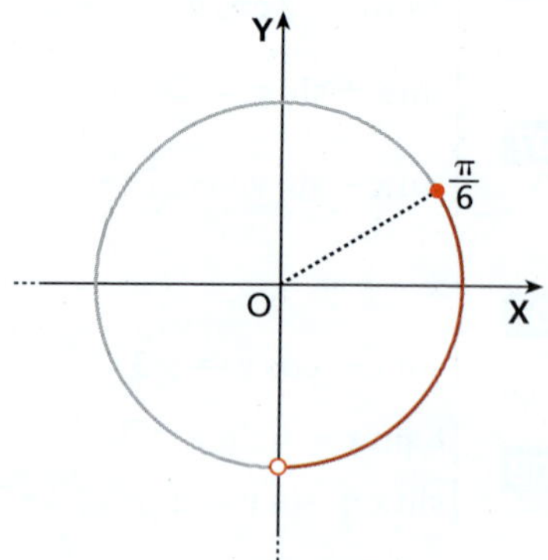

a. $-\frac{\pi}{2}+2k\pi<x<\frac{\pi}{6}+2k\pi$. V F

b. $2k\pi\le x\le\frac{\pi}{6}+2k\pi \vee \frac{3}{2}\pi+2k\pi<x\le 2\pi+2k\pi$. V F

c. $-\frac{\pi}{2}+2k\pi<x\le\frac{\pi}{6}+2k\pi$. V F

d. $\frac{3}{2}\pi+2k\pi<x\le\frac{\pi}{6}+2k\pi$. V F

423 LEGGI IL GRAFICO Nelle seguenti figure sono indicate le soluzioni di alcune disequazioni goniometriche. Scrivile in forma algebrica.

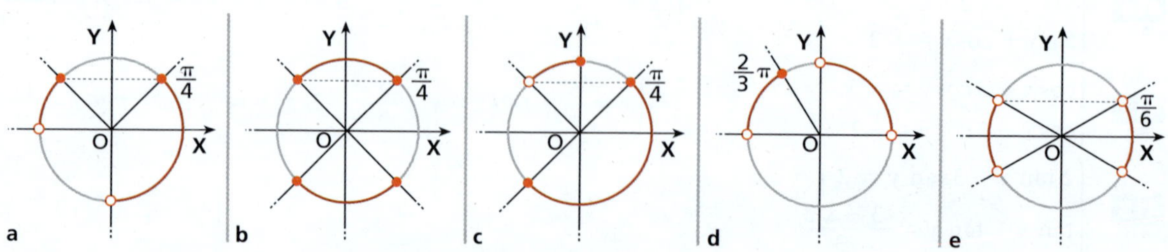

Disequazioni goniometriche elementari

▶ Teoria a p. 760

424 ESERCIZIO GUIDA Risolviamo:

a. $2\sin x - \sqrt{3} > 0$;

b. $2\cos x + 1 \le 0$;

c. $\tan x > 1$.

---

a. $2\sin x - \sqrt{3} > 0 \rightarrow \sin x > \frac{\sqrt{3}}{2}$.

Disegniamo la circonferenza goniometrica e tracciamo la retta di equazione $Y = \frac{\sqrt{3}}{2}$, che intersecando la circonferenza individua gli angoli $\alpha = \frac{\pi}{3}$ e $\beta = \frac{2}{3}\pi$, soluzioni dell'equazione associata.

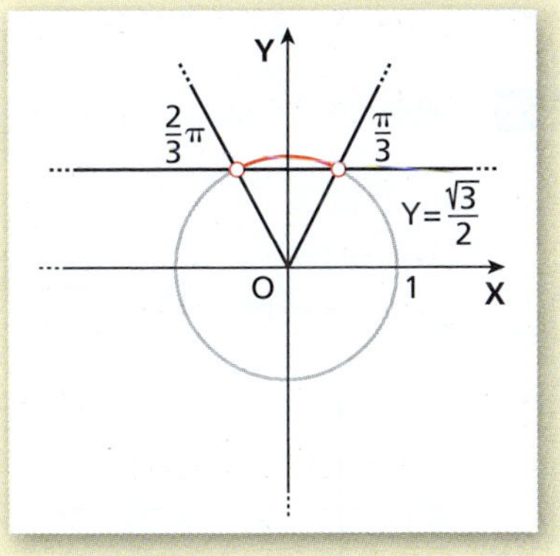

Poiché deve risultare $\sin x > \frac{\sqrt{3}}{2}$, scegliamo l'arco di circonferenza che sta al di sopra della retta.
Gli estremi dell'arco sono esclusi, perché la disuguaglianza è stretta.

Le soluzioni sono: $\frac{\pi}{3} + 2k\pi < x < \frac{2}{3}\pi + 2k\pi$.

b. $2\cos x + 1 \le 0 \rightarrow \cos x \le -\frac{1}{2}$.

Disegniamo la circonferenza goniometrica e tracciamo la retta di equazione $X = -\frac{1}{2}$.

$\alpha = \frac{2}{3}\pi$ e $\beta = \frac{4}{3}\pi$ sono le soluzioni dell'equazione associata.

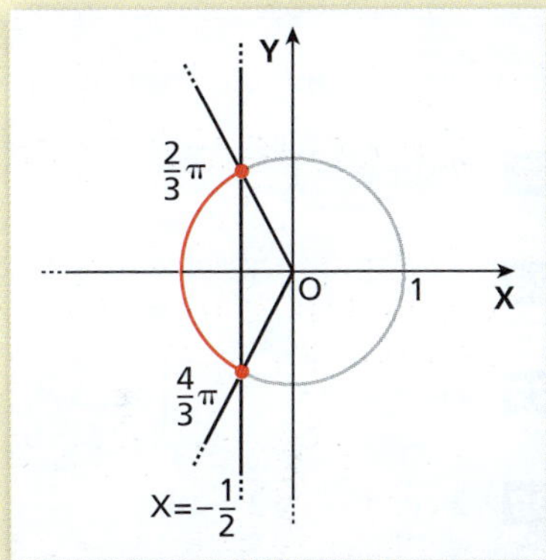

Poiché deve risultare $\cos x \le -\frac{1}{2}$, scegliamo l'arco evidenziato in rosso.
Gli estremi dell'arco sono inclusi, perché la disuguaglianza è larga.

Le soluzioni sono: $\frac{2}{3}\pi + 2k\pi \le x \le \frac{4}{3}\pi + 2k\pi$.

c. $\tan x > 1$.

Disegniamo la circonferenza goniometrica e la retta tangente nel punto $E(1; 0)$. Su tale retta scegliamo il punto $T(1; 1)$ e tracciamo OT in modo da individuare gli angoli con tangente uguale a 1, cioè $x = \frac{\pi}{4}$ e $x = \frac{5}{4}\pi$.

Poiché deve risultare $\tan x > 1$, gli archi da scegliere sono quelli compresi fra $\frac{\pi}{4}$ e $\frac{\pi}{2}$ e fra $\frac{5}{4}\pi$ e $\frac{3}{2}\pi$.

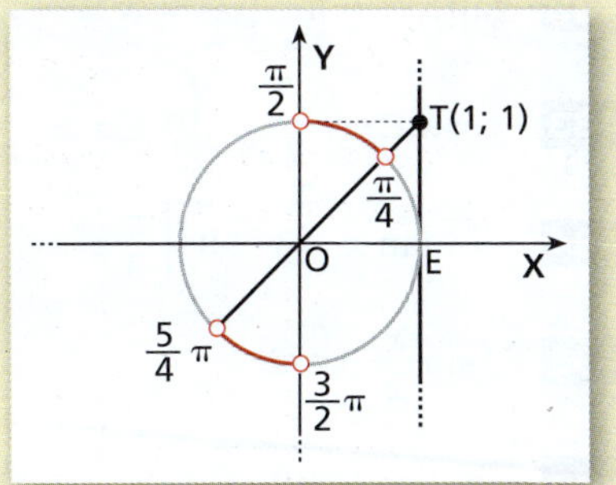

Tenendo conto che la funzione $\tan x$ ha periodo π, scriviamo tutte le soluzioni in forma compatta: $\frac{\pi}{4} + k\pi < x < \frac{\pi}{2} + k\pi$.

425 TEST Quale grafico evidenzia le soluzioni della disequazione $\sin x < \frac{1}{2}$?

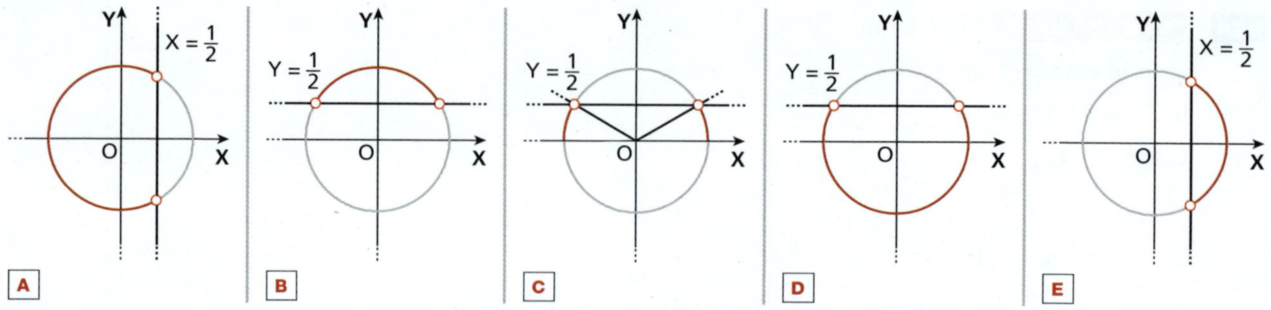

426 ASSOCIA ogni disequazione al grafico che ne rappresenta le soluzioni.

a. $\sin x > \frac{\sqrt{2}}{2}$ **b.** $\cos x \leq -\frac{1}{2}$ **c.** $\sin x \leq \frac{\sqrt{2}}{2}$ **d.** $\tan x < \frac{1}{2}$

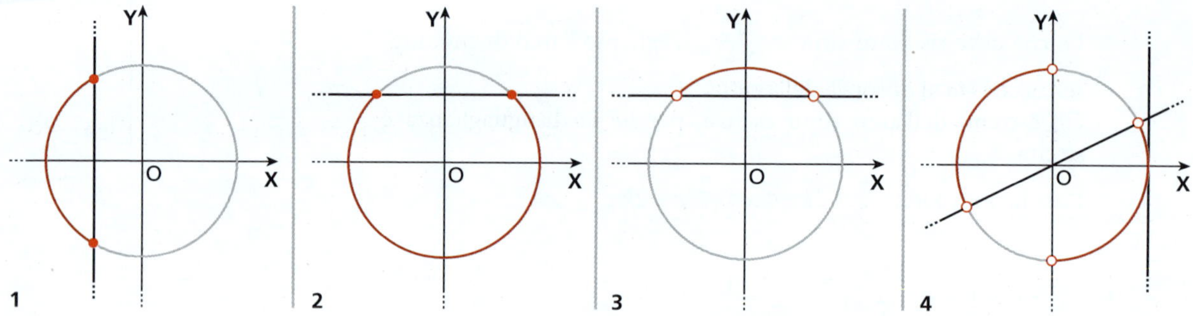

Risolvi le seguenti disequazioni nell'intervallo $[0; 2\pi]$.

427 $2\sin x > 1$ $\left[\frac{\pi}{6} < x < \frac{5}{6}\pi\right]$

428 $3\tan x > \sqrt{3}$ $\left[\frac{\pi}{6} < x < \frac{\pi}{2} \vee \frac{7}{6}\pi < x < \frac{3}{2}\pi\right]$

429 $\cos x > \frac{1}{2}$ $\left[0 \leq x < \frac{\pi}{3} \vee \frac{5}{3}\pi < x \leq 2\pi\right]$

430 $2\cos x < \sqrt{2}$ $\left[\frac{\pi}{4} < x < \frac{7\pi}{4}\right]$

431 $2\sin x + 1 < 0$ $\left[\frac{7}{6}\pi < x < \frac{11}{6}\pi\right]$

432 $\tan x \leq -1$ $\left[\frac{\pi}{2} < x \leq \frac{3}{4}\pi \vee \frac{3}{2}\pi < x \leq \frac{7}{4}\pi\right]$

433 $\cos x \geq -\frac{\sqrt{2}}{2}$ $\left[0 \leq x \leq \frac{3}{4}\pi \vee \frac{5}{4}\pi \leq x \leq 2\pi\right]$

434 $\sqrt{3}\tan x - 3 \geq 0$ $\left[\frac{\pi}{3} \leq x < \frac{\pi}{2} \vee \frac{4}{3}\pi \leq x < \frac{3}{2}\pi\right]$

435 $2\sin\frac{x}{2} \geq \sqrt{2}$ $\left[\frac{\pi}{2} \leq x \leq \frac{3}{2}\pi\right]$

436 $\sin x + 1 < 0$ [impossibile]

437 $3\tan x + 2 > \tan x + 2$ $\left[0 < x < \frac{\pi}{2} \vee \pi < x < \frac{3}{2}\pi\right]$

438 $2\cos x + \sqrt{3} < 0$ $\left[\frac{5\pi}{6} < x < \frac{7\pi}{6}\right]$

439 $\sin x \leq 1$ $[0 \leq x \leq 2\pi]$

440 $\tan x \leq -\sqrt{3}$ $\left[\frac{\pi}{2} < x \leq \frac{2}{3}\pi \vee \frac{3}{2}\pi < x \leq \frac{5}{3}\pi\right]$

441 $\cot x \leq -1$ $\left[\frac{3}{4}\pi \leq x < \pi \vee \frac{7}{4}\pi \leq x < 2\pi\right]$

442 $\sin\left(x - \frac{\pi}{5}\right) \geq 0$ $\left[\frac{\pi}{5} \leq x \leq \frac{6}{5}\pi\right]$

443 $\tan\frac{x}{2} + 1 > 0$ $\left[0 \leq x < \pi \vee \frac{3}{2}\pi < x \leq 2\pi\right]$

444 $2\cos 2x - 1 \leq 0$ $\left[\frac{\pi}{6} \leq x \leq \frac{5}{6}\pi \vee \frac{7}{6}\pi \leq x \leq \frac{11}{6}\pi\right]$

445 $1 - \sqrt{2}\cos\left(x + \frac{\pi}{6}\right) > 0$ $\left[\frac{\pi}{12} < x < \frac{19}{12}\pi\right]$

446 $\sqrt{3}\cot\frac{x}{2} \geq 3$ $\left[0 < x \leq \frac{\pi}{3}\right]$

447 $2\sin 2x - \sqrt{3} < 0$ $\left[0 \leq x < \frac{\pi}{6} \vee \frac{\pi}{3} < x < \frac{7}{6}\pi \vee \frac{4}{3}\pi < x \leq 2\pi\right]$

FAI UN ESEMPIO Scrivi una disequazione elementare che abbia per soluzioni gli angoli rappresentati nella circonferenza goniometrica.

448 ●○

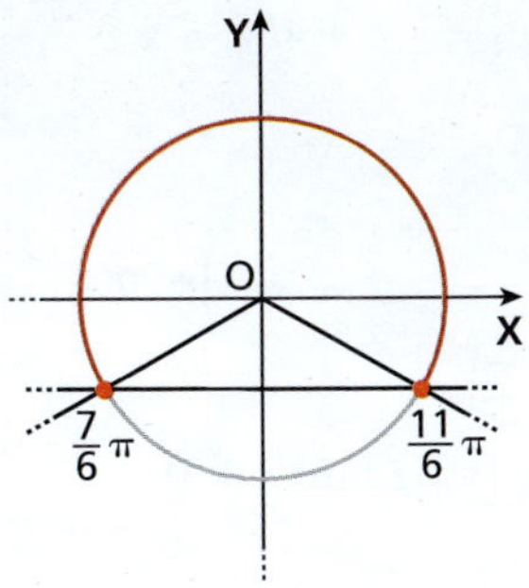

449 ●○

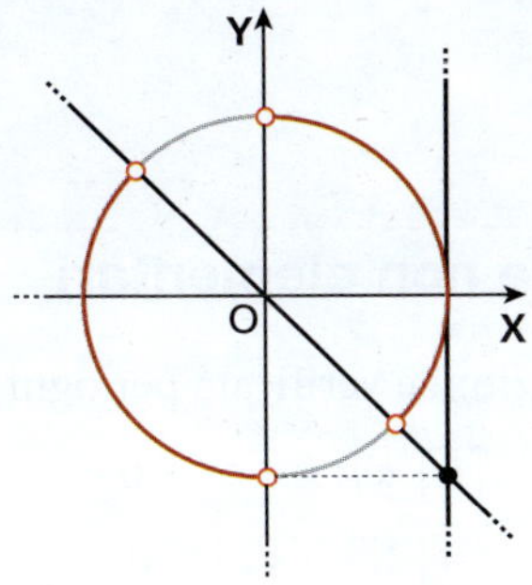

450 ●○

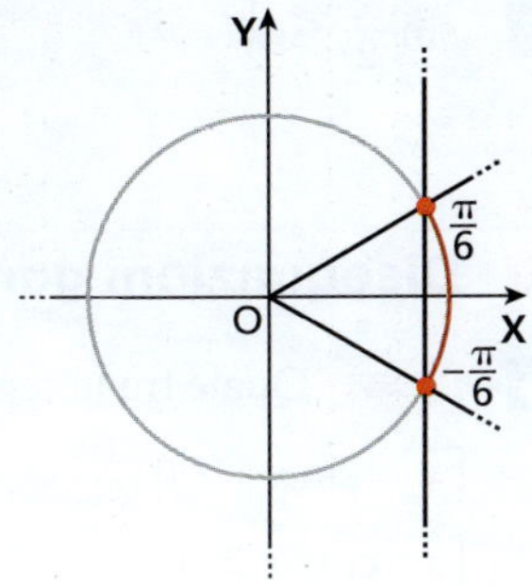

TEST

451 ●○ Considera le seguenti disequazioni in $[0; 2\pi]$. Quale ha come soluzioni solo angoli compresi fra 0 e π?

A $2\sin x < 1$ B $\cos x > \frac{1}{3}$ C $\tan x \leq 1$ D $\sin x > \frac{4}{5}$ E $\cos x < 1$

452 ●○ Quale fra le seguenti disequazioni *non* è verificata $\forall x \in \mathbb{R}$?

A $\sin x - 1 \leq 0$ B $\sin x + \pi > 0$ C $\tan x < 1$ D $\cos x + 2 \geq 0$ E $3 - \cos x > 1$

Risolvi le seguenti disequazioni in $\mathbb{R}$.

453 ●○ $\sin x < -\frac{1}{2}$ $\left[\frac{7\pi}{6} + 2k\pi < x < \frac{11}{6}\pi + 2k\pi\right]$

454 ●○ $\cos x \geq 1$ $[x = 2k\pi]$

455 ●○ $2\cos x < \cos x$ $\left[\frac{\pi}{2}+2k\pi<x<\frac{3\pi}{2}+2k\pi\right]$

456 ●○ $3\tan x + \sqrt{3} < 0$ $\left[\frac{\pi}{2} + k\pi < x < \frac{5\pi}{6} + k\pi\right]$

457 ●○ $2\cos x \geq -1$ $\left[-\frac{2}{3}\pi + 2k\pi \leq x \leq \frac{2}{3}\pi + 2k\pi\right]$

458 ●○ $\tan x \geq \cos\pi$ $\left[-\frac{\pi}{4} + k\pi \leq x < \frac{\pi}{2} + k\pi\right]$

459 ●○ $\tan 2x \leq 0$ $\left[\frac{\pi}{4} + k\frac{\pi}{2} < x \leq \frac{\pi}{2} + k\frac{\pi}{2}\right]$

460 ●○ $3\cot x \geq \sqrt{3}$ $\left[k\pi < x \leq \frac{\pi}{3} + k\pi\right]$

461 ●○ $\cot x < \sqrt{3}$ $\left[\frac{\pi}{6} + k\pi < x < \pi + k\pi\right]$

462 ●○ $2\sin x \leq -\sqrt{2}$ $\left[\frac{5}{4}\pi+2k\pi\leq x\leq\frac{7}{4}\pi+2k\pi\right]$

---

463 ●○ $2\sin x + \sqrt{2} > 0$ $\left[-\frac{\pi}{4} + 2k\pi < x < \frac{5}{4}\pi + 2k\pi\right]$

464 ●○ $2\cos x + \sqrt{3} \geq 0$ $\left[2k\pi \leq x \leq \frac{5}{6}\pi + 2k\pi \vee \frac{7}{6}\pi + 2k\pi \leq x \leq 2\pi + 2k\pi\right]$

465 ●○ $\sin x + 3 \geq 2(\sin x + 2)$ $\left[x = \frac{3}{2}\pi + 2k\pi\right]$

466 ●○ $2(\sin x + 3) < 3(2 - \sin x)$ $[\pi + 2k\pi < x < 2\pi + 2k\pi]$

467 ●○ $\cos x - \sqrt{2} > 3\cos x$ $\left[\frac{3\pi}{4}+2k\pi<x<\frac{5\pi}{4}+2k\pi\right]$

468 ●○ $2(\tan x + 1) + 3(1 - \tan x) < -2(\tan x - 3)$ $\left[-\frac{\pi}{2} + k\pi < x < \frac{\pi}{4} + k\pi\right]$

469 ●○ $2(1 + \cos x) - 3(2 - \cos x) < 3(\cos x - 1)$ $\left[\frac{\pi}{3} + 2k\pi < x < \frac{5}{3}\pi + 2k\pi\right]$

470 ●○ $2\cos^2 x - 1 \leq 2(1 - \sin x)(1 + \sin x) + \cos x$ $[\forall x \in \mathbb{R}]$

471 ●○ $\cos\left(x + \frac{\pi}{3}\right) \geq \frac{\sqrt{2}}{2}$ $\left[-\frac{7}{12}\pi + 2k\pi \leq x \leq -\frac{\pi}{12} + 2k\pi\right]$

472 $\sin\left(x-\frac{\pi}{4}\right)<1$ $\left[x \neq \frac{3}{4}\pi + 2k\pi\right]$

473 $\sin\frac{x}{2} \leq \frac{1}{2}$ $\left[-\frac{7}{3}\pi + 4k\pi \leq x \leq \frac{\pi}{3} + 4k\pi\right]$

Disequazioni goniometriche non elementari

▶ Teoria a p. 761

474 TEST Quale fra le seguenti disequazioni è verificata per ogni x dell'insieme $\mathbb{R}$?

A $|\sin x| > 0$

B $\cos^2 x > 1$

C $\sin x + \pi > 0$

D $|-\cos x| \leq 0$

E $2\tan^2 x > 0$

Risolvi le seguenti disequazioni riconducibili a disequazioni elementari.

475 $\cos\left(x-\frac{\pi}{6}\right)+\cos\left(x+\frac{\pi}{6}\right) \geq \frac{3}{2}$ $\left[-\frac{\pi}{6} + 2k\pi \leq x \leq \frac{\pi}{6} + 2k\pi\right]$

476 $\sin\left(\frac{\pi}{4}+x\right)-\cos\left(x-\frac{\pi}{4}\right) > -1$ $[\forall x \in \mathbb{R}]$

477 $\sin\left(x+\frac{\pi}{3}\right)-\cos\left(x+\frac{\pi}{6}\right) > -\frac{1}{2}$ $\left[-\frac{\pi}{6} + 2k\pi < x < \frac{7}{6}\pi + 2k\pi\right]$

478 $\sin\left(\frac{5}{6}\pi+x\right)+\sin\left(x+\frac{\pi}{6}\right) < \frac{\sqrt{2}}{2}$ $\left[\frac{\pi}{4} + 2k\pi < x < \frac{7}{4}\pi + 2k\pi\right]$

479 ESERCIZIO GUIDA Risolviamo $4\cos^2 x - 4\cos x - 3 \leq 0$.

Risolviamo dapprima l'equazione associata.

$$4\cos^2 x - 4\cos x - 3 = 0 \quad \rightarrow \quad \cos x = \frac{2 \pm \sqrt{4+12}}{4} = \frac{2 \pm 4}{4} \begin{cases} \cos x = -\frac{1}{2} \\ \cos x = \frac{3}{2} \end{cases}$$

La disequazione è soddisfatta per i valori interni all'intervallo delle soluzioni, cioè:

$$-\frac{1}{2} \leq \cos x \leq \frac{3}{2}.$$

Rappresentiamo graficamente gli intervalli soluzione della disequazione con il grafico della funzione $y = \cos x$ (figura **a**) oppure con la circonferenza goniometrica (figura **b**).

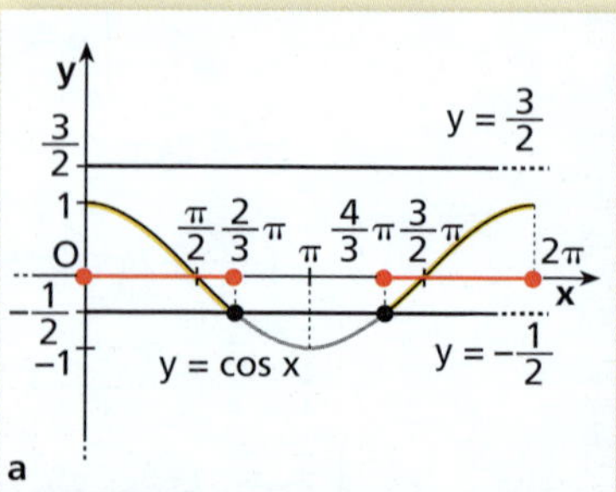

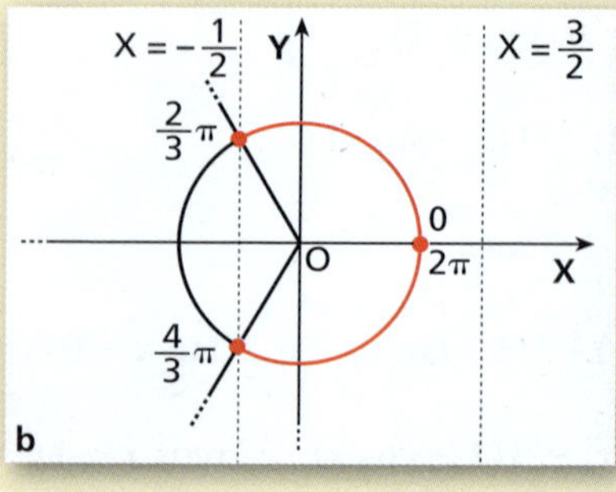

Le soluzioni della disequazione sono:

$$2k\pi \leq x \leq \frac{2}{3}\pi + 2k\pi \vee \frac{4}{3}\pi + 2k\pi \leq x \leq 2\pi + 2k\pi.$$

Risolvi le seguenti disequazioni.

480 ●○ $2\sin^2 x - 1 \leq 0$ $\left[\frac{3}{4}\pi + k\pi \leq x \leq \frac{5}{4}\pi + k\pi\right]$

481 ●○ $\cos^2 x - \frac{1}{4} \leq 0$ $\left[\frac{\pi}{3} + k\pi \leq x \leq \frac{2}{3}\pi + k\pi\right]$

482 ●○ $2\cos^2 x + \cos x \geq 0$ $\left[-\frac{\pi}{2} + 2k\pi \leq x \leq \frac{\pi}{2} + 2k\pi \vee \frac{2}{3}\pi + 2k\pi \leq x \leq \frac{4}{3}\pi + 2k\pi\right]$

483 ●○ $\tan^2 x - 1 \geq 0$ $\left[\frac{\pi}{4} + k\pi \leq x < \frac{\pi}{2} + k\pi \vee \frac{\pi}{2} + k\pi < x \leq \frac{3}{4}\pi + k\pi\right]$

484 ●○ $3 - \cot^2 x \leq 0$ $\left[\frac{5}{6}\pi + k\pi \leq x \leq \frac{7}{6}\pi + k\pi \wedge x \neq \pi + k\pi\right]$

485 ●○ $2\sin^2 x + \sqrt{3}\,\sin x \geq 0$ $\left[2k\pi \leq x \leq \pi + 2k\pi \vee \frac{4}{3}\pi + 2k\pi \leq x \leq \frac{5}{3}\pi + 2k\pi\right]$

486 ●○ $1 - 2\cos^2 x \leq 0$ $\left[\frac{3}{4}\pi + k\pi \leq x \leq \frac{5}{4}\pi + k\pi\right]$

487 ●○ $3\tan^2 x + \sqrt{3}\,\tan x \leq 0$ $\left[\frac{5}{6}\pi + k\pi \leq x \leq \pi + k\pi\right]$

488 ●○ $\cos^2 x - \cos x \geq 0$ $\left[\frac{\pi}{2} + 2k\pi \leq x \leq \frac{3}{2}\pi + 2k\pi \vee x = 2k\pi\right]$

489 ●○ $\sin^2 x + \sin x < 0$ $\left[\pi + 2k\pi < x < 2\pi + 2k\pi \wedge x \neq \frac{3}{2}\pi + 2k\pi\right]$

490 ●○ $\cos 2x + \cos x < 0$ $\left[\frac{\pi}{3} + 2k\pi < x < \frac{5}{3}\pi + 2k\pi \wedge x \neq \pi + 2k\pi\right]$

491 ●○ $\sin^2 x - 2 \leq 0$ $[\forall x \in \mathbb{R}]$

492 ●○ $2\sin^2 x + \sin x - 1 < 0$ $\left[-\frac{7}{6}\pi + 2k\pi < x < \frac{\pi}{6} + 2k\pi \wedge x \neq \frac{3}{2}\pi + 2k\pi\right]$

493 ●○ $\sin^2 x - 3\sin x + 2 \leq 0$ $\left[x = \frac{\pi}{2} + 2k\pi\right]$

494 ●○ $\cos 2x - \sin x \leq 0$ $\left[\frac{\pi}{6} + 2k\pi \leq x \leq \frac{5}{6}\pi + 2k\pi \vee x = \frac{3}{2}\pi\right]$

495 ●○ $\cos^2 x - 2\cos x + 1 > 0$ $[\forall x \neq 2k\pi]$

496 ●● $3\tan^2 x - (\sqrt{3} - 3)\tan x - \sqrt{3} \geq 0$ $\left[\frac{\pi}{6} + k\pi \leq x \leq \frac{3}{4}\pi + k\pi \wedge x \neq \frac{\pi}{2} + k\pi\right]$

497 ●● $4\cos^2 x + 4\cos x - 3 \geq 0$ $\left[-\frac{\pi}{3} + 2k\pi \leq x \leq \frac{\pi}{3} + 2k\pi\right]$

498 ●● $1 + 2\sin\left(x + \frac{\pi}{6}\right) - 2\cos x \geq 0$ $\left[2k\pi \leq x \leq \frac{4}{3}\pi + 2k\pi\right]$

Confrontando grafici

499 **ESERCIZIO GUIDA** Risolviamo $\sin x - \cos x \geq 0$ utilizzando il metodo grafico.

Scriviamo la disequazione nella forma $\sin x \geq \cos x$ e consideriamo il seguente sistema.

$$\begin{cases} y_1 = \sin x \\ y_2 = \cos x \\ y_1 \geq y_2 \end{cases}$$

Disegniamo i grafici di $y = \sin x$ e di $y = \cos x$ e determiniamo gli intervalli in cui il grafico di $y_1 = \sin x$ si trova sopra a quello di $y_2 = \cos x$.

Le soluzioni sono: $\frac{\pi}{4} + 2k\pi \leq x \leq \frac{5}{4}\pi + 2k\pi$.

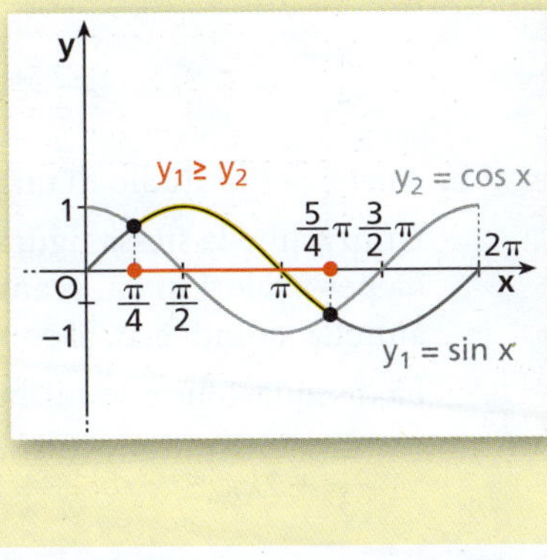

ESERCIZI

Risolvi le seguenti disequazioni con il metodo grafico.

500 $\sqrt{3}\sin x + \cos x \geq 0$ $\left[-\frac{\pi}{6} + 2k\pi \leq x \leq \frac{5}{6}\pi + 2k\pi\right]$

501 $3\sin x - \sqrt{3}\cos x \leq 0$ $\left[-\frac{5}{6}\pi + 2k\pi \leq x \leq \frac{\pi}{6} + 2k\pi\right]$

502 $\sin x + \cos x \leq 0$ $\left[\frac{3}{4}\pi + 2k\pi \leq x \leq \frac{7}{4}\pi + 2k\pi\right]$

503 $\sin x - (\sqrt{2} - 1)\cos x \leq 0$ $\left[-\frac{7}{8}\pi + 2k\pi \leq x \leq \frac{\pi}{8} + 2k\pi\right]$

504 $\sqrt{3}\cos x - \sin x \geq 0$ $\left[-\frac{2}{3}\pi + 2k\pi \leq x \leq \frac{\pi}{3} + 2k\pi\right]$

505 $\sin x - \cos x + 1 \geq 0$ $\left[2k\pi \leq x \leq \frac{3}{2}\pi + 2k\pi\right]$

506 $\sin x + \cos x + 1 \leq 0$ $\left[\pi + 2k\pi \leq x \leq \frac{3}{2}\pi + 2k\pi\right]$

507 $\sqrt{3}\sin x - \cos x - 1 \geq 0$ $\left[\frac{\pi}{3} + 2k\pi \leq x \leq \pi + 2k\pi\right]$

Disequazioni fratte o sotto forma di prodotto

Teoria a p. 762

508 ESERCIZIO GUIDA Risolviamo: **a.** $\frac{\tan x + \sqrt{3}}{2\cos x - 1} \leq 0$; **b.** $(\tan x + \sqrt{3})(2\cos x - 1) \leq 0$.

a. La disequazione è fratta.
Studiamo il segno del numeratore e del denominatore nell'intervallo tra 0 e 2π, ponendoli maggiori di 0:

$N > 0$: $\tan x + \sqrt{3} > 0 \rightarrow \tan x > -\sqrt{3} \rightarrow 0 < x < \frac{\pi}{2} \vee \frac{2}{3}\pi < x < \frac{3}{2}\pi \vee \frac{5}{3}\pi < x < 2\pi$;

$D > 0$: $2\cos x - 1 > 0 \rightarrow \cos x > \frac{1}{2} \rightarrow 0 < x < \frac{\pi}{3} \vee \frac{5}{3}\pi < x < 2\pi$.

Rappresentiamo i segni su due circonferenze concentriche.

Sulla circonferenza interna è individuato il segno del numeratore. Segniamo con ∄ i valori per cui la tangente non esiste.

Sulla seconda circonferenza è individuato il segno del denominatore.

Applichiamo la regola dei segni e registriamo i risultati in una terza circonferenza, dove il segno ∄ indica che la frazione non esiste, cioè indica i valori in corrispondenza dei quali il denominatore è 0 oppure la tangente non esiste.

Tenendo conto della periodicità, la disequazione è soddisfatta nei seguenti intervalli:

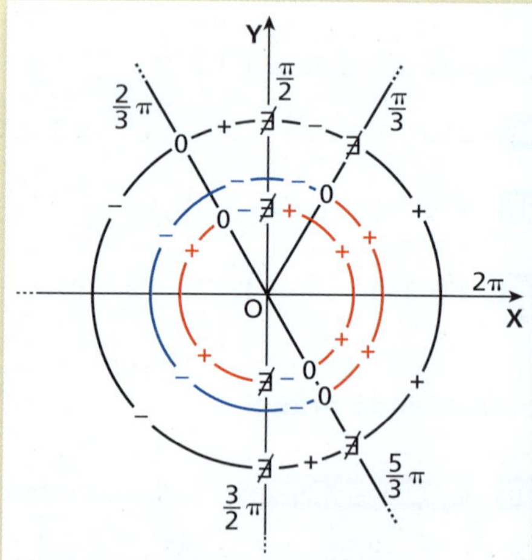

$$\frac{\pi}{3} + 2k\pi < x < \frac{\pi}{2} + 2k\pi \vee \frac{2}{3}\pi + 2k\pi \leq x < \frac{3}{2}\pi + 2k\pi.$$

b. Anche per lo studio di un prodotto procediamo applicando la regola dei segni.
Utilizziamo la stessa figura del caso **a** poiché i fattori sono identici. La differenza rispetto al quoziente si ha per i valori in cui si annulla il secondo fattore: in corrispondenza di tali valori il prodotto esiste e si annulla, quindi essi, al contrario del caso **a**, sono soluzioni della disequazione.
La disequazione è soddisfatta per:

$$\frac{\pi}{3} + 2k\pi \leq x < \frac{\pi}{2} + 2k\pi \vee \frac{2}{3}\pi + 2k\pi \leq x < \frac{3}{2}\pi + 2k\pi \vee x = \frac{5}{3}\pi + 2k\pi.$$

Risolvi le seguenti disequazioni nell'intervallo $[0; 2\pi]$.

509 ●○ $\frac{\cos^2 x}{2\sin x} \geq 0$ $\left[0 < x < \pi \vee x = \frac{3}{2}\pi\right]$

510 ●○ $\tan x \cdot \sin x \leq 0$ $\left[\frac{\pi}{2} < x < \frac{3}{2}\pi\right]$

511 ●○ $\sin x(\tan x - 1) < 0$ $\left[0 < x < \frac{\pi}{4} \vee \frac{\pi}{2} < x < \pi \vee \frac{5}{4}\pi < x < \frac{3}{2}\pi\right]$

512 ●○ $\frac{2\sin x + 1}{\cot x - 1} > 0$ $\left[0 < x < \frac{\pi}{4} \vee \pi < x < \frac{7}{6}\pi \vee \frac{5}{4}\pi < x < \frac{11}{6}\pi\right]$

513 ●○ $\sin x > \sin 2x$ $\left[\frac{\pi}{3} < x < \pi \vee \frac{5}{3}\pi < x < 2\pi\right]$

514 ●○ $\frac{\cos x}{\sqrt{3} - 2\sin x} < 0$ $\left[\frac{\pi}{3} < x < \frac{\pi}{2} \vee \frac{2}{3}\pi < x < \frac{3}{2}\pi\right]$

515 ●● $\sin x\,(\tan^2 x - 1) \leq 0$ $\left[0 \leq x \leq \frac{\pi}{4} \vee \frac{3}{4}\pi \leq x \leq \pi \vee \left(\frac{5}{4}\pi \leq x \leq \frac{7}{4}\pi \wedge x \neq \frac{3}{2}\pi\right)\right]$

516 ●● $\frac{2\sin^2 x - \sin x}{\cos^2 x} \geq 0$ $\left[\left(\frac{\pi}{6} \leq x \leq \frac{5}{6}\pi \wedge x \neq \frac{\pi}{2}\right) \vee \left(\pi \leq x \leq 2\pi \wedge x \neq \frac{3}{2}\pi\right)\right]$

517 ●● $\frac{2\sin x \cos x}{\sin x - \cos x} \geq 0$ $\left[\frac{\pi}{4} < x \leq \frac{\pi}{2} \vee \pi \leq x < \frac{5}{4}\pi \vee \frac{3}{2}\pi \leq x \leq 2\pi \vee x = 0\right]$

Risolvi le seguenti disequazioni in $\mathbb{R}$.

518 ●○ $\frac{\cos x}{\sin x} \geq 0$ $\left[k\pi < x \leq \frac{\pi}{2} + k\pi\right]$

519 ●○ $\frac{2\sin x - \sqrt{2}}{\cos x} < 0$ $\left[-\frac{\pi}{2} + 2k\pi < x < \frac{\pi}{4} + 2k\pi \vee \frac{\pi}{2} + 2k\pi < x < \frac{3}{4}\pi + 2k\pi\right]$

520 ●○ $\tan x(1 - \sin x) \leq 0$ $\left[\frac{\pi}{2} + k\pi < x \leq \pi + k\pi\right]$

521 ●○ $(1 - 2\sin x)(2\cos x + \sqrt{3}) \leq 0$ $\left[\frac{\pi}{6} + 2k\pi \leq x \leq \frac{7}{6}\pi + 2k\pi\right]$

522 ●○ $(2\sin x - \sqrt{3})(2\cos x + \sqrt{2}) \leq 0$ $\left[-\frac{3}{4}\pi + 2k\pi \leq x \leq \frac{\pi}{3} + 2k\pi \vee \frac{2}{3}\pi + 2k\pi \leq x \leq \frac{3}{4}\pi + 2k\pi\right]$

523 ●○ $\frac{3\cos x}{\sqrt{2} - 2\sin x} \geq 0$ $\left[-\frac{\pi}{2} + 2k\pi \leq x < \frac{\pi}{4} + 2k\pi \vee \frac{\pi}{2} + 2k\pi \leq x < \frac{3}{4}\pi + 2k\pi\right]$

524 ●○ $(3\tan^2 x - 1)(\sin x + 1) \geq 0$ $\left[\frac{\pi}{6} + k\pi \leq x \leq \frac{5}{6}\pi + k\pi \wedge x \neq \frac{\pi}{2} + k\pi\right]$

525 ●○ $(2\cos x - 1)(\cos^2 x - 1) \leq 0$ $\left[-\frac{\pi}{3} + 2k\pi \leq x \leq \frac{\pi}{3} + 2k\pi \vee x = \pi + 2k\pi\right]$

526 ●○ $(\sqrt{2}\cot x - \sqrt{6})(\sin x - 1) \leq 0$ $\left[k\pi < x \leq \frac{\pi}{6} + k\pi \vee x = \frac{\pi}{2} + 2k\pi\right]$

527 ●○ $\frac{2\cos x - \sqrt{3}}{\cos x + 1} \geq 0$ $\left[-\frac{\pi}{6} + 2k\pi \leq x \leq \frac{\pi}{6} + 2k\pi\right]$

528 ●○ $\frac{2\sin x - \sqrt{3}}{\tan x - \sqrt{3}} \leq 0$ $\left[\frac{\pi}{2} + 2k\pi < x \leq \frac{2}{3}\pi + 2k\pi \vee \frac{4}{3}\pi + 2k\pi < x < \frac{3}{2}\pi + 2k\pi\right]$

529 ●○ $\frac{3\tan x - \sqrt{3}}{\cos x} > 0$ $\left[\frac{\pi}{6} + 2k\pi < x < \frac{7}{6}\pi + 2k\pi \wedge x \neq \frac{\pi}{2} + 2k\pi\right]$

530 ●○ $\sin x \cos x(2 + \sin x) < 0$ $\left[\frac{\pi}{2} + k\pi < x < \pi + k\pi\right]$

531 ●○ $2\cos x - \sin 2x \leq 0$ $\left[\frac{\pi}{2} + 2k\pi \leq x \leq \frac{3}{2}\pi + 2k\pi\right]$

532 $(\tan^2 x - 3)(2\cos x - 1) \leq 0$ $\left[-\frac{2}{3}\pi + 2k\pi \leq x \leq \frac{2}{3}\pi + 2k\pi \wedge x \neq \frac{\pi}{2} + k\pi\right]$

533 $(\tan x + \sqrt{3})(2\cos^2 x - 1) \leq 0$ $\left[\frac{\pi}{4} + k\pi \leq x < \frac{\pi}{2} + k\pi \vee \frac{2}{3}\pi + k\pi \leq x \leq \frac{3}{4}\pi + k\pi\right]$

534 $\dfrac{\sqrt{3}\sin x - \cos x}{1 - \sin^2 x} \geq 0$ $\left[\frac{\pi}{6} + 2k\pi \leq x \leq \frac{7}{6}\pi + 2k\pi \wedge x \neq \frac{\pi}{2} + 2k\pi\right]$

535 $\dfrac{\cos^2 x - \sin^2 x}{\sqrt{3}\tan x + 1} \leq 0$ $\left[\frac{\pi}{4} + k\pi \leq x < \frac{\pi}{2} + k\pi \vee \frac{3}{4}\pi + k\pi \leq x < \frac{5}{6}\pi + k\pi\right]$

Riepilogo: Disequazioni goniometriche

536 TEST La disequazione $(\sin x + 2)(3\cos x - 3) \geq 0$ è verificata per:

A $x = k\pi$.
B nessun valore di x.
C $x = \frac{\pi}{2} + 2k\pi$.
D ogni valore di x.
E $x = 2k\pi$.

537 Giustifica l’equivalenza tra le disequazioni $\dfrac{1}{\cos x} < 1$ e $\cos x < 0$.

Quali soluzioni ha invece la disequazione $\dfrac{1}{|\cos x|} < 1$? [impossibile]

538 ASSOCIA a ciascuna disequazione della prima riga una disequazione della seconda riga a essa equivalente.

a. $\dfrac{1}{\sin x} \leq 2$ b. $\sin x \geq 0$ c. $\dfrac{\sin x}{\cos^2 x + \pi} > 0$ d. $\dfrac{\cos x + 2}{\sin x} > 0$

1. $\sin x(\cos x + 2) > 0$ 2. $\dfrac{\sin x}{\cos x + 2} \geq 0$ 3. $\dfrac{2\sin x - 1}{\sin x} \geq 0$ 4. $\dfrac{1}{\sin x} \geq 0$

Risolvi le seguenti disequazioni nell’intervallo [0; 2π].

AL VOLO

539 $\dfrac{\sin x}{\cos^2 x} > 0$

540 $1 + \cos x \geq 0$

541 $\dfrac{|-\cos x|}{\tan x} < 0$

542 $\dfrac{2\sin x - 1}{1 + \cos^2 x} > 0$

543 $\cos x > \sqrt{2}$

544 $(1 - \sin^2 x)\sin x \geq 0$

545 $(2\sin^2 x + \sin x)(\tan x - 1) \leq 0$ $\left[0 \leq x \leq \frac{\pi}{4} \vee \frac{\pi}{2} \leq x \leq \pi \vee \frac{7}{6}\pi \leq x \leq \frac{5}{4}\pi \vee \frac{3}{2}\pi \leq x \leq \frac{11}{6}\pi\right]$

546 $\dfrac{\sin x}{4\cos^2 x - 1} \leq 0$ $\left[x = 0 \vee \frac{\pi}{3} < x < \frac{2}{3}\pi \vee \pi \leq x < \frac{4}{3}\pi \vee \frac{5}{3}\pi < x \leq 2\pi\right]$

547 $\dfrac{1 - \tan x}{2\cos x + 1} \geq 0$ $\left[0 < x \leq \frac{\pi}{4} \vee \frac{\pi}{2} < x < \frac{2}{3}\pi \vee \frac{5}{4}\pi \leq x < \frac{4}{3}\pi \vee \frac{3}{2}\pi < x \leq 2\pi\right]$

548 $|\cos x| \geq \dfrac{\sqrt{2}}{2}$ $\left[0 \leq x \leq \frac{\pi}{4} \vee \frac{3}{4}\pi \leq x \leq \frac{5}{4}\pi \vee \frac{7}{4}\pi \leq x \leq 2\pi\right]$

549 $|\tan x| \leq \sqrt{3}$ $\left[0 \leq x \leq \frac{\pi}{3} \vee \frac{2}{3}\pi \leq x \leq \frac{4}{3}\pi \vee \frac{5}{3}\pi \leq x \leq 2\pi\right]$

550 $2|\sin(-x)| \leq \sqrt{2}$ $\left[0 \leq x \leq \frac{\pi}{4} \vee \frac{3}{4}\pi \leq x \leq \frac{5}{4}\pi \vee \frac{7}{4}\pi \leq x \leq 2\pi\right]$

551 $4\cos^2 \frac{x}{2} - 2 - \cos x - 2\sin^2 \frac{x}{2} \geq 0$ $\left[0 \leq x \leq \frac{\pi}{3} \vee \frac{5}{3}\pi \leq x \leq 2\pi\right]$

552 ●● $\dfrac{\tan x}{\cos x + \sqrt{3}\sin x} \geq 0$ $\left[0 \leq x < \dfrac{\pi}{2} \vee \dfrac{5}{6}\pi < x \leq \pi \vee \dfrac{3}{2}\pi < x < \dfrac{11}{6}\pi \vee x = 2\pi\right]$

Risolvi le seguenti disequazioni in $\mathbb{R}$.

553 ●○ $\cot x + \sqrt{3} > 0$ $\left[k\pi < x < \dfrac{5}{6}\pi + k\pi\right]$

554 ●○ $\sqrt{3}\sin x - \cos x > 0$ $\left[\dfrac{\pi}{6} + 2k\pi < x < \dfrac{7}{6}\pi + 2k\pi\right]$

555 ●○ $\sin x + \sqrt{3}\cos x - 1 < 0$ $\left[\dfrac{\pi}{2} + 2k\pi < x < \dfrac{11}{6}\pi + 2k\pi\right]$

556 ●○ $4\cos^2 x - 2(1 - \sqrt{2})\cos x - \sqrt{2} \geq 0$ $\left[-\dfrac{\pi}{3} + 2k\pi \leq x \leq \dfrac{\pi}{3} + 2k\pi \vee \dfrac{3}{4}\pi + 2k\pi \leq x \leq \dfrac{5}{4}\pi + 2k\pi\right]$

557 ●○ $\sqrt{3}\tan^2 x - (\sqrt{3} + 1)\tan x + 1 \geq 0$ $\left[\dfrac{\pi}{4} + k\pi \leq x \leq \dfrac{7}{6}\pi + k\pi \wedge x \neq \dfrac{\pi}{2} + k\pi\right]$

558 ●○ $2\sin^2 x - (2 + \sqrt{3})\sin x + \sqrt{3} > 0$ $\left[2k\pi \leq x < \dfrac{\pi}{3} + 2k\pi \vee \dfrac{2}{3}\pi + 2k\pi < x \leq 2\pi + 2k\pi\right]$

559 ●○ $(\tan^2 x - 3)(2\sin^2 x - 1) \leq 0$ $\left[\dfrac{\pi}{4} + k\pi \leq x \leq \dfrac{\pi}{3} + k\pi \vee \dfrac{2}{3}\pi + k\pi \leq x \leq \dfrac{3}{4}\pi + k\pi\right]$

560 ●○ $(\sin^2 x - 2\sin x + 1)(\cot^2 x - 1) \leq 0$ $\left[\dfrac{\pi}{4} + k\pi \leq x \leq \dfrac{3}{4}\pi + k\pi\right]$

561 ●○ $\dfrac{|\sin x|}{2\cos x - 1} \geq 0$ $\left[-\dfrac{\pi}{3} + 2k\pi < x < \dfrac{\pi}{3} + 2k\pi \vee x = \pi + 2k\pi\right]$

562 ●○ $\dfrac{1 + |\cos x|}{2\sin x - \sqrt{3}} < 0$ $\left[-\dfrac{4}{3}\pi + 2k\pi < x < \dfrac{\pi}{3} + 2k\pi\right]$

563 ●○ $|\cos x - 2| < 1$ [impossibile]

564 ●○ $\left|\dfrac{2\sin x - 1}{\cos x + \sin x}\right| > 0$ $\left[x \neq \dfrac{\pi}{6} + 2k\pi \wedge x \neq \dfrac{5}{6}\pi + 2k\pi \wedge x \neq -\dfrac{\pi}{4} + k\pi\right]$

565 ●○ $|\cot^2 x - 3| \leq 0$ $\left[x = \pm\dfrac{\pi}{6} + k\pi\right]$

566 ●○ $2|\cos x| < 1$ $\left[\dfrac{\pi}{3} + k\pi < x < \dfrac{2}{3}\pi + k\pi\right]$

567 ●○ $\sqrt{\sin x} < \dfrac{\sqrt{2}}{2}$ $\left[2k\pi \leq x < \dfrac{\pi}{6} + 2k\pi \vee \dfrac{5}{6}\pi + 2k\pi < x \leq \pi + 2k\pi\right]$

568 ●○ $\sqrt{\sqrt{3} - 2\cos x} \geq 0$ $\left[\dfrac{\pi}{6} + 2k\pi \leq x \leq \dfrac{11}{6}\pi + 2k\pi\right]$

569 ●○ $(\cos x + \sin x)\tan\left(\dfrac{3}{2}x - \pi\right) > 0$ $\left[k\pi < x < \dfrac{\pi}{3} + k\pi \vee \dfrac{2}{3}\pi + k\pi < x < \dfrac{3}{4}\pi + k\pi\right]$

570 ●○ $2 - 3\sin^2 x - \cos x < \cos^2 x$ $\left[-\dfrac{2}{3}\pi + 2k\pi < x < \dfrac{2}{3}\pi + 2k\pi \wedge x \neq 2k\pi\right]$

571 ●○ $|1 - \tan x| \leq 1$ $[k\pi \leq x \leq \arctan 2 + k\pi]$

572 ●● $\cos x(3\tan^2 x - 1)(\cos^2 x + \cos x) \geq 0$ $\left[\left(\dfrac{\pi}{6} + k\pi \leq x \leq \dfrac{5}{6}\pi + k\pi \wedge x \neq \dfrac{\pi}{2} + k\pi\right) \vee x = \pi + 2k\pi\right]$

573 ●● $\dfrac{3\sin x - \sqrt{3}\cos x}{2\cos x + 1} \leq 0$ $\left[-\dfrac{2}{3}\pi + 2k\pi < x \leq \dfrac{\pi}{6} + 2k\pi \vee \dfrac{2}{3}\pi + 2k\pi < x \leq \dfrac{7}{6}\pi + 2k\pi\right]$

Disequazioni e funzioni

Determina il dominio delle seguenti funzioni.

574 ●○ $f(x) = \sqrt{\tan x}$ $\left[k\pi \leq x < \dfrac{\pi}{2} + k\pi\right]$

575 ●○ $f(x) = \sqrt{2\cos x + 1}$ $\left[2k\pi \leq x \leq \dfrac{2}{3}\pi + 2k\pi \vee \dfrac{4}{3}\pi + 2k\pi \leq x \leq 2\pi + 2k\pi\right]$

ESERCIZI

576 ●○ $f(x) = \sqrt{2\cos x(\cos x - 1)}$ $\left[x = 2k\pi \vee \frac{\pi}{2} + 2k\pi \le x \le \frac{3}{2}\pi + 2k\pi\right]$

577 ●○ $f(x) = \sqrt{\cos x - \sin x}$ $\left[2k\pi \le x \le \frac{\pi}{4} + 2k\pi \vee \frac{5}{4}\pi + 2k\pi \le x \le 2\pi + 2k\pi\right]$

578 ●○ $f(x) = \sqrt{2 + \cos^2 x + \sin x}$ $[\forall x \in \mathbb{R}]$

579 ●● $f(x) = \frac{1}{\sqrt{\sin x - 2\cos x}}$ $[\arctan 2 + 2k\pi < x < \arctan 2 + (2k+1)\pi]$

580 ●● $f(x) = \sqrt{\cos x + \sin x - 1}$ $\left[2k\pi < x < \frac{\pi}{2} + 2k\pi\right]$

581 ●● EUREKA! Trova per quali valori di a il dominio della funzione $y = \sqrt{\cos x - 2a}$:

a. è un insieme non vuoto;

b. è l'intervallo $\left[-\frac{\pi}{3} + 2k\pi; \frac{\pi}{3} + 2k\pi\right]$. $\left[\text{a) } a \le \frac{1}{2}; \text{ b) } a = \frac{1}{4}\right]$

Studia il segno delle seguenti funzioni.

582 ●○ $f(x) = \tan x - \sqrt{3}$ $\left[f(x) \ge 0\text{: } \frac{\pi}{3} + k\pi \le x < \frac{\pi}{2} + k\pi\right]$

583 ●○ $f(x) = 3\sin x + \sqrt{3}\cos x$ $\left[f(x) \ge 0\text{: } -\frac{\pi}{6} + 2k\pi \le x \le \frac{5}{6}\pi + 2k\pi\right]$

584 ●○ $f(x) = \frac{\sin x + 1}{2\cos x - 1}$ $\left[f(x) \ge 0\text{: } -\frac{\pi}{3} + 2k\pi < x < \frac{\pi}{3} + 2k\pi \vee x = \frac{3}{2}\pi + 2k\pi\right]$

585 ●○ $f(x) = \frac{4\sin^2 x - 1}{\tan^2 x}$ $\left[f(x) \ge 0\text{: } \frac{\pi}{6} + k\pi \le x \le \frac{5}{6}\pi + k\pi \wedge x \ne \frac{\pi}{2} + k\pi\right]$

Rappresenta graficamente le funzioni $f(x)$ e $g(x)$ e trova per quali valori di x si ha $f(x) > g(x)$.

586 ●○ $f(x) = \sin x$; $g(x) = \sin\left(x - \frac{\pi}{3}\right)$. $\left[-\frac{\pi}{3} + 2k\pi < x < \frac{2}{3}\pi + 2k\pi\right]$

587 ●○ $f(x) = \cos\left(x + \frac{\pi}{4}\right)$; $g(x) = \cos x$. $\left[\frac{7}{8}\pi + 2k\pi < x < \frac{15}{8}\pi + 2k\pi\right]$

588 ●● $f(x) = 2|\cos x|$; $g(x) = 2(1 - \sin x)$. $\left[2k\pi < x < \pi + 2k\pi \wedge x \ne \frac{\pi}{2} + 2k\pi\right]$

589 ●○ LEGGI IL GRAFICO Utilizza il grafico per determinare i valori di a e b nell'espressione della funzione rappresentata e trova algebricamente, evidenziandoli anche in figura, gli intervalli in cui $f(x) \le 1$ tra $-\pi$ e 2π.

$\left[a = 2, b = 2; -\pi \le x \le -\frac{2}{3}\pi \vee \frac{2}{3}\pi \le x \le \frac{4}{3}\pi\right]$

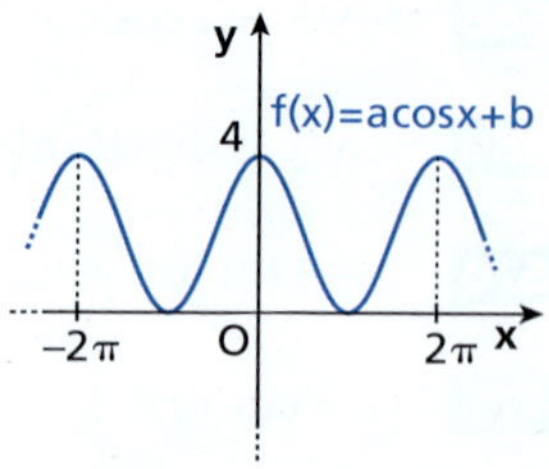

Sistemi di disequazioni goniometriche

▶ Teoria a p. 763

590 ESERCIZIO GUIDA Risolviamo il seguente sistema di disequazioni:

$$\begin{cases} \cos x > 0 \\ \cot^2 x - 3 \ge 0 \\ 2\sin x - 1 \le 0 \end{cases}.$$

Dobbiamo risolvere ogni disequazione nell'intervallo $[0; 2\pi]$ e poi scegliere le soluzioni comuni a tutte e tre.

- Risolviamo la prima disequazione.

$\cos x > 0 \quad \rightarrow \quad 0 \leq x < \frac{\pi}{2} \vee \frac{3}{2}\pi < x \leq 2\pi$

- Risolviamo la seconda disequazione (figura **a**):

$\cot^2 x - 3 \geq 0 \quad \rightarrow$

$\cot x \leq -\sqrt{3} \vee \cot x \geq \sqrt{3} \quad \rightarrow$

$0 < x \leq \frac{\pi}{6} \vee \frac{5}{6}\pi \leq x < \pi \vee$

$\vee \pi < x \leq \frac{7}{6}\pi \vee \frac{11}{6}\pi \leq x < 2\pi.$

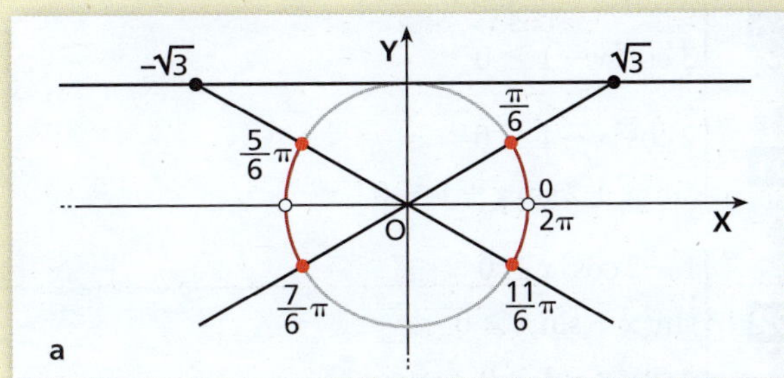

a

- Risolviamo la terza disequazione:

$2\sin x - 1 \leq 0 \quad \rightarrow \quad \sin x \leq \frac{1}{2} \quad \rightarrow$

$0 \leq x \leq \frac{\pi}{6} \vee \frac{5}{6}\pi \leq x \leq 2\pi.$

Riuniamo i risultati delle tre disequazioni in un grafico formato da tre circonferenze concentriche (figura **b**).

Dal grafico, considerando la periodicità, deduciamo che le soluzioni in $\mathbb{R}$ del sistema sono:

$2k\pi < x \leq \frac{\pi}{6} + 2k\pi \quad \vee$

$\frac{11}{6}\pi + 2k\pi \leq x < 2\pi + 2k\pi.$

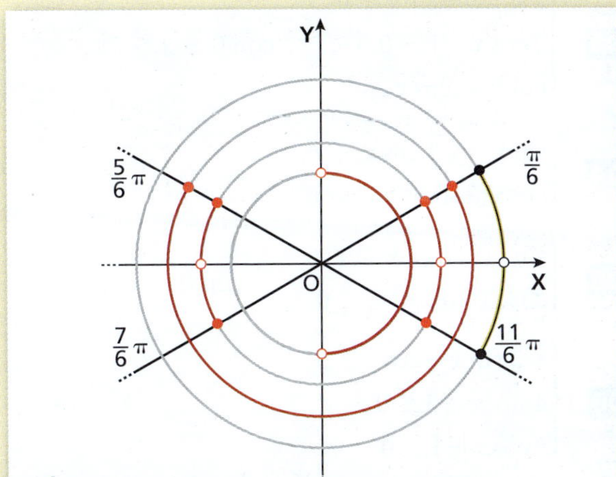

b

Risolvi i seguenti sistemi di disequazioni.

591 $\begin{cases} \sin x \leq 0 \\ \cos x < 1 \end{cases}$ $[\pi + 2k\pi \leq x < 2\pi + 2k\pi]$

592 $\begin{cases} \sin x > \frac{1}{2} \\ \tan x < 1 \end{cases}$ $\left[\frac{\pi}{6} + 2k\pi < x < \frac{\pi}{4} + 2k\pi \vee \frac{\pi}{2} + 2k\pi < x < \frac{5}{6}\pi + 2k\pi\right]$

593 $\begin{cases} 2\cos x + 1 \geq 0 \\ 2\sin x - \sqrt{2} < 0 \end{cases}$ $\left[-\frac{2}{3}\pi + 2k\pi \leq x < \frac{\pi}{4} + 2k\pi\right]$

594 $\begin{cases} \tan x \geq 1 \\ \cos x < \frac{1}{2} \end{cases}$ $\left[\frac{\pi}{3} + 2k\pi < x < \frac{\pi}{2} + 2k\pi \vee \frac{5}{4}\pi + 2k\pi \leq x < \frac{3}{2}\pi + 2k\pi\right]$

595 $\begin{cases} 2\sin x \leq 1 \\ 2\cos x < \sqrt{3} \end{cases}$ $\left[\frac{5}{6}\pi + 2k\pi \leq x < \frac{11}{6}\pi + 2k\pi\right]$

596 $\begin{cases} 2\sin^2 x - 1 \leq 0 \\ 2\cos x + 1 \geq 0 \end{cases}$ $\left[-\frac{\pi}{4} + 2k\pi \leq x \leq \frac{\pi}{4} + 2k\pi\right]$

597 $\begin{cases} \tan^2 x - 1 \geq 0 \\ \sqrt{3} + 2\sin x \geq 0 \end{cases}$ con $0 \leq x \leq 2\pi$. $\left[\left(\frac{\pi}{4} \leq x \leq \frac{3}{4}\pi \wedge x \neq \frac{\pi}{2}\right) \vee \frac{5}{4}\pi \leq x \leq \frac{4}{3}\pi \vee \frac{5}{3}\pi \leq x \leq \frac{7}{4}\pi\right]$

598 $\begin{cases} 1 - 2\sin x \geq 0 \\ 2\cos x - \sqrt{2} \leq 0 \end{cases}$ $\left[\frac{5}{6}\pi + 2k\pi \leq x \leq \frac{7}{4}\pi + 2k\pi\right]$

599 $\begin{cases} \tan^2 x - 3 \geq 0 \\ 2\cos^2 x - 1 \geq 0 \end{cases}$ [impossibile]

ESERCIZI

600 $\begin{cases} 3\tan^2 x - 1 \leq 0 \\ 3\cot^2 x - 1 \geq 0 \end{cases}$ $\left[-\frac{\pi}{6} + k\pi \leq x \leq \frac{\pi}{6} + k\pi \wedge x \neq k\pi\right]$

601 $\begin{cases} 2\cos^2 x - 1 \leq 0 \\ \sin^2 x + 2\sin x + 1 \leq 0 \end{cases}$ $\left[x = \frac{3}{2}\pi + 2k\pi\right]$

602 $\begin{cases} 1 - 2\cos^2 x \geq 0 \\ \sin^2 x + \sin x \geq 0 \\ 4\sin^2 x - 3 \geq 0 \end{cases}$ $\left[\frac{\pi}{3} + 2k\pi \leq x \leq \frac{2}{3}\pi + 2k\pi \vee x = \frac{3}{2}\pi + 2k\pi\right]$

603 $\begin{cases} 2\sin^2 x - \sin x \geq 0 \\ 2\cos x - 1 \geq 0 \\ \cos^2 x + \cos x \geq 0 \end{cases}$, con $0 \leq x \leq 2\pi$. $\left[x = 0 \vee \frac{\pi}{6} \leq x \leq \frac{\pi}{3} \vee \frac{5}{3}\pi \leq x \leq 2\pi\right]$

604 $\begin{cases} \sin x - \sqrt{3}\cos x \leq 0 \\ \cos x(2\sin x + 1) > 0 \end{cases}$ $\left[-\frac{\pi}{6} + 2k\pi \leq x \leq \frac{\pi}{3} + 2k\pi \vee \frac{4}{3}\pi + 2k\pi \leq x \leq \frac{3}{2}\pi + 2k\pi\right]$

605 $\begin{cases} \sin x(2\cos x + 1) \leq 0 \\ \cos x(\tan x + 1) \geq 0 \end{cases}$, con $0 \leq x \leq 2\pi$. $\left[x = 0 \vee \frac{2}{3}\pi \leq x \leq \frac{3}{4}\pi \vee \frac{7}{4}\pi \leq x \leq 2\pi\right]$

606 $\begin{cases} \sqrt{3}\sin x + \cos x \geq 0 \\ 4\sin^2 x - 3 \leq 0 \\ 2\cos x + 1 \geq 0 \end{cases}$ $\left[-\frac{\pi}{6} + 2k\pi \leq x \leq \frac{\pi}{3} + 2k\pi \vee x = \frac{2}{3}\pi + 2k\pi\right]$

607 $\begin{cases} (2\sin x - 1)(2\cos x + 3) \geq 0 \\ \tan x \cdot (\cot x - \sqrt{3}) \leq 0 \end{cases}$ $\left[\frac{\pi}{6} + 2k\pi \leq x < \frac{\pi}{2} + 2k\pi\right]$

608 **TEST** Sulla circonferenza goniometrica della figura sono rappresentate le soluzioni di uno fra i seguenti sistemi. Quale?

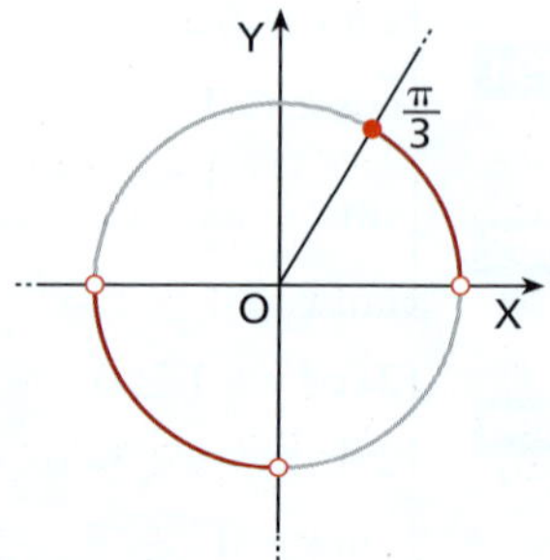

A $\begin{cases} \tan x \geq 0 \\ \sin x < \frac{\sqrt{3}}{2} \end{cases}$

B $\begin{cases} \sin x < \frac{\sqrt{3}}{2} \\ \cot x > 0 \end{cases}$

C $\begin{cases} \cos x < \frac{\sqrt{3}}{2} \\ \tan x > 0 \end{cases}$

D $\begin{cases} \sin x < \frac{\sqrt{3}}{2} \\ \cos x < 0 \end{cases}$

E $\begin{cases} \sin x \leq \frac{\sqrt{3}}{2} \\ \tan x > 0 \end{cases}$

Sistemi e funzioni

Determina il dominio delle seguenti funzioni.

609 $f(x) = \sqrt{\cos x} - \sqrt{\sin x}$ $\left[2k\pi \leq x \leq \frac{\pi}{2} + 2k\pi\right]$

610 $f(x) = \sqrt{2\sin x - 1} + \frac{1}{\sqrt{\tan x}}$ $\left[\frac{\pi}{6} + 2k\pi \leq x < \frac{\pi}{2} + 2k\pi\right]$

611 $f(x) = \sqrt{\sqrt{2} - 2\sin x} - \frac{1}{\sqrt{-\cos x}}$ $\left[\frac{3}{4}\pi + 2k\pi \leq x < \frac{3}{2}\pi + 2k\pi\right]$

612 $f(x) = \sqrt{\sin x - \cos x} + \sqrt{1 - \tan^2 x}$ $\left[x = \frac{\pi}{4} + 2k\pi \vee \frac{3}{4}\pi + 2k\pi \leq x \leq \frac{5}{4}\pi + 2k\pi\right]$

VERIFICA DELLE COMPETENZE ALLENAMENTO

UTILIZZARE TECNICHE E PROCEDURE DI CALCOLO

Equazioni goniometriche

TEST

1 Per una sola delle seguenti equazioni, le soluzioni indicate sono quelle corrette.

A $\sin x = -1 \quad \to \quad x = \frac{3}{2}\pi + k\pi$

B $6 \sin 6x = 6 \quad \to \quad x = \frac{\pi}{12} + k\frac{\pi}{3}$

C $\cos 2x = 0 \quad \to \quad x = \frac{\pi}{2} + 2k\pi$

D $\arctan x = 1 \quad \to \quad x = \frac{\pi}{4} + k\pi$

E $\tan 2x = 4\pi \quad \to \quad x = 2\pi + k\pi$

2 Indica quale delle seguenti equazioni ha come soluzione $x = \frac{\pi}{4} + k\frac{\pi}{2}$.

A $\sin^2 x = \frac{1}{2}$

B $\cos x = \frac{\sqrt{2}}{2}$

C $\tan x = 1$

D $\sin x = \frac{\sqrt{2}}{2}$

E $\cot x = -1$

Risolvi le seguenti equazioni.

3 $\sin^2 x = \frac{1}{2}$ $\left[\frac{\pi}{4} + k\frac{\pi}{2}\right]$

4 $\sin\left(5x - \frac{\pi}{3}\right) = -\sin\left(2x - \frac{\pi}{5}\right)$ $\left[\frac{8}{105}\pi + \frac{2}{7}k\pi; \frac{17}{45}\pi + \frac{2}{3}k\pi\right]$

5 $5\sin^2 x + \sqrt{3}\sin x \cos x - 2 = 0$ $\left[\frac{\pi}{6} + k\pi; \arctan\left(-\frac{2}{3}\sqrt{3}\right) + k\pi\right]$

6 $3\cot^2 x - 4\sqrt{3}\cot x + 3 = 0$ $\left[\frac{\pi}{6} + k\pi; \frac{\pi}{3} + k\pi\right]$

7 $2\cos^4 x - 3\cos^2 x + 1 = 0$ $\left[k\pi; \frac{\pi}{4} + k\frac{\pi}{2}\right]$

8 $\sqrt{3}\sin x - \cos x + 2 = 0$ $\left[\frac{5}{3}\pi + 2k\pi\right]$

9 $\tan\left(3x - \frac{\pi}{7}\right) = \cot\left(\frac{2}{5}\pi - 2x\right)$ $\left[\frac{17}{70}\pi + k\pi\right]$

10 $10\sin x + 7 - 6(\sin x - 1) = 3(\sin x + 3)$ [impossibile]

11 $\sin 2x - \sqrt{3}\cos 2x = 0$ $\left[\frac{\pi}{6} + k\frac{\pi}{2}\right]$

12 $\sin\left(x - \frac{\pi}{6}\right) + \cos\left(x + \frac{2}{3}\pi\right) + \cos 2x = 0$ $\left[\pm\frac{2}{3}\pi + 2k\pi; 2k\pi\right]$

13 $2\sqrt{2}\sin x \cos x + 2\cos x - \sqrt{2}\sin x - 1 = 0$ $\left[\pm\frac{\pi}{3} + 2k\pi; \frac{5}{4}\pi + 2k\pi; \frac{7}{4}\pi + 2k\pi\right]$

14 $\cos x - \sqrt{3}\sin x + 1 = 0$ $\left[\frac{\pi}{3} + 2k\pi; \pi + 2k\pi\right]$

15 $2\sin\left(x - \frac{\pi}{3}\right) + 2\sin\left(x - \frac{\pi}{6}\right) = \sqrt{3} + 1$ $\left[\frac{\pi}{2} + 2k\pi; \pi + 2k\pi\right]$

16 $2\sqrt{2}\cos x + 3 = -\sqrt{2}\cos x$ $\left[\pm\frac{3}{4}\pi + 2k\pi\right]$

17 $2\sin^2 x - 5\sin x - 3 = 0$ $\left[\frac{7}{6}\pi + 2k\pi; \frac{11}{6}\pi + 2k\pi\right]$

18 $3\sin^2 x + 2\sin x \cos^2\frac{x}{2} - \sin x = 0$ $\left[k\pi; \arctan\left(-\frac{1}{3}\right) + k\pi\right]$

19 $\cot\left(\frac{5}{4}\pi + x\right) = \cot 3x$ $\left[\frac{5}{8}\pi + k\frac{\pi}{2}\right]$

20 $\sqrt{3}\sin x - \cos x + \sqrt{2} = 0$ $\left[-\frac{\pi}{12} + 2k\pi; \frac{17}{12}\pi + 2k\pi\right]$

21 $2\cos^2\left(x - \frac{\pi}{3}\right) - \cos\left(x - \frac{\pi}{3}\right) - 1 = 0$ $\left[\pm\frac{\pi}{3} + 2k\pi; \pi + 2k\pi\right]$

22 $2\sec x = \frac{2 - \sin^2 x}{\cos^2 x}$ $[2k\pi]$

23 $\sin\left(\frac{5}{6}\pi - x\right) - \cos\left(\frac{4}{3}\pi - x\right) = -\sqrt{3}$ $\left[\frac{7}{6}\pi + 2k\pi; \frac{3}{2}\pi + 2k\pi\right]$

24 $\sin\left(\frac{2}{3}\pi + x\right) + \frac{1}{2} = \sqrt{3}\cos(-x)$ $\left[\frac{\pi}{2} + 2k\pi; -\frac{\pi}{6} + 2k\pi\right]$

VERIFICA DELLE COMPETENZE

Risolvi i seguenti sistemi di equazioni.

25 $\begin{cases} \cos x + \cos y = \dfrac{\sqrt{3}+1}{2} \\ \cos x - \cos y = \dfrac{\sqrt{3}-1}{2} \end{cases}$ $\left[x = \pm\frac{\pi}{6} + 2k\pi;\ y = \pm\frac{\pi}{3} + 2k_1\pi\right]$

26 $\begin{cases} x + y = \dfrac{\pi}{6} \\ \sin x + \cos y = \dfrac{\sqrt{3}}{2} \end{cases}$ $\left[\left(x = 2k\pi \wedge y = \frac{\pi}{6} - 2k\pi\right) \vee \left(x = \frac{2}{3}\pi + 2k\pi \wedge y = -\frac{\pi}{2} - 2k\pi\right)\right]$

27 $\begin{cases} \sin x + \sin y = 0 \\ \sin x - \sin y = 1 \end{cases}$ $\left[\left(x = \frac{\pi}{6} + 2k\pi \vee x = \frac{5}{6}\pi + 2k\pi\right) \wedge \left(y = -\frac{\pi}{6} + 2k\pi \vee y = -\frac{5}{6}\pi + 2k\pi\right)\right]$

28 $\begin{cases} \sin^2 x + \cos^2 y = 1 \\ 5\cos^2 x + \sin^2 y = 2 \end{cases}$ $\left[x = \pm\frac{\pi}{3} + 2k\pi \vee x = \pm\frac{2}{3}\pi + 2k\pi,\ y = \pm\frac{\pi}{3} + 2k_1\pi \vee y = \pm\frac{2}{3}\pi + 2k_1\pi\right]$

Disequazioni goniometriche

TEST

29 Una sola delle seguenti disequazioni ha come soluzioni

$$0 < x < \frac{2}{3}\pi \vee \pi < x < \frac{4}{3}\pi \text{ in } [0; 2\pi].$$

Quale?

A $2\cos x + 1 > 0$

B $\dfrac{\sin x}{2\cos x + 1} > 0$

C $\dfrac{\sin x}{2\cos x + 1} \geq 0$

D $\tan^2 x - 3 > 0$

E $\dfrac{2\sin x + 1}{\cos x} > 0$

30 L'insieme

$$A = \left\{x \mid x \in \left]\frac{\pi}{4} + k\pi; \frac{3\pi}{4} + k\pi\right[\right\}$$

verifica una sola delle seguenti disequazioni. Quale?

A $2\sin^2 x - 1 < 0$

B $2\cos^2 x - 1 \leq 0$

C $\cot^2 x - 1 > 0$

D $\tan^2 x - 1 > 0$

E $2\cos^2 x - 1 > 0$

Risolvi le seguenti disequazioni.

31 $\sin\left(x - \frac{\pi}{3}\right) > \frac{1}{2}$ $\left[\frac{\pi}{2} + 2k\pi < x < \frac{7}{6}\pi + 2k\pi\right]$

32 $\cos\left(\frac{\pi}{4} - x\right) \leq \frac{\sqrt{3}}{2}$ $\left[-\frac{19}{12} + 2k\pi \leq x \leq \frac{\pi}{12} + 2k\pi\right]$

33 $2(1 - \sin x) - 3(\sin x + 2) > -7\sin x - 3$ $\left[\frac{\pi}{6} + 2k\pi < x < \frac{5}{6}\pi + 2k\pi\right]$

34 $6(1 + \sin x) + 2(3 + 2\sin x) \geq 2$ $[\forall x \in \mathbb{R}]$

35 $2\sin^2 x - (2 - \sqrt{3})\sin x - \sqrt{3} \leq 0$ $\left[-\frac{\pi}{3} + 2k\pi \leq x \leq \frac{4}{3}\pi + 2k\pi\right]$

36 $(\sqrt{3} - 2\sin x)(2\cos x - 1)(\cos^2 x + 1) \geq 0$ $\left[-\frac{\pi}{3} + 2k\pi \leq x \leq \frac{2}{3}\pi + 2k\pi\right]$

37 $(\sin x + 1)^2 + 2\sin x < \sin x(2 + \sin x)$ $\left[\frac{7}{6}\pi + 2k\pi < x < \frac{11}{6}\pi + 2k\pi\right]$

38 $2\sin^2 x + 3\sqrt{2}\sin x < 4$, con $0 \leq x \leq 2\pi$. $\left[0 \leq x < \frac{\pi}{4} \vee \frac{3}{4}\pi < x \leq 2\pi\right]$

39 $\dfrac{2\cos x - 1}{\tan x - \sqrt{3}} \leq 0$, con $0 \leq x \leq 2\pi$. $\left[0 \leq x < \frac{\pi}{2} \vee \frac{4}{3}\pi < x < \frac{3}{2}\pi \vee \frac{5}{3}\pi \leq x \leq 2\pi, x \neq \frac{\pi}{3}\right]$

40 $\tan x \cdot (1 - \cos^2 x) \geq 0$ $\left[k\pi \leq x < \frac{\pi}{2} + k\pi\right]$

41 $\left|\dfrac{1}{\cot x}\right| > \sqrt{3}$ $\left[\frac{\pi}{3} + k\pi < x < \frac{2}{3}\pi + k\pi; x \neq \frac{\pi}{2} + k\pi\right]$

42 $\sqrt{3}\cot x - 4\cos^2 x \geq 0$ $\left[k\pi < x \leq \frac{\pi}{6} + k\pi \vee \frac{\pi}{3} + k\pi \leq x \leq \frac{\pi}{2} + k\pi\right]$

43 $(2\sin^2 x - 1)(1 - 2\cos x) \geq 0$, con $0 \leq x \leq 2\pi$. $\left[0 \leq x \leq \frac{\pi}{4} \vee \frac{\pi}{3} \leq x \leq \frac{3}{4}\pi \vee \frac{5}{4}\pi \leq x \leq \frac{5}{3}\pi \vee \frac{7}{4}\pi \leq x \leq 2\pi\right]$

44 $\dfrac{\sin x \cos x}{\tan^2 x - 1} \leq 0$ $\left[k\pi \leq x < \frac{\pi}{4} + k\pi \vee \frac{\pi}{2} + k\pi < x < \frac{3}{4}\pi + k\pi\right]$

45 $(\tan x - \sqrt{3})(1 + \cot x) \leq 0$ $\left[k\pi < x \leq \frac{\pi}{3} + k\pi \vee \frac{\pi}{2} + k\pi < x \leq \frac{3}{4}\pi + k\pi\right]$

46 $\dfrac{\sin 2x}{\sin x - \sqrt{3}\cos x} \leq 0$, con $0 \leq x \leq 2\pi$. $\left[0 \leq x < \frac{\pi}{3} \vee \frac{\pi}{2} \leq x \leq \pi \vee \frac{4}{3}\pi < x \leq \frac{3}{2}\pi \vee x = 2\pi\right]$

47 $\dfrac{\tan x - \tan^2 x}{2\sin x - 1} \geq 0$, con $0 \leq x \leq 2\pi$. $\left[\frac{\pi}{6} < x \leq \frac{\pi}{4} \vee \frac{5}{6}\pi < x \leq \pi \vee \frac{5}{4}\pi \leq x \leq 2\pi; x \neq \frac{3}{2}\pi\right]$

48 **TEST** Quale dei seguenti sistemi ha per soluzioni quelle rappresentate in figura?

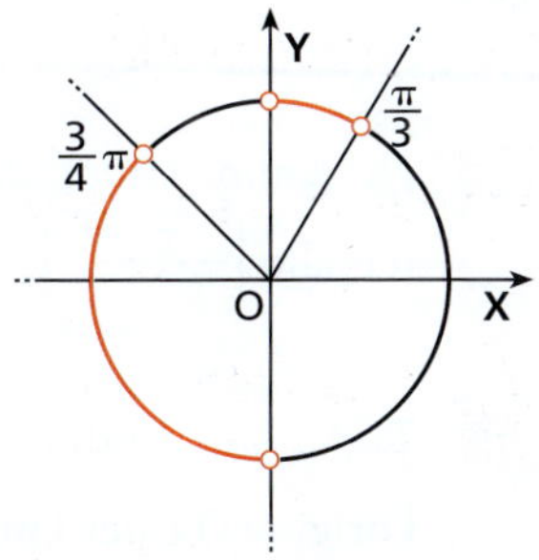

A $\begin{cases} \tan x > -1 \\ \cos x < \frac{1}{2} \end{cases}$

B $\begin{cases} \cot x < 1 \\ \cos x < \frac{1}{2} \end{cases}$

C $\begin{cases} \sin x < \frac{\sqrt{2}}{2} \\ \cos x < 0 \end{cases}$

D $\begin{cases} \cos x \leq 0 \\ \tan x > \sqrt{3} \end{cases}$

E $\begin{cases} \sin x > \frac{\sqrt{3}}{2} \\ \tan x < -1 \end{cases}$

Risolvi i seguenti sistemi di disequazioni.

49 $\begin{cases} \sin x > 0 \\ \tan x \leq 1 \end{cases}$ $\left[2k\pi < x \leq \frac{\pi}{4} + 2k\pi \vee \frac{\pi}{2} + 2k\pi < x < \pi + 2k\pi\right]$

50 $\begin{cases} \cos x + \frac{1}{2} < 0 \\ 2\sin x \leq \sqrt{3} \end{cases}$ $\left[\frac{2}{3}\pi + 2k\pi < x < \frac{4}{3}\pi + 2k\pi\right]$

51 $\begin{cases} \sin^2 x - 1 \leq 0 \\ \sin^2 x - \sin x \geq 0 \end{cases}$ $\left[x = \frac{\pi}{2} + 2k\pi \vee \pi + 2k\pi \leq x \leq 2\pi + 2k\pi\right]$

52 $\begin{cases} 4\cos^2 x - 3 \leq 0 \\ \cot^2 x - 1 < 0 \end{cases}$ $\left[\frac{1}{4}\pi + k\pi < x < \frac{3}{4}\pi + k\pi\right]$

53 $\begin{cases} 2\cos^2 x + \cos x - 1 \geq 0 \\ 2\sin x + 1 \geq 0 \end{cases}$ $\left[-\frac{\pi}{6} + 2k\pi \leq x \leq \frac{\pi}{3} + 2k\pi \vee x = \pi + 2k\pi\right]$

ANALIZZARE E INTERPRETARE DATI E GRAFICI

Trova il dominio delle seguenti funzioni.

54 $f(x) = \sqrt{2\sin x - 1} + \sqrt{\cos x}$ $\left[\frac{\pi}{6} + 2k\pi \leq x \leq \frac{\pi}{2} + 2k\pi\right]$

55 $g(x) = \sqrt{\dfrac{\tan x - 1}{\sin 2x}}$ $\left[\frac{\pi}{4} + k\pi \leq x < \pi + k\pi, x \neq \frac{\pi}{2} + k\pi\right]$

56 $f(x) = -\sqrt{\dfrac{\sin 2x}{\cos^2 x}}$ $\left[k\pi \leq x < \frac{\pi}{2} + k\pi\right]$

57 $h(x) = \dfrac{3\sin^2 x - 4}{\sin x - \cos x}$ $\left[x \neq \frac{\pi}{4} + k\pi\right]$

Determina le coordinate dei punti di intersezione con gli assi cartesiani dei grafici delle seguenti funzioni.

58 $f(x) = \sin\left(x - \frac{\pi}{6}\right) - 1$ $\left[\left(0; -\frac{3}{2}\right); \left(\frac{2}{3}\pi + 2k\pi; 0\right)\right]$

59 $g(x) = \sqrt{3}\sin x - \cos x$ $\left[(0; -1); \left(\frac{\pi}{6} + k\pi; 0\right)\right]$

60 $f(x) = \sqrt{2\cos x - 1}$ $\left[(0; 1); \left(\pm\frac{\pi}{3} + 2k\pi; 0\right)\right]$

61 $f(x) = \sin^2 x - 2\cos x \sin x - 1$ $\left[(0; -1); \left(\frac{\pi}{2} + k\pi; 0\right); \left(-\arctan\frac{1}{2} + k\pi; 0\right)\right]$

62 Quanti punti di intersezione ha il grafico della funzione $y = \sin 2x - \cos x$ con l'asse x nell'intervallo $[0; \pi]$? [tre]

63 Determina i punti di intersezione del grafico della funzione $y = \frac{1}{2}\sin 2x - \cos^2 x$ con la retta $y = -1$ nell'intervallo $\left[-\frac{\pi}{2}; \frac{\pi}{2}\right]$. $\left[\left(-\frac{\pi}{4}; -1\right); (0; -1)\right]$

64 Trova i valori di a, b, c in modo che il grafico della funzione $f(x) = a\cos\left(x - \frac{\pi}{3}\right) + b\cos x + c$ passi per l'origine O e per i punti $\left(\frac{2}{3}\pi; 3\right)$ e $\left(-\frac{\pi}{3}; -1\right)$. Calcola poi i punti di intersezione con l'asse x nell'intervallo $[-\pi; \pi]$. $\left[a = 2, b = -2, c = 1; x = -\frac{2}{3}\pi, x = 0\right]$

LEGGI IL GRAFICO

65 Nella figura è rappresentata la funzione $f(x) = \tan kx$. Determina k e trova sia algebricamente sia graficamente gli intervalli in cui $f(x) < -1$ tra $-\pi$ e 3π.

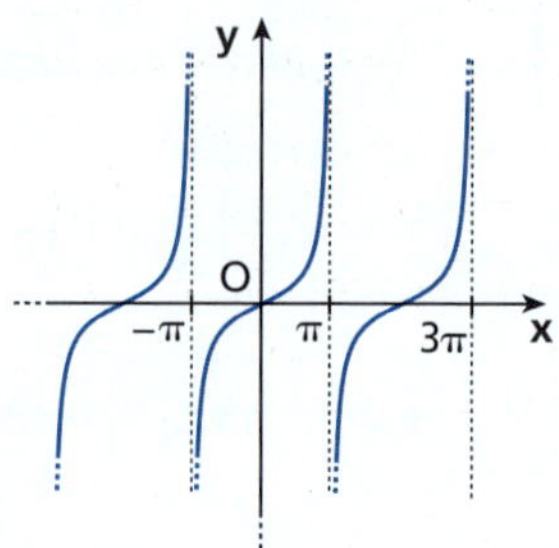

66 Determina la funzione sinusoidale $f(x)$ e individua le coordinate dei punti A, B e C.

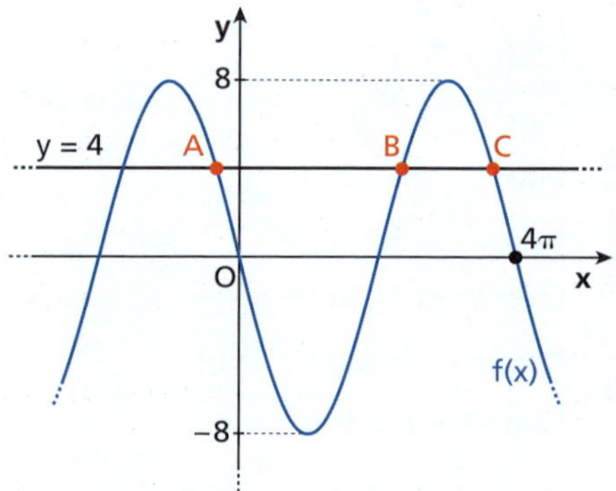

$\left[A\left(-\frac{\pi}{3}; 4\right), B\left(\frac{7}{3}\pi; 4\right), C\left(\frac{11}{3}\pi; 4\right)\right]$

67 Nella figura sono rappresentate le funzioni $f(x) = 2\cos x$ e $g(x) = \sin 2x$.

a. Indica qual è il grafico di $f(x)$ e quale quello di $g(x)$.

b. Risolvi graficamente la disequazione $f(x) \leq g(x)$ nell'intervallo $[-\pi; 2\pi]$.

c. Conferma algebricamente il risultato trovato.

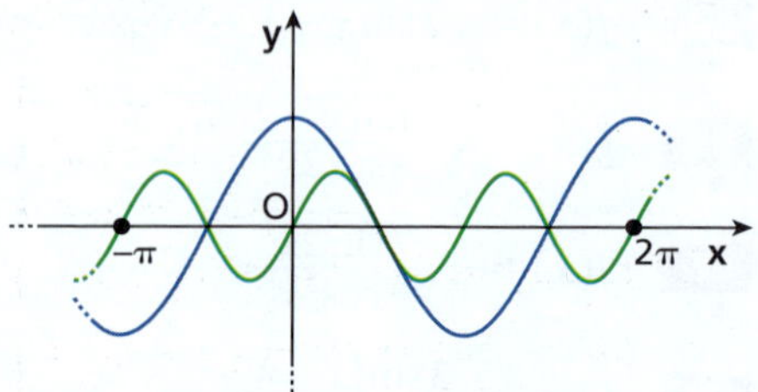

COSTRUIRE E UTILIZZARE MODELLI

RISOLVIAMO UN PROBLEMA

Rampa a norma

Per accedere a un edificio pubblico ci sono 6 gradini alti 16 cm e profondi 30 cm; è necessario costruire una rampa di accesso per carrozzine.

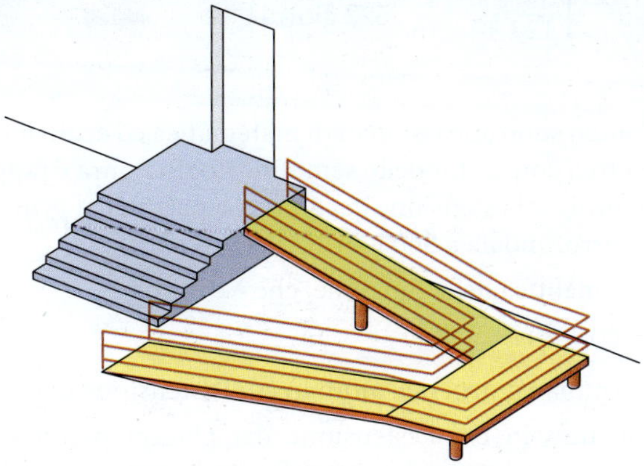

La normativa prevede che la massima pendenza delle rampe (ovvero il rapporto tra lo spostamento verticale e quello orizzontale) sia dell'8%.

- Qual è il massimo angolo che una rampa può formare con l'orizzontale?
- Lo spazio disponibile di fronte alla base della scala è di 260 cm. Una rampa che costeggia la scala occupando tutto lo spazio antistante a essa è a norma?
- Lungo la parete dell'edificio di fianco alla scala si può costruire una rampa doppia, come in figura (ciascuna delle due rampe si può sviluppare, in orizzontale, per 650 cm). In questo modo è a norma? Di quanto risulta inclinata?

▶ Calcoliamo l'angolo relativo alla pendenza dell'8%.

Sia h l'altezza a cui arriva la rampa, l la lunghezza in orizzontale e α l'angolo formato dalla rampa con l'orizzontale.
Secondo la normativa deve essere $\frac{h}{l} \leq 0,08$; nel triangolo rettangolo si ha $\frac{h}{l} = \tan\alpha$, che sostituito nella relazione precedente dà $\tan\alpha \leq 0,08$, da cui si ottiene $\alpha \leq 4,57°$(con α positivo).

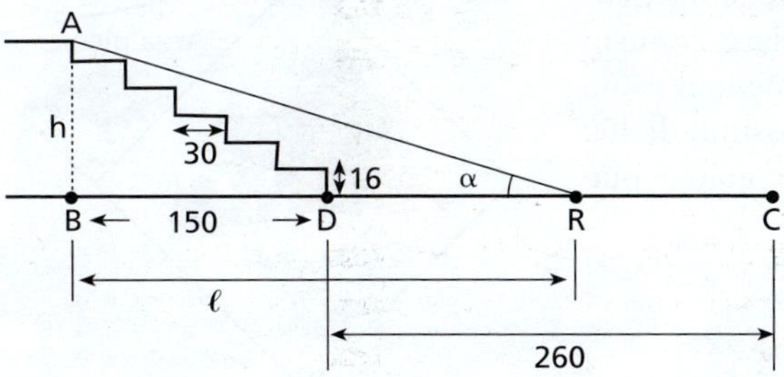

▶ Verifichiamo se è a norma.

Sulla base della figura precedente: $\overline{AB} = 6 \cdot 16 = 96$ cm,

$$\overline{BC} = \overline{BD} + \overline{DC} = 5 \cdot 30 + 260 = 410 \text{ cm}.$$

Nell'ipotesi di minor pendenza, in cui $R \equiv C$, si ha:

$$\tan\alpha = \frac{\overline{AB}}{\overline{BC}} \simeq 0,23 \rightarrow \alpha \simeq \arctan 0,23 = 13°.$$

In tal caso, quindi, la rampa non risulta a norma.

▶ Analizziamo il caso della rampa doppia.

Sulla base della figura seguente e dei dati noti si ha $\overline{AB} = 96$ cm,

$$\overline{BT} = \overline{MN} = 650 \text{ cm}, \; T\widehat{B}N = M\widehat{N}A = \alpha$$

e deve essere $\overline{NT} + \overline{AM} = 96$ cm, ovvero:

$$(650 \cdot \tan\alpha) \cdot 2 = 96 \rightarrow \tan\alpha = \frac{96}{1300} \rightarrow \alpha \simeq 4,22°.$$

In questo modo la rampa risulta a norma.

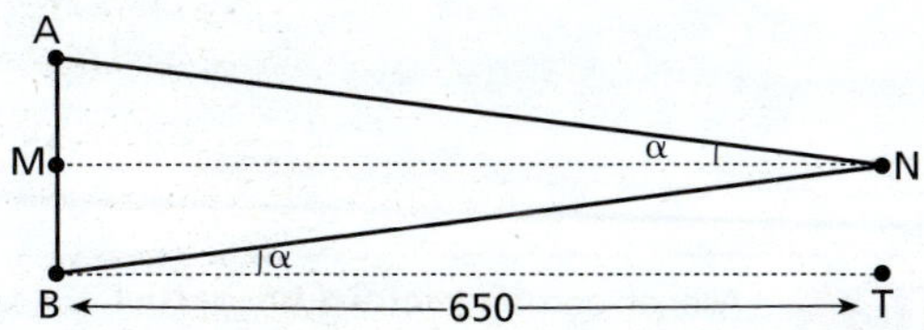

68 **Bioritmo** Secondo una teoria *non scientificamente provata*, l'energia fisica, emotiva e intellettuale di una persona sono regolate da ritmi periodici matematizzabili, il cosiddetto *bioritmo*.
Lorena ha un bioritmo regolato dalle funzioni $f_1(t) = \sin k_1 t$ per l'energia fisica, $f_2(t) = \sin(k_2 t + 3)$ per l'emotività, $f_3(t) = \sin k_3 t$ per la lucidità intellettuale, rispettivamente con periodi di 24, 28 e 32 giorni.
Trova k_1, k_2 e k_3 e determina dopo quanti giorni il ciclo si ripete in modo identico per f_1, f_2 e f_3.

$\left[\frac{\pi}{12}, \frac{\pi}{14}, \frac{\pi}{16}, 672 \text{ giorni}\right]$

69 **Ghiacci polari** Anna e Claudio sono appassionati di matematica ed ecologia. Provano a studiare l'andamento dell'estensione dei ghiacci artici con un modello semplificato. In figura è rappresentato il grafico della funzione che secondo il modello fornisce l'estensione dei ghiacci a partire dal primo gennaio. Per maggior praticità, la durata dell'anno solare è arrotondata a 360 giorni.

a. Determina l'espressione analitica della funzione, che è del tipo
$$f(t) = A\cos(k \cdot t + \phi) + B.$$

b. In base al modello, determina i giorni dell'anno in cui l'estensione dei ghiacci è $13{,}5 \cdot 10^6$ km^2.

c. Individua i giorni dell'anno in cui l'estensione dei ghiacci polari è compresa tra $13{,}5 \cdot 10^6$ km^2 e $8{,}5 \cdot 10^6$ km^2.

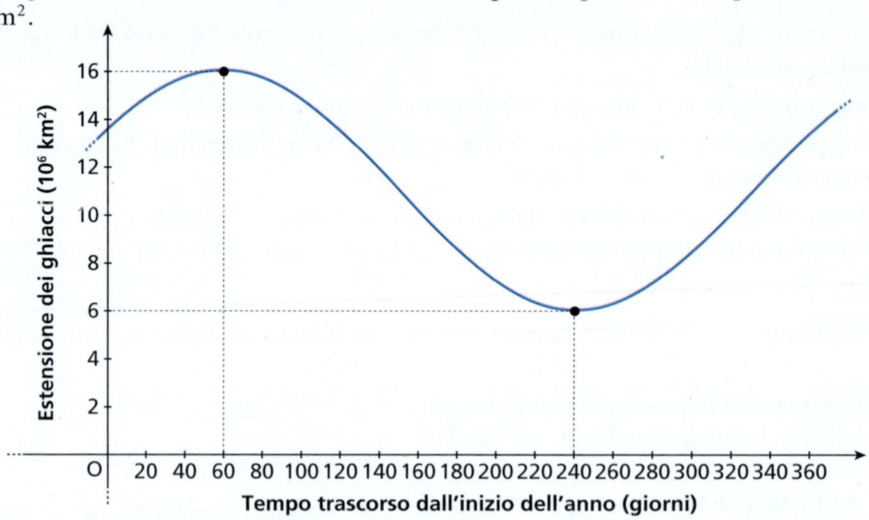

$\left[\text{a) } f(t) = 5\cos\left(\frac{\pi}{180}t - \frac{\pi}{3}\right) + 11; \text{ b) } 0; 120; 360; \text{ c) } 120 \leq t \leq 180; 300 \leq t \leq 360\right]$

70 **Più giochi che picnic** All'interno di una zona verde si vogliono delimitare un'area giochi quadrata e un'area picnic triangolare, come in figura, in modo che la superficie dell'area giochi sia almeno il triplo di quella dell'area picnic e la superficie totale sia al massimo di 400 m^2. Determina i valori, approssimati al grado, che l'angolo x può assumere per soddisfare le condizioni poste.

$[27° \leq x \leq 34°]$

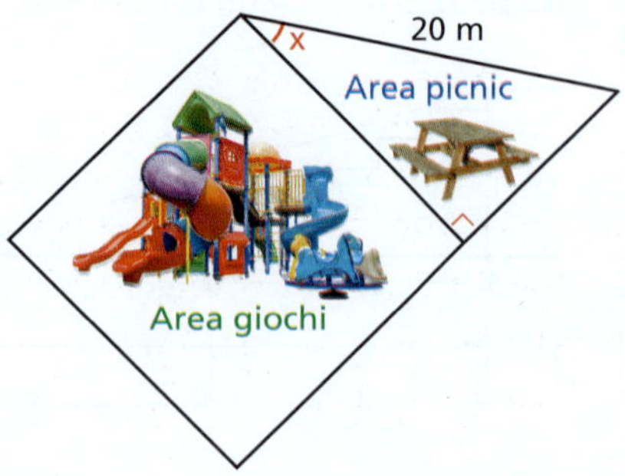

TUTOR matematica Allenati con **15 esercizi interattivi** con feedback "hai sbagliato, perché…"
su.zanichelli.it/tutor3 risorsa riservata a chi ha acquistato l'edizione con tutor

VERIFICA DELLE COMPETENZE PROVE

1 ora

PROVA A

1 VERO O FALSO?

a. L'equazione $\tan x = -2$ è impossibile. V F

b. La disequazione $\sin 3x \leq 1$ è verificata $\forall x \in \mathbb{R}$. V F

c. $\frac{\pi}{4}$ è soluzione dell'equazione $\frac{2\sin x - \sqrt{2}}{2\cos x - \sqrt{2}} = 0$. V F

d. L'equazione $\cos x = -\frac{\sqrt{5}}{4}$ ammette due soluzioni nell'intervallo $\left[\frac{\pi}{2}; \frac{3}{2}\pi\right]$. V F

2 Risolvi le seguenti equazioni.

a. $\tan 2x = -\tan\left(x - \frac{\pi}{3}\right)$;

b. $3\sin x + \sqrt{3}\cos x = 0$;

c. $\sqrt{3}\sin^2 x - \sin 2x - \sqrt{3}\cos^2 x = 0$.

3 Risolvi le seguenti disequazioni.

a. $\cos\left(x - \frac{\pi}{6}\right) \geq -\frac{1}{2}$;

b. $2\sin^2 x - 3\sin x + 1 \geq 0$.

4 Risolvi il seguente sistema:

$$\begin{cases} 2\sin^2 x - \cos x - 1 < 0 \\ 1 - \tan x \leq 0 \end{cases}.$$

5 Determina il dominio di $f(x) = \sqrt{\frac{2\cos x + 1}{\tan x}}$.

6 Determina le coordinate dei punti di intersezione con gli assi cartesiani della funzione

$$f(x) = 2\cos^2 x + 3\sin^2 x + \sin x \cos x - 3.$$

PROVA B

Con vincoli Nel progettare una casa, un architetto disegna una finestra ottagonale con una vetrata colorata, come quella rappresentata in figura. Nel realizzare la finestra l'architetto ha due vincoli: i tratti *AB*, *CD*, *EF*, *GH* devono essere lunghi 1 m e la superficie in vetro deve essere di 3 m^2.

a. Calcola il valore dell'angolo α affinché i due vincoli siano rispettati.

b. Determina quali valori può assumere l'angolo α affinché l'area della vetrata sia maggiore di 2,75 m^2 e il lato *AD* sia minore di 2 m.

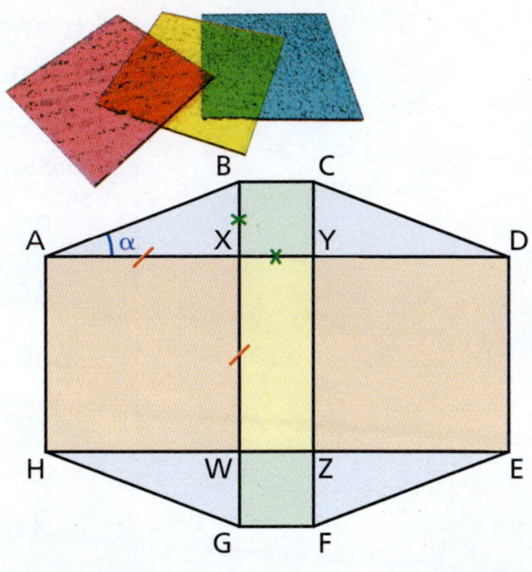

CAPITOLO
17
TRIGONOMETRIA

1 Triangoli rettangoli

Finora ci siamo occupati di goniometria, ossia della misurazione degli angoli e delle funzioni associate a essi. Ora tratteremo la trigonometria, che studia le relazioni metriche fra i lati e gli angoli di un triangolo. La parola **trigonometria** deriva dal greco e significa «misura dei triangoli».

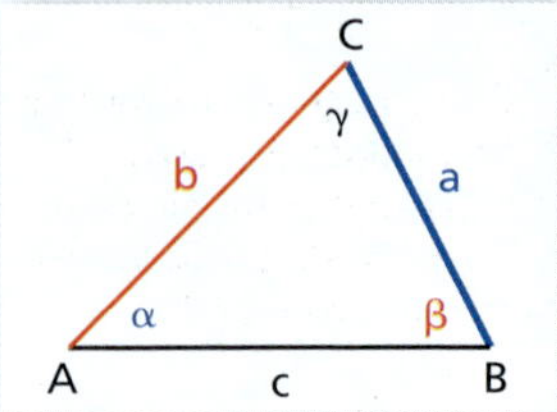

D'ora in poi, quando ci occuperemo di triangoli, rispetteremo le seguenti convenzioni per la nomenclatura dei diversi elementi. Disegnato un triangolo *ABC*, indichiamo con α la misura dell'angolo $\widehat{A}$, con β la misura dell'angolo $\widehat{B}$ e con γ la misura dell'angolo $\widehat{C}$. Indichiamo poi con *a* la misura del lato *BC*, che si oppone al vertice *A*, con *b* la misura del lato *AC*, che si oppone al vertice *B*, e con *c* la misura del lato *AB*, che si oppone al vertice *C*.

Teoremi sui triangoli rettangoli

▶ Esercizi a p. 825

Disegniamo un triangolo rettangolo *ABC*, con l'angolo retto in $\widehat{C}$, e indichiamo le misure dei lati e degli angoli, secondo le convenzioni appena stabilite.

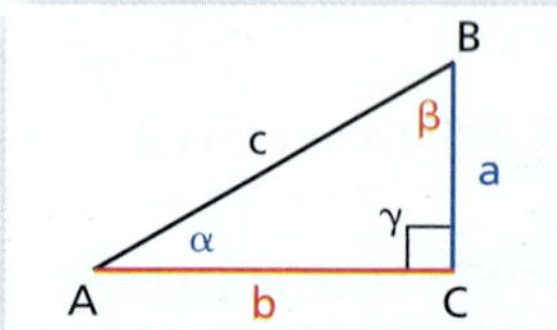

Tracciamo la circonferenza goniometrica di centro *A*.

In figura sono indicati il punto *P*, in cui il lato *AB* incontra la circonferenza goniometrica, e il punto *H*, proiezione di *P* sul lato *AC*.

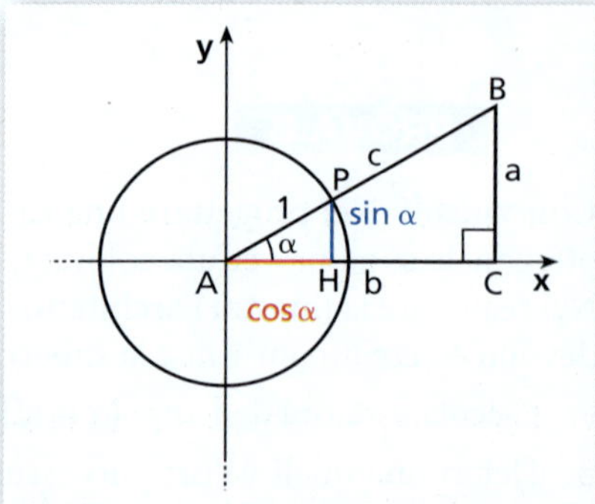

I triangoli *APH* e *ABC* sono simili in quanto sono rettangoli e hanno l'angolo acuto α in comune.

Possiamo scrivere le proporzioni

$$BC : AB = PH : AP,$$

$$AC : AB = AH : AP,$$

e, poiché $\overline{AP} = 1$, $\overline{PH} = \sin\alpha$ e $\overline{AH} = \cos\alpha$, otteniamo:

$$\overline{BC} = \overline{AB}\sin\alpha \rightarrow a = c\sin\alpha,$$

$$\overline{AC} = \overline{AB}\cos\alpha \rightarrow b = c\cos\alpha.$$

Le due uguaglianze ottenute portano a enunciare il seguente teorema.

TEOREMA

Primo teorema dei triangoli rettangoli

In un triangolo rettangolo la misura di un cateto è uguale a quella dell'ipotenusa moltiplicata per il seno dell'angolo opposto al cateto o per il coseno dell'angolo (acuto) adiacente al cateto.

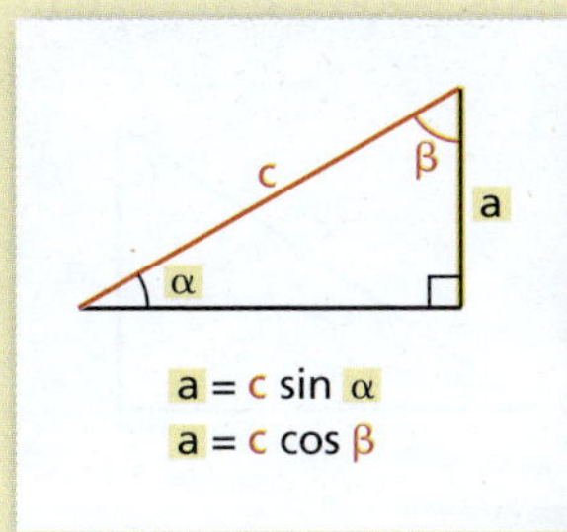

cateto = ipotenusa · seno dell'angolo opposto
cateto = ipotenusa · coseno dell'angolo adiacente

Listen to it

In a right triangle the length of a leg equals the length of the hypotenuse multiplied by the sine of the angle opposite to the leg or by the cosine of the angle adjacent to the leg.

Consideriamo nuovamente i triangoli *APH* e *ABC* esaminati per ricavare le relazioni precedenti. Possiamo anche scrivere la proporzione

$$BC : AC = PH : AH,$$

da cui:

$$\frac{\overline{BC}}{\overline{AC}} = \frac{\sin\alpha}{\cos\alpha} = \tan\alpha, \quad \text{oppure}$$

$$\frac{\overline{AC}}{\overline{BC}} = \frac{\cos\alpha}{\sin\alpha} = \cot\alpha.$$

Scritte nella forma

$$\overline{BC} = \overline{AC}\tan\alpha \rightarrow a = b\tan\alpha,$$

$$\overline{AC} = \overline{BC}\cot\alpha \rightarrow b = a\cot\alpha,$$

le due uguaglianze portano al seguente teorema.

Video

Misura del raggio terrestre

▶ Come riuscì Eratostene di Cirene, nel III secolo a.C., a calcolare il raggio della Terra sfruttando solamente la trigonometria?

TEOREMA

Secondo teorema dei triangoli rettangoli

In un triangolo rettangolo la misura di un cateto è uguale a quella dell'altro cateto moltiplicata per la tangente dell'angolo opposto al primo cateto o per la cotangente dell'angolo (acuto) adiacente al primo cateto.

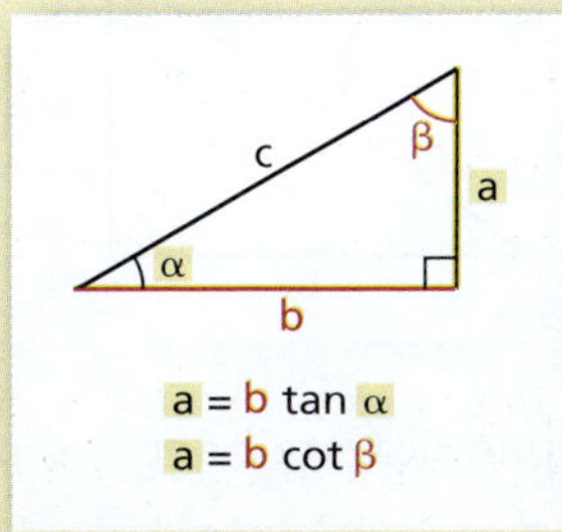

cateto = altro cateto · tangente dell'angolo opposto al primo cateto
cateto = altro cateto · cotangente dell'angolo acuto adiacente al primo cateto

Listen to it

In a right triangle, the length of a leg equals the length of the other leg multiplied by the tangent of the angle opposite to the unknown leg or by the cotangent of the angle adjacent to the unknown leg.

Risoluzione dei triangoli rettangoli

▶ Esercizi a p. 826

Risolvere un triangolo rettangolo significa determinare le misure dei suoi lati e dei suoi angoli conoscendo **almeno un lato** e un altro dei suoi elementi (cioè, un angolo o un altro lato).

Se di un triangolo sono noti solo gli angoli, non è infatti possibile trovare i lati, perché esistono infiniti triangoli, tutti simili al triangolo dato, che hanno gli angoli congruenti.

Esaminiamo quattro casi.

TEORIA

Sono noti i due cateti

Conoscendo a e b, vogliamo determinare α, β e c:

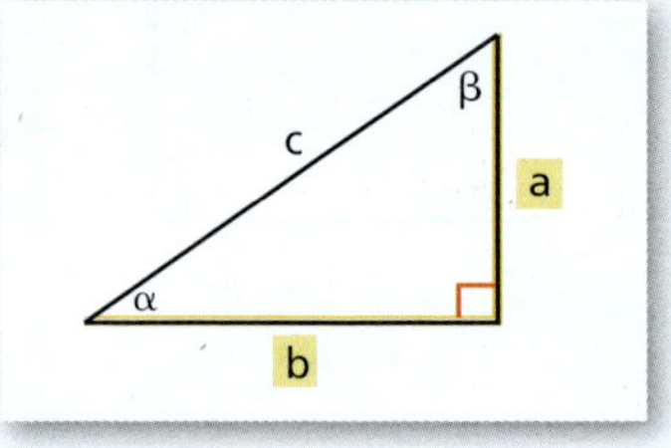

$\tan\alpha = \frac{a}{b}$, da cui ricaviamo

$\alpha = \arctan\frac{a}{b}$; $\beta = 90° - \alpha$;

$c = \sqrt{a^2 + b^2}$, per il teorema di Pitagora.

ESEMPIO

Le misure dei due cateti del triangolo in figura sono $a = 40$ e $b = 110$:

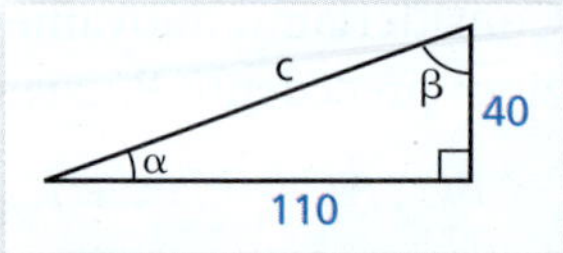

$$\tan\alpha = \frac{40}{110} \rightarrow \alpha = \arctan\frac{40}{110} \simeq 20°;$$

$$\alpha \simeq 20° \rightarrow \beta \simeq 90° - 20° \simeq 70°;$$

$$c = \sqrt{40^2 + 110^2} = \sqrt{1600 + 12100} = \sqrt{13700} \simeq 117.$$

► I cateti di un triangolo rettangolo sono lunghi 7 cm e 24 cm. Calcola l'ampiezza degli angoli acuti e la lunghezza dell'ipotenusa.
[16°, 74°; 25 cm]

È possibile calcolare il valore di c anche senza applicare il teorema di Pitagora, ma ricavando c dalla formula: $a = c \sin\alpha$.

Sono noti un cateto e l'ipotenusa

Animazione

Nell'animazione c'è la risoluzione dei due esercizi che ti proponiamo in questa pagina.

Conoscendo a e c, vogliamo determinare α, β e b:

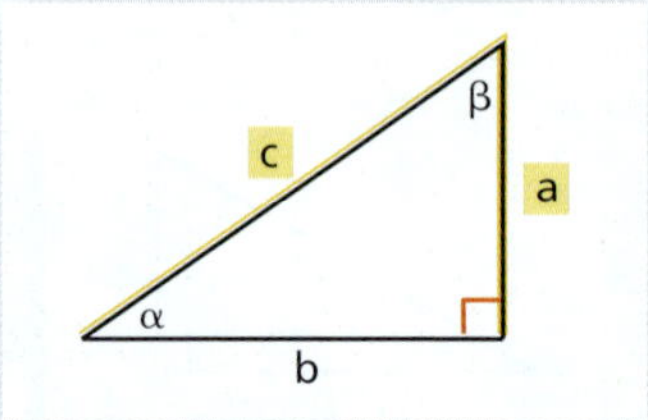

$\sin\alpha = \frac{a}{c}$, da cui ricaviamo

$\alpha = \arcsin\frac{a}{c}$; $\beta = 90° - \alpha$;

$b = \sqrt{c^2 - a^2}$, per il teorema di Pitagora.

Si può ricavare b anche senza applicare il teorema di Pitagora, ma con:

$b = c\cos\alpha$ o $b = c\sin\beta$.

ESEMPIO

In un triangolo rettangolo le misure di un cateto e dell'ipotenusa sono

$a = 21{,}13$ e $c = 50$.

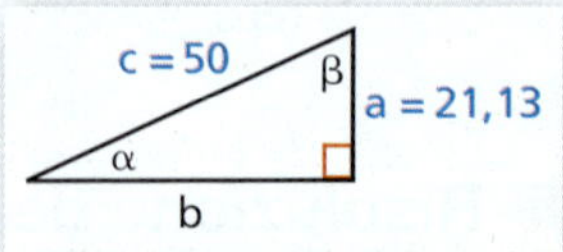

Ricaviamo:

$$\sin\alpha = \frac{21{,}13}{50} = 0{,}4226 \rightarrow \alpha = \arcsin 0{,}4226 \simeq 25°;$$

$$\beta \simeq 90° - 25° \simeq 65°;$$

$$b = \sqrt{50^2 - (21{,}13)^2} = \sqrt{2500 - 446{,}4769} = \sqrt{2053{,}5231} \simeq 45{,}3.$$

► Un triangolo rettangolo ha l'ipotenusa di 37 cm e un cateto di 35 cm. Qual è l'ampiezza degli angoli acuti? Qual è la lunghezza dell'altro cateto?
[71°, 19°; 12 cm]

Sono noti un cateto e un angolo acuto

Conoscendo a e α, vogliamo determinare β, b e c:

$\beta = 90° - \alpha$;

$b = a \tan \beta$;

$c = \sqrt{a^2 + b^2}$.

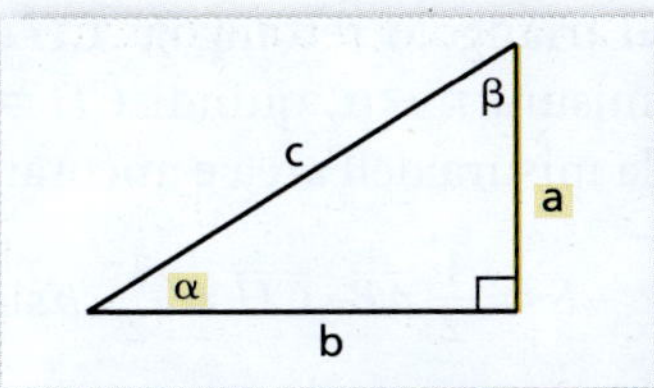

ESEMPIO

Consideriamo il triangolo rettangolo in cui sono noti $a = 8$ e $\alpha = 28°$.
Si ricava:

$\beta = 90° - 28° = 62°$;

$b = 8 \tan 62° \simeq 8 \cdot 1{,}88 \simeq 15$;

$c \simeq \sqrt{8^2 + 15^2} = \sqrt{289} = 17$.

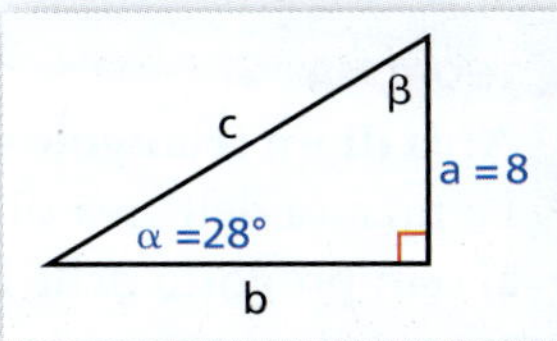

▶ In un triangolo rettangolo un cateto è lungo 5 dm e l'angolo acuto opposto è di 23°. Determina l'ampiezza dell'altro angolo acuto e le lunghezze dell'altro cateto e dell'ipotenusa.
[67°; 12 dm, 13 dm]

Sono noti l'ipotenusa e un angolo acuto

Conoscendo c e α, vogliamo determinare β, a e b:

$\beta = 90° - \alpha$;

$a = c \sin \alpha$; $b = c \sin \beta$.

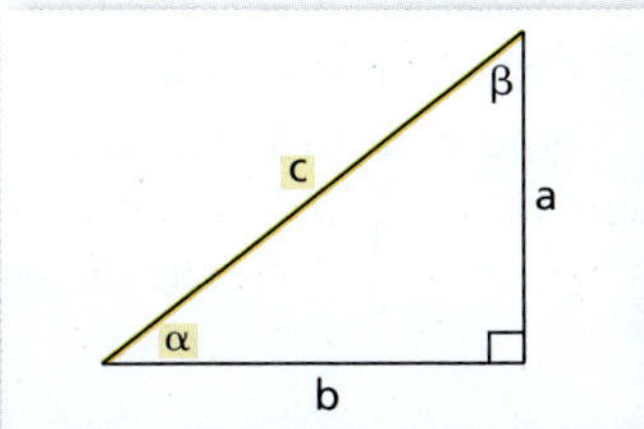

Animazione

Nell'animazione trovi i due esercizi risolti.

ESEMPIO

Consideriamo il triangolo rettangolo della figura. Le misure dell'ipotenusa e dell'angolo α sono rispettivamente $c = 28{,}3$ e $\alpha = 58°$.
Si ricava:

$\beta = 90° - 58° = 32°$;

$a = 28{,}3 \cdot \sin 58° \simeq 28{,}3 \cdot 0{,}848 \simeq 24$;

$b = 28{,}3 \cdot \sin 32° \simeq 28{,}3 \cdot 0{,}5299 \simeq 15$.

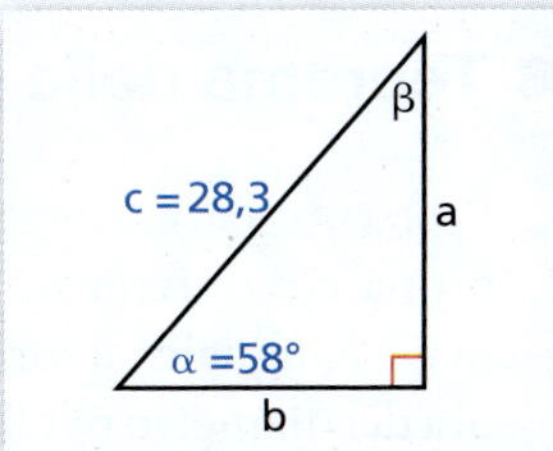

▶ Se l'ipotenusa di un triangolo rettangolo è lunga 1 cm e uno dei suoi angoli acuti ha ampiezza di 53°, quali sono le lunghezze dei due cateti e l'ampiezza dell'altro angolo acuto?
[0,8 cm, 0,6 cm; 37°]

2 Applicazioni dei teoremi sui triangoli rettangoli

Area di un triangolo

▶ Esercizi a p. 834

Consideriamo un triangolo qualsiasi ABC e supponiamo noti due lati e l'angolo α compreso fra essi. Distinguiamo due casi:

a. α è acuto

Tracciata l'altezza CH, si ha $\overline{CH} = b \sin \alpha$, per il primo teorema dei triangoli rettangoli, quindi la misura dell'area S del triangolo è:

$$S = \frac{1}{2}\overline{AB} \cdot \overline{CH} = \frac{1}{2} cb \sin \alpha.$$

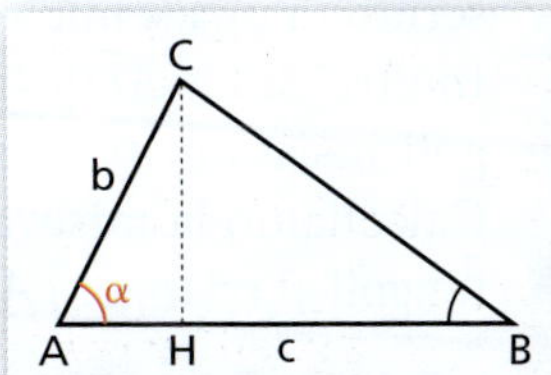

TEORIA

Animazione

Per vedere la proprietà in modo dinamico puoi utilizzare l'animazione, dove trovi anche la risoluzione dell'esercizio che è di fianco all'esempio.

b. α è ottuso

Il triangolo rettangolo CHA ha un angolo acuto di misura $\pi - \alpha$, quindi $\overline{CH} = b\sin(\pi - \alpha) = b\sin\alpha$ e la misura dell'area è ancora:

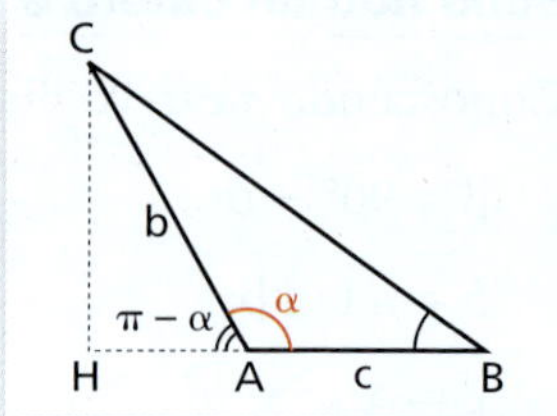

$$S = \frac{1}{2}\overline{AB}\cdot\overline{CH} = \frac{1}{2}cb\sin\alpha.$$

Abbiamo quindi il seguente teorema.

TEOREMA

Area di un triangolo

La misura dell'area di un triangolo è uguale al semiprodotto delle misure di due lati e del seno dell'angolo compreso fra essi.

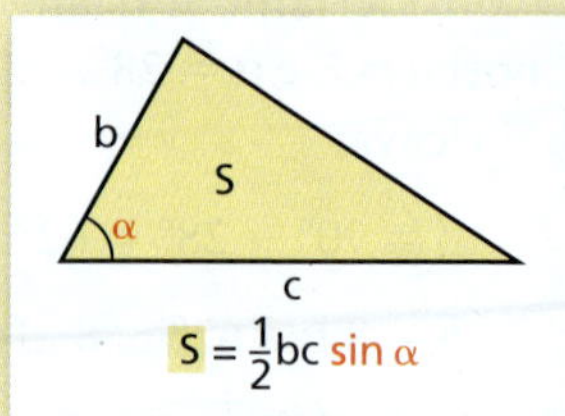

$$\textbf{area} = \frac{1}{2}\cdot \textbf{lato}_1\cdot\textbf{lato}_2\cdot\textbf{seno dell'angolo compreso}$$

Listen to it

The area of a triangle is half the product of two sides times the sine of the included angle.

► Calcola l'area di un triangolo che ha due lati lunghi 5 cm e 12 cm, sapendo che tra essi c'è un angolo di 150°.

ESEMPIO

Calcoliamo S, sapendo che $a = 4$, $b = 6$ e che l'angolo compreso tra essi è $\gamma = 45°$:

$$S = \frac{1}{2}4\cdot 6\cdot\sin 45° = 12\cdot\frac{\sqrt{2}}{2} = 6\cdot\sqrt{2}.$$

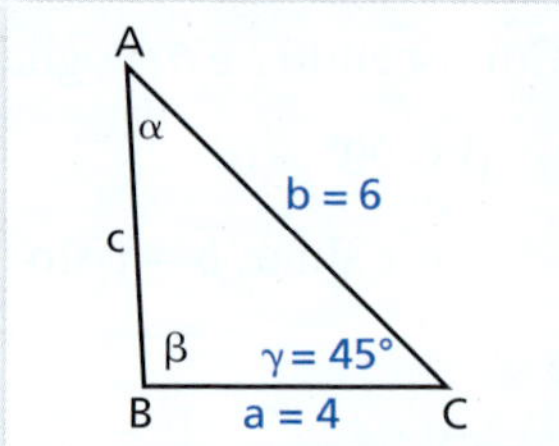

Teorema della corda

► Esercizi a p. 835

Listen to it

In a circle, the length of a chord equals the diameter times the sine of one of the inscribed angles subtended by the chord.

TEOREMA

In una circonferenza la misura di una corda è uguale al prodotto della misura del diametro per il seno di uno degli angoli alla circonferenza che insistono sulla corda.

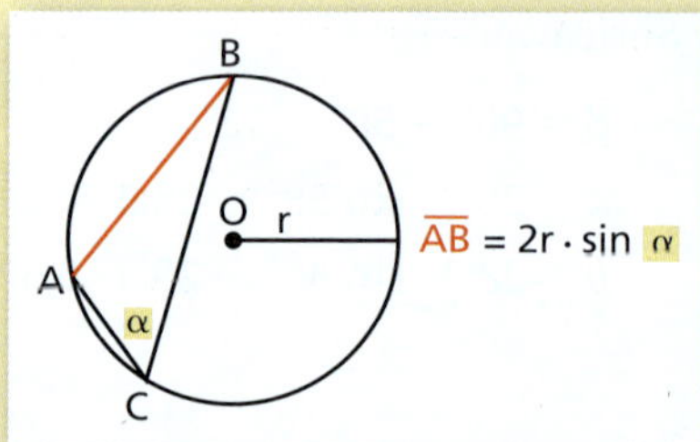

Animazione

Esamina la figura dinamica del teorema nell'animazione, dove c'è anche la risoluzione degli esercizi della pagina a fianco.

DIMOSTRAZIONE

Considerato un qualsiasi angolo $A\widehat{C}B$ alla circonferenza che insista sulla corda AB e sull'arco $\overset{\frown}{AB}$ minore, tracciamo il diametro BD e congiungiamo il vertice A con l'estremo D del diametro.

Il triangolo ABD è rettangolo in A, perché inscritto in una semicirconferenza.

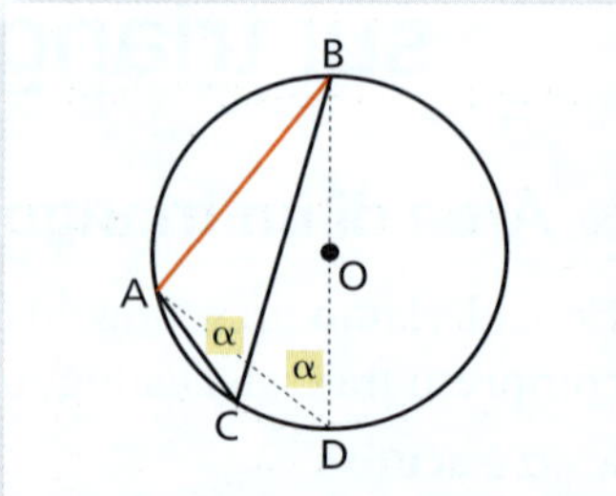

Inoltre, si ha $A\widehat{D}B \cong A\widehat{C}B$, perché i due angoli insistono sullo stesso arco $\overset{\frown}{AB}$. Chiamiamo α la loro misura comune.

Calcoliamo la misura della corda AB applicando il teorema dei triangoli rettangoli al triangolo ABD:

$$\overline{AB} = 2r\cdot\sin\alpha.$$

Il teorema continua a valere anche se consideriamo l'angolo $A\hat{E}B = \beta$ che insiste sull'arco maggiore $\overset{\frown}{AB}$. Infatti il quadrilatero $AEBC$, essendo inscritto in una circonferenza, ha gli angoli opposti supplementari, quindi $\alpha + \beta = \pi$, perciò $\beta = \pi - \alpha$ e $\sin\beta = \sin(\pi - \alpha) = \sin\alpha$.

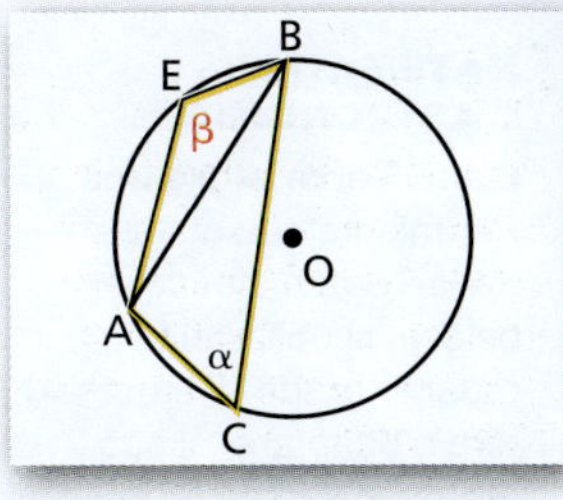

ESEMPIO

Determiniamo la misura della corda di una circonferenza di raggio 2, sapendo che su di essa insiste un angolo di $\frac{\pi}{3}$.

Applichiamo il teorema della corda.

$$\overline{AB} = 2 \cdot 2 \cdot \sin\frac{\pi}{3} = 4 \cdot \frac{\sqrt{3}}{2} = 2\sqrt{3}.$$

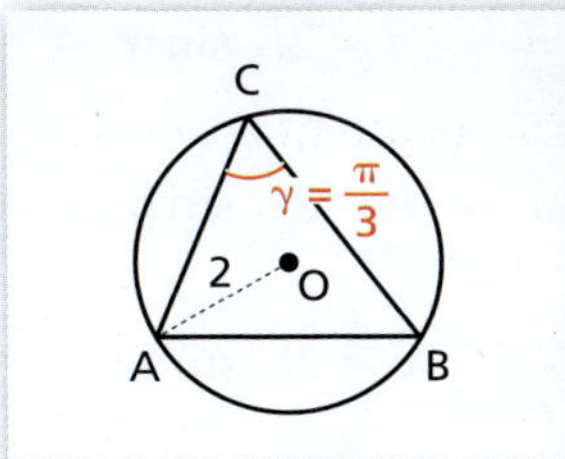

► Una circonferenza di centro C ha raggio 3. Determina la lunghezza di una corda AB, sapendo che i segmenti AC e BC formano tra loro un angolo di 60°. [3]

Il raggio della circonferenza circoscritta a un triangolo

ABC è inscritto in una circonferenza di raggio r.

Con il teorema della corda scriviamo le relazioni

$$a = 2r \cdot \sin\alpha, \quad b = 2r \cdot \sin\beta, \quad c = 2r \cdot \sin\gamma,$$

dalle quali ricaviamo r:

$$r = \frac{a}{2\sin\alpha}, \quad r = \frac{b}{2\sin\beta}, \quad r = \frac{c}{2\sin\gamma}.$$

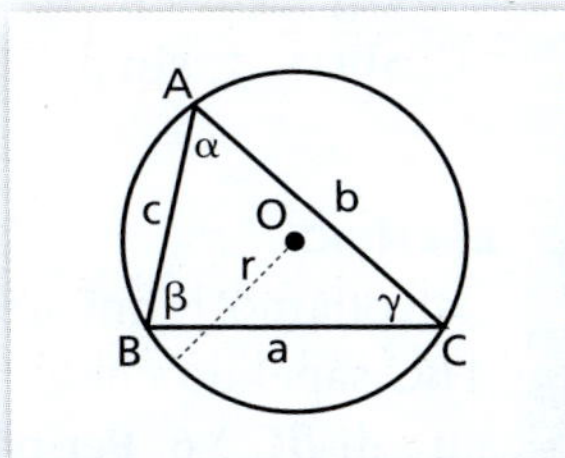

Queste formule consentono di calcolare il raggio della circonferenza circoscritta a un triangolo conoscendo un lato del triangolo e l'angolo opposto a esso.

ESEMPIO

Calcoliamo il raggio della circonferenza circoscritta al triangolo ABC, di cui sono noti il lato $\overline{AB} = 10$ e l'angolo $A\hat{C}B = 120°$.

Utilizziamo la relazione:

$$r = \frac{c}{2\sin\gamma} = \frac{10}{2 \cdot \frac{\sqrt{3}}{2}} = \frac{10\sqrt{3}}{3}.$$

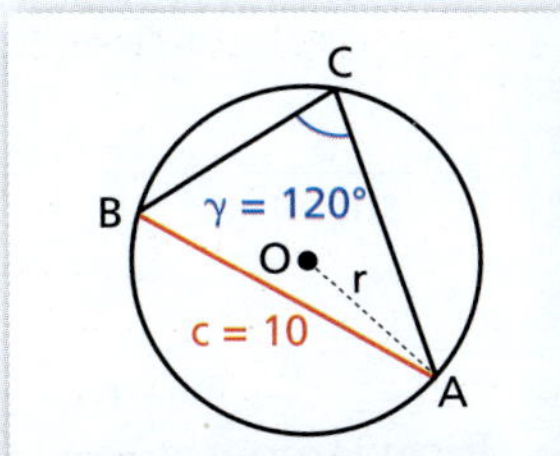

► Calcola il raggio della circonferenza circoscritta al triangolo ABC, sapendo che il lato BC è lungo 15 cm e l'angolo $B\hat{A}C$ è di 45°. $\left[\frac{15}{2}\sqrt{2}\text{ cm}\right]$

3 Triangoli qualunque

Esaminiamo ora le relazioni che legano le misure dei lati di un triangolo qualunque ai valori delle funzioni goniometriche degli angoli.

Teorema dei seni

► Esercizi a p. 837

TEOREMA

In un triangolo le misure dei lati sono proporzionali ai seni degli angoli opposti.

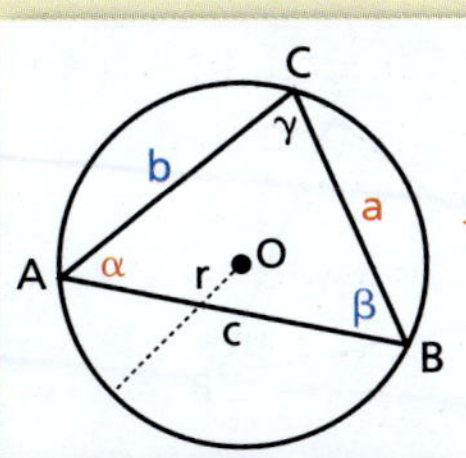

$$\frac{a}{\sin\alpha} = \frac{b}{\sin\beta} = \frac{c}{\sin\gamma}$$

Listen to it

In a triangle, the ratio of the length of a side to the sine of the opposite angle is constant.

MATEMATICA E ASTRONOMIA

Dalla Terra alla Luna
Per misurare la distanza tra la Terra e altri corpi celesti, si utilizzano radar in grado di emettere e ricaptare, al suo ritorno sulla Terra, un segnale che «rimbalza» sulla superficie del corpo.

► Senza apparecchiature tecnologiche sofisticate, come si può, dalla Terra, stimare la distanza della Luna?

La risposta

DIMOSTRAZIONE

È sempre possibile inscrivere un triangolo in una circonferenza, perché per tre punti distinti e non allineati passa sempre una e una sola circonferenza. Consideriamo allora un triangolo ABC inscritto in una circonferenza di diametro $2r$. Applichiamo il teorema della corda ai lati del triangolo ABC:

$$a = 2r \cdot \sin\alpha \rightarrow \frac{a}{\sin\alpha} = 2r;$$

$$b = 2r \cdot \sin\beta \rightarrow \frac{b}{\sin\beta} = 2r;$$

$$c = 2r \cdot \sin\gamma \rightarrow \frac{c}{\sin\gamma} = 2r.$$

Confrontando le relazioni precedenti, essendo i tre rapporti uguali alla misura del diametro della circonferenza circoscritta, concludiamo che:

$$\frac{a}{\sin\alpha} = \frac{b}{\sin\beta} = \frac{c}{\sin\gamma} = 2r.$$

ESEMPIO

Calcoliamo la misura del lato AB del triangolo ABC sapendo che $\alpha = 30°$, $\beta = 105°$ e che la misura di BC è 6. Per poter applicare il teorema dei seni dobbiamo calcolare l'ampiezza dell'angolo γ:

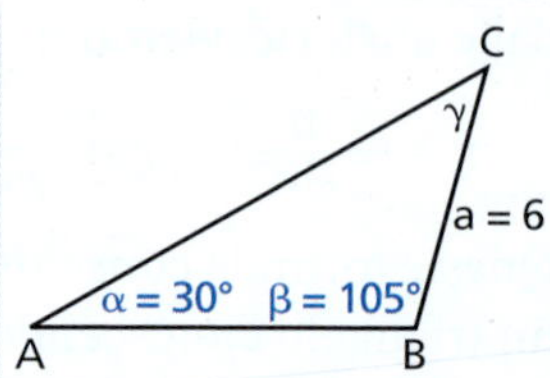

$$\gamma = 180° - (30° + 105°) = 45°.$$

Utilizziamo la relazione $\frac{a}{\sin\alpha} = \frac{c}{\sin\gamma}$:

$$\frac{6}{\sin 30°} = \frac{c}{\sin 45°} \rightarrow \frac{6}{\frac{1}{2}} = \frac{c}{\frac{\sqrt{2}}{2}}.$$

Ricaviamo $c = \dfrac{6 \cdot \frac{\sqrt{2}}{2}}{\frac{1}{2}} = 6\sqrt{2}.$

► Nel triangolo ABC il lato AB è lungo 10 cm. L'angolo opposto ad AB è di 30° e l'angolo $C\widehat{A}B$ è di 120°. Calcola la lunghezza del lato BC.
[$10\sqrt{3}$ cm]

Animazione

Teorema del coseno

► Esercizi a p. 838

TEOREMA

In un triangolo il quadrato della misura di un lato è uguale alla somma dei quadrati delle misure degli altri due lati diminuita del doppio prodotto della misura di questi due lati per il coseno dell'angolo compreso fra essi.

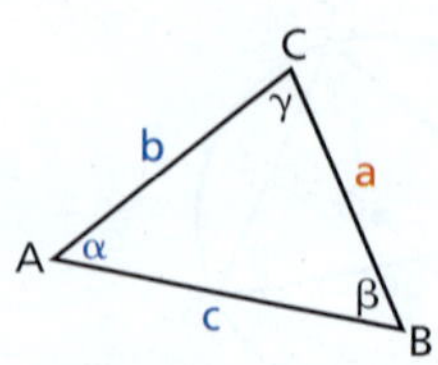

$$a^2 = b^2 + c^2 - 2bc\cos\alpha$$

Listen to it

In a triangle, the square of the length of any side equals the sum of the squares of the lengths of the other two sides minus twice the product of those two sides times the cosine of the included angle.

DIMOSTRAZIONE

Consideriamo un triangolo ABC acutangolo. La dimostrazione è analoga se il triangolo è ottusangolo.

Tracciamo l'altezza CH relativa al lato AB.

Applichiamo il primo teorema dei triangoli rettangoli al triangolo ACH:

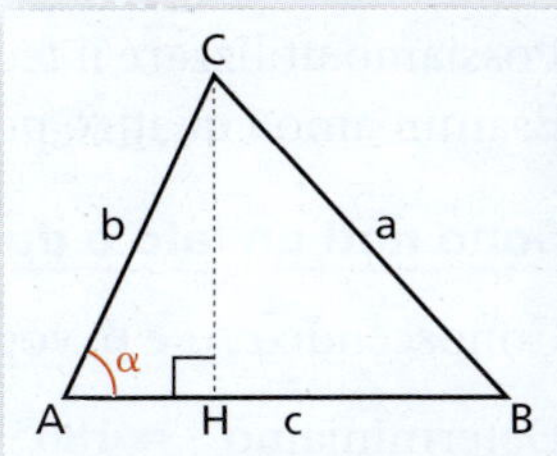

$$\overline{CH} = b \sin\alpha \text{ e } \overline{AH} = b\cos\alpha.$$

Per differenza, otteniamo:

$$\overline{HB} = c - b\cos\alpha.$$

Determiniamo $\overline{CB}$ applicando il teorema di Pitagora al triangolo CHB:

$$\overline{CB}^2 = \overline{CH}^2 + \overline{HB}^2.$$

$$a^2 = b^2\sin^2\alpha + (c - b\cos\alpha)^2 = b^2\sin^2\alpha + c^2 + b^2\cos^2\alpha - 2bc\cos\alpha =$$

$$b^2(\sin^2\alpha + \cos^2\alpha) + c^2 - 2bc\cos\alpha = b^2 + c^2 - 2bc\cos\alpha.$$

Quindi: $\boldsymbol{a^2 = b^2 + c^2 - 2bc\cos\alpha}$.

Analogamente, per gli altri due lati:

$$\boldsymbol{b^2 = a^2 + c^2 - 2ac\cos\beta}; \qquad \boldsymbol{c^2 = a^2 + b^2 - 2ab\cos\gamma}.$$

ESEMPIO

Calcoliamo la lunghezza del lato AB di un triangolo ABC in cui:

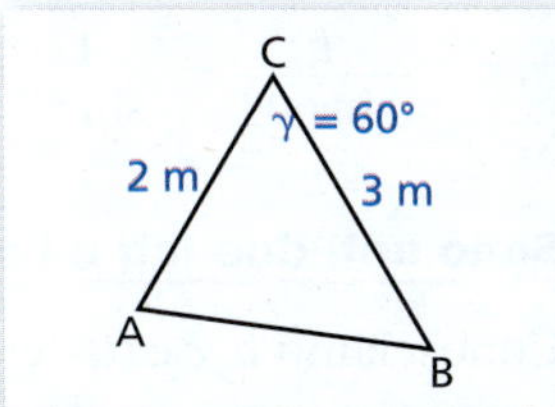

$$AC = 2 \text{ m}, BC = 3 \text{ m e } \gamma = 60°.$$

Applichiamo il teorema del coseno:

$$\overline{AB}^2 = \overline{AC}^2 + \overline{BC}^2 - 2 \cdot \overline{AC} \cdot \overline{BC} \cdot \cos\gamma =$$

$$4 + 9 - 12 \cdot \frac{1}{2} = 7,$$

da cui $AB = \sqrt{7}$ m.

Il teorema del coseno viene anche chiamato **teorema di Carnot**. Inoltre è anche detto **teorema di Pitagora generalizzato**. Questo perché, se il triangolo ABC è rettangolo, il teorema del coseno non è altro che il teorema di Pitagora.

Infatti, se $\alpha = 90°$, abbiamo

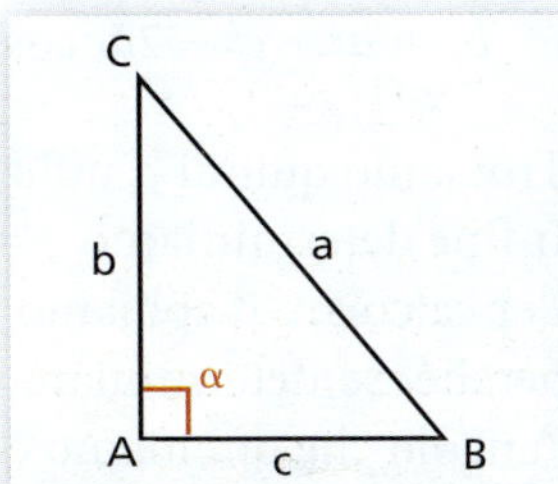

$$a^2 = b^2 + c^2 - 2bc \cdot \cos 90°,$$

e poiché $\cos 90° = 0$, ritroviamo il teorema di Pitagora: $a^2 = b^2 + c^2$.

Risoluzione dei triangoli qualunque

▶ Esercizi a p. 840

Risolvere un triangolo qualunque significa determinare le misure dei suoi lati e dei suoi angoli. È sempre possibile risolvere un triangolo se sono noti *tre* suoi elementi, di cui *almeno uno sia un lato*.

Video

Teorema del coseno
Il teorema del coseno consente di risolvere problemi in cui di un triangolo conosciamo le misure di due lati e un angolo.

- Come si può dimostrare graficamente?
- Perché il teorema del coseno è un'estensione del teorema di Pitagora?

Animazione

Osserva la figura dinamica del teorema nell'animazione, dove trovi anche la risoluzione dell'esercizio.

▶ In un triangolo ABC calcola la lunghezza del lato BC, sapendo che $AB = 3$ m, $AC = 5$ m e $\alpha = 45°$.
[$BC \simeq 3,58$ m]

Possiamo utilizzare il teorema dei seni e il teorema del coseno.
Esaminiamo i quattro possibili casi.

Sono noti un lato e due angoli

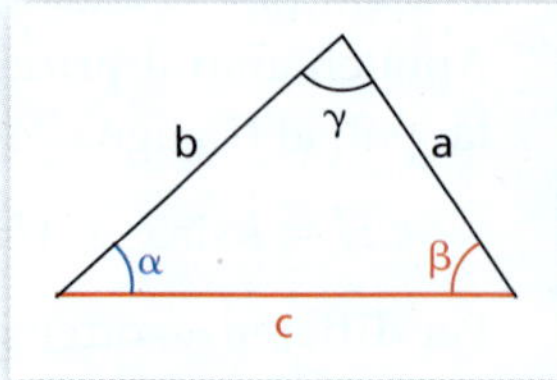

Conoscendo c, α e β, vogliamo determinare γ, a e b.

Determiniamo $\gamma = 180° - (\alpha + \beta)$.
Per il teorema dei seni:

$$\frac{a}{\sin\alpha} = \frac{c}{\sin\gamma} \quad \to \quad a = \frac{c \cdot \sin\alpha}{\sin\gamma}.$$

Ancora per il teorema dei seni:

$$\frac{b}{\sin\beta} = \frac{c}{\sin\gamma} \quad \to \quad b = \frac{c \cdot \sin\beta}{\sin\gamma}.$$

ESEMPIO

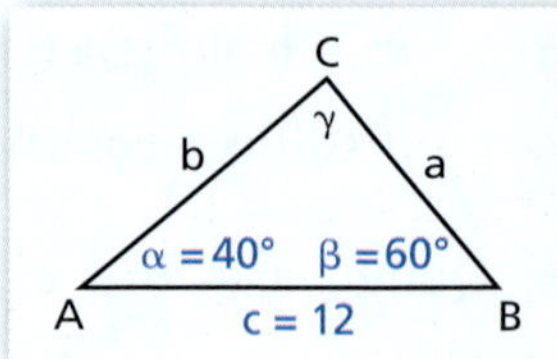

Sono noti $c = 12$, $\alpha = 40°$ e $\beta = 60°$.
Ricaviamo γ:

$$\gamma = 180° - (40° + 60°) = 80°.$$

Per il teorema dei seni:

$$\frac{a}{\sin 40°} = \frac{12}{\sin 80°} \to a = \frac{12 \cdot \sin 40°}{\sin 80°} \simeq \frac{12 \cdot 0{,}64279}{0{,}9848} \simeq 7{,}83.$$

Ancora per il teorema dei seni:

$$\frac{b}{\sin 60°} = \frac{12}{\sin 80°} \to b = \frac{12 \cdot \sin 60°}{\sin 80°} \simeq \frac{12 \cdot 0{,}866}{0{,}9848} \simeq 10{,}55.$$

► Risolvi il triangolo ABC di cui sono dati $a = 10$, $\alpha = 45°$, $\beta = 30°$.
$[\gamma = 105°, b = 5\sqrt{2}, c = 5(\sqrt{3}+1)]$

Animazione

Sono noti due lati e l'angolo fra essi compreso

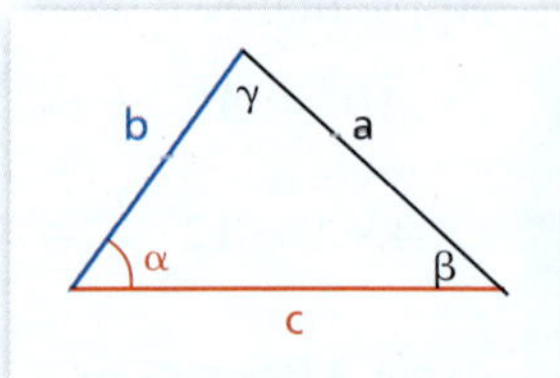

Conosciamo b, c e α; determiniamo β, γ e a.
Determiniamo a mediante il teorema del coseno:

$$a = \sqrt{b^2 + c^2 - 2bc\cos\alpha}.$$

Applichiamo nuovamente il teorema del coseno per calcolare β:

$$b^2 = a^2 + c^2 - 2ac\cos\beta \to 2ac\cos\beta = a^2 + c^2 - b^2 \to \cos\beta = \frac{a^2 + c^2 - b^2}{2ac}.$$

Troviamo quindi β utilizzando la funzione arcocoseno.
Infine determiniamo $\gamma = 180° - (\alpha + \beta)$.
Per calcolare β abbiamo usato il teorema del coseno, invece del teorema dei seni, perché, se determiniamo un angolo conoscendo il valore del suo coseno, allora l'angolo che otteniamo è unico. Infatti l'equazione

$$\cos x = k, \quad \text{con } -1 \le k \le 1,$$

ha un'unica soluzione se $0° < x < 180°$, mentre

$$\sin x = k$$

ha due soluzioni se $0° < x < 180°$.
Quindi, se si calcola un angolo conoscendo il valore del suo seno, si ottengono due soluzioni di cui si dovrà poi verificare l'accettabilità.

Video

Triangolazione Nel video usiamo la triangolazione per calcolare la distanza di due punti lontani da noi.
► In che cosa consiste questo metodo?
► Perché è utile?

ESEMPIO

Sono noti $b = 46$, $c = 62$ e $\alpha = 20°$.

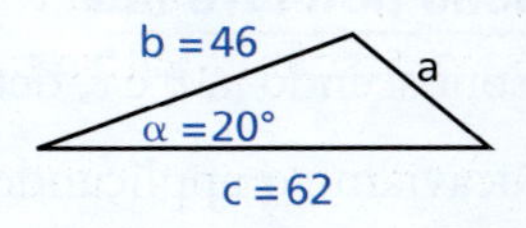

Applichiamo il teorema del coseno per calcolare a:

$$a = \sqrt{46^2 + 62^2 - 2 \cdot 46 \cdot 62 \cdot \cos 20°}$$

$$a \simeq \sqrt{2116 + 3844 - 5704 \cdot 0{,}93969} \simeq \sqrt{600{,}0082} \rightarrow a \simeq 24{,}50.$$

Applichiamo il teorema del coseno per calcolare β:

$$b^2 = a^2 + c^2 - 2ac\cos\beta \rightarrow 46^2 = 24{,}5^2 + 62^2 - 2 \cdot 24{,}5 \cdot 62 \cdot \cos\beta,$$

$$\cos\beta \simeq 0{,}77 \rightarrow \beta \simeq 40°.$$

$$\gamma \simeq 180° - (20° + 40°) = 120°.$$

► Risolvi il triangolo ABC di cui sono dati $a = 25$, $c = 38$, $\beta = 45°$.
$[b \simeq 26{,}94, \alpha \simeq 41°, \gamma \simeq 94°]$

Animazione

Sono noti due lati e l'angolo opposto a uno di essi

Consideriamo il triangolo ABC e supponiamo noti a, b e α. Vogliamo conoscere β, γ e c.
Applichiamo il teorema dei seni per calcolare β:

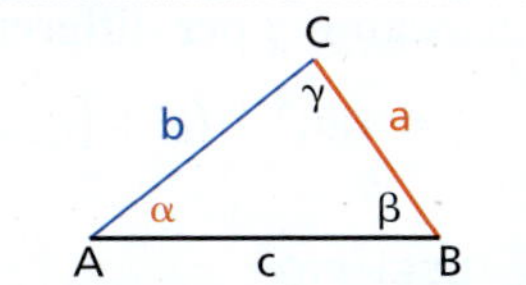

$$\frac{a}{\sin\alpha} = \frac{b}{\sin\beta} \quad \rightarrow \quad \sin\beta = \frac{b}{a}\sin\alpha.$$

Esaminiamo i casi che si possono presentare a seconda del valore di $\sin\beta$, ricordando che deve risultare $0 < \sin\beta \leq 1$, altrimenti β non esiste.

1. $\sin\beta = 1 \rightarrow \beta = 90°$. Distinguiamo due casi:
   - se $\alpha \geq 90°$, il problema non ha soluzioni;
   - se $\alpha < 90°$, il problema ammette una sola soluzione (figura **a**).
2. $0 < \sin\beta < 1$: in questo caso si hanno due soluzioni, β_1 e β_2, tra loro supplementari, per esempio β_1 acuto e β_2 ottuso.
   Per sapere se questi valori sono accettabili, dobbiamo considerare α, a e b.
   - Se $\alpha \geq 90°$, la soluzione β_2 non è accettabile perché un triangolo non può avere due angoli ottusi. Accettiamo solo β_1 acuto; il problema ammette una sola soluzione (figura **b**).
   - Se $\alpha < 90°$ e $b > a$, allora, poiché a lato maggiore sta opposto angolo maggiore, è $\beta_1 > \alpha$ e $\beta_2 > \alpha$; entrambe le situazioni sono accettabili: il problema ammette due soluzioni (figure **c** e **d**).
   - Se $\alpha < 90°$ e $b < a$, allora $\beta < \alpha$, per cui β_2, che è ottuso, non è accettabile e abbiamo per soluzione solo β_1.

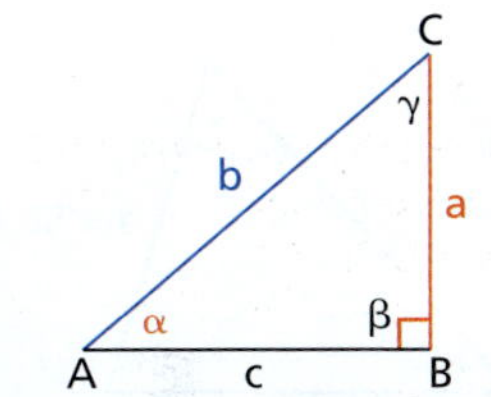

a

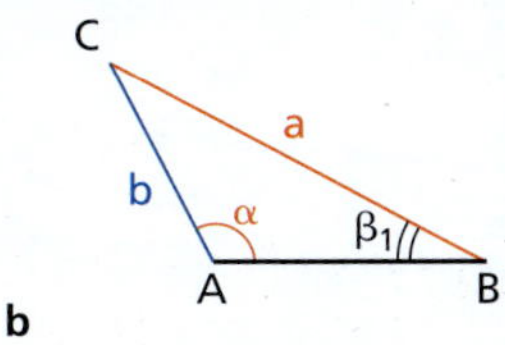

b

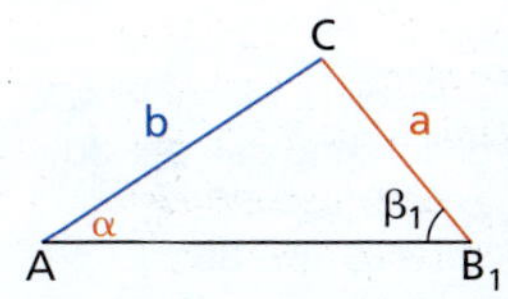

c

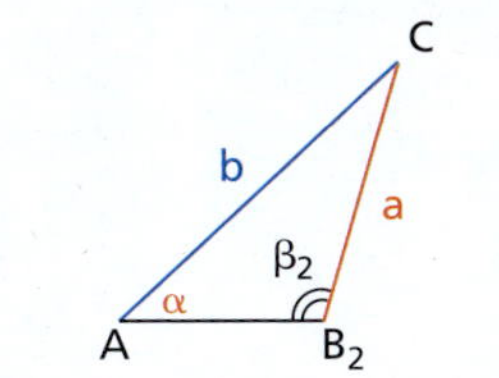

d

Per finire, dopo aver calcolato β, determiniamo $\gamma = 180° - (\alpha + \beta)$ e poi calcoliamo la misura del terzo lato, applicando il teorema dei seni:

$$\frac{a}{\sin\alpha} = \frac{c}{\sin\gamma} \quad \rightarrow \quad c = a\frac{\sin\gamma}{\sin\alpha}.$$

Trovi due esempi del caso appena esaminato nell'esercizio 231 a pagina 842.

► Risolvi il triangolo ABC, noti $b = 6\sqrt{3}$, $c = 6\sqrt{2}$, $\cos\beta = \frac{1}{2}$.

$$\left[\alpha = \frac{5}{12}\pi; \gamma = \frac{\pi}{4}; a = 3\sqrt{2} + 3\sqrt{6}\right]$$

Animazione

TEORIA

Sono noti i tre lati

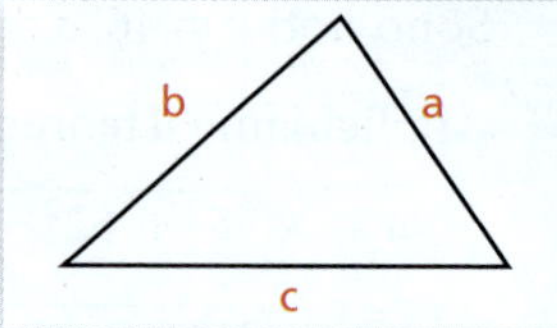

Conoscendo a, b e c, determiniamo α, β e γ.

Ricaviamo α applicando il teorema del coseno:

$$a^2 = b^2 + c^2 - 2bc\cos\alpha \rightarrow$$

$$2bc\cos\alpha = b^2 + c^2 - a^2 \rightarrow$$

$$\cos\alpha = \frac{b^2 + c^2 - a^2}{2bc}.$$

Troviamo poi α con la funzione arcocoseno.

Allo stesso modo, ricaviamo β con la funzione arcocoseno, utilizzando:

$$b^2 = a^2 + c^2 - 2ac\cos\beta \rightarrow \cos\beta = \frac{a^2 + c^2 - b^2}{2ac}.$$

Ricaviamo γ per differenza:

$$\gamma = 180° - (\alpha + \beta).$$

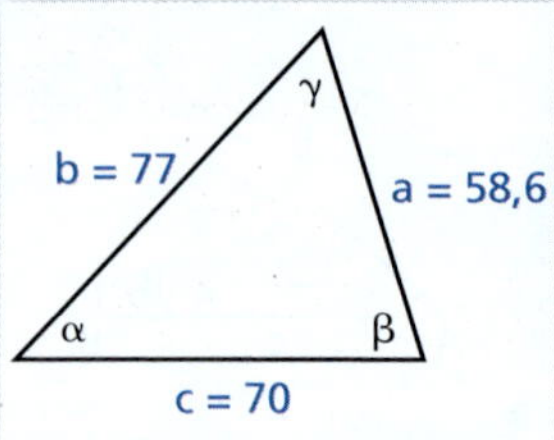

ESEMPIO

Consideriamo il triangolo con:

$$a = 58{,}6,\ b = 77 \text{ e } c = 70.$$

Per ricavare α possiamo sostituire, nella formula che esprime la relazione tra il coseno di un angolo e le misure dei lati del triangolo, i valori di a, b e c:

$$\cos\alpha = \frac{77^2 + 70^2 - 58{,}6^2}{2 \cdot 70 \cdot 77} = \frac{5929 + 4900 - 3433{,}96}{10\,780};$$

$$\cos\alpha = \frac{7395{,}04}{10\,780} \rightarrow \cos\alpha \simeq 0{,}686 \rightarrow \alpha \simeq \arccos 0{,}686 \simeq 47°.$$

Ricaviamo β allo stesso modo:

$$\cos\beta = \frac{58{,}6^2 + 70^2 - 77^2}{2 \cdot 58{,}6 \cdot 70} \simeq 0{,}293 \rightarrow \beta \simeq \arccos 0{,}293 \simeq 73°.$$

Ricaviamo, infine, γ per differenza:

$$\gamma \simeq 180° - (47° + 73°) = 60°.$$

► Risolvi il triangolo *ABC* di cui sono dati $a = 30$, $b = 19$, $c = 25$.
[$\alpha \simeq 85°, \beta \simeq 39°, \gamma \simeq 56°$]

Animazione

MATEMATICA E STORIA

Astri, seni, coseni, tangenti La statua della fotografia è l'*Atlante Farnese*, conservato nel Museo archeologico nazionale di Napoli.
Il gigante sorregge un globo in cui sono rappresentate delle costellazioni. È stato ipotizzato che il globo riproduca la prima mappa stellare, quella di Ipparco di Nicea, astronomo greco del II secolo a.C.
Ipparco è anche considerato il fondatore della trigonometria.

► Quali furono, nel corso dei secoli, i principali collegamenti fra astronomia e trigonometria?

La risposta

IN SINTESI
Trigonometria

Triangoli rettangoli

- La **trigonometria** è lo studio delle relazioni fra i lati e gli angoli di un triangolo.
- **Primo teorema dei triangoli rettangoli**
  In un triangolo rettangolo la misura di un cateto è uguale:
  - alla misura dell'ipotenusa moltiplicata per il seno dell'angolo opposto al cateto stesso;
  - alla misura dell'ipotenusa moltiplicata per il coseno dell'angolo acuto adiacente al cateto stesso.

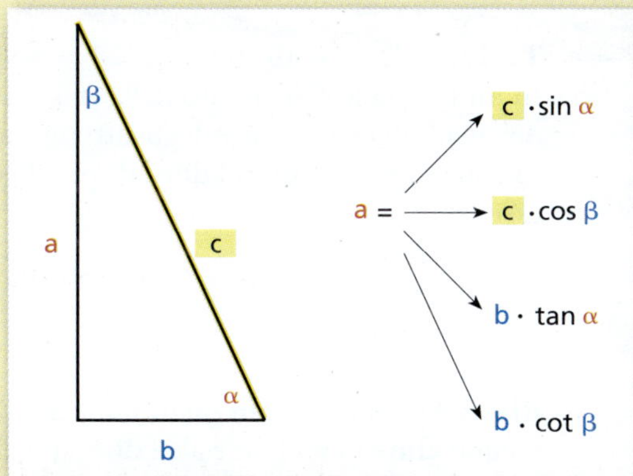

- **Secondo teorema dei triangoli rettangoli**
  In un triangolo rettangolo la misura di un cateto è uguale:
  - alla misura dell'altro cateto moltiplicata per la tangente dell'angolo opposto al primo cateto;
  - alla misura dell'altro cateto moltiplicata per la cotangente dell'angolo adiacente al primo cateto.
- **Risolvere un triangolo rettangolo** significa determinare le misure dei suoi lati e dei suoi angoli conoscendo **almeno un lato** e **un altro dei suoi elementi**.

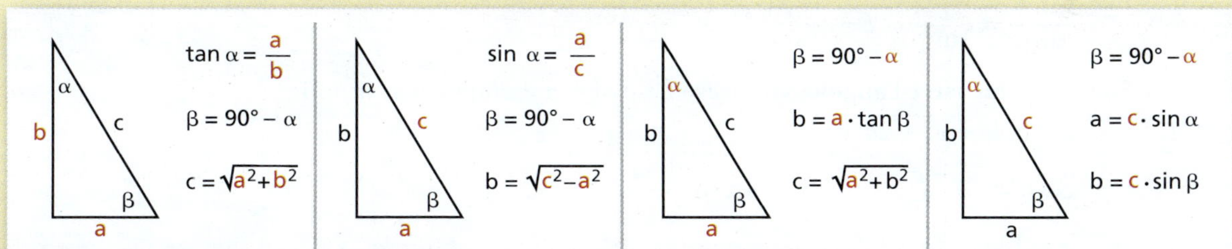

a. Sono noti i due cateti. **b.** Sono noti l'ipotenusa e un cateto. **c.** Sono noti un cateto e l'angolo opposto. **d.** Sono noti l'ipotenusa e un angolo adiacente.

Applicazioni dei teoremi sui triangoli rettangoli

- **Area di un triangolo**
  La misura dell'area di un triangolo è uguale al semiprodotto delle misure di due lati e del seno dell'angolo compreso fra essi.

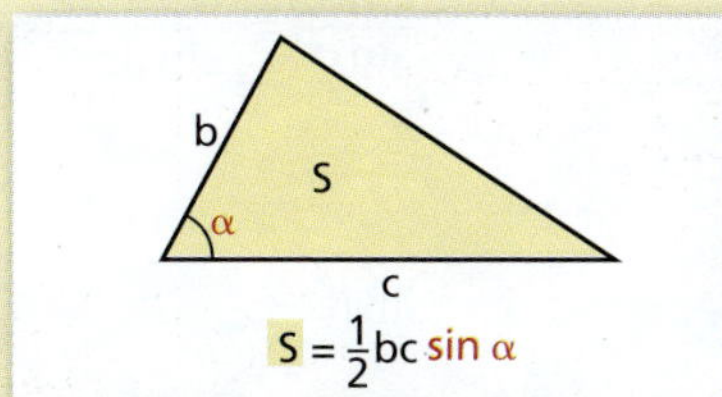

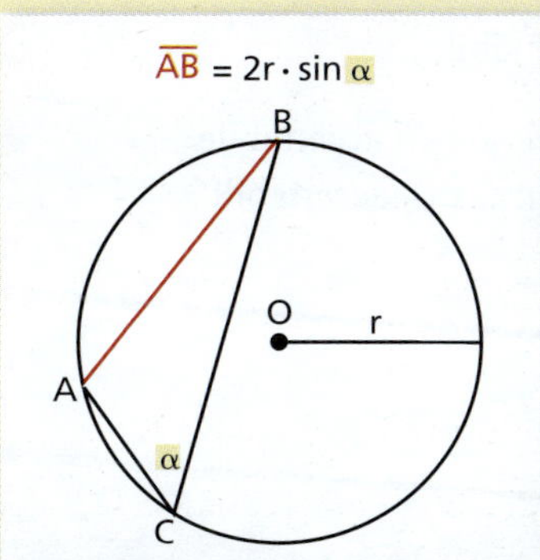

- **Teorema della corda**
  In una circonferenza la misura di una corda è uguale al prodotto della misura del diametro per il seno di uno degli angoli alla circonferenza che insistono sulla corda.
- Il **raggio della circonferenza circoscritta a un triangolo**, noti un lato a del triangolo e l'angolo α opposto a esso, si calcola con:

$$r = \frac{a}{2\sin\alpha}.$$

Triangoli qualunque

- **Teorema dei seni**
  In un triangolo le misure dei lati sono proporzionali ai seni degli angoli opposti.

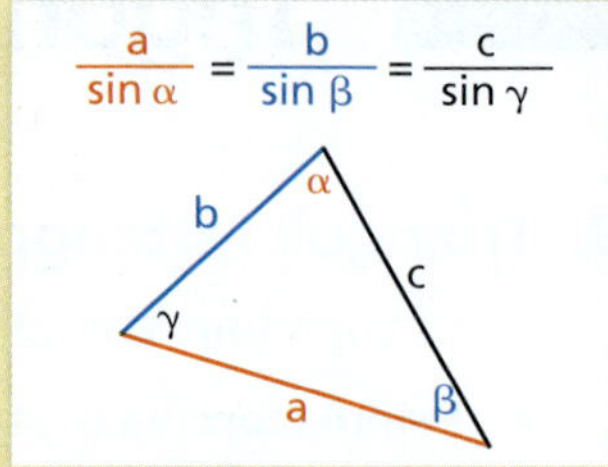

- **Teorema del coseno**
  In un triangolo il quadrato della misura di un lato è uguale alla somma dei quadrati delle misure degli altri due lati diminuita del doppio prodotto della misura di questi due lati per il coseno dell'angolo compreso fra essi.

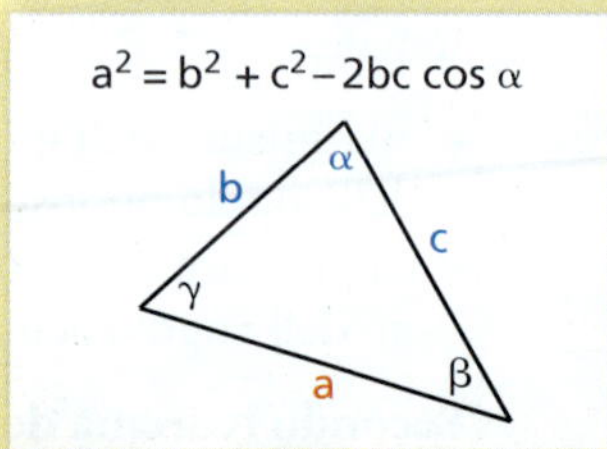

- **Risolvere un triangolo qualunque** significa determinare le misure dei suoi lati e dei suoi angoli conoscendo **almeno un lato** e altri **due** suoi elementi.

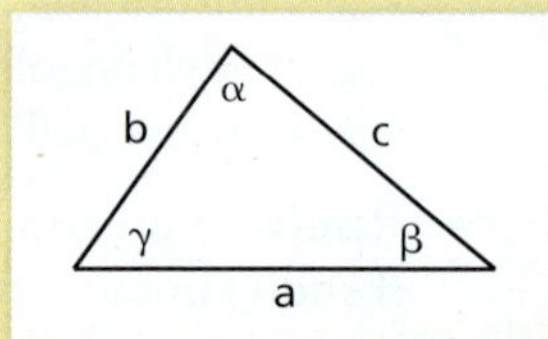

  - Sono noti **un lato e due angoli**. Per esempio: c, α, β noti.

    $\gamma = 180° - (\alpha + \beta)$,

    $\dfrac{a}{\sin\alpha} = \dfrac{c}{\sin\gamma} \rightarrow a = \dfrac{\sin\alpha \cdot c}{\sin\gamma}$,

    $\dfrac{b}{\sin\beta} = \dfrac{c}{\sin\gamma} \rightarrow b = \dfrac{\sin\beta \cdot c}{\sin\gamma}$.

  - Sono noti **due lati e l'angolo compreso** fra essi. Per esempio: b, c, α noti.

    $a = \sqrt{b^2 + c^2 - 2bc\cos\alpha}$,

    $\cos\beta = \dfrac{a^2 + c^2 - b^2}{2ac} \rightarrow \beta = \arccos\dfrac{a^2 + c^2 - b^2}{2ac}$,

    $\gamma = 180° - (\alpha + \beta)$.

  - Sono noti **due lati e un angolo opposto** a uno di essi.
    Per esempio: a, b, α noti.

    $\dfrac{a}{\sin\alpha} = \dfrac{b}{\sin\beta} \rightarrow \sin\beta = \dfrac{\sin\alpha \cdot b}{a}$,

    $\sin\beta$:
    - $= 1 \rightarrow \beta = 90°$
      - $\alpha < 90°$: una soluzione
      - $\alpha \geq 90°$: problema impossibile
    - $< 1 \rightarrow$ β_1 acuto, β_2 ottuso
      - $\alpha \geq 90°$: solo β_1 accettabile
      - $\alpha < 90°$
        - e $b < a$: solo β_1 accettabile
        - e $b > a$: β_1 e β_2 accettabili

  - Sono noti **i tre lati** a, b, c.

    $\cos\alpha = \dfrac{b^2 + c^2 - a^2}{2bc} \rightarrow \alpha = \arccos\dfrac{b^2 + c^2 - a^2}{2bc}$,

    $\cos\beta = \dfrac{a^2 + c^2 - b^2}{2ac} \rightarrow \beta = \arccos\dfrac{a^2 + c^2 - b^2}{2ac}$,

    $\gamma = 180° - (\alpha + \beta)$.

CAPITOLO 17
ESERCIZI

1 Triangoli rettangoli

Teoremi sui triangoli rettangoli

▶ Teoria a p. 812

1 ●○ **VERO O FALSO?** Nel triangolo rettangolo della figura si ha:

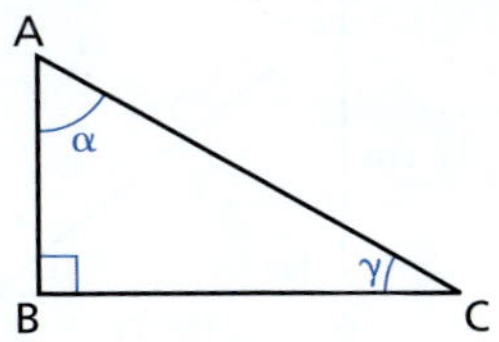

a. $\overline{AB} = \overline{AC} \cos \gamma$ V F

b. $\overline{AC} = \dfrac{\overline{AB}}{\cos \alpha}$ V F

c. $\overline{BC} = \overline{AB} \tan \gamma$ V F

d. $\overline{AC} = \overline{BC} \sin \alpha$ V F

e. $\overline{AB} = \overline{BC} \cot \alpha$ V F

f. $\overline{AB} = \overline{AC} \cos \alpha$ V F

2 ●● **COMPLETA** osservando la figura.

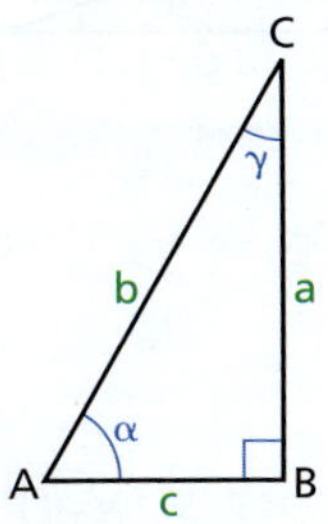

a. $b \cos \alpha = \square$, $\dfrac{c}{\sin \gamma} = \square$.

b. $\sin \alpha = \dfrac{\square}{\square}$, $a \tan \gamma = \square$.

c. $\dfrac{c}{a} = \tan \square$, $a = c \cot \square$.

d. $\dfrac{a}{b} = \cos \square$, $b \sin \alpha = \square$.

COMPLETA arrotondando il risultato a meno di un decimo.

3 ●○

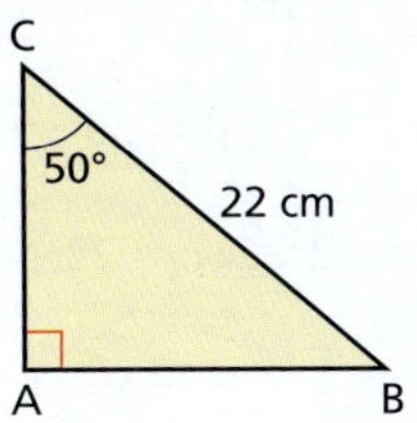

$AB = \square$ cm

$AC = \square$ cm

4 ●○

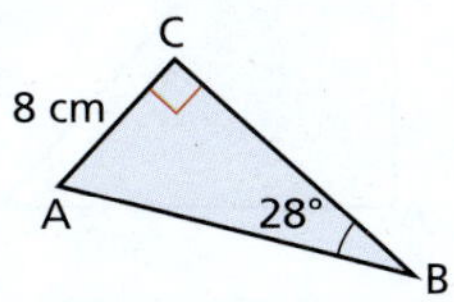

$BC = \square$ cm

$AB = \square$ cm

5 ●○

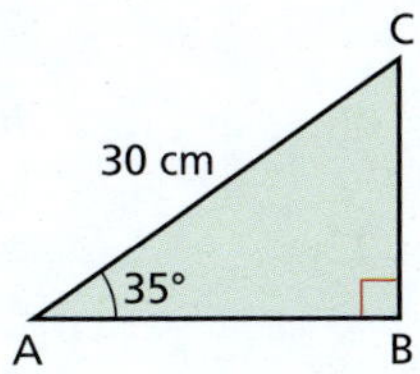

$AB = \square$ cm

$BC = \square$ cm

6 ●○ **TEST** Se in un triangolo rettangolo un cateto è lungo 30 cm e la tangente dell'angolo a esso opposto è $\frac{3}{5}$, quanto è lungo l'altro cateto?

A 50 cm B 18 cm C 2 cm D 40 cm E 30 cm

ESERCIZI

7 ●○ TEST In un triangolo rettangolo un cateto è lungo 12 cm e l'ipotenusa 28 cm. Quanto vale il coseno dell'angolo adiacente al cateto dato?

A $\frac{3}{7}$ B $\frac{7}{3}$ C $\frac{2\sqrt{10}}{7}$ D $\frac{7\sqrt{10}}{20}$ E Non ci sono elementi sufficienti per poterlo calcolare.

Risoluzione dei triangoli rettangoli

▶ Teoria a p. 813

8 ESERCIZIO GUIDA Risolviamo un triangolo ABC rettangolo in A, sapendo che:

a. i due cateti sono lunghi 12 cm e 15 cm;
b. un cateto è lungo 10 cm e l'angolo adiacente misura 20°.

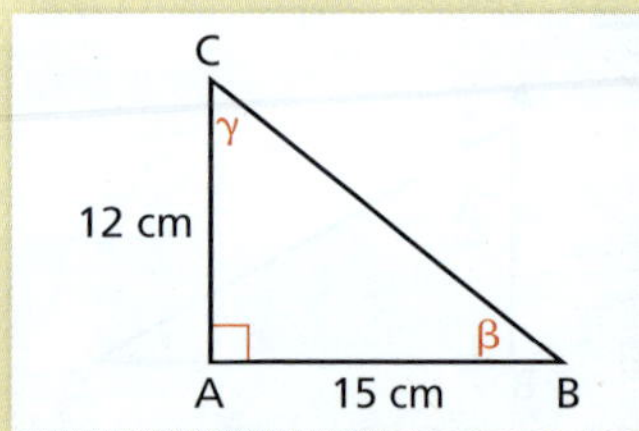

a. $\tan\beta = \frac{12}{15} \to \beta = \arctan\frac{12}{15} \simeq 39°$;

$\gamma = 90° - \beta \simeq 51°$.

Calcoliamo la misura dell'ipotenusa BC con il primo teorema dei triangoli rettangoli:

$$\overline{AB} = \overline{BC}\cos\beta \to \overline{BC} = \frac{\overline{AB}}{\cos\beta} \simeq \frac{15}{\cos 39°} \simeq 19.$$

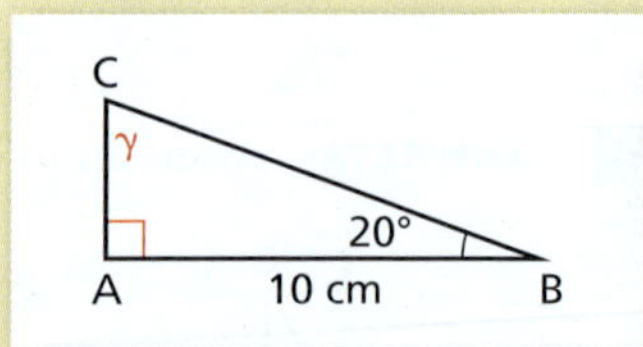

b. $\gamma = 90° - \beta = 90° - 20° = 70°$.

Per il secondo teorema dei triangoli rettangoli:

$$\overline{AC} = \overline{AB}\tan\beta = 10\tan 20° \simeq 3,6.$$

Troviamo $\overline{BC}$ con il teorema di Pitagora:

$$\overline{BC} = \sqrt{\overline{AB}^2 + \overline{AC}^2} \simeq \sqrt{100 + 12,96} \simeq 10,6.$$

Risolvi il triangolo *ABC*, rettangolo in *A*, noti gli elementi indicati.

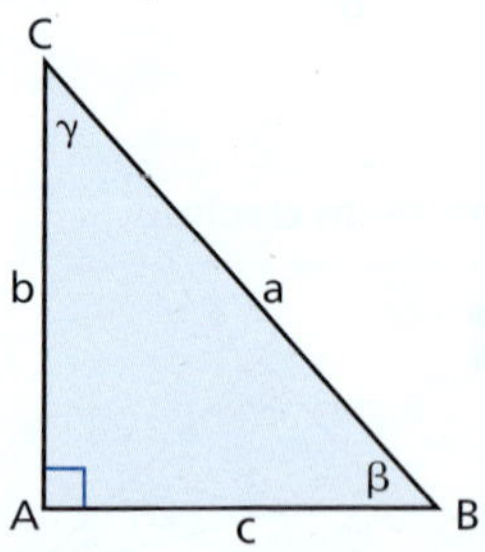

9 ●○	$b = 15$;	$\gamma = 30°$.	$[a = 10\sqrt{3}; c = 5\sqrt{3}; \beta = 60°]$
10 ●○	$a = 24$;	$\beta = 60°$.	$[b = 12\sqrt{3}; c = 12; \gamma = 30°]$
11 ●○	$b = 8$;	$c = 8\sqrt{3}$.	$[a = 16; \beta = 30°; \gamma = 60°]$
12 ●○	$a = 48$;	$b = 24$.	$[c = 24\sqrt{3}; \beta = 30°; \gamma = 60°]$
13 ●○	$b = 22$;	$\gamma = 45°$.	$[a = 22\sqrt{2}; c = 22; \beta = 45°]$
14 ●○	$a = 28$;	$\gamma = 45°$.	$[b = 14\sqrt{2}; c = 14\sqrt{2}; \beta = 45°]$
15 ●○	$a = 26$;	$b = 10$.	$[c = 24; \beta \simeq 23°; \gamma \simeq 67°]$
16 ●○	$b = 30$;	$c = 40$.	$[a = 50; \beta \simeq 37°; \gamma \simeq 53°]$
17 ●○	$a = 36$;	$\beta = 18°$.	$[b \simeq 11,1; c \simeq 34,2; \gamma = 72°]$
18 ●○	$c = 5$;	$b = 12$.	$[a = 13; \beta \simeq 67°; \gamma \simeq 23°]$
19 ●○	$c = 5$;	$a = 5\sqrt{2}$.	$[b = 5; \beta = \gamma = 45°]$

Primo teorema dei triangoli rettangoli
cateto = ipotenusa · seno dell'angolo opposto
cateto = ipotenusa · coseno dell'angolo adiacente

Secondo teorema dei triangoli rettangoli
cateto = altro cateto · tangente dell'angolo opposto al primo cateto
cateto = altro cateto · cotangente dell'angolo acuto adiacente al primo cateto

20 $c = 15$; $\beta = \arctan\frac{3}{5}$. $[b = 9; a \simeq 17{,}5; \gamma \simeq 59°]$

21 $a = 5$; $\beta = 10°$. $[b \simeq 0{,}87; c \simeq 4{,}92; \gamma = 80°]$

22 $b = 16$; $a = 34$. $[c = 30; \beta \simeq 28°; \gamma \simeq 62°]$

23 $b = 12$; $\beta = \frac{\pi}{3}$. $\left[a = 8\sqrt{3}; c = 4\sqrt{3}; \gamma = \frac{\pi}{6}\right]$

24 $c = 3{,}5$; $b = 12$. $[a = 12{,}5; \beta \simeq 74°; \gamma \simeq 16°]$

25 $b = 14$; $\gamma = \arccos\frac{2}{3}$. $[a = 21; c \simeq 15{,}6; \beta \simeq 42°]$

26 $a = 10$; $\gamma = 20°$. $[\beta = 70°; b \simeq 9{,}4; c \simeq 3{,}42]$

27 $c = 80$; $b = 150$. $[a = 170; \beta \simeq 62°; \gamma \simeq 28°]$

28 $a = 8$; $\beta = 65°$. $[\gamma = 25°; b \simeq 7{,}2; c \simeq 3{,}4]$

29 $c = 36$; $\gamma = \frac{\pi}{4}$. $\left[\beta = \frac{\pi}{4}; b = 36; a = 36\sqrt{2}\right]$

30 $a = 9$; $\beta = \arcsin\frac{3}{5}$. $\left[\gamma \simeq 53°; b = \frac{27}{5}; c = \frac{36}{5}\right]$

31 $a = 40$; $\gamma = 85°$. $[\beta = 5°; b \simeq 3{,}5; c \simeq 39{,}8]$

32 $c = 32$; $\gamma = \frac{\pi}{6}$. $\left[\beta = \frac{\pi}{3}; b = 32\sqrt{3}; a = 64\right]$

33 $b = 5\sqrt{3}$; $c = 5$. $\left[a = 10; \beta = \frac{\pi}{3}; \gamma = \frac{\pi}{6}\right]$

34 $c = 75$; $\beta = 28°$. $[\gamma = 62°; a \simeq 85; b \simeq 40]$

35 $b = 30$; $\gamma = \arccos\frac{15}{17}$. $[a = 34; c = 16; \beta \simeq 62°]$

Risolvi i seguenti triangoli rettangoli, noti gli elementi indicati in figura.

36

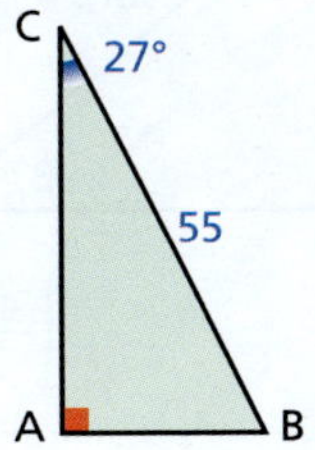

$[c \simeq 25; b \simeq 49; \beta = 63°]$

37

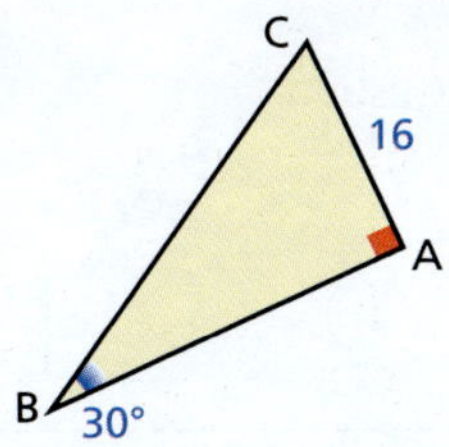

$[a = 32; c \simeq 27{,}7; \gamma = 60°]$

38

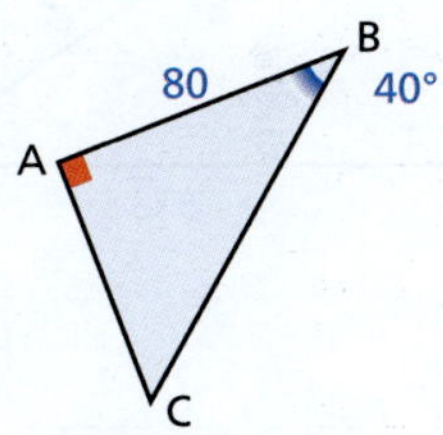

$[b \simeq 67; a \simeq 104; \gamma = 50°]$

39

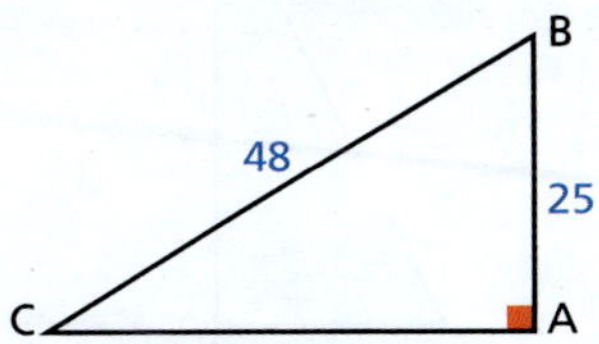

$[b \simeq 41; \beta \simeq 59°; \gamma \simeq 31°]$

40

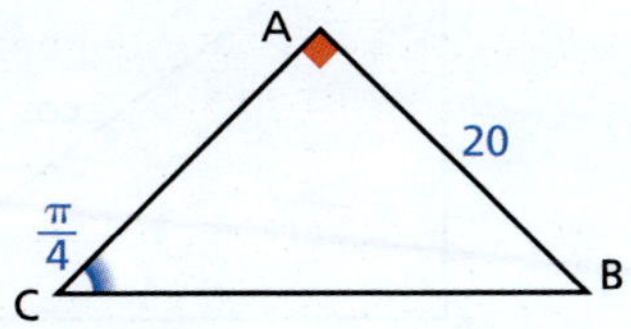

$\left[\beta = \frac{\pi}{4}; b = 20; a = 20\sqrt{2}\right]$

41

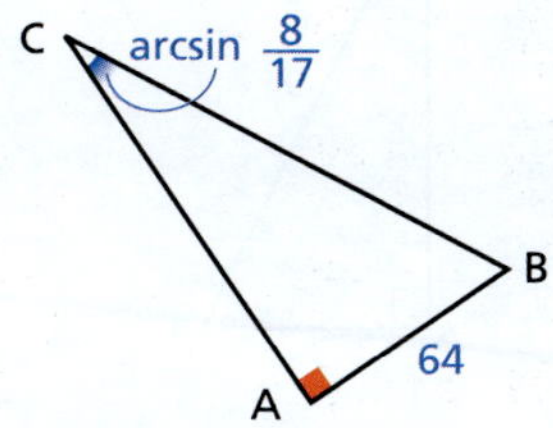

$[a = 136; b = 120; \beta \simeq 62°]$

ESERCIZI

42

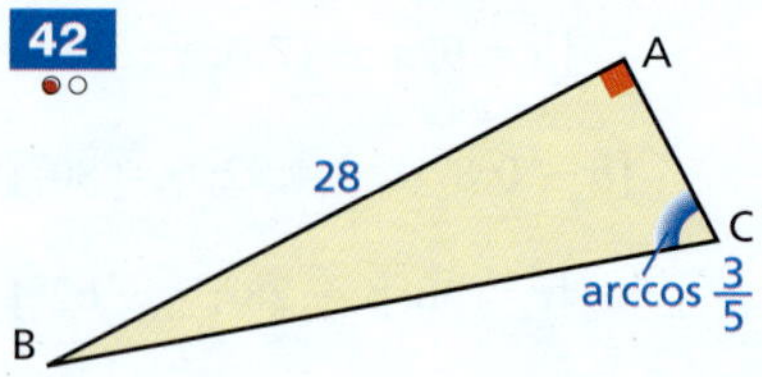

[$a = 35$; $b = 21$; $\beta \simeq 37°$]

43

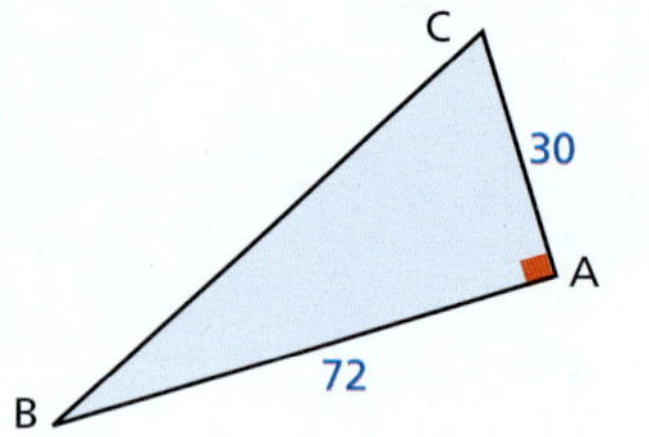

[$a = 78$; $\beta \simeq 23°$; $\gamma \simeq 67°$]

44

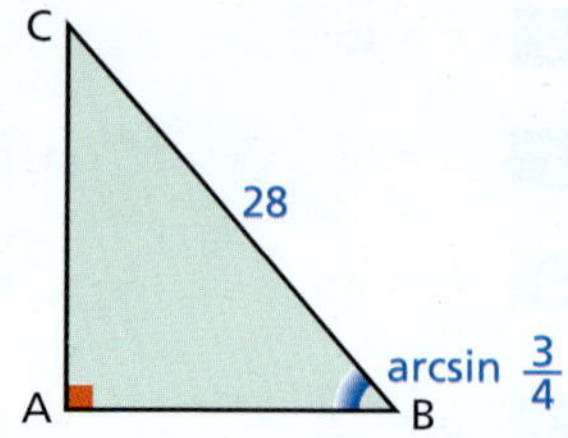

[$b = 21$; $c = 7\sqrt{7}$; $\gamma \simeq 41°$]

45 **ASSOCIA** ciascun segmento alla sua misura.

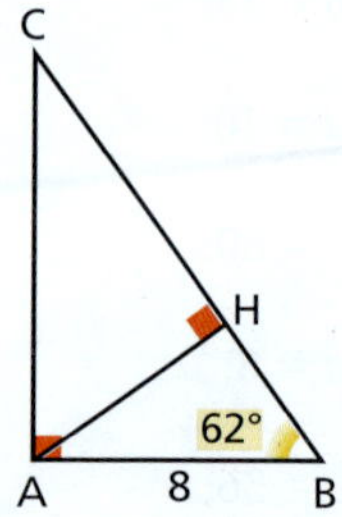

a. BH	**1.** $8\cos 62°$
b. AC	**2.** $8\sin 62°$
c. AH	**3.** $\frac{8}{\cos 62°}$
d. BC	**4.** $8\tan 62°$

Verifica che tra gli elementi di un triangolo *ABC*, rettangolo in *A*, valgono le seguenti relazioni.

46 $\cot\beta \cot\gamma = 1$

47 $\cos\beta \cos\gamma = \frac{bc}{a^2}$

Problemi con i triangoli rettangoli

Utilizzando i dati della figura, deduci ciò che è indicato in rosso.

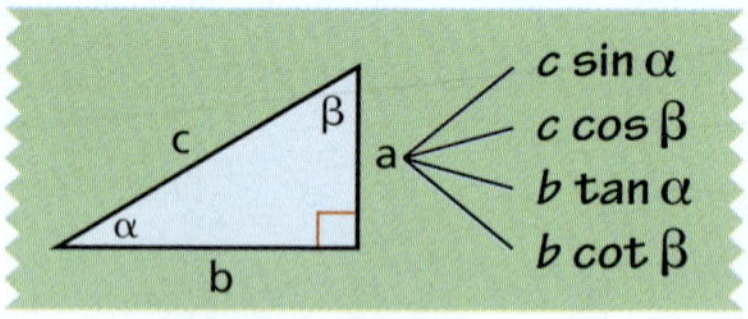

48

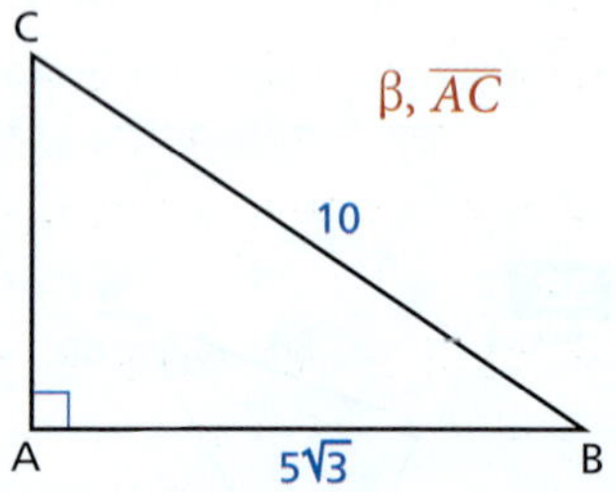

β, $\overline{AC}$

[30°; 5]

49

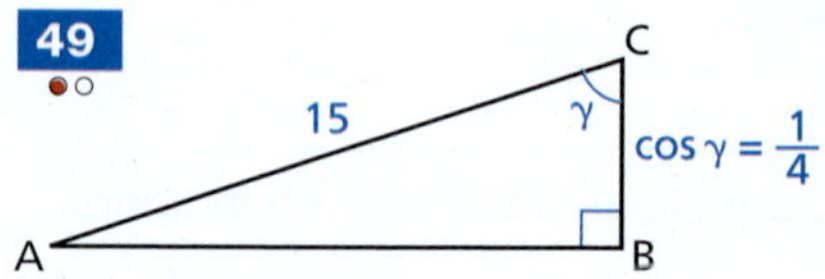

$\overline{BC}$, $\sin\alpha$

$\left[\frac{15}{4}; \frac{1}{4}\right]$

50

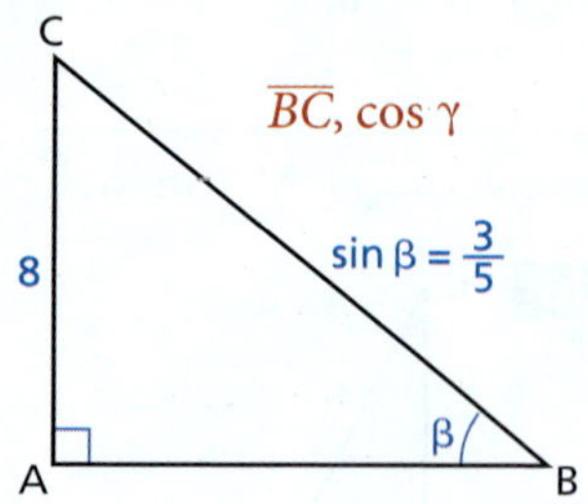

$\overline{BC}$, $\cos\gamma$

$\left[\frac{40}{3}; \frac{3}{5}\right]$

51

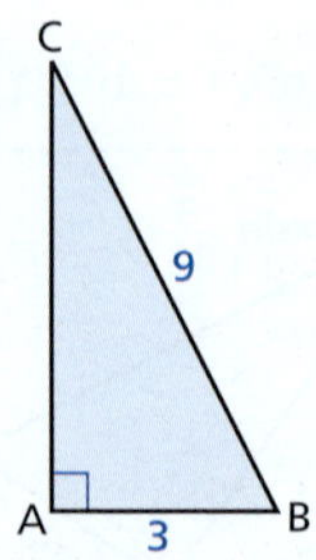

$\tan\beta$, $\cos\gamma$

$\left[2\sqrt{2}; \frac{2\sqrt{2}}{3}\right]$

52

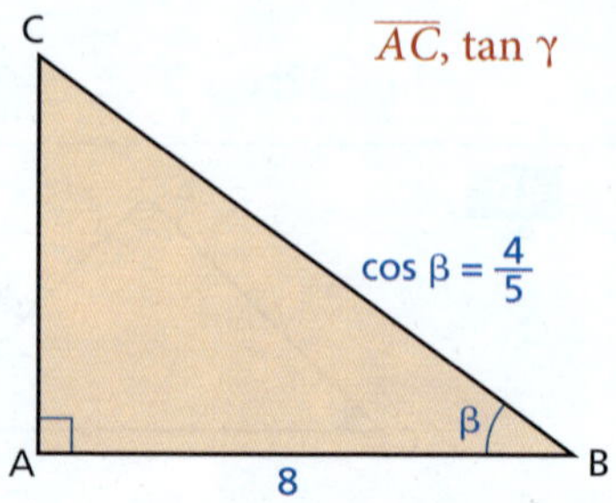

$\overline{AC}$, $\tan\gamma$

$\left[6; \frac{4}{3}\right]$

53

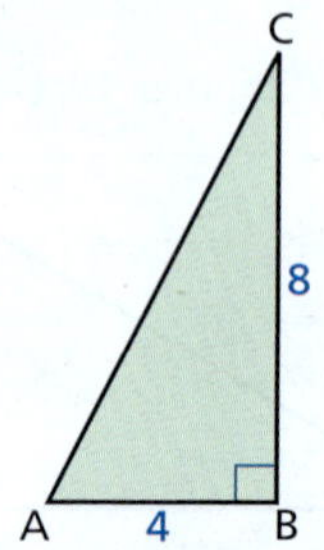

$\sin\gamma$, $\sin\alpha$

$\left[\frac{\sqrt{5}}{5}; \frac{2\sqrt{5}}{5}\right]$

Nei seguenti esercizi, dato un triangolo come quello della figura e noti gli elementi indicati, determina i lati e gli angoli incogniti.

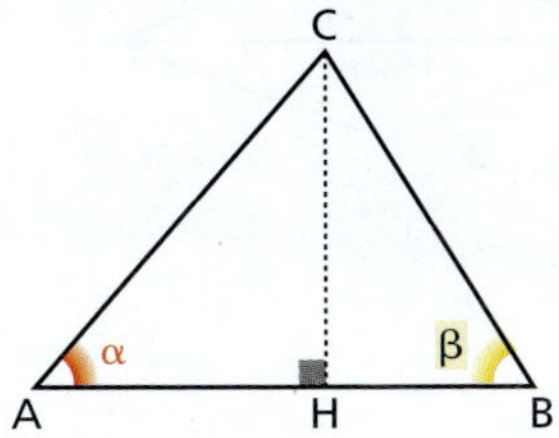

54 $\alpha = 30°$, $\beta = 45°$, $\overline{CH} = 12$. $[24; 12\sqrt{2}; 12(\sqrt{3}+1); 105°]$

55 $\alpha = 60°$, $\overline{HB} = 9$, $\cos\beta = \frac{1}{3}$. $[27; 12\sqrt{6}; 3(2\sqrt{6}+3); \simeq 49°]$

56 $\overline{AC} = 24$, $\beta = \frac{\pi}{3}$, $\tan\alpha = \frac{4}{3}$. $\left[\frac{64\sqrt{3}}{5}; \frac{8(9+4\sqrt{3})}{5}; \simeq 67°\right]$

57 $\overline{CH} = 8$, $\overline{AH} = 6$, $\beta = 30°$. $[2(3+4\sqrt{3}); 16; 10; \simeq 53°; \simeq 97°]$

58 **ESERCIZIO GUIDA** Nel triangolo ABC, CH è l'altezza relativa al lato AB, AH ha lunghezza 6 cm e gli angoli $A\widehat{C}H$ e $B\widehat{C}H$ sono ampi rispettivamente 20° e 40°. Calcoliamo perimetro e area del triangolo (approssimando tutte le misure a una sola cifra decimale).

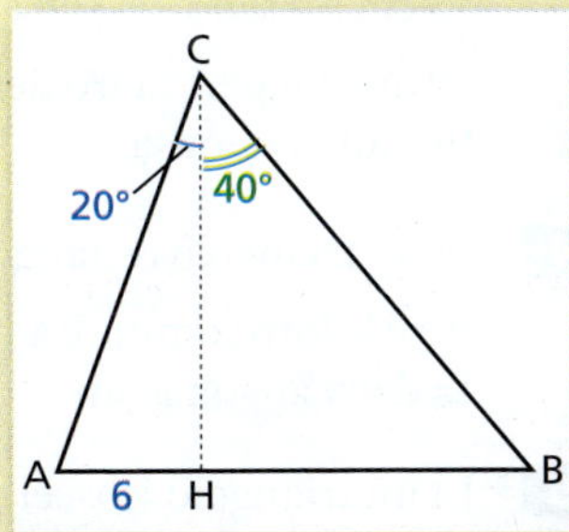

Per il primo teorema dei triangoli rettangoli:

$$\overline{AH} = \overline{AC} \cdot \sin A\widehat{C}H \to \overline{AC} = \frac{\overline{AH}}{\sin A\widehat{C}H} = \frac{6}{\sin 20°} \simeq 17{,}5;$$

$$\overline{CH} = \overline{AC} \cdot \cos A\widehat{C}H = 17{,}5 \cdot \cos 20° \simeq 16{,}4.$$

Per il secondo teorema dei triangoli rettangoli:

$$\overline{HB} = \overline{CH} \cdot \tan B\widehat{C}H = 16{,}4 \cdot \tan 40° \simeq 13{,}8.$$

Calcoliamo $\overline{CB}$ con il teorema di Pitagora:

$$\overline{CB} = \sqrt{\overline{HB}^2 + \overline{CH}^2} \simeq 21{,}4.$$

Il perimetro di ABC misura: $\overline{AB} + \overline{BC} + \overline{AC} = \overline{AH} + \overline{HB} + \overline{BC} + \overline{AC} \simeq 58{,}7$.

L'area misura: $\frac{1}{2}\overline{AB} \cdot \overline{CH} \simeq 162{,}4$.

Quindi il perimetro è 58,7 cm, l'area è 162,4 cm².

59 Sapendo che l'ipotenusa e un cateto di un triangolo rettangolo sono lunghi rispettivamente 5 cm e 4 cm, trova l'ampiezza degli angoli acuti. $[\alpha = 53{,}1°; \beta = 36{,}9°]$

60 In un triangolo rettangolo la lunghezza dell'altezza AH relativa all'ipotenusa è 12 cm e l'ampiezza dell'angolo acuto β è 22°. Risolvi il triangolo. $[AB \simeq 32$ cm; $AC \simeq 12{,}9$ cm; $BC \simeq 34{,}5$ cm$]$

61 In un triangolo rettangolo un cateto è lungo 10 cm e l'angolo opposto a esso è di 40°. Trova il perimetro del triangolo. [37,5 cm]

62 Calcola perimetro e area di un triangolo rettangolo la cui ipotenusa è lunga 3 cm e l'ampiezza di un angolo è di 30°. [7,1 cm; 1,9 cm²]

63 Determina perimetro e area di un triangolo rettangolo in cui un cateto è lungo 4 cm e l'angolo adiacente a esso ha ampiezza 50°. [15 cm; 9,6 cm²]

64 In un triangolo isoscele la somma degli angoli alla base vale 80° e la lunghezza del lato obliquo è 5 cm. Calcola perimetro e area del triangolo. [17,7 cm; 12,3 cm²]

65 In un rettangolo la diagonale, che è lunga 4 cm, divide l'angolo retto in due angoli in modo che uno di essi è uguale a 20°. Determina perimetro e area del rettangolo. [10,4 cm; 5,3 cm²]

66 Nel triangolo rettangolo ABC l'altezza AH relativa all'ipotenusa è lunga 3 m, la proiezione HC del cateto AC sull'ipotenusa è lunga 7 m. Calcola il perimetro e l'area del triangolo. [19,18 m; 12,46 m²]

67 In un triangolo isoscele gli angoli alla base sono di 50°. Determina l'area, sapendo che la base del triangolo è 40 cm. [476,7 cm²]

68 Determina i cateti di un triangolo rettangolo, sapendo che l'altezza relativa all'ipotenusa è 50 cm e che uno degli angoli del triangolo è 25°. [55,17 cm; 118,31 cm]

ESERCIZI

Trova l'area delle seguenti figure geometriche.

69

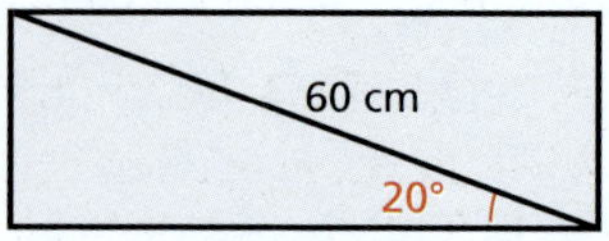

[1157 cm²]

70

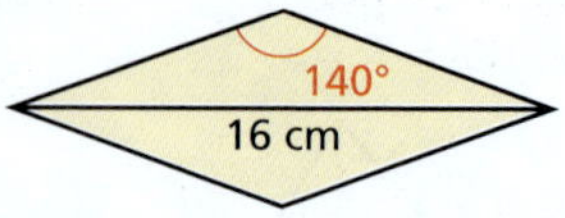

[46,4 cm²]

71

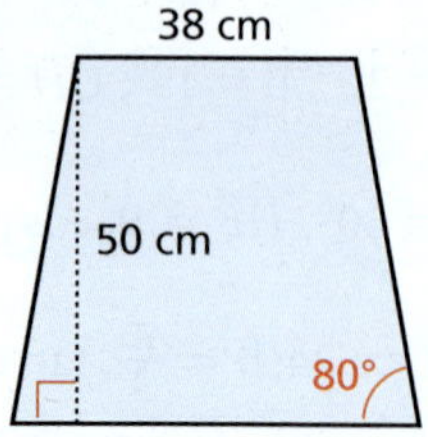

[2340 cm²]

72 Trova gli angoli di un triangolo isoscele sapendo che il perimetro è 72 cm e la base 32 cm. [36,9°; 106,2°]

73 In un triangolo rettangolo un cateto è lungo 75 cm e il seno del suo angolo opposto è $\frac{15}{17}$. Determina il perimetro del triangolo e l'altezza relativa all'ipotenusa. [200 cm; $h \simeq 35{,}3$ cm]

74 In un triangolo rettangolo un cateto è i $\frac{3}{8}$ dell'altro e la loro somma è 44 cm. Determina l'ampiezza degli angoli acuti. [$\beta \simeq 21°$; $\gamma \simeq 69°$]

75 In un triangolo isoscele la base è lunga 24 cm e il coseno dell'angolo al vertice è $\frac{7}{25}$. Determina le altezze del triangolo. [16 cm; 19,2 cm]

76 Il lato obliquo di un triangolo isoscele è lungo 41 cm e il coseno dell'angolo alla base è $\frac{9}{41}$. Trova il perimetro e l'area del triangolo. [100 cm; 360 cm²]

77 Nel trapezio isoscele $ABCD$ di base AB è $AD = DC = 82$ cm e $\tan \widehat{A} = \frac{9}{40}$. Determina perimetro e area del trapezio. [488 cm; 2916 cm²]

78 Trova il perimetro di un triangolo isoscele, di base 48 cm, in cui il coseno dell'angolo al vertice è $-\frac{7}{25}$. [108 cm]

79 Trova i lati del triangolo ABC in cui $\cos \widehat{A} = \frac{4}{5}$, $\widehat{B} = 45°$ e l'altezza relativa ad AB è lunga 24 cm. [56 cm; 40 cm; $24\sqrt{2}$ cm]

80 Determina i lati del triangolo ABC nella figura.

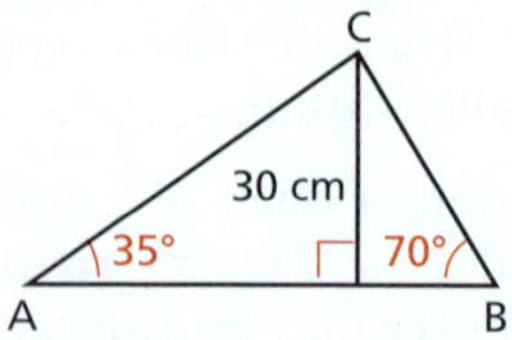

[$AC \simeq 52{,}3$ cm; $BC \simeq 31{,}9$ cm; $AB \simeq 53{,}8$ cm]

81 Il trapezio $ABCD$ è rettangolo in A e D. Sapendo che $AB = 32$ cm, $CD = 8$ cm e $\tan \widehat{B} = \frac{5}{12}$, calcola il perimetro e l'area del trapezio e determina il valore di $\cos \widehat{C}$. $\left[76 \text{ cm}; 200 \text{ cm}^2; -\frac{12}{13}\right]$

82 In un triangolo rettangolo il rapporto tra un cateto e l'ipotenusa è $\frac{5}{13}$, e l'altro cateto è lungo 48 cm.
Determina l'area del triangolo e le misure degli angoli acuti. [480 cm²; 22° 37′; 67° 23′]

83 Nel triangolo rettangolo ABC la lunghezza dell'ipotenusa BC è 41 cm e la tangente dell'angolo $\widehat{B}$ è $\frac{40}{9}$.
Determina il perimetro e l'area del triangolo. [90 cm; 180 cm²]

84 L'area di un triangolo rettangolo è 54 m² e la tangente di uno degli angoli acuti misura $\frac{3}{4}$. Calcola il perimetro del triangolo. [36 m]

85 Calcola l'area di un triangolo rettangolo, sapendo che il suo perimetro è 46 m e l'ampiezza di un angolo acuto è 34°. [85,99 m²]

86 Una circonferenza ha diametro $\overline{AB} = 60$. La corda AC misura 40 e il suo prolungamento incontra in T la tangente alla circonferenza condotta per il punto B. Calcola $\overline{BT}$. [$30\sqrt{5}$]

87 Nel trapezio rettangolo $ABCD$ il lato obliquo BC forma un angolo di 30° con la base maggiore AB e la diagonale AC è perpendicolare a BC. Calcola il perimetro e l'area del trapezio, sapendo che la sua altezza è 10 cm. [58,9 cm; 144,3 cm²]

88 In un triangolo rettangolo l'ipotenusa è lunga 20 cm e fra gli angoli acuti β e γ vale la relazione $\sin \beta = 2 \sin \gamma$. Trova l'area del triangolo. [80 cm²]

89 In un trapezio rettangolo $ABCD$ l'angolo $D\widehat{C}B$ è di 120° e il lato obliquo BC, che misura $6l$, è perpendicolare alla diagonale minore AC. Determina il perimetro e l'area del trapezio.
$\left[3(9+\sqrt{3})l;\ \frac{63\sqrt{3}}{2}l^2\right]$

90 Nel triangolo rettangolo ABC le proiezioni dei cateti sull'ipotenusa BC sono $BH = 25$ cm e $CH = 49$ cm. Determina i cateti e gli angoli acuti.
$[AB \simeq 43 \text{ cm};\ AC \simeq 60,2 \text{ cm};\ \widehat{B} \simeq 54°;\ \widehat{C} \simeq 36°]$

91 Determina il perimetro del triangolo in figura.
[140 cm]

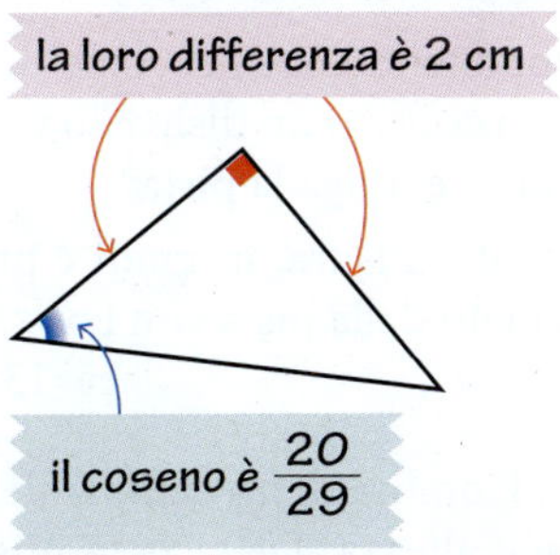

92 EUREKA! Determina il perimetro e l'area di un ottagono regolare inscritto in una circonferenza di raggio $r = \sqrt{2+\sqrt{2}}$.
$[8\sqrt{2};\ 4(\sqrt{2}+1)]$

93 Da un punto P esterno a una circonferenza di centro C si mandano le tangenti PA e PB. Sapendo che $\cos A\widehat{P}B = -\frac{7}{25}$ e che $PC = 15$ cm, determina i valori delle funzioni goniometriche degli angoli $C\widehat{P}A$ e $P\widehat{C}A$ e il raggio della circonferenza.
$\left[\sin C\widehat{P}A = \frac{4}{5};\ \sin P\widehat{C}A = \frac{3}{5};\ r = 12 \text{ cm}\right]$

94 In un triangolo rettangolo la differenza dei cateti è 6 cm e la tangente dell'angolo opposto al cateto maggiore è $\frac{21}{20}$. Calcola il perimetro e l'area del triangolo.
$[420 \text{ cm};\ 7560 \text{ cm}^2]$

95 Nel triangolo ABC l'altezza CH divide AB in due parti, una tripla dell'altra. Sapendo che $\overline{AB} = 8a$ e $\overline{CH} = 2a$, calcola:
a. la tangente di ciascun angolo del triangolo;
b. il perimetro del triangolo.
$\left[\text{a) } \tan\widehat{A} = 1;\ \tan\widehat{B} = \frac{1}{3};\ \tan\widehat{C} = -2;\ \text{b) } 2a(\sqrt{2}+\sqrt{10}+4)\right]$

---

96 Determina i lati di un triangolo ABC rettangolo in A, conoscendo i dati che seguono.

perimetro = 180 cm

$\tan\beta = \frac{12}{5}$

[30 cm; 72 cm; 78 cm]

97 Gli angoli $\widehat{B}$ e $\widehat{C}$ del triangolo ABC sono acuti e $\sin\widehat{C} = \frac{4}{5}$. Sapendo che la lunghezza del lato AB è 12 cm e quella dell'altezza AH è 8 cm, determina la lunghezza degli altri due lati e il valore di $\sin\widehat{A}$.
$\left[AC = 10 \text{ cm};\ BC = (4\sqrt{5}+6) \text{ cm};\ \sin\widehat{A} = \frac{6+4\sqrt{5}}{15}\right]$

98 Nel triangolo ABC l'angolo $\widehat{B}$ è ottuso e AH è l'altezza relativa al lato BC. Sapendo che $HB = 12$ cm, $HC = 48$ cm e $\tan\widehat{C} = \frac{1}{3}$, determina i lati e gli angoli del triangolo.
$\left[AB = 20 \text{ cm};\ AC = 16\sqrt{10} \text{ cm};\ BC = 36 \text{ cm};\ \widehat{B} = \pi - \arcsin\frac{4}{5};\ \widehat{A} = \arcsin\frac{9}{50}\sqrt{10}\right]$

99 L'ipotenusa di un triangolo rettangolo è lunga 53 cm e il perimetro 126 cm. Determina le tangenti degli angoli acuti.
$\left[\frac{28}{45};\ \frac{45}{28}\right]$

100 Nel trapezio rettangolo $ABCD$ la base minore CD è 9 cm e il lato obliquo 20 cm. Inoltre $\cos\widehat{C} = -\frac{4}{5}$. Determina perimetro e area del trapezio.
$[66 \text{ cm};\ 204 \text{ cm}^2]$

101 Nel triangolo isoscele ABC il lato misura $26l$ e il coseno dell'angolo al vertice è $-\frac{119}{169}$. Trova il perimetro e le altezze del triangolo.
$[100l;\ 10l;\ 18,5l]$

Problemi REALTÀ E MODELLI

102 Calcola l'altezza di un campanile, sapendo che da un bar distante 80 metri da esso si vede la sua cima secondo un angolo di 42°. [$\simeq$ 72 m]

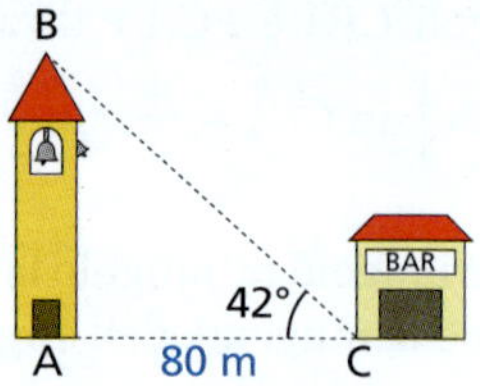

103 Una funivia collega due località, A e B, distanti 1200 m ed è inclinata di 42° sul piano orizzontale. A che altezza, rispetto ad A, si trova la stazione B? [802,96 m]

104 **Acquapark** Uno scivolo di una piscina per bambini è alto 2,5 m. Per arrivare in acqua un bimbo scivola per 3,36 m. Che angolo forma lo scivolo con il piano orizzontale? [48°]

105 La rampa di accesso a un sotterraneo è lunga 9,5 m e forma un angolo di 21° con il piano orizzontale. A che profondità si trova il locale sotterraneo? [3,4 m]

106 **Pendenza** In un cartello stradale si legge: «Pendenza del 14%». Questo significa che ogni 100 m in orizzontale la strada sale (o scende) di 14 m in verticale. Percorrendo un tratto orizzontale di 280 m, quanto si sale in altezza? Che angolo forma la strada con il piano orizzontale? [39,2 m; 8°]

107 **Pista!** Nel corso di una gara di sci, Aldo percorre un lungo tratto di discesa con pendenza costante del 32%.

a. Supponendo che nel corso della discesa Aldo abbia coperto un dislivello verticale di 400 m, quanto è lunga la pista?

b. Quanto misura, in gradi e primi, l'angolo α formato dalla pista con l'orizzontale?

[a) 1312 m; b) 17°45′]

108 TEST L'ombra di un campanile è lunga la metà della sua altezza. Detta α la misura dell'angolo formato dal sole sull'orizzonte in quel momento, si può dire che:

- **A** $45° \leq \alpha < 60°$.
- **B** $60° \leq \alpha$.
- **C** $\alpha < 30°$.
- **D** è notte.
- **E** $30° \leq \alpha < 45°$.

(*CISIA, Facoltà di Ingegneria, Test di ingresso*)

109 **Che occhio!** Nell'occhio umano il massimo angolo di visuale in orizzontale è di 160°. A che distanza dall'occhio deve trovarsi una trave lunga 3 m, disposta orizzontalmente e al centro del campo visivo, affinché possa essere vista per intero? [0,26 m]

Problemi con equazioni, disequazioni e funzioni

110 In un rettangolo $ABCD$, di area $8a^2$, la diagonale DB misura $4a$. Trova l'angolo $D\widehat{B}A$. [45°]

111 Considera sulla semicirconferenza di centro O e diametro $AB = 4$ cm un punto P e, posto $A\widehat{B}P = x$, trova per quali valori di x:

$$\frac{8\overline{PB} + 5\overline{PO}}{\overline{AB}} = \frac{13}{2}.$$

$\left[x = \frac{\pi}{3}\right]$

112 Osserva la figura e trova per quale posizione di P sulla semicirconferenza si ha

$$\overline{PC} + \overline{PB} = \frac{25}{2}.$$

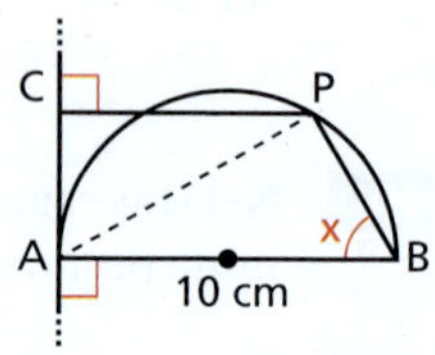

[$x = 60°$]

113 È dato il triangolo ABC inscritto in una semicirconferenza il cui diametro AB misura 4. Indicata con x l'ampiezza dell'angolo $C\widehat{A}B$, determina l'area del triangolo al variare di C sulla semicirconferenza e il valore di x per cui l'area misura $2\sqrt{3}$. $\left[4 \sin 2x; x = \frac{\pi}{6} \vee x = \frac{\pi}{3}\right]$

114 Inscrivi un triangolo ABC in una semicirconferenza di centro O e diametro $\overline{AB} = 4a$, in modo che l'angolo in B risulti maggiore dell'angolo in A. Da O conduci la perpendicolare al diametro che incontra AC in H. Determina l'angolo $\widehat{B}$ in modo che il rettangolo di base OH e altezza AC abbia area $4a^2$. [60°]

115 Nel triangolo ABC, rettangolo in A, il cateto AB misura $10a$ e l'angolo $\widehat{C}$ ha il coseno uguale a $\frac{12}{13}$. Disegna la semicirconferenza di diametro CB esterna al triangolo e su di essa trova un punto P in modo che: $\overline{CP} \cdot \overline{PB} = 169a^2$. (Poni $C\widehat{B}P = x$.) $[x = 15° \vee x = 75°]$

116 Nel triangolo rettangolo ABC, di ipotenusa $\overline{BC} = 2a$, il cateto minore è AB. Traccia la perpendicolare all'ipotenusa BC nel suo punto medio M, fino a incontrare il cateto AC in P. Determina l'ampiezza di $A\widehat{C}B$ in modo che:

$$\frac{\overline{AC}}{\overline{PM}} = 3\frac{\overline{CM}}{\overline{AB}}.$$

[30°]

117 È dato il rombo $ABCD$ circoscritto a una circonferenza di centro O e raggio r. Indica con x l'angolo $O\widehat{A}B$ e determina, al variare di x, l'area $A(x)$ del rombo. Trova per quali valori di x si ha $A(x) = \frac{8}{3}\sqrt{3}\,r^2$. $\left[A(x) = \frac{4r^2}{\sin 2x}; \frac{\pi}{6} \vee \frac{\pi}{3}\right]$

118 Dato il quadrato $ABCD$ di lato a, sia r una retta passante per B e non intersecante altri punti del quadrato. A' e C' sono le proiezioni su r, rispettivamente, di A e C. Determina l'angolo $A'\widehat{B}A = x$ in modo che l'area del trapezio $A'ACC'$ sia $\frac{3}{4}a^2$. $\left[x = \frac{\pi}{12} \vee x = \frac{5}{12}\pi\right]$

---

119 È dato il triangolo ABC rettangolo in $\widehat{A}$, con: $\overline{AC} = 7$ e $\cos B\widehat{C}A = \frac{7}{25}$

a. Determina $\overline{AB}$, $\overline{BC}$.

b. Considera sul prolungamento di AB dalla parte di A un punto D tale che $A\widehat{C}D = \frac{1}{2}B\widehat{C}A$. Risolvi il triangolo rettangolo ACD.

c. Traccia la semicirconferenza di diametro CB esterna ai triangoli e su di essa considera un punto P tale che l'area del quadrilatero $BDCP$ sia $\frac{361}{2}$, ponendo $P\widehat{B}C = x$.

$\left[\text{a) } \overline{AB} = 24, \overline{BC} = 25; \text{ b) } \cos A\widehat{C}D = \frac{4}{5}, \overline{DC} = \frac{35}{4}, \overline{AD} = \frac{21}{4}; \text{ c) } x = \frac{\pi}{12} \vee x = \frac{5}{12}\pi\right]$

120 Nel quadrato $ABCD$, di lato lungo 1 m, traccia l'arco di circonferenza $\overset{\frown}{AC}$ di centro B. Su di esso considera il punto P individuato dall'angolo $A\widehat{B}P = x$. Sia H la proiezione di P su AD.

a. Trova per quali valori di x si ha $\overline{PD}^2 = 3 - \sqrt{6}$. (SUGGERIMENTO Calcola $\overline{DH}$ e $\overline{HP}$...)

b. Traccia il grafico di $y = 2 \cdot \overline{AB} \cdot \overline{AH} + \overline{PD}^2$ in funzione di x. $[\text{a) } x = 15° \vee x = 75°; \text{ b) } y = 3 - 2\cos x]$

121 Dato il segmento AB di lunghezza unitaria, considera la semiretta AP che forma con AB un angolo acuto $P\widehat{A}B = x$. Sia Q la proiezione di B su AP. Costruisci il triangolo AQC rettangolo e isoscele, di ipotenusa AQ, nel semipiano generato da AP non contenente B.

a. Determina i valori di x per cui l'area del quadrilatero $ABQC$ risulta minore di $\frac{1}{4}$.

b. Considera la funzione $f(x)$ che rappresenta l'area del triangolo ABQ, tracciane il grafico limitatamente all'intervallo del problema geometrico e individua il suo valore massimo.

$\left[\text{a) } \arctan 2 < x < \frac{\pi}{2}; \text{ b) } f(x) = \frac{1}{4}\sin 2x; \frac{1}{4}\right]$

122 Data la semicirconferenza di diametro $\overline{AB} = 2r$, siano P un punto su di essa e H la proiezione di P sul diametro AB. Determina $f(x) = \frac{\overline{AH} + \overline{PH}}{\overline{HB}}$ in funzione dell'angolo $P\widehat{B}A = x$ e calcola per quale valore di x si ha $f(x) = 2$. $\left[f(x) = \tan^2 x + \tan x; x = \frac{\pi}{4}\right]$

ESERCIZI

2 Applicazioni dei teoremi sui triangoli rettangoli

Area di un triangolo

▶ Teoria a p. 815

Determina l'area di un triangolo *ABC*, noti gli elementi indicati.

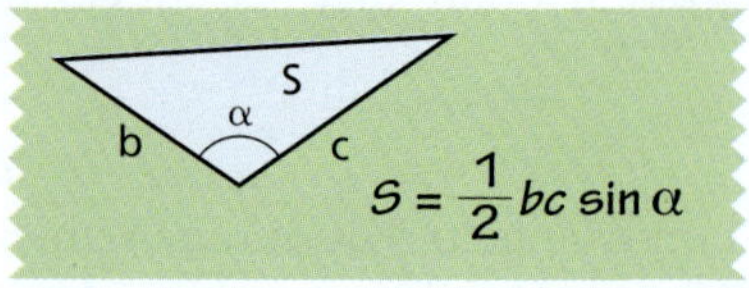

123 $a = 20,\quad b = 5,\quad \gamma = \frac{\pi}{3}.$ $[25\sqrt{3}]$

124 $a = 12,\quad c = 3\sqrt{2},\quad \beta = \frac{3}{4}\pi.$ [18]

125 $b = \frac{5}{2}\sqrt{3},\quad c = 16,\quad \alpha = 120°.$ [30]

126 $a = 20,\quad b = 12,\quad \gamma = 150°.$ [60]

127 $b = 65,\quad c = 20,\quad \sin\alpha = \frac{5}{13}.$ [250]

128 $a = 26,\quad c = 10,\quad \tan\beta = \frac{12}{5}.$ [120]

129 TEST L'area del rombo in figura misura:

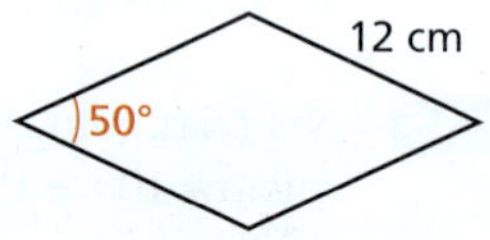

A $144\cos 50°\ \text{cm}^2$.

B $144\sin 50°\ \text{cm}^2$.

C $72\sin 50°\ \text{cm}^2$.

D $288\sin 50°\ \text{cm}^2$.

E $72\cos 50°\ \text{cm}^2$.

130 Calcola l'area di un triangolo sapendo che due suoi lati sono lunghi 30 cm e 18 cm e l'angolo compreso tra essi è di 40°. [173,6 cm^2]

131 In un triangolo due lati sono lunghi 28 cm e 39 cm. L'angolo compreso tra essi ha il coseno uguale a $\frac{12}{13}$. Determina l'area del triangolo. [210 cm^2]

132 Calcola l'area di un parallelogramma in cui due lati consecutivi misurano 12 e 28 e l'angolo compreso fra essi ha ampiezza $\frac{\pi}{3}$. $[168\sqrt{3}]$

133 In un triangolo *ABC*, $\overline{AC} = 26$ e $\overline{AB} = 18\sqrt{2}$. Sapendo che l'area è 234, trova l'angolo $C\hat{A}B$. $\left[\frac{\pi}{4} \vee \frac{3}{4}\pi\right]$

134 Un triangolo isoscele ha area 192 e l'angolo alla base misura $\arcsin\frac{4}{5}$. Determina il perimetro. [64]

135 Dal vertice *A* del triangolo equilatero *ABC* di lato *l* traccia una semiretta secante il triangolo e fissa su di essa il punto *P* tale che $\overline{AP} = l$. Calcola le ampiezze degli angoli del triangolo *ABP*, sapendo che è valida la seguente relazione fra le aree dei due triangoli: $\mathcal{A}_{ABC} = \sqrt{3}\,\mathcal{A}_{ABP}$. $\left[\frac{5}{12}\pi; \frac{5}{12}\pi; \frac{\pi}{6}\right]$

136 Un rombo ha l'area di 208,6 cm^2 e un angolo misura 68°. Trova il lato e le diagonali. [15 cm; 16,8 cm; 24,9 cm]

Nei seguenti esercizi determina gli elementi richiesti utilizzando i dati forniti nelle figure.

137

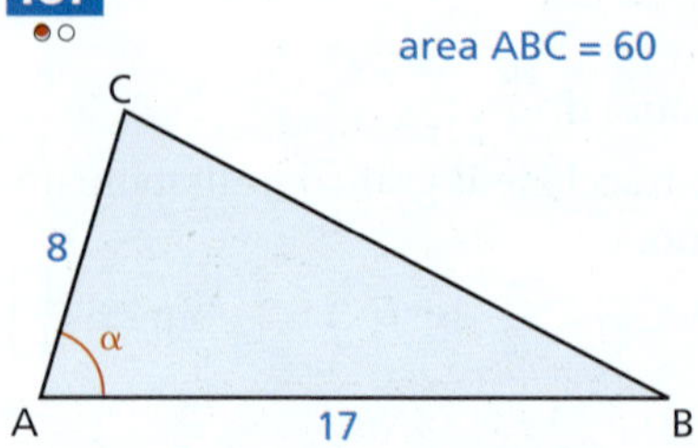

α? $\overline{CB}$? $\left[\arcsin\frac{15}{17}; 15\right]$

138

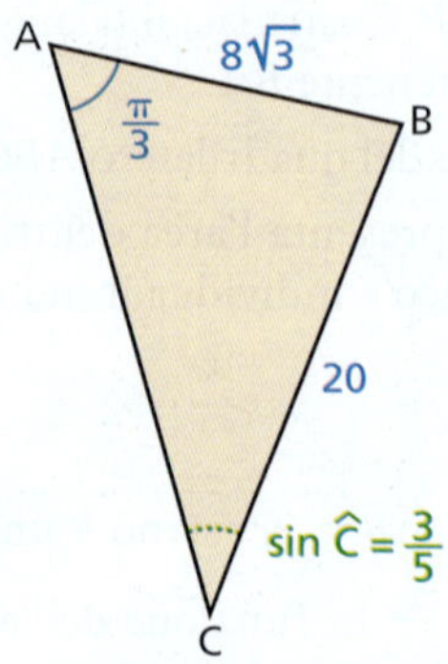

area ABC? $[24(\sqrt{3}+4)]$

139

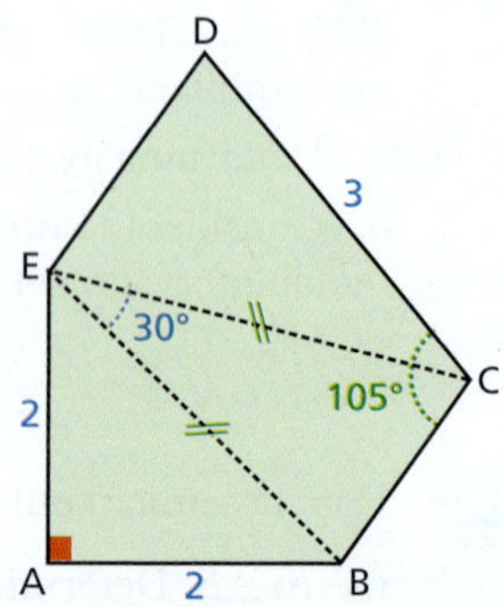

area ABCDE? $\left[4 + \frac{3}{2}\sqrt{2}\right]$

140 ●● **EUREKA!** Dato un triangolo ABC, costruisci sui tre lati, esternamente al triangolo, i quadrati $ABHK$, $BCLM$ e $ACNP$. Congiungi H con M, L con N, P con K e dimostra, utilizzando la trigonometria, che i triangoli AKP, BMH e CNL sono equivalenti.

Teorema della corda

▶ Teoria a p. 816

141 **ESERCIZIO GUIDA** In una circonferenza il raggio è 20 cm. Calcoliamo la lunghezza di una sua corda, sapendo che l'angolo al centro che insiste su di essa ha ampiezza di 120°.

Se l'angolo al centro che insiste sulla corda è di 120°, allora il corrispondente angolo alla circonferenza è $\alpha = 60°$. Applichiamo il teorema della corda.

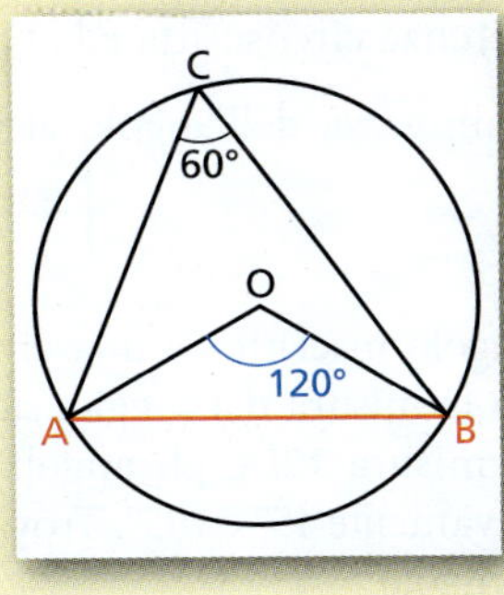

$\overline{AB} = 2r \sin\alpha$

$\overline{AB} = 2 \cdot 20 \cdot \sin 60° = \overset{20}{\cancel{40}} \cdot \frac{\sqrt{3}}{\underset{1}{\cancel{2}}} = 20\sqrt{3}$.

La corda è lunga $20\sqrt{3}$ cm.

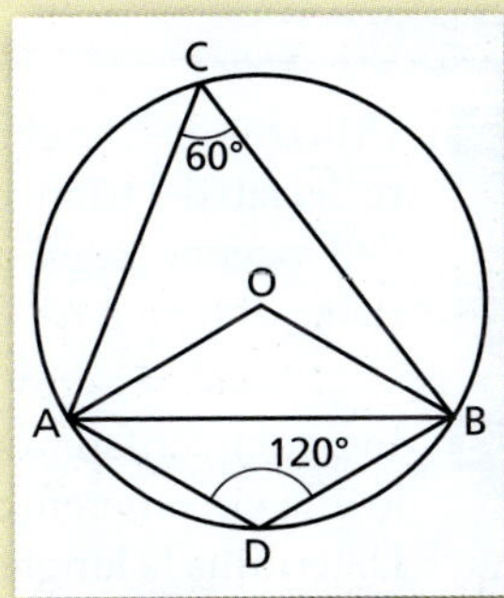

Osservazione. Sulla corda AB insistono angoli alla circonferenza di 60° (come $A\widehat{C}B$) e angoli alla circonferenza di 120° (come $A\widehat{D}B$). La lunghezza della corda AB che calcoliamo non dipende dall'angolo scelto, perché $\sin 60° = \sin 120°$.

Negli esercizi che seguono trova gli elementi richiesti riferendoti alla figura.

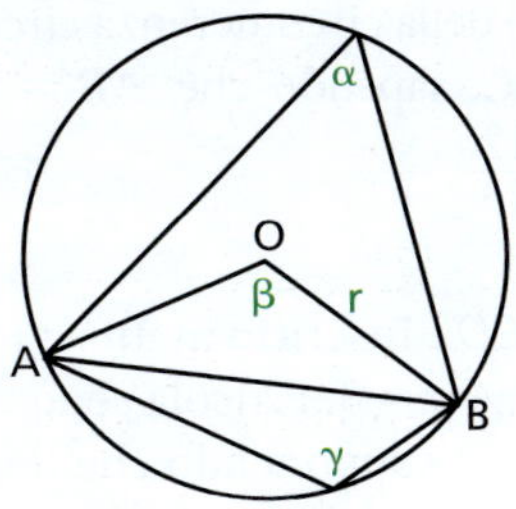

142 ●○ $\overline{AB} = ?$, $r = 5$, $\alpha = 30°$. [5]

143 ●○ $\overline{AB} = ?$, $r = 12$, $\gamma = 135°$. $[12\sqrt{2}]$

144 ●○ $\overline{AB} = ?$, $r = 15$, $\beta = \arccos\frac{7}{25}$. [18]

145 ●○ $r = ?$, $\overline{AB} = 10$, $\alpha = 40°$. [7,8]

146 ●○ $r = ?$, $\overline{AB} = 20$, $\beta = 120°$. $\left[\frac{20}{3}\sqrt{3}\right]$

147 ●○ $\alpha = ?$, $\beta = ?$, $\gamma = ?$, $\overline{AB} = 7\sqrt{2}$, $r = 7$. [45°; 90°; 135°]

148 ●○ $\alpha = ?$, $r = ?$, $\beta = ?$, $\gamma = \frac{5}{6}\pi$, $\overline{AB} = 24$. $\left[\frac{\pi}{6}; 24; \frac{\pi}{3}\right]$

149 ●○ $r = ?$, $\beta = ?$, $\gamma = ?$, $\alpha = \arccos\frac{4}{5}$, $\overline{AB} = 18$. $\left[15; 2\arccos\frac{4}{5}; \pi - \arccos\frac{4}{5}\right]$

Nei seguenti esercizi determina gli elementi richiesti utilizzando i dati forniti nelle figure.

150 ●○

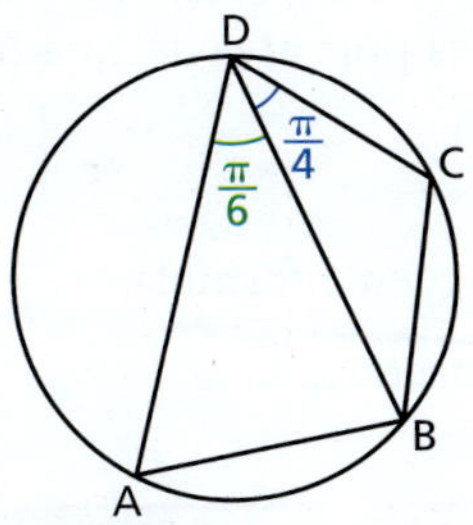

raggio = 10 $\overline{AB}$? $\overline{BC}$?

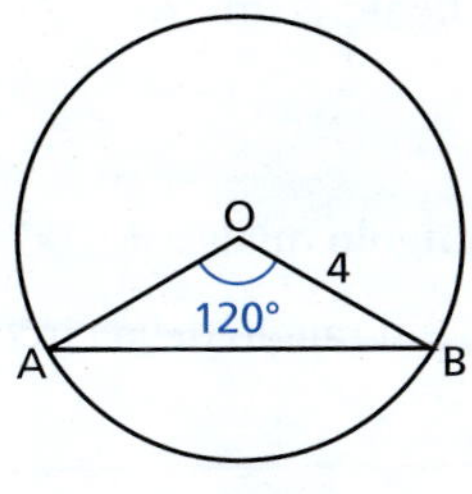

$\overline{AB}$?

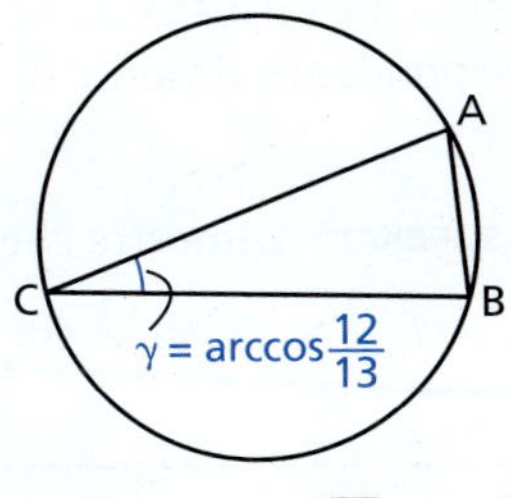

raggio = 13 $\overline{AB}$?

$[10; 10\sqrt{2}; 4\sqrt{3}; 10]$

151 ●○

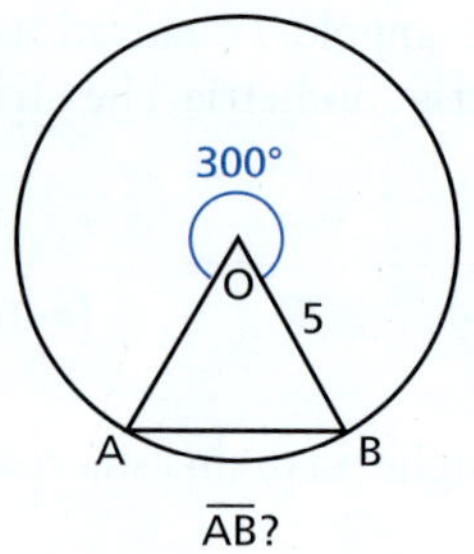

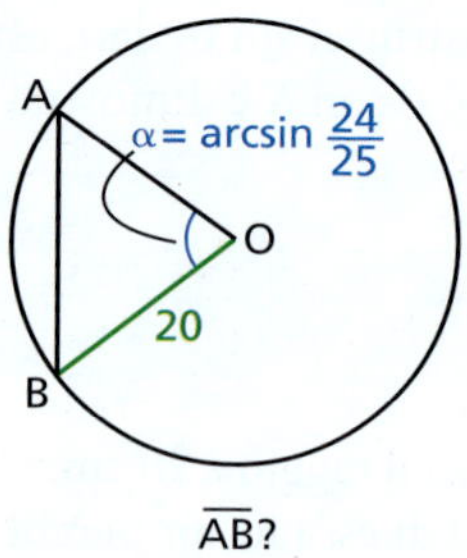

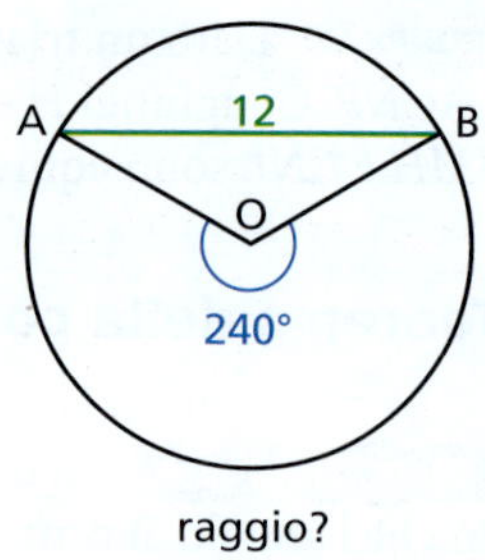

$[5; 24; 4\sqrt{3}]$

152 ●○ Utilizzando il teorema della corda, trova le misure dei lati del triangolo equilatero, del quadrato e dell'esagono regolare inscritti in una circonferenza di raggio r. $[r\sqrt{3}; r\sqrt{2}; r]$

153 ●○ In una circonferenza di diametro 16 cm, un angolo alla circonferenza di 36° insiste su una corda. Determina la lunghezza della corda. [9,4 cm]

154 ●○ In una circonferenza di raggio 24 cm, un angolo al centro di 48° insiste su una corda AB. Determina la lunghezza di AB. [19,5 cm]

155 ●○ Determina il raggio della circonferenza circoscritta al triangolo ABC, sapendo che $AB = 40$ cm e che $\cos A\widehat{C}B = \frac{12}{13}$. [52 cm]

156 ●○ Il quadrilatero $ABCD$ è inscritto in una circonferenza di raggio 5 e $\overline{AC} = 8$. Calcola seno e coseno degli angoli $\widehat{B}$ e $\widehat{D}$ supponendo che il vertice B si trovi sul maggiore dei due archi di estremi A e C.

$\left[\sin\widehat{B} = \frac{4}{5}; \cos\widehat{B} = \frac{3}{5}; \sin\widehat{D} = \frac{4}{5}; \cos\widehat{D} = -\frac{3}{5}\right]$

157 ●○ Nel triangolo isoscele ABC il rapporto fra il raggio della circonferenza circoscritta e la base AB è $\frac{\sqrt{2}}{2}$. Trova l'ampiezza dell'angolo al vertice $A\widehat{C}B$. $\left[\frac{\pi}{4} \text{ o } \frac{3}{4}\pi\right]$

158 ●○ Sia ABC un triangolo inscritto in una circonferenza. Determina la misura del raggio, sapendo che la corda BC misura $12l$ e gli angoli $\widehat{B}$ e $\widehat{C}$ misurano rispettivamente 45° e 105°. Trova poi il perimetro del triangolo.

$[r = 12l; 6l(\sqrt{6} + 2 + 3\sqrt{2})]$

159 ●● In una circonferenza di raggio 2, la corda AB misura $\frac{16}{9}\sqrt{5}$. Preso C sull'arco maggiore $\overset{\frown}{AB}$ in modo che $\overline{AC} = \overline{CB}$, determina il perimetro del triangolo ABC. $\left[\frac{40}{9}\sqrt{5}\right]$

160 ●● Nel quadrilatero $ABCD$ inscritto in una circonferenza di raggio 4 calcola $\overline{AD}$ e l'ampiezza dei quattro angoli, sapendo che $\overline{AB} = 4$, $\overline{BC} = 4\sqrt{3}$, $\overline{CD} = 4\sqrt{2}$.

$\left[4\sqrt{2}; \widehat{A} = \frac{7}{12}\pi; \widehat{B} = \widehat{D} = \frac{\pi}{2}; \widehat{C} = \frac{5}{12}\pi\right]$

161 ●● Considera una circonferenza di raggio r e una sua corda $\overline{AB} = r$. Sul maggiore dei due archi $\overset{\frown}{AB}$ prendi un punto P e poni $P\widehat{B}A = x$. Determina $\overline{BP}$ in funzione di x e trova per quali valori di x si ha $\overline{BP} = r\sqrt{2}$.

$\left[\overline{BP} = 2r\sin\left(\frac{5}{6}\pi - x\right); x = \frac{\pi}{12} \vee x = \frac{7}{12}\pi\right]$

162 ●● Su una semicirconferenza di diametro $\overline{AB} = 2r$ considera la corda $\overline{AC} = r$ e sull'arco $\overset{\frown}{CB}$ un punto P variabile, con $P\widehat{A}B = x$. Calcola x in modo che il perimetro di $ACPB$ sia $5r$. Trova poi l'area del quadrilatero corrispondente al valore di x determinato.

$\left[\frac{\pi}{6}; \frac{3}{4}r^2\sqrt{3}\right]$

163 ●○ EUREKA! Dimostra che l'area di un triangolo qualsiasi ABC è data dalla seguente formula:

$\mathcal{A}_{ABC} = 2r_c^2 \sin\widehat{A}\sin\widehat{B}\sin\widehat{C}$, dove r_c è il raggio della circonferenza circoscritta.

3 Triangoli qualunque

Teorema dei seni

▶ Teoria a p. 817

164 ●○ **VERO O FALSO?** Stabilisci se le seguenti uguaglianze sono vere o false, in riferimento al triangolo in figura.

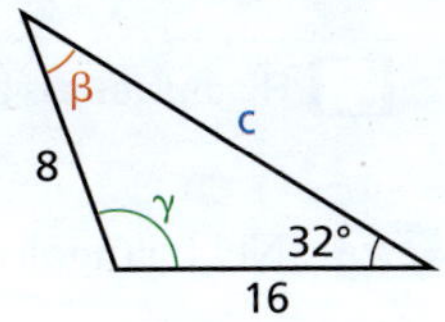

a. $\dfrac{8 \sin \gamma}{\sin 32°} = c$ V F

b. $\sin \beta = 2 \sin 32°$ V F

c. $\dfrac{\sin \beta}{\sin \gamma} = \dfrac{c}{16}$ V F

d. $\dfrac{\sin 32°}{\sin \beta} = \dfrac{c}{8}$ V F

165 **ESERCIZIO GUIDA** Utilizziamo gli elementi indicati nella figura per trovare l'angolo β e i lati *CB* e *AC* del triangolo.

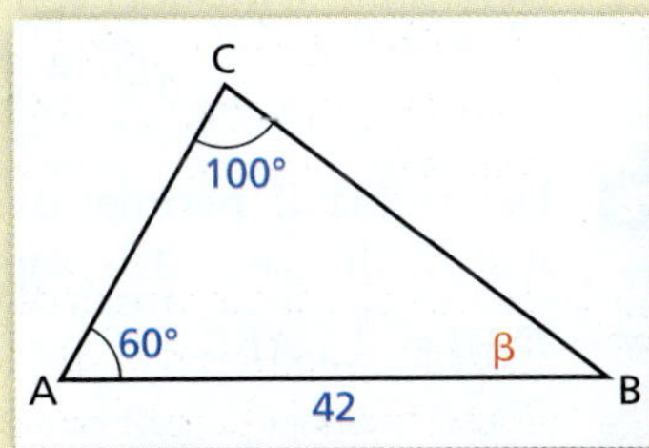

$\beta = 180° - (100° + 60°) = 20°$.

Applichiamo il teorema dei seni per determinare *CB* e *AC*:

$$\frac{\overline{CB}}{\sin 60°} = \frac{42}{\sin 100°} \rightarrow \overline{CB} = \frac{42}{\sin 100°} \cdot \sin 60° \simeq 36{,}9.$$

$$\frac{\overline{AC}}{\sin 20°} = \frac{42}{\sin 100°} \rightarrow \overline{AC} = \frac{42}{\sin 100°} \cdot \sin 20° \simeq 14{,}6.$$

Del triangolo *ABC* sono noti alcuni elementi. Determina ciò che è richiesto.

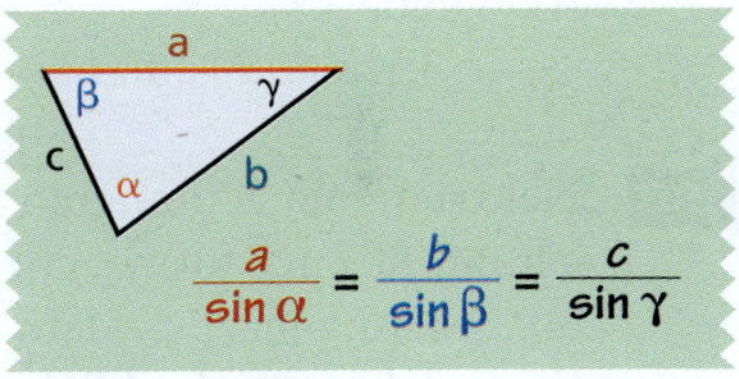

166 ●○ $a = 12$, $b = 9$, $\beta = 30°$. $\sin \alpha$? $\left[\dfrac{2}{3}\right]$

167 ●○ $a = 20$, $b = 9$, $\alpha = 120°$. $\sin \beta$? $\left[\dfrac{9\sqrt{3}}{40}\right]$

168 ●○ $a = 21$, $c = 12$, $\gamma = \dfrac{\pi}{3}$. $\sin \alpha$? [impossibile]

169 ●○ $a = 12\sqrt{2}$, $\beta = 60°$, $\gamma = 45°$. b? c? $[12\sqrt{3}(\sqrt{3}-1); 12\sqrt{2}(\sqrt{3}-1)]$

170 ●○ $\alpha = 60°$, $\gamma = 75°$, $b = 12$. a? c? $[6\sqrt{6}; 6(1+\sqrt{3})]$

171 ●○ $\alpha = 82°$, $\beta = 36°$, $c = 63$. a? b? $[70{,}6; 41{,}9]$

172 ●○ $\beta = 28°$, $\gamma = 107°$, $b = 48$. a? c? $[72{,}3; 97{,}8]$

173 ●○ **TEST** In un triangolo $a = 18$, $\sin \alpha = \dfrac{3}{5}$ e $\sin \beta = \dfrac{1}{10}$. Quanto vale b?

A 3 **B** 60 **C** $\dfrac{27}{25}$ **D** $\dfrac{25}{27}$ **E** 30

Nelle seguenti figure determina ciò che è richiesto.

174 ●○

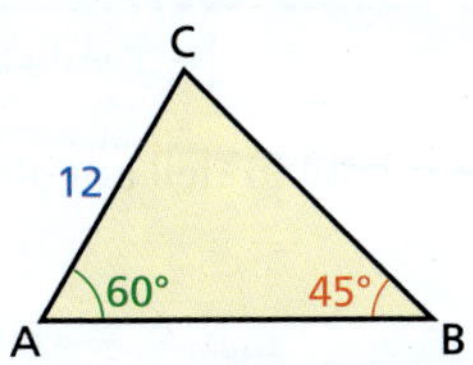

$\overline{AB}$?

$[6(\sqrt{3}+1)]$

175 ●○

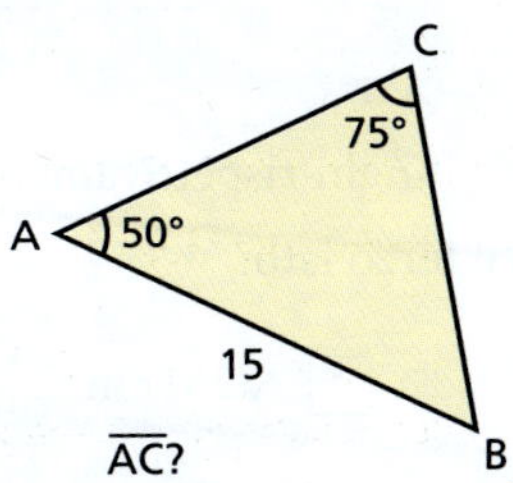

$\overline{AC}$?

$[12{,}7]$

176 ●○

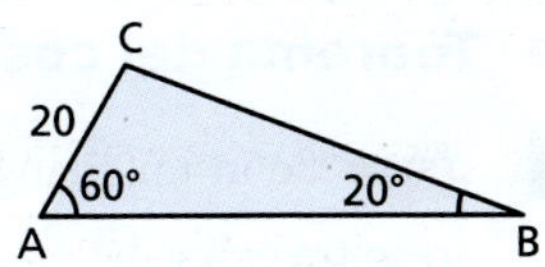

$\overline{AB}$?

$[57{,}6]$

MATEMATICA AL COMPUTER

La trigonometria Scriviamo un programma nel linguaggio di Wiris che, letti il perimetro $2p$ e l'ampiezza dell'angolo alla base α di un triangolo isoscele, determini il lato obliquo ℓ, la base b e l'area S del triangolo. Proviamo il programma con $2p = 12$ m e $\alpha = 34°20'54''$.

Risoluzione – 7 esercizi in più

177 Nel triangolo ABC sono noti

$$\overline{AB} = 20,\ \cot\widehat{A} = \frac{3}{4}\ \text{e}\ \widehat{C} = \frac{\pi}{6}.$$

Determina la misura degli altri due lati.

$[\overline{BC} = 32;\ \overline{AC} = 4(3 + 4\sqrt{3})]$

178 Determina il perimetro del parallelogramma $ABCD$ di base AB, sapendo che $\overline{BD} = 12$, $D\widehat{A}B = \frac{\pi}{3}$, $A\widehat{B}D = \frac{\pi}{4}$. $[12\sqrt{2}(\sqrt{3} + 1)]$

179 Nel triangolo LMN il lato LM è lungo 60 cm e l'angolo $M\widehat{L}N$ ha ampiezza 30°. Sapendo che $\cos L\widehat{N}M = \frac{2}{3}\sqrt{2}$, determina gli altri lati del triangolo.

$[MN = 90 \text{ cm};\ LN = 30(2\sqrt{2} + \sqrt{3}) \text{ cm}]$

180 Nel triangolo acutangolo ABC la mediana AM è lunga 80 cm e forma, col lato AB, un angolo di 30°. La lunghezza del lato BC è 120 cm. Calcola l'area del triangolo ABC.

$[800(\sqrt{5} + 2\sqrt{3}) \text{ cm}^2]$

181 REALTÀ E MODELLI **Passaggi** Durante una partita di calcio, si svolge l'azione rappresentata in figura: un giocatore in A passa la palla a un compagno in B, che gliela ripassa nella posizione A', dove si è spostato nel frattempo.
Si sa che $AB = 20$ m e $A'B = 30$ m, mentre l'angolo formato dalle direzioni AB e $A'A$ è $\alpha = 60°$.

a. Calcola la distanza AA' percorsa dal primo giocatore.

b. Determina l'angolo formato dalle direzioni della palla in arrivo e in partenza da B.

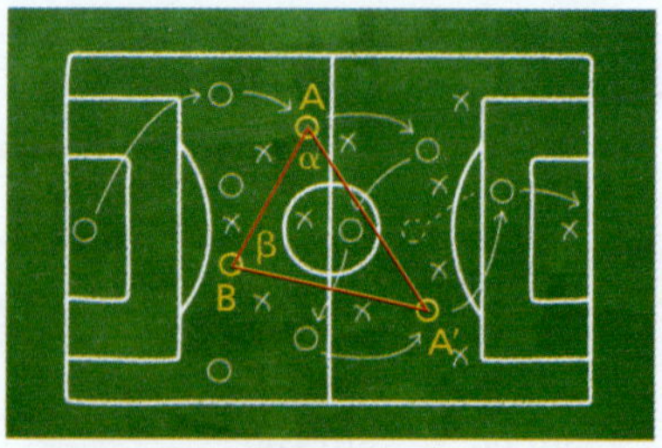

[a) 34,5 m; b) 84,7°]

182 La bisettrice NP del triangolo LMN misura 40. Determina $\overline{NM}$, noti $L\widehat{N}M = \arccos\frac{7}{25}$ e $\widehat{M} = 30°$.

$[8(4 + 3\sqrt{3})]$

183 Nel triangolo ABC i lati AB e BC sono lunghi rispettivamente 50 cm e 80 cm. La tangente di $B\widehat{A}C$ è $-\frac{4}{3}$. Determina il perimetro e l'area.

$[20(5 + 2\sqrt{3}) \text{ cm};\ 200(4\sqrt{3} - 3) \text{ cm}^2]$

Nelle seguenti figure determina ciò che è richiesto.

184

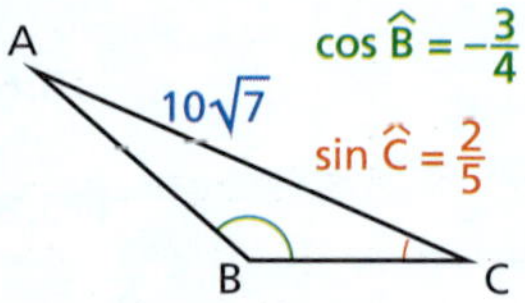

$\overline{AB}$? $\overline{BC}$?

$[16;\ 2(7\sqrt{3} - 6)]$

185

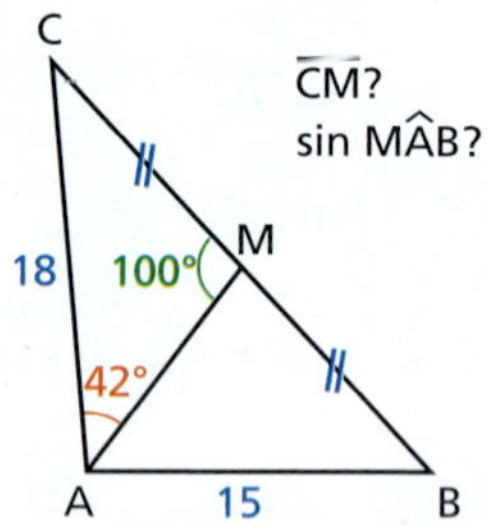

$\overline{CM}$?
$\sin M\widehat{A}B$?

$[12,2;\ 0,80]$

186

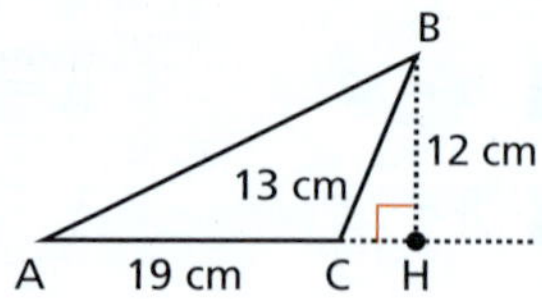

Perimetro?
$A\widehat{B}C$?

$[(32 + 12\sqrt{5}) \text{ cm};\ \simeq 40,8°]$

Teorema del coseno

▶ Teoria a p. 818

187 TEST Se in un triangolo due lati sono lunghi rispettivamente 6 cm e 15 cm e il coseno dell'angolo compreso fra essi vale $\frac{3}{10}$, quanto è lungo il terzo lato?

A 207 cm
B 315 cm
C $\sqrt{315}$ cm
D $\sqrt{207}$ cm
E $\sqrt{261}$ cm

188 **ESERCIZIO GUIDA** Determiniamo la misura del lato BC utilizzando gli elementi indicati nella figura.

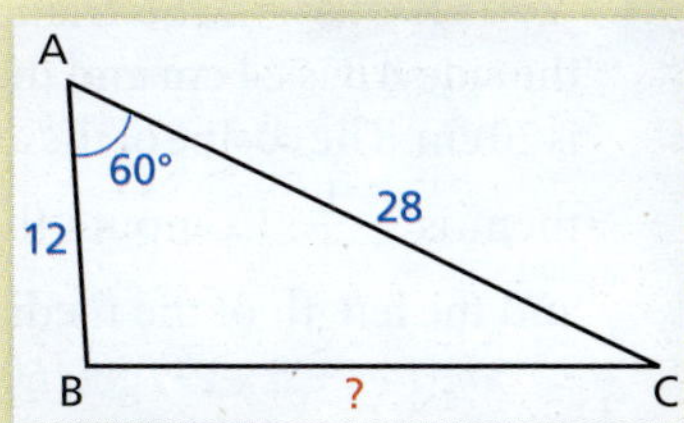

Applichiamo il teorema del coseno: $a^2 = b^2 + c^2 - 2bc\cos\alpha$

$$\overline{BC}^2 = \overline{AB}^2 + \overline{AC}^2 - 2\overline{AB}\cdot\overline{AC}\cos B\widehat{A}C =$$

$$12^2 + 28^2 - 2\cdot 12\cdot 28\cos 60° = 144 + 784 - \cancel{2}\cdot 12\cdot 28\cdot\frac{1}{\cancel{2}} = 592.$$

Quindi $\overline{BC} = \sqrt{592} \simeq 24{,}3$.

Del triangolo ABC sono noti alcuni elementi. Determina ciò che è richiesto.

189 $a = 12,\quad b = 6,\quad \gamma = \dfrac{\pi}{3}.\quad c?$ $[6\sqrt{3}]$

190 $b = \sqrt{2},\quad c = 10,\quad \alpha = \dfrac{\pi}{4}.\quad a?$ $[\sqrt{82}]$

191 $a = 15,\quad c = 21,\quad \beta = 40°.\quad b?$ $[13{,}5]$

192 $a = 24,\quad b = 12,\quad c = 12\sqrt{3}.\quad \gamma?$ $[60°]$

193 $a = \sqrt{56},\ b = 10,\quad c = 6.\quad \cos\alpha?$ $\left[\dfrac{2}{3}\right]$

194 $a = 12,\quad b = 4\sqrt{10},\ c = 8.\quad \tan\beta?$ $[\sqrt{15}]$

195 $a = 5,\quad c = 9,\quad \beta = \arccos\dfrac{1}{3}.\quad b?$ $[\sqrt{76}]$

196 $b = 20,\quad c = 6,\quad \alpha = \arctan\dfrac{3}{4}.\quad a?$ $[2\sqrt{61}]$

Nelle seguenti figure determina ciò che è richiesto.

197

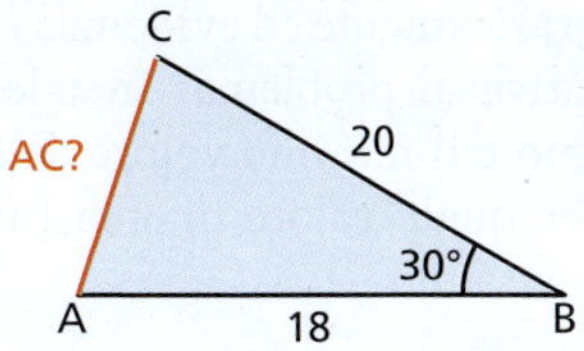

$[\simeq 10]$

198

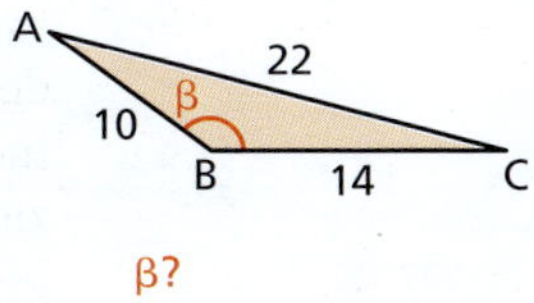

$[\simeq 132°]$

199

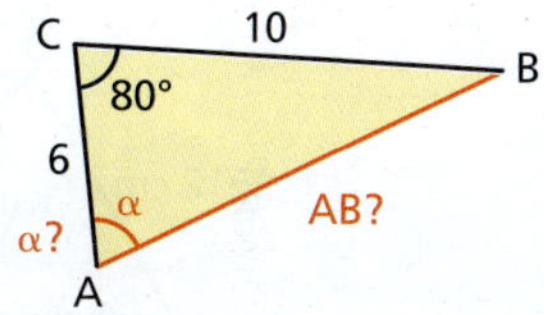

$[\simeq 11; \simeq 64°]$

200 Nel triangolo acutangolo ABC si ha $\sin A\widehat{C}B = \dfrac{5}{13}$, $AC = 26$ cm e $BC = 8$ cm. Trova AB. [18,9 cm]

201 Un rombo ha i lati lunghi 10 cm e un angolo di 25°. Determina le lunghezze delle diagonali. [4,3 cm; 19,5 cm]

202 Nel triangolo ABC la misura di AC è 4 e il coseno dell'angolo $\widehat{A}$ è $\dfrac{3}{4}$. Il punto D divide AB in modo che $\overline{AD} = 2$ e $\overline{DB} = 1$. Trova $\overline{CD}$, $\overline{CB}$ e la misura di CM, mediana relativa ad AB. $\left[2\sqrt{2}; \sqrt{7}; \dfrac{\sqrt{37}}{2}\right]$

203 In un parallelogramma due lati consecutivi misurano 4 e 20 e l'angolo fra essi compreso è $\alpha = \arcsin\dfrac{4}{5}$. Calcola le misure dell'area e delle diagonali. $[64; 8\sqrt{5}; 16\sqrt{2}]$

204 **RIFLETTI SULLA TEORIA** Verifica che un triangolo che ha i lati lunghi 9 cm, 15 cm e 21 cm è ottusangolo.

205 La base maggiore AB del trapezio rettangolo $ABCD$ misura 26, il lato obliquo CB misura 5 e $\widehat{B} = \arcsin\dfrac{5}{13}$. Determina $\overline{AC}$ e l'area. $\left[\sqrt{461}; \dfrac{7700}{169}\right]$

206 In un trapezio isoscele $ABCD$ la base maggiore AB e il lato obliquo CB sono lunghi rispettivamente 70 cm e 32 cm. L'angolo $A\widehat{B}C$ è di 72°. Calcola le lunghezze delle diagonali e del perimetro del trapezio. [67,4 cm; 184,2 cm]

207 Determina l'angolo $B\widehat{C}D$ nel quadrilatero della figura. $[\simeq 104°]$

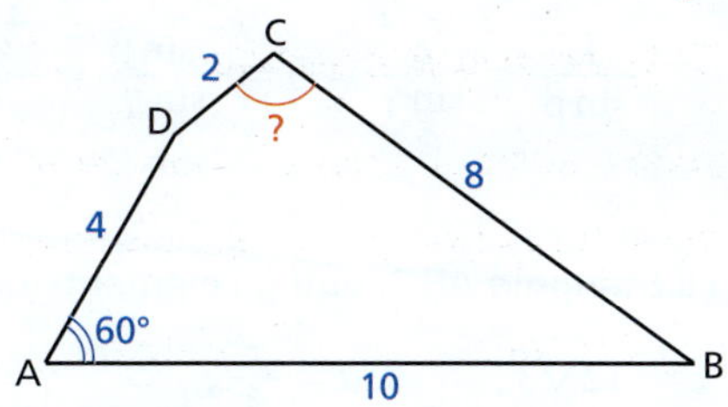

208 ●○ YOU & MATHS In the triangle ABC the length of the side AB is 24 cm and the length of the side AC is 20 cm. The cosine of the angle included between them is $-\frac{1}{4}$. Compute the perimeter, the area, and the length of the median BM.
$[(44+8\sqrt{19})\text{ cm}; 60\sqrt{15}\text{ cm}^2; 2\sqrt{199}\text{ cm}]$

209 ●○ Nel triangolo ABC il lato AB supera di 4 cm il lato AC. Inoltre, $B\widehat{A}C = 120°$ e $BC = 14$ cm. Trova le lunghezze dei lati AC e AB. [6 cm; 10 cm]

210 ●● Nel triangolo LMN la lunghezza del lato LM è $6\sqrt{21}$ cm, quella del lato MN è 50 cm e il seno dell'angolo compreso fra essi è $\frac{2}{5}$. Determina l'area del triangolo e il raggio della circonferenza circoscritta.
$[S_1 = S_2 = 60\sqrt{21}\text{ cm}^2; r_1 = 95\text{ cm}, r_2 = 5\sqrt{46}\text{ cm}]$

211 ●● Determina gli angoli, il perimetro e l'area del trapezio in figura.

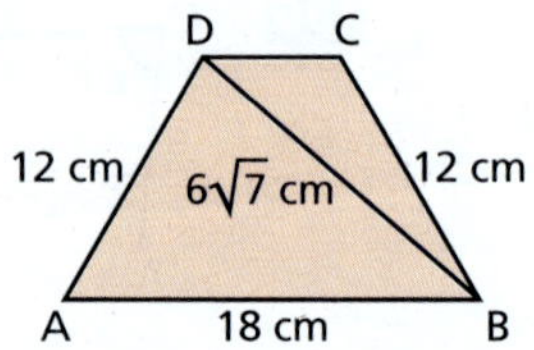

$[\widehat{A} = \widehat{B} = 60°; \widehat{C} = \widehat{D} = 120°; 48\text{ cm}; 72\sqrt{3}\text{ cm}^2]$

212 ●● La corda AB di una circonferenza di centro O e raggio r è lunga quanto il lato di un triangolo equilatero inscritto nella circonferenza. Traccia da B la tangente alla circonferenza e prendi su di essa un punto P appartenente al semipiano che è individuato da AB e contiene O. Poni $\overline{PB} = x$. Esprimi:

$$f(x) = \overline{AP}^2 - \overline{AB}^2,$$

rappresenta la funzione $f(x)$ nel piano cartesiano e determina per quale valore di x è $f(x) = \frac{1}{4}r^2$.
$\left[f(x) = x^2 + \sqrt{3}\,rx, x \geq 0; x = \frac{r}{2}(2-\sqrt{3})\right]$

213 ●● Sia $ABCD$ un quadrato di lato 4 cm. Traccia la circonferenza di diametro AB e considera un punto P appartenente alla semicirconferenza interna al quadrato, ponendo $P\widehat{A}B = x$. Sia P' il simmetrico di P rispetto ad AB. Determina la funzione

$$f(x) = \overline{DP'}^2 - \overline{PA}^2,$$

rappresentala graficamente ed evidenzia la parte del grafico relativa al problema. In tale tratto indica il massimo e il minimo valore della funzione. Trova per quale valore di x la funzione assume valore massimo.
$\left[f(x) = 16(1+\sin 2x); \text{massimo} = 32; \text{minimo} = 16; x = \frac{\pi}{4}\right]$

Risoluzione dei triangoli qualunque

▶ Teoria a p. 819

Sono noti un lato e due angoli

214 ESERCIZIO GUIDA Risolviamo il triangolo ABC, sapendo che: $c = 4\sqrt{3}$, $\alpha = 120°$, $\beta = 15°$.

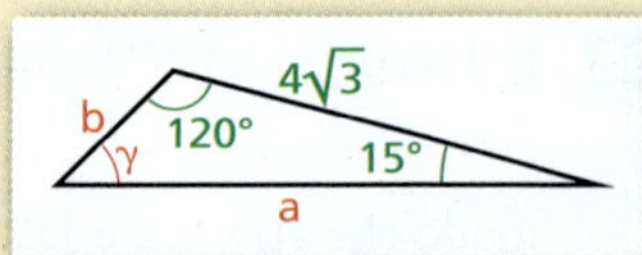

Ricaviamo γ per differenza: $\gamma = 180° - (120° + 15°) = 45°$.

Applichiamo il teorema dei seni per calcolare a e b.

$$\frac{a}{\sin\alpha} = \frac{c}{\sin\gamma} \rightarrow a = \frac{c\sin\alpha}{\sin\gamma} = \frac{4\sqrt{3}\cdot\frac{\sqrt{3}}{2}}{\frac{\sqrt{2}}{2}} = \frac{12}{\sqrt{2}} = 6\sqrt{2}$$

$$\frac{b}{\sin\beta} = \frac{c}{\sin\gamma} \rightarrow b = \frac{c\sin\beta}{\sin\gamma} = \frac{4\sqrt{3}\cdot\frac{\sqrt{6}-\sqrt{2}}{4}}{\frac{\sqrt{2}}{2}} = \sqrt{6}(\sqrt{6}-\sqrt{2}) = 6 - 2\sqrt{3}$$

Risolvi il triangolo *ABC*, noti gli elementi indicati.

215 ●○ $c = 12\sqrt{3}$, $\alpha = \frac{\pi}{4}$, $\gamma = \frac{\pi}{3}$. $\left[\beta = \frac{5}{12}\pi; a = 12\sqrt{2}; b = 6(\sqrt{2}+\sqrt{6})\right]$

216 ●○ $b = \sqrt{3}+1$, $\beta = 15°$, $\gamma = 120°$. $[\alpha = 45°; a = 4+2\sqrt{3}; c = 2\sqrt{6}+3\sqrt{2}]$

217 $a = 8\sqrt{6}$, $\alpha = \frac{2}{3}\pi$, $\beta = \frac{\pi}{12}$. $\left[\gamma = \frac{\pi}{4}; b = 8\sqrt{3} - 8; c = 16\right]$

218 $c = 4\sqrt{2}$, $\alpha = 30°$, $\gamma = \frac{7}{12}\pi$. $\left[\beta = \frac{\pi}{4}; a = 4\sqrt{3} - 4; b = 4\sqrt{6} - 4\sqrt{2}\right]$

219 $a = 28$, $\alpha = 30°$, $\cos\beta = \frac{1}{3}$. $\left[\gamma \simeq 79°28'; b = \frac{112}{3}\sqrt{2}; c = \frac{28}{3}(2\sqrt{6} + 1)\right]$

220 $a = 10\sqrt{2}$, $\alpha = \frac{\pi}{4}$, $\gamma = \frac{5}{12}\pi$. $\left[\beta = \frac{\pi}{3}; b = 10\sqrt{3}; c = 5\sqrt{2}(\sqrt{3} + 1)\right]$

221 $b = 4\sqrt{6}$, $\beta = \frac{\pi}{4}$, $\tan\gamma = -\sqrt{3}$. $\left[\alpha = \frac{\pi}{12}; a = 6\sqrt{2} - 2\sqrt{6}; c = 12\right]$

222 Determina la lunghezza della diagonale *BD* del parallelogramma. $[4(\sqrt{3} + 3)]$

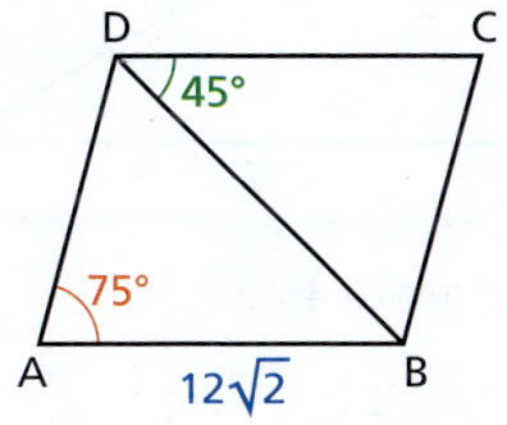

Sono noti due lati e l'angolo fra essi compreso

223 ESERCIZIO GUIDA Risolviamo il triangolo *ABC*, sapendo che $b = 12$, $c = 18$, $\alpha = 21°$.

Applicando il teorema del coseno, ricaviamo *a*:

$a^2 = b^2 + c^2 - 2bc\cos\alpha$;

$a^2 = 12^2 + 18^2 - 2 \cdot 12 \cdot 18\cos 21° \simeq 64{,}69$;

$a \simeq 8{,}04$.

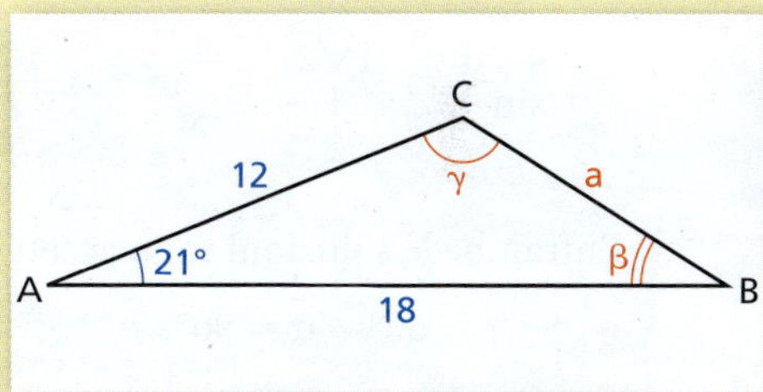

Ricaviamo β, applicando ancora il teorema del coseno:

$$b^2 = a^2 + c^2 - 2ac\cos\beta \rightarrow \cos\beta = \frac{a^2 + c^2 - b^2}{2ac};$$

$$\cos\beta \simeq \frac{8{,}04^2 + 18^2 - 12^2}{2 \cdot 8{,}04 \cdot 18} \simeq 0{,}85 \rightarrow \beta \simeq 32°.$$

Ricaviamo γ per differenza: $\gamma \simeq 180° - (21° + 32°) = 127°$.

Risolvi il triangolo *ABC*, noti gli elementi indicati.

224 $b = 14$, $c = 28$, $\alpha = 34°$. $[a \simeq 18{,}17; \beta \simeq 26°; \gamma \simeq 120°]$

225 $a = 15{,}3$, $b = 6{,}2$, $\gamma = 128°$. $[c \simeq 19{,}73; \alpha \simeq 38°; \beta \simeq 14°]$

226 $a = \sqrt{3}$, $c = 5\sqrt{3}$, $\beta = 60°$. $[b \simeq 7{,}94; \alpha \simeq 11°; \gamma \simeq 109°]$

227 $b = 4$, $c = 20$, $\alpha = \frac{2}{3}\pi$. $[a \simeq 22{,}27; \beta \simeq 9°; \gamma \simeq 51°]$

228 $a = 4\sqrt{3}$, $b = 6\sqrt{2}$, $\tan\gamma = \sqrt{3}$. $[\alpha \simeq 50°; \beta \simeq 70°; c \simeq 7{,}82]$

229 $a = 14$, $c = 10$, $\cos\beta = \frac{2}{7}$. $[b = 6\sqrt{6}; \alpha \simeq 66°; \gamma \simeq 41°]$

230 Determina la lunghezza del segmento *DC*. $[\simeq 15{,}8]$

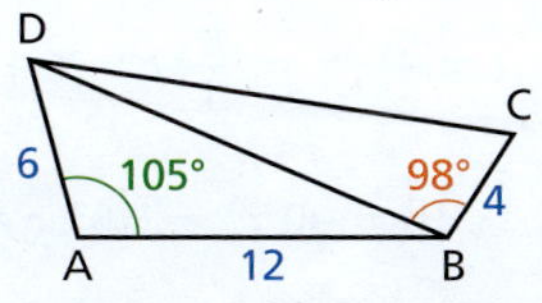

Sono noti due lati e l'angolo opposto a uno di essi

231 ESERCIZIO GUIDA Risolviamo un triangolo *ABC*, sapendo che:

a. $b = 6\sqrt{2}, c = 12, \gamma = 45°$; **b.** $b = 4\sqrt{2}, c = 4\sqrt{6}, \beta = 30°$.

a. Ricaviamo β con il teorema dei seni, $\frac{c}{\sin\gamma} = \frac{b}{\sin\beta}$.

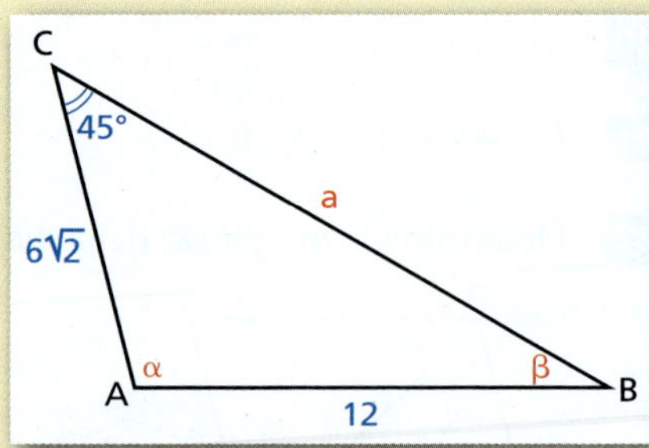

$$\frac{\cancel{12}^{2}}{\frac{\sqrt{2}}{2}} = \frac{{}^{1}\cancel{6}\sqrt{2}}{\sin\beta} \rightarrow \sin\beta = \frac{1}{2} \quad \begin{cases} \beta_1 = 30° \\ \beta_2 = 150° \end{cases}$$

È accettabile solo il valore $\beta_1 = 30°$, in quanto per $\beta_2 = 150°$ si avrebbe $\beta + \gamma = 150° + 45° = 195° > 180°$.
Inoltre non sarebbe vero che ad angolo maggiore sta opposto lato maggiore: $6\sqrt{2}$, che è minore di 12, sarebbe opposto a 150°, che è maggiore di 45°.

Determiniamo α per differenza: $\alpha = 180° - (30° + 45°) = 105°$.

Troviamo a con il teorema dei seni: $\frac{a}{\sin\alpha} = \frac{b}{\sin\beta} \rightarrow \frac{a}{\sin 105°} = \frac{6\sqrt{2}}{\frac{1}{2}} \rightarrow a \simeq 16{,}4$.

b. Applichiamo il teorema dei seni, $\frac{c}{\sin\gamma} = \frac{b}{\sin\beta}$.

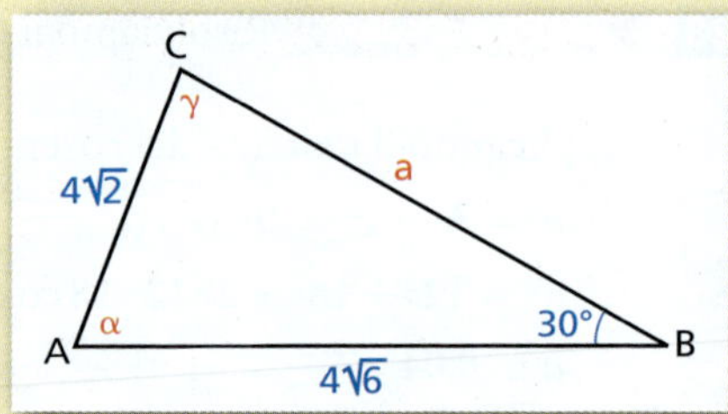

$$\frac{4\sqrt{6}}{\sin\gamma} = \frac{4\sqrt{2}}{\frac{1}{2}} \rightarrow \sin\gamma = \frac{\sqrt{3}}{2} \quad \begin{cases} \gamma_1 = 60° \\ \gamma_2 = 120° \end{cases}$$

Entrambe le soluzioni sono accettabili.

- Se $\gamma = 60° \rightarrow \alpha = 90°$,

  $\frac{a}{\sin 90°} = \frac{4\sqrt{2}}{\sin 30°} \rightarrow a = 8\sqrt{2}$.

- Se $\gamma = 120° \rightarrow \alpha = 30°$, il triangolo è isoscele, quindi $a = 4\sqrt{2}$.

Risolvi il triangolo *ABC*, noti gli elementi indicati.

232 $a = 12\sqrt{2}$, $b = 8\sqrt{3}$, $\alpha = 60°$. [$\beta = 45°; \gamma = 75°; c = 12 + 4\sqrt{3}$]

233 $a = 2\sqrt{2}$, $c = \sqrt{2} + \sqrt{6}$, $\alpha = 45°$. [$\beta = 60°, \gamma = 75°, b = 2\sqrt{3} \lor \beta = 30°, \gamma = 105°, b = 2$]

234 $b = 7$, $c = 7\sqrt{3}$, $\gamma = 120°$. [$\alpha = 30°; \beta = 30°; a = 7$]

235 $b = 3\sqrt{3}$, $c = 3$, $\beta = \frac{\pi}{3}$. $\left[\alpha = \frac{\pi}{2}; \gamma = \frac{\pi}{6}; a = 6\right]$

236 $b = 4$, $c = 2\sqrt{2}$, $\tan\gamma = \frac{\sqrt{3}}{3}$.
$\left[\alpha = \frac{7}{12}\pi, \beta = \frac{\pi}{4}, a = 2(\sqrt{3} + 1) \lor \alpha = \frac{\pi}{12}, \beta = \frac{3}{4}\pi, a = 2(\sqrt{3} - 1)\right]$

237 $a = 6(\sqrt{2} + 1)$, $b = 6 + 3\sqrt{2}$, $\beta = \frac{\pi}{4}$. $\left[\alpha = \frac{\pi}{2}; \gamma = \frac{\pi}{4}; c = 6 + 3\sqrt{2}\right]$

238 $a = 2\sqrt{3}$, $b = 3\sqrt{3}$, $\sin\alpha = \frac{2}{3}$ (α acuto). [$\beta = 90°; \gamma \simeq 48°; c = \sqrt{15}$]

YOU & MATHS

239 Two sides and an angle are given. Determine whether the given information results in one triangle, two triangles or no triangle at all. Solve any triangle(s) that result.

$a = 4, \quad b = 8, \quad \alpha = 20°$. (USA *Southern Illinois University Carbondale*, Final Exam)

[1st tr.: $\alpha = 20°, \beta = 43.16°, \gamma = 116.84°, a = 4, b = 8, c = 10.44$; 2nd tr.: $\alpha = 20°, \beta = 136.84°, \gamma = 23.16°, a = 4, b = 8, c = 4.6$]

240 In triangle ABC, $\overline{AB} = 10$, $\overline{BC} = 9$, and $\widehat{A} = 60$ degrees. Find the sum of all possible lengths of AC.

(USA *Bay Area Math Meet, Bowl Sampler*)

[10]

Sono noti i tre lati

241 ESERCIZIO GUIDA Risolviamo un triangolo ABC, sapendo che $a = 9, b = 20, c = 13$.

$$\cos\alpha = \frac{b^2+c^2-a^2}{2bc} = \frac{20^2+13^2-9^2}{2\cdot 20\cdot 13} \simeq 0{,}94 \to \alpha \simeq 20°$$

$$\cos\beta = \frac{a^2+c^2-b^2}{2ac} = \frac{9^2+13^2-20^2}{2\cdot 9\cdot 13} \simeq -0{,}64 \to \beta \simeq 130°$$

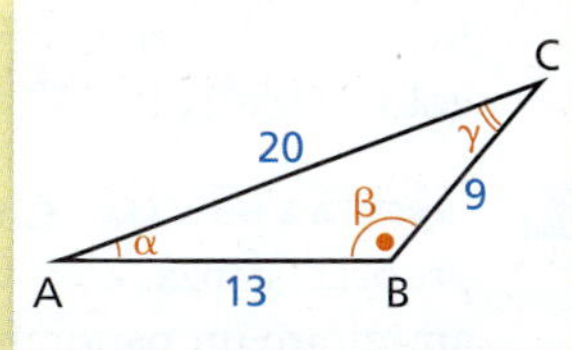

Troviamo γ per differenza: $\gamma \simeq 180° - (20° + 130°) = 30°$.

Risolvi il triangolo *ABC*, noti gli elementi indicati.

242 $a = 4, \quad b = 9, \quad c = 12.$ [$\alpha \simeq 15°; \beta \simeq 35°; \gamma \simeq 130°$]

243 $a = 20, \quad b = 7, \quad c = 14.$ [$\alpha \simeq 142°; \beta \simeq 12°; \gamma \simeq 26°$]

244 $a = 52, \quad b = 48, \quad c = 36.$ [$\alpha \simeq 75°; \beta \simeq 63°; \gamma \simeq 42°$]

245 $a = 15, \quad b = 26, \quad c = 40.$ [$\alpha \simeq 10°; \beta \simeq 17°; \gamma \simeq 153°$]

246 $a = 4, \quad b = 2\sqrt{6}, \quad c = 2 + 2\sqrt{3}.$ [45°; 60°; 75°]

247 $a = 12, \quad b = 8, \quad c = 4\sqrt{7}.$ [$\alpha \simeq 79°; \beta \simeq 41°; \gamma \simeq 60°$]

248 $a = 2\sqrt{3}, \quad b = 2\sqrt{2}, \quad c = \sqrt{2} + \sqrt{6}.$ $\left[\alpha = \frac{\pi}{3}; \beta = \frac{\pi}{4}; \gamma = \frac{5}{12}\pi\right]$

249 Determina l'ampiezza degli angoli interni di un parallelogramma, sapendo che i lati misurano 12 cm e 17 cm e la diagonale minore misura 20 cm. [85°; 95°]

Problemi con triangoli qualunque

250 VERO O FALSO? Nel triangolo della figura:

a. $a = \dfrac{\sqrt{3}\,b}{2\sin\beta}$. V F

b. $\overline{CH} = \dfrac{\sqrt{3}}{2}$. V F

c. $\dfrac{\sin(120° - \beta)}{\sin\beta} = 3$. V F

d. $\cos A\widehat{C}B = \dfrac{a^2 - 8b^2}{2ab}$. V F

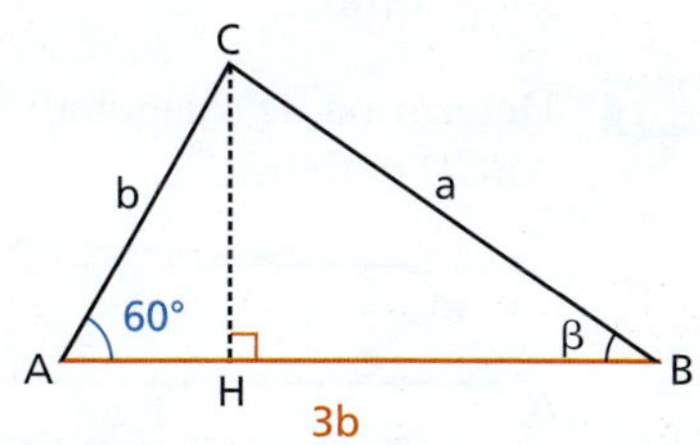

ESERCIZI

251 In un triangolo un lato misura $9\sqrt{2}$. Un angolo a esso adiacente è $\frac{\pi}{4}$ e l'altro ha tangente uguale a $-\frac{4}{3}$. Determina le misure degli altri elementi del triangolo. $\left[\arccos\frac{\sqrt{98}}{10}; 72, 45\sqrt{2}\right]$

252 In un triangolo l'area misura $\frac{\sqrt{3}}{2}(1+\sqrt{3})$ e due angoli hanno ampiezze $\frac{\pi}{4}$ e $\frac{\pi}{3}$. Calcola le misure degli altri elementi del triangolo. $\left[\frac{5}{12}\pi; 2, \sqrt{6}, \sqrt{3}+1\right]$

253 In un triangolo le misure dell'area e di due lati sono rispettivamente $\frac{25}{2}(3-\sqrt{3})$, 10 e $5(\sqrt{3}-1)$. Trova gli altri elementi del triangolo. [60°, 81°, 39°, 8,76 ∨ 120°, 45°, 15°, $5\sqrt{6}$]

254 REALTÀ E MODELLI **Che vista!** Dalla finestra della propria stanza con vista sul lago, Giulia può ammirare un panorama dominato, alla sua sinistra, dalla vetta del monte Alto, distante 8 km in linea d'aria, e, alla sua destra, dalla vetta del monte Brullo, distante 12 km in linea d'aria. Se per passare dall'una all'altra Giulia deve girare lo sguardo di 75°, qual è la distanza tra le due vette? [12,6 km]

255 Determina il perimetro e la diagonale minore di un parallelogramma, sapendo che la diagonale maggiore è lunga 20 cm e forma con un lato un angolo di 30°, mentre l'angolo a essa opposto è di 135°. $[20(\sqrt{2}+\sqrt{3}-1)\text{ cm}, 20\sqrt{2-\sqrt{3}}\text{ cm}]$

256 In un parallelogramma la diagonale minore misura $2\sqrt{2}$ cm e forma con un lato un angolo di 30°. Sapendo che l'angolo opposto a tale diagonale è di 45°, calcola il perimetro del parallelogramma. $[2(\sqrt{6}+\sqrt{2}+2)\text{ cm}]$

257 Determina le diagonali del parallelogramma *ABCD* in figura.

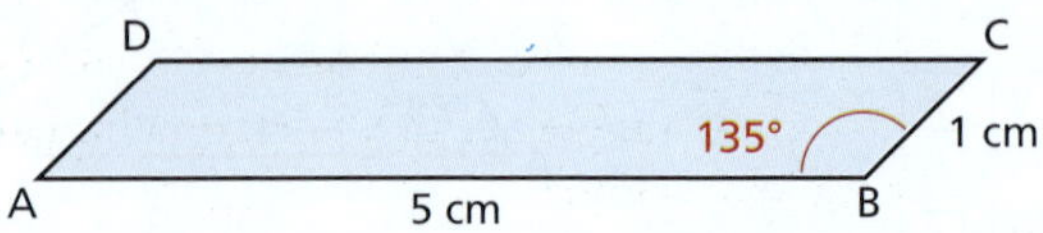

[5,75 cm; 4,35 cm]

258 Il triangolo acutangolo *ABC* è inscritto in una circonferenza di raggio 5; la misura del lato *AB* è $5\sqrt{3}$ e quella del lato *AC* è 8. Calcola l'area del triangolo. $[2(4\sqrt{3}+9)]$

259 Sulla semicirconferenza di diametro $\overline{AB}=2r$ è assegnato un punto *Q* tale che $\overline{AQ}+\overline{QB}=\sqrt{6}\,r$. Quanto misura l'angolo $Q\widehat{A}B$? [15°; 75°]

260 Nella semicirconferenza di diametro $\overline{AB}=4$ è data la corda $\overline{BC}=2$. Sul raggio *OA* è fissato il punto *D* tale che $\overline{DO}=3\overline{AD}$. Calcola la misura del segmento *DC*. $\left[\frac{\sqrt{37}}{2}\right]$

261 L'ampiezza dell'angolo al vertice di un triangolo isoscele è 120°. Calcola il rapporto fra il raggio della circonferenza circoscritta al triangolo e il raggio di quella inscritta. $\left[\frac{2(2\sqrt{3}+3)}{3}\right]$

262 Il triangolo *RST* ha il lato *RS* lungo 8 cm e la mediana *RM* lunga 5 cm. Sapendo che l'ampiezza dell'angolo $S\widehat{R}M$ è $\arccos\frac{3}{5}$, determina i lati *RT* e *ST* e l'angolo $R\widehat{S}T$. $\left[RT=2\sqrt{17}\text{ cm}; ST=2\sqrt{41}\text{ cm}; \arcsin\frac{4}{\sqrt{41}}\right]$

263 Sai che nel triangolo *ABC* il lato *BC* è lungo 14 cm, la mediana *AM* è lunga 8 cm e l'angolo $A\widehat{M}C$ è di 60°. Determina l'area e il perimetro del triangolo. $[28\sqrt{3}\text{ cm}^2; (27+\sqrt{57})\text{ cm}]$

264 REALTÀ E MODELLI **Relax!** La sedia a sdraio di Gianni ha uno schienale la cui base d'appoggio *AB* è lunga 40 cm. All'estremo *A* è incernierato lo schienale *AD*, lungo 70 cm, all'estremo *B* è incernierata un'asta di sostegno *BC*, che è lunga 25 cm e può essere fissata in qualunque punto *C* di *AD*.

a. A quale distanza da *A* Gianni deve fissare l'estremo *C* dell'asta se vuole avere l'angolo di inclinazione α di 30°?

b. Può Gianni fissare l'estremo *C* dell'asta in modo che l'angolo di inclinazione α sia 45°?

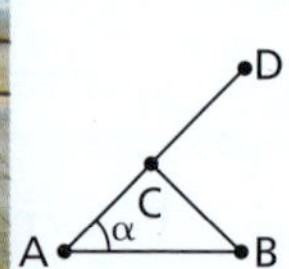

[a) $5(4\sqrt{3}+3)$ cm $\simeq$ 49,6 cm ∨ ∨ $5(4\sqrt{3}-3)$ cm $\simeq$ 19,6 cm; b) no]

265 Nel triangolo PQR conosci il lato $\overline{PQ} = 2\sqrt{2}$, il lato $\overline{QR} = 2$ e la mediana $\overline{RM} = \sqrt{3} - 1$. Calcola l'area e il perimetro del triangolo. $[\sqrt{3} - 1; 2 + \sqrt{2} + \sqrt{6}]$

266 La base maggiore del trapezio rettangolo $ABCD$ è $AB = 48$ cm; la diagonale maggiore BD è lunga $32\sqrt{3}$ cm ed è bisettrice dell'angolo $A\widehat{B}C$. Determina gli angoli, il perimetro e l'area del trapezio. $[\widehat{B} = 60°; \widehat{C} = 120°; 16(7 + \sqrt{3})\text{ cm}; 640\sqrt{3}\text{ cm}^2]$

267 Il rettangolo $ABCD$ ha i lati $AB = 40$ cm e $BC = 25$ cm; il parallelogramma $ABC'D'$ ha i vertici C' e D' appartenenti alla retta CD. Il perimetro di $ABC'D'$ è i $\frac{6}{5}$ del perimetro di $ABCD$. Calcola gli angoli del parallelogramma $ABC'D'$. $\left[\widehat{C}' = \arcsin\frac{25}{38}\right]$

268 Il triangolo ABC ha $\widehat{B} = 45°$ e $\overline{AB} = 28\sqrt{2}$. La mediana AM misura 35. Calcola l'area. [196 o 1372]

269 L'area di un triangolo isoscele è 160 m^2; l'altezza relativa alla base è $AH = 20$ m. Determina gli angoli del triangolo e le altezze relative ai lati obliqui. $\left[\beta = \gamma = \arctan\frac{5}{2}; \alpha = \arctan\frac{20}{21}; h = \frac{80\sqrt{29}}{29}\text{ m}\right]$

270 Nel triangolo ABC la lunghezza del lato AB è $5\sqrt{21}$ cm, quella della proiezione del lato AC su BC è 8 cm. Gli angoli $\widehat{B}$ e $\widehat{C}$ sono acuti e $\sin\widehat{C} = \frac{\sqrt{21}}{5}$; calcola i lati e gli angoli del triangolo. $\left[AC = 20\text{ cm}; BC = (3\sqrt{21} + 8)\text{ cm}; \widehat{B} = \arccos\frac{3}{5}; \widehat{A} = \arccos\frac{4\sqrt{21} - 6}{25}\right]$

271 Risolvi il triangolo ABC in figura.

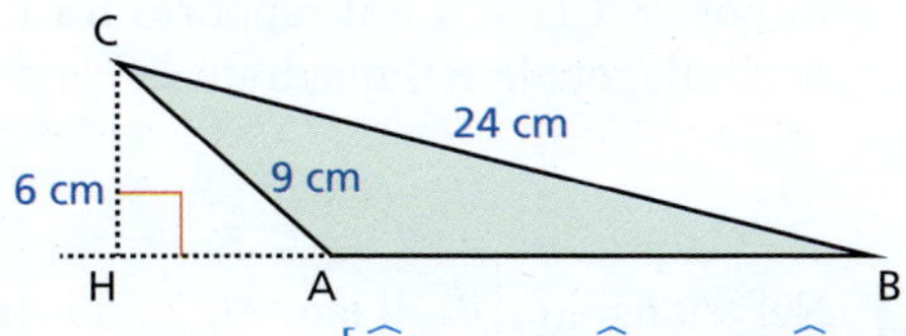

$\left[\widehat{A} \simeq 138°; \widehat{B} \simeq 15°; \widehat{C} \simeq 27°; AB = (6\sqrt{15} - 3\sqrt{5})\text{ cm}\right]$

272 Determina gli angoli del triangolo ABC e il raggio della circonferenza circoscritta, sapendo che $AB = 2$ cm, $BC = \sqrt{6}$ cm e $AC = (1 + \sqrt{3})$ cm. $[\widehat{A} = 60°, \widehat{B} = 75°, \widehat{C} = 45°; \sqrt{2}\text{ cm}]$

273 Nel triangolo ABC la lunghezza della proiezione HC del lato AC su BC è 40 cm; sai inoltre che $\cos\widehat{C} = \frac{4}{7}$, $\sin B\widehat{A}H = \frac{2}{7}$ e l'angolo $\widehat{B}$ è acuto. Calcola le lunghezze dei lati del triangolo. $\left[AB = \frac{14}{3}\sqrt{165}\text{ cm}; AC = 70\text{ cm}; BC = \left(\frac{4}{3}\sqrt{165} + 40\right)\text{ cm}\right]$

274 Nel triangolo PQR sono noti il lato $PQ = 2(\sqrt{3} + 1)$ m, la bisettrice $PT = 2$ m e l'angolo $P\widehat{Q}R = 15°$. Determina il perimetro e l'area del triangolo. $[2\sqrt{3}(\sqrt{2} + 2)\text{ m}; 2\sqrt{3}\text{ m}^2]$

275 Nel triangolo ABC la bisettrice di $\widehat{C}$ interseca AB in P. Sapendo che $\overline{PB} = 12$, $\widehat{B} = \arctan\frac{\sqrt{2}}{4}$ e $A\widehat{C}B = \arccos\frac{7}{9}$, calcola l'area del triangolo. $\left[\frac{1024}{23}\sqrt{2}\right]$

276 Nel triangolo ABC l'angolo $\widehat{B}$ è ottuso e AH è l'altezza relativa al lato BC. Sapendo che $HB = 12$ cm, $HC = 48$ cm e $\tan B\widehat{C}A = \frac{1}{3}$, determina i lati e gli angoli del triangolo ABC. $\left[AB = 20\text{ cm}; AC = 16\sqrt{10}\text{ cm}; BC = 36\text{ cm}; \sin A\widehat{B}C = \frac{4}{5}; \sin B\widehat{A}C = \frac{9}{50}\sqrt{10}\right]$

277 Nel triangolo ABC i lati AB e BC sono lunghi rispettivamente 32 cm e 66 cm; la tangente dell'angolo $B\widehat{A}C$ è $\frac{6}{5}$. Determina il terzo lato e l'area del triangolo. $[AC \simeq 81{,}74\text{ cm}; \text{area} \simeq 1004{,}67\text{ cm}^2]$

278 Il parallelogramma $ABCD$ ha l'angolo $\widehat{B} = \frac{2}{3}\pi$ e la sua bisettrice incontra la diagonale AC nel punto P in modo che $\overline{AP} = \frac{35}{8}$ e $\overline{BP} = \frac{15}{8}$. Determina i lati del parallelogramma. [5; 3]

279 In un trapezio scaleno $ABCD$ le basi misurano: $\overline{AB} = 5\sqrt{3} + 21$ e $\overline{CD} = 9$. Sapendo che l'angolo in B è di 60° e che $\cos\widehat{D} = -\frac{5}{13}$, calcola la misura dei lati obliqui. $[24; 13\sqrt{3}]$

280 Gli angoli del parallelogramma $ABCD$ hanno il seno uguale a $\frac{3}{5}$ e le distanze del centro O del parallelogramma dai lati sono $\overline{OM} = 5$ e $\overline{OP} = 8$. Calcola le lunghezze delle diagonali e l'area del parallelogramma. $\left[10\sqrt{17}, \frac{50}{3}; \frac{800}{3}\right]$

281 ●● In un triangolo isoscele ABC l'altezza BH relativa al lato obliquo AC lo divide in due parti, AH e HC, con $AH = 2HC$. Determina gli angoli del triangolo. $\left[\widehat{A} = \widehat{B} = \arccos\frac{1}{\sqrt{3}}, \widehat{C} = \arccos\frac{1}{3}\right]$

282 ●○ Sapendo che il perimetro del quadrato $ABCD$ è $8\sqrt{6}$ e quello di $PQRS$ è 16, determina l'ampiezza degli angoli α e β indicati. [15°; 75°]

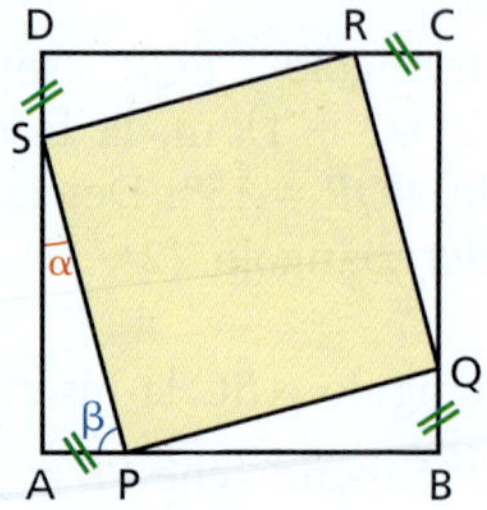

283 ●● Il triangolo acutangolo MNP è inscritto in una circonferenza di raggio 2; la misura del lato MN è $2\sqrt{3}$ e l'area della superficie è $(3 + \sqrt{3})$. Determina gli angoli del triangolo.
[due soluzioni: 60°, 75°, 45°; 60°, 45°, 75°]

284 ●● EUREKA! Dimostra che il perimetro e l'area di un poligono regolare di n lati inscritto in una circonferenza di raggio r misurano rispettivamente $2nr\sin\frac{\pi}{n}$ e $\frac{1}{2}r^2 n\sin\frac{2\pi}{n}$. Calcola poi:

a. perimetro e area del dodecagono regolare inscritto in una circonferenza di raggio 2;

b. il raggio di una circonferenza in cui è inscritto un ottagono regolare di area $32\sqrt{2}$.

[a) $12\sqrt{2}(\sqrt{3} - 1)$; 12; b) 4]

Problemi con equazioni e funzioni

285 ●○ In una circonferenza di centro O e diametro $\overline{AB} = 10$ la corda MN è perpendicolare al diametro e lo divide in due parti che stanno nel rapporto $\frac{7}{3}$. Determina l'ampiezza $2x$ di $M\widehat{O}N$.
$\left[2\arcsin\frac{\sqrt{21}}{5}\right]$

286 ●○ Considera il triangolo rettangolo ABC che ha gli angoli acuti $\widehat{B} = 60°$ e $\widehat{C} = 30°$ e l'ipotenusa $\overline{BC} = 2$. Per il vertice A conduci una retta s esterna al triangolo e indica con B' e C' le proiezioni ortogonali di B e C su di essa. Poni $C\widehat{A}C' = x$ e calcola per quale valore di x il perimetro del trapezio $BCC'B'$ è $2 + \sqrt{6} + \sqrt{2}$. [45°]

287 ●○ Nel rettangolo $ABCD$ è inscritto il triangolo ABP, con il vertice P sul lato CD. Le misure dei lati del rettangolo sono $\overline{AB} = a$ e $\overline{AD} = (2 - \sqrt{3})a$. Determina $D\widehat{A}P$, sapendo che $\overline{AP}^2 + \overline{AD}^2 = \overline{BP}^2$. [60°]

288 ●○ Un triangolo LMN è inscritto in una circonferenza di raggio $r = 5$; la lunghezza del lato LM è $5\sqrt{3}$. Determina l'ampiezza di $M\widehat{L}N$ in modo che $\overline{LN}^2 - \overline{MN}^2 = 25\sqrt{3}$.
[due soluzioni: 45°; 15°]

289 ●○ Trova l'ampiezza dell'angolo α nel trapezio in figura, sapendo che:

$$\overline{AB} + 2\overline{CH} = (1 + 2\sqrt{2})\overline{DC}.$$ [45°]

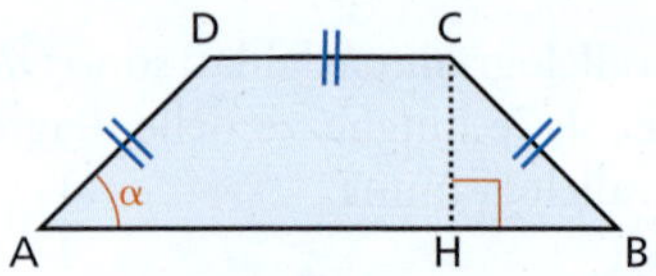

290 ●○ In un settore circolare AOB di raggio r e di ampiezza uguale a 90° traccia un raggio OP. Considera la proiezione ortogonale D di P sul raggio OB e il punto medio C del raggio OA. Determina l'angolo $A\widehat{O}P$, sapendo che:

$$\overline{PC}^2 + \overline{PD}^2 = \frac{11}{10}r^2.$$

$\left[\text{due soluzioni: } \cos A\widehat{O}P = \frac{5 \pm \sqrt{10}}{10}\right]$

291 ●○ Considera il triangolo rettangolo ABC inscritto in una circonferenza di diametro $\overline{AB} = 2r$: sul lato BC costruisci il quadrato $BPQC$ esternamente al triangolo. Se il trapezio $ABPQ$ ha area $S = \frac{4 + 3\sqrt{2}}{2}r^2$, quanto misura l'angolo $B\widehat{A}C$?
$\left[\frac{3}{8}\pi, \arctan(5\sqrt{2} + 7)\right]$

292 ●● Determina gli angoli di un trapezio isoscele, sapendo che la base maggiore è $\overline{AB} = 14$, la base minore è $\overline{CD} = 8$ e il rapporto fra il quadrato della diagonale e il quadrato del lato obliquo è $\frac{37}{9}$. $\left[\frac{\pi}{3}; \frac{2}{3}\pi\right]$

293 ●● Nel triangolo ABC il lato AC ha misura l, il lato BC ha misura $2l$. Determina gli angoli del triangolo sapendo che fra i due lati noti e l'angolo $\widehat{A}$ intercorre la seguente relazione:

$$\overline{BC}\sin 2\widehat{A} - \overline{AC}\tan 2\widehat{A} = 0.$$

[tre soluzioni: $\widehat{A} = 90°, \widehat{B} = 30°$; $\widehat{A} = 30°, \widehat{B} \simeq 14,477°$; $\widehat{A} = 150°, \widehat{B} \simeq 14,477°$]

294 Traccia la tangente t nel punto B alla semicirconferenza di diametro $\overline{AB} = 4$. Considera un punto P sulla semicirconferenza e indica con Q e R le sue proiezioni rispettivamente su AB e su t; determina $P\widehat{A}B$ in modo che:

$$2\sqrt{3}\,\overline{PQ} + \overline{PR} = 5\overline{AQ}.$$

$\left[\frac{\pi}{6} + \frac{1}{2}\arcsin\frac{\sqrt{3}}{3}\right]$

295 Due semicirconferenze che hanno diametri $\overline{AB} = \overline{BC} = 2r$ giacciono nello stesso semipiano e sono tangenti esternamente in B. Presi i punti P sulla prima e Q sulla seconda in modo che $P\widehat{B}Q = 45°$, calcola $x = P\widehat{B}A$ in modo che:

$$\overline{BQ} + \sqrt{2}\,\overline{PB} = \frac{\sqrt{3}}{2}\overline{AB}.$$

$\left[x = \frac{\pi}{12} \vee x = \frac{5}{12}\pi\right]$

296 La circonferenza della figura ha raggio 2. Calcola l'area $A(x)$ del quadrilatero $ABCD$ e determina per quale valore di x si ha $A(x) = \sqrt{3}$.

$\left[x = 0,\ x = \frac{2}{3}\pi\right]$

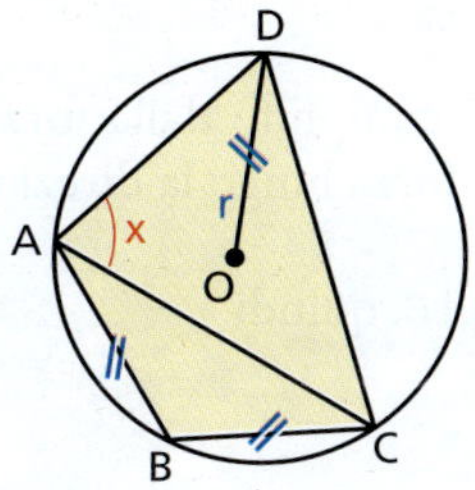

297 Sono dati il triangolo equilatero ABC di lato 1 e la semiretta di origine A che incontra il lato BC nel punto P. Su tale semiretta, considera il punto S proiezione di C e il punto T proiezione di B. Indicato con x l'angolo $B\widehat{A}P$, determina la funzione:

$$f(x) = \overline{AB}^2 - \overline{CS}^2 - \overline{BT}^2.$$

Trova x in modo che $f(x) = \frac{\sqrt{3}}{4}$.

$\left[f(x) = \frac{\cos 2x + \sqrt{3}\sin 2x}{4};\ \frac{\pi}{12} \vee \frac{\pi}{4}\right]$

298 Data la semicirconferenza di diametro $\overline{AB} = 4$, sia C il punto medio dell'arco $\widehat{AB}$. Considera sull'arco $\widehat{BC}$ un punto P, traccia la tangente in P che incontra la retta AB nel punto Q e, posto $P\widehat{A}B = x$, determina $\overline{PQ}$ in funzione di x. Rappresenta poi la funzione $f(x) = \frac{\overline{PQ}}{\overline{AB}}$ su un periodo completo ed evidenzia la parte relativa al problema.

$\left[\overline{PQ} = 2\tan 2x;\ f(x) = \frac{1}{2}\tan 2x, \text{ con } 0 \le x < \frac{\pi}{4}\right]$

299 Dato il quadrato $ABCD$ di lato $l = 1$, costruisci una semicirconferenza di diametro AB esterna al quadrato. Considerato sulla semicirconferenza un punto P, con $A\widehat{B}P = x$, determina l'espressione della funzione:

$$f(x) = \overline{PC}^2 + \overline{PD}^2.$$

Rappresenta la funzione su un periodo completo ed evidenzia la parte relativa al problema. Individua la situazione geometrica corrispondente al valore massimo della funzione.

$\left[f(x) = 3 + 2\sin 2x;\ 0 \le x \le \frac{\pi}{2};\ \text{massimo} = \left(\frac{\pi}{4}; 5\right)\right]$

300 È dato il triangolo ABC tale che il lato $\overline{AB} = 2$ e la mediana a esso relativa $\overline{CM} = 1$. Determina, in funzione dell'angolo $C\widehat{A}B = x$, il perimetro del triangolo ABC. Rappresenta la funzione ottenuta ed evidenzia la parte relativa al problema. Descrivi la situazione geometrica corrispondente al valore massimo del perimetro.

$[f(x) = 2\sqrt{2}\sin(x + 45°) + 2$, con $0° < x < 90°$; massimo $= (45°; 2(\sqrt{2}+1))$, triangolo rettangolo isoscele$]$

301 Data la semicirconferenza di centro O e raggio unitario, prolunga il diametro AB di un segmento $\overline{BC} = 1$ e congiungi il punto C con i punti P e Q della semicirconferenza tali che $C\widehat{O}Q = 2 \cdot C\widehat{O}P$. Indicato con x l'angolo $C\widehat{O}P$, determina l'espressione della funzione:

$$f(x) = \frac{\overline{QC}^2 - \overline{PC}^2}{2 \cdot \overline{QP}^2}.$$

Rappresenta il grafico di $f(x)$ ed evidenzia il tratto relativo al problema. Indipendentemente dal problema geometrico, risolvi la disequazione $f(x) \le 0$.

$\left[f(x) = 2\cos x + 1,\ 0 < x \le \frac{\pi}{2};\ \frac{2}{3}\pi + 2k\pi \le x \le \frac{4}{3}\pi + 2k\pi\right]$

302 Sono dati il quadrato $ABCD$ di lato $l = 1$ e in esso l'arco di circonferenza $\widehat{BD}$, di centro C. Considera un punto P appartenente all'arco $\widehat{BD}$ e poni $D\widehat{C}P = 2x$. Determina l'espressione analitica della funzione:

$$y = \overline{AP}^2 - \overline{BP}^2.$$

Verifica che la funzione può essere espressa come $y = -2\cos 2x + 1$ e rappresentala graficamente.

303 È data una semicirconferenza di diametro $\overline{AB} = 2r$. Inscrivi in essa il triangolo ABC e traccia la bisettrice dell'angolo $C\widehat{A}B$ che interseca la circonferenza in D e il lato CB in T. Indicato con $2x$ l'angolo $C\widehat{A}B$, determina, al variare di x, il rapporto $y = \frac{\overline{AT}}{\overline{TD}}$ e calcola per quale valore di x tale rapporto è 1.

$\left[y = \frac{1}{\sin^2 x} - 2; 0 < x \leq \frac{\pi}{4}; x = \arcsin\frac{\sqrt{3}}{3}\right]$

Applicazioni della trigonometria

Applicazioni alla fisica

304 ESERCIZIO GUIDA Calcoliamo il lavoro che compie una forza costante di intensità pari a 25 N, inclinata di 60° rispetto all'orizzontale, agente su un corpo che viene spostato da tale forza di 15 m in direzione orizzontale.

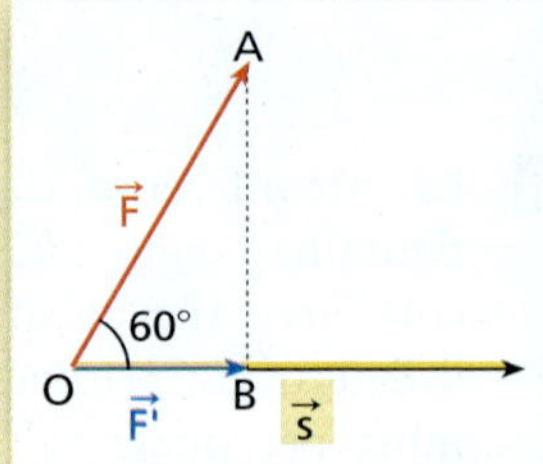

Sono dati la forza $\vec{F}$ e lo spostamento $\vec{s}$. Il lavoro L compiuto dalla forza è $L = F' \cdot s$, dove F' è l'intensità della proiezione della forza lungo la direzione dello spostamento.

F' è la misura di un cateto del triangolo rettangolo OAB, quindi

$$F' = \overline{OB} = \overline{OA} \cdot \cos\alpha = F \cdot \cos\alpha,$$

da cui: $L = F \cdot s \cdot \cos\alpha = 25 \cdot 15 \cdot \frac{1}{2} = 187{,}5$.

Il lavoro è di 187,5 J.

305 Calcola l'intensità e la direzione della risultante delle due forze di intensità $F' = 8$ N, $F'' = 10$ N che sono applicate nel punto A e formano tra loro un angolo di 30°. [17,39 N; 16° 42′ 19″ risp. a $\vec{F'}$]

306 Generalizza il problema precedente, determinando l'intensità e la direzione della risultante $\vec{R}$ di due forze $\vec{F'}$ e $\vec{F''}$ che sono applicate a uno stesso punto e le cui direzioni formano un angolo α.

$\left[R = \sqrt{F'^2 + F''^2 + 2F'F''\cos\alpha}; \sin\beta = \frac{F''}{R}\sin\alpha\right]$

307 Una massa puntiforme di 0,5 kg è appesa a un filo verticale di massa trascurabile. Una forza $\vec{F}$ orizzontale di modulo pari a 2 N è applicata alla massa e la tiene in equilibrio in una posizione in cui il filo forma un angolo α con la verticale. Trova l'ampiezza di α. [22° 12′ 13″]

308 Calcola il lavoro che svolge una forza costante di intensità pari a 15 N, inclinata di 30° rispetto all'orizzontale, agente su un corpo che per effetto di tale forza si sposta lungo l'orizzontale di 25 m. [324,8 J]

309 Qual è il lavoro relativo a una forza perpendicolare a uno spostamento? Giustifica la risposta. [0]

310 Un carrello di massa $m = 1{,}2$ kg, vincolato a muoversi su una rotaia rettilinea senza attrito, è spinto da una forza $\vec{F}$ che forma un angolo di 25° rispetto alla direzione di movimento. Se l'intensità della forza F è 3,2 N, qual è l'accelerazione del carrello? [2,42 m/s^2]

311 Un ragazzo sta girando in una giostra a sedili; la catena del suo sedile è inclinata di 36° rispetto alla verticale. Se la massa complessiva del sedile e del ragazzo è di 80 kg, quanto è la tensione della catena? (Considera trascurabile la massa della catena.) [969,1 N]

312 **Attrito** Un blocchetto di legno è in equilibrio su un piano inclinato di legno. L'intensità della forza di attrito statico si ottiene dalla formula $F_a = \mu \cdot P_\perp$. Ricava il coefficiente di attrito statico μ, sapendo che l'angolo di inclinazione massimo, dopo il quale il blocchetto inizia a muoversi, è $\alpha = 27°$. [0,51]

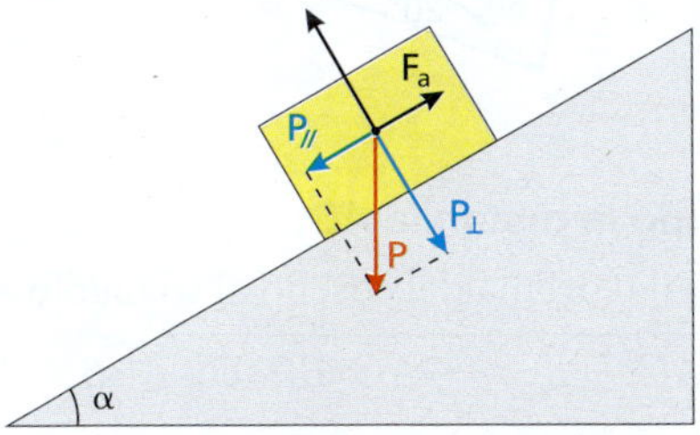

313 Una lastra trasparente a facce piane e parallele ha uno spessore di 50 cm. Un raggio luminoso incide su di essa con un angolo di incidenza di 35°: quale spostamento subisce nell'attraversarla se l'angolo di rifrazione per il raggio che entra nella lastra è di 28°? Per spostamento intendiamo la distanza fra la retta del raggio entrante e quella del raggio uscente. [6,9 cm]

314 Tre forze, $\vec{F}_1, \vec{F}_2, \vec{F}_3$, i cui moduli sono 8 N, 4 N e 10 N, sono applicate su una stessa massa puntiforme. Determina gli angoli che $\vec{F}_1$ e $\vec{F}_2$ formano con $\vec{F}_3$, sapendo che le tre forze si equilibrano. [157° 40′ 06″; 130° 32′ 30″]

315 Due sbarre omogenee, *PO* e *OR*, sono saldate all'estremo *O* formando un angolo di 110°. La prima è lunga 58 cm e pesa 10 N; la seconda è lunga 70 cm e pesa 14 N. Il sistema si trova in un piano verticale ed è libero di ruotare attorno a un asse orizzontale passante per *O*. Nella posizione di equilibrio quanto misura l'angolo che *PO* forma con la direzione verticale? [75° 06′ 44″]

316 Determina l'inclinazione α del piano per cui la forza *F* è sufficiente per mantenere in equilibrio il corpo. [$\alpha \simeq 10° 9' 51''$]

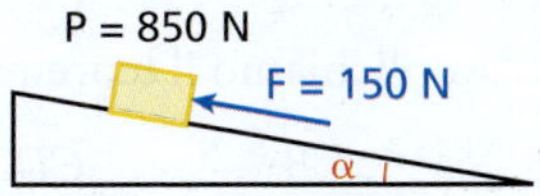

317 Un pendolo è formato da una sferetta di piccole dimensioni appesa a un filo lungo 80 cm. Nella posizione di riposo l'altezza della sfera dal suolo è di 60 cm; durante l'oscillazione essa raggiunge l'altezza massima dal suolo di 75 cm. Qual è l'ampiezza di oscillazione? [35° 39′ 33″]

318 Un'altalena a bilancia misura 3 m e il suo fulcro si trova a 30 cm da terra. Qual è la massima altezza raggiungibile da ciascun sedile? (I sedili si trovano alle due estremità.) [60 cm]

319 Un blocco avente la massa di 150 kg è spinto su un piano orizzontale scabro da una forza inclinata verso il basso che forma un angolo di 34° con l'orizzontale. Se l'intensità della forza è 300 N e il coefficiente di attrito è $k = 0{,}12$, qual è l'accelerazione impressa al blocco? [$0{,}348\ m/s^2$]

ESERCIZI

Problemi REALTÀ E MODELLI

RISOLVIAMO UN PROBLEMA

Il tunnel

Un'impresa deve costruire un tunnel che colleghi con una strada rettilinea i punti A e B, posti alla stessa quota sui due versanti opposti di una collina.
I due punti non sono reciprocamente visibili, quindi è stata tracciata la poligonale $ACDB$, riportata in figura, su cui sono indicati i dati rilevati dai tecnici. Sapendo che A, B, C e D hanno la stessa quota, e quindi $ABCD$ giace su un piano orizzontale, calcola:

- la distanza tra i punti A e B;
- l'ampiezza degli angoli α e β.

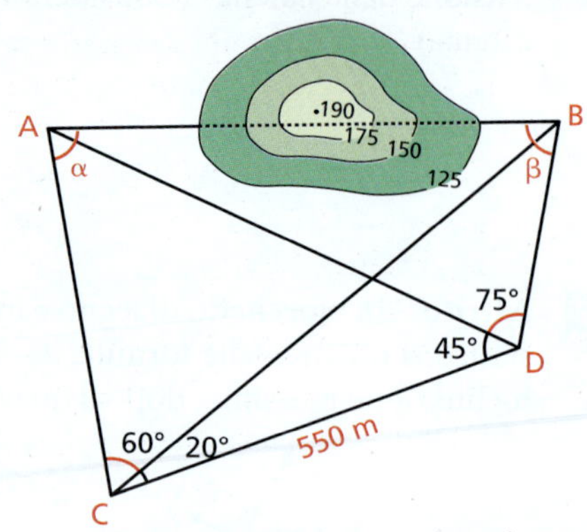

► Analizziamo il problema.

Il segmento AB è un lato del triangolo ABC, di cui per ora conosciamo la misura dell'angolo opposto al lato AB. Se riusciamo a calcolare le misure dei lati AC e BC, con il teorema del coseno rispondiamo alla prima domanda. Per quanto riguarda la seconda, dovremo utilizzare il teorema dei seni, sfruttando i risultati ottenuti.

► Calcoliamo le lunghezze di *AC* e *BC*.

Consideriamo il triangolo ADC:

$$C\hat{A}D = 180° - (60° + 20° + 45°) = 55°.$$

Applichiamo il teorema dei seni:

$$\frac{AC}{\sin A\hat{D}C} = \frac{CD}{\sin C\hat{A}D} \rightarrow$$

$$AC = 550 \cdot \frac{\sin 45°}{\sin 55°} \rightarrow AC \simeq 475 \text{ m}.$$

Consideriamo il triangolo CDB:

$$C\hat{B}D = 180° - (20° + 45° + 75°) = 40°.$$

Applichiamo il teorema dei seni:

$$\frac{CB}{\sin C\hat{D}B} = \frac{CD}{\sin C\hat{B}D} \rightarrow$$

$$CB = 550 \cdot \frac{\sin 120°}{\sin 40°} \rightarrow CB \simeq 741 \text{ m}.$$

► Calcoliamo la distanza *AB*.

Applichiamo il teorema del coseno al triangolo ABC:

$$\overline{AB} = \sqrt{AC^2 + BC^2 - 2AC \cdot BC \cdot \cos A\hat{C}B} =$$

$$\sqrt{475^2 + 741^2 - 2 \cdot 475 \cdot 741 \cdot \cos 60°} \simeq 650.$$

La distanza AB è di circa 650 m.

► Calcoliamo la misura degli angoli.

Per calcolare α applichiamo il teorema dei seni al triangolo ABC:

$$\frac{AB}{\sin A\hat{C}B} = \frac{CB}{\sin \alpha} \rightarrow$$

$$\sin \alpha = \sin 60° \cdot \frac{741}{680} = 0{,}987 \rightarrow$$

$$\alpha = \arcsin 0{,}987 \simeq 81°.$$

Per calcolare l'angolo β sfruttiamo la proprietà dei quadrilateri di avere la somma degli angoli interni uguale a 360°:

$$\beta = 360° - (\alpha + A\hat{C}D + C\hat{D}B) =$$

$$360° - (81° + 80° + 120°) \simeq 79°.$$

L'ampiezza di α è di circa 81°, quella di β di circa 79°.

320 Calcoliamo la distanza fra due laghi separati da una collina. Scegliamo come punto di riferimento un monastero che dista dai due laghi rispettivamente 850 m e 680 m. Inoltre, le direzioni in cui dal monastero si vedono i due laghi formano tra loro un angolo di 72°. [909,77 m]

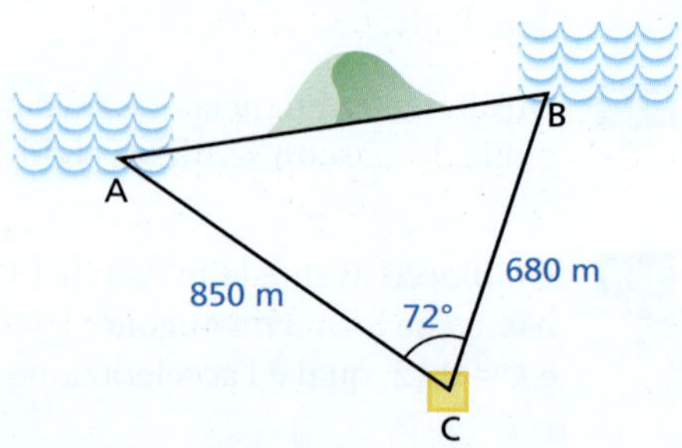

321 Due case, A e B, sono separate da un fiume. Una torre T è posta dalla stessa parte di B, a una distanza da B di 375 m. L'angolo $B\widehat{T}A$ è di 60°; l'angolo $A\widehat{B}T$ è di 75°. Calcola la distanza fra le due case. [459,28 m]

322 **In spiaggia** Ti trovi su una spiaggia e vuoi calcolare l'altezza di un isolotto scoglioso. Scegli due punti A e B allineati con l'isolotto e distanti fra loro 20 m. Misuri gli angoli $D\widehat{A}C = 28°$ e $D\widehat{B}C = 20°$ (D è un punto alla base dell'isolotto, C è un punto sulla sua sommità). Quanto risulta alto? [23,07 m]

323 In un terreno pianeggiante vuoi calcolare la distanza fra due punti inaccessibili A e B. Scegli due posizioni P e Q, distanti 50 m fra loro, e misuri gli angoli $Q\widehat{P}A = 120°$, $Q\widehat{P}B = 50°$, $P\widehat{Q}B = 110°$, $P\widehat{Q}A = 40°$. Quanto sono distanti A e B? [137,37 m]

324 **Campane sul colle** Una chiesa si trova in cima a una collina e la cella campanaria del suo campanile è a 25 m dal suolo. Per calcolare l'altezza del colle scegli come riferimento una casa situata nella pianura sottostante; misuri, rispetto alla verticale, l'angolo $\widehat{A} = 73°\,20'$, sotto cui vedi la casa dalla base del campanile, e l'angolo $\widehat{B} = 65°\,40'$, sotto cui la vedi dalla cella campanaria. Quanto è alto il colle rispetto alla pianura? [48,97 m]

325 Un geometra deve misurare la larghezza di un canale. Dopo aver individuato un punto di riferimento A sulla sponda opposta alla sua, pianta due paletti: uno sull'argine nella posizione B e l'altro nella posizione H, in modo che la retta ABH risulti perpendicolare alle sponde (figura a lato). Dalla posizione P, tale che $P\widehat{H}A = 90°$, misura gli angoli $H\widehat{P}B$, $H\widehat{P}A$ e la distanza PH: $H\widehat{P}B = 35°$; $H\widehat{P}A = 65°$; $PH = 20$ m.
Qual è la larghezza AB del canale? [28,89 m]

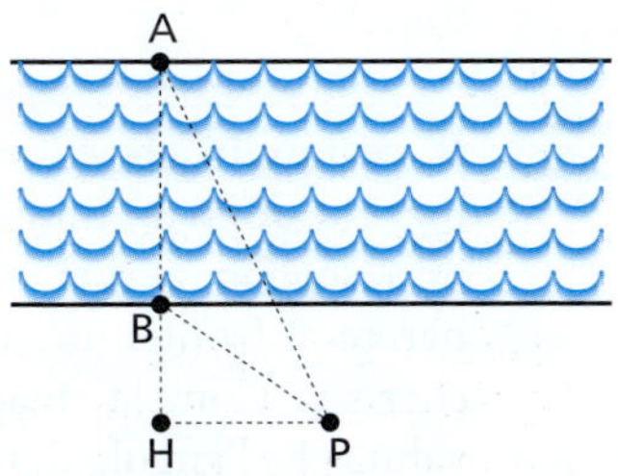

326 Un osservatore è sulla riva di un lago in una postazione a 241 m di altezza dalla sua superficie. Dall'altra parte del lago vede la cima di una montagna in una direzione che forma, col piano orizzontale, un angolo $\alpha = 43°\,12'$ verso l'alto e la sua immagine riflessa sull'acqua sotto un angolo $\beta = 49°\,33'$ verso il basso. Quanto è alta la cima della montagna? (Ricorda che per le leggi della riflessione l'angolo di incidenza e quello di riflessione sono congruenti.) [2176 m]

327 **Con angoli diversi** Una piazza ha la forma di un quadrilatero convesso i cui angoli misurano: $\widehat{A} = 70°$, $\widehat{B} = 130°$, $\widehat{C} = 40°$, $\widehat{D} = 120°$. Se il lato AB è lungo 40 m e BC è 90 m, quanto misura la superficie della piazza? [3388,26 m^2]

328 Per calcolare l'area di un appezzamento di terreno a forma di quadrilatero convesso un agronomo ne misura i lati trovando: $AB = 58$ m, $BC = 53$ m, $CD = 104$ m e $DA = 82$ m. Misura poi l'angolo $D\widehat{A}B = 112°\,42'$. Qual è l'area del terreno? [4949,59 m^2]

329 In una zona montuosa un topografo deve calcolare l'altezza di una cima V rispetto alla sua postazione P. Per base prende la distanza $PQ = 483$ m dal punto noto Q situato sulla cima di un'altra montagna. Misura gli angoli $P\widehat{Q}V = 54°$, $Q\widehat{P}V = 50°$ e l'angolo $\alpha = 68°$ che la direzione PV forma col piano orizzontale. Quanto è il dislivello fra P e V? [381 m]

330 Due edifici sono posti uno di fronte all'altro alla distanza di 20 m. Un osservatore A sta sul cornicione (figura a lato) dell'edificio più basso e vede il cornicione C di quello più alto sotto l'angolo $\alpha = 20°$ rispetto al piano orizzontale. L'angolo sotto cui A vede la base B dello stesso edificio è $\beta = 35°$. Trova le altezze dei due palazzi. [14 m; 21,28 m]

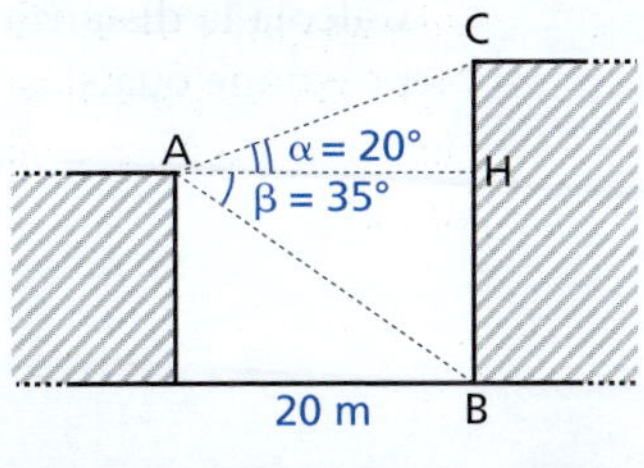

331 ●● **Salite a San Francisco** Alcune strade di San Francisco hanno una notevole pendenza e inoltre sono rettilinee, senza curve. In una strada il cartello indica una pendenza del 15% per 800 m e successivamente dell'11% per altri 800 m.

a. Al termine della strada, di quanto si è saliti in quota?

b. Se per tutto il percorso la strada avesse avuto la stessa pendenza, quanto dovrebbe segnalare il cartello iniziale?

[a) 206,14 m; b) 13%]

332 ●● **L'altezza del monte** Alcuni amici in estate affittano una casa in montagna per fare trekking. Da una delle finestre vedono la cima della montagna da raggiungere e, non avendo una cartina, cercano di valutare la sua altezza. Camilla propone di misurare l'angolo α con cui si vede la cima dalla base della casa e l'angolo β con il quale si vede la cima dalla stazione di partenza dell'ovovia.
Sapendo che la distanza fra la casa e l'ovovia è di 1000 m e che l'angolo α è di 35° circa, mentre β è di 50° circa, quanto è alta la montagna rispetto al livello della casa? (Supponi che casa e ovovia si trovino alla stessa altitudine.)

[$\simeq$ 1698 m]

333 ●● **Il cespuglio di elicriso** Una fotografa marina, dopo un'immersione, approda su uno scoglio per riposarsi e vede, sulla parete di fronte, un enorme cespuglio di elicriso. Con la macchina fotografica valuta che l'angolo di visuale è di circa 22° e che la distanza dal punto dove si trova alla parete opposta è di 15 m circa. Inoltre l'altezza dello scoglio su cui è seduta è di circa 7 m dal livello del mare.

a. A quale altezza dall'acqua si trova il cespuglio?

b. Quanto dovrebbe essere lunga una canna per poter raggiungere il cespuglio?

[a) 13,1 m; b) $\simeq$ 16,2 m]

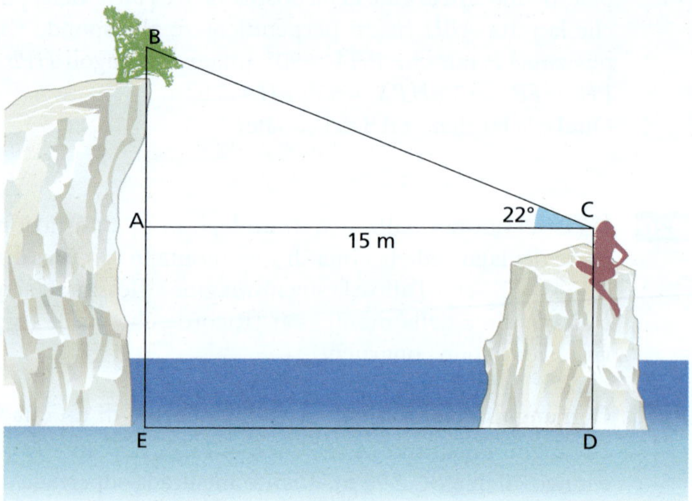

334 ●● **La biella-manovella** La biella è un'asta (MP) di collegamento tra due parti di una macchina, alle quali è incernierata; ha la funzione di trasformare il moto rotatorio continuo della manovella OM nel moto rettilineo alterno del punto P che può essere collegato a un pistone; in tal caso si parla di «meccanismo biella-manovella».
Indichiamo con m la lunghezza della manovella OM e con b la lunghezza della biella MP, con α e β gli angoli formati dalla manovella e dalla biella con la verticale; A e B identificano le posizioni estreme del punto P variabile.

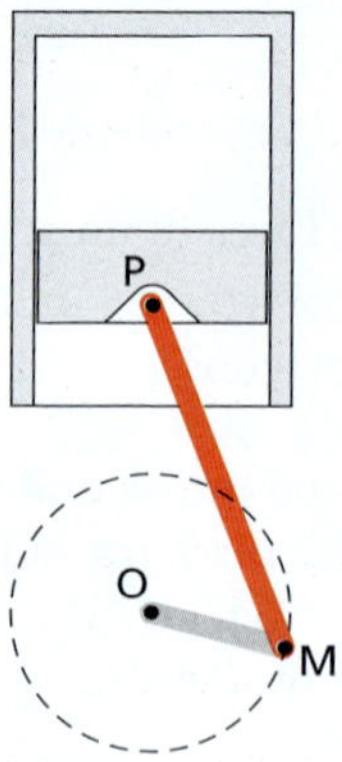

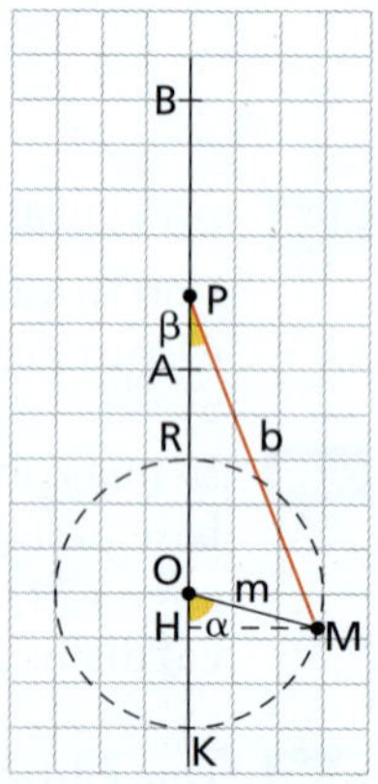

a. Trova quanto vale l'ampiezza del moto del punto P.

b. Trova la relazione tra m, b, α e β.

c. Calcola la distanza OP in funzione di α quando P si trova in una posizione qualsiasi tra A e B (come in figura).

[a) $2m$; b) $\beta = \arcsin\left(\frac{m}{b}\sin\alpha\right)$; c) $\sqrt{b^2 - m^2\sin^2\alpha} - m\cos\alpha$]

335 ●● **La finestra basculante** La signora Ada vuole far montare, nella sua mansarda, finestre che si aprono a ribalta, come in figura. Le dimensioni sono di 1,10 m di larghezza per 1 m di altezza, e il vincolo intorno al quale ruota si trova a 40 cm dal davanzale. L'installatore le dice che normalmente l'angolo formato dalla finestra aperta con lo stipite verticale è di 20°. La signora Ada pensa che in tal modo la finestra si apra troppo poco e chiede che l'apertura sia doppia. Il tecnico le risponde che allora bisogna raddoppiare l'angolo.

Il tecnico ha detto una cosa corretta?
Per capirlo, segui queste indicazioni:

- rappresenta con un disegno la finestra aperta vista di lato;
- calcola la distanza degli spigoli della finestra dallo stipite, con la finestra aperta di 20°, sia nella parte superiore che in quella inferiore.

Che cosa succede raddoppiando l'angolo?

[raddoppiando l'angolo, l'apertura non raddoppia, perché...]

Applicazioni alla geometria solida

336 ●○ La piramide $ABCV$ ha per base il triangolo equilatero ABC, di lato a, e lo spigolo CV è perpendicolare alla base. Sai che il volume misura $\frac{1}{4}a^3$; determina l'angolo α che lo spigolo BV forma con lo spigolo BC e l'angolo ϕ della faccia ABV con la base. [$\alpha = 60°$; $\phi = \arctan 2$]

337 ●○ In una piramide regolare a base esagonale lo spigolo laterale è lungo 10 cm e forma un angolo di 70° col piano di base. Calcola il volume della piramide e l'angolo σ che ciascuna faccia laterale forma col piano di base. [volume $\simeq 95{,}196$ cm^3; $\sigma \simeq 72°\,30'$]

338 ●○ Un cubo di spigolo l è inscritto in una piramide regolare a base quadrata in modo che quattro dei suoi vertici si trovano sugli spigoli laterali della piramide, mentre gli altri stanno sulla sua base. Determina il volume della piramide, sapendo che la tangente dell'angolo che le sue facce laterali formano con la base è 2. $\left[\frac{8}{3}l^3\right]$

339 ●○ Un prisma retto che ha per base un triangolo rettangolo è inscritto in una sfera di raggio r. Gli angoli acuti delle basi ABC e $A'B'C'$ del prisma sono $\widehat{B} = \widehat{B'} = 75°$ e $\widehat{C} = \widehat{C'} = 15°$. Determina l'angolo $x = C\widehat{B}C'$ in modo che l'area laterale del prisma sia $\frac{2\sqrt{3}+3\sqrt{2}}{2}r^2$. [30°]

340 ●○ Una piramide regolare a base quadrata ha gli spigoli laterali lunghi 12 cm e l'area di base uguale a 16 cm^2. Determina gli angoli delle facce laterali e l'angolo σ che ciascuna di esse forma con la base.
$\left[\alpha = \beta = \arccos\frac{1}{6}; \gamma = \arccos\frac{17}{18}; \sigma = \arccos\frac{\sqrt{35}}{35}\right]$

341 ●○ La diagonale di un parallelepipedo rettangolo, misurata rispetto a un'unità prefissata, è $d = \sqrt{5}$; gli spigoli della base misurano $a = \frac{3}{2}$ e $b = \frac{\sqrt{6}}{2}$. Determina l'ampiezza dell'angolo α che la diagonale d forma con la diagonale di base. [$\alpha = 30°$]

342 ●○ L'apotema di una piramide regolare a base quadrata forma, con il piano della base, un angolo α tale che $\tan\alpha = \frac{12}{5}$. Determina la tangente dell'angolo β che lo spigolo laterale forma con il piano della base.
$\left[\tan\beta = \frac{6\sqrt{2}}{5}\right]$

343 ●○ Dallo spigolo AD del cubo $ABCDEFGH$ (AF, BG, CH e DE sono gli spigoli laterali) conduci un piano $ALMD$ che intersechi la faccia $BCHG$: se tale piano divide il cubo in due parti, una doppia dell'altra, quanto è l'ampiezza α del diedro che esso forma con la faccia $ABCD$? [33° 41′ 24″]

VERIFICA DELLE COMPETENZE ALLENAMENTO

ANALIZZARE E INTERPRETARE DATI E GRAFICI

TEST

1 Del quadrilatero convesso $ABCD$ si conoscono i lati $\overline{AB} = \overline{DA} = 6$, $\overline{BC} = 4$, $\overline{CD} = 5$ e l'angolo $\widehat{B} = 120°$. Riguardo all'angolo $\widehat{D}$ si può affermare che:

- **A** non ci sono elementi sufficienti per calcolarlo.
- **B** il coseno è uguale a $-\dfrac{1}{4}$.
- **C** la sua misura è 60°.
- **D** è congruente a $\widehat{B}$.
- **E** è un angolo acuto.

2 Nel triangolo della figura l'angolo $B\widehat{A}C$ misura:

- **A** 120°.
- **B** 60°.
- **C** 45°.
- **D** 30°.
- **E** 150°.

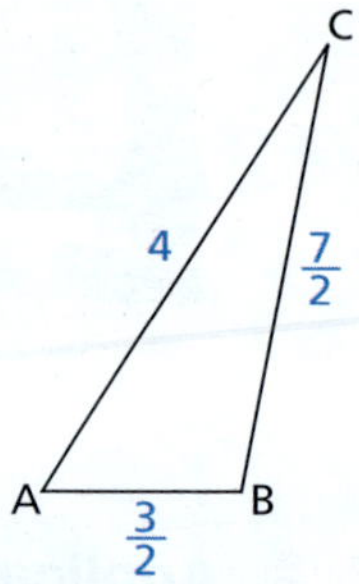

3 Individua l'affermazione errata fra le seguenti, in riferimento alla figura.

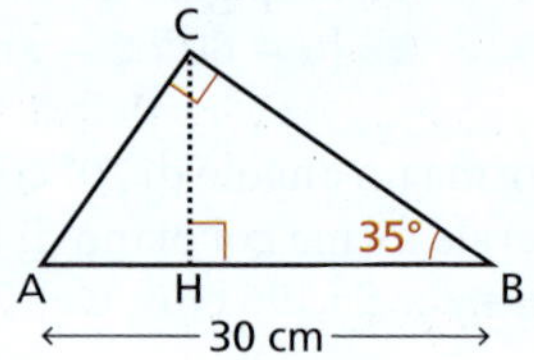

- **A** $\overline{AC} = 30 \sin 35°$
- **B** $\overline{BC} = 30 \cos 35°$
- **C** $\overline{AC} = \overline{BC} \tan 55°$
- **D** $\overline{CH} = 30 \cos 35° \cdot \sin 35°$
- **E** $\overline{AH} = \overline{AC} \cos 55°$

Risolvi il triangolo *ABC*, noti gli elementi indicati.

4 $\alpha = \dfrac{\pi}{2}$, $a = 41$, $c = 40$. $\left[b = 9; \beta = \arcsin \dfrac{9}{41}; \gamma = \arcsin \dfrac{40}{41}\right]$

5 $\alpha = 40°$, $\beta = 38°$, $b = 15$. $[a \simeq 15{,}7; c \simeq 23{,}8; \gamma = 102°]$

6 $a = 8$, $b = 21$, $\gamma = 15°$. $[c \simeq 13{,}4; \alpha \simeq 9°; \beta \simeq 156°]$

7 $b = 21$, $c = 35$, $\tan \beta = \dfrac{3}{4}$. $[a = 28; \alpha \simeq 53°; \gamma = 90°]$

8 $a = 7$, $b = 10$, $c = 16$. $[\alpha \simeq 16°; \beta \simeq 24°; \gamma = 140°]$

9 Determina l'elemento incognito nelle seguenti figure.

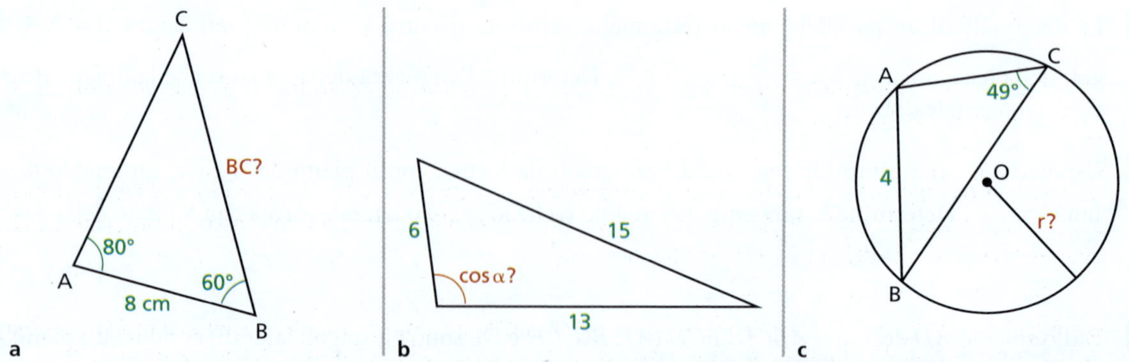

$[a)\ BC \simeq 12{,}3 \text{ cm};\ b)\ \cos\alpha \simeq -0{,}13;\ c)\ r \simeq 2{,}7]$

RISOLVERE PROBLEMI

10 Nel triangolo ABC, rettangolo in A, un cateto è lungo 20 cm e il coseno dell'angolo acuto a esso adiacente è 0,7. Determina l'area e il perimetro del triangolo. [204 cm^2; 68,97 cm]

11 In un triangolo ABC, $\widehat{A} = 30°$ e $\widehat{B} = 45°$. Essendo $AC = 20$ cm, calcola la lunghezza del lato AB. [$(10\sqrt{3} + 10)$ cm]

12 Le ampiezze degli angoli di un triangolo sono α, β, γ. Sapendo che $\cos\alpha = \frac{7}{25}$ e $\cos\beta = \frac{24}{25}$, calcola $\cos\gamma$, specificando se il triangolo è rettangolo, acutangolo o ottusangolo. [0; triangolo rettangolo]

13 In un triangolo rettangolo un cateto è i $\frac{7}{24}$ dell'altro e l'area è 756 cm^2. Determina i cateti e gli angoli acuti. [72 cm, 21 cm; 73,7°; 16,3°]

14 Calcola l'area di un rombo di lato 35 cm, sapendo che il coseno dell'angolo acuto è $\frac{7}{25}$. [1176 cm^2]

15 Calcola il perimetro e l'area di un trapezio isoscele, sapendo che la base maggiore è 90 cm, il lato obliquo 30 cm e l'angolo alla base ha il coseno uguale a $\frac{3}{5}$. [204 cm; 1728 cm^2]

16 In un parallelogramma un angolo misura 75°, un lato 15 e l'area $15\sqrt{3}$. Calcola la misura dell'altro lato. [$3\sqrt{2} - \sqrt{6}$]

17 Una circonferenza ha il diametro $\overline{AB} = 6$. Determina la misura della corda AC, sapendo che il suo prolungamento incontra in T la tangente alla circonferenza condotta per B e che $\overline{BT} = 3\sqrt{5}$. [4]

18 Nel triangolo ABC la bisettrice BP è lunga 78 cm, l'ampiezza dell'angolo $A\widehat{C}B$ è 24° e quella dell'angolo $A\widehat{B}C$ è 54°. Risolvi il triangolo. [$\widehat{A} = 102°$; $BC \simeq 149{,}03$ cm; $AC \simeq 123{,}26$ cm; $AB \simeq 61{,}97$ cm]

19 Un triangolo ABC è inscritto in una circonferenza; le misure dei lati AC e BC sono rispettivamente 5 e 3 e l'area è 6. Determina il raggio della circonferenza circoscritta. [due soluzioni: $\frac{5}{2}$; $\frac{5}{4}\sqrt{13}$]

20 In un triangolo ABC conosci il lato $AB = 35$ cm, l'angolo $A\widehat{B}C = 45°$ e la mediana $AM = 28$ cm. Calcola l'area e il perimetro del triangolo. [$S \simeq 936{,}6$ cm^2; $2p \simeq 167{,}3$ cm; oppure: $S \simeq 288{,}4$ cm^2; $2p \simeq 83{,}1$ cm]

21 Nel triangolo ABC i lati AB e BC sono lunghi rispettivamente 42 cm e 78 cm; la tangente dell'angolo $B\widehat{A}C$ è $-\frac{3}{2}$. Determina gli angoli, il terzo lato del triangolo e la mediana BN. [$\simeq 123{,}7°$; $\simeq 29{,}7°$; $\simeq 26{,}6°$; 46,44 cm; 58,18 cm]

22 In un triangolo rettangolo l'ipotenusa è lunga 20 dm e un angolo acuto ha ampiezza 27°. Calcola le proiezioni dei cateti sull'ipotenusa. [15,88 dm; 4,12 dm]

23 Inscrivi un triangolo ABC in una semicirconferenza di diametro $\overline{AB} = 4$ in modo che l'angolo in B risulti maggiore dell'angolo in A. Prolunga AC fino a intersecare in T la tangente in B alla circonferenza e trova per quali valori di $x = A\widehat{B}C$ si ha $3\overline{CT} + \sqrt{3}\,\overline{CB} = 2\overline{AC}$. [60°]

24 Un trapezio rettangolo $ABCD$ circoscritto a una circonferenza ha gli angoli retti in A e in D e l'angolo acuto in B è di 54°. Sapendo che il perimetro è $20\sqrt{5}$, calcola l'area e la lunghezza del lato obliquo BC. [$S = 50\sqrt{5}$; $BC = 10(\sqrt{5} - 1)$]

VERIFICA DELLE COMPETENZE

25 Le misure dei lati del trapezio scaleno $ABCD$ sono: base maggiore $\overline{AB} = 60$, base minore $\overline{CD} = 20$, lati obliqui $\overline{BC} = 20\sqrt{3}$ e $\overline{AD} = 20$. Determina gli angoli del trapezio, la sua area e la misura delle sue diagonali.
$[\widehat{A} = 60°, \widehat{B} = 30°, \widehat{C} = 150°, \widehat{D} = 120°; 400\sqrt{3}; 20\sqrt{7}, 20\sqrt{3}]$

26 Il triangolo PQR ha l'angolo in Q di 30° e la lunghezza del lato PQ è 120 cm. La mediana RM incontra PQ in M in modo che $R\widehat{M}Q = 110°$. Trova i lati e gli angoli incogniti.
[una soluzione accettabile: $QR \simeq 87{,}71$ cm; $PR \simeq 62{,}15$ cm; $P\widehat{R}Q \simeq 105°$]

27 Dimostra che tra l'angolo al vertice α di un triangolo isoscele e un suo angolo alla base β sussiste la relazione: $\cos\alpha = 1 - 2\cos^2\beta$. Se $\beta = \arcsin\frac{5}{13}$ e il lato è lungo 120 cm, trova la base e l'altezza del triangolo.
$\left[\frac{2880}{13}\text{ cm}; \frac{600}{13}\text{ cm}\right]$

RISOLVERE PROBLEMI CON EQUAZIONI E FUNZIONI

28 È dato il trapezio $ABCD$, di base maggiore AB, tale che l'angolo $B\widehat{C}D$ è di 120°, il triangolo HCB (con H piede della perpendicolare tracciata da D su AB) è rettangolo e l'altezza DH è lunga 4 cm. Indica con x l'angolo $D\widehat{A}B$ e determina l'area del trapezio. Trova poi per quale valore di x l'area è $\frac{80}{3}\sqrt{3}$ cm².
$\left[8\left(\frac{7}{3}\sqrt{3} + \cot x\right); 30°\right]$

29 Nel trapezio rettangolo $ABCD$ l'altezza AD e la base minore DC misurano 20 cm. Traccia da A e D le perpendicolari alla retta CB, che la intersechino rispettivamente in Q e in P. Determina $\overline{AQ}$, $\overline{DP}$ e $\overline{PQ}$ in funzione della misura x di $A\widehat{B}C$ e calcola x in modo che $\overline{AQ} = \sqrt{3}\,\overline{PD} + \overline{PQ}$.
$\left[\overline{AQ} = 20(\sin x + \cos x); \overline{DP} = 20\sin x; \overline{PQ} = 20\sin x; x = \frac{\pi}{6}\right]$

30 Nel trapezio rettangolo $ABCD$, di base maggiore AB e base minore DC, è $\overline{AD} = \overline{DC} = 8$. E e F sono le proiezioni sulla retta CB, rispettivamente, di D e A. Indica con x l'angolo $A\widehat{B}C$ e determina la funzione
$f(x) = \overline{AF} + \overline{DE} + \overline{EC}$.

a. Calcola per quali valori di x si ha: $f(x) = 8\sqrt{6}$.

b. Rappresenta graficamente $f(x)$ nell'intervallo in cui può variare x geometricamente.
(SUGGERIMENTO Trasforma l'espressione di $f(x)$ con il metodo dell'angolo aggiunto.)
$\left[f(x) = 16(\sin x + \cos x); \text{a) } x = \frac{\pi}{12} \vee x = \frac{5}{12}\pi\right]$

31 Nella figura la retta CE è tangente alla circonferenza che ha raggio 4. Studia, al variare dell'angolo x, la funzione

$$y = \frac{\overline{CD}}{\overline{AB}} + \frac{\overline{CE}}{\overline{EO}}$$

e disegnane il grafico, evidenziando il tratto che si riferisce al problema.
$\left[y = 2\sin 2x; 0 \le x \le \frac{\pi}{2} \wedge x \ne \frac{\pi}{4}\right]$

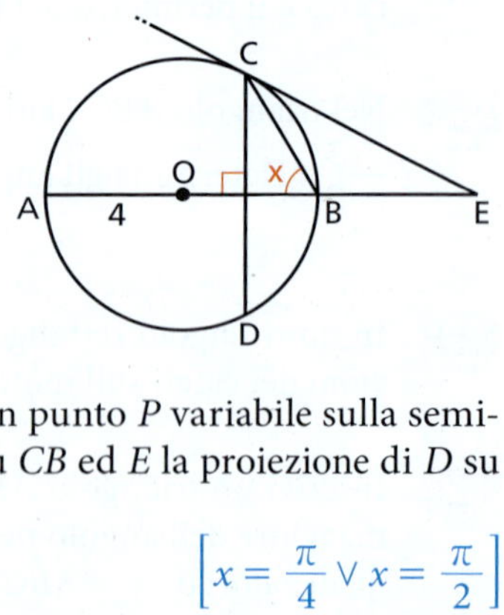

32 Nel triangolo ABC, rettangolo in C, l'area misura 24 e $\overline{AC} = 6$. Considera un punto P variabile sulla semicirconferenza di diametro CB esterna al triangolo. Sia D la sua proiezione su CB ed E la proiezione di D su AB. Posto $P\widehat{B}C = x$, trova per quali valori di x si ha:
$\overline{DB} + \overline{PD} + \frac{5}{2}\overline{AE} = 25$.
$\left[x = \frac{\pi}{4} \vee x = \frac{\pi}{2}\right]$

33 Nella semicirconferenza di diametro $\overline{AB} = 2$ traccia il punto C tale che $A\widehat{B}C = 60°$. Considera P sull'arco $\overset{\frown}{AC}$ e H proiezione di P su AC. Determina per quale posizione di P si ha: $\sqrt{3}\,\overline{AH} + \overline{PH} = 1$. (Poni $P\widehat{A}C = x$.)
$[x = 45°]$

34 È dato il quadrato $ABCD$ di lato 4 cm. Al suo interno traccia l'arco di circonferenza $\overset{\frown}{AC}$ con centro nel punto D. Considera un punto T dell'arco e la tangente in esso che incontra i lati del quadrato nei punti P e Q.

a. Scrivi $\overline{PQ}$ in funzione dell'angolo $A\widehat{D}T = 2x$.

b. Trova per quali valori di x si ha $\overline{PQ} = 8(\sqrt{2} - 1)$.

$\left[\text{a) } \overline{PQ} = 4\dfrac{1+\tan^2 x}{1+\tan x}; \text{ b) } x = \dfrac{\pi}{8}\right]$

35 Il triangolo rettangolo ABC ha l'ipotenusa BC lunga 16 cm e l'angolo $A\widehat{B}C = 60°$. Trova un punto Q sull'altezza AH relativa all'ipotenusa in modo che sia:

$$4\overline{QB}^2 + \frac{1}{6}\overline{AC}^2 = \overline{CQ}^2.$$

(Poni $Q\widehat{B}C = x$.)

$[x = 45°]$

36 P è un punto variabile su una semicirconferenza di raggio 2 e H la sua proiezione sul diametro AB.

a. Studia la funzione

$$f(x) = \overline{PH} + \overline{HB}$$

al variare dell'angolo $x = P\widehat{A}H$ e rappresenta il tratto di grafico che si riferisce al problema.

b. Trova per quali valori di x il valore della funzione è minore della misura del raggio.

$\left[\text{a) } f(x) = 2\sqrt{2}\sin\left(2x - \dfrac{\pi}{4}\right) + 2; \text{ b) } 0 \leq x < \dfrac{\pi}{8}\right]$

37 Il quadrilatero $ABCD$ è inscritto in una circonferenza e si conoscono:

$$\overline{AB} = \overline{DA} = 2, \quad \cos\widehat{A} = \cos\widehat{C} = 0.$$

a. Posto $B\widehat{D}C = x$, esprimi, in funzione di x, l'area del quadrilatero.

b. Calcola per quali valori di x l'area è $2 + \sqrt{3}$.

c. In corrispondenza di tali angoli determina la misura della diagonale AC.

$\left[\text{a) } 2(\sin 2x + 1); \text{ b) } \dfrac{\pi}{6}, \dfrac{\pi}{3}; \text{ c) } \sqrt{3} + 1\right]$

38 Un triangolo ABC ha l'angolo $\widehat{B}$ doppio dell'angolo $\widehat{C}$, e il lato AC misura 2.

a. Determina $\overline{AB}$ e $\overline{BC}$ in funzione dell'ampiezza x dell'angolo $\widehat{C}$.

b. Risolvi, limitatamente al problema, la disequazione:

$$\overline{AB} \geq \sqrt{2}.$$

c. Determina il valore di $\widehat{C}$ per cui $\overline{BC} = 2$.

$\left[\text{a) } \overline{AB} = \dfrac{1}{\cos x}, \overline{BC} = \dfrac{4\cos^2 x - 1}{\cos x}; \text{ b) } \dfrac{\pi}{4} \leq x < \dfrac{\pi}{3}; \text{ c) } \dfrac{\pi}{5}\right]$

39 È dato il trapezio rettangolo $ABCD$ la cui base minore AB misura l, l'angolo $A\widehat{B}C = \dfrac{2}{3}\pi$ e la diagonale $\overline{AC} = \sqrt{3} \cdot l$. Sull'altezza BH considera il punto P tale che $P\widehat{C}D = x$. In funzione di x determina l'espressione di $f(x) = \dfrac{\overline{PD}^2 - \overline{PB}^2}{l^2}$ e verifica che $f(x) > 0$ nei limiti imposti dal problema. Indipendentemente dal problema geometrico, risolvi la disequazione $f(x) \geq \dfrac{3}{4}$.

$\left[f(x) = \dfrac{\sqrt{3}}{2}\tan x + \dfrac{1}{4}, 0 \leq x \leq \dfrac{\pi}{3}; \dfrac{\pi}{6} + k\pi \leq x < \dfrac{\pi}{2} + k\pi\right]$

40 Determina i lati AC e CB nel triangolo ABC in cui sono noti: $AB = 10$ cm, $B\widehat{A}C = 45°$, $A\widehat{B}C = 30°$. Considera un punto P appartenente al lato AC e, posto $P\widehat{B}A = x$, risolvi la seguente equazione:

$$\overline{PA} + \overline{PB} = \frac{5}{3}\sqrt{2}(3 + \sqrt{3}).$$

Esprimi poi la funzione $f(x) = \dfrac{10\sqrt{2}}{\overline{PA}}$ e rappresentala su un periodo completo, indipendentemente dal problema geometrico.

$[AC = 5(\sqrt{6} - \sqrt{2})\text{ cm}, CB = 10(\sqrt{3} - 1)\text{ cm}; x = 15°; f(x) = \cot x + 1]$

COSTRUIRE E UTILIZZARE MODELLI

RISOLVIAMO UN PROBLEMA

London Eye

Paolo, Sandro e Rosa sono saliti sulla ruota panoramica di Londra e si tengono in contatto con i loro cellulari, dotati di altimetro e di livella digitale. Sandro e Paolo occupano due posti diametralmente opposti. A un certo punto i tre si scambiano nello stesso istante i seguenti messaggi:
Sandro: «Vedo Paolo perfettamente allineato con me lungo la direzione orizzontale».
Paolo: «Vedo Rosa sopra di me a un angolo di 30° sull'orizzontale».
Rosa: «Mi trovo a 120 metri di altezza rispetto al punto più basso della ruota!».
Qual è la distanza PR tra Paolo e Rosa?

► Esprimiamo *PR* in funzione del raggio.

Il triangolo PSR è rettangolo, in quanto inscritto in una semicirconferenza, $\overline{PS} = 2r$, quindi:

$$\overline{PR} = 2r\cos 30° = r\sqrt{3}.$$

► Calcoliamo la misura del raggio.

Scriviamo l'altezza di Rosa, ovvero il segmento HR, in funzione del raggio,

$$\overline{HR} = \overline{HT} + \overline{TR} = r + \overline{PR}\cdot\sin 30° = r\frac{2+\sqrt{3}}{2},$$

da cui, sapendo che $\overline{HR} = 120$:

$$r\frac{2+\sqrt{3}}{2} = 120 \rightarrow r = \frac{240}{2+\sqrt{3}} =$$
$$240(2-\sqrt{3}) \simeq 64,3.$$

► Ricaviamo *PR*.

Sostituiamo il valore del raggio:

$$\overline{PR} = r\sqrt{3} = 64,3\cdot\sqrt{3} \simeq 111,4.$$

La distanza tra Paolo e Rosa è di circa 111,4 metri.

41 **Proprietà privata** Alcune misure di una zona edificabile di forma triangolare sono riportate in figura. Il proprietario vuole dividere la zona in due parti in modo che le aree siano proporzionali ai numeri 1,5 e 2,5, mediante la linea di confine CD.

a. Calcola l'area della zona complessiva e quelle delle due parti.

b. Determina le coordinate di D e la misura di CD.

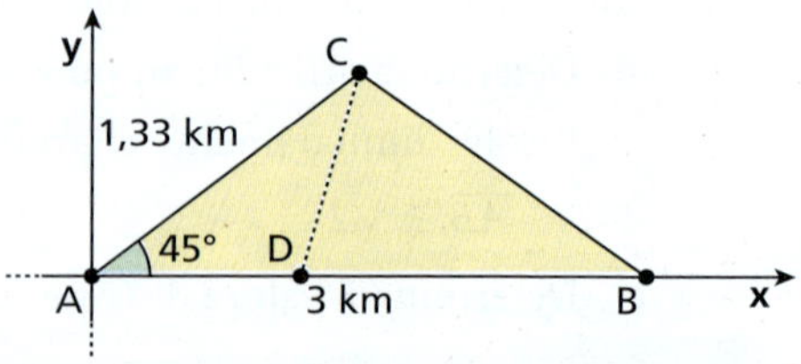

[a) $1,41\ km^2$; $0,53\ km^2$; $0,88\ km^2$; b) $D(1,27; 0)$; $0,99$ km]

42 **Congiunzioni astrali** Quando i primi tre pianeti del sistema solare sono allineati, si hanno le distanze: Sole-Mercurio $57,9\cdot 10^6$ km, Mercurio-Venere $39,1\cdot 10^6$ km, Venere-Terra $38,2\cdot 10^6$ km.

a. Calcola la distanza Mercurio-Venere nel momento in cui le due rette congiungenti i centri dei corpi Sole-Mercurio e Sole-Venere formano un angolo di 30°. (Approssima le orbite a circonferenze.)

b. Nel caso in cui le rette congiungenti i centri di Sole-Venere e Sole-Terra formino un angolo di 18°, determina l'angolo formato tra le congiungenti Sole-Venere e Venere-Terra.

[a) $55\cdot 10^6$ km; b) 127°]

VERIFICA DELLE COMPETENZE PROVE

1 ora

PROVA A

1 COMPLETA in riferimento alla figura.

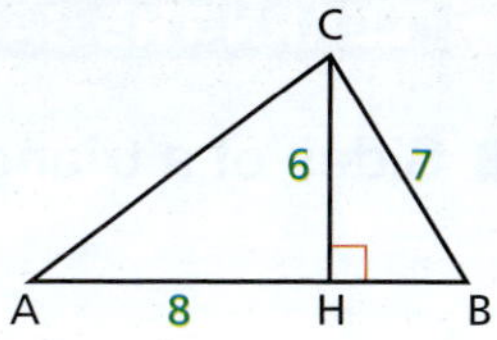

a. $\sin\widehat{B} = \square$

b. $\tan A\widehat{C}H = \square$

c. $\overline{AC}\sin\widehat{A} = \square \sin\widehat{B}$

d. $\sin C\widehat{A}H = \square$

e. $\cos H\widehat{C}B = \square$

f. perimetro di $ABC = \square$

2 In un triangolo rettangolo un cateto è lungo 72 cm ed è i $\frac{12}{13}$ dell'ipotenusa. Risolvi il triangolo.

3 In un triangolo isoscele il seno degli angoli alla base è uguale a $\frac{1}{5}$. Calcola il perimetro e l'area, sapendo che la base misura 40.

4 Risolvi il triangolo ABC, sapendo che:

a. $a = 3\sqrt{5}$, $b = 3$, $\cos\alpha = \frac{1}{4}$;

b. $a = 12$, $b = 17$, $c = 20$.

5 Nel triangolo ABC la bisettrice dell'angolo in C incontra il lato AB nel punto P tale che $PB = 70$ cm. Sapendo che $A\widehat{B}C = 40°$ e $A\widehat{C}B = 80°$, calcola perimetro e area del triangolo.

6 Il trapezio scaleno $ABCD$ è circoscritto a una circonferenza; gli angoli alla base maggiore sono $\widehat{A} = 75°$, $\widehat{B} = 45°$ e l'area è $\mathcal{A} = 32\sqrt{6}$. Calcola il raggio della circonferenza.

PROVA B

Il terrazzo Nell'appartamento di Barbara c'è un terrazzo della forma rappresentata in figura. La lunghezza dei due lati è $AB = 9$ m e $BC = 7$ m e il lato AB forma un angolo di 30° con la parete esterna AC.

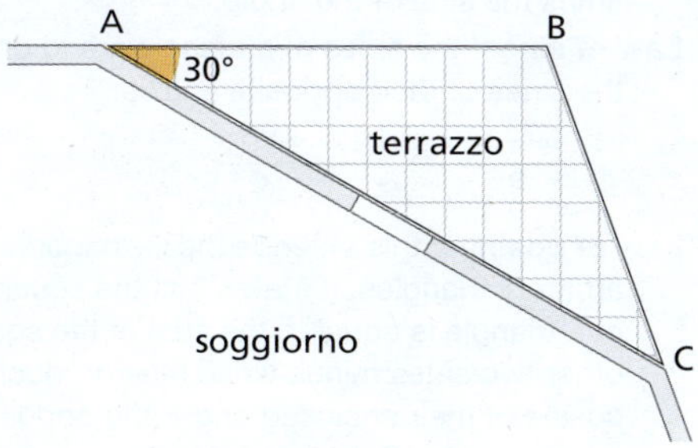

a. Qual è l'ampiezza dell'angolo che il lato BC forma con la parete AC? E di quello formato tra i due lati esterni?

b. Qual è la superficie del terrazzo?

c. Se si volesse che il terrazzo fosse di soli 20 m^2, quanto misurerebbe l'angolo formato dai due lati esterni? (Le misure di AB e di BC rimangono uguali.)

MATHS HIGHLIGHTS
TRIGONOMETRY

LEARN THE BASICS

Sides of a triangle

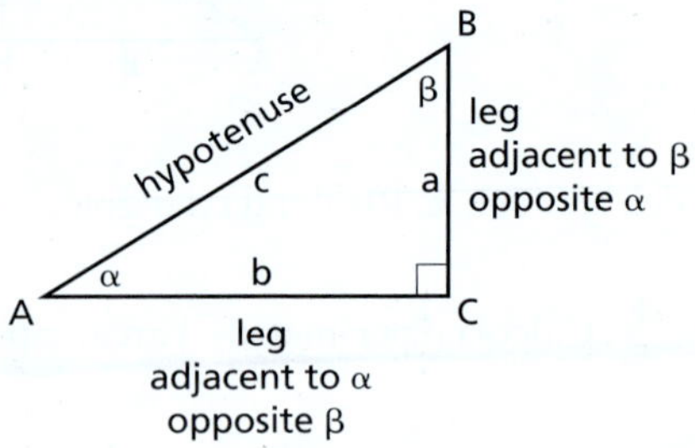

In a right triangle, the *hypotenuse* is the side opposite the right angle. It is always the longest side of a right triangle.
The *opposite leg* is the side opposite to the angle we are interested in, while the *adjacent leg* is the side next to the angle we are interested in.
For instance, if we look at angle α above, then *a* is the opposite side and *b* is the adjacent side.

Trigonometric functions

In a right triangle, the sine of an angle is the ratio of the length of the opposite side to the length of the hypotenuse.
The cosine of an angle is the ratio of the length of the adjacent side to the length of the hypotenuse: it is so called because it is the sine of the complementary angle, or co-angle.
The tangent of an angle is the ratio of the length of the opposite side to the length of the adjacent side.

Solving triangles

To solve a right triangle you have to know two elements, and one must be a side.
To solve an oblique triangle you have to know three elements, and one must be a side.
Given two sides *a* and *b* and the angle between the sides, the area of the triangle is given by half the product of the lengths of the two sides and the sine of the angle between them.

NUGGETS OF THEORY

Angle: the figure formed by two *rays*, called the *sides* of the angle, sharing a common endpoint, called the *vertex* of the angle. An angle can be:

- *acute* if it is less than 90°;
- a *right angle* if it is exactly 90°;
- *obtuse* if it is greater than 90° and less than 180°;
- a *straight angle* if it equals 180°.

Triangle: a polygon with three edges and three vertices. An *isosceles triangle* is a triangle with two sides of equal length; in a *right triangle*, one of the angles is a right angle. Triangles that are not right-angled are called *oblique* or *arbitrary* triangles.

Pythagorean theorem: the square of the length of the *hypotenuse* of a right triangle is equal to the sum of the squares of the lengths of the other two sides (*catheti* or *legs*).

SPEAK LIKE A MATHEMATICIAN

First theorem of right triangles: in a right triangle, a leg is the product of the hypotenuse and the sine of the opposite angle, or the product of the hypotenuse and the cosine of the adjacent acute angle.

Second theorem of right triangles: in a right triangle, a leg is the product of the other leg and the tangent of the opposite angle.

Chord theorem: if you inscribe any angle in a circle, the length of the chord it subtends is equal to the diameter times the sine of the angle.

Law of sines: the sides of a triangle are to one another as the sines of their opposite angles:

$$\frac{\sin A}{a} = \frac{\sin B}{b} = \frac{\sin C}{c}.$$

Law of cosines: this extends the Pythagorean theorem to arbitrary triangles. It states that the square of one side of a triangle is equal to the sum of the squares of the other two sides minus twice their product times the cosine of their enclosed angle (the opposite angle).
For instance: $a^2 = b^2 + c^2 - 2bc\cos\alpha$.

READ IT ALOUD

1 Read the above statements aloud. Then listen to the recording to see if you did well.

UP TO YOU

1 Write the correct name of the angles.

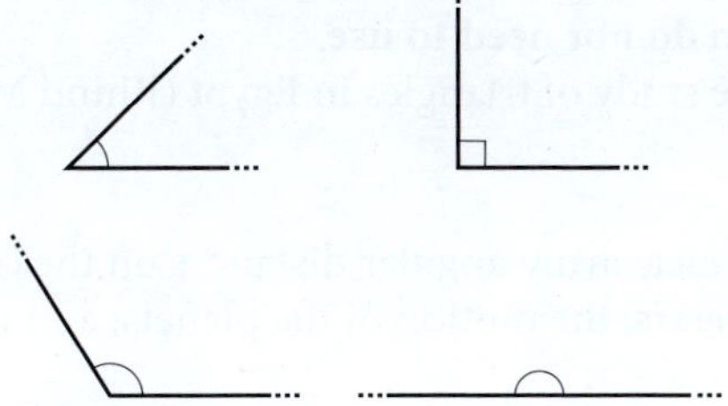

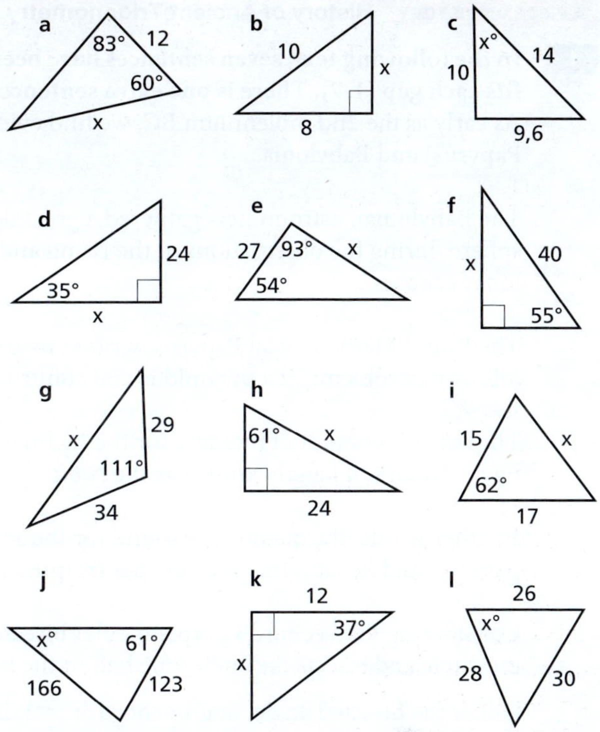

2 COMPLETE the table.

FUNCTION	DEFINITION	FORMULA
sin α		
___ α	adjacent side / hypotenuse	
___ α		$\frac{a}{b}$

3 In an isosceles triangle, the two equal sides measure 24 meters each and form an angle of 30°; the area of the triangle is:

A 1,300 m^2.
B 144 m^2.
C 249 m^2.
D impossible to calculate, because we have not enough data.

4 A pastry chef prepares 10 triangular cakes where two sides measure 45 cm and 32 cm. The angle between these two sides measures 75°. The pastry chef wants to use some wafer paper to decorate the cakes, which costs €1.70 per 100 cm^2. The cost of the decorations is:

A €1,180. B €11.80. C €118. D €6.95.

5 **Triangle game** Solve each triangle (**a-l**). Find the solution in one of the answer columns and note the words next to it. Write these words in the corresponding key box and learn an interesting fact about trigonometry.

40.1: a technique	6: is
19.8: trigonometry	32.8: to determine
52: unknown distances	16.6: two angles
67: enclosed distance	43: very useful
27.4: by measuring	9: an accessible
40: and	34.3: in triangulation

Keys box

a.	Trigonometry	g.	
b.	is	h.	
c.		i.	
d.		j.	
e.		k.	
f.		l.	

6 **Triangulation example** A person stands 8.5 m away from a street lamp and measures an angle of elevation of 36° from his horizontal line of sight to the top of the lamp. Assume that the person's eyes are at a vertical distance of 1.6 m from the ground. What is the height of the lamp? [7.8 m]

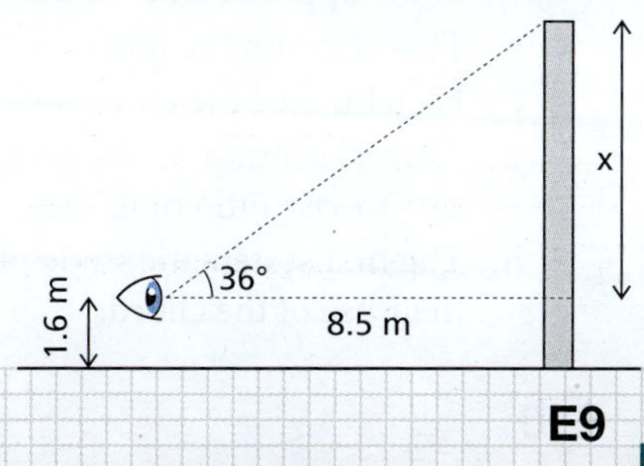

READING COMPREHENSION

A PIECE OF HISTORY History of Ancient Trigonometry

1 **In the following text, seven sentences have been removed. Choose from the sentences (a-h) the one which fits each gap (1-7). There is one extra sentence which you do not need to use.**

As early as the 2nd millennium BC, we find evidence of the study of triangles in Egypt (Rhind Mathematical Papyrus) and Babylonia.

1. ☐

The Babylonian astronomers gathered a great deal of data measuring angular distances on the celestial sphere during the observations of the rising and setting of stars, the motion of the planets, and the solar and lunar eclipses.

2. ☐

The Rhind Mathematical Papyrus, written by the Egyptian scribe Ahmes (ca.1680-1620 BC), contains the following problem: "If a pyramid is 250 cubits high and the side of its base is 360 cubits long, what is its *seked*?"

The *seked* was a unit of measure for the inclination of the triangular faces of a right pyramid based on the Egyptian unit of length, known as the *cubit*.

3. ☐

In other words, the quantity he found for the *seked* is the cotangent of the angle between the base of the pyramid and its face; that is to say the reciprocal of the tangent of the angle.

4. ☐

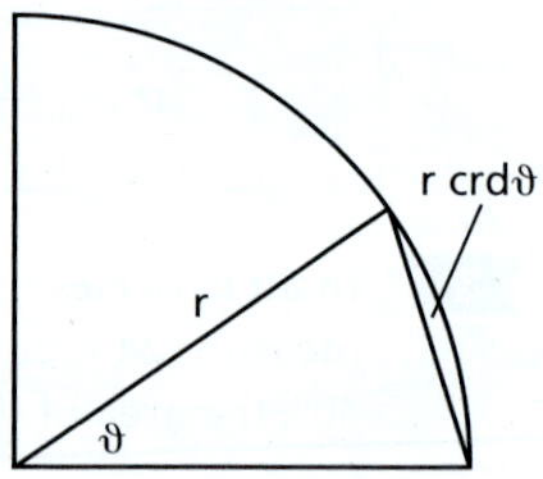

Considering that a chord's perpendicular bisector passes through the centre of the circle and bisects the angle, one half of the bisected chord is the sine of one half of the bisected angle, that is: chord $\vartheta = 2\sin\left(\frac{\vartheta}{2}\right)$. Consequently, the sine function is also known as the *half-chord*.

5. ☐

The first trigonometric table seems to have been compiled by Hipparchus of Nicaea (180-125 BC), who for this reason is known as "the father of trigonometry".

6. ☐

Hipparchus was not the first to use the 360° circle, but made wide use of it following Aristarchus' work *On the Sizes and Distances of the Sun and Moon* (ca. 260 BC), which considers the measure of an angle in terms of a fraction of a quadrant.

But it is in Ptolemy's *Almagest*, a fundamental work on astronomy written almost 150 years after Hipparchus' *Chords in a Circle*, that we find a systematic table of chords containing the lengths of chords of a circle of diameter 120 as a function of the number of degrees n in the corresponding arc of the circle, for n ranging from $\frac{1}{2}$ to 180 in increments of $\frac{1}{2}$.

7. ☐

Because the tables of both Hipparchus and Ptolemy have been lost, we know of theit existence from descriptions in the works of other ancient authors.

---

a. The Egyptians made different use of a primitive form of trigonometry.
b. Many modern trigonometric identities and theorems were already known to Hellenistic mathematicians in their equivalent chord form.
c. There was no solution to this problem until modern trigonometry was introduced.
d. These calculations are based on what is still known today as Ptolemy's theorem: the sum of the products of the opposite sides of a cyclic quadrilateral is equal to the product of the diagonals.
e. Theorems on the ratios of the sides of similar triangles had been known for many centuries.
f. He tabulated the corresponding values of arc and chord for a series of angles.
g. Ahmes' solution to the problem is the ratio of half the side of the base of the pyramid to its height, or the run-to-rise ratio of its face.
h. The first systematic study of trigonometric functions began with ancient Greek mathematicians and their use of the chord.

2 FIND THE MISTAKE in each sentence and correct it.

a. Egyptian mathematicians introduced a modern form of trigonometry by building pyramids.
b. The *seked* was an ancient Egyptian unit of measure for length.
c. The sine of one half of the bisected angle is twice the bisected chord.
d. Hipparchus was the first to introduce the 360° circle.
e. Ptolemy's theorem states that the product of the sums of the opposite sides of a cyclic quadrilateral is equal to the product of the diagonals.
f. The tables of neither Hipparchus nor Ptolemy have been lost.

3 **Calculating the "seked"** Look at the picture from the Rhind Mathematical Papyrus (problem 56). Calculate the seked and the measure of the angle that represents the slope of the pyramids.

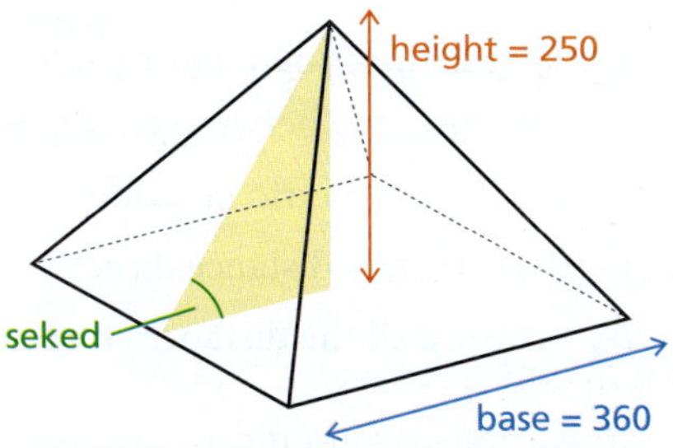

[seked 0.72, angle 54°]

4 **The twin obelisks** The Luxor Obelisk at the centre of the Place de La Concorde in Paris is over 3,000 years old and was originally situated outside of Luxor Temple, where its twin remains to this day. They are red granite columns and they rise to a height of almost 23 m, including the base. Calculate the difference in length of their shadows if the maximum angle of elevation of the Sun is 41.7° above the horizon in Paris and 64.7° in Luxor on the day of the spring equinox.

[15 m]

LISTENING COMPREHENSION

A PIECE OF HISTORY **Understanding Reality: the Contribution of Eastern Mathematics**

1 LISTEN **and complete with the correct words from the box.**

The decline of ancient Greece caused a stagnation in the development of maths in ________. So the study of trigonometric functions flourished thanks to Indian ________ studies carried out in the Gupta period. The Indian astronomer and mathematician Aryabhata (6th century AD) collected and expanded upon the developments of the *Siddhantas* (4th-5th century), in which the sine was first ________. In his *Arybhatiya* he also defined the ________.
In the 7th century, a formula for calculating the sine of an acute angle ________ the use of a table was produced by Bhaskara the First, and Brahmagupta redeveloped this into his ________ formula for computing sine values.
Another Indian author on trigonometry was Bhaskara II; in the 12th century he developed ________ trigonometry and discovered many trigonometric results, such as the ________ formulae.
During the ________, the study of trigonometry continued in Islamic mathematics, then returned to Europe in the Renaissance. Trigonometry finally reached its modern form with ________ (1748).

Europe, astronomical, defined, cosine, without, interpolation, spherical, addition, Middle Ages, Euler.

2 SPEAKING in pairs, list along a timeline the milestones in the history of Indian trigonometry.

MATHS ON VIDEO

Measuring large distances by triangulation

In this lesson we will take a closer look at a fundamental application of trigonometry: triangulation. This is a very useful way to measure distances when we can't do so directly because some distance is inaccessible. For this reason it is used in mapping and also in astronomy.

1 Triangulation can be used:

- **A** to measure either accessible or inaccessible distances.
- **B** in mapping but not in astronomy.
- **C** when all the distances are inaccessible.
- **D** if you can't measure any angle.

2 When you construct a triangle in order to calculate an inaccessible distance, it:

- **A** must be a right triangle.
- **B** can't be an oblique triangle.
- **C** can be a right triangle or an isosceles triangle.
- **D** can be any kind of triangle, depending on the number of angles/sides you can measure.

3 In triangulation, you do not:

- **A** use similarity between triangles.
- **B** use trigonometric functions.
- **C** measure any distance directly.
- **D** measure all the distances directly.

4 Measuring astronomical distances:

- **A** was impossible until the telescope was invented.
- **B** cannot be done with triangulation.
- **C** requires a baseline much greater than 10 m.
- **D** requires a baseline no greater than 10 m.

---

5 The Earth's orbit around the Sun has a diameter of about 186 million miles (300 million kilometers). By looking at a star one day and then looking at it again 6 months later, an astronomer can see a difference in the viewing angle for the star. With a little trigonometry, the different angles yield a distance. This technique works for stars within about 400 light years (1 l.y. $= 9.461 \cdot 10^{12}$ km) from Earth. What is the measure of the angle α under which a star can be seen?

$[(4{,}5 \cdot 10^{-6})°]$

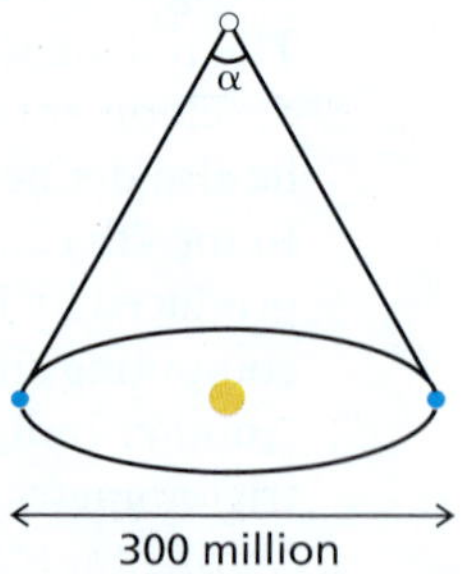

6 LEARNING BY DOING In small groups, construct an inclinometer and measure the height of your school. Discuss your results with the class.

WEB SEARCH

1 Ancient trigonometry was also practiced by **Aristarchus of Samos** and **Eratosthenes of Cyrene.** Search the web for information about their methods for calculating how much farther away the Sun is than the Moon or how big the Earth is, and explain what you find to your classmates.

2 Learn more about the history of trigonometry, in particular the Western contributions of **François Viète** and **John Napier**. Give a presentation to the class.

FINAL TEST

1 MATCH each half-sentence (**1-6**) to its mate (**a-f**).

1. In a right triangle, the sine of an angle is...
2. The area of a triangle can be calculated as...
3. The cosine of an angle is...
4. The law of cosines can be considered...
5. The sides of a triangle are to one another as...
6. The chord of a circle is equal to...

a. ...the *x*-component of a point on the standard unit circle.
b. ...an extension of the Pythagorean theorem.
c. ...the sines of their opposite angles.
d. ...twice the product of the radius and the sine of the angle subtended at the circumference.
e. ...half the product of the two sides times the sine of the included angle.
f. ...the ratio of the length of the opposite side to the length of the hypotenuse.

2 The fundamental difference between ancient and modern trigonometry is that in the past:

A there were no trigonometric tables.
B no trigonometric functions were defined.
C the chord function was used instead of the sine function.
D it was applied to real situations.

3 To solve a triangle you need:

A three elements, of which one is a side.
B two elements, of which one is a side.
C two elements, of which one is an angle.
D three angles.

4 The area of a rhombus whose side is 12 cm and whose obtuse angle is 140° is:

A 93 cm^2.
B 186 cm^2.
C 46.5 cm^2.
D 270 cm^2.

5 The value of x is:

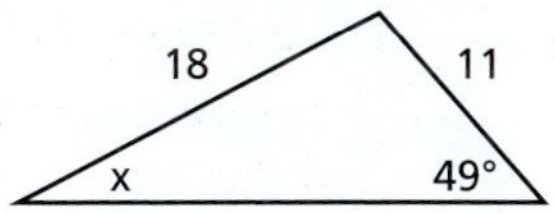

A 0.4°.
B 13.5°.
C 54°.
D 27°.

6 TRUE OR FALSE?

a. The *cubit* was an ancient Egyptian unit of measure for the inclination of the triangular faces of a right pyramid. T F
b. Ancient authors report that Ptolemy's and Hipparchus' works contained tables of chords. T F
c. Modern trigonometry was invented by Indian mathematicians. T F
d. The cosine function was introduced by Euler. T F
e. It is impossible to use triangulation to calculate astronomical distances. T F

7 WRITING Write a short text explaining how we can measure the height of an inaccessible object (max 20 lines).

Solve the problems and briefly describe how you solved them.

8 In literature we find different measurements for the Great Pyramid of Giza, also known as the Pyramid of Cheops. Today the pyramid is 137.0 m high with a base edge of 230.5 m, but originally it was a little larger. The original measurements were: base edge 232.7 m, height 146.6 m, and lateral edge 220.4 m. Calculate:

a. the original angle between the lateral edge and the base plane;
b. the original face to base angle of the pyramid.

[41.7°; 51.6°]

9 A group of students went to a park to practise their triangulation skills. They picked an object far away, set up a baseline, and measured the angle to their object at each end of the baseline (see diagram).
Their measurements are: $d = 25$ m, $\alpha = 75°$, $\beta = 50°$.
Calculate the distances AC and BC.

[23.4 m; 29.5 m]

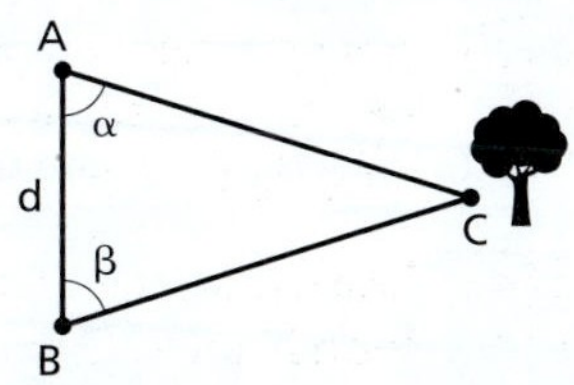

CAPITOLO 18 GEOMETRIA EUCLIDEA NELLO SPAZIO

1 Punti, rette, piani nello spazio

▶ Esercizi a p. 902

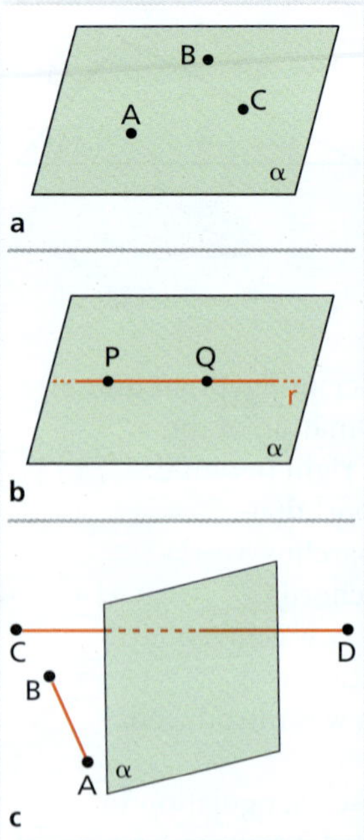

Gli enti fondamentali della geometria sono: il punto, la retta, il piano e lo spazio.

Indichiamo i punti con le lettere maiuscole *A*, *B*, *C*, ..., le rette con le lettere minuscole *a*, *b*, *c*, ..., i piani con le lettere minuscole dell'alfabeto greco α, β, γ, ...

Nello spazio studieremo le **figure solide**, o **solidi**, cioè le figure formate da un insieme di punti che non appartengono tutti a uno stesso piano.

Alcuni postulati dello spazio

1. Per tre punti non allineati passa uno e un solo piano (figura **a**).
2. Fissati due punti in un piano, la retta passante per i due punti giace interamente sul piano (figura **b**).
3. **Postulato di partizione dello spazio.** Un qualunque piano divide l'insieme dei punti dello spazio che non gli appartengono in due regioni dette **semispazi** con le seguenti proprietà:
   - due punti qualsiasi della stessa regione sono gli estremi di un segmento che non interseca il piano;
   - due punti qualsiasi di regioni diverse sono gli estremi di un segmento che interseca il piano (figura **c**).

   Il piano si dice **origine** dei semispazi.

Posizione di due rette nello spazio

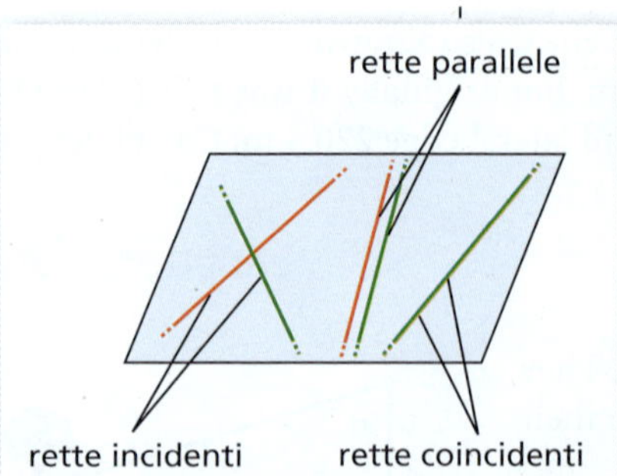

Due rette nello spazio sono **complanari** quando appartengono allo stesso piano.

Due rette complanari possono essere: **incidenti** se si intersecano in un solo punto, **parallele distinte** se non si intersecano, **parallele coincidenti** se hanno in comune tutti i punti.

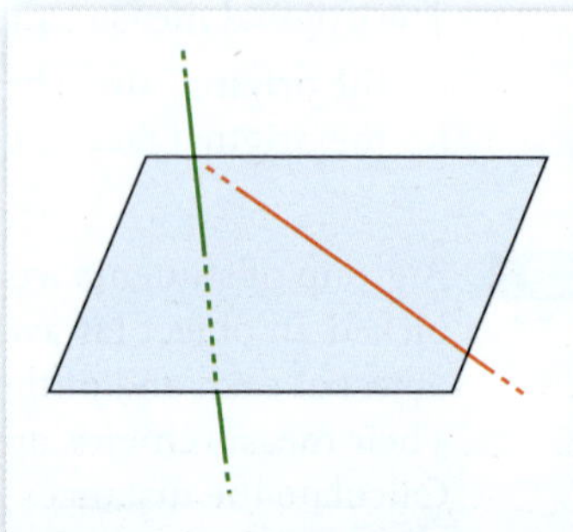

Due rette sono **sghembe** se non sono complanari.

Si può dimostrare che due rette sghembe non hanno punti in comune.

Ricordiamo che un **fascio proprio** di rette è l'insieme di tutte le rette complanari che passano per uno stesso punto *P*, detto *centro del fascio*. Un **fascio improprio** è l'insieme di tutte le rette complanari parallele tra loro.
Definiamo **stella di centro *P*** l'insieme di tutte le rette dello spazio passanti per il punto *P*.

Listen to it

In Euclidean space, two lines that don't intersect are **parallel** if they are contained in a plane, or **skew** if they are not.

Posizione di due piani nello spazio

Dimostriamo un teorema che ci permette di studiare le posizioni reciproche di due piani.

TEOREMA

Due piani distinti, che si intersecano in un punto, hanno in comune una retta che passa per quel punto.

DIMOSTRAZIONE

Consideriamo due piani α e β che si intersecano in un punto *P*. Scegliamo due punti *A* e *B* sul piano α in regioni opposte rispetto al piano β. Per il postulato di partizione dello spazio, il segmento *AB* interseca il piano β in un punto *C*. Il punto *C* appartiene anche al piano α, perché per il postulato 2 tutta la retta *AB* appartiene ad α.
I punti *P* e *C* appartengono a entrambi i piani, quindi la retta *r* passante per *P* e *C* appartiene anch'essa a entrambi i piani.
I due piani non possono avere altri punti in comune oltre a quelli di *r*. Infatti, se avessero in comune tre punti non allineati, i due piani coinciderebbero per il postulato 1, ma questo va contro l'ipotesi che i due piani siano distinti.

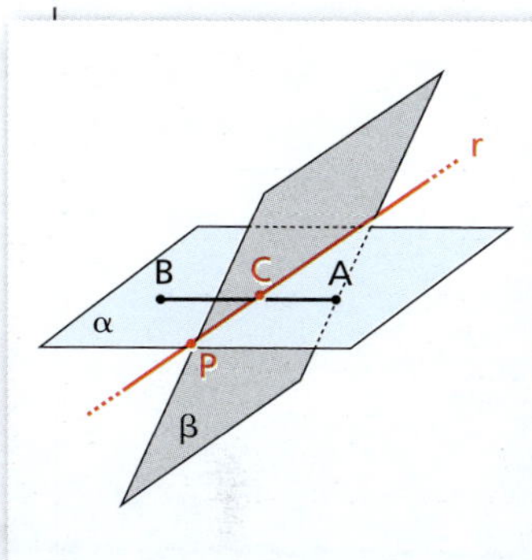

In conseguenza di questo teorema, due piani distinti o hanno in comune una retta o non hanno alcun punto in comune. Se hanno in comune una retta, sono **incidenti**. Se non hanno punti in comune, oppure se sono coincidenti, i due piani sono **paralleli**.

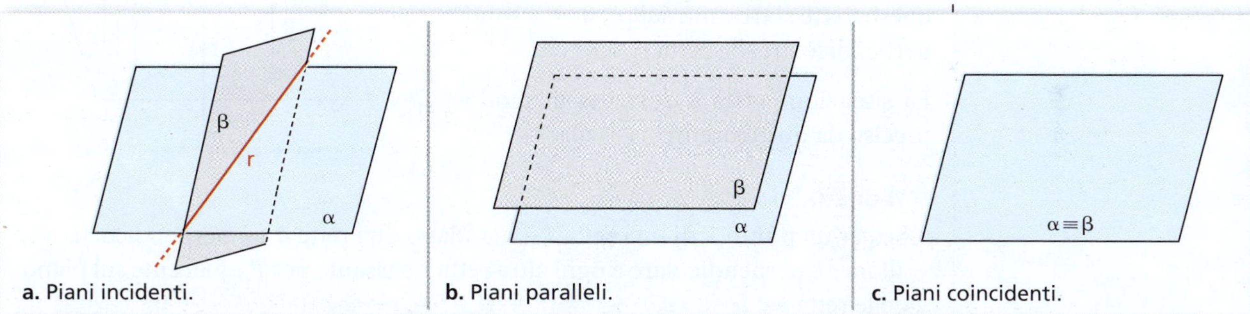

a. Piani incidenti. **b.** Piani paralleli. **c.** Piani coincidenti.

La relazione di parallelismo fra piani gode delle proprietà riflessiva, simmetrica e transitiva, come la relazione di parallelismo fra rette:

- proprietà riflessiva: ogni piano è parallelo a se stesso (α // α);
- proprietà simmetrica: se α // β, è anche β // α;
- proprietà transitiva: se α // β e β // γ, allora α // γ.

Un insieme di piani paralleli è un **fascio improprio** di piani. Un insieme di piani che hanno in comune una stessa retta *r* è un **fascio proprio** di piani di asse *r*. Un insieme di piani che passano per uno stesso punto *P* è una **stella di piani**.

Posizione di una retta e di un piano

Per il postulato 2, se una retta ha due punti in comune con un piano, allora giace su quel piano. Pertanto, dati una retta e un piano, sono possibili solo tre casi:

- tutti i punti della retta appartengono al piano, ossia essa è **giacente** sul piano (o **appartenente** al piano);
- la retta ha un solo punto in comune con il piano, ossia è **incidente** al piano;
- la retta non ha alcun punto in comune con il piano.

Quando una retta giace su un piano, o non ha alcun punto in comune con esso, si dice che la retta è **parallela** al piano.

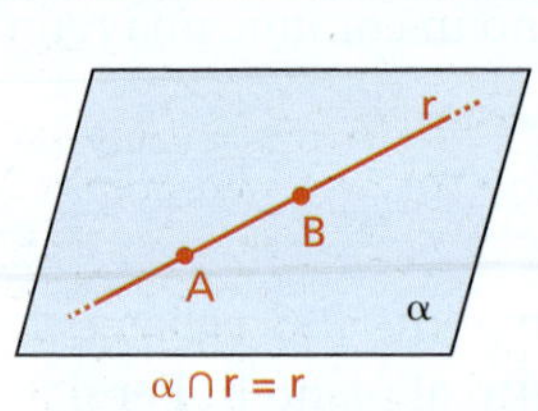

a. La retta *r* è giacente sul piano α.

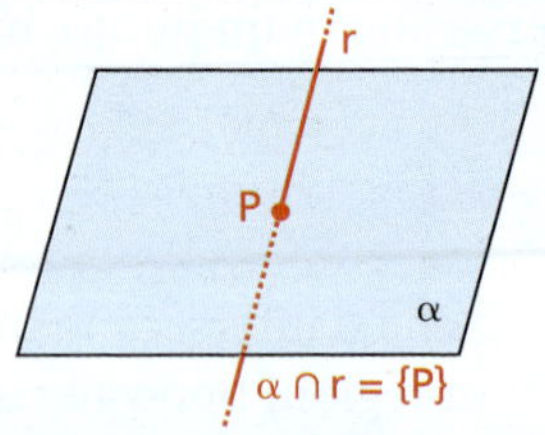

b. La retta *r* è incidente al piano α.

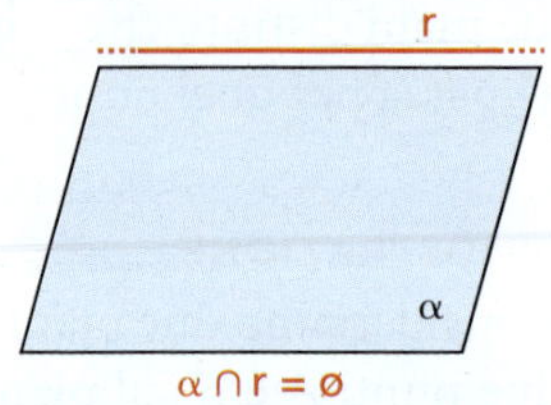

c. La retta *r* non ha punti in comune con il piano α.

2 Perpendicolarità e parallelismo

Perpendicolarità tra retta e piano

Esercizi a p. 903

Se appoggiamo un quaderno sul banco, come nella figura, e sfogliamo alcune pagine possiamo osservare che ogni pagina del quaderno è appoggiata su un bordo che associamo a una retta e inoltre tutte queste rette si trovano sul piano α e sono perpendicolari alla retta *r*.

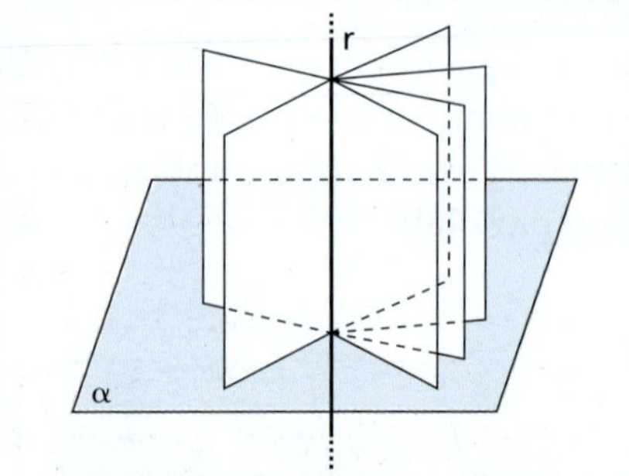

La situazione vista è descritta in modo preciso da due teoremi.

TEOREMA

Se per un punto *P* di una retta *s* si mandano due rette *a* e *b* perpendicolari a *s*, allora *s* è perpendicolare a ogni altra retta *r* passante per *P* e giacente sul piano delle rette *a* e *b*.

DIMOSTRAZIONE

Consideriamo *P* su una retta *s* e due rette *a* e *b* passanti per *P* e perpendicolari a *s*; chiamiamo α il piano su cui giacciono le rette incidenti *a* e *b*. Su *s* prendiamo *M* e *N* in semispazi opposti rispetto ad α e tali che $PM \cong PN$.
Disegniamo una qualunque retta $r \in \alpha$ e passante per *P*; prendiamo un punto *A* sulla retta *a* e un punto *B* sulla retta *b* in modo che la retta *AB* intersechi *r* nel punto *R*. Nel triangolo *MNA* il segmento *AP* è altezza e mediana della base *MN*, pertanto *MNA* è isoscele su tale base e quindi $AM \cong AN$. In modo simile si dimostra che *MNB* è isoscele e $BM \cong BN$.

I triangoli ABM e ABN hanno:

- AB in comune;
- $AM \cong AN$ e $BM \cong BN$.

Quindi per il terzo criterio sono congruenti e in particolare $A\widehat{B}M \cong A\widehat{B}N$.

I triangoli RBM e RBN hanno:

- RB in comune;
- $R\widehat{B}M \cong R\widehat{B}N$ e $BM \cong BN$.

Pertanto sono congruenti per il primo criterio. In particolare hanno $RM \cong RN$.

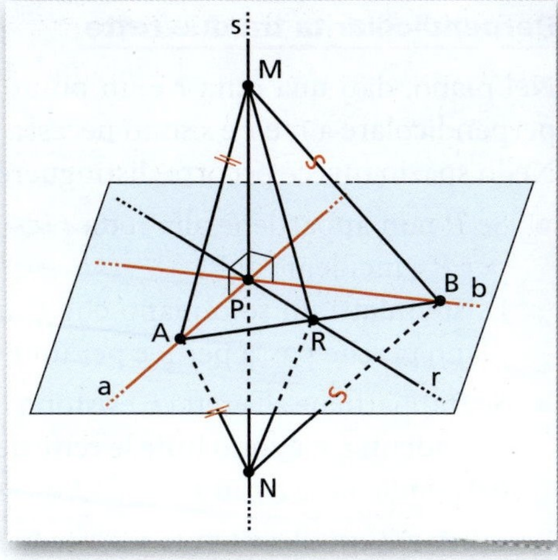

Il triangolo MRN è dunque isoscele sulla base MN; poiché RP è mediana di MN, allora è anche altezza. Concludiamo che r è perpendicolare a s.

TEOREMA

Le perpendicolari a una retta s condotte per un suo punto P giacciono tutte nello stesso piano.

Animazione

Nell'animazione dimostriamo il teorema, ragionando per assurdo.

I teoremi precedenti giustificano la seguente definizione.

DEFINIZIONE

Una **retta** è **perpendicolare a un piano** se è incidente al piano e perpendicolare a tutte le rette del piano passanti per il punto di incidenza. Il punto di incidenza si chiama **piede** della perpendicolare.

Una retta incidente ma non perpendicolare a un piano si chiama **obliqua**.

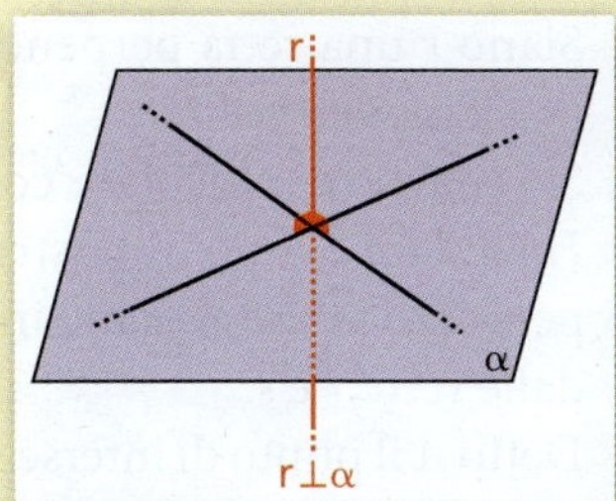

Listen to it

A line is **perpendicular** to a plane if it is perpendicular to all lines in the plane that it intersects.

Per affermare che una retta è perpendicolare a un piano, in base ai teoremi appena dimostrati, è sufficiente verificare che essa è perpendicolare a due qualsiasi rette del piano passanti per il punto di incidenza.

Si può dimostrare che:

- dati un piano α e un punto P, esiste ed è unica la retta r passante per il punto e perpendicolare al piano (figura **a**);
- dati una retta r e un punto P, esiste ed è unico il piano perpendicolare a r e passante per P (figura **b**).

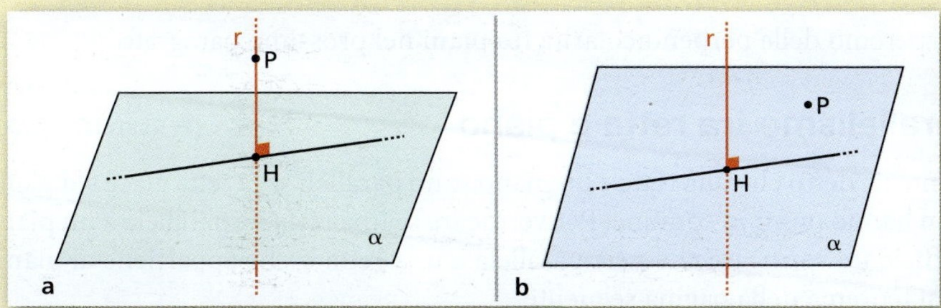

TEORIA

Perpendicolarità tra due rette

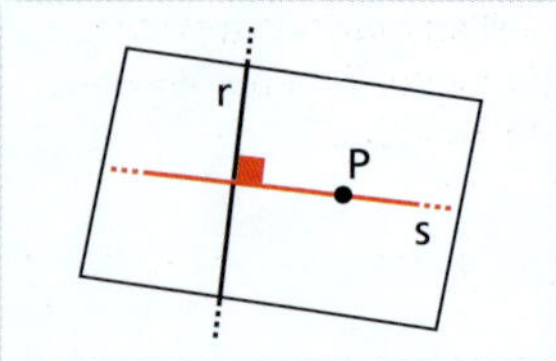

Nel piano, dati una retta r e un punto P, esiste una sola retta s passante per P e perpendicolare a r, e r e s sono necessariamente incidenti.
Nello spazio invece occorre distinguere due casi.

- Se P non appartiene alla retta r, esiste un'unica perpendicolare s a r passante per P e incidente a r.
  Esiste infatti un solo piano che contiene P e r e la perpendicolare s giace sul piano perché passa per P e per un punto di r.
- Se P appartiene alla retta r, esistono infinite rette passanti per P e perpendicolari e incidenti a r, e sono tutte le rette del fascio di centro P che giacciono sul piano perpendicolare a r in P.

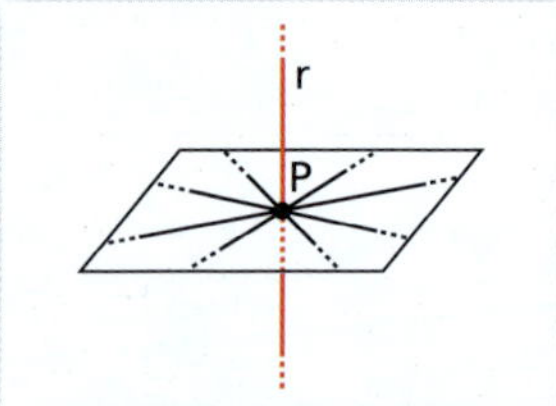

Esaminiamo ora il seguente teorema, che riguarda la perpendicolarità delle rette nello spazio.

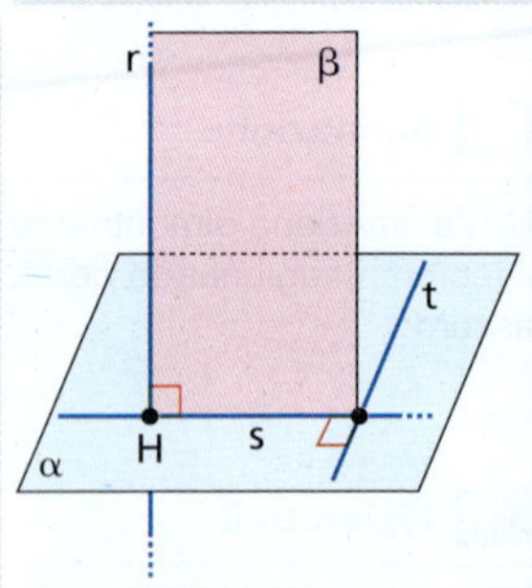

TEOREMA

Teorema delle tre perpendicolari
Se dal piede di una perpendicolare a un piano si manda la perpendicolare a una qualunque retta del piano, quest'ultima risulta perpendicolare al piano delle prime due.

DIMOSTRAZIONE

Siano r una retta perpendicolare a un piano α e t una retta di α non passante per il piede H di r.

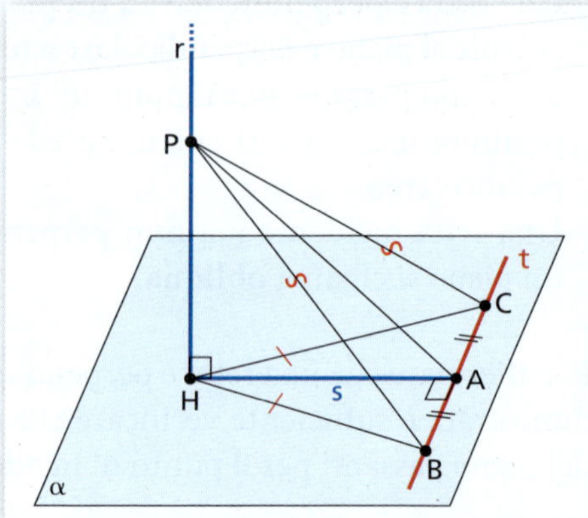

Sia s la perpendicolare condotta da H a t. Dobbiamo dimostrare che t è perpendicolare al piano individuato dalle rette r e s.
Detto A il punto di intersezione delle rette s e t, preso un generico punto P su r, dimostriamo che t è perpendicolare alla retta PA.
Consideriamo dunque sulla retta t i segmenti $AB \cong AC$ da parti opposte rispetto ad A e congiungiamo B e C con H e P. Poiché H è sull'asse di BC, $HB \cong HC$.
I triangoli rettangoli PHB e PHC sono allora congruenti e quindi $PB \cong PC$.
Il triangolo BPC è isoscele, dunque la mediana PA è perpendicolare a BC, e cioè la retta PA è perpendicolare alla retta t.
Concludiamo allora che la retta t è perpendicolare al piano individuato da PA e HA, e cioè al piano formato dalle rette r e s.

Ci occuperemo della perpendicolarità tra piani nel prossimo paragrafo.

Parallelismo tra retta e piano

▶ Esercizi a p. 905

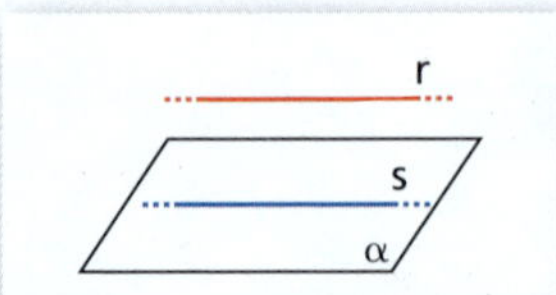

Abbiamo già detto che una retta e un piano sono paralleli se la retta giace sul piano o se non hanno punti in comune. Per verificare se una retta r è parallela a un piano α è sufficiente verificare che r sia parallela a una retta s che appartiene al piano, grazie al teorema della pagina seguente.

TEOREMA

Dati una retta r e un piano α, se r è parallela a una retta s giacente su α, allora r è parallela ad α.

Animazione

Nell'animazione trovi la dimostrazione per assurdo del teorema.

Si possono inoltre dimostrare le seguenti proprietà.

- Data una retta r parallela a un piano α, ogni altro piano non parallelo ad α e contenente r interseca il piano α in una retta s, parallela a r.
- Se due rette incidenti r e s sono parallele al piano α, allora il piano β che r e s individuano è parallelo ad α (figura **a**).
- Le intersezioni tra un piano e due piani paralleli sono rette parallele (figura **b**).
- Dati un piano α e un punto P non appartenente ad α, esiste ed è unico il piano β passante per P e parallelo ad α.
- Due rette parallele a una terza retta sono parallele tra loro.

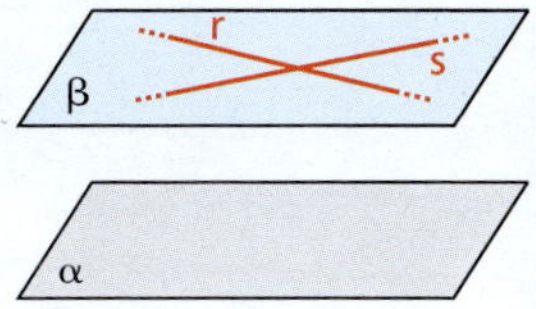

a

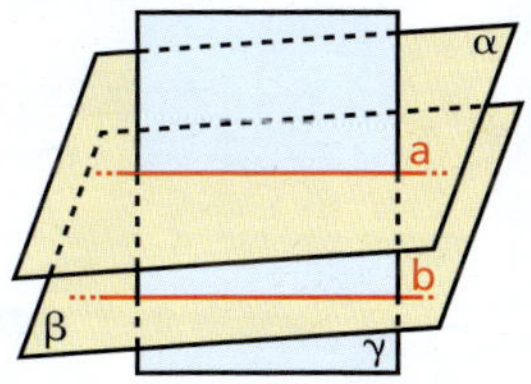

b

Perpendicolarità e parallelismo

Per la perpendicolarità e il parallelismo di rette, si può dimostrare che:

- due rette perpendicolari a uno stesso piano sono parallele fra loro;
- se due rette sono parallele, ogni piano perpendicolare all'una è perpendicolare anche all'altra.

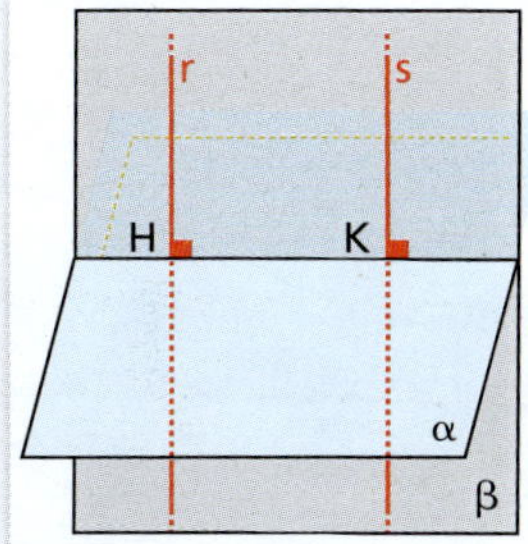

A differenza di quanto accade nella geometria del piano, nello spazio **non** è vero che due rette perpendicolari a una stessa retta sono parallele.
Nella figura a lato $a \perp b$ e $b \perp c$, ma non è vero che $a \parallel c$.

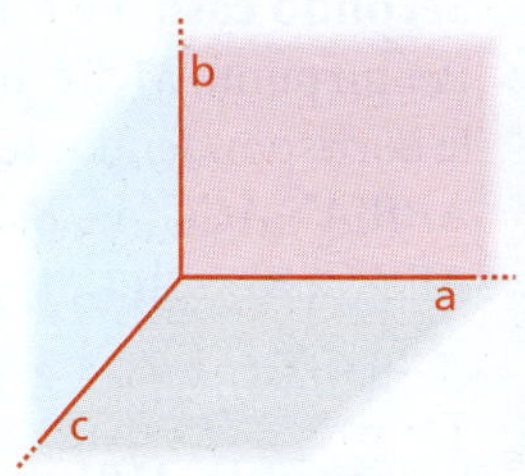

▶ Due rette perpendicolari a una stessa retta possono essere parallele? E sghembe? Disegna degli esempi.

Per la perpendicolarità e il parallelismo di piani, si può dimostrare che:

- se due piani sono perpendicolari a una stessa retta in punti distinti, allora sono paralleli.
- se due piani sono paralleli, allora ogni retta perpendicolare all'uno è perpendicolare anche all'altro.

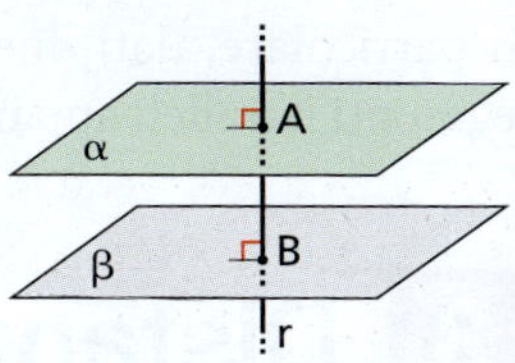

Teorema di Talete nello spazio

Il teorema di Talete visto nel piano si può generalizzare nello spazio al caso di un insieme di piani paralleli e due rette **trasversali**, cioè due rette non parallele ai piani che quindi li intersecano tutti.

TEOREMA

Teorema di Talete nello spazio

Un fascio di piani paralleli intersecati da due trasversali intercetta su di esse segmenti corrispondenti proporzionali.

DIMOSTRAZIONE

Si possono presentare due casi.

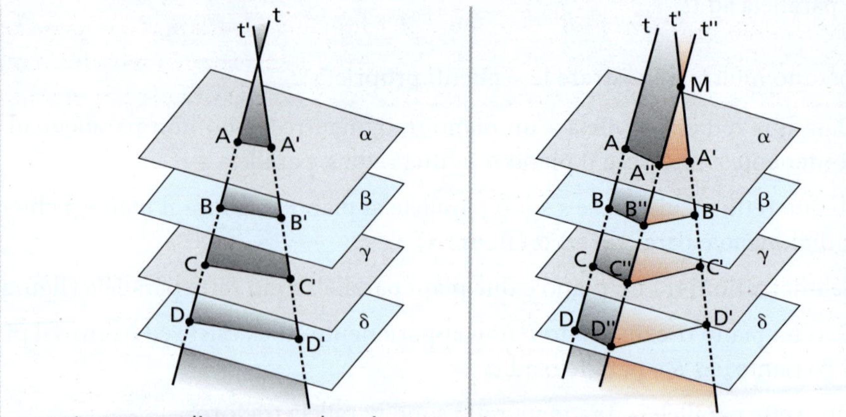

a. Le trasversali sono complanari. **b.** Le trasversali sono sghembe.

Primo caso: t e t' sono complanari (figura **a**).
Il piano delle rette t e t' interseca i piani del fascio formando il fascio di rette parallele $AA' \parallel BB' \parallel CC' \parallel \ldots$ di cui t e t' sono trasversali, quindi per il teorema di Talete nel piano:

$$AB : BC = A'B' : B'C', \quad AC : BC = A'C' : B'C', \ldots$$

Secondo caso: t e t' sono sghembe (figura **b**).
Per un punto M di t' tracciamo la retta t'' parallela a t e indichiamo con A'', B'', C'', … le corrispondenti intersezioni con i piani α, β, γ, … Otteniamo i parallelogrammi $ABB''A''$, $ACC''A''$, $BCC''B''$, …, quindi $AB \cong A''B''$, $AC \cong A''C''$, $BC \cong B''C''$, …
Alle trasversali t', t'' possiamo applicare il teorema di Talete nel piano:

$$A''B'' : B''C'' = A'B' : B'C', \quad A''C'' : B''C'' = A'C' : B'C', \ldots$$

Sostituendo $A''B''$ con AB, $A''C''$ con AC, …, deduciamo le proporzioni:

$$AB : BC = A'B' : B'C', \quad AC : BC = A'C' : B'C', \ldots$$

Il teorema è pertanto dimostrato.

In particolare, dati due piani paralleli e due rette parallele che li intersecano, i segmenti paralleli appartenenti alle rette e compresi fra i piani sono congruenti.

3 Distanze e angoli nello spazio

Distanze nello spazio

▶ Esercizi a p. 906

Distanza di un punto da un piano

Se da un punto P mandiamo la perpendicolare a un piano α, l'intersezione H della retta con il piano è la **proiezione ortogonale** di P su α.

Dati un piano e un punto, definiamo la **distanza del punto dal piano** come la lunghezza del segmento che ha per estremi il punto e il piede della perpendicolare al piano passante per il punto. Nella figura della pagina seguente, PH è la distanza di P da α. Se il punto P appartiene al piano, la distanza è nulla.

Osserviamo che la distanza di un punto P da un piano è sempre minore della distanza di P da qualsiasi altro punto del piano diverso dalla proiezione di P. Nella figura, $PH < PM$.

Se proiettiamo tutti i punti di una figura $\mathcal{F}$ sul piano α, otteniamo la proiezione $\mathcal{F}'$ di $\mathcal{F}$. In particolare la **proiezione di una retta** su un piano è una retta, a meno che la retta non sia perpendicolare al piano α, in tal caso la sua proiezione si riduce a un punto.

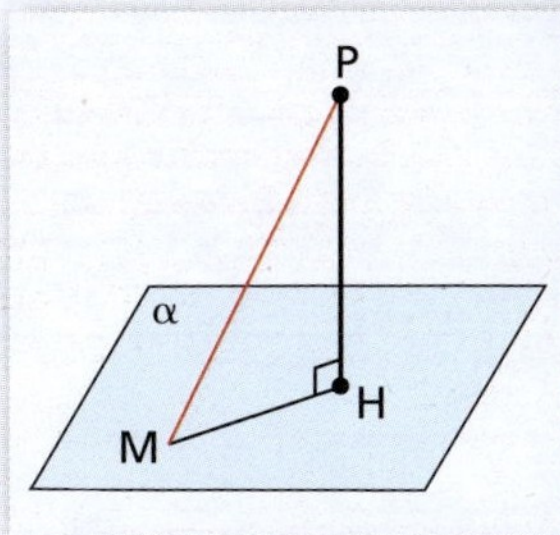

Distanza tra retta e piano paralleli

Se una retta è parallela a un piano, i suoi punti sono *equidistanti* dal piano stesso: tale distanza si chiama **distanza della retta dal piano**.

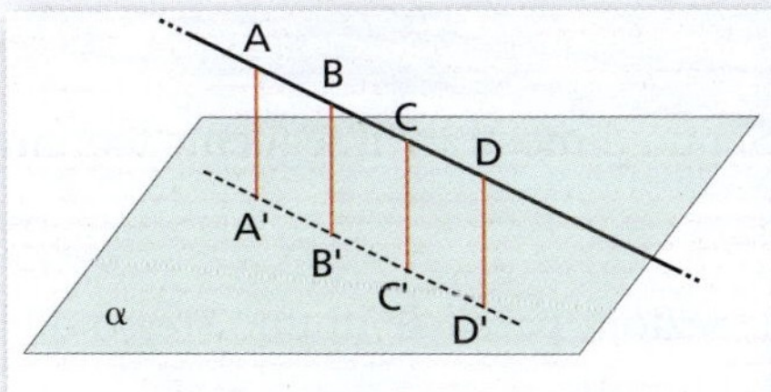

$AA' \cong BB' \cong CC' \cong DD' \cong \ldots$

Distanza tra due rette sghembe

Date due rette sghembe, si può dimostrare che esiste sempre un'*unica retta perpendicolare* a entrambe. Il segmento che congiunge i due punti di intersezione di tale perpendicolare con le rette è minore di ogni altro segmento che congiunge un punto di una retta con un punto dell'altra. Tale segmento è detto **distanza fra le due rette sghembe**.

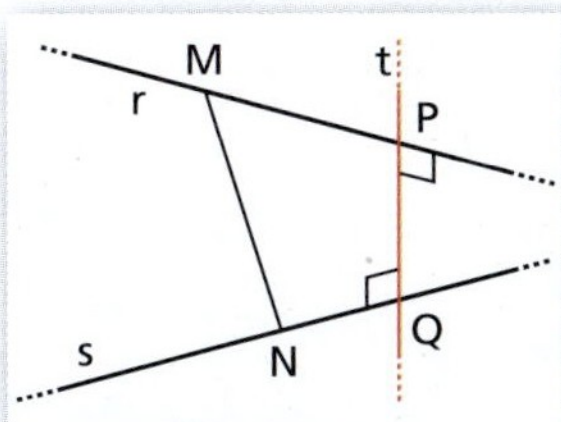

$PQ < MN$

Distanza tra due piani paralleli

Abbiamo detto che, dati due piani paralleli, una retta perpendicolare a uno di essi è perpendicolare anche all'altro. Inoltre, scelte due rette perpendicolari a due piani paralleli, il segmento intercettato dai due piani sull'una è congruente a quello intercettato sull'altra. Definiamo allora come **distanza fra due piani paralleli** la lunghezza del segmento intercettato dai due piani su una qualunque retta a essi perpendicolare.

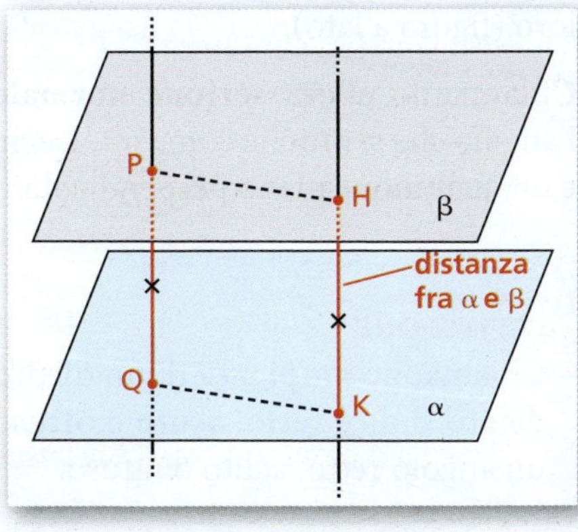

Diedri e piani perpendicolari

▶ Esercizi a p. 907

Introduciamo il concetto di diedro, che estende allo spazio il concetto di angolo nel piano e che ci servirà per definire la perpendicolarità fra piani.

DEFINIZIONE

Dati nello spazio due semipiani aventi la stessa retta origine, chiamiamo **diedro** ognuna delle due parti (compresi i semipiani) in cui essi dividono lo spazio.

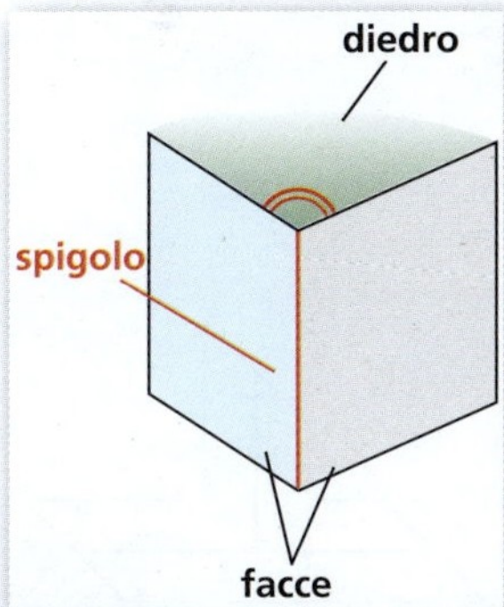

La retta origine dei semipiani si chiama **spigolo** del diedro e i semipiani si chiamano **facce** del diedro.

Due semipiani non complanari, aventi la stessa retta origine, individuano sempre due diedri, uno **concavo** e uno **convesso**.

Listen to it

Two half-planes, called **sides**, emanating from the same line, called the **edge**, divide the space into two **dihedral angles**.

DEFINIZIONE

Una **sezione di un diedro** è l'angolo che si ottiene come intersezione fra il diedro e un qualunque piano non parallelo allo spigolo che interseca il suo spigolo.

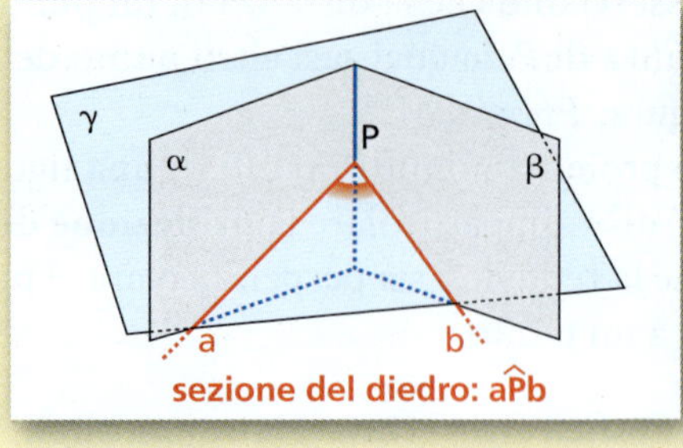

Si può dimostrare il seguente teorema.

Animazione

Nell'animazione c'è la dimostrazione del teorema.

TEOREMA

Sezioni parallele di uno stesso diedro sono congruenti.

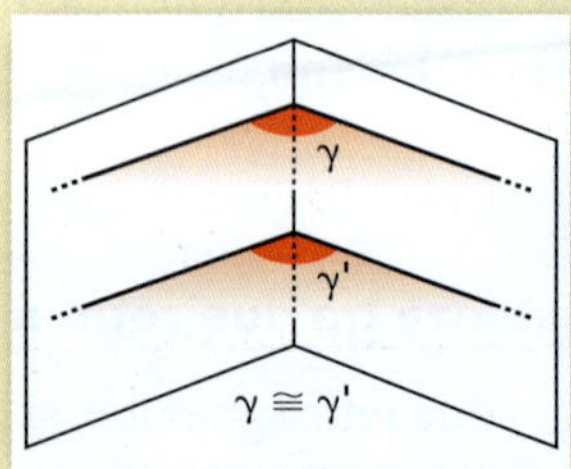

Una conseguenza del teorema è che se intersechiamo un diedro con piani perpendicolari allo spigolo, gli angoli che otteniamo sui piani sono congruenti fra loro (figura a lato).

Chiamiamo allora **sezione normale** di un diedro l'angolo che si ottiene come intersezione fra il diedro e un qualunque piano perpendicolare al suo spigolo.

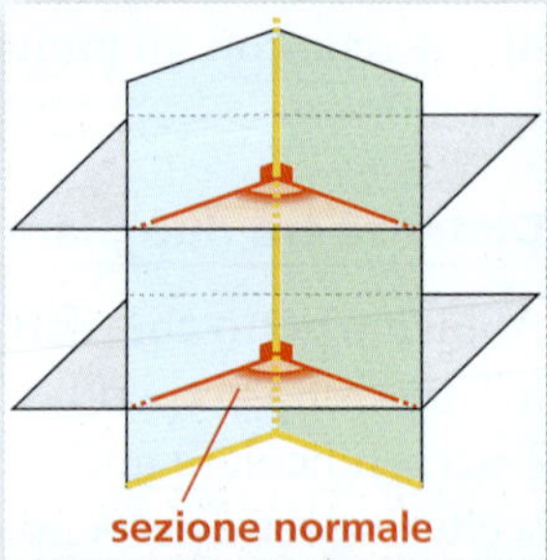

Listen to it

According to the size of its **normal sections**, a dihedral angle can be **right**, **acute** or **obtuse**.

DEFINIZIONE

Chiamiamo **ampiezza** di un diedro l'ampiezza della sua sezione normale; un diedro si dice **retto**, **acuto** o **ottuso** a seconda che la sua sezione normale sia un angolo retto, acuto o ottuso.

Si dimostra che **due diedri sono congruenti se e solo se sono congruenti le loro sezioni normali**.

Possiamo ora dare nello spazio la definizione di piani perpendicolari, analoga alla definizione di rette perpendicolari nel piano.

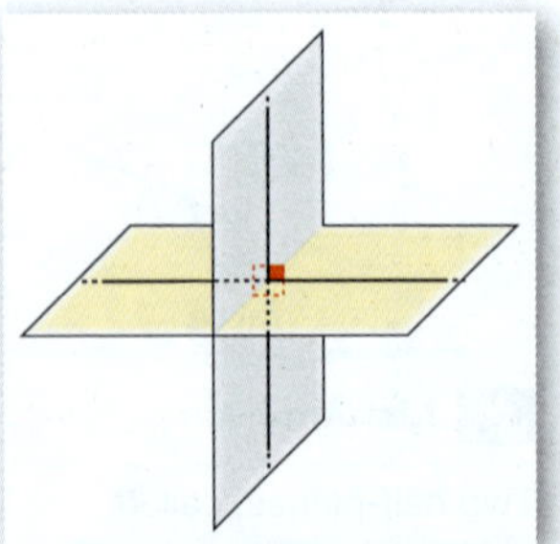

DEFINIZIONE

Due **piani** incidenti sono **perpendicolari** quando dividono lo spazio in quattro diedri retti.

Per verificare se due piani sono perpendicolari, basta trovare una retta dell'uno che sia perpendicolare all'altro, grazie al seguente teorema.

TEOREMA

Se una retta contenuta in un piano α è perpendicolare a un piano β, allora i due piani α e β sono perpendicolari.

DIMOSTRAZIONE

Sia r la retta di α perpendicolare a β nel punto H.
Tracciamo la retta s, intersezione dei piani α e β, e la retta t giacente su β e perpendicolare in H a s.
Poiché s è perpendicolare sia a r, per ipotesi, sia a t, per costruzione, allora s è perpendicolare al piano individuato dalle rette r e t.
Quindi il piano rt individua una sezione normale del diedro formato da α e β. Inoltre la retta r, essendo perpendicolare a tutte le rette di β passanti per H, è perpendicolare anche a t, quindi le sezioni normali individuate dal piano rt sono quattro angoli retti. Concludiamo che i piani α e β sono tra loro perpendicolari.

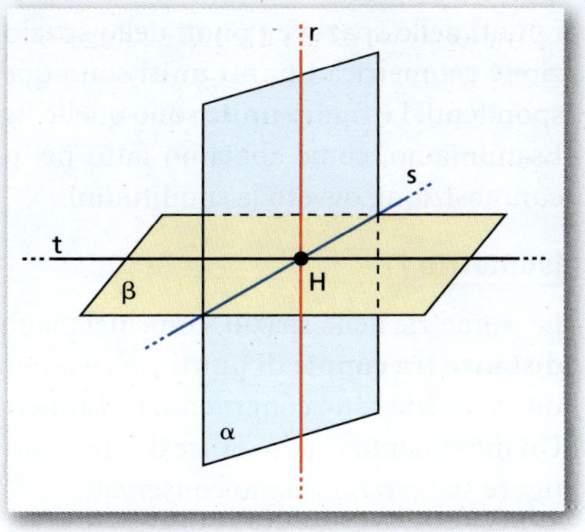

Enunciamo infine il seguente teorema, senza dimostrarlo.

TEOREMA

Dati un piano α e una retta r non perpendicolare ad α, esiste ed è unico il piano passante per r e perpendicolare ad α.

Angolo di una retta con un piano

▶ Esercizi a p. 907

Sia r una retta incidente e non perpendicolare al piano α: un piano generico, che passa per r, interseca α in un'altra retta. Si dimostra che l'angolo formato dalle due rette dipende dalla scelta del piano variabile e risulta minimo quando il piano è perpendicolare ad α. Questo giustifica la seguente definizione.

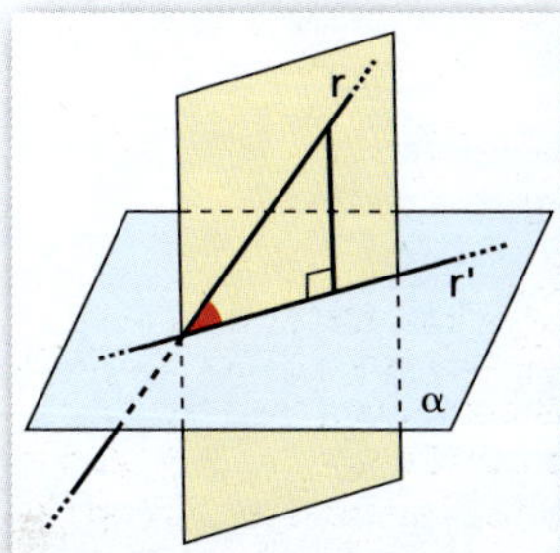

DEFINIZIONE

Data una retta r incidente e non perpendicolare a un piano α, l'**angolo della retta con il piano** è l'angolo acuto formato da r e dalla sua proiezione r' su α.

Se la retta r è perpendicolare al piano α, ogni piano passante per r interseca α in una retta perpendicolare a r. Allora l'angolo che r forma con α è un angolo retto.

Angolo tra due rette sghembe

L'**angolo formato da due rette sghembe** r e s è l'angolo formato dalle rette incidenti r' e s', parallele rispettivamente a r e s.

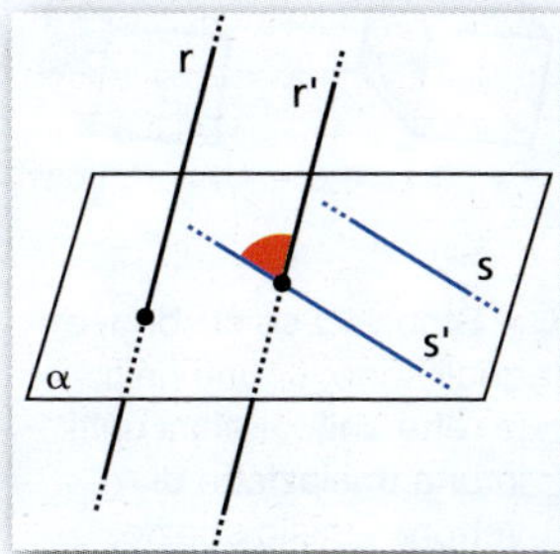

4 Trasformazioni geometriche

▶ Esercizi a p. 908

Per lo studio delle trasformazioni geometriche nello spazio il percorso è analogo a quello seguito nel piano e molti concetti non sono altro che la traduzione in tre dimensioni di quelli introdotti precedentemente.

TEORIA

Listen to it

In a **geometric transformation**, a **fixed point** is a point that is its own image under transformation.

Una trasformazione geometrica nello spazio è una corrispondenza biunivoca fra i punti dello spazio e i punti dello spazio stesso. In particolare, in una trasformazione geometrica i **punti uniti** sono quei punti che coincidono con i loro corrispondenti. Le **figure unite** sono quelle figure che vengono trasformate in se stesse. Esaminiamo, come abbiamo fatto nel piano, le isometrie, le omotetie e le loro composizioni, ovvero le similitudini.

Isometrie

Le isometrie nello spazio, come nel piano, sono trasformazioni che **conservano le distanze tra coppie di punti corrispondenti**. Due figure che si corrispondono in un'isometria sono congruenti. Le isometrie sono anche chiamate *movimenti rigidi*. Un movimento rigido si dice diretto o inverso a seconda che gli orientamenti delle figure siano o non siano conservati.

DEFINIZIONE

Due figure solide sono **congruenti** quando hanno tutte le caratteristiche tra loro congruenti, ossia hanno lati, angoli, spigoli, facce, diedri corrispondenti congruenti. Se inoltre possono essere sovrapposte, mediante un movimento rigido diretto, si dicono **direttamente congruenti**; altrimenti, se il movimento rigido che porta a sovrapporle è inverso, si dicono **inversamente congruenti**.

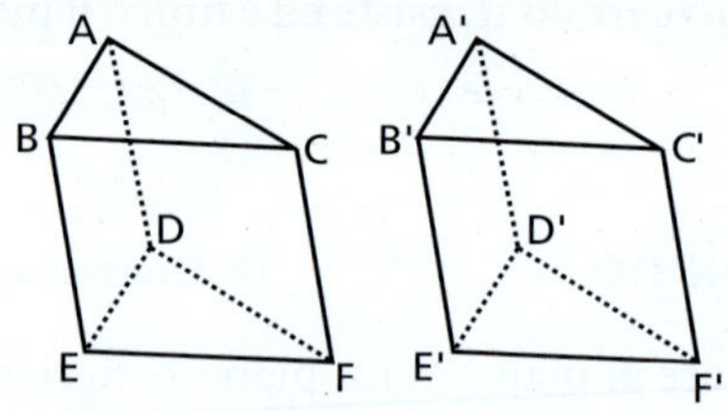

Figure direttamente congruenti

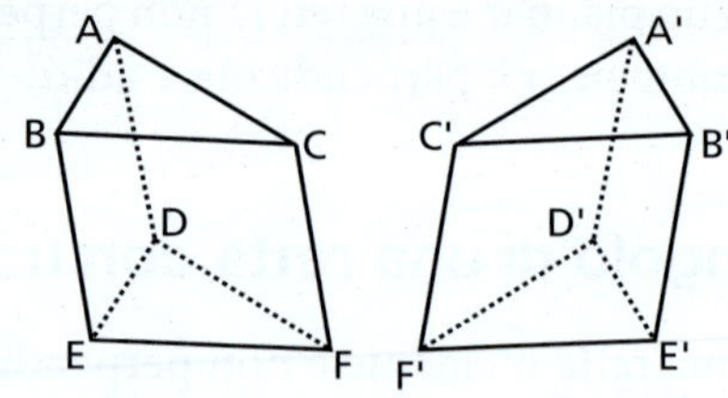

Figure inversamente congruenti

Le isometrie godono delle seguenti proprietà:

- trasformano segmenti in segmenti, rette in rette, piani in piani;
- conservano il parallelismo;
- trasformano rette incidenti in rette incidenti, piani incidenti in piani incidenti;
- trasformano ogni angolo in un angolo congruente.

Traslazione

Fissato nello spazio un vettore $\vec{v}$, la **traslazione di vettore $\vec{v}$** è quella trasformazione geometrica che a ogni punto P fa corrispondere il punto P' tale che il vettore $\overrightarrow{PP'}$ è uguale a $\vec{v}$.

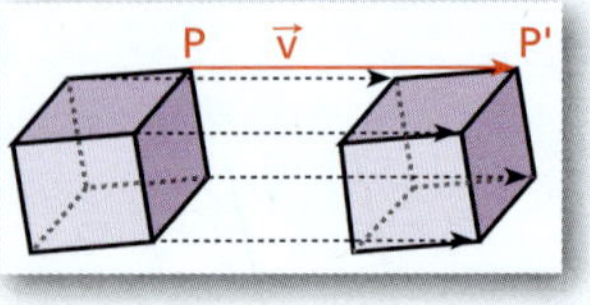

- In una traslazione, la figura trasformata è direttamente congruente alla figura data.
- Le traslazioni conservano le direzioni delle rette e le *giaciture* dei piani, cioè trasformano una retta in una retta parallela a quella data e trasformano un piano in un piano parallelo a quello dato.

► Stabilisci se ci sono, e quali sono, i punti uniti, le rette unite, i piani uniti in una traslazione di vettore $\vec{v}$ nello spazio.

Rotazione

Fissati nello spazio una retta r e un angolo orientato α, la **rotazione di asse r e angolo α** è quella trasformazione geometrica che:

1. a ogni punto di r fa corrispondere se stesso;

2. a ogni punto P, non appartenente a r, fa corrispondere il punto P' tale che:
   - P' appartiene al piano β passante per P e perpendicolare alla retta r;
   - detto O il punto di intersezione di r con β, $OP' \cong OP$ e $P\widehat{O}P' \cong \alpha$, con la stessa orientazione.

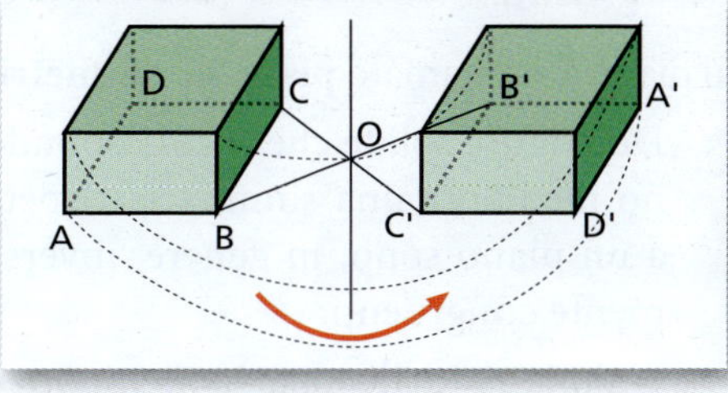

- In una rotazione, la figura trasformata è direttamente congruente alla figura data.

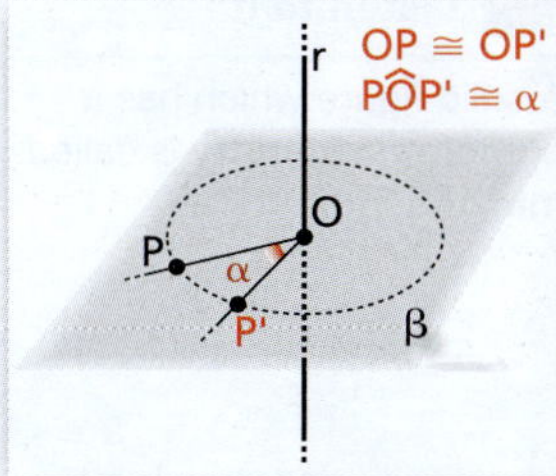

► Individua gli eventuali punti, rette e piani uniti:
a. in una rotazione di asse r e angolo qualsiasi;
b. in una rotazione di 180° intorno a r.

Simmetria centrale

Fissato nello spazio un punto O, la **simmetria centrale di centro O** è la trasformazione geometrica che:

1. al punto O fa corrispondere se stesso;
2. a ogni punto P diverso da O fa corrispondere il punto P' tale che il segmento PP' abbia O come punto medio.

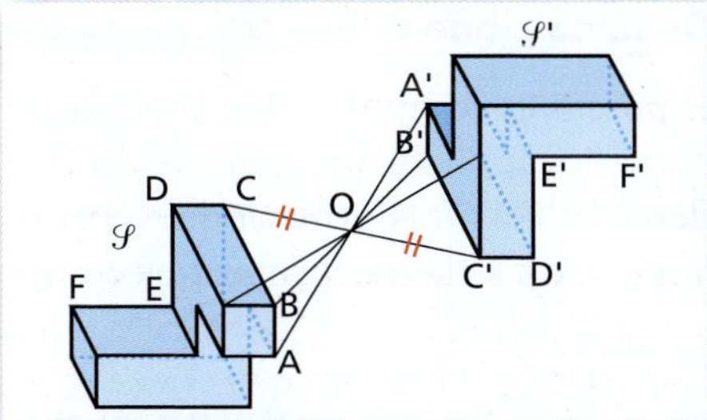

- Due solidi che si corrispondono mediante una simmetria centrale di centro O sono, in genere, inversamente congruenti.
- Come le traslazioni, anche le simmetrie centrali conservano le direzioni delle rette e le giaciture dei piani.
- Un punto dello spazio è **centro di simmetria di una figura** se la figura è unita rispetto alla simmetria centrale che ha come centro quel punto.

► Individua punti, rette e piani uniti per una simmetria centrale di centro O.

Simmetria assiale

Fissata una retta r nello spazio, la **simmetria assiale di asse r** è la trasformazione geometrica che:

1. a ogni punto di r fa corrispondere se stesso;
2. a ogni punto P, non appartenente a r, fa corrispondere il punto P', diverso da P, tale che:
   - la retta PP' è perpendicolare e incidente a r;
   - le distanze di P e di P' da r sono congruenti.

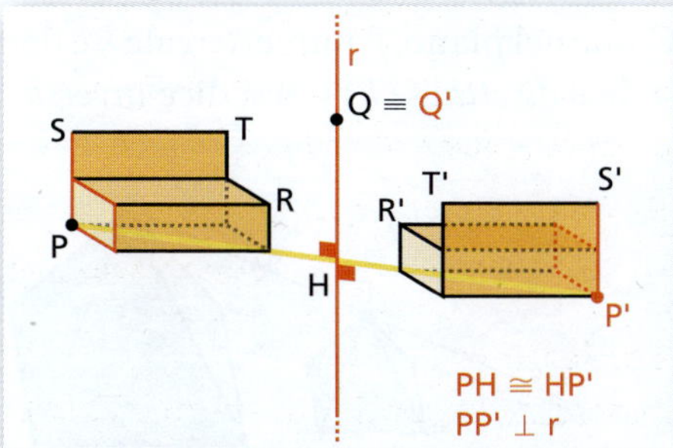

- La figura trasformata in una simmetria assiale è direttamente congruente alla figura data.
- Una retta dello spazio è **asse di simmetria di una figura** se la figura è unita rispetto alla simmetria che ha per asse quella retta.

► Individua punti, rette e piani uniti per una simmetria assiale di asse r.

Simmetria rispetto a un piano

Fissato un piano α nello spazio, la **simmetria rispetto al piano α** è quella trasformazione geometrica che:

1. a ogni punto di α fa corrispondere se stesso;
2. a ogni punto P, non appartenente ad α, fa corrispondere il punto P', diverso da P, tale che:

TEORIA

Listen to it

A solid figure which has a **plane of symmetry** is called **mirror symmetric**.

▶ Individua punti, rette e piani uniti per una simmetria rispetto al piano α.

- la retta PP' è perpendicolare ad α;
- le distanze di P e P' da α sono congruenti.

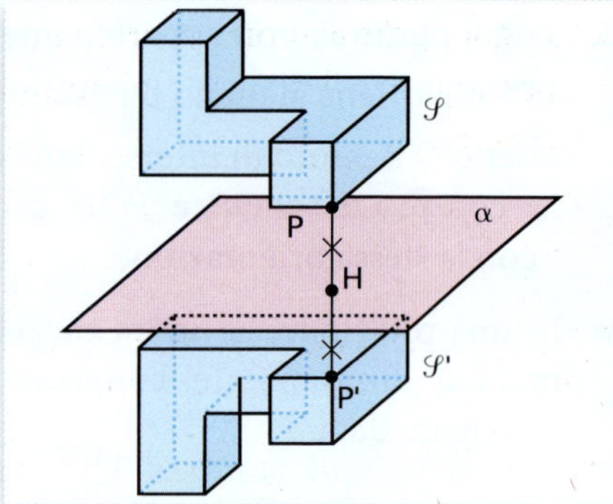

Il piano α è chiamato **piano di simmetria**.

- Due figure solide che si corrispondono mediante una simmetria rispetto a un piano sono, in genere, inversamente congruenti.
- Un piano dello spazio è **piano di simmetria di una figura** se la figura è unita rispetto alla simmetria che ha per piano di simmetria quel piano.

Composizione di due trasformazioni

È possibile comporre due trasformazioni geometriche anche nello spazio. Per esempio, applichiamo a un solido $\mathcal{F}$ una trasformazione t_1 e al solido corrispondente $\mathcal{F}'$ una trasformazione t_2. Per ottenere direttamente il solido $\mathcal{F}''$ dobbiamo applicare a $\mathcal{F}$ la trasformazione composta $t_2 \circ t_1$:

$$\mathcal{F} \xrightarrow{t_2 \circ t_1} \mathcal{F}''.$$

Si dimostra che ogni isometria dello spazio si può ottenere componendo al più quattro simmetrie rispetto a opportuni piani.

Omotetia

Dati un punto O e un numero reale k diverso da 0, l'**omotetia di centro O e rapporto k** è quella trasformazione che al punto O fa corrispondere se stesso e a ogni altro punto P fa corrispondere il punto P' tale che:

$$\overrightarrow{OP'} = k\,\overrightarrow{OP}.$$

Come nel piano, il numero reale k è detto *rapporto di omotetia*. Se $k > 0$ l'omotetia si dice *diretta*, se $k < 0$ si dice *inversa*.

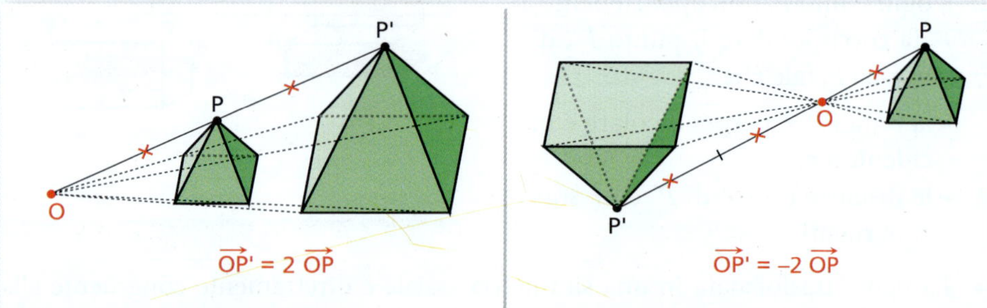

a. Omotetia diretta: $k = 2$.

b. Omotetia inversa: $k = -2$.

Le omotetie godono delle seguenti proprietà:

- conservano le direzioni delle rette e le giaciture dei piani;
- trasformano ogni angolo in un angolo congruente;
- trasformano ogni segmento in un segmento parallelo tale che il rapporto tra le loro lunghezze è $|k|$;
- trasformano ogni poligono in un poligono simile tale che il rapporto di similitudine è $|k|$;

- se $k \neq 1$, l'unico punto unito è il centro, le rette unite sono tutte e sole le rette passanti per il centro, i piani uniti sono tutti e soli i piani che contengono il centro.

Similitudine

Nello spazio la similitudine viene definita in modo del tutto analogo alla similitudine nel piano, ossia una similitudine è la trasformazione composta di un'isometria e di un'omotetia, o viceversa. Il *rapporto di similitudine* è il rapporto di omotetia.

La similitudine nello spazio gode di tutte le proprietà già esaminate nel piano, in particolare essa trasforma angoli in angoli congruenti e segmenti in segmenti proporzionali. Il rapporto fra segmenti corrispondenti è uguale al rapporto di similitudine.

▶ Disegna due solidi simili con rapporto di similitudine $k = 2$.

5 Poliedri

▶ Esercizi a p. 909

DEFINIZIONE
Un **poliedro** è una figura solida, limitata da un numero finito di poligoni appartenenti a piani diversi e tali che il piano di ogni poligono non attraversi il solido.

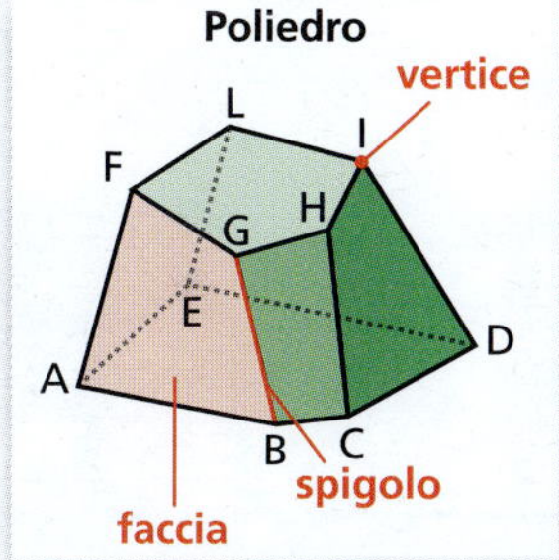

I poligoni sono detti **facce** del poliedro, i lati dei poligoni **spigoli** del poliedro, i vertici dei poligoni **vertici** del poliedro.

Si dice **diagonale** di un poliedro il segmento che congiunge due vertici non situati sulla stessa faccia.

Un poliedro ha almeno quattro facce. Il tetraedro è il poliedro a quattro facce. **Pentaedro**, **esaedro**, **ottaedro**, **dodecaedro** sono poliedri che hanno rispettivamente 5, 6, 8, 12 facce.

Listen to it
A **polyhedron** is a solid with polygonal **faces** and straight **edges** which meet at **vertices**.

Vale il seguente teorema.

TEOREMA
Relazione di Eulero
Detti F, S e V, rispettivamente, il numero delle facce, quello degli spigoli e quello dei vertici di un poliedro, allora:

$$F + V - S = 2.$$

Descriviamo ora le principali proprietà di due poliedri: il prisma e la piramide.

Prismi

Dati un poligono e una retta r non appartenente al piano del poligono, la figura costituita dall'insieme delle rette parallele a r e passanti per i punti del poligono si chiama **prisma indefinito**.
Le rette parallele a r passanti per i vertici del poligono sono dette **spigoli** del prisma indefinito.

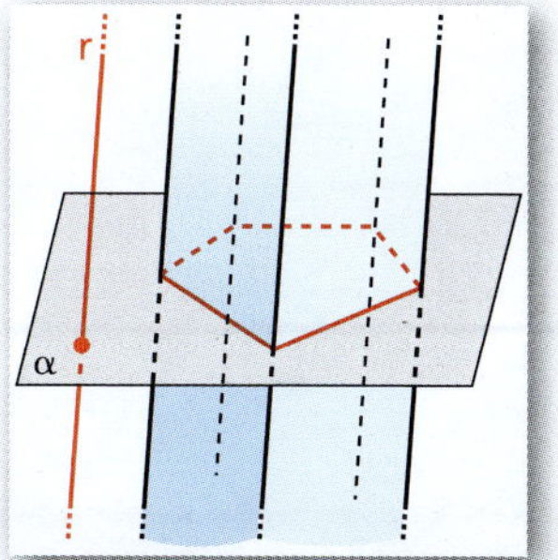

DEFINIZIONE

Un **prisma** definito, o semplicemente prisma, è un poliedro costituito dalla parte di prisma indefinito compresa fra due piani paralleli che lo intersecano.

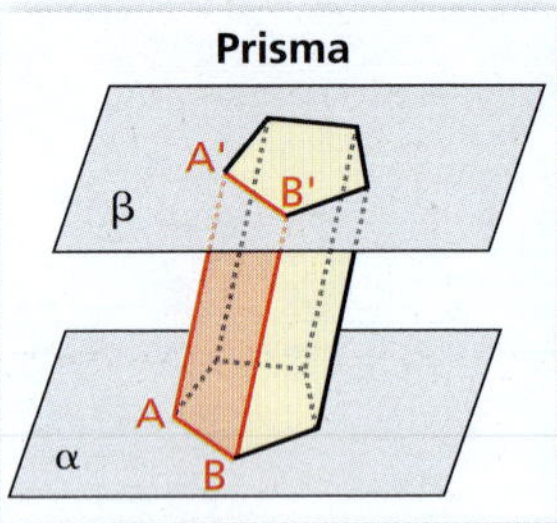

Si dimostra che **le intersezioni fra i piani paralleli e il prisma indefinito sono due poligoni congruenti**.

DIMOSTRAZIONE

Siano A e B due vertici consecutivi del poligono appartenente al piano α (figura a lato). Lo spigolo del prisma indefinito passante per A interseca il piano β parallelo al piano α nel punto A' e lo spigolo passante per B interseca β in B'. Il quadrilatero $ABB'A'$ ha i lati AA' e BB':

- paralleli, perché appartenenti a spigoli del prisma indefinito;
- congruenti, perché segmenti paralleli compresi fra piani paralleli.

Quindi $ABB'A'$ è un parallelogramma, pertanto $AB \parallel A'B'$ e $AB \cong A'B'$. Analogamente si dimostra che ogni coppia di lati che si corrispondono nei due poligoni individuati nei piani α e β è costituita da segmenti congruenti e paralleli. Pertanto i due poligoni sono congruenti.

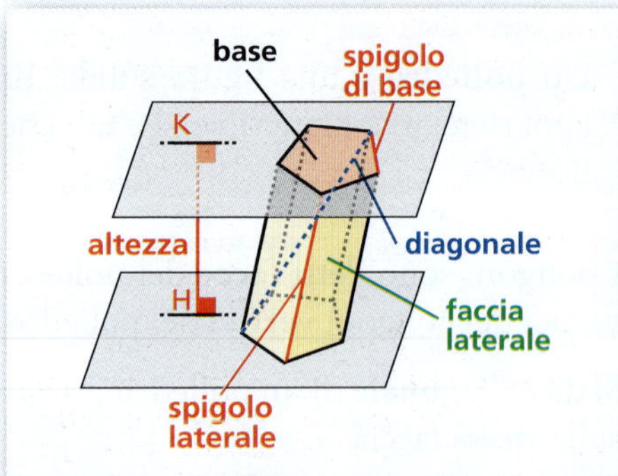

Le intersezioni fra i piani paralleli e il prisma indefinito sono dette **basi** del prisma. Gli altri poligoni che delimitano il prisma sono detti **facce laterali** e sono tanti parallelogrammi quanti sono i lati dei poligoni di base.

La distanza fra i due piani paralleli è l'**altezza** del prisma. Ogni lato di base si chiama anche **spigolo di base**, gli altri lati dei parallelogrammi si chiamano **spigoli laterali**. I vertici dei poligoni vengono anche detti **vertici** del prisma.

► Quante diagonali ha un prisma quadrangolare? E un prisma triangolare?

Le **diagonali** di un prisma sono quei segmenti che congiungono due vertici non appartenenti alla stessa faccia.

I prismi possono essere classificati mediante i poligoni di base. Se la base è un esagono, il prisma si dice esagonale; se è un triangolo, triangolare e così via.

Prismi retti

DEFINIZIONE

Un **prisma** è **retto** se gli spigoli laterali sono perpendicolari ai piani delle basi.

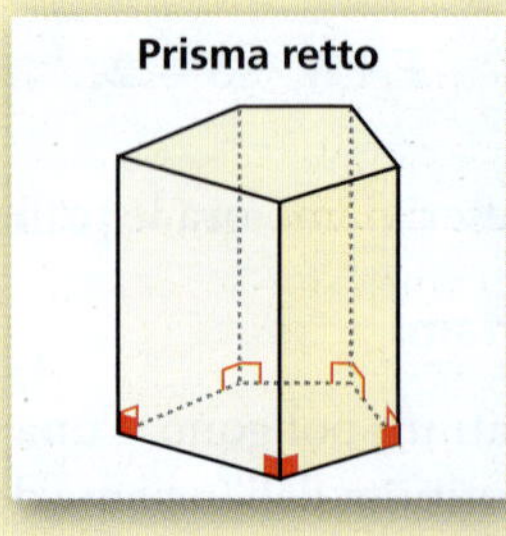

In un prisma retto le facce laterali sono dei rettangoli e l'altezza coincide con gli spigoli laterali.

Un prisma retto si dice **regolare** quando le sue basi sono poligoni regolari.

Parallelepipedi

DEFINIZIONE
Un **parallelepipedo** è un prisma le cui basi sono parallelogrammi.

Parallelepipedo

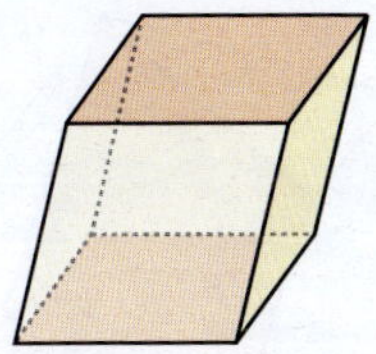

Si possono dimostrare i seguenti teoremi.

TEOREMA
Le facce opposte di un parallelepipedo, ossia quelle che non hanno vertici in comune, sono congruenti e parallele.

TEOREMA
Le diagonali di un parallelepipedo si incontrano in uno stesso punto che le divide in due segmenti congruenti.

DIMOSTRAZIONE

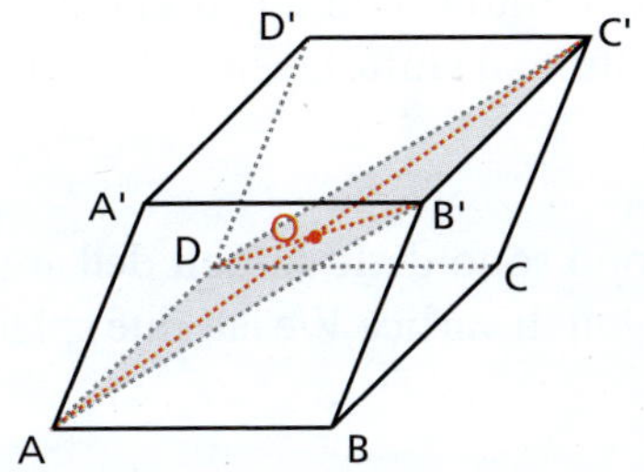

a. *ADC'B'* è un parallelogramma perché ha i lati opposti congruenti e paralleli, quindi le diagonali *AC'* e *DB'* si incontrano nel loro punto medio *O*.

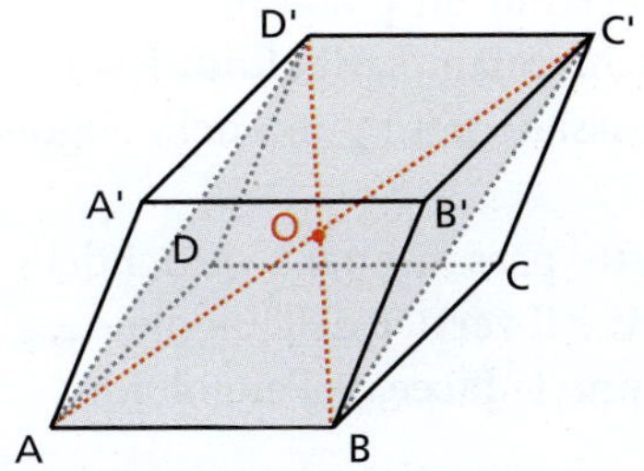

b. Analogamente anche *ABC'D'* è un parallelogramma e le sue diagonali *AC'* e *D'B* si incontrano nel loro punto medio che, come nel caso precedente, è *O* in quanto la diagonale *AC'* è in comune e il punto medio di un segmento è unico.

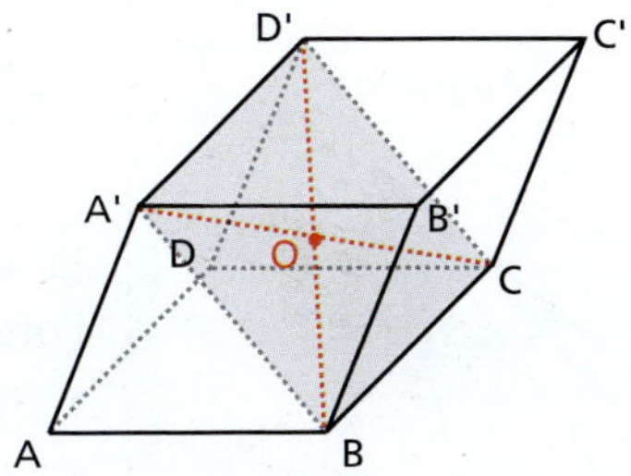

c. Anche *A'D'CB* è un parallelogramma; le diagonali *A'C* e *D'B* si incontrano nel loro punto medio che, come nel caso precedente, è *O* in quanto la diagonale *D'B* è in comune.

DEFINIZIONE
Un **parallelepipedo rettangolo** è un parallelepipedo retto in cui le basi sono rettangoli.

Listen to it
A rectangular parallelepiped is also called a **cuboid**.

Le lunghezze dei tre spigoli uscenti da uno stesso vertice sono le **dimensioni** del parallelepipedo e le indichiamo con a, b e c.

In un parallelepipedo rettangolo le diagonali sono congruenti. La relazione fra la loro misura e quella delle tre dimensioni del parallelepipedo si ottiene applicando due volte il teorema di Pitagora.

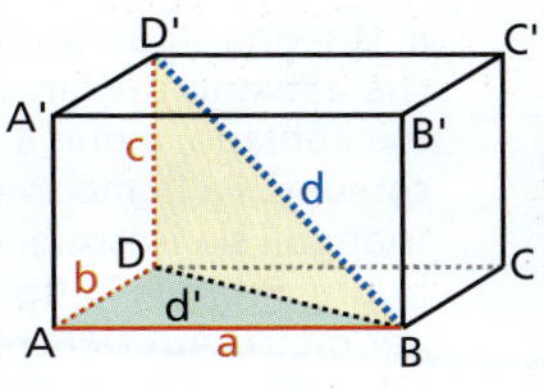

Osserviamo la figura a lato, dove d è la lunghezza della diagonale del parallelepipedo e d' è la lunghezza della diagonale di base. Applicando il teorema di Pitagora al triangolo ABD, si ottiene

$$d'^2 = a^2 + b^2$$

MATEMATICA INTORNO A NOI

Tagliare cubi Il cubo sembra un solido semplice, ma...

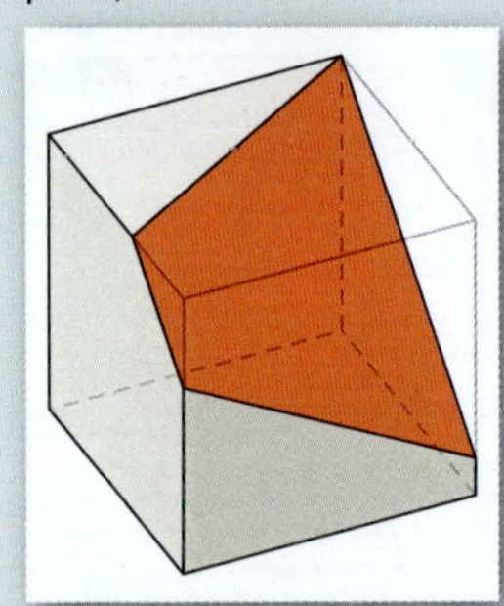

► Che tipo di figure si ottengono sezionando un cubo con un piano?

La risposta

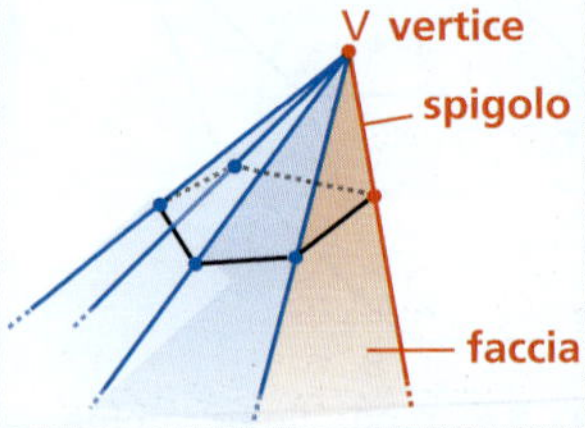

e, applicando il teorema di Pitagora al triangolo DBD':

$$d^2 = d'^2 + c^2.$$

Sostituendo l'espressione di d'^2 ottenuta prima, si ricava:

$$d^2 = a^2 + b^2 + c^2 \rightarrow \mathbf{d = \sqrt{a^2 + b^2 + c^2}}.$$

DEFINIZIONE

Un **cubo** è un parallelepipedo rettangolo con le tre dimensioni congruenti.

Le sei facce del cubo sono quadrati congruenti. Dette s la misura dello spigolo del cubo e d quella della diagonale, abbiamo:

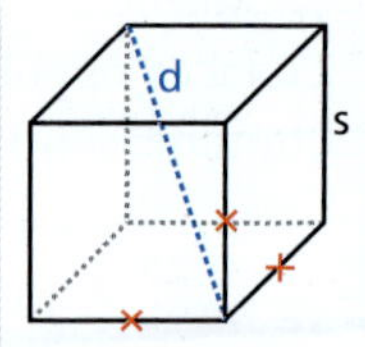

$$\mathbf{d = s\sqrt{3}}.$$

Piramidi

Angoloide e triedro

DEFINIZIONE

Consideriamo un poligono convesso e un punto V non appartenente al suo piano. Chiamiamo **angoloide** il solido costituito da tutte le semirette di origine V che passano per i punti del poligono.

Le semirette passanti per i vertici del poligono sono dette **spigoli** dell'angoloide, l'origine V è il **vertice** dell'angoloide, gli angoli di vertice V e lati due spigoli consecutivi sono le **facce** dell'angoloide.

Gli angoloidi sono figure convesse.

DEFINIZIONE

Un **triedro** è un angoloide con tre spigoli.

Enunciamo alcune proprietà senza darne la dimostrazione.

- In ogni *angoloide* di vertice V, la somma degli angoli in V delle facce è minore di un angolo giro.

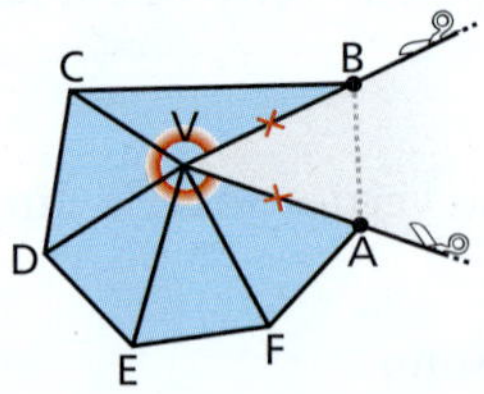

a. Disegna su un foglio alcuni triangoli che abbiano tutti in comune un vertice V e abbiano, a due a due, un lato in comune. Fa in modo che uno di questi triangoli sia isoscele, come AVB in figura. Ritaglia la figura lungo il perimetro $ABCDEF$, poi ritaglia i lati VA e VB.

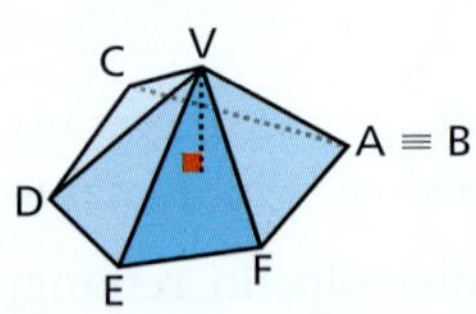

b. Se fai coincidere VA e VB ottieni un angoloide. Osserva che la somma degli angoli in V dei triangoli facce dell'angoloide è minore di un angolo giro. Se tale somma fosse un angolo giro, il vertice V dovrebbe appartenere al piano su cui è contenuto il poligono di base.

- In ogni *angoloide* l'angolo di una faccia è minore della somma degli angoli delle rimanenti.

- In ogni *triedro* l'angolo di una faccia è maggiore della differenza degli angoli delle altre due.

Piramide

DEFINIZIONE

Una **piramide** è la parte di angoloide compresa fra il suo vertice e un piano che interseca tutti i suoi spigoli.

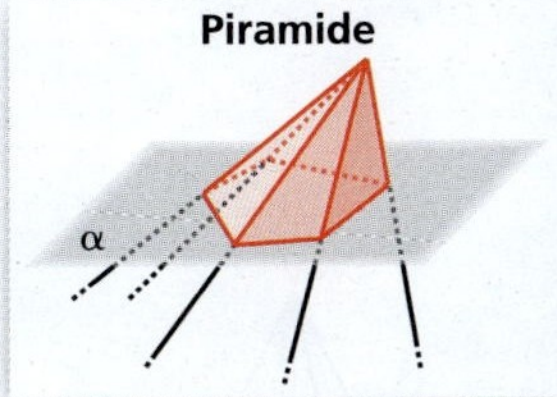

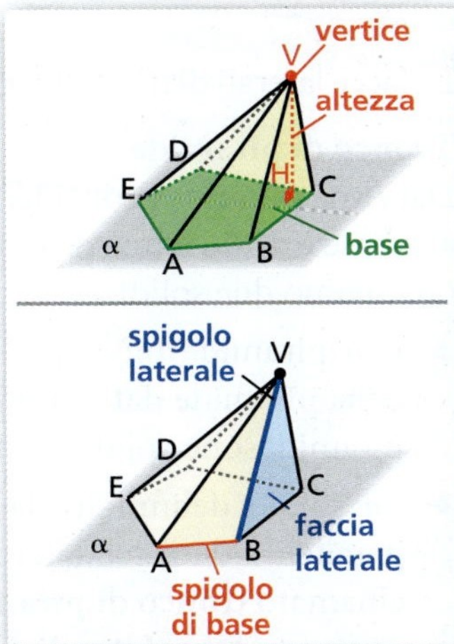

Il poligono intersezione fra il piano e l'angoloide si chiama **base** della piramide, il vertice dell'angoloide **vertice** della piramide.

La distanza fra il vertice e il piano di base è l'**altezza** della piramide.

La piramide è delimitata, oltre che dalla base, da triangoli detti **facce laterali**.

Ogni lato della base si chiama anche **spigolo** di base, gli altri lati dei triangoli si chiamano **spigoli laterali**.

Anche le piramidi sono classificate mediante i poligoni di base. Se la base è un triangolo, la piramide è triangolare; se è un quadrilatero, quadrangolare e così via.

▶ Disegna una piramide esagonale e conta il numero delle facce, quello degli spigoli e quello dei vertici. È verificata la formula di Eulero?

Piramidi particolari

DEFINIZIONE

Una **piramide** è **retta** quando nella sua base si può inscrivere una circonferenza, il cui centro è la proiezione ortogonale del vertice della piramide sul piano di base.

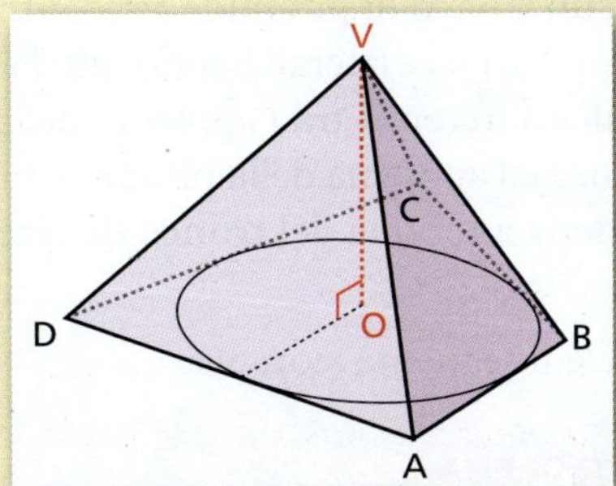

Listen to it

In a **right pyramid** the **apex** is above the centre of the circle inscribed in the base.

TEOREMA

In una piramide retta le altezze delle facce laterali passano per i punti di tangenza dei lati di base con la circonferenza inscritta e sono tra loro congruenti. Una qualunque di queste altezze si chiama **apotema**.

DIMOSTRAZIONE

Congiungiamo il centro *O* della circonferenza con due punti di tangenza *H* e *K*.

Si ottengono i raggi *OH* e *OK* che sono perpendicolari ai lati *AD* e *AB*, perché questi sono tangenti alla circonferenza.
VO è perpendicolare al piano della base, *OH* è perpendicolare alla retta *AD*, quindi *VH* è perpendicolare alla retta *AD* ed è l'altezza della faccia *VDA*, per il teorema delle tre perpendicolari. Analogamente si dimostra che *VK* è perpendicolare ad *AB* e così per ogni faccia.

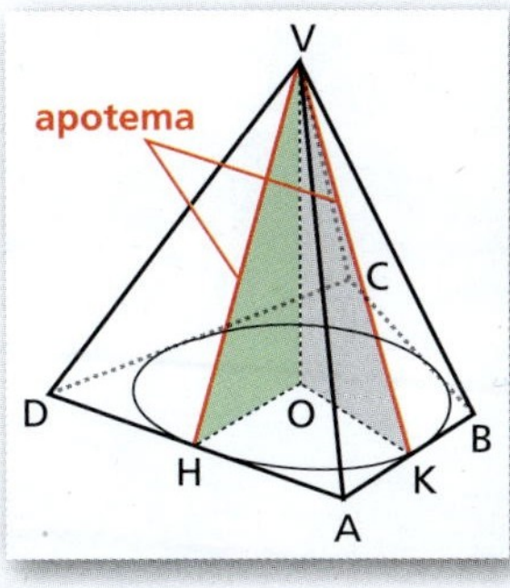

I triangoli rettangoli VOH e VOK hanno il cateto VO in comune e i cateti OH e OK congruenti, perché raggi della circonferenza inscritta, quindi sono congruenti. In particolare sono congruenti le loro ipotenuse VH e VK.

In modo analogo si dimostra che sono congruenti le altezze delle altre facce laterali.

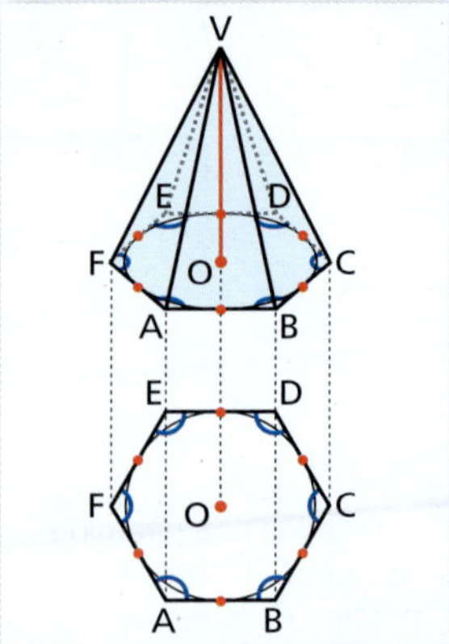

DEFINIZIONE

Una piramide retta si dice **regolare** quando la sua base è un poligono regolare.

Le facce laterali di una piramide regolare sono triangoli isosceli fra loro congruenti.

Tronco di piramide

Data una piramide, consideriamo le parti in cui viene divisa da un piano parallelo alla base e posto a una distanza dal vertice inferiore all'altezza della piramide. Otteniamo due solidi:

- una piramide più piccola, con lo stesso vertice della piramide data; si può dimostrare che le due piramidi sono solidi simili;
- un solido delimitato da due poligoni sui piani paralleli e da facce laterali che sono dei trapezi, chiamato **tronco di piramide**. I due poligoni sui piani paralleli sono detti **basi** e i trapezi **facce laterali** del tronco di piramide. La distanza tra i piani delle due basi è l'**altezza** del tronco di piramide.

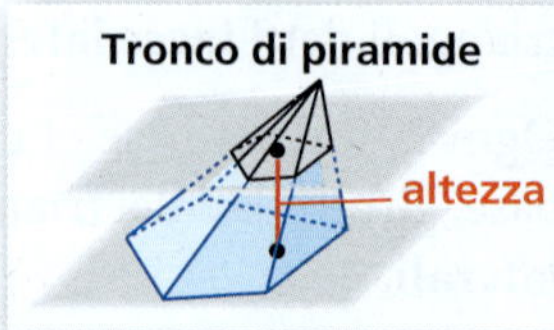

Un tronco di piramide è **retto** o **regolare** se deriva da una piramide retta o regolare.

In un tronco di piramide retto, i trapezi che costituiscono le facce laterali hanno tutti la stessa altezza, data dalla differenza tra l'apotema della piramide di partenza e l'apotema della piramide piccola. Tale altezza è detta **apotema del tronco di piramide**.

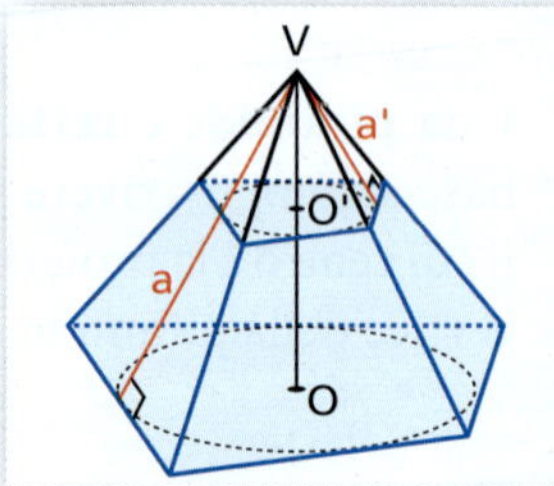

Vale il seguente teorema.

□ **Animazione**

La dimostrazione del teorema, basata sulla similitudine di triangoli, è nell'animazione.

TEOREMA

Se si taglia una piramide di vertice V con un piano parallelo alla base, si ha che:

1. la sezione e la base sono poligoni simili;
2. i lati e i perimetri di questi poligoni sono proporzionali alle distanze del loro piano dal vertice V;
3. le misure delle superfici sono proporzionali ai quadrati delle misure di queste distanze.

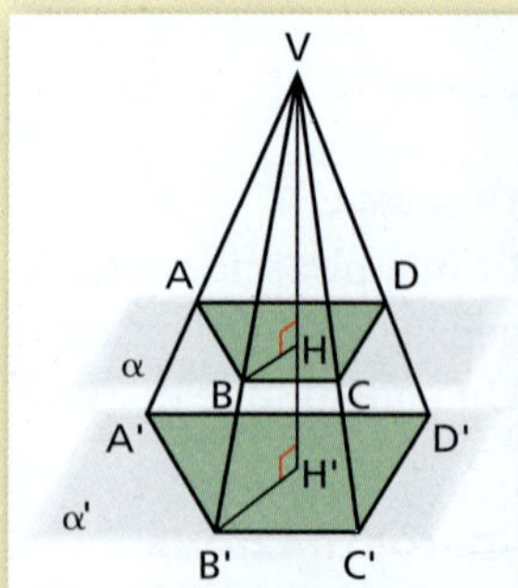

Poliedri regolari

Dato un poliedro, a ogni suo spigolo associamo il diedro individuato dalle due facce che contengono quello spigolo; esso è un **diedro del poliedro**.

Inoltre a ogni vertice del poliedro associamo l'angoloide i cui spigoli contengono quelli del poliedro uscenti da quel vertice: esso è un **angoloide del poliedro**.

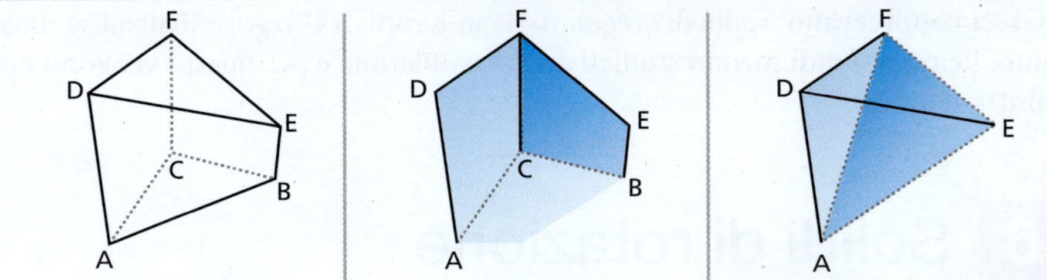

a. Un poliedro *ABCDEF*. **b.** Diedro di spigolo *FC*. **c.** Angoloide con vertice *D* e spigoli *DA*, *DE* e *DF*.

Nel piano abbiamo studiato che un poligono è regolare se ha tutti i lati congruenti e tutti gli angoli congruenti. Per analogia, anche nello spazio viene definito il *poliedro regolare*.

DEFINIZIONE

Un **poliedro regolare** è un poliedro in cui le facce sono poligoni regolari congruenti, gli angoloidi sono tutti congruenti e anche i diedri sono congruenti.

Nel piano i poligoni regolari possono avere un qualunque numero di lati. Si può invece dimostrare che nello spazio i poliedri regolari sono soltanto cinque. Ricordiamo infatti che in ogni angoloide la somma degli angoli delle facce è minore di un angolo giro. Ciò limita la possibilità di ottenere poliedri regolari. Illustriamolo nella seguente tabella, in cui forniamo anche i nomi dei poliedri regolari possibili.

Poliedri regolari			
Facce	**Numero facce in un vertice**	**Somma degli angoli delle facce**	**Nome del poliedro**
triangoli equilateri (angoli di 60°)	3	$180° < 360°$	tetraedro
	4	$240° < 360°$	ottaedro
	5	$300° < 360°$	icosaedro
	6	$360° = 360°$	non esiste
quadrati (angoli di 90°)	3	$270° < 360°$	cubo
	4	$360° = 360°$	non esiste
pentagoni (angoli di 108°)	3	$324° < 360°$	dodecaedro
	4	$432° > 360°$	non esiste
esagoni (angoli di 120°)	3	$360° = 360°$	non esiste

Nella figura ci sono i cinque poliedri regolari possibili. Il tetraedro regolare è racchiuso da 4 triangoli equilateri, l'ottaedro regolare da 8, l'icosaedro regolare da 20. Il cubo è anche chiamato esaedro regolare, perché è racchiuso da 6 quadrati (in greco *hex* significa «sei»). Il dodecaedro regolare ha 12 facce pentagonali.

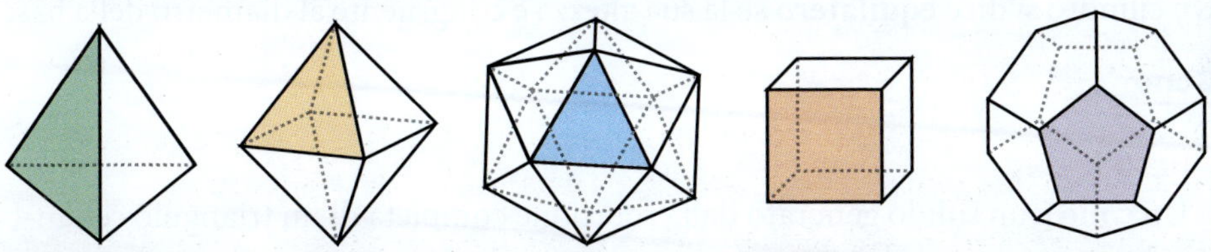

Tetraedro **Ottaedro** **Icosaedro** **Cubo (esaedro)** **Dodecaedro**

Listen to it

In a **regular polyhedron**, all faces are equal regular polygons and the same number of faces meets at each vertex. There are only five regular polyhedra.

Video

Poliedri di Keplero-Poinsot
Il piccolo e il grande dodecaedro stellato, il grande dodecaedro e il grande icosaedro sono quattro figure solide non convesse note come *poliedri di Keplero-Poinsot*. Vediamo come si possono costruire e le loro caratteristiche principali.

TEORIA

MATEMATICA INTORNO A NOI

Solidi artistici I solidi, e la matematica in generale, hanno sempre avuto grande importanza nell'arte e non solo. In particolare, i *solidi platonici* hanno stimolato la creatività di molti artisti.

Cerca nel Web: solidi platonici arte, dadi platonici

I Greci conoscevano i poliedri regolari già ai tempi di Pitagora (540 a.C.). In seguito, i cinque solidi furono studiati anche da Platone e per questo vengono detti **solidi platonici**.

6 Solidi di rotazione

Esercizi a p. 914

Un **solido di rotazione** è un solido generato dalla rotazione di una figura piana intorno a una retta r, secondo un angolo α.

Se α è un angolo giro, allora si dice che la rotazione è **completa**. In una rotazione completa il punto P, che corrisponde a se stesso, descrive una circonferenza appartenente al piano perpendicolare alla retta r e passante per P.

Noi studieremo soltanto solidi ottenuti da rotazioni complete.

ESEMPIO

Disegniamo un quadrilatero $ABCD$ e una retta r (figura **a**). Facciamo ruotare il quadrilatero di un angolo giro attorno a r. Ciascun punto del quadrilatero descrive una circonferenza (figura **b**). Otteniamo così un solido di rotazione (figura **c**).

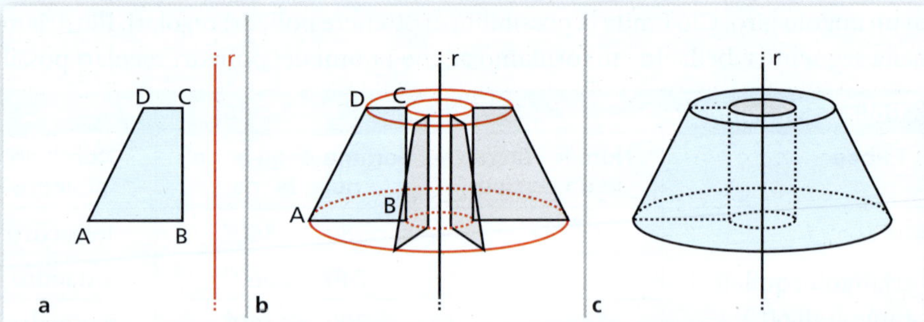

Listen to it

The simplest solids of revolution are the **cylinder**, the **cone** and the **sphere**.

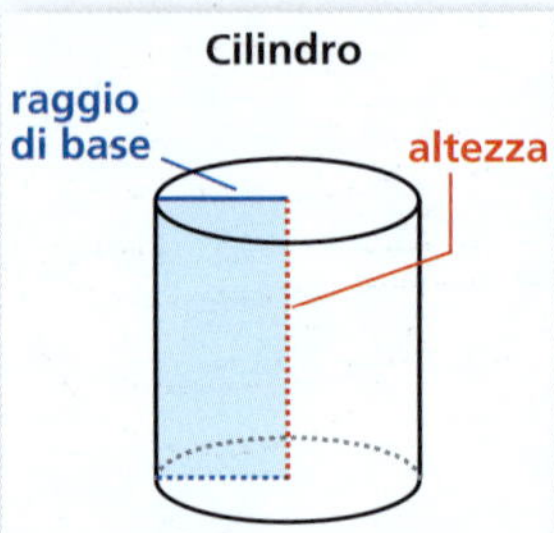

Fra i solidi ottenuti per rotazione studieremo solo i più semplici, ossia il cilindro, il cono e la sfera.

Cilindro

DEFINIZIONE

Un **cilindro** è un solido generato dalla rotazione completa di un rettangolo attorno a uno dei suoi lati.

Il lato attorno al quale ruota il rettangolo è detto **altezza** del cilindro. Gli altri due lati perpendicolari all'altezza sono detti **raggi di base**.

I raggi di base nella rotazione determinano due cerchi, che sono detti **basi** del cilindro.

Un cilindro si dice **equilatero** se la sua altezza è congruente al diametro della base.

Cono

DEFINIZIONE

Un **cono** è un solido generato dalla rotazione completa di un triangolo rettangolo attorno a uno dei cateti.

Il cateto attorno a cui ruota il triangolo è l'**altezza** del cono, l'altro cateto è il **raggio di base**. L'ipotenusa è detta **apotema** del cono.

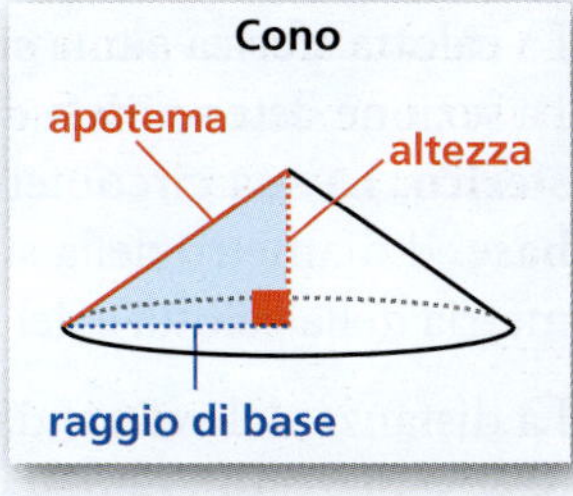

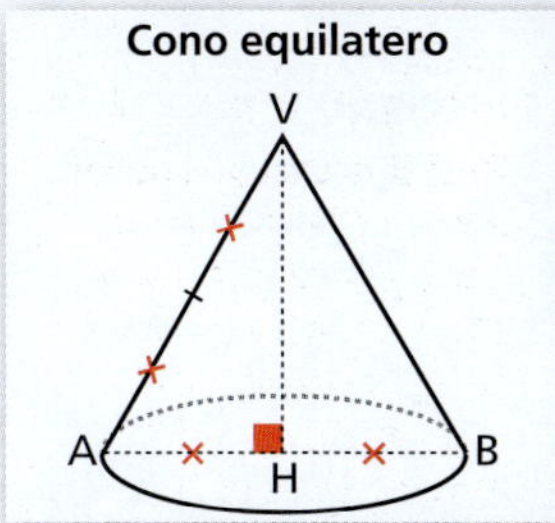

Un cono si dice **equilatero** se l'apotema è congruente al diametro della base.

Sezionando un cono con un piano parallelo alla base otteniamo un cono più piccolo, simile a quello di partenza, e un **tronco di cono**. La base del cono e il cerchio ottenuto dalla sezione sono le **basi** del tronco di cono e la loro distanza è l'**altezza** del tronco di cono.

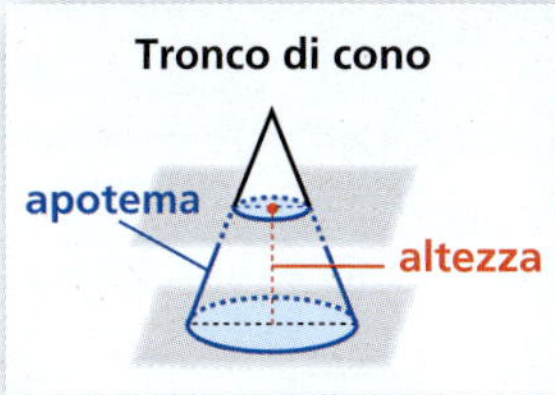

> **TEOREMA**
>
> In un cono, le misure delle aree del cerchio di base e del cerchio ottenuto da una sezione parallela al piano di base stanno tra loro come i quadrati delle misure delle loro distanze dal vertice.

I cilindri e i coni considerati finora sono circolari *retti*: nei cilindri circolari retti l'altezza coincide con la retta che congiunge i centri dei cerchi di base, nei coni circolari retti con la retta che congiunge il vertice con il centro della base.
Più in generale, si potrebbero studiare anche cilindri e coni *obliqui* (figure a lato) nei quali questa condizione non è verificata.

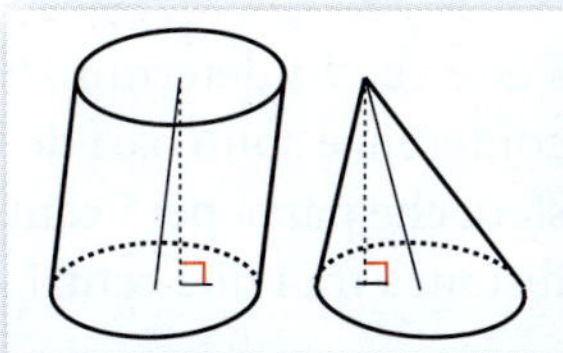

Animazione

Nell'animazione trovi la dimostrazione del teorema.

Sfera

> **DEFINIZIONE**
>
> Una **sfera** è un solido generato dalla rotazione completa di un semicerchio attorno al suo diametro.

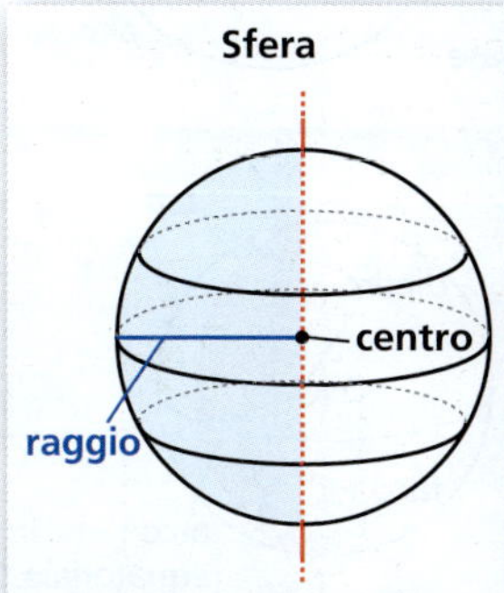

Il centro del semicerchio è detto **centro della sfera**; il suo raggio è il **raggio della sfera**.

La semicirconferenza che ruota genera una superficie detta **superficie sferica**.

La superficie sferica e la sfera possono essere considerate luoghi geometrici:

- la superficie sferica è il luogo dei punti dello spazio che hanno distanza dal centro uguale al raggio;
- la sfera è il luogo dei punti dello spazio che hanno distanza dal centro minore o uguale al raggio.

Parti della superficie sferica e della sfera

> **DEFINIZIONE**
>
> La **calotta sferica** e il **segmento sferico a una base** sono, rispettivamente, le parti in cui una superficie sferica e una sfera restano divise da un piano secante.

La calotta sferica è una superficie, il segmento sferico a una base è un solido.
La sezione determinata dal piano nella sfera è un cerchio, detto **base del segmento sferico**. La sua circonferenza è detta **base della calotta** e il suo raggio **raggio di base**. Il diametro della sfera passante per il centro della base è anche asse di simmetria della calotta e del segmento sferico, e li interseca in un punto detto **vertice**.

La distanza del vertice dal centro della base si dice **altezza della calotta e del segmento sferico**.

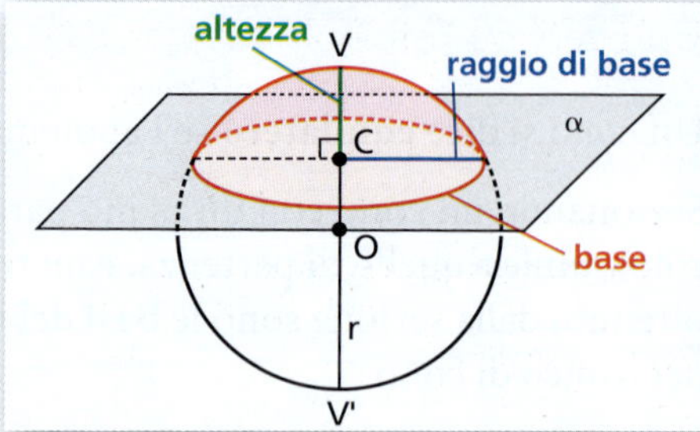

DEFINIZIONE
La **zona sferica** e il **segmento sferico a due basi** sono, rispettivamente, le parti di una superficie sferica e di una sfera comprese tra due piani paralleli secanti.

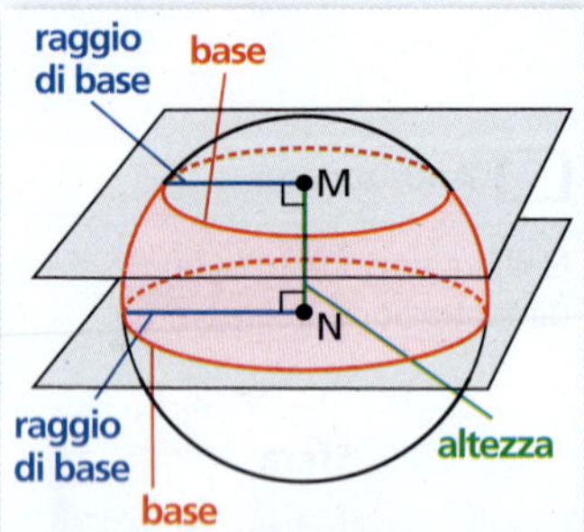

I due cerchi determinati dai piani secanti sono le **basi** del segmento, le loro circonferenze sono basi della zona e i loro raggi sono **raggi di base**. Il diametro della sfera che passa per i centri delle due basi è anche asse di simmetria della figura. La distanza fra i due centri si dice **altezza della zona e del segmento sferico**.

DEFINIZIONE
Il **fuso sferico** e lo **spicchio sferico** sono, rispettivamente, le parti in cui una superficie sferica e una sfera restano divise da due semipiani aventi come origine comune una retta passante per il centro della sfera.

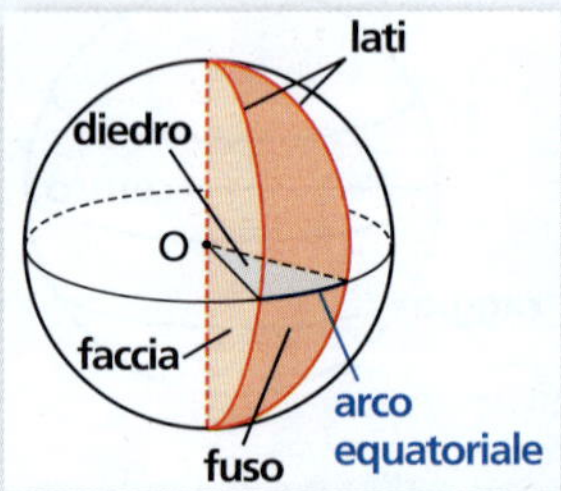

Il diedro formato dai due semipiani si dice **diedro del fuso e dello spicchio**. Il fuso è detto **base dello spicchio**. L'arco di circonferenza massima che giace sul fuso si chiama **arco equatoriale**. Le semicirconferenze intercettate dai due semipiani sono dette **lati del fuso**, mentre i due corrispondenti semicerchi che delimitano lo spicchio sono detti **facce dello spicchio**.

7 Aree dei solidi

DEFINIZIONE
La **superficie di un poliedro** è la somma delle superfici di tutte le sue facce.

Immaginiamo di trasportare su un unico piano le facce che compongono il solido.

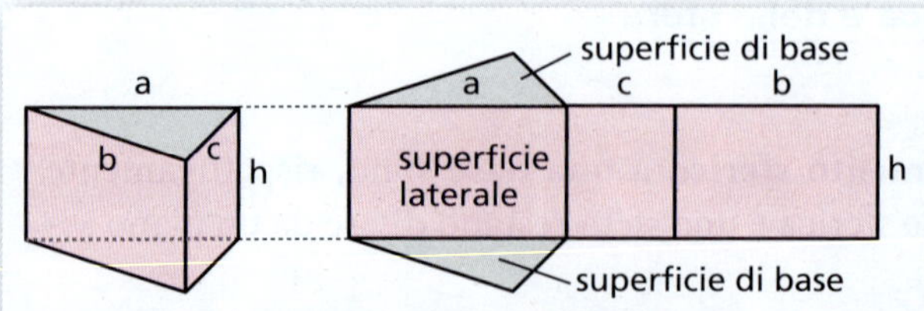

La figura che si ottiene si chiama **sviluppo** della superficie poliedrica e permette lo studio delle aree delle superfici dei poliedri.
In particolare studieremo alcuni solidi notevoli nei quali, essendo presenti una o due basi, si distinguono la superficie laterale, relativa alle sole facce laterali, e la superficie totale, che si ottiene aggiungendo le superfici delle basi alla superficie laterale.

Utilizzeremo i simboli A_l, A_t, A_b, $2p$, h per indicare rispettivamente l'area della superficie laterale, totale, di base, il perimetro di base e l'altezza di un solido.
Con gli stessi simboli indicheremo anche le misure associate.

Aree di prismi

▶ Esercizi a p. 915

Prisma retto

Consideriamo come esempio un prisma quadrangolare, ma gli stessi ragionamenti valgono per qualsiasi prisma retto.

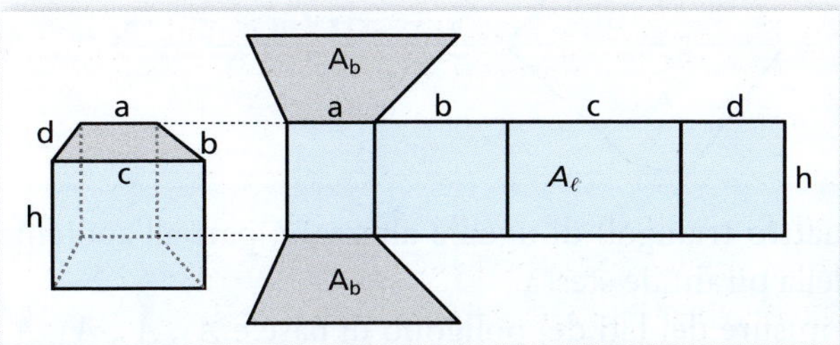

L'area della **superficie laterale** di un prisma retto è la somma delle aree delle superfici delle facce laterali, che sono rettangoli aventi per altezza la stessa altezza (quella del prisma) e per basi i lati del poligono di base:

$$\boldsymbol{A_l} = a \cdot h + b \cdot h + c \cdot h + d \cdot h = (a + b + c + d) \cdot h = \boldsymbol{2p \cdot h}.$$

L'area della **superficie totale** di un prisma retto si trova sommando all'area della superficie laterale l'area delle due basi:

$$\boldsymbol{A_t = A_l + 2A_b = 2p \cdot h + 2A_b}.$$

Parallelepipedo rettangolo

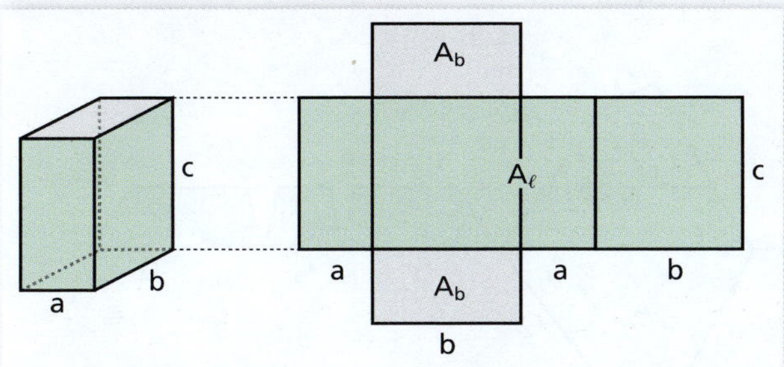

È un caso particolare di prisma retto, in cui la superficie laterale è la somma di quattro rettangoli congruenti a due a due:

$$\boldsymbol{A_l} = 2a \cdot c + 2b \cdot c = 2(a \cdot c + b \cdot c) = \boldsymbol{2(a + b) \cdot c}.$$

Essendo l'area della **superficie di base** $A_b = a \cdot b$, l'area della **superficie totale** è:

$$\boldsymbol{A_t} = A_l + 2A_b = 2(a \cdot c + b \cdot c) + 2a \cdot b = \boldsymbol{2(a \cdot b + a \cdot c + b \cdot c)}.$$

▶ Calcola l'area della superficie totale di un parallelepipedo rettangolo di dimensioni 4 cm, 6 cm e 9 cm.

Cubo

Le facce del cubo sono sei quadrati congruenti, quindi, se indichiamo con s la misura dello spigolo, si ha:

$$A_b = s^2, \qquad A_t = 6s^2.$$

Aree di piramidi

Esercizi a p. 918

Piramide retta

Consideriamo come esempio una piramide retta a base quadrangolare.

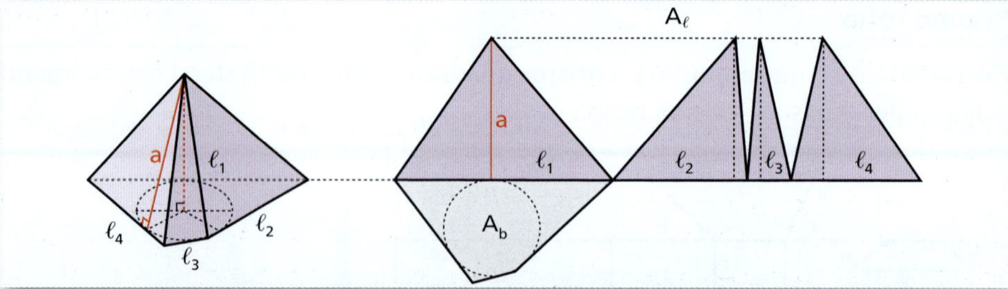

Lo sviluppo è formato da quattro triangoli di uguale altezza a, pari all'apotema della piramide, e dalla base della piramide stessa.
Se chiamiamo l_1, l_2, l_3, l_4 le misure dei lati del poligono di base e A_1, A_2, A_3, A_4 rispettivamente le misure delle aree delle facce laterali, otteniamo:

$$\mathbf{A_l} = A_1 + A_2 + A_3 + A_4 = \frac{1}{2} l_1 \cdot a + \frac{1}{2} l_2 \cdot a + \frac{1}{2} l_3 \cdot a + \frac{1}{2} l_4 \cdot a =$$

$$\frac{1}{2}(l_1 + l_2 + l_3 + l_4) \cdot a = \frac{1}{2} 2p \cdot a = \mathbf{p \cdot a}.$$

► Una piramide retta a base quadrata ha lo spigolo di base di lunghezza 8 cm e l'altezza di 3 cm. Calcola l'area della superficie totale.

L'area della **superficie totale** di una piramide retta si calcola sommando all'area della superficie laterale l'area di base:

$$\mathbf{A_t = p \cdot a + A_b}.$$

Tronco di piramide retta

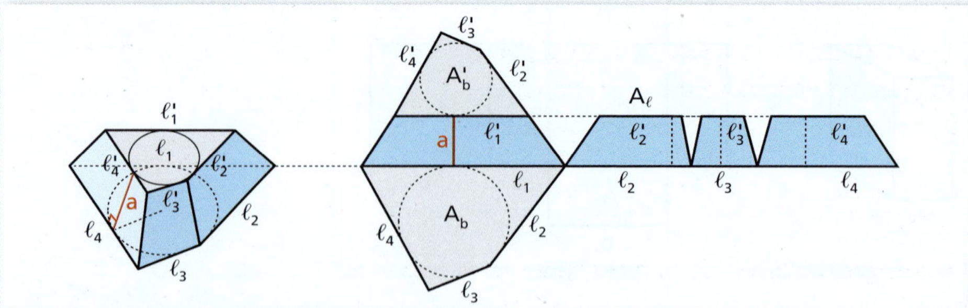

Lo sviluppo della **superficie laterale** è una superficie formata da trapezi le cui basi sono i lati corrispondenti dei poligoni di base del tronco di piramide.

Chiamiamo l_1, l_2, l_3, l_4 le misure dei lati del poligono della base inferiore, l'_1, l'_2, l'_3, l'_4 quelle dei lati del poligono della base superiore e $2p$ e $2p'$ rispettivamente le misure dei perimetri della base inferiore e della base superiore.

$$A_l = \frac{1}{2}(l_1 + l_1') \cdot a + \frac{1}{2}(l_2 + l_2') \cdot a + \frac{1}{2}(l_3 + l_3') \cdot a + \frac{1}{2}(l_4 + l_4') \cdot a =$$

$$\frac{1}{2}(2p + 2p') \cdot a = (p + p') \cdot a$$

Chiamiamo A_b e A_b' rispettivamente le misure delle aree della superficie della base inferiore e della base superiore.
L'area della **superficie totale** del tronco di piramide è la somma delle aree della superficie laterale e delle superfici delle basi:

$$A_t = A_l + A_b + A_b'.$$

Aree di solidi di rotazione

▶ Esercizi a p. 919

Cilindro

I ragionamenti che seguiamo per lo studio dell'area della superficie laterale del cilindro sono analoghi a quelli che si possono svolgere per lo studio della circonferenza rettificata. Dobbiamo dare innanzitutto alcune definizioni.
Un prisma retto è **inscritto in un cilindro** se le sue basi sono poligoni inscritti nelle basi del cilindro. È **circoscritto** se le sue basi sono poligoni circoscritti alle basi del cilindro.
Un prisma regolare, avendo per basi dei poligoni regolari, è sempre inscrivibile e circoscrivibile a un cilindro.
L'insieme delle superfici laterali dei prismi regolari inscritti in un cilindro e quello delle superfici laterali dei prismi regolari circoscritti a un cilindro costituiscono due *classi contigue* e ammettono un unico elemento separatore.

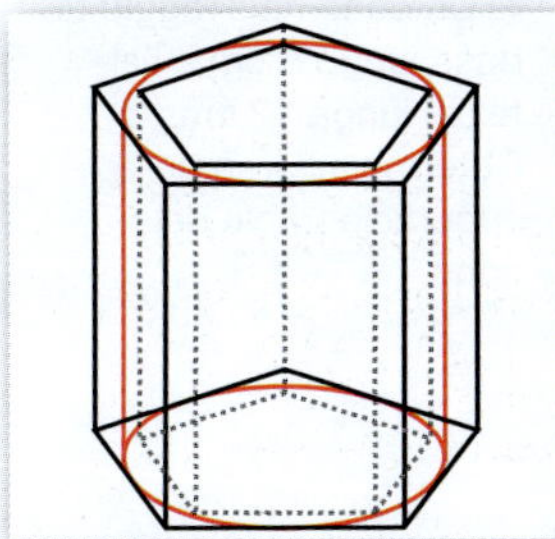

DEFINIZIONE
La **superficie laterale di un cilindro** è l'elemento separatore della coppia di classi contigue costituite dalle superfici laterali dei prismi regolari inscritti nel cilindro e da quelle dei prismi regolari circoscritti al cilindro.

La misura dell'area della superficie laterale di un prisma retto è il prodotto delle misure delle lunghezze del perimetro del poligono di base e dell'altezza del prisma.

La coppia di classi contigue dei perimetri di base dei prismi retti inscritti e circoscritti ha come elemento separatore la circonferenza del cilindro.

Risulta allora che lo sviluppo della **superficie laterale** del cilindro è un rettangolo che ha per base la circonferenza rettificata e per altezza l'altezza del cilindro stesso:

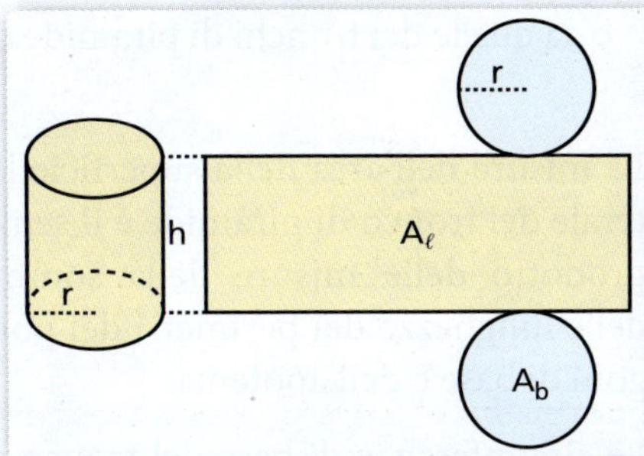

$$A_l = 2\pi \cdot r \cdot h.$$

La misura dell'area della **superficie di base** è:

$$A_b = \pi \cdot r^2.$$

La misura dell'area della **superficie totale** è la somma delle misure dell'area laterale e delle aree delle due superfici di base:

$$A_t = 2\pi r \cdot h + 2\pi r^2 = 2\pi r \cdot (h + r).$$

▶ Determina la misura dell'area della superficie totale di un cilindro con raggio e altezza rispettivamente di lunghezza 2 cm e 7 cm.

Cono

Una piramide retta è **inscritta** o **circoscritta a un cono** se il suo vertice coincide con il vertice del cono e la sua base è un poligono rispettivamente inscritto o circoscritto alla base del cono.
Una piramide regolare è sempre inscrivibile e circoscrivibile a un cono. La seguente definizione è analoga a quella data per il cilindro.

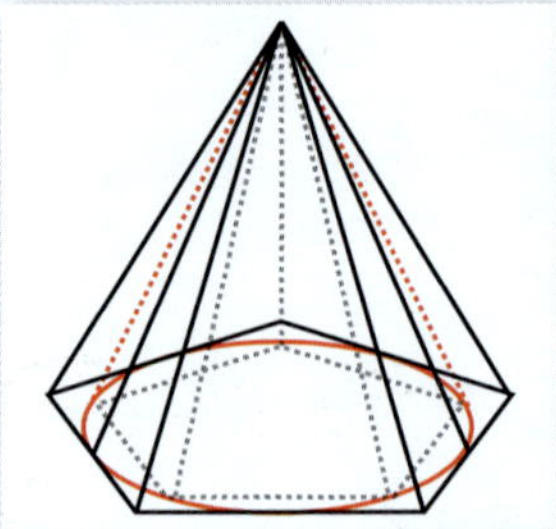

DEFINIZIONE
La **superficie laterale di un cono** è l'elemento separatore della coppia di classi contigue costituite dalle superfici laterali delle piramidi regolari inscritte nel cono e da quelle delle piramidi regolari circoscritte al cono.

La misura dell'area della superficie laterale della piramide è il prodotto delle misure della lunghezza del semiperimetro del poligono di base e dell'apotema.

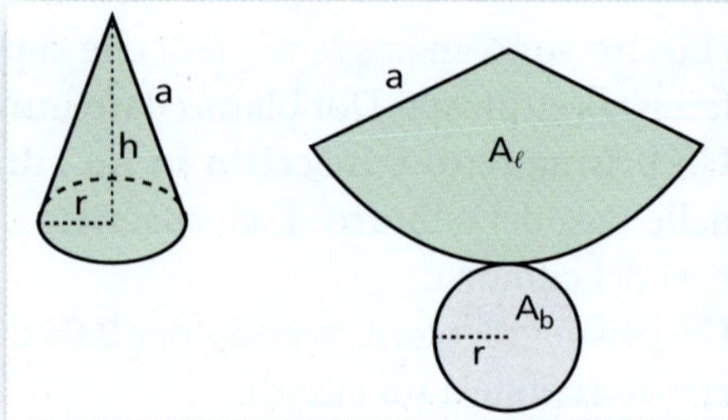

Le classi dei perimetri dei poligoni di base delle piramidi hanno per elemento separatore la circonferenza di base del cono, quindi la misura dell'area della **superficie laterale** del cono è:

$$A_l = 2\pi \cdot r \cdot a \cdot \frac{1}{2} = \pi \cdot r \cdot a.$$

La misura dell'area della **superficie di base** del cono è:

$$A_b = \pi \cdot r^2.$$

► Un cono ha il raggio di base lungo 5 cm e l'altezza lunga 12 cm. Determina l'area della superficie totale del cono.

La misura dell'area della **superficie totale** del cono si trova sommando quelle dell'area della superficie laterale e dell'area di base:

$$A_t = \pi \cdot r \cdot a + \pi \cdot r^2 = \pi \cdot r \cdot (a + r).$$

Tronco di cono

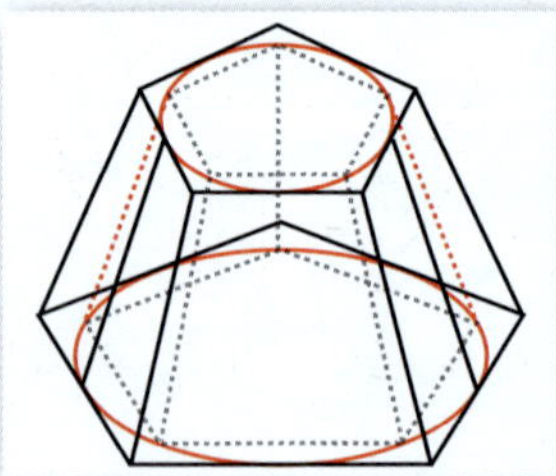

DEFINIZIONE
La **superficie laterale di un tronco di cono** è l'elemento separatore della coppia di classi contigue costituite dalle superfici laterali dei tronchi di piramide inscritti e da quelle dei tronchi di piramide circoscritti al tronco di cono.

La misura dell'area della superficie laterale del tronco di piramide è il semiprodotto delle misure della somma delle lunghezze dei perimetri dei poligoni di base e dell'apotema.

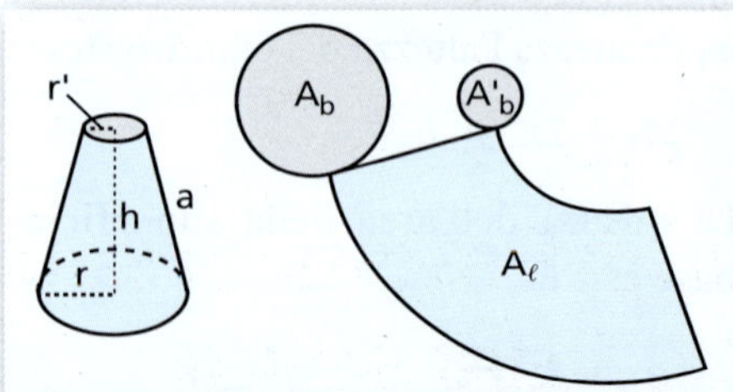

Le circonferenze di base del tronco di cono sono gli elementi separatori delle classi contigue delle lunghezze dei perimetri dei poligoni di base dei tronchi di piramide, quindi la misura dell'area della **superficie laterale** del tronco di cono è:

$$A_l = (2\pi \cdot r + 2\pi \cdot r') \cdot a \cdot \frac{1}{2} = 2\pi \cdot (r + r') \cdot a \cdot \frac{1}{2} = \pi \cdot a \cdot (r + r').$$

La misura dell'area della somma delle **superfici di base** del tronco di cono è:

$$A_b + A'_b = \pi \cdot r^2 + \pi \cdot r'^2 = \boldsymbol{\pi \cdot (r^2 + r'^2)}.$$

La misura dell'area della **superficie totale** del tronco di cono è la somma delle misure delle aree della superficie laterale e delle superfici di base:

$$A_t = A_l + A_b + A'_b.$$

Superficie sferica

La misura dell'area della **superficie sferica** è uguale a quattro volte quella del suo cerchio massimo,

$$S_{sfera} = 4\pi r^2,$$

che si può anche scrivere $S_{sfera} = 2\pi r \cdot 2r$, espressione che rappresenta la superficie laterale del cilindro circoscritto alla sfera:

$$S_{laterale\ cilindro} = C_{base} \cdot h = 2\pi r \cdot 2r.$$

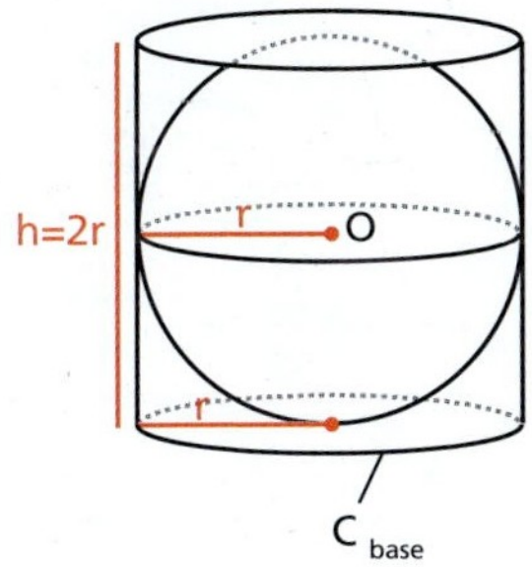

Possiamo quindi affermare che **la superficie di una sfera è equivalente alla superficie laterale del suo cilindro circoscritto**. Dimostreremo questa proprietà dopo aver determinato il volume della sfera.

Parti della superficie della sfera

- **Calotta e zona sferica**
  Le aree di una calotta e di una zona si calcolano mediante la stessa formula:

  $$S = 2\pi Rh,$$

  dove R è il raggio della sfera e h è l'altezza della calotta o della zona.

  L'area di una calotta, o di una zona, può quindi essere pensata come quella della superficie laterale di un cilindro che ha raggio congruente a quello della sfera e altezza congruente a quella della calotta o della zona.

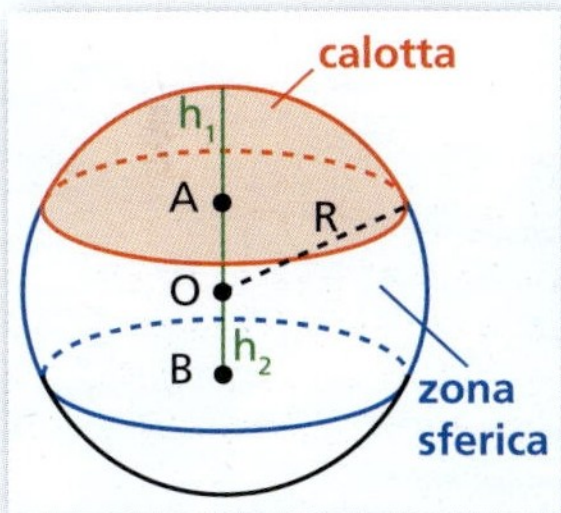

- **Fuso sferico**
  Si può dimostrare che i fusi appartenenti a una stessa sfera, o a sfere di raggio congruente, sono proporzionali ai diedri corrispondenti. Indicata con S_{fuso} l'area del fuso, con R il raggio della sfera, con α_{rad} e $\alpha°$ le ampiezze del diedro in radianti e gradi, si ha:

  $$S_{fuso} : 4\pi R^2 = \alpha_{rad} : 2\pi \quad \rightarrow \quad S_{fuso} = 2\alpha_{rad} R^2;$$

  $$S_{fuso} : 4\pi R^2 = \alpha° : 360° \quad \rightarrow \quad S_{fuso} = \frac{\alpha°}{90°} \pi R^2.$$

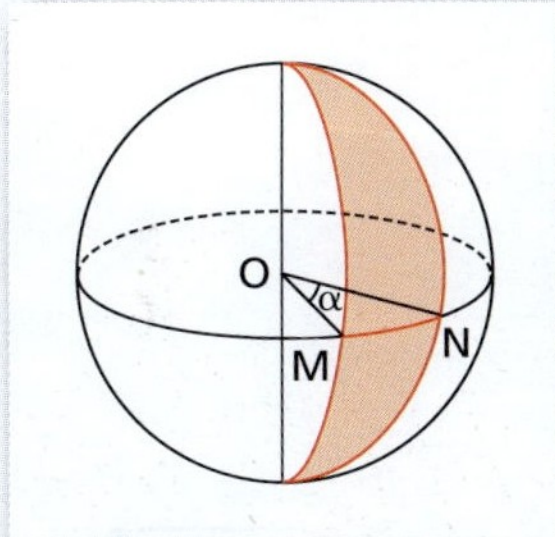

8 Estensione ed equivalenza dei solidi

▶ Esercizi a p. 922

Estensione dei solidi

Il concetto di **estensione** spaziale è un concetto primitivo, che deriva dalle nostre esperienze concrete. Siamo abituati a considerare un oggetto grande o piccolo a

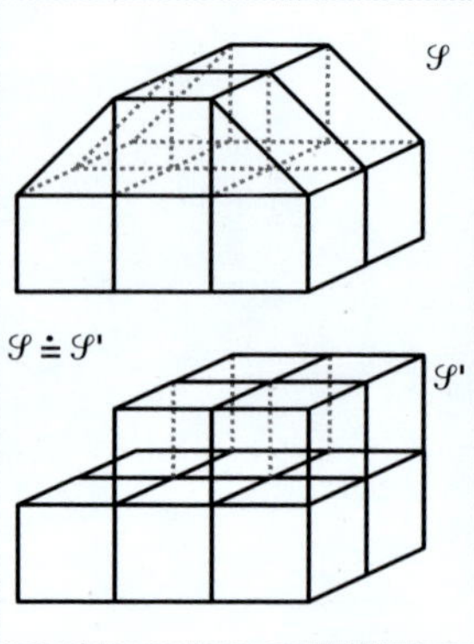

seconda che occupi più o meno spazio, o, come spesso diciamo, sia più o meno voluminoso. Se consideriamo poi due solidi di forma diversa ma realizzati con lo stesso materiale e dello stesso peso, diciamo che hanno la stessa estensione.
In matematica, due solidi che hanno la stessa estensione si dicono **equivalenti**. Indichiamo l'equivalenza con il **simbolo** $\doteq$.

L'equivalenza tra solidi gode delle proprietà riflessiva, simmetrica e transitiva, quindi è una *relazione di equivalenza*. Possiamo allora ripartire i solidi in classi di equivalenza, ciascuna delle quali è costituita da infiniti solidi aventi a due a due uguale estensione.

DEFINIZIONE

Data la relazione di equivalenza tra solidi, definiamo **volume di un solido** la classe di equivalenza alla quale il solido appartiene.

A ogni classe di equivalenza appartengono quindi tutti i solidi che hanno lo stesso volume.

Confronto fra solidi

POSTULATO

Postulato di De Zolt

Un solido non può essere equivalente a una sua parte.

Un solido $\mathcal{A}$ è **maggiore** di un solido $\mathcal{B}$, se $\mathcal{B}$ è equivalente a una parte di $\mathcal{A}$. In tal caso si può dire che $\mathcal{A}$ è **prevalente** a $\mathcal{B}$. Scriviamo: $\mathcal{A} > \mathcal{B}$. Possiamo anche dire che $\mathcal{B}$ è **minore** di $\mathcal{A}$, o anche che $\mathcal{B}$ è **suvvalente** ad $\mathcal{A}$.

POSTULATO

Legge di esclusione

Dati due solidi $\mathcal{A}$ e $\mathcal{B}$ qualunque, o $\mathcal{A}$ è equivalente a $\mathcal{B}$ oppure $\mathcal{A}$ è prevalente a $\mathcal{B}$ ($\mathcal{A} > \mathcal{B}$) o $\mathcal{A}$ è suvvalente a $\mathcal{B}$ ($\mathcal{A} < \mathcal{B}$) e ciascun caso esclude gli altri due.

Solidi congruenti

POSTULATO

Due solidi congruenti sono sempre equivalenti.

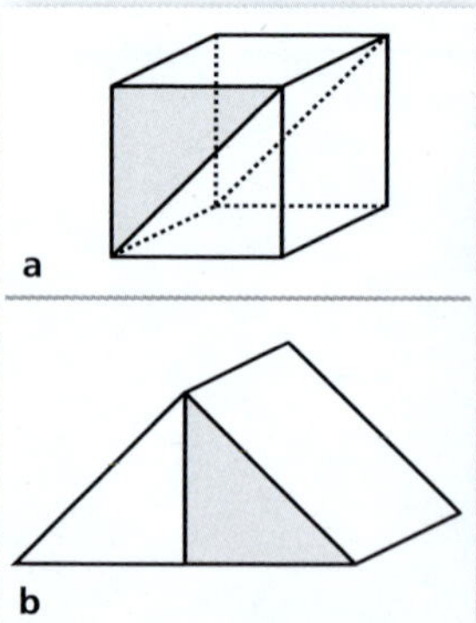

Non è invece sempre vero che due solidi equivalenti siano congruenti.
Dato per esempio un cubo (figura **a**), se lo tagliamo secondo un piano che passa per le diagonali di due facce opposte, otteniamo due solidi che possiamo disporre come in figura **b**. Il cubo e il solido sono equivalenti ma *non* congruenti.

Somma e differenza di solidi

Definiamo **somma di due solidi** $\mathcal{P}'$ e $\mathcal{P}''$, privi di punti comuni o aventi in comune solo punti del loro contorno, il solido $\mathcal{P}$ ottenuto come unione dei punti di $\mathcal{P}'$ e $\mathcal{P}''$. Scriviamo: $\mathcal{P} = \mathcal{P}' + \mathcal{P}''$. I solidi $\mathcal{P}'$ e $\mathcal{P}''$ sono detti **parti** di $\mathcal{P}$.

La somma di due o più solidi gode della proprietà commutativa e associativa:

$$\mathcal{P}' + \mathcal{P}'' \doteq \mathcal{P}'' + \mathcal{P}',$$
$$(\mathcal{P} + \mathcal{P}') + \mathcal{P}'' \doteq \mathcal{P} + (\mathcal{P}' + \mathcal{P}'').$$

Se $\mathcal{P}' + \mathcal{P}'' = \mathcal{P}$, diciamo che $\mathcal{P}'$ è la **differenza** di $\mathcal{P}$ e $\mathcal{P}''$ e la indichiamo con $\mathcal{P}' = \mathcal{P} - \mathcal{P}''$.

POSTULATO
Solidi ottenuti come somma o differenza di solidi congruenti o equivalenti sono equivalenti.

Solidi equicomposti

DEFINIZIONE
Due solidi si dicono **equicomposti** (o equiscomponibili) se sono scomponibili in solidi rispettivamente congruenti.

Si può dimostrare il seguente teorema.

TEOREMA
Due solidi equicomposti sono equivalenti.

ESEMPIO
Consideriamo i solidi $\mathcal{A}$ e $\mathcal{B}$ della figura a lato.
Ciascuno di essi può essere pensato come la somma di poliedri.
$\mathcal{A}$ è la somma di $\mathcal{A}_1$, $\mathcal{A}_2$ e $\mathcal{A}_3$, mentre $\mathcal{B}$ è la somma di $\mathcal{B}_1$, $\mathcal{B}_2$ e $\mathcal{B}_3$.

- Se $\mathcal{A}_1 \cong \mathcal{B}_1$; $\mathcal{A}_2 \cong \mathcal{B}_2$; $\mathcal{A}_3 \cong \mathcal{B}_3$; allora
  $\mathcal{A}_1 \doteq \mathcal{B}_1$; $\mathcal{A}_2 \doteq \mathcal{B}_2$; $\mathcal{A}_3 \doteq \mathcal{B}_3$;

  perché solidi congruenti sono equivalenti.
- I solidi $\mathcal{A}$ e $\mathcal{B}$ risultano somme di poliedri equivalenti e sono equivalenti in virtù del teorema che abbiamo enunciato.

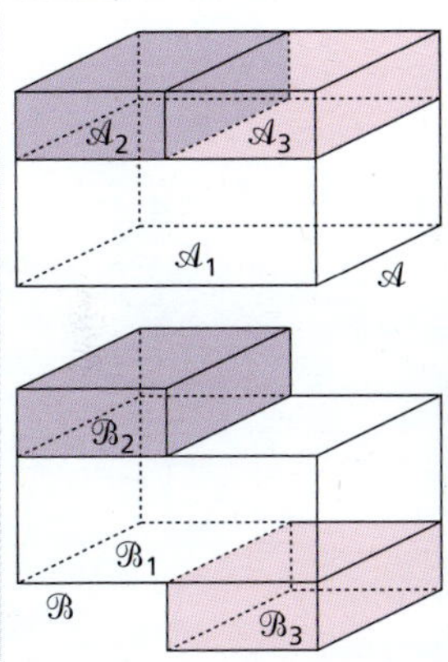

Principio di Cavalieri

Consideriamo due pile di fogli a forma di parallelepipedo rettangolo (figura **a**), formate dalla sovrapposizione dello stesso numero di fogli: i solidi che li rappresentano sono congruenti e quindi equivalenti.

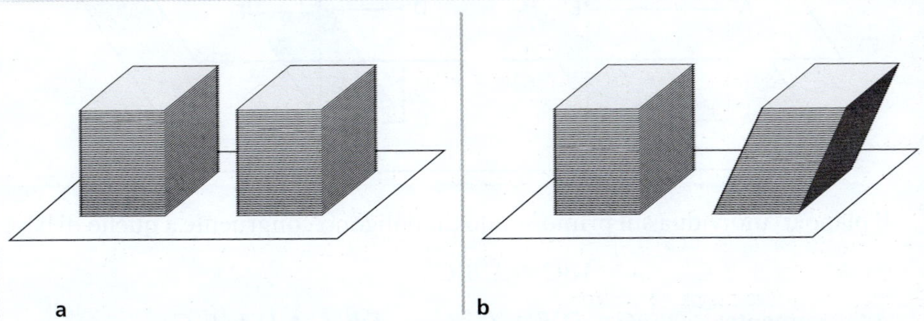

Possiamo far scorrere i fogli di uno di questi parallelepipedi in modo che la sua forma cambi (figura **b**). L'intuizione ci dice che l'estensione dei due solidi rimane la stessa e quindi essi sono ancora equivalenti.
Potremmo anche ripetere le considerazioni dell'esperienza precedente prendendo, al posto di pile di fogli uguali, pile di fogli che abbiano a due a due la stessa area ma forma diversa.

Listen to it

Cavalieri's principle, named after Bonaventura Cavalieri, states that if two solids are laced between two parallel planes and every plane parallel to these intersects the solids in sections of equal area, then the two solids are equivalent.

► Si può applicare il principio di Cavalieri a solidi con altezze diverse rispetto al comune piano di appoggio? Perché?

Passando dal mondo concreto alla geometria, possiamo pensare i fogli sostituiti dalle sezioni ottenute intersecando i solidi con piani tutti paralleli a uno scelto come riferimento. Comprendiamo così il seguente principio.

POSTULATO

Principio di Cavalieri

Due solidi che possono essere disposti in modo che ogni piano parallelo a un altro piano fissato, scelto come riferimento, li tagli secondo sezioni equivalenti, sono equivalenti.

Il principio di Cavalieri fornisce una condizione *sufficiente* ma *non necessaria* per l'equiestensione dei solidi. Per esempio, i solidi $\mathcal{P}$ e $\mathcal{P}'$ sono solidi equivalenti a cui non è possibile applicare il principio di Cavalieri.

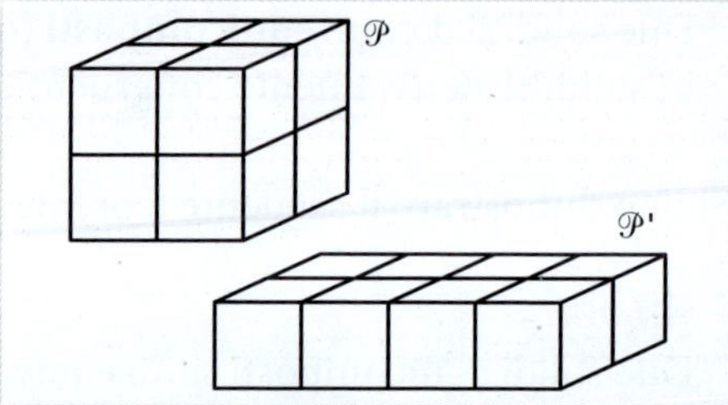

Equivalenza di solidi notevoli

Prismi, piramidi, cilindri, coni

TEOREMA

Due prismi che hanno basi equivalenti e altezze congruenti sono equivalenti.

DIMOSTRAZIONE

Consideriamo due prismi con basi equivalenti che appartengono allo stesso piano α e posti dalla stessa parte rispetto al piano. Il piano α' è un qualsiasi piano parallelo ad α che interseca i due solidi.

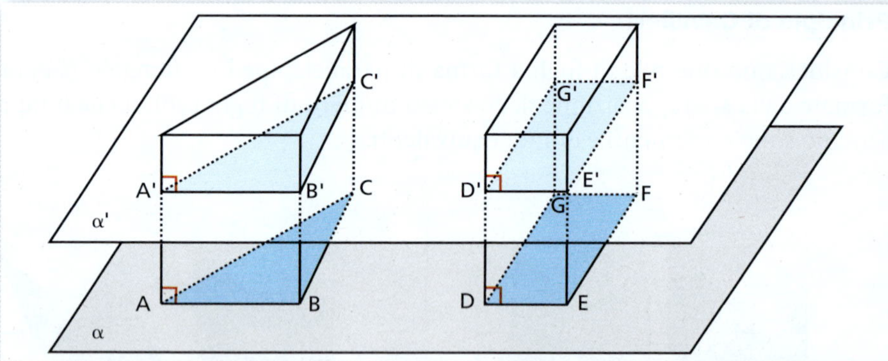

Il piano α' individua sul primo solido un poligono congruente a quello di base:

$$ABC \cong A'B'C' \quad \rightarrow \quad ABC \doteq A'B'C'.$$

Analogamente: $DEFG \cong D'E'F'G' \quad \rightarrow \quad DEFG \doteq D'E'F'G'$.

Per ipotesi $ABC \doteq DEFG$, dunque per la proprietà transitiva:

$$A'B'C' \doteq D'E'F'G'.$$

Poiché i due prismi hanno altezze congruenti, ogni piano che interseca un prisma interseca anche l'altro e le sezioni sono equivalenti per quanto appena dimostrato. Quindi, per il principio di Cavalieri, i due prismi sono equivalenti.

Analogamente, si può dimostrare che due piramidi che hanno basi equivalenti e altezze congruenti sono equivalenti.

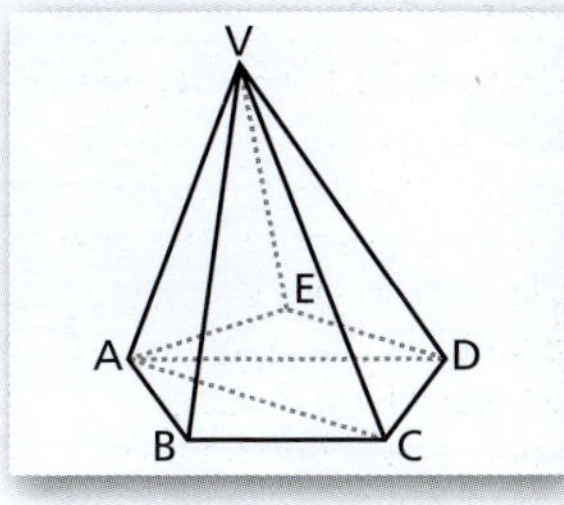

TEOREMA

Una piramide è equivalente alla terza parte di un prisma che abbia base e altezza congruenti a quelle della piramide.

Svolgiamo la dimostrazione per una piramide a base triangolare in quanto ogni piramide può essere scomposta nella somma di più piramidi a base triangolare (figura a lato).

DIMOSTRAZIONE

Consideriamo la piramide di base ABC e vertice A' in figura. Disegniamo il triangolo $A'B'C'$, traslato di ABC secondo il vettore AA'. Otteniamo quindi un prisma che ha base ABC e altezza congruenti a quelle della piramide.

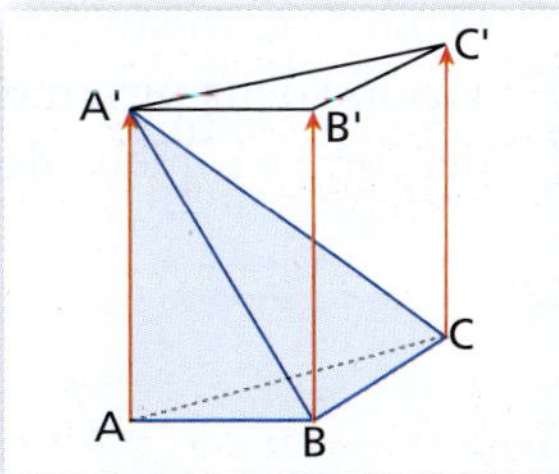

Dividiamo il prisma in tre piramidi.

- $ABCA'$ è la piramide di partenza.
- $A'B'C'C$ e $BCB'A'$ sono ottenute tracciando la diagonale $B'C$ del parallelogramma $BCC'B'$, che lo divide in due triangoli congruenti.

Consideriamo le piramidi a coppie.

Le piramidi $ABCA'$ e $A'B'C'C$ hanno le basi ABC e $A'B'C'$ congruenti perché facce opposte di un prisma e la stessa altezza, che è quella del prisma, quindi sono equivalenti:

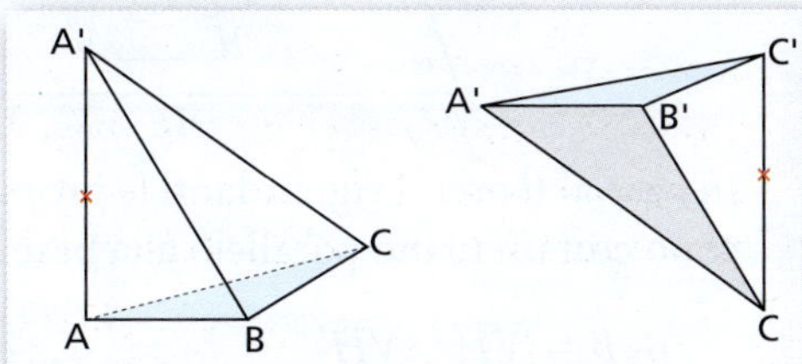

$$ABCA' \doteq A'B'C'C.$$

Le piramidi $BCB'A'$ e $A'B'C'C$ hanno:

- basi congruenti BCB' e $B'C'C$, in quanto ciascuna è metà del parallelogramma $BCC'B'$;
- la stessa altezza, perché hanno basi nel medesimo piano e il medesimo vertice A'.

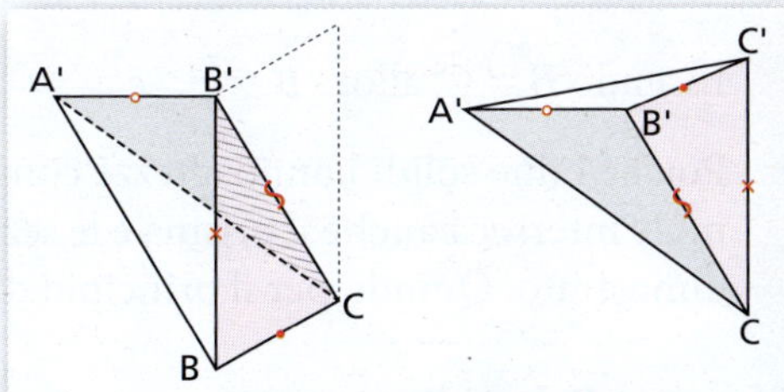

Quindi sono equivalenti: $BCB'A' \doteq A'B'C'C$.

Per la proprietà transitiva, le piramidi $A'B'C'C$, $ABCA'$, $BCB'A'$ sono equivalenti e perciò ciascuna piramide, in particolare $ABCA'$, è equivalente alla terza parte del prisma.

TEOREMA

Un prisma e un cilindro che hanno basi equivalenti e altezze congruenti sono equivalenti.

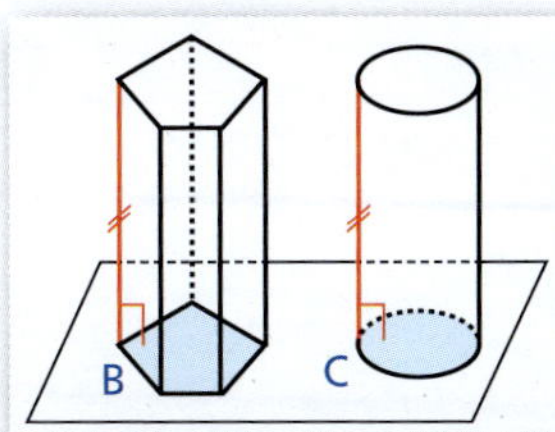

La dimostrazione di questo teorema è del tutto analoga a quella del teorema relativo a due prismi di base equivalente e altezza congruente.

TEOREMA

Una piramide e un cono che hanno basi equivalenti e altezze congruenti sono equivalenti.

DIMOSTRAZIONE

Consideriamo una piramide e un cono con basi equivalenti che appartengono allo stesso piano α e posti dalla stessa parte rispetto al piano. Il piano α' è un qualsiasi piano parallelo ad α che interseca i due solidi.

Siano B la misura dell'area della base della piramide, b quella dell'area della sezione della piramide con il piano α', C la misura dell'area del cerchio di base del cono e c quella dell'area della sezione del cono con il piano α'.

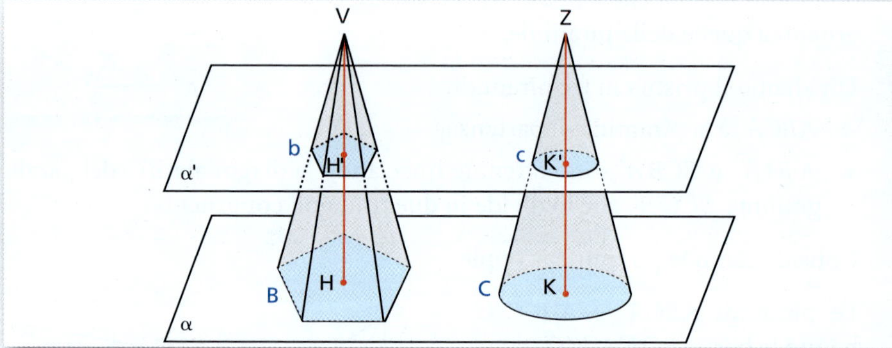

In base ai teoremi riguardanti le proprietà delle sezioni di una piramide e di un cono con un piano parallelo alla base è vero che:

$$B : b = \overline{VH}^2 : \overline{VH'}^2; \qquad C : c = \overline{ZK}^2 : \overline{ZK'}^2.$$

Per ipotesi $VH \cong ZK$ e $VH' \cong ZK'$, quindi:

$$B : b = C : c.$$

Essendo $B = C$, allora $b = c$.

Poiché i due solidi hanno altezze congruenti, ogni piano che interseca la piramide interseca anche il prisma e le sezioni sono equivalenti per quanto appena dimostrato. Quindi, per il principio di Cavalieri, i due solidi sono equivalenti.

Sfera e anticlessidra

DEFINIZIONE

Data una sfera di centro O, a essa circoscriviamo un cilindro equilatero e consideriamo i due coni di vertice O con le basi coincidenti con quelle del cilindro. Definiamo **anticlessidra** il solido ottenuto dalla differenza fra il cilindro e i due coni.

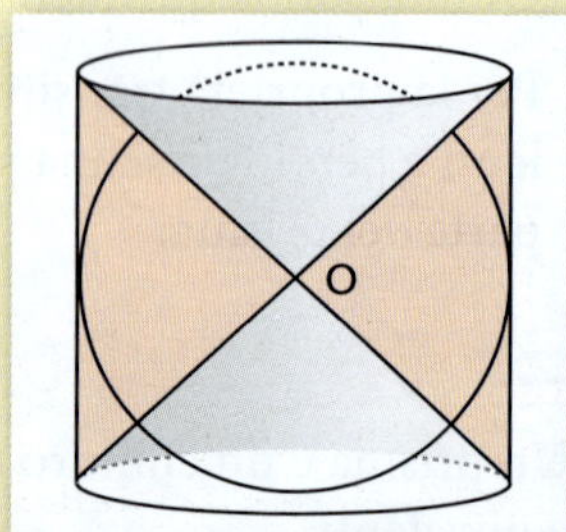

Vale il seguente teorema.

TEOREMA

La sfera è equivalente alla sua anticlessidra.

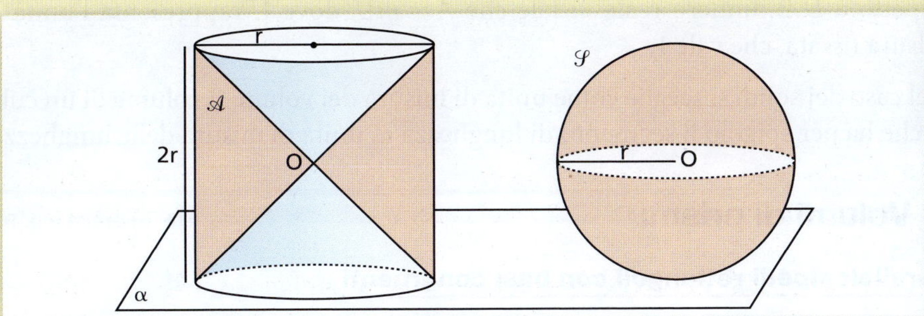

DIMOSTRAZIONE

Sia α il piano su cui poggia il cilindro e sia α′ un qualsiasi piano parallelo ad α che interseca il cilindro a una distanza *h* dal centro *O* della sfera. Essendo il cilindro equilatero, i due coni hanno l'altezza congruente al raggio di base; di conseguenza il triangolo *OHA* è rettangolo isoscele, quindi la misura di *AH* è *h*.

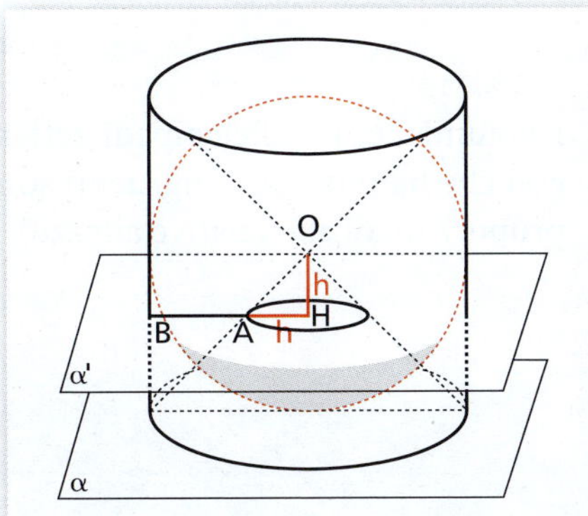

La sezione del piano α′ con il cono è un cerchio di raggio *h*.

La sezione di α′ con l'anticlessidra è una corona circolare la cui circonferenza esterna ha raggio *r* (il raggio del cilindro) e la circonferenza interna è l'intersezione di α′ con il cono. L'area della corona circolare è:

$$A_{\text{corona}} = \pi \cdot r^2 - \pi \cdot h^2 = \pi \cdot (r^2 - h^2).$$

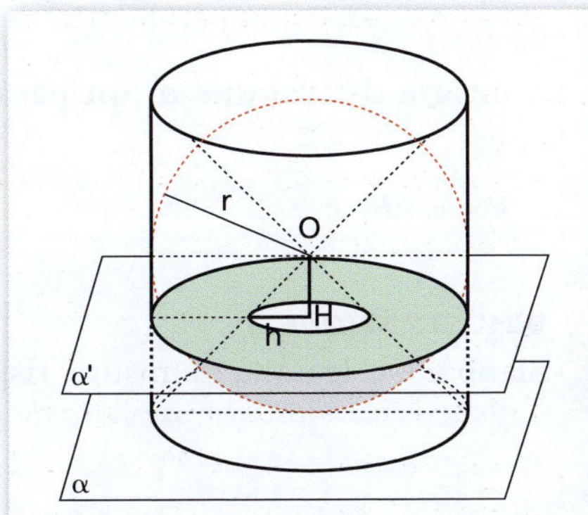

La sezione del piano α′ con la sfera è un cerchio di raggio *HB*, che è un cateto del triangolo rettangolo *OHB* (figura a lato):

$$\overline{HB}^2 = \overline{OB}^2 - \overline{OH}^2 = r^2 - h^2.$$

Quindi la misura dell'area del cerchio è:

$$A_{\text{cerchio}} = \pi \cdot (r^2 - h^2).$$

Osserviamo che:

$$A_{\text{corona}} = A_{\text{cerchio}}.$$

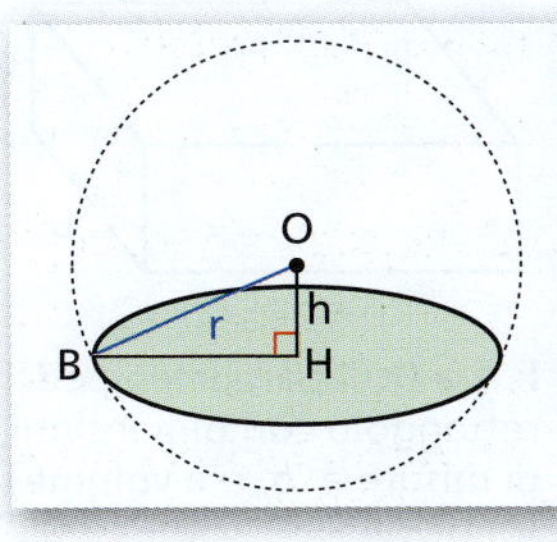

Le misure delle aree delle sezioni che il piano α′ forma con l'anticlessidra e con la sfera sono uguali, quindi le sezioni sono equivalenti e, per il principio di Cavalieri, la sfera e l'anticlessidra sono equivalenti.

TEORIA

9 Volumi dei solidi

Ricordiamo che, date due grandezze omogenee A e U, si definisce misura di A rispetto a U il numero reale m tale che $A = mU$, dove U rappresenta l'unità di misura fissata, che vale 1.

Nel caso dei solidi si sceglie come unità di misura dei volumi il volume di un cubo U che ha per spigolo il segmento di lunghezza u, unità di misura delle lunghezze.

Volumi di prismi

Esercizi a p. 923

Parallelepipedi rettangoli con basi congruenti

Per poter esprimere la misura del volume di un parallelepipedo rettangolo in funzione delle misure delle sue dimensioni, premettiamo il seguente teorema, che ci limitiamo a enunciare.

TEOREMA
I volumi dei parallelepipedi rettangoli che hanno basi congruenti sono proporzionali alle relative altezze.

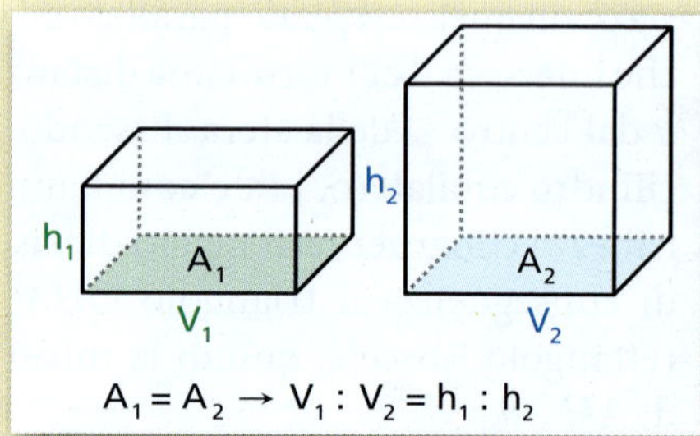

Parallelepipedo rettangolo

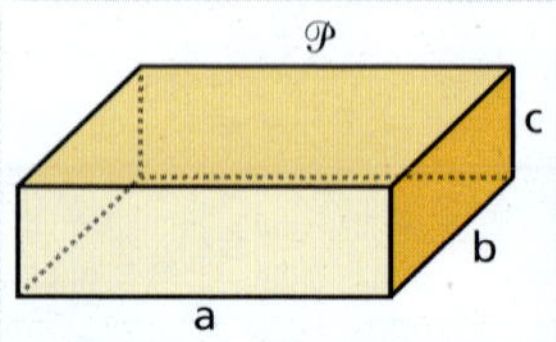

TEOREMA
La misura del **volume di un parallelepipedo rettangolo** di dimensioni a, b, c è:

$$V = a \cdot b \cdot c.$$

DIMOSTRAZIONE
Siano u e U le unità di misura, rispettivamente, delle lunghezze e dei volumi.

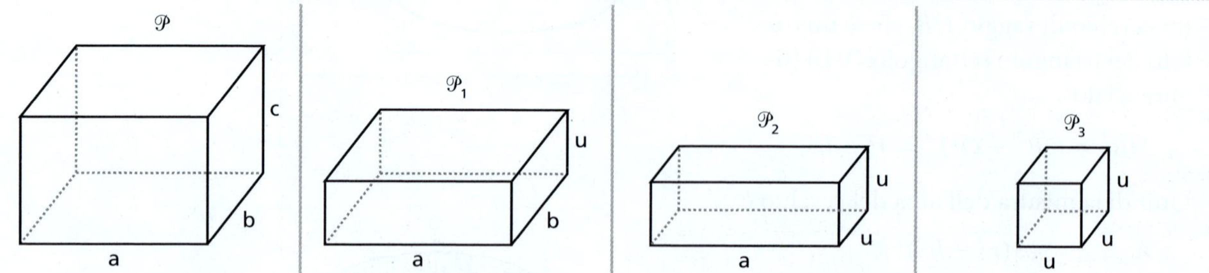

a. Sia $\mathcal{P}$ il parallelepipedo rettangolo con dimensioni di misure a, b, c e volume V.

b. Sia $\mathcal{P}_1$ il parallelepipedo rettangolo con dimensioni di misure a, b, u e volume V_1.

c. Sia $\mathcal{P}_2$ il parallelepipedo rettangolo con dimensioni di misure a, u, u e volume V_2.

d. Sia $\mathcal{P}_3$ il parallelepipedo rettangolo con dimensioni di misure u, u, u e volume $V_3 = U$.

Per il teorema precedente, volumi di parallelepipedi rettangoli aventi le basi congruenti stanno tra loro come le corrispondenti altezze.

Scriviamo allora:

$$V : V_1 = c : u \;\rightarrow\; V = cV_1;$$

$$V_1 : V_2 = b : u \;\rightarrow\; V_1 = bV_2 \;\rightarrow\; V = c \cdot b \cdot V_2;$$

$$V_2 : V_3 = a : u \;\rightarrow\; V_2 = aV_3 \;\rightarrow\; V = c \cdot b \cdot a \cdot V_3 \;\rightarrow\; V = a \cdot b \cdot c \cdot V_3.$$

Poiché $V_3 = U$:

$$V = a \cdot b \cdot c \cdot U.$$

Concludiamo che la misura del volume di un parallelepipedo rettangolo è uguale al prodotto delle misure delle sue dimensioni.

► Trova la misura del volume di un parallelepipedo rettangolo di dimensioni 3 cm, 4 cm e 11 cm.

Il teorema precedente può essere espresso anche nel modo seguente:
la misura del volume di un parallelepipedo rettangolo è uguale al prodotto della misura dell'area di base per la misura della relativa altezza:

$$V = A_b \cdot h.$$

Cubo

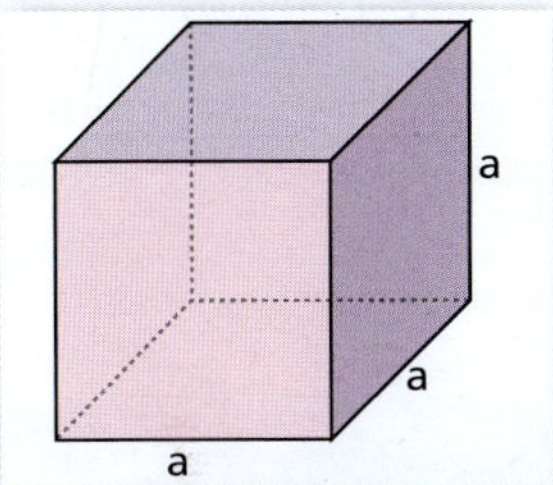

Il cubo è un parallelepipedo rettangolo che ha tutte le dimensioni congruenti. Pertanto, il **volume di un cubo** con spigolo di lunghezza a è:

$$V = a^3.$$

Prisma

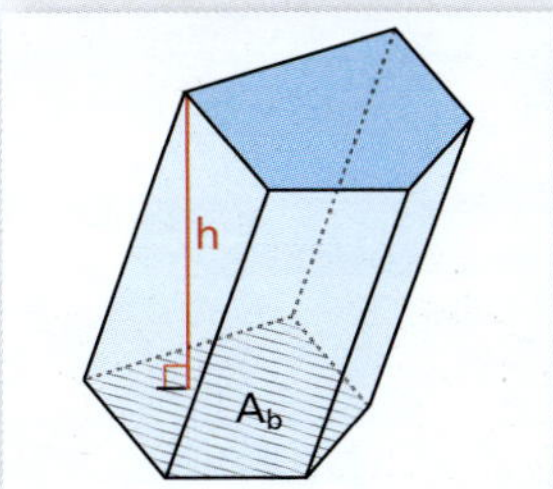

Sappiamo che due prismi sono equivalenti se hanno basi equivalenti e altezze congruenti. Essendo il parallelepipedo rettangolo un particolare prisma, la misura del volume del prisma è uguale a quella del parallelepipedo rettangolo che ha base equivalente e altezza congruente.
Quindi il volume di un prisma con base di area A_b e altezza di lunghezza h è:

$$V = A_b \cdot h.$$

► Calcola il volume di un prisma avente per base un triangolo equilatero che ha il lato di 5 cm e l'altezza di 12 cm.

Volumi di piramidi

► Esercizi a p. 926

Piramide

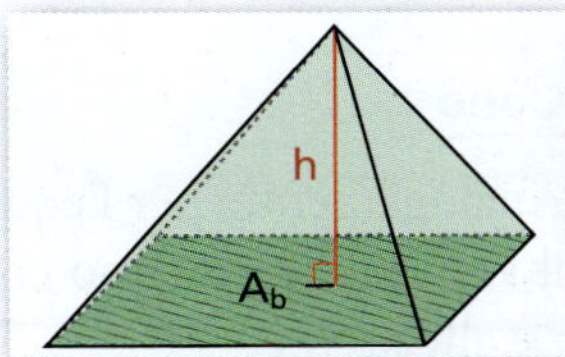

La piramide è equivalente alla terza parte di un prisma di base equivalente e uguale altezza, quindi il suo volume misura un terzo rispetto al volume del prisma. Allora il **volume di una piramide** con base di area A_b e altezza di lunghezza h è:

$$V = \frac{1}{3} A_b \cdot h.$$

► Trova il volume di una piramide che ha base rettangolare di dimensioni 10 cm e 15 cm e altezza di 30 cm.

Tronco di piramide

TEOREMA

La misura del **volume di un tronco di piramide** con basi di area A e a e altezza di lunghezza h è:

$$V = \frac{1}{3} \cdot h \cdot (A + a + \sqrt{a \cdot A}).$$

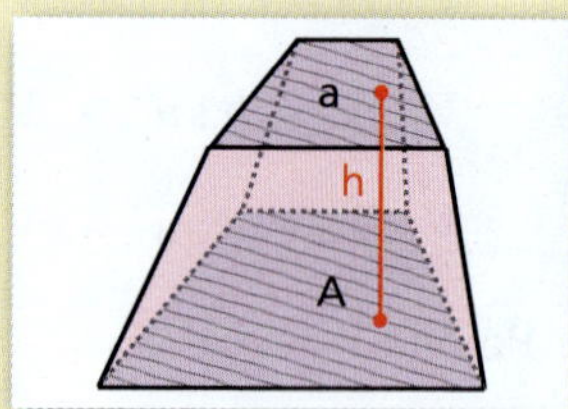

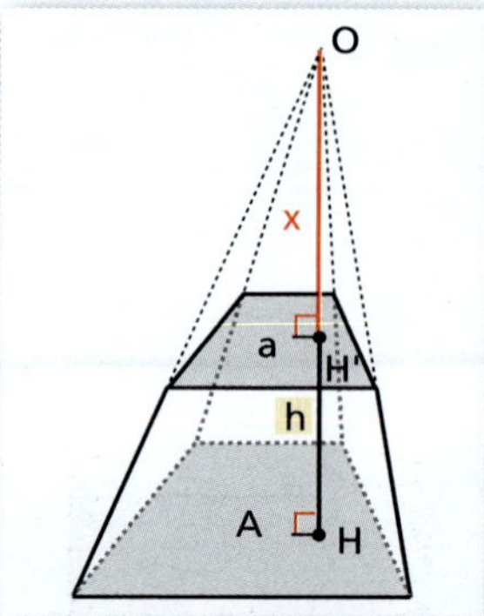

DIMOSTRAZIONE

Indichiamo con x la misura di OH'. La misura del volume del tronco di piramide si calcola come differenza delle misure dei volumi delle piramidi di vertice O e basi coincidenti con quelle del tronco:

$$V = \frac{1}{3} \cdot A \cdot (h + x) - \frac{1}{3} \cdot a \cdot x = \frac{1}{3} \cdot A \cdot h + \frac{1}{3} \cdot x \cdot (A - a).$$

Poiché le misure delle aree delle sezioni sono direttamente proporzionali ai quadrati delle loro distanze dal vertice della piramide, possiamo scrivere:

$$A : a = (h + x)^2 : x^2 \rightarrow \sqrt{A} : \sqrt{a} = (h + x) : x.$$

Applichiamo la proprietà dello scomporre:

$$(\sqrt{A} - \sqrt{a}) : \sqrt{a} = h : x \quad \rightarrow \quad x = \frac{\sqrt{a} \cdot h}{\sqrt{A} - \sqrt{a}}.$$

Razionalizziamo,

$$x = \frac{\sqrt{a} \cdot h}{\sqrt{A} - \sqrt{a}} \cdot \frac{\sqrt{A} + \sqrt{a}}{\sqrt{A} + \sqrt{a}} = \frac{\sqrt{a} \cdot h \cdot (\sqrt{A} + \sqrt{a})}{A - a},$$

e sostituiamo nella relazione iniziale:

$$V = \frac{1}{3} \cdot A \cdot h + \frac{1}{3} \cdot \frac{\sqrt{a} \cdot h \cdot (\sqrt{A} + \sqrt{a})}{\cancel{A - a}} \cdot (\cancel{A - a}).$$

Essendo $A - a \neq 0$, semplifichiamo e svolgiamo i calcoli:

$$V = \frac{1}{3} \cdot A \cdot h + \frac{1}{3} \cdot h \cdot \sqrt{a \cdot A} + \frac{1}{3} \cdot h \cdot a = \frac{1}{3} \cdot h \cdot (A + a + \sqrt{a \cdot A}).$$

Volumi di solidi di rotazione

▶ Esercizi a p. 928

Cilindro

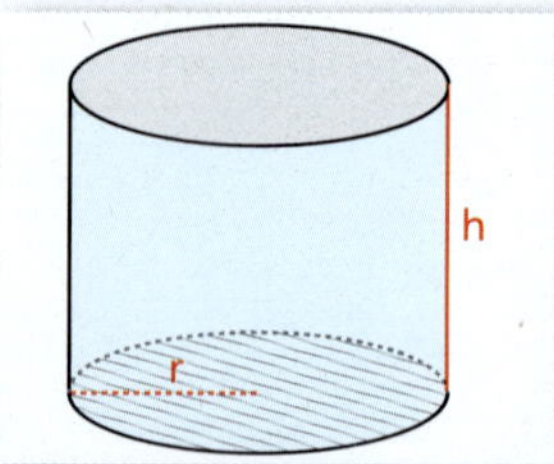

Sappiamo che un cilindro è equivalente a un prisma con base equivalente e altezza congruente. Allora il **volume di un cilindro** con raggio di base di lunghezza r e altezza di lunghezza h è:

$$V = A_b \cdot h = \pi \cdot r^2 \cdot h.$$

Cono

Analogamente, per l'equivalenza tra coni e piramidi, il **volume di un cono** con raggio di base che misura r e altezza h è:

$$V = \frac{1}{3} \cdot A_b \cdot h = \frac{1}{3} \cdot \pi \cdot r^2 \cdot h.$$

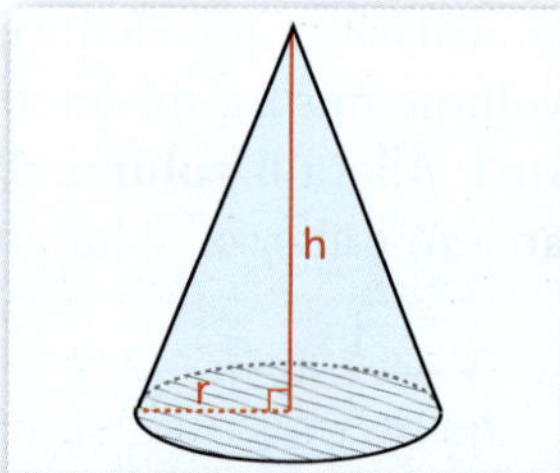

▶ Determina il volume di un cono e di un cilindro con raggio di base di 4 cm e altezza di 15 cm.

Tronco di cono

TEOREMA

La misura **del volume di un tronco di cono** con raggi di base di lunghezze r e r' e con altezza di lunghezza h è:

$$V = \frac{1}{3} \cdot \pi \cdot h \cdot (r^2 + r'^2 + r \cdot r').$$

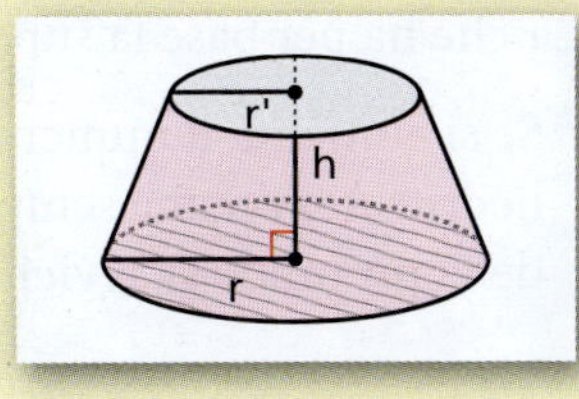

DIMOSTRAZIONE

Con un ragionamento analogo a quello fatto per il tronco di piramide, possiamo scrivere:

$$V = \frac{1}{3} \cdot h \cdot (\pi \cdot r^2 + \pi \cdot r'^2 + \sqrt{\pi \cdot r^2 \cdot \pi \cdot r'^2}) =$$

$$\frac{1}{3} \cdot h \cdot (\pi \cdot r^2 + \pi \cdot r'^2 + \sqrt{\pi^2 \cdot r^2 \cdot r'^2}) =$$

$$\frac{1}{3} \cdot h \cdot (\pi \cdot r^2 + \pi \cdot r'^2 + \pi \cdot r \cdot r') = \frac{1}{3} \cdot \pi \cdot h \cdot (r^2 + r'^2 + r \cdot r').$$

Sfera

Per il teorema di equivalenza tra sfera e anticlessidra, possiamo scrivere

$$V_{\text{sfera}} = V_{\text{cilindro circoscritto}} - V_{\text{doppio cono}} = \pi \cdot r^2 \cdot 2r - 2 \cdot \frac{1}{3} \cdot \pi \cdot r^2 \cdot r =$$

$$2\pi \cdot r^3 - \frac{2}{3}\pi \cdot r^3 = \frac{4}{3}\pi \cdot r^3,$$

ossia il **volume di una sfera** di raggio r è:

$$V = \frac{4}{3} \cdot \pi \cdot r^3.$$

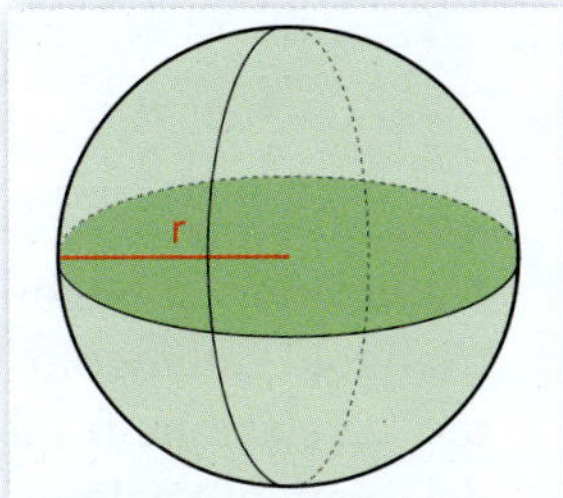

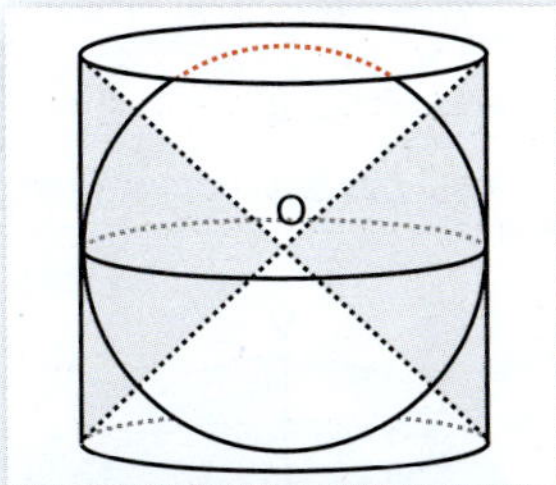

Video

Il volume della sfera secondo Archimede
La geometria solida fu uno dei temi studiati da Archimede, matematico e scienziato greco vissuto nel III secolo a.C. In particolare, ricavò il volume della sfera unendo i concetti di matematica e fisica. Vediamo quale fu il suo ragionamento.

► Determina l'area della superficie e la misura del volume della Luna, sapendo che è approssimabile a una sfera di raggio 1737 km.

Area della superficie sferica

Possiamo ora dimostrare il teorema relativo all'area della superficie della sfera.

TEOREMA

La misura dell'**area della superficie sferica** è uguale a quattro volte quella del suo cerchio massimo:

$$S_{\text{sfera}} = 4 \cdot \pi \cdot r^2.$$

DIMOSTRAZIONE

Data una sfera di raggio r, consideriamo una qualunque superficie poliedrica a essa circoscritta. Le facce di tale superficie poliedrica rappresentano le basi di tante piramidi con vertice nel centro della sfera. Queste facce sono tangenti alla sfera, quindi sono perpendicolari al raggio r nel punto di tangenza e perciò tutte queste piramidi hanno r come altezza.

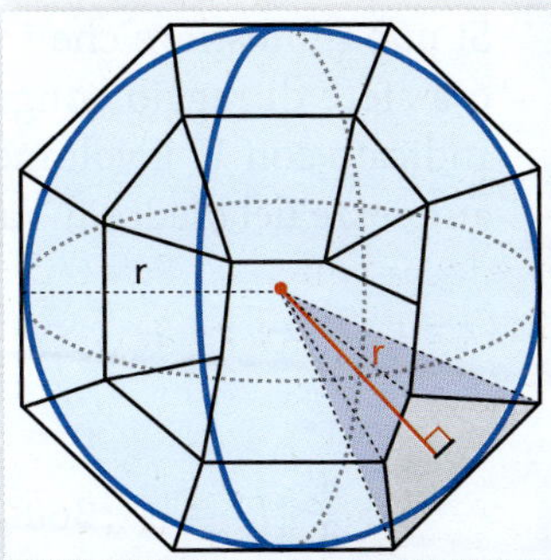

Deduciamo allora che il volume del poliedro è uguale alla somma di tutti quelli di queste piramidi di uguale altezza, cioè al volume di una piramide di altezza r che ha per base la superficie poliedrica.

Se si aumenta il numero delle facce del poliedro, la misura della superficie poliedrica si avvicina sempre più alla misura della superficie della sfera e il volume della piramide si avvicina sempre più a quello della sfera. Quindi

$$V_{\text{piramide}} = V_{\text{sfera}} \quad \rightarrow \quad \frac{1}{3} \cdot S_{\text{sfera}} \cdot r = \frac{4}{3} \cdot \pi \cdot r^3 \quad \rightarrow \quad S_{\text{sfera}} = 4 \cdot \pi \cdot r^2.$$

Parti della sfera

Ci limitiamo a enunciare i teoremi e le formule utili per calcolare i volumi delle parti della sfera.

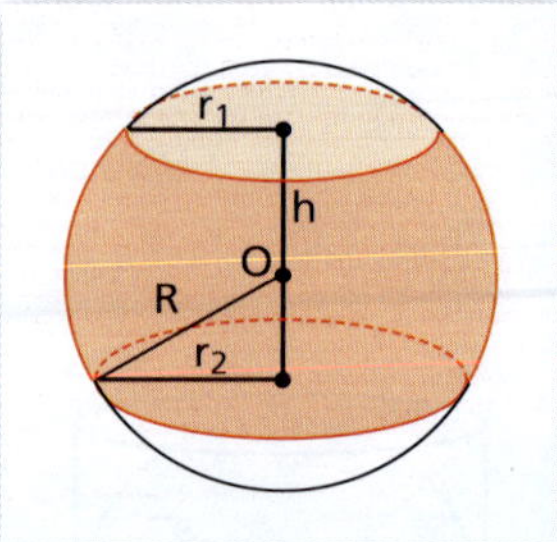

- **Volume del segmento sferico a due basi**
  Il segmento sferico a due basi è equivalente alla somma fra una sfera di diametro congruente all'altezza del segmento e due cilindri con altezza congruente alla metà di quella del segmento e con basi congruenti a quelle del segmento:

$$\boldsymbol{V = \frac{4}{3}\pi\left(\frac{h}{2}\right)^3 + \pi r_1^2 \cdot \frac{h}{2} + \pi r_2^2 \cdot \frac{h}{2}}.$$

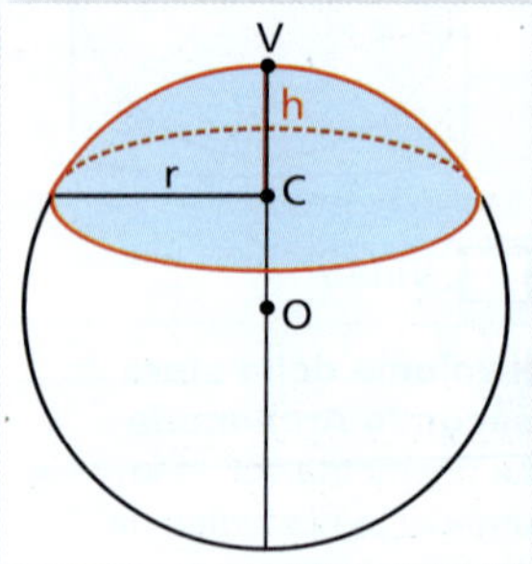

- **Volume del segmento sferico a una base**
  Il segmento sferico a una base è equivalente alla somma fra una sfera di diametro congruente all'altezza del segmento e un cilindro con altezza congruente alla metà di quella del segmento e con base uguale a quella del segmento:

$$\boldsymbol{V = \frac{4}{3}\pi\left(\frac{h}{2}\right)^3 + \pi r^2 \cdot \frac{h}{2}}.$$

Applicando il secondo teorema di Euclide al triangolo rettangolo VAB (figura a lato), scriviamo la relazione fra il raggio di base r, l'altezza h del segmento e il raggio della sfera R:

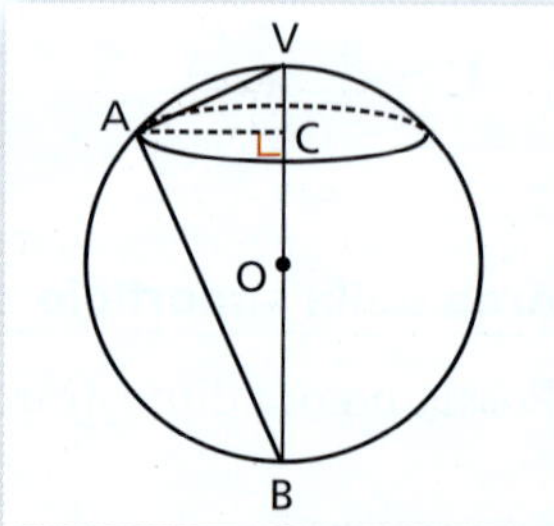

$$\overline{AC}^2 = \overline{CB} \cdot \overline{VC} \rightarrow r^2 = (2R - h) \cdot h.$$

Sostituendo nella formula precedente, deduciamo una formula più semplice:

$$\boldsymbol{V = \frac{1}{3}\pi h^2(3R - h)}.$$

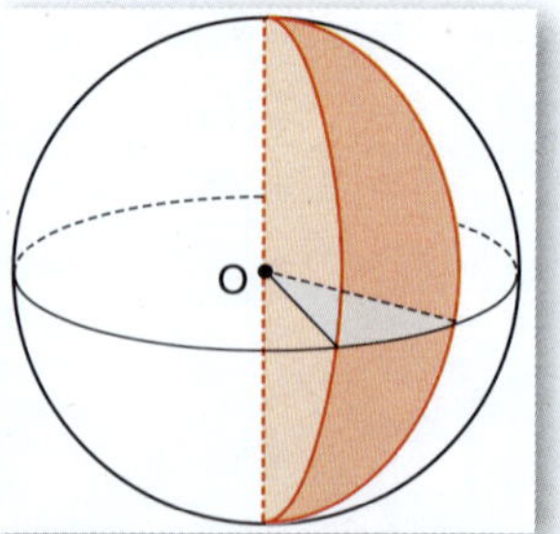

- **Volume dello spicchio sferico**
  Si può dimostrare che i volumi degli spicchi appartenenti a una stessa sfera, o a sfere di raggio congruente, sono proporzionali ai diedri corrispondenti. Indicato con V_s il volume dello spicchio, con R il raggio della sfera, α_{rad} e $\alpha°$ le ampiezze del diedro in radianti e in gradi, si ha:

$$V_s : \frac{4}{3}\pi R^3 = \alpha_{\text{rad}} : 2\pi \quad \rightarrow \quad \boldsymbol{V_s = \frac{2}{3}\alpha_{\text{rad}} R^3};$$

$$V_s : \frac{4}{3}\pi R^3 = \alpha° : 360° \quad \rightarrow \quad \boldsymbol{V_s = \frac{\alpha°}{270°}\pi R^3}.$$

- **Volume dell'anello sferico**
  In una sfera, facendo ruotare di 360° un segmento circolare attorno a un diametro del cerchio di appartenenza che non attraversi il segmento stesso, si ottiene un solido detto **anello sferico**. Possiamo ottenerlo anche considerando un segmento sferico a due basi e il tronco di cono inscritto le cui basi coincidono con quelle del segmento: la parte di sfera limitata dalla superficie laterale del tronco e dalla zona sferica corrispondente al segmento è un anello sferico.

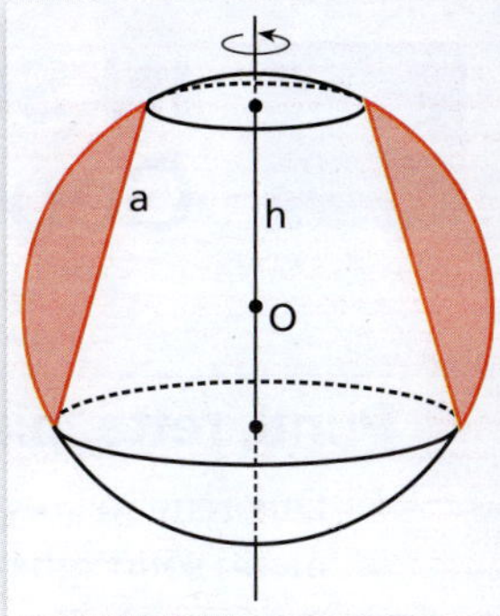

Indicato con a l'apotema del tronco e con h l'altezza, sottraendo il volume del tronco a quello del segmento, è possibile ricavare la formula del **volume dell'anello sferico**:

$$V = \frac{1}{6}\pi a^2 h.$$

- **Volume del settore sferico**
  Il **settore sferico** è quel solido che si ottiene facendo ruotare di un angolo giro un settore circolare attorno a un diametro del cerchio a cui appartiene ma che non lo attraversa. Il volume di un settore si può ottenere come somma o differenza del volume di altri solidi. Possiamo distinguere tre casi.

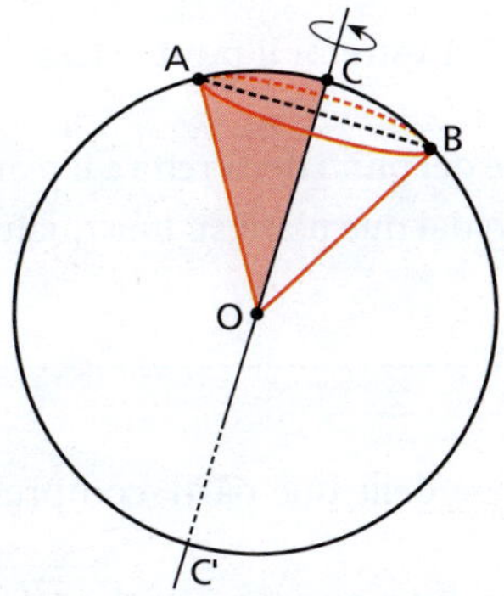

a. Il volume del settore *OACB* è la somma dei volumi del segmento *ACB* e del cono *AOB*.

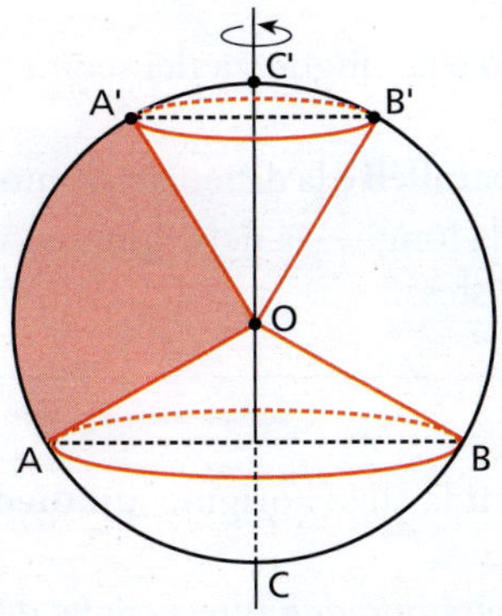

b. Il volume del settore *AOBB'A'* è la differenza fra il volume del segmento *ABB'A'* e i volumi dei due coni *AOB* e *A'OB'*.

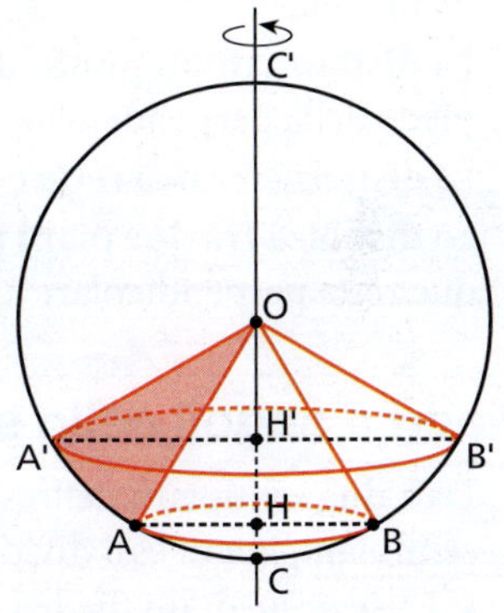

c. Il volume del settore *OBB'AA'* è la differenza fra il volume del settore *OA'CB'* e quello del settore *OACB*.

MATEMATICA E ARTE

Arte al cubo La **pittura cubista**, che si sviluppò in Europa tra il 1908 e il 1914, modificò la visione prospettica, sulla base delle indicazioni di Cézanne: «*trattare la natura secondo il cilindro, la sfera, il cono*».

▶ Da cosa deriva il nome «cubismo»?

La risposta

IN SINTESI
Geometria euclidea nello spazio

Punti, rette, piani nello spazio

- Due rette nello spazio sono **complanari** (**incidenti** o **parallele**) se appartengono allo stesso piano, altrimenti sono **sghembe**.
- Due piani nello spazio sono:
  - **incidenti** se hanno in comune solo una retta;
  - **paralleli** se non hanno alcun punto in comune oppure sono coincidenti.
- Una retta nello spazio può essere:
  - **incidente** al piano se ha un solo punto in comune con il piano;
  - **parallela** al piano se non ha alcun punto in comune con il piano o se giace sul piano.
- Una retta incidente a un piano in un punto P è **perpendicolare al piano** quando è perpendicolare a tutte le rette del piano passanti per P. In tal caso P è detto **piede della perpendicolare**.
- **Teorema delle tre perpendicolari**: se dal piede H di una perpendicolare r a un piano α si manda la perpendicolare s a una qualunque retta t del piano, quest'ultima risulta perpendicolare al piano β delle prime due.
- La **distanza di un punto da un piano** è la lunghezza del segmento che ha per estremi il punto stesso e il piede della perpendicolare al piano.
- La **distanza fra una retta e un piano paralleli** è la distanza tra uno qualunque dei punti della retta e il piano.
- La **distanza fra due piani paralleli** è la lunghezza del segmento intercettato dai due piani su una qualunque retta perpendicolare ai due piani stessi.

Diedri e angoli nello spazio

- Dati due semipiani dello spazio aventi la stessa origine, un **diedro** è ognuna delle due parti, compresi i semipiani, in cui essi dividono lo spazio.
  - La **sezione** di un diedro è *l'angolo ottenuto dall'intersezione del diedro con un piano che interseca il suo spigolo*. Sezioni parallele di uno stesso diedro sono congruenti. Una sezione è **normale** se ottenuta come intersezione tra il diedro e un piano perpendicolare al suo spigolo.
  - Un **diedro** è **retto** se la sua sezione normale è un angolo retto.
  - Due **piani** incidenti sono **perpendicolari** quando dividono lo spazio in quattro diedri retti.
  - Se una retta $r \in \alpha$ è perpendicolare al piano β, allora $\alpha \perp \beta$.
  - Esiste ed è unico il piano passante per una retta r e perpendicolare al piano α.
- L'**angolo** di una retta r con un piano α è l'angolo acuto formato da r e dalla sua proiezione r' su α.

Poliedri

- Un **prisma** è un poliedro delimitato da due **basi** che sono poligoni congruenti posti su piani paralleli e da **facce laterali** che sono parallelogrammi. La distanza fra i piani delle basi è l'**altezza** del prisma.
  - Un prisma è **retto** se gli spigoli laterali sono perpendicolari ai piani delle basi, è **regolare** quando è retto e le sue basi sono poligoni regolari.
  - Un prisma è un **parallelepipedo** se anche le basi sono parallelogrammi.
  - Un parallelepipedo retto in cui le basi sono rettangoli è un **parallelepipedo rettangolo**. Se le tre dimensioni sono congruenti, è un **cubo**.
- Una **piramide** è un poliedro delimitato da un poligono, la **base**, e da **facce laterali** triangolari che hanno in comune il **vertice della piramide** e hanno il lato opposto a tale vertice coincidente con un lato del poligono di base. La distanza fra il vertice e il piano della base è l'**altezza** della piramide.

- Una piramide è **retta** quando nella base si può inscrivere una circonferenza il cui centro è la proiezione ortogonale del vertice della piramide sul piano di base. L'altezza delle sue facce laterali è l'**apotema**.
- Una piramide è **regolare** quando è retta e la sua base è un poligono regolare.

- Un **tronco di piramide** è limitato da due poligoni simili fra loro e posti su piani paralleli (le **basi** del tronco) e da **facce laterali** che sono trapezi.

Solidi di rotazione

I solidi di rotazione sono generati dalla rotazione di una figura piana attorno a una retta.

- Un **cilindro** è generato dalla rotazione completa di un rettangolo attorno a uno dei suoi lati; è **equilatero** se la sua altezza è congruente al diametro di base.
- Un **cono** è generato dalla rotazione completa di un triangolo rettangolo attorno a uno dei suoi cateti; è **equilatero** se l'apotema è congruente al diametro di base.
- Una **sfera** è generata dalla rotazione completa di un semicerchio attorno al suo diametro.

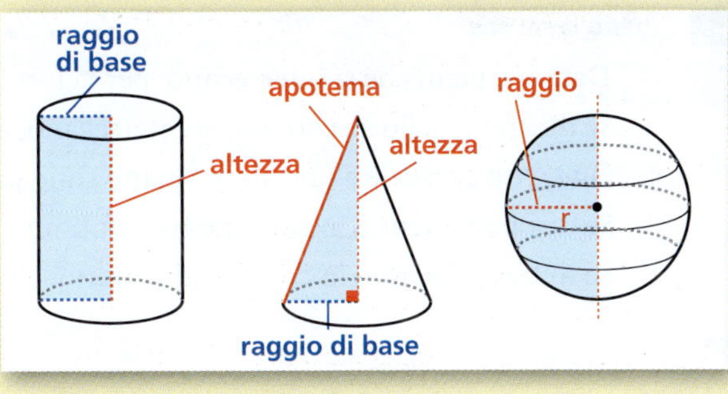

Aree e volumi dei solidi

Principio di Cavalieri: due solidi che possono essere disposti in modo che ogni piano parallelo a un altro fissato, scelto come riferimento, li tagli secondo sezioni equivalenti, sono equivalenti.

Prisma retto

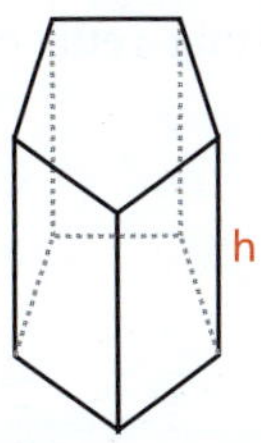

$A_\ell = 2p \cdot h$
$A_t = A_\ell + 2A_b$
$V = A_b \cdot h$

Parallelepipedo rettangolo

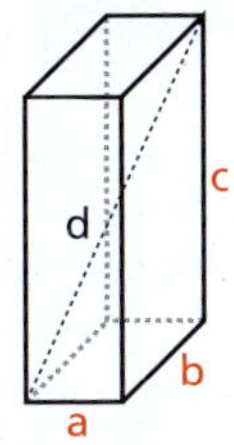

$A_t = 2(ac + ab + bc)$
$V = a \cdot b \cdot c$
$d = \sqrt{a^2 + b^2 + c^2}$

Cubo

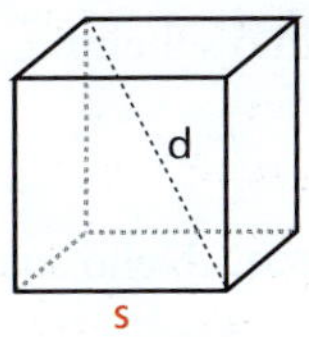

$A_t = 6s^2$
$V = s^3$
$d = s\sqrt{3}$

Piramide retta

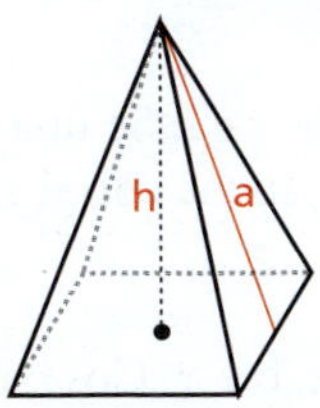

$A_\ell = p \cdot a$
$A_t = A_\ell + A_b$
$V = \frac{1}{3} A_b \cdot h$

Tronco di piramide retta

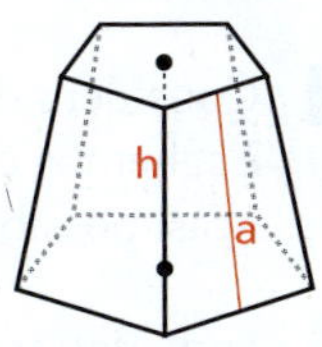

$A_\ell = (p + p') \cdot a$
$A_t = A_\ell + A_b + A'_b$
$V = \frac{1}{3} h \left(A_b + A'_b + \sqrt{A_b \cdot A'_b}\right)$

Cilindro

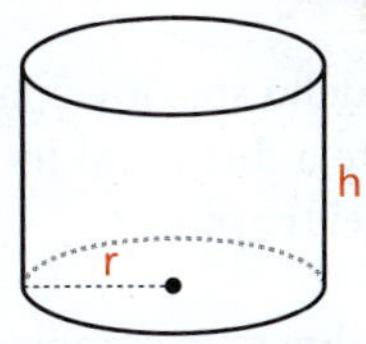

$A_b = \pi r^2$
$A_\ell = 2\pi r \cdot h$
$A_t = 2\pi r(h + r)$
$V = \pi r^2 \cdot h$

Cono

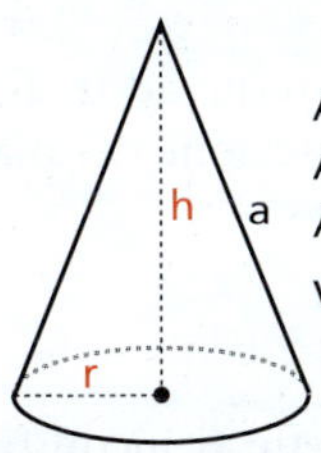

$A_b = \pi r^2$
$A_\ell = \pi r a$
$A_t = \pi r (a + r)$
$V = \frac{1}{3} \pi r^2 \cdot h$

Tronco di cono

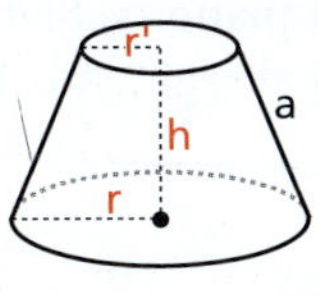

$A_\ell = \pi a(r + r')$
$A_t = A_\ell + A_b + A'_b$
$V = \frac{1}{3} \pi h(r^2 + r'^2 + r \cdot r')$

Sfera

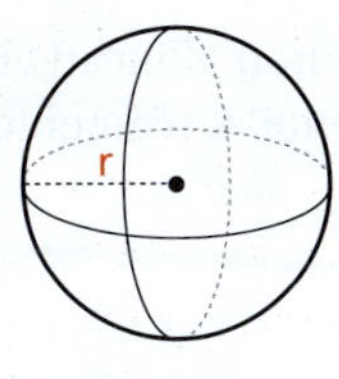

$A = 4\pi r^2$
$V = \frac{4}{3} \pi r^3$

CAPITOLO 18
ESERCIZI

1 Punti, rette, piani nello spazio

▶ Teoria a p. 860

1 VERO O FALSO?

a. Dati due piani che si intersecano, per la loro intersezione passano infiniti piani. V F

b. Se due rette nello spazio non si intersecano, allora sono parallele. V F

c. Due rette parallele a uno stesso piano sono parallele. V F

d. Se due piani hanno in comune tre punti non allineati, allora coincidono. V F

e. Se due piani hanno in comune due punti, allora ne hanno infiniti. V F

TEST

2 Le rette r e s sono parallele, mentre le rette r e t sono incidenti. Allora s e t sono:

A parallele.

B incidenti.

C sghembe.

D parallele o incidenti.

E incidenti o sghembe.

3 Il piano α e i due piani distinti β e γ sono incidenti. Allora:

A β e γ sono paralleli.

B β e γ sono incidenti.

C $\alpha \cap \beta \cap \gamma$ è una retta.

D β e γ possono essere paralleli o incidenti.

E $\alpha \cap \beta \cap \gamma$ può essere una retta o l'insieme vuoto.

4 VERO O FALSO? Nello spazio:

a. due punti individuano sempre una retta. V F

b. tre punti individuano un piano o una retta. V F

c. una retta è parallela a un piano se non ha punti in comune con esso. V F

RIFLETTI SULLA TEORIA

5 Tre punti dello spazio appartengono contemporaneamente a due piani incidenti α e β. Cosa si può dire dei tre punti?

6 Considera due rette complanari a e b. Se una retta c è complanare ad a, è complanare anche a b? Esamina i casi possibili.

7 Considera due rette sghembe r e s. Se una retta t è sghemba con r, è sghemba anche con s? Illustra i casi possibili.

8 Sono dati tre piani distinti α, β e γ. Cosa rappresenta $\alpha \cap \beta \cap \gamma$? Illustra tutti i casi possibili.

9 Tre punti non allineati A, B e C appartengono a un piano α. Siano D un punto esterno ad α, E un punto appartenente al segmento AD e F un punto interno al segmento BC. Qual è l'intersezione dei piani ADF e BCE?

Dimostrazioni

10 Dati una retta r e un punto $P \notin r$, dimostra che esiste uno e un solo piano passante per r e P.

11 Dimostra che, se due rette si incontrano in un punto, allora sono complanari.

12 ●○ Dimostra che un semispazio è una figura convessa.

13 ●○ Due rette parallele a e b intersecano una terza retta c. Dimostra che a, b e c sono complanari.

14 ESERCIZIO GUIDA Siano α e β due piani incidenti e r la loro retta intersezione. Scelti sul piano α un punto A e sul piano β un punto B, non appartenenti a r, dimostriamo che la retta AB e la retta r sono sghembe.

Ragioniamo per assurdo. Se le due rette non fossero sghembe, allora sarebbero complanari.

Supponiamo che AB e r appartengano a uno stesso piano: questo dovrebbe contenere r e i due punti A e B.
Poiché $A \in \alpha$ e $B \in \beta$, i due piani α e β dovrebbero coincidere, contro l'ipotesi che α e β siano incidenti lungo una retta e quindi distinti. Pertanto la retta AB è sghemba rispetto a r.

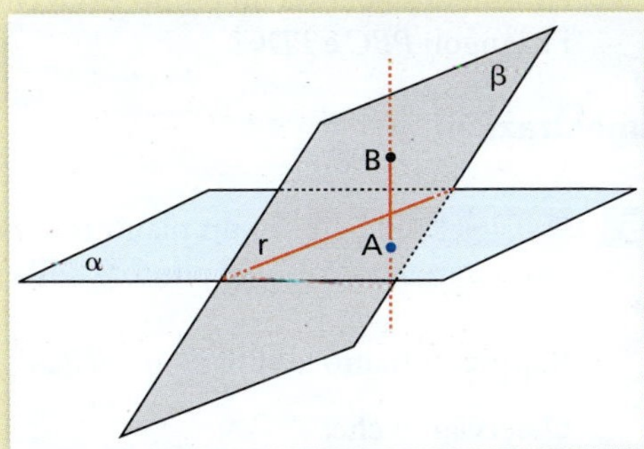

15 ●○ Dati due piani α e β incidenti nella retta r, da un punto P non appartenente ai piani conduci una retta parallela a r. Dimostra che tale retta è parallela sia ad α sia a β.

16 ●○ Sono dati quattro punti non complanari. Dimostra che tre qualunque di essi non possono essere allineati.

17 ●○ Due rette r e s appartenenti al piano α si intersecano nel punto P. Dimostra che, se una retta t che non giace su α interseca sia r sia s, allora t deve passare per P.

18 ●○ Sono dati due punti P e Q appartenenti al piano α e un punto R non appartenente ad α. Dimostra che esiste un unico piano β contenente P, Q e R.

2 Perpendicolarità e parallelismo

Perpendicolarità tra retta e piano

▶ Teoria a p. 862

TEST

19 ●○ Siano dati nello spazio una retta r ed un suo punto A. Di rette passanti per A e perpendicolari alla retta r ne esistono:

- **A** una sola.
- **B** due sole.
- **C** tre sole.
- **D** infinite, tutte appartenenti ad uno stesso piano.
- **E** infinite, non tutte appartenenti ad uno stesso piano.

(*Università di Roma, Facoltà di Ingegneria, Corso propedeutico di Matematica*)

20 ●○ Se le rette a e b si incontrano in P, allora le rette perpendicolari ad a e b passanti per P sono:

- **A** nessuna.
- **B** una.
- **C** due.
- **D** infinite.
- **E** bisogna sapere se $a \perp b$ o no.

21 ●○ Se, nello spazio, le tre rette r, s, t sono tali che $r \perp s$ e $s \perp t$, allora:

- **A** $r \perp t$.
- **B** s è perpendicolare al piano formato dalle rette r e t.
- **C** r e t sono sghembe.
- **D** $r // t$.
- **E** nessuna delle affermazioni precedenti è vera.

22 Dati un punto P e una retta r nello spazio, stabilisci quante rette passanti per P e perpendicolari e incidenti a r esistono se:

a. $P \in r$; **b.** $P \notin r$.

23 Un rettangolo $ABCD$ giace sul piano α. Traccia la retta a perpendicolare ad α e passante per A e considera su di essa un punto P. Di che tipo sono i triangoli PBC e PDC?

24 Nella figura, la retta PA è perpendicolare al piano in cui giace il triangolo ABC. Di che tipo sono i triangoli APC e APB?

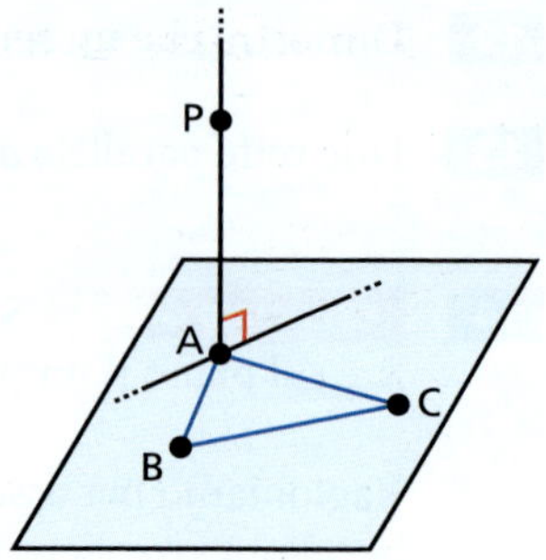

Dimostrazioni

25 **ESERCIZIO GUIDA** Su un piano α sono date una circonferenza di centro O e una retta t tangente in T alla circonferenza. Preso un punto A sulla retta perpendicolare ad α e passante per O, dimostriamo che $AT \perp t$.

Rappresentiamo la situazione nella figura e tracciamo il raggio OT.

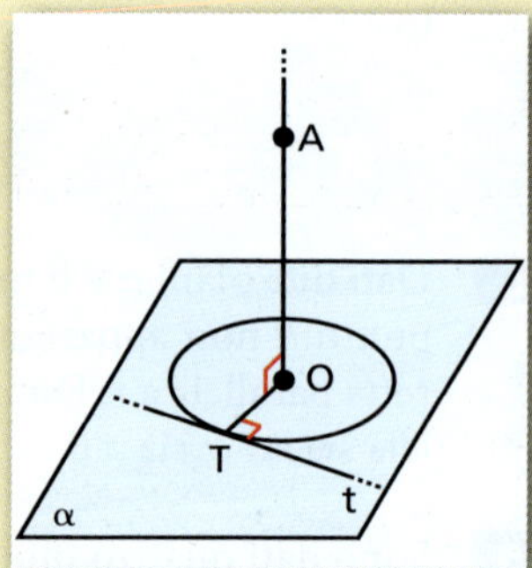

Osserviamo che:

- $AO \perp OT$ perché AO è perpendicolare ad α;
- $OT \perp t$, essendo t la tangente in T alla circonferenza.

Allora, per il teorema delle tre perpendicolari, la retta t è perpendicolare al piano AOT; in particolare $AT \perp t$.

26 Considera una circonferenza di diametro AB su un piano α. Traccia per A la perpendicolare ad α e considera su di essa un punto P. Preso un punto C sulla circonferenza, dimostra che $PC \perp BC$.

27 Considera una circonferenza di centro O su un piano α e traccia la perpendicolare ad α passante per O. Presi due punti P e Q sulla circonferenza e un punto A sulla perpendicolare, dimostra che $AP \cong AQ$.

28 Due rette incidenti, a e b, sono perpendicolari a una retta c nel loro punto di intersezione P. Dimostra che, se una retta d passante per P non è complanare ad a e b, allora non può essere perpendicolare a c.

29 Considera due piani, α e β, incidenti in r e un punto $P \in r$. Detta t la perpendicolare ad α condotta da P, dimostra che t non può essere perpendicolare a β.

30 Considera due piani, α e β, incidenti in r e un punto P esterno ai due piani. Traccia da P le perpendicolari PH e PK ai due piani e da H e K le perpendicolari alla retta r. Dimostra che tali perpendicolari intersecano r in uno stesso punto A.

Con le misure

31 Nella figura, la retta PA è perpendicolare al piano in cui giace il triangolo rettangolo ABC. Calcola la lunghezza di PB e PC. [5 cm; $4\sqrt{2}$ cm]

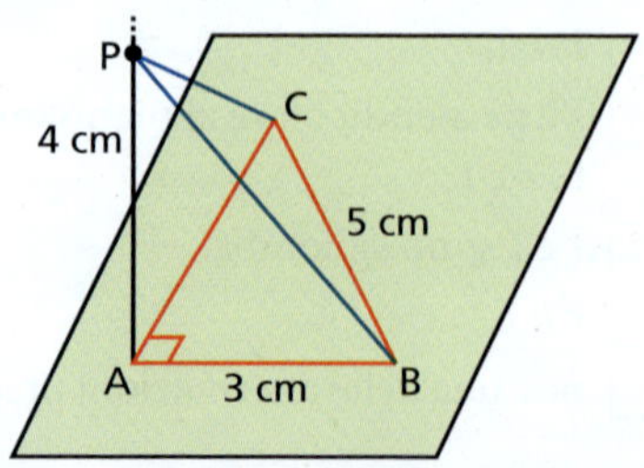

32 Il quadrato $ABCD$ di lato 6 cm giace sul piano α. Traccia la retta per A perpendicolare ad α e considera su di essa il punto P tale che $AP = 6$ cm. Determina la lunghezza del segmento PC. [$6\sqrt{3}$ cm]

33 Il punto A appartiene alla perpendicolare al piano α condotta per il centro O di una circonferenza $\mathscr{C}$ giacente su α. Sapendo che $AO = 12$ cm e che la distanza di A da un punto $B \in \mathscr{C}$ è di 13 cm, calcola la lunghezza del raggio di $\mathscr{C}$. [5 cm]

Parallelismo tra retta e piano

▶ Teoria a p. 864

TEST

34 Le rette r e s sono parallele al piano α, allora:

A $r \,//\, s$.

B $r \perp s$.

C r e s sono parallele a tutte le rette di α.

D r e s sono complanari.

E nessuna delle affermazioni precedenti è corretta.

35 La retta r è parallela al piano α e la retta s è perpendicolare a r. Allora:

A $s \,//\, \alpha$.

B $s \perp \alpha$.

C s interseca sicuramente α.

D s può essere incidente o parallela ad α.

E nessuna delle affermazioni precedenti è corretta.

36 VERO O FALSO?

a. Se $a \,//\, b$ e $b \,//\, c$, allora le rette a, b e c sono complanari. V F

b. Se due piani α e β sono paralleli, allora ogni retta di α è parallela a ogni retta di β. V F

c. Esistono infiniti piani paralleli a un dato piano α. V F

d. Due rette perpendicolari a una stessa retta sono parallele tra loro. V F

e. Due piani perpendicolari a una stessa retta sono paralleli tra loro. V F

Dimostrazioni

37 Due rette incidenti, r e s, sono rispettivamente parallele a due rette incidenti r' e s'. Dimostra che il piano individuato da r e s è parallelo al piano individuato da r' e s'.

38 Dimostra che, se un piano α e una retta t sono perpendicolari a una stessa retta s, allora $\alpha \,//\, t$.

39 La retta a è parallela alla retta b e al piano α. Dimostra che anche b è parallela ad α.

40 Due rette incidenti intersecano due piani tra loro paralleli in quattro punti distinti. Dimostra che questi punti individuano un trapezio.

41 Dimostra che, se due piani distinti passanti rispettivamente per due rette parallele a e b sono incidenti, allora si intersecano in una retta c parallela sia ad a sia a b.

42 Disegna un piano α e una retta r parallela ad α. Considera su r due punti qualsiasi S e T. Conduci per S e per T due rette parallele s e t che intersechino il piano α nei punti S' e T'. Dimostra che i segmenti ST e $S'T'$ sono congruenti.

43 Sul piano α considera una circonferenza Γ. Da un punto P non appartenente ad α manda le rette $a, b, c, \ldots$ passanti per i punti di Γ. Dimostra che, se α' è un piano parallelo ad α, allora il luogo delle intersezioni delle rette $a, b, c, \ldots$ con α' è una circonferenza.

44 Osserva la figura e dimostra che $RS \cong PQ$.

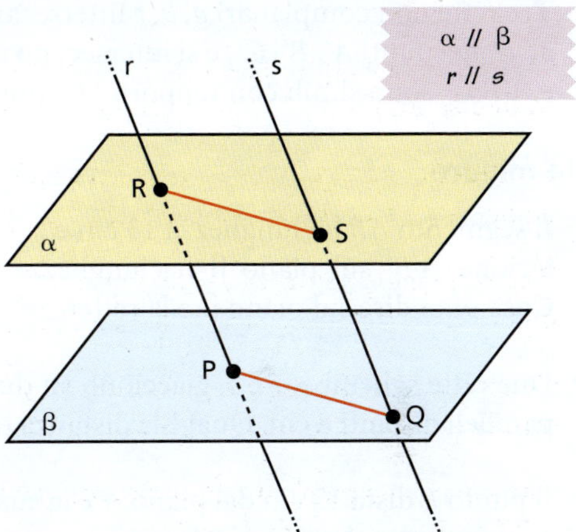

45 Sia α un piano e sia P un punto esterno a esso. Sui segmenti $PA, PB, PC, \ldots$ che congiungono P con i punti $A, B, C, \ldots$ del piano α considera i punti $A', B', C', \ldots$ appartenenti rispettivamente ai segmenti $PA, PB, PC, \ldots$ e tali che valgano le uguaglianze $\frac{\overline{PA'}}{\overline{PA}} = \frac{\overline{PB'}}{\overline{PB}} = \frac{\overline{PC'}}{\overline{PC}} = \ldots = \frac{1}{2}$.

Dimostra che i punti $A', B', C', \ldots$ appartengono a un piano α' parallelo ad α.

3 Distanze e angoli nello spazio

Distanze nello spazio

▶ Teoria a p. 866

Determina il luogo dei punti dello spazio che soddisfano le proprietà richieste.

46 Punti equidistanti:
a. da due punti A e B;
b. da tre punti non allineati A, B e C.

47 Punti equidistanti:
a. da un piano α;
b. da due piani paralleli α e β.

48 Punti equidistanti:
a. da una retta r;
b. da due rette parallele r e s.

49 Dati un piano α e due punti A e B non appartenenti ad α, determina il luogo dei punti di α che sono equidistanti da A e B. In quali casi è l'insieme vuoto?

Dimostrazioni

50 Da un punto P esterno a un piano α conduci la retta perpendicolare ad α nel punto H e una retta r obliqua che interseca α nel punto R. Dimostra che il segmento PR è maggiore del segmento PH qualunque sia la retta r obliqua.

51 Da un punto P esterno a un piano α conduci due rette r e s oblique ad α, che intersecano α rispettivamente in R e in S. Dimostra che se i segmenti PR e PS hanno proiezioni congruenti sul piano α, allora sono congruenti.

52 La retta r passante per i punti P e Q è parallela al piano α. Dimostra che P e Q sono equidistanti da α.

53 Tre rette non complanari a, b, c intersecano il piano α rispettivamente nei punti A, B, C, il piano α', parallelo ad α, nei punti A', B', C', e si intersecano nel punto P esterno a entrambi i piani. Dimostra che i triangoli ABC e $A'B'C'$ sono simili con rapporto di similitudine uguale al rapporto fra le distanze di P dai due piani.

Con le misure

54 Il segmento AB ha lunghezza 13 cm e la sua proiezione $A'B'$ sul piano β ha lunghezza 10 cm. Cosa puoi dire sul piano β e la retta AB?

55 Due rette sghembe, r e s, giacciono su due piani paralleli distanti 8 cm. Qual è la distanza tra r e s?

56 Il punto P dista 12 cm dal piano α e la sua proiezione ortogonale H su α è il centro di una circonferenza di raggio 9 cm giacente su α. Calcola la distanza tra P e un punto A della circonferenza. [15 cm]

57 La retta AB nella figura dista 6 cm dal piano α. A' e B' sono le proiezioni ortogonali su α rispettivamente di A e B. Calcola l'area del quadrilatero $ABB'A'$. [42 cm^2]

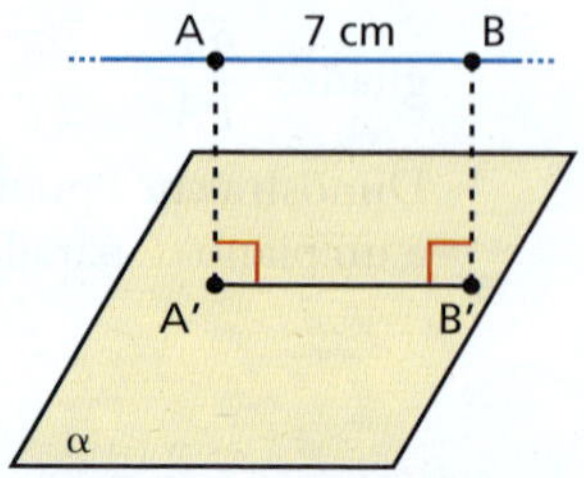

58 Disegna due piani paralleli α e β, un punto A su α e un punto B su β tali che $AB = 20$ cm e $BH = 10$ cm, dove H è la proiezione ortogonale di A su β. Quanto distano tra loro i piani α e β? [$10\sqrt{3}$ cm]

59 I piani α, β e γ sono fra loro paralleli. La distanza fra α e β è di 6 cm, fra β e γ di 9 cm. Quanto misura il segmento BC? [12 cm]

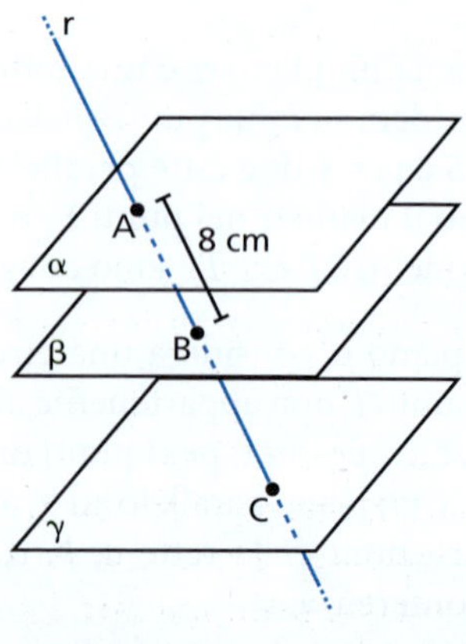

Diedri e piani perpendicolari

▶ Teoria a p. 867

60 AL VOLO Disegna un diedro piatto, cioè un diedro di ampiezza 180°. Cosa puoi dire sulle sue facce?

61 Disegna due semipiani con la stessa origine. Indica nella tua figura quale fra i due diedri che si formano è concavo e quale è convesso.

62 Disegna una circonferenza di diametro AB su un piano α e scegli su di essa un punto P. Qual è l'ampiezza del diedro formato dai due piani perpendicolari ad α passanti rispettivamente per AP e per PB?

Dimostrazioni

63 Dimostra che per un dato punto passano infiniti piani perpendicolari a un piano dato.

64 Dimostra che, se due piani α e β sono paralleli, ogni piano perpendicolare ad α è perpendicolare anche a β.

65 Due piani perpendicolari, α e β, si intersecano nella retta r. Dimostra che ogni retta di α perpendicolare a r è perpendicolare anche a β.

66 Due piani, α e β, incidenti in r sono entrambi perpendicolari al piano γ. Dimostra che la retta r è perpendicolare a γ.

67 I diedri $\alpha\beta$ e $\beta\gamma$ in figura sono congruenti e la retta r è perpendicolare al semipiano β nel punto B. Dimostra che $AB \cong BC$.

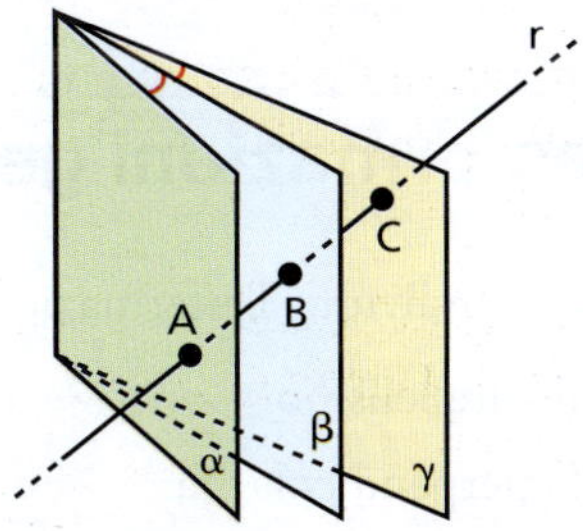

Angolo di una retta con un piano

▶ Teoria a p. 869

Dimostrazioni

68 Da un punto P esterno al piano α conduci due segmenti congruenti PA e PB, con A e B appartenenti ad α. Dimostra che le rette PA e PB formano angoli congruenti con α.

69 Nella figura sono rappresentati una circonferenza di centro O giacente sul piano α e un punto P esterno ad α. Dimostra che gli angoli formati dalle rette AP e BP con α sono congruenti.

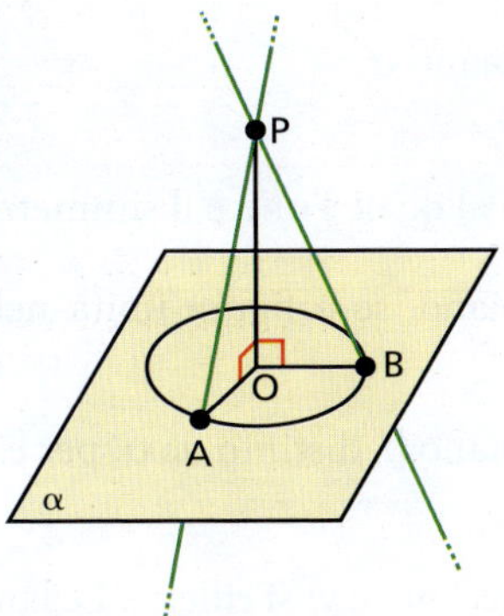

70 Due rette parallele, r e s, sono oblique rispetto al piano α. Dimostra che formano angoli congruenti con il piano α.

71 Dimostra che una retta che interseca due piani paralleli forma con i due piani angoli congruenti.
(SUGGERIMENTO Dimostra che le proiezioni della retta sui due piani sono fra loro parallele.)

Con le misure

72 Un segmento AB è lungo 16 cm. Calcola l'ampiezza dell'angolo tra la retta AB e un piano α, sapendo che la proiezione ortogonale di AB su α è lunga:

a. 8 cm;

b. $8\sqrt{3}$ cm;

c. $8\sqrt{2}$ cm;

d. 0 cm.

[a) 60°; b) 30°; c) 45°; d) 90°]

73 Un segmento AB è lungo 20 cm. Calcola la lunghezza della sua proiezione su un piano α, sapendo che l'angolo tra la retta AB e α ha ampiezza:

a. 30°;

b. 45°;

c. 60°;

d. 80°.

[a) $10\sqrt{3}$ cm; b) $10\sqrt{2}$ cm; c) 10 cm; d) $\simeq 3{,}5$ cm]

74 Un punto P dista 7 cm da un piano α e 14 cm da un punto A di α. Determina l'ampiezza dell'angolo che la retta PA forma con α. [30°]

75 La retta r forma un angolo di 40° con il piano α. Un punto A di r dista 30 cm dal punto di intersezione tra r e α. Quanto dista A dal piano α? [$\simeq 19,3$ cm]

76 Da un punto P esterno al piano α traccia due semirette, a e b, fra loro perpendicolari, che intersecano α rispettivamente in A e B e che formano con α rispettivamente angoli di 30° e 45°. Determina la lunghezza del segmento AB, sapendo che P dista 12 cm da α. [$12\sqrt{6}$ cm]

77 La retta r è perpendicolare a una faccia di un diedro di ampiezza 65°. Determina l'ampiezza dell'angolo tra r e l'altra faccia del diedro. [25°]

78 Il triangolo equilatero ABC giace sul piano α. Determina la distanza di P da α in modo che l'angolo tra AP e α sia di 60°. [$5\sqrt{3}$ cm]

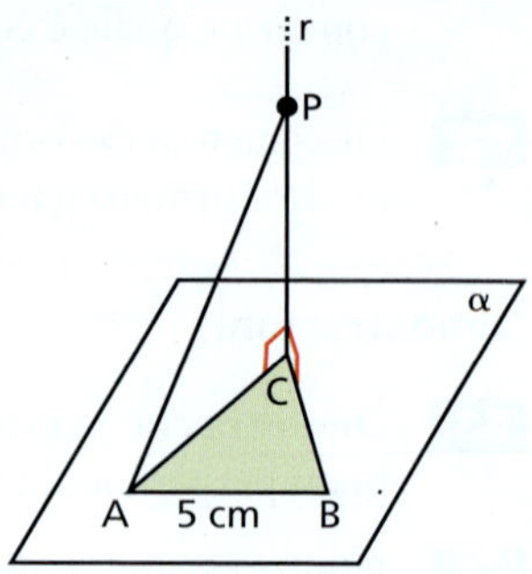

4 Trasformazioni geometriche

▶ Teoria a p. 869

79 TEST Individua l'affermazione falsa. Tutte le isometrie conservano:

A il parallelismo.
B la perpendicolarità.
C l'ampiezza dei diedri.
D l'ampiezza degli angoli.
E le direzioni.

80 VERO O FALSO?

a. Tutti i piani perpendicolari a una retta sono di simmetria per quella retta. V F
b. Ogni retta passante per O è una retta di punti uniti nella simmetria centrale di centro O. V F
c. La simmetria centrale di centro O nello spazio è una particolare rotazione. V F
d. Ogni punto di un piano è centro di simmetria per quel piano. V F

FAI UN ESEMPIO

81 Disegna un solido unito nella rotazione di asse r e angolo 45°.

82 Disegna un solido unito nella simmetria rispetto al piano α.

83 Dati due punti nello spazio, disegna il piano rispetto al quale l'uno è il simmetrico dell'altro.

84 Che posizioni può avere una retta rispetto a un piano, se è figura unita nella simmetria rispetto a quel piano?

85 Dato un piano α, come deve essere posizionato un piano β, distinto da α, per essere figura unita rispetto alla simmetria rispetto ad α?

86 Disegna un orologio la cui faccia è parallela a uno specchio e vi si riflette. Le lancette dell'immagine dell'orologio ruotano in senso orario o antiorario? Che cosa puoi dedurre, dunque, riguardo alla simmetria rispetto a un piano?

87 Disegna due rette parallele nello spazio. Fai compiere alla prima una rotazione di asse la seconda e di ampiezza un angolo retto in senso antiorario. Com'è la retta che ottieni rispetto alle altre due?

88 Disegna su un piano un triangolo e una retta. Disegna l'immagine del triangolo in una rotazione nello spazio di un angolo piatto e di asse quella retta. Con quale trasformazione del piano potresti ottenere la stessa immagine?

Dimostrazioni

89 ESERCIZIO GUIDA Dati due piani paralleli α e β, disegniamo su α un triangolo ABC, poi costruiamo il triangolo $A'B'C'$ simmetrico di ABC rispetto al piano β. Dimostriamo che il piano del triangolo $A'B'C'$ è parallelo al piano β.

Disegniamo i due piani paralleli α e β e, su α, il triangolo ABC. Tracciamo le perpendicolari al piano α passanti per i vertici A, B e C, e chiamiamo M, N e O, rispettivamente, le loro intersezioni con il piano β. Consideriamo infine i punti A', B' e C', tali che $AM \cong MA'$, $BN \cong NB'$ e $CO \cong OC'$. I tre punti non allineati A', B' e C' individuano un piano γ, a cui appartiene il triangolo $A'B'C'$. Per costruzione, $AM \cong MA'$, $BN \cong NB'$, $CO \cong OC'$ e, poiché i due piani α e β sono paralleli, i segmenti di perpendicolare AM, BN e CO sono fra loro congruenti. Pertanto sono congruenti anche i segmenti di perpendicolare MA', NB' e OC'. Poiché questa proprietà vale considerati A, B e C qualsiasi e quindi per qualsiasi A', B', C', tutti i punti del piano γ risultano equidistanti da β, quindi γ è parallelo a β.

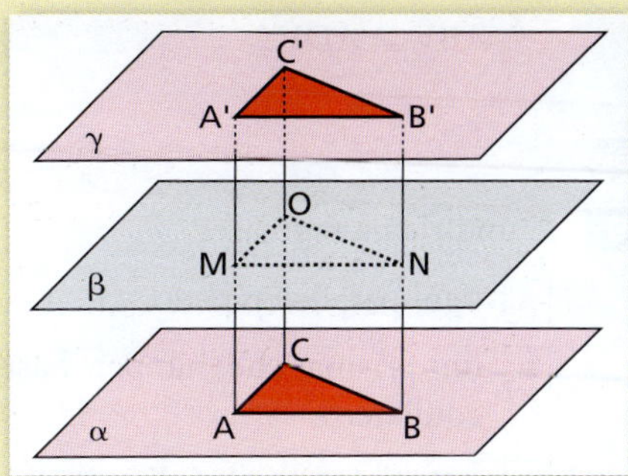

90 ●○ Dato un triangolo, determina la sua immagine in una traslazione nello spazio di vettore scelto a tuo piacimento. Dimostra che i piani del triangolo e della sua immagine sono paralleli tra loro.

91 ●○ Dimostra che l'immagine di una retta non passante per P rispetto alla simmetria centrale di centro P è una retta parallela a quella data.

92 ●○ Dati i piani α e β che si intersecano nella retta r, dimostra che il piano simmetrico di α rispetto a β passa per r.

5 Poliedri

▶ Teoria a p. 873

93 ●○ VERO O FALSO? Un poliedro:

a. ha almeno quattro facce. V F

b. può avere 6 facce, 15 spigoli e 12 vertici. V F

c. è regolare se ha tutte le facce, gli angoloidi e i diedri congruenti. V F

d. se è un prisma, è regolare. V F

e. se è regolare, può avere un numero qualsiasi di facce. V F

FAI UN ESEMPIO

94 ●○ Disegna un prisma e una piramide che non hanno diagonali.

95 ●○ Disegna una piramide a base quadrata che non sia retta.

96 ●○ Disegna una piramide a base quadrangolare che sia retta ma non regolare.

97 ●○ Disegna tre rette parallele nello spazio, non appartenenti allo stesso piano. Disegna un prisma che abbia come spigoli tre segmenti appartenenti alle tre rette.

ESERCIZI

98 VERO O FALSO? $ABCDV$ è una piramide a base quadrata.

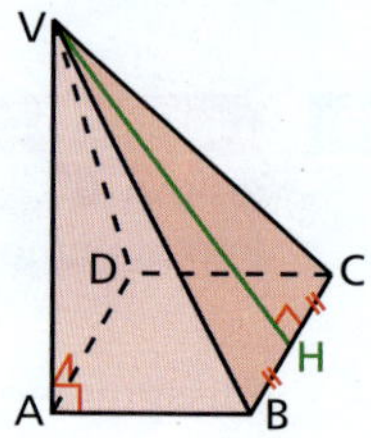

a. La piramide è retta. V F

b. La piramide è regolare. V F

c. VH è l'apotema della piramide. V F

d. VA è l'altezza della piramide. V F

e. $ABV \cong ADV$. V F

TEST

99 È un prisma regolare:

A ogni parallelepipedo.

B un prisma che ha per base un triangolo equilatero.

C un prisma che ha gli spigoli laterali perpendicolari alla base.

D un prisma retto che ha per base un pentagono regolare.

E solo il cubo.

100 Una piramide può essere regolare se:

A ha base rettangolare.

B la proiezione del vertice sulla base cade fuori dalla base.

C ha base quadrata.

D ha come base un triangolo ottusangolo.

E uno spigolo laterale è perpendicolare alla base.

RIFLETTI SULLA TEORIA

101 Una piramide a base romboidale può essere retta? Può essere regolare?

102 Una piramide avente come base un trapezio isoscele può essere retta? In quale caso?

103 Osserva il cubo nella figura.

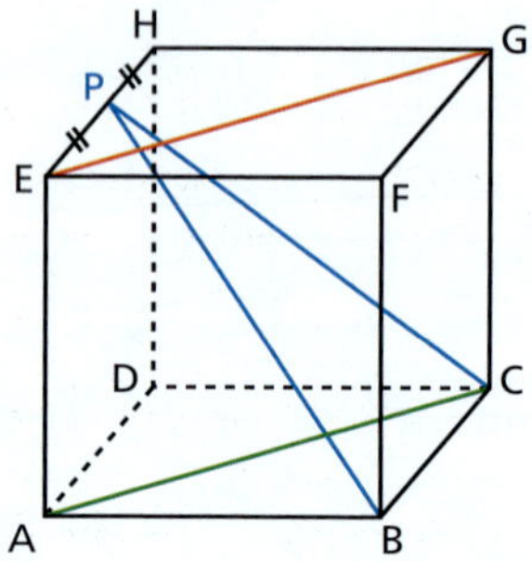

a. AC e CG sono perpendicolari?

b. Qual è l'angolo formato dai piani ABC e PBC?

c. Le rette AC e PC sono complanari?

d. Le rette AC ed EG sono sghembe?

e. Qual è l'intersezione tra il piano ABP e la faccia $ADHE$?

104 Osserva la piramide a base rettangolare nella figura.

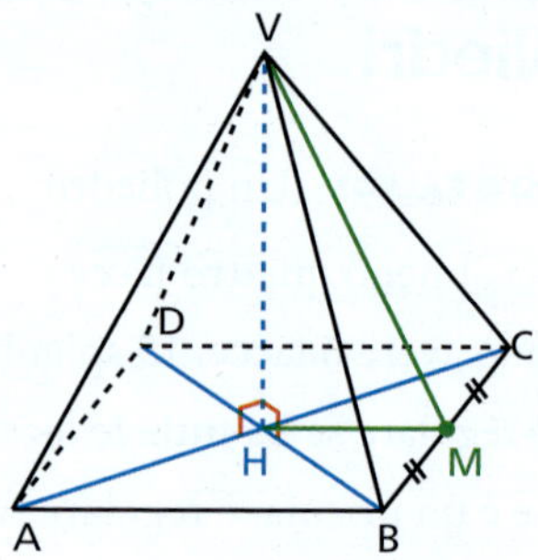

a. VH e HM sono perpendicolari? HM e BC sono perpendicolari? Cosa deduci su VM e BC?

b. Qual è l'angolo formato dal piano VBD con la base della piramide?

c. VM è l'apotema?

d. Cosa puoi dire dei piani VBD e VAC?

e. La retta BC è parallela al piano ADV?

105 Un piano interseca tutti gli spigoli laterali di una piramide quadrangolare regolare: descrivere le caratteristiche dei possibili quadrilateri sezione a seconda della posizione del piano rispetto alla piramide.

(*Esame di Stato, Liceo scientifico, Corso di ordinamento, Sessione ordinaria*, 2003, *quesito* 2)

Simmetrie

TEST

106 I solidi seguenti hanno tutti un centro di simmetria, tranne uno. Quale?

- A Cubo.
- B Ottaedro regolare.
- C Tetraedro regolare.
- D Parallelepipedo rettangolo.
- E Prisma esagonale regolare.

107 I solidi seguenti ammettono tutti almeno un piano di simmetria, tranne uno. Quale?

- A Cubo.
- B Parallelepipedo.
- C Prisma retto.
- D Piramide quadrangolare regolare.
- E Piramide pentagonale regolare.

108 Un cubo ammette 9 assi e 9 piani di simmetria. Individuali e rappresentali graficamente.

109 Individua i piani e gli assi di simmetria di un prisma regolare con n facce laterali quando n è pari e quando è dispari.

110 Quanti piani di simmetria ammette un parallelepipedo rettangolo?

111 In quali casi una piramide regolare con n facce laterali ammette un asse di simmetria?

Dimostrazioni

112 Dimostra che in un parallelepipedo retto le diagonali sono congruenti a due a due.

113 Disegna un parallelepipedo e un piano che incontra i quattro spigoli laterali del parallelepipedo. Dimostra che la sezione ottenuta (ossia la figura intersezione fra il solido e il piano) è un parallelogramma.

114 Dimostra che le facce laterali di una piramide regolare sono triangoli isosceli fra loro congruenti.

115 Dimostra che la somma delle facce di un triedro è minore di un angolo giro. Estendi la dimostrazione al caso di un angoloide.

116 Disegna una piramide $VABC$ a base triangolare ABC, in modo tale che VA sia l'altezza della piramide. Traccia l'altezza AH del triangolo. Dimostra che VH è l'altezza del triangolo BCV. (SUGGERIMENTO Utilizza il teorema delle tre perpendicolari.)

117 Dal vertice A del quadrato $ABCD$ traccia la retta perpendicolare al piano su cui giace il quadrato. Scegli un punto V su tale retta. Dimostra che le facce laterali della piramide $ABCDV$ sono triangoli rettangoli a due a due congruenti.

118 Dimostra che un parallelepipedo è rettangolo se e solo se le diagonali sono congruenti.

119 Dato un tetraedro regolare, si consideri il quadrilatero avente per vertici i punti medi degli spigoli di due facce. Dimostrare che si tratta di un quadrato.

(*Esame di Stato, Liceo scientifico, Corso di ordinamento, Sessione suppletiva*, 2002, *quesito* 9)

120 Dimostra che il solido ottenuto congiungendo i centri delle facce di un tetraedro è un tetraedro.

MATEMATICA E STORIA

Un corpo a facce triangolari Nel suo *Euclide megarense*, Niccolò Tartaglia scrive:

«Dentro a un proposto cubo, possemo designare el corpo che ha quatro base triangole, de lati equali».

Il «corpo che ha quatro base triangole» costituisce un tetraedro; riportiamo nella figura a fianco la costruzione proposta dalla stesso Tartaglia.

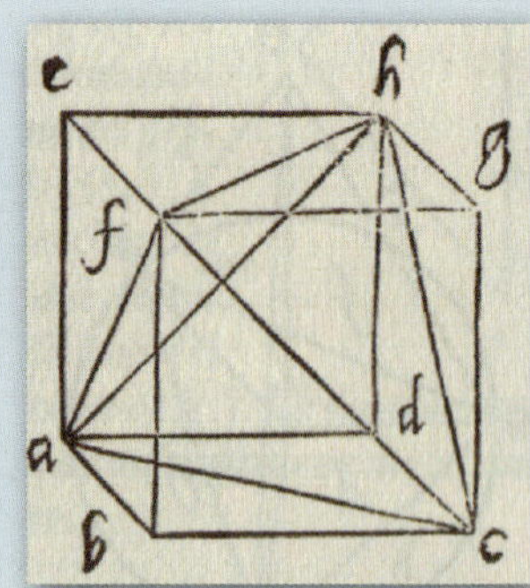

a. Quanti e quali sono i vertici del tetraedro?

b. Quanti e quali sono gli spigoli del tetraedro? Perché possiamo affermare che il tetraedro ha i «lati equali»?

c. Quante e quali sono le facce del tetraedro? Sono congruenti?

d. Verifica la relazione di Eulero sia nel caso del cubo sia in quello del tetraedro.

e. A questo punto, un gioco facile: è possibile realizzare quattro triangoli equilateri con sei stuzzicadenti?

Risoluzione – Esercizio in più

Con le misure

121 ●○

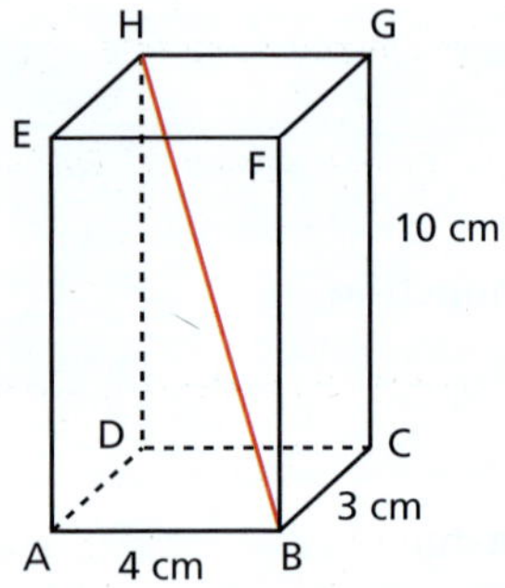

Trova la lunghezza della diagonale BH del parallelepipedo rettangolo in figura. $[5\sqrt{5}\ \text{cm}]$

122 ●○

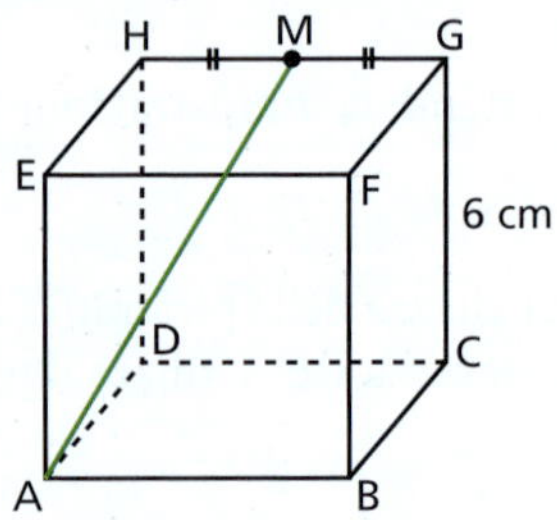

Dato il cubo nella figura, calcola la lunghezza del segmento AM. [9 cm]

123 ●○ Una piramide regolare a base quadrata ha lo spigolo laterale congruente allo spigolo di base lungo 18 cm. Calcola la lunghezza dell'apotema e dell'altezza della piramide. $[9\sqrt{3}\ \text{cm}; 9\sqrt{2}\ \text{cm}]$

124 ●○ Siano AB, AC, AD tre spigoli di un cubo. Sapendo che uno spigolo è lungo s, calcolare la distanza del vertice A dal piano dei punti B, C, D.

(*Esame di Stato*, *Liceo scientifico*, *Corso di ordinamento*, *Sessione suppletiva*, 2005, *quesito* 2)

$\left[\dfrac{s}{\sqrt{3}}\right]$

125 ●○ Il cubo nella figura ha lo spigolo lungo 8 cm. Trova il perimetro del triangolo HPM. $[4(\sqrt{3}+\sqrt{6}+3)\ \text{cm}]$

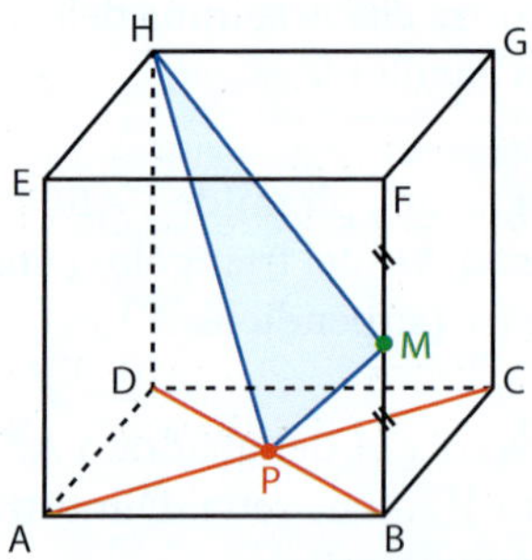

126 ●○ Una piramide retta a base quadrata ha altezza lunga 15 cm e spigolo di base lungo 5 cm. Viene tagliata con un piano parallelo alla base distante 3 cm dal vertice. Determina perimetro e area della sezione ottenuta. $[4\ \text{cm}; 1\ \text{cm}^2]$

127 ●○ In una piramide quadrangolare regolare con spigolo di base lungo 16 cm, le facce laterali formano con il piano della base diedri di ampiezza 60°. Trova la lunghezza dell'altezza e degli spigoli laterali della piramide. $[8\sqrt{3}\ \text{cm}; 8\sqrt{5}\ \text{cm}]$

YOU & MATHS

128 Consider the cuboid $ABCDEFGH$.

a. Calculate the length of EC.

b. What angle does EC form with the base $ABCD$?

[a) $\sqrt{38}$ cm; b) $\simeq 19°$]

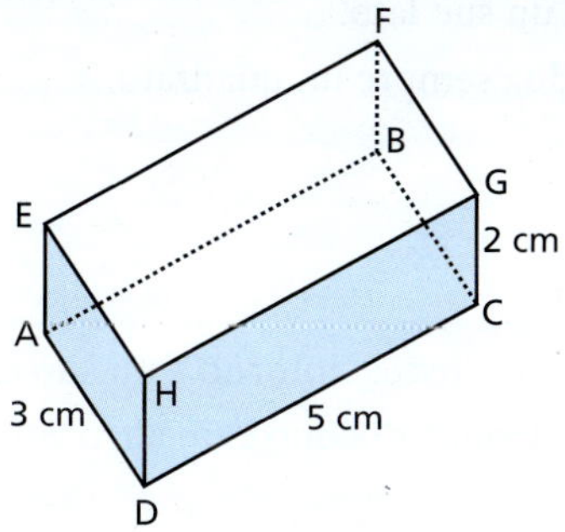

129 Consider the prism $PQRSTU$.

a. Calculate the length of RT.

b. What angle does RT form with the base $PQRS$?

[a) $\sqrt{67}$; b) $\simeq 22°$]

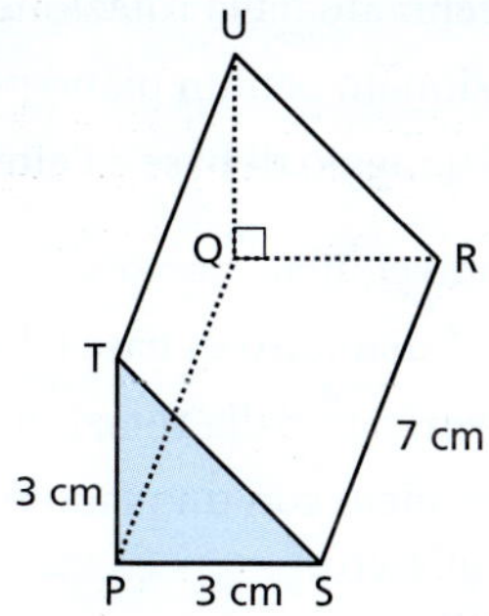

130 Si stabilisca per quali valori del parametro reale k esiste una piramide triangolare regolare tale che k sia il rapporto fra il suo apotema e lo spigolo di base.

(*Esame di Stato, Liceo scientifico, Corso di ordinamento, Sessione suppletiva*, 2008, *quesito* 8)

$\left[k > \frac{\sqrt{3}}{6}\right]$

131 Una piramide retta ha per base un triangolo equilatero di lato 6 cm e altezza congruente allo spigolo di base. Calcola la distanza del centro della base da uno degli spigoli laterali. [3 cm]

132 I lati di un parallelepipedo rettangolo misurano 8, 9 e 12 cm. Si calcoli, in gradi e primi sessagesimali, l'ampiezza dell'angolo che la diagonale mandata da un vertice fa con ciascuno dei tre spigoli concorrenti al vertice.

(*Esame di Stato, Liceo scientifico, Corso sperimentale, Sessione ordinaria*, 2008, *quesito* 6)

[61° 56′; 58° 2′; 45° 6′]

133 Dato un cubo di spigolo 16 cm, calcola la lunghezza dello spigolo dell'ottaedro ottenuto congiungendo i centri delle facce consecutive del cubo. [$8\sqrt{2}$ cm]

134 Calcola la lunghezza dell'altezza di un tetraedro regolare con spigolo lungo 11 cm. $\left[\frac{11}{3}\sqrt{6}\text{ cm}\right]$

135 Determina l'ampiezza (misurata in gradi) dell'angolo diedro formato da due facce di un tetraedro regolare. [$\simeq 71°$]

136 Dato il tetraedro regolare di spigolo 20 cm nella figura, calcola perimetro e area del triangolo VMN.

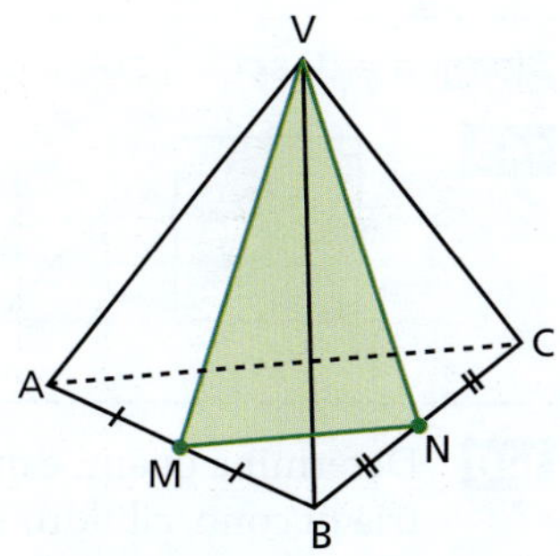

[$10(2\sqrt{3}+1)$ cm; $25\sqrt{11}$ cm^2]

137 **REALTÀ E MODELLI** **Antico splendore** La piramide di Cheope, in Egitto, in origine era coperta da un rivestimento in pietra che rendeva liscia la sua superficie. Era alta circa 146 m e aveva il lato di base di circa 230 m.

a. Determina la lunghezza dello spigolo e l'inclinazione della parete rispetto al suolo.

b. Immagina di dover costruire una scalinata che sale lungo l'altezza di una faccia della piramide, con i gradini alti 25 cm. Quanti gradini servirebbero e di quale profondità?

[a) $\simeq 219$ m; $\simeq 52°$; b) 584; $\simeq 20$ cm]

6 Solidi di rotazione

Teoria a p. 880

VERO O FALSO?

138 Un cilindro equilatero:

a. è generato dalla rotazione di 180° di un quadrato intorno a un suo asse. V F

b. è generato dalla rotazione di 360° di un quadrato intorno a un suo lato. V F

c. sezionato con un piano perpendicolare alle sue basi, individua sempre un quadrato. V F

d. ha il raggio di base e l'altezza congruenti. V F

139 Un cono equilatero:

a. ha il diametro di base e l'altezza congruenti. V F

b. è generato dalla rotazione completa di un triangolo rettangolo isoscele intorno a un suo cateto. V F

c. sezionato con un piano parallelo alla sua base, individua un tronco di cono e un altro cono equilatero. V F

d. può essere inscritto in un cilindro equilatero. V F

Disegna e descrivi i solidi generati dalla rotazione completa dei seguenti poligoni intorno alla retta indicata.

140 Rotazione di un triangolo rettangolo intorno alla retta:

a. di uno dei cateti;

b. dell'ipotenusa.

141 Rotazione di un triangolo equilatero intorno alla retta di un'altezza.

142 Rotazione di un parallelogramma intorno alla retta di un lato.

143 Rotazione di un quadrato intorno alla retta:

a. passante per i punti medi di due lati opposti (rotazione di 180°);

b. passante per un vertice e parallela alla diagonale opposta a quel vertice.

144 Rotazione di un rettangolo intorno alla retta:

a. di un lato;

b. parallela a un lato e non intersecante il rettangolo.

Disegna e descrivi i solidi ottenuti dalla rotazione di 360° delle seguenti figure intorno all'asse *r*.

145

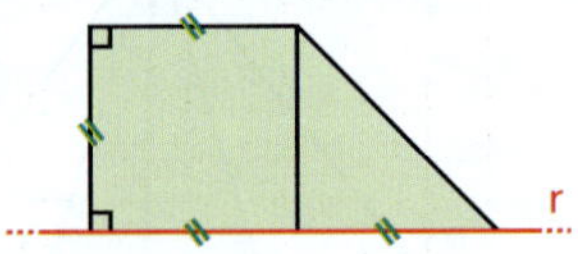

146

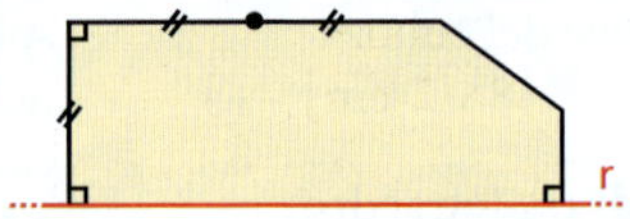

147

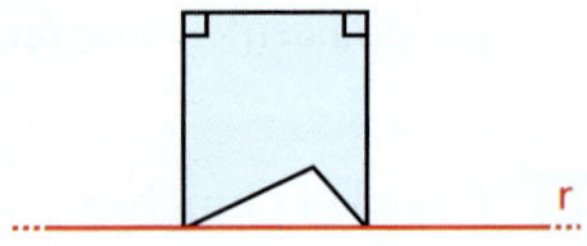

148 Determina quanti e quali sono gli assi di simmetria di cono, cilindro e sfera.

149 Un cono può avere centro di simmetria? E un cilindro?

150 Descrivi la figura che si ottiene intersecando un cilindro con un piano parallelo:

a. all'asse del cilindro;

b. alle basi del cilindro.

151 Descrivi la figura che si ottiene sezionando un cono con un piano passante per il vertice e che interseca la base del cono.

Dimostrazioni

152 Dimostra che un piano che interseca una sfera individua sulla superficie della sfera una circonferenza.

153 Dimostra che, sezionando una sfera con due piani equidistanti dal suo centro, si ottengono due cerchi congruenti.

154 Dimostra che ogni cono può essere inscritto e circoscritto a una sfera.

155 Dimostra che ogni cilindro può essere inscritto in una sfera. In quale caso può anche essere circoscritto a una sfera?

Con le misure

156 ●○ Un cono con raggio di base di 5 cm ha altezza doppia rispetto al diametro di base. Calcola la lunghezza del suo apotema.
[$5\sqrt{17}$ cm]

157 ●○ Determina la lunghezza dello spigolo di un cubo inscritto in una sfera con raggio lungo 7 cm.
[$14\frac{\sqrt{3}}{3}$ cm]

158 ●○ Un cilindro con raggio di base di 4 cm e altezza di 14 cm è inscritto in un parallelepipedo. Di che parallelepipedo si tratta? Calcola la lunghezza di una sua diagonale.
[18 cm]

159 ●○ Calcola il rapporto tra l'apotema di una piramide regolare quadrangolare e l'apotema del cono equilatero circoscritto a essa.
[$\frac{\sqrt{14}}{4}$]

160 ●○ Sezionando un cilindro di raggio 3 cm con un piano perpendicolare alle basi e passante per i loro centri, si ottiene un rettangolo di area 36 cm^2. Calcola l'altezza del cilindro. Di che tipo di cilindro si tratta?
[6 cm]

161 ●○ Una sfera di raggio 30 cm è tagliata da un piano che dista 5 cm dal centro della sfera. Trova la lunghezza della circonferenza e l'area del cerchio determinate dall'intersezione tra piano e sfera.
[$10\sqrt{35}\pi$ cm; 875π cm^2]

TUTOR matematica Allenati con **15 esercizi interattivi** con feedback "hai sbagliato, perché..."
su.zanichelli.it/tutor3 risorsa riservata a chi ha acquistato l'edizione con tutor

7 Aree dei solidi

Aree di prismi

▶ Teoria a p. 883

Prisma retto

Determina l'area della superficie totale dei seguenti prismi retti.

162 ●○

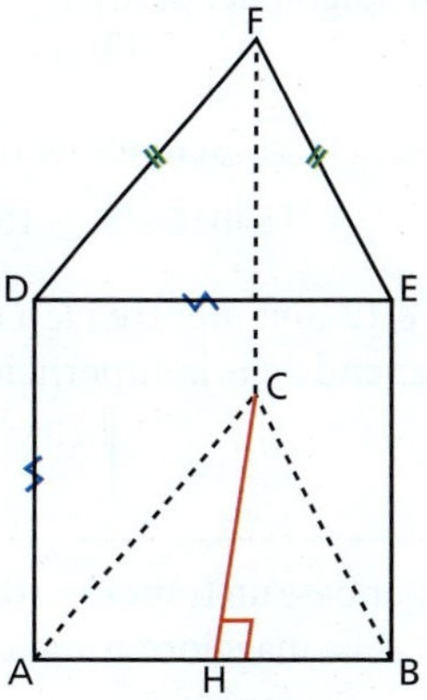

AB = 16 cm
CH = 15 cm

[1040 cm^2]

163 ●○

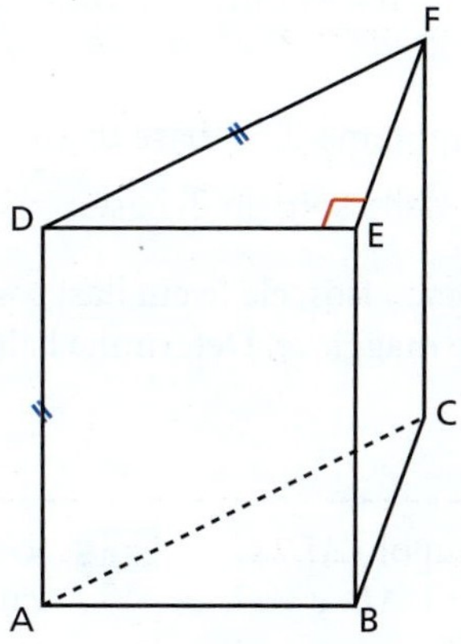

AD = 20 cm
DF ≅ 2EF

[$300(\sqrt{3}+2)$ cm^2]

164 ●○

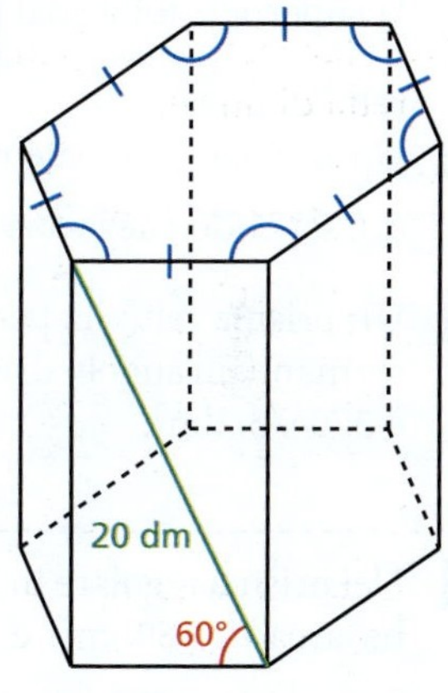

[$900\sqrt{3}$ dm^2]

165 ●● RIFLETTI SULLA TEORIA Due prismi con area totale rispettivamente di 100 cm^2 e 400 cm^2 sono simili tra loro. Qual è il rapporto tra le loro altezze?

166 ESERCIZIO GUIDA Un prisma retto ha per base un triangolo isoscele che è inscritto in un cerchio di raggio 6 dm. Sapendo che l'altezza relativa alla base del triangolo è 8 dm e la superficie totale del prisma è $112\sqrt{2}$ dm^2, calcoliamo l'altezza del solido.

Consideriamo il triangolo isoscele, di altezza $AH = 8$ dm, che è la base del prisma ed è inscritto nel cerchio di raggio $CO = 6$ dm. Prolunghiamo l'altezza AH fino a incontrare in D la circonferenza (figura **a**). Il triangolo ACD è rettangolo in quanto inscritto in una semicirconferenza.

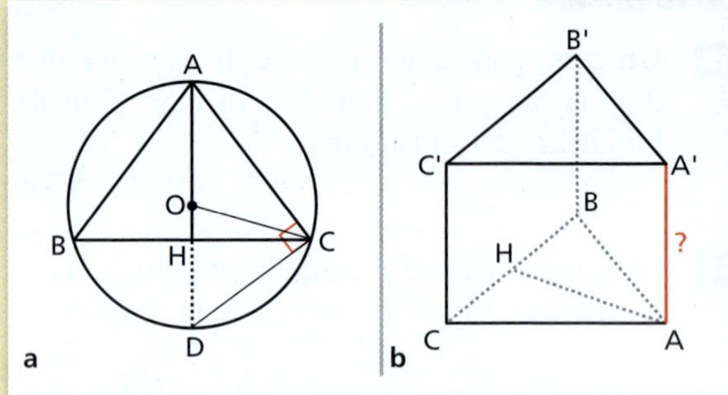

Applichiamo il primo teorema di Euclide (un cateto è medio proporzionale tra la sua proiezione sull'ipotenusa e l'ipotenusa stessa) al triangolo ACD, ponendo $\overline{AC} = x$:

$$\overline{AH} : \overline{AC} = \overline{AC} : \overline{AD}$$

$$8 : x = x : 12$$

$$x^2 = 96 \quad \rightarrow \quad x = 4\sqrt{6}; \overline{AC} = 4\sqrt{6}.$$

Applichiamo ora il teorema di Pitagora al triangolo ACH:

$$\overline{CH}^2 = \overline{AC}^2 - \overline{AH}^2 = (4\sqrt{6})^2 - 8^2 = 96 - 64 = 32$$

$$\overline{CH} = \sqrt{32} = 4\sqrt{2} \quad \rightarrow \quad \overline{BC} = 8\sqrt{2}.$$

Per calcolare l'altezza del prisma dobbiamo conoscere la superficie laterale, che si calcola con la formula $A_l = A_t - 2A_b$:

$$A_b = 8\sqrt{2} \cdot 8 \cdot \frac{1}{2} = 32\sqrt{2}$$

$$A_l = 112\sqrt{2} - 64\sqrt{2} = 48\sqrt{2}$$

Calcoliamo l'altezza $\overline{AA'} = \frac{A_l}{2p}$:

$$\overline{AA'} = \frac{48\sqrt{2}}{8\sqrt{6} + 8\sqrt{2}} =$$

$$\frac{6\sqrt{2}}{(\sqrt{6} + \sqrt{2})} \cdot \frac{\sqrt{6} - \sqrt{2}}{\sqrt{6} - \sqrt{2}} =$$

$$\frac{6(\sqrt{12} - 2)}{4} = \frac{3(2\sqrt{3} - 2)}{2} =$$

$$3(\sqrt{3} - 1).$$

L'altezza del prisma è $3(\sqrt{3} - 1)$ dm.

167 Un prisma regolare ha per base un triangolo equilatero, il cui lato è i $\frac{2}{7}$ dell'altezza del solido. Sapendo che la superficie totale del prisma è $(168 + 8\sqrt{3})$ dm², determina la lunghezza degli spigoli del prisma. [4 dm; 14 dm]

168 Un prisma esagonale regolare ha l'apotema della base di $10\sqrt{3}$ dm. Determina la superficie totale del solido, sapendo che la sua altezza è i $\frac{9}{5}$ dello spigolo di base. $[240(5\sqrt{3} + 18)\text{ dm}^2]$

169 Un prisma retto ha per base un trapezio isoscele le cui basi sono lunghe 18 dm e 12 dm, mentre i lati obliqui formano un angolo di 60° con la base maggiore. Determina l'altezza del solido, sapendo che la superficie totale è $370\sqrt{3}$ dm². $\left[\frac{20\sqrt{3}}{3}\text{ dm}\right]$

---

170 Nel prisma regolare in figura, il rettangolo $ADLG$ ha area di 160 cm² e il rapporto tra AD e AG è $\frac{5}{8}$. Determina l'area della superficie totale del prisma. $[(480 + 75\sqrt{3})\text{ cm}^2]$

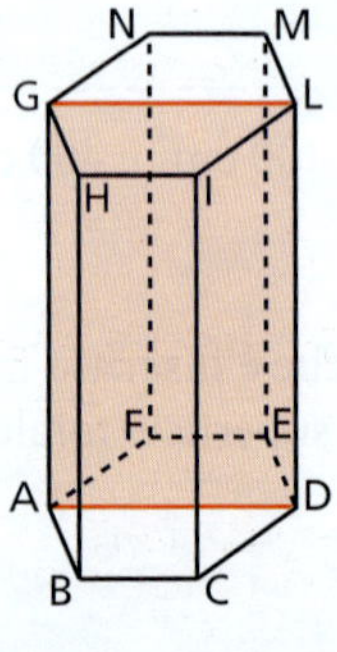

171 Un prisma retto ha per base un trapezio isoscele in cui la base minore sta alla maggiore come 1 sta a 8. L'altezza del solido è metà della base minore e $\frac{1}{8}$ dell'altezza del trapezio, e l'area della superficie laterale è $2(9 + \sqrt{113})$ cm². Determina la lunghezza della base maggiore del trapezio. [16 cm]

172 Un prisma retto ha per base un triangolo isoscele in cui i lati congruenti stanno alla base come 13 sta a 10. L'altezza del solido è 3 cm e l'area della superficie totale è 696 cm². Determina l'altezza relativa ai lati congruenti del triangolo di base. $\left[\frac{240}{13}\text{ cm}\right]$

Parallelepipedo e cubo

173 VERO O FALSO?

a. Raddoppiando l'altezza di un parallelepipedo rettangolo, la superficie totale raddoppia. V F

b. Raddoppiando lo spigolo di un cubo, la superficie totale quadruplica. V F

c. Due cubi hanno superfici totali uguali se e solo se hanno lo spigolo congruente. V F

d. Due parallelepipedi con diagonali congruenti hanno la stessa superficie totale. V F

174 REALTÀ E MODELLI **A La Mecca** La *Kaaba*, che significa «cubo», è un edificio sacro dell'Islam che si trova a La Mecca. Ha i lati di circa 11,3 m e 12,9 m e un'altezza di 13,1 m. Le sue pareti laterali sono ricoperte da un tessuto pregiato detto *kiswa*. Determina la superficie della stoffa, supponendo che ricopra esattamente le pareti. [$634\ m^2$]

175 Un cubo di spigolo 1 m ha la superficie totale equivalente all'area di un quadrato di lato l. Quanto misura l? [$\sqrt{6}$ m]

176 REALTÀ E MODELLI **Una bella rinfrescata** Mario vuole ritinteggiare la cameretta di suo figlio, che ha i lati di 4 m e il soffitto a un'altezza di 2,7 m. Ha inoltre una porta di 80 cm per 2 m e una finestra quadrata di lato 1,5 m. Se l'imbianchino chiede 4 €/m^2, quanto spenderà Mario? [€ 221,40]

177 ESERCIZIO GUIDA Un parallelepipedo rettangolo ha la diagonale che forma un angolo di 45° con la diagonale di base. La base ha un lato lungo 20 dm e l'altro che è i $\frac{2}{3}$ dell'altezza del solido. Determiniamo l'area della superficie totale del parallelepipedo.

Scegliamo l'incognita. Poiché $\overline{BC}$ è i $\frac{2}{3}$ di $\overline{BB'}$, possiamo considerare un sottomultiplo comune x tale che:

$$\overline{BC} = 2x \quad \text{e} \quad \overline{BB'} = 3x.$$

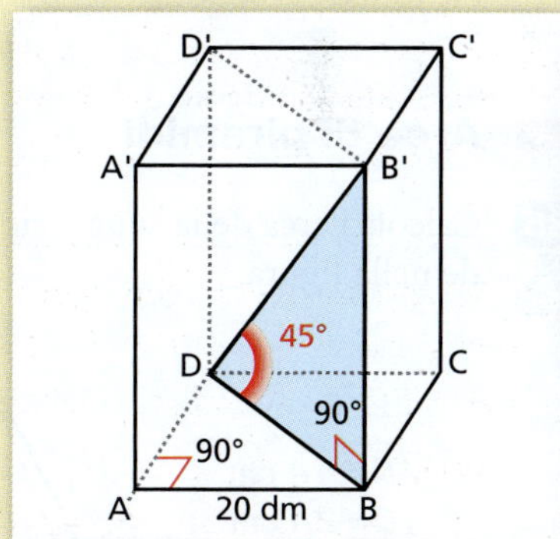

La diagonale DB' forma un angolo di 45° con la diagonale DB.
Ne deriva che il rettangolo $DBB'D'$ è un quadrato, quindi:

$$\overline{DB} = \overline{BB'} = \overline{B'D'} = \overline{DD'} = 3x.$$

Applichiamo il teorema di Pitagora al triangolo rettangolo ADB:

$$20^2 + 4x^2 = 9x^2 \rightarrow 5x^2 = 400 \rightarrow x = \sqrt{80} \rightarrow x = 4\sqrt{5}.$$

Pertanto: $\overline{BC} = 8\sqrt{5}$ e $\overline{BB'} = 12\sqrt{5}$.

Calcoliamo la superficie totale del parallelepipedo:

$$A_b = (20 \cdot 8\sqrt{5}) = 160\sqrt{5}; \qquad A_l = 2p \cdot h = (40 + 16\sqrt{5}) \cdot 12\sqrt{5} = 480\sqrt{5} + 960;$$

$$A_t = 2A_b + A_l = 2 \cdot 160\sqrt{5} + 480\sqrt{5} + 960 = 800\sqrt{5} + 960.$$

L'area della superficie totale del parallelepipedo rettangolo è $(800\sqrt{5} + 960)\ dm^2$.

ESERCIZI

178 ●○ La base di un parallelepipedo è un parallelogramma con gli angoli acuti di 30°. La distanza tra due basi del parallelogramma è 10 dm e la sua superficie è 300 dm^2. Determina l'altezza del parallelepipedo, sapendo che la superficie totale è 3600 dm^2. [30 dm]

179 ●○ Calcola la superficie totale del parallelepipedo rettangolo nella figura. [4224 dm^2]

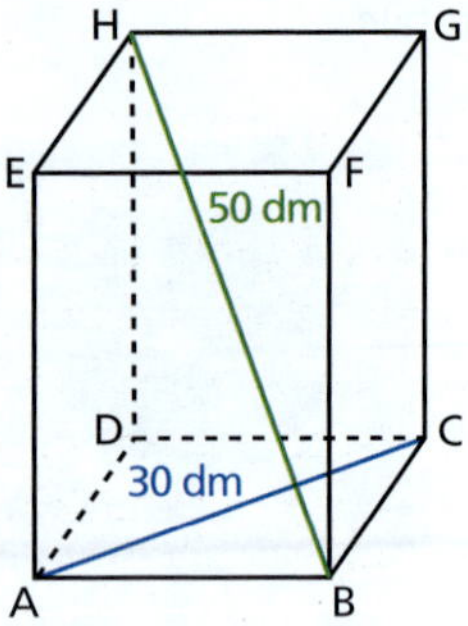

$BC \cong \frac{3}{4} AB$

180 ●○ Determina la superficie laterale del parallelepipedo retto nella figura. [1890 cm^2]

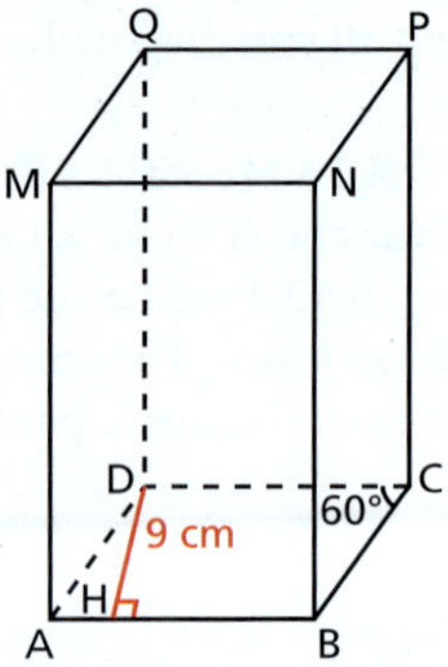

$BH \cong 2AH$

$\frac{\overline{BN}}{\overline{AB}} = \frac{7}{3}$

181 ●○ La diagonale di un parallelepipedo rettangolo forma un angolo di 60° con lo spigolo laterale del solido ed è lunga 20 dm. Sapendo che un lato di base è $8\sqrt{3}$ dm, calcola la superficie totale del parallelepipedo. [$8 \cdot (35\sqrt{3} + 36)$ dm^2]

182 ●● Un parallelepipedo rettangolo ha la diagonale che forma un angolo di 30° con la diagonale di base. La base ha un lato lungo $10\sqrt{3}$ dm e l'altro è $\frac{3}{2}$ dell'altezza del solido. Determina l'area della superficie totale del parallelepipedo. [$(1200 + 1000\sqrt{3})$ dm^2]

183 ●● Determina la misura della diagonale di un parallelepipedo rettangolo in cui la somma delle tre dimensioni è 15 cm, il rapporto fra le dimensioni di base è $\frac{2}{3}$ e l'area della superficie totale è 148 cm^2. [$\sqrt{77}$ cm]

184 ●● Un parallelepipedo rettangolo ha l'area della superficie laterale di 140 cm^2. Gli spigoli di base hanno rapporto uguale a $\frac{3}{4}$. Sapendo che la diagonale del parallelepipedo è $5\sqrt{5}$ cm, determina l'area della superficie totale del solido. [164 cm^2 oppure 236 cm^2]

Aree di piramidi

▶ Teoria a p. 884

185 ●○ Calcola l'area della superficie totale della piramide nella figura. [896 cm^2]

$AB = 14$ cm
$VO = 24$ cm

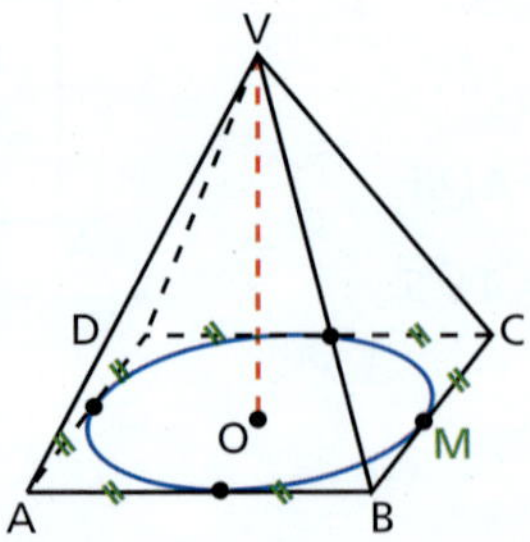

186 ●○ Trova l'altezza di un tetraedro regolare, sapendo che l'area della sua superficie è di $36\sqrt{3}$ cm^2. [$2\sqrt{6}$ cm]

187 ●○ TEST Una piramide retta a base quadrata è divisa da un piano parallelo alla base in una piramide e un tronco di piramide. La distanza del piano dalla base è pari a $\frac{1}{3}$ dell'altezza. Indichiamo rispettivamente con A l'area laterale della piramide, con A_1 quella della piramide minore, con A_2 quella del tronco. Possiamo dire che:

A $A_1 = A_2$.

B $A_2 = \frac{5}{4} A_1$.

C $A_2 = \frac{1}{3} A$.

D $A_2 = \frac{1}{9} A$.

E nessuna delle uguaglianze precedenti è vera.

ESERCIZI

188 ●○ REALTÀ E MODELLI **La Ville Lumière** La grande piramide del Louvre a Parigi è una piramide retta a base quadrata, con spigolo di base lungo 35 m e altezza di 21,6 m. La struttura è di acciaio e vetro. Calcola l'area della superficie totale delle sue vetrate. [$1946\ m^2$]

189 ●○ Una piramide a base quadrata ha l'altezza lunga $15\sqrt{3}$ cm, che forma un angolo di 30° con l'apotema di ogni singola faccia. Determina la superficie totale del solido. [$2700\ cm^2$]

190 ●● In una piramide retta la base è un trapezio isoscele che ha gli angoli alla base di 60°, mentre i lati obliqui sono il doppio della base minore e lunghi 16 cm. Calcola la superficie totale della piramide, sapendo che la sua altezza è lunga 10 cm. [$64 \cdot (2\sqrt{3} + \sqrt{37})\ cm^2$]

191 ●● Trova l'altezza di una piramide regolare a base esagonale, il cui lato di base è 10 cm e la superficie totale è $1050\sqrt{3}\ cm^2$. [$5\sqrt{105}$ cm]

192 ●○ YOU & MATHS Consider a pyramid of unknown height and a 12×12 meter square base. If the height is increased by 2 meters, the lateral surface area is increased by 24 square meters. How high is the original pyramid? (The lateral surface does not include the pyramid base.)

- A 2.5 meters.
- B 4.5 meters.
- C $\frac{3\sqrt{5}}{4}$ meters.
- D 5.625 meters.
- E None of these.

(USA *North Carolina State High School, NCSHS, Mathematics Contest, Finals*)

193 ●● Una piramide retta a base quadrata ha il perimetro di base di $192\sqrt{2}$ cm e l'altezza di $32\sqrt{2}$ cm. Viene tagliata da un piano parallelo al piano di base in modo che la somma delle aree laterali della piramide stessa e della piramide staccata risulti $7860\ cm^2$. Calcola a quale distanza dal vertice la piramide viene tagliata. [$4\sqrt{3}$ cm]

194 ●● Una piramide retta ha per base un rombo circoscritto a una circonferenza il cui raggio è lungo 15 cm. Sapendo che il lato del rombo è lungo 40 cm e che l'altezza della piramide è lunga 20 cm, calcola la superficie totale del solido. A quale distanza dal vertice si deve trovare il piano che seca la piramide secondo un rombo di area $48\ cm^2$? [$3200\ cm^2$; 4 cm]

195 ●● Una piramide regolare a base quadrata ha l'area della superficie totale di $1440\ cm^2$ e l'altezza è $\frac{6}{5}$ dello spigolo di base. Stabilisci a quale distanza dal vertice si deve condurre un piano secante parallelo alla base, affinché il perimetro del poligono intersezione sia 20 cm. Determina inoltre l'area della superficie totale del tronco di piramide ottenuto. [6 cm; $1400\ cm^2$]

196 ●● In un tronco di piramide regolare a base quadrata la somma di uno spigolo della base minore con uno della base maggiore è 20 cm e la superficie laterale è equivalente al quadruplo della differenza fra le aree delle due basi. Sapendo che l'apotema del tronco di piramide è 8 cm, calcola l'area della superficie totale. [$528\ cm^2$]

197 ●● In una piramide quadrangolare regolare la superficie laterale è equivalente ai $\frac{2}{3}$ di quella totale e la diagonale di base è $2\sqrt{2}$ cm. Determina l'area della sezione ottenuta tagliando la piramide con un piano parallelo alla base, che divide l'altezza in due parti tali che quella contenente il vertice è $\frac{2}{3}$ dell'altra. [$\frac{16}{25}\ cm^2$]

Aree di solidi di rotazione

▶ Teoria a p. 885

Cilindro, cono e sfera

198 ●○ TEST Il cilindro generato dalla rotazione di 180° di un quadrato di lato 8 cm intorno a un suo asse ha superficie totale di area:

- A $64\pi\ cm^2$.
- B $80\pi\ cm^2$.
- C $96\pi\ cm^2$.
- D $128\pi\ cm^2$.
- E $256\pi\ cm^2$.

199 TEST Il cono generato dalla rotazione di 360° di un triangolo rettangolo con cateti di 5 cm e 12 cm intorno al cateto maggiore ha superficie laterale di area:

A 60π cm^2. B 65π cm^2. C 90π cm^2. D 120π cm^2. E 130π cm^2.

FAI UN ESEMPIO

200 Disegna due cilindri diversi che hanno superficie totale di area 12π cm^2.

201 Disegna un cono e una sfera che hanno superfici equivalenti.

202 ESERCIZIO GUIDA Un cilindro, la cui base ha raggio 6 cm, ha una superficie totale di 120π cm^2. Sulle due basi sono appoggiati rispettivamente un cono equilatero e una semisfera, le cui basi coincidono con quelle del cilindro. Calcoliamo l'area della superficie totale del solido.

Per calcolare l'area della superficie totale del solido dobbiamo conoscere la superficie laterale del cilindro e del cono e la superficie della semisfera.

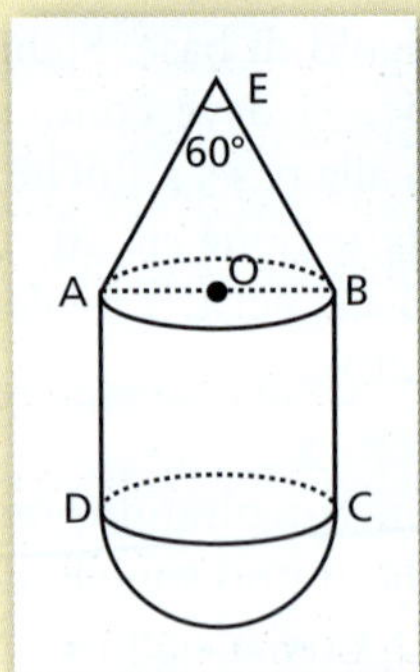

Calcoliamo l'area della superficie della base del cilindro:

$A_b = \pi \cdot r^2 = 36\pi \rightarrow 2A_b = 72\pi$.

Calcoliamo l'area della superficie laterale del cilindro:

$A_{\text{lat. cilindro}} = 120\pi - 72\pi = 48\pi$.

Calcoliamo l'area della superficie laterale del cono che, essendo equilatero, ha la misura a dell'apotema uguale a quella del diametro delle basi: $\overline{AB} = \overline{EB} = 12$.

$A_{\text{lat. cono}} = \pi \cdot r \cdot a = \pi \cdot 6 \cdot 12 = 72\pi$.

Calcoliamo la superficie della semisfera:

$A_{\text{semisfera}} = 2\pi \cdot r^2 = 2\pi \cdot 36 = 72\pi$.

La superficie totale è:

$A_t = A_{\text{lat. cilindro}} + A_{\text{lat. cono}} + A_{\text{semisfera}} =$

$48\pi + 72\pi + 72\pi = 192\pi$.

La superficie totale del solido è 192π cm^2.

203 Determina l'area della superficie laterale di un cilindro, sapendo che le sue sezioni, ottenute tagliandolo con un piano perpendicolare all'asse e con un piano passante per l'asse, hanno rispettivamente aree di 25π dm^2 e 60 dm^2. [60π dm^2]

204 RIFLETTI SULLA TEORIA Un cilindro equilatero e un cono equilatero hanno i raggi di base congruenti. Qual è il rapporto fra le aree delle loro superfici totali?

205 Trova la lunghezza dell'altezza di un cono equilatero con superficie totale di 300π cm^2. [$10\sqrt{3}$ cm]

206 REALTÀ E MODELLI **Pianeti a confronto** Determina il rapporto fra il raggio della Terra e il raggio di Marte, sapendo che il rapporto fra le loro superfici è circa 3,5. [$\simeq 1,9$]

207 ●○ Un cono con raggio 11 cm e altezza 22 cm viene tagliato con un piano parallelo alla base e distante 10 cm da essa. Calcola l'area della superficie del tronco di cono così formato. $[(157 + 85\sqrt{5})\pi\ \text{cm}^2]$

208 ●○ L'altezza di un cilindro è $\frac{23}{8}$ del diametro di base e la superficie totale è equivalente alla superficie di una sfera di raggio 6 cm. Determina il raggio e l'altezza del cilindro. $\left[\frac{4}{3}\sqrt{6}\ \text{cm}; \frac{23}{3}\sqrt{6}\ \text{cm}\right]$

209 ●○ Un cubo ha la superficie totale di 216 cm^2. Determina la superficie della sfera inscritta e quella della sfera circoscritta al cubo. $[36\pi\ \text{cm}^2; 108\pi\ \text{cm}^2]$

210 ●● Il raggio e l'altezza di un cono sono rispettivamente 10 cm e 24 cm. Determina di quanto deve diminuire il raggio affinché l'area della superficie totale diventi $\frac{28}{45}$ di quella data. [3 cm]

211 ●● Un fuso sferico di angolo $\alpha = \frac{\pi}{4}$ è equivalente a una calotta appartenente alla stessa sfera e con raggio di base $r = \sqrt{7}$ cm. Calcola il raggio R della sfera sapendo che è maggiore dell'altezza della calotta. [4 cm]

212 ●● Una calotta sferica ha raggio di base $r = 8$ cm e altezza $h = 4$ cm. Calcola l'area. $[80\pi\ \text{cm}^2]$

213 ●● REALTÀ E MODELLI **Sotto il polo** La zona temperata dell'emisfero boreale si estende dal tropico del Cancro al circolo polare artico. Calcola la sua superficie sapendo che il raggio terrestre è di circa 6370 km. $[\simeq 133{,}3 \cdot 10^6\ \text{km}^2]$

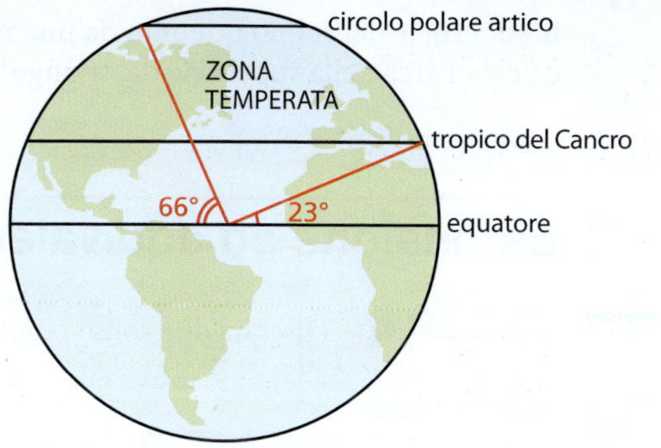

214 ●● Una sfera, la cui superficie è $100\pi\ \text{cm}^2$, è tagliata da un piano distante dal centro i $\frac{3}{5}$ del suo raggio. Determina il rapporto tra le aree laterali dei due coni aventi come base comune il cerchio sezione e per vertici gli estremi del diametro perpendicolare al piano secante. [2]

215 ●● In un tronco di cono l'apotema è la metà del raggio della base maggiore ed è i $\frac{5}{6}$ del raggio della base minore. La somma del raggio minore e dei $\frac{4}{5}$ dell'apotema è 20 cm. Determina l'area della superficie totale del cono che ha originato il tronco di cono. $[900\pi\ \text{cm}^2]$

Altri solidi di rotazione

216 ●○ Un triangolo rettangolo ha i cateti lunghi rispettivamente 12 cm e 16 cm. Calcola l'area della superficie totale del solido ottenuto facendo ruotare di 360° il triangolo attorno all'ipotenusa. $[844{,}46\ \text{cm}^2]$

Calcola l'area della superficie totale dei solidi ottenuti dalla rotazione di 360° delle seguenti figure intorno alla retta evidenziata.

217 ●○

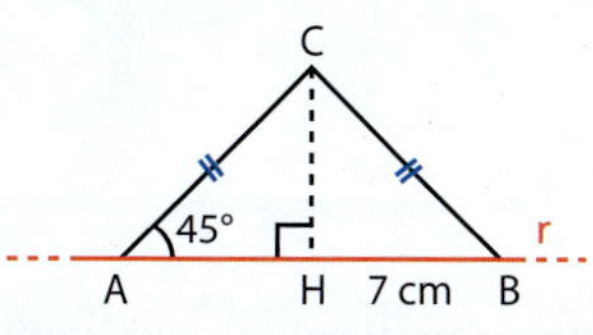

$[98\sqrt{2}\ \pi\ \text{cm}^2]$

218 ●○

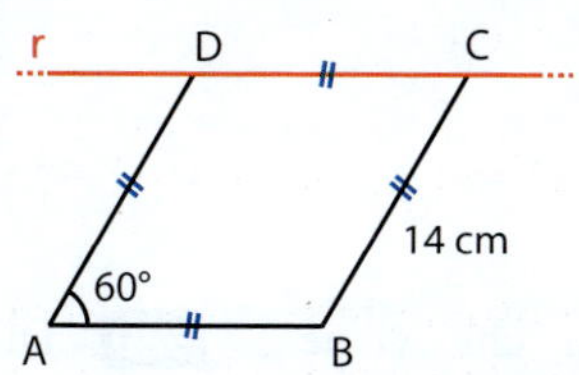

$[392\sqrt{3}\ \pi\ \text{cm}^2]$

219 ●○

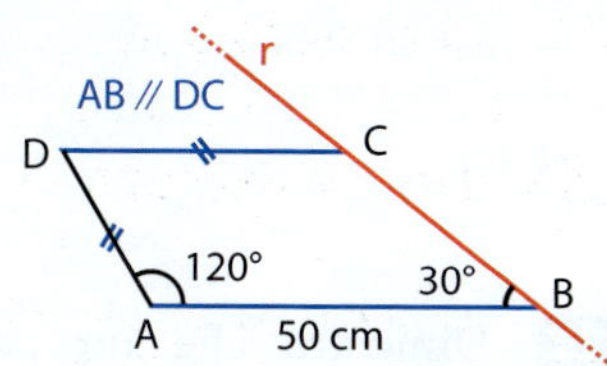

$[2500\pi\ \text{cm}^2]$

220 ●○ In un triangolo rettangolo il rapporto fra l'ipotenusa e un cateto è $\frac{5}{3}$ e l'area della superficie del solido ottenuto da una rotazione completa del triangolo attorno all'ipotenusa è $420\pi\ \text{m}^2$. Determina il perimetro del triangolo. [60 m]

221 ●● In un trapezio rettangolo il lato obliquo è i $\frac{13}{12}$ dell'altezza e la base minore è lunga 10 cm. Ruotando di 360° il trapezio attorno alla base maggiore si ottiene un solido la cui area della superficie totale è 540π cm^2. Determina la lunghezza della base maggiore del trapezio. [15 cm]

222 ●● Un triangolo rettangolo è simile a un triangolo i cui cateti sono lunghi 4 cm e 3 cm. Sapendo che l'area della superficie del solido ottenuto da una rotazione completa del triangolo attorno all'ipotenusa è $\frac{252}{5}\pi$ cm^2, calcola l'area della superficie del triangolo. [18 cm^2]

8 Estensione ed equivalenza dei solidi

▶ Teoria a p. 887

223 ●○ FAI UN ESEMPIO Disegna due solidi equivalenti ma non congruenti.

224 ●○ VERO O FALSO?

a. Se due prismi sono equivalenti, hanno basi equivalenti. V F
b. Due solidi equivalenti sono necessariamente equicomposti. V F
c. Un prisma è equivalente a un cono con base equivalente e altezza di lunghezza tripla rispetto al prisma. V F
d. Se una piramide e un cono sono equivalenti, hanno altezze congruenti. V F
e. Due cilindri con altezze congruenti e raggi diversi non possono essere equivalenti. V F

225 ●○ RIFLETTI SULLA TEORIA Si può dimostrare l'equivalenza tra una piramide e un prisma con il principio di Cavalieri? Perché?

Dimostrazioni

226 ESERCIZIO GUIDA Un prisma retto a base triangolare è sezionato da un piano parallelo agli spigoli laterali e passante per una mediana delle basi. Dimostriamo che i due prismi che si vengono a formare sono equivalenti.

Consideriamo il triangolo ABC, base del prisma dato; esso è diviso dalla mediana AM in due triangoli equivalenti, poiché hanno basi congruenti ($BM \cong MC$) e uguale altezza AH, rappresentata dalla distanza del vertice A dalla retta di base BC.

Il prisma $ABMA'B'M'$ è equivalente al prisma $AMCA'M'C'$ poiché due prismi sono equivalenti se hanno basi equivalenti e altezze congruenti.

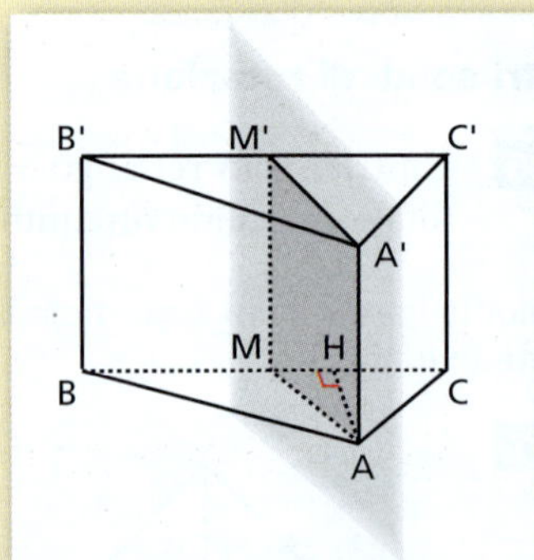

227 ●○ Dimostra che un parallelepipedo che viene tagliato da due piani paralleli agli spigoli secondo le diagonali delle basi risulta diviso in quattro prismi a base triangolare equivalenti a due a due.

228 ●○ Dimostra che un cubo di spigolo l è equivalente a un prisma retto di altezza l che ha per base un triangolo isoscele di base $2l$ e altezza l.

229 ●○ Dimostra che un cubo di spigolo a è equivalente a un parallelepipedo che ha per base un quadrato di lato metà dello spigolo del cubo e per altezza quattro volte lo spigolo del cubo stesso.

230 ●● Dimostra che una sfera è equivalente ai $\frac{2}{3}$ del cilindro circoscritto.

231 ●● Il cubo nella figura è diviso in quattro parti dai piani $ACC'A'$ e $DMM'D'$. Dimostra che la parte più estesa è il quintuplo di quella meno estesa.

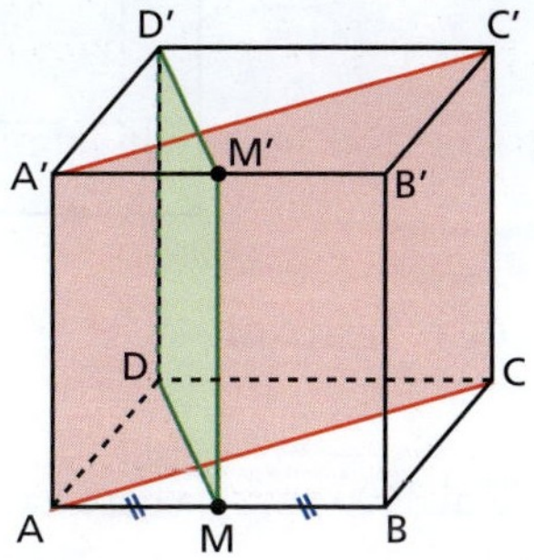

232 ●● Dimostra che un solido formato da un cubo di spigolo l e sormontato da una piramide retta con base quadrata coincidente con una faccia del cubo e con altezza l è equivalente a un parallelepipedo rettangolo di base uguale a quella del cubo e altezza pari a $\frac{4}{3}l$.

233 ●● Dimostra che il solido formato da un cilindro equilatero, il cui raggio di base è r e sulle cui basi sono appoggiate due semisfere anch'esse di raggio r, è equivalente a due sfere di raggio r e due coni di raggio di base e altezza uguali a r.

234 ●● Nei *Discorsi e dimostrazioni matematiche intorno a due nuove scienze*, Galileo Galilei descrive la costruzione di un solido che si chiama *scodella* considerando una semisfera di raggio r e il cilindro ad essa circoscritto. La scodella si ottiene togliendo la semisfera dal cilindro. Si dimostri, utilizzando il principio di Cavalieri, che la scodella ha volume pari al cono di vertice V in figura.

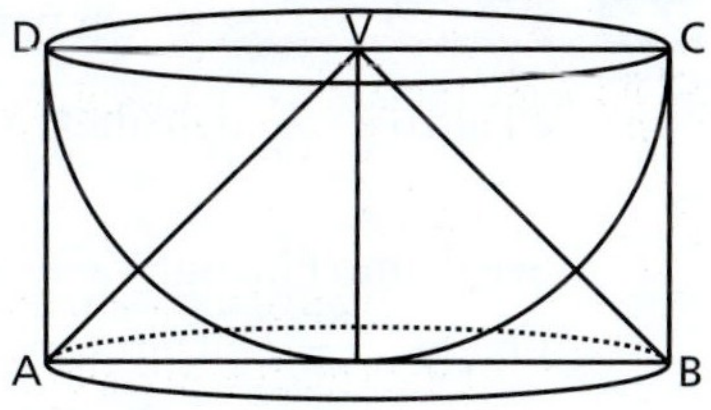

(*Esame di Stato, Liceo scientifico, Corso sperimentale, Sessione ordinaria*, 2009, *quesito* 9)

Con le misure

235 ●○ Un prisma retto ha per base un trapezio isoscele la cui superficie è 100 dm^2. Calcola quanto deve essere estesa la base di una piramide avente altezza uguale a quella del prisma per essere equivalente al prisma dato. [300 dm^2]

236 ●○ Un cono e una piramide a base quadrata, che hanno la stessa altezza, sono equivalenti. Se vengono sezionate con un piano parallelo alle basi a metà della loro altezza, le superfici di ogni sezione sono 200 m^2. Calcola l'area delle superfici delle basi. [800 m^2]

237 ●○ Una piramide a base quadrata di lato l è equivalente a una piramide di uguale altezza e che ha per base un triangolo equilatero. Calcola il lato del triangolo. $\left[\frac{2l}{\sqrt[4]{3}}\right]$

238 ●● Una piramide e un prisma retto hanno basi equivalenti e il volume della piramide è la metà del volume del prisma. Calcola il rapporto fra l'altezza della piramide e l'altezza del prisma. $\left[\frac{3}{2}\right]$

9 Volumi dei solidi

Volumi di prismi

▶ Teoria a p. 894

Parallelepipedo e cubo

AL VOLO

239 ●○ Un parallelepipedo rettangolo ha volume di 500 cm^3. Se la sua altezza viene raddoppiata, quanto misurerà il volume?

240 ●○ Un cubo ha lo spigolo lungo il doppio dello spigolo di un altro cubo. Qual è il rapporto fra i loro volumi?

Calcola il volume dei seguenti parallelepipedi retti.

241 ●○

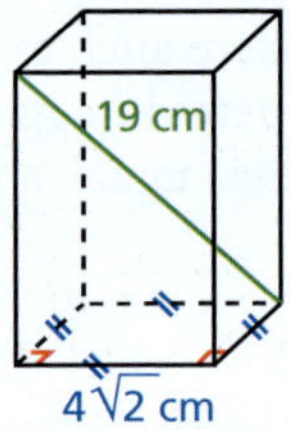

[$96\sqrt{33}$ cm^3]

242 ●○

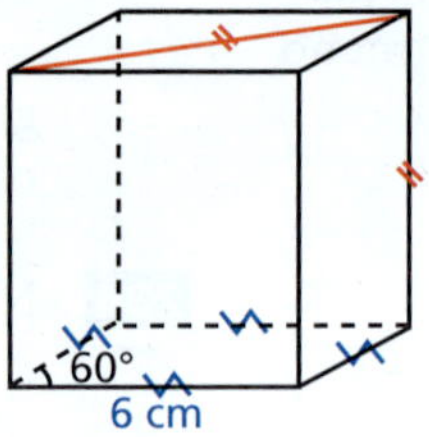

[324 cm^3]

243 ●○

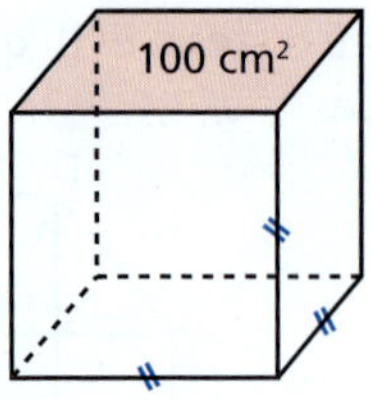

[1000 cm^3]

244 **ESERCIZIO GUIDA** Un parallelepipedo rettangolo ha l'area laterale di 8400 cm^2. La base ha un lato di 32 cm e l'altro è $\frac{8}{25}$ dell'altezza del solido. Calcoliamo il volume e la lunghezza della diagonale.

Scegliamo l'incognita. Poiché BC e l'altezza sono una gli $\frac{8}{25}$ dell'altra, possiamo considerare un segmento sottomultiplo comune e indicare con x la sua misura. In tal modo risulta: $\overline{BC} = 8x$ e $\overline{CC'} = 25x$.

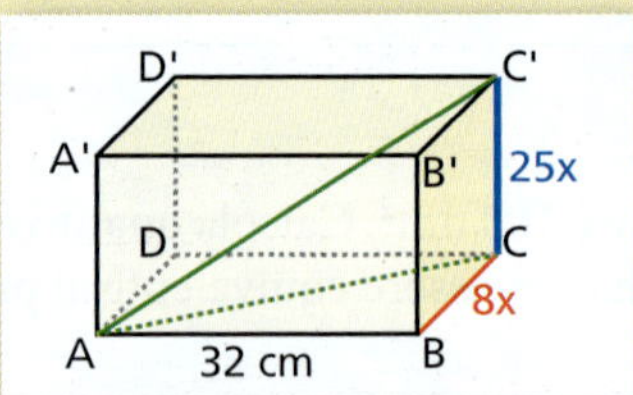

Calcoliamo il volume del solido.
Poiché $A_l = 8400$, determiniamo la misura A_l in funzione di x e poi uguagliamo a 8400:

$$A_l = 2 \cdot (\overline{AB} + \overline{BC}) \cdot \overline{CC'}$$

$$A_l = 2 \cdot (32 + 8x) \cdot 25x = 1600x + 400x^2$$

$$1600x + 400x^2 = 8400$$ dividiamo per 400

$$4x + x^2 = 21$$

$$x^2 + 4x - 21 = 0$$

$$x = -2 \pm \sqrt{4 + 21} = \begin{cases} -7 \text{ non accettabile;} \\ 3. \end{cases}$$

La misura cercata è $x = 3$. Allora:

$$\overline{BC} = 8x = 8 \cdot 3 = 24;$$

$$\overline{CC'} = 25x = 25 \cdot 3 = 75.$$

Poiché la formula per calcolare il volume è $V = A_b \cdot h$, il volume è:

$$V = (32 \cdot 24) \cdot 75 = 57\,600 \text{ cm}^3.$$

Calcoliamo la diagonale del parallelepipedo, utilizzando la formula $d = \sqrt{a^2 + b^2 + c^2}$:

$$\overline{AC'} = \sqrt{32^2 + 24^2 + 75^2} = 85.$$

Il volume del parallelepipedo dato è di 57 600 cm^3 e la diagonale è lunga 85 cm.

245 ●○ Un parallelepipedo rettangolo ha la diagonale inclinata di 60° rispetto al piano di base e lunga 30 dm. Sapendo che i lati di base sono l'uno i $\frac{3}{4}$ dell'altro, calcola il volume del solido.

[$1620\sqrt{3}$ dm^3]

246 ●○ Un parallelepipedo retto ha per base un rombo le cui diagonali stanno fra loro come 8 sta a 15. Sapendo che l'altezza del parallelepipedo è 10 cm e che l'area totale è 3280 cm^2, determina il volume del solido.

[9600 cm^3]

247 ●○ Un parallelepipedo rettangolo ha gli spigoli di base il cui rapporto è $\frac{3}{4}$. Sapendo che la diagonale di base è 15 dm e che la diagonale del solido è 17 dm, determina il volume del solido.

[864 dm^3]

248 ●○ **EUREKA!** Il volume di un cubo (in pollici cubi) più tre volte la lunghezza totale dei suoi spigoli (in pollici) è uguale al doppio della sua superficie (in pollici quadrati). Quanti pollici misura la sua diagonale?

(USA *Harvard-MIT Mathematics Tournament*)

[$6\sqrt{3}$]

249 ●● Osserva il parallelepipedo rettangolo nella figura. Determina per quale valore di x il piano PCG divide il parallelepipedo in due parti che sono una il quintuplo dell'altra. Quindi calcola la superficie laterale del prisma di base PBC sapendo che $PB \cong BC$. [4 cm; $6(2+\sqrt{2})$ cm²]

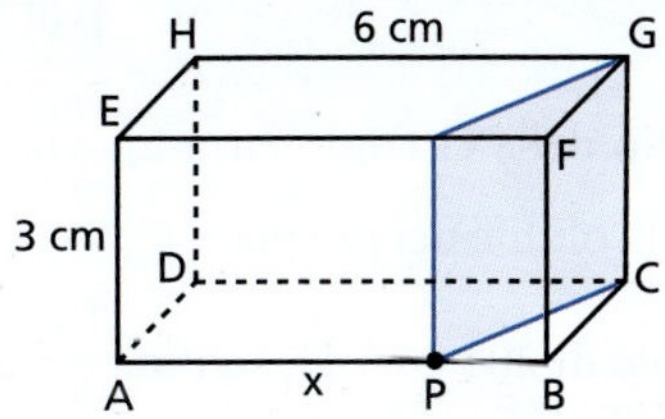

250 ●● Un parallelepipedo rettangolo ha le dimensioni di 3 cm, 4 cm e 12 cm. Determina il volume del cubo che ha superficie totale equivalente alla superficie totale del parallelepipedo. Di quanto deve aumentare la misura dello spigolo minore del parallelepipedo affinché l'area della sua superficie totale raddoppi? [$128\sqrt{2}$ cm³; 6 cm]

251 ●● In un parallelepipedo rettangolo, la diagonale di base forma con i lati angoli di 30° e 60°. Sapendo che l'altezza del solido è metà della diagonale di base e che l'area della superficie laterale è $32(1+\sqrt{3})$ cm², determina il volume del parallelepipedo. [$64\sqrt{3}$ cm³]

252 ●● Un parallelepipedo rettangolo e un cubo sono equivalenti. Il cubo ha superficie totale pari a $384a^2$, mentre il parallelepipedo ha l'altezza $4a$. Sapendo che la superficie totale del parallelepipedo è $448a^2$, calcola gli spigoli dei due solidi. [$8a$; $16a$; $8a$]

253 ●● Il cubo in figura è diviso dai piani DMH e NCG in quattro prismi retti. Calcola a quale frazione del cubo equivale ciascuno di essi. $\left[\frac{1}{20}; \frac{1}{5}; \frac{1}{5}; \frac{11}{20}\right]$

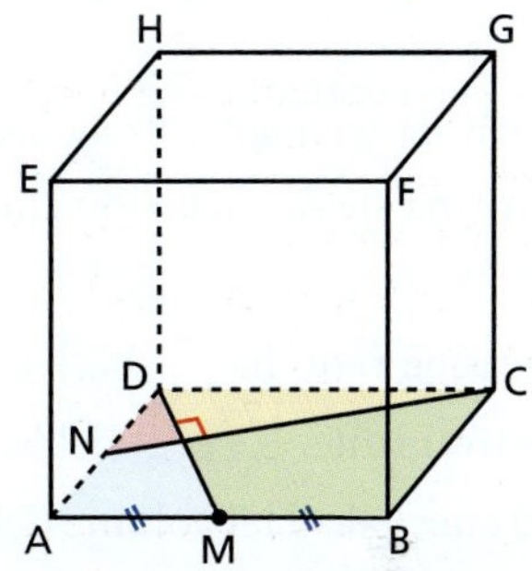

Prisma

254 ●● In un prisma regolare a base esagonale il rapporto fra l'altezza e il lato di base è $2\sqrt{3}$ e l'area laterale è $192\sqrt{3}$. Calcola il rapporto fra il volume del prisma e il volume di un cubo di diagonale $2\sqrt{3}$. [72]

Osserva i seguenti prismi retti e calcola ciò che è richiesto.

255 ●○

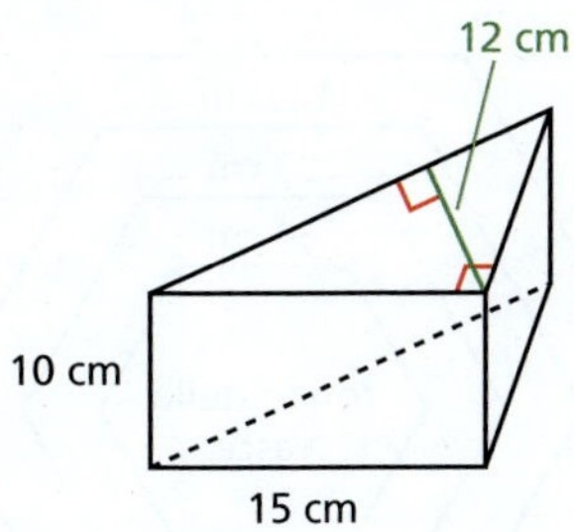

A_t = ? V = ?

[900 cm²; 1500 cm³]

256 ●○

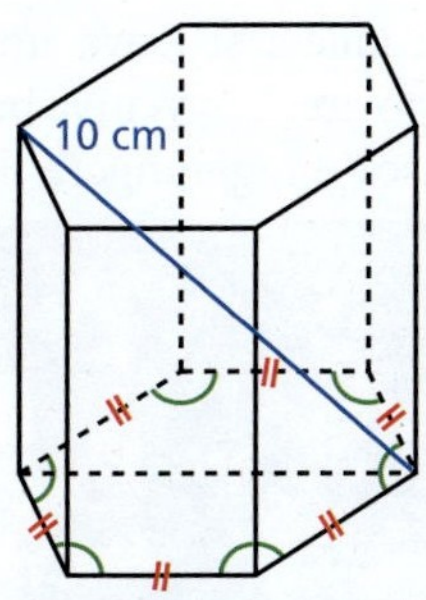

A_ℓ = 144 cm² V = ?

[$144\sqrt{3}$ cm³ oppure $108\sqrt{3}$ cm³]

257 ●○

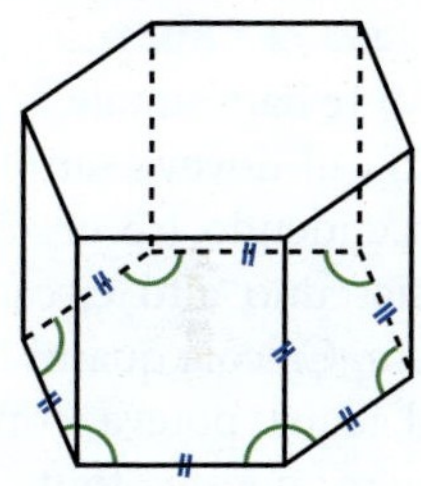

A_ℓ = 150 cm² V = ?

$\left[\frac{375}{2}\sqrt{3} \text{ cm}^3\right]$

258 ●○ Il volume di un prisma triangolare regolare è $108\sqrt{3}$ cm³. L'altezza del prisma è doppia dello spigolo di base. Determina l'area della superficie laterale del prisma. [216 cm²]

259 ●○ L'altezza di un prisma triangolare regolare è i $\frac{3}{4}$ dello spigolo di base. Si sa inoltre che l'area della superficie totale del prisma è $(144+32\sqrt{3})$ cm². Determina il volume del solido. [$96\sqrt{3}$ cm³]

260 ●○ Un prisma triangolare regolare ha lo spigolo AB della base ABC di 36 cm. Siano AD e BE le altezze del triangolo ABC relative ai lati BC e CA. Calcola il rapporto fra i volumi dei solidi in cui resta diviso il prisma mandando per i punti D ed E un piano perpendicolare al piano di base. $\left[\frac{1}{3} \text{ oppure } 3\right]$

ESERCIZI

261 ●○ YOU & MATHS A piece of wax in the shape of a rectangular block $(52 \times 45 \times 12)$ cm^3 was melted and re-shaped as two right prisms, each of base area 445 cm^2. One of the prisms was 34 cm high. Find the height of the other prism to one place of decimals. (IR *Leaving Certificate Examination, Ordinary Alternative Level*)
[29.1 cm]

262 ●○ In un prisma triangolare regolare il volume è $350\sqrt{3}$ cm^3 e il rapporto fra altezza e spigolo di base è $\frac{7}{5}$. Determina l'area della superficie totale del prisma. [$10(5\sqrt{3}+42)$ cm^2]

263 ●○ Un prisma triangolare regolare ha l'altezza che è $\frac{5}{2}$ del raggio della circonferenza inscritta nella base. Sapendo che l'area della superficie totale è $336\sqrt{3}$ cm^2, calcola il volume del prisma. [$480\sqrt{3}$ cm^3]

264 ●○ Un prisma pentagonale regolare ha l'area della superficie totale di 204 cm^2. La somma delle basi è $\frac{5}{12}$ della superficie laterale e l'altezza è uguale al perimetro di una base. Determina il volume del prisma e lo spigolo di base. $\left[360 \text{ cm}^3; \frac{12}{5} \text{ cm}\right]$

265 ●○ Un prisma triangolare regolare ha il raggio della circonferenza circoscritta alla base che è $\frac{8}{7}$ dell'altezza del prisma stesso. Sapendo che il volume del prisma è $336\sqrt{3}$ m^3, calcola l'area della superficie laterale del prisma. [$168\sqrt{3}$ m^2]

266 ●○ Un prisma retto ha per base un trapezio isoscele. Tale trapezio ha il lato obliquo e la base minore che sono rispettivamente $\frac{17}{15}$ e $\frac{1}{3}$ dell'altezza. Sapendo che l'altezza del prisma è 3 cm e che l'area della superficie totale è 570 cm^2, calcola il volume del solido. [585 cm^3]

267 ●○ Un prisma retto ha per base un trapezio rettangolo. In tale trapezio la diagonale minore è perpendicolare al lato obliquo ed è congruente ai $\frac{3}{4}$ di questo. Si sa inoltre che la somma di $\frac{1}{4}$ del lato obliquo con $\frac{2}{3}$ della diagonale minore è 6 cm. Sapendo che l'altezza del prisma sta a quella del trapezio come 25 sta a 24, calcola il volume del solido. $\left[\frac{816}{5} \text{ cm}^3\right]$

268 ●● REALTÀ E MODELLI **Immersione** Ad Aquileia si trova un antico fonte battesimale di forma esagonale regolare. Chi veniva battezzato qui doveva salire sul bordo della vasca e raggiungere il centro scendendo tre gradini, ciascuno alto circa 50 cm. Calcola quanti litri d'acqua poteva contenere questo fonte se riempito fino al bordo. [$\simeq$ 3390 L]

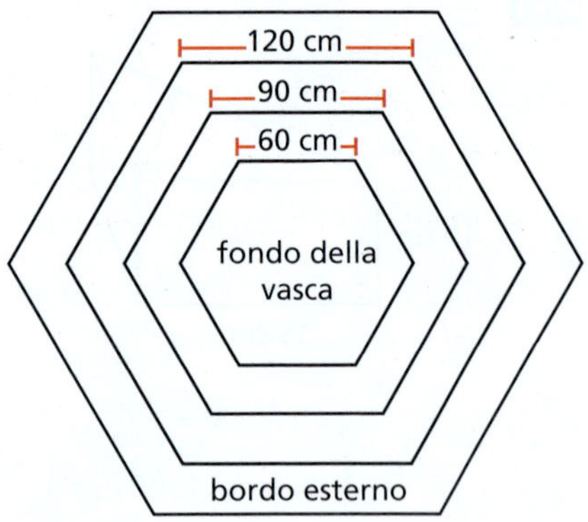

Volumi di piramidi

▶ Teoria a p. 895

269 ●○ VERO O FALSO?

a. Raddoppiando l'altezza di una piramide, il suo volume raddoppia. V F

b. Le piramidi che hanno base coincidente con una base di un prisma e vertice sulla base opposta del prisma sono tutte equivalenti. V F

c. Dimezzando lo spigolo di base di una piramide quadrangolare regolare, il suo volume dimezza. V F

d. Due piramidi equivalenti con altezze congruenti hanno basi congruenti. V F

270 Due piramidi quadrangolari rette equivalenti hanno rispettivamente spigolo di base l e l' e altezza h e h'. Se h' è il triplo di h, quanto vale il rapporto fra l e l'? [$\sqrt{3}$]

271 Una piramide retta a base quadrata ha lo spigolo che è lungo 12 cm ed è inclinato di 60° rispetto alla base. Calcola il volume della piramide. [$144\sqrt{3}$ cm^3]

272 Il volume di una piramide regolare a base quadrata è 256 cm^3. Determina la lunghezza dello spigolo di base della piramide e dello spigolo laterale, sapendo che il raggio del cerchio circoscritto al quadrato di base è lungo $4\sqrt{2}$ cm. [8 cm; $4\sqrt{11}$ cm]

273 In una piramide regolare a base quadrata la differenza fra l'area della superficie laterale e quella di base è 640 cm^2; l'altezza della piramide è $\frac{6}{5}$ del lato di base. Calcola l'apotema e il volume della piramide. [26 cm; 3200 cm^3]

274 Determina il rapporto fra il volume di un cubo e il volume della piramide che ha la base coincidente con una faccia del cubo e vertice sulla faccia opposta. [3]

275 Osserva il cubo a fianco e calcola il volume del poliedro di vertici $ABCGHEF$. [1440 cm^3]

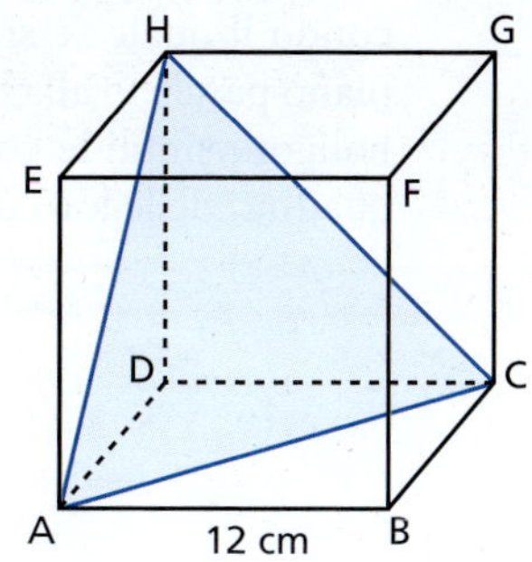

276 Una piramide quadrangolare regolare ha gli spigoli inclinati di 30° sul piano della base; la diagonale della base è $6\sqrt{3}$ cm. Calcola l'area della superficie totale e il volume della piramide. [$18(3+\sqrt{15})$ cm^2; 54 cm^3]

---

277 REALTÀ E MODELLI **Alle cinque** Un filtro di tè ha la forma di una piramide a base quadrata. Il filtro è impacchettato singolarmente in un contenitore di cartoncino della stessa forma che ha lato di base di 3 cm e altezza di 5 cm.

a. Calcola il volume massimo di tè che può contenere il filtro, sapendo che il suo lato di base e la sua altezza sono lunghi il 5% in meno rispetto al lato e all'altezza del contenitore.

b. Di quanto è più piccolo il volume del filtro rispetto a quello del contenitore di cartoncino? Calcola la percentuale e spiega perché essa non è uguale al 5%.

[a) 12,86 cm^3; b) 14,3%]

278 ESERCIZIO GUIDA Una piramide regolare a base esagonale ha il perimetro di base di 72 dm e l'altezza di 10 dm. Viene tagliata da un piano parallelo alla base in modo che il volume della piramide staccata sia $\frac{1}{4}$ del volume della piramide data. Calcoliamo a quale distanza dal vertice la piramide viene tagliata.

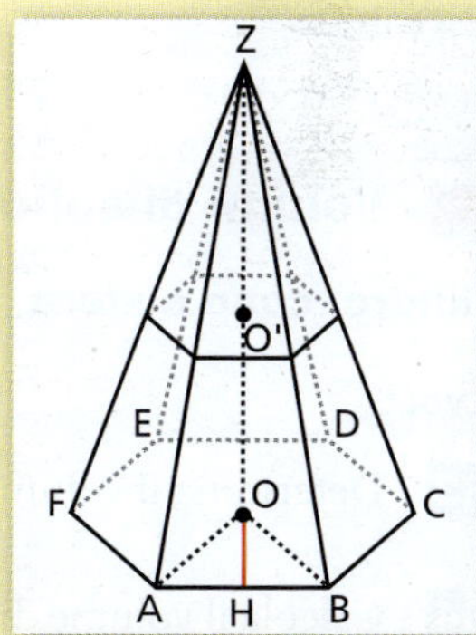

Calcoliamo il lato dell'esagono di base:

$$\overline{AB} = \frac{72}{6} = 12.$$

Calcoliamo $\overline{OH}$, essendo OH l'altezza del triangolo equilatero OAB. Ricordiamo che il triangolo OAH è rettangolo e ha gli angoli acuti di 30° e 60°:

$$\overline{OH} = \frac{l}{2}\sqrt{3} = \frac{12}{2}\sqrt{3} = 6\sqrt{3}.$$

Calcoliamo la superficie della base della piramide maggiore:

$$A_b = \frac{2p \cdot \overline{OH}}{2} = \frac{72 \cdot 6\sqrt{3}}{2} = 216\sqrt{3}.$$

Calcoliamo il volume V della piramide maggiore:

$$V = \frac{1}{3}A_b \cdot h = \frac{1}{3} \cdot 216\sqrt{3} \cdot 10 = 720\sqrt{3}.$$

Calcoliamo il volume V' della piramide minore:

$$V' = \frac{720\sqrt{3}}{4} = 180\sqrt{3}.$$

Chiamiamo $x = \overline{O'Z}$ e ricordiamo il teorema secondo il quale se si taglia una piramide con un piano parallelo alla base, la base e la sezione sono poligoni simili le cui aree sono proporzionali ai quadrati delle loro distanze dal vertice:

$$A_b : A'_b = 10^2 : x^2 \quad \rightarrow \quad A'_b = \frac{216 \cdot \sqrt{3}\, x^2}{100} =$$
$$2,16 \cdot \sqrt{3} \cdot x^2.$$

Poiché $V' = \frac{1}{3} A'_b \cdot \overline{O'Z}$, scriviamo l'equazione:

$$\frac{1}{3} \cdot 2,16 \cdot \sqrt{3} \cdot x^2 \cdot x = 180 \cdot \sqrt{3}$$

(semplificando: $\frac{2,16}{3} = 0,72$)

da cui otteniamo:

$$x^3 = \frac{180}{0,72} = 250 \quad \rightarrow \quad x = \sqrt[3]{250} \simeq 6,30.$$

Il piano parallelo alla base taglia la piramide a una distanza di 6,30 dm dal vertice.

279 ●○ Un prisma ha la superficie della base di 75 dm^2 e l'altezza di 10 dm. Una piramide di base equivalente e di uguale altezza viene tagliata da un piano parallelo alla base a una distanza di 4 dm dal vertice. Calcola il volume della piramide staccata. [16 dm^3]

280 ●● In un tronco di piramide regolare a basi quadrate, la somma dei perimetri delle basi è 64 m e la somma delle loro aree è 160 m^2. Il volume del solido è 416 m^3. Calcola l'area della superficie totale. [$(160 + 64\sqrt{13})$ m^2]

281 ●● Una piramide retta a base quadrata ha lato di base di 5 cm e altezza di 10 cm. Calcola a che distanza dal vertice deve essere tagliata affinché il tronco di piramide e la piramide risultanti siano fra loro equivalenti. [$5\sqrt[3]{4}$ cm]

282 ●● Una piramide triangolare regolare ha per facce laterali tre triangoli rettangoli le cui ipotenuse sono lunghe $3\sqrt{2}$ cm. Un piano parallelo alla base taglia la piramide secondo una superficie di area $\frac{9}{8} \cdot \sqrt{3}$ cm^2. Calcola il volume della piramide data e della piramide che il piano predetto stacca da quella data. $\left[\frac{9}{2}\ cm^3; \frac{9}{16}\ cm^3\right]$

Volumi di solidi di rotazione

▶ Teoria a p. 896

Cilindro, cono e sfera

AL VOLO

283 ●○ Determina il volume di una sfera inscritta in un cilindro con raggio di base di 3 cm.

284 ●○ Calcola il volume di un cono che ha la base coincidente con una base di un cilindro e il vertice nel centro della base opposta, sapendo che il volume del cilindro è di 24 m^3.

285 ●○ Una sfera di raggio r è equivalente a un cilindro con raggio di base r. Calcola l'altezza del cilindro. $\left[\frac{4}{3} r\right]$

286 ●○ Un cono equilatero è equivalente a una sfera con raggio di $\sqrt{3}$ cm. Determina la lunghezza dell'apotema del cono. [$2\sqrt[3]{12}$ cm]

287 ●○ Determina raggio di base e altezza di un cilindro e di un cono equilateri che hanno volume 24π cm^3.

TEST

288 Si considerino le due sfere S_1 e S_2, la prima inscritta e la seconda circoscritta al medesimo cubo. Allora tra i volumi V_1 e V_2 delle due sfere sussiste la seguente relazione:

A $V_1 = \frac{\sqrt{2}}{4} V_2$. B $V_1 > V_2$. C $V_1 = \sqrt{2}\, V_2$. D $V_1 = \frac{\sqrt{3}}{3} V_2$. E $V_1 = \frac{\sqrt{3}}{9} V_2$.

(*CISIA, Facoltà di Ingegneria, Test di ingresso*)

289 Una sfera con raggio di 2 cm e un cilindro circolare retto con raggio di base di 2 cm hanno lo stesso volume. Allora l'altezza del cilindro è di:

A $\frac{4}{3}$ cm. B $\frac{8}{3}$ cm. C $\frac{2}{3}$ cm. D 4 cm. E 6 cm.

(*CISIA, Facoltà di Ingegneria, Test di ingresso*)

290 Tre palline da tennis sono perfettamente contenute in una lattina cilindrica. Le palline toccano la parete laterale, il coperchio e il fondo della lattina. Qual è il rapporto tra il volume delle palline e il volume di spazio nella lattina che circonda le palline?

A 1,414. B 1,732. C 2. D $\frac{3}{2}$. E Nessuno di questi.

(USA *Elon University High School Mathematics Contest*)

REALTÀ E MODELLI

291 **Tutti al bowling!** Una boccia da bowling è una sfera di massa 7 kg e con densità 1,75 kg/dm^3. Ha tre fori per le dita che occupano un volume totale di circa 0,2 dm^3. Calcola la lunghezza del diametro della boccia. [2 dm]

292 

Geometria in cucina Per fare una torta Caterina deve usare 300 g di farina, ma la bilancia si è rotta. Per misurare la quantità giusta, ha a disposizione soltanto un contenitore trasparente di forma cilindrica. Allora misura il diametro, che è di 10 cm, e si documenta in Internet scoprendo che 1 dm^3 di farina pesa circa 780 g. Fino a quale altezza deve riempire il contenitore per ottenere la giusta quantità di farina? [4,9 cm]

293 **Riserva di grano** Ciascuno dei silos nella foto è alto complessivamente 11,5 m. La parte cilindrica è alta 10 m e ha un diametro di base di 4,8 m, mentre la parte superiore è un tronco di cono con diametro della base minore di 0,8 m. Calcola la capacità complessiva dei quattro silos, espressa in metri cubi. [$\simeq 767$ m^3]

294 Un cono e un cilindro hanno altezze congruenti e pari al doppio dei loro raggi di base. La somma delle loro aree totali è $12\pi(7+\sqrt{5})$ cm^2. Calcola i loro volumi. [$16\pi\sqrt{3}$ cm^3; $48\pi\sqrt{3}$ cm^3]

295 Il raggio di base di un cilindro è 6 cm e l'altezza 9 cm. Determina sull'asse un punto V tale che il rapporto fra i volumi dei due coni aventi per basi le basi del cilindro e per vertice il punto V sia 4. $\left[\frac{36}{5}\text{ cm oppure } \frac{9}{5}\text{ cm}\right]$

296 **YOU & MATHS** If the diameter of a cylindrical can is increased by 20%, by approximately what percentage should the height be increased in order to double the volume of the can?

A 80% B 66.7% C 50.0% D 41.4% E 38.9%

(USA *North Carolina State High School, NCSHS, Mathematics Contest, Finals*)

ESERCIZI

297 ●○ L'apotema di un cono è lungo 26 cm e il raggio di base è $\frac{5}{12}$ dell'altezza. Determina la lunghezza del raggio di base di un cilindro equivalente al cono e di altezza congruente. $\left[10\frac{\sqrt{3}}{3}\text{ cm}\right]$

298 ●○ Calcola il volume del solido, costituito da un cilindro e due semisfere. $\left[\frac{128}{3}\pi\text{ cm}^3\right]$

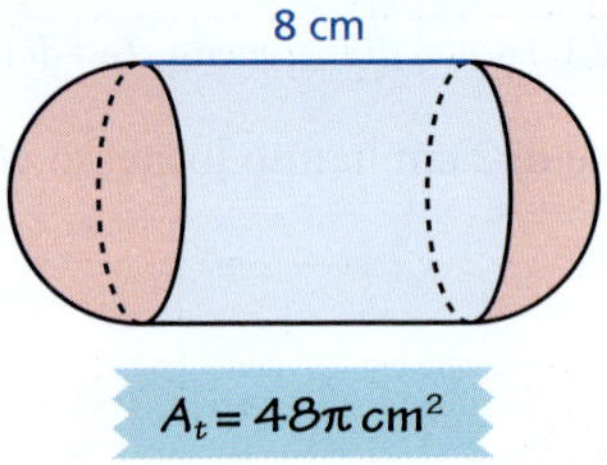

299 ●● In un cilindro circolare retto la superficie laterale è equivalente a $\frac{4}{7}$ di quella totale. Sapendo che l'altezza del cilindro è 12 cm, determina il volume della sfera che ha raggio congruente alla metà del raggio di base del cilindro. $\left[\frac{243}{2}\pi\text{ cm}^3\right]$

300 ●● Una sfera viene tagliata con un piano distante dal suo centro i $\frac{7}{25}$ del suo raggio. L'area della superficie del solido costituito dai due coni, aventi per base comune il cerchio sezione e per vertici gli estremi del diametro perpendicolare al piano considerato, è $\frac{189}{5}\pi$ cm^2. Calcola l'area della superficie della sfera. $\left[\frac{225}{4}\pi\text{ cm}^2\right]$

301 ●● Il rapporto fra l'altezza e il raggio di base di un cono è $\frac{12}{5}$ e l'area della superficie della sezione determinata dall'intersezione del cono con un piano parallelo alla base e distante da essa $\frac{1}{4}$ dell'altezza è 45π cm^2. Determina l'area della superficie totale del cono dato e la misura del volume del cono staccato dal piano secante. $[288\pi\text{ cm}^2; 108\sqrt{5}\,\pi\text{ cm}^3]$

302 ●● Un delfino si trova nel punto A del bordo ovest di una piscina circolare. Nuota in linea retta per 12 m e tocca con il naso il bordo della piscina nel punto B. Si gira e nuota in una direzione diversa in linea retta per 5 m, e arriva nel punto C situato sul bordo della piscina e diametralmente opposto al punto A dal quale era partito. Se la profondità dell'acqua è ovunque di 2,50 m, quanti litri d'acqua sono contenuti nella piscina?

(*Esame di Stato, Liceo scientifico, Corso di ordinamento, Sessione straordinaria,* 2013, *quesito* 10)

303 ●● In una sfera di raggio 12 cm è inscritto un cilindro di altezza 6 cm. Calcola il volume del solido delimitato dalla superficie laterale del cilindro e dalla zona sferica che ha per basi le circonferenze di base del cilindro (anello sferico). $[36\pi\text{ cm}^3]$

304 ●● Un cono circolare retto e un segmento sferico a una base hanno in comune la base e, rispetto a essa, giacciono su semipiani opposti. Il raggio della base misura 5 cm, l'altezza del cono 13 cm. Sapendo che il raggio della sfera a cui appartiene il segmento è uguale all'altezza del cono, calcola il volume del solido. [2 sol.: 121π cm^3, 3025π cm^3]

Altri solidi di rotazione

305 ESERCIZIO GUIDA Un triangolo rettangolo ha le proiezioni dei cateti sull'ipotenusa di 9 cm e 16 cm. Ruotando di 360° il triangolo attorno a un cateto otteniamo il solido $\mathcal{S}$, ruotandolo attorno all'altro cateto otteniamo il solido $\mathcal{S}'$. Determiniamo il rapporto fra i volumi dei due solidi e verifichiamo che è uguale alla radice quadrata del rapporto fra le proiezioni date.

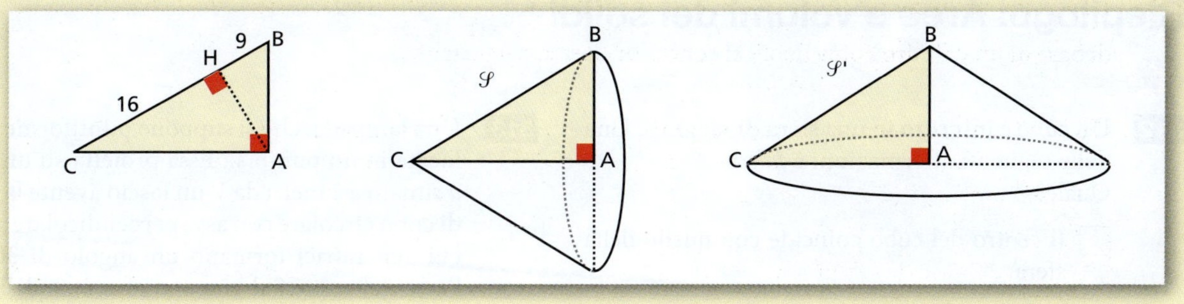

Calcoliamo gli elementi del triangolo ABC:

$$\overline{BC} = \overline{BH} + \overline{HC} = 9 + 16 = 25.$$

Con il secondo teorema di Euclide calcoliamo $\overline{AH}$:

$$\overline{AH} = \sqrt{\overline{BH} \cdot \overline{HC}} = \sqrt{9 \cdot 16} = 3 \cdot 4 = 12.$$

Calcoliamo $\overline{AB}$ e $\overline{AC}$ applicando il primo teorema di Euclide:

$$\overline{AB} = \sqrt{\overline{BC} \cdot \overline{BH}} = \sqrt{25 \cdot 9} = 5 \cdot 3 = 15.$$

$$\overline{AC} = \sqrt{\overline{BC} \cdot \overline{CH}} = \sqrt{25 \cdot 16} = 5 \cdot 4 = 20.$$

Calcoliamo il volume dei due solidi di rotazione:

$$V_{\mathcal{S}} = \frac{1}{3} \cdot (\pi \cdot 15^2) \cdot 20;$$

$$V_{\mathcal{S}'} = \frac{1}{3} \cdot (\pi \cdot 20^2) \cdot 15.$$

Verifichiamo che il rapporto fra i volumi è uguale a $\sqrt{\frac{9}{16}}$, ossia a $\frac{3}{4}$:

$$\frac{V_{\mathcal{S}}}{V_{\mathcal{S}'}} = \frac{\frac{1}{3} \cdot (\pi \cdot 15^2) \cdot 20}{\frac{1}{3} \cdot (\pi \cdot 20^2) \cdot 15} = \frac{15^2 \cdot 20}{20^2 \cdot 15} =$$

$$\frac{15}{20} = \frac{3}{4}.$$

Il rapporto fra i volumi dei due solidi è uguale alla radice quadrata del rapporto fra le proiezioni dei due cateti e vale $\frac{3}{4}$.

306 ●○ In un triangolo rettangolo un cateto è $\frac{4}{3}$ dell'altro e l'altezza relativa all'ipotenusa è lunga 4 cm. Ruota il triangolo di 360° intorno all'ipotenusa e calcola l'area della superficie e il volume del solido così ottenuto. $\left[\frac{140}{3}\pi \text{ cm}^2; \frac{400}{9}\pi \text{ cm}^3\right]$

307 ●○ Un trapezio isoscele ha la base minore, di 6 cm, congruente ai lati obliqui e gli angoli alla base di 45°. Calcola il volume del solido ottenuto facendo ruotare il trapezio intorno alla base minore. $[36(2\sqrt{2} + 3)\pi \text{ cm}^3]$

308 ●○ In un triangolo isoscele ABC l'altezza è i $\frac{6}{5}$ della base BC e il raggio del cerchio circoscritto è lungo $\frac{169}{12}$ cm. Determina il volume del solido ottenuto da una rotazione completa del triangolo dato attorno al lato AB. $\left[\frac{38\,400}{13}\pi \text{ cm}^3\right]$

309 ●○ Un triangolo rettangolo ha un cateto di 9 cm. La somma dei volumi dei due solidi ottenuti dalla rotazione completa del triangolo attorno a ciascuno dei suoi cateti è 756π cm^3. Calcola l'area del triangolo dato. $[54 \text{ cm}^2]$

310 ●● Un trapezio rettangolo ha il lato obliquo di 2 m, la base minore metà della maggiore e l'angolo acuto adiacente a questa di 45°. Determina il rapporto fra i volumi dei solidi generati dal trapezio in rotazioni complete prima intorno al lato obliquo e poi intorno alla base maggiore. $\left[\frac{7\sqrt{2}}{8}\right]$

311 ●● In un triangolo rettangolo l'ipotenusa è lunga $\frac{5}{2}$ cm. Il rapporto fra i volumi dei due solidi ottenuti dalla rotazione completa del triangolo attorno prima all'uno e poi all'altro cateto è $\frac{3}{4}$. Calcola il perimetro del triangolo. [6 cm]

Riepilogo: Aree e volumi dei solidi

TEST

312 Un cubo è inscritto in una sfera di raggio 3. Una delle seguenti affermazioni è *falsa*. Quale?

- **A** Il centro del cubo coincide con quello della sfera.
- **B** Il volume del cubo è $24\sqrt{3}$.
- **C** La diagonale del cubo è congruente al diametro della sfera.
- **D** Lo spigolo del cubo è $3\sqrt{2}$.
- **E** I vertici del cubo appartengono alla superficie della sfera.

313 Una lampada, che si suppone puntiforme, è collocata in un punto V. Essa proietta su un piano a situato a 2 metri da V un fascio avente la forma di cono circolare con asse perpendicolare ad a, le cui generatrici formano un angolo di 30° con l'asse del cono. Sul piano a, al centro della base del cono, viene posto un cubo di cartone, con lo spigolo di 1 metro. Si chiede quale sia l'area complessivamente illuminata dalla lampada (sul piano a e sulla faccia superiore del cubo), espressa in m².

- **A** $\frac{2}{\sqrt{3}} - \frac{\pi}{9}$.
- **B** $4\frac{\pi}{3} - 3$.
- **C** $\frac{\pi}{9} - \frac{1}{\sqrt{3}}$.
- **D** $\pi - \sqrt{3}$.
- **E** $\frac{4\pi}{9} - \frac{1}{2\sqrt{3}}$.

(*Olimpiadi di Matematica, Gara di 2° livello,* 2004)

314 Un quadrato di lato 10 cm ruota di 180° intorno a una sua diagonale. Determina l'area della superficie totale e il volume del solido che genera.

$\left[100\sqrt{2}\,\pi \text{ cm}^2; \frac{500}{3}\sqrt{2}\,\pi \text{ cm}^3\right]$

315 Una piramide pentagonale ha base di area 84 cm² ed è equivalente a un cilindro con altezza doppia rispetto a quella della piramide. Calcola l'area di base del cilindro. [14 cm²]

316 Un cono equilatero ha volume di $243\sqrt{3}\,\pi$ cm³. Calcola il volume di un cubo avente spigolo di base congruente a un terzo del diametro di base del cono. [216 cm³]

317 In un cilindro equilatero l'area della superficie totale è di 24π cm². Calcola il volume di una piramide a base quadrata che ha la base inscritta in una base del cilindro e il vertice sull'altra base.

$\left[\frac{32}{3} \text{ cm}^3\right]$

318 In una piramide retta a base quadrata l'apotema misura $3\sqrt{13}$ cm e l'altezza è congruente ai $\frac{3}{4}$ dello spigolo di base. La piramide viene sezionata con un piano parallelo alla base e distante da essa 6 cm. Calcola perimetro e area del poligono individuato dalla sezione.

[16 cm; 16 cm²]

319 In un parallelepipedo rettangolo le dimensioni della base sono una i $\frac{3}{4}$ dell'altra, e quest'ultima è i $\frac{2}{3}$ dell'altezza del parallelepipedo. Calcola le lunghezze delle tre dimensioni, sapendo che la superficie totale del parallelepipedo è 1200 dm².

$\left[20 \text{ dm}; 10 \text{ dm}; \frac{40}{3} \text{ dm}\right]$

320 YOU & MATHS Consider a unit cube which measures one centimeter on each side. Let V_1 represent the volume of the largest cone which fits inside a unit cube, and let V_2 represent the volume of the largest sphere which fits inside a unit cube. Find the ratio $V_1 : V_2$.

- **A** 3 : 2
- **B** 1 : 12
- **C** 2 : 3
- **D** 1 : 4
- **E** 1 : 2

(USA *University of Houston, Math Contest*)

321 EUREKA! Sia dato un tetraedro regolare di volume 1. Si ottiene un secondo tetraedro regolare riflettendo quello assegnato attraverso il suo centro. Qual è il volume dell'intersezione dei due tetraedri?

(USA *Bay Area Math Meet, Bowl Sampler*)

$\left[\frac{1}{2}\right]$

RISOLVIAMO UN PROBLEMA

La scala a chiocciola

Una scala a chiocciola collega due piani di un appartamento. La distanza tra i due piani è 2,9 m e il foro nel pavimento è largo 130 cm. La scala ha inoltre una ringhiera alta 80 cm dotata di un corrimano, che parte in corrispondenza del primo gradino e termina al pianerottolo del piano superiore dopo che la scala si è «avvolta» in tutto di 300°.

- Quanto è lungo il corrimano?

▶ **Schematizziamo la scala.**

Se la scala a chiocciola si «avvolgesse» di un giro completo, cioè descrivesse un arco di 360°, allora il suo ingombro corrisponderebbe a un cilindro di altezza 2,9 m e diametro 1,3 m.

Sviluppando in piano la superficie laterale di questo cilindro, si avrebbe un rettangolo di base $\pi \cdot 1,3 \simeq$ $\simeq 4,08$ m e altezza 2,9 m e la scala a chiocciola si disporrebbe lungo una diagonale del rettangolo. In realtà la scala si «avvolge» di soli $300° = \frac{5}{6} \cdot 360°$, quindi nel corrispondente sviluppo in piano la scala si dispone lungo la diagonale del rettangolo di base $\frac{5}{6} \cdot \pi \cdot 1,3 \simeq 3,4$ m e altezza sempre 2,9 m.

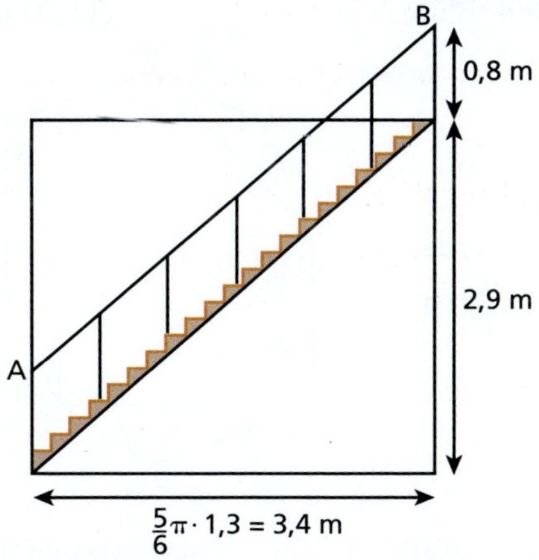

▶ **Analizziamo lo sviluppo nel piano del corrimano.**

Il corrimano, che si appoggia alla superficie laterale del cilindro, è un'elica. Nello sviluppo in piano il corrimano corrisponde al segmento *AB* della figura. Traslando in basso il segmento *AB* di 0,80 m si ottiene la diagonale del rettangolo.

▶ **Calcoliamo la lunghezza del corrimano.**

La diagonale del rettangolo misura:

$$\sqrt{3,4^2 + 2,9^2} \simeq 4,5 \text{ m}.$$

La lunghezza del corrimano è quindi di 4,5 m.

322 ●● REALTÀ E MODELLI **L'aperitivo perfetto** Un bicchiere viene riempito con un cocktail per un'altezza di 5 cm. La superficie della bevanda a contatto con l'aria è un cerchio con raggio 2 cm. Approssima la cavità del bicchiere a quella di un cono.

a. Calcola il volume del cocktail, espresso in millilitri.

b. Un'oliva con il nocciolo, approssimabile a una sfera di raggio 1 cm, viene aggiunta al cocktail e va a fondo. Di quanto si alza il livello del liquido? [a) 21 mL; b) 0,3 cm]

323 ●● Un solido è formato da un cubo e da un tronco di piramide regolare che ha per base maggiore una faccia del cubo. I lati delle basi del tronco di piramide misurano $3k$ e $2k$ e l'area della superficie totale del solido è $79k^2$. Determina la misura dell'apotema del tronco. [$3k$]

324 ●● In un tronco di cono, il rapporto fra i raggi delle basi è uguale a $\frac{3}{2}$ e l'altezza è i $\frac{6}{5}$ del raggio della base minore. Sapendo che l'apotema del tronco misura 13 cm, determina il volume del tronco di piramide esagonale regolare inscritto nel tronco di cono. [$2850\sqrt{3}$ cm^3]

325 ●● Un trapezio isoscele di perimetro 18 cm è circoscritto a un semicerchio il cui diametro è i $\frac{4}{5}$ della base maggiore del trapezio. Determina il rapporto fra i volumi dei solidi ottenuti facendo ruotare di 180° il trapezio e il semicerchio intorno alla retta congiungente i punti medi delle basi. $\left[\frac{39}{32}\right]$

326 ●● Determina il volume di un tetraedro regolare, sapendo che l'area della sezione del solido con un piano perpendicolare alla base e passante per uno spigolo laterale è $4\sqrt{2}$ cm^2. $\left[\frac{16\sqrt{2}}{3} \text{ cm}^3\right]$

ESERCIZI

327 ●● **EUREKA!** B è una sfera di raggio $2r$ dal cui interno è stata tolta una sfera di raggio r. C è una sfera piena di raggio 1. Supponi che B e C abbiano lo stesso volume. Trova r.

(USA *Bay Area Math Meet, Bowl Sampler*)

$\left[\frac{1}{\sqrt[3]{7}}\right]$

328 ●● Il solido nella figura è formato da un parallelepipedo rettangolo e da due piramidi regolari. Calcola il suo volume. [240 cm^3]

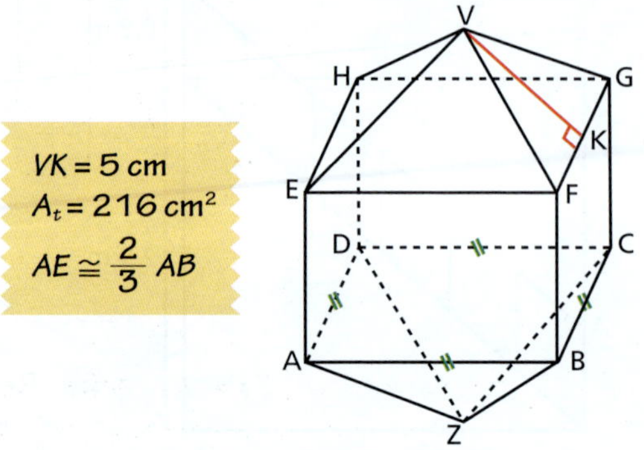

329 ●● Un solido è costituito da un cilindro e da due coni congruenti aventi le basi coincidenti con quelle del cilindro. L'altezza del cilindro misura 5 cm e l'area della superficie totale del solido 620π cm^2. Sapendo che l'apotema del cono è i $\frac{13}{5}$ del raggio di base, calcola il volume del solido. [2100π cm^3]

330 ●● In un tronco di piramide quadrangolare regolare di apotema a, la somma di uno spigolo della base maggiore e di uno spigolo della base minore è $5a$ e il rapporto fra la superficie laterale e la differenza delle superfici delle due basi è 2. Determina il volume del tronco di cono circoscritto al tronco di piramide considerato. $\left[\frac{19\sqrt{3}\,\pi}{12}a^3\right]$

331 ●● **EUREKA!** Una piramide a base quadrata ha il lato di base lungo $\sqrt{3}$ e tutti gli spigoli delle facce laterali sono lunghi $\sqrt{2}$. Quanti gradi misura l'angolo fra due spigoli non appartenenti alla stessa faccia laterale?

(*Olimpiadi di Matematica, Gara di 2° livello*, 2006)

[120°]

332 ●● Un solido è formato da un prisma triangolare regolare e da un tetraedro regolare che ha per base una base del prisma. Sapendo che il volume del tetraedro è doppio di quello del prisma e che il volume del solido è 54 cm^3, determina lo spigolo del tetraedro. [$6\sqrt[6]{2}$ cm]

333 ●● Una piramide ha per base il triangolo isoscele AOB ($OA \cong OB$) e lo spigolo OV, congruente a OA, è perpendicolare alla base. Sulla sfera di centro O e raggio OV i semipiani contenenti le facce VOA e VOB individuano un fuso sferico di area $S = 54\pi$ cm^2. Sapendo che l'angolo $A\widehat{O}B = \frac{\pi}{3}$, calcola l'area totale della piramide.

$\left[\frac{81}{4}(4+\sqrt{3}+\sqrt{7})\text{ cm}^2\right]$

334 ●● Una piramide esagonale regolare ha l'apotema congruente ai $\frac{5}{3}$ dell'apotema di base. Sapendo che la misura dell'area della sua superficie laterale è $90k^2\sqrt{3}$, calcola la misura del volume del cono circoscritto alla piramide e il rapporto fra questo volume e quello della piramide. Tale rapporto varia al variare dell'altezza e del lato di base della piramide? $\left[48\sqrt{3}\,\pi k^3; \frac{2\pi\sqrt{3}}{9}; \text{no}\right]$

335 ●● Osserva il cubo rappresentato nella figura e determina quale deve essere la lunghezza di AM affinché il prisma $AMNN'M'A'$ abbia l'area della superficie totale di $(256+96\sqrt{2})$ cm^2.

[8 cm]

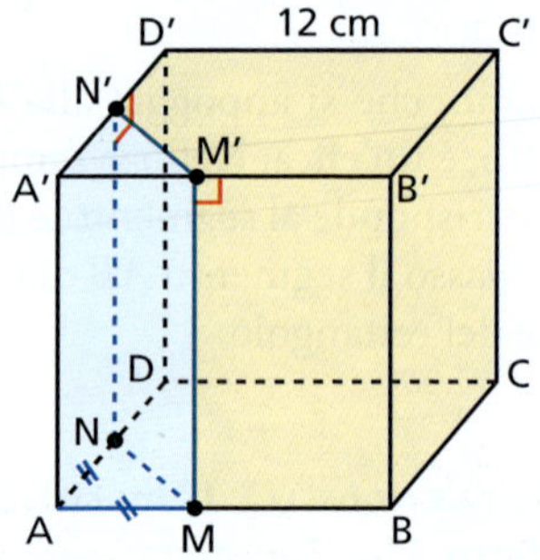

336 ●● Il raggio di base di un cono di vertice V è lungo 10 cm e la superficie laterale è equivalente ai $\frac{13}{18}$ della superficie totale. Determina a quale distanza da V sull'asse del cono si deve prendere un punto P in modo che un altro cono di vertice P e base coincidente con quella del cono dato abbia superficie totale equivalente ai $\frac{10}{9}$ della superficie totale del cono dato. [$(20\sqrt{2}-24)$ cm]

337 ●● In un cono l'area della base è $400\pi k^2$ e l'altezza è i $\frac{3}{5}$ dell'apotema. Calcola il rapporto fra i volumi delle piramidi quadrangolari regolari circoscritta al cono e inscritta nel cono. Quanto deve valere k affinché la superficie laterale della piramide inscritta abbia area $20\sqrt{34}$ cm^2? $\left[2; \frac{\sqrt{10}}{10}\text{ cm}\right]$

338 ●● In una piramide quadrangolare regolare l'altezza è $\frac{2}{3}$ del lato di base e il volume è 384 cm^3. Determina lo spigolo del cubo inscritto nella piramide e avente una faccia che giace sulla base della piramide stessa.
$\left[\frac{24}{5}\ \text{cm}\right]$

MATEMATICA AL COMPUTER

Geometria solida Il cono nella figura ha altezza 10 cm e raggio di base di 3 cm. È intersecato dal piano π parallelo alla sua base e distante x dal vertice. Proiettando l'intersezione tra piano e cono sulla base del cono si ottiene un cilindro.
Determiniamo x affinché il rapporto fra i volumi del solido colorato nella figura e del cono di partenza sia k. Rispondiamo ponendo $k = 0,40$.

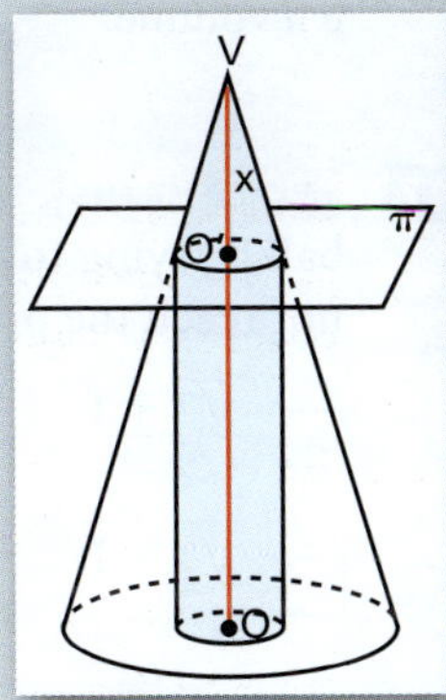

Risoluzione – 6 esercizi in più

339 ●● Il cilindro nella figura ha superficie totale di area $16\pi(3+4\sqrt{3})$ cm^2. Determina il volume del solido risultante dalla differenza tra il cilindro e i due coni. $[128\sqrt{2}\,\pi\ \text{cm}^3]$

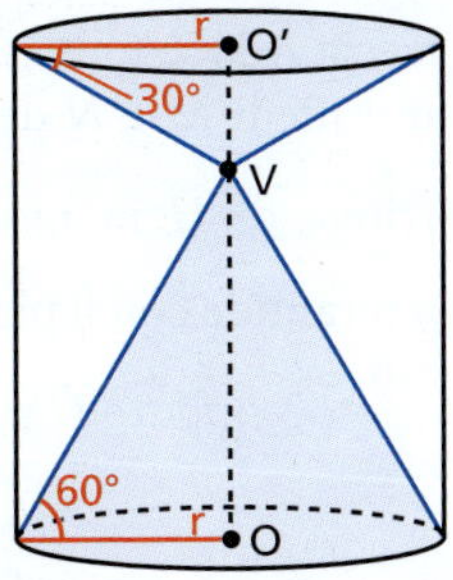

340 ●● L'area della superficie laterale di un cilindro è 120π cm^2 e l'altezza è i $\frac{12}{5}$ del raggio. Prendi sull'asse OO' del cilindro un punto V tale che $\overline{OV} : \overline{O'V} = 5 : 7$. Determina la somma dei volumi delle due piramidi aventi per vertice V e per base i quadrati inscritti in ciascuna base del cilindro. Dimostra inoltre che tale somma non varia al variare di V su OO'. $[200\ \text{cm}^3]$

341 ●● In una sfera un piano secante divide il diametro AB, a esso perpendicolare, in due parti che stanno fra loro come 16 sta a 9. Sapendo che la superficie del solido costituito dai due coni aventi per base comune il cerchio sezione e per vertici i punti A e B ha area $84\pi l^2$, calcola il volume della sfera.
$\left[\frac{625\sqrt{5}}{6}\pi l^3\right]$

342 ●● REALTÀ E MODELLI **Palazzo della Regione** Il grattacielo del Palazzo della Regione Lombardia ha la pianta che si può approssimare a una parte di corona circolare il cui raggio maggiore è circa 78 m e quello minore circa 60 m. Determina il volume del grattacielo, sapendo che la corda corrispondente all'arco di circonferenza maggiore misura circa 85 m e l'altezza dell'edificio è 161,3 m. $[\simeq 231 \cdot 10^3\ \text{m}^3]$

343 ●● Una calotta e una zona sferica appartenenti alla stessa sfera giacciono su semispazi opposti rispetto alla base comune e sono equivalenti. Sapendo che l'altezza della calotta è 5 cm e l'area 80π cm^2, determina i raggi delle due basi della zona sferica e le distanze dei loro centri da quello della sfera.
$[r_1 = \sqrt{55}\ \text{cm};\ r_2 = 2\sqrt{15}\ \text{cm};$
$d_1 = 3\ \text{cm};\ d_2 = 2\ \text{cm}]$

344 ●● Data una calotta avente altezza h e raggio di base r, esprimi in funzione di essi:

a. il raggio della sfera a cui appartiene;

b. l'area della calotta.

$\left[\text{a)}\ \frac{h^2+r^2}{2h};\ \text{b)}\ \pi(h^2+r^2)\right]$

ESERCIZI

345 Un cono con apotema $a = 6$ cm e semiapertura $\alpha = 30°$ ha una cavità a forma di segmento sferico a una base. La base del segmento coincide con la base del cono e la calotta è tangente alla superficie laterale del cono. Calcola il volume della parte piena del cono. $[4\sqrt{3}\,\pi \text{ cm}^3]$

346 Un settore sferico appartiene a una sfera di raggio 2 cm e la sua semiapertura è 60°. Calcola la superficie totale e il volume. $\left[2(\sqrt{3}+2)\pi \text{ cm}^2; \frac{8\pi}{3} \text{ cm}^3\right]$

347 YOU & MATHS A ping-pong ball of radius 1 and a bowling ball are in an empty cubical room. The bowling ball is trying to crush the ping-pong ball so the ping-pong ball hides in the corner. If the bowling ball can not reach the ping-pong ball, the radius of the big bowling ball must be greater than:

A $\frac{\sqrt{2}+1}{\sqrt{2}-1}$

B $\frac{\sqrt{3}+1}{\sqrt{3}-1}$

C $\frac{\sqrt{3}-1}{\sqrt{3}+1}$

D $\frac{\sqrt{3}}{2}+1$

E $3+2\sqrt{2}$

(USA *Indiana University of Pennsylvania, Mathematics Competition*)

348 Una piramide ha per base il triangolo ABC rettangolo in B tale che $\sin B\widehat{A}C = \frac{3}{5}$, e ha per altezza il segmento BV congruente a BC e di lunghezza 6. Determina un punto H sullo spigolo AB in modo che, detto D il punto di intersezione tra la perpendicolare al piano di base della piramide passante per H e lo spigolo AV, il volume della piramide di vertice H e base la sezione della piramide data con il piano parallelo al piano di base passante per D sia pari ai $\frac{3}{64}$ del volume di $ABCV$. $[\overline{BH} = 2 \text{ oppure } \overline{BH} = 3+\sqrt{21}]$

349 In una piramide $ABCDV$ la base $ABCD$ è un quadrato di lato 3, la faccia ABV è un triangolo equilatero, e il piede H dell'altezza HV si trova sul segmento che congiunge i punti medi M e N degli spigoli AB e CD. Detta K la proiezione di H sulla faccia ABV, determina la posizione di H in modo che $\overline{HK} = \frac{\sqrt{6}}{2}$. Calcola poi il volume del tronco di piramide che si ottiene secando la piramide con il piano parallelo al piano di base passante per K. $\left[\overline{HM} = \frac{3}{2} \text{ e } V = \frac{19}{6}\sqrt{2} \text{ oppure } \overline{HM} = \frac{3}{2}\sqrt{2} \text{ e } V = \frac{13}{3}\right]$

350 REALTÀ E MODELLI **Castel del Monte** L'ottagono è il motivo geometrico ricorrente di Castel del Monte, che si trova ad Andria in Puglia. La pianta dell'edificio è ottagonale, così come il cortile interno e le torri situate agli angoli.
Date le misure seguenti, calcola il volume complessivo occupato dal corpo centrale e dalle torri:

- lato esterno (distanza tra due torri successive) = 10,30 m;
- altezza = 20,50 m;
- lato medio del cortile interno = 7,40 m circa;
- lato torre = 2,70 m;
- altezza torre = 24 m.

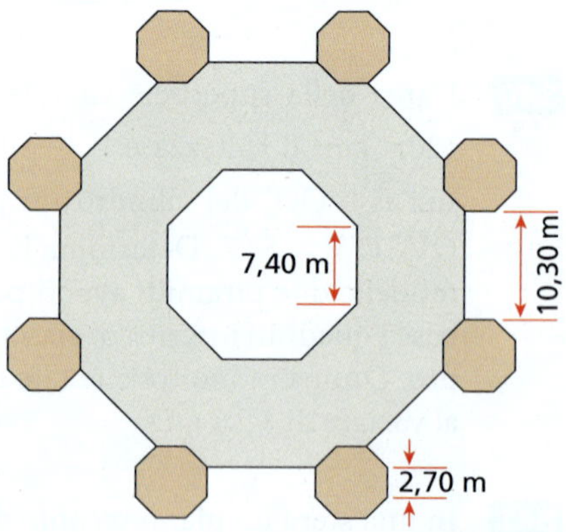

$[V_{torre} \simeq 845 \text{ m}^3; V_{corpo} \simeq 24\,398 \text{ m}^3]$

VERIFICA DELLE COMPETENZE ALLENAMENTO

CONFRONTARE E ANALIZZARE FIGURE GEOMETRICHE

1 VERO O FALSO?

a. Due rette perpendicolari a uno stesso piano sono fra loro parallele. V F

b. Se due piani hanno tre punti in comune, allora sono coincidenti. V F

c. Per un punto P di una retta r passano infinite rette perpendicolari a r. V F

d. Tutte le sezioni di un diedro retto sono angoli retti. V F

TEST

2 Una delle seguenti affermazioni relative al parallelepipedo rettangolo è *vera*. Quale?

A Si dice diagonale un segmento congiungente due vertici non appartenenti allo stesso spigolo.

B Le basi sono quadrati.

C Le diagonali sono congruenti.

D È un poliedro regolare.

E Le diagonali sono 16.

3 Nella piramide $ABCV$ la base ABC è un triangolo equilatero di lato l, lo spigolo AV è perpendicolare alla base e il volume misura $\frac{3}{4}l^3$. Allora possiamo dire che:

A $\overline{AV} = l\sqrt{3}$.

B le facce laterali hanno uguale altezza $h_1 = 3\sqrt{3} \cdot l$.

C la faccia BCV è un triangolo equilatero.

D $\overline{CV} = 2\sqrt{7} \cdot l$.

E l'area della faccia BCV è uguale a $\frac{\sqrt{3}}{4}l^2$.

4 Un quadrato $ABCD$ giace sul piano α. Traccia la retta per A perpendicolare ad α e considera su di essa un punto P tale che AP sia congruente al lato del quadrato. Congiungi P con B, C e D. Che solido ottieni? Cosa puoi dire delle sue facce?

5 Due punti A e B appartengono rispettivamente a due rette sghembe a e b. Sia α il piano individuato da A e b e β quello individuato da B e a. Qual è l'intersezione fra α e β?

6 Un quadrato è una figura unita rispetto a una rotazione di angolo α intorno a una retta r nello spazio. Cosa puoi dire su r e sul piano su cui giace il quadrato? Quanto può valere α? $\left[\alpha = k\frac{\pi}{2}, \text{con } k \in \mathbb{N}\right]$

7 Individua e disegna i piani di simmetria:

a. di un cilindro; b. di un cono; c. di una sfera.

8 In quali casi un prisma con n facce laterali ammette un centro di simmetria?

Disegna e descrivi i solidi ottenuti dalla rotazione di 360° delle seguenti figure intorno all'asse *r*.

9

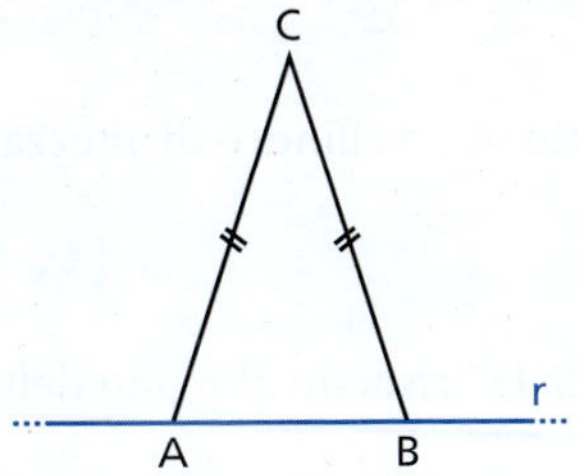

10

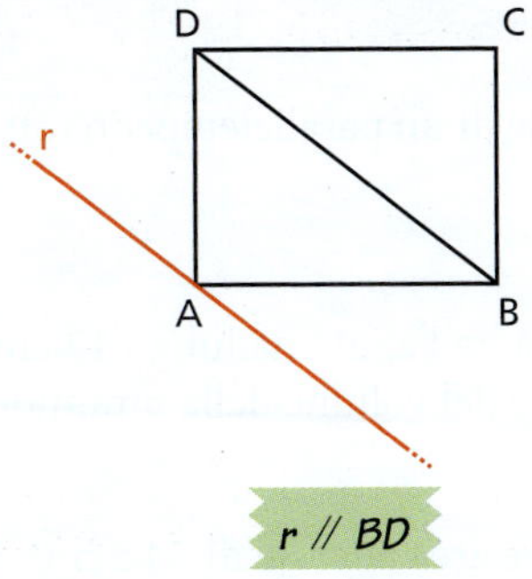

11

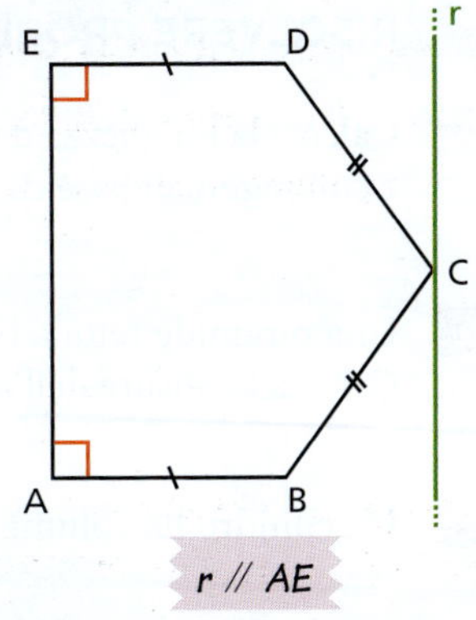

ARGOMENTARE

Con riferimento alle figure, rispondi alle domande, motivando adeguatamente le risposte.

12 ●○

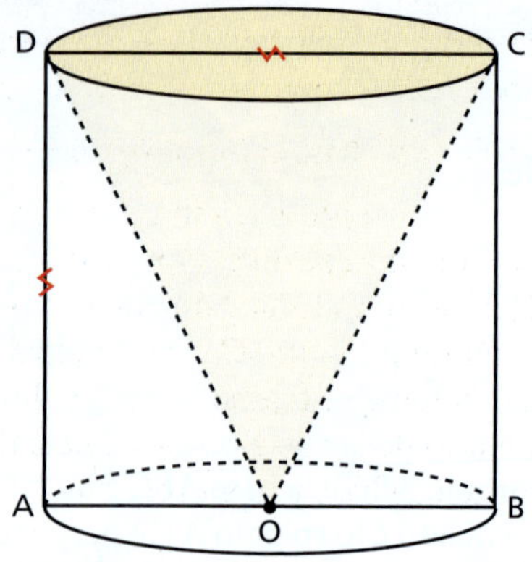

a. È un cilindro equilatero?

b. Il cono di vertice O è un cono equilatero?

c. Qual è il rapporto fra il volume del cilindro e quello del cono?

d. Quale angolo forma la retta BD con il piano su cui giace la base di centro O?

13 ●○

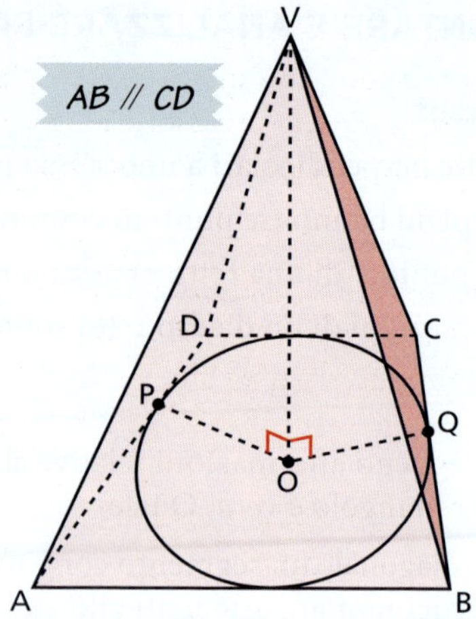

a. È una piramide retta? È regolare?

b. La retta AB è parallela al piano VDC?

c. Descrivi l'intersezione tra i piani ADV e BCV.

d. Qual è l'angolo formato dalle rette VQ e BC?

---

14 ●○ Dopo aver fornito la definizione di diedro, di sezione normale e di ampiezza di un diedro, determina l'ampiezza del diedro formato da due facce laterali di un prisma pentagonale regolare, fornendo la spiegazione delle proprietà che utilizzi. [108°]

15 ●○ I prismi regolari sono anche poliedri regolari? Motiva la risposta e fai qualche esempio.

16 ●○ Determina il rapporto tra la superficie totale di un cilindro equilatero e la sfera a esso:

a. inscritta;

b. circoscritta.

17 ●● Disegna e descrivi i due solidi che ottieni dalla rotazione di un triangolo rettangolo intorno all'ipotenusa e intorno a una retta passante per il vertice dell'angolo retto e parallela all'ipotenusa. Spiega le analogie e le differenze fra i loro volumi e fra le loro superfici totali.

18 ●● Spiega perché esiste un poliedro regolare che ha facce pentagonali, mentre non esiste un poliedro regolare con facce esagonali.

RISOLVERE PROBLEMI

19 ●○ Calcola la lunghezza della diagonale di un parallelepipedo rettangolo inscritto in un cilindro di altezza 15 cm e con raggio di base di 3 cm.

[$3\sqrt{29}$ cm]

20 ●○ Una piramide retta a base quadrata ha l'apotema lungo 12 cm e inclinato di 45° rispetto al piano della base. Calcola le misure dell'area laterale e del volume della piramide.

[$288\sqrt{2}$ cm^2; $576\sqrt{2}$ cm^3]

21 ●○ Un cilindro ha volume di 81π cm^3 e area laterale di 54π cm^2. Determina l'altezza del cilindro.

[9 cm]

22 ●○ Un prisma esagonale regolare ha l'altezza di $9\sqrt{3}$ cm. Quanto è lungo lo spigolo di base, sapendo che l'area della superficie totale è $840\sqrt{3}$ cm^2? [10 cm]

23 ●○ Un parallelepipedo rettangolo ha gli spigoli di lunghezza 4 cm, 8 cm e 10 cm. Calcola la lunghezza del raggio della sfera circoscritta al parallelepipedo. [$3\sqrt{5}$ cm]

24 ●○ Osserva la piramide regolare sotto e calcola il perimetro del triangolo *MVC*, sapendo che l'altezza della piramide è di 30 cm. [$6(2\sqrt{5}+\sqrt{29}+\sqrt{33})$ cm]

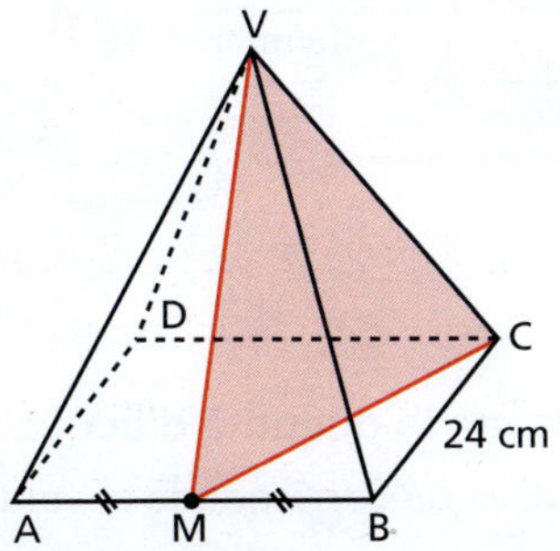

25 ●○ Determina i volumi dei solidi ottenuti facendo ruotare il triangolo *ABC* di 360° intorno alle rette *AB* e *BC*. [54π cm^3; $18\sqrt{3}\,\pi$ cm^3]

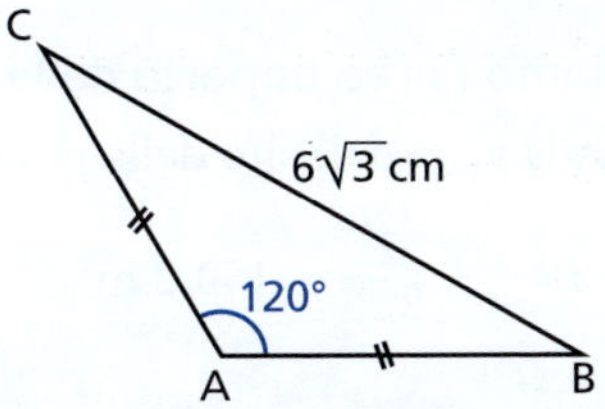

26 ●○ Sulle sei facce di un cubo con spigolo di 8 cm sono posizionate altrettante semisfere di diametro congruente allo spigolo del cubo. Calcola l'area della superficie totale. [$96(4+\pi)$ cm^2]

27 ●○ Un parallelepipedo retto ha per base un rombo le cui diagonali hanno rapporto uguale a $\frac{3}{4}$. L'altezza è uguale alla semisomma delle diagonali di base e il volume è 168 dm^3. Calcola l'area della superficie totale del parallelepipedo. [188 dm^2]

28 ●○ Il lato *AD* perpendicolare alle basi di un trapezio rettangolo *ABCD* è lungo 4 cm, la differenza fra le basi è 3 cm e la base minore *CD* è i $\frac{2}{3}$ della maggiore. Conduci per *B* la retta perpendicolare alle basi e ruota il trapezio attorno a questa retta di un angolo giro. Calcola l'area della superficie totale del solido ottenuto. Calcola inoltre il rapporto fra il volume di tale solido e il volume del solido ottenuto dalla rotazione completa del trapezio attorno alla base maggiore. [240π cm^2; $\frac{39}{14}$]

29 ●● In un cono la superficie laterale è equivalente a $\frac{13}{18}$ della superficie totale e il raggio di base è 3 cm. Sia *P* un punto dell'asse del cono; a che distanza dal vertice del cono deve essere preso *P* in modo che un altro cono di vertice *P* e base coincidente con quella del cono dato abbia superficie totale equivalente a $\frac{20}{27}$ della superficie totale del cono dato? [$\frac{16}{5}$ cm]

30 ●● Un parallelepipedo rettangolo ha volume uguale al volume di un cubo la cui diagonale è $6\sqrt{3}$ cm e la sua altezza è 8 cm. Sapendo che uno spigolo di base è $\frac{1}{3}$ dell'altro, determina l'area della superficie totale del parallelepipedo. [246 cm^2]

31 ●● Una piramide regolare a base quadrata ha l'area della superficie totale di 384 cm^2 e l'altezza è $\frac{4}{5}$ dell'apotema. A quale distanza dal vertice si deve condurre un piano parallelo alla base affinché il rapporto fra il volume della piramide che quel piano stacca dalla piramide data e il volume del tronco rimanente sia $\frac{1}{63}$? [2 cm]

COSTRUIRE E UTILIZZARE MODELLI

32 ●● **Cono gelato** Stefano ha comprato un gelato composto da un cono di altezza 10 cm e diametro 4 cm totalmente riempito e da due palline di gelato alla frutta, che possiamo pensare come sfere di raggio 2,5 cm.

a. Quanto dovrebbe essere alta una coppetta cilindrica di diametro 6 cm se Stefano volesse trasferirvi tutto il gelato?

b. Quanta carta occorre per avvolgere il cono? E per avvolgere la coppetta?

c. Se il gelato ha densità 2 g/cm^3 e viene venduto a 12 €/kg, quale sarà il prezzo finale?

[a) $\simeq 6{,}1$ cm; b) $\simeq 64{,}1$ cm^2, $\simeq 115$ cm^2; c) € 4,15]

RISOLVIAMO UN PROBLEMA

Una piscina affollata

In figura sono riportate la vista dall'alto e la sezione di una piscina. La zona semicircolare a sinistra presenta un gradone, sempre a semicerchio, che rimane sott'acqua.

- Quanta acqua serve per riempire la piscina?
- La normativa impone che nella piscina possano stare al massimo due persone ogni 2 m². Quante persone può contenere la piscina?

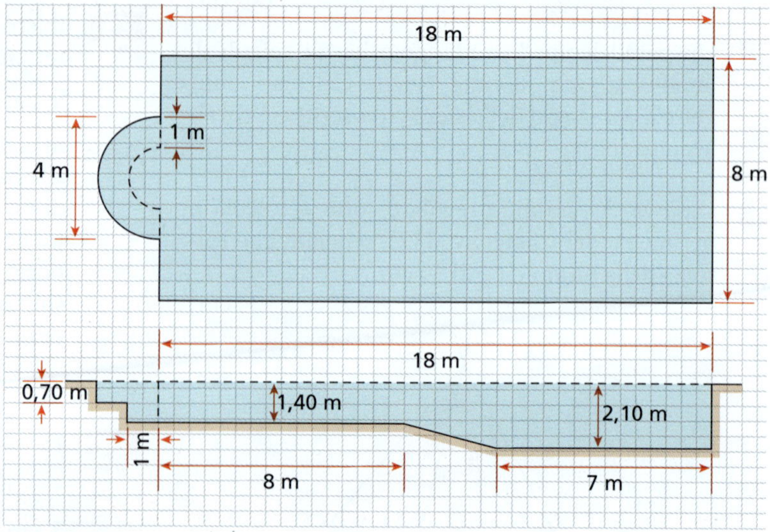

▶ Calcoliamo il volume delle varie zone della piscina.

Parte più profonda: parallelepipedo di dimensioni 8 m, 7 m, 2,10 m.

$$V_1 = 8 \cdot 7 \cdot 2{,}10 = 117{,}6 \text{ m}^3.$$

Parte inclinata: formata da un parallelepipedo di dimensioni 8 m, 3 m, 1,40 m e da metà di un parallelepipedo di dimensioni 8 m, 3 m, 0,70 m.

$$V_2 = 8 \cdot 3 \cdot 1{,}40 + \frac{8 \cdot 3 \cdot 0{,}70}{2} = 42 \text{ m}^3.$$

Parte meno profonda: parallelepipedo di dimensioni 8 m, 8 m, 1,40 m.

$$V_3 = 8 \cdot 8 \cdot 1{,}40 = 89{,}6 \text{ m}^3.$$

Parte semicircolare: formata da metà di un cilindro di altezza 0,70 m e raggio 2 m e metà di un cilindro di altezza 0,70 m e raggio 1 m.

$$V_4 = \frac{\pi \cdot 2^2 \cdot 0{,}70}{2} + \frac{\pi \cdot 1^2 \cdot 0{,}70}{2} \simeq 5{,}5 \text{ m}^3.$$

▶ Calcoliamo la quantità d'acqua cercata.

Il volume d'acqua corrisponde al volume totale della piscina:

$$V = V_1 + V_2 + V_3 + V_4 \simeq 254{,}7 \text{ m}^3.$$

Sono necessari 254,7 m³ d'acqua per riempire la piscina.

▶ Calcoliamo l'area coperta dalla piscina.

Osservando la vista dall'alto della piscina ricaviamo:

$$A = 8 \cdot 18 + \frac{\pi \cdot 2^2}{2} \simeq 150{,}3 \text{ m}^2.$$

▶ Determiniamo la capienza massima della piscina.

$$150{,}3 : 2 = 75{,}15$$

La piscina può contenere al massimo 75 persone contemporaneamente.

33 ●● **Spremuta d'arancia** Un'arancia ha circa la forma di una sfera di raggio 4 cm.

a. Supponi che la buccia abbia uno spessore uniforme di 0,5 cm. Qual è il volume della polpa?

b. Inizi a sbucciare l'arancia asportando una parte corrispondente a un segmento sferico di altezza 0,5 cm. Che percentuale dell'intera buccia hai asportato?

c. Supponendo che una spremuta converta in succo l'80% della polpa interna, quanti millilitri di spremuta si ricavano spremendo due arance identiche a quella descritta? [a) $\simeq$ 180 cm³; b) 3,4%; c) $\simeq$ 288 mL]

TUTOR matematica — Allenati con **15 esercizi interattivi** con feedback "hai sbagliato, perché..."
su.zanichelli.it/tutor3 risorsa riservata a chi ha acquistato l'edizione con tutor

VERIFICA DELLE COMPETENZE PROVE

1 ora

PROVA A

1 VERO O FALSO?

a. Due rette parallele non sempre sono complanari. V F

b. Esiste almeno un poliedro regolare con facce esagonali. V F

c. Ogni prisma retto ha un centro di simmetria. V F

d. Un cubo ha 12 diedri retti. V F

e. Raddoppiando l'altezza di un prisma, il suo volume raddoppia. V F

2 Disegna e definisci il solido ottenuto dalla rotazione completa di un trapezio rettangolo intorno alla retta passante:

a. per il lato perpendicolare alle basi;

b. per la sua base maggiore.

3 Considera gli estremi non in comune dei tre spigoli uscenti da uno stesso vertice di un cubo con spigolo di lunghezza 7 cm. Calcola il perimetro del triangolo che definiscono.

4 Calcola l'area della superficie e il volume della sfera inscritta in un cubo con spigolo di 6 cm.

5 Una piramide retta ha per base un triangolo equilatero con lato di 10 cm. Sapendo che l'area della sua superficie totale è di $25(\sqrt{3} + 12)\ \text{cm}^2$, calcola la lunghezza del suo apotema e il suo volume.

6 Un prisma retto ha per base un rombo con le diagonali di 3 cm e 8 cm e l'altezza lunga il doppio della diagonale maggiore del rombo. Calcola l'area di base di un cilindro alto 12 cm ed equivalente al prisma dato.

PROVA B

Un cuore di bontà Alcuni cioccolatini possono essere modellizzati mediante tronchi di cono con diametri di base di 2,4 cm e 1,8 cm, e altezza congruente al diametro della base minore. Al loro interno c'è una cavità ripiena di caffè a forma di cilindro con raggio di base di 0,6 cm e altezza congruente alla metà dell'altezza del cioccolatino.

a. Determina la massima quantità di caffè, in millilitri, che può essere contenuta in un cioccolatino.

b. La densità del cioccolato è 1,1 g/cm^3. Quanti grammi di cioccolata contiene un cioccolatino?

c. Usando le stesse quantità di cioccolato e caffè, si vuole produrre un cioccolatino a forma di cilindro equilatero. Quale sarà l'altezza del nuovo prodotto?

d. Determina qual è la minima quantità di carta necessaria per incartare uno dei cioccolatini cilindrici del punto precedente.

CAPITOLO

19 CALCOLO COMBINATORIO

1 Che cos'è il calcolo combinatorio

▶ Esercizi a p. 958

Listen to it

Combinatorial analysis (or **combinatorics**) is the branch of mathematics which studies the number of different ways of arranging the elements of a given set.

«Quante sono tutte le colonne che si possono giocare al Superenalotto, cioè quanti sono tutti i modi possibili di scegliere 6 numeri tra i 90 a disposizione?»
«Quante sono le possibili classifiche di una gara a cui partecipano 10 concorrenti?»
Il **calcolo combinatorio** permette di rispondere a queste domande o ad altre simili, in quanto studia il numero di modi in cui è possibile raggruppare, disporre o ordinare gli elementi di un insieme finito di oggetti o persone.

Raggruppamenti

Esaminiamo il seguente problema. Un ragazzo ha a disposizione due paia di pantaloni e quattro magliette. Ci domandiamo in quanti modi diversi può vestirsi. Fissato un paio di pantaloni, a questo può accostare, una alla volta, ognuna delle quattro magliette, e quindi abbiamo quattro possibilità. Ma a questo numero di possibilità dobbiamo aggiungere le possibilità che si ottengono con il secondo paio di pantaloni e, di nuovo, ognuna delle quattro magliette. Quindi le possibilità sono in totale otto.

Indichiamo le due paia di pantaloni con P_1 e P_2, le quattro magliette con M_1, M_2, M_3, M_4, e consideriamo gli insiemi $P = \{P_1, P_2\}$ e $M = \{M_1, M_2, M_3, M_4\}$.

Elenchiamo tutte le possibili coppie. Esse non sono altro che gli elementi del prodotto cartesiano fra l'insieme dei pantaloni P e l'insieme delle magliette M:

$$P \times M = \{(P_1; M_1), (P_1; M_2), (P_1; M_3), (P_1; M_4), (P_2; M_1), (P_2; M_2), (P_2; M_3), (P_2; M_4)\}.$$

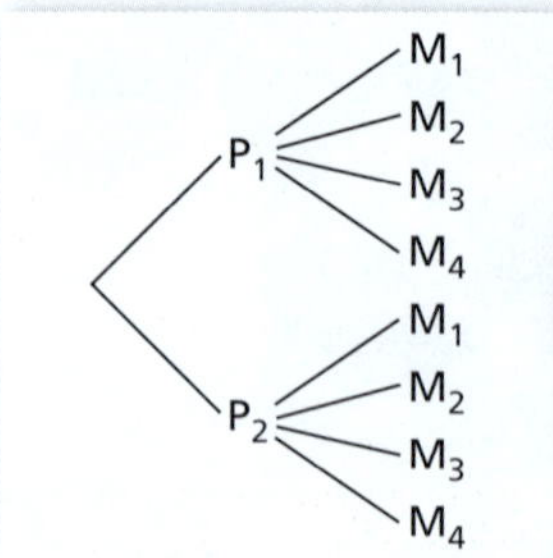

Il diagramma ad albero della figura a fianco suggerisce un metodo per determinare il numero di tutti i gruppi che è possibile formare.
Le 2 possibilità corrispondenti ai rami dei pantaloni indicano quante volte vengono ripetute le 4 possibilità corrispondenti ai rami delle magliette.

Quindi in totale abbiamo $2 \cdot 4 = 8$ gruppi.

ESEMPIO
Elenchiamo tutte le sigle di tre elementi che possiamo scrivere utilizzando le cifre 1 e 2 per il primo posto, le lettere A, B, C per il secondo e le lettere greche α e β per l'ultimo posto. Calcoliamo poi quante sono.

Disegniamo il diagramma ad albero. Percorrendo i diversi rami del diagramma possiamo costruire tutte le sigle possibili. Procedendo dall'alto verso il basso: $1A\alpha$, $1A\beta$, $1B\alpha$, …

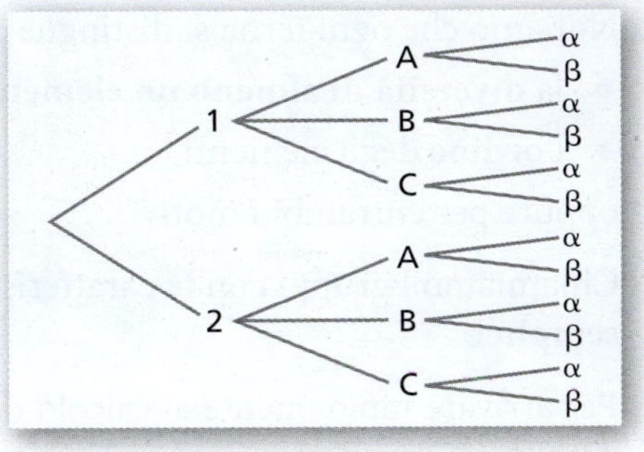

Calcoliamo il numero delle sigle che possiamo scrivere: 2 sono le possibilità per la prima posizione, 3 per la seconda e 2 per la terza.
Complessivamente abbiamo $2 \cdot 3 \cdot 2 = 12$ gruppi.

In generale, per determinare quanti gruppi si possono formare assegnando il primo posto a un elemento di un insieme A con n elementi, il secondo a uno di un insieme B con m elementi, il terzo a uno di un insieme C con k elementi, …, occorre calcolare il prodotto $n \cdot m \cdot k \cdot \ldots$

▶ Un fast food propone 4 tipi di panini, 3 tipi di bibite e 2 contorni. Quanti diversi tipi di menù «panino + contorno + bibita» offre? [24]

Listen to it

The **rule of product** states that when a first task can be performed in n different ways, a second one in m different ways, a third one in k different ways and so on, the number of different ways to perform all the tasks one after another is $n \cdot m \cdot k \cdot \ldots$

2 Disposizioni

Disposizioni semplici

▶ Esercizi a p. 959

Pierre, Quentin, Roberto e Samuel si sfidano in una corsa campestre. Vengono premiati solo i primi tre arrivati.
Calcoliamo quante sono le possibili classifiche dei premiati.

Indichiamo i quattro atleti con le lettere P, Q, R, S e con A l'insieme costituito da questi quattro elementi, cioè:

$$A = \{P, Q, R, S\}.$$

Costruiamo con un diagramma ad albero tutte le possibili terne di premiati.

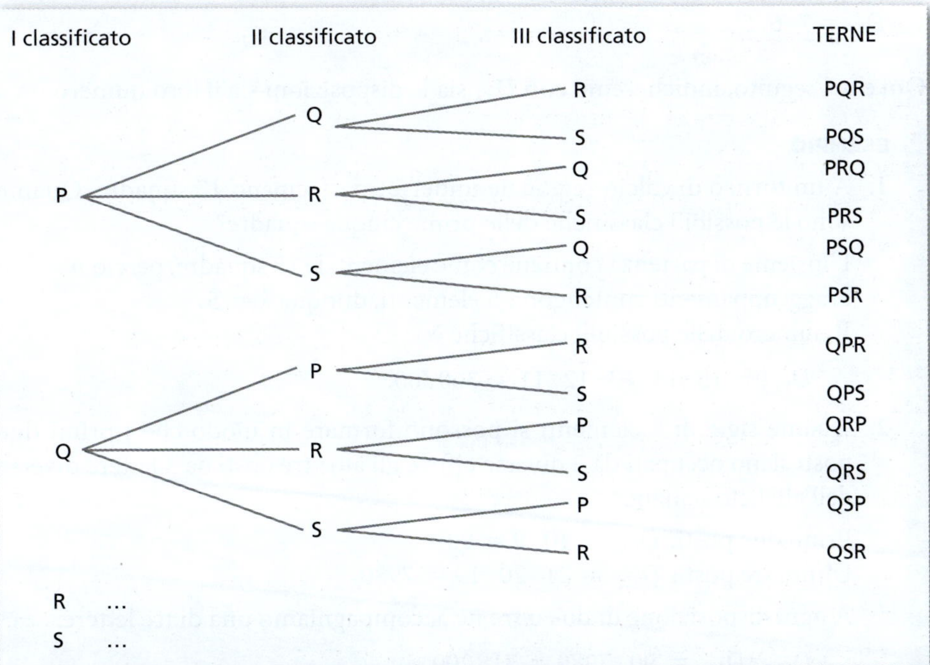

▶ Francesco mangia un frutto la mattina e uno a merenda. Ha una mela, una pera, una banana e un kiwi. Quante sono le possibili scelte dei frutti da mangiare al mattino e al pomeriggio? [12]

TEORIA

Notiamo che ogni terna si distingue dalle altre per
- la **diversità di almeno un elemento**,
- l'**ordine** degli elementi,

oppure per entrambi i motivi.

Chiamiamo i gruppi con le caratteristiche indicate con il termine di **disposizioni semplici**.

Per arrivare rapidamente al calcolo del numero di disposizioni, consideriamo che per il primo posto le possibilità sono 4. Dopo aver scelto il primo classificato, per il secondo classificato restano $4 - 1 = 3$ atleti che possono arrivare secondi, cioè 3 possibilità per il secondo posto. Per il terzo classificato, infine, restano $4 - 2 = 2$ atleti ancora in gara, cioè 2 possibilità per il terzo posto. Complessivamente i gruppi sono:

$$4 \cdot 3 \cdot 2 = 24.$$

Per indicare il valore trovato, usiamo la seguente notazione:

$$D_{4,3} = 24$$

(si legge: «disposizioni semplici di 4 elementi di classe 3»).

Generalizziamo il procedimento considerando n oggetti distinti e determiniamo la formula per i raggruppamenti di classe k, cioè con k oggetti.

Listen to it

Given a set S of n distinct elements, the **simple k-permutations** are all the **ordered selections** of k elements chosen among the elements of the set S.

DEFINIZIONE

Le **disposizioni semplici** di n elementi distinti di classe k (con $0 < k \leq n$) sono tutti i gruppi di k elementi scelti fra gli n, che differiscono *per almeno un elemento o per l'ordine* con cui gli elementi sono collocati:

$$\boldsymbol{D_{n,k} = \underbrace{n \cdot (n-1) \cdot (n-2) \cdot (n-3) \cdot \ldots \cdot (n-k+1)}_{\text{prodotto di } k \text{ fattori}}}, \quad \text{con } n, k \in \mathbb{N} \text{ e } 0 < k \leq n.$$

Per esempio, calcoliamo:

$$D_{7,3} = \underbrace{\overset{\text{si parte da 7}}{7} \cdot 6 \cdot 5}_{\text{3 fattori}}.$$

Qui e nel seguito, indicheremo con $D_{n,k}$ sia le disposizioni sia il loro numero.

ESEMPIO

1. A un torneo di calcio regionale under 21 partecipano 15 squadre. Quante sono le possibili classifiche delle prime cinque squadre?

   L'insieme di partenza contiene come elementi le 15 squadre, perciò $n = 15$; i raggruppamenti contengono 5 elementi, dunque $k = 5$.
   Il numero delle possibili classifiche è:

   $$D_{15,5} = 15 \cdot 14 \cdot 13 \cdot 12 \cdot 11 = 360360.$$

2. Quante sigle di 5 elementi si possono formare in modo che i primi due posti siano occupati da 2 diverse cifre e gli altri tre posti da 3 lettere diverse dell'alfabeto italiano?

   Primi due posti: $D_{10,2} = 10 \cdot 9 = 90$.
   Ultimi tre posti: $D_{21,3} = 21 \cdot 20 \cdot 19 = 7980$.

   A ogni disposizione di due cifre ne accompagniamo una di tre lettere:

   $$D_{10,2} \cdot D_{21,3} = 90 \cdot 7980 = 718200.$$

► In quanti modi si possono sistemare quattro fotografie in tre cornici?
[24]

3. Quanti numeri di 4 cifre, tutte diverse tra loro, si possono formare con le dieci cifre decimali?
Se calcoliamo $D_{10,4} = 10 \cdot 9 \cdot 8 \cdot 7 = 5040$, nel risultato sono compresi anche quei numeri che iniziano con la cifra 0 e che, in realtà, non sono numeri di quattro cifre, ma di tre. Dobbiamo determinare quanti sono e sottrarre il loro numero da quello appena calcolato.
Ragioniamo così: prendiamo le nove cifre diverse dallo zero e calcoliamo tutte le disposizioni di classe 3. Infatti, se a ognuno dei numeri che così si formano poniamo davanti lo zero, abbiamo tutti i numeri da eliminare.
Poiché $D_{9,3} = 9 \cdot 8 \cdot 7 = 504$, i numeri con 4 cifre significative tutte diverse che si possono formare sono:

$$D_{10,4} - D_{9,3} = 5040 - 504 = 4536.$$

Possiamo giungere direttamente al risultato con il «metodo delle possibilità». Per il primo posto abbiamo 9 possibilità (le dieci cifre meno lo zero), per il secondo posto 9 possibilità (non utilizziamo la cifra collocata al primo posto, ma possiamo utilizzare ora la cifra zero), per il terzo posto 8 possibilità e infine per il quarto 7 possibilità. Quindi, appunto,

$$9 \cdot 9 \cdot 8 \cdot 7 = 4536.$$

► In quanti modi si può costruire una password di 6 lettere usando le 21 lettere dell'alfabeto italiano se nessuna lettera viene ripetuta e se l'ultima lettera non può essere z?

Animazione

Disposizioni con ripetizione

▶ Esercizi a p. 960

Lanciamo una moneta tre volte e cerchiamo di prevedere tutti i modi con cui si succedono le uscite delle due facce.
L'insieme A che contiene i due possibili risultati del lancio è: $A = \{T, C\}$, dove T indica il risultato «Testa» e C il risultato «Croce».
Costruiamo con un diagramma ad albero le terne di tutti i possibili risultati.

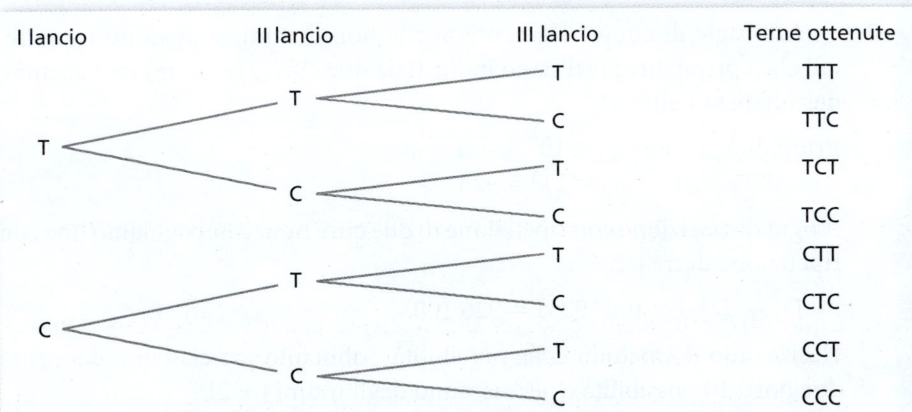

I gruppi così ottenuti differiscono per l'**ordine** degli elementi contenuti, ma **un elemento può comparire più di una volta**.
I gruppi trovati si chiamano **disposizioni con ripetizione**.
A differenza delle disposizioni semplici, la classe k di un gruppo può essere maggiore del numero n di elementi a disposizione. Nell'esempio la classe di ogni gruppo è 3, mentre gli elementi sono 2.
Osserviamo che le terne ottenute corrispondono agli elementi del prodotto cartesiano $A \times A \times A$.
Per determinare il loro numero possiamo usare ciò che già sappiamo sui raggruppamenti. L'insieme A ha 2 elementi, quindi il numero dei possibili gruppi di tre elementi di A, cioè il numero di elementi dell'insieme $A \times A \times A$, è $2 \cdot 2 \cdot 2 = 2^3$.

In alternativa possiamo ricorrere al «metodo delle possibilità». Per il primo posto abbiamo 2 possibilità, che restano 2 anche per il secondo e per il terzo in quanto un elemento già utilizzato può ripresentarsi:

$$2 \cdot 2 \cdot 2 = 2^3 = 8.$$

In simboli, scriviamo: $D'_{2,3} = 8$.

Generalizziamo il procedimento considerando n oggetti distinti e determiniamo la formula per raggruppamenti di classe k.

Listen to it

Given a set S of n distinct elements, the ***k*-permutations with repetition** are all the ordered selections of k elements of the set S, where every element can appear more than once.

DEFINIZIONE

Le **disposizioni con ripetizione** di n elementi distinti di classe k (con k numero naturale qualunque non nullo) sono tutti i gruppi di k elementi, anche ripetuti, scelti fra gli n, che differiscono *per almeno un elemento o per il loro ordine*:

$$D'_{n,k} = n^k.$$

Anche in questo caso, con $D'_{n,k}$ indicheremo sia le disposizioni con ripetizione sia il loro numero.

► Sulla tastiera del PC ci sono 49 caratteri. Quante sequenze di caratteri, anche senza senso, si possono comporre digitando 10 caratteri?

ESEMPIO

1. Vogliamo organizzare una vacanza in Scozia e dobbiamo prenotare sei pernottamenti, in luoghi diversi oppure fermandoci più di una notte nello stesso luogo. Abbiamo a disposizione una lista di nove Bed and Breakfast. In quanti modi possiamo fare la nostra scelta?
   Poiché possiamo fermarci anche tutte le notti nello stesso luogo, le nostre possibilità sono:
   $$D'_{9,6} = 9^6 = 531441.$$
2. Quante sigle di cinque elementi, anche non distinti, si possono formare, tali che i primi due posti siano indicati da due cifre e gli ultimi tre da lettere dell'alfabeto italiano?
   Primi due posti: $D'_{10,2} = 10^2 = 100$.
   Ultimi tre posti: $D'_{21,3} = 21^3 = 9261$.
   A ogni disposizione con ripetizione di due cifre ne accompagniamo una con ripetizione di tre lettere:
   $$D'_{10,2} \cdot D'_{21,3} = 100 \cdot 9261 = 926\,100.$$
   Utilizzando il «metodo delle possibilità», abbiamo per ciascuno dei primi due posti 10 possibilità e per ciascuno degli ultimi tre 21:
   $$10 \cdot 10 \cdot 21 \cdot 21 \cdot 21 = 926\,100.$$

► Quante sigle di 8 elementi che hanno le prime quattro posizioni occupate da cifre e le rimanenti dalle vocali dell'alfabeto italiano puoi formare se le sigle devono contenere almeno una A e possono contenere ripetizioni?

Animazione

3 Permutazioni

Permutazioni semplici

► Esercizi a p. 962

Abbiamo quattro palline colorate, ognuna di un colore diverso (bianco, nero, rosso, verde). Calcoliamo in quanti modi diversi possiamo metterle in fila.

L'insieme dei colori è: $A = \{b, n, r, v\}$.

Costruiamo con un diagramma ad albero tutti i possibili raggruppamenti.

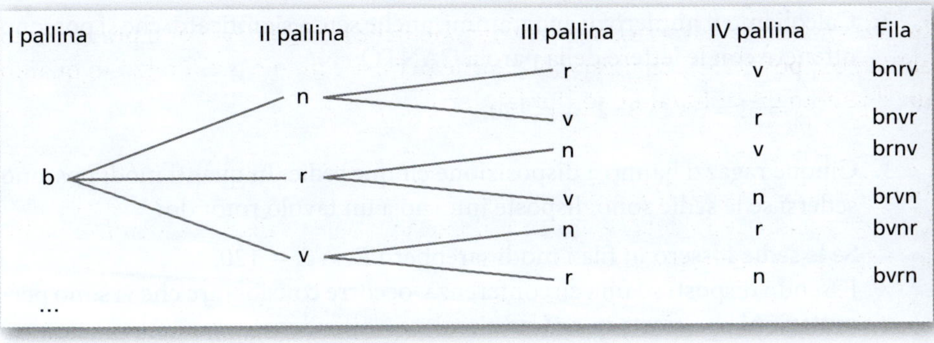

Se la prima pallina è bianca, si ottengono 6 raggruppamenti. Ma la prima pallina può essere bianca, rossa, nera o verde, quindi:

$6 \cdot 4 = 24$ raggruppamenti.

Notiamo che **ogni gruppo contiene tutti gli elementi** dell'insieme e **differisce dagli altri solo per l'ordine**.

Stiamo quindi considerando le disposizioni semplici di 4 elementi di classe 4.

Chiamiamo i raggruppamenti che hanno queste caratteristiche **permutazioni semplici** o più brevemente **permutazioni**.

Nel nostro esempio parliamo di *permutazioni di 4 elementi* e scriviamo il numero delle permutazioni ottenute nel modo seguente:

$$P_4 = 24.$$

Nel caso generale, poiché le permutazioni di n elementi coincidono con le disposizioni semplici di classe n degli n elementi, per calcolare il numero delle permutazioni, poniamo nella formula delle disposizioni semplici $k = n$:

$$P_n = D_{n,n} = n \cdot (n-1) \cdot (n-2) \cdot (n-3) \cdot \ldots \cdot (n-n+1) =$$
$$n \cdot (n-1) \cdot (n-2) \cdot (n-3) \cdot \ldots \cdot 2 \cdot 1.$$

Il numero di permutazioni di n elementi, quindi, è il prodotto dei primi n numeri naturali (escluso lo 0). Tale prodotto si indica con il simbolo $\boldsymbol{n!}$ e si legge «n fattoriale».

Nel nostro esempio le permutazioni delle quattro palline colorate sono:

$$P_4 = 4! = 4 \cdot 3 \cdot 2 \cdot 1 = 24.$$

DEFINIZIONE

Le **permutazioni semplici** di n elementi distinti sono tutti i gruppi formati dagli n elementi, che differiscono per il loro *ordine*:

$$\boldsymbol{P_n = n! = n \cdot (n-1) \cdot (n-2) \cdot \ldots \cdot 3 \cdot 2 \cdot 1}, \quad \text{con } n \geq 2.$$

Listen to it

When all the n elements of a set are **distinct**, the ordered selections of all the n elements are called ***n*-permutations**.

Anche in questo caso, con P_n indicheremo sia le permutazioni sia quante sono.

ESEMPIO

1. Quanti numeri di sei cifre distinte possiamo scrivere utilizzando gli elementi dell'insieme $A = \{2, 3, 4, 7, 8, 9\}$?

   $$P_6 = 6! = 6 \cdot 5 \cdot 4 \cdot 3 \cdot 2 \cdot 1 = 720.$$

TEORIA

▶ Dario ha 5 caramelle gommose di 5 colori diversi e 2 cioccolatini, uno al latte e uno fondente. Quanti sono i modi in cui Dario può mangiare i 7 dolciumi senza mangiare per prime tutte le caramelle?

Animazione

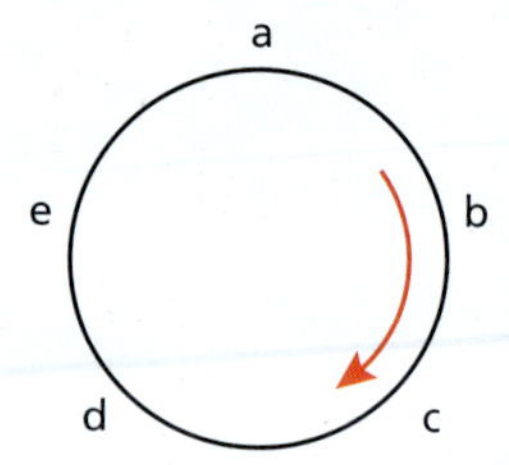

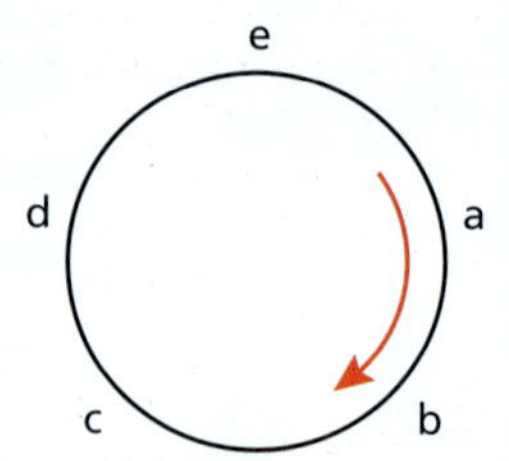

2. Calcoliamo il numero di anagrammi, anche senza significato, che si possono ottenere con le lettere della parola CANTO:

$$P_5 = 5! = 5 \cdot 4 \cdot 3 \cdot 2 \cdot 1 = 120.$$

3. Cinque ragazzi hanno a disposizione cinque sedie. In quanti modi possono sedersi se le sedie sono disposte intorno a un tavolo rotondo?

Se le sedie fossero in fila i modi sarebbero $P_5 = 5! = 120$.
Essendo disposti su una circonferenza, occorre considerare che vi sono permutazioni che, poste in ordine circolare, coincidono.
Chiamando i ragazzi con le prime cinque lettere dell'alfabeto, fissato un raggruppamento, per esempio

$$a \quad b \quad c \quad d \quad e,$$

sono a esso equivalenti i seguenti:

$b \quad c \quad d \quad e \quad a$; $\qquad d \quad e \quad a \quad b \quad c$;

$c \quad d \quad e \quad a \quad b$; $\qquad e \quad a \quad b \quad c \quad d$.

I modi che coincidono sono tanti quanti i ragazzi. Quindi, se cinque ragazzi siedono intorno a un tavolo rotondo, tutti i modi possibili di sedersi sono:

$$\frac{P_5}{5} = \frac{5!}{5} = 4! = P_4 = 24.$$

Questo è un esempio di **permutazione circolare**, in quanto gli elementi non sono in fila, ma disposti intorno a una circonferenza.

Funzione fattoriale

▶ Esercizi a p. 963

Abbiamo visto che il simbolo $n! = n(n-1)(n-2)\ldots \cdot 2 \cdot 1$ indica il prodotto dei primi n numeri naturali, escluso lo zero.
Questa scrittura non è valida per $n = 0$ ma nemmeno per $n = 1$, perché un prodotto si può eseguire solo se ci sono almeno due fattori. Per poter estendere il significato di fattoriale a tutti i numeri naturali abbiamo la seguente definizione.

DEFINIZIONE
Definiamo la **funzione fattoriale** come:

$$\boldsymbol{n! = n(n-1)(n-2)(n-3)\ldots \cdot 2 \cdot 1}, \quad \text{con } n \geq 2,$$

$$\boldsymbol{0! = 1},$$

$$\boldsymbol{1! = 1}.$$

La funzione $n!$ è crescente, con crescita molto rapida.

$2! = 2 \quad 3! = 6 \quad 4! = 24 \quad 5! = 120 \quad 6! = 720 \quad 7! = 5040 \quad 8! = 40\,320$

$9! = 362\,880 \quad 10! = 3\,628\,800 \quad \ldots$

Dalla definizione deduciamo la relazione: $\boldsymbol{n! = n \cdot (n-1)!}$.

Infatti: $n! = n \cdot (n-1) \cdot \ldots \cdot 2 \cdot 1 = n \cdot [(n-1) \cdot \ldots \cdot 2 \cdot 1] = n \cdot (n-1)!$.
Per esempio, $5! = 5 \cdot 4 \cdot 3 \cdot 2 \cdot 1 = 5 \cdot (4 \cdot 3 \cdot 2 \cdot 1) = 5 \cdot 4! = 5 \cdot (5-1)!$.

In particolare, questa relazione, applicata per $n = 2$, giustifica il fatto che abbiamo posto $1! = 1$. Infatti:

$$2! = 2 \cdot (2-1)! = 2 \cdot 1!,$$

ma poiché è anche vero che

$$2! = 2 \cdot 1 = 2,$$

allora deve essere $2 \cdot 1! = 2$ e quindi $1! = 1$.

n! e le disposizioni

Utilizziamo la funzione fattoriale per esprimere le disposizioni. Per esempio:

$$D_{5,3} = 5 \cdot 4 \cdot 3 = \frac{5 \cdot 4 \cdot 3 \cdot (2 \cdot 1)}{(2 \cdot 1)} = \frac{5!}{2!}.$$

In generale: $\boldsymbol{D_{n,k} = \dfrac{n!}{(n-k)!}}$.

Infatti:

$$D_{n,k} = n \cdot (n-1) \cdot \ldots \cdot (n-k+1) =$$

moltiplichiamo numeratore e denominatore per $(n-k)!$

$$\frac{n \cdot (n-1) \cdot \ldots \cdot (n-k+1) \cdot (n-k)!}{(n-k)!} = \frac{n!}{(n-k)!}.$$

Considerando poi che le permutazioni di n oggetti sono le disposizioni di classe n di n oggetti, possiamo giustificare anche l'aver posto $0! = 1$ nella definizione di fattoriale. Infatti, sostituendo $k = n$ nella formula per le disposizioni,

$$D_{n,n} = \frac{n!}{(n-n)!} = \frac{n!}{0!},$$

ma, poiché è anche vero che

$$D_{n,n} = P_n = n!,$$

deve essere $\dfrac{n!}{0!} = n!$ e quindi dobbiamo porre $0! = 1$.

Permutazioni con ripetizione

▶ Esercizi a p. 965

Calcoliamo quanti anagrammi (anche privi di significato) si possono formare con le lettere della parola TETTO.
Pensiamo per il momento che le tre T non siano uguali e distinguiamole colorandole: TETTO.
Se calcoliamo la permutazione P_5 di 5 elementi, consideriamo come diverse anche le parole che differiscono soltanto per la posizione delle tre T colorate. Per esempio, mettendo la E e la O nelle prime due posizioni, con le permutazioni sono distinte le parole:

EOTTT, EOTTT, EOTTT, EOTTT, EOTTT, EOTTT.

Abbiamo 6 casi diversi, corrispondenti alle permutazioni delle tre T: $3! = 6$.

Questi casi sono invece indistinguibili, e uguali a EOTTT, se consideriamo la T come lettera ripetuta più volte.

MATEMATICA INTORNO A NOI

Sempre in giro Ogni giorno i rappresentanti commerciali viaggiano di casa in casa e di città in città per presentare i loro prodotti.

▶ Come fanno a sapere qual è il percorso più breve per raggiungere i loro clienti?

La risposta

▶ Verifica che l'uguaglianza

$$\frac{D_{n+1,k} - D_{n,k-1}}{n^2} = D_{n-1,k-2}$$

è vera per ogni $n > 0$ e per ogni k tale che $0 < k \leq n$.

Animazione

Video

Gioco della zara
Nel gioco della zara si lanciano tre dadi e si scommette sulla somma che uscirà. Sia il numero 10 sia il numero 9 si ottengono con sei terne diverse di numeri.

▶ Hanno la stessa probabilità di uscita?

TEORIA

Se consideriamo le 120 permutazioni di 5 lettere, in questo caso troviamo ogni raggruppamento ripetuto 6 volte. Quindi per ottenere il numero degli anagrammi di TETTO dobbiamo dividere 120 per 6:

$$\frac{120}{6} = 20.$$

Per indicare che dei cinque elementi tre corrispondono a uno stesso elemento ripetuto usiamo il simbolo $P_5^{(3)}$, che si legge: «permutazioni di 5 elementi di cui 3 ripetuti». Abbiamo che:

$$P_5^{(3)} = \frac{P_5}{P_3} = \frac{5!}{3!} = 20.$$

Chiamiamo i raggruppamenti di questo tipo **permutazioni con ripetizione**.
In generale:

$$P_n^{(k)} = \frac{n!}{k!}.$$

La formula si generalizza ulteriormente quando nell'insieme di n elementi gli elementi ripetuti sono $k, h, \dots, r$, dove $k + h + \dots + r \leq n$.

Listen to it

When *h* elements of a set *S* of *n* elements are not distinct from one another, the ordered selections are called ***n*-permutations with *h* indistinguishable objects.**

DEFINIZIONE

Le **permutazioni con ripetizione** di n elementi, di cui $h, k, \dots$ ripetuti, sono tutti i gruppi formati dagli n elementi, che differiscono per l'*ordine* in cui si presentano gli elementi distinti e la *posizione* che occupano gli elementi ripetuti:

$$P_n^{(h,k,\dots)} = \frac{n!}{h! \cdot k! \cdot \dots}.$$

ESEMPIO

In quanti modi cinque sedie possono essere occupate da tre persone?

Dobbiamo calcolare il numero delle permutazioni di 5 elementi, con 3 distinti e 2 ripetuti (le due sedie vuote), quindi:

$$P_5^{(2)} = \frac{5!}{2!} = 5 \cdot 4 \cdot 3 = 60.$$

► Quanti sono gli anagrammi, anche senza senso, della parola STRETTE?

Animazione

4 Combinazioni

Combinazioni semplici

► Esercizi a p. 966

Consideriamo cinque punti nel piano, a tre a tre non allineati. Determiniamo quanti triangoli possiamo costruire congiungendo tre punti.

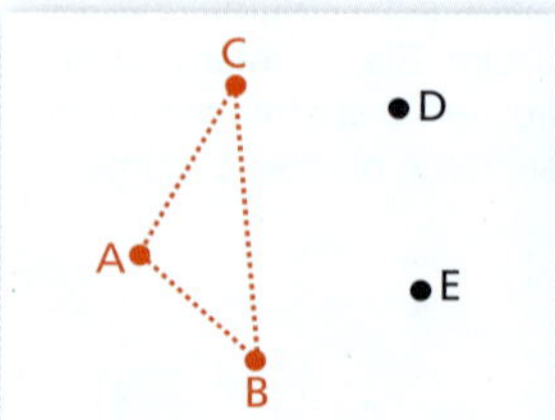

Indichiamo i punti con le lettere A, B, C, D, E. Consideriamo, per esempio, il triangolo ABC. Esso viene individuato da tutte queste terne:

ABC, ACB, BAC, BCA, CAB, CBA.

Nel contare i triangoli queste terne vanno prese una volta sola. Quindi, tutte le terne di lettere che indicano i vertici dei triangoli costituiscono dei **gruppi** che **si differenziano** fra di loro **solo per gli elementi contenuti e non per il loro ordine**. Chiamiamo questi gruppi **combinazioni (semplici) di 5 elementi di classe 3**. Per indicare il loro numero usiamo il simbolo $C_{5,3}$.

Per ricavare $C_{5,3}$, partiamo da tutte le terne possibili, ossia le disposizioni $D_{5,3}$. Per ogni scelta di 3 elementi ci sono $P_3 = 3!$ disposizioni di questi elementi che differiscono solo per l'ordine. Tutte queste vanno contate solo una volta. Per esempio, abbiamo già visto che al triangolo *ABC* corrispondono le terne *ABC*, *ACB*, *BCA*, *BAC*, *CBA* e *CAB*. Abbiamo perciò:

$$C_{5,3} = \frac{D_{5,3}}{P_3} = \frac{5 \cdot 4 \cdot 3}{3!} = \frac{60}{6} = 10.$$

In generale, con ragionamenti analoghi, si ottiene la formula generale:

$$C_{n,k} = \frac{D_{n,k}}{P_k} = \frac{n \cdot (n-1) \cdot (n-2) \cdot \ldots \cdot (n-k+1)}{k!}.$$

DEFINIZIONE

Le **combinazioni semplici** di n elementi distinti di classe k (con $0 < k \leq n$) sono tutti i gruppi di k elementi, scelti fra gli n, che differiscono per almeno un elemento (ma non per l'ordine):

$$\boldsymbol{C_{n,k} = \frac{D_{n,k}}{P_k} = \frac{n \cdot (n-1) \cdot (n-2) \cdot \ldots \cdot (n-k+1)}{k!}}, \quad \text{con } k \leq n.$$

Listen to it

Given a set S of n distinct elements, the **simple** ***k*-combinations** are all the **unordered selections** of k elements chosen among the elements of the set S.

Con il simbolo $C_{n,k}$ indicheremo sia le combinazioni sia il loro numero.

ESEMPIO

In un Gran Premio di F1 una casa automobilistica ha a disposizione cinque vetture da assegnare a due piloti. In quanti modi la scuderia può utilizzare le automobili?

L'insieme di partenza contiene le automobili che numeriamo da 1 a 5:

$$A = \{1, 2, 3, 4, 5\}.$$

Poiché i piloti sono due, i raggruppamenti sono tutte le coppie che si possono formare con due macchine, scelte tra le cinque disponibili. L'ordine non conta, quindi tali raggruppamenti sono combinazioni:

$$C_{5,2} = \frac{5 \cdot 4}{2!} = 10.$$

► Bisogna sistemare 18 libri su 3 mensole mettendo 6 libri su ciascuna. In quanti modi possiamo farlo senza considerare l'ordine dei libri su ciascuna mensola?

Animazione

► Calcola il numero di terni che si possono fare al gioco del lotto.

[117 480]

Coefficienti binomiali

► Esercizi a p. 966

Il numero delle combinazioni viene anche indicato con il simbolo $\binom{n}{k}$, che si chiama *coefficiente binomiale* e si legge «*n* su *k*».

DEFINIZIONE

Il **coefficiente binomiale** di due numeri naturali n e k, con $0 \leq k \leq n$, è il numero $\binom{n}{k} = \frac{n!}{k!(n-k)!}$.

Per esempio, $\binom{6}{2} = \frac{6!}{2!(6-2)!} = \frac{6!}{2! \cdot 4!} = \frac{6 \cdot 5 \cdot 4 \cdot 3 \cdot 2 \cdot 1}{2 \cdot 1 \cdot 4 \cdot 3 \cdot 2 \cdot 1} = 15.$

Dalla definizione e dalle proprietà del fattoriale, per $k = 0$ otteniamo:

$$\binom{n}{0} = \frac{n!}{0! \cdot n!} = 1, \qquad \binom{0}{0} = \frac{0!}{0! \cdot 0!} = 1.$$

Si può anche calcolare $\binom{n}{n} = \frac{n!}{n! \cdot (n-n)!} = \frac{n!}{n! \cdot 0!}$, da cui: $\binom{n}{n} = 1.$

TEORIA

► Calcola separatamente $\binom{18}{16}$ e $\binom{18}{2}$ verificando che sono uguali.

► Risolvi l'equazione $\binom{x}{2} = 8 + 2\binom{x-3}{2}$.

Animazione

► Verifica la formula di ricorrenza applicando a entrambi i membri la definizione di coefficiente binomiale.

► Usa il valore noto di $\binom{32}{15} = 565722720$ per calcolare $\binom{32}{14}$ e $\binom{32}{18}$.

Animazione

Proprietà

- $\binom{n}{k} = \binom{n}{n-k}$ **legge delle classi complementari.**

Infatti $\binom{n}{k} = \frac{n!}{k!(n-k)!} = \frac{n!}{(n-k)!k!} = \frac{n!}{(n-k)![n-(n-k)]!} = \binom{n}{n-k}$.

- $\binom{n}{k+1} = \binom{n}{k} \cdot \frac{n-k}{k+1}$ **formula di ricorrenza.**

La formula di ricorrenza è utile quando conosciamo il valore del coefficiente binomiale per un certo valore di k e dobbiamo trovare i valori delle classi successive (o precedenti).

ESEMPIO

Se sappiamo che $\binom{14}{5} = 2002$, allora:

$$\binom{14}{6} = \binom{14}{5} \frac{14-5}{5+1} = 2002 \cdot \frac{9}{6} = 3003.$$

Possiamo giustificare ora la definizione delle combinazioni semplici $C_{n,k} = \binom{n}{k}$.
Utilizzando la formula che esprime il numero delle disposizioni semplici come rapporto di due fattoriali, abbiamo:

$$C_{n,k} = \frac{D_{n,k}}{P_k} = \frac{n!}{(n-k)!} \cdot \frac{1}{k!} = \frac{n!}{(n-k)! \cdot k!} = \binom{n}{k}.$$

Combinazioni con ripetizione

► Esercizi a p. 970

Riprendiamo il problema affrontato nello studio delle disposizioni con ripetizione.

Lanciamo consecutivamente una moneta e segniamo la successione di uscita di testa (T) e di croce (C). Questa volta non interessa l'ordine di uscita, ma solo la composizione di ogni possibile gruppo.

Se i lanci sono 2, il numero delle possibilità, rispetto alle disposizioni, si riduce a 3:

$TT \quad TC \quad CC \qquad k = 2.$

Se i lanci sono 3, il numero delle possibilità si riduce a 4:

$TTT \quad TTC \quad TCC \quad CCC \qquad k = 3.$

Se i lanci sono 4, il numero delle possibilità si riduce a 5:

$TTTT \quad TTTC \quad TTCC \quad TCCC \quad CCCC \qquad k = 4.$

Chiamiamo questi raggruppamenti **combinazioni con ripetizione**.
Utilizziamo le combinazioni con ripetizione in tutti i problemi di distribuzione nei quali occorre formare gruppi con oggetti *non distinguibili*.

Osserviamo che in ogni gruppo un elemento può ripetersi fino a k volte e, non interessando l'ordine, ogni gruppo contiene gli stessi elementi, ma con un numero di ripetizioni diverso in ciascun gruppo distinto.

MATEMATICA E LETTERATURA

Uno, cento, mille racconti Combinando diversamente alcune parole, si ottengono frasi diverse. Combinando diversamente le frasi, si ottengono tanti racconti. Da questa tecnica narrativa è nata la letteratura combinatoria, di cui Italo Calvino è uno degli esponenti più autorevoli.

► Qual è l'opera in cui Calvino costruisce racconti combinatori?

La risposta

Per indicare le combinazioni con ripetizione usiamo la seguente notazione:

$n = 2, \quad k = 2, \qquad C'_{2,2} = 3;$

$n = 2, \quad k = 3, \qquad C'_{2,3} = 4;$

$n = 2, \quad k = 4, \qquad C'_{2,4} = 5.$

DEFINIZIONE

Le **combinazioni con ripetizione** di n elementi distinti di classe k (con k numero naturale qualunque non nullo) sono tutti i gruppi di k elementi che si possono formare, nei quali:

- ogni elemento può essere ripetuto al massimo fino a k volte;
- non interessa l'ordine con cui gli elementi si presentano;
- è diverso il numero di volte col quale un elemento compare:

$$C'_{n,k} = C_{n+k-1,k} = \binom{n+k-1}{k} = \frac{(n+k-1)\cdot(n+k-2)\cdot\ldots\cdot(n+1)\cdot n}{k!}.$$

Puoi verificare con i valori ottenuti nell'esempio precedente che:

$C'_{2,2} = C_{2+2-1,2} = C_{3,2} = 3,$

$C'_{2,3} = C_{2+3-1,3} = C_{4,3} = 4,$

$C'_{2,4} = C_{2+4-1,4} = C_{5,4} = 5.$

ESEMPIO

In quanti modi diversi possiamo distribuire 6 oggetti in 4 scatole?
Se indichiamo con le lettere a, b, c, d le 4 scatole, alcune possibili distribuzioni sono le seguenti:

$a\,a\,a\,b\,c\,d, \qquad a\,a\,a\,a\,a\,a, \qquad a\,b\,b\,c\,d\,d, \qquad b\,b\,b\,c\,c\,d.$

Nella prima distribuzione 3 oggetti vanno nella scatola a, uno nella b, uno nella c, uno nella d; nella seconda distribuzione tutti gli oggetti vanno nella scatola a e le altre scatole restano vuote…
Osserviamo che tutti i modi sono le combinazioni con ripetizione di 4 elementi di classe 6:

$$C'_{4,6} = \binom{4+6-1}{6} = \binom{9}{6} = \binom{9}{3} = \frac{9\cdot 8\cdot 7}{3!} = 84.$$

Notiamo che alcune scatole possono rimanere vuote.

5 Binomio di Newton

▶ Esercizi a p. 974

Con il calcolo letterale possiamo scrivere le potenze di un binomio:

$n = 0 \qquad (A+B)^0 = 1;$

$n = 1 \qquad (A+B)^1 = A + B;$

$n = 2 \qquad (A+B)^2 = A^2 + 2AB + B^2;$

$n = 3 \qquad (A+B)^3 = A^3 + 3A^2B + 3AB^2 + B^3.$

Listen to it

Given a set S of n distinct elements, the ***k*-combinations with repetition** are all the unordered selections of k elements, where every element can appear more than once.

Video

Disposizioni, permutazioni, combinazioni

- Quanti sono gli anagrammi, anche senza significato, della parola TEMA? E della parola TATTICA?
- In un campionato di 12 squadre, come si possono classificare le prime 4 squadre?

- In un'urna ci sono una pallina rossa, una blu e una verde. Si estraggono quattro palline rimettendo ogni volta la pallina estratta nell'urna. Quanti sono i possibili esiti in cui, tra le quattro palline estratte, compare almeno una pallina rossa?

Animazione

Per potenze con esponente maggiore di 3 si ricorre al triangolo di Tartaglia, che fornisce i coefficienti dello sviluppo di $(A+B)^n$.

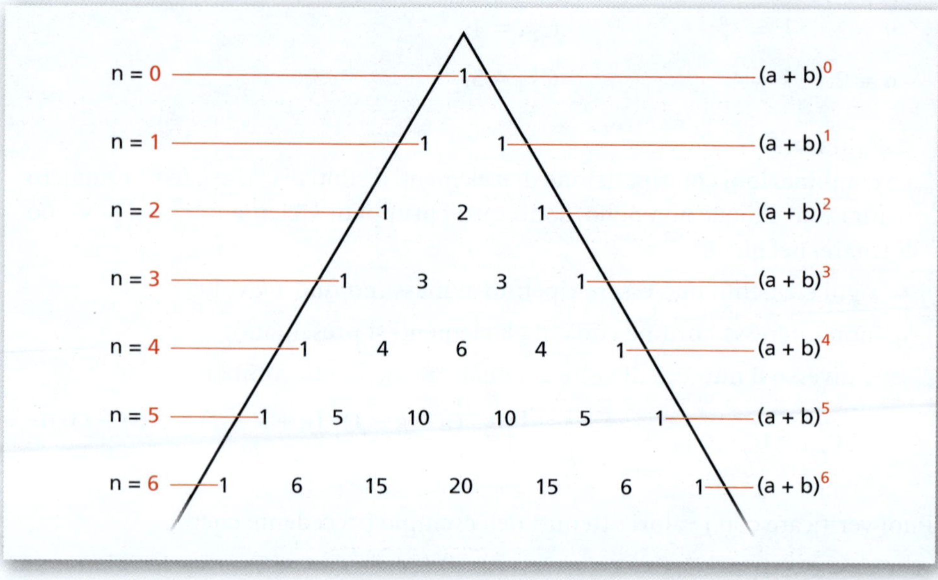

I lati obliqui del triangolo sono formati da tanti 1, mentre ogni coefficiente interno è la somma dei due coefficienti della riga precedente che sono alla sua destra e alla sua sinistra.

Per esempio:

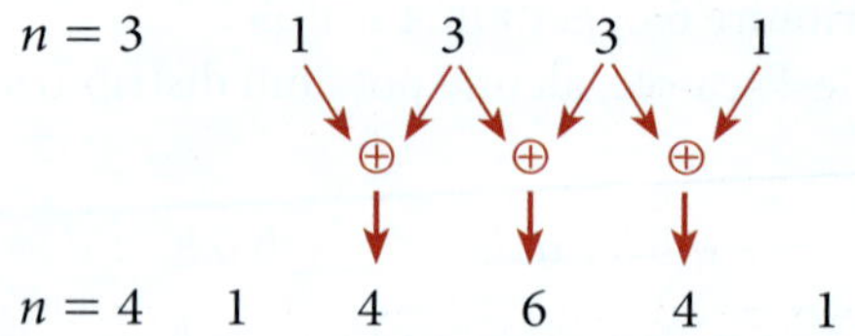

e continuando così si costruiscono tutte le righe successive del triangolo.

La potenza con esponente n ha il seguente sviluppo:

coefficienti dell'n-esima riga

$$(A+B)^n = (\ldots)A^nB^0 + (\ldots)A^{n-1}B^1 + \ldots + (\ldots)A^0B^n.$$

la somma degli esponenti è sempre n

Per esempio:

$$(A+B)^4 = 1A^4B^0 + 4A^3B^1 + 6A^2B^2 + 4AB^3 + B^4.$$

La costruzione del triangolo è scomoda al crescere di n perché occorre costruire tutte le righe precedenti alla riga n-esima.

Ordiniamo le righe utilizzando i valori di n: nella figura, la riga più in alto è la riga zero, quella più in basso è la sesta riga.
In ogni riga indichiamo con k la posizione di un numero, dove il primo 1 a sinistra corrisponde a $k=0$. Con queste convenzioni, se osserviamo i numeri che compongono il triangolo di Tartaglia, ci accorgiamo per esempio che la posizione $k=3$ della sesta riga è occupata dal numero 20, che corrisponde al coefficiente binomiale:

riga 6

$\binom{6}{3} = \frac{6!}{3! \cdot 3!} = 20.$

posizione 3

In generale la k-esima posizione dell'n-esima riga è occupata dal numero che corrisponde al coefficiente binomiale $\binom{n}{k}$.

Per lo sviluppo di $(A + B)^n$ possiamo perciò anche utilizzare i coefficienti binomiali ottenendo la **formula del binomio di Newton**:

$$(A + B)^n = \binom{n}{0} A^n B^0 + \binom{n}{1} A^{n-1}B^1 + \ldots + \binom{n}{n-1} A^1 B^{n-1} + \binom{n}{n} A^0 B^n.$$

Listen to it

The **binomial expansion**, proposed by Newton, is the formula which describes the expansion of **powers** of a **binomial**.

ESEMPIO

$(a + b)^6 =$

$\binom{6}{0}a^6 + \binom{6}{1}a^5 b + \binom{6}{2}a^4 b^2 + \binom{6}{3}a^3 b^3 + \binom{6}{4}a^2 b^4 + \binom{6}{5}ab^5 + \binom{6}{6}b^6 =$

$a^6 + 6a^5 b + 15a^4 b^2 + 20a^3 b^3 + 15a^2 b^4 + 6ab^5 + b^6.$

► Qual è il coefficiente di a^8b^2 nello sviluppo di $(a + b)^{10}$? [45]

Ricordando che $\sum_{k=0}^{n}$ significa «la somma dei termini che otteniamo quando k varia da 0 a n», possiamo riscrivere in modo sintetico la formula:

$$(A + B)^n = \sum_{k=0}^{n} \binom{n}{k} A^{n-k} B^k.$$

$\binom{n}{k}$ è chiamato coefficiente binomiale proprio perché si trova nella formula del binomio di Newton.

In particolare, se $A = 1$ e $B = 1$, dalla formula del binomio otteniamo

$$(1 + 1)^n = 2^n = \sum_{k=0}^{n} \binom{n}{k} \cdot 1 \cdot 1 = \binom{n}{0} + \binom{n}{1} + \ldots + \binom{n}{n},$$

cioè:

$$\binom{\mathbf{n}}{\mathbf{0}} + \binom{\mathbf{n}}{\mathbf{1}} + \ldots + \binom{\mathbf{n}}{\mathbf{n}} = \mathbf{2^n}.$$

Ciò dimostra che la somma dei termini sull'n-esima riga del triangolo di Tartaglia è 2^n.

La caratteristica del triangolo di Tartaglia, per cui ogni coefficiente è la somma dei due coefficienti della riga precedente a destra e sinistra, è una proprietà dei coefficienti binomiali espressa dalla **formula di Stifel**:

$$\binom{n}{k} = \binom{n-1}{k-1} + \binom{n-1}{k}.$$

ESEMPIO

$\binom{4}{2} = \binom{3}{1} + \binom{3}{2}$. Infatti, $\frac{4 \cdot 3}{2} = 3 + \frac{3 \cdot 2}{2}$.

► Applica la proprietà di Stifel a $\binom{5}{3}$ e verifica il risultato ottenuto.

IN SINTESI
Calcolo combinatorio

Raggruppamenti

Dati gli insiemi A con n elementi, B con m elementi, C con k elementi, … con $n, m, k, \in \mathbb{N} - \{0\}$, …, il numero dei raggruppamenti che si possono formare prendendo il primo elemento in A, il secondo in B, il terzo in C, … è: $\boldsymbol{n \cdot m \cdot k \cdot \ldots}$

Disposizioni

- **Disposizioni semplici di n elementi distinti di classe k (con $n, k \in \mathbb{N} - \{0\}$ e $k \leq n$)**: sono tutti i gruppi che si possono formare con k elementi, presi fra gli n, tali che ogni gruppo è diverso dagli altri per gli elementi contenuti o per il loro ordine. $\boldsymbol{D_{n,k} = n \cdot (n-1) \cdot (n-2) \cdot \ldots \cdot (n-k+1) = \frac{n!}{(n-k)!}}$.

  ESEMPIO: Modi di accostare 7 palline di colore diverso in gruppi da 4:

  $D_{7,4} = 7 \cdot 6 \cdot 5 \cdot 4 = 840.$

- **Disposizioni con ripetizione di n elementi distinti di classe k (con $n, k \in \mathbb{N} - \{0\}$)**: sono tutti i gruppi che si possono formare con k elementi, anche ripetuti, presi fra gli n, tali che ogni gruppo è diverso dagli altri per gli elementi contenuti o per il loro ordine. $\boldsymbol{D'_{n,k} = n^k}$.

  ESEMPIO: Colonne del totocalcio compilabili con i simboli 1, 2, X:

  $D'_{3,14} = 3^{14} = 4\,782\,969.$

Permutazioni

- **Permutazioni semplici di n elementi distinti**: sono tutti i gruppi formati dagli n elementi che differiscono per il loro ordine. $\boldsymbol{P_n = n \cdot (n-1) \cdot \ldots \cdot 2 \cdot 1 = n!}$.

  ESEMPIO: In quanti modi si possono disporre 6 persone in fila? $P_6 = 6! = 720$.

- **Funzione fattoriale**

  Nei numeri naturali si definisce:

  $$n! = \begin{cases} n \cdot (n-1) \cdot (n-2) \cdot \ldots \cdot 2 \cdot 1 & \text{se } n \geq 2 \\ 1 & \text{se } n = 0 \text{ o } n = 1. \end{cases}$$

  Proprietà: $n! = n \cdot (n-1)!$.

- **Permutazioni di n elementi di cui $h, k, \ldots$ ripetuti**: sono i gruppi formati dagli n elementi che differiscono per l'ordine degli elementi distinti e il posto occupato dagli elementi ripetuti.

  $$\boldsymbol{P_n^{(h,k,\ldots)} = \frac{n!}{h! \cdot k! \cdot \ldots}}.$$

  ESEMPIO: In quanti modi, lanciando una moneta per 6 volte, possono uscire 2 teste e 4 croci?

  $$P_6^{(2,4)} = \frac{6!}{2! \cdot 4!} = \frac{720}{2 \cdot 24} = 15.$$

Combinazioni

- **Combinazioni semplici di n elementi distinti di classe k (con $0 < k \leq n$)**: sono tutti i gruppi che si possono formare con k elementi, presi fra gli n, e tali che ogni gruppo è diverso dagli altri per almeno un elemento contenuto.

$$C_{n,k} = \frac{D_{n,k}}{P_k} = \frac{n \cdot (n-1) \cdot (n-2) \cdot \ldots \cdot (n-k+1)}{k!} = \binom{n}{k} = \frac{n!}{k!(n-k)!}, \quad \text{con } k \leq n.$$

ESEMPIO: In quanti modi possiamo scegliere 3 aperitivi, da offrire a una festa, fra 7 a disposizione?

$$C_{7,3} = \binom{7}{3} = \frac{7 \cdot 6 \cdot 5}{3!} = 35.$$

- **Coefficienti binomiali**
Si definisce **coefficiente binomiale**:

$$\binom{n}{k} = \frac{n!}{k!(n-k)!}, \quad \text{con } n \text{ e } k \text{ numeri naturali, } 0 \leq k \leq n.$$

In particolare: $\binom{n}{n} = 1$, $\binom{n}{0} = 1$, $\binom{0}{0} = 1$.

  - **Legge delle classi complementari**

$$\binom{n}{k} = \binom{n}{n-k}$$

ESEMPIO: $\binom{9}{7} = \binom{9}{2}$

  - **Formula di ricorrenza**

$$\binom{n}{k+1} = \binom{n}{k} \cdot \frac{n-k}{k+1}$$

ESEMPIO: Sapendo che $\binom{12}{5} = 792$, calcoliamo $\binom{12}{6} = 792 \cdot \frac{12-5}{5+1} = 924$.

- **Combinazioni con ripetizione di n elementi distinti di classe k**: sono tutti i gruppi che si possono formare con k elementi, presi fra gli n; ogni elemento di un gruppo può essere ripetuto fino a k volte, non interessa l'ordine in cui gli elementi si presentano, e in ciascun gruppo è diverso il numero delle volte in cui un elemento compare.

$$C'_{n,k} = C_{n+k-1,k} = \binom{n+k-1}{k} = \frac{(n+k-1) \cdot (n+k-2) \cdot \ldots \cdot (n+1) \cdot n}{k!}.$$

ESEMPIO: In quanti modi diversi possiamo distribuire 3 penne in 4 scatole?

$$C'_{4,3} = C_{4+3-1,3} = C_{6,3} = \binom{6}{3} = \frac{6 \cdot 5 \cdot 4}{3!} = 20.$$

Binomio di Newton

- $(A+B)^n = \binom{n}{0}A^nB^0 + \binom{n}{1}A^{n-1}B^1 + \ldots + \binom{n}{n}A^0B^n = \sum_{k=0}^{n}\binom{n}{k}A^{n-k}B^k$

ESEMPIO: $(x-1)^4 = \binom{4}{0}x^4 + \binom{4}{1}x^3(-1) + \binom{4}{2}x^2(-1)^2 + \binom{4}{3}x(-1)^3 + \binom{4}{4}(-1)^4 = x^4 - 4x^3 + 6x^2 - 4x + 1$

- **Formula di Stifel**

$$\binom{n}{k} = \binom{n-1}{k-1} + \binom{n-1}{k}$$

ESEMPIO: $\binom{5}{3} = \binom{4}{2} + \binom{4}{3}$

ESERCIZI

CAPITOLO 19
ESERCIZI

1 Che cos'è il calcolo combinatorio

Teoria a p. 942

Raggruppamenti

1 ESERCIZIO GUIDA Una mensa aziendale offre ai suoi dipendenti ogni giorno la possibilità di scegliere fra due primi, tre secondi e due dessert. Quanti sono i tipi di pasto che si possono costruire con i piatti offerti? Forniamo una rappresentazione della soluzione con un diagramma ad albero.

Abbiamo nell'ordine le seguenti possibilità:

2 primi piatti,

3 secondi piatti,

2 dessert.

In totale abbiamo $2 \cdot 3 \cdot 2 = 12$ possibilità.
Il diagramma ad albero corrispondente è quello a fianco.

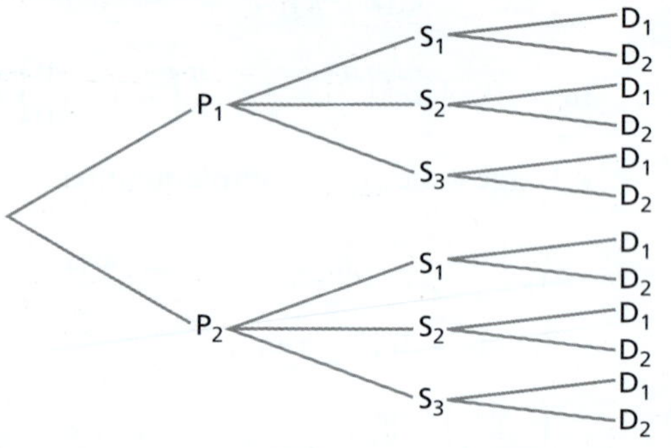

2 Abbiamo cinque palline nere numerate da 1 a 5 e tre bianche numerate da 1 a 3. Quante coppie di palline possiamo ottenere con una pallina nera e una bianca? Fornisci una rappresentazione della soluzione con un diagramma ad albero. [15]

3 Prese le palline dell'esercizio precedente, quante coppie di palline una nera e una bianca, entrambe dispari, possiamo formare? Fornisci una rappresentazione della soluzione con un diagramma ad albero. [6]

4 LEGGI IL GRAFICO Osserva il seguente diagramma ad albero.

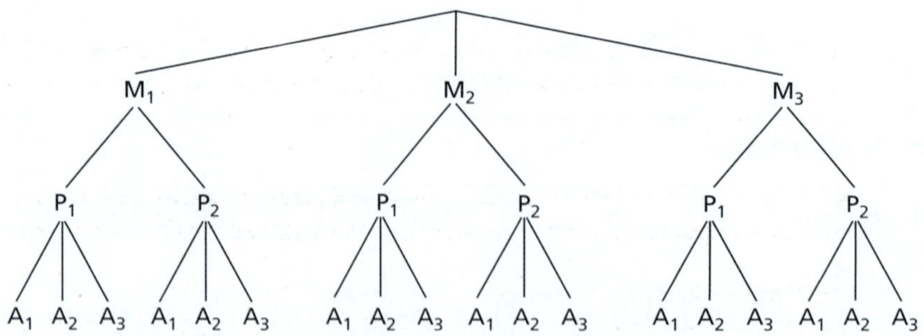

Scrivi gli insiemi con i quali formare i raggruppamenti e quanti sono i raggruppamenti possibili.

5 In una scuola di ballo sono iscritte dodici donne e sette uomini. Quante sono le possibili coppie che si possono formare? [84]

6 In una classe vi sono otto ragazze e undici ragazzi. Quante sono le coppie formate da una ragazza e un ragazzo che si possono formare? [88]

7 In tre classi quinte di una scuola ci sono rispettivamente 22, 18 e 23 alunni. Occorre mandare una rappresentanza formata da un alunno di ciascuna quinta. Quante sono le terne di studenti che è possibile formare? [9108]

8 Calcola quante sigle di tre elementi si possono formare ponendo al primo posto una delle cinque vocali, al secondo posto una delle sedici consonanti e al terzo posto una delle dieci cifre. [800]

9 Calcola quante sigle di tre elementi si possono formare ponendo al primo posto una delle cinque vocali, al secondo posto una delle sedici consonanti e al terzo posto ancora una consonante non necessariamente diversa da quella precedentemente collocata al secondo posto. [1280]

2 Disposizioni

Disposizioni semplici

▶ Teoria a p. 943

10 Costruisci con i diagrammi ad albero tutte le terne che si possono formare con gli elementi non ripetuti dell'insieme $\{a, b, c, d\}$, in modo che le terne differiscano o per almeno un elemento o per l'ordine. Quante sono? [24]

11 AL VOLO Calcola, se possibile, $D_{1,1}$, $D_{4,1}$, $D_{4,4}$, $D_{4,0}$, $D_{4,2}$.

12 Se $D_{n,2} = 42$, quanto vale n? [7]

Calcola.

13 $D_{11,4}$; $D_{6,2}$; $D_{10,5}$.

14 $D_{x-1,2}$; $D_{x+1,3}$; $D_{x,3}$.

15 $2 - \dfrac{D_{7,3}}{D_{7,2}} + \dfrac{D_{5,2}}{D_{5,1}}$ [1]

16 $\dfrac{D_{8,4} - D_{7,3}}{7 \cdot D_{7,2}}$ [5]

17 $\dfrac{D_{6,3}}{D_{5,4}} : \dfrac{D_{5,2}}{D_{6,4}} - \dfrac{D_{11,3}}{D_{10,2}}$ [7]

18 $\dfrac{D_{8,3} - D_{4,2}}{D_{9,3}}$ $\left[\dfrac{9}{14}\right]$

19 TEST Un codice di accesso a un sistema di sicurezza è formato da 6 cifre tutte diverse ed è escluso lo zero. Il numero totale dei possibili codici è:

A 15 120. B 120 960. C 151 200. D 60 480. E 50 400.

20 ESERCIZIO GUIDA Quanti numeri di tre cifre tutte diverse si possono costruire con gli elementi dell'insieme $A = \{4, 5, 6, 7, 8\}$? Quanti sono i numeri che cominciano con la cifra 8?

I gruppi che si possono formare sono:

$D_{5,3} = 5 \cdot 4 \cdot 3 = 60$.

$D_{n,k} = n \cdot (n-1) \cdot \ldots \cdot (n-k+1)$, con $1 \leq k \leq n$

Otteniamo i numeri di tre cifre tutte diverse che cominciano con la cifra 8 formando tutti i gruppi di classe 2 senza utilizzare questa cifra, e poi ponendo la cifra 8 davanti a ognuno di essi:

$D_{4,2} = 4 \cdot 3 = 12$.

Oppure applichiamo il «metodo delle possibilità», tenendo conto che al primo posto abbiamo una sola possibilità data dalla cifra 8: $1 \cdot 4 \cdot 3 = 12$.

21 Calcola quanti numeri di quattro cifre diverse si possono formare con le nove cifre dell'insieme $A = \{1, 2, 3, 4, 5, 6, 7, 8, 9\}$. [3024]

22 Quante parole, anche prive di significato, si possono formare con tre lettere diverse scelte fra le seguenti?

a e c d n [60]

23 Un'azienda deve assumere tre diplomati da collocare in tre diversi uffici: amministrazione, contabilità, commerciale. Ha a disposizione venti curriculum di persone aventi i requisiti necessari. In quanti modi può essere fatta la scelta? [6840]

24 REALTÀ E MODELLI **Più persone che sedie** In quanti modi diversi cinque persone, su un gruppo di otto, possono sedersi sulle cinque sedie in figura? [6720]

25 Calcola quante sigle di cinque elementi, tutti diversi, si possono formare con le ventuno lettere dell'alfabeto italiano e le dieci cifre decimali, sapendo che i primi tre posti devono essere occupati dalle lettere e gli ultimi due dalle cifre. [718 200]

26 Avendo a disposizione sei atleti per la gara di staffetta 4 × 100, in quanti modi possiamo stabilire la successione ordinata degli atleti che correranno durante la gara? [360]

27 Una polisportiva ha organizzato una lotteria benefica con cinque premi diversi in valore. Ha venduto ottanta biglietti. In quanti modi si possono avere i vincitori? [2 884 801 920]

28 A un torneo di calcio partecipano sedici squadre. Quante partite si devono effettuare fra girone di andata e di ritorno, sapendo che tutte le squadre si devono incontrare? [240]

29 Quanti numeri di cinque cifre diverse si possono formare con le dieci cifre decimali? [27 216]

30 Calcola quante parole, anche prive di significato, si possono scrivere con quattro lettere diverse dell'insieme $A = \{a, e, i, o, m, r, t\}$, in modo che le parole comincino tutte con *me*. [20]

31 REALTÀ E MODELLI **Titolari in campo** Un allenatore di calcio ha a disposizione quattro attaccanti, sei centrocampisti e cinque difensori. Ha scelto di giocare con il modulo 4-3-3, che prevede quattro difensori, tre centrocampisti e tre attaccanti, ma non ha ancora scelto i giocatori titolari. Quante formazioni potrebbe schierare, sapendo che ha a disposizione anche tre portieri? [1 036 800]

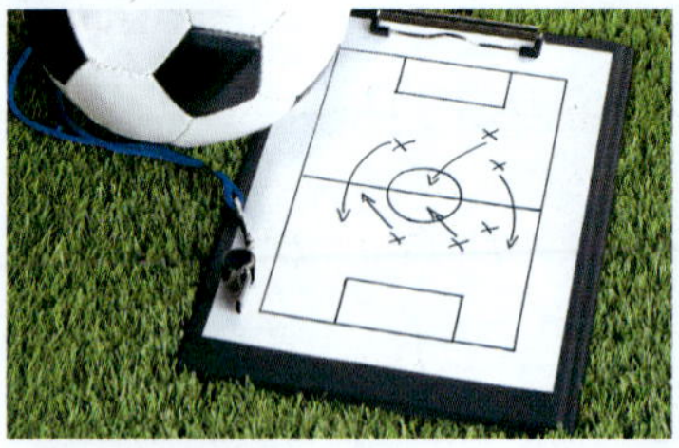

Disposizioni con ripetizione

▶ Teoria a p. 945

Calcola.

32 AL VOLO $D'_{3,1}$, $D'_{2,6}$, $D'_{5,2}$, $D'_{10,3}$.

33 $D'_{6,2} - D_{6,2} + D'_{7,2}$ [55]

34 $12\left(D'_{3,3} - \frac{1}{4}D'_{4,3}\right) : D_{3,2}$ [22]

35 ESERCIZIO GUIDA Si lanciano due dadi, uno dopo l'altro. Quanti sono i casi possibili? Quanti sono i casi in cui entrambe le facce presentano numeri pari?

Rispondiamo alla prima domanda. Ogni dado ha 6 numeri e in un lancio lo stesso numero si può presentare in entrambi i dadi. Abbiamo quindi delle disposizioni con ripetizione. Tutti i casi che si possono presentare sono:

$$D'_{6,2} = 6^2 = 36.$$ $D'_{n,k} = n^k$

Per la seconda domanda, abbiamo $n = 3$ e $k = 2$. I casi in cui le due facce sono entrambe pari sono:

$$D'_{3,2} = 3^2 = 9.$$

36 Indica quanti numeri di tre cifre, anche ripetute, si possono formare con gli elementi del seguente insieme.

$A = \{3, 5, 6, 7, 8\}$ [125]

37 In un'urna ci sono dieci palline numerate da 1 a 10. Per tre volte si estrae una pallina, rimettendola ogni volta dentro l'urna. Calcola le possibili terne ordinate che si possono ottenere. [1000]

38 TEST Un'impresa codifica le proprie merci utilizzando tre cifre diverse da 0, non necessariamente diverse tra loro. Il numero di merci che è possibile codificare è:

A 729. B 6561. C 1000. D 720. E 504.

39 Quanti codici a cinque cifre si possono formare con le cifre decimali da 1 a 9? [59 049]

40 Trova quanti codici a cinque cifre si possono formare con le cifre decimali da 0 a 9, sapendo che la prima cifra non può essere 0. [90 000]

41 Indica quanti numeri di tre cifre, anche ripetute, si possono formare con gli elementi del seguente insieme.

$A = \{0, 3, 5, 6, 7, 8\}$ [180]

42 Determina quante sigle di quattro elementi si possono formare con le 21 lettere dell'alfabeto italiano e le cifre decimali da 1 a 9, sapendo che i primi due posti devono essere occupati dalle lettere e gli ultimi due dalle cifre. [35 721]

43 Quanti numeri pari di 3 cifre si possono scrivere utilizzando le cifre dell'insieme $A = \{1, 2, 3, 5, 7\}$? [25]

44 Calcola quante sigle di cinque elementi che cominciano con la lettera A si possono formare con le ventuno lettere dell'alfabeto italiano e le dieci cifre decimali, sapendo che i primi tre posti devono essere occupati dalle lettere e gli ultimi due dalle cifre. [44 100]

45 REALTÀ E MODELLI **Playlist** Si memorizzano 12 canzoni su un dispositivo. Se ne vogliono ascoltare tre, scegliendone a caso una alla volta. Quante sono le possibili terne di canzoni? Quante sono le terne sfortunate, cioè quelle in cui almeno una canzone si ripete? [1728; 408]

46 Quanti numeri dispari di 3 cifre si possono scrivere utilizzando le cifre dell'insieme $B = \{1, 2, 3, 4, 5, 7\}$? [144]

47 In un'urna abbiamo dieci palline numerate da 1 a 10. Calcola quante terne ordinate si possono ottenere, estraendo una pallina per tre volte consecutive e rimettendola ogni volta nell'urna dopo l'estrazione, tali che il primo numero sia divisibile per tre. [300]

48 REALTÀ E MODELLI **Sigle aeree** Le compagnie aeree sono identificate da una sigla formata da due lettere, anche uguali, oppure da una lettera e una cifra. Le lettere sono scelte tra le 26 dell'alfabeto inglese e la cifra, da 1 a 9, può essere messa in prima o in seconda posizione (es. AC, WW, L6, 2P). Gli aeroporti sono invece identificati da codici di tre lettere dell'alfabeto inglese di cui al massimo due si possono ripetere.

a. Attualmente le sigle delle compagnie aeree sono 856. Quante sigle sono ancora disponibili per nuove compagnie?

b. Calcola in quanti modi si può associare una sigla di una compagnia a un codice di un aeroporto (considera le sigle e i codici possibili, non quelli effettivamente esistenti). [a) 288; b) 20 077 200]

3 Permutazioni

Permutazioni semplici

▶ Teoria a p. 946

Calcola le seguenti espressioni.

49 AL VOLO $P_5 - 5P_4$

50 $\frac{P_4}{P_3} - 1$ [3]

51 $\frac{P_6 - P_5}{5P_4}$ [5]

52 $6\frac{P_6}{6!} + 2P_3 - P_2$ [16]

53 ESERCIZIO GUIDA Calcoliamo in quanti modi si possono mettere in fila tre bambini e quattro bambine, prima nel caso in cui non importi l'ordine col quale si dispongono maschi e femmine, e poi nel caso in cui prima vi siano tutte le femmine e poi tutti i maschi.

Se non importa l'ordine, non c'è distinzione fra bambini e bambine: dobbiamo considerare le permutazioni di 7 elementi:

$P_7 = 7! = 5040.$

$P_n = n! = n \cdot (n-1) \cdot (n-2) \cdot \ldots \cdot 1$

Nel caso in cui il gruppo delle femmine preceda quello dei maschi dobbiamo considerare che a ogni permutazione semplice del primo gruppo si associa una permutazione semplice del secondo gruppo. Il numero delle possibilità è:

$P_4 \cdot P_3 = 4! \cdot 3! = 24 \cdot 6 = 144.$

54 A una gara partecipano otto concorrenti. In quanti modi può presentarsi la classifica finale? [40 320]

55 In quanti modi si possono distribuire nove premi a nove bambini? [362 880]

56 Quanti numeri di dieci cifre diverse si possono scrivere con le dieci cifre decimali? [3 265 920]

57 Calcola quante sigle, di sette elementi tutti diversi, si possono scrivere con le cifre dell'insieme $A = \{1, 2, 3\}$ e le lettere dell'insieme $B = \{a, b, c, d\}$, sapendo che le cifre precedono le lettere. [144]

58 Calcola in quanti modi si possono sistemare in fila cinque bambine e quattro bambini se tutte le bambine vogliono stare vicine tra loro e lo stesso vale per tutti i bambini. [5760]

59 REALTÀ E MODELLI **Facile!** Il numero di telefono di Gianni è 0538 691742. La sua amica Anna nota che il numero di telefono è formato da tutte e sole le dieci cifre, quindi pensa che sia facile da ricordare. Dopo qualche tempo Anna vuole chiamare Gianni. Sa che Gianni vive a Villa Bò, quindi risale al prefisso 0538 dopo una ricerca sul Web, ma non riesce assolutamente a ricordare il resto del numero. Quanti tentativi, al massimo, dovrà fare Anna per riuscire a telefonare? [720]

60 Calcola quanti anagrammi, anche senza significato, si possono fare con le parole:

MONTE, STORIA e RESIDUO. [120; 720; 5040]

61 YOU & MATHS In how many ways can five keys be placed on a circular key ring?

A 12 B 24 C 5 D 18 E None of these.

(USA *Marywood University Mathematics Contest*)

62 A un congresso nove persone devono sedere intorno a un tavolo rotondo. Calcola in quanti modi le persone possono prendere posto. Se le stesse persone attendono in fila davanti all'ingresso della sala, in quanti modi si possono disporre? [40 320; 362 880]

Funzione fattoriale

Teoria a p. 948

Calcola.

63 $5!$

64 $0! + 1!$

65 $2! - 3!$

66 $\frac{6!}{20}$

67 $\frac{4!}{0!}$

68 $\frac{10!}{9!}$

VERO O FALSO?

69
a. $10! = 10 \cdot 9 \cdot 8!$ V F
b. $\frac{10!}{5!} = 2!$ V F
c. $\frac{7!}{7} = 6!$ V F
d. $\frac{6!}{2!3!} = 1$ V F
e. $\frac{290!}{289!} = 290$ V F

70
a. $9! - 8! = 1!$ V F
b. $8! - 7! = 7 \cdot 7!$ V F
c. $\frac{9!}{9} - 8! = 1$ V F
d. $4 \cdot 4! + 4! = 5!$ V F
e. $10! = 5!2!$ V F

Identità con $n!$

71 RIFLETTI SULLA TEORIA Spiega perché $n!$ è un numero sempre positivo al variare di n in $\mathbb{N}$.

72 ESERCIZIO GUIDA Verifichiamo l'identità $2n! + (n + 1)! = (n + 3) \cdot n!$.

Primo membro: utilizzando la relazione $n! = n \cdot (n - 1)!$ e raccogliendo poi $n!$, otteniamo

$$2n! + (n + 1)! = 2n! + (n + 1) \cdot n! = (2 + n + 1) \cdot n! = (n + 3) \cdot n!.$$

Essendo il primo membro uguale al secondo, l'identità è verificata.

Verifica le seguenti identità.

73 $n \cdot n! - (n + 1)! = -n!$

74 $(n + 1)^2 \cdot n! + (n + 1)! = (n + 2)!$

75 $\frac{n!}{(n - 2)!} = n \cdot (n - 1)$

76 $n! + (n + 1)! + (n + 2)! = n! \cdot (n + 2)^2$

Equazioni con $n!$

77 ESERCIZIO GUIDA Risolviamo l'equazione $10(x - 1)! = 5x!$.

$x - 1 \geq 0 \rightarrow x \geq 1$, con $x \in \mathbb{N}$. — condizione di esistenza

$10(x - 1)! = 5x!$ — poiché $n! = n \cdot (n - 1)!$

$10(x - 1)! = 5x(x - 1)! \rightarrow 10(x - 1)! - 5x(x - 1)! = 0$ — raccogliamo $(x - 1)!$

$(x - 1)! \cdot (10 - 5x) = 0$ — poiché $(x - 1)! \neq 0$

$10 - 5x = 0 \rightarrow x = 2$

La soluzione è accettabile perché verifica la condizione di esistenza iniziale.

Risolvi le seguenti equazioni.

78 $2(x + 1)! = 4x!$ [1]

79 $x! = 6(x - 2)!$ [3]

80 $x! + 7(x - 2)! = 0$ [$\nexists x \in \mathbb{N}$]

81 $(x + 1)! - x! = 2x!$ [2]

Identità con le permutazioni semplici e le disposizioni

82 ESERCIZIO GUIDA Verifichiamo l'identità $P_n = n \cdot D_{n-1,n-2}$, con $n \geq 3$.

$D_{n,k} = \frac{n!}{(n-k)!}$

Primo membro: $P_n = n!$.

Secondo membro: $n \cdot D_{n-1,n-2} = n \cdot \frac{(n-1)!}{(\not{n} - 1 - \not{n} + 2)!} = \frac{n(n-1)!}{1!} = n!$.

Entrambi i membri sono uguali a $n!$, quindi l'identità è verificata.

Verifica le seguenti identità.

83 $(n-3)D_{n,3} = D_{n,4}$

84 $P_n + P_{n-1} = (n+1)P_{n-1}$

85 $D_{n+1,3} - 3D_{n,2} = D_{n,3}$

86 $P_n = D_{n,k} \cdot P_{n-k}$

87 $D_{n+1,3} = P_{n+1} : P_{n-2}$

88 $n \cdot D_{n-1,k} = (n-k) \cdot D_{n,k}$

Equazioni con le permutazioni semplici e le disposizioni

89 ESERCIZIO GUIDA Risolviamo l'equazione $P_{x+1} = 6 \cdot P_{x-1}$.

$P_n = n!$

Riscriviamo l'equazione di partenza usando i fattoriali: $(x+1)! = 6 \cdot (x-1)!$.

$x - 1 \geq 0 \rightarrow x \geq 1$, con $x \in \mathbb{N}$. condizione di esistenza

Risolviamo l'equazione.

$(x+1)! = 6 \cdot (x-1)! \rightarrow (x+1)\,x(x-1)! = 6 \cdot (x-1)! \rightarrow$ trasportiamo tutto al primo membro

$x(x+1)(x-1)! - 6 \cdot (x-1)! = 0$ raccogliamo a fattor comune

$(x-1)! \cdot [x(x+1) - 6] = 0 \rightarrow (x-1)! \cdot (x^2 + x - 6) = 0$ per la legge di annullamento del prodotto

$(x-1)! = 0 \rightarrow$ impossibile;

$x^2 + x - 6 = 0 \rightarrow x = -3 \vee x = 2$.

$x = -3$ non è accettabile perché -3 non è un numero naturale, quindi solo $x = 2$ è accettabile, poiché verifica la condizione di esistenza iniziale.

Risolvi le seguenti equazioni.

90 $P_x = 30 \cdot P_{x-2}$ [6]

91 $4 \cdot D_{x,3} = D_{x,4}$ [7]

92 $D'_{x,2} = D_{x,2} + 4$ [4]

93 $P_x - 20 \cdot P_{x-2} = 0$ [5]

94 $P_{x+1} - P_x = 0$ [$\nexists x \in \mathbb{N}$]

95 $P_{x-1} = 6 \cdot P_{x-3}$ [4]

96 $3 \cdot D_{x,2} = 2 \cdot D_{x+1,2}$ [5]

97 $D_{x,3} - x^3 = D_{x,2} - 1$ [$\nexists x \in \mathbb{N}$]

98 $2 \cdot D_{x-1,3} - D_{x+1,3} = 2 \cdot D_{x,2}$ [12]

99 $D'_{x,3} = D_{x+1,3} + 4 - x$ [2]

Permutazioni con ripetizione

▶ Teoria a p. 949

100 ESERCIZIO GUIDA Abbiamo dieci palline di cui cinque nere, tre rosse, due gialle. Calcoliamo:

a. in quanti modi si possono disporre in fila;

b. quante sono le sequenze nelle quali le palline gialle occupano i primi due posti;

c. in quanti modi si possono disporre in maniera che le palline di uno stesso colore siano tutte vicine.

---

a. Sono le permutazioni di 10 oggetti con 5, 3 e 2 oggetti ripetuti:

$$P_{10}^{(5,3,2)} = \frac{10!}{5! \cdot 3! \cdot 2!} = \frac{3\,628\,800}{120 \cdot 6 \cdot 2} = 2520.$$

$$P_n^{(h, k, \dots)} = \frac{n!}{h! \cdot k! \dots}$$

b. Sono tutte le permutazioni di 8 oggetti con 5 e 3 oggetti ripetuti, che si accodano alle due palline gialle che occupano i primi due posti:

$$P_8^{(5,3)} = \frac{8!}{5! \cdot 3!} = \frac{40\,320}{120 \cdot 6} = 56.$$

c. Sono tutte le permutazioni semplici che possiamo fare con i gruppi dei tre colori:

$$P_3 = 3! = 6.$$

101 ●○ Calcola quanti anagrammi, anche senza significato, si possono fare con le parole:
MENTE, STESSA e TRATTATIVA. [60; 120; 25 200]

102 ●○ Una moneta viene lanciata otto volte. In quanti modi si può presentare una sequenza che contiene sei teste e due croci? [28]

103 ●○ In uno spettacolo, sul palcoscenico si devono disporre in fila sei ballerine e quattro ballerini. In quanti modi si possono disporre gli artisti, dovendo solo distinguere le posizioni di maschi e femmine? [210]

104 ●○ YOU & MATHS What is the number of different 7-digit numbers that can be made by rearranging the digits of 3053354? (Note that this includes the given number, and that the first digit of a number is never 0.)
(USA *Lehigh University: High School Math Contest*)
[360]

105 ●○ REALTÀ E MODELLI **Scalata alpina** A una cordata partecipano otto alpinisti, di cui cinque sono uomini e tre sono donne. In quanti modi si possono disporre gli alpinisti, dovendo solo distinguere le posizioni di maschi e femmine e sapendo che il capo della cordata è un uomo? [35]

106 ●● Quanti anagrammi, anche senza significato, si possono formare con le lettere di CARTELLA? Quanti di essi iniziano e finiscono per A? Quanti iniziano per CE? [10 080; 360; 180]

107 ●● Quanti sono gli anagrammi, anche privi di significato, di CIOCCOLATA? Quanti finiscono per ATA? Quanti iniziano con una consonante? [151 200; 420; 75 600]

108 ●○ YOU & MATHS In how many ways can the letters of the word METCALF be arranged if M is always at the beginning and A and E are always side by side? (IR *Leaving Certificate Examination*, Higher Level)
[240]

ESERCIZI

4 Combinazioni

Combinazioni semplici

▶ Teoria a p. 950

109 Calcola, se possibile, $C_{5,2}$, $C_{6,3}$, $C_{3,1}$, $C_{4,4}$, $C_{1,4}$.

110 VERO O FALSO?

a. $C_{10,4} = \frac{D_{10,4}}{P_4}$ V F

b. $D_{7,3} = C_{7,3} \cdot P_7$ V F

c. $C_{8,5} = \frac{8 \cdot 7 \cdot 6 \cdot 5}{5!}$ V F

d. $C_{4,2} = \frac{4 \cdot 3 \cdot 2 \cdot 1}{2 \cdot 1}$ V F

Calcola il valore delle seguenti espressioni.

111 $4D'_{3,2} - C_{5,3} + P_3$ [32]

112 $\frac{C_{6,4}}{D_{6,3}} + \frac{P_4}{2} : C_{3,2}$ $\left[\frac{33}{8}\right]$

113 $C_{9,2} - P_3 + 2 \cdot \frac{D_{5,3}}{P_4}$ [35]

114 AL VOLO Calcola le seguenti espressioni usando le informazioni a fianco.

$C_{15,6}$ sapendo che $D_{15,6} = 3\,603\,600$.

$D_{12,4}$ sapendo che $C_{12,4} = 495$.

115 RIFLETTI SULLA TEORIA Se conosci il numero delle k-ple ordinate di n oggetti, puoi sapere il numero di sottoinsiemi di k elementi di un insieme di n elementi? Come?

116 TEST In una stazione autostradale ci sono 12 uscite abilitate per il pagamento. 8 sono aperte e 4 chiuse. Il numero di tutti i modi in cui si possono presentare le uscite è:

A 495. B 11 880. C 336. D 1320. E 8640.

Coefficienti binomiali

▶ Teoria a p. 951

117 Calcola $\binom{4}{2}$, $\binom{7}{4}$, $\binom{7}{0}$, $\binom{10}{10}$.

118 VERO O FALSO?

a. $\binom{4}{0} = 4$ V F

b. $\binom{30}{1} = 1$ V F

c. $\binom{6}{6} = \binom{6}{0}$ V F

d. $\binom{20}{16} = \binom{20}{15} \cdot \frac{5}{16}$ V F

119 Se $\binom{9}{k} = 9$, quali valori può assumere k? [1; 8]

AL VOLO

120 Calcola $\binom{16}{5}$, sapendo che $\binom{16}{4} = 1820$.

121 Calcola $\binom{n+1}{n}$ e $\binom{n}{n-2}$.

Calcola le seguenti espressioni.

122 $\binom{0}{0} + \binom{5}{2}$ [11]

123 $\binom{8}{8} + \binom{8}{1}$ [9]

124 $1 + \binom{7}{2}$ [22]

125 $\binom{3}{0} + \binom{3}{1} + \binom{3}{2}$ [7]

Identità con i coefficienti binomiali

126 ESERCIZIO GUIDA Verifichiamo l'identità $\frac{n+1}{k}\cdot\binom{n}{k-1}=\binom{n+1}{k}$.

Utilizziamo la definizione $\binom{n}{k}=\frac{n!}{k!(n-k)!}$.

Primo membro: $\frac{n+1}{k}\cdot\frac{n!}{(k-1)!\cdot(n-k+1)!} = \frac{(n+1)!}{k!\cdot(n-k+1)!}$.

$(n+1)n! = (n+1)!$ e $k(k-1)! = k!$

Secondo membro: $\frac{(n+1)!}{k!\cdot(n-k+1)!}$.

Poiché per entrambi i membri abbiamo ottenuto la stessa espressione, l'identità è verificata.

Verifica le seguenti identità.

127 $\binom{n}{1}=\frac{2}{n+1}\cdot\binom{n+1}{2}$

128 $\binom{n+1}{2}=n^2-\binom{n}{2}$

129 $\binom{n}{4}=\frac{n}{4}\cdot\binom{n-1}{3}$

130 $\binom{n+1}{k}\cdot\frac{k}{n-k+2}=\binom{n+1}{k-1}$

131 $k\cdot\binom{n-1}{k}=(n-1)\cdot\binom{n-2}{k-1}$

132 $\binom{n}{k}=\binom{n-1}{k-1}+\binom{n-1}{k}$ (formula di Stifel)

Equazioni con i coefficienti binomiali

133 ESERCIZIO GUIDA Risolviamo l'equazione $4\binom{x}{x-2}+2\binom{x-1}{2}=3x^2-18$.

Poniamo le condizioni di esistenza.

Per $\binom{x}{x-2}$: $\begin{cases}x\geq 0\\ x-2\geq 0\\ x\geq x-2\end{cases}\rightarrow\quad x\geq 2$.

Per $\binom{x-1}{2}$: $\begin{cases}x-1\geq 0\\ x-1\geq 2\end{cases}\rightarrow\quad x\geq 3$.

Quindi deve essere $x\geq 3$.

Sostituiamo $\binom{x}{x-2}$ con $\binom{x}{2}$.

per la legge delle classi complementari $\binom{n}{k}=\binom{n}{n-k}$

L'equazione diventa:

$$4\binom{x}{2}+2\binom{x-1}{2}=3x^2-18$$

per la definizione $\binom{n}{k}=C_{n,k}=\frac{D_{n,k}}{k!}$

$$4\frac{x(x-1)}{2}+2\frac{(x-1)(x-2)}{2}=3x^2-18\quad\rightarrow$$

svolgiamo i calcoli

$$2x^2-2x+x^2-3x+2-3x^2+18=0\quad\rightarrow$$

$$-5x+20=0\quad\rightarrow\quad x=4.$$

La soluzione è accettabile.

Risolvi le seguenti equazioni.

134 $3 \cdot \binom{x}{3} = x \cdot \binom{x-1}{4}$ [7]

135 $\binom{x}{2} = \binom{x}{3}$ [5]

136 $\binom{x+1}{3} = \binom{x}{2}$ [2]

137 $\binom{x-1}{2} = 2 \cdot \binom{x-2}{2}$ [5]

138 $\binom{x}{x-2} = 2x$ [5]

139 $\binom{x}{x-3} = \frac{10}{3} \cdot \binom{x}{5}$ [6]

Risolvi le seguenti disequazioni.

140 $C_{x,2} \geq \frac{x}{2}$ $[x \geq 2]$

141 $\binom{x}{2} + \binom{x-1}{2} < 2x^2$ $[x \geq 3]$

142 $\binom{x+2}{x-1} < \binom{x+1}{2}$ $[\nexists x \in \mathbb{N}]$

143 $\frac{1}{3}\binom{x}{3} \geq \frac{1}{2}\binom{x}{2}$ $[x \geq 7]$

Problemi con le combinazioni semplici

144 ESERCIZIO GUIDA Un'urna contiene nove palline numerate di cui sei rosse e tre bianche. Si estraggono contemporaneamente cinque palline. Calcoliamo:

a. quanti gruppi diversi di cinque palline si possono avere;
b. quanti di cinque palline tutte rosse;
c. quanti di quattro rosse e una bianca;
d. quanti di tre rosse e due bianche;
e. quanti di due rosse e tre bianche.

a. Poiché non interessa l'ordine, dobbiamo calcolare le combinazioni semplici che si possono fare con le nove palline prese cinque alla volta:

$$C_{9,5} = \binom{9}{5} = \binom{9}{4} = \frac{9 \cdot 8 \cdot 7 \cdot 6}{4!} = 126.$$

$$C_{n,k} = \binom{n}{k} = \frac{n!}{k! \cdot (n-k)!}$$

b. Dobbiamo calcolare le combinazioni semplici che si possono fare con le sei palline rosse prese cinque alla volta:

$$C_{6,5} = \binom{6}{5} = \binom{6}{1} = 6.$$

c., d., e. Otteniamo il numero di tutti i gruppi di $k = 4, 3, 2$ palline rosse e $(5-k) = 1, 2, 3$ palline bianche con il prodotto delle singole combinazioni relative a ciascun colore:

c. $C_{6,4} \cdot C_{3,1} = \binom{6}{4} \cdot \binom{3}{1} = \binom{6}{2}\binom{3}{1} = \frac{6 \cdot 5}{2!} \cdot 3 = 45;$

d. $C_{6,3} \cdot C_{3,2} = \binom{6}{3} \cdot \binom{3}{2} = \frac{6 \cdot 5 \cdot 4}{3!} \cdot 3 = 60;$

e. $C_{6,2} \cdot C_{3,3} = \binom{6}{2} \cdot \binom{3}{3} = \frac{6 \cdot 5}{2!} \cdot 1 = 15.$

Osservazione. Il numero totale dei raggruppamenti di tipo **b**, **c**, **d** ed **e** è 126, ossia è uguale al numero delle combinazioni di nove palline prese cinque alla volta, tipo **a**. Questo perché non ci sono ulteriori possibilità per le combinazioni dei colori.

145 Quante cinquine si possono fare con i novanta numeri del lotto? [43 949 268]

146 Quanti terni e quanti ambi si possono fare con i novanta numeri del lotto? [117 480; 4005]

147 Calcola quante sono le cinquine che contengono due numeri prefissati. [109 736]

148 Calcola in quanti modi si possono estrarre quattro carte da un mazzo da quaranta. [91 390]

149 In quanti modi si possono estrarre cinque carte di fiori da un mazzo di cinquantadue carte? [1287]

150 In quanti modi si possono estrarre cinque carte nere da un mazzo di cinquantadue carte? [65 780]

151 Calcola in quanti modi si possono estrarre cinque carte di fiori o cinque carte di picche da un mazzo di cinquantadue carte. [2574]

152 **TEST** Un bambino colora di bianco o rosso o verde 5 quadratini che ha disegnato. I possibili modi con i quali il bambino può colorare i quadratini indipendentemente dall'ordine sono:

A 42. B 60. C 10. D 125. E 21.

153 Calcola quanti sono i sottoinsiemi di quattro elementi di un insieme costituito da sei. [15]

154 In quanti modi diversi può essere formata una rappresentanza di tre alunni di una classe di venti studenti? [1140]

155 Calcola quante sono le diagonali di un pentagono. [5]

156 Calcola in quanti modi diversi si possono collocare quattro maglioni in sei cassetti affinché in ogni cassetto ci sia al massimo un maglione. [15]

157 Tutte le persone che partecipano a una riunione si stringono la mano reciprocamente. Se le strette di mano che le persone si scambiano sono in tutto 15, quanti sono i partecipanti alla riunione? [6]

158 **EUREKA!** Caterina ha una somma tale da acquistare cinque libri da leggere in vacanza. Ne ha già scelti alcuni, ma è indecisa sugli altri da scegliere fra otto titoli diversi. Se ha 56 modi diversi per effettuare la scelta, quanti sono i libri che ha già scelto? [2]

159 **REALTÀ E MODELLI** **Maglioni in mostra** Per allestire una vetrina una commessa ha a disposizione 7 nuovi tipi di maglioni e 3 manichini. A rotazione vuole esporre in vetrina tutti i capi, senza mai riproporre lo stesso abbinamento.

a. Quante vetrine diverse potrà allestire la commessa?

b. Per quante settimane si potranno osservare vetrine diverse supponendo che ogni lunedì e giovedì si rinnovino gli abbinamenti?

c. Quanti tipi di maglioni dovrebbe avere a disposizione la commessa, supponendo che un manichino non possa essere utilizzato, per esaurire tutte le combinazioni in 10 settimane? [a) 35; b) 18; c) 7]

Equazioni con le combinazioni semplici

Risolvi le seguenti equazioni.

160 $C_{x,3} = C_{x-1,2}$ [3]

161 $C_{x+2,3} = 3C_{x+1,2}$ [7]

162 $C_{x-1,2} = 1$ [3]

163 $P_3 \cdot C_{x-1,3} = D_{x-2,4}$ [7]

164 $C_{x+1,3} = \frac{x^3}{6} - 2$ [12]

165 $3C_{x+1,2} = 4C_{x,2}$ [7]

ESERCIZI

Combinazioni con ripetizione

▶ Teoria a p. 952

166 Calcola, se possibile, $C'_{4,2}$, $C'_{2,4}$, $C'_{7,3}$, $C'_{6,4}$, $\frac{C'_{7,2}}{C_{8,2}}$.

167 ESERCIZIO GUIDA Lanciando contemporaneamente quattro dadi uguali, quante sono le combinazioni con cui si possono presentare le sei facce?

In ogni lancio un numero può comparire più volte, al massimo quattro, quindi ogni gruppo si distingue dagli altri per i numeri contenuti e per il diverso numero di volte col quale compare lo stesso numero, ma non interessa l'ordine. Si tratta allora di combinazioni con ripetizione:

$$C'_{n,k} = C_{n+k-1,k} = \binom{n+k-1}{k}$$

$$C'_{6,4} = \binom{6+4-1}{4} = \binom{9}{4} = \frac{9 \cdot 8 \cdot 7 \cdot 6}{4!} = 126.$$

168 In quanti modi diversi possiamo distribuire otto tavolette di cioccolato a cinque bambini, sapendo che possiamo assegnare a qualche bambino più di una tavoletta? [495]

169 Calcola in quanti modi diversi possiamo distribuire quattro tavolette di cioccolato a sei bambini, tenendo presente la possibilità di assegnare a qualche bambino più di una tavoletta. [126]

170 In quanti modi possiamo collocare sei palline uguali in quattro urne? [84]

171 In quanti modi possiamo mettere sei palline uguali in quattro urne in modo che nessuna risulti vuota? [10]

172 Lanciamo contemporaneamente 5 dadi. Quante possibili combinazioni di numeri si possono ottenere? E quante contengono il numero 1 almeno una volta? [252; 126]

Riepilogo: Calcolo combinatorio

173 VERO O FALSO?

a. Nelle disposizioni due raggruppamenti differiscono per la natura degli elementi. V F

b. Le permutazioni contengono tutti gli elementi dell'insieme di partenza. V F

c. Nelle combinazioni due raggruppamenti differiscono per la natura o per l'ordine degli elementi. V F

TEST

174 Utilizziamo 7 lampadine colorate per creare un festone luminoso da stendere fra due pali. Le lampadine hanno tutte colore diverso tranne 3 che sono rosse. I possibili modi con cui i colori si possono susseguire sono:

A 5040. B 840. C 35. D 343. E 210.

175 Si collocano 8 statuette raffiguranti Biancaneve e i sette nani su un muretto di un giardino. I possibili modi con cui possono essere collocate sono:

A 5040. B 8. C 56. D 40 320. E 20 160.

176 Due classi terze hanno rispettivamente 24 e 16 alunni. Vogliamo formare una rappresentanza con tre alunni, di cui due dalla terza più numerosa. Quante sono le terne che si possono formare? [4416]

177 Quanti numeri pari di tre cifre diverse si possono scrivere utilizzando le cifre dell'insieme $A = \{1, 2, 3, 4, 5, 7\}$? [40]

178 Un sacchetto contiene dodici palline numerate. Calcola in quanti modi, tenendo conto dell'ordine, si possono estrarre tre palline ordinate non rimettendo la pallina estratta nel sacchetto. [1320]

179 In quanti modi quattro persone possono sedersi su una fila di dieci sedie? [5040]

180 In quanti modi si possono collocare cinque oggetti diversi in tre cassetti? [243]

181 Si lancia una moneta per 4 volte consecutive. Calcola quante sono le possibili sequenze:

a. di testa e croce;
b. di testa e croce che iniziano con testa;
c. nelle quali testa compare una volta;
d. nelle quali compare sempre la stessa faccia.

[a) 16; b) 8; c) 4; d) 2]

182 In quanti modi posso formare un campione di dieci persone da intervistare in un gruppo di trenta? [30 045 015]

183 Quanti numeri di cinque cifre puoi formare con quelle del numero 83 368 in modo che le cifre 8 e 3 siano ripetute due volte? Quanti iniziano con 8? Quanti sono maggiori di 60000? [30; 12; 18]

184 **PIN** Devi costruire il codice PIN del tuo cellulare nuovo; vuoi scegliere quattro delle dieci cifre, senza ripeterne nessuna. Quanti possibili codici puoi inventare? [5040]

185 In partenza per le vacanze, devi inserire la combinazione per chiudere e aprire la tua valigia. Il numero deve contenere sei cifre, anche ripetute. Quante sono le possibili combinazioni? Se le cifre non possono essere ripetute, le combinazioni aumentano o diminuiscono? [1 000 000]

186 Tre amici si recano in un negozio per acquistare una T-shirt ciascuno. Sono disponibili 25 magliette diverse. Quante sono le possibili terne di T-shirt acquistabili dai tre ragazzi? [15 625]

187 A una festa cui partecipano quindici ragazzi si fa un brindisi. Se ciascuna persona fa incontrare il suo bicchiere con quello di tutte le altre, quanti «cin-cin» si fanno? [105]

188 Calcola quante sigle di 10 elementi si possono costruire se per i primi cinque posti utilizziamo tre lettere *A* e due lettere *B* e per gli altri cinque posti tre cifre 1 e due cifre *O*. [100]

189 In un piano sono dati nove punti a tre a tre non allineati. Quanti triangoli si possono disegnare con i vertici in quei punti? [84]

190 Quanti numeri diversi si possono scrivere mescolando le cinque cifre dispari? Quanti terminano con 1? [120; 24]

191 Si ritaglia un esagono di cartoncino e si vogliono colorare gli angoli relativi ai vertici con sei colori diversi (rosso, giallo, verde, blu, marrone, viola). Quanti sono i modi possibili? [120]

192 Un test è formato da 8 quesiti a risposta multipla con cinque possibilità. In quanti modi puoi rispondere alle otto domande del test? [390 625]

193 Da ciascuna delle due urne in figura si estraggono contemporaneamente 2 palline.
Calcola quanti sono i gruppi costituiti da:

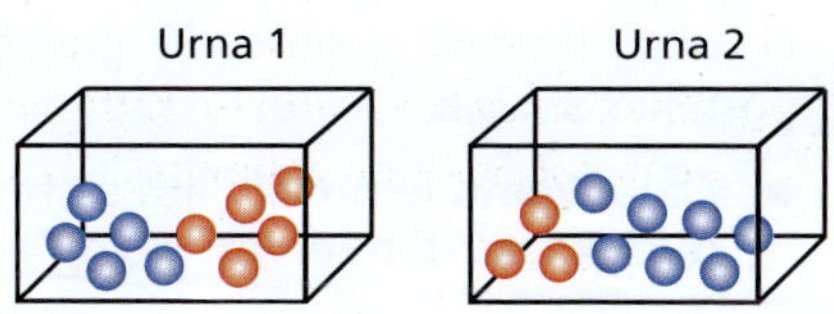

a. due palline rosse estratte dalla prima urna e due palline blu estratte dalla seconda;
b. una pallina rossa e una blu estratte da ciascuna urna;
c. tutte palline blu.

[a) 210; b) 525; c) 210]

RISOLVIAMO UN PROBLEMA

Aree di parcheggio

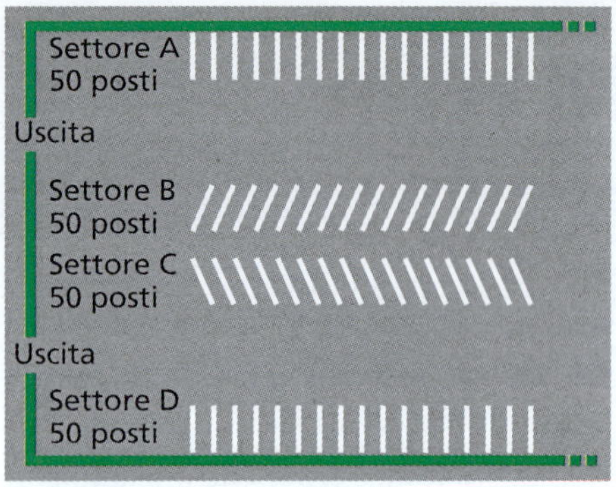

Perché un'area di parcheggio sia a norma di legge è necessario che ci sia almeno un posto riservato ai disabili ogni 50 posti disponibili o frazione di 50.
Ciò vuol dire che in un'area di sosta con 49 posti ci deve essere almeno un posto riservato ai disabili; in un'area di sosta con 51 posti ce ne devono essere almeno 2.
Un'area di sosta ha 200 posti auto disposti come in figura e si è deciso di rispettare la normativa riservando il numero minimo di posti ai disabili.

- In quanti modi si possono scegliere i posti riservati per i disabili?
- Se il progettista vuole che in ogni settore ci sia esattamente un posto per disabili, in quanti modi si possono scegliere i posti riservati?
- Per migliorare il servizio, oltre al vincolo precedente, si decide anche di collocare almeno due posti riservati in due dei quattro parcheggi più vicini all'uscita. Quante sono, in questo caso, le possibili collocazioni dei quattro posti per disabili?
- A un certo punto della giornata il parcheggio è vuoto e vi entrano 3 auto con il contrassegno per disabili e 2 auto senza contrassegno. Quante sono le disposizioni possibili di tutte queste auto all'interno del parcheggio?

► Calcoliamo in quanti modi si possono scegliere le posizioni per i parcheggi dei disabili.

Poiché i posti auto sono 200, il numero minimo di posti riservati previsto dalla legge è 4. I parcheggi sono indistinguibili, quindi non importa l'ordine, ma solo la posizione. Dobbiamo perciò calcolare:

$$C_{200,4} = \binom{200}{4} = \frac{200!}{4!(200-4)!} =$$

$$\frac{200 \cdot 199 \cdot 198 \cdot 197}{4 \cdot 3 \cdot 2} = 64684950.$$

► Determiniamo il numero di posizioni possibili tenendo conto del vincolo del progettista.

Poiché i settori del parcheggio sono 4, tanti quanti i posti riservati previsti, e ogni settore è formato da 50 posti auto, il vincolo del progettista si traduce in un posto per disabili ogni 50 parcheggi. Anche in questo caso non interessa l'ordine. I possibili modi per mettere in un settore un posto riservato tra i 50 a disposizione sono:

$$C_{50,1} = \binom{50}{1} = 50.$$

Per ogni possibile scelta in un settore ce n'è una anche in ciascuno degli altri tre settori, quindi in tutto ci sono $50^4 = 6250000$ scelte possibili per i quattro posti per disabili.

► Calcoliamo le possibilità sistemando almeno due dei posti riservati vicino alle uscite.

I parcheggi vicini alle uscite sono 4. Troviamo innanzitutto in quanti modi possiamo scegliere due di questi posti da riservare ai disabili. Saranno:

$$C_{4,2} = \binom{4}{2} = \frac{4!}{2!2!} = 6.$$

Dopodiché restano solo due settori in cui sistemare i due posti riservati rimanenti, uno per settore. Per ognuno di questi le scelte possibili sono 50, quindi in tutto avremo $6 \cdot 50^2 = 15000$ possibilità di scelta con il vincolo imposto al progettista.

► Determiniamo le possibili posizioni delle auto con il contrassegno per disabili.

Le tre auto con il contrassegno per disabili occuperanno tre dei quattro posti a esse riservati. Poiché le auto sono di tipo diverso, questa volta non interessa solo la posizione occupata, ma anche quale auto occupa quella posizione. Dobbiamo cioè calcolare le disposizioni delle tre auto nei quattro posti:

$$D_{4,3} = 4 \cdot 3 \cdot 2 = 24.$$

► Determiniamo le possibili posizioni delle auto senza il contrassegno.

I posti non riservati sono 196. Le 2 auto si possono disporre in questi posti in tanti modi quante sono le disposizioni di classe 2:

$$D_{196,2} = \frac{196!}{(196-2)!} = 196 \cdot 195 = 38220.$$

► Calcoliamo il numero delle possibili disposizioni delle cinque auto nel parcheggio.

$$D_{4,3} \cdot D_{196,2} = 24 \cdot 38220 = 917280$$

REALTÀ E MODELLI

194 **Panini & Co.** Il cestino da viaggio fornito da un hotel ai suoi ospiti durante un'escursione contiene due panini, tre frutti e due bibite. Se i panini possono essere imbottiti con cinque tipi diversi di salumi, i frutti a disposizione sono di sei tipi e le bibite di sette tipi, in quanti modi può essere preparato il cestino? [4200]

195 **Colorare il mondo** Un bambino vuole colorare i cinque continenti di un planisfero, ognuno con un colore diverso, e per fare questo ha a disposizione 10 colori.

a. In quanti modi può colorare i continenti?

b. Se pittura subito l'Europa di verde, in quanti modi può poi colorare gli altri continenti? Qual è la relazione con il caso precedente?

c. Quanti colori basterebbe avere per poter colorare Asia e Africa in più di dieci modi diversi?

[a) 30 240; b) 3024; c) 4]

196 **Password** Per l'accesso a un sito internet è necessario fornire una sequenza di 5 caratteri.

a. Qual è il numero totale dei codici possibili se i caratteri utilizzabili sono le cifre da 0 a 9, ipotizzando sia che le cifre possano ripetersi, sia che debbano essere tutte diverse?

b. Qual è il numero totale dei codici se i caratteri utilizzabili sono le cifre da 1 a 5, senza ripetizioni?

c. Qual è il numero totale dei codici possibili se nella combinazione possono essere utilizzate sia le cifre da 0 a 5 che le 26 lettere dell'alfabeto inglese, senza ripetizioni?

[a) 100 000, 30 240; b) 120; c) 24 165 120]

197

6 e 5 + 1 Nel gioco del Superenalotto si vince se si indovinano i 6 numeri naturali estratti, compresi tra 1 e 90.

a. Quante sono tutte le possibili sestine di numeri estratti?

b. Quante delle possibili sestine contengono almeno un multiplo di 6?

[a) 622 614 630; b) 421 255 080]

198 Per formare le targhe automobilistiche si utilizzano ventidue lettere (quelle dell'alfabeto inglese, escluse I, O, Q e U) e le dieci cifre decimali; le targhe sono formate da due lettere seguite da tre cifre e di nuovo da due lettere. Calcola quante sono le targhe che:

a. si possono formare;

b. hanno uguali le prime due lettere e uguali le ultime due;

c. hanno le tre cifre tutte pari.

[a) 234 256 000; b) 484 000; c) 29 282 000]

MATEMATICA AL COMPUTER

Il calcolo combinatorio Una scatola contiene g gettoni gialli (numerati da 1 a g) e b gettoni blu (numerati da 1 a b). Consideriamo l'estrazione di un gruppo di e gettoni.
Costruiamo un foglio elettronico che, ricevuti i numeri g, b ed e, determini quanti gruppi differenti possiamo estrarre. Deve poi essere calcolato il numero di gruppi in relazione al numero k dei gettoni gialli in essi contenuti. Per dimensionare il foglio poniamo come limite $g \leq 10$.
Proviamo il foglio nei casi $g = 2$, $b = 3$ ed $e = 2$; $g = 5$, $b = 3$ ed $e = 6$; $g = 10$, $b = 12$ ed $e = 10$.
Per verifica, scriviamo i gruppi del primo caso.

Risoluzione – 8 esercizi in più

MATEMATICA E STORIA

Trigrammi ed esagrammi Il libro mistico cinese *I Ching* (databile a un periodo precedente il 2200 a.C., ma di cui conosciamo solo la versione di Confucio) comprende le possibili permutazioni su insiemi di linee di due tipi: «linee intere» ▬▬ e «linee spezzate» ▬ ▬. Esse formano dei *trigrammi* se sono riunite in gruppi di tre e degli *esagrammi* se sono riunite in gruppi di sei; a ciascun simbolo corrisponde un significato, come esemplificato a fianco.
Considerando che ogni simbolo può essere formato da sole linee intere, sole linee spezzate o entrambe, determina quanti *trigrammi* e quanti *esagrammi* è possibile realizzare.

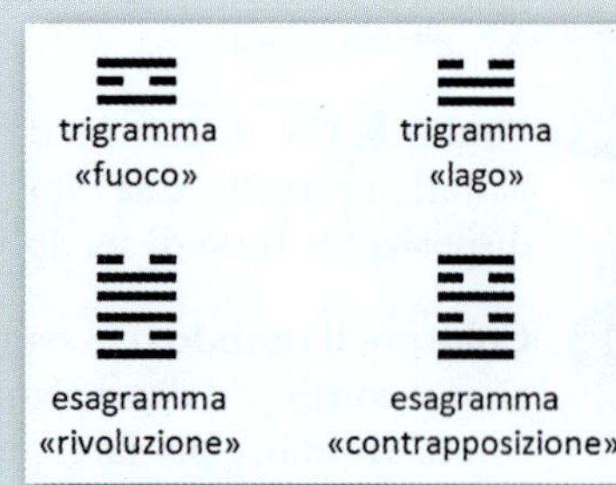

Risoluzione – Esercizio in più

5 Binomio di Newton

Teoria a p. 953

199 ESERCIZIO GUIDA Calcoliamo lo sviluppo della potenza: $(x^2 - 2y)^4$.

$$(x^2-2y)^4 = \binom{4}{0}(x^2)^4(-2y)^0 + \binom{4}{1}(x^2)^3(-2y)^1 + \binom{4}{2}(x^2)^2(-2y)^2 +$$

$$+\binom{4}{3}(x^2)^1(-2y)^3 + \binom{4}{4}(x^2)^0(-2y)^4 = x^8 - 8x^6y + 24x^4y^2 - 32x^2y^3 + 16y^4.$$

$$(A+B)^n = \sum_{k=0}^{n}\binom{n}{k}A^{n-k}B^k$$

Calcola lo sviluppo delle seguenti potenze di binomi.

200 $(2a + 3y)^3$; $(a - 2b)^8$.

201 $(x^3 - y^2)^5$; $\left(x + \frac{1}{x}\right)^6$.

202 $(2a^2 + 3a^3)^4$; $\left(\frac{a}{2} + x\right)^8$.

203 $(\sqrt{2} + 2)^4$; $\left(\frac{1}{2}x^2 - 2y\right)^6$.

204 ESERCIZIO GUIDA Calcoliamo il quarto termine dello sviluppo di $(x + 2)^{10}$.

Data la formula $(A+B)^n = \sum_{k=0}^{n}\binom{n}{k}A^{n-k}B^k$, consideriamo soltanto il termine generale $\binom{n}{k}A^{n-k}B^k$; poiché per $k = 0$ si ha il primo termine, il quarto termine si ha per $k = 3$. Essendo $n = 10$, otteniamo:

$$\binom{10}{3}\cdot x^7 \cdot 2^3 = \frac{10\cdot 9\cdot 8}{3\cdot 2}x^7\cdot 8 = 120x^7\cdot 8 = 960x^7.$$

205 Calcola il quarto termine dello sviluppo di $\left(2x - \frac{1}{2}y\right)^7$. [$-70x^4y^3$]

206 Determina il terzo, il quinto e l'ottavo termine dello sviluppo di $(x - 1)^9$. [$36x^7$; $126x^5$; $-36x^2$]

207 Calcola il sesto termine dello sviluppo di $(a^2 + b)^8$. [$56a^6b^5$]

208 Determina n, sapendo che il coefficiente del terzo termine dello sviluppo di $(x + 2y)^n$ è 60. [6]

209 Dato lo sviluppo della potenza $(a + b)^n$, determina il coefficiente del termine con parte letterale ab^8 e determina l'esponente n. [9; 9]

VERIFICA DELLE COMPETENZE ALLENAMENTO

ARGOMENTARE

1 Scrivi e giustifica la legge delle classi complementari e spiega perché, in una classe di 24 alunni, stabilire in quanti modi possiamo scegliere i 20 non interrogati in un giorno equivale a stabilire in quanti modi possiamo scegliere i 4 interrogati nello stesso giorno.

2 Spiega la differenza tra disposizioni e combinazioni e indica i modi per calcolarne il numero. Scrivi due esempi a partire dall'insieme di dieci cavalli che partecipano a una corsa.

3 Indica la differenza tra permutazioni e permutazioni circolari e confronta il numero dei modi di sistemare 10 persone attorno a un tavolo rotondo con il numero dei modi di sistemarle su 10 sedie allineate.

4 Usando il «metodo delle possibilità», spiega perché il numero di disposizioni con ripetizione di n oggetti di classe k è n^k. Confronta il numero di password di dieci caratteri, costruite usando solo le dieci cifre (anche ripetute), con il numero di password senza ripetizioni con le prime cinque posizioni occupate da cifre e le ultime cinque posizioni occupate dalle prime dieci lettere dell'alfabeto italiano.

5 Descrivi le combinazioni con ripetizione di n elementi di classe k. Considera poi la seguente situazione. Si pesca cinque volte una pallina da un'urna che contiene una pallina blu e una rossa. Ogni volta si rimette la pallina all'interno. Indica tutti i possibili esiti delle cinque estrazioni, considerando uguali gli esiti che differiscono solo per l'ordine di uscita. Verifica che il loro numero è quello che avresti ottenuto applicando opportunamente la formula.

6 Aiutandoti con un esempio, spiega nel modo che ritieni opportuno perché il numero di permutazioni di n oggetti è minore del numero di disposizioni con ripetizione di n oggetti di classe n.

UTILIZZARE TECNICHE E PROCEDURE DI CALCOLO

Calcola il valore delle seguenti espressioni.

7 $P_4 - C_{4,2} - 1!$ [17]

8 $\frac{D_{7,4}}{D_{7,3}} + 5$ [9]

9 $P_2 \cdot D'_{3,2}$ [18]

10 $3! \cdot \binom{7}{2} - 4$ [122]

Risolvi le seguenti equazioni.

11 $(x+1)! - 4(x-1)! = x!$ [2]

12 $(D_{x,3} + 2 \cdot D_{x-1,3}) \cdot D'_{x,2} = 0$ [$\nexists x \in \mathbb{N}$]

13 $D_{x,3} - D_{x-1,3} = 18$ [4]

14 $C_{x+1,2} + C_{x,2} = x^2 - x$ [$\nexists x \in \mathbb{N}$]

15 $P_{x+2} - 3 \cdot P_x = 3 \cdot P_{x+1}$ [2]

16 $3C_{x-3,3} = \frac{x}{2}$ [6]

17 $3 \cdot \binom{x+1}{x-1} = 9 \cdot \binom{x}{x-2}$ [2]

18 $P_x - 8P_{x-2} = 3(x-1)!$ [5]

Sviluppa le seguenti potenze di binomi.

19 $(2x+1)^5$

20 $(a^2-1)^4$

21 $\left(\frac{1}{2}x + 2y\right)^6$

22 $(x^2 - 2y^2)^5$

RISOLVERE PROBLEMI

TEST

23 Dobbiamo intervistare 5 persone diverse fra 12 che hanno partecipato a una vacanza all'estero organizzata da una determinata agenzia di viaggi. Tutti i possibili modi con cui possiamo scegliere gli intervistati sono:

A 95 040.
B 3 991 680.
C 792.
D 120.
E 5544.

24 Si usano gli elementi dell'insieme $M = \{x, y, t, z\}$ e le dieci cifre per formare sigle da 6 elementi. Sapendo che i primi due posti sono formati da lettere anche ripetute e gli altri quattro posti da cifre diverse, le sigle che si possono ottenere sono:

A 160 000.
B 80 640.
C 60 480.
D 3360.
E 120 000.

25 In un'urna ci sono dieci palline numerate da 1 a 10. Tre sono bianche e le altre nere. Calcola quante sono le cinquine che contengono esattamente una pallina bianca. [105]

26 Per aprire una cassaforte occorre formare un numero di quattro cifre diverse (scelte fra le dieci decimali). Quanti tentativi si possono fare? [5040]

27 Un'urna contiene tre palline di colori diversi: bianco, rosso, nero. Si estrae consecutivamente per quattro volte una pallina rimettendola nell'urna prima dell'estrazione successiva. Quante sono le possibili sequenze di colori? [81]

28 In una banca ci sono sei sportelli. In quanti modi diversi si possono disporre le prime sei persone che entrano nella banca? [720]

29 Trova in quanti modi si possono riporre quattro oggetti distinti in sei scatole diverse sapendo che è possibile riporre in una scatola più oggetti. [1296]

30 Determina il numero degli anagrammi delle parole ANTENNA e RADIO. [420; 120]

31 In quanti modi si possono scegliere i due rappresentanti di classe, se nella classe ci sono venticinque studenti? [300]

32 In una classe di ventotto alunni, di cui quindici maschi, devono essere scelti due ragazzi e due ragazze per un'assemblea di delegati. Quante sono le scelte possibili? [8190]

33 Calcola quante sono le diagonali di un esagono. [9]

34 Quanti numeri di quattro cifre distinte, scelte fra 1, 2, 3, 4, 5, 6, 7, si possono formare? Quanti di questi sono pari? Quanti dispari? Quanti terminano con 2? Quanti sono maggiori di 6000? [840; 360; 480; 120; 240]

35 Calcola in quanti modi si possono disporre sei oggetti distinti in quattro scatole diverse sapendo che vi possono essere scatole vuote. [4096]

36 Calcola in quanti modi si possono disporre in fila tre gettoni rossi e quattro gialli se il primo gettone deve essere rosso. [15]

37 In quanti modi possono disporsi quattro uomini e sette donne su una fila di quattordici sedie? [120 120]

38 In una famiglia i figli sono tre. Calcola quante diverse possibilità ci sono fra maschi e femmine. [4]

39 In una scatola ci sono trenta gettoni numerati da 1 a 30. Dieci sono rossi, gli altri sono di colore diverso. Calcola quante terne distinte si possono estrarre in modo che ognuna di esse contenga:

a. solo un gettone rosso;
b. almeno un gettone rosso;
c. nessun gettone rosso;
d. soltanto gettoni rossi.

[a) 1900; b) 2920; c) 1140; d) 120]

40 ●○ Quanti sono gli anagrammi, anche senza significato, della parola CALCOLATRICE ? Quanti cominciano per C ? Quanti finiscono per TRICE ? [19 958 400; 4 989 600; 630]

41 ●○ Cinque giocatori partecipano a un concorso a premi (nel quale lo stesso giocatore può vincere anche tutti i premi). In quanti modi possono essere assegnati i primi tre premi? [125]

42 ●○ Possiedo dieci DVD tra cui due copie di un primo film, tre copie di un secondo e due copie di un terzo. In quanti modi li posso sistemare nel mio scaffale? [151 200]

43 ●○ Quante cinquine, nel gioco del lotto, contengono una prefissata quaterna? [86]

44 ●● Dato l'insieme $A = \{a, e, l, o, m, r, t\}$, calcola quante parole, anche prive di significato, si possono scrivere:

a. con quattro lettere diverse;

b. con quattro lettere diverse nelle quali la prima sia r e l'ultima a;

c. con sette lettere diverse;

d. con otto lettere supponendo che la lettera m si possa ripetere due volte.

[a) 840; b) 20; c) 5 040; d) 20 160]

COSTRUIRE E UTILIZZARE MODELLI

RISOLVIAMO UN PROBLEMA

L'indecisione del collezionista

Francesco colleziona modellini di aeroplani. Ha comprato un espositore con tre spazi in cui mettere i modellini e ha calcolato in quanti modi diversi può sistemare tre dei suoi modellini nell'espositore senza considerare l'ordine. Avendo scartato subito due modellini un po' rovinati, ora ha 64 possibilità in meno.

- Quanti modellini ha in tutto Francesco?
- Con un espositore da cinque posti, in quanti diversi modi Francesco può sistemare i suoi modellini non rovinati, se è interessato anche all'ordine in cui sono disposti?

► **Scriviamo l'espressione che rappresenta il numero delle possibili disposizioni dei modellini scelti nei tre spazi dell'espositore.**

Indichiamo con x il numero dei modellini di Francesco. L'espressione cercata è la seguente:

$$\binom{x}{3} = \frac{x!}{3!(x-3)!}.$$

► **Scriviamo l'espressione che rappresenta il numero delle possibili disposizioni dei modellini dopo averne tolti 2.**

Ora il numero di modellini è $x - 2$, quindi le possibili disposizioni nei tre spazi sono:

$$\binom{x-2}{3} = \frac{(x-2)!}{3!(x-5)!}.$$

► **Determiniamo il numero di modellini di Francesco.**

In base alle informazioni sappiamo che

$$\frac{(x-2)!}{3!(x-5)!} = \frac{x!}{3!(x-3)!} - 64$$

$$\frac{(x-2)(x-3)(x-4)}{3!} = \frac{x(x-1)(x-2)}{3!} - 64$$

$$(x^2 - 5x + 6)(x - 4) = (x^2 - x)(x - 2) - 384$$

$$x^3 - 9x^2 + 26x - 24 = x^3 - 3x^2 + 2x - 384$$

$$6x^2 - 24x - 360 = 0 \quad \rightarrow \quad x^2 - 4x - 60 = 0,$$

da cui $x = 10$ o $x = -6$.

Solo la prima soluzione è accettabile, quindi Francesco ha 10 modellini, di cui 8 non rovinati.

► **Determiniamo le possibili disposizioni di 8 modellini in un espositore con 5 posti.**

Poiché conta l'ordine, vogliamo sapere in quanti modi può disporre 5 degli 8 modellini non rovinati. Cerchiamo, cioè:

$$D_{8,5} = \frac{8!}{3!} = 6720.$$

45 **Rappresentanze studentesche** Un liceo ha quattro indirizzi diversi. In base ai dati sulle iscrizioni per l'anno scolastico 2015-2016, gli studenti sono suddivisi come nella tabella seguente.

		Indirizzo				
		Linguistico	Classico	Scientifico	Scienze umane	Totale
Biennio	Maschi	34	14	66	23	137
	Femmine	165	26	74	98	363
Triennio	Maschi	25	22	123	0	170
	Femmine	199	47	127	0	373
	Totale	423	109	390	121	1043

a. Per i rappresentanti di istituto viene votato uno studente per ciascun indirizzo. Quanti sono i possibili gruppi di rappresentanti?

b. Dovendo scegliere una delegazione di studenti del triennio per il gemellaggio con una scuola viennese, si decide di inviare due maschi e due femmine. Quante sono le delegazioni possibili?

c. Al torneo di calcio a 5 del biennio partecipano 4 squadre miste di 6 elementi ciascuna (di cui 3 femmine), in rappresentanza dei vari indirizzi. Quante squadre diverse si possono ottenere con gli studenti dell'indirizzo scientifico? [a) 2 175 789 330; b) 996 614 970; c) 2 966 346 240]

46 **Laura … sei tu?** Marco deve chiamare Laura sul cellulare, ma non ricorda bene le dieci cifre che compongono il numero. Le prime tre sono 3, 2, 8 e le ultime sono 3, 9, 4. Quanti tentativi può fare, sapendo che le rimanenti cifre sono tutte dispari? E se ricorda anche che la quarta cifra è 7? [625; 125]

47 **Quattro in storia** L'insegnante di storia oggi vuole interrogare quattro studenti, tra cui Paolo e Andreina. Se le possibili quaterne di interrogati sono 276, quanti sono gli alunni della classe? [26]

48 **Difetta di memoria** Lucia ha una nuova tessera del Bancomat, con un codice di cinque cifre. Non ha ancora ben memorizzato il numero e ricorda solo che le cifre sono tutte diverse: la prima è 0, l'ultima è 5 e solo la seconda è pari. Quanti tentativi al massimo deve fare per individuare il codice? [48]

49 **A Monza** Per il GP d'Italia di Formula 1 si qualificano venti piloti con le rispettive vetture. In quanti modi può essere formata la griglia di partenza? Se la pole position e la seconda posizione sono occupate rispettivamente da una Mercedes e da una Ferrari, quante sono le possibili griglie di partenza? (Considera che ogni scuderia schiera due autovetture.) [20!; $4 \cdot 18!$]

50 **Biglietti in regalo** A un gruppo di dieci amici, fra i quali ci sono anche Marta e Luca, vengono regalati quattro biglietti per un concerto. In quanti modi possono essere scelti i quattro amici che andranno allo spettacolo, se Marta non vuole andare senza Luca, mentre Luca è disposto ad andare anche senza Marta? [154]

51 **Doppie per otto** Otto amici devono occupare otto camere singole a loro riservate nell'hotel in cui sono arrivati per trascorrere le vacanze. In quanti modi si possono disporre nelle camere? Arrivati in hotel, però, si accorgono che sono state riservate loro quattro camere doppie. In quanti modi possono formare le coppie? In quanti modi possono occupare le quattro camere? [40 320; 105; 2520]

52 **Macedonia** Alessia ha a disposizione 20 tipi di frutta (fragole, pesche, limoni, kiwi, …). Vuole preparare due macedonie usando per la prima quattro frutti diversi ma senza il limone, e per la seconda cinque frutti diversi, evitando quelli usati nella prima macedonia e senza kiwi. Quante coppie di macedonie può preparare? [12 753 468]

VERIFICA DELLE COMPETENZE PROVE

1 ora

PROVA A

1 Verifica l'identità $D_{n,k} - k \cdot D_{n-1,k-1} = D_{n-1,k}$.

2 In una classe di 28 alunni, l'insegnante di educazione fisica deve scegliere sei ragazzi che partecipino alla corsa campestre. In quanti modi può effettuare la scelta?

3 Con le 5 vocali, le 16 consonanti e le 10 cifre decimali, quante sigle di 6 elementi puoi costruire se i primi 2 posti devono essere occupati da vocali diverse seguite da 2 consonanti diverse e infine da un numero di due cifre?

4 Con le prime cinque cifre (da 0 a 4) quanti numeri puoi formare:

a. di tre cifre tutte diverse;

b. di quattro cifre anche ripetute;

c. di cinque cifre diverse che iniziano con 4;

d. di due cifre pari diverse.

5 Sviluppa $(a-2)^5$.

6 Allo slalom speciale del campionato del mondo di sci partecipano quaranta atleti. In quanti modi si può formare la classifica dei primi cinque?

7 Abbiamo cinque palline nere numerate da 1 a 5 e tre palline bianche numerate da 1 a 3. Determina quanti sono i gruppi ordinati di tre palline diverse che si possono formare avendo:

a. due nere seguite da una bianca;

b. due nere seguite da una bianca, usando i numeri dispari;

c. tutte dispari.

8 Dovendo collocare 5 oggetti diversi, in scatole distinguibili, calcola il numero delle possibilità:

a. mettendone 3 in una scatola e 2 in un'altra;

b. mettendoli in 3 scatole senza lasciarne alcuna vuota;

c. mettendoli in tre scatole, anche lasciandone una o due vuote.

PROVA B

Ginnastica ritmica La World Cup di ginnastica ritmica è una competizione internazionale di esercizi, sia a squadre sia individuali, da eseguire con uno o più dei seguenti attrezzi: nastro, clavette, palla, fune e cerchio. La gara a squadre prevede che ogni squadra, composta da cinque ginnaste, presenti due esercizi: uno con un solo attrezzo e uno con due attrezzi.

a. Quante sono le possibili scelte degli attrezzi per i due esercizi a squadre?

La scelta degli attrezzi da usare nei due esercizi avviene ogni quattro anni. Contestualmente vengono scelti anche quattro dei cinque attrezzi da impiegare nelle gare individuali.

b. Quante sono le scelte possibili in entrambi i casi?

Alla competizione con le clavette hanno partecipato 20 ginnaste, di cui tre russe, due italiane e due ucraine. Le altre nazioni hanno partecipato con al più due ginnaste. Da regolamento, dopo la prima giornata, in base ai punteggi ottenuti, vanno in finale solo le prime 8 ginnaste, ma non più di due per nazione.

c. Quante sono le classifiche possibili delle prime 8 ginnaste che passano alla fase successiva?

d. Quante sono le classifiche possibili se sai che vanno in finale due russe, un'ucraina e un'italiana?

CAPITOLO

20 PROBABILITÀ

1 Eventi

Esercizi a p. 1005

Se lasci cadere un oggetto in una stanza, puoi prevedere che raggiungerà il pavimento. Se invece lanci un dado, non puoi prevedere quale fra i possibili risultati otterrai.
Sono analoghi al lancio di un dado tutti gli esperimenti di cui non è prevedibile il risultato, e per questo vengono chiamati *aleatori*, perché in latino *alea* significa «dado».
Esempi di esperimenti aleatori sono: un incontro di calcio, la puntualità di un treno, l'estrazione di un numero al lotto, la produzione di un pezzo difettoso da parte di una macchina, il contrarre una malattia.
Per descrivere e studiare matematicamente gli esperimenti aleatori, diamo le seguenti definizioni.

Listen to it

A **random experiment** is an experiment which admits more than one possible **outcome**. The set of all possible outcomes of a random experiment is called the **sample space** and every subset of the sample space is called an **event**. An event is **elementary** if it contains only a single outcome of the experiment.

DEFINIZIONE

- Un **esperimento aleatorio** è un fenomeno di cui non riusciamo a prevedere il risultato con certezza.
- L'insieme U di tutti i possibili risultati di un esperimento si chiama **spazio campionario** o **universo**.
- Un **evento** è un qualunque sottoinsieme dello spazio campionario; un evento formato da un singolo risultato dell'esperimento è detto **evento elementare**.

ESEMPIO

Nel lancio di un dado possiamo rappresentare l'insieme universo U come:

$$U = \{1, 2, 3, 4, 5, 6\},$$

e graficamente con un diagramma di Venn come nella figura.

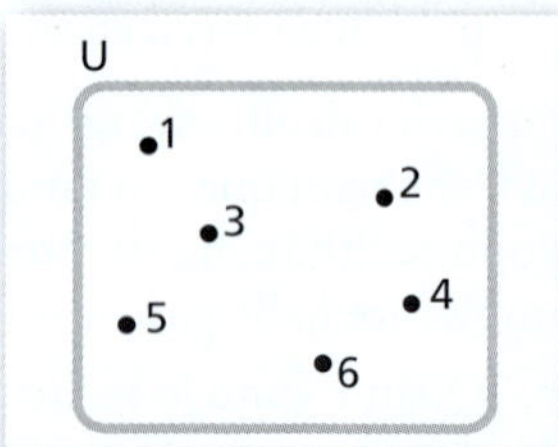

Gli eventi elementari sono:

$$E_1 = \text{«esce il numero 1»}, \ \ldots,$$

$$E_6 = \text{«esce il numero 6»}.$$

Un possibile evento è $E = \{2, 4, 6\}$, cioè «esce un numero pari».

Chiamiamo **spazio degli eventi** l'insieme di tutti gli eventi che si possono associare a un esperimento, cioè l'insieme delle parti di U.

ESEMPIO

Lanciamo consecutivamente una moneta due volte. Se indichiamo «testa» con T e «croce» con C, con l'aiuto di un diagramma ad albero possiamo determinare l'insieme universo U:

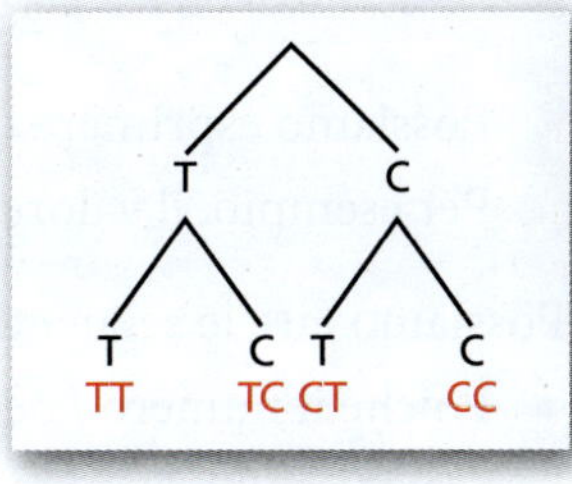

$$U = \{TT, TC, CT, CC\}.$$

Lo spazio degli eventi è:

$$\mathcal{P}(U) = \{\{TT\}, \{CC\}, \{TC\}, \{CT\}, \{TT, CC\}, \{TT, TC\}, \{TT, CT\}, \{CC, TC\}, \{CC, CT\}, \{TC, CT\}, \{TT, CC, TC\}, \{TT, CC, CT\}, \{CC, TC, CT\}, \{TT, TC, CT\}, \{TT, CC, TC, CT\}, \varnothing\}.$$

Animazione

Nell'animazione determiniamo lo spazio campionario relativo a tre lanci consecutivi di una moneta e tre eventi aleatori di cui uno elementare.

2 Concezione classica della probabilità

▶ Esercizi a p. 1005

Nel lancio di un dado consideriamo l'evento:

E = «esce un numero dispari».

L'insieme universo $U = \{1, 2, 3, 4, 5, 6\}$ è l'insieme dei **casi possibili**, mentre il sottoinsieme $E = \{1, 3, 5\}$ rappresenta l'insieme dei **casi favorevoli**, ossia di quelli in cui l'evento E è verificato.
Se il dado non è truccato, tutti i casi sono *ugualmente possibili*, e il rapporto

$$\frac{\text{numero dei casi favorevoli}}{\text{numero dei casi possibili}} = \frac{3}{6} = \frac{1}{2}$$

fornisce una stima sulla possibilità che l'evento E si verifichi.

Listen to it

The **probability** of an event E is given by the ratio of the number of **favourable outcomes** to the number of all possible outcomes.

DEFINIZIONE

La **probabilità** di un evento E è il rapporto fra il numero dei casi favorevoli f e quello dei casi possibili u quando sono tutti ugualmente possibili.

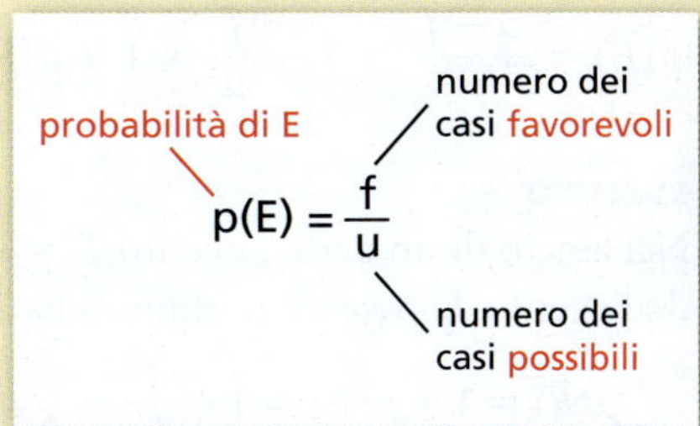

ESEMPIO

Estraiamo una carta da un mazzo di 52 carte. I casi possibili sono $u = 52$, cioè tutti i possibili esiti dell'estrazione.
Consideriamo gli eventi:

E_1 = «estrazione di una figura rossa»;
E_2 = «estrazione di una carta di picche».

▶ In un gioco da tavola ci sono 120 pedine, ognuna delle quali riporta una lettera dell'alfabeto italiano. 57 pedine hanno una vocale, 14 la lettera A, 11 la E e 12 la I. Le pedine con la O sono il triplo di quelle con la U. Calcola la probabilità che, prendendo una pedina a caso:

a. sia una vocale;
b. sia una O.

Animazione

TEORIA

► In un libro di 60 pagine ci sono 5 pagine dedicate all'introduzione, che non contengono illustrazioni. Delle rimanenti, 12 pagine hanno illustrazioni. Calcola la probabilità che, prendendo una pagina a caso:

a. sia nell'introduzione;
b. non abbia illustrazioni.

$\left[a)\ \frac{1}{12};\ b)\ \frac{4}{5}\right]$

Per E_1 i casi favorevoli sono $f = 6$, cioè il numero delle figure rosse; per E_2 i casi favorevoli sono $f = 13$, cioè il numero delle carte di picche. Quindi:

$$p(E_1) = \frac{6}{52} = \frac{3}{26} \simeq 0,12; \qquad p(E_2) = \frac{13}{52} = \frac{1}{4} = 0,25.$$

Possiamo esprimere questi valori anche mediante percentuali.

Per esempio, il valore percentuale della probabilità di E_2 è 25%.

Possiamo fare le seguenti osservazioni.

- Poiché il numero f dei casi favorevoli è sempre minore o uguale al numero dei casi possibili,

  $$0 \le p(E) \le 1,$$

  cioè, la probabilità di un evento è sempre compresa tra 0 e 1.
- Se $f = u$, poiché il numero dei casi favorevoli è uguale al numero dei casi possibili:

  $$p(E) = 1$$

  e l'evento è **certo**.
- Se $f = 0$, poiché il numero dei casi favorevoli è nullo:

  $$p(E) = 0$$

  e l'evento è **impossibile**.

Evento contrario

Consideriamo un evento E. Il suo **evento contrario** $\overline{E}$ è l'evento che si verifica se e solo se non si verifica E.

Per esempio, nel lancio di un dado l'evento contrario di E = «esce un numero pari» è $\overline{E}$ = «non esce un numero pari», ossia «esce un numero dispari».

È vero che:

$$\boldsymbol{p(\overline{E}) = 1 - p(E).}$$

Infatti, essendo u = numero dei casi possibili e f = numero dei casi favorevoli a E:

$$p(\overline{E}) = \frac{u-f}{u} = 1 - \frac{f}{u} = 1 - p(E).$$

ESEMPIO

Nel lancio di un dado l'evento $\overline{E}$ = «non esce il numero 6» è l'evento contrario dell'evento E = «esce il numero 6», quindi

$$p(\overline{E}) = 1 - p(E) = 1 - \frac{1}{6} = \frac{5}{6}.$$

► In un'urna ci sono tre palline gialle, una bianca e due verdi. Calcola la probabilità dell'evento contrario di B = «esce una pallina bianca»:

a. direttamente;
b. usando le proprietà della probabilità.

Animazione

Dal punto di vista degli insiemi, dato l'insieme corrispondente a un evento E, al suo evento contrario $\overline{E}$ corrisponde l'*insieme complementare* di E rispetto a U. Nell'esempio precedente, $U = \{1, 2, 3, 4, 5, 6\}$, $E = \{6\}$, $\overline{E} = \{1, 2, 3, 4, 5\}$.

Per quanto abbiamo detto, la somma della probabilità di un evento e di quella del suo evento contrario è 1:

$$p(E) + p(\overline{E}) = 1.$$

Probabilità e calcolo combinatorio

Nel calcolare la probabilità di un evento con la definizione data, per contare il numero di casi favorevoli e quello di casi possibili, può essere utile il calcolo combinatorio.

ESEMPIO

Da un'urna contenente 4 palline bianche e 6 nere estraiamo *consecutivamente* 5 palline, senza rimettere ogni volta la pallina estratta nell'urna.

a. Consideriamo l'evento:

E_1 = «escono consecutivamente, nell'ordine, 2 palline bianche e 3 nere».

Dobbiamo supporre di *distinguere per l'ordine* di uscita ogni possibile raggruppamento, anche se identico ad altri per composizione.
I casi possibili si possono quindi calcolare con le *disposizioni semplici*:

$$D_{10,5} = 10 \cdot 9 \cdot 8 \cdot 7 \cdot 6 = 30\,240.$$

I casi favorevoli sono tutti i gruppi formati da 2 palline bianche delle quattro contenute nell'urna e dai gruppi formati da 3 palline nere delle sei contenute nell'urna:

$$D_{4,2} \cdot D_{6,3} = (4 \cdot 3) \cdot (6 \cdot 5 \cdot 4) = 1440.$$

Si ha che $p(E_1) = \dfrac{D_{4,2} \cdot D_{6,3}}{D_{10,5}} = \dfrac{1440}{30\,240} = \dfrac{1}{21}$.

b. Consideriamo ora l'evento:

E_2 = «escono 2 palline bianche e 3 nere».

Questa volta *non interessa l'ordine*: indicando con b una pallina bianca e con n una nera, l'evento è verificato non solo quando la successione è

$b, b, n, n, n,$

ma anche quando è

$b, n, b, n, n;$ $\quad n, b, b, n, n;$ $\quad \dots$

I casi favorevoli sono quindi quelli calcolati nel caso **a** moltiplicati per le permutazioni di 5 elementi, di cui 2 e 3 ripetuti:

$$(D_{4,2} \cdot D_{6,3}) \cdot P_5^{(2,3)} = 1440 \cdot \frac{5!}{2! \cdot 3!} = 14\,400.$$

Pertanto $p(E_2) = \dfrac{14\,400}{30\,240} = \dfrac{10}{21}$.

Osserviamo che la probabilità dell'evento E_2 può essere scritta anche nel seguente modo:

$$p(E_2) = \frac{D_{4,2} \cdot D_{6,3} \cdot \frac{5!}{2! \cdot 3!}}{D_{10,5}} = \frac{\frac{D_{4,2}}{2!} \cdot \frac{D_{6,3}}{3!}}{\frac{D_{10,5}}{5!}} = \frac{C_{4,2} \cdot C_{6,3}}{C_{10,5}}.$$

Confrontando i risultati ottenuti per E_1 ed E_2, possiamo quindi concludere che nelle estrazioni consecutive senza reinserimento si utilizzano le disposizioni semplici se è essenziale l'ordine di uscita, le combinazioni semplici se l'ordine non interessa.

Video

Roulette e probabilità
Facciamo 10 puntate alla roulette.

▶ Qual è la probabilità che esca un numero nero?

▶ In una classe con 16 femmine e 9 maschi si formano dei gruppi di studio composti da 5 persone. Formando un gruppo a caso, qual è la probabilità che sia composto da almeno 4 femmine?

Animazione

3 Somma logica di eventi

Esercizi a p. 1010

Eventi unione e intersezione

Ogni evento è un sottoinsieme dello spazio campionario, quindi possiamo utilizzare gli insiemi per definire eventi unione e intersezione di eventi.

DEFINIZIONE

Dati due eventi E_1 ed E_2 di uno stesso spazio campionario:

- l'**evento unione** o **somma logica** è l'evento $E_1 \cup E_2$ che si verifica quando è verificato *almeno* uno degli eventi E_1 o E_2;
- l'**evento intersezione** o **prodotto logico** è l'evento $E_1 \cap E_2$ che si verifica quando sono verificati *entrambi* gli eventi E_1 ed E_2.

La o e la e che abbiamo utilizzato nella definizione corrispondono alle *operazioni logiche* tra le proposizioni che descrivono gli eventi. Infatti, date due proposizioni logiche p e q:

- la loro disgiunzione $p \vee q$, cioè p o q, è falsa quando entrambe p e q sono false, è vera negli altri casi;
- la loro congiunzione $p \wedge q$, cioè p e q, è vera quando entrambe p e q sono vere, è falsa negli altri casi.

L'evento unione viene anche detto **evento totale**, mentre l'evento intersezione è anche detto **evento composto**.

ESEMPIO

Estraiamo una pallina da un'urna che ne contiene 6, numerate da 1 a 6, e consideriamo:

E_1 = «esce un numero minore di 4»,

E_2 = «esce un multiplo di 2».

Abbiamo che:

$E_1 \cup E_2$ = «esce un numero minore di 4 o multiplo di 2» = $\{1, 2, 3, 4, 6\}$;

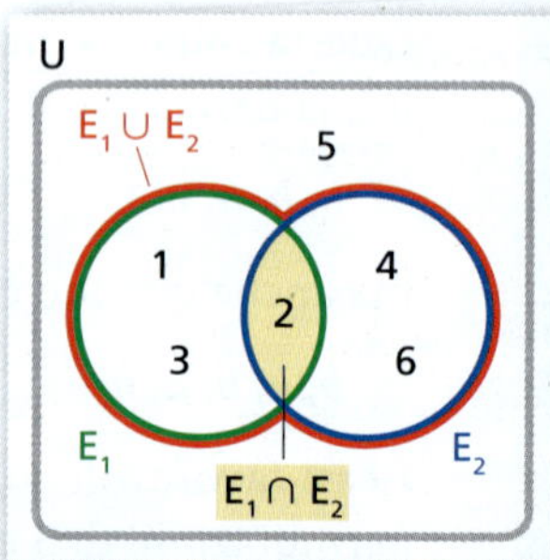

$E_1 \cap E_2$ = «esce un numero minore di 4 e multiplo di 2» = $\{2\}$.

Eventi compatibili ed eventi incompatibili

Estraiamo una pallina da un'urna contenente 12 palline numerate da 1 a 12 e consideriamo gli eventi:

E_1 = «esce un numero pari»;

E_2 = «esce un numero maggiore di 7».

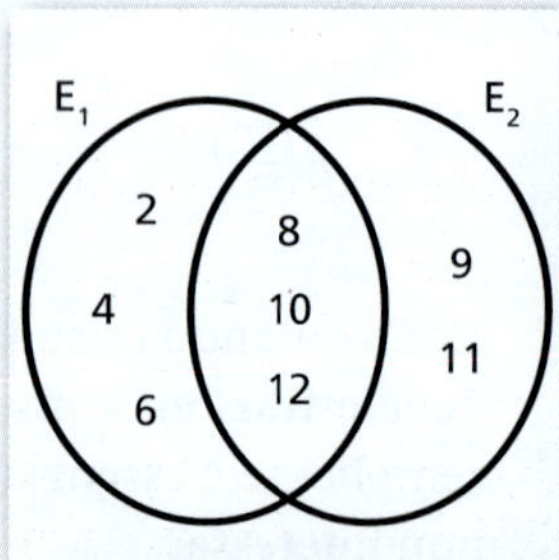

Osserviamo che gli eventi E_1 ed E_2 possono verificarsi *contemporaneamente*, per ognuno dei risultati dati da un elemento di $E_1 \cap E_2 = \{8, 10, 12\}$. In casi come questo si dice che gli eventi sono *compatibili*.

► Si lanciano tre monete con le facce contrassegnate da T e C. Considera gli eventi

- E_1 = «esce solo una T»,
- E_2 = «esce almeno una T»,
- E_3 = «escono almeno due T».

Stabilisci quali sono le coppie di eventi compatibili e le coppie di eventi incompatibili.

Consideriamo ora gli eventi:

E_3 = «esce il numero 2»;

E_4 = «esce il numero 10».

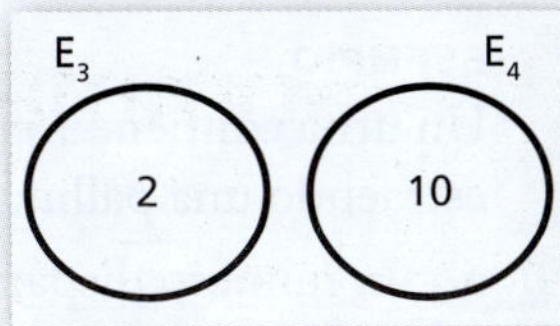

$E_3 \cap E_4 = \varnothing$: questi due eventi, invece, *non* possono verificarsi *contemporaneamente*. Eventi di questo tipo sono *incompatibili*.

DEFINIZIONE

Due eventi E_1 ed E_2, relativi allo stesso spazio campionario, sono **incompatibili** se il verificarsi di uno esclude il verificarsi contemporaneo dell'altro, cioè $E_1 \cap E_2 = \varnothing$. In caso contrario sono **compatibili**.

Listen to it

Two events E_1 and E_2 are said to be **mutually exclusive** (or **disjoint**) if they cannot both occur in a single trial of the experiment. Therefore, the intersection of mutually exclusive events is empty.

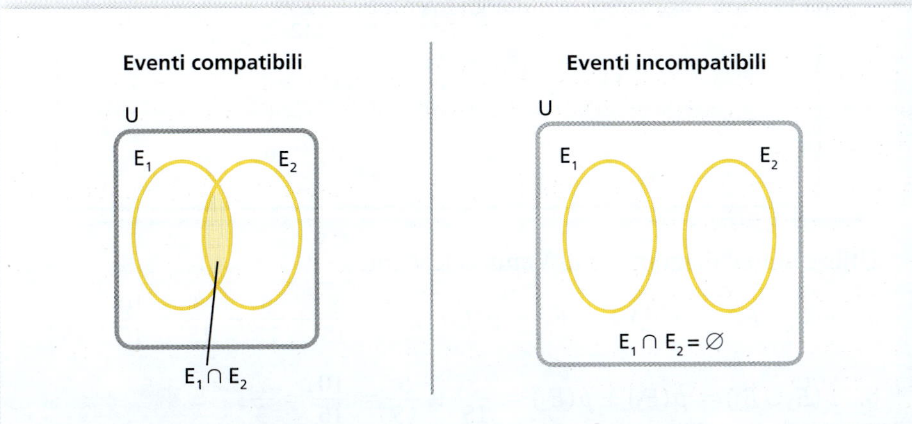

Probabilità della somma logica o unione di due eventi

Vale il seguente teorema.

TEOREMA

La **probabilità della somma logica di due eventi** E_1 ed E_2 è uguale alla somma delle loro probabilità diminuita della probabilità del loro evento intersezione:

$$p(E_1 \cup E_2) = p(E_1) + p(E_2) - p(E_1 \cap E_2).$$

In particolare, se gli eventi sono *incompatibili*:

$$p(E_1 \cup E_2) = p(E_1) + p(E_2).$$

Infatti, se gli eventi sono compatibili, per calcolare gli elementi di $E_1 \cup E_2$ occorre sottrarre alla somma degli elementi di E_1 ed E_2 quelli in comune, altrimenti verrebbero contati due volte. Se invece gli eventi sono incompatibili, poiché $E_1 \cap E_2 = \varnothing$ e $p(E_1 \cap E_2) = 0$, la sottrazione non è necessaria.

Il teorema si estende al caso di tre o più eventi. Per esempio, nel caso di tre eventi la relazione del teorema diventa:

$$p(E_1 \cup E_2 \cup E_3) = p(E_1) + p(E_2) + p(E_3) - p(E_1 \cap E_2) + \\ - p(E_1 \cap E_3) - p(E_2 \cap E_3) + p(E_1 \cap E_2 \cap E_3).$$

In ogni caso è sempre opportuno effettuare la rappresentazione con i diagrammi di Venn e ricavare, osservando la figura, le probabilità da sommare o da sottrarre.

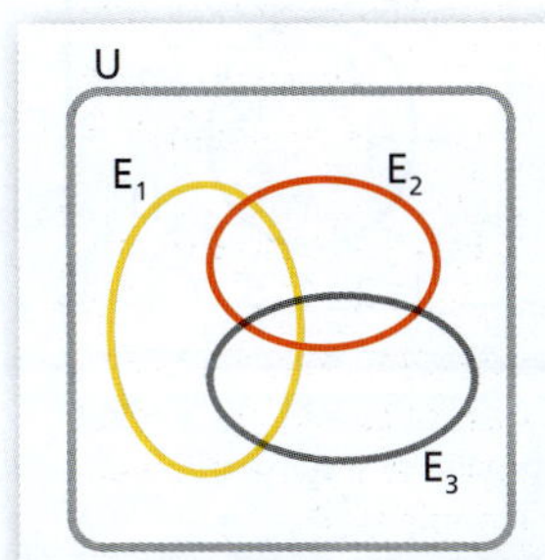

TEORIA

ESEMPIO

Un'urna contiene 15 palline numerate da 1 a 15. Calcoliamo la probabilità che, estraendo una pallina, essa rechi:

a. un numero dispari o maggiore di 10;

b. un numero minore di 6 o maggiore di 10.

Rappresentiamo gli eventi:

E_1 = «esce un numero dispari»;

E_2 = «esce un numero maggiore di 10»;

E_3 = «esce un numero minore di 6».

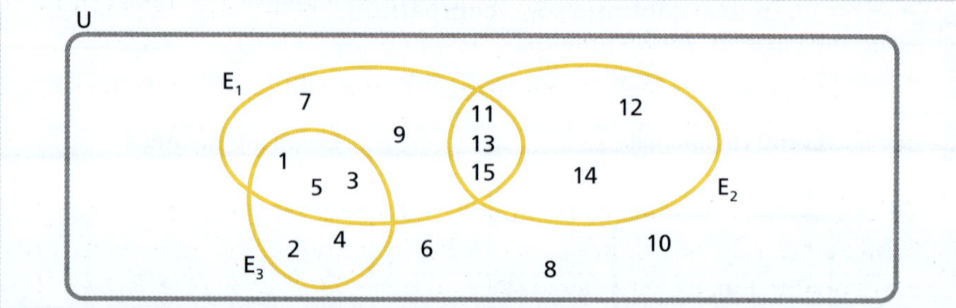

Utilizzando il diagramma di Venn, calcoliamo:

a. $p(E_1 \cup E_2) = p(E_1) + p(E_2) - p(E_1 \cap E_2) = \frac{8}{15} + \frac{5}{15} - \frac{3}{15} = \frac{10}{15} = \frac{2}{3}$;

b. $p(E_3 \cup E_2) = p(E_3) + p(E_2) = \frac{5}{15} + \frac{5}{15} = \frac{10}{15} = \frac{2}{3}$.

► Un sacchetto contiene trenta gettoni numerati da 1 a 30. Si estraggono consecutivamente due gettoni, senza rimettere il primo nel sacchetto. Calcola la probabilità che:

a. vengano estratti due multipli di 3 oppure due multipli di 5;

b. la somma dei numeri estratti sia un numero pari.

Animazione

Possiamo generalizzare il teorema precedente al caso di n eventi a due a due incompatibili, $E_1, E_2, \ldots, E_n$, ottenendo la formula

$$p(E_1 \cup E_2 \cup \ldots \cup E_n) = p(E_1) + p(E_2) + \ldots + p(E_n).$$

Questo risultato è anche chiamato **teorema della probabilità totale**.

4 Probabilità condizionata

► Esercizi a p. 1013

Eventi dipendenti ed eventi indipendenti

Consideriamo un'urna contenente 12 palline identiche numerate da 1 a 12.
Lo spazio campionario è

$$U = \{1, 2, 3, 4, 5, 6, 7, 8, 9, 10, 11, 12\}$$

e l'evento E = «estrazione di una pallina con un numero divisibile per 3» ha probabilità $p(E) = \frac{4}{12} = \frac{1}{3}$.

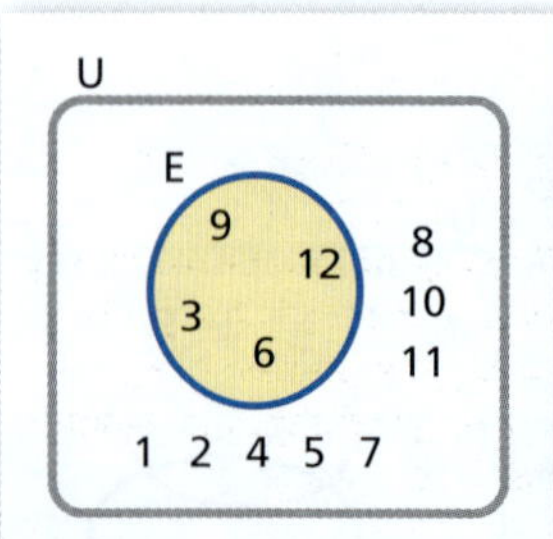

1. Consideriamo l'evento

E_1 = «estrazione di una pallina con un numero maggiore di 7»,

per il quale $p(E_1) = \frac{5}{12}$.

Valutiamo ora la probabilità di E quando sappiamo che E_1 si è verificato. Indichiamo questa probabilità con il simbolo $p(E \mid E_1)$ che leggiamo *probabilità di E condizionata a* E_1.

In questa situazione gli esiti possibili non sono più 12, ma 5 (figura **a**), in quanto l'insieme universo si è ridotto a:

$U' = E_1 = \{8, 9, 10, 11, 12\}$.

I casi favorevoli sono i 2 elementi dell'insieme $E \cap E_1 = \{9, 12\}$.

La probabilità è $p(E \mid E_1) = \frac{2}{5}$, che è un valore maggiore di $p(E) = \frac{1}{3}$.

Sapere che E_1 si è verificato ha aumentato la probabilità di E. Gli eventi E ed E_1 si dicono *correlati positivamente*.

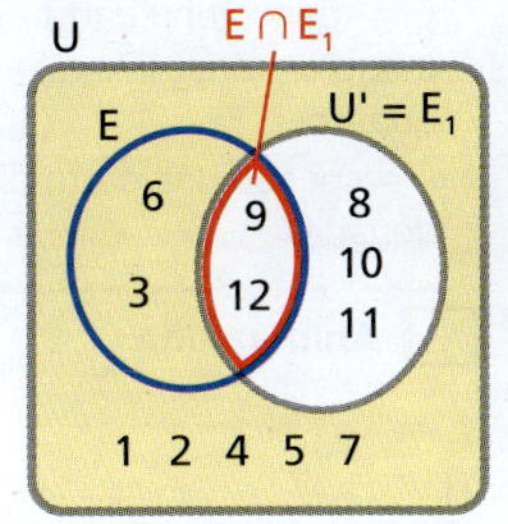

a

2. Consideriamo l'evento E_2 = «estrazione di una pallina con un numero pari», per il quale $p(E_2) = \frac{6}{12} = \frac{1}{2}$.

   Valutiamo la probabilità di E, supponendo che si sia verificato E_2, cioè la probabilità $p(E \mid E_2)$ di E condizionata a E_2. Gli esiti possibili diventano 6 (figura **b**), in quanto l'insieme universo si è ridotto a $U' = E_2 = \{2, 4, 6, 8, 10, 12\}$; i casi favorevoli sono i 2 elementi dell'insieme $E \cap E_2 = \{6, 12\}$.

   $p(E \mid E_2) = \frac{2}{6} = \frac{1}{3}$, che è un valore uguale a $p(E) = \frac{1}{3}$.

   In questo caso, sapere che E_2 si è verificato non ha mutato il valore della probabilità di E. Gli eventi E ed E_2 sono *indipendenti*.

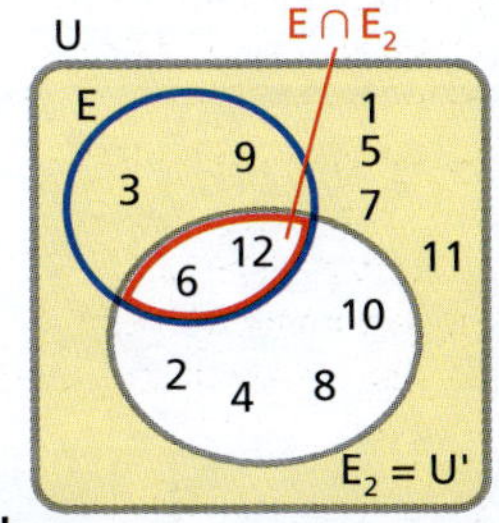

b

3. Consideriamo l'evento

   E_3 = «estrazione di una pallina con un numero minore di 8»,

   per il quale $p(E_3) = \frac{7}{12}$.

   Valutiamo la probabilità di E supponendo che sia verificato l'evento E_3, cioè $p(E \mid E_3)$. Gli esiti possibili ora sono 7 (figura **c**), perché l'insieme universo si è ridotto a $U' = E_3 = \{1, 2, 3, 4, 5, 6, 7\}$; i casi favorevoli sono i 2 elementi dell'insieme $E \cap E_3 = \{3, 6\}$.

   $p(E \mid E_3) = \frac{2}{7}$, che è un valore minore di $p(E) = \frac{1}{3}$.

   Sapere che si è verificato E_3 ha diminuito la probabilità di E. Gli eventi E ed E_3 sono *correlati negativamente*.

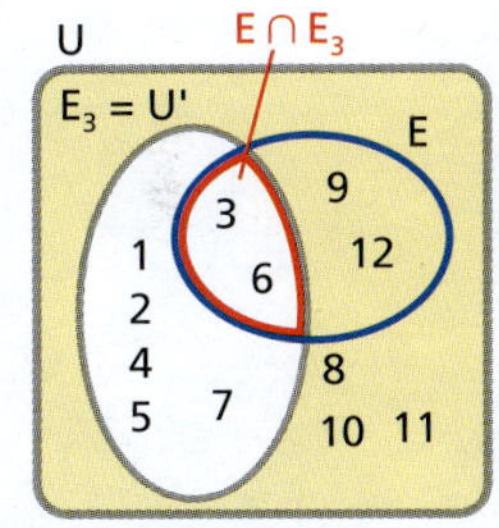

c

In generale, diamo la seguente definizione.

DEFINIZIONE

Dati due eventi E_1 ed E_2, con $p(E_2) \neq 0$, si chiama **probabilità condizionata** di E_1 rispetto a E_2, e si indica con $p(E_1 \mid E_2)$, la probabilità che si verifichi E_1 nell'ipotesi che E_2 sia verificato.

Listen to it

The **conditional probability** of E_1 given E_2 is the probability that the event E_1 will occur given that the event E_2 has occurred.

Se $p(E_1 \mid E_2) = p(E_1)$, cioè le conoscenze ulteriori sul verificarsi di E_2 non modificano la probabilità di E_1, si dice che gli eventi sono **indipendenti**.
Se invece $p(E_1 \mid E_2) \neq p(E_1)$, cioè le conoscenze ulteriori sul verificarsi di E_2 modificano la probabilità di E_1, si dice che gli eventi sono **dipendenti**.

TEORIA

▶ Da un mazzo di 40 carte ne estraiamo una. Stabilisci se sono indipendenti gli eventi:
- E = «pesco una carta maggiore o uguale al quattro»;
- F = «pesco una carta di denari».

Animazione

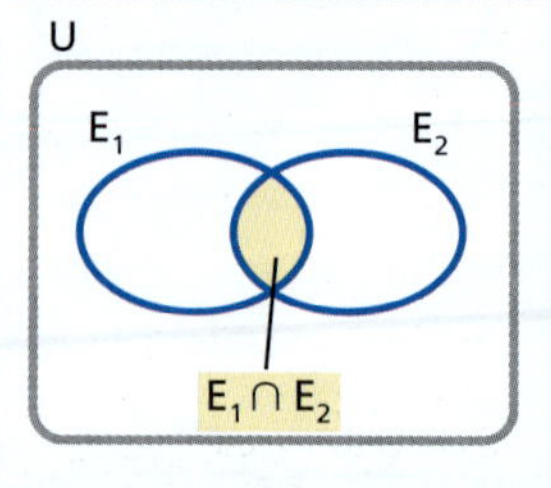

Dati due eventi dipendenti E_1 ed E_2:

- se $p(E_1 | E_2) > p(E_1)$, i due eventi sono **correlati positivamente**;
- se $p(E_1 | E_2) < p(E_1)$, i due eventi sono **correlati negativamente**.

Osserviamo che, mentre per calcolare $p(E_1)$ consideriamo l'insieme universo U, nel calcolare $p(E_1 | E_2)$ l'insieme universo si riduce al sottoinsieme E_2.

Calcolo della probabilità condizionata

Chiamiamo k il numero degli esiti favorevoli al verificarsi di E_2 e r quello degli esiti favorevoli al verificarsi di E_1 nell'ipotesi che E_2 si sia verificato, ossia il numero di elementi di $E_1 \cap E_2$. Per definizione, abbiamo:

$$p(E_1 | E_2) = \frac{r}{k}.$$

Dividendo numeratore e denominatore per n, numero degli elementi di U, otteniamo:

$$p(E_1 | E_2) = \frac{r}{k} = \frac{\frac{r}{n}}{\frac{k}{n}} = \frac{p(E_1 \cap E_2)}{p(E_2)}.$$

Per la probabilità condizionata vale quindi il seguente teorema.

TEOREMA

La probabilità condizionata di un evento E_1 rispetto a un evento E_2, non impossibile, è:

$$p(E_1 | E_2) = \frac{p(E_1 \cap E_2)}{p(E_2)},$$

con $p(E_2) \neq 0$.

Analogamente:

$$p(E_2 | E_1) = \frac{p(E_2 \cap E_1)}{p(E_1)},$$

con $p(E_1) \neq 0$.

ESEMPIO

In un istituto ci sono 650 alunni, di cui 425 femmine e 225 maschi. Nella classe 5ª B ci sono 24 alunni, di cui 11 femmine e 13 maschi. Si estraggono a sorte due alunni che partecipino a un sondaggio nazionale. Calcoliamo la probabilità che gli alunni della scuola estratti siano entrambi maschi, sapendo che sono stati estratti due alunni della 5ª B.
Chiamiamo:

E_1 = «sono stati estratti due maschi»;

E_2 = «sono stati estratti due alunni della 5ª B».

Calcoliamo $p(E_1 | E_2)$ applicando il teorema della probabilità condizionata.

$E_1 \cap E_2$ = «sono stati estratti due maschi della 5ª B».

Casi favorevoli:

$$C_{13,2} = \frac{13 \cdot 12}{2} = 78.$$

Casi possibili:

$$C_{650,2} = \frac{650 \cdot 649}{2!} = 210925.$$

Quindi: $p(E_1 \cap E_2) = \dfrac{C_{13,2}}{C_{650,2}} = \dfrac{78}{210925} = \dfrac{6}{16225}$.

La probabilità di estrarre due alunni della 5ª B è:

$$p(E_2) = \frac{C_{24,2}}{C_{650,2}} = \frac{\frac{24 \cdot 23}{2}}{210925} = \frac{276}{210925}.$$

La probabilità di estrarre due alunni maschi, sapendo che sono stati estratti due alunni della 5ª B è:

$$p(E_1 | E_2) = \frac{p(E_1 \cap E_2)}{p(E_2)} = \frac{6}{16225} \cdot \frac{210925}{276} = \frac{13}{46}.$$

► Calcola $p(E_1|E_2)$ dell'esempio a fianco usando la definizione di probabilità condizionata.

5 Prodotto logico di eventi

► Esercizi a p. 1015

Estraiamo una carta da un mazzo di 52 carte. L'evento

E = «esce un re nero»

è l'intersezione di:

E_1 = «esce una carta con seme nero»; E_2 = «esce un re».

Essendo E = {re di picche, re di fiori}, i casi favorevoli sono 2, quindi la probabilità del prodotto logico di E_1 ed E_2 è:

$$p(E) = p(E_1 \cap E_2) = \frac{2}{52} = \frac{1}{26}.$$

Questo risultato si può ottenere anche in un altro modo.
Dalla relazione della probabilità condizionata abbiamo:

$$p(E_2 | E_1) = \frac{p(E_1 \cap E_2)}{p(E_1)} \rightarrow p(E_1 \cap E_2) = p(E_1) \cdot p(E_2 | E_1).$$

Applichiamo la relazione ottenuta nel nostro esempio:

$$p(E_1) = \frac{26}{52} = \frac{1}{2}.$$

Per l'evento E_2 condizionato a E_1, essendo uscita una carta nera, i casi possibili sono 26, mentre i casi favorevoli sono 2:

$$p(E_2 | E_1) = \frac{2}{26} = \frac{1}{13}.$$

Pertanto,

$$p(E_1 \cap E_2) = p(E_1) \cdot p(E_2 | E_1) = \frac{1}{2} \cdot \frac{1}{13} = \frac{1}{26}.$$

Abbiamo riottenuto il valore calcolato precedentemente in modo diretto.
Vale il seguente teorema.

TEOREMA

La **probabilità del prodotto logico di due eventi** E_1 ed E_2 è uguale al prodotto della probabilità dell'evento E_1 per la probabilità dell'evento E_2 nell'ipotesi che E_1 si sia verificato:

$$p(E_1 \cap E_2) = p(E_1) \cdot p(E_2 | E_1).$$

In particolare, nel caso di eventi *indipendenti*:

$$p(E_1 \cap E_2) = p(E_1) \cdot p(E_2).$$

La seconda formula è conseguenza della prima perché, se gli eventi sono indipendenti, $p(E_2 | E_1) = p(E_2)$.

ESEMPIO

Sapendo che, al primo controllo dopo 2000 km percorsi, la probabilità che un'automobile abbia difetti all'alimentazione è dell'8% e che abbia difetti ai freni è del 3%, e sapendo che i difetti sono indipendenti, calcoliamo la probabilità che una macchina li presenti entrambi.

E_1 = «avere difettosa l'alimentazione», $\quad p(E_1) = \frac{8}{100} = 8\%;$

E_2 = «avere difettosi i freni», $\quad p(E_2) = \frac{3}{100} = 3\%;$

$$p(E_1 \cap E_2) = p(E_1) \cdot p(E_2) = \frac{8}{100} \cdot \frac{3}{100} = \frac{24}{10\,000} = \frac{0,24}{100} = 0,24\%.$$

perché E_1 ed E_2 sono indipendenti

Il teorema della probabilità del prodotto logico si può estendere a più eventi che si devono verificare uno dopo l'altro, considerando quello precedente come verificato.
Nel caso di tre eventi la formulazione è

$$p(E) = p(E_1 \cap E_2 \cap E_3) = p(E_1) \cdot p(E_2 | E_1) \cdot p(E_3 | (E_1 \cap E_2)),$$

che per eventi indipendenti si semplifica:

$$p(E) = p(E_1 \cap E_2 \cap E_3) = p(E_1) \cdot p(E_2) \cdot p(E_3).$$

Problemi con somma e prodotto logico insieme

Consideriamo un esempio di problema che si risolve utilizzando congiuntamente la somma logica e il prodotto logico.

ESEMPIO

Da un'urna che contiene 4 palline nere e 6 bianche estraiamo consecutivamente 3 palline. Calcoliamo la probabilità che le palline siano 2 nere e 1 bianca, con estrazioni senza reimmissione.

Listen to it

The **multiplication rule** states that the probability of the intersection of the events E_1 and E_2 is equal to the probability of E_1 times the conditional probability of E_2 given E_1.

► In un'urna ci sono 12 palline, di cui 8 bianche e 4 nere. Si effettuano due estrazioni, con reimmissione. Calcola la probabilità di estrarre, in successione, una pallina bianca e una nera. Determina la stessa probabilità nel caso in cui la prima pallina estratta non venga rimessa nell'urna.

Animazione

► Due componenti elettronici indipendenti hanno probabilità di guastarsi rispettivamente di 0,1 e 0,2. Qual è la probabilità che entrambi si guastino? Come cambia la risposta se i componenti non sono indipendenti e sapendo che quando si guasta il primo la probabilità che si guasti il secondo è 0,3?
[0,02; 0,03]

Consideriamo:

E_1 = «alla prima estrazione esce una pallina nera»;

E_2 = «alla seconda estrazione esce una pallina nera»;

E_3 = «alla terza estrazione esce una pallina nera».

L'evento E si verifica se si ottiene una delle seguenti sequenze:

(n, n, b) o (n, b, n) o (b, n, n).

Quindi:

$$E = (E_1 \cap E_2 \cap \overline{E}_3) \cup (E_1 \cap \overline{E}_2 \cap E_3) \cup (\overline{E}_1 \cap E_2 \cap E_3).$$

L'evento E è l'unione di tre eventi incompatibili, dunque

$$p(E) = p(E_1 \cap E_2 \cap \overline{E}_3) + p(E_1 \cap \overline{E}_2 \cap E_3) + p(\overline{E}_1 \cap E_2 \cap E_3).$$

Se non c'è reimmissione, gli eventi E_1, E_2, E_3 e anche i loro complementari sono dipendenti; quindi, per esempio, per il primo addendo abbiamo:

$$p(E_1 \cap E_2 \cap \overline{E}_3) = p(E_1) \cdot p(E_2 \mid E_1) \cdot p(\overline{E}_3 \mid E_2 \cap E_1) = \frac{4}{10} \cdot \frac{3}{9} \cdot \frac{6}{8}.$$

Ripetiamo il procedimento con gli altri addendi:

$$p(E) = \frac{4}{10} \cdot \frac{3}{9} \cdot \frac{6}{8} + \frac{4}{10} \cdot \frac{6}{9} \cdot \frac{3}{8} + \frac{6}{10} \cdot \frac{4}{9} \cdot \frac{3}{8} = 3 \cdot \frac{6 \cdot 4 \cdot 3}{10 \cdot 9 \cdot 8} = \frac{3}{10}.$$

▶ Risolvi il problema dell'esempio supponendo che le estrazioni avvengano con reimmissione. $\left[\frac{36}{125}\right]$

Problema delle prove ripetute

Lanciamo un dado regolare e calcoliamo la probabilità che in cinque lanci consecutivi la faccia 3 si presenti soltanto la prima volta e poi non si presenti più nei lanci successivi. Chiamiamo E_1 questo evento.

Siamo di fronte a un *evento prodotto logico* di una sequenza di cinque *eventi indipendenti*.

La probabilità dell'evento E = «esce la faccia 3» è $p(E) = \frac{1}{6}$, mentre la probabilità dell'evento $\overline{E}$ = «non esce la faccia 3» è $1 - p(E) = 1 - \frac{1}{6} = \frac{5}{6}$.

La probabilità richiesta è: $p(E_1) = \frac{1}{6} \cdot \frac{5}{6} \cdot \frac{5}{6} \cdot \frac{5}{6} \cdot \frac{5}{6} = \frac{1}{6} \cdot \left(\frac{5}{6}\right)^4 = \frac{5^4}{6^5}$.

Abbandoniamo ora la richiesta che la faccia 3 esca la prima volta e consideriamo il caso in cui essa esca una volta sola, non importa in quale posizione della sequenza.

L'evento $F_{1,5}$ = «esce 3 solo una volta su cinque lanci» è la somma logica degli eventi E_i = «esce 3 solo all'i-esimo lancio», con i che va da 1 a 5; tali eventi sono tutti incompatibili fra loro e ognuno ha probabilità uguale a $p(E_1)$. Quindi

$$p(F_{1,5}) = p(E_1) + p(E_2) + \ldots + p(E_5) = 5 \cdot p(E_1) = 5 \cdot \frac{5^4}{6^5} = \frac{5^5}{6^5}.$$

Il numero di sequenze che contengono solo un 3 può essere visto come il numero dei modi in cui un elemento può occupare cinque posti a disposizione:

$$\binom{5}{1}.$$

MATEMATICA E SCIENZA

Siamo soli nell'Universo? A tutti è capitato di chiedersi almeno una volta se nel resto dell'Universo esiste qualche forma di vita intelligente.

▶ Possiamo calcolare la probabilità di vita extraterrestre?

La risposta

Se l'evento «esce la faccia 3» si deve presentare due volte, abbiamo:

$$p(F_{2,5}) = \binom{5}{2} \cdot \frac{1}{6} \cdot \frac{1}{6} \cdot \frac{5}{6} \cdot \frac{5}{6} \cdot \frac{5}{6} = \binom{5}{2} \cdot \left(\frac{1}{6}\right)^2 \cdot \left(\frac{5}{6}\right)^3 = \frac{10 \cdot 5^3}{6^5}.$$

Se le volte sono tre:

$$p(F_{3,5}) = \binom{5}{3} \cdot \frac{1}{6} \cdot \frac{1}{6} \cdot \frac{1}{6} \cdot \frac{5}{6} \cdot \frac{5}{6} = \binom{5}{3} \cdot \left(\frac{1}{6}\right)^3 \cdot \left(\frac{5}{6}\right)^2 = \frac{10 \cdot 5^2}{6^5}.$$

E così via.

Generalizziamo il problema.

Abbiamo un evento E con probabilità costante p di verificarsi.
L'evento contrario $\overline{E}$ ha probabilità di verificarsi $q = 1 - p$.

Effettuiamo n prove e vogliamo calcolare la probabilità che l'evento E si verifichi k volte e $(n - k)$ volte non si verifichi.
Supponendo che l'evento accada nelle prime k prove e non accada nelle $(n - k)$ successive, dobbiamo applicare il *teorema della probabilità del prodotto logico* e abbiamo:

$$\underbrace{p \cdot p \cdot p \cdot \ldots \cdot p}_{k \text{ volte}} \cdot \underbrace{q \cdot q \cdot q \cdot \ldots \cdot q}_{(n-k) \text{ volte}} = p^k \cdot q^{n-k}.$$

Poiché le k prove in cui l'evento si verifica si possono presentare con ordine diverso, dobbiamo applicare il teorema della *somma logica di eventi* e quindi moltiplicare il valore precedente per il numero delle possibilità che ci sono.
Indichiamo il valore della probabilità con il simbolo $p_{(k,n)}$. Abbiamo:

$$p_{(k,n)} = \binom{n}{k} p^k \cdot q^{n-k}.$$

Vale quindi il seguente teorema.

TEOREMA

Schema delle prove ripetute (o di Bernoulli)

Dato un esperimento aleatorio ripetuto nelle stesse condizioni n volte e indicato con E un evento che rappresenta il successo dell'esperimento e ha probabilità costante p di verificarsi e probabilità $q = 1 - p$ di non verificarsi, la probabilità di ottenere k successi su n prove è:

$$p_{(k,n)} = \binom{n}{k} p^k \cdot q^{n-k}.$$

ESEMPIO

Una macchina produce pezzi che risultano difettosi con una probabilità del 3%. Prendiamo 8 pezzi e calcoliamo la probabilità che:

a. nessuno sia difettoso;
b. 3 siano difettosi;
c. tutti siano difettosi;
d. almeno 2 siano difettosi.

Essendo $p = 0{,}03$ e $q = 0{,}97$:

a. $p_{(0,8)} = \binom{8}{0}(0{,}03)^0 \cdot (0{,}97)^8 \simeq 78{,}37\%.$

b. $p_{(3,8)} = \binom{8}{3} (0{,}03)^3 \cdot (0{,}97)^5 \simeq 12{,}98 \cdot 10^{-2}\%.$

c. $p_{(8,8)} = \binom{8}{8} (0{,}03)^8 \cdot (0{,}97)^0 \simeq 6{,}56 \cdot 10^{-11}\%.$

d. Per questo quesito utilizziamo l'evento contrario di «almeno due pezzi difettosi» che è: «nessun pezzo difettoso o uno solo difettoso»:

$$p = 1 - p_{(0,8)} - p_{(1,8)} \simeq 1 - 0{,}7837 - \binom{8}{1} (0{,}03)^1 \cdot (0{,}97)^7 \simeq 2{,}24\%.$$

► Un test è composto da 10 domande, ciascuna con quattro opzioni di risposta, di cui una sola corretta. Alberto risponde a caso a tutte le 10 domande.
Qual è la probabilità che risponda correttamente ad almeno 7 domande?
[$\simeq 0{,}0035$]

6 Teorema di Bayes

Se l'evento deve accadere: la disintegrazione

► Esercizi a p. 1022

Abbiamo due urne:

- urna 1: 3 palline bianche e 2 nere;
- urna 2: 4 palline bianche e 5 nere.

Calcoliamo la probabilità che, scegliendo a caso un'urna ed effettuando l'estrazione di una pallina, questa sia bianca.
Per la scelta dell'urna ci affidiamo al lancio di un dado: se viene un numero minore di tre, effettueremo l'estrazione dalla prima urna, altrimenti dalla seconda.

Gli esiti dell'esperimento possono essere descritti da coppie il cui primo elemento indica il numero del dado uscito e il secondo se la pallina estratta è bianca (b) oppure nera (n). Per esempio, la coppia $(4, b)$ indica che nel lancio del dado esce 4 e nell'estrazione dall'urna (la seconda) la pallina è bianca.
Consideriamo i due eventi, riferiti al lancio del dado:

E_1 = «numero minore di tre»;

E_2 = «numero maggiore o uguale a tre».

Questi due eventi sono incompatibili ed esauriscono tutte le possibilità di lancio.

Essi hanno probabilità: $p(E_1) = \frac{2}{6} = \frac{1}{3}$, $p(E_2) = \frac{4}{6} = \frac{2}{3}$.

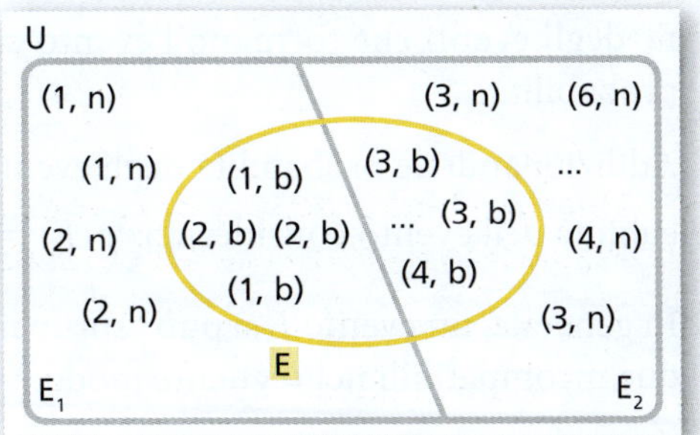

L'evento

E = «pallina bianca»,

formato dalle coppie che hanno come secondo elemento b, è un sottoinsieme di $U = E_1 \cup E_2$ ed è l'unione di due eventi incompatibili:

$E \cap E_1$ = «numero minore di tre e pallina bianca dalla prima urna»;

$E \cap E_2$ = «numero maggiore o uguale a tre e pallina bianca dalla seconda urna».

Gli eventi E ed E_1 sono dipendenti, così come gli eventi E ed E_2, quindi per calcolare la probabilità delle intersezioni dobbiamo usare la probabilità condizionata.

$$p(E \mid E_1) = \frac{3}{5} \quad \text{e} \quad p(E \mid E_2) = \frac{4}{9},$$

quindi, applicando il teorema della probabilità del prodotto logico, abbiamo:

numero minore di tre

$$p(E \cap E_1) = p(E_1) \cdot p(E \mid E_1) = \frac{1}{3} \cdot \frac{3}{5} = \frac{1}{5};$$

bianca dalla prima urna

numero maggiore o uguale a tre

$$p(E \cap E_2) = p(E_2) \cdot p(E \mid E_2) = \frac{2}{3} \cdot \frac{4}{9} = \frac{8}{27}.$$

bianca dalla seconda urna

Possiamo ora calcolare la probabilità dell'evento E:

$$p(E) = p(E \cap E_1) + p(E \cap E_2) = p(E_1) \cdot p(E \mid E_1) + p(E_2) \cdot p(E \mid E_2) =$$
$$\frac{1}{5} + \frac{8}{27} = \frac{67}{135}.$$

Visualizziamo tutto il procedimento utilizzando un diagramma ad albero, dove i rami uscenti da un nodo rappresentano eventi incompatibili e, sommando le probabilità segnate su di essi, otteniamo il valore uno.

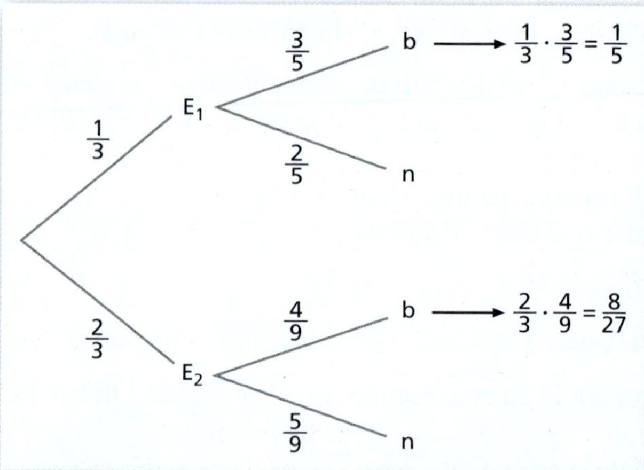

► In un'indagine condotta su 120 persone, di cui 70 uomini e 50 donne, è risultato che hanno la patente il 90% degli uomini e l'87% delle donne. Prendendo una persona a caso, qual è la probabilità che questa abbia la patente? [0,89]

Partendo da sinistra, percorrendo i rami del diagramma, leggiamo la successione degli eventi che formano l'evento composto ed effettuiamo il prodotto delle probabilità.

Addizionando le probabilità degli eventi prodotto dei percorsi, otteniamo la probabilità dell'evento considerato: $p(E) = \frac{1}{5} + \frac{8}{27} = \frac{67}{135}$.

In generale, un evento E si può esprimere come unione di eventi composti a due a due incompatibili nel seguente modo:

$$E = (E \cap E_1) \cup (E \cap E_2) \cup \ldots \cup (E \cap E_n),$$

dove $E_1, E_2, \ldots, E_n$ costituiscono una *partizione* dello spazio campionario U, cioè sono eventi:

- non vuoti;
- incompatibili a due a due;
- tali che la loro unione è uguale a U.

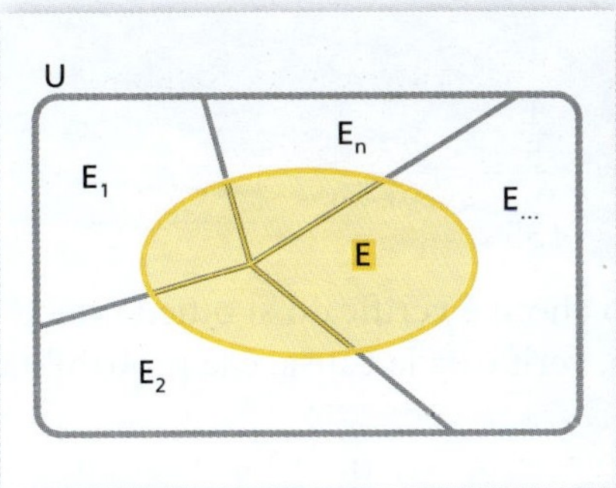

Applicando il teorema della probabilità totale, si ha

$$p(E) = p(E \cap E_1) + p(E \cap E_2) + \ldots + p(E \cap E_n),$$

e applicando il teorema del prodotto logico di eventi, si ha la formula

$$p(E) = p(E_1) \cdot p(E \mid E_1) + p(E_2) \cdot p(E \mid E_2) + \ldots + p(E_n) \cdot p(E \mid E_n),$$

la cui applicazione risulta facilitata utilizzando i diagrammi ad albero.
Questa formula è anche detta **formula di disintegrazione**.

Se l'evento è accaduto: teorema di Bayes

▶ Esercizi a p. 1023

Consideriamo ancora l'esperimento relativo all'estrazione di una pallina bianca da due urne, la cui scelta è stabilita dal lancio di un dado.

Supponiamo che *si sia verificato* l'evento:

E = «estrazione di una pallina bianca».

Ci chiediamo: «qual è la probabilità che la pallina bianca estratta provenga dalla prima urna?».

Siamo in una situazione completamente diversa da quella precedente.
Infatti abbiamo sempre calcolato la probabilità di un evento che potrebbe accadere conoscendo le cause che stanno alla base del suo verificarsi.
Ora invece l'evento si è verificato e vogliamo conoscere la probabilità che sia stata una certa *causa* a produrlo.

Usiamo ancora le notazioni:

E_1 = «numero minore di tre»;

$E_1 \cap E$ = «numero minore di tre e pallina bianca dalla prima urna».

Dobbiamo calcolare la probabilità che, verificatosi E, si sia verificato anche E_1, cioè $p(E_1 \mid E)$.

$$p(E_1 \mid E) = \frac{p(E_1 \cap E)}{p(E)}$$

TEORIA

Essendo $E_1 \cap E = E \cap E_1$ e utilizzando i valori di probabilità che abbiamo già calcolato,

$$p(E_1 \cap E) = p(E \cap E_1) = p(E_1) \cdot p(E \mid E_1) = \frac{1}{5} \quad \text{e} \quad p(E) = \frac{67}{135},$$

otteniamo:

$$p(E_1 \mid E) = \frac{p(E_1 \cap E)}{p(E)} = \frac{p(E_1) \cdot p(E \mid E_1)}{p(E)} = \frac{\frac{1}{5}}{\frac{67}{135}} = \frac{27}{67}.$$

Pertanto, la probabilità della causa dell'evento che si è verificato si ottiene calcolando il rapporto tra la probabilità dell'evento, verificata la causa, e la probabilità totale dell'evento.

Generalizziamo il problema.

Sia U uno spazio campionario ed $E \subset U$ un evento che supponiamo si sia verificato. Consideriamo una partizione di U in n eventi $E_1, E_2, \ldots, E_n$; allora

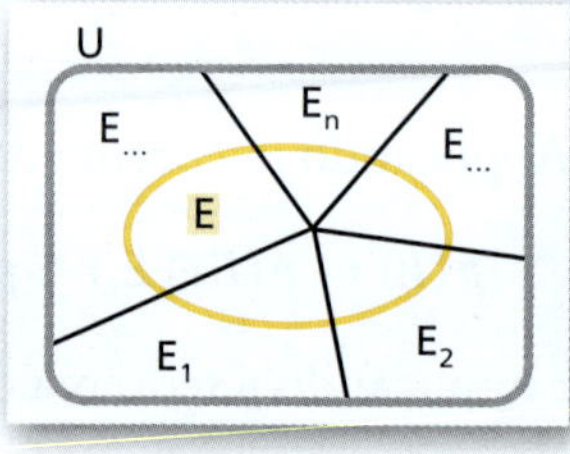

$$E = (E \cap E_1) \cup (E \cap E_2) \cup \ldots \cup (E \cap E_n).$$

La probabilità che l'evento E_i sia stato la **causa** di E si ottiene come rapporto fra la probabilità di $E_i \cap E$ e la probabilità dell'evento totale E.

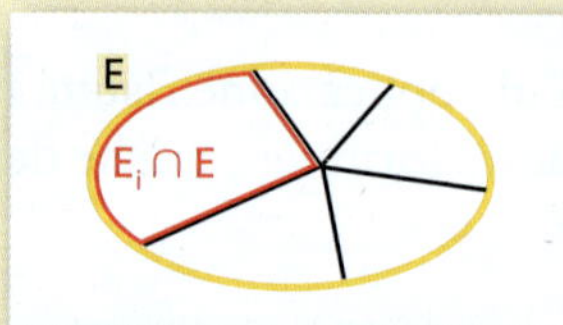

Ciò conduce alla seguente formula, nota come **teorema di Bayes** o **teorema della probabilità delle cause**.

Listen to it

Bayes' theorem allows us to compute the probability that an event E_i is the **cause** of a given **effect** E that has already occurred.

TEOREMA

Teorema di Bayes

La probabilità che, essendosi verificato un evento E, la causa che sta alla sua origine sia l'evento E_i, con $i = 1, 2, \ldots, n$, è

$$p(E_i \mid E) = \frac{p(E_i) \cdot p(E \mid E_i)}{p(E)},$$

dove $p(E)$ è la probabilità dell'evento totale:

$$p(E) = p(E_1) \cdot p(E \mid E_1) + p(E_2) \cdot p(E \mid E_2) + \ldots + p(E_n) \cdot p(E \mid E_n)$$

e gli eventi $E_1, E_2, \ldots, E_n$ sono una partizione dello spazio campionario U.

Il teorema di Bayes trova applicazioni nel campo del controllo della qualità, in medicina, in farmacia e ogniqualvolta è necessario valutare il «peso» di una causa di fronte al verificarsi di un evento.

ESEMPIO

Un'industria utilizza tre macchinari: il primo produce 500 pezzi, il secondo 1250 e il terzo 750. I pezzi difettosi prodotti dai tre macchinari sono rispettivamente il 5%, l'8% e il 6%.

Avendo prelevato un pezzo difettoso, qual è la probabilità che provenga dal primo macchinario? E qual è la probabilità che provenga dal secondo o dal terzo macchinario?

M_1 = «produzione primo macchinario»,

M_2 = «produzione secondo macchinario»,

M_3 = «produzione terzo macchinario»,

D = «pezzo difettoso».

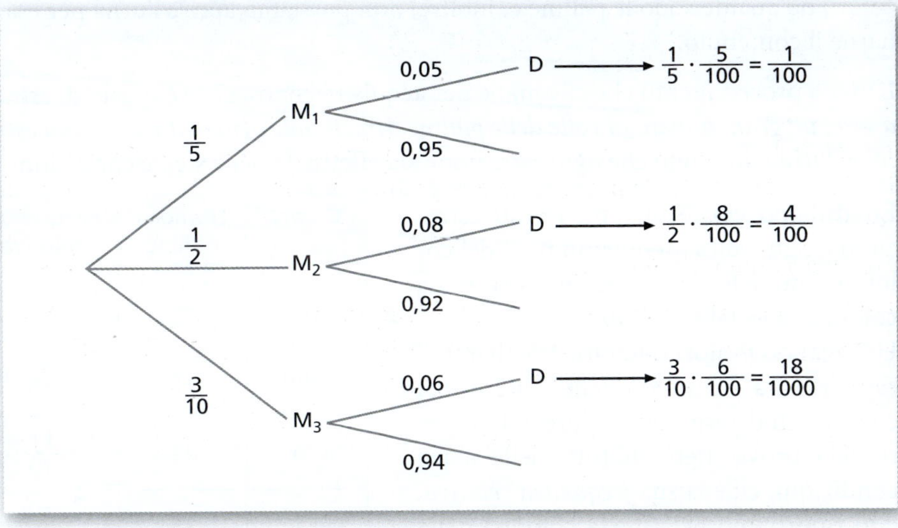

Calcoliamo la probabilità che, prendendo a caso un pezzo, esso sia difettoso:

$$p(D) = 0{,}01 + 0{,}04 + 0{,}018 = 0{,}068.$$ — formula di disintegrazione

Rispondiamo al primo quesito.
La probabilità che esca un pezzo difettoso dalla prima macchina è:

$$p(D \cap M_1) = p(M_1) \cdot p(D \mid M_1) = 0{,}01.$$

Calcoliamo la probabilità che, avendo preso un pezzo difettoso, esso provenga dalla prima macchina:

$$p(M_1 \mid D) = \frac{p(M_1) \cdot p(D \mid M_1)}{p(D)} = \frac{0{,}01}{0{,}068} = \frac{10}{68} = \frac{5}{34}.$$

Rispondiamo al secondo quesito.
La probabilità che esca un pezzo difettoso dalla seconda o dalla terza macchina è:

$$p(M_2) \cdot p(D \mid M_2) + p(M_3) \cdot p(D \mid M_3) = 0{,}04 + 0{,}018 = 0{,}058.$$

Quindi, la probabilità che, avendo preso un pezzo difettoso, esso provenga dalla seconda o dalla terza macchina è:

$$\frac{0{,}058}{0{,}068} = \frac{58}{68} = \frac{29}{34}.$$

► Una ditta produce bicchieri da vino, da acqua e da amaro in queste proporzioni: 30%, 45%, 25%. I processi produttivi sono diversi e risultano difettosi il 2% dei bicchieri da vino, il 3% di quelli da acqua e il 5% di quelli da amaro.

a. Prendendo un bicchiere a caso, qual è la probabilità che sia difettoso?

b. Se si è preso un bicchiere difettoso, qual è la probabilità che sia da vino?

Animazione

MATEMATICA INTORNO A NOI

I filtri antispam Le e-mail indesiderate, o spam, sono una seccatura. Oltre a intasare le caselle di posta elettronica, causano un notevole dispendio di tempo e di energie.

► Come funzionano i filtri antispam?

La risposta

Video

Teorema di Bayes
Sei l'avvocato di un giovane accusato.

► Qual è la probabilità che il tuo cliente sia colpevole?

7 Concezione statistica della probabilità

▶ Esercizi a p. 1025

Abbiamo un'urna che contiene palline colorate, ma non sappiamo né quali sono i colori, né quante sono le palline e, inoltre, non possiamo aprire l'urna per esaminarne il contenuto.

L'unico procedimento che ci rimane per acquisire conoscenze è quello di *estrarre a sorte un gran numero di volte delle palline, rimettendo ogni volta la pallina estratta nell'urna*, in modo che ogni estrazione sia effettuata nelle stesse condizioni.

Effettuiamo consecutivamente 80 estrazioni e ogni volta prendiamo nota del colore uscito, e lo riportiamo nella seconda colonna della tabella a lato.
Utilizzando i valori ottenuti, calcoliamo il rapporto fra il numero delle volte in cui è uscito un determinato colore e il numero delle prove effettuate tutte nelle stesse condizioni, cioè la sua *frequenza relativa*, e lo riportiamo nella terza colonna della tabella.

Colore	Numero palline	Frequenza relativa
rosso	5	$\frac{1}{16}$
giallo	18	$\frac{9}{40}$
nero	22	$\frac{11}{40}$
verde	35	$\frac{7}{16}$
Totale	80	1

DEFINIZIONE

La **frequenza relativa** $f(E)$ di un evento sottoposto a n esperimenti, effettuati tutti nelle stesse condizioni, è il rapporto fra il numero delle volte m in cui E si è verificato e il numero n delle prove effettuate.

$$f(E) = \frac{m}{n}$$

frequenza relativa di E — $f(E)$; numero di prove che verificano E — m; numero di prove effettuate — n

I valori della frequenza relativa di un evento sono compresi tra 0 e 1:

$$0 \leq f(E) \leq 1.$$

Frequenza 0 non significa che l'evento è impossibile, ma soltanto che non si è mai verificato. Per esempio, se nelle prove effettuate non è mai uscita una pallina blu, questo non significa che nell'urna non ve ne siano.
Analogamente, frequenza 1 non significa che l'evento è certo, ma soltanto che in quella serie di esperimenti è stato sempre osservato.

Se ripetiamo l'esperimento, senz'altro otterremo valori diversi. Il valore m dipende infatti dal numero di prove n che effettuiamo. Ma se abbiamo la pazienza di aumentare il numero delle prove, rileviamo un fatto interessante: il valore della frequenza $f(E) = \frac{m}{n}$ tende a un valore costante che si può ritenere come la probabilità dell'evento.
Per esempio, sappiamo che la probabilità di ottenere testa lanciando una moneta, secondo l'impostazione classica, è $\frac{1}{2}$. Allo stesso valore tende la frequenza se sperimentalmente lanciamo una moneta un numero elevatissimo di volte.

In generale, vale la seguente proprietà.

Legge empirica del caso
Dato un evento E, sottoposto a n prove tutte nelle stesse condizioni, il valore della frequenza relativa $f(E) = \frac{m}{n}$ tende al valore della probabilità $p(E)$, all'aumentare del numero n di prove effettuate.

La *legge empirica del caso* è alla base della **definizione statistica** o **frequentistica della probabilità**.

DEFINIZIONE
La **probabilità statistica** di un evento E è la frequenza relativa del suo verificarsi quando il numero di prove effettuato è da ritenersi «sufficientemente alto».

Listen to it
The **probability** of an event E is equal to its **relative frequency** computed over a sufficiently large number of trials.

Nell'impostazione classica il valore della probabilità è calcolato **a priori**, ossia prima che l'esperimento avvenga, mentre il valore della frequenza è un valore **a posteriori**.

Ci sono moltissimi eventi per i quali è difficile o impossibile calcolare la probabilità applicando l'impostazione classica. Per eventi di questo tipo possiamo applicare l'impostazione frequentistica.

Esempi di eventi di questo tipo sono:

- produzione di un pezzo difettoso con un macchinario;
- trovare un posto di lavoro;
- contrarre una determinata malattia;
- incidente automobilistico;
- efficacia di un farmaco.

Per questi eventi occorre fondare il calcolo su quanto è avvenuto in passato e cercare statisticamente le relative frequenze, accettandole come probabilità degli eventi.

ESEMPIO
Una ditta farmaceutica vuole sperimentare un nuovo vaccino antinfluenzale. Si sottopongono volontariamente al vaccino 10 000 persone e, di queste, nell'inverno successivo, 6750 non contraggono l'influenza. Qual è la probabilità di non contrarre il virus con questo tipo di vaccino?
Poiché il numero di prove effettuate è 10 000 e il numero di prove che si verificano è 6750:

$$f = \frac{6750}{10\,000} = 0{,}675.$$

La probabilità di non ammalarsi è del 67,5%.

▶ Durante l'ultima stagione, Gianmarco ha realizzato 41 canestri su 68 tiri liberi effettuati.
Calcola la probabilità che Gianmarco fallisca consecutivamente due tiri liberi.

Animazione

▶ In un'indagine per scoprire il gradimento di un certo film sono stati intervistati 50 bambini, 50 donne e 50 uomini, ed è risultato che il film è piaciuto a 30 bambini, 20 donne e 25 uomini. Scegliendo a caso un bambino, una donna e un uomo, qual è la probabilità che il film sia piaciuto solo a uno di loro?

Animazione

8 Concezione soggettiva della probabilità

▶ Esercizi a p. 1026

Una persona sta valutando se partecipare o non partecipare a un gioco d'azzardo nel quale si vince se, lanciando contemporaneamente due dadi, escono due numeri pari.

Secondo l'impostazione classica, egli sa che la probabilità di vittoria è $\frac{9}{36} = \frac{1}{4} = 25\%$, ma ha osservato che su 21 lanci le due facce pari sono uscite 7 volte, cioè con una frequenza di $\frac{1}{3}$, vale a dire del 33,3% circa.

Decide allora di proporre a chi tiene il banco di giocare una posta di 10 euro per ricevere, in caso di vittoria, 34 euro.

La valutazione che ha fatto è del tutto personale. Ha determinato il valore della probabilità secondo una valutazione **soggettiva**.

Possiamo determinare il valore che ha attribuito alla probabilità dell'evento «uscita di due facce pari» mediante il rapporto tra la posta che è disposto a pagare e la somma che dovrebbe ricevere in caso di vincita:

$$p(E) = \frac{10}{34} = \frac{5}{17} \simeq 29{,}4\%.$$

Il giocatore valuta la probabilità di vincita in misura maggiore di quella che il calcolo secondo l'impostazione classica («a priori») gli fornisce $\left(\text{cioè } \frac{1}{4}\right)$, in quanto avrebbe dovuto, in questo caso, pretendere un pagamento dal banco di 40 euro, cioè 4 volte la posta. Ma valuta anche la probabilità di vincita in misura minore di quella che sperimentalmente («a posteriori») si verifica $\left(\text{cioè } \frac{1}{3}\right)$, in quanto in questo caso avrebbe potuto pretendere solo 30 euro, cioè 3 volte la posta.

Il modo di procedere soggettivo è l'unico utilizzabile per quegli eventi per i quali non è possibile calcolare teoricamente il numero dei casi favorevoli e possibili e non si può sottoporre l'evento a prove sperimentali ripetute nelle stesse condizioni. Siamo in questa situazione, per esempio, se vogliamo stimare la probabilità di vittoria di una squadra di calcio in un torneo.

Listen to it

The **subjective probability** of an event *E* is a measure of the **degree of belief** that a person assigns to the event. It reflects the individual's personal opinion about whether the event is likely to occur.

DEFINIZIONE

La **probabilità soggettiva** di un evento è la *misura del grado di fiducia* che una persona attribuisce al verificarsi dell'evento, secondo la sua opinione. Il valore si ottiene effettuando il rapporto fra la somma *P* che si è disposti a pagare, in una scommessa, e la somma *V* che si riceverà nel caso l'evento si verifichi.

prezzo da pagare

$$p(E) = \frac{P}{V}$$

somma ricevuta al verificarsi di E

Deve sussistere la **condizione di coerenza**: la persona che accetta di pagare *P* per ottenere *V* deve anche essere disposta a ricevere *P* per pagare *V* nel caso l'evento si verifichi.

Il valore della probabilità, utilizzando la concezione soggettiva, varia da individuo a individuo, ma in ogni caso esso è compreso fra 0 e 1, in quanto si suppone che la somma che si è disposti a pagare sia minore o uguale a quella della vincita.

ESEMPIO

A una corsa di cavalli una persona è disposta a pagare 90 euro per ricevere 120 euro in caso di vittoria di un determinato cavallo.

Calcoliamo la probabilità di vittoria che attribuisce al cavallo:

$$p(E) = \frac{90}{120} = \frac{3}{4}.$$

Per la condizione di coerenza, deve essere disposto, scambiando i ruoli, a ricevere 90 euro e pagare 120 euro in caso di vittoria del cavallo.
Si dice anche che la vittoria del cavallo è pagata 4 a 3.

In conclusione, la valutazione *soggettiva della probabilità* porta a considerare il calcolo delle probabilità come una scommessa.

► Un tifoso è disposto a scommettere 10 euro per riceverne 25 sulla vittoria della sua squadra di pallavolo nella prossima partita.

a. Quale probabilità attribuisce il tifoso alla vittoria della squadra?

b. Quanto ha pagato il tifoso, in caso di vittoria della squadra, se riceve una somma di 40 euro?

c. Quale somma dovebbe essere disposto a pagare per poter ricevere 30 euro in caso di sconfitta della squadra?

Animazione

9 Impostazione assiomatica della probabilità

► Esercizi a p. 1027

Abbiamo visto che le definizioni di probabilità date finora (classica, statistica e soggettiva) sono legate al tipo di esperimento considerato e al metodo che vogliamo utilizzare per il calcolo.

L'impostazione assiomatica nasce con lo scopo di superare questi aspetti particolari, per giungere a una formulazione rigorosa, utilizzando la teoria degli insiemi. Basandosi su di essa vengono fornite le definizioni fondamentali di *spazio campionario, evento, evento elementare, spazio degli eventi, evento contrario, evento unione* ed *evento intersezione* che abbiamo già esaminato, oltre a definire l'*evento impossibile* come quello corrispondente all'insieme vuoto e l'*evento certo* come quello relativo all'insieme U dello spazio campionario.

Avendo fissato tutti questi elementi, viene data la seguente definizione assiomatica di probabilità.

DEFINIZIONE

Definizione assiomatica di probabilità

Dato uno spazio campionario U, una funzione p che associa a ogni evento E dello spazio degli eventi un numero reale viene detta probabilità se soddisfa i seguenti assiomi:

1. $p(E) \geq 0$;
2. $p(U) = 1$;
3. se $E_1 \cap E_2 = \varnothing$, allora $p(E_1 \cup E_2) = p(E_1) + p(E_2)$.

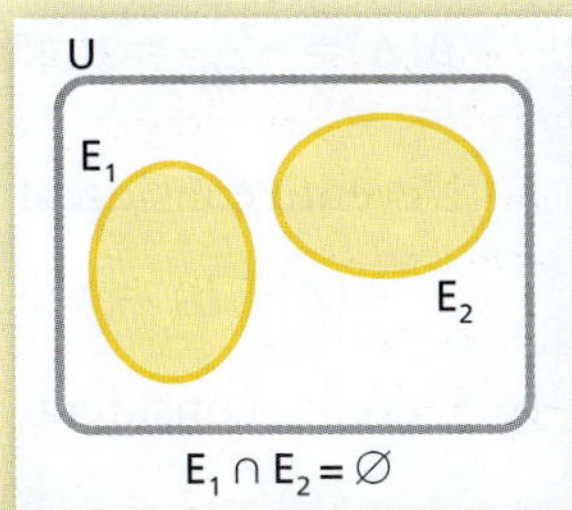

Listen to it

The probability p of an event E can be defined by the following **axioms**:

1. $p(E)$ is a non-negative number;
2. if U is the **certain event**, then $p(U)$ is equal to 1;
3. if the intersection of two events is empty, then the probability of their union is equal to the sum of their probabilities.

L'impostazione assiomatica non fornisce alcun procedimento per determinare la probabilità di un evento, ma i valori che vengono assegnati agli eventi devono rispettare gli assiomi.

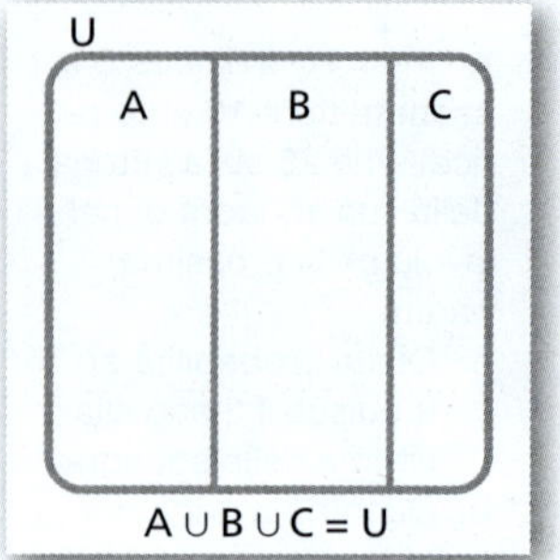

ESEMPIO

L'insieme U è costituito da tre eventi elementari A, B, C, i quali hanno le seguenti probabilità:

$$p(A) = \frac{3}{8}, \qquad p(B) = \frac{2}{5}, \qquad p(C) = \frac{9}{40}.$$

Tali valori soddisfano gli assiomi della probabilità. In particolare, essendo:

$$A \cup B \cup C = U \text{ e } A \cap B = A \cap C = B \cap C = \varnothing,$$

$$p(A) + p(B) + p(C) = \frac{3}{8} + \frac{2}{5} + \frac{9}{40} = 1 = p(U).$$

Dalla definizione assiomatica si deducono le seguenti *proprietà*.

a. $p(\varnothing) = 0$;

b. $0 \le p(E) \le 1$;

c. $p(\overline{E}) = 1 - p(E)$;

d. se gli eventi $E_1, E_2, \ldots, E_n$ sono una partizione di U, allora

$$p(E_1) + p(E_2) + \ldots + p(E_n) = 1.$$

e. $p(E_2 - E_1) = p(E_2) - p(E_1 \cap E_2)$; in particolare, se $E_1 \subseteq E_2$, allora

$$p(E_2 - E_1) = p(E_2) - p(E_1).$$

► Una macedonia è composta per il 60% da mele, per il 10% da kiwi, per un altro 10% da ananas, per il 5% da lamponi e per il resto da fragole. Prendendo un pezzo di frutta a caso, calcola la probabilità di:

a. prendere un pezzo di fragola;

b. prendere un pezzo di mela o kiwi;

c. non prendere né un lampone né un pezzo di fragola.

Animazione

ESEMPIO

Da un'indagine è risultato che, preso come campione un certo numero di italiani, la probabilità che essi trascorrano le prossime vacanze al mare è del 45%, in montagna è del 27%, sia al mare che in montagna è del 5%. Calcoliamo la probabilità che gli italiani:

a. vadano solo al mare;

b. non vadano in montagna;

c. non vadano al mare né in montagna.

Consideriamo gli eventi: A = «andare al mare»; B = «andare in montagna». Conosciamo le probabilità:

$$p(A) = \frac{45}{100} = 0{,}45; \qquad p(B) = \frac{27}{100} = 0{,}27; \qquad p(A \cap B) = \frac{5}{100} = 0{,}05.$$

a. L'evento considerato è $A - B$:

$$p(A - B) = p(A) - p(A \cap B) = 0{,}45 - 0{,}05 = 0{,}40 = 40\%.$$

b. L'evento considerato è $\overline{B}$:

$$p(\overline{B}) = 1 - p(B) = 1 - 0{,}27 = 0{,}73 = 73\%.$$

c. L'evento considerato è $\overline{A \cup B}$, per cui, dato che $A \cup B = (A - B) \cup B$:

$$p(\overline{A \cup B}) = 1 - [p(A - B) + p(B)] = 1 - [0{,}40 + 0{,}27] = 0{,}33 = 33\%.$$

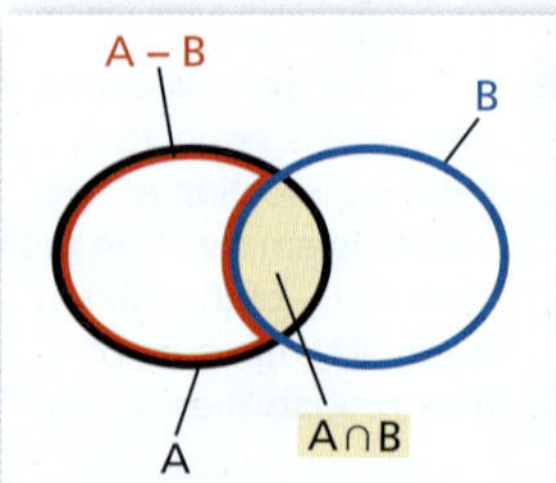

IN SINTESI
Probabilità

Eventi

- **Esperimento aleatorio**: fenomeno di cui non riusciamo a prevedere il risultato con certezza.
- **Universo** o **spazio campionario**: l'insieme di tutti i possibili risultati di un esperimento aleatorio.
- **Evento**: sottoinsieme dello spazio campionario.
- **Evento elementare**: evento formato da un singolo risultato dell'esperimento.
- **Spazio degli eventi**: l'insieme di tutti i possibili eventi.
- L'**evento contrario** $\overline{E}$ di un evento E si verifica se e solo se non si verifica E.

Concezione classica della probabilità

Probabilità di un evento E se tutti i casi sono ugualmente possibili:

$$p(E) = \frac{f}{u}.$$

f — numero dei casi favorevoli
u — numero dei casi possibili

- $0 \leq p(E) \leq 1$.
- Se $f = 0$, l'evento è **impossibile** e $p(E) = 0$; se $f = u$, l'evento è **certo** e $p(E) = 1$.
- $p(\overline{E}) = 1 - p(E)$.

Somma logica di eventi

- La **somma logica** $E_1 \cup E_2$ di due eventi E_1 ed E_2 si verifica quando almeno uno dei due si verifica.
- Il **prodotto logico** $E_1 \cap E_2$ di due eventi E_1 ed E_2 si verifica quando si verificano entrambi gli eventi.
- Due eventi E_1 ed E_2 sono **incompatibili** se $E_1 \cap E_2 = \varnothing$ e sono **compatibili** se $E_1 \cap E_2 \neq \varnothing$.
- $p(E_1 \cup E_2) = p(E_1) + p(E_2) - p(E_1 \cap E_2)$. Se gli eventi sono incompatibili: $p(E_1 \cup E_2) = p(E_1) + p(E_2)$.
- **Teorema della probabilità totale**
  Dati n eventi $E_1, E_2, \ldots, E_n$ a due a due incompatibili: $p(E_1 \cup E_2 \cup \ldots \cup E_n) = p(E_1) + p(E_2) + \ldots + p(E_n)$.

Probabilità condizionata

- La **probabilità condizionata di un evento E_1 rispetto a un evento E_2**, non impossibile, è la probabilità di verificarsi di E_1 nell'ipotesi che E_2 si sia già verificato e si indica con $\boldsymbol{p(E_1 | E_2)}$. Gli eventi si dicono:
  - **indipendenti** se $p(E_1 | E_2) = p(E_1)$;
  - **correlati positivamente** se $p(E_1 | E_2) > p(E_1)$; **correlati negativamente** se $p(E_1 | E_2) < p(E_1)$.
- Vale il teorema: $p(E_1 | E_2) = \dfrac{p(E_1 \cap E_2)}{p(E_2)}$, con $p(E_2) \neq 0$.

Prodotto logico di eventi

- $p(E_1 \cap E_2) = p(E_1) \cdot p(E_2 | E_1)$. Se E_1 ed E_2 sono eventi indipendenti: $p(E_1 \cap E_2) = p(E_1) \cdot p(E_2)$.
- **Prove ripetute**
  Probabilità che in n ripetizioni un evento si verifichi k volte:

$$p_{(k,n)} = \binom{n}{k} p^k q^{n-k}.$$

q: probabilità dell'evento contrario

p: probabilità dell'evento

Teorema di Bayes

- Se gli eventi $E_1, E_2, \ldots, E_n$ sono una partizione dell'insieme universo U, cioè
  • sono non vuoti, • sono a due a due incompatibili, • la loro unione è U,
  allora vale la **formula di disintegrazione**:

$$p(E) = p(E_1) \cdot p(E | E_1) + p(E_2) \cdot p(E | E_2) + \ldots + p(E_n) \cdot p(E | E_n).$$

- Il **teorema di Bayes** permette di calcolare la probabilità che la **causa** E_i abbia preceduto l'evento E che si è verificato.

$$p(E_i | E) = \frac{p(E_i) \cdot p(E | E_i)}{p(E)}$$

$p(E_i \cap E)$

probabilità che E_i sia la causa di E

Concezione statistica della probabilità

- $f(E) = \dfrac{m}{n}$

numero di prove che verificano E

numero di prove effettuate nelle stesse condizioni

frequenza relativa di E

- **Legge empirica del caso**: all'aumentare del numero n delle prove effettuate, la frequenza relativa di un evento E tende alla probabilità dell'evento E.
- La **probabilità statistica** di un evento E è uguale alla frequenza relativa, se il numero di prove effettuate è sufficientemente alto.

Concezione soggettiva della probabilità

$$p(E) = \frac{P}{V}$$

prezzo che una persona ritiene equo pagare per una scommessa

somma ricevuta al verificarsi di E

probabilità soggettiva di E

Impostazione assiomatica della probabilità

Dato uno spazio campionario U, viene detta probabilità una funzione p che associa a ogni evento E dello spazio degli eventi un numero reale, in modo da soddisfare questi assiomi:

1. $p(E) \geq 0$; **2.** $p(U) = 1$; **3.** se $E_1 \cap E_2 = \varnothing$, allora $p(E_1 \cup E_2) = p(E_1) + p(E_2)$.

CAPITOLO 20
ESERCIZI

1 Eventi

▶ Teoria a p. 980

1 Stabilisci quali dei seguenti eventi sono elementari e quali composti da più eventi elementari.
Si estrae da un mazzo di 52 carte:

a. una carta di cuori; **c.** una figura; **e.** un cinque;
b. il due di picche; **d.** la regina di fiori; **f.** una figura nera.

2 Si lanciano due monete contemporaneamente. Scrivi gli eventi elementari.

3 Un'urna contiene cinque palline con i primi cinque numeri dispari. Si estrae una pallina. Scrivi gli eventi elementari e altri eventi formati da più eventi elementari.

4 **FAI UN ESEMPIO** di esperimento aleatorio e indica il suo spazio campionario.

2 Concezione classica della probabilità

▶ Teoria a p. 981

5 Quali dei seguenti numeri non rappresentano la probabilità di un evento?

0; $0{,}23$; 100%; $\frac{7}{6}$; $\frac{1}{100}$; $1{,}3$.

Quale di essi rappresenta la probabilità dell'evento certo e quale quella dell'evento impossibile?

6 Si estrae una carta da un mazzo di 52 carte. Trova il numero dei casi favorevoli ai seguenti eventi.

a. Esce una carta di fiori. **c.** Esce una figura rossa. **e.** Esce il re di cuori.
b. Esce un tre. **d.** Esce un asso nero.

[a) 13; b) 4; c) 6; d) 2; e) 1]

Evento contrario

7 Nel lancio di un dado indica l'evento contrario per ciascuno dei seguenti eventi:

a. esce un numero minore di 3; **b.** esce il numero 4.

8 Da un'urna che contiene 5 palline rosse, 7 nere e 8 bianche si estraggono 3 palline. Indica l'evento contrario di ciascuno dei seguenti eventi:

a. nessuna pallina è rossa; **c.** almeno una pallina è bianca;
b. tutte le palline sono nere; **d.** una sola pallina è rossa.

9 Nel lancio per tre volte di una moneta indica l'evento contrario di:

a. non esce mai «croce»; **b.** esce «croce» al più una volta; **c.** esce «testa» almeno una volta.

10 Si estraggono contemporaneamente due palline da un'urna contenente venti palline numerate da 1 a 20. Calcola il numero di casi favorevoli ai seguenti eventi.

a. Escono due numeri minori di 6. **c.** Escono il 3 e un numero maggiore di 15.
b. Escono due numeri pari.

[a) 10; b) 45; c) 5]

11 **ESERCIZIO GUIDA** Un'urna contiene dieci palline numerate da 1 a 10. Estraiamo una pallina e calcoliamo la probabilità che questa:

a. abbia il numero 5; **c.** non abbia un numero divisibile per 4.
b. abbia un numero divisibile per 4;

ESERCIZI

Poiché l'urna contiene 10 palline e ne viene estratta una sola, il numero dei casi possibili è 10.

a. Nell'urna vi è una sola pallina con il numero 5. La probabilità è: $p = \frac{1}{10}$.

b. Nell'urna vi sono due numeri divisibili per 4: {4, 8}. La probabilità è: $p = \frac{2}{10} = \frac{1}{5}$.

c. L'evento è quello contrario del punto precedente: $p = 1 - \frac{1}{5} = \frac{4}{5}$.

12 Si lancia un dado a sei facce. Calcola la probabilità che esca:

a. il numero 2;
b. un numero multiplo di 3;
c. un numero multiplo di 5;
d. un numero multiplo di 8;
e. un numero inferiore a 6.

$\left[a)\ \frac{1}{6};\ b)\ \frac{1}{3};\ c)\ \frac{1}{6};\ d)\ 0;\ e)\ \frac{5}{6}\right]$

---

13 In un cassetto ci sono 15 magliette: 2 bianche, 5 rosse, 3 azzurre e le restanti di altri colori. Se si sceglie a caso una maglietta, calcola la probabilità che:

a. non sia bianca;
b. sia rossa o azzurra.

$\left[a)\ \frac{13}{15};\ b)\ \frac{8}{15}\right]$

14 Il sacchetto della tombola contiene 90 numeri. Viene estratto un numero.
Calcola la probabilità che esca:

a. un numero maggiore di 50;
b. un numero con due cifre uguali;
c. un numero con due cifre diverse;
d. un numero multiplo di 4;
e. un numero primo inferiore a 20.

$\left[a)\ \frac{4}{9};\ b)\ \frac{4}{45};\ c)\ \frac{73}{90};\ d)\ \frac{11}{45};\ e)\ \frac{4}{45}\right]$

15 Abbiamo un mazzo di 52 carte. Viene estratta una carta. Calcola la probabilità che esca:

a. una carta di picche;
b. una figura;
c. una carta rossa.

$\left[a)\ \frac{1}{4};\ b)\ \frac{3}{13};\ c)\ \frac{1}{2}\right]$

16 Calcola la probabilità che, nel lancio di un dado, non esca:

a. il numero 5;
b. un numero maggiore di 5;
c. un numero minore di 5.

$\left[a)\ \frac{5}{6};\ b)\ \frac{5}{6};\ c)\ \frac{1}{3}\right]$

17 In una scatola di biscotti ce ne sono 10 alla cannella, 8 al cacao, 12 con le mandorle e 4 con le nocciole. Se Giulia è allergica alla frutta a guscio, qual è la probabilità che, scegliendo a caso un biscotto dalla scatola, ne prenda uno a cui non è allergica?

$\left[\frac{9}{17}\right]$

18 Un'urna contiene 4 palline rosse, 3 nere e 13 verdi. Viene estratta una pallina.
Calcola la probabilità che:

a. esca una pallina nera;
b. esca una pallina rossa;
c. esca una pallina verde;
d. non esca una pallina rossa;
e. esca una pallina gialla.

$\left[a)\ \frac{3}{20};\ b)\ \frac{1}{5};\ c)\ \frac{13}{20};\ d)\ \frac{4}{5};\ e)\ 0\right]$

19 Nella rubrica di un cellulare ci sono 20 nomi; di questi 8 iniziano con la lettera A, 5 con la C, 4 con la M e 3 con la N. Si sceglie un nome a caso a cui mandare un SMS.
Calcola la probabilità che:

a. esca un nome che inizia per C;
b. esca un nome che inizia per N;
c. esca un nome che inizia con una vocale;
d. esca un nome che inizia con una consonante.

$\left[a)\ \frac{1}{4};\ b)\ \frac{3}{20};\ c)\ \frac{2}{5};\ d)\ \frac{3}{5}\right]$

20 In una classe di 24 alunni ci sono 14 maschi e 10 femmine. L'insegnante di matematica estrae a sorte un nome per l'interrogazione. Calcola la probabilità che:

a. ciascun alunno ha di essere estratto;
b. l'alunno estratto sia femmina;
c. l'alunno estratto sia maschio;
d. ciascun alunno ha di non essere estratto.

$\left[a)\ \frac{1}{24};\ b)\ \frac{5}{12};\ c)\ \frac{7}{12};\ d)\ \frac{23}{24}\right]$

21 Si estrae una pallina da un'urna che contiene 8 palline bianche, 10 verdi, 12 rosse. Indica gli eventi contrari dei seguenti eventi e determina le relative probabilità.

E_1 = «esce una pallina verde o rossa»

E_2 = «esce una pallina rossa» $\left[\frac{4}{15}; \frac{3}{5}\right]$

22 Anna vuole regalare a Serena un libro di uno scrittore che ha pubblicato 5 romanzi. Anna sa che Serena ne possiede già 2, ma non si ricorda quali. Se Anna sceglie a caso uno dei 5 libri, qual è la probabilità che Serena non lo possieda già? $\left[\frac{3}{5}\right]$

23 TEST Abbiamo un dado a 4 facce, recanti i numeri 1, 3, 5, 7, e un dado a 8 facce, recanti i numeri 2, 4, 6, 8, 10, 12, 14, 16 (per ciascun dado tutte le facce hanno la stessa probabilità di uscire). Qual è la probabilità che, lanciandoli contemporaneamente entrambi una sola volta, si ottenga come somma 11?

A $\frac{1}{16}$
B $\frac{1}{8}$
C $\frac{1}{4}$
D $\frac{1}{2}$
E 1

(*Giochi di Archimede*, 2012)

24 Determina la probabilità che, estraendo una carta da un mazzo di 40 carte, essa sia un tre oppure una carta di spade. $\left[\frac{13}{40}\right]$

25 Calcola la probabilità che lanciando un dado non escano il 5 e il 6. $\left[\frac{2}{3}\right]$

26 Una roulette ha i numeri da 1 a 18 rossi, da 19 a 36 neri e lo 0 verde. Viene fatta girare la ruota e lanciata la pallina. Calcola la probabilità che la pallina si fermi su:

a. un numero pari nero;
b. un numero dispari;
c. un numero primo rosso.

$\left[\text{a) } \frac{9}{37}; \text{ b) } \frac{18}{37}; \text{ c) } \frac{7}{37}\right]$

27 In una scatola ci sono 20 palline di colore bianco o verde. Se la probabilità di estrarre una pallina bianca è 0,6, calcola:

a. il numero di palline bianche;
b. la probabilità di estrarre una pallina verde.

[a) 12; b) 0,4]

28 REALTÀ E MODELLI **Soddisfazione per il lavoro** La tabella seguente, tratta dal rapporto Istat «Aspetti della vita quotidiana», riporta il grado di soddisfazione per il lavoro nella popolazione italiana occupata di età compresa tra i 25 e i 44 anni (i valori sono in migliaia).

Titolo di studio \ Soddisfazione per il lavoro	Molta	Sufficiente	Poca	Nessuna
Nessun titolo di studio o licenza di scuola elementare	22	115	40	7
Licenza di scuola media	334	1434	544	99
Diploma di scuola superiore	766	3079	774	161
Laurea	473	1573	438	91

Scelto a caso un lavoratore in questa fascia di età, determina con quale probabilità:

a. ha un diploma di scuola superiore e non è laureato;
b. è molto soddisfatto del lavoro che svolge;
c. è un laureato per nulla soddisfatto della propria occupazione.

[a) 48,04%; b) 16,03%; c) 0,91%]

ESERCIZI

29 Antonella, Barbara, Carlo e Duilio hanno prenotato quattro posti affiancati per lo spettacolo di stasera a teatro. Rappresenta, con un diagramma ad albero, tutti i diversi modi in cui i quattro amici possono disporsi sulle quattro poltrone. Se si dispongono a caso, calcola la probabilità che:

a. Barbara sia seduta tra Antonella e Carlo;

b. Barbara e Duilio siano seduti vicini;

c. i due ragazzi non siano vicini.

$\left[\text{a) } \frac{1}{6}; \text{ b) } \frac{1}{2}; \text{ c) } \frac{1}{2}\right]$

Probabilità e calcolo combinatorio

30 TEST Un'urna contiene 5 palline bianche e 3 nere non distinguibili al tatto. La probabilità che, estraendo contemporaneamente 3 palline, esse siano una bianca e due nere è:

A $\frac{15}{32}$. B $\frac{15}{28}$. C $\frac{15}{56}$. D $\frac{17}{32}$. E $\frac{5}{56}$.

31 ESERCIZIO GUIDA Un'urna contiene dieci palline numerate da 1 a 10. Calcoliamo la probabilità che:

a. estraendo *consecutivamente* 2 palline, *rimettendo* ogni volta la pallina estratta nell'urna, si abbiano due numeri primi (evento E);

b. estraendo *consecutivamente* 3 palline, *non rimettendo* ogni volta la pallina estratta nell'urna, si abbiano due numeri primi e un numero non primo (evento F);

c. estraendo *contemporaneamente* 3 palline, esse siano 2 palline con un numero inferiore a 5 e una con un numero maggiore o uguale a 5 (evento H).

a. I casi possibili sono tutti i modi in cui possono presentarsi due dei dieci numeri, anche ripetuti, in quanto dopo ogni estrazione la pallina viene rimessa nell'urna e quindi può essere estratta di nuovo.
Pertanto si ha: $D'_{10,2} = 10^2 = 100$.
I casi favorevoli sono tutti i modi in cui possono presentarsi, anche con ripetizione, due dei quattro numeri primi $\{2, 3, 5, 7\}$. Pertanto $D'_{4,2} = 4^2 = 16$.

$$p(E) = \frac{16}{100} = \frac{4}{25}$$

b. I casi possibili sono tutti i modi in cui possono presentarsi tre dei dieci numeri, ma ogni numero può presentarsi una sola volta in quanto non viene rimesso nell'urna. Pertanto $D_{10,3} = 10 \cdot 9 \cdot 8 = 720$.
I casi favorevoli sono tutti i gruppi formati da due numeri primi e un numero non primo e occorre tenere conto di tutti i possibili modi in cui si possono presentare. Perciò $D_{4,2} \cdot D_{6,1} \cdot P_3^{(2)} = (4 \cdot 3) \cdot 6 \cdot 3 = 216$.

$$p(F) = \frac{216}{720} = \frac{3}{10}$$

c. I casi possibili sono tutti i modi in cui si possono estrarre tre palline, e, essendo l'estrazione contemporanea, non ha alcuna rilevanza l'ordine dell'estrazione. Pertanto: $\binom{10}{3} = \frac{10 \cdot 9 \cdot 8}{3!} = 120$.
I casi favorevoli sono tutti i gruppi formati da due delle quattro palline aventi un numero inferiore a 5 e da una con un valore maggiore. Pertanto:

$$\binom{4}{2} \cdot 6 = \frac{4 \cdot 3}{2!} \cdot 6 = 36; \; p(H) = \frac{36}{120} = \frac{3}{10}.$$

32 In una scatola di cioccolatini ne sono rimasti 4 al latte, 10 fondenti e 2 al liquore. Si prendono consecutivamente due cioccolatini a caso. Calcola la probabilità che:

a. siano entrambi fondenti;

b. non siano al liquore;

c. siano entrambi al latte.

$\left[\text{a) } \frac{3}{8}; \text{ b) } \frac{91}{120}; \text{ c) } \frac{1}{20}\right]$

33 Un'urna contiene cinque palline numerate da 1 a 5. Si estraggono consecutivamente due palline, rimettendo la prima pallina estratta nell'urna. Calcola la probabilità che:

a. escano due 5;

b. escano due numeri pari;

c. esca prima un numero pari e poi uno dispari;

d. escano un numero pari e uno dispari.

$\left[\text{a) } \frac{1}{25}; \text{ b) } \frac{4}{25}; \text{ c) } \frac{6}{25}; \text{ d) } \frac{12}{25}\right]$

34 ●○ In un gruppo di 5 amici ci sono 2 maschi e 3 femmine. Per farsi una foto di gruppo, si dispongono casualmente uno di fianco all'altro, su un'unica fila. Qual è la probabilità che i due ragazzi siano alle estremità della fila? $\left[\frac{1}{10}\right]$

35 ●○ Si gettano contemporaneamente due dadi. Calcola la probabilità che le due facce:

a. siano due numeri uguali;

b. siano due numeri dispari;

c. siano due numeri primi;

d. siano un numero pari e l'altro dispari.

$\left[\text{a) } \frac{1}{6}; \text{ b) } \frac{1}{4}; \text{ c) } \frac{1}{4}; \text{ d) } \frac{1}{2}\right]$

36 ●○ Giacomo prenota un viaggio in treno in uno scompartimento a sei posti, dei quali due sono vicini al finestrino. Sapendo che tre posti sono già occupati, qual è la probabilità che sia libero un posto vicino al finestrino? $\left[\frac{4}{5}\right]$

37 ●○ Un'urna U_1 contiene 25 palline bianche e 15 palline rosse, mentre un'urna U_2 ne contiene 20 bianche e 20 rosse.
È più facile che estraendo tre palline contemporaneamente da U_1 siano tutte bianche o che estraendone due da U_2 siano tutte e due rosse? [entrambe rosse da U_2]

38 ●○ Calcola la probabilità di fare 14 al totocalcio giocando una colonna. [0,000 000 209 08]

39 ●○ Una folata di vento ha sparso a terra dieci fogli degli appunti di Carlotta; raccogliendoli come capita, qual è la probabilità che siano in ordine? $\left[\frac{1}{3628800}\right]$

40 ●○ Una scatola contiene 12 palline bianche, 13 rosse, 5 verdi.
Si estraggono contemporaneamente due palline. Calcola la probabilità che siano:

a. entrambe rosse;

b. almeno una bianca;

c. una sola bianca;

d. nessuna verde.

$\left[\text{a) } \frac{26}{145}; \text{ b) } \frac{94}{145}; \text{ c) } \frac{72}{145}; \text{ d) } \frac{20}{29}\right]$

41 ●○ Lanciando 4 dadi, calcola la probabilità che:

a. abbiano tutte le facce uguali;

b. abbiano 4 facce con il numero 2.

$\left[\text{a) } \frac{1}{216}; \text{ b) } \frac{1}{1296}\right]$

42 ●○ Si lancia consecutivamente un dado due volte. Calcola la probabilità che le due facce:

a. abbiano la somma dei punteggi uguale a 9;

b. abbiano la somma dei punteggi maggiore di 9;

c. abbiano due numeri che siano divisori di 6.

$\left[\text{a) } \frac{1}{9}; \text{ b) } \frac{1}{6}; \text{ c) } \frac{4}{9}\right]$

43 ●○ Giovanni ha 12 libri di scuola. Una mattina si sveglia tardi e, nella fretta, prende i primi 3 libri che gli capitano sotto mano. Qual è la probabilità che tra questi ci sia il libro di matematica? $\left[\frac{1}{4}\right]$

44 ●○ REALTÀ E MODELLI **Gare d'istituto** In una scuola 120 alunni partecipano alla «giornata dell'arte», preparando lavori di vari generi artistici.

a. Calcola la probabilità che i primi tre classificati siano tutti alunni della 4ª C, che partecipa con 20 ragazzi.

b. Se la probabilità che uno dei tre classificati sia della 4ª C e gli altri due della 4ª A è $\frac{9}{826}$, quanti sono gli alunni della 4ª A che partecipano al concorso? $\left[\text{a) } \frac{57}{14\,042}; \text{ b) } 18\right]$

45 ●○ Nel laboratorio di scienze ci sono 25 microscopi, di cui 2 difettosi. Ognuno dei 21 studenti della 4ª A sceglie un microscopio. Qual è la probabilità che nessuno scelga un microscopio difettoso? $\left[\frac{1}{50}\right]$

46 ●● Voglio prenotare due posti nella decima fila del cinema. Se la fila ha 20 posti numerati dall'81 al 100, calcola la probabilità che:

a. i due posti si trovino tra il numero 91 e il numero 100;

b. i due posti siano vicini. $\left[\text{a) } \frac{9}{38}; \text{ b) } \frac{1}{10}\right]$

ESERCIZI

3 Somma logica di eventi

▶ Teoria a p. 984

Eventi compatibili ed eventi incompatibili

Indica fra i seguenti eventi quali sono compatibili e quali incompatibili.

47 Nell'estrazione di un numero del lotto esce un numero:
a. E_1 = «divisibile per 8», E_2 = «dispari»; **b.** E_1 = «minore di 20», E_2 = «multiplo di 12».

48 Nell'estrazione di una carta da un mazzo di 40 esce:
a. E_1 = «un asso», E_2 = «una figura»; **b.** E_1 = «una carta di spade», E_2 = «un re».

49 Nel lancio di due dadi escono due numeri:
a. E_1 = «multipli di 3», E_2 = «uguali»; **b.** E_1 = «con somma minore di 5», E_2 = «entrambi pari».

Probabilità della somma logica o unione di due eventi

50 ESERCIZIO GUIDA In un sacchetto ci sono 16 gettoni: 7 di forma quadrata (3 rossi e 4 verdi) e 9 di forma circolare (4 rossi e 5 verdi). Indica qual è la probabilità di estrarre a caso un gettone: **a.** verde oppure quadrato rosso; **b.** rosso oppure tondo.

a. Gli eventi E_1 = «estrazione di un gettone verde» ed E_2 = «estrazione di un gettone quadrato rosso» sono *incompatibili*, perché un gettone non può essere contemporaneamente verde e quadrato rosso.

$$p(E_1) = \frac{9}{16}; \quad p(E_2) = \frac{3}{16}.$$

Allora $p(E_1 \cup E_2) = p(E_1) + p(E_2) = \frac{9}{16} + \frac{3}{16} = \frac{12}{16} = \frac{3}{4}$.

b. Gli eventi E_1 = «estrazione di un gettone rosso» ed E_2 = «estrazione di un gettone tondo» sono *compatibili*, perché un gettone può essere contemporaneamente rosso e tondo.
I casi possibili sono 16, quindi:

$$p(E_1) = \frac{7}{16}; \quad p(E_2) = \frac{9}{16}.$$

Calcoliamo $p(E_1 \cap E_2)$, dove i casi favorevoli sono i gettoni rossi e tondi:

$$p(E_1 \cap E_2) = \frac{4}{16}.$$

La probabilità che si estragga un gettone rosso oppure tondo è:

$$p(E_1 \cup E_2) = p(E_1) + p(E_2) - p(E_1 \cap E_2) = \frac{7}{16} + \frac{9}{16} - \frac{4}{16} = \frac{3}{4}.$$

51 Un cassetto contiene 18 calzini verdi, 6 azzurri e 4 fucsia. Calcola la probabilità che, estraendone uno a caso, esso sia verde o fucsia. $\left[\frac{11}{14}\right]$

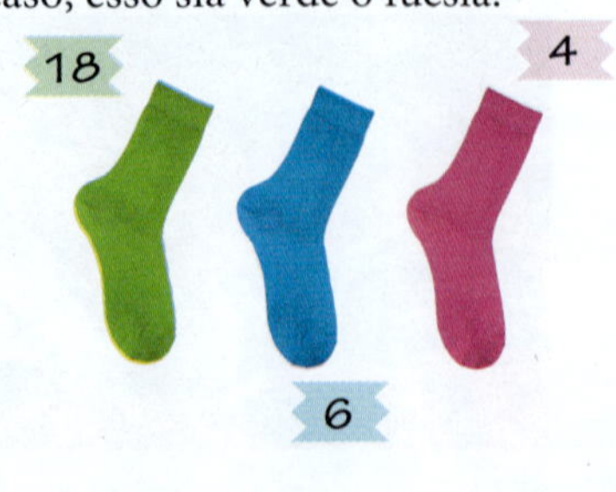

52 Calcola la probabilità che lanciando un dado esca un numero minore di 5 o dispari. $\left[\frac{5}{6}\right]$

53 Un'urna contiene 20 palline numerate da 1 a 20. Calcola la probabilità che, estraendo una pallina, esca un numero:
a. pari;
b. multiplo di 8 o maggiore di 17;
c. dispari o minore di 7.
$\left[\text{a) } \frac{1}{2}; \text{ b) } \frac{1}{4}; \text{ c) } \frac{13}{20}\right]$

54 In una busta ci sono 28 figurine numerate da 1 a 28. Calcola la probabilità di estrarre a caso una figurina con numero dispari o multiplo di 4. $\left[\frac{3}{4}\right]$

55 Una scatola contiene cioccolatini, caramelle e liquirizie. Sapendo che i cioccolatini sono il doppio delle liquirizie e le caramelle sono i $\frac{3}{2}$ delle liquirizie, calcola la probabilità di prendere a caso un cioccolatino o una caramella. $\left[\frac{7}{9}\right]$

56 REALTÀ E MODELLI **Il numero di maglia** L'allenatore di una squadra di pallavolo sta consegnando le maglie ai convocati per la partita scegliendole casualmente. Nella cesta ci sono le maglie numerate da 1 a 10. Federico è il primo a ricevere la maglia.
Qual è la probabilità che il suo numero sia un numero dispari o maggiore di 5? $\left[\frac{4}{5}\right]$

57 Si estrae una carta da un mazzo di 52 carte. Calcola la probabilità che la carta:

a. sia un re o un sette;

b. sia un re o una carta di picche;

c. sia un asso o una carta di picche o una figura. $\left[\text{a) } \frac{2}{13}; \text{ b) } \frac{4}{13}; \text{ c) } \frac{25}{52}\right]$

58 Calcola la probabilità che, lanciando un dado, si verifichi almeno uno dei due eventi:

E_1 = «numero dispari»;
E_2 = «numero minore di 4». $\left[\frac{2}{3}\right]$

59 In uno scaffale ci sono 12 DVD, 20 CD e 14 libri. Prendendo un oggetto a caso, qual è la probabilità di prendere un CD o un libro? $\left[\frac{17}{23}\right]$

REALTÀ E MODELLI

60 **Colazione fuori** Nella pasticceria «Frutti di bosco», Javier prepara i biscotti alle mandorle tre giorni alla settimana e le brioche al miele due giorni alla settimana. Solo un giorno alla settimana prepara entrambi i dolci. Una mattina Veronica va a fare colazione alla pasticceria, sperando di trovare i biscotti alle mandorle o le brioche al miele: qual è la probabilità che accada? $\left[\frac{4}{7}\right]$

61 **I più bravi della scuola** Alla fine dell'anno scolastico, in una scuola di 648 studenti, 1 su 6 ha ottenuto una media superiore all'8 e 1 su 9 ha 10 in almeno una materia, mentre solo 12 studenti hanno raggiunto entrambi i risultati. Scegliendo a caso uno studente, qual è la probabilità che abbia la media maggiore di 8 oppure 10 in qualche materia? $\left[\frac{7}{27}\right]$

62 12 ragazzi vogliono dividersi in 3 squadre. Mettono in un sacchetto dei bigliettini numerati da 1 a 12, e ciascuno ne estrae uno a caso. I biglietti dall'1 al 4 rappresentano la squadra A, quelli dal 5 all'8 la squadra B, quelli dal 9 al 12 la squadra C. I ragazzi che estrarranno i numeri 1, 5 e 9 diventeranno i capitani delle relative squadre. Qual è la probabilità di capitare nella squadra A o di essere capitano di una delle tre squadre? $\left[\frac{1}{2}\right]$

63 EUREKA! Sofia e Francesco osservano i parenti che iniziano a giocare a tombola. Sofia dice: «Scommetto che il primo numero estratto è un numero pari o un multiplo di 4».
Francesco ribatte: «Va bene, allora io scommetto che il primo numero estratto è un numero dispari o un multiplo di 5».
Determina, senza calcolare le due probabilità, chi dei due ha maggiore probabilità di vincere la scommessa. Poi conferma il tuo ragionamento calcolando le due probabilità.

Con il calcolo combinatorio

64 ESERCIZIO GUIDA Un'urna contiene 4 palline rosse numerate da 1 a 4 e 6 palline nere numerate da 1 a 6. Si estraggono consecutivamente due palline, senza rimettere la pallina estratta nell'urna. Calcoliamo la probabilità:

a. che le palline estratte siano di colore uguale;

b. che le palline estratte siano rosse o presentino due numeri pari;

c. che almeno una pallina estratta sia rossa.

ESERCIZI

a. Gli eventi E_{RR} = «escono due palline rosse» ed E_{NN} = «escono due palline nere» sono incompatibili, quindi

$$p(E_{RR} \cup E_{NN}) = p(E_{RR}) + p(E_{NN}) = \frac{D_{4,2}}{D_{10,2}} + \frac{D_{6,2}}{D_{10,2}} = \frac{12}{90} + \frac{30}{90} = \frac{42}{90} = \frac{7}{15}.$$

b. Gli eventi E_{RR} ed E_{PP} = «escono due palline con un numero pari» sono eventi compatibili, quindi

$$p(E_{RR} \cup E_{PP}) = p(E_{RR}) + p(E_{PP}) - p(E_{RR} \cap E_{PP}) = \frac{12}{90} + \frac{20}{90} - \frac{2}{90} = \frac{30}{90} = \frac{1}{3}.$$

c. L'evento si realizza se si realizza E_{RR} oppure E_{RN} = «escono una pallina rossa e una nera», che sono eventi incompatibili, quindi

$$p(E_{RR} \cup E_{RN}) = p(E_{RR}) + p(E_{RN}) = \frac{D_{4,2}}{D_{10,2}} + \frac{4 \cdot 6 \cdot 2}{D_{10,2}} = \frac{48}{90} + \frac{12}{90} = \frac{60}{90} = \frac{2}{3}.$$

Possiamo usare in questo caso anche la probabilità dell'evento contrario che è «non esce alcuna pallina rossa» = «escono due palline nere» di cui abbiamo già calcolato la probabilità.

$$p(E_{RR} \cup E_{RN}) = p(\overline{E}_{NN}) = 1 - p(E_{NN}) = 1 - \frac{30}{90} = \frac{60}{90} = \frac{2}{3}$$

65 ●○ Un'urna contiene 4 palline bianche e 8 nere. Calcola la probabilità che, estraendo consecutivamente tre palline, senza rimettere la pallina estratta nell'urna:

a. siano dello stesso colore;

b. siano due bianche e una nera o due nere e una bianca.

$\left[a)\ \frac{3}{11};\ b)\ \frac{8}{11}\right]$

66 ●● Un'urna contiene 4 palline gialle, 2 verdi e 7 bianche. Si estraggono consecutivamente 2 palline, senza rimettere la pallina estratta nell'urna. Calcola la probabilità che:

a. siano dello stesso colore;

b. nessuna sia bianca;

c. almeno una sia verde;

d. la prima sia gialla e l'altra o verde o bianca.

$\left[a)\ \frac{14}{39};\ b)\ \frac{5}{26};\ c)\ \frac{23}{78};\ d)\ \frac{3}{13}\right]$

67 ●● Si estraggono contemporaneamente tre carte da un mazzo da 40 carte. Calcola la probabilità che si presentino:

a. tre figure o tre carte di due semi fissati;

b. tre figure o tre re;

c. tre carte di due semi fissati o tre sette;

d. almeno due figure;

e. almeno una figura.

$\left[a)\ \frac{67}{494};\ b)\ \frac{11}{494};\ c)\ \frac{11}{95};\ d)\ \frac{517}{2470};\ e)\ \frac{127}{190}\right]$

REALTÀ E MODELLI

68 ●● **Parchi in premio** Abbiamo 9 biglietti per un parco divertimenti, 5 biglietti per un parco acquatico e 6 biglietti per un parco termale. Estraiamo consecutivamente due biglietti da assegnare come primo e secondo premio per un gioco. Calcola la probabilità che:

a. siano biglietti per lo stesso parco;

b. nessun biglietto sia per il parco acquatico;

c. almeno un biglietto sia per il parco divertimenti;

d. il primo biglietto sia per il parco termale e l'altro per il parco divertimenti o il parco acquatico.

$\left[a)\ \frac{61}{190};\ b)\ \frac{21}{38};\ c)\ \frac{27}{38};\ d)\ \frac{21}{95}\right]$

69 ●● **Bellezze premiate** Alle tre vincitrici di un concorso di bellezza spettano tre premi da scegliere estraendoli consecutivamente da una scatola contenente 6 braccialetti e 10 collane. Calcola la probabilità che i premi siano:

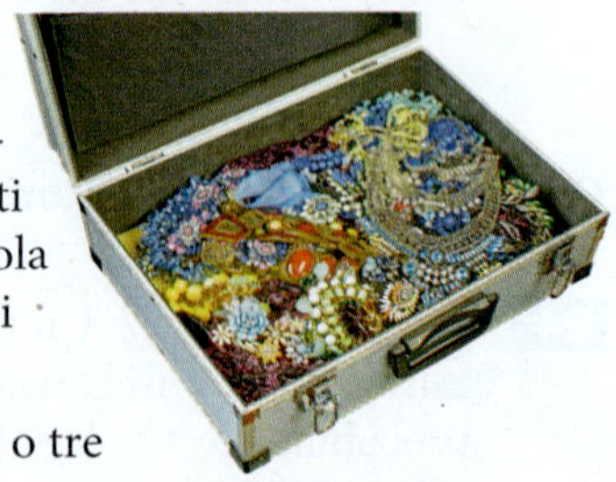

a. tre braccialetti o tre collane;

b. due braccialetti e una collana o un braccialetto e due collane.

$\left[a)\ \frac{1}{4};\ b)\ \frac{3}{4}\right]$

4 Probabilità condizionata

▶ Teoria a p. 986

Eventi dipendenti ed eventi indipendenti

70 RIFLETTI SULLA TEORIA

a. Due eventi dipendenti sono sempre compatibili?

b. Due eventi indipendenti sono sempre incompatibili?

71 FAI UN ESEMPIO di eventi indipendenti estraendo due carte da un mazzo di 40.

Indica se i seguenti eventi sono dipendenti o indipendenti.

72 In due lanci di una moneta:

E_1 = «esce "croce" al primo lancio», E_2 = «esce "croce" al secondo lancio».

73 In due lanci di un dado:

E_1 = «esce un numero pari al primo lancio», E_2 = «esce il numero 2 al secondo lancio».

74 Nell'estrazione da un'urna, contenente 4 palline bianche e 6 nere, di due palline senza rimettere la prima nell'urna:

E_1 = «esce una pallina nera alla prima estrazione», E_2 = «esce una pallina nera alla seconda estrazione».

75 VERO O FALSO?

a. Se B è l'evento certo, $p(A \mid B) = p(A)$. V F

b. Se gli eventi A e B sono incompatibili, $p(A \mid B) = 0$. V F

c. Se A è l'evento certo, $p(A \mid B) = p(B)$. V F

d. $p(A \cup B \mid B) = p(A)$. V F

76 ESERCIZIO GUIDA Nel frigorifero di un bar ci sono 10 bottiglie di acqua minerale naturale, 15 di acqua minerale frizzante, 12 aranciate e 7 tè freddi, non deteinati. Prendiamo una bottiglia a caso dal frigorifero. Consideriamo gli eventi:

A = «prendere un'acqua minerale»; C = «prendere un'aranciata»;
B = «prendere una bevanda senza teina»; D = «prendere un tè freddo».

a. Calcoliamo la probabilità di prendere un tè freddo, sapendo che non si è presa un'aranciata.

b. Stabiliamo la correlazione tra D e $\overline{C}$.

c. Stabiliamo la correlazione tra A e B.

---

a. Dobbiamo calcolare $p(D \mid \overline{C})$.
Se non abbiamo preso un'aranciata, l'insieme degli esiti è dato dalle 25 bottiglie d'acqua minerale e dalle 7 di tè freddo. I casi possibili sono 32.
I casi favorevoli sono 7, quindi $p(D \mid \overline{C}) = \frac{7}{32}$.

$$p(A \mid B) = \frac{p(A \cap B)}{p(B)}$$

Usando il teorema della probabilità condizionata:

$$p(D \cap \overline{C}) = \frac{7}{44}, \qquad p(\overline{C}) = \frac{32}{44} \quad \to \quad p(D \mid \overline{C}) = \frac{p(D \cap \overline{C})}{p(\overline{C})} = \frac{7}{44} \cdot \frac{44}{32} = \frac{7}{32}.$$

b. Poiché $p(D) = \frac{7}{44}$, $p(D \mid \overline{C}) > p(D)$, quindi D e $\overline{C}$ sono dipendenti e correlati positivamente.

c. Osserviamo che $p(B \mid A) = 1$ perché, se sappiamo che abbiamo preso un'acqua minerale, è certo che abbiamo preso una bevanda senza teina. Poiché $p(B \mid A) = 1 > p(B)$, gli eventi A e B sono dipendenti e correlati positivamente.

77 Calcola la probabilità che, lanciando un dado, esca un numero maggiore di 3, sapendo che è uscito un numero pari. $\left[\frac{2}{3}\right]$

78 Calcola la probabilità che, estraendo una carta da un mazzo di 40, essa sia un re, sapendo che è uscita una figura. $\left[\frac{1}{3}\right]$

79 Un sacchetto contiene 22 palline numerate da 1 a 22. Calcola la probabilità che, estraendo una pallina, essa rechi un numero multiplo di 3, sapendo che è uscito un numero dispari. $\left[\frac{4}{11}\right]$

80 Si hanno due mazzi di carte da 40. Si estrae da ciascun mazzo una carta. Calcola la probabilità che esse siano due re, sapendo che sono uscite due figure, e la probabilità che siano due figure, sapendo che sono usciti due re. $\left[\frac{1}{9}; 1\right]$

81 Si estraggono consecutivamente tre palline da un'urna contenente 20 palline numerate da 1 a 20, rimettendo ogni volta la pallina estratta nell'urna. Calcola la probabilità che le tre palline abbiano un numero dispari, sapendo che le prime due palline hanno un numero dispari. $\left[\frac{1}{2}\right]$

82 Da un mazzo da 52 carte si estraggono consecutivamente due carte senza rimettere la carta estratta nel mazzo. Calcola la probabilità che esse siano di cuori, sapendo che sono entrambe rosse. $\left[\frac{6}{25}\right]$

83 **Calcio, football americano, basket** In una classe 8 alunni giocano a calcio, 6 a football americano e 7 a basket. Calcola la probabilità che, prendendo a caso tre alunni, essi giochino a football americano, sapendo che non praticano il calcio e che ognuno pratica un solo sport. $\left[\frac{10}{143}\right]$

84 Una macchina produce pezzi meccanici e, su una produzione di 400 pezzi, 20 sono difettosi per peso, 30 per lunghezza e 360 sono perfetti. Calcola la probabilità che, prendendo a caso un pezzo:

a. sia difettoso;

b. abbia entrambi i difetti;

c. sia difettoso per peso, sapendo che anche la lunghezza non è corretta.

$\left[\text{a) } \frac{1}{10}; \text{ b) } \frac{1}{40}; \text{ c) } \frac{1}{3}\right]$

RISOLVIAMO UN PROBLEMA

Sedie a dondolo

La ditta «La tua sedia» vuole introdurre, fra i vari tipi di sedia che fabbrica, anche sedie a dondolo. Avendo in produzione modelli con paglia di Vienna, considera l'opportunità di sedie a dondolo con seduta e schienale con questo materiale.
In base alle richieste del mercato, valuta la probabilità di vendere una sedia a dondolo senza la paglia di Vienna al 30% e la probabilità di vendere una sedia non a dondolo al 55%.
Determina:

- se gli eventi «vendere una sedia a dondolo» e «vendere una sedia con paglia di Vienna» sono compatibili o incompatibili;
- la probabilità di vendere una sedia a dondolo o una sedia con paglia di Vienna supponendo gli eventi indipendenti;
- la probabilità di vendere una sedia con paglia di Vienna supponendo che la probabilità di vendere una sedia a dondolo condizionata all'evento vendita di una sedia con paglia di Vienna sia di $\frac{5}{7}$.

▶ **Calcoliamo la probabilità di vendere una sedia a dondolo senza paglia di Vienna e la probabilità di vendere una sedia non a dondolo.**

Indichiamo con A l'evento «vendere una sedia a dondolo» e con B l'evento «vendere una sedia con paglia di Vienna». Se gli eventi A e B sono incompatibili, deve essere $p(A \cap B) = 0$.
In base ai dati, la probabilità di vendere una sedia a dondolo senza paglia di Vienna è $p(A - B) = p(A \cap \overline{B}) = 0,30$.

Sempre in base ai dati, la probabilità di vendere una sedia non a dondolo è $p(\overline{A}) = 0,55$, e quindi $p(A) = 1 - 0,55 = 0,45$.

▶ **Verifichiamo che gli eventi *A* e *B* sono compatibili.**

Otteniamo $p(A \cap B) = p(A) - p(A \cap \overline{B}) = 0,45 - 0,30 = 0,15 \neq 0$. Dunque, gli eventi A e B sono compatibili.

▶ **Calcoliamo la probabilità di vendere una sedia a dondolo o una sedia con paglia di Vienna supponendo gli eventi indipendenti.**

Vogliamo calcolare $p(A \cup B) = p(A) + p(B) - p(A \cap B)$. Dobbiamo quindi innanzitutto determinare $p(B)$. Se gli eventi A e B sono indipendenti deve essere $p(A \cap B) = p(A) \cdot p(B)$, e quindi

$$p(B) = \frac{p(A \cap B)}{p(A)} = \frac{0,15}{0,45} = \frac{1}{3} = 0,\overline{3}, \text{ da cui otteniamo } p(A \cup B) = 0,45 + 0,\overline{3} - 0,15 = 0,6\overline{3}.$$

▶ **Calcoliamo la probabilità condizionata richiesta.**

Dobbiamo calcolare la probabilità dell'evento B considerando che $p(A \mid B) = \frac{5}{7}$:

$$p(A \mid B) = \frac{p(A \cap B)}{p(B)} \qquad \frac{5}{7} = \frac{0,15}{p(B)} \qquad p(B) = 0,15 \cdot \frac{7}{5} = 0,21.$$

85 ●○ REALTÀ E MODELLI **Età e ipertensione** Sai che il 21,7% della popolazione italiana ha almeno 65 anni e che il 17,1% della popolazione totale è iperteso, cioè soffre di ipertensione arteriosa. Inoltre, il 28% della popolazione ha almeno 65 anni o soffre di ipertensione arteriosa.

a. Scegliendo a caso un individuo tra la popolazione italiana, calcola la probabilità che abbia almeno 65 anni e sia iperteso.

b. Se un individuo ha almeno 65 anni, qual è la probabilità che soffra di ipertensione arteriosa? E se ha meno di 65 anni?

c. Se un individuo è iperteso, qual è la probabilità che abbia meno di 65 anni?

[a) 10,8%; b) 49,8%; 8%; c) 36,8%]

86 ●● **Ex alunni** In un istituto tecnico si svolge un'indagine statistica su 575 alunni diplomati negli ultimi cinque anni. Di essi 305 sono femmine e 270 maschi. 215, di cui 140 femmine e 75 maschi, hanno proseguito gli studi; 234, di cui 94 femmine e 140 maschi, hanno trovato impiego presso aziende private; 126, di cui 71 femmine e 55 maschi, lavorano presso enti pubblici. Intervistando a caso due persone, calcola la probabilità che:

a. abbiano proseguito gli studi;

b. abbiano trovato un impiego, sapendo che sono maschi;

c. non lavorino presso un ente pubblico, sapendo che sono femmine.

Gli eventi «aver trovato un impiego» ed «essere maschi» sono dipendenti o indipendenti?

[a) 14%; b) 52%; c) 59%; dipendenti]

5 Prodotto logico di eventi

▶ Teoria a p. 989

87 ●○ TEST Due macchine indipendenti compiono lo stesso lavoro. La probabilità che si guasti la macchina A è del 30%, mentre la probabilità che si guasti la macchina B è del 20%. La probabilità che si guasti la macchina B e non la macchina A è:

A 0,14. **B** 0,24. **C** 0,44. **D** 0,5. **E** 0,56.

88 ESERCIZIO GUIDA Da un'urna che contiene 6 palline rosse, 3 bianche e 5 nere estraiamo consecutivamente due palline, senza rimettere la prima estratta nell'urna. Calcoliamo la probabilità che:

a. le palline siano entrambe rosse;

b. la prima pallina sia bianca e la seconda nera;

c. almeno una pallina sia rossa.

In ognuno dei tre casi gli eventi sono dipendenti perché la prima pallina estratta non viene rimessa nell'urna.
Indichiamo con R, B e N le estrazioni di palline rosse, bianche e nere, con il pedice 1 la prima estrazione e con il pedice 2 la seconda.

a. $R_1 \cap R_2 =$ «la prima pallina estratta è rossa e la seconda è rossa».

$$p(R_1 \cap R_2) = p(R_1) \cdot p(R_2 | R_1) = \frac{6}{14} \cdot \frac{5}{13} = \frac{15}{91}$$

(palline rosse: 6; palline rosse rimaste: 5; palline rimaste nell'urna: 13)

b. $B_1 \cap N_2 =$ «la prima pallina estratta è bianca e la seconda è nera».

$$p(B_1 \cap N_2) = p(B_1) \cdot p(N_2 | B_1) = \frac{3}{14} \cdot \frac{5}{13} = \frac{15}{182}$$

(palline bianche: 3; palline nere: 5; palline rimaste nell'urna: 13)

c. «Almeno una» è l'evento contrario di «nessuna».

$\overline{R}_1 \cap \overline{R}_2 =$ «la prima pallina estratta non è rossa e la seconda non è rossa».

$$p(\overline{R}_1 \cap \overline{R}_2) = p(\overline{R}_1) \cdot p(\overline{R}_2 | \overline{R}_1) = \frac{8}{14} \cdot \frac{7}{13} = \frac{4}{13}$$

(palline non rosse: 8; palline non rosse rimaste: 7; palline rimaste nell'urna: 13)

La probabilità che almeno una pallina sia rossa è:

$$p = 1 - p(\overline{R}_1 \cap \overline{R}_2) = 1 - \frac{4}{13} = \frac{9}{13}.$$

89 ●○ Antonio pesca tre carte da un mazzo di 40. Qual è la probabilità che abbia in mano tre re? $\left[\frac{1}{2470}\right]$

90 ●○ **Vigilia di Natale** Roberta prepara i pacchetti dei regali per quattro suoi amici, ma una volta incartati non riesce più a distinguerli. Se fossero consegnati a caso, qual è la probabilità che ognuno di loro riceva proprio il suo? $\left[\frac{1}{24}\right]$

91 ●○ Due impianti nuovi, che funzionano in modo separato uno dall'altro, hanno la probabilità di guastarsi, nel periodo della garanzia, rispettivamente del 5% e del 4%. Calcola la probabilità che in un certo momento:

a. uno solo sia guasto;
b. siano guasti entrambi;
c. nessuno sia guasto;
d. almeno uno sia guasto.

[a) 8,6%; b) 0,2%; c) 91,2%; d) 8,8%]

---

92 ●○ In una classe di 25 studenti, i $\frac{3}{5}$ sono maggiorenni. I maschi sono 10, di cui 7 maggiorenni. Scegliendo a caso uno studente, qual è la probabilità che sia una ragazza maggiorenne? $\left[\frac{8}{25}\right]$

93 ●○ La probabilità che un tiratore colpisca un bersaglio è del 20% e la probabilità che lo colpisca un altro tiratore è del 60%. I due tiratori sparano contemporaneamente. Calcola la probabilità che:

a. il bersaglio venga colpito da entrambi;
b. almeno uno colpisca il bersaglio.

[a) 12%; b) 68%]

94 ●○ Un'urna contiene 20 palline numerate da 1 a 20. Calcola la probabilità che, estraendo consecutivamente due palline, senza rimettere quella estratta nell'urna, esse siano:

a. due palline con un numero pari;
b. una con un numero pari e l'altra con un numero dispari;
c. due palline con un numero primo.

$\left[a)\ \frac{9}{38};\ b)\ \frac{10}{19};\ c)\ \frac{14}{95}\right]$

REALTÀ E MODELLI

95 ●○ **Domenica al parco** La domenica Susanna va al parco solo se non piove e la sua amica Cristina è libera. Per la prossima domenica sono previste piogge con una probabilità del 20%. Cristina va a trovare i suoi nonni una domenica su due, indipendentemente dal tempo. Qual è la probabilità che la prossima domenica Susanna vada al parco? [40%]

96 ●○ **Di domenica** Il negozio di vestiti sotto casa di Ilaria è aperto una domenica su 4. Nelle domeniche in cui il negozio è aperto, le due titolari, Costanza e Francesca, si alternano: a turno una resta a casa e sostituirà la collega nella domenica di apertura successiva. Con che probabilità Ilaria troverà Francesca in negozio la prossima domenica? $\left[\frac{1}{8}\right]$

97 ●○ TEST Agata, Nina e Leo decidono che al «Via!» ciascuno di loro dirà (a caso) «Bim», oppure «Bum», oppure «Bam». Qual è la probabilità che dicano tutti e tre la stessa cosa?

A Meno di $\frac{1}{12}$. B Tra $\frac{1}{12}$ e $\frac{1}{10}$. C Tra $\frac{1}{10}$ e $\frac{1}{8}$. D Tra $\frac{1}{8}$ e $\frac{1}{6}$. E Più di $\frac{1}{6}$.

(*Giochi di Archimede*, 2014)

98 ESERCIZIO GUIDA Devono essere interrogati 3 studenti, 2 maschi e una femmina. Calcola la probabilità che, scegliendo a caso gli interrogati, la femmina sia interrogata per seconda.

Chiamiamo M_1 = «il primo interrogato è un maschio», M_2 = «il terzo interrogato è un maschio» e F = «il secondo interrogato è una femmina».
I tre eventi sono dipendenti, quindi:

$$p(M_1 \cap F \cap M_2) = p(M_1) \cdot p(F \mid M_1) \cdot p(M_2 \mid M_1 \cap F) = \frac{2}{3} \cdot \frac{1}{2} \cdot \frac{1}{1} = \frac{1}{3}.$$

99 ●○ In una delegazione di 4 studenti devono essere presenti 2 maschi e 2 femmine. Calcola la probabilità che, scegliendo a caso, vi sia alternanza tra maschi e femmine. $\left[\frac{1}{3}\right]$

100 ●○ Uno scaffale contiene 8 CD di musica classica, 9 CD di musica rock e 7 CD di musica leggera. Si prendono consecutivamente e a caso due CD. Calcola la probabilità che siano:

a. entrambi di musica rock;

b. uno di musica classica e uno di musica leggera.

$\left[a)\ \frac{3}{23};\ b)\ \frac{14}{69}\right]$

101 ●○ Nel portamonete di Luca ci sono

6 monete da 1 euro,

4 monete da 50 centesimi,

5 monete da 20 centesimi.

Prendendo a caso tre monete, una dopo l'altra, calcola la probabilità che siano:

a. tre monete da 50 centesimi;

b. la prima moneta da 1 euro e la seconda e la terza da 20 centesimi;

c. la prima moneta da 1 euro, la seconda da 50 centesimi, la terza da 20 centesimi.

$\left[a)\ \frac{4}{455};\ b)\ \frac{4}{91};\ c)\ \frac{4}{91}\right]$

EUREKA!

102 ●● Al porto sono arrivate 5 casse contenenti ciascuna 72 banane e in una di esse vi è un certo numero di banane radioattive. Si sa che scegliendo a caso due delle 5 casse e scegliendo a caso da ciascuna di esse una banana, la probabilità che una delle due banane scelte sia radioattiva è del 5%. Quante sono le banane radioattive?

A 6 B 9 C 10 D 12 E Nessuna delle precedenti.

(*Giochi di Archimede*, 2013)

103 ●● In una tribù di canguri ci sono 9 individui speciali, chiamati Supercanguri, che sono gli unici con il pelo color oro o color argento. A ogni incontro casuale di 3 Supercanguri, la probabilità che nessuno di loro sia color argento è $\frac{2}{3}$. Quanti sono i Supercanguri color oro?

A 1 B 3 C 5 D 6 E 8

(*Kangourou Italia, livello Student*, 2014)

Riepilogo: Problemi con somma e prodotto logico

104 ESERCIZIO GUIDA Un'urna contiene 5 palline bianche e 4 nere. Si effettuano estrazioni consecutive nelle due situazioni:

1. reimmissione ogni volta della pallina estratta, **2.** non reimmissione della pallina estratta.

Calcoliamo la probabilità che, estraendo consecutivamente tre palline:

a. esse siano prima due bianche e poi una nera;

b. esse siano due bianche e una nera;

c. almeno una sia bianca.

Se c'è reimmissione gli eventi sono indipendenti, se non c'è reimmissione sono dipendenti. Indichiamo con B l'evento «esce una pallina bianca» e con N l'evento «esce una pallina nera», con i pedici 1, 2 e 3 le tre estrazioni.

a. L'evento da considerare è $B_1 \cap B_2 \cap N_3$, quindi:

1. $p(B_1 \cap B_2 \cap N_3) = p(B_1) \cdot p(B_2) \cdot p(N_3) = \frac{5}{9} \cdot \frac{5}{9} \cdot \frac{4}{9} = \frac{100}{729}$;

2. $p(B_1 \cap B_2 \cap N_3) = p(B_1 \cap B_2) \cdot p(N_3 | B_1 \cap B_2) = p(B_1) \cdot p(B_2 | B_1) \cdot p(N_3 | B_1 \cap B_2) = \frac{5}{9} \cdot \frac{4}{8} \cdot \frac{4}{7} = \frac{80}{504} = \frac{10}{63}$.

b. L'evento E può verificarsi con tre modalità diverse incompatibili fra loro:

$$E = (B_1 \cap B_2 \cap N_3) \cup (B_1 \cap N_2 \cap B_3) \cup (N_1 \cap B_2 \cap B_3).$$

1. $p(E) = \frac{5}{9} \cdot \frac{5}{9} \cdot \frac{4}{9} + \frac{5}{9} \cdot \frac{4}{9} \cdot \frac{5}{9} + \frac{4}{9} \cdot \frac{5}{9} \cdot \frac{5}{9} = \frac{100}{729} \cdot 3 = \frac{100}{243}$;

2. $p(E) = \frac{5}{9} \cdot \frac{4}{8} \cdot \frac{4}{7} + \frac{5}{9} \cdot \frac{4}{8} \cdot \frac{4}{7} + \frac{4}{9} \cdot \frac{5}{8} \cdot \frac{4}{7} = \frac{10}{21}$.

Nel caso in cui l'ordine non è stabilito si può moltiplicare la probabilità di una sequenza «base» per il numero di volte col quale gli eventi componenti l'evento si possono presentare.

c. Abbiamo varie possibilità per il numero di volte con cui la pallina bianca può uscire.
L'evento C si verifica quando la pallina bianca:

esce una volta:	*b n n*	*n b n*	*n n b*
o due volte:	*b b n*	*n b b*	*b n b*
o tre volte:	*b b b*		

In questo caso è più semplice calcolare la probabilità dell'evento contrario «non esce nessuna pallina bianca», che è come calcolare la probabilità dell'evento «escono tre palline nere»:

1. $p(E) = 1 - p(N_1 \cap N_2 \cap N_3) = 1 - \frac{4}{9} \cdot \frac{4}{9} \cdot \frac{4}{9} = 1 - \frac{64}{729} = \frac{665}{729}$;

2. $p(E) = 1 - p(N_1 \cap N_2 \cap N_3) = 1 - \frac{4}{9} \cdot \frac{3}{8} \cdot \frac{2}{7} = 1 - \frac{24}{504} = \frac{480}{504} = \frac{20}{21}$.

105 In una scatola ci sono 8 palline rosse e 4 gialle. Calcola la probabilità che, estraendo consecutivamente due palline senza rimettere la pallina estratta nella scatola, esse siano:

a. due palline rosse;

b. due palline gialle;

c. la prima rossa e la seconda gialla;

d. una pallina rossa e l'altra gialla.

[a) $\frac{14}{33}$; b) $\frac{1}{11}$; c) $\frac{8}{33}$; d) $\frac{16}{33}$]

MATEMATICA AL COMPUTER

Calcolo della probabilità Un sacchetto contiene t gettoni, di cui r rossi, g gialli, b blu. Costruiamo un foglio elettronico che riceva i numeri r, g, b e che mostri le probabilità delle possibili estrazioni di due gettoni, sia che il primo gettone estratto venga reimmesso nel sacchetto, sia che non venga reimmesso. Proviamo il foglio con $r = 4$, $g = 2$ e $b = 3$.

Risoluzione – 2 esercizi in più

106 Calcola la probabilità che, estraendo consecutivamente due carte da un mazzo di quaranta, senza rimettere quella estratta per prima nel mazzo, esse siano:

a. la prima una figura e la seconda non una figura;
b. una figura e un sette.

$\left[\text{a) } \frac{14}{65}; \text{ b) } \frac{4}{65}\right]$

107 Da due mazzi di quaranta carte si estraggono due carte, una per ciascun mazzo. Calcola la probabilità che:

a. le due carte siano due re;
b. le due carte siano due figure;
c. almeno una delle due carte sia un asso.

$\left[\text{a) } \frac{1}{100}; \text{ b) } \frac{9}{100}; \text{ c) } \frac{19}{100}\right]$

108 Ogni mattina Gianluca, per andare a scuola, deve prendere l'autobus delle 7.20. Una mattina su 5, Gianluca arriva alla fermata in ritardo, tra le 7.21 e le 7.25. Quando piove (una mattina su 6) l'autobus passa dopo le 7.25, mentre gli altri giorni è puntuale. Qual è la probabilità che Gianluca non perda l'autobus? $\left[\frac{5}{6}\right]$

109 La mensa è aperta dal lunedì al venerdì. Ogni giorno, tra i primi piatti, c'è almeno uno tra pasta e riso. Se la pasta c'è 4 giorni alla settimana e il riso 3, qual è la probabilità che, in un giorno qualsiasi, ci siano entrambi i piatti? $\left[\frac{2}{5}\right]$

110 Si hanno due sacchetti. Il primo contiene 4 palline bianche e 6 rosse, il secondo ne contiene 3 bianche e 5 rosse. Calcola la probabilità che, estraendo una pallina da ciascun sacchetto, esse siano:

a. entrambe bianche;
b. bianca dalla prima urna e rossa dalla seconda;
c. una bianca e una rossa.

$\left[\text{a) } \frac{3}{20}; \text{ b) } \frac{1}{4}; \text{ c) } \frac{19}{40}\right]$

111 TEST In questa stagione accade spesso che quando Luca esce da scuola piova: ciò accade con probabilità uguale a $\frac{2}{5}$. Per questo motivo Luca ritiene opportuno prendere con sé un ombrello, ma a volte se ne dimentica; la probabilità che in un singolo giorno Luca dimentichi l'ombrello è $\frac{1}{2}$. Qual è la probabilità che per tre giorni consecutivi Luca non si bagni mai, durante il ritorno da scuola?

A Minore di $\frac{1}{6}$.
B Compresa tra $\frac{1}{6}$ e $\frac{1}{3}$.
C Compresa tra $\frac{1}{3}$ e $\frac{1}{2}$.
D Compresa tra $\frac{1}{2}$ e $\frac{2}{3}$.
E Maggiore di $\frac{5}{6}$.

(*Giochi di Archimede*, 2014)

Problemi REALTÀ E MODELLI

112 **Legumi** Un commesso ha messo alla rinfusa i barattoli di legumi sullo scaffale di un supermercato. Sappiamo che ci sono 7 barattoli di piselli, 9 barattoli di fagioli e 6 barattoli di fagiolini. Si prendono consecutivamente 3 barattoli. Calcola la probabilità che:

a. siano tutti barattoli di piselli;
b. uno sia di piselli e due di fagioli;
c. ce ne sia uno per tipo;
d. non ci sia alcun barattolo di fagiolini.

$\left[\text{a) } \frac{1}{44}; \text{ b) } \frac{9}{55}; \text{ c) } \frac{27}{110}; \text{ d) } \frac{4}{11}\right]$

113 ●○ **Strike!** Tre amici giocano a bowling. In base ai risultati delle partite precedenti, si stabilisce che il primo ha probabilità 0,6 di fare strike, il secondo ha probabilità 0,45, il terzo ha probabilità 0,5. Calcola la probabilità che:

a. tutti e tre i giocatori facciano strike;

b. nessun giocatore faccia strike;

c. almeno un giocatore faccia strike.

[a) 0,135; b) 0,11; c) 0,89]

114 ●○ **Pennarello o pastello?** Da ciascuno dei due astucci in figura viene preso un pastello o un pennarello a caso. Calcola la probabilità che

a. entrambi siano pastelli;

b. siano un pennarello dal primo astuccio e un pastello dal secondo;

c. siano entrambi pennarelli, o un pastello e un pennarello.

$\left[\text{a) } \frac{7}{26}; \text{ b) } \frac{3}{13}; \text{ c) } \frac{19}{26}\right]$

115 ●● **Germogli** Alessia ha tre vasetti di terra, in ognuno dei quali mette due semi di pomodoro. Se ogni seme ha una probabilità di germogliare dell'80%, calcola la probabilità che:

a. nasca almeno una pianta in uno solo dei vasetti;

b. nasca almeno una pianta in tutti e tre i vasetti.

[a) $\simeq$ 0,46%; b) $\simeq$ 88,5%]

116 ●○ **Alcol e adolescenti** Da un rapporto Istat è emerso che il 14,3% della popolazione maschile di età compresa tra i 16 e i 17 anni manifesta almeno un comportamento a rischio per quanto riguarda il consumo di alcol. Più precisamente, dei maschi tra i 16 e i 17 anni, il 6,5% ha un consumo giornaliero non moderato e il 10,5% beve fino a ubriacarsi durante i fine settimana. Calcola la probabilità che un ragazzo di età compresa tra i 16 e i 17 anni manifesti entrambi i comportamenti a rischio. [2,7%]

117 ●○ **Tiro al piattello** Durante una gara di tiro al piattello, tre concorrenti hanno rispettivamente la probabilità di $\frac{1}{6}$, $\frac{1}{4}$ e $\frac{1}{3}$ di colpire il bersaglio. Ciascuno spara una sola volta. Trova la probabilità che uno e uno soltanto di essi colpisca il piattello. In tal caso qual è la probabilità che sia stato il primo atleta? $\left[\frac{31}{72}; \frac{6}{31}\right]$

118 ●● EUREKA! In una scatola sono state inserite alcune palline rosse e alcune palline verdi. Se estraiamo a caso 2 palline dalla scatola, la probabilità che esse siano dello stesso colore è $\frac{1}{2}$. Quale dei seguenti può essere il numero complessivo delle palline inserite nella scatola?

A 81 **B** 101 **C** 1000 **D** 2011 **E** 10 001

(*Kangourou Italia, livello Student*, 2011)

Problema delle prove ripetute

119 ESERCIZIO GUIDA Un'urna contiene 15 palline numerate. Si estrae per 8 volte consecutive una pallina, rimettendola ogni volta nell'urna. Calcoliamo la probabilità che:

a. per 5 volte esca un numero minore di 6;

b. per 3 o 4 volte esca un numero pari;

c. almeno una volta esca un numero pari.

a. L'evento «esce un numero minore di 6» ha probabilità $p = \frac{5}{15} = \frac{1}{3}$, mentre l'evento contrario ha probabilità $q = 1 - \frac{1}{3} = \frac{2}{3}$. Abbiamo:

$$p_{(5,8)} = \binom{8}{5}\left(\frac{1}{3}\right)^5\left(\frac{2}{3}\right)^3 = \frac{56 \cdot 2^3}{3^8}.$$

$p_{(k,n)} = \binom{n}{k} p^k q^{n-k}$
con n = numero delle prove,
k = numero dei successi

b. L'evento «esce un numero pari» ha probabilità $p = \frac{7}{15}$, mentre l'evento contrario ha probabilità

$$q = 1 - \frac{7}{15} = \frac{8}{15}.$$

Dobbiamo applicare la relazione sia per il caso in cui l'evento si verifichi 3 volte, sia per il caso in cui si verifichi 4 volte e quindi applicare il teorema della somma logica:

$$p_{(3,8)} + p_{(4,8)} = \binom{8}{3}\left(\frac{7}{15}\right)^3\left(\frac{8}{15}\right)^5 + \binom{8}{4}\left(\frac{7}{15}\right)^4\left(\frac{8}{15}\right)^4 = \frac{56 \cdot 7^3 \cdot 8^5}{15^8} + \frac{70 \cdot 7^4 \cdot 8^4}{15^8} = \frac{938 \cdot 7^3 \cdot 8^4}{15^8}.$$

c. Calcoliamo la probabilità dell'evento $\overline{H}_{8,8}$ = «un numero pari non esce mai» (o «esce sempre un numero dispari»), evento contrario dell'evento $H_{8,8}$ di cui si chiede la probabilità. Essendo la probabilità di uscita di un numero dispari $\frac{8}{15}$, la probabilità che in 8 estrazioni nelle stesse condizioni un numero pari esca almeno una volta è $p(H_{8,8}) = 1 - p(\overline{H}_{8,8}) = 1 - \binom{8}{8}\left(\frac{8}{15}\right)^8 = 1 - \frac{8^8}{15^8} = \frac{15^8 - 8^8}{15^8}$.

120 Si lancia 10 volte una moneta. Calcola la probabilità che:

a. la faccia testa esca 4 volte;
b. la faccia croce esca 6 volte;
c. esca sempre croce;
d. almeno una volta esca testa.

$\left[\text{a) } \frac{210}{2^{10}}; \text{ b) } \frac{210}{2^{10}}; \text{ c) } \frac{1}{2^{10}}; \text{ d) } \frac{2^{10}-1}{2^{10}}\right]$

121 Si lancia per 5 volte un dado. Calcola la probabilità che:

a. per 2 volte esca un numero maggiore di 4;
b. per 4 volte esca un numero pari.

$\left[\text{a) } \frac{80}{243}; \text{ b) } \frac{5}{32}\right]$

Problemi REALTÀ E MODELLI

122 **Speranza di vita!** La probabilità che un uomo di 70 anni sia in vita dopo un anno, secondo la tavola demografica relativa al censimento del 1960, è del 95,7%. Calcola la probabilità che hanno tre uomini di quella età di essere tutti ancora in vita l'anno seguente. [87,65% circa]

123 **Basta la fortuna?** Alice e Sara stanno affrontando lo stesso test composto da 6 domande a risposta chiusa. Ogni domanda ha 5 possibili risposte. Alice risponde a caso a tutte le domande. Sara, invece, conosce le risposte di tre domande e risponde alle altre a caso. Ottengono la sufficienza se rispondono correttamente a 4 domande.

a. Qual è la probabilità che entrambe ottengano esattamente la sufficienza?
b. Qual è la probabilità che Alice ottenga esattamente la sufficienza e Sara non superi la prova?

[a) 0,006; b) 0,008]

124 **Bianco bucato** L'impresa Bucato Spa ha effettuato una promozione in un supermercato per il suo nuovo detersivo Bianco. Su 200 clienti, 120 hanno aderito alla promozione. Qual è la probabilità che, intervistando in seguito 5 clienti, 3 dichiarino di aver aderito alla promozione? [0,3456]

125 **Non sempre efficace** Un farmaco ha la probabilità dell'85% di essere efficace. Viene somministrato a 12 ammalati. Calcola la probabilità:

a. che tutti gli ammalati guariscano; **b.** che ne guariscano 10. [a) 14,22% circa; b) 29,24% circa]

6 Teorema di Bayes

Se l'evento deve accadere: la disintegrazione

▶ Teoria a p. 993

126 ESERCIZIO GUIDA Un'urna contiene 6 palline bianche e 10 nere e una seconda urna 8 bianche e 2 nere. Si sceglie a caso un'urna e si estrae una pallina. Calcoliamo la probabilità che essa sia bianca.

Le probabilità relative alla scelta dell'urna sono:

$$p(E_1) = p(E_2) = \frac{1}{2}.$$

Indichiamo con B l'evento «estrazione pallina bianca». Le probabilità di estrarre una pallina bianca avendo fissato l'urna sono:

$$p(B|\,E_1) = \frac{6}{16} = \frac{3}{8}, \quad p(B|\,E_2) = \frac{8}{10} = \frac{4}{5}.$$

La probabilità di estrarre una pallina bianca scegliendo a caso un'urna è:

$$p(B) = \frac{1}{2}\cdot\frac{3}{8} + \frac{1}{2}\cdot\frac{4}{5} = \frac{3}{16} + \frac{2}{5} = \frac{47}{80}.$$

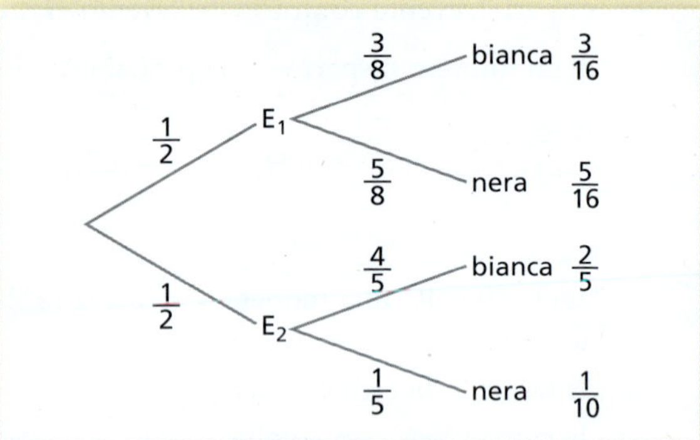

Possiamo rappresentare la situazione con il diagramma ad albero della figura.

127 Abbiamo due urne. La prima contiene 4 palline bianche e 2 nere e la seconda 6 bianche e 4 nere. Si sceglie a caso un'urna estraendo una carta da un mazzo di 40. Se la carta estratta è una figura, si sceglie la prima urna, altrimenti la seconda. Dopo aver scelto l'urna si estrae una pallina. Calcola la probabilità di estrarre una pallina nera. $\left[\frac{19}{50}\right]$

128 TEST In un sacchetto ci sono 7 gettoni numerati da uno a sette. Si estrae un gettone e se reca un numero dispari viene lasciato fuori dal sacchetto, altrimenti viene reinserito. La probabilità che, effettuando l'estrazione successiva, esca un numero pari è:

A $\frac{25}{49}$. B $\frac{23}{49}$. C $\frac{1}{2}$. D $\frac{2}{7}$. E $\frac{3}{7}$.

129 Due macchine producono lo stesso pezzo meccanico. La prima produce il 40% di tutto il quantitativo e il 98% della sua produzione è senza difetti. La seconda macchina ha un tasso di difettosità del 5%. Calcola la probabilità che, estraendo a caso un pezzo, questo sia difettoso. [3,8%]

130 **Qual è la strada?** Un automobilista arriva a un bivio. Sa che una strada è esatta e l'altra è sbagliata. Vi sono due persone A e B al bivio. A dice la verità quattro volte su dieci e B invece sette volte su dieci. L'automobilista chiede informazioni a caso a una di esse e ne segue l'indicazione. Calcola la probabilità che ha l'automobilista di percorrere la strada esatta. $\left[\frac{11}{20}\right]$

REALTÀ E MODELLI

131 ●○ **Efficacia del farmaco** Il 60% di un gruppo di persone sofferenti di una malattia alla tiroide è stato sottoposto alla cura di un nuovo farmaco che ha sostituito il precedente, e il 30% ha ottenuto un miglioramento. Delle persone non sottoposte al trattamento del nuovo farmaco, e che hanno continuato la cura con quello precedente, ha ottenuto un miglioramento il 20%. Calcola la probabilità che, scegliendo una persona a caso, questa abbia avuto un miglioramento. [0,26]

132 ●○ **Stampanti difettose** Un'azienda ha prodotto una certa quantità di stampanti, di cui il 15% presenta un difetto di fabbricazione. Le stampanti non difettose hanno una probabilità del 20% di rompersi entro i primi tre anni, mentre quelle difettose dell'80%. Comprando una stampante (senza sapere se è difettosa o meno), qual è la probabilità che si rompa entro tre anni? [29%]

133 ●○ Due dispositivi hanno la probabilità di funzionare del 90% e del 70%. Se ne sceglie uno a caso. Calcola la probabilità che vi sia un mancato funzionamento. [20%]

134 ●○ In una classe il 40% dei ragazzi è figlio unico. Possiede lo scooter il 20% dei ragazzi che sono figli unici e il 50% dei ragazzi che non sono figli unici. Scelto a caso un ragazzo, calcola la probabilità che abbia lo scooter. [0,38]

135 ●● REALTÀ E MODELLI **Probabile qualità** Tre reparti di un'impresa alimentare producono succhi di frutta. Le percentuali della produzione totale sono il 30% per il primo reparto, il 50% per il secondo reparto e il 20% per il terzo. Il livello qualitativo è del 99% per il primo reparto, del 95% per il secondo e del 96% per il terzo. Calcola il livello qualitativo di tutta la produzione. [0,964]

Se l'evento è accaduto: teorema di Bayes

▶ Teoria a p. 995

136 ESERCIZIO GUIDA Abbiamo due urne. La prima contiene 4 palline bianche e 6 nere e la seconda 5 bianche e 4 nere. Si sceglie a caso un'urna estraendo una carta da un mazzo di 40. Se la carta è una figura viene scelta la prima urna, altrimenti la seconda. Sapendo che la pallina estratta è nera, calcola la probabilità che essa provenga dalla seconda urna.

Definiamo E_i = «pesco dall'i-esima urna»: $p(E_1) = \frac{12}{40} = \frac{3}{10}$, $p(E_2) = \frac{7}{10}$.

Se E = «esce una pallina nera»: $p(E \mid E_1) = \frac{6}{10} = \frac{3}{5}$, $p(E \mid E_2) = \frac{4}{9}$.

Poiché $p(E) = p(E_1) \cdot p(E \mid E_1) + p(E_2) \cdot p(E \mid E_2) \rightarrow p(E) = \frac{3}{10} \cdot \frac{3}{5} + \frac{7}{10} \cdot \frac{4}{9} = \frac{9}{50} + \frac{14}{45} = \frac{221}{450}$, la probabilità che, avendo estratto una pallina nera, essa provenga dalla seconda urna è data da:

$$p(E_2 \mid E) = \frac{p(E_2) \cdot p(E \mid E_2)}{p(E)} =$$

$$\frac{\frac{7}{10} \cdot \frac{4}{9}}{\frac{221}{450}} = \frac{14}{45} \cdot \frac{450}{221} = \frac{140}{221}.$$

Possiamo rappresentare la situazione con il diagramma ad albero a fianco.

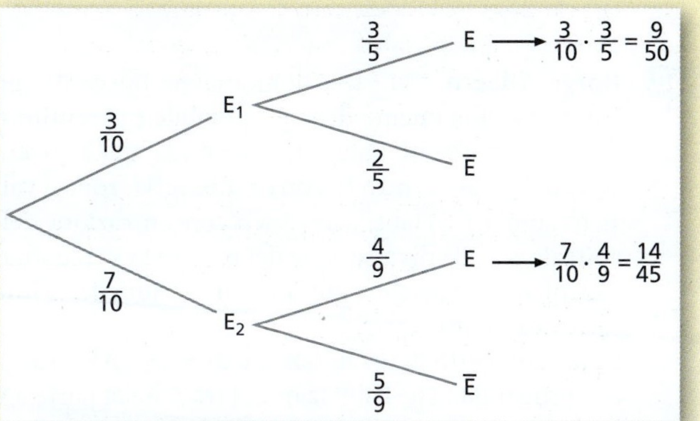

137 ●○ Si hanno due urne. La prima contiene 5 palline bianche, 2 nere e 3 rosse e la seconda 4 bianche, 2 nere e 4 rosse. Si sceglie a caso un'urna lanciando un dado e quindi si estrae una pallina. Se viene una faccia con il numero minore di 3, si sceglie la prima urna, altrimenti la seconda. Viene estratta una pallina rossa. Calcola la probabilità che essa provenga dalla seconda urna. $\left[\frac{8}{11}\right]$

138 ●○ In un gruppo di 30 persone 20 sono donne. Sono 15 le donne che conoscono la lingua inglese, mentre solo 4 degli uomini conoscono la lingua inglese. Calcola la probabilità che, scelta a caso una persona che conosca la lingua inglese, essa sia uomo. $\left[\frac{4}{19}\right]$

139 ●○ TEST Una classe quinta è formata da 15 maschi e 10 femmine. Il 70% dei maschi e l'80% delle femmine hanno la patente. La probabilità che, prendendo a caso un individuo con la patente, questo sia una ragazza è:

A $\frac{16}{37}$.

B $\frac{37}{50}$.

C $\frac{8}{25}$.

D $\frac{21}{50}$.

E $\frac{21}{37}$.

REALTÀ E MODELLI

140 ●● **Via la gastrite** Il 70% di un gruppo di ammalati di gastrite è stato sottoposto alla cura di un nuovo farmaco che ha sostituito il precedente: di questi, il 60% ha ottenuto un miglioramento. Fra le persone non sottoposte al trattamento del nuovo farmaco ha ottenuto un miglioramento il 30%. Calcola la probabilità che un paziente abbia preso il farmaco, sapendo che ha avuto un miglioramento. $\left[\frac{14}{17}\right]$

141 ●○ **Abbinamenti** Giada sta cercando una maglietta da abbinare alla sua gonna bianca. Nel suo cassetto ha tre magliette nere, due bianche e una rossa. Non ha molto tempo, perciò si concede al massimo due tentativi, ma vorrebbe non indossare una maglietta bianca. Prende una maglietta dal cassetto: se è bianca la rimette nel cassetto, altrimenti la mette sul letto. Poi prende un'altra maglietta. Se la seconda maglietta è rossa, qual è la probabilità che la prima maglietta che ha afferrato sia bianca? $\left[\frac{5}{14}\right]$

142 ●● **Alcol test** La prova del palloncino, che indica la presenza di alcol, ha esito positivo per il 4% delle persone controllate. L'esperienza ha mostrato che, con questa prova, il 98% delle persone con risultato positivo era effettivamente in stato di ebrezza e che il 98% delle persone con esito negativo non lo era.
Luca e Giovanni, al ritorno da una serata in birreria, vengono fermati per la prova del palloncino. Luca non ha bevuto e infatti è alla guida, Giovanni ha bevuto due birre.

a. Qual è la probabilità che Luca risulti positivo all'alcol test sapendo che non ha bevuto?

b. Qual è la probabilità che Giovanni risulti negativo all'alcol test sapendo che ha bevuto?

[a) 0,0008; b) 0,33]

143 ●● **Borgo Allegro** Nel paese di montagna Borgo Allegro l'approvvigionamento di acqua potabile è garantito da differenti sorgenti naturali, a seconda delle diverse zone del paese (centro C, zona a monte M, zona a valle V, frazioni F). La tabella mostra la concentrazione delle abitazioni nelle diverse zone del paese e la percentuale di acqua incanalata in ogni zona con residuo fisso inferiore ai 24 mg/L.

Zona	Abitazioni	Acqua con residuo fisso inferiore a 24 mg/L
C	30%	70%
M	25%	60%
V	22%	55%
F	23%	45%

Se dal rubinetto di un'abitazione di Borgo Allegro esce acqua con un residuo fisso superiore a 24 mg/L, qual è la probabilità che l'abitazione si trovi nella parte a valle del paese?

7 Concezione statistica della probabilità

▶ Teoria a p. 998

144 ●○ Una medaglia commemorativa reca da una parte una effigie e dall'altra un motto. Viene lanciata per 60 volte e la parte con il motto si è presentata 22 volte. Calcola il valore della probabilità dell'evento «uscita della faccia con il motto». $\left[\frac{11}{30}\right]$

145 ●○ Un dado non è regolare. Vengono effettuati 700 lanci ottenendo i seguenti risultati:
- la faccia 1 si è presentata 104 volte;
- la faccia 2 si è presentata 130 volte;
- la faccia 3 si è presentata 92 volte;
- la faccia 4 si è presentata 148 volte;
- la faccia 5 si è presentata 115 volte;
- la faccia 6 si è presentata 111 volte.

Calcola le probabilità da attribuire all'uscita delle facce. $\left[\frac{26}{175}; \frac{13}{70}; \frac{23}{175}; \frac{37}{175}; \frac{23}{140}; \frac{111}{700}\right]$

146 ●○ **TEST** È stato lanciato un dado, che non si sa se è equilibrato, per 60 volte e la faccia contrassegnata con il numero tre è uscita 16 volte e quella col numero sei 8 volte. Valuta la probabilità che, lanciando quel dado, si ottenga un numero divisibile per 3:

A $\frac{2}{5}$.   B $\frac{3}{5}$.   C $\frac{1}{3}$.   D $\frac{8}{15}$.   E $\frac{4}{15}$.

147 ●○ **FAI UN ESEMPIO** di evento in cui è opportuno utilizzare la concezione statistica di probabilità.

148 ●○ **REALTÀ E MODELLI** **Prevedere gli indennizzi** Una compagnia di assicurazioni ha rilevato che su 17 220 polizze di assicurazione contro i furti di auto sono stati richiesti 1230 indennizzi. Calcola la probabilità di furto. Se le polizze diventano 22 400, calcola il numero di richieste di indennizzo che si può prevedere. $\left[\frac{1}{14}; 1600\right]$

149 ●○ Un'urna contiene 20 palline. Si effettuano 60 estrazioni, rimettendo ogni volta la pallina estratta nell'urna. Per 45 volte è uscita una pallina bianca e per 15 volte una pallina nera. In base alle frequenze ottenute, valuta la composizione dell'urna. [15 bianche e 5 nere]

150 ●○ Un'urna contiene 8 palline gialle, 7 rosse e 5 verdi. Si effettuano 400 estrazioni, rimettendo ogni volta la pallina estratta nell'urna. Calcola quante volte in media possono presentarsi la pallina gialla, quella rossa e la verde. [160; 140; 100]

151 ●● **REALTÀ E MODELLI** **Arrivare a 80 anni** Dalla tavola demografica fornita dall'ISTAT per l'anno 2004, risulta che su 100 000 maschi nati vivi, 96 639 hanno raggiunto i 45 anni e 52 680 gli 80 anni. Calcola la probabilità che ha un uomo di 45 anni di raggiungere gli 80 anni e quella di non raggiungerli. [0,545; 0,455]

MATEMATICA E STORIA

Galileo e il lancio di tre dadi Lanciamo tre dadi e sommiamo i punteggi ottenuti, analizzando quanti e quali sono i possibili risultati. Galileo affronta questo problema (*Opere*, t. XIV), e compila la seguente tabella.

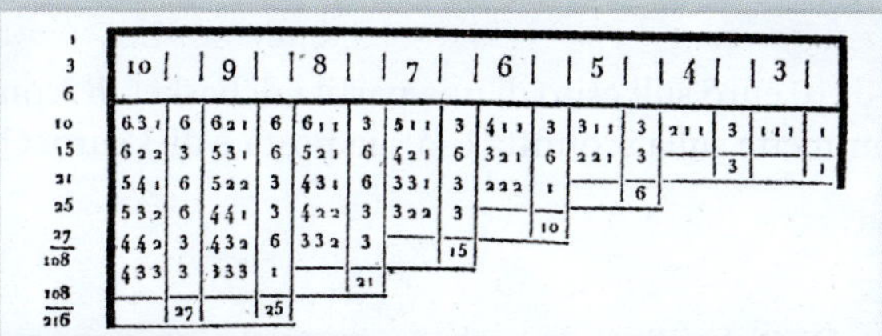

1 3 6	10		9		8		7		6		5		4		3	
10	631	6	621	6	611	3	511	3	411	3	311	3	211	3	111	1
15	622	3	531	6	521	6	421	6	321	6	221	3		3		1
21	541	6	522	3	431	6	331	3	222	1		6				
25	532	6	441	3	422	3	322	3		10						
27/108	442	3	432	6	332	3		15								
	433	3	333	1		21										
108/216		27		25												

Essa mostra, fra l'altro, «il punto 10 e sotto di esso sei triplicità di numeri con i quali egli si può comporre». Inoltre, dato che la «triplicità 6. 3. 1 è composta di tre numeri diversi», essa dà luogo a «sei scoperte di dadi differenti», come segnala il valore «6» riportato accanto.

a. Considera la «triplicità 6. 3. 1» e, permutando, ricava l'elenco delle altre cinque «scoperte» differenti.

b. Considera le «triplicità» composte «di due numeri uguali e di un altro diverso»: a quante «scoperte di dadi differenti» dà luogo ciascuna di esse? E quelle composte di tre numeri uguali?

c. Quanti sono i casi possibili nel lancio di tre dadi?

d. Quanti sono i casi favorevoli, rispettivamente, ai punteggi 3, 4, 5, 6, 7, 8, 9, 10?

Risoluzione – Esercizio in più

ESERCIZI

8 Concezione soggettiva della probabilità

▶ Teoria a p. 1000

152 TEST Una persona è disposta a scommettere 34 euro per ottenere, in caso di vittoria della squadra di calcio per cui fa il tifo, 50 euro. Ha valutato la probabilità di vittoria:

A $\frac{8}{25}$.

B $\frac{17}{25}$.

C $\frac{17}{42}$.

D $\frac{8}{17}$.

E $\frac{25}{42}$.

153 ESERCIZIO GUIDA Prima dell'inizio di una partita di calcio, un tifoso sarebbe disposto a scommettere 14 euro per ricevere 20 euro sulla vittoria della squadra per cui tifa, 2 euro per riceverne 10 in caso di pareggio e infine 0,5 euro per ricevere 5 euro in caso di sconfitta.
Calcoliamo le probabilità che attribuisce ai tre eventi: vittoria, pareggio e sconfitta.

Per la vittoria: $p_1 = \frac{14}{20} = 0,7$; per il pareggio: $p_2 = \frac{2}{10} = 0,2$; per la sconfitta: $p_3 = \frac{0,5}{5} = 0,1$.

154 REALTÀ E MODELLI **Cavalli e scommesse** Irene e Silvia sono alle corse dei cavalli. Vogliono scommettere, ma non è loro abitudine, quindi decidono di essere prudenti e rischiare poco. Irene vuole scommettere 8 euro su Atrix. In caso di vittoria riceverà 12 euro. Silvia vuole scommettere su Festa, la cui vittoria è data 6 contro 10, cioè se Silvia scommette 6 euro e Festa vince, Silvia riceve 10 euro.

a. Tra Irene e Silvia, chi ha attribuito la probabilità di vittoria maggiore al proprio cavallo?
b. Se Silvia decide di scommettere 18 euro, quanto riceverà se Festa vince?

[a) Irene; b) 30 euro]

155 In un certo momento della campagna elettorale negli USA, un sondaggio fra gli elettori aveva rilevato che su 3000 persone 1800 avrebbero votato per il partito democratico. Contemporaneamente, gli scommettitori davano la vittoria del partito democratico 6 a 9 (cioè, scommettendo 6 dollari, se ne sarebbero ricevuti 9 in caso di vittoria). Calcola la probabilità di vittoria secondo il sondaggio e secondo gli scommettitori. $\left[\frac{3}{5}; \frac{2}{3}\right]$

156 A e B fanno una scommessa sull'esito di una partita di calcio. A scommette sulla vittoria e la sua posta è di 5 euro, mentre la posta di B è di 2 euro. Calcola la probabilità che A attribuisce alla vittoria. $\left[\frac{5}{7}\right]$

157 Due tifosi A e B fanno una scommessa di 10 euro sull'esito di una partita di basket. B scommette sulla vittoria e la sua posta è di 7 euro, mentre A scommette sulla sconfitta e la sua posta è di 3 euro. Calcola la probabilità che B attribuisce alla sconfitta. $\left[\frac{3}{10}\right]$

158 REALTÀ E MODELLI **Qualifica a Monza** Dopo le prove di qualifica dei piloti di F1 per il GP di Monza, un tifoso scommette 15 euro per riceverne 25 in caso di vincita al GP del team per il quale tifa, 3 euro per riceverne 10 in caso che si classifichi al secondo posto e infine 0,6 euro per riceverne 6 in caso che non si verifichino i due eventi precedenti.
Calcola la probabilità dei tre eventi. $\left[\frac{3}{5}; \frac{3}{10}; \frac{1}{10}\right]$

9 Impostazione assiomatica della probabilità

▶ Teoria a p. 1001

159 VERO O FALSO?

a. La probabilità è una particolare funzione che associa a ogni evento E dello spazio degli eventi un solo numero reale. V F

b. Un evento E si indica con un qualunque sottoinsieme di $\mathcal{P}(U)$. V F

c. L'evento certo si rappresenta con l'insieme vuoto. V F

d. L'evento impossibile si rappresenta con l'insieme universo U. V F

160 COMPLETA Scegliamo una parola a caso da un dizionario. Considera gli eventi:

E_1 = «la parola inizia con una vocale»;

E_2 = «la parola inizia con la lettera A»;

E_3 = «la parola ha più di 4 lettere».

Completa utilizzando i simboli ∪ e ∩.

$E_2 \ \square\ E_3$ = «la parola inizia con la A e ha più di 4 lettere».

$E_1 \ \square\ \overline{E}_2$ = «la parola inizia con una vocale diversa da A».

$\overline{E}_1 \ \square\ E_3$ = «la parola inizia con una consonante oppure ha più di 4 lettere».

161 Un'urna contiene 8 palline numerate da 1 a 8. Lo spazio campionario U associato all'estrazione di una pallina è $U = \{1, 2, 3, 4, 5, 6, 7, 8\}$. Rappresenta con un diagramma di Venn gli eventi:

E_1 = «si estrae un numero pari»; E_2 = «si estrae un multiplo di 3»; E_3 = «si estrae un numero minore di 5».

162 In un esperimento aleatorio, l'insieme universo è costituito dagli eventi elementari A, B, C, D, E. Calcola:

a. $p(E)$, se $p(A) = \frac{2}{7}$, $p(B) = p(D) = \frac{1}{5}$, $p(C) = \frac{1}{7}$;

b. $p(B)$, se $p(A) = p(E) = \frac{1}{3}$, $p(C) = p(D) = \frac{1}{4}$.

[a) $\frac{6}{35}$; b) situazione impossibile]

163 RIFLETTI SULLA TEORIA

a. Qual è l'evento contrario dell'evento impossibile?

b. Utilizzando gli assiomi della probabilità, verifica la proprietà $p(\varnothing) = 0$.

164 Una moneta viene truccata in modo tale che la probabilità che si presenti croce sia un terzo di quella che si presenti testa. Determina il valore delle due probabilità.

$\left[\frac{1}{4}; \frac{3}{4}\right]$

165 REALTÀ E MODELLI **Libri, fotografie, fumetti** Dall'inventario dei volumi di una piccola libreria risulta che il 15% è costituito da libri per bambini, il 7% da fumetti, il 20% da libri fantasy, il 30% da romanzi di fantascienza e il resto da libri di fotografia. Un cliente entra nella libreria e acquista un libro.

a. Qual è la probabilità che abbia acquistato un libro di fotografia?

b. Qual è la probabilità che non abbia acquistato né un fumetto né un libro per bambini?

[a) 0,28; b) 0,78]

ESERCIZI

Riepilogo: Probabilità

166 Da un mazzo di 52 carte se ne estrae una. Calcola la probabilità che sia:

a. un due; b. un due nero; c. il due di cuori.

[a) $\frac{1}{13}$; b) $\frac{1}{26}$; c) $\frac{1}{52}$]

167 Nel lancio di una moneta per tre volte, calcola la probabilità che:

a. esca «croce» almeno una volta; b. esca «testa» al più una volta.

[a) $\frac{7}{8}$; b) $\frac{1}{2}$]

168 Da una scatola che contiene 20 palline, di cui 4 sono nere, 6 rosse e 10 verdi, se ne estraggono contemporaneamente due. Calcola la probabilità che:

a. nessuna pallina sia verde;

b. le palline siano tutte di colore diverso;

c. almeno una pallina sia rossa;

d. al massimo una pallina sia nera.

[a) $\frac{9}{38}$; b) $\frac{62}{95}$; c) $\frac{99}{190}$; d) $\frac{92}{95}$]

TEST

169 Da un mazzo di 40 carte se ne estrae una, che subito viene reinserita nel mazzo; il mazzo viene mescolato e poi si estrae una nuova carta. Qual è la probabilità che la nuova carta sia la stessa estratta in precedenza?

A $\frac{1}{1600}$ B $\frac{1}{40}$ C $\frac{1}{80}$ D $\frac{1}{20}$ E $\frac{1}{40 \cdot 39}$

(*Giochi di Archimede*, 2012)

170 Un'urna contiene 5 palline rosse e 3 verdi. Si estraggono consecutivamente 4 palline senza rimettere quella estratta nell'urna. La probabilità che le prime due siano rosse e le altre due verdi è:

A $\frac{1}{14}$.

B $\frac{1}{28}$.

C $\frac{15}{28}$.

D $\frac{15}{112}$.

E $\frac{75}{128}$.

171 In un elaborato di matematica il 6% degli studenti ha sbagliato la determinazione del dominio di una funzione, il 12% il calcolo delle derivate e il 3% entrambi. La probabilità che, scegliendo a caso uno studente, questo abbia sbagliato solo uno dei due calcoli è:

A 15%.

B 12%.

C 18%.

D 21%.

E 50%.

172 Un'urna contiene 5 palline numerate da 1 a 5.

a. Determina la probabilità degli eventi elementari, sapendo che la probabilità di estrazione di ogni pallina è proporzionale al numero riportato.

b. Calcola la probabilità dei seguenti eventi:

A = «estrarre una pallina con un numero primo»;

B = «estrarre un multiplo di 2»;

C = «estrarre un numero primo diverso da 2».

[a) $\frac{1}{15}$; $\frac{2}{15}$; $\frac{3}{15}$; $\frac{4}{15}$; $\frac{5}{15}$; b) $\frac{3}{5}$; $\frac{2}{5}$; $\frac{2}{5}$]

173 Un'urna contiene 4 palline gialle e 6 rosse. Si estraggono contemporaneamente 5 palline. Calcola la probabilità che:

a. due siano gialle e tre rosse;

b. siano tutte rosse;

c. non siano tutte gialle;

d. non siano tutte rosse.

[a) $\frac{10}{21}$; b) $\frac{1}{42}$; c) 1; d) $\frac{41}{42}$]

174 Un'urna contiene 10 palline numerate da 1 a 10. Si estraggono contemporaneamente 5 palline. Calcola la probabilità che:

a. due palline abbiano un numero maggiore di 6;

b. le cinque palline abbiano tutte un numero maggiore di 4;

c. quattro palline abbiano un numero minore di 5.

[a) $\frac{10}{21}$; b) $\frac{1}{42}$; c) $\frac{1}{42}$]

175 Si lanciano contemporaneamente tre dadi.
Calcola la probabilità che i numeri usciti:

a. siano tutti e tre uguali o almeno due dei tre siano il 4;

b. siano tutti e tre uguali o almeno uno dei tre sia il 4;

c. siano tutti e tre uguali o tutti e tre dispari.

$\left[\text{a) } \frac{7}{72}; \text{ b) } \frac{4}{9}; \text{ c) } \frac{5}{36}\right]$

176 In un negozio di strumenti musicali ci sono 10 chitarre elettriche, 8 bassi, 6 sassofoni.
Calcola la probabilità che, scegliendo a caso uno strumento, esso sia:

a. una chitarra elettrica;

b. un sassofono;

c. uno strumento a corde;

d. non un basso.

$\left[\text{a) } \frac{5}{12}; \text{ b) } \frac{1}{4}; \text{ c) } \frac{3}{4}; \text{ d) } \frac{2}{3}\right]$

177 Da un'indagine di mercato si è rilevato che il 24% usa l'ammorbidente «Stella» e il 40% l'ammorbidente «Morby». Si è anche rilevato che il 54% usa il primo o il secondo. Calcola la probabilità che, prendendo una persona a caso, questa usi:

a. il primo e il secondo prodotto;

b. il prodotto «Stella» sapendo che usa anche «Morby»;

c. il prodotto «Stella» e non usi il prodotto «Morby».

[a) 10%; b) 25%; c) 14%]

178 YOU & MATHS A bag contains 10 nuts and 5 bolts. Four items are taken at random (without replacement) from the bag. Find the probability that the selection contains:

a. exactly 3 bolts;

b. at least one bolt.

(UK *University of Essex*, First Year Examination)

$\left[\text{a) } \frac{20}{273}; \text{ b) } \frac{11}{13}\right]$

179 Damiano è indeciso sull'acquisto di un detersivo. La probabilità che compri il detersivo del tipo A è del 12%, del tipo B è del 15% e del tipo C del 73%. Entrato in un supermercato e avendo accertato che il detersivo C non era in vendita, qual è la probabilità che abbia acquistato il detersivo A?

$\left[\frac{4}{9}\right]$

180 REALTÀ E MODELLI **Il sondaggio** In previsione di un'elezione amministrativa comunale viene posta a un campione di 100 persone la seguente domanda: «È favorevole, contrario o senza opinione riguardo al cambiamento della linea politica nelle prossime elezioni?». Le risposte sono raccolte nella tabella.

	Uomini	Donne	Totale
Favorevoli	22	29	51
Contrari	8	7	15
Non sa	20	14	34
Totale	50	50	100

a. Calcola la probabilità che, scegliendo a caso una risposta, essa appartenga al gruppo dei contrari o a quello di coloro che non hanno espresso un'opinione.

b. Calcola la probabilità che, scegliendo a caso una risposta, essa appartenga al gruppo di quelle date dagli uomini o a quello di chi è contrario al cambiamento.

c. Calcola la probabilità che, dopo aver estratto una risposta «favorevole al cambiamento», essa sia stata data da una donna.

$[\text{a) } 0{,}49; \text{ b) } 0{,}57; \text{ c) } \simeq 0{,}57]$

181 Un candidato deve sostenere un esame di ammissione a un corso universitario. Vi sono due commissioni che esaminano i candidati. Si è rilevato che la prima commissione boccia con una percentuale del 30% e la seconda del 40%. Calcola la probabilità che ha un candidato, esaminato da una commissione scelta casualmente, di essere ammesso al corso universitario. [65%]

182 Una maestra ha rilevato che il 20% dei suoi alunni non sa riconoscere le parole accentate e il 25% non usa correttamente la lettera h. Ritenendo i due tipi di errori indipendenti, calcola la probabilità che ha un alunno di commettere entrambi gli errori e quella di commettere il primo o il secondo. [0,05; 0,4]

183 In un gruppo di persone il 40% è andato in vacanza al mare, il 25% in montagna e il 7% sia al mare che in montagna. Scelto a caso un individuo, calcola la probabilità che:

a. sia stato in vacanza;

b. sia stato in vacanza solo al mare;

c. non sia stato in vacanza.

[a) 58%; b) 33%; c) 42%]

184 Tre lotti di merce presentano pezzi difettosi. La percentuale di difettosità del primo lotto è del 5%, quella del secondo lotto del 9% e quella del terzo lotto del 10%. Calcola la probabilità che, prendendo un pezzo da un lotto scelto a caso, questo risulti difettoso. [0,08]

185 Una compagnia di assicurazioni ha classificato gli automobilisti da essa assicurati in tre categorie. La categoria A comprende il 30% degli assicurati, la categoria B il 50%, la categoria C il 20%. Le rispettive probabilità di commettere incidenti nel corso dell'anno sono dell'1%, del 3% e del 10%. Calcola la probabilità che un automobilista commetta un incidente nel corso dell'anno. Calcola inoltre la probabilità che, avendo un automobilista commesso un incidente, l'automobilista appartenga alla categoria C. $\left[3,8\%; \frac{10}{19}\right]$

186 **REALTÀ E MODELLI** **I Babbi Natale** In vicinanza del Natale, Andrea, Luca, Matteo e Stefano decidono di vestirsi da Babbo Natale e di consegnare doni ai 28 bambini di un asilo nido. I regali sono tutti confezionati e quindi non è possibile scegliere tra giochi per bambina o bambino; si sa solo, però, quanti di questi sono contenuti nella sacca di ognuno (i dati sono riportati in tabella).

	Andrea	Luca	Matteo	Stefano
Giochi bimbo	12	10	13	8
Giochi bimba	16	18	15	20

Calcola la probabilità che:

a. scelti a caso due doni dalla sacca di Andrea, questi siano: entrambi per bambino; entrambi per bambina; misti;

b. scelta a caso una sacca e in essa due doni, questi siano uno per bimbo e uno per bimba;

c. scelto a caso un dono e verificato che sia per bimbo, esso appartenga alla sacca di Stefano.

$\left[\text{a) } \frac{11}{63}; \frac{20}{63}; \frac{32}{63}; \text{ b) } \frac{727}{1512}; \text{ c) } \frac{8}{43}\right]$

187 **YOU & MATHS** There are ten prizes, five A's, three B's, and two C's, placed in identical sealed envelopes for the top ten contestants in a mathematics contest. The prizes are awarded by allowing winners to select an envelope at random from those remaining. When the eighth contestant goes to select a prize, what is the probability that the remaining three prizes are one A, one B, and one C?

(CAN *Canadian Open Mathematics Challenge*)

$\left[\frac{1}{4}\right]$

VERIFICA DELLE COMPETENZE ALLENAMENTO

ARGOMENTARE

1 ●○ Definisci la probabilità in senso classico, la probabilità statistica e la probabilità soggettiva, soffermandoti sulle differenze e sulle situazioni in cui ciascuna è più utilizzata. Analizza, come esempi, i seguenti eventi.

Fare ambo al lotto

Vincere una scommessa sulla vittoria di una squadra

Vincere una partita a scacchi

Ottenere 6 nel lancio di un dado

2 ●○ Dopo aver richiamato le formule per calcolare la probabilità della somma logica di due eventi nel caso in cui essi siano compatibili e nel caso in cui siano incompatibili, considera gli eventi E_1 = «esce un multiplo di 6», E_2 = «esce 87» ed E_3 = «esce un multiplo di 5» relativi all'estrazione di un numero da 1 a 90. Calcola $p(E_1 \cup E_2)$ e $p(E_1 \cup E_3)$.

3 ●○ Spiega che cosa si intende per probabilità condizionata di un evento E_1 rispetto a un evento E_2, soffermandoti sul significato e sul valore di $p(E_1 | E_2)$ nel caso in cui $E_1 = U$, nel caso in cui $E_2 = U$ e nel caso in cui $E_1 \cap E_2 = \emptyset$. Verifica le tue risposte considerando il lancio di due dadi e all'occorrenza gli eventi E_1 = «la somma è 4» ed E_2 = «escono due numeri maggiori di 3».

4 ●○ Esponi il concetto di eventi indipendenti e dipendenti e stabilisci, nel modo che ritieni opportuno, le coppie di eventi indipendenti tra A = «esce una figura», B = «esce una carta di cuori» e C = «esce una carta nera maggiore di 6» nell'estrazione di una carta da un mazzo di 52 carte.

5 ●○ Spiega lo schema delle prove ripetute o di Bernoulli e come potresti applicarlo al caso di una macchina che produce lampadine, ognuna delle quali con una probabilità del 2% di essere difettosa. Calcola inoltre la probabilità che su 3 lampadine nessuna sia difettosa.

6 ●○ Enuncia il teorema di Bayes e spiega in quali situazioni si utilizza, risolvendo il seguente problema. Una persona prende la metropolitana due giorni su sei e il taxi quattro giorni su sei per andare al lavoro. Con la metro la probabilità di arrivare in ritardo al lavoro è del 70%, con il taxi dell'80%. Oggi è arrivata in ritardo. Qual è la probabilità che abbia preso il taxi?

7 ●● Usando le definizioni di eventi incompatibili e di eventi indipendenti, spiega perché due eventi non impossibili non possono essere contemporaneamente incompatibili e indipendenti.

RISOLVERE PROBLEMI

8 ●○ Un dado non è regolare e le facce 1 e 6 hanno la stessa probabilità di verificarsi, ma doppia di quella di ciascuno degli altri numeri. Calcola la probabilità dei seguenti eventi relativi al lancio del dado:

A = «si presenta una faccia con un numero pari»;

B = «si presenta un numero multiplo di 3»;

C = «si presenta un numero primo».

$\left[\frac{1}{2}; \frac{3}{8}; \frac{3}{8}\right]$

9 ●○ Da un mazzo di 40 carte si estrae una carta. Sapendo che i possibili esiti sono equiprobabili, calcola la probabilità dei seguenti eventi:

A = «esce una figura»;

B = «esce una figura o un asso»;

C = «esce un asso»;

D = «esce una figura o una carta di coppe»;

E = «esce una carta di bastoni».

$\left[\frac{3}{10}; \frac{2}{5}; \frac{1}{10}; \frac{19}{40}; \frac{1}{4}\right]$

10 TEST Un'impresa sottopone a due controlli consecutivi i propri prodotti. La probabilità che un difetto sia rilevato al primo controllo è del 90% e che sia rilevato solo al secondo controllo è del 99%. La probabilità che un pezzo difettoso sfugga a entrambi i controlli è:

A 10,9%. B 9,9%. C 1%. D 0,1%. E 0,01%.

---

11 Si deve inserire nel sistema antifurto di una casa un codice formato da quattro lettere, scelte in un insieme che contiene le cinque vocali e cinque consonanti. Si estraggono le quattro lettere consecutivamente, senza reimmissione delle lettere estratte. Calcola la probabilità che il codice:

a. contenga almeno una vocale;

b. contenga vocali e consonanti alternate tra loro. $\left[\text{a) } \frac{41}{42}; \text{ b) } \frac{10}{63}\right]$

12 Su un vassoio di un bar ci sono 12 brioche, di cui 7 con la crema e 5 con la marmellata, e 8 krapfen, di cui 5 con la crema e 3 con la marmellata. Si sceglie a caso un dolce. Calcola la probabilità di prendere una brioche oppure un dolce con la marmellata.

13 Calcola la probabilità che lanciando consecutivamente un dado due volte la somma delle facce sia:

a. maggiore di 8 o minore di 10;

b. maggiore di 8 e minore di 10;

c. maggiore di 8 sapendo che è minore di 10.

$\left[\text{a) } 1; \text{ b) } \frac{1}{9}; \text{ c) } \frac{2}{15}\right]$

14 Un grande negozio di abbigliamento per giovani ha venduto negli ultimi tre mesi 1500 capi, di cui 825 paia di jeans, 375 T-shirt e 300 felpe. Calcola la probabilità di vendita di ciascun tipo di capo e fai una previsione sul numero di jeans, T-shirt e felpe che si venderanno se, nei prossimi mesi, si vogliono vendere 1700 capi.

15 **Mazzini o Garibaldi?** Giorgio durante la settimana si reca al lavoro 3 volte su 5 in automobile e parcheggia indifferentemente in via Mazzini o in via Garibaldi. Quando Giorgio non va in automobile, usa la moto e parcheggia sempre in via Galilei. Il suo collega Mario si reca al lavoro tutti i giorni in bicicletta, legandola 8 volte su 10 alle rastrelliere di via Garibaldi e le altre 2 volte in via Mazzini. Se Giorgio e Mario scelgono il parcheggio indipendentemente l'uno dall'altro, qual è la probabilità che oggi parcheggino entrambi in via Mazzini? [0,06]

16 Calcola la probabilità che una carta estratta da un mazzo di 52 carte sia un cinque, sapendo che è uscita una carta che non è una figura. $\left[\frac{1}{10}\right]$

17 **In ritardo?** Un pullman di linea arriva in ritardo 4 volte su 10. Calcola la probabilità che in una settimana (6 giorni) sia:

a. sempre puntuale;

b. sempre in ritardo;

c. almeno una volta in ritardo;

d. almeno 5 volte in ritardo.

$\left[\text{a) } \frac{729}{15\,625}; \text{ b) } \frac{64}{15\,625}; \text{ c) } \frac{14\,896}{15\,625}; \text{ d) } \frac{128}{3125}\right]$

18 **Mazzi di fiori aleatori** Un fiorista ha tre vasi che contengono rispettivamente 14 rose, 10 gerbere e 12 tulipani. Prendendo due fiori a caso, calcola la probabilità che siano:

a. due rose;

b. una gerbera e un tulipano. $\left[\text{a) } \frac{13}{90}; \text{ b) } \frac{4}{21}\right]$

19 Abbiamo tre scatole contenenti dei gettoni. Nella prima ci sono 20 gettoni rossi e 10 verdi, nella seconda 0 gettoni rossi e 30 gettoni verdi, nella terza 15 gettoni rossi e 15 verdi. Scegliamo una carta da un mazzo di 40. Se esce una figura estraiamo un gettone dalla prima scatola, se esce un asso estraiamo un gettone dalla seconda, se esce un'altra carta estraiamo un gettone dalla terza. Qual è la probabilità che estraiamo un gettone verde? Se abbiamo estratto un gettone verde, qual è la probabilità che esso fosse nella prima scatola?

$\left[\frac{1}{2}; \frac{1}{5}\right]$

20 **Automobiline difettose** Una fabbrica di giocattoli ha rilevato che il 9% delle automobiline prodotte di un certo tipo ha il contatto delle pile difettoso e il 4% ha le ruote poco scorrevoli.

Sapendo che le automobiline che hanno entrambi i difetti sono il 2%, calcola la probabilità che un'automobilina:

a. abbia un difetto o l'altro;

b. sia difettosa nel contatto con le pile sapendo che è poco scorrevole;

c. abbia solo il difetto del contatto elettrico;

d. non abbia difetti.

[a) 0,11; b) 0,5; c) 0,07; d) 0,89]

21 **Inglesi, italiani, cinesi** Su un aereo viaggiano 130 passeggeri italiani, 45 inglesi, 25 cinesi. Si estraggono a sorte tre nomi per assegnare tre buoni premio. Calcola la probabilità che siano:

a. due italiani e un cinese o un italiano e due cinesi;

b. un italiano, un inglese e un cinese.

[a) 19% ; b) 11%]

22 **Tiro al bersaglio** Due giocatori tirano a un bersaglio. Per il primo giocatore la probabilità che ha di fare centro è 0,7, mentre per il secondo è 0,5. Calcola la probabilità che:

a. entrambi colpiscano il bersaglio;

b. nessuno colpisca il bersaglio;

c. solo uno colpisca il bersaglio.

[a) 0,35; b) 0,15; c) 0,5]

23 **Classi a confronto** Sono state messe a confronto due classi con uguale numero di alunni e lo stesso problema di matematica nella prima classe è stato risolto dall'80%, mentre nella seconda classe dal 60%. Scelto a caso un alunno che ha risolto il problema, calcola qual è la probabilità che sia un alunno della seconda classe.

$\left[\frac{3}{7}\right]$

COSTRUIRE E UTILIZZARE MODELLI

RISOLVIAMO UN PROBLEMA

Caffè Brasile

L'impresa di torrefazione Brasile vuole pubblicizzare un nuovo tipo di caffè e decide di procedere utilizzando degustazioni nei supermercati e spot televisivi.
In base a valutazioni statistiche per campagne pubblicitarie svolte in passato, queste modalità non hanno lo stesso peso sui potenziali clienti. Si ritiene che le degustazioni raggiungano il 60% dei clienti potenziali e gli spot televisivi il 30%.
La probabilità che una persona in seguito alla pubblicità acquisti il prodotto è del 45% e la probabilità che acquisti il prodotto avendo visto lo spot è del 4%. Si ritiene inoltre che il 5% delle persone che non hanno avuto modo di essere raggiunte dalla pubblicità acquisti comunque il nuovo prodotto.
Calcola:

- la probabilità che una persona sia stata influenzata dalle degustazioni e acquisti il prodotto;
- la probabilità di vendita del prodotto;
- la probabilità che una persona che ha acquistato il nuovo prodotto lo abbia fatto in seguito alla degustazione.

► **Diamo un peso alle due campagne pubblicitarie.**

Il peso delle due modalità di campagna pubblicitaria sono le probabilità che un cliente potenziale venga a conoscenza del nuovo prodotto per mezzo di esse.
Abbiamo gli eventi:

A = «conoscere il prodotto per mezzo di degustazioni promozionali»,

B = «conoscere il prodotto per mezzo di spot televisivi»,

dove $p(A) = 0,6$ e $p(B) = 0,3$.

Esiste come conseguenza l'evento $C = \overline{A \cup B}$ = «non conoscere il prodotto attraverso la pubblicità», cioè né attraverso degustazioni né attraverso spot televisivi, $\overline{A} \cap \overline{B}\ (= \overline{A \cup B})$:

$$p(C) = 1 - 0{,}6 - 0{,}3 = 0{,}1.$$

Consideriamo infine l'evento E = «acquistare il prodotto».

► **Calcoliamo la probabilità di acquisto del prodotto.**

Indichiamo con $p(E \mid (A \cup B)) = 0{,}45$ la probabilità che si acquisti il prodotto in seguito alle degustazioni o avendo visto gli spot televisivi.
Tenendo presente che la probabilità che il prodotto sia acquistato dopo la visione degli spot televisivi è $p(E \mid B) = 0{,}04$, abbiamo:

$$p(E \mid (A \cup B)) = p(A) \cdot p(E \mid A) + p(B) \cdot p(E \mid B),$$
$$0{,}45 = 0{,}6 \cdot p(E \mid A) + 0{,}3 \cdot 0{,}04.$$

Si ottiene $p(E \mid A) = 0{,}73$.

► **Calcoliamo la probabilità di vendita del prodotto.**

Dobbiamo calcolare $p(E)$:

$$p(E) = p(A) \cdot p(E \mid A) + p(B) \cdot p(E \mid B) + p(C) \cdot p(E \mid C).$$

Sappiamo che la probabilità che una persona acquisti il prodotto senza avere avuto contatto con la campagna pubblicitaria è $p(E \mid C) = 0{,}05$, e quindi

$$p(E) = 0{,}45 + 0{,}1 \cdot 0{,}05 = 0{,}455.$$

► **Determiniamo l'influenza della degustazione nella scelta.**

Dobbiamo applicare il teorema di Bayes.
La probabilità che una persona acquisti il prodotto è $p(E) = 0{,}455$; la probabilità che sia stata influenzata dalla vendita promozionale con degustazione e abbia acquistato il prodotto è $p(E \mid A) = 0{,}55$.

$$p(A \mid E) = \frac{p(A \cap E)}{p(E)} = \frac{p(A) \cdot p(E \mid A)}{p(A) \cdot p(E \mid A) + p(B) \cdot p(E \mid B) + p(C) \cdot p(E \mid C)} = \frac{0{,}6 \cdot 0{,}73}{0{,}455} = \frac{0{,}438}{0{,}455} \simeq 0{,}963.$$

24 ●○ **Università o lavoro?** Samira deve decidere se iscriversi all'università o se cominciare a lavorare. Sa che tra i giovani che lavorano il 30% è laureato, mentre tra i disoccupati è il 20% a essere laureato. Secondo le statistiche nazionali, inoltre, la probabilità che un giovane trovi lavoro entro un breve periodo è pari all'80%. Quale scelta conviene a Samira su basi puramente statistiche?

[laurearsi]

25 ●○ Calcola la probabilità che in una famiglia con tre figli, supponendo equiprobabile la nascita di un maschio o di una femmina, i figli:

a. siano tutte femmine;
b. siano tutti maschi, sapendo che il primo è un maschio;
c. siano tutti maschi, sapendo che almeno uno è maschio.

$\left[\text{a) } \frac{1}{8}; \text{ b) } \frac{1}{4}; \text{ c) } \frac{1}{7}\right]$

26 ●● **Chi vincerà?** Carlo, Michael e Feng estraggono a turno una pallina, senza reimmissione, da un'urna che ne contiene 3 bianche e 4 rosse. Vince colui che per primo estrae una pallina bianca e il gioco continua finché uno vince. Calcola le probabilità di vittoria di ciascuno.

$\left[\frac{18}{35}; \frac{11}{35}; \frac{6}{35}\right]$

27 ●● **Previsioni meteo e vacanze** Per decidere la meta del fine settimana, Mario lancia un dado regolare a sei facce: se esce 1 o 3, sceglierà la località A, altrimenti la località B. Le previsioni meteo per il fine settimana indicano cielo nuvoloso con probabilità 30% nella località A e 40% nella località B. Al suo ritorno, Mario incontra Lucia e le dice di aver trascorso un bel weekend di sole. Qual è la probabilità che Mario abbia trascorso il fine settimana nella località A?

[36,84%]

VERIFICA DELLE COMPETENZE PROVE

1 ora

PROVA A

1 In una partita di calcio che termina ai rigori i cinque calciatori A, B, C, D, E sono scelti per i tiri. Si sa che essi hanno le seguenti probabilità di segnare: $p(A) = 0,6$, $p(B) = 0,7$, $p(C) = 0,5$, $p(D) = 0,9$, $p(E) = 0,8$. Calcola la probabilità che:

a. uno solo segni; **b.** tutti e cinque segnino; **c.** nessuno segni; **d.** due segnino.

2 Calcola la probabilità che, estraendo consecutivamente due carte da un mazzo da 40, senza rimettere la carta estratta nel mazzo, esse siano due carte di bastoni o due figure. Calcola la probabilità anche nel caso in cui la prima carta estratta venga rimessa nel mazzo.

3 Una macchina produce il 10% di merce con difetti. Tutta la merce viene sottoposta a un controllo e si è rilevato che, se la merce non è difettosa, comunque il 2% viene scartato nel controllo, mentre se è difettosa viene scartato il 99%. Calcola la probabilità che:

a. una merce sia scartata;

b. una merce difettosa sia accettata;

c. una merce non difettosa sia scartata;

d. avendo appurato che una merce è accettata, essa sia priva di difetti.

4 Durante un GP del motomondiale, un tifoso sarebbe disposto a scommettere 21 euro per riceverne 24 in caso di vincita del suo pilota preferito. Un sondaggio tra un gruppo di tifosi dà la vittoria di tale pilota 3 su 4. Calcola la probabilità di vittoria secondo il tifoso e secondo il sondaggio.

PROVA B

1 I maglioni confezionati dalla ditta Monti Sport sono tutti sottoposti a due controlli indipendenti; vengono messi in vendita solo quelli che li superano entrambi. I maglioni difettosi superano il primo e il secondo controllo rispettivamente nel 5% e nel 4% dei casi. I maglioni che superano solo un controllo sono posti in vendita come fallati a un prezzo scontato. Gli altri vengono scartati. Calcola la probabilità che un maglione difettoso:

a. superi entrambi i controlli;

b. venga posto in vendita come fallato;

c. venga scartato.

Se il 6% della produzione è difettoso e un maglione supera i due controlli, qual è la probabilità che sia comunque difettoso?

2 La ditta di serramenti Security ha a disposizione dei suoi clienti due tipi di serrature di sicurezza. Ogni cliente può acquistare una serratura del primo tipo, una del secondo tipo, entrambe o nessuna. La probabilità di venderne almeno un tipo è del 55%. La ditta vende anche ganci di sicurezza; il gancio è venduto con una probabilità del 32%. La probabilità che un cliente acquisti il primo tipo di serratura e il gancio è del 15%, mentre l'acquisto del gancio e l'acquisto del secondo tipo di serratura sono due eventi indipendenti. Sapendo che fra le due serrature la più richiesta è la prima, venduta con una probabilità del 40%, determina la probabilità:

a. di vendere la seconda serratura;

b. di vendere la seconda serratura o il gancio;

c. di vendere il gancio sapendo che è stata venduta la prima serratura;

d. di non vendere né la prima serratura né il gancio.

MATHS HIGHLIGHTS
PROBABILITY

LEARN THE BASICS

Classical probability

The **classical probability** of an event A is the number of ways in which A can happen divided by the total number of possible outcomes. We denote it with $P(A)$.

Certain, **very likely**, **likely**, **even**, **unlikely**, **very unlikely** or **impossible** are words used to describe how probable we think it is that an event will take place. For example, we might say that it is **likely** to be cloudy tomorrow, or that it is **unlikely** to snow in August. If an event is **impossible**, it has zero probability of occurring. If an event is **certain**, it has a 100% probability of occurring.

When we repeat a random experiment several times, we call each one of them a **trial**.

Sets and events

A **union of events** $(A \cup B)$ occurs when **at least** one of the events A or B occurs. An **intersection of events** $(A \cap B)$ occurs when **both** the events A and B occur. The **complement of an event** (A^c) is the opposite of the event A. It is often read as **"not A"**.

Coins and dice

In a coin toss, each trial will result in either **heads or tails**. If I **flip** a **fair coin**, each side of the coin (heads, tails) has an **equal chance** of coming up.

If I **roll** a **fair die** onto a flat surface, each side of the die (1, 2, 3, 4, 5, 6) has an **equal chance** of coming up.

If I roll a fair die twice, the event A: "getting a '1' on the first roll" and the event B: "getting a '2' on the second roll" are **independent**, as the probability of either event occurring is unaffected by the occurrence or non-occurrence of the other event. Formally, A and B are independent if and only if: $P(A|B) = P(A)$ and $P(B|A) = P(B)$.

If a fair die is rolled, the events "obtaining a '6'" and "obtaining a '1'" are **mutually exclusive**, as they cannot happen at the same time.

NUGGETS OF THEORY

Set: a collection of distinct objects, called the elements or members of the set. Sets are conventionally denoted with capital letters.

Element of a set: if B is a set and x is one of the members of B, this is denoted $x \in B$ (*x belongs to B*, or *x is an element of B*). If y is not a member of B, then this is written as $y \notin B$ (*y does not belong to B*).

Universal set: this is usually depicted as a rectangle and labelled U. It contains all of the elements under consideration.

Union: $A \cup B$ (read "A union B" or "A or B") contains the elements belonging to either A or B (*or both*).

Intersection: $A \cap B$ (read "A intersection B" or "A and B") contains the objects that are in both A and B (elements in common).

Complement of a set A: A^c (often read as *not A*) contains all the elements of the universal set U that are not in A.

Subset: if every element of a set B is also an element of set A, then B is a *subset* of A, written $B \subseteq A$ (also pronounced *B is contained in A*).

SPEAK LIKE A MATHEMATICIAN

Random experiment: an experiment whose outcome cannot be predicted with certainty, before the experiment is run. *For instance: before tossing a coin, there is no way to know the result.*

Outcome: a single possible result of a random experiment. *For instance: if I choose a playing card from a full pack, getting the ace of hearts is an outcome.*

Sample space: denoted with S, it is the set of all possible outcomes of a random experiment. *For instance: if a coin is flipped, the sample space is $S = \{heads, tails\}$.*

Event: a collection of possible outcomes, forming a subset of the sample space.

Conditional probability: a probability that is computed based on the assumption that an event has already occurred. The probability of event B given that event A has occurred is written $P(A|B)$.

Mutually exclusive events: events that cannot happen at the same time. Their intersection is the empty set.

READ IT ALOUD

1 Read the above statements aloud. Then listen to the recording to see if you did well.

UP TO YOU

1 Look at the statements below and discuss whether and why the events are certain, very likely, likely, even (neither likely nor unlikely), unlikely, very unlikely or impossible.

a. You buy a lottery ticket and win the jackpot.
b. New Year's Eve will fall on 31 December this year.
c. Cats will talk.
d. It will be sunny in the first week of August.

Work in pairs. Take turns answering in order to refresh the concepts of union, intersection and complement that you studied in previous years.

2 **Student A:** given two sets A and B, explain what is $A \cup B$ and, referring to the picture, list the elements of $A \cup B$.

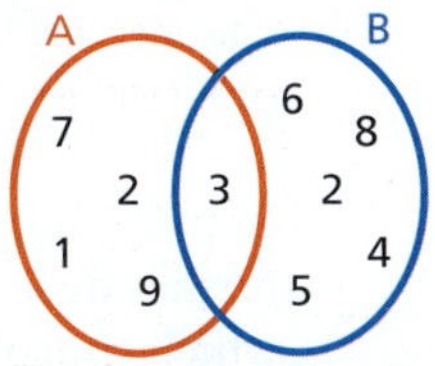

Student B: given two sets A and B, explain what is $A \cap B$ and, referring to the picture, list the elements of $A \cap B$.

3 **Student A:** explain what is U and, referring to the picture, list the elements of U.

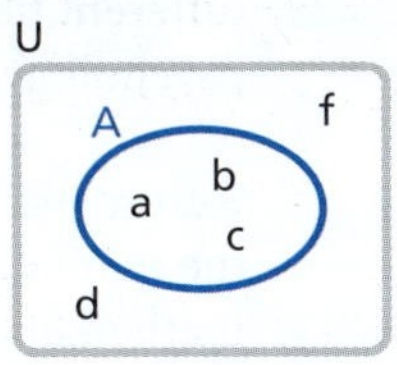

Student B: explain what is A^c and, referring to the picture, list the elements of A^c.

$[A \cup B = \{1, 2, 3, 4, 5, 6, 7, 8, 9\}; A \cap B = \{3\}; U = \{a, b, c, d, f\} : A^c = \{d, f\}]$

4 Determine the sample space for the following experiments.

a. Observing the number of goals in a soccer match.
b. Tossing a coin.
c. Throwing two fair 6-sided dice.

$[S = \{0, 1, 2, 3, 4, \dots\}; S = \{\text{heads, tails}\}; S = \{(1, 1), (1, 2), \dots, (2, 1), \dots\}]$

5 **COMPLETE** with the correct words from the box and then calculate the probability.

To calculate the probability of the event A: "rolling an even number with a die", you have to:

- Determine the total number of ______ of the random experiment "rolling a die".
- Determine the number of ______ A can happen.
- Calculate the ______ of these two numbers.

The probability is ______%.

outcomes, ways, ratio

6 In a drawer there are 10 socks. Three socks are blue (1 cotton sock and 2 wool socks), five are black (2 cotton socks and 3 wool socks), and two are green wool socks. What is the probability that a sock taken from the drawer without looking will be…

a. …a cotton sock?

A $\frac{7}{10}$ B $\frac{3}{10}$ C $\frac{4}{10}$ D $\frac{7}{10}$

b. …white?

A 1
B 0
C Infinity.
D It is impossible to answer.

c. …blue and woolen?

A $\frac{2}{10}$ B $\frac{2}{3}$ C $\frac{1}{10}$ D $\frac{3}{10}$

d. …blue or woolen?

A 1
B $\frac{4}{5}$
C $\frac{3}{10}$
D $\frac{2}{5}$

7 **COMPLETE** the table.

RANDOM EXPERIMENT	EVENT	NUMBER OF POSSIBLE OUTCOMES	NUMBER OF FAVOURABLE OUTCOMES	PROBABILITY
Rolling a fair six-sided die	Getting an even number	______	3	______
Throwing a fair coin	Getting tails	2	______	______

Choosing a playing card from a full pack	The card being an eight	52		
Choosing a playing card from a full pack	The suit being clubs		13	
Rolling a fair six-sided die	Getting a number less than 5	6		

READING COMPREHENSION

A PIECE OF HISTORY A Short History of Probability

1 In the following text, seven sentences have been removed. Choose from the sentences (a-g) the one which fits each gap (1-7).

A mathematical theory of probability was first developed in 1654 by two famous French mathematicians: Pierre de Fermat and Blaise Pascal. Interestingly, its origin can be traced back to a gambler's dispute.
A French writer and essayist with an interest in gaming and gambling questions, Antoine Gombaud, challenged Pascal and other mathematicians to solve a problem related to a popular dice game.
1. ☐
De Fermat and Pascal took up the challenge, developing an exchange of letters which laid the foundation for the modern probability theory. Before this famous correspondence, no general theory had been developed, although some Italian mathematicians such as Gerolamo Cardano had already dealt with a few special problems on games of chance such as dice throws.
2. ☐
Because of the appeal of games of chance, probability theory gained popularity and underwent major developments all throughout the 18th century.
During this period, the main contributors were Jacob Bernoulli and Abraham de Moivre, who showed how to solve a wide range of probability problems.
3. ☐
Being a man of science, Laplace managed to apply probability as a powerful mathematical tool not only within the realm of games of chance, but in a wide range of scientific and practical problems.
4. ☐
In turn, this host of new applications fostered further developments of probability theory, which consolidated as a solid branch of mathematics.
At the turn of the century, probability theory experienced further developments in widely different fields, ranging from genetics to psychology, from economics to physics.
5. ☐
Across the history of probability theory, one of the main difficulties in developing solid mathematical foundations has been to provide a good definition of probability: precise enough for use in mathematics, yet comprehensive enough to be applicable to a wide range of phenomena.
6. ☐
Nowadays, it is widely acknowledged that Kolmogorov's treaty *Foundations of the Theory of Probability*, published in 1933, laid the modern axiomatic foundations of probability.
7. ☐
Since then, probability theory has been further refined. It is now part of a wider branch of mathematics, known as measure theory, and its applications are abundant in our everyday life.

Sentences

a. Three years later, in 1657, the Dutch mathematician and astronomer Christiaan Huygens published a comprehensive treatise of the subject. Entitled *De ratiociniis in ludo aleae*, it was the first book on mathematical probability.

b. Some examples of the most striking applications of probability discovered and developed in Laplace's times include actuarial mathematics, statistical mechanics and the theory of errors.

c. The game involved throwing a pair of dice simultaneously. The problem posed by Gombaud was to decide whether or not to bet even money on the occurrence of at least one "double six" during 24 consecutive throws.

d. The debate took nearly three centuries and was only settled in the 20th century, when Russian mathematician Andrey Kolmogorov outlined an axiomatic approach that successfully encompassed the theory.

e. A widely cited quotation from the book reads: "The theory of probability as a mathematical discipline can and should be developed from axioms in exactly the same way as geometry and algebra".

f. In physics, for example, statistical mechanics was developed to explain the properties of gases (such as temperature or pressure) in terms of the random motion of a large number of particles.

g. In 1812, the French mathematician and astronomer Pierre-Simon de Laplace issued his *Théorie analytique des probabilités*, a book which consolidated a host of new concepts and mathematical techniques in probability and statistics.

2 One of de Méré's favourite bets was that at least one '6' would appear during a total of four rolls of a die. Determine the probability of getting at least one '6' in four rolls of a single fair die. (**SUGGESTION** Use the probability of the complement event.)

3 If you toss a 6-sided die 6,000 times, about how many times would you roll the number '6'? On the 6,001st roll, what would be the probability of rolling another '6'?
Do you think that the *probability* of getting a '6' on the 6,001st roll is affected or unaffected by the previous occurrences of the number '6'?

$\left[1{,}000; \frac{1}{6}; \text{it is unaffected}\right]$

4 **WORK IN PAIRS** After answering the previous question, reflect on this fact: some gamblers think they gain an advantage from knowing the previous outcomes in a gamble.
Does this make sense? Does the likelihood of an event increase the more times it does not happen, or does it stay the same? Discuss with your partner.

LISTENING COMPREHENSION

A PIECE OF REALITY **Understanding Reality: the Monty Hall Problem**

1 **LISTEN** **and complete.**
In a TV game show there are 3 doors, behind which are two ______ and a ______. You are given the opportunity to select one ______ door out of three.
You pick a door, for example door *A*.
Monty Hall, the game show host, examines the other doors and always ______ one of them with a goat.
He then asks you if you would like to ______ your selection to the other ______ door, or stay with your original ______. Surprisingly, the ______ aren't 50-50. If you switch the door, you'll ______ $\frac{2}{3}$ of the time!

2 **SPEAKING** In pairs, discuss the table below. Use the table to justify why, if you switch the door, you will win the car $\frac{2}{3}$ of the time. (Suppose that the car is actually behind door *A*, and remember that the game host always opens a door with a goat.)

DOOR INITIALLY SELECTED BY THE GAMBLER	IF THE GAMBLER CHANGES HIS/HER CHOICE	IF THE GAMBLER DOESN'T CHANGE HIS/HER CHOICE
A	The gambler loses	The gambler wins
B	The gambler wins	The gambler loses
C	The gambler wins	The gambler loses

MATHS ON VIDEO

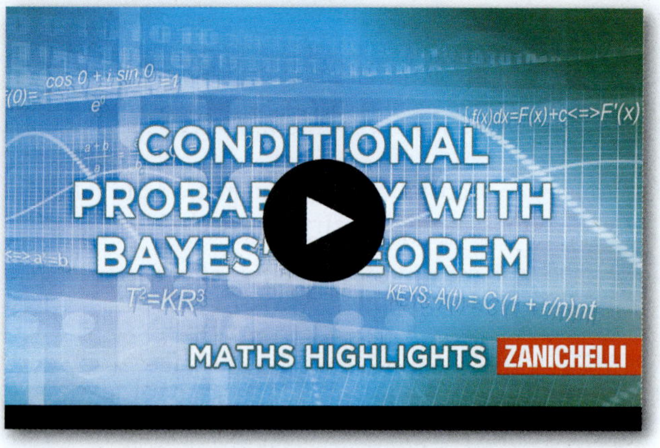

Conditional probability with Bayes' theorem

In this lesson we introduce Bayes' theorem, a theorem of probability theory originally stated by the Reverend Thomas Bayes.
Watch the video, then solve the following tasks.

1 **MATCH** the events mentioned in the video with their probability.

a. Alex is late for work.
b. Alex's boss is angry.
c. Alex is late, but the boss is not angry.
d. Alex is on time and the boss is not angry.

1. 14%
2. 70%
3. 27%
4. 59%

2 **COMPLETE** Fill in the gaps using the words below.

$$P(B|A)=\frac{P(B|A)\cdot P(A)}{P(B)}$$

conditional probability of B given A, conditional probability of A given B, probability of A, probability of B

3 The probability that Sophia arrives home on time is 0.7. If she does arrive home on time, the probability that her dinner is burnt is 0.1. If she does not arrive home on time, the probability that her dinner is burnt is 0.8. What is the probability that Sophia's dinner is burnt? [0.31]

4 A smartphone produced by Company X was found to be defective (D). There are three factories (A, B, C) where such smartphones are manufactured. A Quality Control Manager (QCM) is responsible for investigating the source of defects found. This is what the QCM knows about company X and the possible source of defects.

FACTORY	TOTAL PRODUCTION (%)	PROBABILITY OF DEFECTIVE SMARTPHONES
A	$P(A) = 0.35$	$P(D \mid A) = 0.015$
B	$P(B) = 0.35$	$P(D \mid B) = 0.010$
C	$P(C) = 0.30$	$P(D \mid C) = 0.020$

The Quality Control Manager asks: if a randomly selected smartphone is defective (D), what is the probability that the smartphone was manufactured in factory A (that is $P(A \mid D)$)? [0.356]

YOU ARE THE EXPERT

1 ●○ Learns more about Bayes' theorem as it relates to one of the following topics.

1. Disease screening (if a person tests positive, what is the probability the person has the disease?).
2. Spam filtering.
3. Diagnostics (given some symptoms, i.e., effects, determine the probability that those effects were produced by certain causes).

Work in small groups

Prepare a short presentation (maximum 5 slides) to explain your findings to the class.

FINAL TEST

1 ●○ **MATCH** each term with its meaning.

1. Set.
2. Union.
3. Intersection.
4. Random experiment.
5. Classical probability.

a. A set containing the elements that two or more sets have in common.
b. The ratio of the number of favourable outcomes to the number of possible outcomes.
c. Any controlled, repeatable process.
d. A well-defined group of objects.
e. A set containing all elements that are in A or in B (or both).

2 ●○ **COMPLETE** Fill in the gaps using the words below.

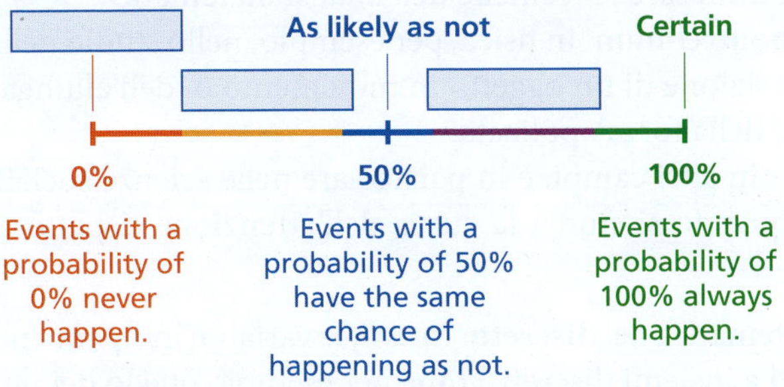

likely, impossible, unlikely

3 ●○ **COMPLETE** Fill in the gaps using the words below. There is an extra word.

a. The event A^c occurs if the event A ________.
b. The event $A \cup B$ occurs when ________ one of the events A ________ B occurs.
c. The event $A \cap B$ occurs when ________ the events A ________ B occur.

at least, both, and, or, occurs, does not occur

4 ●○ The probability that Gary will forget his homework is 0.2. The probability that Gary will miss the school bus is 0.1. The probability that Gary will forget his homework and miss the school bus is 0.05.

a. What is the probability that Gary will not forget his homework?

A 1 B 0 C 0.8 D 0.2

b. What is the probability that Gary will forget his homework or will miss the bus, but not bath?

A 0.1 B 0.25 C 0.3 D 1

5 ●○ 20% of a company's employees are lawyers and 80% are economists. 75% of the lawyers and 50% of the economists hold a managerial position.

a. What is the probability that an employee selected at random will be a manager?
b. Given that an employee is a manager, what is the probability he/she is a lawyer?

[a) 0.55; b) 0.27]

CAPITOLO

C5 MODELLI MATEMATICI NELL'ANALISI DEI PROCESSI SOCIALI

1 Modelli matematici continui e discreti

▶ Esercizi a p. C52

Un **modello matematico** può essere pensato come una rappresentazione, realizzata con le tecniche e il linguaggio della matematica, di quanto si conosce di un certo fenomeno allo scopo di descriverne il comportamento e cercare di effettuare previsioni significative sulla sua evoluzione.

Molti modelli utilizzano la matematica del **continuo**. In essi, le variabili che rappresentano le grandezze del fenomeno assumono valori appartenenti a intervalli di numeri reali. Ciò consente di utilizzare le tecniche dell'analisi matematica.
Modelli di questo tipo sono molto comuni in fisica, per esempio, nello studio della variazione nel tempo della posizione di un oggetto in movimento o dell'allungamento di una molla al variare della forza applicata.
Tuttavia sono utilizzati anche in altri campi, e in particolare nelle scienze sociali, per esempio, in psicologia, quando si studia la curva dell'attenzione rispetto al tempo.

Altri modelli utilizzano la matematica del **discreto**. In essi, le variabili indipendenti assumono valori appartenenti a insiemi discreti, come per esempio quello dei numeri naturali, caratterizzati dalla proprietà di poter individuare, per ogni elemento dell'insieme, il suo successivo.
Modelli di questo tipo sono spesso studiati mediante fogli di calcolo elettronici.
Anche questi modelli sono utilizzati in campo sociale, economico, medico...

2 Teoria dei giochi

▶ Esercizi a p. C54

Esistono anche modelli che tengono conto di comportamenti umani, in particolare in termini di interazioni fra individui con atteggiamenti di cooperazione e non.
L'attività cognitiva degli esseri umani si esercita prevalentemente in contesti concreti, nei quali si affrontano problemi e si cerca di risolverli.
Le scienze cognitive descrivono la risoluzione di problemi mediante strategie che consentono di rispondere adeguatamente alle domande poste dai problemi che si affrontano.
Tutti i problemi comportano, in genere, processi di scelta, mediante i quali si de-

cidono le strategie da mettere in opera. L'attività di risoluzione di problemi richiede schemi di ragionamento complessi, che tengano conto delle informazioni sulla situazione problematica, delle conoscenze dei soggetti che intervengono e delle loro propensioni, delle possibili strategie risolutive e dei loro rispettivi esiti, per scegliere le soluzioni più efficaci ed efficienti.

La **teoria dei giochi** è una teoria matematica nata nel Ventesimo secolo per studiare il comportamento degli esseri umani che interagiscono in situazioni assai differenziate.
Si basa sul fatto che il risultato che ciascun individuo consegue, adottando un particolare comportamento, dipende non solo dalle scelte che l'individuo ha effettuato, ma anche da quelle altrui, come in genere accade nei giochi di società.
Esempi di applicazioni della teoria dei giochi sono lo studio dei rapporti di forza nelle coalizioni politiche, l'individuazione di un meccanismo d'asta equo per l'assegnazione di bande per le frequenze televisive, l'analisi di una situazione di conflitto militare.
Più in generale la teoria dei giochi studia il comportamento umano in tutti quei casi in cui l'interazione fra individui comporta la necessità di spartirsi qualche tipo di risorsa, ricercando soluzioni di carattere sia competitivo, sia cooperativo, tramite modelli matematici.
Per comprendere come opera la teoria dei giochi, esaminiamo uno dei suoi problemi più famosi, che ha interessato matematici, psicologi, economisti, politologi.

MATEMATICA INTORNO A NOI

Von Neumann, Morgensten, Nash La nascita della moderna teoria dei giochi può essere fatta risalire al 1944, con l'uscita del libro *Theory of Games and Economic Behaviour* del matematico John von Neumann e dell'economista Oskar Morgensten. In tempi più recenti, lo studioso più famoso della teoria dei giochi è stato il matematico John Nash, vincitore del premio Nobel per l'economia nel 1994, a cui è stato dedicato il film *A Beautiful Mind* di Ron Howard.

▶ Approfondisci l'argomento.

Cerca nel Web: equilibrio di Nash, oligopolio, strategia dominante.

Il dilemma del prigioniero

Il **dilemma del prigioniero** è un problema che risale al 1950 e divenne noto con questo nome in seguito a un articolo del matematico canadese Albert Tucker.

Due criminali A e B sono in stato di arresto con l'accusa di aver commesso un grave reato. Non vi sono, però, prove sufficienti a garantirne la condanna per quel reato, ma solo per un reato minore.
Il pubblico ministero fa la seguente proposta al detenuto A:
«Se confessi, denunciando il tuo complice per il crimine commesso, verrai lasciato libero immediatamente e il tuo complice B sconterà 10 anni di prigione.
Questa offerta, però, è valida se B non confessa.
Nel caso, invece, in cui anche B confessi, allora la tua confessione non sarà necessaria alla risoluzione del caso e sia tu che B resterete in prigione per 5 anni.
Se né tu né B confesserete, allora riusciremo a incriminarvi per il reato minore e trascorrerete entrambi 1 anno in prigione.
Sappi che la stessa offerta viene fatta a B».

Si ha una situazione di conflitto. *A* cerca una soluzione che sia per lui ottimale, ma l'esito della sua strategia risolutiva dipende anche dal comportamento di *B*: gli conviene confessare o non confessare?

Vediamo come *A* potrebbe ragionare, supponendo che:

- non possa in alcun modo incontrare *B* e concordare una strategia;
- *A* e *B* ragionino pensando unicamente a scontare il minor numero possibile di anni di prigione e il loro ragionamento non sia influenzato da fattori emozionali o affettivi, ma si ispiri alle regole della logica deduttiva.

Utilizziamo lo schema di **ragionamento per casi**, che consiste:

- nell'individuare tutti i possibili casi in cui può essere suddivisa una data situazione;
- dimostrare che ogni singolo caso implica una stessa tesi;
- concludere che la tesi è la necessaria conseguenza delle ipotesi che caratterizzano la situazione.

Per prendere in considerazione tutte le possibili situazioni, *A* può costruire la seguente **matrice**, in forma di tabella a doppia entrata.

A \ B	Confessa	Non confessa
Confessa	$(-5; -5)$	$(0; -10)$
Non confessa	$(-10; 0)$	$(-1; -1)$

Si è utilizzato il segno negativo per indicare che gli anni di prigione costituiscono una perdita per chi li dovrebbe scontare.
Il primo elemento di ciascuna delle coppie rappresenta il numero di anni che *A* dovrebbe scontare in prigione nel caso si verificassero gli eventi individuati dalla casella di riferimento; il secondo elemento rappresenta gli anni che dovrebbe scontare *B*.
Per esempio, la prima casella della seconda riga riguarda la congiunzione di eventi: «*A* non confessa e *B* confessa», che porta *A* a scontare 10 anni e *B* a essere subito libero.
Successivamente *A* può prendere in considerazione le uniche due situazioni possibili che riguardano *B*: *B* confessa; *B* non confessa.
Se *B* confessa, anche ad *A* conviene confessare, e scontare così 5 anni di prigione e non 10.
Se *B* non confessa, *A* dovrebbe confessare: in tal caso, infatti sarebbe immediatamente libero, mentre se non confessasse dovrebbe scontare 1 anno di prigione.
Questo schema di ragionamento per casi porta alla conclusione che ad *A* conviene confessare comunque.
La logica impone quindi di confessare. D'altra parte abbiamo supposto che anche *B* ragioni logicamente. Ciò lo porta alla stessa conclusione di *A*: anche *B* dovrebbe confessare.
L'ipotesi che sia *A* sia *B* si ispirino nei loro ragionamenti solo alla logica deduttiva li porta a scegliere di confessare, comportamento che ha come conseguenza il dover scontare 5 anni di prigione.
Ma *A* e *B* potrebbero fare un altro ragionamento, che appare altrettanto valido. Essendo entrambi esseri logici, *A* e *B* dovrebbero essere portati a raggiungere le stesse conclusioni, visto che le ipotesi di partenza sono le stesse. Se entrambi confessano, dovranno scontare 5 anni di prigione ciascuno; se entrambi non confessano, dovranno scontare solo un anno, soluzione certo preferibile. Quindi conviene non confessare.

Questo è il dilemma del prigioniero: due argomentazioni logiche, entrambe valide, portano a conclusioni opposte.
Il dilemma nasce dal fatto che la seconda fa una considerazione che la prima non contempla e cioè che i due ragionamenti di *A* e di *B* portano a scegliere la stessa strategia.

La scelta di un atteggiamento cooperativo tra i due prigionieri (entrambi decidono di non confessare) consente di ridurre al minimo i danni.
Il problema è che questa ulteriore considerazione potrebbe portare i due prigionieri a effettuare un ulteriore ragionamento: sappiamo entrambi che non confessare consente di ridurre al minimo i danni, quindi il mio compagno sarà portato a scegliere la strategia di non confessare.
Questo vuol dire, però, che a me conviene confessare, così sarò libero… ma il mio compagno potrebbe ragionare nella stessa maniera! È chiaro che il dilemma si ripropone, inalterato, a ogni successivo ragionamento.

Il problema diventa però più interessante quando riguarda situazioni in cui i giocatori possono ripetere più volte lo stesso gioco: in questi casi è possibile che possano nascere strategie cooperative, competitive o miste in base alle informazioni che i giocatori possono acquisire sul comportamento dei loro contendenti all'aumentare del numero di partite giocate.
Se immaginiamo che il dilemma del prigioniero possa essere proposto come gioco e quindi presentarsi più volte a due giocatori, possiamo comprendere che la scelta della strategia non è più solo fra cooperazione e competizione, ma che sono disponibili anche strategie più complesse, come quelle miste, che possono evolvere con il procedere delle partite giocate.
Per esempio, una possibile strategia è quella di cooperare (ossia non confessare) alla prima partita, ma di modificare definitivamente la strategia (ossia confessare sempre) se l'altro giocatore non coopera.
Un'altra strategia è quella di cooperare per un grande numero di partite consecutive, sperando che l'altro giocatore comprenda il motivo della strategia scelta; oppure si può scegliere di cooperare o non cooperare tirando una moneta: le strategie possibili sono molto numerose.

Il politologo Robert Axelrod, nel 1979, chiese a diversi scienziati che avevano studiato il dilemma del prigioniero di costruire dei programmi per calcolatore che proponessero strategie ritenute ottimali per il dilemma del prigioniero in condizioni di partite ripetute per un grande numero di volte.
Axelrod confrontò i programmi proposti facendo giocare a ognuno di essi duecento partite contro ciascuno degli altri.
Il punteggio veniva assegnato, a ciascuno dei due programmi A e B impegnati in una partita, secondo la seguente tabella.

A \ B	Coopera	Compete
Coopera	(3; 3)	(0; 5)
Compete	(5; 0)	(1; 1)

Si stabilì di assegnare la vittoria al programma che avesse registrato il maggior punteggio totale e il programma vincente fu quello dello scienziato Anatol Rapaport, composto da due sole semplici regole:

- cooperare nella prima partita;
- in seguito scegliere la stessa strategia utilizzata dall'altro giocatore nella partita precedente.

ESERCIZI

CAPITOLO C5
ESERCIZI

1 Modelli matematici continui e discreti

▶ Teoria a p. C48

1 Il grafico, detto *curva dell'oblio*, fu realizzato dallo psicologo Hermann Ebbinghaus (1850-1909). Ebbinghaus imparò a memoria una lista di sillabe senza significato, riportando in seguito, a intervalli di tempo variabili, la percentuale di informazioni che era riuscito a ritenere. Dopo aver descritto le caratteristiche del grafico, indica dopo quanto tempo, all'incirca, si è dimenticato il 50% delle informazioni memorizzate. È vero che il tempo e la percentuale di informazioni ritenute sono grandezze inversamente proporzionali? Quale percentuale di informazioni è stata dimenticata dopo una giornata?

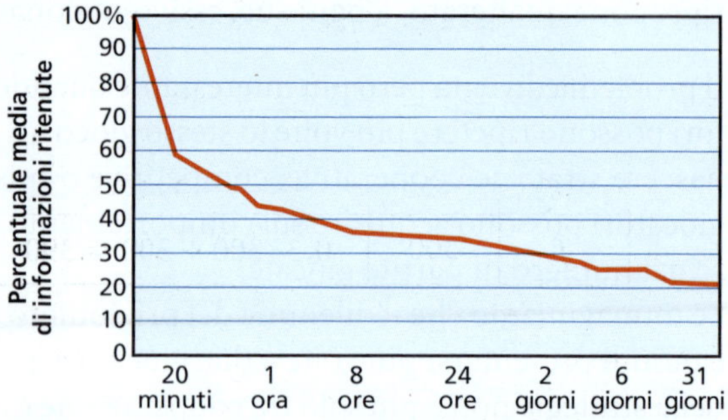

[40 minuti; no; circa il 65%]

2 Una popolazione di batteri si riproduce per scissione binaria (da ogni microrganismo se ne formano due), in condizioni di risorse illimitate, raddoppiando ogni 20 minuti. Ottieni mediante un foglio elettronico una tabella e un grafico che descrivano l'andamento del fenomeno, fissato un valore iniziale del numero di batteri a tuo piacimento.

3 Una popolazione p di organismi varia nel tempo t (misurato in ore) secondo la legge

$$p(t) = k(1{,}2)^t,$$

dove k è il numero di organismi all'istante $t = 0$.
Il tempo viene considerato come grandezza continua.

a. Determina k sapendo che dopo 1 ora la popolazione è di 1200 individui.
b. Dopo quante ore la popolazione è il doppio di quella iniziale?
c. Dopo quante ore la popolazione è il 130% della popolazione iniziale?

$$\left[\text{a) } 1000;\ \text{b) } t = \frac{\ln 2}{\ln 1{,}2} \simeq 3{,}80 \text{ h};\ \text{c) } t = \frac{\ln 1{,}3}{\ln 1{,}2} \simeq 1{,}44 \text{ h}\right]$$

4 Nel 1916 lo psicologo statunitense Louis Leon Thurstone propose un modello matematico per descrivere l'apprendimento y di una determinata abilità cognitiva (per esempio, imparare a scrivere, a risolvere problemi ecc.), in funzione della pratica effettuata x. Tale modello è descritto dalla legge

$$y = \frac{x}{a + bx},$$

definita sui reali positivi e con a e b parametri reali positivi.
Supponendo che la legge descriva l'apprendimento nella risoluzione di problemi di matematica e che una persona P_1 impari più velocemente di una persona P_2, chi fra P_1 e P_2 avrà il minor valore di b? Giustifica la risposta. [P_1]

5 A una paziente viene effettuata un'iniezione di penicillina da 250 mg. Sapendo che il suo corpo smaltisce il 55% della penicillina ogni 4 ore, studia l'evoluzione nel tempo della penicillina presente e indica dopo quante ore si è ridotta all'1% del valore iniziale.

[$p(t) = 250 \cdot 0{,}45^{\frac{t}{4}}$; circa 23 h]

6 ESERCIZIO GUIDA Un malato assume ogni dodici ore una compressa di 300 mg di un farmaco. Sapendo che, prima della successiva assunzione, il suo corpo riesce a smaltire il 70% del farmaco assunto, qual è l'evoluzione nel tempo della quantità massima di farmaco presente nel corpo?
Questa quantità supera i 450 mg?
In caso di risposta affermativa, dopo quante assunzioni?

A ogni assunzione la quantità massima di farmaco presente nel corpo aumenta, perché oltre ai milligrammi già presenti (e non ancora smaltiti) si aggiungono i 300 mg della nuova compressa.
Se prima della successiva assunzione viene smaltito il 70% del farmaco f presente nel corpo, allora rimane il 30% di f.
Costruiamo una tabella che aiuti a capire come varia la quantità massima di farmaco presente nel corpo.

n	0	1	2	3
f	300	$0,3 \cdot 300 + 300 = 390$	$0,3 \cdot 390 + 300 = 417$	$0,3 \cdot 417 + 300 = 425,1$

A ogni successiva assunzione, la quantità di farmaco presente si ottiene, a partire dal dato iniziale 300 mg, calcolando la somma tra il 30% della quantità presente all'assunzione precedente e i 300 mg assunti.
In simboli:

$$f(n) = 0,3 \cdot f(n-1) + 300.$$

Impostiamo un foglio elettronico in cui nella colonna A inseriamo, a partire da 0, alcuni numeri naturali consecutivi; nella cella B1 inseriamo 300 e in B2 la formula = 0,3 * B1 + 300, che copiamo nelle celle successive. Il foglio elettronico fornisce la seguente tabella.

0,00	1,00	2,00	3,00	4,00	5,00	6,00	7,00	8,00	9,00	10,00	11,00	12,00	13,00
300,00	390,00	417,00	425,10	427,53	428,26	428,48	428,54	428,56	428,57	428,57	428,57	428,57	428,57

Già alla dodicesima assunzione la quantità di farmaco tende a stabilizzarsi sul valore di 428,6 mg, quindi la quantità massima di farmaco non raggiungerà mai i 450 mg.

Confermiamo questa affermazione, notando che la quantità di farmaco, definita ricorsivamente da

$$\begin{cases} f(0) = 300 \\ f(n) = 0,3 \cdot f(n-1) + 300 \end{cases}$$

si stabilizza se e solo se esiste un n in corrispondenza del quale la quantità di farmaco assunta (300 mg) è esattamente uguale alla quantità $0,7 \cdot f(n-1)$ di farmaco smaltita.
Ciò si traduce nell'equazione:

$$0,7x = 300 \to x = \frac{300}{0,7} \simeq 428,6.$$

7 In un piccolo paese di 1000 abitanti, il tasso di mortalità annuo è del 20%; ogni anno, però, nascono 100 bambini.
Qual è nel tempo l'evoluzione della popolazione? Si estingue, aumenta a dismisura, si stabilizza? Giustifica la risposta.

$\left[\begin{cases} f(0) = 1000 \\ f(n) = 0,8 \cdot f(n-1) + 100 \end{cases}\right.$; si stabilizza sul valore di 500 abitanti$\Big]$

8 Considera la successione $x_{n+1} = 0,4x_n + 1$, con $x_1 = 0,1$. Come variano i suoi valori al variare di n?

[crescono con n e si stabilizzano sul valore $x = \frac{5}{3}$]

2 Teoria dei giochi

▶ Teoria a p. C48

9 ESERCIZIO GUIDA Sul pianeta Papalla i prezzi della benzina sono fissati allo scadere delle tre di notte di ogni primo giorno del mese dalle uniche due compagnie concorrenti A e B. Tutti i rivenditori devono scrupolosamente attenersi ai prezzi fissati. Giunti in prossimità dell'n-esima scadenza, le due compagnie devono stabilire il prossimo prezzo, sapendo che:

a. non possono ridurlo, in seguito agli aumenti del greggio dovuti a tensioni internazionali;

b. possono lasciarlo invariato, con una riduzione del 20% dei profitti di una compagnia, se anche l'altra lasciasse il prezzo invariato; nel caso in cui, invece, l'altra decidesse di aumentare il prezzo, vi sarebbe la possibilità di raddoppiare i profitti, perché il prezzo concorrenziale consentirebbe di sottrarre clienti alla concorrenza;

c. possono aumentarlo di una percentuale compresa tra il 5% e il 7%; ciò porterebbe i profitti: ad aumentare del 10% se entrambe le compagnie decidessero di aumentare il prezzo della benzina; a dimezzarsi per una, nel caso in cui l'altra decidesse di non aumentare il prezzo.

Suggeriamo alla compagnia A di aumentare o di lasciare invariato il prezzo della benzina?

Compiliamo la seguente tabella, nella quale un segno negativo indica una perdita di profitto e un segno positivo un aumento di profitto. Per esempio, la coppia (+ 1; − 0,5) indica che, in seguito alla scelta di A di lasciare invariato il prezzo e a quella di B di aumentarlo, A avrà un raddoppio del profitto, B una riduzione del 50%.

A \ *B*	Non cambia il prezzo	Aumenta il prezzo
Non cambia il prezzo	$(-0{,}2; -0{,}2)$	$(+1; -0{,}5)$
Aumenta il prezzo	$(-0{,}5; +1)$	$(+0{,}1; +0{,}1)$

A deve prendere in considerazione le due possibili scelte di B.

Se B decide di lasciare il prezzo invariato, A non può aumentarlo, perché avrebbe una riduzione dei profitti del 50%, quindi ad A conviene lasciare invariato il prezzo, minimizzando così la perdita di profitto.

Se B decide di aumentare il prezzo, A dovrebbe lasciarlo invariato, perché massimizzerebbe il profitto, raddoppiandolo.

Allora, in tutti i casi, ad A conviene lasciare invariato il prezzo.

Tuttavia, A può considerare che molto probabilmente anche B effettuerà lo stesso ragionamento e quindi sarà portata a lasciare il prezzo invariato. In questo caso, la strategia logica adottata da entrambi è quella di minimizzare la perdita di profitto, ma di rinunciare alla possibilità di aumentare il profitto del 10% aumentando entrambi il prezzo della benzina.

Sarebbe quindi sensato suggerire ad A di favorire comportamenti cooperativi che portino le due compagnie, in situazioni simili, ad aumentare entrambe il prezzo della benzina.

10 Sul pianeta Vega3 esistono due grandi superpotenze rivali A e B che si trovano di fronte al dilemma se avviare o no una corsa agli armamenti per sancire la loro supremazia. La seguente tabella riassume la situazione (abbiamo assegnato il punteggio 1 per la soluzione meno conveniente e 4 per quella più conveniente in termini di supremazia acquisita dalle superpotenze e di costi sostenuti per armarsi).

A \ B	Avvia una corsa agli armamenti	Non avvia una corsa agli armamenti
Avvia una corsa agli armamenti	(2; 2)	(4; 1)
Non avvia una corsa agli armamenti	(1; 4)	(3; 3)

Perché la scelta comune di non avviare una corsa agli armamenti ha un punteggio maggiore della scelta comune di avviare la corsa?
Quale, fra le quattro possibili, è la scelta più conveniente per le due superpotenze?

[perché l'equilibrio di potere determinato dalla corsa agli armamenti è più costoso; …]

11 Giulia e Claudio desiderano passare la serata insieme. Giulia vorrebbe andare a vedere una partita di calcio e Claudio un concerto. Decidono, per gioco, di non consultarsi sulla scelta, ma di scegliere ciascuno dei due indipendentemente dall'altro e poi di presentarsi, la sera, sul luogo scelto.
La regola che entrambi adottano per scegliere è: «sceglierò la soluzione che massimizza la soddisfazione del mio partner». Che cosa sceglieranno Claudio e Giulia? Quale sarà il loro indice di gradimento per la decisione presa se vale il seguente schema?

- Claudio assegna un indice di gradimento:
  1. all'eventualità di andare alla partita di calcio se Giulia ha scelto il concerto;
  2. all'eventualità del concerto se Giulia ha scelto la partita di calcio;
  3. in caso di serata allo stadio insieme a Giulia;
  4. in caso di serata al concerto insieme a Giulia.
- Le scelte di Giulia sono simmetriche a quelle di Claudio, con gli stessi indici di gradimento.

[Claudio andrà allo stadio, Giulia al concerto; l'indice di gradimento è il più basso possibile: (1; 1)]

12 In riferimento all'esercizio precedente, che cosa sceglierebbero Claudio e Giulia se seguissero la regola: «sceglierò la soluzione che vorrei che il mio partner scegliesse per farmi felice»?
Quale sarebbe l'indice di gradimento?

[Claudio andrà al concerto, Giulia allo stadio; indice di gradimento: (2; 2)]

13 In riferimento ai due esercizi precedenti, Claudio e Giulia decidono di scegliere dove recarsi affidando la scelta alla sorte. Se la probabilità di recarsi allo stadio per Giulia è p e per Claudio è $1-p$, per quale valore di p si ha il massimo del gradimento medio?

$\left[p = \frac{5}{8}\right]$

VERSO L'INVALSI

120 minuti

▸ Su http://online.scuola.zanichelli.it/invalsi trovi tante simulazioni interattive in più per fare pratica in vista della prova INVALSI.

1 Quanto vale $\sqrt[3]{99^{99}}$?

A 33^{99}

B 99^{96}

C 99^{33}

D 33^{33}

2 Alle Olimpiadi di Rio del 2016 hanno partecipato 144 atlete italiane, pari al 45,86% del totale della delegazione del nostro Paese. Quanti atleti uomini italiani hanno partecipato?

3 Se

$$f(x) = x^3 + 3,$$

quanto vale $f^{-1}(128)$?

4 **5** La pendenza media di una strada si calcola come il rapporto (solitamente espresso in percentuale) $\frac{\Delta h}{\Delta x}$, dove Δh è il dislivello verticale tra il punto iniziale e il punto finale e Δx è la distanza orizzontale (cioè la lunghezza della proiezione sul piano dell'orizzonte).

- Se un tratto di strada con una pendenza costante dell'8% sale di 220 m, qual è la lunghezza, in metri, della strada? (Approssima il risultato all'unità.)

A 2750 m

B 2759 m

C 276 m

D 176 m

- Baldwin Street (a Dunedin, in Nuova Zelanda) è una strada con una pendenza media del 35%. Qual è l'ampiezza dell'angolo che la strada forma con l'orizzonte? Esprimi il risultato in gradi sessagesimali, approssimando il risultato all'unità.

---

6 **7** La seguente tabella riporta i dati dell'Istat sul tasso di occupazione dei giovani tra i 15 e i 24 anni nel primo trimestre del 2015, divisi per sesso.

Maschi	17,09%
Femmine	11,17%

- In Italia, a inizio 2015, le persone di sesso maschile costituivano il 51,48% del totale dei giovani tra i 15 e i 24 anni. Qual era il tasso di occupazione tra i 15 e i 24 anni nel primo trimestre 2015?

A 8,82%

B 14,13%

C 14,12%

D 14,22%

E 28,26%

- Se nel primo trimestre 2015 gli occupati tra i 15 e i 24 anni erano circa 846 000 e il tasso di disoccupazione (cioè il rapporto tra disoccupati e la somma di disoccupati e occupati), relativo allo stesso periodo e alla stessa fascia d'età, era del 44,90%, qual era il numero dei disoccupati nel primo trimestre 2015? (Approssima il risultato alle migliaia.)

8 **9** Nella seguente tabella sono riportati i dati relativi ai millimetri di pioggia caduti in una certa località negli ultimi 5 anni, nel mese di agosto.

Anno	2012	2013	2014	2015	2016
Precipitazioni (mm)	94,0	94,6	238,4	168,0	68,7

- Qual è la media delle precipitazioni? (Approssima il risultato al decimo di mm.)
- Calcola la deviazione standard, approssimando il risultato al decimo di mm.

10 Il rapporto fra i volumi di due stanze a forma di parallelepipedo è 8:1. Se l'altezza delle due stanze è uguale, qual è il rapporto tra le loro superfici (intese come le aree dei pavimenti)?

A 8:1 **C** $2\sqrt{2}$:1
B 4:1 **D** 2:1

11 **12** Sei amiche vogliono dividersi in due squadre da tre.

- In quanti modi diversi possono farlo?

A 6 **C** 20
B 10 **D** 120

- Se Cristina e Antonella vogliono stare nella stessa squadra, quanti modi ci sono per formare le due squadre?

13 Luca affronta un quiz con 5 domande: per ognuna sono presenti 4 risposte tra cui scegliere, e una sola è corretta. Il test si considera superato se si risponde correttamente ad almeno 4 domande. Se Luca risponde a caso, qual è la probabilità che passi il test?

A $\frac{1}{1024}$ **C** $\frac{1}{2}$
B $\frac{1}{64}$ **D** $\frac{4}{5}$

14 Nelle opportune condizioni di esistenza, la frazione algebrica $\frac{x^3 - 2x^2 + x - 2}{x^2 - 4}$ equivale a:

A $\frac{x^2+1}{x+2}$.
B $\frac{x^2-1}{x+2}$.
C $\frac{x^2+1}{x-2}$.
D $\frac{x^2}{x+2}$.

15 A una degustazione di vini a ogni partecipante vengono proposti un bianco, un rosso e un rosé. L'ordine con cui si ricevono i tre bicchieri di vino è casuale. Qual è la probabilità che il vino rosso venga degustato prima del rosé?

A $\frac{1}{3}$
B $\frac{1}{2}$
C $\frac{1}{6}$
D $\frac{2}{3}$

16 Nella seguente tabella sono riportati gli esami sostenuti finora da Alessandro, con il relativo peso in crediti e la votazione conseguita.

Esame	Crediti formativi	Voto
Chimica organica	6	29
Chimica generale	9	30
Fisica	9	25
Bioeconomia	6	28
Biologia	12	30

Per concludere gli esami del primo anno, ad Alessandro manca solo l'esame di Matematica, da 9 crediti formativi. Per avere diritto a una borsa di studio, la media dei voti, pesata in base ai crediti formativi, non deve essere minore di 27. Qual è il voto minimo che deve prendere Alessandro nell'esame di Matematica per ottenere la borsa?

17 Per la sua abitazione, Giulio può scegliere tra due gestori della rete elettrica. Il gestore A gli propone una tariffa monoraria da 20 cent/kWh, mentre il gestore B gli propone una tariffa bioraria al costo di 10 cent/kWh nelle fasce serali e notturne e 50 cent/kWh nelle restanti fasce della giornata. Qual è la percentuale minima di enegia elettrica, sul totale, che Giulio dovrebbe consumare nelle fasce serali e notturne affinché sia più conveniente il gestore B?

18 Considera $\sqrt{|-x^2|} \geq 0$.

La disequazione:

A non è verificata per alcun $x \in \mathbb{R}$.
B è verificata $\forall x \in \mathbb{R}$.
C è verificata solo per $x \geq 0$.
D è verificata solo per $x \leq 0$.

19 Quale fra le seguenti è la soluzione della disequazione $\frac{x-2}{x+3} \geq 1$?

A $x > -3$
B $x < -3$
C $x < -3 \vee x > 2$
D Ogni $x \in \mathbb{R}$.

20 Trova le soluzioni di $|x-3| = 2x$, mostrando il procedimento.

21 Considera nel piano cartesiano i punti $O(0; 0)$, $A(-1; 0)$; $B(0; 2)$, $C(3; 0)$, $D(1; -1)$. Qual è l'area del poligono $OABCD$?

A 5

B 5,5

C 6

D 6,5

22 Aumentando del 16% il lato di un quadrato, l'area aumenta del:

A 256%.

B 32%.

C 34,56%.

D 16%.

23 Un'aiuola circolare è recintata con una rete lunga 6 m. Qual è l'area, in m^2, dell'aiuola? (Approssima il risultato al decimo.)

24 Il triangolo in figura è inscritto nella circonferenza di centro O e raggio 1. Se $\overline{BC} = 1$, quanto misura il lato AC?

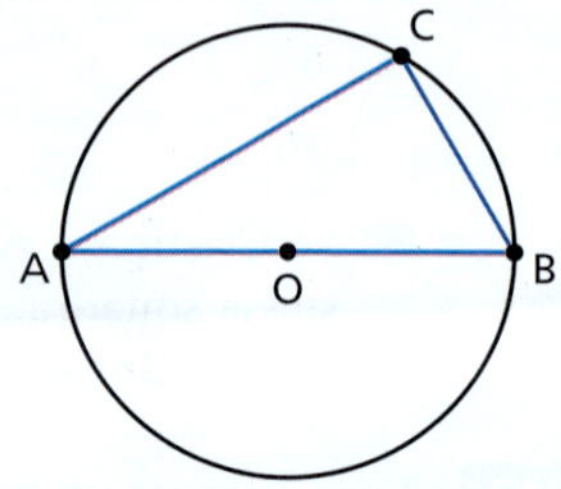

A 2

B $\sqrt{3}$

C $\sqrt{2}$

D $\sqrt{5}$

25 Se le rette di equazioni $2x + 3y = 4$ e $\frac{1}{4}x + ay = 2$ sono perpendicolari, quanto vale a?

26 Quale dei seguenti è il grafico della retta di equazione $y = x + 3$?

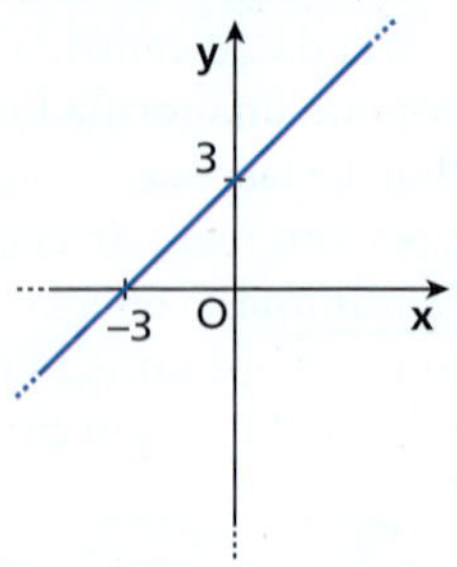

A

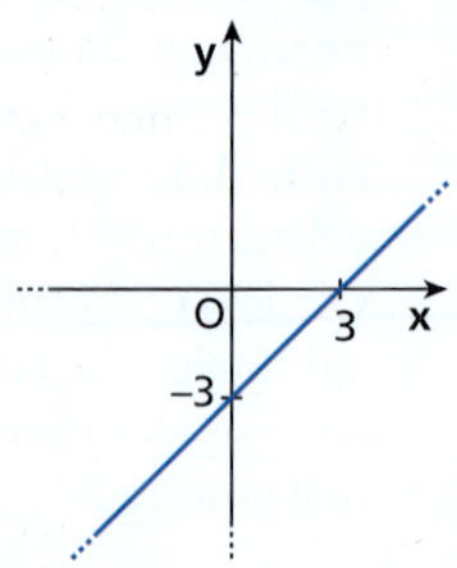

B

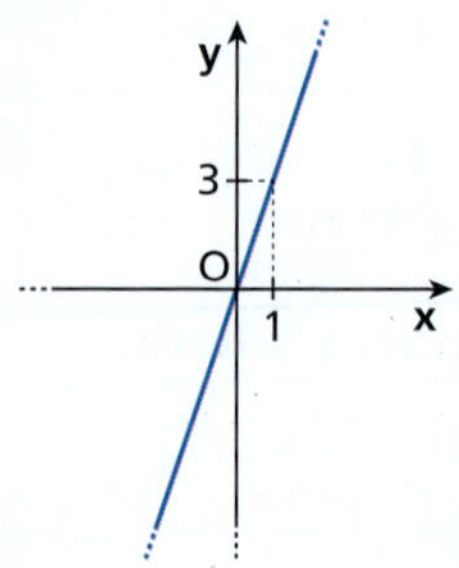

C

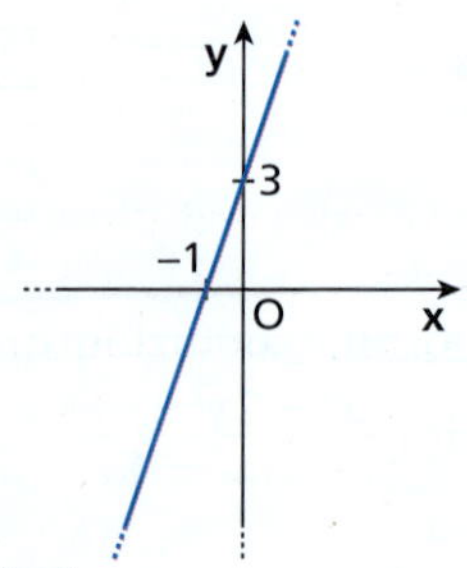

D

27 Considera la figura.

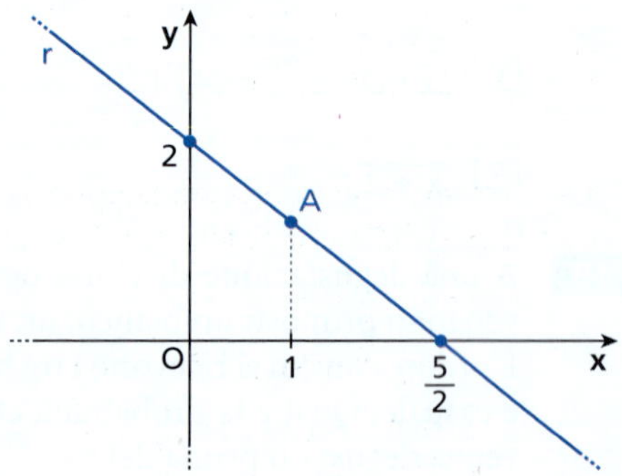

a. Il coefficiente angolare della retta r è $\frac{4}{5}$. V F

b. L'ordinata del punto A è $\frac{6}{5}$. V F

c. La retta passante per A e per l'origine degli assi è perpendicolare a r. V F

28 Considera la parabola di equazione $y = (x - 1)^2$.

29 ■ a. La parabola passa per il punto $(1; 0)$. V F

b. Il vertice della parabola è $V(0; 1)$. V F

c. L'asse della parabola ha equazione $x = 1$. V F

d. La parabola interseca l'asse x in due punti distinti. V F

■ Determina l'intersezione, nel primo quadrante, tra la parabola e la retta di equazione $x + y = 3$.

30 **31** Piazza Primo Maggio a Udine (detta anche *Giardin Grande*) è a forma di ellisse, con gli assi lunghi 190 m e 146 m.

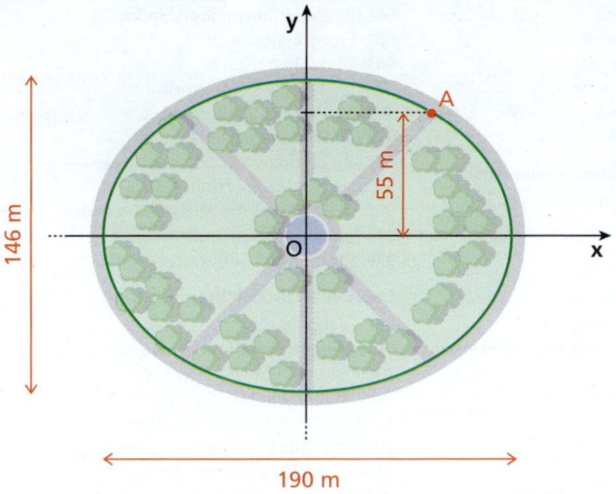

■ Usando il sistema di riferimento in figura, trova l'equazione del bordo della piazza.

A $\frac{x^2}{146^2}-\frac{y^2}{190^2}=1$

B $\frac{x^2}{95^2}-\frac{y^2}{73^2}=1$

C $\frac{x^2}{95^2}+\frac{y^2}{73^2}=1$

D $\frac{x^2}{190^2}+\frac{y^2}{146^2}=1$

■ Flavio si trova nel punto *A* della figura, sul bordo della piazza, a 55 metri di distanza dall'asse maggiore. Quanto dista Flavio dal centro della piazza? Esprimi il risultato in metri, approssimando all'unità.

32 Considera la funzione $f(x)=\sqrt{\ln x}$.

a. $f(e)=1$. V F

b. Il dominio di f è $x>0$. V F

c. f è una funzione pari. V F

33 Associa a ciascuna equazione la lunghezza del raggio della circonferenza che essa rappresenta.

a. $x^2+y^2=2$ — 1. $r=2$

b. $(x-2)^2+(y-2)^2-1=0$ — 2. $r=\sqrt{2}$

c. $x^2+y^2+4x=0$ — 3. $r=1$

34 **35** La seguente tabella riporta il numero di abitanti della Nigeria nel periodo 1990-2015.

Anno	Popolazione (mln)
1990	95,6
1995	108,4
2000	122,9
2005	139,6
2010	159,4
2015	182,2

■ Spiega perché è corretto, in questo caso, parlare di «crescita esponenziale» della popolazione.

■ Supponendo che la crescita negli anni successivi al 2015 mantenga approssimativamente questo andamento, quale fra le seguenti è una stima possibile della popolazione della Nigeria nel 2020?

A Tra 197 e 200 milioni.

B Tra 200 e 203 milioni.

C Tra 203 e 206 milioni.

D Tra 206 e 209 milioni.

36 Qual è l'equazione della parabola in figura?

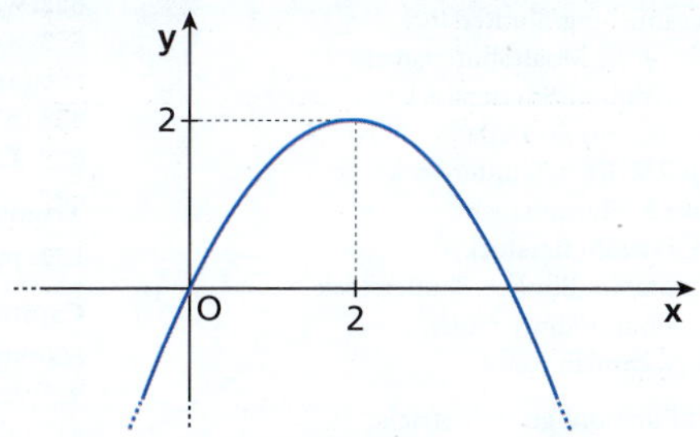

A $y=x^2-4x+6$

B $y=x^2-4x$

C $y=-x^2+3x$

D $y=-\frac{1}{2}x^2+2x$

37 Nel piano cartesiano, l'equazione

$$y^2=16-(x+2)^2$$

rappresenta:

A un'iperbole.

B una circonferenza.

C una parabola.

D l'insieme vuoto.

---

38 a. L'equazione $\cos\left(x+\frac{\pi}{4}\right)=\cos\left(x-\frac{\pi}{4}\right)$ ha come soluzione $x=k\pi$, con $k\in\mathbb{Z}$. V F

b. L'equazione $\sin\left(x+\frac{\pi}{2}\right)=\frac{1}{2}$ equivale a $\cos x=\frac{1}{2}$. V F

c. L'equazione $\tan x=-4$ è impossibile. V F

d. L'equazione $\sin x=\frac{\sqrt{3}}{4}$ ha esattamente una soluzione nell'intervallo $\left[\frac{\pi}{4};\frac{\pi}{2}\right]$. V F

Fonti delle immagini

Verso l'INVALSI
I2: Anuwat/Shutterstock

Cap 11 Funzioni
536: NASA
553: Goodluz/Shutterstock
559: Atid28/Shutterstock
566: Jason Vandehey/Shutterstock
567 (a): studioVin/Shutterstock; Tim UR/Shutterstock; kaband/Shutterstock
567 (b): Inara Prusakova/Shutterstock
573: ssguy/Shutterstock
581: nataliafrei/Shutterstock

Cap 12 Esponenziali
585: Lars Christensen/Shutterstock, Ljupco Smokowski/Shutterstock
586: Digital Storm/Shutterstock
587: violetkaipa/Shutterstock
594 (a): Dennis W. Donohue/Shutterstock
594 (b): Arthimedes/Shutterstock
594 (c): Gena96/Shutterstock
596: Mopic/Shutterstock
602: Marcel Jancovic/Shutterstock
605 (a): Rido/Shutterstock
605 (b): 5/Shutterstock
606 (a): Yuliyan Velchev/Shutterstock
606 (b): maradon 333/Shutterstock
607: Satirus/Shutterstock

Exponential functions
E5: Rook 76/Shutterstock

Cap 13 Logaritmi
611: eldar nurkovic/Shutterstock
612: oceanfishing/Shutterstock
615: Olivier Le Moal/Shutterstock
631: FabrikaSimf/Shutterstock
637 (a): Alberto Zornetta/Shutterstock
637 (b): RMIKKA/Shutterstock
638: Iurii N/Shutterstock
644 (a): ravl/Shutterstock
644 (b): Maxim Blinkov/Shutterstock
644 (c): albund/Shutterstock
645: www.camlab.co.uk

Cap 14 Funzioni goniometriche
648: Elenarts/Shutterstock
650: Pialr Echevarria/Shutterstock, Marek Cech/Shutterstock
698: Liu Hui (1726 Tu Shu Ji Cheng)
702 (a): Elisanth/Shutterstock
702 (b): Photo Melon/Shutterstock
702 (c): wavebreakmedia/Shutterstock
708: Tatiana Popova/Shutterstock
711 (a): Giovanni Benintende/Shutterstock
711 (b): bergamont/Shutterstock
712: S.Cooper Digital/Shutterstock
717 (a): cubee/Shutterstock
717 (b): Peter Gudella/Shutterstock
718: Jiri Hera/Shutterstock
719: EuToch/Shutterstock

Cap 15 Formule goniometriche
727: luckypick/Shutterstock
730: Africa Studio/Shutterstock
732 (a): happy photo/Shutterstock
732 (b): Giuseppe_R/Shutterstock
737 (a): Jason Salmon/Shutterstock
737 (b): viritphon/Shutterstock
740: Diego Barbieri/Shutterstock
745: Bodik1992/Shutterstock
746 (a): Dimedrol68/Shutterstock
746 (b): photokup/Shutterstock
747: marcovarro/Shutterstock

Cap 16 Equazioni e disequazioni goniometriche
752: Olga Kushcheva/Shutterstock
763: Prism_68/Shutterstock
782: Zerbor/Shutterstock
788: Zurijeta/Shutterstock
789: Patryk Kosmider/Shutterstock
810 (a): Kamil Macniak/Shutterstock
810 (b): parinyabinsuk/Shutterstock; Lightspring/Shutterstock
811: Peter Sobolev/Shutterstock

Cap 17 Trigonometria
813: Mmaxer/Shutterstock
818: Carolina K. Smith, M. D./Shutterstock; Jonathan Larsen/Shutterstock
822: PerseoMedusa/Shutterstock
832 (a): Poznyakov/Shutterstock
832 (b): Mitch Gunn/Shutterstock
832 (c): Pressmaster/Shutterstock
838: Lemon Tree Images/Shutterstock
844 (a): Manuel Ploetz/Shutterstock
844 (b): hxdbzxy/Shutterstock
849: photo.ua/Shutterstock
851: Claudio Giovanni Colombo/Shutterstock
852: welcomia/Shutterstock
853: www.laverderosa.it
858 (a): alfredolon/Shutterstock
858 (b): fluidworkshop/Shutterstock
859: Yulia Grigoryeva/Shutterstock

Trigonometry
E11: ppl/Shutterstock

Capitolo 18 Geometria euclidea nello spazio
880: styleuneeed.de/Shutterstock
913: Anton_Ivanov/Shutterstock
917 (a): imrankadir/Shutterstock
917 (b): alessandro guerriero/Shutterstock
919: tungtopgun/Shutterstock
920: tristan3D/Shutterstock
926: pecold/Shutterstock
927: Genotar/Shutterstock
929 (a) yavuzunlu/Shutterstock
929 (b): flashgun/Shutterstock
929 (c): Nethruz/Shutterstock
933 (a): Waldemarus
933 (b): gresei/Shutterstock
935: Ardenvis/Shutterstock
939: M. Unal Ozmen/Shutterstock
940: Nata-Lia/Shutterstock
941: JIANG HONGYAN/Shutterstock

Capitolo 19 Calcolo combinatorio
949 (a): Bill Lawson/Shutterstock
949 (b): ronstik/Shutterstock
952: Jerry Bauer
960 (a): PlusONE/Shutterstock
960 (b): Andrey_Popov/Shutterstock
961 (a): Dragon Images/Shutterstock
961 (b): Rob Pittman/Shutterstock
962: Freer/Shutterstock
965: Vixit/Shutterstock
973 (a): Thumb/Shutterstock
973 (b): Perrush/Shutterstock
973 (c): Poznyakov/Shutterstock
973 (d): Photology1971/Shutterstock
977: Nicole Gordine/Shutterstock
978 (a): David Acosta Allely/Shutterstock
978 (b): Nitr/Shutterstock
979: Sara Sangalli/Shutterstock

Capitolo 20 Probabilità
991: Webphoto
997: Alexey Stiop/Shutterstock
1006: Steve Cukrov/Shutterstock
1007: Billion Photos/Shutterstock
1009 (a): Corepics VOF/Shutterstock
1009 (b): Syda Productions/Shutterstock
1010: Natan86/Shutterstock
1011 (a): muzsy/Shutterstock
1011 (b): Planner/Shutterstock
1012: Yermolov/Shutterstock
1014 (a): Route55/Shutterstock
1014 (b): Venus Angel/Shutterstock
1017: Tiplyashina Evgeniya/Shutterstock
1019: Africa Studio/Shutterstock
1020 (a): Picsfive/Shutterstock
1020 (b): Picsfive/Shutterstock
1021: antoniodiaz/Shutterstock
1023: Weblogiq /Shutterstock
1024: Robert Kneschke/Shutterstock
1025: bouzou/Shutterstock
1026 (a): Cheryl Ann Quigley/Shutterstock
1026 (b): cristiano barni/Shutterstock
1027 (a): koya979/Shutterstock
1027 (b): wavebreakmedia/Shutterstock
1029 (a): Lek Changply/Shutterstock
1029 (b): AGCuesta/Shutterstock
1029 (c): mekcar/Shutterstock
1029 (d): EggHeadPhoto/Shutterstock
1030: Kiselev Andrey Valerevich/Shutterstock
1031: kaiskynet/Shutterstock
1032 (a): Tiger Images/Shutterstock
1032 (b): Africa Studio/Shutterstock
1032 (c): Cyrick/Shutterstock
1033 (a): pirke/Shutterstock
1033 (b): VICTOR TORRES/Shutterstock
1034: pathdoc/Shutterstock
1035: elenovski/Shutterstock

Capitolo C5 Modelli matematici nell'analisi dei processi sociali
C54: charnsitr/Shutterstock
C55 (a): yuri4u80/Shutterstock
C55 (b): Fetullah Mercan/Shutterstock
C55 (c): Nip photography/Shutterstock
C55 (d): Veronica Louro/Shutterstock